TRAITÉ COMPLET

DE

CHIMIE ANALYTIQUE

PAR

M. HENRI ROSE

Édition française originale

TOME PREMIER

ANALYSE QUALITATIVE. — PREMIÈRE PARTIE

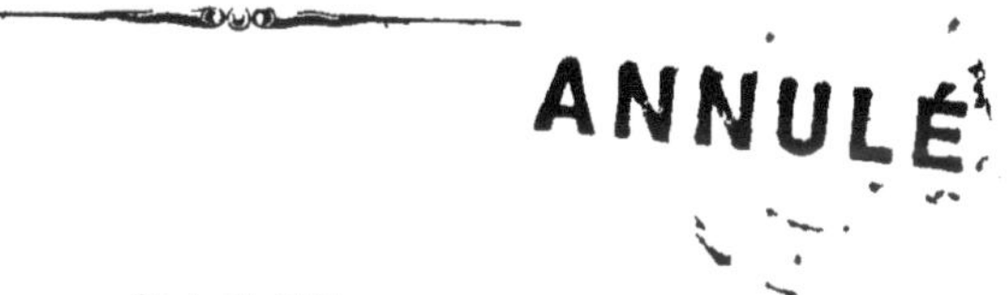

PARIS

LIBRAIRIE DE VICTOR MASSON

PLACE DE L'ÉCOLE-DE-MÉDECINE

1er SEPTEMBRE 1858

AVIS DE L'ÉDITEUR

POUR LE PREMIER FASCICULE

La traduction du *Manuel de chimie analytique* de Rose, publiée en 1832 et réimprimée en 1843, est depuis longtemps épuisée, et la France ne possède pas un seul traité complet d'analyse chimique. Nous avons pensé que M. Henri Rose était encore aujourd'hui, comme il y a vingt-cinq ans, l'autorité la plus compétente en pareille matière, et que la nature de ses travaux le désignait comme le chimiste particulièrement apte à combler cette lacune.

Cependant nous ne pouvions songer à éditer en 1858 la traduction pure et simple d'un ouvrage dont la dernière édition publiée en Allemagne date de 1851. M. Rose consentirait-il à faire pour la France, non une simple révision de son livre, mais un livre nouveau, parfaitement au courant de la science? Ce travail accompli, voudrait-il revoir la traduction française, en corriger toutes les épreuves? — Si la première condition était *sine quâ non*, la seconde n'était pas moins essentielle. Nous savons ce que sont les traductions d'ouvrages scientifiques allemands, lorsque les auteurs ne les ont pas revues.

Hâtons-nous de le déclarer : notre demande a été accueillie avec un empressement qui témoigne du dévouement de M. Rose à la science.

Prenant son édition allemande de 1851 comme simple canevas, s'entourant de tout ce qui a été fait en chimie depuis huit années, il s'est mis au laboratoire, et tout en revisant les anciens résultats, il en a découvert de nouveaux. M. Rose va donc doter la France non d'une nouvelle édition du *Handbuch der analytischen Chemie*, mais d'un ouvrage original entièrement neuf.

En attendant la préface que l'auteur publiera avec la dernière partie de son livre, nous dirons que si une certaine inégalité se fait remarquer dans les proportions des divers chapitres, ces inégalités tiennent à ce que M. Rose désire que le chimiste trouve surtout dans son traité ce qu'il chercherait en vain dans les autres. C'est donc aux parties de la science les moins étudiées jusqu'à ce jour qu'il a consacré les plus grands développements, tandis qu'il glisse un peu rapidement sur les matières plus connues.

V. M.

Paris, 1er septembre 1858.

TABLE DES MATIÈRES

Contenues dans le premier Fascicule

ANALYSE QUALITATIVE

PREMIÈRE PARTIE

DE LA MANIÈRE DONT LES CORPS SIMPLES ET LEURS COMBINAISONS LES PLUS SIMPLES SE COMPORTENT AVEC LES RÉACTIFS

TRAITÉ COMPLET

D'ANALYSE CHIMIQUE

ANALYSE QUALITATIVE

PREMIÈRE PARTIE

DE LA MANIÈRE DONT LES CORPS SIMPLES ET LEURS COMBINAISONS LES PLUS SIMPLES SE COMPORTENT AVEC LES RÉACTIFS.

Les analyses chimiques qualitatives ne doivent être abordées qu'avec une connaissance parfaite du mode d'action des réactifs sur les substances qui sont l'objet de ce genre de recherches. Nous devrons donc, dans la première partie de ce volume, traiter de l'action des réactifs les plus importants sur les corps simples et sur leurs combinaisons les plus simples. Nous ferons plus particulièrement ressortir les réactifs en présence desquels la substance se comporte d'une manière tout à fait caractéristique, qui permette de la distinguer des substances semblables.

Dans la deuxième partie, nous donnerons des notions spéciales pour découvrir les parties constituantes des combinaisons simples et composées. Mais lorsqu'on croit avoir trouvé par une voie quelconque ces parties constituantes, il faut, au moyen de nouveaux réactifs, se procurer l'entière conviction de l'exactitude du résultat obtenu.

Nous prendrons les corps simples les uns après les autres, et d'abord les métaux et leurs oxydes, en commençant par les métaux dont les oxydes forment les bases les plus énergiques.

I. — POTASSIUM, K.

Le potassium a, dans son aspect extérieur, quelque ressemblance avec le mercure. Il possède à peu près la même couleur et le même éclat; mais, à la température ordinaire, il n'est pas liquide comme le mercure, il est mou et se laisse pétrir. Son point de fusion est à 55°,5. A la température de congélation de l'eau, il est solide et cassant; à la température rouge, il se volatilise et peut être distillé. Il a un poids spécifique plus faible que l'eau. A la température ordinaire, le potassium, exposé à l'air humide, s'oxyde peu à peu sans production de lumière; mais s'il est soumis à l'action de la chaleur en présence de l'air, il s'enflamme et brûle avec force. Lorsqu'il est en contact avec l'air sec, il se conserve à l'état métallique. Sous l'influence de l'eau, il se produit une réaction très vive : le potassium s'oxyde, et il se dégage de l'hydrogène. Si l'on jette le potassium à la surface de l'eau, il prend un mouvement gyratoire assez lent, et l'hydrogène qui se dégage brûle avec une flamme rouge ou violette. Agité avec du mercure dans un petit verre, il se combine lentement avec ce métal, et forme un amalgame solide.

POTASSE, K^2O.

A l'état pur, la potasse n'est pas connue; à l'état d'hydrate, elle est de couleur blanche, d'une cassure cristalline; elle se dissout très bien dans l'eau avec production de chaleur. Cette dissolution, même lorsqu'elle est étendue, a une saveur très caustique, attaque vivement la peau de la langue, colore fortement en bleu le papier rouge de tournesol, et fait passer au brun le papier de curcuma. Les solutions même très étendues de potasse colorent d'une manière nette, en brun, le papier de curcuma; une dessiccation complète fait disparaître la couleur brune, et le papier redevient jaune. La potasse tombe en deliquium à l'air, en attire l'acide carbonique, et se transforme peu à peu en carbonate neutre, et finalement en bicarbonate. Si l'on dissout alors dans l'eau le bicarbonate ainsi produit, et si on le sature par un acide, il se produit une effervescence, et il se dégage du gaz acide carbonique. — Chauffée dans une capsule d'argent, la potasse se fond avant la chaleur rouge, et se dissout complétement dans l'alcool, si elle est exempte d'acide carbonique.

La présence de la potasse dans une dissolution aqueuse se reconnaît aux caractères suivants :

Une dissolution concentrée d'*acide tartrique*, ajoutée en excès à une dissolution concentrée de potasse, forme immédiatement un précipité cristallin de tartrate acide de potasse peu soluble. Ce précipité est lourd et se sépare rapidement de la dissolution. Si la dissolution de potasse est étendue, le précipité ne se forme qu'au bout d'un certain temps : plus il est lent à se former, plus il est nettement cristallin. Par l'agitation, la formation du précipité est sensiblement accélérée. Si l'on ajoute un excès d'un acide fort, comme l'acide chlorhydrique, l'acide nitrique, l'acide sulfurique, ou même une dissolution d'acide oxalique, le précipité se dissout. Un acide faible, comme l'acide acétique, ou un plus grand excès d'acide tartrique, ne produit pas la même réaction. Une dissolution de carbonate de potasse, aussi bien que les dissolutions de potasse, de soude ou d'ammoniaque, dissolvent immédiatement ce précipité. Une petite quantité d'un acide fort, versé dans cette dissolution, reproduit de nouveau le précipité; mais une plus grande quantité le redissout. — Le précipité de bitartrate de potasse est insoluble dans l'alcool concentré. Si par suite on produit un précipité dans une dissolution de potasse en y ajoutant un excès d'acide tartrique, si on laisse reposer la liqueur jusqu'à ce que le précipité n'augmente plus, si l'on décante ensuite la liqueur claire qui surnage le précipité, et si l'on ajoute de l'alcool, la liqueur se trouble de nouveau.

Une dissolution de *chlorure de platine* produit, dans la dissolution de potasse, un précipité jaune clair de chlorure de platine et de potassium peu soluble. Lorsqu'on a de faibles quantités de potasse, il vaut mieux dissoudre dans l'alcool, et ajouter alors du chlorure de platine à la dissolution, parce que le chlorure de platine et de potassium est insoluble dans l'alcool. Dans les dissolutions très étendues de potasse, le précipité ne se forme que lentement; mais il est alors souvent cristallin et d'une couleur plus rouge. Lorsqu'on veut obtenir le précipité de chlorure de platine et de potassium, il est bon de saturer d'abord la dissolution de potasse par l'acide chlorhydrique. Un excès d'acide ne dissout pas sensiblement le précipité.

L'*acide hydrofluosilicique* produit, dans la dissolution de potasse, un précipité de fluosilicate de potasse peu soluble, qui, lorsque les dissolutions sont peu concentrées, et surtout lorsqu'elles sont fort étendues, se présente sous la forme d'une gelée tellement transparente, qu'il est difficile de l'observer. Ce précipité gélatineux ne se sépare que peu à peu, et ne peut être reconnu qu'en ce qu'il est moins transparent que la liqueur qui le surnage, et par l'action qu'il a quelquefois sur les rayons lumineux. Desséché, il forme une poudre blanche. — Il est nécessaire d'ajouter la dissolution de potasse goutte à goutte à la dissolution d'acide hydrofluosilicique, et de ne pas faire l'opposé. Il faut en outre avoir soin que l'acide hydrofluosilicique soit en excès, parce que la potasse en excès sépare de l'acide silicique en gelée, qui ne se redissout plus dans un excès d'acide hydrofluosilicique.— Si la dissolution de potasse est très concentrée et si on lui ajoute un excès d'acide hydrofluosilicique, la liqueur se trouble et devient d'un blanc opalin, et le précipité gélatineux et transparent ne tarde pas à se séparer; mais il n'a pas, sur les rayons lumineux, la même action que le précipité qui se dépose dans les liqueurs très étendues. — L'acide chlorhydrique ne dissout pas le précipité, mais il détruit sa transparence et le rend opalin;

Une dissolution concentrée de *sulfate d'alumine*, versée dans les dissolutions concentrées de potasse, surtout celles qui ont été préalablement saturées par un acide, et spécialement par l'acide chlorhydrique, produit un précipité cristallin d'alun, qu'on peut reconnaître, dans la plupart des cas, surtout à la loupe, pour des octaèdres réguliers, dont souvent les angles sont tronqués. Plus les cristaux sont lents à se former, plus ils sont gros et faciles à reconnaître. Les cristaux d'alun qui se forment, ne s'effleurissent pas à l'air.

Une dissolution de *perchlorate de potasse* produit, dans une dissolution de potasse, un précipité de perchlorate de potasse qui est insoluble dans l'alcool.

Pour reconnaître la potasse *au chalumeau*, on en fait fondre un petit morceau à l'extrémité d'un fil de platine recourbé en un petit anneau, et l'on dirige la flamme de manière que l'extrémité de la flamme intérieure affleure la surface de la perle fondue; la flamme extérieure se colore alors en bleu ou en violet.

Les sels de potasse qui sont solubles, lorsqu'ils sont dissous, se comportent avec les réactifs comme les dissolutions de potasse pure. L'*acide tartrique* produit, dans les dissolutions concentrées des sels de potasse, le même précipité de bitartrate de potasse que dans les dissolutions de potasse pure. Dans les dissolutions des sels de potasse peu solubles, le précipité ne se forme qu'au bout de quelque temps. Mais il y a ici une différence essentielle, c'est que chaque portion d'acide tartrique ajoutée, qu'il y en ait peu ou qu'il y en ait un excès, produit un précipité de bitartrate de potasse peu soluble; tandis que, dans les dissolutions de potasse ou de carbonate de potasse, il n'y a qu'un excès d'acide tartrique qui puisse le produire. Du reste, l'observation précédente ne s'applique qu'aux dissolutions des sels neutres de potasse. Dans la dissolution de sulfate acide de potasse, l'acide tartrique ne forme pas de précipité, et il ne s'en forme pas non plus lorsque la dissolution d'un sel neutre de potasse a été rendue acide au moyen d'un acide fort. — Une dissolution de *chlorure de platine* forme, dans les dissolutions concentrées des sels de potasse, un précipité jaune clair de chlorure de platine et de potassium, comme dans la dissolution de potasse pure. Mais si le sel de potasse à examiner est soluble dans l'alcool, il vaut quelquefois mieux employer la dissolution alcoolique du sel pour la mêler avec la dissolution de chlorure de platine; si c'est du carbonate de potasse qui doit être mis en présence du chlorure de platine, on fait bien de le transformer d'abord en chlorure de potassium, au moyen de l'acide chlorhydrique.—L'*acide hydrofluosilicique* se comporte, en présence des dissolutions des sels de potasse, comme en présence des dissolutions de potasse pure. Pour les dissolutions de la plupart des sels neutres de potasse, il n'y a aucune règle particulière à observer; seulement, pour la dissolution de carbonate de potasse, il faut opérer comme pour la dissolution de potasse pure.—Une dissolution concentrée de *sulfate d'alumine* dépose au bout de quelque

ERRATUM. — Page 4, ligne 9, au lieu de : une dissolution de *perchlorate de potasse* produit, temps, dans les dissolutions concentrées de la plupart des sels de potasse, des cristaux d'alun: c'est surtout le cas des dissolutions concentrées de sulfate de potasse, de nitrate de potasse, et aussi de chlorure de potassium. Dans les dissolutions formées par les combinaisons de la potasse avec l'acide phosphorique, l'acide arsénique et l'acide borique, la solution de sulfate d'alumine produit un volumineux précipité, formé par l'alumine combiné avec l'acide du sel de potasse employé. Si la dissolution du sel est acide, il se produit des cristaux d'alun; mais ces cristaux ne se forment souvent qu'au bout d'un temps très long. Si cependant on ajoute de l'acide sulfurique, les cristaux se forment plus rapidement. Le carbonate de potasse et le sulfure de potassium doivent être préalablement transformés en chlorure de potassium, au moyen de l'acide chlorhydrique, pour pouvoir former, avec la dissolution de sulfate d'alumine, des cristaux d'alun. — L'*acide perchlorique* produit, dans les dissolutions des sels de potasse, le même précipité de perchlorate de potasse que dans les dissolutions de potasse pure. — *Au chalumeau*, on reconnaît la potasse dans les sels de potasse solubles, de la même manière qu'on reconnaît l'hydrate de potasse. La coloration violette de la flamme extérieure qui se présente lorsqu'on fond une petite quantité du sel au bout du fil de platine, et lorsqu'on dirige l'extrémité de la flamme intérieure sur la perle fondue, est le mieux indiquée pour le chlorure, le bromure et l'iodure de potassium, à cause de la volatilité de ces sels: elle est même encore plus nette pour ces sels que pour l'hydrate de potasse. Elle se montre moins nettement pour le sulfate et le carbonate de potasse, et elle est encore plus difficile à observer pour le phosphate et le borate de potasse. Les sels qui décrépitent fortement par l'action de la chaleur, comme le chlorure de potassium, et particulièrement le sulfate de potasse, doivent être réduits en poudre très fine, dans un petit mortier de porphyre; on les humecte ensuite avec de l'eau distillée, on les porte à l'extrémité du fil de platine recourbé en un petit anneau, et on les fait fondre. — Dans les sels dont la fusion est très difficile, comme le sont, par exemple, les minéraux qui contiennent de la silice, on peut quelquefois découvrir la présence de la potasse, au moyen de la coloration de la flamme extérieure, en prenant un petit éclat du minéral entre les extrémités de platine d'une petite pince, et dirigeant le jet du chalumeau de manière que l'extrémité de la flamme intérieure du chalumeau puisse chauffer l'extrémité du petit morceau du minéral. La coloration est d'autant plus vive, que le minéral est plus riche en potasse. Pour une faible quantité de potasse, on n'obtient presque aucune coloration si la flamme n'est pas bien dirigée sur la substance à essayer; mais si l'on ne fait qu'affleurer la substance avec l'extrémité de la flamme intérieure, et si l'on souffle assez fort, la coloration de la flamme extérieure se montre encore assez distinctement, même pour une faible quantité de potasse. Mais avant de mettre la substance entre les extrémités de la petite pince, on a besoin de s'assurer que ces extrémités sont parfaitement nettes (Plattner).

Si l'on fait fondre avec de la soude, sur une lame de platine, un sel de potasse dont l'acide ne soit pas métallique, il ne se produit pas de précipité dans la perle fondue. C'est par ce caractère que l'on distingue les sels de potasse des sels formés par la plupart des oxydes terreux et métalliques.

Si l'on réduit un sel de potasse en poudre, et si on l'arrose avec de l'alcool concentré, que l'on a préalablement étendu d'un volume d'eau à peu près égal au sien; si l'on chauffe ensuite le vase en le plaçant au-dessus d'une lampe à alcool, et si l'on enflamme l'alcool, la flamme présente une coloration bleue ou violette sur les bords. Le sel pour lequel la coloration est la plus nette, est le chlorure de potassium. Pour les autres sels de potasse, comme le sulfate de potasse, on ne peut pas déterminer avec une complète certitude la présence de la potasse par cette réaction.

Les sels neutres que la potasse forme avec les acides sulfurique, carbonique, phosphorique, arsénique et borique, peuvent être calcinés hors de la présence de l'air aussi bien qu'en sa présence, sans se volatiliser ni se décomposer, si la substance du vase dans lequel on fait l'examen n'exerce sur eux aucune action qui puisse tendre à les décomposer. Le chlorure de potassium, soumis à l'influence d'une chaleur rouge, en présence de l'air, se volatilise sans se décomposer. Il n'y a cependant pas besoin d'une chaleur extraordinairement forte, ni d'un vase très élevé, pour en volatiliser une quantité tant soit peu considérable. Il en est de même du bromure et de l'iodure de potassium. Dans les sels que la potasse forme avec les acides nitrique, phosphoreux et hypophosphoreux, avec l'acide oxalique, avec les acides organiques et la plupart des autres acides, l'acide est décomposé par la chaleur rouge.

Le sulfate de potasse est transformé, sous l'influence de la chaleur, par le chlorure d'ammonium, en chlorure de potassium. On mélange les deux sels dans un petit creuset de porcelaine, et on les calcine jusqu'à ce que l'excès du chlorure d'ammonium se soit complétement volatilisé. — Le cyanure de potassium est transformé de la même manière en chlorure de potassium.

Parmi les dissolutions des sels neutres de potassium, les unes ne font subir aucune modification à la couleur du papier de tournesol; les autres, et ce sont celles dont les acides sont peu énergiques, ramènent au bleu le papier rouge de tournesol. Le sulfate et le nitrate de potasse, aussi bien que le chlorure, le bromure et l'iodure de potassium, ne font subir aucun changement à la couleur du papier de tournesol. Le phosphate, l'arséniate, le borate et le carbonate de potasse, aussi bien que le fluorure et le sulfure de potassium, ramènent au bleu le papier rouge de tournesol. — Le papier de curcuma n'est pas modifié par les dissolutions des sels de potasse, si l'acide du sel ne peut pas être placé parmi les acides faibles; mais si ce cas se présente, le papier jaune de curcuma passe au brun. La couleur brune est modifiée par une dessiccation complète, et disparaît totalement lorsque la dissolution du sel de potasse est étendue : le papier redevient alors jaune.

La plupart des sels de potasse qui se présentent le plus fréquemment, comme le sulfate et le nitrate de potasse, ne contiennent pas d'eau de cristallisation, et par suite ne s'effleurissent pas à l'air; du reste, les sels de potasse qui contiennent de l'eau de cristallisation ne s'effleurissent pas non plus. Il est souvent facile de reconnaître de petites quantités d'un sel de potasse à la forme cristalline. Le chlorure de potassium cristallise en cubes, le nitrate de potasse en cristaux prismatiques; le sulfate de potasse cristallise ordinairement en prismes symétriques à six faces, terminés par des pyramides hexaédriques. Le carbonate de potasse ne cristallise pas, ou plutôt cristallise seulement sous certaines conditions, et tombe en deliquium à l'air, dont il attire très vivement l'humidité.

La potasse forme, avec un très petit nombre d'acides, des sels insolubles, ou peu solubles dans l'eau. Dans ces sels, la présence de la potasse est souvent difficile à observer; elle ne se laisse ordinairement découvrir alors avec quelque certitude que si l'on a séparé l'acide de la potasse. Du reste, ces combinaisons ne se présentent que rarement; elles ne sont généralement formées que par des acides très faibles, ou par des acides qui, à l'état pur, sont eux-mêmes insolubles ou peu solubles dans l'eau. Souvent alors ce ne sont que les sels acides qui sont insolubles ou peu solubles dans l'eau, les sels neutres ne l'étant pas.

Aux combinaisons de ce genre appartiennent les sels que la potasse forme avec l'oxyde d'urane, l'oxyde d'étain, l'acide antimonique, l'oxyde de tellure, l'acide titanique, l'acide tantalique, l'acide silicique, etc.

Les réactifs le plus généralement employés pour découvrir la présence de la potasse dans les dissolutions, sont le chlorure de platine et l'acide tartrique; l'acide perchlorique n'est employé que rarement, parce qu'il est assez difficile de se le procurer. Le sulfate d'alumine et l'acide hydrofluosilicique servent bien moins sûrement à retrouver la potasse; ce dernier réactif d'autant moins que les sels de potasse ne peuvent pas, de cette manière, être distingués des sels de soude. Comme le chlorure de platine et le sulfate d'alumine se comportent avec les sels ammoniacaux de la même manière que les sels de potasse, il faut, lorsqu'on emploie ces réactifs, s'assurer préalablement de l'absence de l'ammoniaque dans la substance à analyser.

Si la potasse ou ses sels en dissolution sont combinés avec des substances organiques, les dissolutions d'acide tartrique ou de chlorure de platine indiquent la présence de la potasse, même dans les dissolutions les plus colorées. Veut-on rechercher la potasse dans une substance organique qui a la consistance de la bouillie ou qui est solide, on peut l'étendre avec de l'eau, ou bien de l'acide chlorhydrique ou de l'acide nitrique étendu. Si la quantité de substance que l'on possède n'est pas considérable, on peut la calciner dans un creuset de Hesse, ou mieux dans un creuset de platine, à un feu qui ne soit pas très intense, et arroser ensuite la masse calcinée avec de l'eau ou de l'acide chlorhydrique. Dans la dissolution filtrée, on peut ensuite reconnaître la présence de la potasse au moyen des réactifs précédemment cités.

Peroxyde de potassium, K^2O^3.

Le peroxyde de potassium est de couleur jaune, fond à une température plus basse que la chaleur rouge, et prend, en se solidifiant, un aspect cristallin. Mêlé avec les matières combustibles et exposé à l'action de la chaleur, il détone avec force. Si l'on verse de l'eau sur le peroxyde de potassium, il se produit un dégagement abondant d'oxygène, et le peroxyde se transforme en une dissolution d'hydrate de potasse.

II. — SODIUM, Na.

Le sodium a une couleur d'un blanc d'argent et un éclat fortement métallique. A une température au-dessous du point de congélation de l'eau, il est solide, friable; à une température un peu au-dessus, il est ductile; à la température ordinaire, il a la consistance de la cire et se laisse aplatir. Jusqu'à 97°,6 il est solide; un peu au-dessous du point d'ébullition de l'eau, il devient liquide; à la température rouge, il se volatilise. Le sodium est plus léger que l'eau. A l'air sec, le sodium ne s'oxyde pas; mais, à l'air humide, il s'oxyde, plus lentement cependant que le potassium, en se recouvrant d'une couche d'hydrate de soude. Ce métal peut être fondu même en présence de l'air; il ne s'enflamme que lorsqu'on le chauffe jusqu'à une température très voisine de la température rouge. Le sodium, mis en contact avec l'eau pure, s'oxyde en produisant un vif dégagement d'hydrogène, mais sans produire d'inflammation. Si l'on dissout un peu de gomme dans l'eau, les morceaux de sodium qu'on y jette restent plus longtemps au même endroit, et la chaleur devient assez forte pour que les morceaux s'enflamment et prennent un mouvement gyratoire à la surface du liquide : si, au lieu d'employer de l'eau pure froide, on emploie de l'eau chaude, le sodium s'enflamme également. La couleur de la flamme de l'hydrogène qui brûle avec le sodium est jaune, et diffère essentiellement de celle qui se produit avec le potassium dans les mêmes circonstances. Si l'on ne met le sodium en contact qu'avec une très petite quantité d'eau, il s'enflamme également. Agité avec du mercure, dans un petit verre, il se combine avec ce métal avec production de lumière et de chaleur, et forme un amalgame solide.

Soude, Na^2O.

A l'état pur, la soude n'est pas connue; à l'état d'hydrate, elle a, lorsqu'elle est solide, une grande ressemblance avec l'hydrate de potasse. Sa dissolution aqueuse se comporte, avec les papiers de tournesol et de curcuma, comme la dissolution d'hydrate de potasse. Elle se distingue cependant de cette dernière en ce qu'elle ne produit de précipité ni avec la dissolution de *chlorure de platine,* ni avec l'*acide perchlorique,* ni même avec une dissolution concentrée d'*acide tartrique* en excès. Pour employer ce dernier réactif, il ne faut pas cependant que la dissolution de soude soit trop concentrée, car, dans les dissolutions concentrées, un excès d'une dissolution concentrée d'acide tartrique produit précisément, au bout de quelque temps, un précipité volumineux de tartrate acide de soude si épais, que toute la liqueur paraît souvent prise en masse; mais le précipité est tout à fait différent du précipité de tartrate acide de potasse, qui se présente sous la forme de grains cristallins et se dépose si facilement et si rapidement de la liqueur où il s'est formé. Une dissolution de *sulfate d'alumine* ne produit pas de cristaux d'alun dans une dissolution de soude qui a été saturée par un acide. L'*acide hydrofluosilicique* produit cependant, dans une dissolution de soude, un précipité gélatineux de fluosilicate de soude, lorsque la dissolution de soude n'est pas trop étendue.

Une dissolution d'*antimoniate de potasse* avec excès de potasse (dont nous indiquerons la préparation plus loin donne, dans une dissolution de soude, ou dans les dissolutions neutres des sels de soude, un précipité peu soluble d'antimoniate de soude (Fremy). Ce précipité se forme assez vite, lorsque la dissolution de soude est concentrée. Dans les dissolutions étendues, les cristaux d'antimoniate de soude ne se forment qu'au bout de quelques heures, et ils se déposent alors en grande partie sur les parois du vase. Il ne doit pas y avoir d'acide libre dans la dissolution du sel de soude, parce que l'acide libre décompose le réactif et en précipite de l'hydrate d'acide antimonique. — Ce réactif sert à distinguer la soude des autres alcalis, potasse, ammoniaque et lithine, dont les dissolutions ne sont pas modifiées sous l'influence de l'antimoniate de potasse. Les dissolutions des oxydes terreux et métalliques sont précipitées par la dissolution d'antimoniate de potasse, en partie parce que ce réactif contient de la potasse et du carbonate de potasse libres. Lorsqu'on veut séparer le précipité très peu soluble d'antimoniate de soude, il ne faut pas employer une quantité trop faible de réactif.

Pour reconnaître *au chalumeau* l'hydrate de soude, il faut en faire fondre une petite quantité à l'extrémité d'un fil de platine, que l'on a préalablement recourbé en anneau, et diriger dessus l'extrémité de la flamme intérieure. La flamme extérieure se colore alors fortement en jaune, comme la flamme d'une chandelle qui brûle tranquillement. Cette coloration se montre même lorsque la soude est mêlée avec beaucoup de potasse. On peut, par conséquent, distinguer ainsi d'une manière complète la soude de la potasse. La coloration jaune produite par la soude dans la flamme extérieure est bien plus forte que la coloration violette produite par la potasse.

Si l'on traite par l'alcool étendu les sels de soude pulvérisés de la même manière qu'il a été indiqué pour les sels de potasse page 6 , la flamme de l'alcool qui brûle est fortement colorée en jaune, même lorsqu'on n'a employé qu'une faible quantité de soude. Si l'on ajoute au sel de soude une quantité considérable d'un sel de potasse, malgré cela la flamme reste jaune. On ne peut cependant reconnaître, de cette manière, que les sels de soude qui sont un peu solubles dans l'alcool.

Dans les sels de soude qui sont solubles dans l'eau, la soude se distingue de la potasse de la même manière que si elle était pure. Il faut observer que, dans une dissolution concentrée de carbonate de soude, une dissolution concentrée d'acide tartrique en excès produit un précipité volumineux de tartrate acide de soude, comme dans les dissolutions d'hydrate de soude. Cependant les dissolutions des autres sels de soude ne donnent pas de précipité avec une dissolution d'acide tartrique. — La meilleure manière de reconnaître les sels de soude lorsqu'ils sont solides, est l'emploi du chalumeau. La coloration fortement jaune de la flamme extérieure est, comme pour l'hydrate de soude, le caractère le plus distinctif. On ne peut, du reste, reconnaître la coloration jaune de la flamme qu'après la fusion du sel. Même si le sel de soude est mêlé avec un sel de potasse, la coloration jaune de la flamme extérieure se montre seule ; néanmoins, en présence d'une quantité considérable d'un sel de potasse, la coloration est d'un jaune moins intense ; et même lorsque le chlorure de sodium est mêlé avec une forte proportion de chlorure de potassium dans la proportion de 1 de chlorure de sodium pour 20 de chlorure de potassium, la réaction de la potasse est masquée, et lorsque la matière est fondue, on ne peut distinguer, après la fusion, que la réaction de la soude. Les minéraux peu fusibles qui contiennent de la soude, traités comme ceux de potasse entre les extrémités de platine d'une petite pince, laissent apparaître immédiatement la coloration jaune de la flamme extérieure qui caractérise si bien la soude. Si le minéral contient aussi de la potasse en même temps que la soude, la coloration jaune de la flamme extérieure n'en paraît pas moins.

Un sel de soude dont l'acide n'est pas métallique, fondu avec de la soude sur une lame de platine, se comporte comme le sel de potasse (page 6 , et peut ainsi être distingué, comme la potasse, des sels formés par la plupart des oxydes terreux et métalliques.

Soumis à la calcination, les sels de soude se comportent comme les sels de potasse. Seulement le chlorure de sodium est moins volatil que le chlorure de potassium, et l'iodure de sodium perd, par la calcination, une portion de son iode. — Le sulfate de soude, calciné avec du chlorure d'ammonium, est transformé en chlorure de sodium.

Les sels neutres de soude qui sont cristallisés s'effleurissent pour la plupart à l'air, lorsqu'ils contiennent de l'eau de cristallisation, ce qui est le cas le plus général. Cela s'applique particulièrement au sulfate, au phosphate, à l'arséniate et au carbonate de soude, et aussi, mais beaucoup moins, au borate. Le nitrate de soude, aussi bien que le chlorure et le fluorure de sodium, ne s'effleurissent pas à l'air, parce qu'ils ne contiennent pas d'eau de cristallisation.

On arrive souvent à distinguer les sels de soude en petite quantité des sels de potasse au moyen de la forme cristalline. Le nitrate de soude cristallise en rhomboèdres qui ne s'effleurissent pas, comme nous l'avons indiqué antérieurement. Le sulfate de soude se présente sous la forme de cristaux prismatiques qui s'effleurissent à l'air. Les cristaux de carbonate de soude sont lamelliformes et s'effleurissent, tandis que le carbonate de potasse est déliquescent. Le chlorure de sodium ne peut pas être distingué facilement du chlorure de potassium au moyen de la forme cristalline, parce que tous deux prennent la forme cubique. Cependant, lorsque ces deux chlorures sont mêlés ensemble dans une dissolution, chacun d'eux cristallise séparément, et lorsque l'on a une certaine habitude, on parvient à distinguer les cristaux de chlorure de potassium de ceux de chlorure de sodium.

Parmi les dissolutions des sels neutres de soude, celles du sulfate et du nitrate de soude, aussi bien que celles de chlorure, de bromure et d'iodure de sodium, ne modifient pas la couleur du papier de tournesol. Les dissolutions de phosphate, d'arséniate, de borate et de carbonate de soude, aussi bien que celles de fluorure et de sulfure de sodium, bleuissent le papier rouge de tournesol. — Avec le papier de curcuma, les solutions des sels de soude se comportent comme les solutions des sels de potasse.

La soude forme, avec un très petit nombre d'acides, des sels qui sont insolubles ou peu solubles dans l'eau. Dans ces sels, la présence de la soude est ordinairement aussi difficile à découvrir que la présence de la potasse dans les sels de potasse insolubles ou peu solubles. Les acides avec lesquels la soude forme des sels insolubles ou peu solubles sont presque les mêmes avec lesquels la potasse donne des sels de la même nature : ils ont été indiqués page 7.

Lorsqu'on veut reconnaître la soude dans les sels de soude en dissolution, il faut d'abord s'assurer de la présence d'un alcali. Si l'on fait réagir ensuite les dissolutions de chlorure de platine et d'acide tartrique, la liqueur n'est pas troublée ; mais le caractère le plus sûr pour découvrir la soude, si on l'a sous la forme solide, est la couleur jaune de la flamme du chalumeau. Si l'on suppose qu'il y a en même temps dans une dissolution de la soude et de la potasse, on en essaye d'abord une portion au moyen du chlorure de platine. Lorsqu'on s'est convaincu de la présence ou de l'absence de la potasse, on en évapore à siccité une autre portion, et l'on soumet le résidu à l'action du chalumeau. Si l'on a reconnu, au moyen du chlorure de platine, la présence de la potasse dans la solution, et si la flamme extérieure du chalumeau est colorée en violet par le résidu, c'est qu'il n'y a que de la potasse. Si, au contraire, la flamme du chalumeau est colorée en jaune par le résidu, c'est qu'à côté de la potasse il y a aussi de la soude. Dans ces recherches, il est bon de s'assurer que le fil de platine seul ne donne pas à la flamme une faible coloration jaune, qui, du reste, ne peut pas être confondue avec celle que produisent les sels de soude. Cette faible coloration jaune de la flamme, produite par le fil de platine, vient souvent de ce qu'il a été légèrement mouillé par la sueur de la main ou par la salive; le chlorure de sodium paraît alors être la cause de la coloration de la flamme. Si dans quelques cas on pouvait douter que la coloration jaunâtre de la flamme du chalumeau fût déterminée par la présence de la soude ou par une autre cause, on pourrait facilement le décider au moyen du petit essai suivant : On chauffe à la flamme du chalumeau, au bout d'un fil de platine, un sel de soude, préférablement du chlorure de sodium, et l'on compare la coloration ainsi produite à la flamme du chalumeau avec celle produite par le fil de platine ou par toute autre cause.

Pour découvrir la soude ou ses sels dans les dissolutions qui contiennent des matières organiques, on opère de la manière suivante :

On évapore la dissolution à siccité, on calcine le résidu de la dessiccation à une température qui ne soit pas trop élevée, dans un creuset de Hesse, si la quantité est trop considérable, et mieux dans un creuset de platine, si la quantité de matière est faible; on traite la masse calcinée par l'eau ou l'acide chlorhydrique, on filtre la dissolution, et l'on y reconnaît la présence de la soude de la manière indiquée plus haut; ou bien encore on évapore à siccité, et c'est dans le résidu de la dessiccation qu'on recherche la soude. Si la substance organique a la consistance d'une bouillie, ou bien encore est solide, on la calcine de la même manière, et l'on traite de même la masse calcinée.

Peroxyde de sodium, Na^2O^3.

Le peroxyde de sodium est d'un jaune verdâtre sale, ne fond pas facilement à la température rouge. Mis en contact avec l'eau, il dégage de l'oxygène et se transforme en hydrate de soude.

III. — LITHIUM, Li.

Le lithium a l'éclat de l'argent. A la température ordinaire, il est bien moins mou que le potassium et le sodium; il fond à 120°. Il n'est pas attaqué par l'air sec, même à la température de fusion. A une plus haute température, il s'enflamme et brûle tranquillement avec une flamme blanche.

A une température plus élevée, il est un peu volatil. Il est plus léger que l'eau ; il surnage à la surface de l'huile de pétrole, le plus léger des corps liquides et volatils. Il décompose aussi l'eau, à la température ordinaire, mais lentement, et l'action n'est pas aussi vive que pour le potassium et le sodium. Pour que l'hydrogène s'enflamme, il faut jeter le métal sur l'acide sulfurique concentré (Troost).

Lithine, Li^2O.

A l'état anhydre, la lithine est blanche et cristalline ; l'hydrate de lithine est cristallisé. Il attire l'humidité de l'air, mais moins vite que l'hydrate de potasse ou l'hydrate de soude, et se dissout plus lentement dans l'eau. Il fond au rouge, et lorsqu'on opère la fusion dans un creuset de platine, il attaque le platine.

Les dissolutions des sels de lithine solubles dans l'eau se comportent, avec les réactifs, de la manière suivante :

Une dissolution concentrée de *carbonate de potasse* ou *de soude* n'y forme pas immédiatement de précipité, même lorsqu'elle est très concentrée. Seulement, au bout de quelque temps, il se forme un précipité grenu de carbonate de lithine peu soluble. La présence des sels ammoniacaux peut empêcher la production du précipité. Le *carbonate d'ammoniaque* donne un faible précipité, et si les dissolutions sont étendues, il n'en produit plus.

Une dissolution de *phosphate de soude* ne produit pas, au premier moment, de précipité dans les dissolutions concentrées des sels neutres de lithine; mais la liqueur ne possède pas la propriété de rougir le papier de tournesol. Au bout de quelque temps, il se forme un précipité grenu, cristallin; et alors la dissolution rougit le papier de tournesol. On obtient ce précipité immédiatement, si, après avoir mêlé les liqueurs, on chauffe le tout; le papier de tournesol est alors rougi immédiatement. Si, à la liqueur acide décantée, on ajoute de l'hydrate de potasse en excès, il se forme de nouveau un précipité qui se produit très lentement, à la température ordinaire, et immédiatement par l'action de la chaleur. Le précipité formé dans tous les cas, est $3Li^2O + P^2O^5$. Il est presque insoluble dans l'eau qui tient de l'ammoniaque en dissolution ; mais il n'est pas insoluble dans les dissolutions des sels ammoniacaux. (Mayer.

Une dissolution d'*acide tartrique*, mise en excès dans les dissolutions des sels de lithine, ne produit aucun précipité, même dans les dissolutions concentrées des sels de lithine.

Une dissolution d'*acide oxalique* n'y produit pas non plus de précipité.

L'*acide hydrofluosilicique* produit, dans les dissolutions des sels de lithine, un précipité blanc de fluosilicate de lithine.

La dissolution de *chlorure de platine* produit, dans les dissolutions alcooliques concentrées des sels de lithine, un précipité insignifiant. Si la dissolution est seulement un peu étendue, il n'y a pas de précipité apparent.

Une dissolution de *sulfate d'alumine* ne forme pas de précipité dans les dissolutions concentrées des sels de lithine, même lorsqu'on a observé les précautions qui ont été indiquées dans les mêmes circonstances pour la potasse (page 4).

Une dissolution d'*acide perchlorique* trouble les dissolutions des sels de lithine, quand elles sont très concentrées ; mais le précipité disparaît lorsqu'on étend d'eau la liqueur.

Au chalumeau, la lithine peut très bien être reconnue dans les sels de lithine : si l'on met un peu du sel à examiner à l'extrémité d'un fil de platine recourbé en anneau, et si l'on dirige la flamme de manière que l'extrémité de la flamme intérieure vienne affleurer la masse fondue, la flamme extérieure se colore alors en un beau rouge très vif. C'est pour le chlorure de lithium que la coloration est la plus manifeste. Si le sel de lithine est mêlé avec un sel de potasse, on n'aperçoit, au chalumeau, que la coloration rouge, et la présence de la potasse ne peut pas alors être reconnue au chalumeau, même quand la potasse est en plus grande quantité que la lithine. — Mais si le sel de lithine est mêlé avec un sel de soude, la réaction de la soude se montre seule, et la flamme extérieure est colorée en jaune. Seulement, lorsque la proportion de la lithine est plus grande que celle de la soude, la réaction de la lithine se produit dans le voisinage de la perle d'essai, et plus loin celle de la soude. Lorsque le sel de lithine est mêlé avec un sel de potasse et un sel de soude, la réaction de la soude se montre presque seule. — Si l'on doit essayer des minéraux qui contiennent de la lithine, on en prend un éclat entre les extrémités de platine d'une petite pince, on l'expose à l'extrémité de la flamme intérieure; la flamme extérieure est alors colorée en un beau rouge-carmin assez vif. Ceux qui ne contiennent que très peu de lithine ne colorent pas la flamme en rouge, ou ne la colorent que d'une manière insignifiante (Plattner). Quelques espèces de lépidolithes assez fusibles, lorsqu'on en expose un éclat à la flamme d'une bougie ordinaire, colorent le bord extérieur de la flamme en rouge-carmin. — Pour les minéraux qui contiennent une faible proportion de lithine, ou pour ceux qui contiennent une certaine quantité de lithine, mais qui sont très peu fusibles, il faut réduire le minéral en poudre très fine, le mélanger avec 1 partie de spath-fluor et 1 partie 1/2, ou mieux 2 parties de bisulfate de potasse, et ajouter une très petite quantité d'eau, de manière à former une pâte, que l'on place dans le petit anneau du fil de platine, et que l'on fond ensuite à l'extrémité de la flamme intérieure. La flamme extérieure se colore alors en un beau rouge-carmin très vif (Turner). Lorsque la combinaison de lithine contient une grande quantité de soude, la coloration de la flamme extérieure est alors presque uniquement jaune.

Soumis à la calcination, les sels de lithine se comportent de la même manière que les sels de potasse. Le chlorure de lithium est un peu plus volatil que le chlorure de sodium, mais un peu moins que le chlorure de potassium. Si l'on calcine pendant longtemps le chlorure de lithium, même en petite quantité, en présence de l'air, il se décompose : il se produit un dégagement d'acide chlorhydrique, et il se forme une petite quantité de lithine. — Le carbonate de lithine perd, par une forte chaleur, une partie de son acide carbonique, et attaque tant soit peu le creuset de platine dans lequel s'opère la fusion. Le platine se colore en brun à l'endroit où le carbonate de lithine en fusion a été en contact avec le platine. Si on lave la place avec de l'eau et si l'on calcine, la coloration brune du platine disparaît ; mais le métal a perdu son poli et est devenu mat.

Les sels de lithine fondent à une bien plus basse température que les sels correspondants de potasse et de soude, plusieurs même avant la température rouge.

Le sulfate de lithine, calciné avec du chlorure d'ammonium, n'est transformé qu'en partie, et non complétement, en chlorure de lithium.

Beaucoup de sels de lithine sont très déliquescents, peuvent être reconnus à cette propriété, et se distinguent ainsi des sels de potasse et de soude. Le plus déliquescent est le chlorure de lithium. Le nitrate de lithine même est déliquescent à l'air, mais le sulfate ne l'est pas.

Les dissolutions des sels de lithine se comportent, avec les papiers de tournesol ou de curcuma, comme les dissolutions des sels correspondants de potasse ou de soude. Lorsque le chlorure de lithium a été calciné pendant longtemps, sa dissolution présente une réaction alcaline.

Les dissolutions alcooliques des sels de lithine brûlent avec une belle couleur rouge-carmin. Les sels de lithine insolubles dans l'alcool ne donnent à la flamme de l'esprit-de-vin cette coloration que lorsqu'on l'a versé sur le sel préalablement mis en poudre, et lorsqu'on agite le tout avec une baguette de verre, ou bien aussi lorsque l'alcool est presque entièrement brûlé.

La lithine donne des sels insolubles ou peu solubles dans l'eau avec les mêmes acides avec lesquels la potasse et la soude en donnent, et la présence de la lithine peut y être reconnue de la même manière que la présence de la potasse dans les combinaisons analogues de la potasse. La lithine forme cependant encore des combinaisons insolubles ou peu solubles dans l'eau, avec d'autres acides avec lesquels la potasse et la soude donnent des sels solubles, comme l'acide carbonique, et surtout l'acide phosphorique. Dans le phosphate de lithine, la présence de la lithine n'est pas facile à découvrir. Ce sel fond au chalumeau, lorsqu'on le place sur une lame de platine ou à l'extrémité d'un fil de platine recourbé en anneau. La fusion s'opère plus facilement lorsque le sel est mélangé avec de la soude. La masse fondue est transparente. Elle perd sa transparence par le refroidissement, et devient cristalline. — Les phosphates terreux qui peuvent être confondus avec le sel de lithine, comme le phosphate de chaux, ne fondent pas avec la soude sur le fil ou sur la lame de platine. Si l'on a employé un très grand excès de soude, le tout paraît bien fondre, mais on aperçoit clairement, dans la masse fondue, le phosphate de chaux qui n'est pas dissous. Fondus sur le charbon avec la soude, ils restent sur le charbon, tandis que la soude pénètre à l'intérieur.

Si, dans une dissolution qui n'est pas trop concentrée, on s'est convaincu de la présence d'un alcali, et si pour cela, après en avoir pris une portion et y avoir versé une dissolution de carbonate de potasse ou de soude, on n'a pas obtenu de précipité, on peut y distinguer la lithine de la potasse, surtout en ce que la dissolution n'est pas troublée par l'addition de l'acide tartrique ou du chlorure de platine; mais elle peut être distinguée de la soude, et en même temps de la potasse, en ce que la dissolution forme, au bout de quelque temps, un abondant précipité, par l'action d'une dissolution de phosphate de soude à laquelle on a ajouté de l'hydrate de soude. La réaction qu'elle présente au chalumeau distingue souvent très bien la lithine des deux autres alcalis.

IV. — AMMONIUM, N^2H^8.

L'ammonium, métal hypothétique et composé, n'appartient pas précisément à la série des métaux simples; mais comme ses combinaisons se présentent très fréquemment dans les recherches chimiques, il nous paraît utile de nous en occuper en même temps que des autres combinaisons alcalines.

Ammoniaque, N^2H^6, et Oxyde d'ammonium, N^2H^8O.

A l'état pur et dissoute dans l'eau, l'ammoniaque a une odeur forte, particulière, qui peut la faire reconnaître facilement. Si la proportion d'ammoniaque libre qui est dissoute dans l'eau est assez faible pour que la présence de l'ammoniaque ne puisse plus être reconnue à l'odeur, on peut la découvrir facilement en exposant à la surface du liquide, ou du papier de tournesol rouge humide, ou mieux une baguette de verre qui a été plongée dans de l'acide chlorhydrique concentré, mais qui ne soit pas fumant. Dans le premier cas, le papier de tournesol est bleui; dans le second, il se forme au-dessus de la liqueur des vapeurs blanches, qui se monfrent même quand il n'y a qu'une très faible proportion d'ammoniaque. Si la proportion d'ammoniaque est plus forte, et assez pour qu'on puisse se convaincre de la présence de l'ammoniaque même au moyen de l'odeur, les vapeurs blanches sont beaucoup plus remarquables. On peut humecter aussi la baguette de verre avec de l'acide nitrique ou de l'acide acétique; mais l'acide chlorhydrique est bien meilleur pour rechercher des traces très faibles d'ammoniaque. — Un moyen, bien meilleur que le précédent, de retrouver l'ammoniaque libre, est l'emploi d'une dissolution de nitrate de protoxyde de mercure. Si l'on ajoute une petite quantité d'une dissolution de ce sel à de l'eau qui contient des traces d'ammoniaque si faibles qu'on ne peut pas la découvrir par les moyens indiqués précédemment, il se produit une coloration d'un brun sale parfaitement nette. On doit avoir soin qu'il n'y ait pas dans la liqueur de matières étrangères qui puissent empêcher cette réaction. Pour des traces de potasse contenues dans la liqueur, la dissolution de nitrate de protoxyde de mercure agit bien d'une manière analogue, mais la réaction est loin d'être aussi caractéristique. (On peut voir plus loin la manière dont le nitrate de protoxyde de mercure se comporte avec les réactifs.)

La dissolution d'ammoniaque a une saveur très caustique. Lorsqu'elle est concentrée, elle attaque vivement la peau de la langue. Elle colore fortement en bleu le papier de tournesol rouge, et en brun le papier de curcuma. La couleur brune disparaît entièrement par la dessiccation, et le papier redevient jaune. Si l'on conserve l'ammoniaque dans des flacons où elle ne soit pas entièrement à l'abri du contact de l'air, ce n'est qu'au bout d'un temps très long qu'il s'en transforme une faible proportion en carbonate d'ammoniaque.

Une dissolution de *chlorure de platine* se comporte, avec une dissolution d'ammoniaque, comme le ferait une dissolution de potasse (page 3 . Le précipité qui se produit, et qui est formé de chlorure de platine et d'ammonium, a des propriétés analogues à celles du précipité de chlorure de platine et de potassium. Cependant il en diffère en ce que, par la calcination, il donne du platine pur, tandis que le dernier laisse pour résidu un mélange de platine et de chlorure de potassium.

Une dissolution concentrée d'*acide tartrique* produit dans la dissolution d'ammoniaque, lorsqu'elle est concentrée, un précipité cristallin de bitartrate d'ammoniaque. Si la dissolution est très étendue, il ne se forme pas de précipité. — Le précipité est plus soluble dans l'eau que le tartrate acide de potasse. Il en a, du reste, toutes les propriétés, et notamment la solubilité dans l'ammoniaque, dans l'hydrate de potasse, dans l'hydrate de soude et dans les carbonates alcalins, et aussi dans les acides forts. Il se sépare de la liqueur aussi facilement que le tartrate acide de potasse, et ne possède pas la propriété du bitartrate de soude, de former un précipité volumineux.

Une dissolution de *sulfate d'alumine* se comporte, avec les dissolutions d'ammoniaque et avec les dissolutions de potasse, d'une manière analogue. Les cristaux de l'alun ammoniacal qui se forme alors ont tout à fait la même forme que ceux de l'alun potassique.

Une dissolution, dans l'acide chlorhydrique, d'*acide molybdique* contenant de l'*acide phosphorique*, donne un précipité jaune dans les dissolutions des sels ammoniacaux, même lorsqu'il n'y en a qu'une très faible proportion. Ce précipité est dissous par l'hydrate de potasse (Sonnenschein).

L'*acide hydrofluosilicique* produit dans la dissolution d'ammoniaque un précipité abondant de silice, qui se sépare, si l'on n'ajoute qu'une quantité d'acide hydrofluosilicique suffisante pour que l'ammoniaque reste prédominante. Dans le cas opposé, il ne se forme pas de précipité.

Une dissolution d'*acide perchlorique* ne produit de précipité que dans la dissolution concentrée d'ammoniaque.

Dans les sels ammoniacaux solubles dans l'eau, dont la plupart sont inodores, et dont quelques-uns, comme par exemple les combinaisons de l'ammoniaque avec l'acide carbonique, ont la même odeur que l'ammoniaque libre, on peut reconnaître la présence de l'ammoniaque au moyen des dissolutions de *chlorure de platine* et de *sulfate d'alumine* de la même manière que la potasse dans les combinaisons correspondantes de potasse (page 4). L'*acide tartrique*, ajouté en excès aux dissolutions des sels ammoniacaux, produit un précipité qui est alors plus faible que dans les dissolutions des sels de potasse correspondants; ou, si les dissolutions sont plus étendues, il ne se produit pas de précipité. — L'*acide hydrofluosilicique*, aussi bien que l'*acide perchlorique*, ne produit pas de précipité dans les dissolutions des sels ammoniacaux qui ne sont pas trop concentrées.

Les dissolutions des sels ammoniacaux contenant un acide fort ne font subir aucune modification au papier de tournesol ni au papier de curcuma: celles qui contiennent un acide faible, bleuissent le papier de tournesol et brunissent le papier de curcuma; la couleur brune du papier de curcuma disparaît complétement par la dessiccation, et le papier redevient jaune.

Si l'on traite les sels ammoniacaux par l'alcool étendu, comme il a été indiqué pour les sels de potasse (page 6, ils communiquent à la flamme de l'alcool une couleur bleue ou violette, comme le font les sels de potasse. Si l'on ajoute une quantité même faible de sel de soude, la flamme devient jaune.

Les sels ammoniacaux se volatilisent presque tous complétement par l'action de la chaleur. Les combinaisons de l'ammoniaque avec l'acide sulfurique, l'acide nitrique, l'acide arsénique, l'acide carbonique, aussi bien que les chlorures, bromures, iodures, fluorures et sulfures d'ammonium, se volatilisent sans résidu. Le phosphate et le borate d'ammoniaque, calcinés dans des vases de verre, y laissent un résidu d'acide phosphorique et d'acide borique. Le fluorure d'ammonium, lorsqu'on le chauffe dans des vases de verre, attaque fortement le verre; il ne se volatilise complétement que dans des vases de platine.

Si l'on broie les sels ammoniacaux avec des oxydes alcalins ou alcalino-terreux, l'odeur particulière et bien connue de l'ammoniaque se fait sentir: les carbonates alcalins et alcalino-terreux déterminent la production de la même odeur; seulement elle est alors plus faible. Les oxydes alcalins ou alcalino-terreux purs, leurs carbonates, ou même leurs dissolutions ou celles de leurs carbonates, versés dans les dissolutions des sels ammoniacaux, en dégagent l'odeur d'ammoniaque. Si la proportion de l'ammoniaque qui s'est développée est trop faible pour être reconnue à l'odeur, on humecte un tube de verre avec de l'acide chlorhydrique assez fort, mais non fumant, et on le porte à la surface de la liqueur mêlée avec l'oxyde alcalin ou alcalino-terreux, ou mieux au-dessus du mélange même, lorsqu'il n'existe qu'une très petite trace d'ammoniaque; il se forme alors un nuage blanc. On découvre les plus petites traces d'ammoniaque dans une combinaison solide, en la broyant rapidement avec de l'hydrate de potasse préalablement pulvérisé, faisant chauffer faiblement le mélange dans un tube de verre bouché à une extrémité, ou dans un petit matras d'essai, et plaçant un papier de tournesol rouge à une certaine distance du mélange : le papier de tournesol se colore alors en bleu. On peut encore faire cet essai d'une autre manière, en étirant le petit matras en une pointe fine, et la faisant plonger dans un vase dans lequel se trouve une dissolution étendue de nitrate de protoxyde de mercure. Cette dissolution, même pour les plus petites quantités d'ammoniaque, devient d'un brun sale. On doit avoir soin, dans cet essai, de veiller à ce qu'il ne se mêle à la dissolution de nitrate de protoxyde de mercure aucune trace de potasse qui pourrait quelquefois produire par elle-même une coloration brune. Si l'on peut dégager l'ammoniaque de la substance sans employer de potasse, par une simple calcination, on fait mieux de ne pas employer la potasse dans cet essai.

L'ammoniaque donne, comme les autres alcalis, avec certains acides, des sels qui sont insolubles ou très peu solubles dans l'eau. Dans ces combinaisons, on peut cependant reconnaître la présence de l'ammoniaque, même par la calcination qui en dégage l'ammoniaque. Pour reconnaître l'ammoniaque d'une manière nette dans ces combinaisons, on en calcine une petite quantité dans un tube de verre qui a été bouché à l'une de ses extrémités, et pendant la calcination on place à l'extrémité ouverte du tube, ou une petite baguette de verre qui a été humectée d'acide chlorhydrique, ou un papier rouge de tournesol.

On reconnaît, dans les sels ammoniacaux, l'ammoniaque surtout à l'odeur d'ammoniaque qui se produit lorsqu'on les traite par la potasse, et qui la distingue des autres alcalis. On pourrait la confondre avec la potasse, si l'on n'examinait que sa manière de se comporter avec les dissolutions de chlorure de platine et de sulfate d'alumine.

Lorsque l'ammoniaque, à l'état libre, est mélangée avec des substances organiques dans des dissolutions ou dans des liqueurs d'une consistance demi-solide, on en reconnaît la présence à son odeur. Si ce sont des sels ammoniacaux qui sont contenus dans le mélange, on le traite par une dissolution concentrée d'hydrate de potasse, et l'on chauffe le tout : l'odeur ammoniacale se produit alors. On opère de la même manière lorsque ce sont des substances organiques sèches qui sont mélangées avec des sels ammoniacaux; si la dissolution est trop étendue, il faut la concentrer par évaporation avant de la traiter par la potasse. — Plusieurs substances azotées, soumises à l'action de la chaleur et mélangées avec une dissolution concentrée de potasse, dégagent souvent de l'ammoniaque, bien que la substance n'en contienne pas avant d'être soumise à l'action de la chaleur.

V. — BARYUM, Ba.

Le baryum à l'état pur est peu connu; jusqu'ici on ne l'a obtenu que sous la forme d'une poudre fine, d'une couleur jaunâtre, qui décompose l'eau à la température ordinaire, et qui s'oxyde rapidement à l'air.

Baryte, BaO.

A l'état pur, la baryte est d'une couleur blanc grisâtre et très friable. A la température ordinaire, elle n'absorbe pas, même au bout d'un temps très long, le gaz acide carbonique s'il est sec, mais elle l'absorbe au rouge obscur; l'absorption est très rapide à la température ordinaire, lorsque le gaz est humide. Si la baryte a été calcinée très fortement, elle ne s'échauffe pas lorsqu'on la met en contact avec l'eau et ne l'absorbe que très lentement: mais si elle a été obtenue par la calcination du nitrate de baryte à une basse température, elle s'échauffe fortement et forme une poudre blanche; avec une plus grande quantité d'eau, la baryte forme une masse cristalline, qui se dissout complétement dans l'eau chaude quand la baryte est pure. La dissolution concentrée dans l'eau chaude, lorsqu'elle est preservée du contact de l'acide carbonique de l'air atmosphérique, dépose, par le refroidissement, des cristaux qui sont de l'hydrate de baryte. —La dissolution de baryte a une saveur caustique, colore fortement en bleu le papier rouge de tournesol, et en brun le papier de curcuma. Au contact de l'air, elle en attire facilement l'acide carbonique et se recouvre à la surface d'une pellicule de carbonate de baryte qui est insoluble dans l'eau et qui tombe peu à peu au fond du vase. A mesure que le carbonate de baryte se dépose, il se forme continuellement une nouvelle pellicule de carbonate de baryte, jusqu'à ce qu'à la fin toute la baryte se soit complétement précipitée. —L'hydrate de baryte est un peu soluble dans une très forte proportion d'alcool. La baryte pure ne fond pas à la température rouge, mais l'hydrate fond bien à cette température.

Les dissolutions très étendues des sels de baryte donnent, soit avec l'*acide sulfurique* un peu étendu, soit avec la dissolution d'un *sulfate*, un précipité blanc de sulfate de baryte, qui ne disparaît pas si on lui ajoute un acide libre, et spécialement l'acide chlorhydrique ou l'acide nitrique. Une dissolution de sulfate de chaux produit aussi instantanément un précipité dans les dissolutions de baryte. — Si la dissolution du sel de baryte contient une très grande quantité d'un acide libre, le précipité de sulfate de baryte se produit par l'action de l'acide sulfurique, même pour de petites quantités de sels de baryte, mais il est un peu plus lent à se former que lorsqu'il n'y a pas d'acide libre. Si les traces de baryte contenues dans une dissolution sont excessivement petites, le précipité de sulfate de baryte formé par l'action de l'acide sulfurique ne paraît pas immédiatement, mais seulement au bout de quelque temps. — Le précipité de sulfate de baryte est, dans tous les cas, lourd et se dépose facilement, bien que la liqueur qui le surnage reste trouble. Il n'est jamais volumineux. — Le sulfate de baryte n'est pas décomposé à la température ordinaire par une dissolution d'un carbonate alcalin. Si on le chauffe avec une dissolution de carbonate de potasse ou de soude, il se produit une décomposition partielle, et pour que la décomposition soit complète, il faut décanter la liqueur, y ajouter une nouvelle dissolution de carbonate alcalin, et la faire bouillir de nouveau avec le précipité. Il ne reste plus alors que du carbonate de baryte pur insoluble. Le carbonate d'ammoniaque ne détermine, même à chaud, qu'une décomposition très faible du sulfate de baryte. — Si l'on traite, à la température ordinaire ou même à chaud, le sulfate de baryte par une dissolution de carbonate de potasse ou de soude à laquelle on ajoute un sulfate alcalin, il ne se fait pas de décomposition.

Les dissolutions de *chromate neutre* et de *bichromate de potasse* produisent dans les dissolutions des sels de baryte un précipité jaune clair de chromate de baryte qui se dissout dans un excès d'acide nitrique. Si l'on sature cette dissolution par l'ammoniaque, le précipité reparaît.

L'*acide hydrofluosilicique* produit dans les dissolutions des sels de baryte un précipité cristallin de fluosilicate de baryte, qui est presque entièrement insoluble dans l'acide chlorhydrique et dans l'acide nitrique libres. Dans les dissolutions étendues, le précipité ne paraît pas immédiatement, mais seulement au bout d'un instant, et plus rapidement si l'on chauffe la liqueur.

L'*acide perchlorique* ne produit pas de précipité dans les dissolutions des sels de baryte.

Une dissolution d'*hydrate de potasse* produit dans les dissolutions concentrées des sels de baryte un précipité volumineux d'hydrate de baryte, qui disparaît entièrement lorsqu'on l'étend de beaucoup d'eau, si la potasse que l'on emploie est entièrement exempte d'acide carbonique. Au bout de quelque temps il se forme alors, par l'absorption de l'acide carbonique de l'air, une pellicule, et finalement un précipité de carbonate de baryte. L'eau de baryte, même concentrée, n'est pas troublée par une dissolution concentrée d'hydrate de potasse. — Le précipité est soluble, même à la température ordinaire, dans les dissolutions de chlorure d'ammonium.

L'*ammoniaque* ne produit pas de précipité dans les dissolutions des sels de baryte, lorsqu'elle est complétement exempte de toute trace d'acide carbonique. Si l'on chauffe le tout, il se produit un faible précipité d'hydrate de baryte. La présence des sels ammoniacaux dans la dissolution empêche la formation du précipité par l'action de la chaleur. — Si cependant on expose au contact de l'air la dissolution d'un sel de baryte à laquelle on a ajouté de l'ammoniaque, l'acide carbonique de l'air est absorbé peu à peu et il se produit du carbonate de baryte, dont une portion se dépose souvent sur les parois du vase, tandis que l'autre portion se précipite sous la forme de grains cristallins semblables à du sable, qui, traités par un acide, se dissolvent avec effervescence. Si l'on a séparé de cette manière le carbonate de baryte, la liqueur ne contient plus de baryte si l'ammoniaque y était en quantité suffisante. Si l'ammoniaque ajoutée à une dissolution de baryte contient seulement des traces d'acide carbonique, il se forme, même dans les dissolutions étendues, un louche plus ou moins fort et souvent même un précipité.

Une dissolution de *carbonate neutre de potasse, de soude* et *d'ammoniaque* produit, dans les dissolutions des sels de baryte, un précipité blanc de carbonate de baryte qui se dissout dans les acides avec effervescence, si la proportion en est tant soit peu considérable; si le précipité est faible, il ne se produit pas d'effervescence, parce que l'acide carbonique mis en liberté reste dissous dans la liqueur. Par la sursaturation avec de l'ammoniaque, le précipité ne reparaît naturellement pas; il ne se montre pas même un louche, bien que beaucoup d'acide carbonique soit dissous dans la liqueur. Mais si l'on chauffe le tout, la liqueur se trouble et souvent il se forme un précipité assez considérable. — Le carbonate de baryte est décomposé, à la température ordinaire, par une dissolution de sulfate de potasse ou de soude, et transformé en sulfate de baryte : la réaction est plus rapide par l'action de la chaleur. Mais si l'on a ajouté un carbonate alcalin à la dissolution du sulfate alcalin, il ne se produit plus de décomposition, même à chaud. — Le carbonate de baryte n'est pas décomposé à la température ordinaire par une dissolution de sulfate d'ammoniaque, mais la décomposition se fait bien par l'action de la chaleur : il se produit alors du carbonate d'ammoniaque, et il se dépose du sulfate de baryte : la réaction est accompagnée d'une certaine effervescence.

Une dissolution de *bicarbonate de potasse, de soude*, ou *d'ammoniaque*, produit dans les dissolutions concentrées des sels de baryte un précipité blanc qui n'est soluble qu'en partie dans une grande quantité d'eau. Ce précipité se dissout dans les acides libres avec une forte effervescence.

Une dissolution de *cyanure de potassium*, qui contient ordinairement du cyanate de potasse, produit dans les dissolutions de baryte un précipité blanc qui se dissout dans les acides avec effervescence, et est formé de carbonate de baryte.

Une dissolution de *carbonate d'ammoniaque* donne, dans les dissolutions de baryte, un précipité blanc de carbonate de baryte.

Une dissolution de *phosphate de soude* produit dans les dissolutions des sels de baryte un précipité blanc de phosphate de baryte ; la liqueur qui surnage le précipité rougit le papier de tournesol. La proportion du précipité n'augmente pas si l'on ajoute de l'ammoniaque : il n'est soluble ni dans un excès de phosphate de soude, ni dans le chlorure de baryum ; il est soluble dans l'acide chlorhydrique et dans l'acide nitrique libres. Si l'on sature cette dissolution par l'ammoniaque, le précipité reparaît.

Une dissolution d'*acide oxalique* ou de *bioxalate de potasse* ne donne pas de précipité dans les dissolutions, même assez concentrées, des sels neutres de baryte. Il n'y a que dans les dissolutions très concentrées qu'il se forme un précipité d'oxalate de baryte : et encore ce précipité ne se forme-t-il qu'au bout de quelque temps. L'addition de l'ammoniaque détermine la formation du précipité blanc d'oxalate de baryte. Si cependant la dissolution du sel de baryte est très étendue, il ne se produit pas même alors de précipité. — Si l'on ajoute à une dissolution concentrée d'un sel de baryte une dissolution concentrée d'oxalate de baryte, ce dernier se sépare au bout d'un temps assez long.

Une dissolution de *succinate neutre d'ammoniaque* produit instantanément un précipité de succinate de baryte dans les dissolutions des sels neutres de baryte, lorsqu'elles sont concentrées ; dans les dissolutions étendues, le précipité ne se produit qu'au bout de quelque temps. Ce précipité est soluble dans les acides.

Une dissolution concentrée d'*iodate de soude*, préparée à froid, produit instantanément, dans les dissolutions des sels de baryte, un précipité blanc d'iodate de baryte.

La dissolution aqueuse d'*acide arsénieux* ne produit pas de précipité dans les dissolutions concentrées des sels neutres de baryte : cependant, si l'on ajoute de l'ammoniaque, il se produit bien un précipité, mais seulement au bout de vingt-quatre heures. L'eau de baryte n'est pas troublée par la dissolution d'acide arsénieux.

Le *sulfure d'ammonium* ne produit pas de précipité dans les dissolutions des sels de baryte.

Une dissolution de *ferrocyanure de potassium* ne produit pas de précipité dans les dissolutions étendues de sels de baryte ; mais elle en produit un au bout de quelque temps dans les dissolutions plus concentrées : le précipité est d'une couleur légèrement jaunâtre ; au bout de quelque temps, il se dépose sur les parois du vase des cristaux assez gros. Dans les dissolutions concentrées des sels de baryte, le précipité se forme très rapidement par l'action du ferrocyanure de potassium. Les dissolutions des sels ammoniacaux sont sans influence sur la production du précipité. Il se dissout dans l'acide chlorhydrique étendu, mais ne se dissout pas dans l'acide chlorhydrique concentré. Il est formé d'une combinaison double de ferrocyanure de potassium et de ferrocyanure de baryum.

Une dissolution de *ferrocyanide de potassium* ne produit pas de précipité, même dans les dissolutions concentrées des sels de baryte.

Les sels de baryte solubles dans l'eau, comme le chlorure de baryum et le nitrate de baryte, se dissolvent très difficilement dans les acides, et notamment dans l'acide chlorhydrique et l'acide nitrique. Ces acides produisent, par suite, dans les dissolutions concentrées, des précipités qui sont formés par les sels de baryte précipités. Une grande quantité d'eau surajoutée redissout ces précipités.

Parmi les sels de baryte solubles dans l'eau et formés par des acides inorganiques, il n'y a que le chlorure de baryum qui puisse être calciné au contact de l'air sans se décomposer. — Les dissolutions des sels neutres de baryte ne font subir aucune modification au papier de tournesol, ni au papier de curcuma, à l'exception du sulfure de baryum qui bleuit le papier rouge de tournesol.

Les sels de baryte, réduits en poudre et arrosés d'alcool étendu, donnent à la flamme de l'alcool une coloration jaune verdâtre caractéristique.

La baryte forme avec la plupart des acides, comme l'acide sulfurique, l'acide phosphorique, l'acide arsénique, l'acide borique, l'acide carbonique, etc., des sels qui sont insolubles ou peu solubles dans l'eau, mais qui sont presque tous solubles dans l'acide chlorhydrique ou dans l'acide nitrique libres. Le carbonate de baryte que l'on trouve dans la nature est cependant presque entièrement insoluble dans l'acide chlorhydrique ou dans l'acide nitrique concentrés : et ce n'est qu'en ajoutant de l'eau que l'effervescence et la dissolution se produisent. Le sulfate de baryte est insoluble, dans tous les cas, dans les acides cités plus haut. Il ne peut être dissous que sous l'influence de la chaleur par l'acide sulfurique concentré : mais si l'on ajoute de l'eau à cette dissolution, le sulfate de baryte cesse immédiatement d'être tenu en dissolution et se sépare, vu qu'il n'est pas plus soluble dans l'acide sulfurique étendu que dans les autres acides. — On reconnaît, par suite, dans les dissolutions acides, la présence de la baryte, lorsqu'en leur ajoutant de l'acide sulfurique étendu, il se produit un précipité. Par suite de cette propriété, la baryte ne peut être confondue qu'avec la strontiane, et quelquefois aussi avec la chaux, l'oxyde de plomb et le protoxyde de mercure. Les sels de baryte, insolubles dans l'eau, ne sont pas décomposés par la calcination. — Pour reconnaître dans le sulfate de baryte la présence de la baryte, on en pulvérise une petite quantité, on y ajoute de l'eau et l'on fait chauffer jusqu'à l'ébullition, pour s'assurer qu'il est bien complétement insoluble : on le fait bouillir alors avec une dissolution de carbonate de potasse ou de soude, on filtre et on lave le précipité. On verse sur ce dernier de l'acide chlorhydrique, on filtre ce qui s'est dissous, et l'on ajoute de l'acide sulfurique étendu, qui forme un précipité de sulfate de baryte. On indiquera plus loin comment le sulfate de baryte se distingue du sulfate de strontiane, qui se comporte comme le sulfate de baryte quand on le fait bouillir avec un carbonate alcalin.

Au chalumeau, on peut reconnaître les combinaisons de baryte par le caractère suivant : Si on les soumet à l'action de l'extrémité de la flamme intérieure, ils communiquent à la flamme extérieure une couleur jaune verdâtre. Le chlorure de baryum, fondu à l'extrémité d'un fil de platine par l'action de la flamme intérieure, communique à la flamme extérieure une couleur verte qui d'abord n'est que d'un vert pâle, mais qui plus tard devient d'un jaune verdâtre très intense. La coloration qui en résulte est la plus belle lorsqu'on n'emploie pour cet essai qu'une très petite quantité de matière. Le carbonate et le sulfate de baryte, lorsqu'on les chauffe fortement entre les extrémités d'une petite pince, avec l'extrémité de la flamme intérieure, colorent en jaune verdâtre la flamme extérieure ; mais la coloration n'est pas aussi intense que pour le chlorure de baryum. La présence de la potasse n'empêche pas la réaction de la baryte d'avoir lieu Plattner).

Les sels de baryte, fondus sur une lame de platine, à la flamme d'oxydation, avec de la soude, présentent au chalumeau les mêmes propriétés que les sels des alcalis fixes : pourvu que l'acide ne soit pas un acide métallique réductible en un oxyde fixe, ils fondent en une masse claire, transparente, qui perd sa transparence par le refroidissement. Les sels de baryte, pourvu que l'acide qui est combiné avec la baryte ne soit pas un acide métallique, fondus avec la soude sur le charbon, forment, lorsqu'ils sont fondus, une masse liquide qui s'étale et pénètre dans le charbon. — Le sulfate de baryte, fondu sur le charbon avec du spathfluor par l'action de la flamme du chalumeau, forme une perle incolore qui, par le refroidissement, devient d'un blanc d'émail.

Les dissolutions des sels de baryte se distinguent de celles des sels alcalins, surtout en ce que les dissolutions des carbonates alcalins, et aussi l'acide sulfurique étendu, y forment un précipité blanc.

Lorsque les sels de baryte sont contenus dans une dissolution, en même temps que des substances organiques, on obtient, même dans les liqueurs fortement colorées, au moyen de l'acide sulfurique étendu, un précipité de sulfate de baryte, si l'on a préalablement rendu acide la dissolution au moyen de l'acide chlorhydrique ou de l'acide nitrique. Pour s'assurer d'une manière plus certaine de la présence de la baryte dans ce précipité, on le traite de la manière qui a été indiquée précédemment. — Si le mélange dans lequel on veut découvrir la présence de la baryte est solide ou a la consistance d'une bouillie, on le fait digérer avec de l'eau que l'on a préalablement acidulée avec l'acide nitrique : on filtre la liqueur et l'on ajoute de l'acide sulfurique étendu. Si c'est sur le sulfate de baryte que l'on doit opérer, et qu'il soit mêlé avec des substances organiques solides ou de la consistance d'une bouillie qui ne soit pas soluble dans l'eau pure, le mieux est de chauffer toute la masse peu à peu, avec précaution, dans un creuset de Hesse, et de calciner ensuite assez fortement pour que le charbon produit puisse transformer le sulfate de baryte en sulfure de baryum, ce qui nécessite une chaleur rouge intense. Après le refroidissement, on fait bouillir la masse calcinée avec de l'eau, on traite la liqueur filtrée par l'acide chlorhydrique, et l'on reconnaît alors très facilement la présence de la baryte au moyen de l'acide sulfurique étendu. Si les substances organiques avec lesquelles le sulfate de baryte est mêlé sont solubles dans l'eau, on les sépare par ce moyen, et l'on fait ensuite l'essai de la manière indiquée précédemment.

La dissolution d'un sel de baryte n'est pas troublée par les acides organiques non volatils, comme l'*acide tartrique*. Si cependant on ajoute de l'ammoniaque en excès, il se produit un abondant précipité qui, par un repos de quelque temps, devient très faible et grenu. Si l'on ajoute, à la dissolution d'un sel de baryte, de l'acide tartrique, et ensuite la dissolution d'un carbonate alcalin, on obtient un précipité abondant et volumineux.

Peroxyde de baryum, BaO^2.

Le peroxyde de baryum est de couleur grise. Il n'est pas décomposé par une chaleur peu élevée; mais si la chaleur est forte, il laisse dégager de l'oxygène et se transforme en baryte. Si on lui ajoute de l'eau froide, il se transforme en un hydrate de couleur blanche: en présence de l'eau chaude, il dégage du gaz oxygène et se transforme en eau de baryte. Traité par les acides étendus, il forme des sels de baryte et produit en même temps du peroxyde d'hydrogène.

VI. — STRONTIUM, Sr.

Le strontium est d'une couleur jaune brunâtre ; il est plus lourd que l'eau.

Strontiane, SrO.

A l'état pur, la strontiane se comporte presque comme la baryte. Il en est de même de l'hydrate de strontiane; seulement il est moins soluble dans l'eau que l'hydrate de baryte, ce qui explique pourquoi la solution aqueuse d'hydrate de strontiane a une saveur moins caustique. Du reste, les dissolutions de ces deux corps se comportent d'une manière tout à fait analogue.

L'*acide sulfurique* étendu, ou les dissolutions des *sulfates*, forment dans les dissolutions des sels de strontiane, un précipité blanc de sulfate de strontiane, qui est insoluble dans les acides étendus. Des quantités même très petites d'un sel de strontiane donnent, avec l'acide sulfurique, un précipité blanc qui ne se forme alors qu'au bout de quelque temps, surtout si la dissolution contient une très forte proportion d'un acide libre. Une dissolution de sulfate de chaux trouble les dissolutions de strontiane, mais seulement au bout de quelque temps, lorsque les dissolutions ne sont pas très concentrées. Le sulfate de strontiane n'est pas aussi insoluble dans l'eau que le sulfate de baryte. Si l'on ajoute de l'acide sulfurique à la dissolution d'un sel de strontiane, et si la précipitation a été faite incomplétement, de manière qu'il y ait encore du sel de strontiane indécomposé, et si, avant de filtrer, on laisse le tout reposer quelque temps, la liqueur claire filtrée donne, par l'action d'une dissolution de baryte, un faible précipité blanc de sulfate de baryte. Si l'on agite avec de l'eau du sulfate de strontiane fraîchement précipité et bien lavé, ou du sulfate de strontiane naturel (cœlestine), et si on laisse reposer pendant quelque temps, la liqueur filtrée qui contient en dissolution une petite proportion de sulfate de strontiane produit un faible précipité blanc lorsqu'on la traite par une dissolution d'un sel de baryte. — Le précipité de sulfate de strontiane, lorsqu'il provient de dissolutions concentrées, contient de l'eau, et il est si volumineux, qu'on peut souvent retourner le vase dans lequel il s'est formé, sans qu'il s'en détache : et c'est ce qui le distingue essentiellement du précipité de sulfate de baryte. Dans les dissolutions étendues, le précipité n'est pas volumineux. Le précipité volumineux de sulfate de strontiane perd cette propriété par le temps et devient pesant. Si la dissolution n'est pas concentrée, le caractère particulier du précipité disparaît plus vite. Il perd aussi de son volume par l'ébullition. — Le sulfate de strontiane est décomposé complétement à la température ordinaire, bien qu'un peu lentement, par les dissolutions des carbonates alcalins ou bien de carbonate d'ammoniaque, et transformé en carbonate de strontiane. L'ébullition accélère la décomposition dans le cas où l'on a employé du carbonate de potasse ou du carbonate de soude. Si l'on ajoute au carbonate du sulfate alcalin, la décomposition du sulfate de strontiane n'est pas empêchée.

Une dissolution de *chromate neutre de potasse* ne trouble pas immédiatement la dissolution d'un sel de strontiane, mais il se dépose un précipité jaune cristallin de chromate de strontiane qui se dissout bien dans l'acide nitrique. Une dissolution de chromate de strontiane donne, même dans les dissolutions étendues des sels neutres de baryte, un précipité de chromate de baryte. Une dissolution de *bichromate de potasse* ne donne pas de précipité dans les dissolutions des sels de strontiane.

L'*acide hydrofluosilicique* ne produit pas de précipité dans les dissolutions des sels de strontiane, même lorsqu'on fait chauffer la liqueur.

L'*acide perchlorique* ne produit pas non plus de précipité.

Une dissolution d'*hydrate de potasse* produit, dans les dissolutions des sels de strontiane, un précipité d'hydrate de strontiane qui est soluble dans une grande quantité d'eau et dans le chlorure d'ammonium, même à la température ordinaire. L'eau de strontiane, lorsqu'elle est concentrée, est troublée par une dissolution d'hydrate de potasse : elle ne l'est pas lorsqu'elle est étendue.

Les dissolutions de *carbonate* et de *bicarbonate de potasse*, de *cyanure de potassium*, de *carbonate d'ammoniaque* et de *phosphate de soude*, se comportent avec les dissolutions des sels de strontiane comme avec les sels de baryte. — Le précipité de carbonate de strontiane est d'abord volumineux, mais il prend du poids par le temps, et n'occupe alors qu'un petit volume. Le carbonate de strontiane n'est pas décomposé par les dissolutions des sulfates alcalins à la température ordinaire ; il ne se produit, même à chaud, aucune décomposition, si l'on emploie du sulfate de potasse ou du sulfate de soude ; mais la décomposition a lieu si l'on emploie du sulfate d'ammoniaque.

L'*ammoniaque* se comporte aussi avec les dissolutions des sels de strontiane comme avec les dissolutions des sels de baryte. La liqueur ne se trouble pas, ne devient pas opaline, si l'ammoniaque est complétement exempte d'acide carbonique. Si l'on chauffe, il se forme cependant un précipité très faible d'hydrate de strontiane qui est plus faible encore que pour les dissolutions des sels de baryte dans les circonstances analogues. La présence des sels ammoniacaux empêche ce précipité de se produire. A l'air, il se forme du carbonate de strontiane.

Une dissolution d'*acide oxalique* ou de *bioxalate de potasse* trouble la dissolution neutre d'un sel de strontiane, quand elle est très étendue, mais pas immédiatement et seulement au bout de quelque temps, bien plus vite cependant qu'une dissolution de baryte de même concentration. Si l'on ajoute de l'ammoniaque, le précipité d'oxalate de strontiane augmente dans une proportion très considérable. Si la dissolution de strontiane est assez étendue pour qu'au premier instant l'acide oxalique n'y forme pas de précipité, il s'en forme immédiatement un lorsqu'on ajoute de l'ammoniaque. — Une dissolution concentrée d'oxalate de baryte forme immédiatement, dans une dissolution concentrée de strontiane, un précipité d'oxalate de strontiane : dans les dissolutions étendues, le précipité ne se forme qu'au bout de quelque temps.

Une dissolution de *succinate neutre d'ammoniaque* ne produit pas de précipité dans les dissolutions des sels neutres de strontiane qui ne sont pas très concentrées ; dans les dissolutions concentrées, il produit un précipité de succinate de strontiane qui ne se forme pas immédiatement, mais seulement au bout de quelque temps. Ce précipité est soluble dans les acides. On peut, par ce caractère, distinguer les dissolutions de strontiane des dissolutions de baryte.

Une dissolution concentrée d'*iodate de soude* préparée à froid ne produit immédiatement un précipité blanc d'iodate de strontiane que dans les dissolutions concentrées des sels de strontiane ; dans les dissolutions étendues, le précipité ne se forme qu'au bout de quelque temps.

L'*eau de baryte* peut précipiter l'hydrate de strontiane des dissolutions concentrées des sels de strontiane, mais il ne se dépose ordinairement qu'au bout de quelque temps.

Le *carbonate de baryte* ne précipite pas la strontiane des dissolutions des sels de strontiane.

Une dissolution aqueuse d'*acide arsénieux* ne produit pas de précipité dans les dissolutions de sels de strontiane. Si l'on ajoute de l'ammoniaque, il ne se produit pas de précipité, même au bout de vingt-quatre heures ; ou, s'il s'en produit un, il est excessivement faible. L'eau de strontiane n'est pas troublée par la dissolution d'acide arsénieux.

Le *sulfure d'ammonium* ne produit pas de précipité dans les dissolutions des sels de strontiane.

Une dissolution de *ferrocyanure de potassium* ne produit pas de précipité dans les dissolutions des sels de strontiane, même lorsqu'elles sont concentrées ; dans les dissolutions très concentrées, il se produit un trouble tout à fait insignifiant, et encore ne se forme-t-il qu'au bout de quelque temps ; même en présence des sels ammoniacaux, il ne se forme pas de précipité. Ce caractère distingue très bien les dissolutions des sels de strontiane des dissolutions des sels de baryte, de chaux et de magnésie.

Une dissolution de *ferrocyanide de potassium* ne produit pas de précipité dans les dissolutions des sels de strontiane.

Parmi les sels de strontiane solubles dans l'eau, le chlorure de strontium possède cette particularité qu'il est moins soluble dans l'acide chlorhydrique que dans l'eau; par suite, l'acide chlorhydrique produit, dans les dissolutions très concentrées de chlorure de strontium, un précipité qui se dissout si l'on ajoute une grande quantité d'eau. Le nitrate de strontiane ne donne pas immédiatement de précipité avec l'acide nitrique; cependant, au bout d'un temps très long, il se dépose quelques cristaux de ce sel.

Les sels solubles de strontiane, soumis à l'action de la chaleur, se comportent comme les sels solubles de baryte. — Les dissolutions de ces deux bases réagissent aussi de la même manière sur le papier de tournesol et sur le papier de curcuma.

Si l'on dissout les sels de strontiane dans l'alcool étendu, ou si l'on arrose avec l'alcool étendu, après les avoir mis en poudre, ceux qui sont insolubles dans ce liquide, l'alcool, lorsqu'il est allumé, brûle avec une couleur rouge-carmin. La coloration de la flamme est surtout très nette, lorsqu'on agite le tout ou lorsque l'alcool est près d'être consumé, et spécialement lorsque la liqueur alcoolique est portée à l'ébullition. Ce caractère permet surtout de bien distinguer les sels de strontiane des sels de baryte. — Si l'on ajoute un sel de baryte au sel de strontiane, la flamme de l'alcool reste bien rouge; mais la couleur rouge est d'une autre espèce, et tout à fait analogue à celle que la chaux communique à l'alcool. Si l'on ajoute un sel de soude, la couleur de l'alcool est également modifiée, et si la quantité est assez considérable, la coloration due à la strontiane disparaît entièrement, et c'est la coloration jaune qui se produit.

La strontiane forme des combinaisons insolubles ou peu solubles dans l'eau avec la plupart des acides avec lesquels la baryte en forme de cette espèce. Ils sont également solubles dans l'acide chlorhydrique ou dans l'acide nitrique libres, à l'exception du sulfate de strontiane qui ne s'y dissout pas: on peut, par conséquent, dans les dissolutions acides, reconnaître la présence de la strontiane au moyen de l'acide sulfurique étendu. Pour distinguer le sulfate de strontiane du sulfate de baryte, avec lequel il a beaucoup d'analogie, on les fait bouillir avec une dissolution de potasse ou de soude, de la manière qui a été indiquée pour le sulfate de baryte (page 21), et l'on traite, par l'acide chlorhydrique à la température de l'ébullition, le résidu qui est resté insoluble; on étend d'eau la liqueur acide, on filtre et l'on ajoute de l'acide hydrofluosilicique, qui ne forme pas de précipité, même à chaud, lorsque la combinaison examinée est formée de sulfate de strontiane. — On peut encore évaporer à sec la dissolution dans l'acide chlorhydrique après l'avoir filtrée, et arroser le résidu d'alcool pour s'assurer de la présence de la strontiane par la coloration rouge-carmin de la flamme.

Au chalumeau, on peut en général reconnaître les combinaisons de la strontiane en ce que, soumises à l'action de l'extrémité de la flamme intérieure, elles communiquent à la flamme extérieure une coloration rouge-carmin. Le chlorure de strontium, fondu dans la flamme intérieure à l'extrémité d'un fil de platine, produit instantanément une coloration rouge de la flamme extérieure. Cette coloration n'est cependant pas aussi intense que pour le chlorure de lithium. On ne doit employer que de petites quantités de sels pour bien observer la coloration. Le carbonate de strontiane (strontianite), et le sulfate de strontiane (cœlestine), exposés à l'extrémité de la flamme intérieure, entre les bouts de platine d'une petite pince, donnent d'abord à la flamme extérieure une faible coloration jaune, qui devient ensuite rouge-carmin : la lumière produite par la strontiane est excessivement forte. La présence de la baryte annule la réaction de la strontiane.

Les sels de strontiane, fondus avec la soude, présentent au chalumeau les mêmes propriétés que ceux de baryte et ceux des alcalis fixes. Le sulfate de strontiane, mélangé avec le spath-fluor, fond sur le charbon par l'action de la flamme du chalumeau, et forme une perle incolore qui devient d'un blanc d'émail par le refroidissement.

Les dissolutions des sels de strontiane se distinguent des dissolutions des sels alcalins de la même manière que les dissolutions des sels de baryte. Elles se distinguent des dissolutions des sels de baryte, surtout par la manière dont elles se comportent avec l'acide hydrofluosilicique, et parce que les sels de baryte, arrosés d'alcool, ne donnent pas de coloration rouge à la flamme de ce liquide.

Si la strontiane est mélangée de substances organiques, on peut reconnaître sa présence de la même manière que celle de la baryte lorsqu'elle se rencontre avec des substances organiques.

La dissolution d'un sel de strontiane n'est pas troublée par l'*acide tartrique;* si l'on ajoute de l'ammoniaque, il ne se forme pas d'abord de précipité, mais au bout de quelque temps il se dépose du tartrate de strontiane. Si l'on ajoute, à la dissolution d'un sel de strontiane, de l'acide tartrique, et ensuite la dissolution d'un carbonate alcalin, on obtient un précipité très volumineux.

VII. — CALCIUM, Ca.

Le calcium a la couleur de l'alliage d'or et d'argent; nouvellement limé, il présente un éclat extraordinaire, une cassure solide : il est malléable, mais les morceaux qui ont été martelés deviennent cassants. A l'air sec, il se conserve sans modification; à l'air humide, il se recouvre bientôt d'un dépôt grisâtre, et se transforme peu à peu en hydrate de chaux.

Il fond à la température rouge et brûle avec un vif dégagement de lumière. En contact avec l'eau, il se transforme en hydrate de chaux, en produisant beaucoup de chaleur et dégageant de l'hydrogène; par l'action des acides, il s'oxyde plus rapidement (Mathiesen).

CHAUX, CaO.

A l'état pur, la chaux est blanche et très friable; à la température ordinaire, elle n'absorbe pas l'acide carbonique sec, mais elle l'absorbe facilement et en grande quantité lorsqu'il est humide: ce n'est cependant qu'après un temps très long qu'elle est saturée complétement. Au rouge sombre, la chaux absorbe aussi, bien que lentement, l'acide carbonique sec. La chaux, soumise à une très forte calcination, ne s'échauffe pas lorsqu'on la met en contact avec l'eau, et ne l'absorbe que très lentement. Plus la température qui a été employée à la combustion du carbonate de chaux a été faible, plus est forte la chaleur qui accompagne l'absorption de l'eau par la chaux. La chaux qui a absorbé l'eau se transforme en une poudre blanche dont le volume dépasse de beaucoup celui de la chaux employée. Si, à l'hydrate de chaux qui s'est formé, on ajoute encore plus d'eau, on obtient un mélange laiteux (lait de chaux), et il est nécessaire d'employer une proportion excessivement considérable d'eau pour dissoudre une faible proportion d'hydrate de chaux. Cette dissolution (eau de chaux a une saveur faiblement caustique, colore en bleu le papier rouge de tournesol, et en brun le papier de curcuma; mais la coloration brune disparaît par la dessiccation et le papier redevient jaune. L'eau de chaux attire l'acide carbonique de l'air: il se forme alors à sa surface une pellicule de carbonate de chaux insoluble, qui au bout de quelque temps se précipite au fond; mais il s'en forme toujours une nouvelle, jusqu'à ce que la chaux soit complétement précipitée de la dissolution à l'état de carbonate de chaux. — La chaux pure, aussi bien que son hydrate, n'est pas fusible. Le dernier perd complétement son eau d'hydratation au rouge sombre.

Dans les dissolutions étendues des sels de chaux, l'*acide sulfurique* étendu ou les dissolutions des *sulfates* ne forment pas de précipité. Si la dissolution du sel de chaux est un peu moins étendue, le précipité de sulfate de chaux se produit par l'action de l'acide sulfurique, mais non pas immédiatement, et seulement au bout de quelque temps. Dans les dissolutions concentrées des sels de chaux, l'acide sulfurique produit immédiatement un précipité de sulfate de chaux qui est toujours volumineux et qui ne se dissout pas d'une manière remarquable dans l'acide chlorhydrique ou dans l'acide nitrique étendus. Si l'on a ajouté à la dissolution d'un sel de chaux seulement assez d'acide sulfurique étendu pour qu'il y ait encore du sel de chaux indécomposé, et si, avant de filtrer, on a laissé reposer le tout pendant quelque temps, il se forme, dans la dissolution claire provenant de la filtration, un précipité de sulfate de strontiane ou de sulfate de baryte par la réaction des dissolutions des sels de strontiane ou de baryte. — Une dissolution de *sulfate de potasse* préparée à froid ne produit pas, au premier moment, de précipité dans les dissolutions des sels neutres de chaux, même quand elles sont très concentrées, et elle n'en produit pas dans les sels étendus, même au bout de quelque temps. Mais comme il se produit immédiatement dans les dissolutions des sels de baryte un précipité par l'action d'une dissolution de sulfate de potasse, on peut se servir d'une dissolution de ce sel pour distinguer la baryte de la chaux, avec bien plus d'avantage que de l'acide sulfurique, qui n'a pas toujours le degré de concentration nécessaire. C'est avec plus de certitude encore qu'on peut se servir d'une dissolution concentrée de *sulfate de chaux*, de préférence à une dissolution de sulfate de potasse, pour distinguer dans une dissolution les sels de baryte et ceux de strontiane des sels de chaux. Le sulfate de chaux ne peut jamais produire de précipité dans les dissolutions des sels de chaux, quelque concentrées qu'elles puissent être, et il en produit un dans les dissolutions des sels de baryte et de strontiane. Dans les dissolutions des sels de strontiane, particulièrement si elles ne sont pas très concentrées, le précipité de sulfate de strontiane ne se produit pas immédiatement, mais bien au bout de quelque temps.— Le sulfate de chaux est décomposé complétement, même à la température ordinaire, et plus rapidement que le sulfate de strontiane, par les dissolutions des carbonates alcalins et de carbonate d'ammoniaque. La présence des sulfates alcalins à côté des carbonates n'empêche pas la décomposition.

Les dissolutions de *chromate neutre* et de *bichromate de potasse* ne produisent aucun précipité dans les dissolutions des sels de chaux.

L'*acide hydrofluosilicique*, aussi bien que l'*acide perchlorique*, ne produit pas de précipité dans les dissolutions des sels de chaux.

Une dissolution d'*hydrate de potasse* produit, dans les dissolutions des sels de chaux, un précipité d'hydrate de chaux, qui n'est soluble que dans une proportion très considérable d'eau, même lorsque la dissolution d'hydrate de potasse est complétement exempte d'acide carbonique. Elle est troublée non-seulement par l'eau de chaux concentrée, mais même par l'eau de chaux très étendue, et il se précipite de l'hydrate de chaux qui est entièrement insoluble dans la dissolution alcaline. Le précipité se dissout très bien, même à la température ordinaire, dans les dissolutions de chlorure d'ammonium.

Les dissolutions de *carbonate neutre* et de *bicarbonate de potasse*, de *cyanure de potassium*, de *carbonate d'ammoniaque* et de *phosphate de soude*, se comportent en présence des sels de chaux d'une manière analogue à celle dont elles se comportent en présence des sels de baryte page 22 . Le précipité de carbonate de chaux est très volumineux immédiatement après la précipitation, mais il se dépose peu à peu en s'agrégeant, et prend alors un bien plus petit volume : ce résultat s'obtient immédiatement par l'action de la chaleur. Le carbonate de chaux n'est pas complétement insoluble dans une dissolution de chlorure d'ammonium ; il se dissout complétement à chaud, et l'odeur de l'ammoniaque se fait en même temps sentir. — Le carbonate de chaux n'est pas décomposé à la température ordinaire par les dissolutions des sulfates alcalins; mais, à l'ébullition, le carbonate de chaux est transformé en sulfate par le sulfate d'ammoniaque : la même réaction n'a pas lieu avec les sulfates de potasse et de soude.

L'*ammoniaque* ne produit pas de précipité dans les dissolutions des sels de chaux, même par l'action de la chaleur. Il n'y a que si les dissolutions sont très concentrées qu'il se produit une faible trace de précipité; si l'on expose la dissolution à l'air, il se forme du carbonate de chaux.

Une dissolution d'*acide oxalique* et de *bioxalate de potasse* produit, même dans les dissolutions neutres très étendues des sels de chaux, un précipité blanc d'oxalate de chaux qui augmente encore par le temps, et surtout par l'addition de l'ammoniaque qui sature l'acide libre. Le précipité se dissout dans l'acide chlorhydrique et dans l'acide nitrique libres, il n'est que peu soluble dans l'acide acétique même concentré.—Si l'on ajoute à une dissolution d'un sel de baryte ou de strontiane une quantité d'acide oxalique ou de bioxalate de potasse suffisante pour que le sel de baryte ou le sel de strontiane reste en excès, et si on laisse reposer le tout jusqu'à ce que le précipité n'augmente plus, la dissolution d'un sel de chaux produit dans la liqueur filtrée un précipité d'oxalate de chaux. On peut, par ce moyen, distinguer un sel de baryte ou de strontiane d'un sel de chaux. — Si l'on ajoute une dissolution d'oxalate de baryte à la dissolution d'un sel de chaux, même quand elle est très étendue, il se forme immédiatement un précipité d'oxalate de chaux. Une dissolution d'oxalate de strontiane, qui est très peu soluble, ne produit pas de précipité dans les dissolutions des sels de chaux.

Une dissolution de *succinate neutre d'ammoniaque* ne produit pas de précipité dans les dissolutions des sels de chaux neutres. Si elles sont concentrées, il se forme au bout de quelque temps des cristaux de succinate de chaux.

Une dissolution d'*iodate de soude*, préparée à froid, ne produit que dans les dissolutions très concentrées des sels de chaux, et au bout de quelque temps, un dépôt cristallin d'iodate de chaux : dans les dissolutions étendues, il ne se forme pas de précipité.

L'*eau de baryte* précipite la chaux des dissolutions concentrées des sels de chaux.

Le *carbonate de baryte* précipite partiellement la chaux de ses dissolutions salines, lorsqu'on soumet le mélange à une longue ébullition.

Une dissolution aqueuse d'acide arsénieux n'est en aucune manière modifiée par les dissolutions concentrées des sels de chaux. Mais si l'on ajoute de l'ammoniaque, il se produit immédiatement un précipité, même quand les dissolutions sont étendues. Ce précipité est très soluble dans les dissolutions des sels ammoniacaux : on doit donc éviter que les sels de chaux employés contiennent un acide libre ; on doit aussi prendre garde, lorsqu'on n'a que de faibles proportions de chaux, d'ajouter trop d'acide arsénieux, puisqu'il pourrait se produire une quantité trop forte d'arsénite d'ammoniaque dont la dissolution pourrait, aussi bien que celle des autres sels ammoniacaux, dissoudre l'arsénite de chaux. L'eau de chaux, ajoutée en excès à la dissolution d'acide arsénieux, produit également un précipité.

Le *sulfure d'ammonium* ne produit pas de précipité dans les dissolutions des sels de chaux.

Une dissolution de *ferrocyanure de potassium* ne produit pas de précipité dans les dissolutions très étendues des sels de chaux: dans les dissolutions plus concentrées, il s'en produit un au bout de quelque temps; et, dans les dissolutions très concentrées, il s'en produit un immédiatement: du reste, dans les deux cas, le precipité augmente par le temps. Si l'on ajoute du chlorure d'ammonium à une dissolution étendue d'un sel de chaux, le ferrocyanure de potassium y précipite toute la chaux. Le précipité est blanc et soluble dans l'acide chlorhydrique étendu, mais non dans l'acide chlorhydrique concentré. Il est formé d'une combinaison double de ferrocyanure de calcium et de potassium.

Une dissolution de *ferrocyanide de potassium* ne produit pas de précipité dans les dissolutions des sels de chaux.

Les sels de chaux solubles dans l'eau ne sont pas précipités de leurs dissolutions concentrées par l'acide chlorhydrique ni par l'acide nitrique. Soumis à la calcination, ils se comportent comme les sels solubles de baryte. Cependant le chlorure de calcium perd un peu de chlore par une longue calcination à l'air: il se forme alors une très faible proportion de chaux. Le sulfate de chaux peut aussi par une longue calcination perdre un peu d'acide sulfurique. — Les dissolutions des sels de chaux se comportent à l'égard du papier de tournesol et du papier de curcuma comme les dissolutions des sels de baryte. Si l'on arrose d'alcool les sels de chaux solubles et si on l'enflamme, la flamme a une couleur rouge qui a quelque analogie avec celle que les sels de strontiane donnent à la flamme de l'alcool. Elle a cependant une pointe de jaune et a de l'analogie avec la couleur de la flamme des dissolutions alcooliques des sels de strontiane, lorsqu'on leur a ajouté une très faible proportion d'un sel de soude. On ne peut par conséquent pas distinguer par ce caractère les sels de chaux des sels de strontiane, mais on peut les distinguer des sels de baryte.

Les mêmes acides qui forment avec la baryte et la strontiane des combinaisons insolubles ou peu solubles dans l'eau donnent, avec la chaux, des combinaisons de même espèce. Ces combinaisons sont également solubles dans l'acide chlorhydrique et dans l'acide nitrique libres: cependant le sulfate de chaux forme une exception à cette règle, parce qu'il n'y est que peu soluble. Dans les dissolutions acides assez concentrées des sels de chaux, on peut reconnaître la présence de la chaux au moyen de l'acide sulfurique, parce que cet acide y forme un précipité, non pas immédiatement, mais au bout de quelque temps; et mieux encore, parce que, si l'on étend la liqueur d'alcool, le sulfate de chaux ne s'y dissout pas, n'étant pas soluble dans l'alcool étendu. Pour distinguer le précipité de sulfate de chaux des précipités de sulfate de baryte et de sulfate de strontiane, on opère de la manière suivante : On lave le précipité et on le fait bouillir avec beaucoup d'eau. On filtre et l'on partage la dissolution filtrée en deux portions : à l'une on ajoute une dissolution de chlorure de baryum, et à l'autre une dissolution d'un oxalate. Dans les deux cas, il se forme un précipité blanc, et si le premier est insoluble dans l'acide chlorhydrique, la base contenue dans le sulfate est la chaux.

Au chalumeau, la présence de la chaux ne peut être découverte d'une manière nette que dans un petit nombre de sels de chaux, et alors d'une manière analogue à celle que l'on a employée pour découvrir la strontiane dans les sels de strontiane. Le chlorure de calcium, placé à l'extrémité du fil de platine, colore la flamme extérieure en rouge ; mais la coloration n'est pas aussi intense que pour le chlorure de strontium. Le spath calcaire, placé entre les extrémités d'une petite pince à bouts de platine, produit d'abord une coloration faiblement jaunâtre de la flamme extérieure, mais ensuite, lorsqu'il ne contient plus d'acide carbonique, il se produit une coloration rouge qui n'est cependant pas tout à fait aussi intense que pour le carbonate de strontiane. Le spath magnésien et la marne calcaire ne produisent pas de coloration rouge. Le spath calcaire brûle avec une lumière très vive, mais pas aussi forte que celle de la strontianite. Le spath-fluor produit d'abord une lumière faiblement verdâtre ; mais, lorsqu'il fond, il colore la flamme extérieure en un rouge aussi vif que le spath calcaire pur. Le gypse et l'anhydrite ne produisent d'abord qu'une faible coloration jaunâtre, mais ensuite ils déterminent une coloration rouge peu intense. Le phosphate et le borate de chaux ne produisent pas une coloration rouge, mais bien une coloration verte. Parmi les silicates de chaux, il n'y a que le tafelspath qui donne à la flamme extérieure une coloration rouge faible provenant de la chaux.

Les sels de chaux, fondus au chalumeau sur la lame de platine avec de la soude, ne forment pas, comme ceux de baryte et de strontiane, une masse claire et transparente. On peut donc par ce moyen retrouver une proportion même faible de chaux dans les sels de baryte et de strontiane. Si, par exemple, on fond le sulfate de baryte ou de strontiane avec le double de son volume de soude sur la lame de platine à la flamme d'oxydation, la chaux, s'ils en contiennent à l'état de mélange, reste sur la lame de platine par fragments isolés à l'état de substance insoluble, tandis que les autres substances se réunissent au-dessus des particules de chaux et forment une masse claire, fluide et complétement transparente. Le sulfate de chaux se comporte sur le charbon d'une manière analogue. Après que le sulfate de baryte ou le sulfate de strontiane ont pénétré avec la soude dans le charbon, et qu'il s'est formé du sulfure de sodium, si l'on continue à souffler pendant quelque temps, les particules de chaux qui restent sur le charbon deviennent brillantes et peuvent être vues d'une manière tout à fait nette (Plattner). — Le sulfate de chaux fond avec le spath-fluor sur le charbon, à la flamme du chalumeau, et forme une perle qui devient d'un blanc d'émail par le refroidissement.

Les dissolutions des sels de chaux se distinguent de celles des sels alcalins comme les dissolutions des sels de baryte. Elles se distinguent des dissolutions des sels de baryte par la manière de se comporter avec l'acide hydrofluosilicique ou avec une dissolution de sulfate de chaux : elles se distinguent des dissolutions de strontiane par la manière de se comporter avec une dissolution de sulfate de chaux.

Lorsque la dissolution d'un sel de chaux est mélangée avec des substances organiques qui colorent fortement la liqueur, et lorsqu'on veut y retrouver la présence de la chaux, on ajoute une dissolution de bioxalate de potasse tel qu'on le trouve dans le commerce, et ensuite un peu d'ammoniaque : si la dissolution est acide, il faut préalablement la rendre neutre, au moyen de l'ammoniaque; et si elle est fortement alcaline, la neutraliser par l'acide chlorhydrique. Il se précipite alors de l'oxalate de chaux qui peut être quelquefois fortement coloré. On le dessèche, on le calcine et on le transforme ainsi en carbonate de chaux. On le dissout ensuite dans l'acide chlorhydrique, et l'on peut s'assurer de la présence de la chaux dans la dissolution au moyen des réactifs indiqués précédemment. — Si la chaux ou le sel de chaux est mélangé avec des substances organiques solides, ou qui aient la consistance d'une bouillie, le mieux est de traiter la masse par l'eau qui a été rendue acide au moyen de l'acide nitrique. On reconnaît la présence de la chaux dans la liqueur filtrée de la manière indiquée plus haut. — Cependant, lorsque c'est le sulfate de chaux qui est melangé avec des substances organiques solides ou qui ont la consistance d'une bouillie et qui ne se dissolvent pas dans l'eau pure, on traite la masse d'une manière analogue à celle qui a été indiquée (page 25 pour le sulfate de baryte dans les mêmes circonstances. Non-seulement on fait bouillir la masse calcinée avec de l'eau, mais on la traite immédiatement par l'acide chlorhydrique étendu. — La dissolution d'un sel de chaux n'est pas troublée par l'acide tartrique; mais si l'on ajoute de l'ammoniaque, il se dépose un précipité volumineux de tartrate de chaux. Si l'on ajoute à la dissolution d'un sel de chaux de l'acide tartrique et ensuite la dissolution d'un carbonate alcalin, on obtient un précipité volumineux.

VIII. — MAGNESIUM, Mg.

Le magnesium est d'un blanc d'argent, souvent cristallisé en feuilles d'une assez grande dimension; il est brillant, dur et extensible, souvent au point de se laisser aplatir sous le marteau. Il a la densité de 1,75; il se volatilise à la même température que le zinc (Deville , et fond même à une température rouge peu intense. A la température ordinaire, il ne se modifie pas à l'air quand il est sec; à l'air humide, il perd son éclat métallique et se recouvre d'un dépôt d'hydrate de magnésie. Le magnesium n'est pas oxydé ou est oxydé très lentement par l'eau pure à la température ordinaire. Il brûle avec un éclat très vif dans l'air atmosphérique ou dans l'oxygène, lorsqu'il est soumis à la température à laquelle le verre devient mou : il se transforme alors en magnésie. Le magnesium est dissous à froid par les acides étendus avec dégagement d'hydrogène : si l'on jette du magnésium sur une dissolution aqueuse d'acide chlorhydrique, l'hydrogène qui se dégage s'enflamme. L'acide nitrique le dissout avec dégagement de bioxyde de nitrogène; l'acide sulfurique concentré le dissout difficilement avec dégagement d'acide sulfureux. Il n'est pas attaqué à froid par un mélange d'acide sulfurique et d'acide nitrique fumant.

MAGNÉSIE, MgO.

A l'état pur, la magnésie est une poudre blanche peu soluble dans l'eau et infusible. Si on l'étend sur du papier rouge de tournesol, et si l'on humecte ce papier, il devient bleu. Si la magnésie n'a été obtenue ni à la température rouge, ni à la température rouge obscur, mais bien à une température de 300 degrés, elle s'échauffe fortement lorsqu'on la met en contact avec l'eau : mais la magnésie obtenue par calcination au rouge, fût-ce au rouge faible, ne s'échauffe pas lorsqu'on la met en contact avec l'eau. Elle se dissout bien dans les acides, même dans l'acide sulfurique étendu; cependant la réaction est un peu lente lorsqu'elle a été fortement calcinée. Lorsque la magnésie a été exposée à la chaleur très forte des fours à porcelaine, elle se dissout très lentement dans les acides.

L'*acide sulfurique* étendu ne produit pas de précipité dans les dissolutions des sels de magnésie.

L'*acide hydrofluosilicique* et l'*acide perchlorique* n'en produisent pas non plus.

Une dissolution d'*hydrate de potasse* produit, dans les dissolutions des sels neutres de magnésie, un précipité volumineux et floconneux d'hydrate de magnésie qui ne disparaît pas lorsqu'on l'étend d'eau. Si l'on a préalablement mêlé la dissolution de magnésie avec une dissolution de chlorure d'ammonium ou d'un autre sel ammoniacal, et si l'on ajoute ensuite de la potasse, le précipité est tout à fait insignifiant; et si l'on a ajouté une forte proportion des sels indiqués, il n'y a même pas de précipité à froid. Il disparaît même tout à fait si l'on ajoute à une dissolution de magnésie de l'hydrate de potasse, puis ensuite du chlorure d'ammonium. Mais si l'on fait bouillir le tout, le précipité d'hydrate de magnésie se forme toujours lorsque l'hydrate de potasse est en excès.

L'*ammoniaque* produit dans les dissolutions neutres de magnésie un précipité d'hydrate de magnésie. La précipitation n'est qu'incomplète, et le précipité disparaît complétement lorsqu'on ajoute une dissolution de chlorure d'ammonium ou d'un autre sel ammoniacal. Si l'on ajoute à une dissolution de sulfate neutre de magnésie une dissolution de chlorure d'ammonium et ensuite de l'ammoniaque. il ne se forme pas de précipité, pourvu que la proportion de chlorure d'ammonium ajouté ne soit pas trop faible. Si la dissolution de magnésie n'est pas neutre, mais si elle contient un acide libre, il ne s'y forme pas de précipité lorsqu'on lui ajoute de l'ammoniaque en excès, à moins que la proportion de l'acide libre ne soit trop faible.

Une dissolution de *carbonate neutre de potasse* ou *de soude* produit dans les dissolutions neutres de magnésie un précipité volumineux, formé par une combinaison de carbonate de magnésie avec l'hydrate de magnésie, qui disparaît complétement lorsqu'on ajoute du chlorure d'ammonium. Le précipité ne se forme pas si, avant d'ajouter le carbonate de potasse, on a mêlé la dissolution de magnésie avec une dissolution de chlorure d'ammonium. Si cependant, dans les deux cas, on fait bouillir la dissolution, il se forme un précipité volumineux, pourvu que la proportion de carbonate alcalin ne soit pas trop faible. Si la dissolution d'un sel de magnésie contient une forte proportion d'acide libre, et si elle n'est pas très concentrée, le carbonate de potasse n'y forme pas de précipité; cependant, par l'ébullition, on obtient un précipité de carbonate de magnésie basique. — Si l'on ajoute une très faible proportion d'une dissolution de magnésie à une très forte proportion d'une dissolution de carbonate de potasse, la dissolution reste claire, mais elle se trouble lorsqu'on la fait bouillir, et redevient claire par le refroidissement. L'expérience peut souvent être répétée et réussir également, bien que parfois la dissolution ne redevienne pas complétement claire par le refroidissement, par suite d'une légère concentration de la dissolution magnésienne. Une dissolution de carbonate de soude se comporte à cet égard comme une dissolution de carbonate de potasse; mais, si l'on emploie l'hydrate de potasse, le même phénomène ne peut pas être observé.

Une dissolution de *bicarbonate de potasse* ou *de soude* ne donne pas de précipité même dans les dissolutions neutres concentrées de sels de magnésie; mais si l'on porte le tout à l'ébullition, ou même si l'on chauffe faiblement, il se dégage de l'acide carbonique et il se forme un précipité de carbonate basique de magnésie.

Une dissolution de *cyanure de potassium* produit un précipité dans les dissolutions de magnésie. Lorsque la magnésie est en petite quantité, elle n'est pas précipitée à froid par le cyanure de potassium, mais le précipité a lieu par l'ébullition : il peut se redissoudre par le refroidissement.

Une dissolution de *carbonate d'ammoniaque* ne produit pas de précipité dans les dissolutions de magnésie. Mais si l'on chauffe le tout, il se forme un précipite de carbonate de magnésie basique, qui disparaît lorsqu'on ajoute une dissolution de chlorure d'ammonium.

Une dissolution de *phosphate de soude* produit dans les dissolutions neutres concentrées des sels de magnésie un précipité de phosphate de magnésie, qui n'est pas soluble dans un excès de phosphate de soude, mais qui est soluble dans un excès de la dissolution du sel neutre de magnésie. Si l'on porte le tout à l'ébullition, il se forme un abondant précipité, et la liqueur qui surnage rougit le papier de tournesol; lorsque la liqueur est complétement refroidie, le précipité disparaît, mais une nouvelle ébullition peut le faire reparaître. — Dans les dissolutions étendues des sels de magnésie, il ne se forme pas de précipité à la température ordinaire; mais, si l'on fait bouillir le tout, il se forme un précipité qui ne disparaît pas par le refroidissement. Si l'on a mélangé une dissolution de phosphate de soude avec une dissolution neutre de magnésie, et si le mélange est assez étendu pour qu'il ne se forme pas de précipité à froid, on obtient immédiatement un précipité de phosphate ammoniaco-magnésien, lorsqu'on ajoute de l'ammoniaque ou du carbonate d'ammoniaque. La présence de proportions même considérables de chlorure d'ammonium ou d'autres sels ammoniacaux est sans influence sur ce précipité. Si la dissolution de magnésie est très acide et très étendue, le phosphate ammoniaco-magnésien n'est pas précipité immédiatement après la sursaturation par l'ammoniaque et l'addition du phosphate de soude. On accélère la précipitation si l'on agite fortement la liqueur avec une baguette de verre; le sel insoluble se dépose d'abord à l'etat de poudre cristalline aux endroits où la baguette de verre a frotté les parois du vase. — Si l'on mélange du phosphate de soude avec un excès d'une dissolution de magnésie, et si l'on ajoute de l'ammoniaque à la dissolution claire, on obtient un abondant précipité dont une partie formée d'hydrate de magnésie est soluble dans le chlorure d'ammonium, tandis que l'autre, qui est formée de phosphate ammoniaco-magnésien, n'y est pas soluble.

Les dissolutions d'*acide oxalique* et de *bioxalate de potasse* ne produisent pas de précipité dans les dissolutions des sels neutres de magnésie. Si la proportion de la dissolution d'acide oxalique ou d'oxalate ajouté n'est pas très considérable, un excès d'ammoniaque produit un précipité d'oxalate de magnésie, même alors que la dissolution était préalablement étendue de beaucoup d'eau. Mais si l'on a ajouté à la dissolution de magnésie une forte proportion d'une dissolution d'acide oxalique ou de bioxalate de potasse, ou bien si la dissolution de magnésie n'était pas neutre, mais contenait un acide libre, l'ammoniaque, ajoutée en excès, ne trouble pas les dissolutions même très concentrées, parce qu'il s'est formé une proportion de sel ammoniacal suffisante pour que sa présence empêche la précipitation de la magnésie. — Une dissolution d'*oxalate neutre de potasse* ne produit pas immédiatement, mais seulement au bout de quelque temps, un précipité d'oxalate de magnésie dans les dissolutions neutres de magnésie.

L'*eau de baryte* précipite la magnésie de ses dissolutions salines sous la forme d'un précipité volumineux d'hydrate de magnésie.

Le *carbonate de baryte* précipite complétement la magnésie des dissolutions de sulfate de magnésie par une ébullition prolongée; mais si, au lieu d'être en présence du sulfate, le carbonate de baryte se trouve en présence du chlorure ou du nitrate de magnésie, la magnésie n'est précipitée qu'incomplétement, même par une ébullition prolongée.

Le *sulfure d'ammonium* ne produit pas de précipité dans les dissolutions de magnésie, si elles ne sont pas excessivement concentrées. S'il se forme un précipité à l'aide de ce réactif dans les dissolutions neutres de magnésie, c'est que le sulfure d'ammonium contient ordinairement une très grande quantité d'ammoniaque libre qui détermine un précipité d'hydrate de magnésie.

Une dissolution de *ferrocyanure de potassium* produit au bout de quelque temps dans les dissolutions des sels de magnésie un précipité blanc abondant, formé par une combinaison double de ferrocyanure de potassium et de ferrocyanure de magnésium. Il ne se forme pas de précipité dans une dissolution étendue, mais il s'en forme un si l'on ajoute de l'ammoniaque.

Une dissolution de *ferrocyanide de potassium* ne produit pas de précipité avec les sels de magnésie.

Parmi les sels de magnésie solubles dans l'eau, il n'y a que le sulfate de magnésie qui puisse être calciné au contact de l'air, sans supporter de decomposition; et encore, à une haute température, perd-il un peu de son acide sulfurique. Le carbonate de magnésie neutre hydraté artificiel ne perd à 100 degrés que les deux tiers de son eau : le sel desséché à 100 degrés perd encore à 200 degrés le tiers de son eau ; mais il ne perd pas encore d'acide carbonique : ce n'est qu'à 300 degrés qu'il perd presque entièrement, mais non entièrement, son acide carbonique et son eau. Les combinaisons de carbonate de magnésie avec l'hydrate de magnésie ne perdent pas d'acide carbonique à 100 degrés, mais perdent de l'eau. Les combinaisons dans lesquelles le rapport du carbonate de magnésie à l'hydrate de magnésie est moindre que 4 atomes du premier pour 1 atome du dernier, chauffées à 100 degrés, retiennent d'autant plus l'acide carbonique que leur composition se rapproche de cette proportion. Si l'on pousse la température jusqu'à 150 degrés, 200 degrés, et finalement jusqu'à 300 degrés, elles ne perdent qu'une partie de leur acide carbonique et de leur eau; et ce n'est qu'au rouge vif qu'elles en perdent la totalité. Le carbonate neutre de magnésie naturel (magnésite) est dans un tel état d'agrégation, qu'il ne perd pas d'acide carbonique même à 300 degrés.

Les dissolutions des sels neutres de magnésie, même lorsque l'acide est énergique, ne modifient pas le papier de tournesol.

La magnésie forme des sels insolubles ou peu solubles dans l'eau avec un très grand nombre d'acides, comme l'acide phosphorique, l'acide arsénique, l'acide carbonique et l'acide borique. Ces sels sont tous solubles dans l'acide sulfurique ou l'acide chlorhydrique. Quelques sels acides, après avoir été calcinés, ne se dissolvent que si on les a fait chauffer préalablement avec l'acide sulfurique concentré : de ce nombre est, par exemple, le phosphate acide de magnésie. Pour retrouver la présence de la magnésie dans les dissolutions acides des sels de magnésie, on doit les faire bouillir souvent assez longtemps avec une dissolution d'hydrate de potasse : la magnésie est alors précipitée à l'état d'hydrate souvent impur; et l'acide qui était combiné avec elle, aussi bien que celui qui avait été employé à opérer la dissolution, se combine avec la potasse et reste dans la liqueur. On lave le précipité de magnésie, et on l'essaye au chalumeau, ou bien on le dissout dans un acide, par exemple l'acide chlorhydrique ou l'acide sulfurique étendu, pour reconnaître dans la dissolution la magnésie à ses caractères particuliers.

On peut encore reconnaître les sels de magnésie en ce qu'une petite quantité du sel calcinée sur le charbon à la flamme du *chalumeau*, humectée ensuite avec une dissolution de nitrate de cobalt et calcinée de nouveau fortement à la flamme du chalumeau, prend, à l'endroit où elle a été humectée avec le nitrate de cobalt, une couleur rouge pâle, ce qui ne se présente pas pour les combinaisons qui ne contiennent pas de magnésie. La magnésie pure ou le carbonate de magnésie mélangés à une pâte demisolide, étendus sur un charbon et calcinés au chalumeau, donnent aussi une coloration rouge avec la dissolution de cobalt. — La présence des oxydes métalliques, alcalins et alcalino-terreux, empêche la réaction de l'oxyde de cobalt de se produire; l'acide silicique au contraire ne l'empêche pas.

Les sels de magnésie, lorsqu'ils sont purs, ne donnent aucune coloration à la flamme extérieure du chalumeau, pourvu que les acides avec lesquels la magnésie est combinée n'en donnent pas.

Les dissolutions des sels neutres de magnésie se distinguent de celles des sels alcalins en ce que l'ammoniaque et une dissolution de carbonate de potasse y forment un précipité blanc ; elles se distinguent des dissolutions des sels de baryte, de strontiane et de chaux, en ce que ces derniers ne sont pas précipités par l'ammoniaque.

Les dissolutions acides de magnésie se distinguent des dissolutions acides des sels de potasse, de soude et d'ammoniaque, en ce que, après la sursaturation par l'ammoniaque, une dissolution de phosphate de soude y produit un précipité blanc : elles se distinguent des dissolutions des sels de lithine, en ce qu'un excès de potasse y produit un précipité, surtout lorsqu'on a porté le tout à l'ébullition; elles se distinguent des dissolutions des sels de baryte et de strontiane en ce que l'acide sulfurique étendu n'y produit pas de précipité ; elles se distinguent des dissolutions des sels de chaux par leur manière de se comporter avec une dissolution d'acide oxalique.

La précipitation de la magnésie au moyen du phosphate de soude après l'addition d'ammoniaque peut très bien servir à faire reconnaître la magnésie, mais ne peut pas être employée à distinguer la magnésie de la baryte, de la strontiane et de la chaux, parce que ces bases sont aussi précipitées par ce réactif.

La présence de substances organiques non volatiles peut souvent empêcher, au moins partiellement, la précipitation de la magnésie de ses dissolutions par l'action des alcalis; mais même lorsqu'on opère sur de petites quantités de magnésie en présence d'une forte proportion de substances organiques, la magnésie est précipitée par le phosphate de soude de ses dissolutions auxquelles on a ajouté de l'ammoniaque. — Si, à la dissolution d'un sel neutre de magnésie, du sulfate de magnésie par exemple, on ajoute de l'acide tartrique et ensuite de l'ammoniaque, la dissolution reste d'abord claire : au bout d'un instant, le tartrate de magnésie commence à se précipiter ; mais bien qu'il se forme un précipité, la magnésie n'est pas complétement séparée. Si l'on ajoute à la dissolution d'un sel de magnésie du chlorure d'ammonium, et ensuite de l'acide tartrique et de l'ammoniaque, la dissolution reste complétement claire, même au bout de quelque temps, et il ne se dépose pas de tartrate de magnésie même au bout de plusieurs jours : si l'on porte la liqueur à l'ébullition, il se forme un précipité. Dans la dissolution dont nous venons de parler, une dissolution de phosphate de soude précipite toute la magnésie à l'état de phosphate ammoniaco-magnésien. — Si l'on ajoute à la dissolution d'un sel neutre de magnésie de l'acide tartrique, et ensuite une dissolution de carbonate alcalin ou de carbonate d'ammoniaque, il ne se produit pas de précipité, et même au bout de quelque temps la dissolution reste claire ; si l'on ajoute une dissolution de phosphate de soude, il se produit immédiatement un précipité, et la magnésie est précipitée entièrement, surtout dans les dissolutions qui contiennent du carbonate d'ammoniaque. Si, au lieu de phosphate de soude, on ajoute de l'ammoniaque à la dissolution claire, il se produit au bout de quelque temps un fort précipité.

IX. — ALUMINIUM, Al.

L'aluminium pur est blanc avec une légère tendance au bleu ; récemment fondu, il est mou comme l'argent pur ; après l'action du marteau et du laminoir, il est dur comme le fer. Il est très faiblement magnétique ; il fond plus difficilement que le zinc, mais plus facilement que l'argent. Il a la densité de 2,67. — A l'air, il ne s'oxyde pas même à une haute température ; il n'est oxydé qu'au rouge vif par l'action de l'eau, et encore très lentement. Il ne se dissout pas à froid dans l'acide nitrique étendu, ni dans l'acide nitrique concentré, et il ne se dissout que très lentement dans l'acide nitrique bouillant ; il est à peine attaqué à froid, même au bout de quelque temps, par l'acide sulfurique étendu, mais il se dissout facilement dans l'acide chlorhydrique un peu concentré avec dégagement d'hydrogène : l'acide chlorhydrique gazeux le transforme en chlorure d'aluminium, même à une basse température (Deville).

Alumine, Al^2O^3.

L'alumine hydratée est blanche, mais lorsqu'elle a été desséchée faiblement, elle est souvent un peu jaunâtre et d'une apparence cornée. Même lorsqu'elle a été assez fortement calcinée, elle s'échauffe considérablement lorsqu'on la met en contact avec l'eau. Cependant, après une chaleur blanche longtemps soutenue, elle a perdu cette propriété. Elle est insoluble dans l'eau, mais elle se dissout facilement dans les acides, lorsqu'elle n'a pas été préalablement calcinée. Par la calcination, elle devient moins soluble et même presque insoluble dans certains acides. On peut alors la dissoudre en la faisant digérer avec l'acide chlorhydrique concentré qui a été étendu de très peu d'eau, et bien plus facilement encore en la faisant chauffer avec l'acide sulfurique qui a été étendu d'un peu d'eau. Mais si l'alumine résistait à l'action dissolvante de l'acide sulfurique concentré et chaud ou à celle de l'acide chlorhydrique, il faudrait, pour la dissoudre, la réduire en poudre fine, la faire fondre avec du bisulfate de potasse et traiter la masse fondue par l'eau.

Dans les dissolutions des sels d'alumine, il ne se produit de précipité par l'action d'aucun acide libre, fût-ce même l'acide hydrofluosilicique.

Une dissolution d'*hydrate de potasse* produit dans les dissolutions neutres des sels d'alumine un précipité volumineux d'hydrate d'alumine, qui se dissout complétement lorsqu'on y ajoute de la potasse en excès. Dans cette dissolution l'alumine n'est pas précipitée par l'ébullition ; mais si l'on ajoute un acide en petite quantité, il produit dans cette dissolution un précipité d'hydrate d'alumine qui se dissout lorsqu'on ajoute l'acide en forte proportion. — Une dissolution de chlorure d'ammonium, ou d'un autre sel ammoniacal, produit dans les dissolutions alcalines d'alumine un précipité d'hydrate d'alumine qui est insoluble dans un excès du précipitant.

L'*ammoniaque* produit dans les dissolutions des sels d'alumine un précipité volumineux d'hydrate d'alumine, qui n'est pas tout à fait insoluble dans un excès d'ammoniaque. Une quantité très considérable d'ammoniaque peut dissoudre entièrement une petite quantité d'alumine. Si l'on fait bouillir cette dissolution pendant longtemps, et si l'on en chasse l'ammoniaque, l'alumine peut se précipiter. Plus il y a de sels étrangersdans la dissolution, moins l'alumine se dissout facilement dans l'ammoniaque. — La présence du chlorure d'ammonium n'empêche pas la formation du précipité, pas plus qu'elle n'empêche la formation des précipités produits par les réactifs suivants : propriété qui distingue essentiellement les sels d'alumine des sels de magnésie.

Une dissolution de *carbonate neutre de potasse* ou *de soude*, ajoutée en très faible proportion aux dissolutions d'alumine, y produit un précipité qui disparaît par l'agitation et se dissout. Une plus forte proportion du réactif produit un précipité volumineux d'hydrate d'alumine, qui est presque insoluble dans un excès du précipitant. Si la dissolution est concentrée, il se produit même dans les dissolutions neutres d'alumine une effervescence qui est déterminée par un dégagement d'acide carbonique. Si cependant l'excès de carbonate alcalin est considérable, il se peut que l'on n'observe pas d'effervescence, parce qu'il se produit du bicarbonate alcalin. Lorsque l'excès de carbonate alcalin est très considérable, il se dissout un peu d'alumine qui peut être précipitée de nouveau par les sels ammoniacaux.

Une dissolution de *bicarbonate de potasse* produit une réaction analogue; seulement l'effervescence produite par le dégagement du gaz acide carbonique est encore plus forte. L'alumine est insoluble dans un excès même très considérable de ce réactif.

Une dissolution de *cyanure de potassium* précipite dans les dissolutions neutres d'alumine l'hydrate d'alumine, qui est insoluble dans un excès de cyanure de potassium. Par l'ébullition, il s'en dissout une faible proportion.

Une dissolution de *carbonate d'ammoniaque* réagit de même. Le précipité est presque insoluble dans un excès du précipitant, même quand la dissolution ne contient pas de sels étrangers.

Une dissolution de *phosphate de soude* produit dans les dissolutions neutres d'alumine un précipité volumineux de phosphate d'alumine qui, de même que les autres précipités analogues à l'hydrate d'alumine, se dissout dans les acides et dans une dissolution de potasse. Dans cette dissolution, les réactifs produisent un précipité qui a tout l'aspect de l'hydrate d'alumine, et qui est formé de phosphate d'alumine. La dissolution de chlorure d'ammonium produit dans la dissolution de phosphate d'alumine dans la potasse un précipité de phosphate d'alumine. — Le précipité de phosphate d'alumine est soluble dans un excès considérable d'une dissolution d'alun. La chaleur produit dans cette dissolution un précipité abondant qui disparaît en grande partie par le refroidissement.

Les dissolutions d'*acide oxalique* et des *oxalates neutres* ne produisent pas de précipité dans les dissolutions neutres d'alumine.

Si l'on ajoute à une dissolution d'alumine de la *potasse* à l'état pur ou à l'état de carbonate, et ensuite assez d'*acide sulfurique* pour qu'il y en ait un petit excès, il se forme au bout de quelque temps des cristaux d'alun, si la dissolution d'alumine n'est pas très étendue. Une dissolution très étendue doit préalablement être concentrée par évaporation, pour qu'on puisse y obtenir des cristaux d'alun. — L'ammoniaque, dans les mêmes circonstances que la potasse, produit aussi des cristaux d'alun dans les dissolutions d'alumine.

L'*eau de baryte* précipite l'alumine à l'état d'hydrate de ses dissolutions salines. Un excès du précipitant dissout complétement le précipité. Les sels ammoniacaux, comme le chlorure d'ammonium, par exemple, précipitent de cette dissolution l'hydrate d'alumine.

Le *carbonate de baryte* précipite complétement l'alumine de ses dissolutions, même à froid.

Une dissolution de *ferrocyanure de potassium* ne produit pas immédiatement de précipité dans les dissolutions des sels d'alumine. Cependant, au bout de quelque temps, il s'y forme un précipité abondant qui reste longtemps en suspension.

La dissolution de *ferrocyanide de potassium* ne produit pas de précipité dans les dissolutions d'alumine.

Le *sulfure d'ammonium* produit, dans les dissolutions neutres des sels d'alumine, un précipité d'hydrate d'alumine, et le gaz hydrogène sulfuré est mis en liberté; en sorte que, dans les dissolutions très concentrées, son dégagement peut se faire avec effervescence. Comme le précipité est formé d'hydrate d'alumine pure, il est soluble dans une dissolution de potasse : par suite, le sulfure d'ammonium ne produit pas de précipité dans une dissolution d'alumine dans la potasse.

La dissolution d'*hydrogène sulfuré* ne produit pas de précipité dans les dissolutions neutres d'alumine; le gaz hydrogène sulfuré ne forme pas non plus de précipité dans les dissolutions d'alumine dans une dissolution d'hydrate de potasse.

Les sels d'alumine neutres solubles rougissent le papier bleu de tournesol. Les sels d'alumine solubles dans l'eau sont décomposés par la calcination; le sulfate d'alumine même perd tout son acide sulfurique par une forte calcination. Le chlorure d'aluminium est volatil. — L'alumine, qu'elle soit calcinée ou qu'elle ne le soit pas, ne peut pas décomposer la dissolution de sel ammoniac et dégager l'ammoniaque. Mais si l'on mélange l'alumine ou un sel d'alumine avec le sel ammoniac, et si l'on calcine le mélange, souvent l'alumine se volatilise entièrement à l'état de chlorure d'aluminium : mais le plus souvent il ne s'en volatilise qu'une partie.

L'alumine forme, avec un très grand nombre d'acides, des sels qui, à l'état neutre, sont insolubles dans l'eau; de ce nombre sont, par exemple, l'acide phosphorique, l'acide arsénique, etc. Lorsqu'ils n'ont pas été calcinés, ils se dissolvent très bien dans l'acide chlorhydrique ou dans l'acide sulfurique libres, aussi bien que dans une dissolution d'hydrate de potasse. Comme les dissolutions de phosphate, d'arséniate, etc., d'alumine dans les acides et dans une dissolution de potasse se comportent avec les réactifs presque de la même manière qu'une dissolution d'alumine pure, ces sels peuvent être confondus avec l'alumine pure. On doit par conséquent, pour les distinguer de cette dernière, rechercher les acides qui peuvent être combinés avec l'alumine. Cet essai se fait de la manière que nous indiquerons plus loin à chacun de ces acides.

Si l'on calcine l'alumine ou un sel d'alumine avec un excès de carbonate alcalin, l'alumine chasse l'acide carbonique du carbonate alcalin, et la masse fondue se dissout dans l'eau, bien que très difficilement, et forme une liqueur complétement claire. Exposée à l'air, cette liqueur est troublée par l'acide carbonique qu'il contient. L'alumine est bien plus fusible en présence du carbonate de soude qu'en présence du carbonate de potasse. — Si l'on fond l'alumine, même très fortement calcinée, avec de l'hydrate de potasse, dans un creuset d'argent, la masse fondue se dissout complétement dans l'eau.

Au chalumeau, l'alumine peut être très bien reconnue, à l'état pur, ou dans la plupart de ses combinaisons qui ne sont pas facilement fusibles. En effet, si l'on en calcine une petite quantité sur le charbon à la flamme du chalumeau, si l'on humecte alors avec une dissolution de nitrate de cobalt, et si l'on chauffe fortement de nouveau, on obtient une belle couleur bleue, ce qui n'est pas le cas pour les corps qui ne contiennent pas d'alumine. Cette belle couleur bleue ne paraît d'un bleu pur qu'à la lumière du jour; elle est d'un violet sale à la lumière des chandelles. Les alcalis, l'oxyde de fer et les autres oxydes rendent cette couleur d'un moins beau bleu, ou même en empêchent tout à fait la formation; mais la présence de l'acide silicique à côté de l'alumine n'empêche pas la coloration bleue de se produire. — Si la substance qui contient de l'alumine est facilement fusible, on ne peut pas y reconnaître la présence de l'alumine au moyen de l'oxyde de cobalt; car alors il se forme toujours un verre bleu, bien qu'il n'y ait pas la plus petite trace d'alumine.

L'alumine se dissout dans le borax et forme une perle claire qui ne perd pas sa transparence; avec le sel de phosphore, l'alumine donne aussi une perle claire. Berzelius.)

Les sels d'alumine en dissolution se distinguent des sels alcalins en ce que l'ammoniaque y forme un précipité; des sels de baryte, de strontiane et de chaux solubles dans l'eau, en ce que l'ammoniaque ne forme pas de précipité dans ces dissolutions, mais l'acide sulfurique en forme un: cependant il ne faut pas que la dissolution de chaux soit très étendue. Les dissolutions d'alumine se distinguent des dissolutions de magnésie par la manière dont elles se comportent avec les dissolutions de potasse et de chlorure d'ammonium.

Dans une dissolution d'alumine qui contient des substances organiques qui ne peuvent pas se volatiliser par l'action de la chaleur sans se décomposer, mais qui sont au contraire décomposées et qui abandonnent une forte proportion de charbon, comme l'acide tartrique, l'acide citrique, le sucre, etc., on ne peut souvent pas découvrir la présence de l'alumine au moyen des réactifs ordinaires, même lorsque la liqueur est tout à fait incolore. L'ammoniaque, aussi bien que les dissolutions de carbonate de potasse, de carbonate d'ammoniaque et de sulfure d'ammonium, même ajoutées en très grand excès, ne produit pas de précipité d'alumine dans ces dissolutions: la potasse et l'acide sulfurique y forment difficilement des cristaux d'alun. Pour reconnaître la présence de l'alumine dans les dissolutions qui contiennent des substances organiques, le seul moyen à employer est souvent d'évaporer la dissolution à siccité, et de calciner le résidu: ce qui détruit les substances organiques. Après la calcination, on fait digérer le residu avec un acide, par exemple l'acide chlorhydrique ou l'acide sulfurique, ou on le fait fondre avec du bisulfate de potasse, et l'on essaye ensuite la dissolution par les réactifs ordinaires de l'alumine. — Si l'alumine est en présence de substances organiques solides ou de la consistance d'une bouillie, il faut aussi les décomposer par la calcination : on y recherche alors la présence de l'alumine de la même manière.

X. — GLUCINIUM (BERYLLIUM), Gl.

Le glucinium a l'aspect extérieur du zinc; il ne décompose pas l'eau à la température de l'ébullition, ni même au rouge blanc; il n'est oxydé qu'à la surface par la puissante chaleur du chalumeau. Son point de fusion se trouve entre celui du zinc et celui de l'aluminium. La densité du glucinium est 2,1 ; il n'est attaqué que faiblement par l'acide nitrique étendu; il est attaqué seulement à chaud par l'acide nitrique concentré; l'acide chlorhydrique et l'acide sulfurique même étendus le dissolvent avec dégagement d'hydrogène; une dissolution concentrée d'hydrate de potasse le dissout même à la température ordinaire: il n'en est pas de même de l'ammoniaque (Debray).

Glucine, Gl^2O^3.

La glucine à l'état pur est blanche : lorsqu'elle a été précipitée à chaud de sa dissolution dans le carbonate d'ammoniaque, elle forme une poudre légère qui, après avoir subi une faible calcination, ne produit pas de chaleur lorsqu'on l'agite avec de l'eau; par l'action d'un rouge blanc très vif, cette poudre devient nettement cristalline. Si la glucine a été précipitée de sa dissolution ammoniacale, elle est plus dense, ressemble à l'alumine; mais, après une légère calcination, elle ne s'échauffe pas davantage en présence de l'eau. Elle est insoluble dans l'eau; elle se dissout dans les acides, souvent avec beaucoup de difficulté lorsqu'elle a été calcinée. La glucine obtenue par la calcination du sulfate de glucine au rouge blanc est soluble dans l'acide chlorhydrique ; cependant elle ne se dissout complétement qu'après une longue digestion : elle est aussi très difficilement soluble dans l'acide sulfurique. Mais on peut facilement dissoudre la glucine fortement calcinée en la faisant fondre avec du bisulfate de potasse et traitant par l'eau la masse fondue.

Les dissolutions des sels de glucine ne sont pas précipitées par l'ébullition.

Il ne se produit pas de précipité dans les dissolutions de glucine par l'action des acides, fût-ce même l'acide hydrofluosilicique.

Une dissolution d'*hydrate de potasse* produit dans les dissolutions de glucine, comme dans celles d'alumine, un précipité volumineux d'hydrate de glucine qui est complétement soluble dans un excès d'hydrate de potasse. Une dissolution de chlorure d'ammonium produit dans cette dissolution un précipité d'hydrate de glucine. La dissolution de glucine dans l'hydrate de potasse se trouble par l'ébullition. Si la lessive de potasse est très concentrée, une ébullition même prolongée peut ne pas produire de séparation de glucine : si on l'évapore alors, la combinaison de glucine et de potasse se sépare à l'état cristallin; après le refroidissement elle est complétement soluble dans l'eau froide; mais si l'on étend d'eau la dissolution concentree de glucine dans la potasse, il s'y produit un précipité par l'ébullition. Si la dissolution est très étendue, il faut continuer l'ébullition pendant longtemps pour que le précipité se forme. Pour un certain degré de concentration de la liqueur, l'ébullition précipite la glucine immédiatement et entièrement. Si on laisse refroidir la liqueur dont on a séparé la glucine par l'ebullition, et si la quantité du précipité n'est pas très faible, il ne s'en redissout que très peu; mais s'il n'y a que quelques parcelles de glucine, elle disparaît par le refroidissement et reparaît chaque fois que l'on chauffe. La glucine ainsi précipitée, que l'on a lavée pour lui enlever la potasse, se dissout bien à froid dans une dissolution de potasse; mais elle ne s'y dissout pas si elle n'a pas été lavée. Elle se dissout bien dans les acides. — La glucine calcinée est insoluble dans la lessive de potasse tant à froid qu'à chaud.

L'*ammoniaque* forme dans les dissolutions de glucine un précipité volumineux d'hydrate de glucine qui est insoluble dans un excès d'ammoniaque. Il est entièrement analogue au précipité d'hydrate d'alumine formé par l'ammoniaque dans les dissolutions d'alumine. Le chlorure d'ammonium n'empêche pas la formation de ce précipité; il est aussi sans influence sur les précipités produits par les réactifs suivants.

Une dissolution de *carbonate neutre de potasse* produit dans les dissolutions de glucine un précipité volumineux de carbonate de glucine, qui se dissout dans un grand excès du précipitant. Si l'on fait bouillir la dissolution concentrée, il ne se sépare que peu de glucine; mais il s'en sépare une plus forte proportion, si on étend la liqueur d'eau et si on la fait ensuite bouillir. La glucine précipitée par l'ébullition de sa dissolution dans le carbonate de potasse est soluble dans une dissolution d'hydrate de potasse.

Une dissolution de *bicarbonate de potasse* agit de la même manière.

Une dissolution de *carbonate d'ammoniaque* a la même réaction que le carbonate de potasse; seulement le carbonate de glucine précipité se dissout plus facilement dans le carbonate d'ammoniaque que dans le carbonate de potasse. Si l'on fait bouillir la dissolution, la glucine se précipite à l'etat de carbonate basique. Elle forme alors après la dessiccation une poudre volumineuse, très légère. — La glucine calcinée est presque insoluble dans la dissolution de carbonate d'ammoniaque.

Une dissolution de *phosphate de soude* donne dans les dissolutions de glucine un volumineux précipité de phosphate de glucine.

Les dissolutions d'*acide oxalique* et des *oxalates* ne produisent pas de précipité dans les dissolutions de glucine.

Si l'on ajoute à une dissolution de glucine de la *potasse*, et si on la sursature faiblement avec de l'*acide sulfurique*, il ne s'y forme pas de cristaux d'alun.

L'*eau de baryte* produit dans les dissolutions des sels de glucine un précipité d'hydrate de glucine, qui se dissout dans un excès du précipitant, et qui peut être ensuite précipité de cette dissolution par la dissolution d'un sel ammoniacal. La glucine, dissoute dans un excès d'eau de baryte, n'est pas précipitée de cette dissolution par l'ébullition.

Le *carbonate de baryte* ne précipite pas à froid la glucine de ses dissolutions salines, même lorsque le contact a été prolongé; mais si l'on fait bouillir, la précipitation de la glucine a lieu.

Une dissolution de *ferrocyanure de potassium* ne forme pas immédiatement de précipité dans les dissolutions de glucine; au bout de quelque temps, la dissolution se prend en une espèce de gelée qui paraît bleuâtre, si la glucine contient une proportion de fer, même très faible.

Une dissolution de *ferrocyanide de potassium* ne produit pas de précipité dans les dissolutions de glucine.

Le *sulfure d'ammonium* produit, dans les dissolutions neutres de glucine, un précipité d'hydrate de glucine qui est soluble dans une dissolution d'hydrate de potasse.

La dissolution d'*hydrogène sulfuré* ne produit pas de précipité dans les dissolutions de glucine.

Le papier de tournesol est rougi par les dissolutions neutres de glucine; les dissolutions de glucine, qu'elles soient mélangées avec un acide fort ou qu'elles ne le soient pas, ne modifient pas le papier de curcuma.

Les sels de glucine solubles dans l'eau sont décomposés par la calcination. Le sulfate de glucine peut même, par une très forte calcination, perdre tout son acide sulfurique. Le chlorure de glucinium est volatil. — Récemment précipitée, la glucine peut, par une ébullition soutenue, décomposer la dissolution de sel ammoniac, et finalement se dissoudre complétement, quoique très lentement, en donnant naissance à un dégagement d'ammoniaque. Cependant la glucine calcinée au rouge blanc est tout à fait insoluble dans une dissolution de chlorure d'ammonium un peu concentrée, bien que l'ébullition soit longtemps prolongée. Si l'on mélange avec du sel ammoniac la glucine à l'état libre, ou à l'état de combinaison saline, et si l'on calcine, une grande partie de la glucine se volatilise; mais la portion qui n'est pas décomposée résiste à une action ultérieure du sel ammoniac, même si l'on réitère la calcination, parce qu'elle a acquis une plus grande densité.

La glucine forme, avec un très grand nombre d'acides, des sels qui, à l'état neutre, sont insolubles dans l'eau : il est souvent difficile de les distinguer de la glucine pure, comme cela se présente pour les sels correspondants d'alumine.

Si l'on fait fondre dans un creuset d'argent la glucine avec l'hydrate de potasse, et si l'on reprend par l'eau la masse fondue, il ne se dissout pas de glucine. Cette réaction distingue essentiellement la glucine de l'alumine. La glucine, fondue avec l'hydrate de potasse, se dissout difficilement dans l'acide chlorhydrique. — Si l'on calcine la glucine avec un carbonate alcalin, il n'y a qu'une faible proportion d'acide carbonique qui soit chassée. Si l'on traite la masse fondue par l'eau, la plus grande partie de la glucine reste sans se dissoudre, et il n'y en a qu'une très petite partie qui se dissolve dans l'eau. L'acide carbonique de l'air précipite peu à peu la glucine de cette dissolution.

La glucine et la plupart de ses combinaisons, lorsqu'on les a préalablement humectées avec du nitrate de cobalt, prennent, par l'action de la flamme du chalumeau, une coloration bleue qui n'est pas pure, mais qui tire sur le gris, ce qui distingue cette base de l'alumine.

La glucine est dissoute par le borax et le sel de phosphore, et donne une perle claire qui est d'un blanc de lait par une insufflation intermittente et par le refroidissement lorsqu'on a ajouté un grand excès de glucine. La dissolution dans le borax réussit moins pour la glucine que pour l'alumine. (Berzelius.)

Les dissolutions de glucine se distinguent des dissolutions des sels alcalins comme des dissolutions de baryte, de strontiane, de chaux et de magnésie, de la même manière que les dissolutions d'alumine s'en distinguent. Les dissolutions de glucine se distinguent des dissolutions d'alumine par leur manière de se comporter avec les dissolutions des carbonates alcalins, et particulièrement avec la dissolution de carbonate d'ammoniaque, et aussi par la manière dont elles se comportent avec la potasse et l'acide sulfurique, et aussi (lorsque la combinaison est solide) par la manière dont la substance réagit au chalumeau en présence de la dissolution de nitrate de cobalt.

Si une dissolution de glucine contient des substances organiques non volatiles, comme par exemple l'acide tartrique, on ne peut souvent pas plus y reconnaître la présence de la glucine par les réactifs ordinaires que l'alumine dans les mêmes circonstances. On doit alors évaporer la dissolution à sec et traiter le résidu par l'acide chlorhydrique après l'avoir calciné; le mieux est encore de le fondre avec du sulfate acide de potasse et de dissoudre la masse fondue dans l'eau: on peut ensuite reconnaître la présence de la glucine dans la dissolution.

XI. — **THORIUM**, Th.

Le thorium est une poudre métallique, lourde, d'une couleur gris de plomb foncé. Elle peut s'agréger : lorsqu'on la frotte dans un mortier d'agate poli, elle devient d'un gris de fer et prend l'éclat métallique. Lorsqu'on la chauffe faiblement, elle s'enflamme et brûle avec un éclat tout à fait extraordinaire. Par suite de la production de cette lumière si vive, la masse en combustion présente l'aspect d'une seule flamme extraordinairement brillante. Si l'on en laisse tomber de petites parcelles dans la flamme de l'alcool en combustion, elles forment une lueur blanche, et paraissent prendre, au moment de la combustion, un volume plusieurs fois aussi gros que le volume réel. La thorine qui reste après la combustion est d'un blanc de neige, et ne paraît pas s'être fondue ni agrégée en aucune manière. — Le thorium n'est pas oxydé par l'eau ni à froid ni à chaud. Il se dissout lentement, mais complétement, dans l'acide sulfurique étendu avec dégagement d'hydrogène. L'acide nitrique réagit sur le thorium, mais moins bien que l'acide sulfurique. Mais l'acide chlorhydrique le dissout facilement et rapidement même avec l'aide de la chaleur: il se dégage de l'hydrogène. Le thorium est attaqué par l'acide fluorhydrique avec aussi peu d'intensité que par l'acide sulfurique. Les alcalis ne réagissent pas par voie humide sur le thorium (Berzelius).

Thorine, Th^2O^3 (?).

La thorine à l'état pur est blanche, très dense : lorsqu'elle a été calcinée, elle n'est soluble dans aucun autre acide que l'acide sulfurique concentré qui a été étendu d'un poids égal d'eau, et encore la dissolution n'a-t-elle lieu qu'avec l'aide de la chaleur. La thorine, chauffée jusqu'au rouge avec les alcalis purs ou carbonatés, n'est, après ce traitement, soluble ni dans l'acide chlorhydrique, ni dans l'acide nitrique, comme c'est le cas pour presque tous les autres oxydes qui, après la calcination, sont insolubles dans les acides. La thorine ne fond pas avec les alcalis; les acides n'enlèvent à la masse calcinée que les matières étrangères qui rendaient l'oxyde terreux impur et que les acides ne pouvaient séparer de l'oxyde terreux avant la calcination avec l'alcali. — L'hydrate de thorine à l'état humide se dissout très facilement dans les acides; lorsqu'il a été desséché, il s'y dissout difficilement et lentement. Il est volumineux, comme l'hydrate d'alumine; séché à l'air, il s'agrége en morceaux durs, vitreux.

Une dissolution d'*hydrate de potasse* produit dans les dissolutions de thorine un précipité gélatineux d'hydrate de thorine qui se rassemble facilement au fond et qui est insoluble dans un excès du précipitant.

L'*ammoniaque* agit de même.

Les dissolutions de *carbonate de potasse* et *d'ammoniaque* produisent dans les dissolutions de thorine un précipité de carbonate de thorine basique qui est soluble dans un excès du précipitant. La dissolution s'opère assez facilement lorsque la dissolution du précipitant est concentrée, difficilement lorsqu'elle est très étendue. Si l'on chauffe jusqu'à 50 degrés dans un vase fermé la dissolution de thorine dans le carbonate d'ammoniaque, la liqueur se trouble et il se précipite beaucoup de thorine: elle se redissout cependant, bien que lentement, par le refroidissement. Si l'on ajoute de l'ammoniaque, la dissolution ne se trouble pas ; elle redevient même claire, si elle était préalablement troublée par un commencement de précipitation.

Une dissolution de *phosphate de soude* forme dans les dissolutions de thorine un précipité blanc, floconneux, de phosphate de thorine, qui est insoluble dans un excès d'acide phosphorique.

Une dissolution d'*acide oxalique* produit dans les dissolutions de thorine un précipité blanc, lourd, d'oxalate de thorine insoluble dans un excès d'acide oxalique et soluble en proportion tout à fait insignifiante dans les autres acides libres et étendus.

Une dissolution de *sulfate de potasse* trouble lentement les dissolutions de thorine ; mais elle en précipite toute la thorine à l'état de sulfate de thorine et de potasse, lorsque la dissolution de sulfate de potasse est concentrée et lorsqu'il y en a un excès. Il en est de même lorsque la dissolution contient un acide en excès. — Le précipité est insoluble seulement dans une dissolution saturée de sulfate de potasse. Il se dissout, bien que lentement, dans l'eau froide : il se dissout facilement et abondamment dans l'eau chaude. Si l'on fait bouillir la dissolution, on obtient au bout de quelque temps un précipité d'un sel basique.

Une dissolution de *ferrocyanure de potassium* produit dans une dissolution neutre de thorine un précipité blanc, lourd, de ferrocyanure de thorium, qui est soluble dans les acides.

Une dissolution de *ferrocyanide de potassium* ne produit pas de précipité dans les dissolutions de thorine.

Le *sulfure d'ammonium* produit dans les dissolutions neutres de thorine un précipité d'hydrate de thorine.

La dissolution d'*hydrogène sulfuré* ou un courant d'hydrogène sulfuré gazeux ne produisent pas de précipité dans les dissolutions de thorine.

Les sels de thorine solubles dans l'eau sont décomposés par la calcination. Le chlorure de thorium se volatilise complétement. — Les dissolutions de quelques-uns des sels de thorine, celle du sulfate par exemple, sont précipitées par l'ébullition : cette réaction n'a pas lieu lorsqu'il existe dans la dissolution des bases qui forment avec la thorine des sels doubles.

La présence de l'acide tartrique et de l'acide citrique dans les dissolutions de thorine empêche la précipitation de la thorine par les alcalis.

Les dissolutions de thorine se distinguent de celles des alcalis, aussi bien que de celles de baryte, de strontiane et de chaux, en ce que dans ses dissolutions l'oxyde terreux est précipité par l'ammoniaque : elles se distinguent de celles de magnésie par le mode de réaction des sels de magnésie en présence de l'ammoniaque et du chlorure d'ammonium : elles se distinguent de celles d'alumine et de glucine en ce qu'une dissolution de potasse produit dans les dissolutions de thorine un précipité qui n'est pas soluble dans un excès du précipitant, et en ce que la thorine est précipitée de ses dissolutions salines par l'acide oxalique.

XII. — ZIRCONIUM, Zr.

Le zirconium forme une poudre noire qui, au brunissoir, prend l'éclat métallique et devient d'une couleur gris de fer foncé. Dans le vide ou dans l'hydrogène, il ne subit pas de modification lorsqu'il est pur : il n'est pas fusible. Chauffé en présence de l'air, il s'enflamme bien au-dessous du rouge et brûle avec une vive production de lumière, en se transformant en zircone blanche. Lorsqu'il n'a pas été calciné, il se divise dans l'eau en particules tellement ténues, qu'elles passent avec l'eau à travers le filtre : si l'on ajoute de l'acide chlorhydrique étendu ou une dissolution saline, le zirconium se sépare mieux de l'eau; et si l'on filtre, il se dépose sur le filtre.

Le zirconium n'est pas attaqué à la température ordinaire par l'acide chlorhydrique ni par l'acide sulfurique concentré : à chaud, il ne se dissout dans ces acides que d'une manière tout à fait insignifiante, en laissant dégager un peu d'hydrogène. L'acide nitrique et même l'eau régale ne le dissolvent pas mieux que les acides que nous venons d'indiquer. Mais l'acide fluorhydrique dissout le zirconium sans l'intervention de la chaleur avec dégagement d'hydrogène; un mélange d'acide fluorhydrique et d'acide nitrique dissout spécialement le zirconium avec une grande énergie. Les dissolutions des alcalis purs sont sans action sur le zirconium, même à l'ébullition. Si l'on mélange le zirconium avec du carbonate de potasse et si l'on chauffe le mélange, le zirconium s'oxyde aux dépens de l'acide carbonique, et la combustion se fait avec une faible production de lumière. Si on le fait fondre avec les hydrates des oxydes alcalins, il s'oxyde aux dépens de l'eau. Si on le fait fondre avec du nitrate ou du chlorate de potasse, il ne brûle qu'au rouge naissant.

Zircone, Zr^2O^3.

L'hydrate de zircone forme, comme celui d'alumine, une masse faiblement jaunâtre, d'une apparence cornée, qui, à l'état humide, se dissout très facilement dans les acides, dans l'acide chlorhydrique par exemple, par l'action de la chaleur. Desséchée, la zircone se dissout plus difficilement dans les acides. Si l'on calcine l'hydrate de zircone, il se produit souvent un phénomène d'incandescence au rouge naissant, mais cela n'a pas toujours lieu : la zircone qui reste après la calcination de l'hydrate est blanche ; elle est insoluble dans la plupart des acides et ne se redissout dans l'eau bouillante qu'après avoir longtemps digéré avec l'acide sulfurique. Elle est infusible et très dure.

Les dissolutions des sels de zircone sont précipitées par l'ébullition.

Une dissolution d'*hydrate de potasse* produit dans les dissolutions des sels de zircone, comme dans les dissolutions des sels d'alumine, un précipité volumineux d'hydrate de zircone, qui est insoluble dans un excès du précipitant.

L'*ammoniaque* agit de même. Une dissolution de chlorure d'ammonium n'empêche pas la production du précipité.

Une dissolution de *carbonate neutre de potasse* produit dans les dissolutions de zircone un volumineux précipité de carbonate de zircone, qui est légèrement soluble dans un grand excès du précipitant.

Une dissolution de *bicarbonate de potasse* a la même réaction ; seulement elle dissout plus de zircone. Si la dissolution est saturée, elle se trouble par l'ébullition et dégage de l'acide carbonique.

Une dissolution de *carbonate d'ammoniaque* se comporte de même ; seulement un excès de carbonate d'ammoniaque dissout le précipite plus facilement que la dissolution de carbonate neutre de potasse. Par l'ébullition, la zircone se précipite de cette dissolution à l'état gélatineux.

Une dissolution de *phosphate de soude* produit dans les dissolutions de zircone un précipité volumineux de phosphate de zircone.

Une dissolution d'*acide oxalique* donne dans les dissolutions de zircone un précipité volumineux d'oxalate de zircone, qui n'est pas soluble dans un excès d'acide oxalique et qui ne se dissout que dans un grand excès d'acide chlorhydrique.

Une dissolution concentrée de *sulfate de potasse* produit, au bout de peu de temps, dans les dissolutions de zircone, un précipité blanc de sulfate de potasse et de zircone qui se dissout dans une forte proportion d'acide chlorhydrique. Si le précipité s'est produit à chaud, il est presque entièrement insoluble dans l'eau et dans les acides.

Le *carbonate de baryte* ne précipite pas complétement la zircone de ses dissolutions, ni à froid, ni même à l'ébullition.

Une dissolution de *ferrocyanure de potassium* produit dans les dissolutions de zircone un précipité blanc.

Une dissolution de *ferrocyanide de potassium* ne produit pas de précipité dans les dissolutions de zircone.

Le *sulfure d'ammonium* produit dans les dissolutions de zircone un précipité blanc volumineux d'hydrate de zircone. Une quantité même excessivement faible d'oxyde de fer qui altère la pureté de la zircone colore ce précipité en gris ou en noir.

La dissolution d'*hydrogène sulfuré*, ou même un courant de gaz hydrogène sulfuré, ne produit pas de précipité dans les dissolutions de zircone.

Les dissolutions neutres de zircone rougissent le papier de tournesol, mais elles colorent aussi d'une manière nette en rouge brun le papier de curcuma, surtout si l'on ajoute de l'acide chlorhydrique ou de l'acide sulfurique étendu à la dissolution : pour les dissolutions étendues, la coloration n'est pas très forte. On ne peut bien juger de la coloration qu'après une dessiccation complète Brush).

Les sels de zircone solubles dans l'eau sont décomposés par la calcination. Le chlorure de zirconium est volatil, mais un peu difficilement.

Les combinaisons de zircone avec les acides, qui sont insolubles dans l'eau, sont dans quelques cas difficiles à distinguer de la zircone pure.

Au chalumeau, la zircone ne se distingue pas aisément des substances analogues. A la flamme du chalumeau, elle brille d'un éclat tout à fait éblouissant. Elle se dissout dans le borax et le sel de phosphore, et donne avec ces réactifs des perles qui, par une insufflation intermittente, ou bien aussi par refroidissement, deviennent d'un blanc de lait.

Les dissolutions de zircone se distinguent des dissolutions des alcalis, des dissolutions de baryte, de strontiane, de chaux et de magnésie, comme les dissolutions d'alumine. La zircone se distingue de l'alumine et de la glucine par son insolubilité dans un excès d'alcali ; elle se distingue de la thorine en ce que la dissolution de zircone, lorsqu'elle a été traitée à chaud par une dissolution de potasse, forme un précipité qui est presque insoluble dans l'eau et même dans les acides, tandis que les dissolutions de thorine forment un précipité qui peut se dissoudre dans une grande quantité d'eau. La coloration brune du papier de curcuma peut encore distinguer les dissolutions de zircone de celles de thorine, puisque cette dernière base ne jouit pas de la même propriété.

La présence de substances organiques non volatiles, comme par exemple l'acide tartrique, empêche les alcalis de précipiter la zircone de ses dissolutions.

XIII. — YTTRIUM, Y.

L'yttrium à l'état métallique est peu connu : c'est une poudre noire.

Yttria (Oxyde d'yttrium), YO.

L'hydrate d'yttria est volumineux et incolore. Il attire l'acide carbonique de l'air. Après avoir été calcinée, l'yttria, lorsqu'elle est aussi pure que possible, est d'un blanc de lait ; elle se dissout bien dans les acides ; même après avoir été soumise au rouge très intense, elle se dissout facilement dans l'acide chlorhydrique. Comme elle contient presque toujours de l'oxyde de terbium et de l'oxyde d'erbium, elle est généralement, après la calcination, d'une couleur jaune brunâtre. Calcinée, elle s'échauffe fortement lorsqu'on la traite par les acides étendus, et se dissout. Les sels d'yttria sont blancs, avec une pointe vers le rouge améthyste. Le sulfate ne s'effleurit pas même à 80 degrés.

Une dissolution de *potasse* produit dans les dissolutions d'yttria un précipité blanc volumineux d'hydrate d'yttria, qui est tout à fait insoluble dans un excès du précipitant.

L'ammoniaque agit de même. L'ammoniaque forme un précipité dans les dissolutions d'yttria, même lorsqu'elles tiennent en dissolution une certaine proportion de sel ammoniacal, mais il ne faut pas qu'elle soit trop forte.

Une dissolution de *carbonate neutre de potasse* produit dans les dissolutions d'yttria un précipité blanc volumineux de carbonate d'yttria, qui se dissout un peu dans un grand excès du précipitant.

Une dissolution de *bicarbonate de potasse* donne dans les dissolutions d'yttria un précipité blanc volumineux de carbonate d'yttria, qui se dissout complétement dans un très grand excès du précipitant.

Une dissolution de *carbonate d'ammoniaque* se comporte de même; il faut cependant une plus grande quantité de ce réactif pour dissoudre l'yttria qu'il n'en fallait pour dissoudre la glucine. Si c'est de l'hydrate pur d'yttria qui a été dissous dans le carbonate d'ammoniaque, l'oxyde terreux est complétement précipité de sa dissolution par l'ébullition. Mais si l'on a traité la dissolution d'un sel d'yttria par un excès de carbonate d'ammoniaque, de manière que l'oxyde terreux précipité d'abord se soit complétement redissous; si l'on fait bouillir ensuite la liqueur jusqu'à ce que l'excès de carbonate d'ammoniaque soit chassé, l'oxyde terreux se précipite bien d'abord, mais il déplace ensuite l'ammoniaque et se dissout dans la liqueur. — Si l'on dissout jusqu'à saturation du carbonate d'yttria dans le carbonate d'ammoniaque, il se précipite au bout de quelque temps, dans cette dissolution, un sel double de carbonate d'yttria et de carbonate d'ammoniaque. Cette réaction peut souvent faire croire que l'yttria est insoluble dans le carbonate d'ammoniaque.

Une dissolution de *phosphate de soude* produit dans les dissolutions des sels neutres d'yttria un précipité blanc de phosphate d'yttria, qui est soluble dans l'acide chlorhydrique, et qui est précipité de cette dissolution par l'ébullition.

Une dissolution d'*acide oxalique* produit dans les dissolutions mêmes un peu acides d'yttria un précipité blanc volumineux d'oxalate d'yttria, qui est tout à fait insoluble dans l'eau, mais qui se dissout dans l'acide chlorhydrique.

Une dissolution de *sulfate de potasse* donne, après quelque temps, dans les dissolutions d'yttria un précipité de sulfate de potasse et d'yttria peu soluble, qui se dissout complétement, bien que très lentement, dans une forte proportion d'eau. Il est un peu plus soluble dans une dissolution saturée de sulfate de potasse que dans l'eau pure; il est encore plus soluble dans une dissolution d'un sel ammoniacal.

Le *carbonate de baryte* ne précipite pas l'yttria de ses dissolutions ni à froid, ni à chaud.

Une dissolution de *ferrocyanure de potassium* produit dans les dissolutions d'yttria un précipité blanc de ferrocyanure d'yttria.

Une dissolution de *ferrocyanide de potassium* ne produit pas de précipité dans les dissolutions d'yttria.

Le *sulfure d'ammonium* donne, dans les dissolutions neutres d'yttria, un précipité d'hydrate d'yttria.

La dissolution d'*hydrogène sulfuré*, ou un courant de gaz hydrogène sulfuré, ne produit pas de précipité dans les dissolutions d'yttria.

Les dissolutions des sels neutres d'yttria rougissent le papier de tournesol. Les dissolutions acides ne modifient pas le papier de curcuma.

Les sels d'yttria solubles dans l'eau sont décomposés par la calcination. Le sulfate d'yttria ne perd entièrement son acide sulfurique que par une forte chaleur bien soutenue. Le chlorure d'yttrium à l'état anhydre n'est pas volatil. Si l'yttria, mélangée avec du charbon et traitée au rouge par le chlore, donne un chlorure volatil, c'est qu'elle contenait de la glucine : ce qui arrive souvent. — L'yttria, récemment précipitée, se dissout facilement à chaud dans une dissolution de chlorure d'ammonium avec dégagement d'ammoniaque. Si l'oxyde terreux a été fortement calciné, la réaction est plus lente et incomplète.

Les sels d'yttria, qui sont insolubles dans l'eau, sont souvent un peu difficiles à distinguer de l'yttria.

Au chalumeau, l'yttria, comme la glucine, qui se comporte de même sous ce rapport, est souvent très difficile à bien distinguer des oxydes terreux analogues.

Les dissolutions d'yttria se distinguent des dissolutions des alcalis, des dissolutions de la baryte, de la strontiane, de la chaux et de la magnésie, de la même manière que les dissolutions d'alumine. Les dissolutions d'yttria se distinguent des dissolutions d'alumine et des dissolutions de glucine en ce qu'une dissolution de potasse produit dans les dissolutions d'yttria un précipité qui est insoluble dans un excès du précipitant, et aussi en ce qu'elles sont précipitées par l'acide oxalique; elles se distinguent des dissolutions de thorine en ce que cette dernière base forme, avec le sulfate de potasse, un sel double, qui est insoluble dans une dissolution saturée de sulfate de potasse. L'yttria peut être distinguée de la zircone par la manière dont elle réagit sur le papier de curcuma, et aussi parce que la zircone, lorsqu'elle a été précipitée à chaud par une dissolution de sulfate de potasse, est presque tout à fait insoluble dans l'eau et dans les acides; et enfin parce que la zircone, aussi bien que la thorine, est insoluble dans les acides, à l'exception de l'acide sulfurique, lorsqu'elle a été calcinée, tandis que l'yttria, même après la calcination, se dissout bien dans les acides et notamment dans l'acide chlorhydrique.

La présence de substances organiques non volatiles, comme par exemple l'acide tartrique, n'empêche pas l'ammoniaque de précipiter l'yttria de ses dissolutions; et cette réaction est caractéristique pour l'yttria. Si l'on ajoute spécialement à une dissolution d'yttria de l'acide tartrique et ensuite de l'ammoniaque, il ne se produit souvent pas de précipité au premier instant; mais au bout de quelque temps, il se forme un précipité de tartrate d'yttria, et toute l'yttria est précipitée. Si l'on ajoute à la dissolution d'yttria de l'acide tartrique et ensuite une dissolution de *carbonate de soude*, il ne se produit pas de précipité ou il ne s'en produit un qu'au bout de plusieurs jours : le précipité se produit plus rapidement, lorsqu'on ajoute de l'ammoniaque.

XIV. — TERBIUM, Tr.

Ce métal est inconnu à l'état pur.

Terbine, TrO.

La terbine est encore presque inconnue à l'état pur, attendu qu'elle n'a pas été encore obtenue exempte d'yttria et d'erbine : calcinée, elle est jaune ; à l'état de pureté absolue, elle est probablement blanche. Elle forme une base plus faible que l'yttria : lorsque ces deux bases se trouvent dans une même dissolution, elle est précipitée par de petites quantités d'ammoniaque avant l'yttria. — La coloration des sels de terbine est blanche avec une pointe de rouge améthyste. Le sulfate s'effleurit à 50 degrés et devient d'un blanc de lait. Les dissolutions de terbine se comportent avec les réactifs presque de la même manière que les dissolutions d'yttria. (Mosander.)

XV. — ERBIUM, E.

A l'état métallique, l'erbium n'est jusqu'ici pas encore connu.

Erbine, EO.

L'erbine est d'un jaune foncé; elle est plus pâle lorsqu'elle a été obtenue par la calcination de l'oxalate et du nitrate neutre. Elle devient incolore lorsqu'on la chauffe dans un courant d'hydrogène : calcinée à l'air, elle forme une base plus faible que la terbine et l'yttria, et elle est par conséquent précipitée la première d'une dissolution qui contient les trois bases. Elle se dissout bien dans les acides et forme des dissolutions incolores : lorsqu'elle se dissout dans l'acide chlorhydrique, on ne peut pas observer de dégagement de chlore bien net. Les sels d'erbine paraissent incolores ; quelques-uns cependant ont une pointe de rouge. Le sulfate ne s'effleurit pas à 80 degrés.

Les dissolutions des sels d'erbine se comportent avec les réactifs comme celles d'yttria.

XVI. — CERIUM, Ce.

Le cerium métallique que l'on a obtenu jusqu'ici contenait presque toujours encore du lanthane et du didyme, en sorte qu'on ne le connaît pas encore à l'état de pureté. Le cerium contenant du lanthane et du didyme est une poudre d'un brun chocolat qui s'oxyde par l'action de l'air humide en produisant un dégagement d'hydrogène à peine sensible, comme cela a lieu pour le manganèse. En contact avec l'eau, il en dégage de l'hydrogène et s'oxyde : plus la proportion du métal oxydé est forte, plus la décomposition devient lente. A la température de 90 degrés, il s'oxyde dans l'eau avec facilité ; les acides, même étendus, accélèrent l'oxydation. — Par le frottement, il acquiert un éclat métallique faible. A l'air, il s'enflamme à une température au-dessous du rouge, brûle avec activité et se transforme en oxyde. Mélangé avec du chlorate aussi bien qu'avec du nitrate de potasse, il détone. (Mosander.)

Protoxyde de cerium, CeO.

A l'état d'hydrate, le protoxyde de cerium est incolore, mais il s'oxyde rapidement à l'air et devient jaune, en sorte que le protoxyde obtenu contient toujours du sesquioxyde et est pour ainsi dire inconnu à l'état pur. Calciné à l'air, l'hydrate de protoxyde de cerium devient rouge et se transforme en sesquioxyde. L'hydrate de protoxyde de cerium se dissout facilement dans les acides. Les sels de protoxyde de cerium sont incolores, mais quelques-uns ont une pointe de rouge améthyste comme les sels de manganèse.

Une dissolution d'*hydrate de potasse* produit dans les dissolutions de protoxyde de cerium un précipité blanc volumineux d'hydrate de protoxyde de cerium, qui est insoluble dans un excès du précipitant, et qui n'est pas modifié par l'ébullition. En présence de l'air, le précipité s'oxyde et devient jaunâtre. La réaction se borne à la surface; mais elle prend plus d'extension si, après que la dissolution de protoxyde de cerium a été précipitee par la dissolution de potasse, on chauffe et l'on évapore le tout dans une capsule à fond plat.

L'*ammoniaque* agit de même; seulement le précipité ne devient pas, par le contact de l'air, aussi facilement jaune que celui formé par l'hydrate de potasse. Mais si l'on ajoute de l'hydrate de potasse, si l'on chauffe et si l'on évapore, la coloration jaune du protoxyde a lieu.

Une dissolution de *carbonate neutre de potasse* produit dans les dissolutions de protoxyde de cerium un précipité blanc volumineux de carbonate de protoxyde de cerium qui est très peu soluble dans un excès du précipitant.

Une dissolution de *bicarbonate de potasse* et de *carbonate d'ammoniaque* a la même action. Le protoxyde de cerium, dissous dans le carbonate d'ammoniaque, s'oxyde par le temps, et la dissolution devient alors un peu jaunâtre. Si le sel de protoxyde de cerium contient de l'oxyde de lanthane et de l'oxyde de didyme, la solubilité du protoxyde de cerium dans le carbonate d'ammoniaque est beaucoup amoindrie.

Une dissolution de *phosphate de soude* donne, dans les dissolutions neutres de protoxyde de cerium, un précipité blanc de phosphate de protoxyde de cerium.

Une dissolution d'*acide oxalique* produit, instantanément même dans les dissolutions acides de protoxyde de cerium, pourvu qu'elles ne contiennent pas trop d'acide libre, un précipité blanc, abondant, d'oxalate de protoxyde de cerium, qui est soluble dans un grand excès d'acide chlorhydrique, mais qui ne se dissout pas dans l'acide oxalique libre. Dans les dissolutions qui ne sont pas très acides, le protoxyde de cerium est presque complétement précipité par l'acide oxalique au bout de quelque temps.

Une dissolution saturée de *sulfate de potasse* produit, dans les dissolutions de protoxyde de cerium qui ne sont pas très étendues, un précipité blanc cristallin assez lourd de sulfate de potasse et de protoxyde de cerium qui se dissout très difficilement dans l'eau et qui est tout à fait insoluble dans une dissolution concentrée de sulfate de potasse. Ce précipité se forme même lorsque la dissolution contient un peu d'acide libre, et n'est pas soluble dans les acides étendus.

Le *carbonate de baryte* ne précipite pas immédiatement le protoxyde de cerium d'une manière complète à la température ordinaire : il faut attendre vingt-quatre heures pour que la précipitation soit complète.

Une dissolution de *ferrocyanure de potassium* produit dans les dissolutions de protoxyde de cerium un précipité blanc de ferrocyanure de cerium.

Une dissolution de *ferrocyanide de potassium* ne produit pas de précipité dans les dissolutions de protoxyde de cerium.

Le *sulfure d'ammonium* donne, dans les dissolutions neutres de protoxyde de cérium, un précipité blanc d'hydrate de protoxyde de cerium. S'il y a un peu de fer ou un peu de cobalt mélangé, le précipité devient noir.

La dissolution d'*hydrogène sulfuré* ou un courant de gaz hydrogène sulfuré ne produit pas de précipité dans les dissolutions de protoxyde de cerium.

Les dissolutions neutres de protoxyde de cerium rougissent le papier de tournesol. — Le chlorure de cerium n'est pas volatil.

Les sels de protoxyde de cerium solubles dans l'eau sont décomposés par la calcination, à l'exception du sel soluble formé par le sulfate de protoxyde de cerium et le sulfate de potasse.

Ce n'est pas sans quelques difficultés que l'on constate la présence du protoxyde de cerium dans les combinaisons de cet oxyde qui sont insolubles dans l'eau. Le mieux est de dissoudre la combinaison dans un acide, d'y ajouter une certaine quantité de cristaux de sulfate de potasse, de manière à former le sel double de sulfate de potasse qui est insoluble dans une dissolution de sulfate de potasse.

Au chalumeau, le protoxyde de cerium est transformé en sesquioxyde. Il se dissout dans le borax et dans le sel de phosphore, et donne à la flamme extérieure une perle rouge dont la coloration diminue par le refroidissement, et souvent même disparaît complétement. Il se comporte par conséquent d'une manière analogue à l'oxyde de fer. A la flamme intérieure, la coloration disparaît entièrement. Avec le borax, la perle peut prendre au feu d'oxydation, par une insufflation intermittente, la teinte opaline de l'émail; au feu de réduction, elle devient d'un blanc d'émail par le refroidissement, lorsque la saturation est assez forte. Le sel de phosphore donne, au feu de réduction, une perle claire lorsqu'il est fortement saturé. Berzelius.)

Les dissolutions de protoxyde de cerium se distinguent des dissolutions des alcalis, des dissolutions de baryte, de strontiane et de chaux, de la même manière que celles d'alumine. Le protoxyde de cerium se distingue de l'alumine et de la glucine par son insolubilité dans un excès de potasse; de la thorine, en ce que cette base, après avoir été calcinée, est insoluble dans les acides, à l'exception de l'acide sulfurique concentré, ce qui n'est pas applicable à l'oxyde de cerium contenant du lanthane et du didyme. Il se distingue aussi de la thorine en ce que cette base calcinée ne prend pas la couleur rouge de l'oxyde de cerium, et ne donne au chalumeau une perle colorée ni avec le borax ni avec le sel de phosphore, ni avant ni après le refroidissement, pourvu toutefois qu'elle soit complétement exempte d'oxyde de fer. Enfin, le protoxyde de cerium se distingue de l'yttria par les moyens indiqués et aussi par la manière dont les dissolutions se comportent en présence d'une dissolution de sulfate de potasse. La zircone se distingue du protoxyde de cerium de la même manière que la thorine.

Dans une dissolution de protoxyde de cerium, qui contient des substances organiques qui ne sont pas volatiles, le protoxyde de cerium n'est pas précipité par les alcalis. Si l'on ajoute, par exemple, à une dissolution de protoxyde de cerium de l'acide tartrique et ensuite de l'ammoniaque, il ne se produit pas de précipité, même au bout de quelque temps. Mais si, après avoir ajouté de l'acide tartrique à une dissolution de protoxyde de cerium, on lui ajoute, au lieu d'ammoniaque, de la potasse, il se forme instantanément un abondant précipité.

SESQUIOXYDE DE CERIUM, Ce^2O^3.

Le sesquioxyde de cerium est ordinairement de couleur rouge-brique et pulvérulent; cependant, lorsqu'il est aussi pur que possible et lorsqu'il a été faiblement calciné, il est d'un jaune-citron; et si on l'a obtenu par une calcination très lente à une haute température, il a une pointe de rouge, mais il n'a pas la moindre tendance au brun. Le sesquioxyde de cerium n'est soluble qu'à chaud dans l'acide sulfurique concentré; la dissolution est jaune foncé, mais elle contient du protoxyde à côté du sesquioxyde.

Le sesquioxyde de cerium calciné est si peu soluble dans l'acide chlorhydrique qu'on peut les faire bouillir sans qu'il s'en dissolve plus qu'une trace avec un faible dégagement de chlore. Mais si l'on verse sur l'oxyde calciné un mélange d'acide chlorhydrique et d'un peu d'alcool, il se change très facilement en chlorure et se dissout. Le sel double de couleur jaune foncé, formé par le sulfate de sesquioxyde de cerium et le sulfate de protoxyde de cerium, se transforme facilement à chaud en chlorure par l'action de l'acide chlorhydrique; il se produit en même temps un dégagement de chlore. Le sesquioxyde de cerium impur, qui contient de l'oxyde de lanthane et de l'oxyde de didyme, se dissout facilement à chaud dans l'acide chlorhydrique avec dégagement de chlore. L'hydrate de sesquioxyde de cerium, lorsqu'il est humide, est d'une couleur jaune clair; desséché, il est d'une couleur jaune foncé et forme alors des masses à cassure vitreuse. Il se dissout dans les acides concentrés et donne des dissolutions de couleur jaune. Par l'action de l'acide chlorhydrique, il se transforme en chlorure de cerium, en donnant naissance à un abondant dégagement de chlore. Il ne se dissout pas dans les acides étendus, mais il retient une partie de l'acide et se transforme en un sel basique : ce n'est que dans le cas où le sesquioxyde de cerium contient de l'oxyde de lanthane et de l'oxyde de didyme, qu'une portion de l'oxyde de cerium passe dans la dissolution. Le sesquioxyde de cerium en dissolution, chauffé jusqu'à la température de l'ébullition, est réduit par l'acide oxalique et transformé en protoxyde de cerium avec dégagement d'acide carbonique (Mosander).

Les sels de sesquioxyde de cerium ne sont pas encore connus à l'état pur; ils contiennent du protoxyde de cerium et ont une couleur jaune ou rouge orangé. En présence de l'acide chlorhydrique, ils dégagent à chaud du chlore et sont réduits à l'état de sels de protoxyde. Le sulfate double de protoxyde et de sesquioxyde de cerium se dissout complétement dans une petite quantité d'eau. La dissolution a une couleur jaune. Si l'on ajoute une plus grande quantité d'eau, il se produit un abondant précipité blanc, qui a une pointe de jaune. Il est formé de sulfate basique de sesquioxyde de cerium, et la liqueur filtrée contient du sulfate de protoxyde.

Si l'on ajoute à une dissolution claire du sel double une petite quantité d'une dissolution d'*hydrate de potasse,* on obtient un précipité jaunâtre de sulfate basique de sesquioxyde de cerium. Un excès d'hydrate de potasse produit un précipité couleur de chair qui, sous le rapport de la couleur, a beaucoup d'analogie avec le sulfure de manganèse préparé par voie humide.

L'*ammoniaque* se comporte comme l'hydrate de potasse.

Une dissolution de *carbonate neutre de soude* donne un abondant précipité blanc, dont il ne se dissout que des traces dans un grand excès du précipitant : la dissolution ne se colore pas en jaune.

Une dissolution de *carbonate d'ammoniaque* produit un précipité blanc, qui est soluble dans un grand excès de carbonate d'ammoniaque. La dissolution a une couleur jaune; par l'ébullition, elle se trouble et il s'y forme un abondant précipité.

Une dissolution de *bicarbonate de soude* donne aussi un abondant précipité blanc, qui se dissout dans un très grand excès du précipitant et forme une dissolution jaune. Par l'ébullition, il se sépare un précipité blanc plus dense.

Une faible proportion d'une dissolution d'*acide oxalique* produit un précipité brun rougeâtre; une plus forte proportion, un précipité blanc qui reste blanc lorsqu'on le fait bouillir avec une dissolution d'hydrate de potasse. L'acide oxalique précipite bien en totalité l'oxyde de cerium.

Le *carbonate de baryte*, ajouté à une dissolution concentrée, se colore légèrement en jaunâtre; au bout de quelques heures, l'oxyde est complétement précipité.

Une dissolution de *ferrocyanure de potassium* produit un précipité jaune; il en est de même d'une dissolution de *ferrocyanide de potassium*.

Le *sulfure d'ammonium* produit le même précipité couleur de chair, formé d'une combinaison de sesquioxyde et de protoxyde, qui se produit avec l'ammoniaque.

Si l'on ajoute une dissolution d'*hydrogène sulfuré* à une dissolution concentrée du sel double, il ne se sépare que du soufre, et il ne se sépare pas de sel double basique de sesquioxyde. Si l'on ajoute de l'hydrogène sulfuré à une dissolution du sel double que l'on a etendue d'eau et qui est devenue trouble par suite de la précipitation du sel, le précipité disparaît; mais la liqueur se trouble de nouveau par suite d'une séparation de soufre. La liqueur que l'on a filtrée pour la séparer du soufre précipité ne contient que du protoxyde de cerium.

Si l'on ajoute de l'acide tartrique à la dissolution du sulfate double de sesquioxyde et de protoxyde de cerium, il se produit un abondant précipité jaune qui ne disparaît pas si l'on étend d'eau, mais qui se dissout si l'on ajoute un peu d'acide chlorhydrique. La dissolution est tout à fait incolore. Une dissolution d'hydrate de potasse ou d'ammoniaque en excès n'y produit pas de précipité; mais la dissolution prend alors une couleur jaunâtre. Une dissolution de carbonate de soude produit un précipité blanc, et la liqueur qui le surnage reste incolore.

XVII. — LANTHANE, La.

A l'état métallique, le lanthane est très peu connu. Il forme une masse d'une couleur gris de plomb, infusible, qui, au brunissoir, se réunit en paillettes ayant l'éclat métallique. En contact avec l'eau froide, il dégage lentement de l'hydrogène; à chaud, le dégagement augmente et va même jusqu'à l'effervescence; en même temps, il se produit un hydrate mucilagineux. Au contact de l'air, il s'enflamme à une basse température et se transforme en oxyde de lanthane (Mosander).

Oxyde de lanthane, LaO.

L'oxyde de lanthane est blanc avec une faible pointe de rouge-saumon, ce qui tient probablement à un faible mélange d'oxyde de didyme. Il n'est pas modifié par une calcination soutenue. En contact avec l'eau, il se combine peu à peu avec elle et se transforme en hydrate d'oxyde de lanthane, et tombe au fond du vase sous forme d'une poudre blanche. C'est ce qui se présente aussi lorsque l'oxyde a été calciné au rouge blanc. La réaction est très rapide lorsque l'eau est maintenue à une température de 100 degrés.

L'hydrate, et même l'oxyde récemment calciné, bleuissent le papier rouge de tournesol; si on le fait bouillir avec une dissolution de chlorure d'ammonium, l'oxyde de lanthane se dissout avec dégagement d'ammoniaque. L'oxyde de lanthane est une base plus forte que le protoxyde de cerium. L'hydrate aussi bien que l'oxyde calciné se dissolvent bien dans les acides étendus.

Les sels formés par la combinaison de l'oxyde de lanthane avec les acides incolores sont incolores, même lorsque les dissolutions sont concentrées. Ils ont une saveur douce, faiblement astringente. Le sulfate se dissout bien dans l'eau froide; mais si l'on chauffe la dissolution, il commence à se séparer à l'état cristallin, propriété qui distingue essentiellement l'oxyde de lanthane du protoxyde de cerium.

Les réactions des dissolutions des sels de lanthane sont analogues à celles des sels de protoxyde de cerium. Dans les dissolutions des sels de lanthane, cet oxyde est complétement précipité par le *sulfate de potasse*, comme cela arrive pour le protoxyde de cerium. Le sel double formé est également presque insoluble dans une dissolution saturée de sulfate de potasse.

Le *carbonate d'ammoniaque*, ajouté en excès à une dissolution d'oxyde de lanthane, ne dissout pas la moindre trace de l'oxyde précipité. (Mosander.)

Le *carbonate de baryte* précipite complétement l'oxyde de lanthane à la température ordinaire, au bout de quelque temps. La réaction est plus rapide à la température de l'ébullition.

Si l'on sursature par l'ammoniaque, à la température ordinaire, une dissolution étendue d'oxyde de lanthane dans l'acide acétique, on obtient un précipité mucilagineux qui, lavé plusieurs fois sur un filtre avec l'eau froide, présente une coloration bleu foncé qui s'étend peu à peu à toute la masse, lorsqu'on y a ajouté une petite quantité d'iode en poudre. Cette coloration a une grande analogie avec celle que l'iode communique à l'empois. Elle disparaît par l'addition des acides libres, tels que l'acide nitrique, l'acide sulfurique étendu, l'acide acétique qui produisent une coloration brun noirâtre foncé , l'acide chlorhydrique qui détermine la décoloration de la totalité . Les alcalis libres font aussi disparaître la coloration bleue. — Lorsque l'oxyde de lanthane a été précipité par l'ammoniaque de ses dissolutions dans les acides, il n'est pas coloré en bleu de cette manière. (Damour.) — Comme il n'y a que l'oxyde de lanthane qui, précipité par l'ammoniaque de sa dissolution dans l'acide acétique, présente cette réaction particulière, et que les autres oxydes, comme l'oxyde de cerium (et aussi l'oxyde de cerium contenant du lanthane), l'yttria, l'alumine, ne peuvent pas la produire, l'oxyde de lanthane peut être distingué par ce moyen des autres oxydes.

XVIII. — DIDYME, D.

A l'état métallique, le didyme est très peu connu. Obtenu par la réaction du potassium sur le chlorure, il constitue une poudre grise qui est réellement un mélange de didyme métallique de couleur grise et d'un oxychlorure qu'on ne peut pas séparer par les lavages. Si on le projette dans la flamme d'une lampe à alcool, chaque parcelle métallique produit une étincelle très lumineuse. Le didyme paraît pouvoir être obtenu à l'état fondu : il présente alors une couleur gris de fer et un éclat assez vif sur les cassures, éclat qui se perd bientôt; il se transforme au bout de quelque temps en une masse friable d'oxyde de didyme. — A l'état pulvérulent, le didyme paraît décomposer l'eau froide : ce qui n'a pas lieu lorsqu'il est fondu. Par l'addition d'un acide, il se produit un vif dégagement d'hydrogène. (Marignac.)

Oxyde de didyme, D.

Obtenu par la calcination du nitrate, de l'oxalate et du carbonate, ou bien par la précipitation au moyen de l'hydrate de potasse, l'oxyde est blanc lorsqu'il a été fortement calciné : il n'est brun que lorsqu'il contient une faible proportion d'un oxyde supérieur. Une fois qu'il a été transformé en oxyde par une forte calcination, il ne s'oxyde pas davantage et ne brunit pas lorsqu'on le calcine au contact de l'air à une basse température, ou bien lorsqu'on le fait fondre avec du nitrate de potasse. Mais si on ajoute de l'acide nitrique et si on calcine faiblement, il prend une couleur brun foncé qui disparaît par une forte calcination.

L'oxyde de didyme attire vivement l'acide carbonique de l'air. L'eau le transforme peu à peu en hydrate par l'action de la chaleur; cependant la transformation complète ne se produit qu'au bout de quelques jours. — L'hydrate d'oxyde de didyme est gélatineux et ressemble à l'alumine; mais il a une coloration rose pâle. Par la dessiccation, il s'agrége et devient d'un rouge gris. Marignac.)

Les sels de didyme, ou bien sont roses comme le sulfate, ou bien ont une pointe de violet comme le nitrate en dissolution concentrée. Le sulfate de didyme est plus soluble dans l'eau froide que dans l'eau chaude; ce n'est cependant pas dans la même proportion que le sulfate de lanthane.

Une dissolution d'*hydrate de potasse* produit dans les dissolutions des sels de didyme un précipité blanc, volumineux, qui ne change pas d'aspect par l'ébullition et qui est insoluble dans un excès du précipitant.

L'*ammoniaque* se comporte de même : le précipité n'est pas soluble dans un excès d'ammoniaque; mais il est un peu soluble à la température ordinaire dans une dissolution de chlorure d'ammonium.

Une dissolution de *carbonate neutre* et de *bicarbonate de soude* produit dans les dissolutions de didyme un précipité blanc de carbonate neutre de didyme qui n'est pas soluble dans un excès du précipitant.

Une dissolution de *carbonate d'ammoniaque* produit un précipité abondant qui n'est pas soluble dans un excès du précipitant, mais qui n'est pas tout à fait insoluble dans une dissolution concentrée de chlorure d'ammonium.

Une dissolution d'*acide oxalique* produit instantanément un précipité très abondant de couleur blanche, et l'oxyde est presque complétement précipité; le précipité se dissout difficilement dans l'acide chlorhydrique; mais il est surtout soluble à chaud.

Si on laisse, à la température ordinaire, le *carbonate de baryte* en contact avec une dissolution de nitrate de didyme pendant peu de temps, à peine une heure, il ne se précipite presque point d'oxyde de didyme; mais si on les laisse pendant longtemps en contact, l'oxyde est précipité peu à peu; mais il ne l'est pas complétement même au bout de plusieurs jours. L'oxyde de didyme n'est pas complétement précipité, même à l'ébullition, par le carbonate de baryte. Dans tous les cas, l'oxyde de didyme est précipité par le carbonate de baryte plus lentement que le protoxyde de cerium ou que l'oxyde de lanthane.

Une dissolution concentrée de *sulfate de potasse* ne produit pas de précipité au premier instant dans une dissolution d'oxyde de didyme qui n'est pas très concentrée; mais au bout de peu de temps, la liqueur se trouble et le précipité qui se sépare se dépose sur les parois du verre. Cependant l'oxyde de didyme n'est pas précipité complétement par le sulfate de potasse. — Le précipité n'est pas soluble dans l'acide chlorhydrique à froid, et il est peu soluble dans l'acide chlorhydrique bouillant.

Au chalumeau, l'oxyde de didyme donne, avec le sel de phosphore, au feu de réduction, une perle qui est rouge-améthyste avec une pointe de violet, comme cela arrive pour l'acide titanique. Avec le carbonate de soude sur la lame de platine, il donne une masse de couleur blanc grisâtre. Mosander.

Peroxyde de didyme, DO^x.

Le peroxyde de didyme se produit, mais seulement en faible quantité, lorsqu'on calcine assez fortement l'oxyde de didyme; il a alors une couleur brun-rougeâtre assez foncé. Le mélange, ainsi obtenu, se dissout dans les oxacides avec dégagement d'oxygène, et dans l'acide chlorhydrique avec dégagement de chlore. Il est soluble même dans les acides étendus. Son meilleur mode de production est la calcination du nitrate. Calciné fortement, il se transforme en oxyde et ne peut plus être reproduit par une faible calcination. (Marignac.

XIX. — MANGANÈSE, Mn.

Le manganèse à l'état métallique présente une couleur blanc grisâtre et n'a pas l'éclat fortement métallique. Il est cassant, se laisse pulvériser et présente une dureté plus faible que la fonte de fer. Le poids spécifique du manganèse est environ 8. Il n'a pas de propriétés magnétiques. Le manganèse n'a pas les mêmes propriétés lorsqu'il a été obtenu par la réduction du fluorure de manganèse au moyen du sodium dans un creuset de Hesse. Il contient alors de la silice.

Même à la température ordinaire, le manganèse s'oxyde à l'air humide; il prend une couleur jaune, et finalement il se divise en une poudre noire. En contact avec l'eau, il s'oxyde, en déterminant un dégagement d'hydrogène, même à la température ordinaire, bien que lentement : si on fait chauffer l'eau, le dégagement d'oxygène est très vif. Le manganèse est dissous rapidement par les acides étendus avec dégagement d'hydrogène : la dissolution contient du protoxyde de manganèse. Le manganèse se dissout dans l'acide nitrique avec dégagement de bioxyde de nitrogène. La dissolution contient du protoxyde de manganèse.

Protoxyde de manganèse, MnO.

Le protoxyde de manganèse ne se présente que rarement dans les recherches analytiques à l'état pur; obtenu par la calcination du carbonate de manganèse dans un courant d'hydrogène, il est pulvérulent et de couleur gris-verdâtre. Il s'oxyde à l'air peu à peu, lorsqu'il a été obtenu à une température peu élevée, et il brunit, ce qui ne se présente pas lorsque, pour sa préparation, on a employé une haute température. Lorsqu'il ne contient pas de sesquioxyde de manganèse, il se dissout dans l'acide chlorhydrique, sans que l'on puisse même, à chaud, reconnaître aucun dégagement de chlore par l'odeur caractéristique qui se fait sentir. L'hydrogène ne le réduit pas même au rouge à l'état de manganèse métallique. L'hydrate de protoxyde de manganèse est blanc; il s'oxyde très rapidement à l'air et se transforme en hydrate de sesquioxyde qui est brun. Les sels de protoxyde de manganèse sont blancs : cependant ils ont fréquemment une très faible pointe de rouge. A l'état de sels ou à l'état de dissolutions salines, le protoxyde de manganèse ne s'oxyde pas à l'air, ce qui est caractéristique. Les dissolutions des sels de manganèse sont incolores.

Une dissolution d'*hydrate de potasse* produit dans les dissolutions des sels de protoxyde de manganèse un précipité blanc d'hydrate de protoxyde de manganèse qui, en présence de l'air, s'oxyde très rapidement et devient jaunâtre ; il brunit ensuite et finalement devient brun foncé : cette réaction a lieu surtout aux endroits où l'hydrate de protoxyde est en contact avec l'air atmosphérique. Si, à une dissolution de protoxyde de manganèse, on ajoute une dissolution de chlorure d'ammonium et ensuite une dissolution d'hydrate de potasse, il se forme un précipité blanc ; mais il n'est pas aussi abondant. Tout l'hydrate de protoxyde de manganèse n'est pas précipité à froid par l'hydrate de potasse, lorsqu'il y a des sels ammoniacaux dans la dissolution : cependant la solubilité du protoxyde de manganèse dans les sels ammoniacaux n'est pas, à beaucoup près, aussi grande dans les mêmes circonstances que la solubilité des sels de magnésie qui ont quelques rapports avec les sels de protoxyde de manganèse par la manière dont ils se comportent avec les réactifs (page 37 .

L'*ammoniaque* produit dans les dissolutions neutres de protoxyde de manganèse un précipité blanc d'hydrate de protoxyde de manganèse, qui brunit beaucoup et très vite par le contact de l'air et qui devient brun foncé là où il est en contact avec l'air. Si à la dissolution de protoxyde de manganèse on a préalablement ajouté une forte proportion d'une dissolution de chlorure d'ammonium, l'ammoniaque ne produit plus de précipité : une dissolution de chlorure d'ammonium dissout le précipité que l'ammoniaque produit dans les dissolutions de protoxyde de manganèse ; cependant la solubilité de l'hydrate de protoxyde de manganèse dans l'ammoniaque en présence des sels ammoniacaux n'est pas aussi grande que celle de la magnésie dans les mêmes circonstances (p. 37 . La dissolution claire devient brune par le contact avec l'air, et finit par déposer de l'hydrate de sesquioxyde de manganèse brun foncé insoluble. La réaction a lieu d'abord à la surface de la liqueur et l'oxyde qui se sépare se dépose en partie sur les parois du vase et y adhère. — Si, dans une dissolution de protoxyde de manganèse, on a produit un précipité au moyen de l'ammoniaque, et si le tout a été laissé exposé à l'air, jusqu'à ce que le précipité soit devenu brun, une dissolution de chlorure d'ammonium n'y dissout que le protoxyde qui ne s'est pas oxydé, tandis que le sesquioxyde brun foncé qui s'est formé reste à l'état insoluble.

Une dissolution de *carbonate neutre de potasse* ou *de soude* produit dans les dissolutions de protoxyde de manganèse un précipité blanc de carbonate de protoxyde de manganèse mélangé avec de l'hydrate de manganèse qui ne change pas de couleur même au bout de quelque temps, lorsqu'on le met en contact avec l'air à froid ; ce précipité n'est que peu soluble dans une dissolution de chlorure d'ammonium. Cependant, lorsqu'on fait bouillir pendant longtemps la liqueur, le précipité passe à un degré supérieur d'oxydation et se transforme en hydrate de sesquioxyde de manganèse.

Une dissolution de *bicarbonate de potasse* produit un précipité blanc dans les dissolutions de protoxyde de manganèse. Dans les dissolutions étendues, le précipité ne se forme qu'au bout de quelque temps. Si la dissolution de protoxyde de manganèse contient du chlorure d'ammonium, le bicarbonate de potasse n'y forme pas immédiatement de précipité: ce n'est qu'au bout de quelque temps que le précipité a lieu.

Une dissolution de *cyanure de potassium* produit dans les dissolutions du protoxyde de manganèse un précipité rouge clair qui se dissout dans un excès de cyanure de potassium; la dissolution est brunâtre: elle se trouble au bout de très peu de temps et laisse déposer un précipité verdâtre qui peut se dissoudre dans une très forte proportion de cyanure de potassium. La dissolution contient du manganocyanide de potassium. Le sulfure d'ammonium ne produit pas de précipité dans la dissolution. Une petite proportion d'acide chlorhydrique produit dans la dissolution un précipité qui se redissout dans une plus grande quantité d'acide.

Une dissolution de *carbonate d'ammoniaque* produit dans les dissolutions de protoxyde de manganèse un précipité blanc de carbonate de protoxyde de manganèse mélangé avec de l'hydrate de protoxyde de manganèse qui reste longtemps au contact de l'air sans se modifier. Une dissolution de chlorure d'ammonium dissout un peu de précipité.

Une dissolution de *phosphate de soude* produit dans les dissolutions de protoxyde de manganèse un précipité blanc de phosphate de protoxyde de manganèse, dont la couleur ne se modifie pas par le contact de l'air. Ce précipité est soluble dans un excès considérable de la dissolution de protoxyde de manganèse. Cette dissolution laisse déposer par l'ébullition un précipité qui disparaît par le refroidissement. La liqueur qui surnage le précipité rougit le papier de tournesol. Lorsqu'on ajoute à une dissolution de protoxyde de manganèse assez d'un sel ammoniacal pour que l'ammoniaque ne puisse pas y produire de précipité de protoxyde de manganèse, on obtient immédiatement un précipité blanc par la réaction d'une dissolution de phosphate de soude, comme il arrive dans les mêmes circonstances pour une dissolution de magnésie. Ce précipité se distingue du précipité de magnésie analogue en ce qu'il brunit au contact de l'air par l'action de l'ammoniaque en excès.

Une dissolution d'*acide oxalique* produit au bout de quelque temps dans les dissolutions neutres concentrées des sels de protoxyde de manganèse un dépôt blanc cristallin d'oxalate de protoxyde de manganèse, qui ne se dissout pas dans l'acide oxalique libre. Même, dans les dissolutions concentrées de sulfate de protoxyde de manganèse, une dissolution d'acide oxalique produit un précipité cristallin d'oxalate de protoxyde de manganèse. Les cristaux d'oxalate de protoxyde de manganèse ne se forment pas dans les dissolutions étendues de protoxyde de manganèse: ils sont aussi dissous par l'acide sulfurique ou l'acide chlorhydrique. — Les dissolutions des *oxalates* produisent aussi dans les dissolutions de protoxyde de manganèse un dépôt cristallin d'oxalate de protoxyde de manganèse. Si on ajoute à une dissolution étendue de protoxyde de manganèse une dissolution d'acide oxalique ou d'un oxalate et s'il ne s'y forme pas de précipité, il s'en forme un par l'addition de l'ammoniaque. Si, cependant, la dissolution de protoxyde de manganèse contient du chlorure d'ammonium, si elle est acide ou si la proportion d'acide oxalique ou d'oxalate ajouté est considérable, l'ammoniaque ne produit pas de précipité: cependant, au contact de l'air, il se forme alors de l'hydrate de sesquioxyde de manganèse brun foncé insoluble.

Le *carbonate de baryte* ne précipite pas le protoxyde de manganèse de ses dissolutions à froid; mais la réaction a lieu à chaud.

Le *bioxyde* ou *oxyde puce de plomb* produit, même à la température ordinaire, mais plus rapidement par l'action de la chaleur, dans une dissolution neutre de protoxyde de manganèse, un précipité de bioxyde de manganèse ou plutôt un mélange de bioxyde de manganèse et d'oxyde de plomb. La liqueur ne contient plus ni manganèse ni plomb (Gibbs). — Si on chauffe l'oxyde puce de plomb avec l'acide nitrique étendu qui doit être exempt d'acide chlorhydrique, et si on ajoute alors un peu d'une dissolution de protoxyde de manganèse, la liqueur prend une couleur rouge pourpre intense par suite de la formation de sesquioxyde de manganèse, mais non d'acide hypermanganique. Même les plus faibles traces de protoxyde de manganèse peuvent être découvertes de cette manière dans une dissolution : et cette épreuve est la meilleure pour retrouver le manganèse par voïe humide.

Une dissolution de *ferrocyanure de potassium* produit dans les dissolutions neutres de protoxyde de manganèse un précipité blanc qui a une pointe de rose et qui est soluble dans les acides libres. Si la dissolution de protoxyde de manganèse contient une très faible trace d'oxyde de fer, le précipité est bleuâtre ou bleu.

Une dissolution de *ferrocyanide de potassium* produit dans les dissolutions de protoxyde de manganèse un précipité brun de ferrocyanide de manganèse qui ne se dissout pas dans les acides libres.

Une *infusion de noix de galles* ne produit pas de précipité dans les dissolutions neutres de protoxyde de manganèse.

Le *sulfure d'ammonium* produit dans les dissolutions neutres de protoxyde de manganèse un précipité de sulfure de manganèse d'une couleur rouge-chair. Lorsqu'il n'y a que de très faibles quantités de manganèse dans la dissolution, on doit, pour juger de la couleur du précipité, attendre qu'il se soit complétement déposé. Lorsque le réactif est fortement coloré en jaune, la couleur du précipité ne paraît pas être rouge-chair, mais bien blanc-jaunâtre. Ce n'est qu'en le laissant reposer pendant quelque temps à la température ordinaire qu'il devient rouge-chair: cette coloration paraît plus vite lorsqu'on chauffe le précipité avec la liqueur qui le surnage. Le précipité est insoluble dans un excès de sulfure d'ammonium, mais il n'est pas tout à fait insoluble dans les dissolutions des sels ammoniacaux, en présence desquels il se dépose au moins très lentement en prenant une couleur blanc sale. Il n'est pas non plus tout à fait insoluble dans une très forte proportion d'eau, bien qu'elle contienne du sulfure d'ammonium, en sorte que souvent on ne peut pas précipiter, dans les dissolutions qui les contiennent, des traces de protoxyde de manganèse au moyen du sulfure d'ammonium, surtout lorsqu'il a été récemment préparé et qu'il est incolore. Dans une dissolution d'un sel de protoxyde de manganèse dans un excès de pyrophosphate de soude, le sulfure d'ammonium ne produit pas de précipité de sulfure de manganèse, même au bout de quelque temps. — Si on laisse le précipité de sulfure de manganèse couleur de chair en contact avec l'air, ce qui arrive par exemple lorsqu'on le recueille sur un filtre, il s'oxyde bientôt à la surface, et au bout de peu de temps il devient d'un brun noirâtre. Le sulfure de manganèse se dissout très facilement dans l'acide chlorhydrique et dans les autres acides étendus. — De très faibles traces de fer contenues dans le sel de protoxyde de manganèse colorent le précipité de sulfure d'ammonium en gris et même en noir.

La dissolution d'*hydrogène sulfuré* ne produit pas de précipité de sulfure de manganèse dans les dissolutions de protoxyde de manganèse lorsque l'acide qui y est contenu n'est pas très peu énergique. Mais il se forme un précipité de sulfure de manganèse pâle, couleur de chair, dès qu'on ajoute un peu d'ammoniaque. — Même dans une dissolution neutre d'acétate de protoxyde de manganèse, la dissolution d'hydrogène sulfuré ne produit pas d'abord de précipité; au bout de quelque temps, il se sépare un peu de sulfure de manganèse. Mais si on ajoute à la dissolution un peu d'acide acétique libre, il ne se forme pas du tout de sulfure de manganèse.

Parmi les sels de manganèse solubles dans l'eau qui ne contiennent pas d'acide organique, il n'y a que le sulfate de protoxyde de manganèse qui puisse être calciné au contact de l'air sans se décomposer: et encore une très forte calcination lui fait-elle perdre de l'acide sulfurique, et alors il n'est plus complétement soluble dans l'eau. La combinaison de carbonate de protoxyde de manganèse avec l'hydrate de protoxyde de manganèse devient d'une couleur brun foncé à 150 degrés, température à laquelle l'hydrate de protoxyde de manganèse se transforme en hydrate de sesquioxyde, tandis que le carbonate de protoxyde de manganèse reste encore sans se modifier. A 200 degrés, le carbonate se transforme en hydrate de bioxyde de manganèse qui contient cependant encore à l'état de mélange une faible quantité de carbonate de protoxyde de manganèse non décomposé.

Le protoxyde de manganèse pur se dissout bien avec l'aide d'une légère élévation de température dans une dissolution de chlorure d'ammonium: il se produit un abondant dégagement d'ammoniaque. Si le protoxyde de manganèse contient des traces de sesquioxyde, elles restent à l'état insoluble.

Les dissolutions des sels neutres de protoxyde de manganèse, même lorsqu'elles contiennent un acide énergique, ne modifient pas la couleur du papier de tournesol.

Les combinaisons que le protoxyde de manganèse forme avec les acides et qui à l'état neutre sont insolubles dans l'eau, sont dissoutes par les acides libres, par exemple l'acide sulfurique étendu ou l'acide chlorhydrique. Dans ces dissolutions, on reconnaît la présence du protoxyde de manganèse de la manière suivante: on neutralise l'acide libre par l'ammoniaque, et l'on ajoute ensuite du sulfure d'ammonium qui donne naissance au précipité de sulfure de manganèse, d'une couleur rouge-chair, légèrement jaunâtre, qui caractérise si bien le protoxyde de manganèse. L'ammoniaque précipite ordinairement le sel de manganèse insoluble dans l'eau avec sa couleur blanche ordinaire: mais, par l'addition du sulfure d'ammonium, la coloration devient rouge-chair. Si le protoxyde de manganèse est combiné avec un acide qui soit lui-même transformé en sulfure par l'action du sulfure d'ammonium, comme l'acide arsénique par exemple, il faut ajouter un excès de sulfure d'ammonium dans lequel le sulfure provenant de la décomposition de l'acide se dissout, tandis que le sulfure de manganèse reste à l'état insoluble.

Lorsqu'on fait fondre le protoxyde de manganèse ou un sel de protoxyde de manganèse avec l'acide phosphorique sirupeux jusqu'à ce que cet acide commence à se volatiliser en petite proportion, on obtient une masse claire, incolore, qui se dissout complétement dans l'eau. De très faibles quantités de sesquioxyde de manganèse mélangées au protoxyde colorent la masse en rouge pourpre. La dissolution incolore se comporte avec les réactifs d'une manière particulière. — Une dissolution d'*hydrate de potasse* n'y produit pas d'abord de changement: mais peu à peu la liqueur brunit à la surface et laisse déposer un précipité brun d'hydrate de sesquioxyde de manganèse. La réaction est plus rapide par l'action de la chaleur. — L'*ammoniaque* ne réagit pas du tout sur la dissolution: même au bout de quelque temps, il ne se produit pas d'hydrate de sesquioxyde de manganèse. Si on chauffe, il se produit un précipité blanc de métaphosphate de protoxyde de manganèse, qui ne se dissout pas dans l'eau. — Le *sulfure d'ammonium* ne produit pas dans la dissolution ammoniacale de précipité de sulfure de manganèse. — Une dissolution de *carbonate de soude* se comporte comme l'ammoniaque. — Le *ferrocyanure de potassium* et le *ferrocyanide de potassium* se comportent avec la dissolution comme avec les autres dissolutions de protoxyde de manganèse. — Le *carbonate de baryte*, en réagissant sur la dissolution à la température ordinaire, en précipite complétement le métaphosphate de protoxyde de manganèse. Si on redissout le précipité dans l'acide chlorhydrique et si on se débarrasse de la baryte dissoute en la précipitant par l'acide sulfurique, la potasse produit dans la dissolution acide un précipité qui brunit très rapidement: l'ammoniaque y produit à la température ordinaire un précipité blanc, mais le sulfure d'ammonium ne la transforme pas en sulfure de manganèse.

Les combinaisons de protoxyde de manganèse se distinguent très bien par leur manière de se comporter au *chalumeau*. Soumis à l'action de la flamme extérieure du chalumeau avec le borax et le sel de phosphore, elles se dissolvent complétement avec une coloration rouge-améthyste qui disparaît complétement dans la flamme intérieure et reparaît dans la flamme extérieure. On peut opérer cet essai soit sur le charbon, soit sur le fil de platine recourbé en anneau à son extrémité. Pour la perle formée avec le borax, la coloration rouge améthyste produite par la flamme extérieure est bien plus intense que pour la perle formée par le sel de phosphore. La perle formée par le borax peut devenir noire et cesser d'être transparente lorsqu'on ajoute une grande quantité de sel de protoxyde de manganèse; mais si on l'étire en fils, la couleur rouge-améthyste devient visible d'une manière nette. La perle formée par le sel de phosphore reste au contraire toujours transparente, même lorsqu'on ajoute une forte proportion d'une combinaison de manganèse. La perle incolore produite par l'action de la flamme intérieure se forme bien plus facilement avec le sel de phosphore qu'avec le borax. — Si la proportion de manganèse est assez insignifiante pour ne donner ni au borax, ni au sel de phosphore, une coloration améthyste à la flamme d'oxydation, on doit faire fondre la perle formée par le sel de phosphore et dans laquelle on a fait dissoudre une quantité suffisante de la substance dans laquelle on veut rechercher le manganèse: on y ajoute ensuite un cristal de nitrate de potasse. La perle produit une sorte d'écume, et, après le refroidissement, l'écume présente une couleur améthyste ou faiblement rose suivant que la substance contenait plus ou moins de manganèse.

Le réactif le meilleur pour distinguer le manganèse au chalumeau est la soude. On réduit en une poudre la plus fine possible la substance dans laquelle on veut rechercher le manganèse : on mélange la poudre avec le double ou le triple de son poids de soude; on met ensuite le mélange sur une lame mince de platine et on le fait fondre à la flamme d'oxydation. Le mieux est de diriger la partie la plus chaude de la flamme sur la partie postérieure de la lame où se trouve l'essai; le manganèse, en se dissolvant dans la soude, forme une masse verte de manganate de soude; même lorsque la proportion de manganèse contenue dans la substance ne s'élève qu'à un dixième ou à un centième pour cent, on obtient facilement avec la soude une couleur verte ou au moins bleu-verdâtre. Lorsque la proportion de manganèse est très faible, il est bon de mélanger avec la soude un peu de nitre; de cette manière, tout le manganèse est facilement transformé en acide manganique. Pour de très faibles traces de manganèse contenues dans la substance à analyser, la masse fondue n'est pas verte, mais faiblement bleu-verdâtre; et encore n'est-ce qu'après le refroidissement.

Leur réaction en présence du sulfure d'ammonium distingue les dissolutions des sels de protoxyde de manganèse des dissolutions des sels alcalins et terreux, de manière qu'elles ne puissent être confondues.

Les substances organiques non volatiles peuvent empêcher les alcalis de précipiter le protoxyde de manganèse de ses dissolutions. Si par conséquent une dissolution de protoxyde de manganèse contient des substances organiques de cette espèce, le meilleur réactif pour précipiter le protoxyde de manganèse est le sulfure d'ammonium; on peut ensuite essayer au chalumeau le précipité de sulfure de manganèse qui s'est formé et qui n'est souvent pas d'une couleur rouge-chair pure. Si la substance organique avec laquelle le protoxyde de manganèse est mélangé, est solide ou d'une consistance de bouillie, on en met une petite quantité sur une lame de platine et on l'incinère à la flamme du chalumeau ; puis on fait fondre le résidu avec la soude sur la lame de platine.

Si on ajoute à une dissolution de protoxyde de manganèse de l'acide tartrique et ensuite de l'ammoniaque, ce réactif ne produit pas de précipité d'hydrate de protoxyde de manganèse. Mais si on laisse la dissolution exposée à l'air, le protoxyde s'oxyde et se transforme en sesquioxyde qui colore la dissolution en brun foncé, sans qu'il se forme de précipité, bien qu'il y ait de l'ammoniaque en excès. Mais si on ajoute à une dissolution de protoxyde de manganèse de l'acide tartrique et ensuite une dissolution de carbonate de soude, il se forme immédiatement un abondant précipité blanc.

Sesquioxyde de manganèse, Mn^2O^3.

Le sesquioxyde de manganèse à l'état pur a une couleur brune, lorsqu'il est en poudre très fine; lorsque la poudre n'est pas trop fine, elle est noire. Le gaz hydrogène, à une température élevée, réduit le sesquioxyde de manganèse à l'état de protoxyde de manganèse. Le sesquioxyde de manganèse se dissout dans l'acide chlorhydrique et donne une liqueur brun foncé qui, même à froid, sent le chlore, parce que le sesquichlorure a toujours une tendance à se transformer en protochlorure. La coloration brun foncé de la dissolution s'éclaircit toujours d'elle-même avec le temps et finit par se décolorer presque entièrement ; elle ne contient plus alors que du protochlorure. Si on fait bouillir l'oxyde avec l'acide chlorhydrique, la formation du protochlorure et la décoloration de la liqueur s'opèrent plus rapidement. La dissolution bouillie se comporte avec les réactifs comme une dissolution de protoxyde de manganèse. Le sesquioxyde de manganèse ou son hydrate, mis en présence de l'acide sulfurique, ne se dissolvent ni à la température ordinaire ni par l'action de la chaleur. Le sesquioxyde ne se dissout pas, lorsqu'il est entièrement exempt de protoxyde. Si au contraire le sesquioxyde contient du protoxyde, la dissolution s'opère et a une couleur rouge foncé.— Lorsqu'on fait chauffer l'hydrate de sesquioxyde de manganèse avec l'acide sulfurique concentré, il se transforme en sulfate vert de sesquioxyde de manganèse qui reste mélangé avec l'excès d'acide sulfurique, sans pour cela se dissoudre. Il ne se produit pas de réduction, pourvu qu'on ne chauffe pas trop fortement. On peut chauffer même jusqu'à la température d'ébullition de l'acide sulfurique le sulfate de sesquioxyde de manganèse avec l'acide sulfurique en excès sans qu'il se produise de décomposition. Si on prolonge l'ebullition, il se dégage de l'oxygène et il se produit du protoxyde.

L'hydrate de sesquioxyde de manganèse, qui se trouve dans la nature, ressemble au bioxyde et peut, dans le commerce, être confondu avec lui, en ce que, lorsqu'il est cristallisé, il a une couleur noire comme le bioxyde ; ce n'est que s'il est très divisé, que sa couleur paraît brune comme celle de l'hydrate précipité des dissolutions de sesquioxyde de manganèse. Il se distingue cependant du bioxyde en ce qu'il donne, sur du biscuit de porcelaine, un trait brun, tandis que le bioxyde donne un trait noir : et en ce que, chauffé dans un petit tube de verre bouché à une de ses extrémités, il laisse dégager de l'eau. Au rouge, le sesquioxyde et son hydrate se transforment en une combinaison de sesquioxyde et de protoxyde de manganèse.

La dissolution de sesquichlorure de manganèse qui ne contient pas beaucoup d'acide chlorhydrique libre, est décomposée par une grande quantité d'eau, même à la température ordinaire; il se sépare de l'hydrate de sesquioxyde de manganèse.

Le sulfate de sesquioxyde de manganèse se décompose aussi facilement; exposé à l'air, il en attire l'humidité et laisse déposer de l'hydrate de sesquioxyde de manganèse. Si l'eau n'est qu'en petite quantité et si elle contient de l'acide sulfurique, il se précipite un sel basique; mais une plus grande quantité d'eau, bien qu'elle contienne de l'acide sulfurique, sépare complétement tout l'hydrate de sesquioxyde de manganèse, tandis que l'acide sulfurique se dissout. Il n'y a qu'en présence du protoxyde de manganèse que l'acide sulfurique suffisamment étendu peut dissoudre le sesquioxyde en formant une dissolution rouge pourpre; mais lorsqu'on étend d'eau, tout l'hydrate de sesquioxyde de manganèse est précipité à la température ordinaire; la dissolution qui le surnage, devient complétement incolore et contient du protoxyde. Si on fait bouillir, la décoloration est plus rapide et ne nécessite pas l'emploi d'une aussi grande quantité d'eau.

Les dissolutions de sesquichlorure de manganèse et de sulfate de sesquioxyde (qui contiennent du protoxyde , se comportent avec les réactifs d'une manière à peu près analogue.

Une dissolution d'*hydrate de potasse* produit dans la dissolution chlorhydrique du sesquioxyde de manganèse un précipité volumineux brun foncé d'hydrate de sesquioxyde de manganèse. La présence du chlorure d'ammonium ou des autres sels ammoniacaux n'empêche la formation du précipité ni avec ce réactif ni avec les suivants.

L'*ammoniaque* agit de même.

Une dissolution de *carbonate neutre de potasse* produit dans la dissolution chlorhydrique de sesquioxyde de manganèse un précipité brun volumineux d'hydrate de sesquioxyde de manganèse.

Une dissolution de *bicarbonate de potasse* agit de même.

Une dissolution de *cyanure de potassium* ne forme pas de précipité dans la dissolution de sesquichlorure de manganèse, qui a été saturée par l'hydrate de potasse; il se forme seulement une dissolution brun clair dont le sulfure d'ammonium ne précipite pas de sulfure de manganèse.

Une dissolution de *carbonate d'ammoniaque* agit comme une dissolution de bicarbonate de potasse.

Une dissolution de *phosphate de soude* produit dans la dissolution chlorhydrique de sesquioxyde de manganèse que l'on a neutralisée aussi exactement que possible par l'ammoniaque, un précipité brun foncé de phosphate de sesquioxyde de manganèse, qui est de couleur plus claire, et qui est bien moins volumineux que les précipités obtenus avec les réactifs précédemment indiqués.

Une dissolution d'*acide oxalique* ne produit pas de précipité dans la dissolution de sesquioxyde de manganèse; cependant, la liqueur se décolore au bout de quelque temps et contient alors du protochlorure de manganèse.

Lorsqu'on ajoute un peu d'*acide phosphorique sirupeux* à une dissolution un peu concentrée de sesquichlorure de manganèse, il ne se produit pas de modification; mais si on étend le tout avec de l'eau, on obtient une dissolution rouge pourpre.

Le *carbonate de baryte* précipite le sesquioxyde de manganèse de sa dissolution même à la température ordinaire. Dans la dissolution filtrée, on retrouve le protoxyde de manganèse, s'il y en avait avant la précipitation.

Une dissolution de *ferrocyanure de potassium* produit dans la dissolution de sesquioxyde de manganèse un précipité gris-verdâtre.

Une dissolution de *ferrocyanide de potassium* donne dans la même dissolution un précipité brun.

Le *sulfure d'ammonium* produit, dans une dissolution de sesquioxyde de manganèse qui a été saturée par l'ammoniaque, le même précipité couleur de chair de sulfure de manganèse qui se forme dans les dissolutions de protoxyde de manganèse. Si la dissolution de sesquioxyde de manganèse a été sursaturée par l'ammoniaque et si, par suite, le sesquioxyde s'est déposé sous la forme d'un précipité brun foncé, il se colore en rouge-chair par l'action du sulfure d'ammonium et se transforme en sulfure de manganèse.

Si on fait réagir l'*hydrogène sulfuré* sur les dissolutions de sesquioxyde de manganèse, il se produit un précipité blanc laiteux qui est formé par du soufre qui se sépare: en même temps le sesquioxyde est réduit à l'état de protoxyde.

Le sesquioxyde de manganèse ne peut pas décomposer la dissolution de chlorure d'ammonium: mais si on les soumet à une ébullition longtemps soutenue, et surtout si la dissolution est concentrée, une faible portion du sesquioxyde est réduite à l'état de protoxyde qui se dissout.

Lorsqu'on fait fondre le sesquioxyde de manganèse avec l'acide phosphorique sirupeux, il se dissout. Si on a fait fondre jusqu'à ce que l'acide phosphorique sirupeux commence à se volatiliser, la masse chaude a une couleur bleu foncé. Par le refroidissement, elle devient d'une belle couleur pourpre: elle donne avec l'eau une dissolution de la même couleur, tout à fait analogue à une dissolution d'hypermanganate de potasse. Cette dissolution se comporte avec les réactifs d'une manière spéciale.

Une dissolution d'*hydrate de potasse* y produit un précipité brun: la liqueur qui le surnage est incolore.

L'*ammoniaque* ne produit pas de précipité: il se forme seulement une dissolution brun foncé qui reste claire, même si on l'étend d'une grande quantité d'eau. Le sulfure d'ammonium ne produit pas dans cette dissolution de précipité de sulfure de manganèse. — Une dissolution de *carbonate de soude* donne un précipité brun clair : mais la liqueur qui surnage reste colorée en brun. — Le *sulfure d'ammonium* y produit au bout de quelque temps du sulfure de manganèse. — Si, après avoir saturé la liqueur rouge avec du carbonate de soude, on ajoute une dissolution de cyanure de potassium, on obtient une dissolution brun clair, dans laquelle le sulfure d'ammonium ne produit pas de sulfure de manganèse. — Par l'action de l'*acide oxalique*, la dissolution rouge devient immédiatement brune, et au bout de quelque temps elle se décolore entièrement.

Si on ajoute de l'*acide chlorhydrique* à la dissolution rouge un peu concentrée, elle devient brun foncé et prend la couleur du sesquichlorure de manganèse. Mais lorsqu'on étend d'eau, la liqueur redevient de couleur pourpre. Par l'action de l'acide chlorhydrique, la liqueur n'est pas décolorée: même par l'action prolongée de la chaleur, la couleur de la dissolution ne devient qu'un peu plus claire. Même lorsqu'on ajoute de l'alcool, il faut une chaleur très prolongée pour produire une décoloration. La décoloration est plus rapide, lorsqu'on ajoute à la dissolution rouge de l'acide chlorhydrique et un peu de sucre et lorsqu'on fait chauffer.

L'*acide nitrique*, même quand il ne contient que de petites quantités d'*acide nitreux*, décolore immédiatement la dissolution rouge.

Le *carbonate de baryte* décolore immédiatement, même à la température ordinaire, la dissolution rouge: il se précipite immédiatement du phosphate rouge de sesquioxyde de manganèse. La dissolution filtrée ne contient rien. Le précipité rouge se dissout dans les acides avec une coloration rouge pourpre, et lorsqu'on a séparé de la dissolution la baryte au moyen de l'acide sulfurique, il reprend les propriétés qu'il avait à l'origine.

Une dissolution de *ferrocyanure de potassium* produit dans la dissolution rouge un précipité verdâtre, et une dissolution de *ferrocyanide* un précipité brun.

Au chalumeau, le sesquioxyde de manganèse et ses combinaisons se comportent comme le protoxyde.

Il se produit une combinaison de *protoxyde* et de *sesquioxyde de manganèse* lorsqu'on calcine très fortement le protoxyde, le sesquioxyde et le bioxyde de manganèse : pour le premier, il faut que la calcination ait lieu en présence de l'air: cette combinaison existe aussi dans la nature. Elle est d'une couleur rouge brun. Elle ne se modifie pas à l'air: le gaz hydrogène la réduit avec l'aide d'une haute température à l'état de protoxyde de manganèse. L'acide nitrique concentré la décompose à l'ébullition en protoxyde de manganèse qui se dissout dans l'acide, et en hydrate de bioxyde qui reste à l'état insoluble. L'acide sulfurique concentré, auquel on a ajouté une très petite quantité d'eau, la dissout à chaud: la dissolution est de couleur pourpre. L'acide chlorhydrique la dissout à la température ordinaire et donne une dissolution brun foncé qui, par l'action de la chaleur, est transformée en protochlorure avec dégagement de chlore. Avec l'acide phosphorique sirupeux, elle se comporte entièrement comme le sesquioxyde de manganèse.

Bioxyde de manganèse, MnO^2.

Le bioxyde de manganèse est noir : il donne sur le biscuit de porcelaine un trait d'un noir pur. Calciné, le bioxyde de manganèse se transforme en sesquioxyde de manganèse et finalement en une combinaison de sesquioxyde et de protoxyde de manganèse ; il se dégage de l'oxygène : il faut cependant une chaleur assez forte pour produire le second degré de décomposition, lorsque l'expérience n'a pas lieu au contact de l'air. Le gaz hydrogène réduit à une haute température le bioxyde de manganèse à l'état de protoxyde. Lorsque le bioxyde de manganèse naturel est pur, il ne donne pas d'eau lorsqu'on le chauffe dans un tube de verre bouché à une de ses extrémités: s'il se produit de l'eau, c'est que le peroxyde contient de l'hydrate de sesquioxyde de manganèse, ce qui se présente très fréquemment. Le bioxyde de manganèse, réduit en poudre fine, se dissout dans l'acide chlorhydrique à froid avec dégagement de chlore et forme une liqueur brun foncé qui contient du sesquichlorure de manganèse: si on fait bouillir, le sesquichlorure se transforme en protochlorure. La transformation s'opère plus rapidement lorsqu'on ajoute certaines substances organiques, particulièrement celles qui ne sont pas volatiles comme le sucre, etc.; cependant si on en ajoute trop, la liqueur est colorée en brun. Lorsqu'on chauffe faiblement le bioxyde de manganèse avec l'acide sulfurique concentré, il se dégage de l'oxygène. Le dégagement de gaz cesse immédiatement lorsque le sulfate de sesquioxyde de manganèse s'est formé. L'acide sulfurique étendu, aussi bien que l'acide nitrique, ne dissolvent que très peu de bioxyde de manganèse même à la température de l'ébullition. Une addition de sucre ou d'autres substances organiques accélère beaucoup la dissolution; il se dégage en même temps de l'acide carbonique; cependant, par la réaction de l'acide sulfurique sur les substances organiques, la dissolution est souvent colorée en brun. Elle contient du protoxyde de manganèse. Les acides organiques dissolvent le bioxyde de manganèse avec dégagement d'acide carbonique : la dissolution contient du protoxyde. Une dissolution d'acide oxalique et de bioxalate de potasse réagit de la même manière à froid. Les oxalates neutres ne produisent de dégagement d'acide carbonique que lorsqu'on ajoute de l'acide sulfurique; mais alors la réaction a lieu même à froid. Le tartrate acide de potasse ne réagit qu'à chaud: dans ce cas, outre le dégagement d'acide carbonique, il se produit de l'acide formique. — L'acide phosphorique sirupeux dissout à chaud le bioxyde de manganèse et forme une masse d'un beau bleu, qui, par le refroidissement, devient de couleur pourpre, et se comporte alors comme le phosphate de sesquioxyde de manganèse (page 76).

Si on le fait bouillir avec une dissolution de chlorure d'ammonium, le bioxyde de manganèse ne subit pas de modification : cependant il y en a une très faible quantité qui est réduite à l'état de protoxyde et qui se dissout. L'hydrate de bioxyde de manganèse qui contient des quantités variables d'eau et qui se forme de différentes manières, est noir ou brun noirâtre. Par la calcination, il dégage de l'oxygène et de l'eau.

Acide manganique, MnO^3.

L'acide manganique n'a pas encore été obtenu à l'état pur : on ne l'a obtenu qu'à l'état de combinaisons avec les bases ; ces combinaisons se forment lorsqu'on calcine le bioxyde de manganèse avec des bases fortes, comme l'hydrate de potasse, ou avec des nitrates comme le nitrate de potasse ou de soude ; dans le premier cas, la réaction a lieu particulièrement au contact de l'air ; mais cette condition n'est pas indispensable.

Les manganates à l'état solide ont une couleur verte si intense, qu'ils paraissent souvent noirs. En présence du charbon rouge et des autres corps facilement oxydables, ils détonent. Il n'y a que les combinaisons de l'acide manganique avec les alcalis qui soient solubles dans l'eau ; les combinaisons avec les oxydes alcalins terreux, et particulièrement la baryte, sont insolubles. Les dissolutions des manganates de potasse et de soude sont colorées en vert intense. Dans ces combinaisons, l'acide manganique a une grande tendance à se décomposer. Tous les acides, même les acides faibles, colorent immédiatement en rouge intense les dissolutions vertes des manganates, par suite de la transformation de l'acide manganique en acide hypermanganique ; en même temps il se sépare un précipité brun d'hydrate de protoxyde de manganèse. Une dissolution verte d'un manganate, parfaitement limpide, ne forme pas, par l'action des acides faibles, une dissolution rouge parfaitement claire lorsqu'elle est étendue ; elle est légèrement troublée par l'hydrate de bioxyde qui reste en suspension. L'acide hypermanganique formé se décompose avec le temps de la manière qui sera indiquée plus loin. — Le manganate de baryte insoluble devient lui-même rouge lorsqu'on le laisse exposé à l'air humide. — Une dissolution de manganate alcalin pur dans l'eau pure est décomposée de cette manière en acide hypermanganique et en hydrate de bioxyde de manganèse ; et la réaction est d'autant plus rapide que la liqueur est plus étendue et que l'acide carbonique de l'air peut plus facilement se combiner avec l'oxyde alcalin.

Ce n'est que dans une dissolution d'*hydrate de potasse* que le manganate de potasse se dissout sans modification, et il se conserve plus longtemps sans se décomposer de cette manière que par l'addition d'aucune autre liqueur. Plus la dissolution de manganate de potasse est étendue, plus est forte la quantité de la dissolution de potasse qu'il faut employer pour empêcher la décomposition qui cependant finit par avoir lieu au bout d'un certain temps.

Par l'action de l'*ammoniaque*, la dissolution de manganate de potasse n'est pas décolorée d'abord ; mais la décoloration se produit au bout de quelque temps, et il se dépose un précipité brun. Si on ajoute à la dissolution verte de manganate de potasse la dissolution d'un sel ammoniacal, du chlorure d'ammonium ou du sulfate d'ammoniaque, il se produit immédiatement de l'hypermanganate de potasse, et la liqueur devient rouge en même temps qu'il se forme un précipité brun. Mais si la dissolution de manganate de potasse contient beaucoup d'alcali libre, et si on y ajoute un sel ammoniacal, la liqueur ne devient que faiblement rouge ou bien se décolore bientôt en laissant déposer un précipité brun.

Les dissolutions des *sels de potasse*, comme le nitrate ou le sulfate de potasse, n'ont pas la même action; ils ne modifient, pas plus que l'hydrate de potasse, la couleur de la dissolution.

Les acides, en présence desquels la dissolution rouge d'hypermanganate de potasse reste longtemps sans se décomposer, comme l'acide nitrique ou l'acide sulfurique étendu, transforment, comme il a été déjà indiqué, la dissolution verte de manganate de potasse en une dissolution rouge d'hypermanganate de potasse; il se produit en même temps de l'hydrate brun de bioxyde de manganèse. Cependant, si l'acide nitrique contient des traces d'un degré inférieur d'oxydation du nitrogène, la liqueur est rapidement décolorée. (Voy. plus loin à l'*acide hypermanganique*.)

Une dissolution d'*acide sulfureux* et de *sulfites alcalins* décolore immédiatement et complétement la dissolution de manganate de potasse sans produire de dépôt brun. L'*Acide phosphoreux* colore la dissolution en rouge et la décolore très lentement.

L'*acide chlorhydrique* étendu, comme les autres acides étendus, colore en rouge au premier instant la dissolution verte d'un manganate alcalin; bientôt la coloration rouge est modifiée et passe au brun foncé; en même temps il se dégage du chlore; la dissolution contient alors du sesquichlorure de manganèse, et lorsqu'on la chauffe, il se dégage du chlore, et la dissolution se transforme en une dissolution incolore de protochlorure de manganèse.

La dissolution d'*hydrogène sulfuré* décolore immédiatement la dissolution verte des manganates : il se forme du sulfure de manganèse; en même temps il se dépose du soufre, en sorte que le précipité paraît blanc.

Le *sulfure d'ammonium*, ajouté en excès à la dissolution des manganates alcalins, en précipite du sulfure de manganèse. Si le sel de manganèse contient une trace de fer, la coloration est verdâtre.

Si on chauffe le manganate de potasse avec l'acide phosphorique sirupeux, jusqu'à ce que ce dernier commence à se volatiliser, on obtient une masse d'une belle coloration bleue qui, après le refroidissement, prend une couleur pourpre. Elle contient du sesquioxyde de manganèse et se comporte entièrement comme celle qu'on obtient en chauffant le sesquioxyde de manganèse avec l'acide phosphorique (page 76).

Au chalumeau, les combinaisons formées par l'acide manganique se comportent comme les combinaisons de protoxyde de manganèse (p. 72). La couleur verte, que prend la soude lorsqu'on la fait fondre sur une lame de platine avec des substances manganésifères, provient de la formation du manganate de soude.

La transformation en une liqueur rouge au moyen d'un acide étendu de la dissolution verte des manganates, la décoloration de cette dissolution au moyen de l'acide sulfureux et au moyen de l'acide chlorhydrique avec dégagement de chlore, distinguent ces sels de manière à ne pas permettre de les confondre avec d'autres.

L'acide manganique contenu dans les manganates est décomposé par presque toutes les substances organiques. Les acides organiques colorent bien les dissolutions vertes des manganates en rouge comme le font les autres acides, et produisent de l'acide hypermanganique; mais bientôt il se dégage de l'acide carbonique, et l'acide hypermanganique est transformé en un degré inférieur d'oxydation du manganèse; si on chauffe, on finit par obtenir du protoxyde de manganèse. L'acide acétique doit être excepté, en ce qu'il n'opère pas la réduction de l'hypermanganate produit. Les substances organiques non acides se comportent d'une manière variable avec la dissolution verte de manganate de potasse. L'alcool, comme les autres substances qui ont de la tendance à produire des acides par leur oxydation, colorent immédiatement la dissolution en rouge comme le font les acides étendus; mais ensuite ils finissent par la décolorer. Si on ajoute de la potasse à la dissolution verte, la réaction ne se produit pas. Une dissolution de sucre, au contraire, ne décolore pas d'abord la dissolution verte, mais finit par la réduire au bout de quelque temps.

Acide hypermanganique, Mn^2O^7.

L'acide hypermanganique, préparé en dissolvant le manganate de baryte dans l'eau et en ajoutant à la dissolution assez d'acide sulfurique étendu pour que la baryte soit précipitée à l'état de sulfate de baryte, forme une liqueur colorée en rouge-pourpre intense qui a un pouvoir colorant excessivement fort, en sorte qu'une petite quantité peut colorer fortement en rouge une grande quantité d'eau. On ne peut pas concentrer l'acide parce qu'il se décompose lentement, même à la température ordinaire; la réaction est plus rapide à une température de 30 ou 40 degrés; il se dégage de l'oxygène et il se dépose de l'hydrate de bioxyde de manganèse. L'acide hypermanganique n'est pas volatil, comme cela se comprend de soi-même après ce que nous venons de dire. (Mitscherlich.)

L'acide hypermanganique forme avec toutes les bases des sels qui sont solubles dans l'eau: quelques-uns cependant sont peu solubles. La couleur de ces sels lorsqu'ils sont solides est rouge-brun foncé, presque noir: ils ont quelquefois presque l'éclat métallique, surtout le sel de potasse. En présence du charbon rouge ou des autres corps facilement oxydables, ils détonent comme les nitrates et les chlorates. Chauffés seuls, les hypermanganates alcalins purs se transforment en manganates et en une combinaison de potasse et de bioxyde de manganèse ; il se dégage en même temps de l'oxygène.

Les dissolutions des hypermanganates sont colorees en rouge pourpre intense et ont comme la dissolution de l'acide un pouvoir colorant très fort. Leur solution aqueuse ne se décompose que très lentement et conserve très longtemps sa couleur rouge, même lorsqu'elle est étendue de beaucoup d'eau.

Une dissolution d'hypermanganate de potasse à laquelle on ajoute une dissolution d'*hydrate de potasse*, devient verte peu à peu et cela d'autant plus rapidement qu'elle est plus concentrée. Les dissolutions très étendues d'hypermanganate alcalin ne deviennent vertes qu'au bout de quelque temps. La chaleur accélère la transformation pendant laquelle il ne se produit pas de dégagement d'oxygène visible. Si la décomposition se fait peu à peu, la quantité du manganate de potasse vert augmente peu à peu à mesure que celle de l'hypermanganate rouge diminue, et pendant cette transformation on observe une série de teintes différentes qui sont formées de mélanges de vert et de rouge en proportions variables. Si on ajoute un acide à la dissolution verte, elle redevient rouge: il se forme de l'acide hypermanganique en même temps qu'il se dépose de l'hydrate de bioxyde de manganèse.

Les *carbonates de potasse* ou *de soude* ne transforment pas la dissolution rouge d'hypermanganate de potasse en une dissolution verte de manganate de potasse. Les dissolutions des autres sels neutres de potasse réagissent de même.

L'*ammoniaque* décompose au bout de quelque temps la dissolution des hypermanganates: il se produit un précipité brun et la liqueur est décolorée. Les *sels ammoniacaux*, comme le chlorure d'ammonium et le sulfate d'ammoniaque, ne modifient pas la dissolution rouge des hypermanganates alcalins: ils se comportent avec les hypermanganates comme les dissolutions des sels de potasse.

Si on verse de l'*acide nitrique* ou de l'*acide sulfurique* sur les hypermanganates à l'état solide, ils sont décomposés: il se dégage de l'oxygène et il se produit de l'hydrate de bioxyde de manganèse: si on chauffe, il se produit un degré inférieur d'oxydation de manganèse. Si, d'un autre côté, on traite les dissolutions des hypermanganates alcalins par l'acide sulfurique, l'acide nitrique ou l'acide phosphorique étendu, elles conservent très longtemps leur coloration rouge et ne sont pas modifiées par ces acides. Si cependant l'acide nitrique contient une quantité même très faible d'acide nitreux, la liqueur est décolorée.

Si on fait bouillir avec les mêmes acides à l'état étendu la dissolution d'un hypermanganate alcalin, et si on prolonge l'ébullition, une réduction partielle de l'acide hypermanganique a lieu, et il se forme un précipité brun : plus la dissolution de l'hypermanganate était étendu, moins la réduction a de tendance à se produire.

Une dissolution d'*acide sulfureux* ou d'un *sulfite* décompose immédiatement la dissolution des manganates alcalins et la décolore. Il en est de même lorsqu'on emploie la dissolution d'*hyposulfite de soude*.

Une dissolution d'*acide phosphoreux* ne décolore pas immédiatement à froid la dissolution d'hypermanganate de potasse : ce n'est qu'au bout de quelque temps qu'elle se colore d'abord en rouge-brun et finit par se décolorer, sans former de dépôt brun. A chaud, au contraire, la décoloration est rapide : cependant elle est toujours plus lente qu'avec l'acide sulfureux ou l'acide nitreux.

Les dissolutions dans les acides étendus des degrés inférieurs d'oxydation de plusieurs métaux décolorent aussi immédiatement la dissolution de l'hypermanganate de potasse.

L'*acide chlorhydrique* décompose facilement les dissolutions des hypermanganates alcalins. Il se produit un abondant dégagement de chlore gazeux. Si la dissolution de l'hypermanganate ou l'acide sont étendus, la couleur rouge persiste pendant longtemps à froid, et d'autant plus longtemps que l'acide chlorhydrique est plus étendu ; mais il se dépose peu à peu sur les parois et au fond du vase de l'hydrate de sesquioxyde de manganèse. A chaud, la dissolution se décolore avec dégagement de chlore gazeux ; il ne se forme pas de dépôt, et la dissolution contient du protochlorure de manganèse.

La dissolution d'*hydrogène sulfuré* décolore immédiatement les dissolutions des hypermanganates alcalins ; il se dépose du sulfure de manganèse et en même temps du soufre, en sorte que le précipité paraît blanc.

Le *sulfure d'ammonium*, ajouté en excès aux dissolutions des hypermanganates alcalins, en précipite du sulfure de manganèse couleur de chair.

Si on chauffe l'hypermanganate de potasse avec l'*acide phosphorique sirupeux* jusqu'à ce que ce dernier commence à se volatiliser, on obtient une masse d'une belle couleur bleue qui, en se refroidissant, devient d'une belle couleur pourpre et donne une dissolution aqueuse de la même couleur. Comme cette dissolution est complétement semblable à celle de l'hypermanganate de potasse, on a souvent pensé qu'elle contenait de l'acide hypermanganique libre ; mais elle contient du sesquioxyde de manganèse et se comporte comme la dissolution de sesquioxyde de manganèse dans l'acide phosphorique (page 76).

Au chalumeau, les hypermanganates se comportent comme le protoxyde de manganèse (page 72).

La couleur rouge intense des dissolutions des hypermanganates, la facile décomposition de ces sels au moyen de l'acide sulfureux, et au moyen de l'acide chlorhydrique avec dégagement de chlore, leur manière de se comporter au chalumeau les distinguent, de manière à ne pouvoir être confondus avec les autres combinaisons. Les dissolutions ne peuvent être confondues que sous le rapport de la couleur avec celle de phosphate de sesquioxyde de manganèse dont, du reste, elles peuvent facilement se distinguer en ce que le dernier donne immédiatement par l'hydrate de potasse un précipité brun d'hydrate de sesquioxyde de manganèse.

Les dissolutions des hypermanganates alcalins sont décomposées facilement par les substances organiques. Les acides organiques non volatils, comme l'acide tartrique et l'acide paratartrique, dissous dans un excès de potasse, déterminent rapidement la décomposition complète de la dissolution d'hypermanganate de potasse, et la liqueur qui surnage est colorée en vert. L'acide citrique, dissous dans la potasse, conserve pendant longtemps la dissolution rouge de l'hypermanganate de potasse sans la modifier; mais peu à peu elle se transforme en une dissolution verte de manganate qui se conserve longtemps verte. L'acide acétique ne modifie pas la dissolution rouge de l'hypermanganate de potasse plus que les acides inorganiques étendus; l'acide formique, au contraire, la modifie très rapidement; l'alcool la décolore et il se dépose en même temps de l'hydrate de sesquioxyde de manganèse; le sucre la décompose en même temps, et il se forme une dissolution brune dans laquelle il ne se forme que plus tard un dépôt d'hydrate de sesquioxyde de manganèse. Le contact même avec le papier à filtrer produit une réduction partielle de la dissolution de l'acide hypermanganique et de ses sels; ils sont décomposés, bien qu'à un faible degré, par la filtration à travers le papier.

XX. — FER, Fe.

Le fer, à l'etat metallique, est d'un gris clair; lorsqu'il est completement pur, sa couleur est presque blanche. Combiné au carbone gueuses, fontes, il prend une couleur tantôt foncée, tantôt claire. Combiné avec une petite quantité de carbone acier, il a la couleur plus claire que celle du fer ordinaire presque pur fer en barres, qui contient bien encore du carbone, mais seulement en quantité excessivement faible. Le fer a un éclat fortement métallique; il est dur, malléable; il a une cassure fibreuse. L'acier est encore plus dur que le fer, surtout lorsqu'on le chauffe et lorsqu'on le refroidit ensuite rapidement; sa cassure est fine et granulée. La fonte est dure et cassante, surtout lorsqu'elle est de couleur blanche; la fonte grise est moins cassante. La fonte blanche a une cassure cristalline, la fonte grise est granulée. Toutes les espèces de fer sont attirées par l'aimant : cependant il n'y a que l'acier qui possède le caractère tout particulier de conserver longtemps la propriété magnétique. Le fer se distingue par là de tous les autres métaux à l'exception du cobalt et du nickel. Le fer fond très difficilement; cependant l'acier est d'une fusion plus facile que le fer en barres, et la fonte d'une fusion plus facile que l'acier.

A la température ordinaire, le fer ne se modifie pas à l'air, lorsqu'il est sec; même à l'air humide, le fer reste à l'état métallique; cependant il s'oxyde facilement, lorsque l'eau peut se déposer sur le fer sous forme liquide et séjourner à la surface, et surtout dans les fentes et dans les inégalités de la masse de fer; alors le fer se rouille, c'est-à-dire se transforme en hydrate de sesquioxyde. Si le fer contient une couche épaisse de battitures, il se transforme en hydrate de sesquioxyde au bout de très peu de temps.

Calciné au contact de l'air, le fer s'oxyde et se recouvre d'un dépôt battitures qui est formé d'une combinaison de protoxyde et de sesquioxyde; si on chauffe le fer jusqu'au rouge blanc au contact de l'air ou dans le gaz oxygène, il brûle en produisant des étincelles; le fer ainsi brûlé est fondu et est formé également de protoxyde et de sesquioxyde. Si on a obtenu le fer métallique à une température aussi basse que possible par la réduction de l'oxyde au moyen de l'hydrogène, il est pyrophorique et devient incandescent par le contact de l'air.

Le poids spécifique du fer en barres est 7,7.

Le fer se dissout dans l'acide chlorhydrique avec dégagement de gaz hydrogène; la dissolution contient du protochlorure de fer. Les espèces de fer qui contiennent du carbone, traitées par l'acide chlorhydrique, donnent un hydrogène d'une odeur repoussante; après la dissolution d'un fer de cette espèce, il reste en outre un résidu qui contient du carbone. L'acide nitrique très étendu dissout toute espèce de fer. La dissolution faite à froid contient du protoxyde de fer et du nitrate d'ammoniaque; si au contraire le fer a été dissous dans l'acide à chaud, la dissolution ne contient que du sesquioxyde. Dans le premier cas, il se dégage souvent du protoxyde de nitrogène, et dans le second cas du bioxyde de nitrogène. Lorsqu'on dissout dans l'acide nitrique étendu des espèces de fer qui contiennent du carbone, il se dégage, outre le bioxyde de nitrogène, du gaz acide carbonique, et il reste à l'état insoluble une substance d'un blanc-brunâtre qui est insoluble dans les acides, mais qui se dissout dans les alcalis et forme une liqueur brun foncé qui a beaucoup d'analogie avec l'humine. Si on met en contact avec le fer un acide nitrique concentré, d'un poids spécifique de 1,5 à 1,35, qui contient de l'acide nitreux, souvent le fer n'est pas dissous; il est alors dans un état que l'on appelle passif. Cet état passif est déterminé par la calcination, par l'immersion momentanée dans l'acide nitrique concentré, ou par l'électricité lorsqu'on met en rapport le fer pendant quelques instants avec le pôle positif d'une pile électrique. L'acide sulfurique concentré transforme à chaud le fer en sulfate de sesquioxyde de fer avec dégagement d'acide sulfureux; le fer se dissout bien dans l'acide sulfurique étendu avec dégagement d'hydrogène; la dissolution contient du protoxyde de fer. Si on dissout dans l'acide sulfurique étendu les fers qui contiennent du carbone, il se dégage, comme dans le traitement par l'acide chlorhydrique, du gaz hydrogène qui a une odeur infecte, et il reste un dépôt noir. Presque tous les autres acides solubles dans l'eau agissent d'une manière analogue à l'acide sulfurique étendu.

Le résidu que les fers qui contiennent du carbone, laissent après leur dissolution dans les acides, contient souvent de la silice. Si on fait passer un courant de chlore sur le fer soumis à l'action de la chaleur, le fer est transformé en sesquichlorure de fer qui se sublime pourvu que la quantité de chlore soit suffisante, et il y a production de lumière. Lorsqu'on a employé un fer qui contient du carbone, ce dernier reste comme résidu.

Le fer décompose très facilement l'eau au rouge; il se dégage de l'hydrogène et il se forme de l'oxyde de fer magnétique.

Protoxyde de fer, FeO.

Le protoxyde de fer à l'état pur n'est pas connu ; on ne peut aussi obtenir qu'avec difficulté son hydrate à l'état sec, parce que, en contact avec l'air, il s'oxyde surtout à la surface et passe à un degré supérieur d'oxydation. Nouvellement préparé, il est blanc et n'est pas magnétique. Non-seulement le protoxyde de fer existe dans les dissolutions des sels de protoxyde, mais il se forme encore lorsqu'on dissout le fer dans l'acide sulfurique étendu ou dans un autre acide qui ne soit pas oxydant. Les sels de protoxyde, qui sont anhydres, ont une couleur blanche ; lorsqu'ils contiennent de l'eau de cristallisation, ils ont une couleur verte ou faiblement bleuâtre. Même à l'état solide, ils ont souvent une propension à passer à un degré d'oxydation plus élevé et à se recouvrir à la surface d'une poudre jaunâtre d'un sel basique de sesquioxyde. Cela n'a pas lieu lorsque les sels se sont séparés par cristallisation d'une dissolution acide, ou bien lorsque les cristaux ont été lavés ou précipités au moyen de l'alcool. Les sels de protoxyde de fer en dissolution s'oxydent bien plus facilement au contact de l'air et déposent, lorsqu'ils sont neutres, une poudre jaune d'un sel basique de sesquioxyde de fer; la dissolution contient aussi, à côté du protoxyde, plus ou moins de sesquioxyde. Plus les dissolutions contiennent d'un acide non oxydant, plus la transformation du protoxyde de fer en sesquioxyde a lieu lentement. Plus elles sont neutres, plus l'oxydation est rapide : elle est très rapide si l'on ajoute à la dissolution une base énergique.

Une dissolution d'*hydrate de potasse* produit dans les dissolutions de protoxyde de fer un précipité volumineux d'hydrate de protoxyde de fer, qui paraît d'abord presque blanc, lorsque, pendant la précipitation, on a évité autant que possible le contact de l'air : au bout de quelque temps, il s'oxyde et devient gris, puis vert; dans la portion qui est en contact avec l'air atmosphérique, il devient ensuite d'un vert plus foncé et finalement rouge-brun. Si on filtre le précipité vert, il devient bientôt rouge-brun sur le filtre à la surface par laquelle il est continuellement en contact avec l'air. — Lorsque la dissolution de protoxyde de fer contient un sel ammoniacal, toute la quantité d'oxyde de fer contenue dans la liqueur n'est pas précipitée à froid.

L'*ammoniaque* produit dans les dissolutions de protoxyde de fer des phénomènes analogues à ceux que produit la potasse. Si on ajoute à la dissolution de protoxyde de fer une quantité suffisante d'une dissolution de chlorure d'ammonium, l'ammoniaque ne forme pas de précipité d'hydrate de protoxyde de fer : par le contact de l'air, il se sépare des flocons rouge-brun d'hydrate de sesquioxyde de fer. Si cependant on ajoute à la dissolution de protoxyde de fer de l'ammoniaque et ensuite une dissolution de chlorure d'ammonium, une grande partie du précipité formé se dissout : cependant il reste un précipité vert foncé qui ne se dissout pas.

Une dissolution de *carbonate neutre de potasse* produit dans les dissolutions de protoxyde de fer un précipité blanc de carbonate de protoxyde de fer et d'hydrate de protoxyde de fer. Ce précipité devient vert bien plus lentement que celui formé par une dissolution d'hydrate de potasse ou par l'ammoniaque. Il devient, comme ces derniers, rouge-brun à la surface. Une dissolution de chlorure d'ammonium dissout bien ce précipite ; cependant il se forme un précipité vert foncé qui devient brun dans la partie qui se trouve à la surface de la liqueur.

Une dissolution de *bicarbonate de potasse* produit dans les dissolutions de protoxyde de fer un précipité blanc dont la formation est accompagnée d'un dégagement d'acide carbonique.

Une dissolution de *cyanure de potassium* produit dans les dissolutions de protoxyde de fer un précipite rouge-brun qui se dissout complétement, mais lentement dans un excès du précipitant. La dissolution qui contient du ferrocyanure de potassium, ne donne pas de précipité de sulfure de fer au moyen du sulfure d'ammonium.

Une dissolution de *carbonate d'ammoniaque* se comporte avec les dissolutions de protoxyde de fer de la même manière qu'une dissolution de carbonate de potasse.

Une dissolution de *phosphate de soude* produit dans les dissolutions neutres de protoxyde de fer un précipité blanc de phosphate de protoxyde de fer : ce précipité se dissout facilement dans un excès d'une dissolution de protoxyde. Par l'action de la chaleur, il se forme un précipité volumineux qui ne se redissout pas complétement par le refroidissement. Le precipité blanc à l'état humide devient bleu au bout de quelque temps par le contact de l'air, et est alors formé de phosphate de protoxyde et de phosphate de sesquioxyde de fer.

Les dissolutions d'*acide oxalique* et d'*oxalate acide de potasse* colorent immédiatement en jaune les dissolutions de protoxyde de fer et y produisent au bout de quelque temps un précipité jaune d'oxalate de protoxyde de fer qui se dissout dans un excès d'acide chlorhydrique. Les oxalates neutres alcalins donnent immédiatement naissance au même précipité et d'une manière plus nette.

Le *carbonate de baryte* ne précipite pas à froid le protoxyde de fer de ses dissolutions ; mais la précipitation a lieu à chaud et est complète.

Si on traite la dissolution d'un sel de protoxyde de fer par l'*oxyde puce de plomb*, la plus grande partie du protoxyde est bien séparée au bout de quelque temps à l'état de sesquioxyde ; mais même après une longue ébullition, il reste toujours en dissolution de très petites quantités de sesquioxyde de fer.

Une dissolution de *ferrocyanure de potassium* produit dans les dissolutions de protoxyde de fer un précipité qui, lorsqu'il a été produit complètement à l'abri du contact de l'air, paraît être blanc au premier moment, mais qui, généralement, paraît toujours d'un bleu clair. Si on le laisse reposer pendant quelque temps, il devient d'un bleu foncé à partir de la surface qui est en contact avec l'oxygène de l'air. Il ne se dissout pas dans l'acide chlorhydrique.

Une dissolution de *ferrocyanide de potassium* produit dans les dissolutions de protoxyde de fer un précipité bleu foncé de cyanure et de cyanide de fer (bleu de Prusse), qui est insoluble dans les acides et qui reste longtemps en suspension. Lorsqu'il y a une trop petite quantité de ferrocyanide de potassium et lorsqu'il y a une grande quantité de la dissolution de protoxyde de fer, la dissolution paraît verte.

L'*infusion de noix de galles* ne donne pas de précipité dans les dissolutions neutres de protoxyde de fer qui ne contiennent pas du tout de sesquioxyde. Mais si elles contiennent des traces même très faibles de sesquioxyde de fer, ce qui est ordinairement le cas pour les dissolutions des sels de protoxyde de fer, il se produit un trouble d'un noir bleuâtre qui devient plus considérable par le temps lorsqu'on le laisse au contact de l'air. Dans les dissolutions qui ne contiennent que des traces de protoxyde de fer, on obtient également, au moyen de la noix de galles, une coloration noire par la réaction d'une quantité même très faible de bicarbonate alcalin.

Une dissolution de *chlorure d'or* forme dans la dissolution d'un sel de protoxyde de fer un précipité brun foncé d'or métallique.

Une dissolution de *nitrate d'argent* produit dans les dissolutions neutres de protoxyde de fer un précipité gris-blanchâtre d'argent métallique ; si on ajoute une petite quantité d'un acide étendu, comme l'acide sulfurique, le précipité paraît blanc. Si préalablement on ajoute à la dissolution d'argent un peu d'ammoniaque, on obtient un précipité très noir formé par une combinaison de sesquioxyde de fer et de protoxyde d'argent (voy. plus loin à l'*Argent*) dont la formation permet de reconnaître les traces les plus faibles de protoxyde de fer.

Si on arrose un sel de protoxyde de fer avec un peu d'*acide nitrique* étendu, et si on chauffe le tout, la liqueur devient d'un brun-noirâtre foncé à proximité du sel, et cette couleur s'étend à toute la dissolution à mesure que le sel se dissout. La même coloration paraît aussi lorsqu'on traite par l'acide nitrique une dissolution concentrée ou étendue d'un sel de protoxyde de fer. L'acide nitrique oxyde une partie du protoxyde de fer et le transforme en sesquioxyde : il est lui-même transformé en bioxyde de nitrogène qui se dissout dans la dissolution du protoxyde de fer qui n'a pas encore été transformé en un degré supérieur d'oxydation en donnant à la liqueur une coloration brun-noirâtre foncé. Si on ajoute un excès d'acide nitrique, la coloration disparaît rapidement au contact de l'air avec production de vapeurs rutilantes. Si l'on ajoute un excès du sel de protoxyde de fer, elle ne disparaît qu'au bout de quelque temps par l'absorption de l'oxygène de l'air.

Le *sulfure d'ammonium* donne dans les dissolutions neutres de protoxyde de fer un précipité noirâtre de sulfure de fer, qui s'oxyde par le contact de l'air et devient rouge-brun. Ce caractère, aussi bien que sa grande solubilité dans l'acide chlorhydrique même très étendu, permet de distinguer le sulfure de fer du sulfure de cobalt et du sulfure de nickel qui ne s'oxydent pas au contact de l'air et ne sont pas décomposés par l'acide chlorhydrique étendu. Le sulfure de fer est insoluble dans un excès de sulfure d'ammonium. Lorsque la quantité du sel de fer employé est très petite, le sulfure de fer reste longtemps en suspension dans la liqueur et lui donne une coloration verte.

La dissolution d'*hydrogène sulfuré* ne produit pas de précipité dans les dissolutions neutres de protoxyde de fer, si l'acide contenu dans le sel n'appartient pas aux acides tout à fait faibles. — Si la dissolution du sel de protoxyde de fer devient laiteuse par suite du dépôt de soufre qui se sépare lorsqu'on lui ajoute de l'hydrogène sulfuré, cela indique que le sel de protoxyde de fer contient du sesquioxyde.

Les sels de protoxyde de fer solubles dans l'eau sont décomposés par la calcination au contact de l'air.

Les dissolutions des sels neutres de protoxyde de fer rougissent pour la plupart le papier de tournesol: mais ce n'est que parce qu'ils contiennent ordinairement un peu de sesquioxyde. Cependant lorsque le sulfate de protoxyde de fer a été tout nouvellement préparé et lorsqu'il est exempt de sesquioxyde de fer, sa dissolution récemment préparée ne modifie pas le papier de tournesol ; mais si on les fait dessécher ensemble, le sulfate de protoxyde se transforme en sulfate basique de sesquioxyde de fer et le papier de tournesol rougit.

Les sels de protoxyde de fer insolubles dans l'eau se dissolvent presque tous dans l'acide chlorhydrique ou dans l'acide sulfurique étendu. Si on sursature cette dissolution par l'ammoniaque, le sel insoluble se sépare ordinairement; mais il se colore immédiatement en noir lorsqu'on lui ajoute du sulfure d'ammonium, et se transforme en sulfure de fer.

Si on dissout un sel de protoxyde de fer, aussi exempt que possible de sesquioxyde, dans une dissolution bouillante de chlorure d'ammonium, et si on ajoute à la dissolution, sans cesser de faire bouillir, un peu d'alcali, que ce soit de l'ammoniaque ou de l'hydrate de potasse, le précipité vert formé se redissout, lorsqu'il y a une quantité suffisante de chlorure d'ammonium: mais il laisse comme résidu une petite quantité d'un oxyde noir de fer formé par la combinaison du protoxyde avec le sesquioxyde.

Si on fait chauffer avec l'acide phosphorique sirupeux le sulfate de protoxyde de fer exempt de sesquioxyde, on obtient une liqueur sirupeuse, verdâtre, qui devient complétement incolore par le refroidissement, mais qui ne contient que du sesquioxyde et pas de trace de protoxyde : car elle ne donne pas de précipité bleu avec le ferrocyanide de potassium, tandis qu'elle en donne un avec le ferrocyanure : elle donne avec l'hydrate de potasse un précipité brun-rougeâtre ; mais elle ne donne pas de précipité avec l'ammoniaque ; cependant si on ajoute à cette dissolution du sulfure d'ammonium, il se forme immédiatement du sulfure de fer.

Au chalumeau, on peut reconnaître facilement les sels de protoxyde de fer. Si on les fait dissoudre en faible proportion dans le borax sur le fil de platine, ils communiquent au borax dans la flamme extérieure à chaud une couleur jaune : à froid, la perle est incolore. Si on ajoute une plus forte proportion du sel de protoxyde de fer, la perle paraît rouge à chaud et jaune après le refroidissement ; enfin si on en ajoute une quantité encore plus grande, la perle devient rouge foncé à chaud et jaune foncé après le refroidissement. Dans la flamme intérieure, la perle est vert-bouteille. Sur le charbon avec l'étain, la perle qui contient de l'oxyde est d'abord vert-bouteille ; mais si on souffle plus longtemps, elle devient vert de vitriol. La perle, soumise à l'action de la flamme de réduction, devient immédiatement vert de vitriol avec l'étain.— Avec le sel de phosphore, la perle à laquelle on a ajouté une quantité moyenne de sel de fer, devient jaune-rougeâtre dans la flamme extérieure ; en se refroidissant, elle devient d'abord jaune, puis verte et finalement incolore. Si la proportion d'oxyde de fer ajouté est très considérable, la perle est à chaud rouge foncé dans la flamme extérieure ; après le refroidissement, elle est brun-rouge, puis d'un vert sale, et enfin, lorsqu'elle est tout à fait froide, elle est brun-rougeâtre. Les colorations disparaissent par le refroidissement bien plus vite que pour le borax. Dans la flamme intérieure, la perle formée par le sel de phosphore n'est pour ainsi dire pas modifiée lorsque la quantité d'oxyde de fer ajoutée est faible ; si la quantité est plus grande, la perle paraît rouge à chaud et rougeâtre après le refroidissement complet. Avec l'étain, la perle devient verte en se refroidissant et finalement incolore. — Fondus avec la soude sur le charbon, les sels de protoxyde de fer sont réduits : si on sépare le charbon par le lavage, il reste une poudre métallique magnétique. (Plattner et Berzelius.

Les dissolutions de protoxyde de fer peuvent, par conséquent, être reconnues facilement par leur manière de se comporter avec le sulfure d'ammonium, l'acide nitrique et la dissolution de ferrocyanide de potassium.

La présence de substances organiques non volatiles empêche quelquefois complétement la précipitation du protoxyde de fer au moyen des alcalis. Si on ajoute à une dissolution de protoxyde de fer une quantité suffisante d'acide tartrique, l'ammoniaque n'y produit pas de précipité, mais la liqueur se colore fortement en vert ; mais en présence de l'air, il y a oxydation, et la coloration verte se transforme en une coloration jaune ; la liqueur contient alors du sesquioxyde de fer.

Sesquioxyde de fer, Fe^2O^3.

A l'état pur, le sesquioxyde de fer a une couleur rouge-brunâtre lorsqu'il est en poudre ; le sesquioxyde de fer cristallisé naturel fer micacé est gris et possède l'éclat métallique. Le sesquioxyde de fer, précipité de ses dissolutions, est très volumineux et rouge brun ; mais son volume s'amoindrit d'une manière tout à fait extraordinaire par la dessiccation ; si on le calcine, il est presque noir : cependant il donne, comme le fer micacé, une poudre rouge. Le sesquioxyde de fer récemment précipité se dissout très bien dans les acides ; lorsqu'il a été calciné, la dissolution est bien plus difficile ; cependant elle est complète, et c'est avec l'acide chlorhydrique qu'elle s'opère le mieux. Il en est de même pour le fer micacé. Lorsqu'on calcine le sesquioxyde de fer précipité par l'ammoniaque, on peut quelquefois, mais pas toujours, obtenir un phénomène d'incandescence. L'oxyde n'est pas modifié par la température rouge ; mais, à une très haute température, il perd de l'oxygène et se transforme en une combinaison de protoxyde et de sesquioxyde. L'oxyde de fer préparé artificiellement, aussi bien que le fer oxydé rouge naturel, n'est pas magnétique ; mais le fer micacé cristallisé possède cette propriété, bien que ce ne soit pas à un très haut degré. — L'hydrate de sesquioxyde de fer naturel Brauneisenstein) est jaune, du moins lorsqu'il est en poudre.

Le chlorure correspondant au sesquioxyde de fer est d'une couleur rouge foncé, souvent presque noire, et peut facilement se volatiliser dans une atmosphère de gaz chlore ; il se sublime alors en paillettes lamelliformes irisées. Si on le chauffe au contact de l'air, il est transformé en acide chlorhydrique et en sesquioxyde de fer par la vapeur d'eau que l'air contient. Si on fait passer du chlore gazeux sur du sesquioxyde de fer porté au rouge, il se dégage de l'oxygène, et le sesquioxyde de fer est transformé en chlorure qui se sublime.

Les sels neutres de sesquioxyde de fer paraissent être, pour la plupart, d'une couleur blanche : quelques-uns cependant ont une couleur verte, comme les sels doubles formés par la combinaison de l'oxalate de sesquioxyde de fer avec les oxalates alcalins. Les dissolutions des sels de sesquioxyde de fer sont incolores ou jaunes, lorsqu'elles contiennent un acide libre et deviennent rouges lorsqu'on fait bouillir la dissolution. Les dissolutions des sels neutres de sesquioxyde de fer sont toujours colorées, et la coloration varie depuis le jaune jusqu'au brun-rouge et au rouge de sang ; car elles sont décomposées par l'eau, et la dissolution contient un sel basique. Si, à une dissolution de cette espèce, on ajoute une quantité très faible d'ammoniaque ou d'un autre alcali, il se forme bien un précipité d'hydrate de sesquioxyde de fer, mais ce précipité disparaît par le temps surtout si on agite. Il se forme alors un sel basique de sesquioxyde de fer qui est soluble et dont la dissolution paraît encore plus foncée que celle du sel neutre. Mais si on ajoute encore plus d'alcali, le sel de sesquioxyde de fer devient plus basique et se sépare; enfin, un excès d'alcali le transforme en hydrate de sesquioxyde de fer.

Si on fait bouillir la dissolution d'un sel neutre ou d'un sel basique de sesquioxyde de fer, la plus grande partie du sesquioxyde de fer se sépare à l'état de sel très basique. La séparation est plus complète, si le sel est déjà un peu basique et si la dissolution est très étendue.

Une dissolution d'*hydrate de potasse* forme dans les dissolutions de sesquioxyde de fer un précipité brun-rougeâtre volumineux d'hydrate de sesquioxyde de fer qui est insoluble dans un excès de potasse. — Si on fait fondre le sesquioxyde de fer avec l'hydrate de potasse, l'eau de cette dernière combinaison se sépare, et on obtient une combinaison de potasse et de sesquioxyde de fer de couleur verdâtre qui, traitée par l'eau, se sépare en hydrate de potasse qui se dissout et en sesquioxyde de fer qui reste à l'état insoluble.

L'*ammoniaque* se comporte avec les dissolutions de sesquioxyde de fer comme la potasse. Le précipité est tout à fait insoluble dans les dissolutions des sels ammoniacaux.

Une dissolution de *carbonate neutre de potasse* ou *de soude* produit, dans les dissolutions de sesquioxyde de fer, un précipité rouge brun dont la couleur est plus claire que celle du précipité formé par l'hydrate de potasse ou par l'ammoniaque dans les dissolutions de sesquioxyde de fer. Ce précipité est formé d'hydrate de sesquioxyde de fer qui contient ordinairement un peu d'acide carbonique. Cependant le carbonate alcalin ne précipite pas tout le sesquioxyde de fer. Si on filtre le précipité, la liqueur qui se sépare par filtration se trouble d'elle-même, et il se dépose de nouveau un précipité brun-clair. Dans certains cas, tout le sesquioxyde de fer peut rester dissous dans un excès de carbonate alcalin, spécialement lorsque la dissolution de sesquioxyde de fer contient beaucoup d'acide libre. — Si on fait fondre le sesquioxyde de fer avec du carbonate de potasse ou de soude, l'acide carbonique est chassé et on obtient une combinaison de sesquioxyde de fer avec la potasse ou la soude qui est décomposée par l'eau et qui est transformée en hydrate alcalin et en sesquioxyde de fer.

Une dissolution de *bicarbonate de potasse* ou *de soude* produit un précipité brun-clair; il se dégage en même temps du gaz acide carbonique. Par l'ébullition, le dégagement de gaz acide carbonique est encore plus abondant, et la couleur du précipité est plus foncée. Cependant une plus grande quantité de sesquioxyde de fer reste dissoute en présence de ce réactif, qu'en présence d'un carbonate alcalin neutre. La liqueur séparée par filtration se trouble d'elle-même d'une manière considérable, et laisse déposer une grande quantité d'hydrate de sesquioxyde de fer. Le précipité finit par se dissoudre complétement dans un très grand excès du précipitant; la dissolution a une couleur rouge de sang foncé. Le meilleur moyen d'obtenir la dissolution, est de verser goutte à goutte la dissolution étendue de sesquioxyde de fer dans la dissolution de bicarbonate alcalin en agitant continuellement. Au bout de quelque temps, la dissolution rouge de sang se trouble et laisse déposer presque tout le fer à l'état d'hydrate de sesquioxyde.

Une dissolution de *cyanure de potassium* produit, dans les dissolutions de sesquioxyde de fer un précipité rouge-brun qui est soluble dans un excès du précipitant. La dissolution a une couleur brun foncé; elle ne donne pas de précipité de sulfure de fer avec le sulfure d'ammonium.

Une dissolution de *carbonate d'ammoniaque* réagit sur les dissolutions de sesquioxyde de fer, comme le carbonate de potasse. Plus le carbonate d'ammoniaque contient d'acide carbonique, plus il reste de sesquioxyde de fer dissous dans la dissolution. Le sesquioxyde de fer se dissout totalement dans un grand excès du réactif. La dissolution a une couleur rouge plus foncée que la dissolution de sesquioxyde de fer dans le bicarbonate de potasse ou de soude. Si on ajoute de l'ammoniaque pure à la dissolution, il ne se forme pas immédiatement, mais seulement au bout de quelque temps, un précipité de sesquioxyde de fer. Un mélange d'ammoniaque pure et de carbonate d'ammoniaque précipite complétement le sesquioxyde de fer de ses dissolutions.

Une dissolution de *phosphate de soude* forme, dans les dissolutions neutres de sesquioxyde de fer, un précipité blanc de phosphate de sesquioxyde de fer qui est facilement soluble dans un excès de la dissolution de sesquioxyde de fer. Par l'addition de l'ammoniaque, le précipité blanc devient brun et se dissout complétement au bout de quelque temps, lorsqu'on ajoute un excès de phosphate de soude. La dissolution a une couleur rouge-brun. Si la dissolution de sesquioxyde de fer est en excès, et si on ajoute de l'ammoniaque, il se précipite un phosphate basique de sesquioxyde de fer mélangé avec du sesquioxyde de fer dont l'ammoniaque dissout bien un peu d'acide phosphorique, mais pas de sesquioxyde de fer. S'il y a une très faible quantité de phosphate de soude pour une forte proportion de dissolution de sesquioxyde de fer, l'ammoniaque précipite tout le sesquioxyde de fer et tout l'acide phosphorique : dans ce précipité, un excès d'ammoniaque ne dissout pas d'acide phosphorique. — Le phosphate de sesquioxyde de fer est soluble dans une dissolution de carbonate d'ammoniaque. — Une dissolution de carbonate de soude, ajoutée au précipité de phosphate de sesquioxyde de fer, ne modifie pas au premier abord la couleur blanche : ce n'est que par une longue agitation, que le précipité devient rouge-brun; il se dissout en partie, mais non complétement, dans un grand excès de carbonate de soude. — L'hydrate de potasse modifie immédiatement la couleur blanche du phosphate de sesquioxyde de fer qui devient rouge-brun comme le sesquioxyde de fer pur; il enlève au phosphate de sesquioxyde de fer une grande partie, mais non la totalité, de l'acide phosphorique qu'il contient; mais il ne se dissout pas de sesquioxyde de fer.

Une dissolution d'*acide oxalique* ne donne pas de précipité dans les dissolutions neutres de sesquioxyde de fer; la liqueur prend une couleur jaunâtre.

Le *carbonate de baryte* précipite entièrement, même à froid, le sesquioxyde de fer de ses dissolutions.

Une dissolution de *ferrocyanure de potassium* produit immédiatement, dans les dissolutions de sesquioxyde de fer, un précipité bleu foncé de bleu de Prusse qui est insoluble dans l'acide chlorhydrique. Si la quantité de ferrocyanure ajoutée est faible, le précipité paraît vert.

Une dissolution de *ferrocyanide de potassium* ne donne pas de précipité dans les dissolutions de sesquioxyde de fer; la liqueur se colore souvent légèrement en brun foncé. Pour de très faibles traces de protoxyde de fer dans la dissolution de sesquioxyde, il se forme un précipité bleu.

L'*infusion de noix de galles* trouble les dissolutions neutres de sesquioxyde de fer et les colore en bleu-noir foncé; elle indique, par une coloration violette, les plus petites traces d'oxyde de fer dissous; mais pour cela, il faut que la dissolution soit aussi neutre que possible. Le précipité est dissous par un acide libre; si on ajoute de l'ammoniaque libre, il se forme un précipité rouge-noirâtre foncé.

Une dissolution de *rhodanure de potassium* (*sulfocyanure de potassium* ne produit pas de précipité dans une dissolution d'un sel de sesquioxyde de fer, mais la liqueur se colore en rouge de sang foncé, même pour les dissolutions les plus étendues de sesquioxyde de fer. Cette réaction caractérise si bien la présence du sesquioxyde de fer que, pour des quantités excessivement petites de sesquioxyde de fer dissous, lorsqu'on ne peut pas obtenir de précipité noir bien net de sulfure de fer au moyen du sulfure d'ammonium, le rhodanure de potassium donne encore une couleur rouge de sang; seulement elle est pâle. — Si on ajoute une petite quantité d'acide à l'état libre, dans la plupart des cas, la couleur rouge de sang n'est pas modifiée; une plus grande quantité d'acide rend la couleur plus claire. Une quantité suffisante d'acide nitrique fait disparaître totalement la coloration, mais seulement au bout de quelque temps; et elle ne reparaît pas si on ajoute de la dissolution de sesquioxyde de fer. Les acides oxalique, iodique, phosphorique et arsénique détruisent aussi la coloration rouge de sang; mais elle reparaît lorsqu'on ajoute de la dissolution de sesquioxyde de fer. L'ammoniaque décolore immédiatement la liqueur rouge, et il se précipite de l'hydrate de sesquioxyde de fer. Le sulfure d'ammonium détermine dans la liqueur rouge la formation d'un précipité noir de sulfure de fer. — Les dissolutions des sels de protoxyde de fer, lorsqu'elles sont entièrement pures de tout mélange de sesquioxyde, ne donnent pas de coloration rouge avec une dissolution de rhodanure de potassium. Mais, par le contact de l'air, la coloration se produit bientôt. La couleur rouge de la liqueur disparaît lorsqu'on lui ajoute un peu de limaille de fer et lorsqu'on laisse le contact se prolonger quelque temps. La couleur rouge disparaît aussi rapidement par l'action de la dissolution de chlorure d'étain et aussi par l'action de la dissolution d'hydrogène sulfuré; l'acide sulfureux ne la fait pas disparaître à froid; elle disparaît au contraire si on chauffe la liqueur.

Une dissolution aqueuse d'*acide sulfureux* réduit complétement, à chaud, en protoxyde le sesquioxyde de fer contenu dans une dissolution acide.

Le *sulfure d'ammonium* produit, dans les dissolutions neutres de sesquioxyde de fer, un précipité noir de sulfure de fer qui est insoluble dans un excès du précipitant : par le contact de l'air, le précipité s'oxyde et se colore en rouge-brun. Pour de très petites quantités de sesquioxyde de fer, le sulfure d'ammonium colore la liqueur en vert : et la petite quantité du sulfure de fer formé qui reste en suspension, ne se dépose que lentement. La production de la couleur verte par l'action du sulfure d'ammonium dans une dissolution qui contient de très petites traces de sesquioxyde de fer, caractérise bien mieux la présence du fer que le précipité de sesquioxyde de fer formé dans la dissolution par l'action de l'ammoniaque; car même lorsque cette dernière ne détermine pas de précipité, on peut, en ajoutant du sulfure d'ammonium, colorer la dissolution en vert.

La dissolution d'*hydrogène sulfuré* produit, dans les dissolutions neutres et acides de sesquioxyde de fer, un précipité blanc laiteux de soufre qui se sépare. Lorsqu'on a chassé l'excès d'hydrogène sulfuré, la liqueur contient du protoxyde de fer. Dans une dissolution neutre ou basique d'acétate de sesquioxyde de fer, l'hydrogène sulfuré donne un précipité noir de sulfure de fer ; cependant, si la dissolution contient de l'acide acétique libre, il se forme seulement un precipité blanc laiteux de soufre.

Les sels de sesquioxyde de fer solubles dans l'eau sont décomposés par la calcination au contact de l'air.

Les dissolutions des sels neutres de sesquioxyde de fer rougissent le papier de tournesol, même quand elles sont très basiques.

Les sels de sesquioxyde de fer, insolubles dans l'eau, se dissolvent dans l'acide chlorhydrique ou dans l'acide sulfurique étendu. Si on ajoute à la dissolution une dissolution de potasse ou de l'ammoniaque, et seulement un peu plus qu'il n'est nécessaire pour la saturation, la combinaison insoluble est précipitée avec sa couleur particulière qui, dans la plupart des cas, est blanche, comme pour le phosphate et l'arséniate de sesquioxyde de fer, par exemple. Mais plus on ajoute d'alcali et surtout de potasse, plus le précipité est rouge-brun. Ce précipité est coloré en noir par le sulfure d'ammonium et transformé en sulfure de fer.

Le sesquioxyde de fer ne décompose pas, même à chaud, la dissolution de chlorure d'ammonium et ne s'y dissout pas.

Chauffé avec l'acide phosphorique sirupeux, le sesquioxyde de fer s'y dissout et forme une masse incolore qui se dissout complétement dans l'eau.

Si on fond le sesquioxyde de fer avec le cyanure de potassium, le fer se réduit en formant une masse noire et spongieuse : si on traite par l'eau la masse fondue, et si on sépare la dissolution du fer métallique, elle ne contient pas de fer; mais si on laisse la dissolution longtemps en contact avec le fer réduit, il se forme une quantité considérable de ferrocyanure de potassium.

Au chalumeau, les sels de sesquioxyde de fer se comportent comme les sels de protoxyde.

Les sels de sesquioxyde de fer se distinguent très nettement des dissolutions des autres bases par leur manière de se comporter en présence de la dissolution d'hydrogène sulfuré, du sulfure d'ammonium, et d'une dissolution de ferrocyanure de potassium, et peuvent, par suite, être facilement reconnues.

Toutes les substances organiques non volatiles empêchent complétement la précipitation du sesquioxyde de fer par les alcalis, lorsqu'il n'y en a pas une trop faible quantité. Néanmoins, il peut encore se produire un précipité par l'action de la dissolution de ferrocyanure de potassium; lorsque la dissolution a été préalablement sursaturée par l'ammoniaque, sans que la liqueur soit troublée, le sulfure d'ammonium y forme un précipité noir de sulfure de fer.

Dans les liqueurs qui contiennent certaines substances organiques, comme par exemple le blanc d'œuf, le sulfure de fer précipité se sépare difficilement, et souvent même ne se sépare pas, mais reste longtemps en suspension et donne à la liqueur une coloration verte.

L'hydrate de sesquioxyde de fer est soluble dans l'acide acétique : la dissolution a une couleur rouge de sang intense qui est caractéristique; cette couleur est analogue à celle du sesquirhodanure de fer, mais n'est pas aussi forte. Cette même dissolution rouge de sang se forme, lorsqu'on mêle la dissolution d'un sel neutre de sesquioxyde de fer avec celle d'un acétate neutre. Les acides libres, à l'exception de l'acide acétique, détruisent la couleur rouge sang et font reparaître la couleur jaune de la dissolution de sesquioxyde de fer. Si on sature par l'ammoniaque ou par un alcali, la couleur rouge de sang reparaît; mais s'il y a un excès d'alcali, le sesquioxyde de fer est complétement précipité de la dissolution; la dissolution d'acétate de sesquioxyde de fer, si elle ne contient pas d'autres sels, peut être évaporée à siccité à une basse température; la masse évaporée se dissout dans l'eau avec une couleur rouge de sang.

La dissolution d'acétate de sesquioxyde de fer se distingue de celles de certains sels basiques de sesquioxyde de fer, en ce qu'elle n'est pas aussi facilement détruite par la chaleur; elle se distingue de la dissolution de sesquirhodanure de fer, en ce qu'elle disparait par l'action d'une quantité d'acide chlorhydrique bien plus faible que celle qui est nécessaire pour annuler la couleur du sesquirhodanure de fer.

L'acide formique et les formiates se comportent avec les dissolutions de sesquioxyde de fer entièrement de la même manière que l'acide acétique et les acétates. L'acide méconique se comporte avec les dissolutions de sesquioxyde de fer d'une manière analogue à celle de l'acide rhodanhydrique.

On rencontre très fréquemment dans la nature des *combinaisons de protoxyde de fer et de sesquioxyde de fer* que l'on connaît sous le nom de pierres d'aimant ($FeO + Fe^2O^3$). Il s'en forme aussi, lorsqu'on calcine le fer au contact de l'air battitures de fer). La pierre d'aimant est toujours de la même composition, tandis qu'il n'en est pas de même pour les battitures. — Toutes ces combinaisons sont de couleur noire et fortement magnétiques.

Pour y reconnaître la présence des deux oxydes, on les dissout dans l'acide chlorhydrique concentré en ayant soin d'opérer dans un flacon fermé, et l'on ajoute à une portion de la dissolution un excès d'une dissolution aqueuse saturée d'hydrogène sulfuré; s'il se forme un précipité blanc laiteux de soufre, cela indique la présence du sesquioxyde de fer. On étend d'eau l'autre portion de la dissolution et on lui ajoute une dissolution de ferrocyanide de potassium; s'il se produit un précipité bleu foncé, cela indique la présence du protoxyde de fer. La combinaison de protoxyde et de sesquioxyde de fer se dissout complétement, mais lentement, dans l'acide chlorhydrique. Si on lui ajoute, dans un flacon fermé, moins d'acide chlorhydrique qu'il n'en faut pour que la dissolution soit complète, le protoxyde se dissout et le sesquioxyde reste à l'état insoluble. L'ammoniaque et les carbonates alcalins précipitent les deux oxydes de leur dissolution à l'état d'hydrate de couleur brun-noirâtre : si cependant on opère avec précaution, et si l'on n'ajoute qu'une faible quantité du précipitant, de manière qu'il n'y en ait pas assez pour précipiter toute la combinaison des deux oxydes, et si l'on agite bien le tout, on obtient d'abord un précipité d'hydrate de sesquioxyde de fer d'une couleur rouge-brunâtre pure, mais qui devient brun-noirâtre lorsqu'on ajoute une plus forte quantité du précipitant. L'hydrate, formé par la combinaison des deux oxydes, est magnétique même à l'état humide et sous l'eau. A l'état humide, il s'oxyde et se transforme en sesquioxyde, mais bien plus lentement que l'hydrate de protoxyde de fer humide, parce qu'il se rassemble rapidement au fond sous forme de poudre lourde et se soustrait ainsi à l'influence de l'air atmosphérique ; tandis que l'hydrate de protoxyde, qui est un précipité volumineux, reste longtemps en suspension et peut par suite s'oxyder facilement. A l'état sec, il ne se modifie pas à l'air.

Acide ferrique, FeO^3.

L'acide ferrique, à cause de sa stabilité très faible, n'a pas encore été obtenu à l'état pur : on ne le connaît qu'en combinaison avec les bases, et particulièrement avec la potasse.

Les ferrates ont, à l'état solide, une couleur rouge-cerise qui est si intense pour le sel de potasse, qu'elle paraît presque noire, de la même manière que pour l'hypermanganate de potasse. Les dissolutions des ferrates, et spécialement du ferrate de potasse, sont aussi de couleur rouge foncé, comme les hypermanganates. Ces dissolutions sont d'une très grande instabilité : elles laissent déposer bientôt du sesquioxyde de fer en même temps qu'il se dégage de l'oxygène. La dissolution de ferrate de potasse ne peut rester longtemps sans se décomposer que lorsqu'elle est en contact avec un excès considérable d'hydrate de potasse libre, et lorsque la dissolution est aussi concentrée que possible. Si on étend la dissolution d'une dissolution saline quelconque, il se produit bientôt une séparation de sesquioxyde de fer. Si on l'etend d'eau, la couleur rouge de la dissolution de ferrate de potasse disparaît très rapidement; il se sépare du sesquioxyde de fer qui reste très longtemps en suspension et qui ne se dépose qu'au bout de quelque temps. La décomposition du ferrate de potasse a lieu bien plus lentement si on l'étend avec des dissolutions concentrées de chlorure de potassium, de sulfate de potasse et de soude, de carbonate neutre et de bicarbonate de potasse et de soude, de nitrate de potasse et de soude. La décomposition est un peu plus rapide avec une dissolution de chlorure de sodium qu'avec une dissolution de chlorure de potassium.

La dissolution de ferrate de potasse avec un excès de potasse, lorsqu'elle est très concentrée, peut être bouillie, sans perdre sa couleur. Mais lorsqu'elle a eté bouillie, le sesquioxyde de fer se sépare bien plus rapidement que lorsque la dissolution n'a pas été chauffée. Mais si on l'étend d'une quantité même très faible d'eau, elle est décomposée immédiatement par l'ébullition, et il s'en sépare du sesquioxyde de fer.

L'*ammoniaque*, aussi bien que les dissolutions de *chlorure d'ammonium* et des autres sels ammoniacaux, produit dans la dissolution de ferrate de potasse une décoloration instantanée et un dépôt de sesquioxyde de fer, le chlorure d'ammonium par l'action de l'ammoniaque qui a été rendue libre par la potasse en excès contenue dans la dissolution.

Si l'on sursature par un acide la dissolution de ferrate de potasse, l'acide ferrique se décompose immédiatement. Cette réaction a lieu même par l'action des acides qui ne détruisent pas la couleur rouge de l'hypermanganate de potasse, comme l'acide nitrique, l'acide sulfurique, etc. page 82 .

Lorsqu'on fait passer un courant de *gaz sulfureux* dans une dissolution de ferrate de potasse, l'acide ferrique est immédiatement réduit et transformé en sesquioxyde de fer.

Lorsqu'on fait passer un courant de *gaz hydrogène sulfuré* dans une dissolution concentrée de ferrate de potasse contenant un excès de potasse, on obtient une masse noire qui, vraisemblablement, est un sulfosel formé par la combinaison du sulfide de fer avec le sulfure de potassium. Si l'on en étend une petite quantité d'une grande quantité d'eau, on obtient une liqueur colorée en vert foncé qui paraît encore plus nettement verte lorsqu'on l'étend beaucoup. Cette dissolution verte peut se conserver très longtemps, même au contact de l'air, sans se décomposer. Quand la dissolution verte est concentrée, elle est décomposée par une ébullition longtemps soutenue et laisse déposer du sulfure de fer. Si au contraire elle est étendue, sa couleur verte ne se modifie pas par l'ébullition; la couleur verte se transforme bien d'abord en une couleur brune; mais lorsque la dissolution est complétement refroidie, elle redevient verte comme auparavant.

De tous les ferrates, le ferrate de baryte est bien le plus stable ; il forme une poudre de couleur rouge-cerise, qui est complétement insoluble dans l'eau. On peut le laver, le dessécher et, lorsqu'il est sec, le chauffer jusqu'à 140 degrés et même plus haut sans le décomposer. Il ne se décompose que lorsqu'on le chauffe jusqu'à 200 degrés, et encore sa décomposition est lente ; il se transforme alors en sesquioxyde de fer et en baryte qui passe, la plupart du temps, à l'état de carbonate de baryte. Si on le fait bouillir à l'état humide avec de l'eau, il ne se modifie pas ; si on le traite à la température ordinaire par une dissolution de carbonate de potasse, il ne se modifie pas; ce n'est qu'après plusieurs jours que la dissolution devient rouge et qu'il se forme du carbonate de baryte sur lequel il se produit un dépôt de sesquioxyde de fer du genre de l'ocre, ce qui décolore la liqueur. Si on fait bouillir pendant longtemps, cela n'accélère que très peu la dissolution. Les dissolutions de bicarbonate de potasse et de soude ne determinent la décomposition qu'après un espace de temps incomparablement plus long : à la température ordinaire, on peut conserver le tout pendant plusieurs semaines sans qu'il y ait décomposition. Une dissolution de sulfate de potasse a encore moins d'action qu'une dissolution de carbonate alcalin ; la décomposition n'est du reste que faiblement accélérée par la chaleur et n'a lieu qu'au bout de quelque temps; dans le dernier cas, elle n'est que partielle. Une dissolution de phosphate de soude est, même au bout de quelque temps et à chaud, sans action sur le ferrate de baryte : il en est de même des dissolutions des chlorures alcalins et du chlorure d'ammonium. L'acide chlorhydrique le décompose rapidement avec dégagement de chlore gazeux. La dissolution contient du chlorure de baryum et du sesquichlorure de fer. L'acide nitrique étendu décolore assez vite le ferrate de baryte et le dissout; l'acide phosphorique concentré agit lentement ; l'acide sulfurique étendu est bien moins actif : il n'a pas d'action notable, même à chaud, sur le ferrate de baryte, et ce n'est qu'avec une lenteur extraordinaire qu'il le transforme en sulfate de baryte qui conserve pendant longtemps, avec persistance, une coloration rouge-cerise.

Le ferrate de baryte, même à l'état humide, n'est pas soluble dans l'acide acétique même concentré. Cet acide ne le modifie d'aucune manière, même à chaud, et peut par conséquent être employé pour purifier le ferrate de baryte de l'hydrate et du carbonate de baryte.

La plupart des substances organiques décomposent l'acide ferrique contenu dans la dissolution de ferrate de potasse. Les dissolutions des sels formés par les acides organiques agissent d'une manière variable : quelques-unes, comme les dissolutions des tartrates, des paratrates et des malates alcalins, décomposent l'acide ferrique très rapidement ; cependant il ne se dépose pas de sesquioxyde de fer parce qu'il reste dissous ; d'autres dissolutions, comme celles des citrates, des oxalates, des acétates, des succinates, des benzoates et même des formiates alcalins, ne déterminent que peu à peu la décomposition de l'acide ferrique, et il se dépose du sesquioxyde de fer. Le sucre et le blanc d'œuf déterminent une décomposition rapide, mais sans qu'il se dépose du sesquioxyde de fer ; avec l'alcool, la décomposition est aussi rapide, mais il se dépose du sesquioxyde de fer.

XXI. — ZINC, Zn.

La couleur du zinc est blanche avec une pointe de bleuâtre : il a l'éclat fortement métallique. Le zinc se présente sous la forme de grenailles, lorsqu'on le chauffe graduellement jusqu'à la température où il fond sans la dépasser et lorsqu'on le verse ensuite ; si le métal a été chauffé presque jusqu'au rouge avant d'être versé, il prend la forme de grandes feuilles. Il importe peu ici que le métal ait été refroidi lentement ou le plus rapidement possible. Il est un peu flexible et peut même s'étendre en tables, surtout lorsqu'il est très pur ; le zinc impur qui se trouve ordinairement dans le commerce, ne peut se ployer et s'étendre qu'à une plus haute température, qui cependant ne dépasse que peu le point d'ébullition de l'eau. En général, le zinc chauffé très fortement est plus cassant lorsqu'il a été versé que le zinc qui n'a été chauffé graduellement que jusqu'à sa température de fusion. A une température encore plus élevée et aussi à froid, le zinc est cassant. Le zinc fond à une température de 365 degrés : au rouge blanc, il entre en ébullition et peut alors être distillé. A l'air sec, le zinc ne se modifie pas. En contact avec l'eau et l'air atmosphérique qui contient de l'acide carbonique, le zinc produit d'abord de l'hydrate d'oxyde de zinc : ce dernier absorbe l'acide carbonique et forme une combinaison d'hydrate d'oxyde de zinc et de carbonate de zinc. En contact avec l'eau qui ne contient pas d'air, le zinc se conserve très longtemps avec son aspect métallique. Lorsqu'on porte le zinc fondu à une haute température en contact avec l'air, il brûle avec une flamme bleu-verdâtre très vive, s'oxyde fortement à la surface et développe, surtout lorsqu'on l'agite, un nuage d'oxyde de zinc provenant de l'oxydation à l'air des vapeurs du zinc métallique. Si l'on chauffe au chalumeau sur le charbon du zinc métallique, il s'enflamme à une haute température et brûle avec une flamme vert clair et un nuage intense : en même temps il se dépose de l'oxyde de zinc sur le charbon. Le poids spécifique du zinc, porté graduellement jusqu'à son point de fusion et refroidi rapidement ou lentement, est de 7,12 et 7,145 ; celui qui a été chauffé jusqu'au rouge et solidifié rapidement ou lentement est de 7,11 et de 7,12. Bolley.)

Le zinc qui se trouve dans le commerce, se dissout dans l'acide chlorhydrique même à la température ordinaire, avec un abondant dégagement d'hydrogène. Il se dissout aussi très bien dans l'acide nitrique, lorsqu'il est très étendu, avec dégagement de protoxyde de nitrogène, et lorsqu'il est plus concentré, avec dégagement de bioxyde de nitrogène. Le zinc se dissout bien à froid dans l'acide sulfurique étendu avec dégagement de gaz hydrogène. Il en est de même de presque tous les autres acides, même organiques, solubles dans l'eau, lorsqu'ils ne sont pas très étendus. Les dissolutions contiennent de l'oxyde de zinc combiné avec l'acide employé à la dissolution. Il n'y a qu'une dissolution d'acide sulfureux dans l'eau qui dissolve le zinc sans déterminer de dégagement de gaz; il se forme de l'hyposulfite et du sulfite de zinc.

Les dissolutions d'hydrate de potasse et d'ammoniaque dissolvent le zinc lentement et avec dégagement d'hydrogène; les dissolutions contiennent de l'oxyde de zinc.

Le zinc distillé est dissous par tous les dissolvants plus difficilement que le zinc impur qui se trouve dans le commerce. Le zinc qui n'a été porté graduellement que jusqu'à sa température de fusion, et qui a été refroidi rapidement, se dissout plus lentement dans l'acide sulfurique que le zinc élevé à la même température et refroidi plus lentement. Mais si l'on porte le zinc jusqu'au rouge, et si l'on refroidit rapidement, il se dissout bien plus vite; mais le zinc est le plus soluble lorsqu'on le chauffe à la même température et lorsqu'on le refroidit lentement. (Bolley.)

La dissolution du zinc dans les acides est fortement accélérée, lorsqu'on ajoute une quantité même extraordinairement faible de certains sels métalliques. Le meilleur moyen d'accélérer la dissolution est d'ajouter à l'acide destiné à dissoudre le zinc quelques gouttes d'une dissolution de chlorure de platine. Quelques gouttes d'une dissolution d'acide arsénieux, de sulfate de cuivre, ou même d'émétique, accélèrent beaucoup la dissolution du zinc : il en est de même des dissolutions d'oxyde d'argent, de cobalt, de nickel, d'étain, de plomb, de cadmium et de bismuth. Quelques gouttes d'une dissolution de bichlorure de mercure ajouté à l'acide sulfurique étendu retardent beaucoup la dissolution du zinc; mais si on l'ajoute à l'acide acétique, il n'a aucune action retardatrice.

Dans une atmosphère de chlore gazeux, le zinc se transforme à chaud en bichlorure de zinc qui est volatil à une température assez élevée.

Au rouge, le zinc décompose très bien l'eau avec dégagement d'hydrogène et il se forme de l'oxyde de zinc cristallisé très brillant.

Le zinc précipite la plupart des métaux à l'état métallique de leurs dissolutions : quelques-uns aussi à l'état d'oxyde.

Oxyde de zinc, ZnO.

A l'état pur, l'oxyde de zinc est blanc : à chaud, il se colore en jaune-citron, et redevient blanc par le refroidissement. Cependant l'oxyde de zinc pur a souvent même, après le refroidissement, une couleur jaune pâle, surtout lorsqu'il a été fortement calciné; mais, dans beaucoup de cas, la couleur jaunâtre provient de la présence d'une certaine quantité de sesquioxyde de fer ou d'autres oxydes étrangers. — Il n'est pas volatil à chaud et se dissout bien dans les acides, même après une forte calcination. Le gaz hydrogène ne réduit pas l'oxyde de zinc à une température à laquelle le verre ne fond pas; mais si on le chauffe dans un tube de porcelaine blanche, pendant qu'on y fait passer un courant très rapide de gaz, la réduction de l'oxyde a lieu. Deville.) Les sels de zinc sont complétement incolores : il en est de même de leurs dissolutions.

Une dissolution d'*hydrate de potasse* produit dans les dissolutions des sels de zinc un précipité blanc gélatineux d'hydrate d'oxyde de zinc, qui se dissout à la température ordinaire dans un excès du précipitant. Si on fait bouillir la dissolution pendant longtemps, l'oxyde de zinc en est presque complétement précipité, surtout lorsqu'on a étendu d'eau. Si l'on verse à froid une dissolution de potasse sur l'oxyde de zinc précipité, il se redissout peu à peu. — Une dissolution de chlorure d'ammonium ne produit pas de précipité dans la dissolution de l'oxyde de zinc dans la potasse. — Dans une dissolution acide, l'oxyde de zinc est aussi précipité par la dissolution de potasse; mais il se redissout dans un excès de dissolution de potasse.

L'*ammoniaque* produit aussi dans les dissolutions de zinc un volumineux précipité d'hydrate d'oxyde de zinc qui se dissout très bien dans un excès d'ammoniaque. Si on fait bouillir pendant longtemps cette dissolution, surtout si elle est étendue d'eau, l'oxyde de zinc en est complétement précipité. Si l'on verse à froid de l'ammoniaque sur l'oxyde précipité, il se redissout peu à peu complétement. — Si la dissolution de zinc est très acide, l'ammoniaque n'y produit pas de précipité.

Une dissolution de *carbonate neutre de potasse* ou *de soude* produit dans les dissolutions de zinc un précipité blanc de carbonate et d'hydrate de zinc qui ne disparaît pas dans un excès du réactif employé à opérer la précipitation, mais qui se dissout dans une dissolution d'hydrate de potasse ou dans l'ammoniaque; si la dissolution contient une très grande quantité de chlorure d'ammonium, la dissolution de carbonate alcalin ne forme pas de précipité, même à froid; mais il se forme un précipité par une longue ébullition.

Une dissolution de *bicarbonate de potasse* détermine un dégagement d'acide carbonique et produit un précipité blanc de carbonate neutre de zinc hydraté. — Mais, avec le *bicarbonate de soude,* le précipité n'est formé que par des combinaisons de carbonate de zinc avec l'hydrate d'oxyde de zinc.

Une dissolution de *cyanure de potassium* forme dans les dissolutions de zinc un précipité blanc de cyanure de zinc qui se dissout complétement dans un excès de cyanure de potassium. Cette dissolution laisse déposer avec le temps des cristaux de cyanure double de zinc et de potassium. Ni l'hydrogène sulfuré, ni le sulfure d'ammonium n'y produisent de précipité de sulfure de zinc; mais au bout de quelque temps, la formation du précipité commence peu à peu, et, au bout de vingt-quatre heures, tout le zinc est précipité à l'état de sulfure de zinc. Le dépôt de sulfure de zinc se produit encore plus lentement lorsqu'on ajoute à la dissolution beaucoup d'ammoniaque ou d'hydrate de potasse ou un grand excès de cyanure de potassium.

Une dissolution de *carbonate d'ammoniaque* produit un précipité blanc qui se dissout dans un excès de carbonate d'ammoniaque. Si on fait bouillir, il se produit un précipité de carbonate de zinc dans la dissolution, surtout lorsqu'elle a été étendue d'eau.

Une dissolution de *phosphate de soude* donne dans les dissolutions neutres de zinc un précipité blanc de phosphate de zinc, qui se dissout dans les acides aussi bien que dans l'hydrate de potasse et dans l'ammoniaque. Si l'on ajoute à une dissolution de zinc une dissolution de chlorure d'ammonium et ensuite de l'ammoniaque, il ne se produit pas de précipité par l'action d'une dissolution de phosphate de soude. Cette réaction distingue les dissolutions de zinc de celles de magnésie. — Le précipité de phosphate de zinc se dissout bien dans un excès de la dissolution de zinc. La chaleur trouble bien la dissolution, mais ce n'est pas d'une manière notable ; le trouble ne disparaît pas complétement par le refroidissement.

Une dissolution d'*acide oxalique* produit dans les dissolutions neutres de zinc un précipité blanc d'oxalate de zinc, qui devient plus considérable par le temps. Dans les dissolutions très étendues, ce réactif ne forme pas immédiatement de précipité; mais la liqueur se trouble d'une manière manifeste au bout de quelque temps. Une dissolution de bioxalate de potasse forme aussi un précipité. Le précipité produit par l'acide oxalique dans les dissolutions de zinc est soluble dans la potasse et l'ammoniaque aussi bien que dans l'acide chlorhydrique et les autres acides. La présence du chlorure d'ammonium n'empêche pas d'une manière sensible la formation du précipité.

Le *carbonate de baryte* ne précipite pas immédiatement à froid l'oxyde de zinc de ses dissolutions; mais, par une ébullition soutenue avec un excès de carbonate de baryte, l'oxyde de zinc peut être complétement précipité.

Une dissolution de *ferrocyanure de potassium* produit dans les dissolutions de zinc un précipité blanc gélatineux qui ne se dissout pas dans l'acide chlorhydrique libre. Si la dissolution est acide, le précipité paraît souvent bleuâtre par suite de la décomposition de l'excès de réactif, et, à chaud, il paraît souvent fortement coloré en bleu.

Une dissolution de *ferrocyanide de potassium* produit dans les dissolutions de zinc un précipité jaune-rougeâtre, qui se dissout dans l'acide chlorhydrique libre.

L'*infusion de noix de galles* ne produit pas de précipité dans les dissolutions neutres de zinc. — Si la dissolution contient des traces de sesquioxyde de fer, il se forme immédiatement, au moyen de l'infusion de noix de galles, un trouble bleu-noirâtre. Si la dissolution contient des traces de protoxyde de fer, comme cela est souvent le cas pour les sels de zinc cristallisés, l'infusion de noix de galles n'y forme pas immédiatement de précipité; au bout de peu de temps, il se forme cependant, par l'influence de l'air, un trouble bleu-noirâtre.

Le *sulfure d'ammonium* donne dans les dissolutions neutres de zinc un précipité blanc de sulfure de zinc, qui est insoluble dans un excès de sulfure d'ammonium, aussi bien que dans les dissolutions des alcalis purs et carbonatés. Si la dissolution contient même seulement une trace de sesquioxyde ou de protoxyde de fer, la couleur du précipité est grisâtre, et noire pour une quantité un peu plus grande de fer.

La dissolution d'*hydrogène sulfuré* produit dans les dissolutions neutres de zinc un précipité blanc de sulfure de zinc; cependant tout l'oxyde de zinc n'est pas précipité à l'état de sulfure de zinc au moyen de ce réactif, si l'acide du sel de zinc appartient aux acides forts. Dans les dissolutions acides de zinc, il ne se forme pas de précipité, si l'acide employé n'appartient pas aux acides faibles. Non-seulement dans une dissolution neutre d'acétate de zinc, mais aussi dans une dissolution d'acétate de zinc à laquelle on a ajouté un fort excès d'acide acétique libre, l'oxyde de zinc est complétement précipité à l'état de sulfure de zinc au moyen de l'hydrogène sulfuré; si cependant il y a seulement une petite quantité d'un acide inorganique fort dans la dissolution, la séparation de l'oxyde de zinc à l'état de sulfure de zinc n'est pas complète.

Tous les sels de zinc solubles dans l'eau sont décomposés par la calcination au contact de l'air, et alors ils ne se dissolvent plus dans l'eau; cependant le sulfate de zinc n'est que partiellement décomposé, même par une très forte calcination. — Le chlorure de zinc est volatil au rouge. — Les combinaisons de carbonate de zinc avec l'hydrate de zinc perdent même à 100 degrés un peu d'acide carbonique et d'eau; chauffés jusqu'à 150 degrés, elles ne se modifient pas d'une manière importante; ce n'est qu'à 200 degrés qu'elles perdent tout leur acide carbonique et toute leur eau. Le carbonate neutre de zinc hydraté, préparé artificiellement et chauffé jusqu'à 200 degrés, ne perd qu'une grande partie, mais non la totalité de son eau. Le carbonate neutre de zinc anhydre (*zink-spath*) ne perd pas encore d'acide carbonique à 200 degrés. Ce n'est qu'à 300 degrés que l'acide carbonique est chassé peu à peu et lentement.

Les dissolutions des sels neutres de zinc rougissent le papier de tournesol.

L'oxyde de zinc calciné se dissout bien à chaud dans une dissolution de chlorure d'ammonium; il se produit en même temps un abondant dégagement d'ammoniaque. La même chose se présente pour le carbonate de zinc et pour la combinaison de carbonate de zinc avec l'hydrate de zinc.

Les sels de zinc, insolubles dans l'eau, se dissolvent dans les acides, comme dans l'acide sulfurique étendu ou dans l'acide chlorhydrique, par exemple. Si on sature la dissolution acide par l'ammoniaque ou la potasse, la dissolution insoluble de zinc est bien précipitée ; mais elle se redissout ordinairement dans un excès du précipitant. Dans une dissolution alcaline de cette espèce, tout l'oxyde de zinc est précipité par le sulfure d'ammonium à l'état de sulfure de zinc blanc. Par ce moyen, on peut s'assurer avec beaucoup de certitude de la présence de l'oxyde de zinc dans les combinaisons de zinc insolubles dans l'eau ; car un précipité blanc, qui est précipité d'une liqueur claire, fortement alcaline, au moyen du sulfure d'ammonium, ne peut être formé que de sulfure de zinc.

Si on calcine l'oxyde de zinc ou un sel de zinc avec un excès de carbonate de potasse ou de soude, et si on traite par l'eau la masse fondue, il ne se dissout pas d'oxyde de zinc.

Lorsqu'on chauffe fortement l'oxyde de zinc avec l'acide phosphorique sirupeux, on obtient une masse incolore qui se dissout facilement et complétement dans l'eau. On reconnaît dans cette dissolution la présence de l'oxyde de zinc comme dans les autres. L'hydrate de potasse y produit un précipité blanc volumineux qui est soluble dans un excès du précipitant. Si l'on étend d'eau cette dissolution et si on la fait bouillir, il se reproduit un précipité. L'ammoniaque y produit aussi un précipité qui est soluble dans un excès d'ammoniaque. Le sulfure d'ammonium forme dans cette dissolution un précipité de sulfure de zinc.

Quand on chauffe l'oxyde de zinc avec du cyanure de potassium, le zinc n'est pas réduit.

Au chalumeau, les sels de zinc se laissent surtout découvrir en ce que, mélangés avec la soude sur le charbon et chauffés à la flamme intérieure du chalumeau, ils recouvrent le charbon d'une poussière blanche d'oxyde de zinc. Même sans être mélangé avec la soude, l'oxyde de zinc disparaît peu à peu sur le charbon à la flamme intérieure du chalumeau, et il se dépose tout autour sur le charbon une poussière blanche. Le dépôt est jaunâtre tant qu'il est chaud ; mais il redevient complétement blanc par le refroidissement. Lorsqu'on dirige sur ce dépôt l'extrémité de la flamme extérieure, il persiste ; mais lorsqu'on dirige sur lui la flamme intérieure, il disparaît pleinement à la place où il était en contact avec la flamme du chalumeau. Le motif de ces phénomènes est le suivant : l'oxyde de zinc est réduit à l'état métallique par l'action de la flamme intérieure ; le zinc métallique qui se produit, se volatilise immédiatement et ne peut par conséquent pas être reconnu pour tel, mais la vapeur de zinc s'oxyde. L'oxyde de zinc formé se précipite sur le charbon à l'état de dépôt blanc. — Le sulfure de zinc précipité par le sulfure d'ammonium, et même celui qui se trouve dans la nature à l'état de blende, mélangés avec la soude et traités par la flamme intérieure, donnent le même dépôt de zinc. — S'il y a de petites quantités d'oxyde de zinc contenues dans de très grandes quantités de sesquioxyde de fer, on ne peut pas reconnaître la présence du premier au chalumeau de cette manière, ou bien ce n'est que d'une manière très incertaine.

L'oxyde de zinc se dissout bien dans le borax par l'action de la flamme extérieure et donne une perle claire, incolore, qui devient opaline comme l'émail, lorsqu'on ajoute un très grand excès d'oxyde de zinc et qui devient d'elle-même comme l'émail pendant le refroidissement lorsqu'on en ajoute encore une plus grande quantité. Si l'on en a ajouté une quantité qui ne soit pas trop faible, la perle paraît à chaud faiblement jaune; mais par le refroidissement, elle redevient incolore.—L'oxyde de zinc est reduit peu à peu sur le charbon par l'action de la flamme intérieure, le métal se volatilise et le charbon se recouvre d'un dépôt d'oxyde de zinc. Sur le fil de platine, la perle saturée n'est pas claire et est grisâtre au commencement de l'action du chalumeau; mais si on prolonge l'action, elle redevient claire.

L'oxyde de zinc se comporte avec le sel de phosphore d'une manière analogue à sa manière de se comporter avec le borax.

Lorsqu'on humecte l'oxyde de zinc avec une dissolution de nitrate de cobalt et qu'on le chauffe à la flamme extérieure, il prend une belle couleur verte qui cependant ne peut être observée avec exactitude qu'après un refroidissement complet. La même chose se présente lorsqu'on traite de la même manière la poussière d'oxyde de zinc obtenue sur le charbon; cependant il faut employer la dissolution de cobalt à l'état étendu, et on doit se garder en calcinant de souffler trop fortement, parce que le dépôt se détacherait du charbon et pourrait être entraîné mécaniquement. On peut cependant l'empêcher en humectant avec la dissolution de cobalt la place du charbon où l'oxyde de zinc doit se déposer, avant de traiter la substance par le chalumeau. Une seule goutte de la dissolution que l'on étend avec le doigt, est suffisante pour retrouver une quantité tout à fait faible de zinc. Comme il est nécessaire, pour une faible proportion de zinc, de soumettre la substance pendant longtemps à l'action de la flamme du chalumeau, la place humectée avec la dissolution de cobalt rougit d'elle-même. Si l'essai contient, outre le zinc, du plomb ou du bismuth, ces oxydes se volatilisent généralement avec l'oxyde de zinc; mais ils sont réduits par le charbon rouge et se volatilisent; l'oxyde de zinc reste avec la couleur verte. — La substance que l'on essaye de cette manière pour y rechercher le zinc, ne doit cependant contenir ni étain, ni antimoine, parce que les oxydes de ces métaux, calcinés avec la dissolution de cobalt, sont aussi colorés en vert, bien que la nuance de la couleur ne soit pas la même Plattner .

Les sels de zinc en dissolution se distinguent des sels alcalins par leur manière de se comporter avec le carbonate de potasse; ils se distinguent des sels terreux en ce que le sulfure d'ammonium produit un précipité blanc dans les dissolutions des sels de zinc dans la potasse et dans l'ammoniaque, ce qui n'est pas le cas même pour les dissolutions d'alumine dans la potasse.

Si une dissolution d'oxyde de zinc contient des substances organiques non volatiles et si l'on veut y retrouver l'oxyde de zinc, on sursature la dissolution par l'ammoniaque, et on filtre si l'ammoniaque y a formé un précipité. On ajoute ensuite à la dissolution du sulfure d'ammonium qui précipite l'oxyde de zinc à l'état de sulfure de zinc; on essaye ensuite le précipité au chalumeau, surtout s'il n'est pas blanc, et s'il paraît gris ou noir par suite de la précipitation simultanée d'un peu de sulfure de fer. Dans les substances organiques solides ou demi-solides, il est souvent très difficile de reconnaître une petite quantité d'oxyde de zinc. Il faut alors faire digérer la substance avec l'acide nitrique étendu ou l'acide chlorhydrique et le chlorate de potasse, et ensuite on filtre. La dissolution filtrée est alors traitée par l'ammoniaque et le sulfure d'ammonium, comme il a été indiqué précédemment. — On peut encore commencer par calciner la substance organique; cependant, on ne doit employer pour cela qu'une faible chaleur, afin de ne pas réduire l'oxyde de zinc contenu dans la substance à l'état de zinc métallique et de ne pas le volatiliser à cet état. On fait alors digérer la masse calcinée avec l'acide nitrique, et l'on essaye la dissolution de la manière indiquée précédemment.

La présence de substances organiques non volatiles, comme l'acide tartrique, empêche la précipitation de l'oxyde de zinc de ses dissolutions au moyen des alcalis bien moins que celle de la plupart des autres oxydes.

XXII. — COBALT, Co.

Le cobalt à l'état métallique a une couleur grise; lorsqu'il est à l'état de poudre fine, état dans lequel on l'obtient fréquemment, il se présente sous la forme d'une poudre gris-noirâtre. Il est malléable; cependant, s'il contient du charbon ou de l'arsenic, il est cassant. Il fond un peu plus difficilement que le fer. Il se distingue de la plupart des métaux en ce qu'il est attiré par l'aimant, cependant plus faiblement que le fer et le nickel, et en ce qu'il conserve la propriété magnétique qu'il a acquise. Le cobalt reste sans modification en présence de l'air à la température ordinaire. Il s'oxyde par la calcination à l'air. Si le cobalt métallique a été obtenu à l'état pulvérulent par la réduction de son oxyde au moyen du gaz hydrogène, il est souvent pyrophorique et devient incandescent par le contact de l'air, surtout lorsqu'on n'a pas employé pour la réduction une forte température. — Le poids spécifique du cobalt est de 8,5 à 8,7. Le cobalt est dissous lentement par l'acide chlorhydrique; il se dissout plus facilement lorsqu'il est en poudre. Cette dissolution est accompagnée d'un dégagement d'hydrogène. Cette dissolution est accélérée par la concentration de l'acide et par l'application de la chaleur. L'acide nitrique dissout le cobalt avec dégagement de bioxyde de nitrogène. L'acide sulfurique étendu dissout le cobalt à chaud avec dégagement d'hydrogène; l'acide sulfurique concentré le dissout aussi avec dégagement d'acide sulfureux. Les dissolutions du cobalt dans les acides et dans l'eau régale contiennent de l'oxyde de cobalt ou le chlorure qui lui correspond. Elles sont rouges; cependant, lorsqu'elles sont très concentrées et surtout lorsqu'elles contiennent un acide libre, elles sont bleues. Si l'on fait passer à chaud du chlore gazeux sur le cobalt réduit en poudre fine, il se produit un phénomène de lumière, et le cobalt se transforme en écailles bleues cristallines de chlorure de cobalt.

Le cobalt décompose bien au rouge l'eau avec dégagement d'hydrogène, mais cependant moins facilement que le fer. Il se forme alors de l'oxyde de cobalt.

Oxyde de cobalt. CoO.

La couleur de l'oxyde de cobalt, qui ne contient pas de sesquioxyde et qui a été obtenu par la calcination de l'hydrate ou de carbonate hors du contact de l'air atmosphérique, est vert-olivâtre; l'hydrate d'oxyde de cobalt est rouge pâle. L'oxyde de cobalt est réduit facilement à l'état métallique par l'hydrogène à une haute température. Il se dissout dans les acides. Comme il contient souvent du sesquioxyde, il se produit fréquemment une odeur de chlore lorsqu'on le dissout dans l'acide chlorhydrique. Les sels de cobalt sont la plupart du temps rouges lorsqu'ils contiennent de l'eau de cristallisation; à l'état anhydre, ils sont ordinairement lilas ou bleus; en particulier, le chlorure de cobalt est bleu. Leurs dissolutions sont rouges; si cependant elles sont concentrées et si on leur ajoute de l'acide chlorhydrique, elles deviennent bleues; mais, si on les étend d'eau, elles redeviennent rouges. Une dissolution de cette espèce, devenue rouge parce qu'on l'a étendue d'eau, peut devenir bleue ou violette lorsqu'on la chauffe; par le refroidissement, elle redevient rouge. Une dissolution de sulfate de cobalt qui est devenue bleue par l'addition de l'acide chlorhydrique, devient verte par évaporation; mais, après la volatilisation de l'acide chlorhydrique, elle redevient rouge. Dans les sels de cobalt solides et aussi dans leurs dissolutions, l'oxyde de cobalt ne passe pas à un degré supérieur d'oxydation par le contact de l'air.

Une dissolution d'*hydrate de potasse* produit dans les dissolutions des sels de cobalt un précipité bleu qui devient vert ou bleu-grisâtre sale au contact de l'air, tandis qu'une partie de l'oxyde se transforme en sesquioxyde. A l'abri de l'air, le précipité bleu, qui est une combinaison basique, devient de lui-même d'un rouge sale et se transforme en hydrate d'oxyde. Cela a lieu surtout à chaud, même lorsqu'on n'a pas pu éviter complétement le contact de l'air. Le précipité rouge pâle ne se modifie pas d'une manière notable à l'air. Si on laisse pendant quelque temps le précipité bleu en contact avec la liqueur, il devient aussi d'un rouge pâle, même à froid. Recueilli sur un filtre, le précipité bleu devient bientôt vert.

L'hydrate d'oxyde de cobalt est complétement insoluble dans un excès d'une dissolution de potasse. — Si une dissolution de chlorure de cobalt contient un peu de sesquichlorure, le précipité produit par la dissolution d'hydrate de potasse n'est pas rouge-rosé sale, même à chaud ; mais il est d'une couleur foncée.

Une petite quantité d'*ammoniaque* produit dans une dissolution de cobalt un précipité bleu qui est une combinaison basique. A l'abri de l'air, cette combinaison se transforme en hydrate d'oxyde de cobalt par une longue digestion avec l'ammoniaque et devient rouge-rose. Cette transformation exige bien plus de temps qu'il n'est nécessaire pour le précipité formé par l'hydrate de potasse. Au contact de l'air, elle devient verte. Si l'on ajoute encore plus d'ammoniaque, le précipité se dissout et forme une liqueur rouge-brunâtre. Cette dissolution devient toujours plus foncée à la surface par le contact de l'air; elle absorbe l'oxygène et devient brun-rouge et se recouvre, lorsqu'elle est concentrée, d'une pellicule brune de la combinaison appelée oxycobaltiaque (Frémy), qui contient l'oxyde CoO^2. Par l'action de l'eau froide, mais plus rapidement par l'action de l'eau bouillante, il se dégage de l'oxygène, et il se sépare alors un sel jaune (sel de lutéocobaltiaque) dont la dissolution n'est pas précipitée à la température ordinaire par l'hydrate de potasse; si l'on fait bouillir cette dissolution, il s'en dégage de l'ammoniaque et il se précipite du sesquioxyde de cobalt Co^2O^3. Lorsqu'on traite la dissolution par le sulfure d'ammonium, il se précipite du sulfure de cobalt. — Si l'on ajoute un acide à une dissolution ammoniacale d'oxyde de cobalt qui a été exposée pendant plusieurs jours à l'air, il se forme des sels de roséocobaltiaque (Frémy). Si la dissolution contient du chlorure d'ammonium et si on la sursature par l'acide chlorhydrique, il se forme du chlorhydrate de roséocobaltiaque qu'on peut séparer au moyen de l'acide chlorhydrique de toutes les autres dissolutions ammoniacales oxydées du cobalt. Le chlorhydrate de roséocobaltiaque est rouge-violet, insoluble dans l'acide chlorhydrique et dans l'eau contenant du chlorure d'ammonium.

Une dissolution de *carbonate neutre de potasse* ou *de soude* produit dans les dissolutions d'oxyde de cobalt un précipité rose-rouge formé par une combinaison de carbonate de cobalt avec l'hydrate de cobalt. Ce précipité n'a pas de tendance vers la couleur rouge de chair comme celui formé par l'hydrate de potasse. Si on fait bouillir, il se dégage de l'acide carbonique et la couleur devient violette ou bleue; dans le dernier cas, c'est qu'il y avait du carbonate de potasse en excès. La couleur du précipité passe au vert lorsqu'on la fait bouillir pendant quelque temps au contact de l'air. Plus la dissolution de cobalt est étendue et plus on la fait chauffer, moins le précipité contient d'acide carbonique.

Une dissolution de *bicarbonate de potasse* produit dans les dissolutions neutres d'oxyde de cobalt un dégagement d'acide carbonique, en même temps qu'il se forme un précipité rose-rouge; la liqueur reste rougeâtre et ne se décolore qu'après un temps très long. Au bout de quelque temps, le précipité se transforme en un agrégat de petits cristaux de couleur rose-rouge qui sont formés d'une combinaison de carbonate neutre de cobalt avec le bicarbonate de potasse et l'eau. Souvent aussi il se forme, au bout de quelque temps, un précipité compacte qui n'a pas la structure cristalline et qui est formé d'une combinaison de carbonate neutre de cobalt avec une quantité très faible d'hydrate de cobalt. — Le *bicarbonate de soude* précipite cette dernière combinaison d'une dissolution neutre de cobalt.

Une dissolution de *cyanure de potassium* produit dans les dissolutions d'oxyde de cobalt un précipité rouge-brun qui se dissout complétement dans un excès du précipitant. La dissolution a une couleur vert d'herbe qui devient brun pâle avec le temps. L'acide chlorhydrique y produit un précipité blanc-rougeâtre qui est soluble dans une dissolution d'hydrate de potasse. Le sulfure d'ammonium ne produit pas dans cette dissolution un précipité de sulfure de cobalt, même au bout de quelque temps.

Une dissolution de *carbonate d'ammoniaque* donne, dans les dissolutions neutres d'oxyde de cobalt, un précipité rouge de carbonate de cobalt, qui est soluble dans un excès du précipitant et dans une dissolution de chlorure d'ammonium. La dissolution a une couleur rouge et ne devient pas brune par le contact de l'air; elle ne fait que rougir un peu à la surface, et encore au bout d'un temps assez long. Si une dissolution de cobalt contient du chlorure d'ammonium, le carbonate d'ammoniaque n'y produit pas de précipité.

Une dissolution de *phosphate de soude* donne dans les dissolutions neutres de cobalt un précipité bleu de phosphate de cobalt, qui est soluble dans un excès de la dissolution d'oxyde de cobalt; la dissolution est rouge. Par l'ébullition, il se produit un précipité rouge qui se redissout complétement par le refroidissement.

Une dissolution d'*acide oxalique* ne produit pas immédiatement de trouble dans les dissolutions neutres d'oxyde de cobalt; mais, au bout de quelque temps, il se forme un précipité blanc d'oxalate de cobalt, qui n'a qu'une faible tendance vers le rouge; le précipité devient peu à peu toujours plus considérable, en sorte qu'au bout de quelque temps la liqueur qui le surnage est incolore et ne contient plus d'oxyde de cobalt en dissolution. — L'oxalate de cobalt se dissout dans l'ammoniaque; il est également soluble, cependant moins facilement et moins vite, dans une dissolution de carbonate d'ammoniaque. La dissolution ammoniacale, qui a une couleur rose-rouge, ne dépose qu'au bout d'un temps très long, par le contact de l'air, un précipité d'oxalate de cobalt.

Le *carbonate de baryte* ne précipite pas à la température ordinaire les dissolutions de cobalt; cependant, au bout d'un temps très long, la plus grande partie de l'oxyde de cobalt est précipitée d'une dissolution de sulfate de cobalt, en sorte que la dissolution est presque incolore. Il n'en est pas de même d'une dissolution de chlorure de cobalt; mais, si l'on fait bouillir pendant longtemps et d'une manière continue, tout l'oxyde de cobalt est précipité.

Lorsqu'on mélange l'*oxyde puce de plomb* avec une dissolution de sel de cobalt, le cobalt est presque complétement précipité à l'état de sesquioxyde au bout de quelque temps; la réaction est plus rapide à chaud.

Une dissolution de *ferrocyanure de potassium* produit dans les dissolutions de cobalt un précipité vert de ferrocyanure de cobalt, qui finit par devenir gris. Il est insoluble dans l'acide chlorhydrique.

Une dissolution de *ferrocyanide de potassium* forme dans les dissolutions de cobalt un précipité brun-rougeâtre foncé de ferrocyanide de cobalt, qui est insoluble dans l'acide chlorhydrique.

L'*infusion de noix de galles* ne produit pas de trouble dans les dissolutions des sels de cobalt.

Le *sulfure d'ammonium* produit dans les dissolutions neutres d'oxyde de cobalt un précipité noir de sulfure de cobalt qui est insoluble dans un excès du précipitant et qui se dépose complétement. Il n'est pas soluble d'une manière notable dans l'acide chlorhydrique étendu. Il est également insoluble dans les dissolutions des alcalis purs et carbonatés. — Si l'on ajoute à une dissolution neutre de cobalt une dissolution de sulfure de potassium au plus haut degré de sulfuration (K^2S^5), on obtient une dissolution brun-chocolat foncée. Lorsqu'on fait fondre l'oxyde de cobalt avec du carbonate de soude et un excès de soufre, et lorsqu'on traite la masse fondue par l'eau, on obtient une dissolution jaune de sulfure de sodium qui ne retient pas de sulfure de cobalt en dissolution; ce dernier reste complétement à l'etat de dépôt insoluble.

La dissolution d'*hydrogène sulfuré* ne produit pas immédiatement de précipite dans les dissolutions neutres de cobalt si l'acide qui entre dans la combinaison du sel n'appartient pas aux acides très faibles. La dissolution est seulement un peu colorée en noirâtre, et, au bout de quelque temps, il se forme un précipité noir très faible de sulfure de cobalt. Dans une dissolution acide de cobalt, il ne se forme pas même au bout de quelque temps le plus léger trouble noir. Le sulfure de cobalt produit n'est pas dissous par l'acide chlorhydrique étendu. L'oxyde de cobalt n'est pas précipité complétement par l'hydrogène sulfuré à l'état de sulfure de cobalt dans une dissolution d'acétate neutre de cobalt; mais, si on ajoute à la dissolution de l'acide acétique libre, il ne se précipite rien, et tout l'oxyde reste dissous après le traitement par la dissolution d'hydrogène sulfuré.

Tous les sels de cobalt solubles dans l'eau sont décomposés par la calcination au contact de l'air et ne se dissolvent plus alors complétement dans l'eau. Cependant, le sulfate de cobalt ne se dissout que partiellement, même par une très forte chaleur.

La combinaison de carbonate de cobalt avec l'hydrate d'oxyde de cobalt se transforme à 150 degrés en une poudre brun foncé qui contient encore beaucoup d'acide carbonique, mais qui contient en meme temps aussi du sesquioxyde de cobalt qui provient de la métamorphose de l'hydrate de sesquioxyde de cobalt au contact de l'air. A 200 degrés, la combinaison entière est transformée en hydrate de sesquioxyde et forme une poudre noire foncée qui, par la calcination, perd de nouveau de l'oxygène et forme des combinaisons d'oxyde et de sesquioxyde. Lorsqu'on opère dans des creusets fermés, il se produit quelquefois la combinaison $4CoO + Co^2O^3$, quelquefois aussi, à une température plus basse, $CoO + Co^2O^3$. Le motif de cela est le suivant : à une forte chaleur, le sesquioxyde perd de l'oxygène et se transforme complétement en oxyde, qui, pendant le refroidissement, absorbe plus ou moins l'oxygène de l'air, suivant que le refroidissement a été lent ou rapide. Cependant, lorsqu'on expose l'oxyde et le sesquioxyde de cobalt au rouge intense dans un creuset de platine couvert et lorsqu'on y fait passer rapidement un courant d'air froid, on obtient de l'oxyde pur.

Les dissolutions des sels neutres de cobalt rougissent faiblement le papier de tournesol.

Les sels de cobalt insolubles dans l'eau sont presque tous solubles dans les acides, l'acide chlorhydrique ou l'acide sulfurique par exemple. Si l'on sature une dissolution de ce genre par la potasse ou mieux encore par l'ammoniaque, on précipite la combinaison de cobalt insoluble dans l'eau qui se redissout ordinairement dans un excès d'ammoniaque. Si la dissolution est très acide, il ne se forme pas de précipité par la saturation au moyen de l'ammoniaque, parce que le sel ammoniacal formé empêche la précipitation; mais le sulfure d'ammonium produit alors immédiatement un précipité noir de sulfure de cobalt. C'est le plus sûr moyen de s'assurer de la présence de l'oxyde de cobalt dans une dissolution; car, si dans une dissolution acide il ne se forme pas de précipité au moyen du gaz hydrogène sulfuré, et si, dans la dissolution neutre ou alcaline, il se forme un précipité noir au moyen du sulfure d'ammonium, ce précipité ne peut être formé que de sulfure de cobalt, de sulfure de nickel ou bien encore de sulfure de fer. On indiquera plus loin les moyens de les distinguer les uns des autres.

L'oxyde de cobalt, même lorsqu'il a été calciné, décompose à chaud la dissolution de chlorure d'ammonium avec dégagement d'ammoniaque et se dissout en formant une dissolution rose-rouge qui, à l'état concentré, paraît bleu-verdâtre. Si l'oxyde contient plus ou moins de sesquioxyde, ce qui se présente ordinairement, il reste un dépôt noir qui est formé de sesquioxyde avec un peu d'oxyde; mais, si on l'évapore à plusieurs reprises avec une dissolution de chlorure d'ammonium et surtout si on chauffe le résultat de l'évaporation à une température suffisante pour qu'il se vaporise une quantité excessivement faible de chlorure d'ammonium, le sesquioxyde se transforme en oxyde, et le tout se dissout.

Lorsqu'on chauffe fortement de l'oxyde de cobalt, du sulfate de cobalt ou d'autres sels de cobalt avec de l'acide phosphorique sirupeux, on obtient une masse claire d'un très beau bleu foncé qui devient rouge par le refroidissement et qui donne une dissolution aqueuse colorée en rouge. L'ammoniaque ne produit pas de précipité dans cette dissolution, et, si l'on en ajoute un excès, il se produit une dissolution rouge-violette dans laquelle le sulfure d'ammonium produit immédiatement du sulfure de cobalt. La dissolution d'hydrate de potasse produit dans la dissolution phosphorique un précipité bleu qui s'oxyde à l'air et passe à un degré supérieur d'oxydation comme le précipité formé par les autres dissolutions de cobalt.

Lorsqu'on fond l'oxyde de cobalt et ses combinaisons salines avec du cyanure de potassium, une partie seulement de l'oxyde est réduite et forme une masse spongieuse qui est magnétique. La dissolution aqueuse contient du cobaltcyanide de potassium.

Au chalumeau, les sels de cobalt peuvent être très facilement reconnus. Les plus faibles quantités de sels de cobalt colorent en bleu foncé le borax et le sel de phosphore, tant à la flamme intérieure qu'à la flamme extérieure; si la quantité est un peu plus forte, la perle est si fortement colorée qu'elle paraît noire. On doit, dans ce cas, aplatir la perle fondue lorsqu'on veut reconnaître la couleur bleue. La couleur de la perle de cobalt ne paraît d'un beau bleu qu'à la lumière du jour; à la lumière de la chandelle, elle est d'un violet sale. La perle de borax ne cesse pas d'être claire par une insufflation intermittente.

Lorsque la substance, outre le cobalt, contient beaucoup de manganèse ou de fer, la perle devient violette dans le premier cas à la flamme extérieure; dans le second, elle devient verte. Si on traite ensuite la perle par la flamme de réduction, la couleur du manganèse disparaît; celle du fer se transforme en vert-bouteille et la perle devient alors d'un bleu de cobalt pur, ou d'un bleu-verdâtre de cobalt et de fer Berzelius et Plattner).

Les sels de cobalt, traités par la soude sur le charbon, sont réduits en une poudre grise, magnétique, qui est du cobalt métallique.

Les dissolutions des sels de cobalt se distinguent de tous les sels dont il a été question précédemment, surtout par le précipité noir de sulfure de cobalt qui est formé par le sulfure d'ammonium et qui n'est pas soluble dans les acides étendus. A l'état solide, ils peuvent être très facilement distingués des autres substances par leur manière de se comporter au chalumeau.

Beaucoup de substances organiques non volatiles, comme l'acide tartrique, empêchent la précipitation de l'oxyde de cobalt au moyen des alcalis, mais non au moyen du sulfure d'ammonium.

SESQUIOXYDE DE COBALT, Co^2O^3.

Le sesquioxyde de cobalt a une couleur noire et un éclat demi-métallique. Au chalumeau, il se comporte comme l'oxyde de cobalt. A une haute température, il laisse dégager de l'oxygène et se transforme en une combinaison d'oxyde et de sesquioxyde de cobalt de composition variable (p. 111). L'acide chlorhydrique concentré dissout le sesquioxyde à l'ébullition avec dégagement de chlore gazeux. Les combinaisons du sesquioxyde avec l'oxyde de cobalt, qui se forment par la calcination de l'oxyde de cobalt à l'air et par celle du sesquioxyde, présentent avec les réactifs les propriétés particulières des deux oxydes. Le plus faible mélange de sesquioxyde dans l'oxyde peut être reconnu au moyen du traitement par l'acide chlorhydrique, surtout à chaud, au dégagement du chlore qui se produit et à l'odeur caractéristique de ce gaz.

L'hydrate de sesquioxyde est une poudre brun foncé, qui, lorsqu'elle est sèche, est presque noire. Il peut perdre son eau à une température assez basse ; calciné, il dégage, outre l'eau, de l'oxygène. L'acide sulfurique, l'acide nitrique et l'acide phosphorique le dissolvent et le transforment peu à peu en oxyde ; en même temps il se produit un dégagement d'oxygène si lent qu'on ne peut pas bien l'observer. L'acide chlorhydrique le dissout en produisant une dissolution brune qui sent fortement le chlore même à froid. A chaud, elle est complétement transformée en une dissolution de chlorure ; en même temps, il se dégage du chlore. Une dissolution d'acide oxalique dissout l'hydrate avec dégagement de gaz acide carbonique ; la dissolution contient de l'oxyde et du sesquioxyde. Il n'y a que l'acide acétique qui le dissout lentement sans le réduire ; la dissolution est colorée en brun foncé. La dissolution de potasse et les dissolutions des carbonates alcalins précipitent l'hydrate de sesquioxyde de la dissolution. L'ammoniaque forme aussi un précipité brun ; mais l'hydrate n'est pas complétement précipité. Le carbonate de baryte précipite l'hydrate même à froid. A l'ébullition, l'hydrate se sépare aussi et la liqueur devient incolore.

Lorsqu'on fait passer lentement et d'une manière continue un courant de chlore gazeux dans une dissolution d'oxyde de cobalt, ou lorsqu'on y dissout à une faible chaleur du chlorate de potasse et lorsqu'on ajoute ensuite de l'acide chlorhydrique, la couleur rose-rouge se modifie et devient rouge-brunâtre ; lorsque la dissolution sent fortement le chlore, elle contient du sesquioxyde. Elle se comporte avec les réactifs de la manière suivante :

Une dissolution d'*hydrate de potasse* y produit un précipité brun-noirâtre foncé d'hydrate de sesquioxyde.

L'*ammoniaque* y forme une dissolution rouge-brunâtre, qui ne se modifie plus à l'air.

Les dissolutions des *carbonates neutres de potasse* et *de soude* y donnent une dissolution verte, dans laquelle il se dépose un peu de sesquioxyde.

Une dissolution de *bicarbonate de soude* se comporte de même ; seulement le précipité foncé de sesquioxyde est plus abondant.

Le *carbonate de baryte* précipite le sesquioxyde à la température ordinaire, et la précipitation est complète si la dissolution est étendue et si elle est aussi fortement sursaturée de chlore que possible. S'il n'en est pas ainsi, la dissolution reste un peu rougeâtre.

L'*acide oxalique* précipite lentement de l'oxalate de cobalt de cette dissolution.

Une dissolution de *ferrocyanure de potassium* produit un précipité vert et une dissolution de *ferrocyanide de potassium* produit un précipité brun-rougeâtre, comme dans les dissolutions d'oxyde de cobalt.

La dissolution d'*hydrogène sulfuré* ne produit pas de précipité; il se forme seulement un trouble laiteux provenant du soufre qui se sépare, et la liqueur devient rose-rouge.

Le *sulfure d'ammonium* détermine un dépôt de sulfure de cobalt après la saturation par l'ammoniaque comme pour les dissolutions d'oxyde. La dissolution ne retient pas de sulfure de cobalt. — Le sulfure d'ammonium détermine de même un dépôt de sulfure de cobalt, sans le dissoudre, dans toutes les dissolutions ammoniacales d'oxyde de cobalt qui ont été exposées longtemps à l'air et qui en ont absorbé l'oxygène.

Acide cobaltique, Co^3O^5.

Lorsqu'on fait fondre avec la potasse au contact de l'air l'oxyde de cobalt et ses combinaisons aussi bien que le sesquioxyde de cobalt et ses combinaisons, ils s'y dissolvent avec une belle couleur bleue qui devient brune lorsqu'on continue la fusion plus longtemps: il se sépare alors une combinaison cristallisée de potasse avec un acide du cobalt que l'on peut séparer de l'hydrate de potasse en excès et du peroxyde de potassium formé en traitant le tout par l'eau; cette réaction s'opère avec dégagement d'oxygène. Les cristaux sont noirs, insolubles dans l'eau; ils ne sont pas décomposés par l'acide chlorhydrique étendu; mais ils sont décomposés par l'acide chlorhydrique concentré avec dégagement de chlore: ils se dissolvent dans les oxacides concentrés avec dégagement d'oxygène (Schwarzenberg . Ils sont peut-être une combinaison de $2CoO^2$ avec CoO, avec la potasse et l'eau.)

XXIII. — NICKEL, Ni.

Le nickel métallique, lorsqu'il est fondu, a une couleur blanc d'argent qui tire un peu sur le gris; il a un éclat fortement métallique. Obtenu par la réduction de l'oxyde au moyen de l'hydrogène ou par la calcination de l'oxalate, il est gris-noirâtre. Le nickel a une très grande dureté; il est ductile. Il est moins fusible que le fer. Il se distingue de la plupart des métaux en ce qu'il peut être magnétique, et conserve la propriété magnétique qu'il a acquise. A la température ordinaire, il n'est pas modifié par l'air atmosphérique. Calciné à l'air, le nickel s'oxyde, mais lentement et incomplétement; l'oxyde peut cependant être réduit de nouveau à l'état métallique par l'action d'une température très élevée, sans employer de moyen de réduction, lorsqu'on le calcine à un feu de charbon, parce qu'il est réduit par l'oxyde de carbone qui se forme. Si le nickel métallique a été obtenu à l'état pulvérulent par la réduction de l'oxyde au moyen du gaz hydrogène, il est souvent pyrophorique et devient incandescent par le contact de l'air, surtout lorsqu'on a employé pour le réduire une faible chaleur. — Le poids spécifique du nickel est de 8,3 à 8,8.

Le nickel se dissout, surtout à chaud, dans l'acide chlorhydrique, lorsqu'il n'est pas trop étendu; il se produit en même temps un dégagement d'hydrogène. La dissolution ne s'opère cependant que lentement et contient du chlorure de nickel. Le nickel est dissous par l'acide nitrique étendu, avec dégagement de bioxyde de nitrogène; il se comporte, avec l'acide nitrique concentré, comme le fer et devient passif. L'acide sulfurique étendu le dissout à chaud, bien qu'un peu difficilement, avec dégagement d'hydrogène. Les dissolutions du nickel dans les acides, même dans l'eau régale, contiennent de l'oxyde ou du chlorure et sont colorées en vert. Si on chauffe du nickel métallique, réduit en poudre fine, dans une atmosphère de chlore gazeux, il se produit un phénomène de vive incandescence et il se forme du chlorure de nickel. Ce dernier a l'aspect d'écailles jaunes cristallines, qui, au toucher, sont douces comme du talc et peuvent être sublimées à une haute température. Elles paraissent d'abord être insolubles dans l'eau; mais, si elles restent exposées pendant longtemps à l'air, elles deviennent vertes et se dissolvent alors dans l'eau.

Le nickel décompose l'eau au rouge, bien qu'assez lentement; il se dégage de l'hydrogène, et il se forme de l'oxyde de nickel.

Oxyde de nickel, NiO.

L'oxyde de nickel à l'état pur est coloré en gris foncé; il n'est pas magnétique. A l'état d'hydrate, il a une couleur verte. Il se dissout bien dans les acides, même après qu'il a été calciné. La dissolution a une couleur verte. Il n'y a que l'oxyde de nickel que l'on trouve quelquefois dans le cuivre rosette, qui soit insoluble dans les acides et qui soit à l'état cristallin. L'oxyde de nickel est très facilement réduit par l'hydrogène à une température élevée. L'oxyde de nickel n'est pas réduit par une forte calcination; mais la réduction a lieu si, pendant la calcination, on fait passer sur l'oxyde un courant de gaz oxyde de carbone, ou de gaz hydrogène carboné. Les sels de nickel, lorsqu'ils contiennent de l'eau de cristallisation, sont verts; mais à l'état anhydre, ils sont ordinairement jaunes. Les dissolutions des sels de nickel sont vertes.

Une dissolution d'*hydrate de potasse* produit, dans les dissolutions des sels solubles de nickel, un précipité vert-pomme d'hydrate d'oxyde de nickel, qui est insoluble dans un excès de potasse et qui ne passe pas à un degré supérieur d'oxydation et n'est pas modifié par l'action de l'oxygène de l'air atmosphérique.

L'*ammoniaque*, ajoutée en quantité très faible aux dissolutions d'oxyde de nickel, produit un trouble vert très considérable, qui disparaît très rapidement lorsqu'on lui ajoute une plus grande quantité d'ammoniaque. La dissolution a une belle couleur bleue, avec une pointe de violet. La couleur de la dissolution ammoniacale n'est souvent d'abord rien moins que d'un bleu net, surtout lorsque les dissolutions ne sont pas très concentrées; elle ne devient d'une belle couleur bleue que lorsqu'elle reste longtemps exposée à l'air, et ce n'est souvent qu'au bout de quelques jours que la réaction est complète. La couleur de la dissolution ammoniacale est d'un bleu pur, si la dissolution de nickel était neutre préalablement à l'addition de l'ammoniaque et si elle ne contenait pas de sels ammoniacaux. Si ce cas se présente, la couleur de la dissolution ammoniacale est plus violette. La dissolution ammoniacale d'oxydede nickel n'absorbe pas l'oxygène de l'air.—Une dissolution d'hydrate de potasse produit dans cette dissolution ammoniacale un précipité vert-pomme d'hydrate d'oxyde de nickel. Cependant plus la dissolution ammoniacale contient de sels ammoniacaux ou d'ammoniaque libre, plus il est nécessaire d'employer une grande quantité de potasse pour précipiter l'oxyde de nickel. S'il y avait un peu d'oxyde de cobalt dans la dissolution de nickel, sa présence est indiquée par une coloration rose-rouge de la liqueur qui surnage l'oxyde de nickel précipité, attendu que l'oxyde de cobalt n'est pas précipité de sa dissolution ammoniacale par l'hydrate de potasse (p. 109).

Une dissolution de *carbonate neutre de potasse* ou *de soude* produit dans les dissolutions de nickel un précipité vert-pomme de carbonate de nickel et d'hydrate de nickel, qui a une couleur plus claire que celui formé par la potasse. Le précipité contient d'autant moins d'acide carbonique que la dissolution du sel de nickel est plus étendue et que l'on a employé l'ébullition.

Une dissolution de *bicarbonate de potasse* produit aussi, dans les dissolutions des sels de nickel, un précipité vert-pomme clair de carbonate de nickel; il se dégage en même temps de l'acide carbonique. Le précipité est volumineux, mais se rassemble au bout de quelque temps. Au bout d'un temps très long, il s'y produit des cristaux vert foncé qui sont formés de carbonate neutre de nickel, de bicarbonate de potasse et d'eau. Ils sont décomposés par l'eau et doivent être lavés avec une dissolution de bicarbonate de potasse. — Une dissolution de *bicarbonate de soude* produit dans les dissolutions de nickel un précipité vert clair très volumineux, dont la propriété ne se modifie pas par le temps; il ne devient pas plus dense et ne laisse pas séparer de cristaux. Ce précipité est formé de carbonate neutre de nickel et d'eau; il contient cependant aussi de l'hydrate d'oxyde de nickel.

Une dissolution de *cyanure de potassium* donne dans les dissolutions de nickel un précipité blanc-verdâtre, qui se dissout complétement dans un excès du précipitant. L'acide chlorhydrique produit un précipité blanc-verdâtre dans cette dissolution, qui est légèrement colorée en jaune-brunâtre. Le sulfure d'ammonium ne produit pas de précipité de sulfure de nickel dans la dissolution, même au bout de quelque temps.

Une dissolution de *carbonate d'ammoniaque* forme dans les dissolutions de nickel un précipité vert-pomme de carbonate de nickel, qui se dissout lorsqu'on ajoute une plus grande quantité de carbonate d'ammoniaque et forme une liqueur bleu-verdâtre.

Une dissolution de *phosphate de soude* produit dans les dissolutions neutres de nickel un précipité blanc-verdâtre de phosphate de nickel, qui est soluble dans un excès de la dissolution de nickel. Par l'ébullition, il se produit dans cette dissolution un précipité qui disparaît par le refroidissement.

Une dissolution d'*acide oxalique* ne produit pas immédiatement de précipité dans les dissolutions neutres de nickel ; cependant, au bout de quelque temps, il se forme un précipité blanc-verdâtre d'oxalate de nickel qui augmente considérablement au bout de quelque temps, de telle sorte que la liqueur qui le surnage devient incolore et ne contient plus d'oxyde de nickel. L'oxalate de nickel est soluble dans l'ammoniaque ; mais la dissolution ammoniacale ne prend la couleur bleue caractéristique qu'au bout de quelque temps. La réaction est un peu plus rapide si l'on ajoute une dissolution de chlorure d'ammonium. Au bout de quelque temps, il se dépose un précipité blanc-verdâtre d'oxalate de nickel. Si la dissolution d'oxalate de nickel contient à l'état de mélange une quantité, même excessivement faible, d'oxalate de cobalt, on le reconnaît, dans la dissolution ammoniacale de l'oxalate, en l'exposant à l'air. Il se précipite d'abord de l'oxalate de nickel, et, comme l'oxalate de cobalt reste bien plus longtemps en dissolution, on obtient, après la séparation de l'oxyde de nickel, une liqueur rose-rouge, même pour les plus faibles proportions d'oxyde de cobalt mélangées. L'oxalate de cobalt ne se dépose qu'au bout d'un temps très long (p. 110). Par voie humide, on ne peut découvrir des proportions aussi faibles d'oxyde de cobalt dans l'oxyde de nickel d'aucune autre manière.

Le *carbonate de baryte* ne précipite pas à froid l'oxyde de nickel de ses dissolutions ; cependant, au bout d'un temps très long, une grande partie de l'oxyde de nickel se sépare de la dissolution du sulfate de nickel par l'action du carbonate de baryte ; la dissolution reste colorée. Le carbonate de baryte n'agit pas de même sur la dissolution de chlorure de nickel. Si l'on fait bouillir pendant longtemps et d'une manière continue une dissolution de nickel avec du carbonate de baryte, l'oxyde de nickel finit par être presque complétement séparé.

L'*oxyde puce de plomb* ne modifie pas même à chaud la dissolution neutre d'un sel de nickel.

Une dissolution de *ferrocyanure de potassium* produit dans les dissolutions de nickel un précipité blanc de ferrocyanure de nickel qui a une pointe de vert et qui n'est pas soluble dans l'acide chlorhydrique.

Une dissolution de *ferrocyanide de potassium* donne dans les dissolutions de nickel un précipité jaune-brunâtre de ferrocyanide de nickel, qui est insoluble dans l'acide chlorhydrique.

L'*infusion de noix de galles* ne trouble pas les dissolutions des sels de nickel.

Le *sulfure d'ammonium* produit dans les dissolutions neutres de nickel un précipité noir de sulfure de nickel ; la liqueur qui surnage le précipité reste colorée en noir ou en brun foncé. Le précipité n'est pas entièrement insoluble dans un excès du précipitant, pas plus que dans les alcalis; c'est pour cette raison que la liqueur que l'on en sépare conserve une couleur foncée provenant d'un peu de sulfure de nickel dissous. Le sulfure de nickel n'est pas dissous par l'acide chlorhydrique étendu. — Même lorsque le sulfure de nickel a été obtenu par la fusion de l'oxyde de nickel ou d'une combinaison d'oxyde de nickel avec le carbonate de soude et le soufre, il se dissout un peu dans le sulfure de sodium formé, lorsqu'on l'a préalablement traité par l'eau, et donne à la liqueur une couleur foncée.

La dissolution d'*hydrogène sulfuré* ne produit pas immédiatement de précipité dans les dissolutions neutres de nickel, au moins lorsque l'acide qui existe dans la dissolution n'appartient pas aux acides faibles. La dissolution se colore légèrement en noirâtre, et ce n'est qu'au bout de quelque temps qu'il se forme un précipité noir très faible de sulfure de nickel. Si la dissolution est acide, il ne se produit pas de trouble, même au bout de quelque temps. — Une dissolution d'oxyde de nickel dans l'acide acétique se comporte avec la dissolution d'hydrogène sulfuré, comme le fait une dissolution de cobalt (p. 111).

Tous les sels de nickel solubles dans l'eau sont décomposés par la calcination au contact de l'air, et ne se dissolvent plus alors complétement dans l'eau. Parmi eux, le sulfate de nickel est décomposé très difficilement par une forte chaleur.

Chauffée jusqu'à 150 degrés, la combinaison de carbonate de nickel avec l'hydrate d'oxyde de nickel, ne perd qu'un peu d'acide carbonique; mais il ne se forme pas de sesquioxyde. A 200 degrés, il se dégage plus d'acide carbonique; mais la plus grande partie reste encore; il ne se forme qu'une petite quantité, mais pas beaucoup de sesquioxyde; la couleur de la combinaison devient alors noirâtre. A 300 degrés, tout l'acide carbonique s'en va et il se forme une combinaison $6NiO + Ni^2O^3 + H^2O$. Au rouge, on obtient de l'oxyde pur, qui n'absorbe plus d'oxygène même en se refroidissant.

Les dissolutions des sels neutres de nickel rougissent faiblement le papier de tournesol.

Lorsqu'on verse peu à peu la dissolution verte d'un sel de nickel dans la dissolution rose-rouge d'un sel de cobalt, pour une certaine proportion des deux oxydes la couleur de la dissolution mélangée disparaît presque entièrement; et la dissolution paraît presque incolore, ou bien ne paraît colorée qu'en brun excessivement faible, et n'est colorée ni en vert ni en rouge-rose.

Les sels de nickel insolubles dans l'eau se dissolvent presque tous dans les acides, l'acide chlorhydrique ou l'acide sulfurique étendu par exemple. Si l'on sursature une telle dissolution par l'ammoniaque, le sel n'est pas précipité, mais il se dissout dans un excès d'ammoniaque; la dissolution, lorsqu'elle n'est pas trop étendue, prend une couleur bleue, qui fait reconnaître immédiatement la présence de l'oxyde de nickel. On doit observe ici que la dissolution ammoniacale n'est souvent colorée d'abord que légèrement en bleu, surtout lorsqu'elle est très étendue, et que la couleur bleue intense ne se montre qu'au bout de quelque temps.

L'oxyde de nickel, récemment précipité, se dissout facilement dans une dissolution de chlorure d'ammonium; mais si l'oxyde de nickel a été calciné, il résiste avec une force extraordinaire à l'action du chlorure d'ammonium. Le carbonate et le borate de nickel se dissolvent facilement au moyen d'une faible chaleur dans une dissolution de chlorure d'ammonium et donnent des dissolutions vertes.

Lorsqu'on chauffe fortement l'oxyde de nickel, le sulfate de nickel, ou un autre sel de nickel avec l'acide phosphorique sirupeux, on obtient une masse qui, à chaud, paraît brune et qui, après le refroidissement, est jaune. Traitée par l'eau, elle ne se dissout pas, et l'eau ne lui enlève que très peu d'oxyde de nickel, en sorte qu'elle reste presque incolore en présence d'un excès d'ammoniaque ; la plus grande partie reste à l'état de poudre cristalline, arénacée, de couleur jaune-verdâtre, insoluble, qui ne se dissout pas dans les acides et qui n'est décomposée qu'incomplétement par une longue ébullition avec l'acide sulfurique concentré. — Si on traite de la même manière par l'acide phosphorique l'oxyde de nickel contenant beaucoup de cobalt, on obtient une masse bleue sale qui, par le refroidissement, devient rouge sale, et à laquelle l'eau enlève de l'oxyde de cobalt, pendant qu'il reste à l'état de précipité insoluble une poudre plus blanche.

Lorsqu'on fait fondre les sels de nickel avec du cyanure de potassium, le nickel est réduit, mais seulement en partie, à l'état métallique. La poudre métallique est fortement magnétique. Si on emploie du sulfate de nickel, il se forme du rhodanure de potassium, mais tout l'acide sulfurique n'est pas décomposé. La dissolution aqueuse de la masse fondue contient beaucoup de nickelcyanure de potassium.

Au chalumeau, les sels de nickel peuvent être reconnus en ce qu'ils communiquent au borax dans la flamme extérieure une couleur rougeâtre dont l'intensité diminue peu à peu par le refroidissement, pour finir par disparaître souvent entièrement. Le sel de phosphore se comporte à la flamme extérieure comme le borax. Dans la perle de borax, l'oxyde est réduit dans la flamme intérieure et la perle est colorée en gris par le nickel métallique divisé en poudre fine; cela n'arrive pas avec le sel de phosphore. Si on continue l'action du chalumeau, le nickel réduit s'agrége sans se réunir en un bouton, et la perle devient incolore. Sur le charbon, surtout lorsqu'on ajoute de l'étain, la réduction a lieu encore plus vite, et le nickel réduit se réunit à l'étain pour former un bouton. — Si l'oxyde de nickel contient de l'oxyde de cobalt, on peut en reconnaître la présence à la couleur bleue de la perle après la réduction du nickel. — Les sels de nickel sont réduits par la soude sur le charbon en une poudre blanche, métallique, magnétique.

Il est plus facile, au moyen du chalumeau, de retrouver la présence de petites quantités de cobalt dans l'oxyde de nickel, que réciproquement de petites quantités d'oxyde de nickel dans l'oxyde de cobalt. D'après Plattner, le meilleur moyen d'obtenir le dernier résultat est le suivant : l'oxyde de cobalt à analyser est dissous sur le fil de platine dans la perle de borax jusqu'à saturation et jusqu'à opacité complète; on sépare la perle et, suivant qu'on suppose plus ou moins d'oxyde de nickel dans l'oxyde de cobalt, on prépare une ou deux perles pareilles. On les fond dans une petite cavité faite sur le charbon avec un petit bouton d'or pur d'environ 50 milligrammes, et l'on maintient le tout au feu de réduction assez longtemps pour être convaincu que tout l'oxyde de nickel, provenant de la perle qui contient les deux oxydes, soit réduit à l'état métallique. Pendant que la perle est soumise à la flamme de réduction, on a soin de donner avec précaution du mouvement au charbon, de manière à faire couler le bouton d'or liquide d'une place de la perle dans une autre; on rassemble ainsi les petites parcelles de nickel réduit. Après le refroidissement, on porte le bouton d'or sur une enclume afin de le séparer de la gangue au moyen du marteau. Il a une couleur plus ou moins grise qui provient d'une faible quantité de nickel qui y est mélangé, et se montre sous le marteau plus dur que l'or pur. On le traite par le sel de phosphore sur le charbon au feu d'oxydation. Si la perle de borax n'était pas saturée d'oxyde de cobalt, de manière à ne pas pouvoir en réduire une portion, on obtient une perle qui n'est colorée que par l'oxyde de nickel, et qui est par conséquent brun-rougeâtre lorsqu'elle est chaude, et qui devient jaune-rougeâtre après le refroidissement. Si cependant il s'était réduit un peu d'oxyde de cobalt, comme le cobalt s'oxyde plutôt que le nickel, on obtient ou une perle bleue qui n'est colorée que par l'oxyde de cobalt seul, ou une perle verte lorsqu'il y a eu un peu de nickel qui s'est oxydé. Dans les deux cas, on sépare la perle du bouton d'or, et l'on traite ce dernier par une autre perle de sel de phosphore au feu d'oxydation, jusqu'à ce que la perle paraisse colorée. Si la perle de borax n'était pas d'abord fortement sursaturée, on n'obtient qu'une perle colorée par l'oxyde de nickel, bien qu'il n'y eût dans l'oxyde de cobalt qu'une trace d'oxyde de nickel. Si l'oxyde de cobalt en était exempt, la perle de sel de phosphore reste complétement incolore. — Le bouton d'or, lorsqu'il contient encore du nickel après le traitement par le sel de phosphore, peut être fondu sur le charbon avec un peu de plomb et séparé au moyen de la cendre d'os; on l'obtient ainsi de nouveau à l'état pur.

Les dissolutions des sels de nickel se distinguent des dissolutions des sels préalablement étudiés, à l'exception des dissolutions de cobalt, par leur manière de se comporter avec le sulfure d'ammonium. Elles se distinguent des dissolutions de cobalt par leur manière de se comporter avec l'ammoniaque et par la manière dont la dissolution ammoniacale se comporte avec la potasse.

Un très grand nombre de substances organiques non volatiles, et en particulier l'acide tartrique, empêchent la précipitation de l'oxyde de nickel au moyen des alcalis, mais non au moyen du sulfure d'ammonium.

Sesquioxyde de nickel, Ni^2O^3.

Le sesquioxyde de nickel est de couleur noire; calciné, il dégage de l'oxygène et se transforme en oxyde. Il est dissous par l'acide chlorhydrique concentré avec dégagement de chlore, par les autres acides avec dégagement d'oxygène. — Au chalumeau, il se comporte comme l'oxyde de nickel. — L'hydrate de sesquioxyde est également noir.

Le sesquioxyde de nickel et son hydrate sont plus facilement réduits à l'état d'oxyde que le sesquioxyde de cobalt et son hydrate. L'acide acétique dissout peu à peu l'hydrate de sesquioxyde de nickel, mais la dissolution contient de l'oxyde de nickel.

Lorqu'on fait passer dans une dissolution d'oxyde de nickel un courant longtemps soutenu de chlore gazeux, ou lorsqu'on y dissout à une très faible chaleur du chlorate de potasse et de l'acide chlorhydrique, la couleur verte de la dissolution n'est pas modifiée. Cependant elle ne contient pas de sesquioxyde de nickel : mais ce dernier s'en sépare si l'on ajoute une base forte ; il n'en est pas de même si l'on ajoute une base faible.

Une dissolution d'*hydrate de potasse* produit un précipité noir d'hydrate de sesquioxyde de nickel, qui est insoluble dans un excès de précipitant.

L'*ammoniaque* y forme une dissolution bleue; les *carbonates neutres* et les *bicarbonates alcalins* se comportent avec cette dissolution comme avec les dissolutions d'oxyde de nickel.

Le *carbonate de baryte* ne la modifie pas à la température ordinaire, lorsque la dissolution est suffisamment étendue.

L'*acide oxalique* en précipite lentement de l'oxalate d'oxyde de nickel.

Les dissolutions de *ferrocyanure* et de *ferrocyanide de potassium* se comportent avec cette dissolution comme avec les dissolutions acides d'oxyde de nickel.

La dissolution d'*hydrogène sulfuré* y produit seulement une séparation de soufre laiteux.

Le *sulfure d'ammonium* se comporte avec cette dissolution comme avec les dissolutions d'oxyde de nickel.

XXIV. — **CADMIUM**, Cd.

La couleur du cadmium est semblable à celle de l'étain. Le cadmium a un éclat fortement métallique : il est mou ; il abandonne un peu sa couleur aux corps qui le touchent ; il se laisse ployer et produit en même temps un cri analogue à celui de l'étain. Il est très fusible et fond avant la température rouge. Il bout et se volatilise à une température qui n'est pas beaucoup plus élevée que celle de l'ébullition du mercure. Chauffé au chalumeau sur le charbon, il s'enflamme et forme en brûlant un nuage brun d'oxyde qui se dépose sur le charbon. A la température ordinaire, il ne se modifie pas par le contact de l'air sec ; dans une atmosphère humide, il perd un peu son éclat métallique. Dans l'eau qui contient de l'air, il se recouvre d'hydrate d'oxyde de cadmium blanc, qui avec le temps absorbe l'acide carbonique. Si on le chauffe au contact de l'air, il brûle et s'enflamme en déterminant la formation d'une poussière brun-jaunâtre d'oxyde de cadmium.—Le poids spécifique du cadmium est de 8,6.

Le cadmium se dissout dans l'acide chlorhydrique, lorsqu'il n'est pas trop étendu, avec dégagement d'hydrogène, surtout à chaud. Il se dissout très facilement dans l'acide nitrique. L'acide sulfurique étendu et les autres acides forts, même l'acide acétique, dissolvent le cadmium avec dégagement de gaz hydrogène; néanmoins la réaction est lente. — Les dissolutions du cadmium dans tous les acides contiennent de l'oxyde de cadmium.

Le cadmium décompose facilement l'eau au rouge avec dégagement d'hydrogène et formation d'oxyde de cadmium; cependant, à cause de la volatilité du métal, il faut le mettre sous forme de vapeur en contact avec la vapeur d'eau.

Oxyde de cadmium, CdO.

L'oxyde de cadmium pur a une couleur brun-rougeâtre : du moins, lorsqu'il est en poudre, il est brun-rouge; les nuances de la couleur sont variables, suivant le mode de préparation qui a servi à obtenir l'oxyde; quelquefois il est brun clair; d'autres fois il est brun si foncé qu'il paraît presque noir. Il ne fond pas et ne se volatilise pas par l'action de la chaleur; mais si on mélange l'oxyde de cadmium avec des substances organiques ou du charbon en poudre, il se volatilise par l'action de la chaleur; mais c'est qu'alors il est réduit à l'état de cadmium, qui est très volatil. — L'hydrate d'oxyde de cadmium est blanc ; il attire l'acide carbonique de l'air, pour lequel l'oxyde a une grande affinité. L'hydrate perd son eau par l'action de la chaleur et prend alors la couleur brune de l'oxyde. L'oxyde et son hydrate se dissolvent bien dans les acides. Les sels de cadmium sont blancs.

Une dissolution d'*hydrate de potasse* produit dans les dissolutions des sels de cadmium solubles dans l'eau un précipité blanc d'hydrate d'oxyde de cadmium, qui est insoluble dans un excès de potasse.

L'*ammoniaque* produit dans les dissolutions neutres d'oxyde de cadmium un précipité blanc d'hydrate d'oxyde de cadmium, qui est très soluble dans un faible excès d'ammoniaque. La proportion d'ammoniaque qui est nécessaire pour dissoudre l'oxyde de cadmium, est incomparablement plus faible que celle qui est nécessaire pour dissoudre l'oxyde de zinc. Par l'ébullition, cette dissolution laisse précipiter de l'hydrate qui cependant se redissout si on lui ajoute une plus grande quantité d'ammoniaque. — Dans la dissolution ammoniacale d'oxyde de cadmium, l'oxyde est précipité par la potasse; cependant les dissolutions des carbonates alcalins ne peuvent pas opérer cette précipitation.

Une dissolution de *carbonate de potasse* ou *de soude* produit dans les dissolutions de cadmium un précipité blanc de carbonate neutre de cadmium, qui ne contient qu'une très faible quantité d'hydrate d'oxyde de cadmium. Le carbonate de cadmium est insoluble dans un excès de carbonate neutre alcalin.

Une dissolution de *bicarbonate de potasse* ou *de soude* produit aussi dans les dissolutions neutres de cadmium un précipité blanc de carbonate de cadmium ; il se dégage en même temps de l'acide carbonique.

Une dissolution de *cyanure de potassium* produit dans les dissolutions de cadmium un précipité blanc de cyanure de cadmium, qui est complétement soluble dans un excès du précipitant. L'hydrogène sulfuré ou le sulfure d'ammonium produisent dans cette dissolution un précipité jaune de sulfure de cadmium.

Une dissolution de *carbonate d'ammoniaque* produit dans les dissolutions d'oxyde de cadmium, même si elles contiennent à l'état de dissolution beaucoup de chlorure d'ammonium, un précipité blanc de carbonate de cadmium qui est insoluble dans un excès de carbonate d'ammoniaque.

Une dissolution de *phosphate de soude* produit dans les dissolutions neutres de cadmium un précipité blanc de phosphate de cadmium qui se dissout bien dans un excès de la dissolution de cadmium. La dissolution donne, par l'action de la chaleur, un abondant précipité qui disparaît complétement par le refroidissement.

Une dissolution d'*acide oxalique* trouble instantanément les dissolutions neutres d'oxyde de cadmium. Ce précipité d'oxalate de cadmium se dissout bien dans l'ammoniaque pure.

Le *carbonate de baryte* précipite complétement, même à froid, l'oxyde de cadmium de ses dissolutions.

Une dissolution de *ferrocyanure de potassium* produit dans les dissolutions de cadmium un précipité blanc de ferrocyanure de cadmium qui a une pointe très faible de jaunâtre et qui est soluble dans l'acide chlorhydrique.

Une dissolution de *ferrocyanide de potassium* donne dans les dissolutions de cadmium un précipité jaune de ferrocyanide de cadmium qui est soluble dans l'acide chlorhydrique.

L'*infusion de noix de galles* ne trouble pas les dissolutions des sels neutres de cadmium.

Le *sulfure d'ammonium* produit dans les dissolutions neutres de cadmium un précipité jaune de sulfure de cadmium qui est insoluble dans un excès du précipitant. Il ne se modifie pas à l'air. Lorsqu'on a précipité l'oxyde de cadmium de ses dissolutions au moyen d'un excès d'une dissolution de potasse et lorsqu'on ajoute du sulfure d'ammonium, le sulfure de cadmium qui se forme est rouge-orangé; par le temps, il devient cependant jaune. Mais si l'oxyde de cadmium a été précipité au moyen d'un excès d'une dissolution de carbonate alcalin, le précipité devient jaune lorsqu'on le traite par le sulfure d'ammonium. — Du reste, le sulfure de cadmium desséché, est rouge-orangé.

La dissolution d'*hydrogène sulfuré* produit dans les dissolutions neutres ammoniacales et acides d'oxyde de cadmium, un précipité jaune de sulfure de cadmium. Si on a précipité l'oxyde de cadmium au moyen d'un excès d'une dissolution de potasse, et si on ajoute la dissolution d'hydrogène sulfuré, le précipité devient rouge-orangé.

Le *zinc métallique* précipite le cadmium de ses dissolutions à l'état métallique sous forme d'écailles grises, brillantes.

Les sels de cadmium solubles dans l'eau se décomposent par la calcination à l'air.

L'hydrate d'oxyde de cadmium ne perd complétement son eau qu'à 300 degrés. Si la calcination a eu lieu au contact de l'air, l'oxyde est transformé en carbonate basique de cadmium. — Le carbonate de cadmium conserve, à une haute température, son acide carbonique avec une force exceptionnelle; maintenu pendant longtemps à une température de 300 degrés, il n'en perd que des traces. Il faut le calciner pendant longtemps et d'une manière continue, pour en séparer complétement l'acide carbonique. Bien qu'il ait déjà une couleur brun foncé ou noire, il peut souvent encore contenir de l'acide carbonique lorsque la chaleur à laquelle il a été exposé pendant sa calcination n'a pas duré assez longtemps.

Calciné tout d'un coup fortement, le carbonate de cadmium produit une légère sublimation de cadmium métallique qui ne se forme pas lorsque le carbonate n'a été chauffé que peu à peu, et ensuite fortement.

Les dissolutions neutres des sels de cadmium rougissent le papier de tournesol.

Les sels de cadmium insolubles dans l'eau se dissolvent dans les acides. On peut très facilement reconnaître dans ses dissolutions acides la présence de l'oxyde de cadmium au précipité jaune qu'y forme la dissolution d'hydrogène sulfuré, ou un courant d'hydrogène sulfuré gazeux.

L'oxyde de cadmium, même calciné, se dissout facilement à chaud dans la dissolution de chlorure d'ammonium; il se dégage en même temps de l'ammoniaque. Par le refroidissement, il se dépose de cette dissolution du chlorure double de cadmium et d'ammonium peu soluble. Le carbonate et le borate de cadmium se dissolvent bien aussi à chaud dans une dissolution de chlorure d'ammonium.

Lorsqu'on fait chauffer l'oxyde de cadmium ou un sel de cadmium avec l'acide phosphorique sirupeux, on obtient une masse incolore qui se dissout complétement dans l'eau. L'hydrate de potasse produit dans cette dissolution un précipité d'hydrate d'oxyde de cadmium. La dissolution de carbonate de potasse n'en produit pas. Ce n'est que lorsqu'on a chauffé pendant longtemps qu'il se produit un précipité blanc; mais tout l'oxyde de cadmium n'est pas précipité. Le sulfure d'ammonium produit du sulfure de cadmium dans cette dissolution. Une dissolution de carbonate de soude produit cependant, même à la température ordinaire, un précipité blanc. Les dissolutions de bicarbonate de potasse et de soude ne produisent pas de précipité; le bicarbonate de soude seul détermine, au bout de quelque temps, un faible précipité.

Au chalumeau, les sels de cadmium peuvent être reconnus en ce que, mélangés avec la soude et chauffés sur le charbon à la flamme intérieure, ils déterminent sur le charbon le dépôt d'une poudre brun-jaune d'oxyde de cadmium. Ce dépôt ne peut être reconnu avec exactitude qu'après le refroidissement. Le charbon paraît être bigarré de différentes couleurs par ce dépôt. Si, dans un oxyde de zinc, il n'y a qu'une petite quantité d'oxyde de cadmium, on peut reconnaître la présence du dernier en exposant la substance avec la soude pendant quelques instants au feu de réduction. Le charbon se recouvre, à quelque distance de l'essai, d'un dépôt jaune foncé qui ne peut cependant être réellement bien reconnu que lorsque le charbon est entièrement refroidi; souvent ce dépôt est plus clair que celui d'oxyde de cadmium pur. Ce n'est qu'en continuant pendant longtemps l'action du chalumeau que le charbon se recouvre d'une poussière blanche d'oxyde de zinc. — Si on chauffe l'oxyde de cadmium seul sur une lame de platine, il ne se modifie pas par l'action de la flamme extérieure; mais si on le chauffe sur le charbon dans la flamme intérieure, il disparaît au bout de peu de temps, et le charbon se recouvre d'un dépôt brun. — L'oxyde de cadmium et ses combinaisons sont dissous en forte proportion par le borax. — Dans la flamme extérieure, la perle est jaunâtre et claire, et la coloration disparaît presque entièrement par le refroidissement. Si la proportion d'oxyde de cadmium ajouté est plus forte, la perle peut devenir d'un blanc laiteux par une insufflation intermittente, et si la quantité d'oxyde ajouté est encore plus grande, il devient même d'un blanc d'émail. L'oxyde de cadmium est réduit sur le charbon dans la perle de borax; le métal se volatilise et se dépose à l'état d'oxyde sur le charbon sous la forme d'une poussière brune. — L'oxyde de cadmium et ses combinaisons se dissolvent en forte proportion dans le sel de phosphore et forment une perle claire qui, lorsque la quantité de substance ajoutée est très considérable, paraît jaunâtre à chaud dans la flamme extérieure et devient incolore par le refroidissement; si la quantité de substance ajoutée est encore plus considérable, la perle devient laiteuse par le refroidissement. Dans la flamme intérieure avec le sel de phosphore, l'oxyde de cadmium est réduit lentement et complétement. Si on ajoute de l'étain au sel de phosphore, on accélère la réduction du cadmium qui se dépose sur le charbon à l'état d'oxyde brun (Berzelius et Plattner).

Les dissolutions de cadmium peuvent être facilement reconnues et distinguées des dissolutions des autres bases examinées précédemment par leur manière de se comporter avec la dissolution d'hydrogène sulfuré et avec le sulfure d'ammonium.

La présence de substances organiques non volatiles empêche la précipitation de l'oxyde de cadmium de ses dissolutions au moyen de la potasse pure, mais non au moyen des dissolutions des carbonates alcalins.

XXV. — PLOMB, Pb.

Le plomb a une couleur grise et un éclat fortement métallique ; il n'a pas la structure lamellaire ; il abandonne faiblement sa couleur au papier. Il est très mou et ne produit pas de cri lorsqu'on le ploie. Le plomb a un poids spécifique plus fort que l'argent : il est de 11,44. Il fond à une température de 325 degrés. Au contact de l'air, il se vaporise même au rouge ; à l'abri du contact de l'air, il ne se volatilise qu'au rouge blanc. Au chalumeau, le plomb fondu sur le charbon recouvre ce dernier d'un dépôt d'oxyde qui disparaît à la flamme de réduction en prenant une teinte bleu d'azur. En présence de l'air atmosphérique sec, le métal se conserve sans modification ; si l'air est humide, il se produit une faible oxydation ; le plomb devient gris mat à la surface et prend une teinte irisée. Dans l'eau distillée, en présence de l'air, mais à l'abri de l'action de l'acide carbonique, le plomb ne forme que de l'hydrate d'oxyde de plomb qui se présente sous la forme d'écailles blanches, cristallines. Il est cependant nécessaire ici que l'eau soit tout à fait pure ; la plus petite proportion de substances étrangères empêche la production de l'hydrate. Il n'y a que les nitrates qui fassent exception : il faut qu'il y en ait une très grande quantité pour empêcher la formation de l'hydrate. On peut employer le plomb métallique comme réactif pour s'assurer de la pureté de l'eau. Si l'on arrose notamment dans un verre du plomb récemment limé avec de l'eau pure, il s'y forme, au bout d'une ou deux minutes, un nuage d'hydrate d'oxyde de plomb ; mais si l'eau est impure, il n'y a pas même de trouble. — Par le contact du plomb métallique avec l'eau et avec l'air qui contient de l'acide carbonique, il se produit d'abord de l'hydrate d'oxyde de plomb, et ensuite il commence à se former une combinaison de carbonate de plomb avec l'hydrate d'oxyde de plomb qui se dépose en écailles blanches, fines, qui ont le même éclat que les corps gras. Si on laisse le plomb pendant plusieurs mois ou plusieurs années en contact avec l'eau et l'air, il peut même se former du peroxyde rouge de plomb.

Si on chauffe le plomb au contact de l'air sans aller jusqu'à la fusion, il se recouvre d'une pellicule noire ; si on le chauffe au contraire au contact de l'air jusqu'à la fusion, il se recouvre d'une pellicule jaune-brunâtre.

Le plomb est presque insoluble à froid dans l'acide chlorhydrique, et même lorsqu'on l'a chauffé, il n'est que très faiblement attaqué par cet acide. Le plomb se dissout complétement dans l'acide nitrique, surtout lorsque l'acide n'est pas trop concentré; mais lorsqu'il est un peu étendu et chaud, la dissolution contient de l'oxyde de plomb. Si cependant l'acide nitrique contient de l'acide sulfurique ou de l'acide chlorhydrique, son pouvoir dissolvant devient très faible. L'acide sulfurique n'agit sur le plomb que par l'action de la chaleur et lorsqu'il est très concentré, et, même alors, son action n'est que très peu considérable; il transforme le plomb en sulfate de plomb, qui est précipité en partie par l'eau de la dissolution dans l'acide concentré. Le plomb, chauffé avec le chlore, est transformé en chlorure de plomb.

Le plomb décompose l'eau au rouge blanc avec dégagement d'hydrogène et formation d'oxyde de plomb; cependant la réaction est lente.

Sous-oxyde de plomb, Pb^2O.

Obtenu par la calcination de l'oxalate de plomb à une température de 300 degrés, jusqu'à ce qu'il ne se dégage plus de gaz (gaz acide carbonique et gaz oxyde de carbone, le sous-oxyde de plomb est une poudre noire foncé qui, frottée sur un corps dur, ne présente pas l'éclat métallique, et dont le mercure n'extrait pas le plomb. Les acides étendus et concentrés le transforment immédiatement en plomb métallique et en oxyde de plomb qui se combine avec les acides. L'acide chlorhydrique même le décompose de cette manière. Une dissolution d'hydrate de potasse le décompose de même. Par l'action de la chaleur à l'abri du contact de l'air, il se transforme en plomb et en oxyde de plomb. Même à la température ordinaire, il se transforme par le temps en oxyde de plomb au contact de l'air.

Oxyde de plomb, PbO.

L'oxyde de plomb a une couleur jaune; si on le frotte, sa poudre a une pointe de rougeâtre. Exposé pendant très longtemps à l'air, il attire un peu d'acide carbonique; mais cela ne modifie pas sa couleur : il fait alors légèrement effervescence avec les acides. Si on le chauffe, l'oxyde de plomb devient rouge foncé; mais, par le refroidissement, il reprend sa couleur ordinaire. Il fond facilement à la température rouge, et lorsqu'il a été fondu en forte proportion, il se présente sous la forme d'écailles de couleur jaune-rougeâtre ou jaune; mais la poudre est jaune-rougeâtre. L'oxyde de plomb en fusion dissout les oxydes terreux et métalliques. Au rouge blanc, il se volatilise, surtout au contact de l'air. L'oxyde de plomb, mélangé avec des substances organiques ou avec du charbon en poudre, est réduit très facilement par l'action de la chaleur; il est aussi réduit avec beaucoup de facilité par l'hydrogène à une température élevée. L'oxyde de plomb n'est pas tout à fait insoluble dans l'eau pure : la dissolution fait passer au bleu la couleur du tournesol rougi; elle est troublée par l'acide carbonique et par l'acide sulfurique étendu. L'oxyde de plomb est cependant insoluble dans l'eau qui contient de petites traces d'une combinaison saline. Le meilleur dissolvant de l'oxyde de plomb est l'acide nitrique ou l'acide acétique. Si l'oxyde de plomb n'est pas dissous complétement par ces réactifs, c'est qu'il n'est pas pur. La litharge que l'on trouve dans le commerce contient très souvent un peu d'acide silicique qui reste à l'état insoluble après le traitement par les acides. — L'hydrate d'oxyde de plomb est une poudre blanche; il perd facilement son eau à une température élevée. Il bleuit le papier rouge de tournesol et attire l'acide carbonique de l'air. — Les sels de plomb sont incolores : ils ont une saveur agréable, douce, astringente.

Une dissolution d'*hydrate de potasse* produit, dans les dissolutions des sels de plomb solubles, un précipité blanc d'hydrate d'oxyde de plomb qui se dissout complétement dans un excès du précipitant, surtout à chaud. Si on évapore fortement la dissolution, une partie de l'oxyde de plomb se sépare à l'état anhydre sous la forme de petites écailles de couleur jaune qui ne se redissolvent pas par le refroidissement. L'oxyde de plomb s'obtient à l'état de cristaux plus gros et plus nets, lorsqu'on le dissout dans l'hydrate de potasse en fusion après l'avoir réduit en poudre fine; par le refroidissement, il se sépare des cristaux d'oxyde de plomb lamellaires, jaunes, brillants, qui peuvent être séparés par l'eau de l'hydrate de potasse qui contient encore de l'oxyde de plomb à l'état de dissolution.

L'*ammoniaque* produit, dans les dissolutions d'oxyde de plomb, un précipité blanc qui est ordinairement formé d'un sel basique de plomb et qui ne se redissout pas dans un excès d'ammoniaque. Une dissolution d'acétate de plomb n'est pas troublée immédiatement par l'ammoniaque, même pour une concentration considérable de la dissolution; ce n'est qu'au bout de quelque temps qu'il se précipite un acétate très basique ou de l'hydrate d'oxyde de plomb.

Une dissolution de *carbonate neutre de potasse* ou *de soude* donne, dans les dissolutions d'oxyde de plomb, un précipité blanc qui est soluble dans l'hydrate de potasse. Il n'est pas tout à fait insoluble dans un excès de la dissolution du carbonate alcalin qui dissout, même à la température ordinaire, une quantité du précipité qui est loin d'être insignifiante. A l'ébullition, la quantité du précipité dissoute est plus forte. Le précipité est formé de carbonate de plomb avec un peu d'hydrate d'oxyde de plomb.

Une dissolution de *bicarbonate de potasse* ou *de soude* produit un précipité de carbonate neutre de plomb dont la formation est accompagnée d'un dégagement d'acide carbonique. Un excès du précipitant ne dissout pas la moindre trace du précipité. Le carbonate neutre de plomb n'est pas décomposé par une dissolution de sulfate neutre de potasse.

Une dissolution de *cyanure de potassium* produit, dans les dissolutions d'oxyde de plomb, un précipité blanc qui est insoluble dans un excès du precipitant. Ce précipité est soluble avec effervescence dans l'acide nitrique et dans l'acide acétique.

Une dissolution de *carbonate d'ammoniaque* se comporte, avec les dissolutions d'oxyde de plomb, comme une dissolution de bicarbonate de potasse. Un excès du précipitant ne dissout pas de trace du précipité.

Une dissolution de *phosphate de soude* forme, dans les dissolutions neutres d'oxyde de plomb, un précipité blanc de phosphate de plomb qui n'est pas soluble dans la dissolution d'oxyde de plomb, mais qui se dissout bien dans une dissolution d'hydrate de potasse pur. Il se dissout bien aussi dans l'acide nitrique, mais non dans l'acide acétique.

Une dissolution d'*acide oxalique* produit immédiatement, dans les dissolutions neutres d'oxyde de plomb, un précipité blanc d'oxalate de plomb qui est soluble dans une dissolution d'hydrate de potasse, aussi bien que dans l'acide nitrique. Lorsqu'on précipite la dissolution d'oxyde de plomb par un excès d'oxyde oxalique et lorsqu'on ajoute alors de l'ammoniaque, la plus grande partie ou même la totalité de l'oxalate de plomb se dissout dans l'oxalate d'ammoniaque.

Le *carbonate de baryte* ne précipite pas à froid l'oxyde de plomb de ses dissolutions, mais il le précipite complétement par une ébullition prolongee.

Une dissolution de *ferrocyanure de potassium* produit dans les dissolutions d'oxyde de plomb un précipité blanc de ferrocyanure de plomb.

Une dissolution de *ferrocyanide de potassium* ne produit pas de précipité dans les dissolutions d'oxyde de plomb, parce que le ferrocyanide de plomb est soluble dans l'eau.

L'*infusion de noix de galles* donne, dans les dissolutions d'oxyde de plomb, un precipité jaunâtre sale.

Le *sulfure d'ammonium* produit dans les dissolutions de plomb un précipité noir de sulfure de plomb qui est insoluble dans un excès du précipitant. Si le sulfure d'ammonium n'a pas été récemment préparé et s'il est d'une couleur très jaune, il peut se former dans les dissolutions d'oxyde de plomb un précipité rouge-brunâtre qui cependant devient toujours noir par le temps. Une dissolution de sulfure de potassium, tel qu'il est contenu dans le foie du soufre ordinaire, produit également dans les dissolutions d'oxyde de plomb un précipité rouge-brunâtre; mais ce précipité devient noir par le temps. Lorsqu'on verse du sulfure d'ammonium sur un sel de plomb insoluble ou peu soluble dans l'eau, il devient immédiatement noir et est transformé en sulfure de plomb.

La dissolution d'*hydrogène sulfuré* ou un courant de gaz hydrogène sulfuré forme, dans les dissolutions neutres et acides d'oxyde de plomb, un précipité noir de sulfure de plomb. Pour une quantité excessivement faible d'oxyde de plomb dissous, l'hydrogène sulfuré, en réagissant sur la liqueur, produit une coloration brune. Si l'on ajoute à une dissolution d'oxyde de plomb une dissolution d'hydrogène sulfuré à laquelle on a ajouté de l'acide chlorhydrique de manière que la dissolution d'hydrogène sulfuré ne prédomine pas, on obtient un précipité rouge ou rouge-brunâtre qui cependant devient noir de lui-même au bout de quelque temps. Si la dissolution d'hydrogène sulfuré est en quantité plus forte, le précipité devient noir immediatement. On obtient un précipité rouge-brunâtre sale qui reste longtemps en suspension, lorsqu'on ajoute une dissolution d'hydrogène sulfuré à une dissolution de sesquichlorure de fer qui contient du chlorure de plomb et de l'acide chlorhydrique libre. Si on laisse le contact se prolonger pendant plusieurs heures, le précipité devient noir et occupe alors un très petit volume. — Si une dissolution d'oxyde de plomb est fortement acide et notamment si elle contient une forte quantité d'acide sulfurique ou d'un autre acide fort, de petites quantités d'oxyde de plomb en dissolution ne peuvent pas être reconnues, au moyen de l'hydrogène sulfuré, par la formation du sulfure de plomb; ce dernier ne se forme que lorsqu'on a saturé l'acide par un oxyde alcalin. Tel est le motif pour lequel on ne peut découvrir, au moyen de l'hydrogène sulfuré, l'oxyde de plomb contenu dans un acide sulfurique commercial. Il faut, dans ce cas, pour que le sulfure de plomb se produise, saturer l'acide libre par l'ammoniaque. En général, le sulfate de plomb n'est transformé facilement en sulfure de plomb, au moyen de l'hydrogène sulfuré, que s'il est en suspension dans une liqueur neutre. S'il est contenu dans une liqueur acide, il faut saturer l'acide par un oxyde alcalin. — Si on fait fondre le sulfure de plomb avec du cyanure de potassium, il est réduit. Il se forme du rhodanure de potassium et du plomb métallique. Ce dernier se sépare sous la forme d'un ou de plusieurs grains et sous la forme d'une poudre noire. Les premiers sont tout à fait exempts de soufre; la seconde en contient encore de très légères traces.

Le *zinc métallique* précipite de ses dissolutions le plomb à l'état metallique, sous forme de lames gris-noirâtre brillantes.

Les dissolutions d'oxyde de plomb sont encore précipitées par quelques réactifs qui ne produisent pas de précipité dans les dissolutions de la plupart des oxydes examinés jusqu'ici.

L'*acide sulfurique* étendu et les dissolutions des *sulfates* donnent, dans les dissolutions d'oxyde de plomb, un précipité blanc de sulfate de plomb, qui est presque insoluble dans l'eau, mais qui est soluble dans une dissolution d'hydrate de potasse. Ce précipité permet surtout de reconnaître la présence de l'oxyde de plomb dans une dissolution, en ce que l'acide sulfurique ne forme qu'avec la baryte, la strontiane, la chaux et le protoxyde de mercure, des combinaisons qui soient insolubles ou peu solubles dans les acides étendus. Le sulfate de plomb se distingue des sulfates formés par les oxydes terreux, en ce qu'il se dissout dans une dissolution d'hydrate de potasse, et surtout aussi en ce qu'il devient instantanément noir lorsqu'on l'humecte avec du sulfure d'ammonium. — Le sulfate de plomb se dissout à chaud dans l'acide chlorhydrique; par le refroidissement, la dissolution laisse déposer des écailles cristallines de chlorure de plomb. Le sulfate de plomb ne se dissout pas à froid dans l'acide chlorhydrique étendu. Il est un peu soluble à chaud dans l'acide nitrique; mais il ne l'est pas si l'acide est étendu. Il est aussi légèrement soluble dans quelques dissolutions salines, et en particulier dans celle d'acétate d'ammoniaque. Lorsqu'on précipite l'oxyde de plomb par un excès d'acide sulfurique et lorsqu'on ajoute ensuite de l'ammoniaque, il se dissout beaucoup de sulfate de plomb dans le sulfate d'ammoniaque. Le sulfate de plomb est le moins soluble dans l'acide sulfurique étendu ainsi que dans l'acide acétique. Le sulfate de plomb est complétement décomposé, même à la température ordinaire, par les dissolutions des carbonates alcalins et même par celles des bicarbonates alcalins et du carbonate d'ammoniaque; il est alors transformé en carbonate de plomb.

L'*acide chlorhydrique* et les *chlorures métalliques* produisent, dans les dissolutions d'oxyde de plomb qui ne sont pas très étendues, un précipité blanc de chlorure de plomb qui se redissout lorsqu'on ajoute une grande quantité d'eau. L'ammoniaque produit, dans cette dissolution du chlorure de plomb, un précipité blanc insoluble qui est une combinaison de chlorure de plomb avec l'oxyde de plomb. — Le précipité formé par l'acide chlorhydrique et par les dissolutions des chlorures métalliques se dissout aussi dans l'hydrate de potasse. Traité par l'ammoniaque, il est transformé en chlorure de plomb basique, mais son aspect extérieur n'est pas modifié. — Le chlorure de plomb est plus soluble dans l'eau pure que dans une eau qui contient de l'acide chlorhydrique libre; par suite, le chlorure de plomb est précipité par l'acide chlorhydrique d'une dissolution aqueuse concentrée.

Une dissolution d'*iodure de potassium* forme, dans les dissolutions d'oxyde de plomb, un précipité jaune d'iodure de plomb qui est soluble dans un grand excès du précipitant, aussi bien que dans une dissolution d'hydrate de potasse. Traité par l'ammoniaque, il devient blanc et se transforme en iodure basique de plomb.

Une dissolution de *chromate de potasse* produit, dans les dissolutions d'oxyde de plomb, un précipité jaune de chromate de plomb qui est insoluble dans l'acide nitrique étendu, mais qui se dissout dans une dissolution de potasse pure; la dissolution paraît jaune. Lorsqu'on fait digérer le précipité avec l'ammoniaque, il devient rougeâtre et se transforme en chromate de plomb basique.

Les sels de plomb solubles dans l'eau se décomposent par la calcination à l'air; cependant le sulfate de plomb n'est pas décomposé par la calcination. Le chlorure de plomb se volatilise surtout au contact de l'air, même à une température qui n'est pas très élevée.

Les combinaisons de carbonate de plomb avec l'hydrate d'oxyde de plomb perdent leur eau à 150 degrés, mais elles absorbent l'acide carbonique de l'air et se transforment presque, à cette température, en carbonate neutre de plomb. Chauffé jusqu'à 200 degrés, ce dernier ne subit pas de modification essentielle; mais lorsqu'on calcine, l'acide carbonique est complétement chassé, à une température même inférieure à celle où l'oxyde commence à fondre.

Les dissolutions des sels neutres de plomb rougissent le papier de tournesol.

La plupart des sels de plomb insolubles dans l'eau se dissolvent dans l'acide nitrique. Si cette dissolution n'est pas trop acide ni trop étendue d'eau, il s'y forme un précipité par l'action de l'acide sulfurique. Le sulfate de plomb n'est pas soluble dans l'acide nitrique étendu; mais on peut facilement le reconnaître pour un sel métallique, en ce qu'il devient noir lorsqu'on l'humecte avec du sulfure d'ammonium, et en ce que, traité par la soude sur le charbon au chalumeau, il donne très facilement du plomb métallique.

L'oxyde de plomb se dissout à chaud, bien qu'un peu lentement, dans une dissolution de chlorure d'ammonium. Il se dissout aussi à chaud, mais encore plus lentement, dans une dissolution de nitrate d'ammoniaque. Si l'on n'en a mis qu'une quantité trop petite, il se sépare un sel basique. Le carbonate de plomb se dissout aussi par l'ébullition, mais lentement, dans une dissolution de chlorure d'ammonium. Si la dissolution est étendue d'eau, elle se trouble; mais elle redevient claire par l'action de la chaleur. Il se dépose, au bout de quelque temps, un précipité cristallin dans lequel l'hydrate de potasse dégage de l'ammoniaque. Le borate de plomb se dissout aussi par une longue ébullition dans une forte proportion d'une dissolution de chlorure d'ammonium.

Lorsqu'on dissout à chaud l'oxyde de plomb dans l'acide phosphorique sirupeux, il se produit une masse incolore qui se dissout complétement dans l'eau. La dissolution se trouble d'elle-même à la température ordinaire, et il se dépose une masse épaisse de phosphate de plomb. On reconnaît la présence de l'oxyde de plomb dans cette dissolution de la même manière que dans les autres dissolutions de plomb.

Si on fait fondre l'oxyde de plomb avec du cyanure de potassium, le plomb est complétement réduit. Après avoir traité la masse fondue par l'eau, on obtient presque tout le plomb réduit sous forme d'un culot, et on n'en obtient qu'une très petite quantité à l'état pulvérulent. Si on laisse pendant très longtemps la dissolution en contact avec le plomb réduit, il peut s'en dissoudre une trace très faible. Si on fait fondre le sulfate et le phosphate de plomb avec du cyanure de potassium, tout le plomb est également réduit à l'état métallique. Dans le premier cas, il ne se forme que peu de rhodanure de potassium, et la plus grande partie de l'acide sulfurique n'est pas réduite. L'acide phosphorique du phosphate de plomb n'est pas réduit par la fusion avec du cyanure de potassium.

Au chalumeau, les sels de plomb peuvent être reconnus, en ce que, mélangés avec la soude, ils sont réduits très facilement sur le charbon par la flamme intérieure et donnent de petits grains de plomb qui peuvent être aplatis par le marteau et qui ne sont pas cassants; en même temps le charbon se recouvre d'une efflorescence jaune. A chaud, cette efflorescence est jaune-citron foncé; à froid, elle est jaune de soufre; en couches étendues, elle est blanc-bleuâtre. Lorsqu'on chauffe le dépôt jaune à la flamme d'oxydation, il change de place sans changer d'aspect; mais lorsqu'on emploie la flamme de réduction, il se volatilise avec une teinte bleu d'azur qui le distingue du dépôt d'oxyde de bismuth.

L'oxyde de plomb pur se réduit de lui-même sur le charbon avec effervescence dans la flamme intérieure, à l'état de globule métallique.

L'oxyde de plomb et ses combinaisons se dissolvent dans le borax sur le fil de platine dans la flamme extérieure et forment une perle jaunâtre claire qui devient incolore par le refroidissement, et qui devient opaque lorsqu'on ajoute une grande quantité de substance et par une insufflation intermittente. L'oxyde de plomb est réduit sur le charbon dans le verre de borax par la flamme intérieure. — L'oxyde de plomb se comporte dans le sel de phosphore sur le fil de platine à la flamme extérieure comme dans le borax; il n'y a qu'une grande quantité d'oxyde qui puisse produire une perle qui soit jaunâtre à chaud. La perle est grise et paraît trouble dans la flamme intérieure sur le charbon. Si on emploie un excès d'oxyde de plomb, le charbon est recouvert d'un dépôt jaune d'oxyde. — L'oxyde de plomb est dissous par la soude sur le fil de platine dans la flamme extérieure et forme une perle claire qui paraît jaunâtre et opaque par le refroidissement (Berzelius et Plattner).

Les dissolutions d'oxyde de plomb peuvent être distinguées très facilement des dissolutions des autres oxydes par leur manière de se comporter avec l'acide sulfurique étendu; elles se distinguent des dissolutions de baryte, de strontiane et de chaux par leur manière de se comporter avec le sulfure d'ammonium et par leurs réactions au chalumeau.

Si une dissolution d'oxyde de plomb contient des substances organiques et si la dissolution a une couleur tout à fait foncée, cela n'empêche pas la précipitation de l'oxyde de plomb par l'acide sulfurique. Dans ce précipité, on reconnaît très facilement la présence de l'oxyde de plomb en le faisant fondre au chalumeau sur le charbon avec la soude. Si la dissolution contient de la gomme, du sucre ou d'autres substances organiques, le sulfate de plomb ne se dépose pas bien, mais il reste longtemps en suspension dans la liqueur, et il ne peut être filtré qu'excessivement difficilement. Il faut observer ici que le sulfate de plomb se dissout très bien et en très grande quantité dans quelques sels formés par les acides organiques, surtout dans le tartrate d'ammoniaque. Cependant l'oxyde de plomb est facilement précipité de ses dissolutions au moyen de l'hydrogène sulfuré et du sulfure d'ammonium.

Si, dans une liqueur qui contient des matières organiques, il n'y a que des traces d'oxyde de plomb, on n'obtient pas de précipité au moyen de l'acide sulfurique. Dans ce cas, on rend la dissolution très légèrement acide au moyen de l'acide nitrique, et l'on y fait passer un courant de gaz hydrogène sulfuré. L'oxyde de plomb est alors complétement précipité à l'état de sulfure de plomb; cependant le précipité ne se dépose complétement qu'au bout de quelque temps. Si le volume de la liqueur est faible, on n'a besoin d'employer qu'un excès de dissolution d'hydrogène sulfuré pour précipiter l'oxyde de plomb à l'état de sulfure de plomb. On le fait fondre aussi avec la soude sur le charbon au chalumeau, pour obtenir le plomb métallique.

Si cependant l'oxyde de plomb est mélangé avec des substances organiques solides ou qui aient la consistance d'une bouillie, le mieux est de mélanger le tout avec du carbonate de soude et de le calciner dans un creuset de Hesse fermé; on doit cependant éviter d'employer une chaleur trop forte pour ne pas volatiliser un peu du plomb réduit. Après le refroidissement, on broie dans un mortier d'agate ou de porcelaine avec de l'eau la masse fondue, et l'on enlève avec soin le charbon par des lavages; il reste dans le mortier du plomb métallique réduit que l'on peut facilement reconnaître pour tel.

Peroxyde de plomb, Oxyde puce de plomb, Acide plombique, PbO^2.

L'acide plombique est ordinairement brun foncé et pulvérulent, ou, lorsqu'il est à l'état cristallisé, brun-noir et très brillant. Il se transforme, par l'action de la chaleur, en oxyde de plomb avec dégagement d'oxygène, sans former d'abord de peroxyde rouge de plomb. Par l'action de l'acide chlorhydrique, il se transforme même à froid en chlorure de plomb, avec dégagement de chlore. Si on le fait chauffer avec l'acide sulfurique, il dégage de l'oxygène et se transforme en sulfate de plomb. Une dissolution d'acide sulfureux produit aussi, lentement à froid, mais plus rapidement à chaud, du sulfate de plomb, sans dégagement d'oxygène.—Soumis à l'ébullition avec l'hydrate de potasse et une très petite quantité d'eau, il se combine avec la potasse et forme un sel blanc déliquescent qui se dissout seulement dans la liqueur alcaline, sans se décomposer. Il produit avec l'eau une liqueur brune qui contient du plombate de potasse, et il se précipite de l'hydrate d'acide plombique (Fremy).

Au chalumeau, l'acide plombique se comporte comme l'oxyde de plomb.

Plombate de plomb, Peroxyde rouge de plomb, Minium (ordinairement $2PbO+PbO^2$).

Le minium est pulvérulent et a une couleur rouge-cinabre. A une faible chaleur, il se colore en noir et redevient rouge par le refroidissement; il est transformé, par une plus forte chaleur, en oxyde de plomb; en même temps il se dégage de l'oxygène. L'oxyde rouge de plomb devient brun par l'action de l'acide nitrique et l'acide acétique; il est alors transformé en peroxyde de plomb, qui ne se dissout pas dans les acides, et en oxyde de plomb, qui s'y dissout. Lorsqu'on traite le peroxyde rouge de plomb par une solution aqueuse de chlore, il se produit du peroxyde brun. Chauffé avec l'acide chlorhydrique, le minium produit du chlorure de plomb; en même temps il se dégage du gaz chlore. Au premier moment de l'action de l'acide chlorhydrique sur le minium à froid, ou bien encore si l'on a employé une faible quantité d'acide chlorhydrique, il se forme un mélange d'oxyde brun de plomb et de chlorure de plomb. Le minium n'est pas attaqué par une dissolution d'hydrate de potasse.

Lorsqu'on traite en même temps le minium par l'acide nitrique et par des substances organiques, un peu de sucre par exemple, il ne se forme pas de peroxyde brun de plomb, mais le minium se transforme en oxyde de plomb qui se dissout dans l'acide; en même temps il se produit un dégagement d'acide carbonique. Cependant la dissolution est, en général, légèrement troublée par un peu d'oxalate de plomb qui s'est formé et qui reste en suspension. La silice, la poudre de brique et les autres matières qui sont mélangées au minium et le rendent impur, restent à l'état insoluble et peuvent alors être reconnues.

Au chalumeau, le peroxyde rouge de plomb se comporte comme l'oxyde, puisque, par l'action de la chaleur, le peroxyde rouge se transforme en oxyde.

XXVI. — BISMUTH, Bi.

La couleur du bismuth métallique est d'un blanc d'argent rougeâtre; il a un éclat brillant et une structure fortement lamellaire. Il est cassant et se laisse facilement réduire en poudre. Il fond plus facilement que le plomb, même à une température d'environ 260 degrés, et peut être volatilisé à l'abri du contact de l'air, bien que ce ne soit qu'à une très haute température. Si l'on verse sur une plaque froide du bismuth fondu qui contient de très petites quantités de métaux étrangers, et notamment un peu de soufre, il se sépare, pendant la solidification, un grand nombre de petits globules de bismuth. Ces globules sont formés de bismuth pur, ou qui ne contient que de très petites quantités d'argent. Ce phénomène n'a pas lieu pour le bismuth pur ni pour celui qui ne contient que de très petites quantités d'argent. Les combinaisons du bismuth avec les autres métaux et avec le soufre se solidifient plus tôt que le bismuth pur ou que le bismuth contenant un peu d'argent, et en même temps qu'elles se dilatent en se solidifiant, elles séparent de leur masse le bismuth pur encore liquide (Schneider). — Fondu au chalumeau sur le charbon, le bismuth donne un dépôt jaune d'oxyde qui disparaît à la flamme de réduction sans prendre une teinte bleu d'azur. Le bismuth métallique se conserve sans se modifier non-seulement à l'air atmosphérique sec, mais encore à l'air humide.

En contact avec l'eau, il se transforme très lentement, sur quelques points, en carbonate de bismuth et en hydrate d'oxyde de bismuth; le reste de la surface du métal devient brun-rouge, et finalement bleu de violette. Si l'on chauffe le bismuth au contact de l'air jusqu'à son point de fusion, il s'enflamme et brûle avec une flamme blanche légèrement bleuâtre; il se forme alors de l'oxyde de bismuth. — Le poids spécifique du bismuth est de 9,79.

L'acide chlorhydrique dissout très difficilement le bismuth à chaud avec dégagement d'hydrogène, et encore n'est-ce qu'en très petite quantité. Le bismuth est dissous par l'acide nitrique, même à la température ordinaire; la dissolution contient de l'oxyde de bismuth. Lorsqu'on traite le bismuth en poudre par l'acide nitrique fumant, l'action est si vive que le bismuth est chauffé jusqu'au rouge. L'acide sulfurique n'agit sur le bismuth qu'à chaud et s'il est concentré; il le transforme en sulfate de bismuth, avec dégagement d'acide sulfureux. Si l'on fait passer à chaud du chlore gazeux sur le bismuth, on obtient du chlorure de bismuth, qui se volatilise à une température élevée. — Au rouge blanc, le bismuth métallique peut décomposer l'eau avec dégagement d'hydrogène; il se forme de l'oxyde de bismuth, mais la décomposition a lieu très lentement.

PROTOXYDE DE BISMUTH, BiO.

On peut obtenir le protoxyde de bismuth en mêlant une dissolution très étendue de tartrate d'oxyde de bismuth et de protochlorure d'étain, à poids atomiques égaux, avec une dissolution d'hydrate de potasse de moyenne concentration, en traitant ensuite, par une dissolution concentrée de potasse, le précipité qui est formé de stannate de protoxyde de bismuth et séparant ainsi l'acide stannique; si l'on dessèche alors le protoxyde de bismuth à l'abri de l'air, il a l'aspect d'une poudre gris-noirâtre, cristalline, qui, frottée sur un corps dur, donne un trait noir foncé, mais qui n'a pas l'éclat métallique. Même à la température ordinaire, il a une tendance à passer à un degré supérieur d'oxydation. Chauffé en présence de l'air, il brûle et se transforme en oxyde. A l'état humide, il se recouvre très rapidement d'une pellicule blanche d'hydrate d'oxyde de bismuth. Par l'action des acides forts, il se décompose en métal et en oxyde de bismuth, qui se dissout dans l'acide; on n'a pu jusqu'ici le combiner qu'à l'acide stannique et à l'acide tartrique, de manière à former des combinaisons salines. Il se sépare du stannate de protoxyde de bismuth par l'addition de plusieurs sels (carbonate de soude, sulfate de soude, chlorure de sodium, etc.), lorsqu'on dissout du tartrate de potasse et de protoxyde d'étain avec du tartrate de potasse et de protoxyde de bismuth dans une dissolution de potasse, de manière à former une liqueur brune.

Le chlorure correspondant au protoxyde, obtenu en chauffant du bismuth en poudre avec du protochlorure de mercure, est une masse noire, non cristalline, qui attire facilement l'humidité et qui est décomposée par l'eau en sesquichlorure basique de bismuth et en bismuth métallique. Les acides étendus dissolvent le premier, tandis que le dernier reste à l'état insoluble. Une dissolution d'hydrate de potasse en sépare du protoxyde de bismuth noir, qui passe facilement à un degré supérieur d'oxydation. Chauffé jusqu'à 300 degrés, il se décompose en sesquichlorure de bismuth et en bismuth métallique.

Par l'action du gaz hydrogène sulfuré, que l'on fait passer à l'état de gaz dans une dissolution de stannate de protoxyde de bismuth dans l'hydrate de potasse, on obtient un sulfure correspondant au protoxyde : c'est une poudre noire, sans éclat, qui, frottée avec les corps durs, prend presque l'éclat metallique; elle est décomposée par l'acide chlorhydrique en sesquichlorure de bismuth qui se dissout et en bismuth métallique. A la température de la fusion, la combinaison se décompose en sulfure de bismuth plus sulfuré et en bismuth métallique (Schneider).

Sesquioxyde de bismuth, Bi^2O^3.

Le sesquioxyde de bismuth à l'état pur possède une couleur jaune; il prend une couleur plus foncée par l'action de la chaleur, mais il reprend sa couleur ordinaire par le refroidissement. Sous l'influence de la lumière solaire, le sesquioxyde de bismuth ne devient ni gris ni grisâtre lorsqu'il est pur; mais cela a lieu lorsqu'il contient des traces d'oxyde d'argent ou de chlorure d'argent. A une température plus élevée, l'oxyde se fond en un verre qui est jaune, et cristallin par le refroidissement. Il n'est pas volatil. Si l'on fait passer à chaud du chlore gazeux sur du sesquioxyde de bismuth, il se degage de l'oxygène, et le sesquioxyde est transformé en sesquichlorure de bismuth qui se sublime. Par la calcination avec des substances organiques ou de la poudre de charbon, aussi bien que par l'action de l'hydrogène, le sesquioxyde de bismuth est transformé très facilement en bismuth métallique. Le sesquioxyde de bismuth se dissout facilement dans les acides.

L'hydrate de sesquioxyde de bismuth est blanc.

Beaucoup de sels de bismuth se dissolvent bien dans l'eau; mais la dissolution n'est pas complète, attendu que l'eau en précipite même à froid un sel basique, tandis qu'il reste en dissolution dans la liqueur de l'acide libre qui retient tantôt plus, tantôt moins d'oxyde en dissolution. Le sel basique qui se sépare, est en partie insoluble, en partie peu soluble, et rend la liqueur laiteuse. Si on lui ajoute une quantité suffisante d'acide nitrique ou d'acide chlorhydrique, le sel basique qui se sépare se redissout complétement, et la liqueur devient claire. La décomposition du nitrate de sesquioxyde de bismuth en un sel basique exige vingt ou trente fois autant d'eau. Si l'on en ajoute une plus grande quantité, et si la solution contient tant soit peu d'acide nitrique libre, l'eau dissout complétement le sel basique. Le chlorure basique de bismuth, qui s'est formé par la décomposition du chlorure de bismuth au moyen de l'eau, est tout à fait insoluble dans l'eau; il ne peut être dissous que par une quantité suffisante d'un acide. C'est par suite de cette insolubilité du chlorure basique de bismuth qu'il se forme un précipité dans une dissolution de nitrate basique de bismuth dans une grande quantité d'eau, non-seulement au moyen des dissolutions de chlorure de sodium et des autres chlorures métalliques, mais même au moyen de petites quantités d'acide chlorhydrique libre. De plus grandes quantités de ce dernier redissolvent cependant le précipité. — Le sesquichlorure de bismuth ne se décompose pas par l'action de l'alcool concentré.

Une dissolution d'*hydrate de potasse* produit, dans les dissolutions de sesquioxyde de bismuth, un précipité blanc d'hydrate de sesquioxyde de bismuth qui est insoluble dans un excès du précipitant.

L'*ammoniaque* agit de même.

Une dissolution de *carbonate neutre de potasse* ou *de soude* produit, dans les dissolutions de sesquioxyde de bismuth, un précipité blanc de carbonate de sesquioxyde de bismuth, qui est également insoluble dans un excès du précipitant.

Une dissolution de *bicarbonate de potasse* ou *de soude* donne le même précipité, avec dégagement de gaz acide carbonique.

Une dissolution de *cyanure de potassium* produit, dans les dissolutions de sesquioxyde de bismuth, un précipité blanc qui ne se dissout pas dans un excès du précipitant; il est cependant soluble dans les acides.

Une dissolution de *carbonate d'ammoniaque* se comporte comme une dissolution de carbonate de potasse.

Une dissolution de *phosphate de soude* produit un précipité blanc de phosphate de sesquioxyde de bismuth qui se dissout plus facilement dans l'acide chlorhydrique que dans l'acide nitrique; il n'est cependant pas soluble dans un excès de la dissolution de sesquioxyde de bismuth.

Une dissolution d'*acide oxalique* ne produit pas immédiatement de précipité : ce n'est qu'au bout de quelque temps qu'il se forme un précipité cristallin d'oxalate de sesquioxyde de bismuth. Ce précipité est soluble dans l'acide chlorhydrique, mais peu soluble dans l'acide nitrique.

Le *carbonate de baryte* précipite totalement, même à froid, le sesquioxyde de bismuth de ses dissolutions. La présence de l'acide chlorhydrique ou des chlorures métalliques n'empêche pas la précipitation complète de l'oxyde au moyen du carbonate de baryte.

Une dissolution de *ferrocyanure de potassium* produit, dans les dissolutions de sesquioxyde de bismuth, un précipité blanc de ferrocyanure de bismuth qui est insoluble dans l'acide chlorhydrique.

Une dissolution de *ferrocyanide de potassium* donne un précipité jaune pâle de ferrocyanide de bismuth, qui ne se dissout pas dans l'acide chlorhydrique.

L'*infusion de noix de galles* produit un précipité jaunâtre dans les dissolutions d'oxyde de bismuth.

Le *sulfure d'ammonium* forme un précipité noir de sulfure de bismuth qui, pour de petites quantités, est brun très foncé et qui est insoluble dans un excès du précipitant.

La dissolution d'*hydrogène sulfuré* produit un précipité noir de sulfure de bismuth; ce précipité se produit aussi dans les dissolutions acides. Lorsqu'une dissolution ne contient que de petites quantités de sesquioxyde de bismuth, le précipité est brun foncé. Il est réduit facilement à l'état de bismuth métallique lorsque, après l'avoir mélangé avec la soude, on le chauffe sur le charbon à la flamme intérieure du chalumeau. — Le sulfure de bismuth, même celui qui a été obtenu par la fusion du soufre et du bismuth métallique, lorsqu'on le calcine hors du contact de l'air atmosphérique ou dans une atmosphère de gaz acide carbonique, perd la plus grande partie et enfin presque la totalité de son soufre, et se transforme en bismuth métallique. — Le sulfure de bismuth perd une partie de son soufre lorsqu'on le calcine à l'abri du contact de l'air, et la quantité de soufre qu'il perd est d'autant plus grande que la calcination a duré plus longtemps. Si on fait fondre le sulfure de bismuth avec du cyanure de potassium, il est complétement réduit à l'état métallique avec formation de rhodanure de potassium.

Même lorsque les dissolutions de bismuth ont été rendues laiteuses par une addition d'eau, le *zinc métallique* en précipite le bismuth à l'état métallique, sous la forme d'une poudre noire spongieuse.

Les dissolutions de sesquioxyde de bismuth peuvent encore être reconnues par les réactifs suivants :

Une dissolution d'*iodure de potassium* produit, dans les dissolutions de sesquioxyde de bismuth, un précipité brun d'iodure de bismuth qui se dissout facilement dans un excès du précipitant.

Une dissolution de *chromate de potasse* produit, dans les dissolutions de sesquioxyde de bismuth, un précipité jaune de chromate de sesquioxyde de bismuth qui est soluble dans l'acide nitrique étendu.

Les sels de sesquioxyde de bismuth se décomposent lorsqu'on les calcine au contact de l'air. Le chlorure de bismuth est complétement volatil hors du contact de l'air.

Les dissolutions des sels de sesquioxyde de bismuth qui, à l'état de dissolution, contiennent toujours un acide libre, rougissent le papier de tournesol.

Les sels de sesquioxyde de bismuth insolubles dans l'eau se dissolvent dans les acides; leurs dissolutions, surtout celles qui ont été opérées au moyen de l'acide chlorhydrique, deviennent laiteuses lorsqu'on leur ajoute de l'eau, et lorsque la quantité d'acide employée pour opérer la dissolution n'a pas été trop grande. La dissolution d'hydrogène sulfuré y produit un précipité brun foncé ou noir qui peut être réduit facilement à l'état de globules de bismuth au chalumeau sur le charbon au moyen de la soude.

Le sesquioxyde de bismuth ne peut pas décomposer, par l'ébullition, la dissolution de chlorure d'ammonium. L'oxyde lavé n'a pas absorbé d'ammoniaque.

Le sesquioxyde de bismuth se dissout à chaud dans l'acide phosphorique sirupeux, et forme une masse incolore qui se dissout complétement et en toute proportion dans l'eau, à la température ordinaire, sans que l'eau soit troublée. Il ne commence à se produire de trouble que si la dissolution a été maintenue pendant longtemps à l'air, ou bien si elle a été soumise à l'ébullition. Les dissolutions d'hydrate de potasse, de carbonate d'ammoniaque et l'ammoniaque y forment des précipités, comme dans les autres dissolutions de sesquioxyde de bismuth.

Si on fait fondre le sesquioxyde de bismuth avec du cyanure de potassium, on obtient une masse transparente au sein de laquelle se trouve le bismuth réduit et fondu en un culot. Il n'y a qu'une très petite quantité du métal qui se sépare à l'état pulvérulent.

Au chalumeau, les sels de sesquioxyde de bismuth, même le sulfure de bismuth, peuvent être très bien reconnus, en ce que, mélangés avec la soude, ils peuvent être réduits très facilement, par la flamme intérieure, à l'état de globules de bismuth métallique qui éclatent sous le marteau et sont cassants; en même temps le charbon se recouvre d'une efflorescence analogue à celle qui a lieu pour les sels de plomb qui subissent un traitement analogue. Le dépôt est jaune-orangé foncé à chaud; il est jaune-citron après le refroidissement; il est blanc-bleuâtre lorsque les couches sont minces. Aussi bien à chaud qu'à froid, il est plus foncé que celui formé par le plomb dans les mêmes circonstances. Si on le traite par la flamme de réduction, il disparaît sans colorer la flamme extérieure, ce qui le distingue du dépôt d'oxyde de plomb.

Le sesquioxyde de bismuth, même seul et sans addition de soude, est facilement réduit sur le charbon dans la flamme intérieure.

Il se dissout facilement dans le borax sur le fil de platine, et forme une perle claire qui est jaune aussi longtemps qu'elle est chaude, lorsque la quantité de substance ajoutée n'est pas trop forte, et qui devient incolore par le refroidissement. Lorsque la quantité de substance ajoutée est plus grande, la perle est jaune-rougeâtre à chaud; elle devient jaune pendant qu'elle se refroidit, et opaline lorsqu'elle est complétement refroidie. La perle de borax devient grise et trouble dans la flamme intérieure sur le charbon; elle commence ensuite à bouillir, et le sesquioxyde est réduit. La perle redevient alors complétement claire. Par l'addition de l'étain, la perle de borax devient d'abord grise, et quand tout le sesquioxyde de bismuth est réduit, elle devient claire et incolore.

Dans le sel de phosphore sur le fil de platine, le sesquioxyde de bismuth est dissous, et, pour une petite quantité, forme une perle claire, incolore. Si l'on en ajoute une plus grande quantité, la perle devient jaune à chaud et incolore après le refroidissement. Pour une certaine quantité de sesquioxyde de bismuth ajouté, elle peut devenir blanc d'émail par une insufflation intermittente, et, pour une plus grande quantité, elle peut devenir d'elle-même blanc d'émail après le refroidissement. Dans la flamme intérieure sur le charbon, la perle de sel de phosphore, surtout lorsqu'on lui a ajouté de l'étain, devient incolore et claire à chaud; mais elle devient gris-noirâtre et opaque après le refroidissement Berzelius et Plattner .

Les sels de sesquioxyde de bismuth en dissolution peuvent être facilement reconnus par leur manière de se comporter avec l'eau, surtout lorsqu'ils contiennent un peu d'acide chlorhydrique ou un peu de la dissolution d'un chlorure metallique, et par leur manière de se comporter avec le sulfure d'ammonium. Ils se distinguent des dissolutions d'oxyde de plomb par leur manière de se comporter avec une dissolution d'hydrate de potasse, et aussi en ce que l'acide sulfurique étendu ne produit pas de précipité dans les dissolutions de sesquioxyde de bismuth. Les globules de bismuth, réduits au chalumeau, se distinguent des globules de plomb réduits par leur propriété d'être cassants.

La précipitation des dissolutions de sesquioxyde de bismuth, au moyen de l'eau et des alcalis, n'est pas empêchée par la présence des substances organiques non volatiles, et en particulier de l'acide tartrique; mais la liqueur devient complétement claire lorsqu'on la sursature au moyen de l'ammoniaque, de l'hydrate de potasse et des carbonates alcalins.

Acide bismuthique, Bi^2O^5.

Si on l'obtient en traitant par le chlore gazeux l'hydrate de sesquioxyde de bismuth en suspension dans une lessive de potasse bouillante, et en le séparant du sesquioxyde de bismuth au moyen de l'acide nitrique étendu, l'acide bismuthique présente l'aspect d'une poudre colorée en rouge clair. Il contient de l'eau. A une température un peu plus élevée que le point d'ébullition de l'eau, il perd son eau et aussi une partie de son oxygène, et forme des combinaisons de sesquioxyde de bismuth avec l'acide bismuthique. Par la calcination, il se transforme entièrement en sesquioxyde de bismuth. — L'acide sulfurique en dégage de l'oxygène, et le transforme en sulfate de sesquioxyde de bismuth. Il n'est pas profondément modifié par l'acide nitrique étendu, mais il l'est par l'acide nitrique concentré, qui en dégage de l'oxygène et qui forme du nitrate de sesquioxyde de bismuth. L'acide chlorhydrique le décompose et le transforme en sesquichlorure de bismuth, avec degagement de chlore. Il est dissous en petite quantité par une dissolution d'hydrate de potasse; la dissolution est rouge. Si on l'étend d'eau, la plus grande partie de l'acide bismuthique est précipitée à l'état de bismuthate acide de potasse (Arppe).

L'acide bismuthique se combine avec le sesquioxyde de bismuth en plusieurs proportions et forme des combinaisons qui ont une couleur variable, et auxquelles l'acide nitrique étendu enlève le sesquioxyde de bismuth, tandis que l'acide bismuthique reste à l'état insoluble. Ces combinaisons ont les propriétés par lesquelles l'acide bismuthique se distingue; et en particulier, lorsqu'on les traite par l'acide chlorhydrique, elles forment du sesquichlorure de bismuth en produisant un dégagement de chlore.

XXVII. — **URANIUM**, U.

L'uranium à l'état métallique est une poudre noire qui s'enflamme par une faible chaleur au contact de l'air, et brûle avec un phénomène d'incandescence très vive; on peut cependant le fondre en petits globules qui sont malléables, mais durs et qui peuvent être entamés par l'acier. La couleur est analogue à celle du nickel et du fer. L'uranium n'est pas oxydé par l'eau. A l'air, il devient bientôt jaunâtre; au rouge, il s'oxyde avec une vive incandescence et se recouvre d'oxyde noir. Son poids spécifique est de 18,4. Il se dissout dans les acides étendus avec dégagement d'hydrogène. Il se combine au chlore avec dégagement de lumière (Péligot).

Protoxyde d'uranium, UO.

Le protoxyde d'uranium, ou bien se présente sous la forme d'une poudre brune lorsqu'il a été obtenu par la calcination de l'uranate de protoxyde d'uranium ou de l'oxalate de sesquioxyde d'uranium dans un courant de gaz hydrogène, ou bien il forme de petits octaèdres noirs lorsqu'on l'a obtenu en calcinant, dans un courant d'hydrogène, le sel double formé par la combinaison du chlorure d'uranium avec les chlorures alcalins, et traitant ensuite la masse par l'eau. La poudre formée par ces cristaux est rouge foncé. L'hydrate de protoxyde est brun foncé.

Le protoxyde d'uranium calciné est insoluble dans les acides, à l'exception de l'acide sulfurique concentré et des acides oxydants, comme l'acide nitrique, qui le transforment en oxyde d'uranium.

Le protochlorure d'uranium à l'etat anhydre est cristallin, de couleur vert foncé, très volatil, très friable; il se dissout facilement dans l'eau.

Les sels de protoxyde d'uranium sont verts; leurs dissolutions aqueuses sont également vertes. Elles s'oxydent au contact de l'air et se transforment en sels d'oxyde d'uranium.

Les dissolutions d'*hydrate de potasse* en précipitent de l'hydrate de protoxyde d'uranium.à l'état de précipité brun. — Les dissolutions des *carbonates alcalins* y produisent des précipités verts de sels basiques. — Une dissolution de *phosphate de soude* y donne un précipité vert gélatineux. — L'*acide oxalique* y produit un précipité vert-grisâtre. — Une dissolution de *ferrocyanure de potassium* précipite le protoxyde d'uranium de ses dissolutions à l'état de ferrocyanure d'uranium de couleur jaune claire. — L'*hydrogène sulfuré gazeux* ne produit pas de précipité dans les dissolutions neutres ni dans les dissolutions acides de protoxyde d'uranium; mais le *sulfure d'ammonium* produit dans les dissolutions neutres un précipité noir.

Oxyde d'uranium, Acide uranique, U^2O^3.

Recemment précipité, l'oxyde d'uranium à l'état d'hydrate possède une couleur jaune. A une température d'environ 300 degrés, il perd son eau et devient rouge-brique; par la calcination, il est réduit à l'état d'uranate de protoxyde d'uranium; il est alors vert-noirâtre foncé. Si l'oxyde d'uranium a été précipité de sa dissolution au moyen de la potasse ou de la soude, ou si la précipitation a eu lieu, au moyen de l'ammoniaque, dans une dissolution qui contient une forte proportion de ces oxydes alcalins ou des oxydes alcalino-terreux, le précipité devient rouge-orangé par la calcination, et est formé alors par les bases fixes et l'oxyde d'uranium qui est combiné chimiquement avec elles, et qui peut être calciné sous cet état sans être réduit à l'état d'uranate de protoxyde d'uranium.—L'hydrate d'oxyde d'uranium rougit le papier de tournesol humide et se dissout bien dans les acides; sa dissolution est jaune, et se comporte avec les réactifs de la manière suivante :

Une dissolution d'*hydrate de potasse* y produit un précipité jaune d'uranate de potasse, qui est insoluble dans un excès du précipitant.

L'*ammoniaque* agit de même; seulement le précipité est formé d'uranate d'ammoniaque.

Une dissolution de *carbonate neutre de potasse* ou *de soude* produit, dans les dissolutions d'oxyde d'uranium, un précipité jaune de carbonate de potasse ou de soude et d'oxyde d'uranium, qui est soluble dans un excès du précipitant. Au bout de quelque temps, il se forme dans cette dissolution un précipité jaune.

Une dissolution de *bicarbonate de potasse* ou *de soude* donne, dans les dissolutions d'oxyde d'uranium, un précipité jaune de carbonate de potasse ou de soude et d'oxyde d'uranium qui se dissout facilement dans un excès du précipitant. La dissolution est jaune. Il ne s'en sépare pas de précipité jaune, même au bout de quelque temps.—Lorsqu'on ajoute à la dissolution une dissolution d'hydrate de potasse, tout l'oxyde d'uranium est précipité. Si la dissolution d'oxyde d'uranium dans le bicarbonate de potasse contient assez peu d'oxyde pour que la liqueur paraisse incolore, la dissolution de potasse y produit néanmoins un précipité jaune clair, sinon immédiatement, du moins au bout de quelque temps.

Une dissolution de *cyanure de potassium* produit, dans les dissolutions d'oxyde d'uranium, un précipité jaune, qui ne se dissout pas complétement dans un grand excès du précipitant.

Une dissolution de *carbonate d'ammoniaque* se comporte comme une dissolution de bicarbonate de potasse.

Une dissolution de *phosphate de soude* produit, dans les dissolutions d'oxyde d'uranium, lorsqu'elles ne contiennent pas une trop grande quantité d'acide libre, un précipité blanc de phosphate d'oxyde d'uranium qui a une pointe de jaune.

Le *carbonate de baryte* précipite immédiatement et complétement à froid l'oxyde d'uranium de ses dissolutions. Une dissolution de nitrate d'oxyde d'uranium qui n'est pas trop étendue forme immédiatement, lorsqu'on lui ajoute du carbonate de baryte, un précipité mucilagineux, abondant.

Une dissolution de *ferrocyanure de potassium* produit, dans les dissolutions d'oxyde d'uranium, un précipité rouge-brun.

Une dissolution de *ferrocyanide de potassium* ne donne pas de précipité dans les dissolutions d'oxyde d'uranium.

L'*infusion de noix de galles* produit, dans les dissolutions neutres d'oxyde d'uranium, un précipité brun foncé.

Le *sulfure d'ammonium* produit, dans les dissolutions d'oxyde d'uranium, un précipité brun foncé de sulfure d'uranium qui ne se dissout pas sensiblement dans un excès du précipitant; la liqueur qui surnage le précipité est cependant d'abord noire; mais bientôt le précipité se dépose complétement.

La dissolution d'*hydrogène sulfuré* ne produit pas de précipité dans les dissolutions d'oxyde d'uranium.

Le *zinc métallique* ne précipite pas l'oxyde d'uranium de ses dissolutions, ou ne le précipite qu'au bout d'un temps très long, à l'état d'oxyde d'uranium.

Les sels d'oxyde d'uranium, solubles dans l'eau, se décomposent lorsqu'on les calcine au contact de l'air.

Les dissolutions des sels neutres d'oxyde d'uranium rougissent le papier de tournesol.

Les sels d'oxyde d'uranium, insolubles dans l'eau, se dissolvent presque tous dans l'acide chlorhydrique. Quelques-uns d'entre eux, comme le phosphate d'oxyde d'uranium par exemple, se comportent souvent d'une manière tellement analogue à l'oxyde d'uranium qu'on peut, dans les recherches analytiques, ne pas s'apercevoir de la présence de l'acide qui est combiné à l'oxyde d'uranium. Le mieux est de dissoudre dans l'acide chlorhydrique la combinaison d'oxyde d'uranium, de sursaturer la dissolution par l'ammoniaque et d'ajouter du sulfure d'ammonium. On fait ensuite digérer le précipité avec l'acide nitrique; la dissolution filtrée contient alors l'oxyde d'uranium à l'état de dissolution. Dans la liqueur que l'on a séparée du sulfure d'uranium par filtration, on retrouve l'acide qui était combiné avec l'oxyde d'uranium.

Le chlorure d'ammonium ne décompose pas à chaud la dissolution d'oxyde d'uranium, mais il s'en dissout une très petite quantité.

Lorsqu'on fait chauffer l'oxyde d'uranium avec l'acide phosphorique sirupeux, on obtient une masse jaunâtre qui est complétement soluble dans l'eau; la dissolution a une couleur jaunâtre. L'hydrate de potasse produit dans cette dissolution un précipité jaune, mais l'ammoniaque et les carbonates alcalins n'en produisent pas.

Au chalumeau, l'oxyde d'uranium et ses sels peuvent être facilement reconnus, en ce qu'ils sont solubles dans le sel de phosphore sur le fil de platine par l'action de la flamme extérieure et forment une perle jaune claire qui devient jaune-verdâtre par le refroidissement. Au feu de réduction, la perle est verte, et, par le refroidissement, elle est d'un vert encore plus pur. Ce caractère distingue l'oxyde d'uranium du sesquioxyde de fer. Lorsqu'on dissout l'oxyde d'uranium dans le borax sur le fil de platine, la coloration est d'un jaune net dans la flamme extérieure; pour une forte saturation, la perle devient d'un jaune d'émail par une insufflation intermittente, ce qui n'arrive pas pour la perle formée par le borax avec le sesquioxyde de fer avec lequel l'oxyde d'uranium a du reste quelque analogie. Dans la flamme intérieure, la couleur est verte, comme pour une dissolution de sesquioxyde de fer dans le borax. Le verre saturé peut devenir noir par une insufflation intermittente, mais il ne prend jamais l'aspect de l'émail. L'oxyde d'uranium n'est pas dissous par la soude sur le charbon; il n'est pas réduit non plus, ce qui le distingue essentiellement du sesquioxyde de fer (Berzelius).

L'oxyde d'uranium en dissolution se distingue par la couleur jaune du précipité qui se produit dans les dissolutions d'oxyde d'uranium au moyen des alcalis purs et carbonatés, et aussi par la solubilité du précipité dans les carbonates alcalins, caractères qui ne permettent de le confondre avec aucune des bases dont il a été question précédemment.

Si une dissolution d'oxyde d'uranium contient des substances organiques non volatiles, et surtout de l'acide tartrique, l'oxyde n'est pas précipité par les alcalis. L'alcool réduit à l'état de protoxyde l'oxyde d'uranium contenu dans les dissolutions de beaucoup de sels, spécialement en présence de la lumière solaire.

La combinaison d'oxyde d'uranium et de protoxyde d'uranium $UO+U^2O^3$ se forme par la calcination de l'hydrate d'oxyde d'uranium; elle a une couleur vert-noirâtre foncé. Lorsqu'elle est divisée en poudre très fine, elle est un peu plus claire. Elle n'est pas attaquée à froid par les acides étendus. L'acide nitrique la dissout bien; mais la dissolution contient de l'oxyde d'uranium. L'acide sulfurique, qui a été étendu d'une très grande quantité d'eau, la dissout à chaud et forme une liqueur verte. Si on la fait digérer avec l'acide chlorhydrique, elle se dissout; cependant il reste une poudre brune qui contient plus de protoxyde que la combinaison d'oxyde d'uranium et de protoxyde d'uranium : l'oxyde d'uranium se dissout par conséquent de préférence.

La dissolution de la combinaison des deux oxydes dans l'acide sulfurique se comporte avec les réactifs de la manière suivante :

Une dissolution d'*hydrate de potasse* y produit un précipité brun volumineux d'hydrate de la combinaison des deux oxydes, qui est insoluble dans un excès du précipitant.

L'*ammoniaque* donne un précipité brun-noirâtre qui est également insoluble dans un excès du précipitant. La couche supérieure du précipité est ordinairement jaune et est formée d'hydrate d'oxyde, tandis que la couche inférieure qui s'est précipitée d'abord, est formée plutôt d'hydrate de protoxyde.

Une dissolution de *carbonate neutre de potasse* produit un précipité verdâtre sale, qui est soluble dans un grand excès du précipitant.

Une dissolution de *bicarbonate de potasse* agit de la même manière; seulement le précipité est encore plus soluble dans un excès du précipitant.

Une dissolution de *carbonate d'ammoniaque* se comporte comme une dissolution de bicarbonate de potasse.

Une dissolution de *phosphate de soude* produit un précipité blanc-verdâtre sale, lorsque la dissolution ne contient pas une grande quantité d'acide libre.

Une dissolution d'*acide oxalique* produit très rapidement, même dans les dissolutions très acides, un précipité vert-jaunâtre clair sale.

Une dissolution de *ferrocyanure de potassium* produit un précipité rouge-brun.

Une dissolution de *ferrocyanide de potassium* ne produit pas immédiatement de précipité; néanmoins, après un temps assez long, il se forme un précipité rouge-brun.

Le *sulfure d'ammonium* produit dans la dissolution, lorsqu'elle a été aussi exactement neutralisée que possible, un précipité noir qui se dépose bien et qui n'est pas soluble dans un excès du précipitant.

La dissolution d'*hydrogène sulfuré* ne produit pas de précipité.

Au chalumeau, la combinaison des deux oxydes se comporte comme l'oxyde d'uranium.

Les dissolutions de la combinaison des deux oxydes peuvent être distinguées des autres substances surtout en ce qu'on la transforme, en la traitant par l'acide nitrique, en oxyde dont on peut reconnaître la présence par les moyens indiqués précédemment (p. 144). Sous forme solide, la combinaison des deux oxydes peut être facilement reconnue au moyen du chalumeau.

XXVIII. — CUIVRE, Cu.

Le cuivre a une couleur rouge spéciale et un éclat métallique très prononcé; le cuivre, même très divisé, comme celui, par exemple, qu'on obtient par la réduction de l'oxyde de cuivre au moyen du gaz hydrogène, présente un éclat métallique très prononcé, lorsqu'on le comprime ou lorsqu'on le frotte avec un corps dur. Il est très extensible, et a une plus grande dureté que l'argent. Son poids spécifique est de 8,93 à 8,95. Il ne fond qu'à une température qui est peu différente de celle de la fusion de l'or, mais qui est un peu plus faible. A la température ordinaire, le cuivre n'est pas modifié par l'air atmosphérique ; il est aussi très peu oxydé par l'air complétement saturé d'humidité, aussi bien que par l'eau qui contient de l'air. Il ne se forme du carbonate de cuivre vert que lorsque le cuivre contient de l'eau et de l'air. Humecté avec un acide, même un acide très faible, le cuivre s'oxyde assez rapidement par le contact de l'air. Par la calcination à l'air, le cuivre s'oxyde et se recouvre d'une couche noire d'oxyde de cuivre, qui se détache facilement par le refroidissement. Une flamme, surtout une flamme très éclatante, est colorée en vert par les parcelles de cuivre qu'on y jette.

Le cuivre métallique pur, lorsqu'il est complétement à l'abri du contact de l'air, est insoluble dans l'acide chlorhydrique, même à chaud; cependant, en présence de l'air, l'acide chlorhydrique dissout une petite quantité de cuivre. La dissolution contient ordinairement alors du protochlorure de cuivre. L'acide iodhydrique concentré dissout, au contraire, avec promptitude le cuivre métallique à chaud, avec dégagement d'hydrogène; si on allume le gaz, il brûle avec une flamme d'un beau vert-émeraude; par le refroidissement, il se dépose de la dissolution acide des cristaux blancs d'iodure de cuivre. La dissolution, étendue d'eau, laisse précipiter de l'iodure de cuivre blanc. L'acide iodhydrique étendu est sans action sur le cuivre métallique. Une dissolution concentrée d'iodure de potassium dissout aussi à chaud le cuivre métallique. Si on la mêle avec de l'eau, elle laisse précipiter de l'iodure de cuivre blanc. L'acide nitrique dissout bien le cuivre, avec dégagement de bioxyde de nitrogène; la dissolution contient de l'oxyde de cuivre. L'acide sulfurique très étendu a bien moins d'action sur le cuivre, ou même n'en a pas du tout; mais l'acide sulfurique concentré le transforme à chaud en sulfate de cuivre, avec dégagement d'acide sulfureux. Chauffé dans une atmosphère de chlore gazeux, le cuivre forme un mélange de bichlorure et de protochlorure de cuivre. Ce dernier ne se transforme que très lentement en bichlorure en présence d'un excès de chlore gazeux. Le cuivre, réduit en poudre fine, se dissout, bien que lentement et difficilement, lorsqu'on le maintient pendant longtemps en fusion avec l'acide phosphorique sirupeux.

Au rouge blanc, le cuivre décompose l'eau avec dégagement d'hydrogène et production d'oxyde de cuivre; cependant la décomposition est très faible et n'a lieu que très lentement.

PROTOXYDE DE CUIVRE, Cu^2O.

Le protoxyde de cuivre, tel qu'il se trouve dans la nature, est rouge-rubis. A l'état pulvérisé, il a une couleur rouge-cochenille. Il ne se modifie pas à l'air, et ne prend pas l'éclat métallique lorsqu'on le comprime ou lorsqu'on le frotte avec un corps dur. Si on le calcine au contact de l'air, il se transforme en oxyde; mais, à l'abri du contact de l'air, il ne supporte aucune modification lorsqu'on ne le soumet pas à une très forte calcination. L'hydrate de protoxyde de cuivre est jaune-brunâtre. L'acide sulfurique étendu et tous les autres oxacides non oxydants transforment le protoxyde de cuivre en cuivre métallique qui se sépare et en oxyde de cuivre qui se dissout dans l'acide employé. Les acides faibles même, comme l'acide acétique, produisent cette décomposition; seulement l'acide chlorhydrique, lorsqu'il y en a un excès, dissout le protoxyde de cuivre et le transforme en protochlorure. La dissolution a une coloration brune, qui cependant provient seulement d'une très petite quantité de bichlorure de cuivre qui s'est formée. Si la dissolution de protochlorure est tout à fait exempte de bichlorure, elle est incolore. Au contact de l'air, elle se transforme peu à peu en une dissolution de bichlorure, et finit par se colorer en vert. Si l'on n'a employé que peu d'acide chlorhydrique, le protoxyde de cuivre se transforme en une poudre blanche, insoluble dans l'eau, qui est du protochlorure de cuivre. Si, à la dissolution du protoxyde de cuivre dans un excès d'acide chlorhydrique, on ajoute une quantité convenable d'eau, le protochlorure de cuivre est précipité à l'état de poudre blanche. Cette manière de se comporter avec l'acide chlorhydrique distingue essentiellement le protoxyde de cuivre du cuivre métallique réduit en poudre fine, avec lequel il peut être confondu, sous le rapport de la couleur, lorsqu'il est en petite quantité; lorsqu'on l'arrose avec l'acide chlorhydrique, le cuivre reste sans se modifier, tandis que le protochlorure devient blanc. Cependant on peut déjà les distinguer l'un de l'autre en les comprimant et en les frottant avec un corps dur; car alors le protoxyde de cuivre ne possède pas l'éclat métallique.

La dissolution de protochlorure de cuivre dans l'acide chlorhydrique se comporte avec les réactifs de la manière suivante :

Une dissolution d'*hydrate de potasse*, ajoutée en petite quantité à cette dissolution, sature l'acide libre; le protochlorure se dépose alors à l'état de précipité blanc, parce qu'il n'est soluble que dans l'acide chlorhydrique libre. Une plus grande quantité de potasse y forme un précipité jaune-brunâtre qui est de l'hydrate de protoxyde de cuivre et qui ne se dissout pas dans un excès du précipitant. Si ce précipité reste très longtemps exposé à l'air, il devient peu à peu brun-noirâtre et le protoxyde se transforme en oxyde.

L'*ammoniaque*, ajoutée en excès à la dissolution de protochlorure de cuivre, forme avec ce composé une liqueur incolore lorsque la réaction a lieu à l'abri du contact de l'air; mais, même au premier moment, le mélange possède ordinairement une couleur bleu clair, parce qu'il se forme immédiatement, par le contact de l'air, un peu de bichlorure de cuivre. Si on laisse cette dissolution exposée à l'air, elle devient bleu foncé au bout de peu de temps. Cette coloration part ordinairement de la surface de la liqueur, et cette surface est ordinairement déjà tout à fait bleu foncé, tandis que le reste de la liqueur n'est encore que bleu clair. Dans une dissolution de protochlorure de cuivre, à laquelle on a ajouté de l'ammoniaque, une dissolution d'hydrate de potasse forme un précipité brun-jaunâtre d'hydrate de protoxyde de cuivre, si la quantité d'ammoniaque ajoutée n'était pas trop grande par rapport à celle de la potasse. En effet, le protoxyde, précipité par l'hydrate de potasse, se dissout complétement dans l'ammoniaque.

Une dissolution de *carbonate neutre de potasse* ou *de soude* produit, dans les dissolutions de protochlorure de cuivre, un précipité jaune de carbonate de protoxyde de cuivre.

Une dissolution de *bicarbonate de potasse* ou *de soude* agit de la même manière.

Une dissolution de *carbonate d'ammoniaque* se comporte, avec une dissolution de protochlorure de cuivre, comme l'ammoniaque pure; cependant il se produit, en outre, une effervescence provenant de l'acide carbonique qui se dégage.

Le *sulfure d'ammonium* produit dans les dissolutions de protochlorure de cuivre, lorsqu'elles ont été saturées par l'ammoniaque, un précipité noir de sulfure de cuivre, dont la composition correspond au protoxyde et qui est insoluble dans un excès du précipitant.

La dissolution d'*hydrogène sulfuré* produit un précipité noir de sulfure de cuivre.

Une dissolution d'*iodure de potassium* produit, dans une dissolution de protochlorure de cuivre, un précipité blanc d'iodure de cuivre. La liqueur qui surnage le précipité ne contient pas d'iode libre et n'est pas brune.

Il se forme des dissolutions de sels de protoxyde de cuivre lorsqu'on traite les dissolutions de bioxyde de cuivre par l'*acide sulfureux*. Si, à la dissolution d'un sel d'oxyde de cuivre, du sulfate de cuivre par exemple, on ajoute de l'acide sulfureux, une partie seulement de l'oxyde de cuivre est réduit à l'état de protoxyde de cuivre, qui reste dissous. Même par l'action prolongée de la chaleur et pour un grand excès d'acide sulfureux, la dissolution reste bleuâtre, et donne une dissolution bleue lorsqu'on la sursature par l'ammoniaque. Il se forme un sel double formé de sulfite de protoxyde de cuivre et de sulfite de bioxyde de cuivre, qui ne peut plus être réduit par l'acide sulfureux. Le sel double se sépare souvent à l'état de sel rouge cristallin. Mais lorsqu'on ajoute à la dissolution d'oxyde de cuivre une petite quantité d'un oxyde alcalin, que ce soit de l'hydrate de potasse ou de l'ammoniaque, et ensuite de l'acide sulfureux en excès, il se forme, avec l'aide d'une faible chaleur, une dissolution incolore qui contient un sel double très soluble formé par la combinaison du sulfite de protoxyde de cuivre avec le sulfite alcalin. Si l'on n'a pas ajouté suffisamment d'oxyde alcalin, il se sépare souvent une plus ou moins grande quantité du sel double, de couleur rouge, formé par la combinaison du sulfite de protoxyde avec le sulfite de bioxyde de cuivre. — La dissolution incolore donne avec l'*ammoniaque* une dissolution complétement incolore, qui, au contact de l'air, devient d'abord bleuâtre et finalement bleue. — L'*hydrate de potasse* y forme un précipité jaune-brunâtre de protoxyde de cuivre, qui est soluble dans une très grande quantité d'ammoniaque; la dissolution est incolore et ne devient bleue que par le contact de l'air. — Une dissolution de *cyanure de potassium* donne un précipité blanc de protocyanure de cuivre qui se dissout bien dans le cyanure de potassium, et forme ainsi une dissolution dans laquelle le sulfure d'ammonium ne produit pas de sulfure de cuivre. — Une dissolution d'*iodure de potassium* produit un précipité blanc de protoiodure de cuivre, sans que la liqueur qui surnage le précipité devienne brune. — Si l'on fait chauffer du chlorure de cuivre avec une dissolution d'acide sulfureux, la dissolution reste colorée en bleuâtre; si l'on ajoute alors un peu d'hydrate de potasse, il se précipite bien, au premier instant, du protoxyde de cuivre, mais le protoxyde se change en protochlorure de cuivre blanc, qui se dissout entièrement lorsqu'on ajoute une plus grande quantité de potasse et une plus grande quantité d'acide sulfureux. La dissolution est alors incolore, et donne aussi une liqueur incolore lorsqu'on la sursature avec l'ammoniaque. Elle se comporte, du reste, comme les autres dissolutions.

Les dissolutions des sels de protoxyde de cuivre, et spécialement la dissolution de protochlorure de cuivre dans l'acide chlorhydrique, ont cela de particulier qu'elles absorbent le *gaz oxyde de carbone* en proportion considérable, lorsqu'on le met en contact avec elles. Une dissolution ammoniacale de sel de protoxyde de cuivre se comporte de même. La dissolution de protochlorure de cuivre dans l'acide chlorhydrique, saturée de gaz oxyde de carbone, peut être étendue d'eau, sans que pour cela le protochlorure se précipite, comme cela avait lieu avant l'absorption du gaz. Si même on ajoute de l'alcool, la dissolution ne se trouble pas (Leblanc). Si l'on fait chauffer la liqueur, le gaz oxyde de carbone est chassé.

Le gaz hydrogène carboné au maximum de carbone est aussi absorbé par la dissolution de protochlorure de cuivre.

Les sels de protoxyde de cuivre, insolubles dans l'eau, se dissolvent pour la plupart dans l'acide chlorhydrique libre et dans l'acide nitrique. Dans ce dernier cas, le protoxyde est transformé en bioxyde.

Lorsqu'on fait bouillir le protoxyde de cuivre avec une dissolution de chlorure d'ammonium, autant que possible à l'abri du contact de l'air, il se dissout. Si l'on expose au contact de l'air la dissolution incolore qui s'est formée, elle devient bleue à partir de la surface, et laisse déposer bientôt une pellicule bleu-verdâtre d'oxychlorure de cuivre.

Le protoxyde de cuivre, chauffé avec l'acide phosphorique sirupeux, se transforme en bioxyde de cuivre qui se dissout dans l'acide et il se dépose du cuivre métallique. Par l'action de l'eau, le cuivre métallique reste à l'état insoluble; mais si l'on fait fondre l'acide phosphorique avec le protoxyde de cuivre pendant longtemps et d'une manière continue, tout se dissout lorsqu'on traite ensuite par l'eau, ou bien il ne reste qu'une faible quantité de cuivre métallique insoluble. Lorsqu'on a employé une quantité trop faible d'acide phosphorique, il reste souvent, comme résidu insoluble lorsqu'on dissout dans l'eau, une forte quantité de phosphate de bioxyde de cuivre.

Au chalumeau, le protoxyde de cuivre se comporte comme le bioxyde; il existe cette seule différence que, si on le dissout dans le borax ou le sel de phosphore, il communique dès le commencement à la flamme extérieure la couleur brun sale qui, lorsqu'on emploie le bioxyde, ne se produit que lorsqu'on traite la perle par la flamme intérieure du chalumeau.

Bioxyde de cuivre, CuO.

Le bioxyde de cuivre est pulvérulent et de couleur noire; il fond à une très haute température. Chauffé avec le charbon ou avec les substances organiques, il est réduit facilement soit à l'état de protoxyde de cuivre, soit à l'état de cuivre métallique. Soumis à l'action du gaz hydrogène, il est facilement réduit, à une température élevée, à l'état de cuivre métallique. L'oxyde de cuivre se dissout facilement dans les acides, même après avoir été calciné. La dissolution a ordinairement une couleur bleue. Si la dissolution s'est faite dans l'acide chlorhydrique, la couleur de cette dissolution est vert-émeraude; si on l'étend d'eau, elle devient cependant bleue. L'hydrate de bioxyde de cuivre est bleu; il perd même, par une forte dessiccation et à la température de l'eau bouillante, une grande partie de son eau et devient noir. Cependant l'oxyde de cuivre retient avec beaucoup de force une certaine quantité d'eau, qui néanmoins est très faible et qui est de 2 à 3 pour 100. Cette eau ne peut pas être séparée du bioxyde, même à une température de 200 à 300 degrés. Ce n'est que par la calcination au rouge que l'oxyde devient anhydre. Les sels de bioxyde de cuivre sont bleus ou verts lorsqu'ils contiennent de l'eau de cristallisation; mais à l'état anhydre, ils sont blancs, quelquefois bruns.

Une dissolution d'*hydrate de potasse* produit, dans les dissolutions de bioxyde de cuivre, un précipité bleu volumineux d'hydrate de bioxyde de cuivre. Ce précipité devient noir ou brun-noirâtre lorsqu'on le fait bouillir avec un excès de potasse; en même temps il perd la plus grande partie, mais non la totalité de son eau d'hydratation. Il se dépose alors facilement. Si l'on fait bouillir une dissolution de bioxyde de cuivre avec une quantité de potasse un peu moindre que celle qui est nécessaire pour la décomposition complète, on n'obtient pas de précipité noir, mais on obtient un précipité vert clair formé par un sel basique d'oxyde de cuivre. — Une petite quantité d'oxyde de cuivre se dissout dans une quantité excessivement grande d'une dissolution concentrée de potasse, et donne une liqueur bleuâtre dont l'oxyde de cuivre ne peut pas être facilement précipité, soit en l'etendant d'eau, soit en la faisant bouillir.

L'*ammoniaque*, ajoutée en petite quantité aux dissolutions de bioxyde de cuivre, produit un précipité verdâtre qui est formé par un sel basique de bioxyde de cuivre, et qui se dissout très facilement dans un excès d'ammoniaque en formant une liqueur bleue. La couleur bleue de la liqueur a de l'analogie avec celle d'une dissolution d'oxyde de nickel dans l'ammoniaque (p. 116) ; seulement elle est bien plus foncée, même pour de petites quantités d'oxyde de cuivre; on peut aussi obtenir immédiatement la couleur bleu foncé par l'addition de l'ammoniaque. Même lorsqu'une dissolution de bioxyde de cuivre est assez étendue pour qu'elle paraisse incolore, elle est colorée en bleu par un excès d'ammoniaque. Une dissolution de potasse pure, ajoutée à une dissolution ammoniacale de bioxyde de cuivre, ne produit pas immédiatement de précipité; ce n'est qu'au bout de quelque temps qu'il se forme, lorsque la dissolution n'est pas trop étendue, un précipité bleu d'hydrate de bioxyde de cuivre. Si cependant on fait bouillir la dissolution ammoniacale de bioxyde de cuivre avec une dissolution d'hydrate de potasse, il se forme un précipité noir, pesant, de bioxyde de cuivre. Lorsque ce précipité s'est complétement déposé, la liqueur, qui auparavant paraissait bleu foncé, devient entièrement incolore.

Une dissolution de *carbonate neutre de potasse* ou *de soude* produit à froid, dans les dissolutions de bioxyde de cuivre, un précipité bleu volumineux formé par une combinaison de carbonate de bioxyde de cuivre avec l'hydrate de bioxyde de cuivre. Lavé avec l'eau froide, ce précipité devient plus lourd et de couleur verte. Si, après avoir mélangé la dissolution d'oxyde de cuivre avec le carbonate alcalin, on chauffe le tout jusqu'à l'ébullition, il se dégage beaucoup de gaz acide carbonique, et le précipité bleu volumineux se transforme en un précipité plus dense de couleur noire. Il est formé d'un sel très basique de bioxyde de cuivre, de carbonate de bioxyde de cuivre et d'hydrate de bioxyde de cuivre. Si l'on a employé une dissolution de sulfate de cuivre, le précipité contient, même après avoir été complétement lavé, une quantité considérable d'acide sulfurique.

Une dissolution de *bicarbonate de potasse* ou *de soude* donne un précipité bleu volumineux, qui se dissout dans un excès du précipitant et forme une liqueur bleu clair. Si l'on n'emploie pas un excès du précipitant, il ne se dissout pas de bioxyde de cuivre. Le précipité devient plus dense et vert par le lavage, et il a la même composition que celui produit par les carbonates neutres alcalins.

Une dissolution de *cyanure de potassium* forme, dans une dissolution de bioxyde de cuivre, un précipité jaune-verdâtre qui se dissout bien dans un excès de cyanure de potassium. L'acide chlorhydrique produit, dans cette dissolution, un précipité blanc de protocyanure de cuivre, qui est soluble dans un excès d'acide chlorhydrique. Le sulfure d'ammonium ne produit pas de précipité de sulfure de cuivre dans cette dissolution.

Une dissolution de *carbonate d'ammoniaque* produit une petite quantité d'un précipité vert clair formé par un sel basique de bioxyde de cuivre, qui se dissout dans une plus grande quantité du précipitant. La liqueur est alors aussi bleue que pour une dissolution de bioxyde de cuivre à laquelle on a ajouté de l'ammoniaque pure. — Une dissolution d'hydrate de potasse produit également ici, par l'ébullition, un précipité noir, dense, de bioxyde de cuivre.

Une dissolution de *phosphate de soude* produit, dans les dissolutions de bioxyde de cuivre, un précipité blanc-bleuâtre de phosphate de bioxyde de cuivre, qui est soluble dans une grande quantité de dissolution de bioxyde de cuivre. Il se forme dans cette dissolution claire, par l'action de la chaleur, un précipité qui disparaît complétement par le refroidissement. Le précipité blanc-bleuâtre est dissous par l'ammoniaque, et forme une liqueur bleue dans laquelle l'addition d'une dissolution d'hydrate de potasse produit à l'ébullition un précipité noir, lourd, de bioxyde de cuivre.

Une dissolution d'*acide oxalique* produit immédiatement, dans une dissolution neutre de bioxyde de cuivre, un précipité blanc-bleuâtre d'oxalate de bioxyde de cuivre.

Le *carbonate de baryte* produit, même à froid, une effervescence dans les dissolutions neutres des sels de bioxyde de cuivre, et la plus grande partie du bioxyde est précipité à l'état de carbonate basique de bioxyde de cuivre. Par l'ébullition, l'oxyde de cuivre précipité devient noir et est complétement séparé de la dissolution.

Une dissolution de *ferrocyanure de potassium* donne, dans les dissolutions de bioxyde de cuivre, un précipité rouge-brun de ferrocyanure de cuivre, qui est insoluble dans l'acide chlorhydrique. Les plus petites traces de bioxyde de cuivre contenues dans une dissolution peuvent être reconnues au moyen du ferrocyanure de potassium, qui indique le cuivre bien plus sûrement que ne le fait un excès d'ammoniaque, par la coloration bleue qu'elle donne à la liqueur. Pour de très petites quantités de bioxyde de cuivre, le ferrocyanure de potassium ne détermine pas de précipité, mais donne à la dissolution une couleur rougeâtre bien nette.—L'ammoniaque décompose le précipité, mais ne le dissout pas.

Une dissolution de *ferrocyanide de potassium* produit, dans les dissolutions de bioxyde de cuivre, un précipité jaune-verdâtre de ferrocyanide de cuivre, qui est insoluble dans l'acide chlorhydrique.

L'*infusion de noix de galles* ne produit pas de précipité dans les dissolutions de bioxyde de cuivre qui sont exemptes de fer.

Le *sulfure d'ammonium* produit. dans les dissolutions neutres de bioxyde de cuivre, un précipité noir de sulfure de cuivre, qui paraît brun foncé lorsque la quantité en est faible. Le précipité ne se dissout ni dans un excès du précipitant ni dans l'ammoniaque; ou bien, s'il se dissout, ce n'est qu'en quantité excessivement faible.

La dissolution d'*hydrogène sulfuré* produit, aussi bien dans les dissolutions neutres que dans les dissolutions acides de bioxyde de cuivre, un précipité noir de sulfure de cuivre, qui paraît également brun foncé lorsqu'il n'y en a que de petites quantités.

Le *zinc métallique* précipite le cuivre métallique de ses dissolutions à l'état de dépôt noir. — Le *fer métallique* précipite le cuivre avec la couleur qui lui est ordinaire. Même une trace très faible de cuivre est précipitée de sa dissolution par le fer poli, qui se recouvre d'un dépôt rouge de cuivre.

Les dissolutions de bioxyde de cuivre peuvent encore être reconnues au moyen des réactifs suivants :

Une dissolution d'*iodure de potassium* produit, dans les dissolutions de bioxyde de cuivre, un précipité blanc d'iodure de cuivre dont la couleur ne peut être reconnue avec exactitude que lorsqu'on a décanté la liqueur qui le surnage et qui est colorée en brun par l'iode libre, et lorsqu'on a un peu lavé le précipité. Le précipité se dissout dans un excès du précipitant.

Une dissolution de *chromate de potasse* forme, dans les dissolutions de bioxyde de cuivre, un précipité rouge-brunâtre de chromate de bioxyde de cuivre, qui se dissout très bien dans l'ammoniaque et forme une liqueur vert-émeraude, la couleur bleue de la dissolution de bioxyde de cuivre produisant avec la couleur jaune du chromate d'ammoniaque une couleur verte. Le précipité se dissout également bien dans l'acide nitrique étendu.

La manière dont les dissolutions de bioxyde de cuivre se comportent avec l'*acide sulfureux* a déjà été examinée page 150.

Les sels de bioxyde de cuivre, solubles dans l'eau, sont décomposés par la calcination au contact de l'air; le sulfate de bioxyde de cuivre ne se décompose cependant pas si la chaleur n'est pas trop forte.

Les dissolutions des sels neutres de bioxyde de cuivre rougissent le papier de tournesol.

Si on expose peu à peu à une température élevée les combinaisons de carbonate de bioxyde de cuivre avec l'hydrate de bioxyde de cuivre, l'acide carbonique est d'abord chassé, mais une partie de l'eau reste combinée avec le bioxyde de cuivre avec autant de force que pour l'oxyde qui a été obtenu en traitant à l'ébullition une dissolution de bioxyde de cuivre par une dissolution d'hydrate de potasse. Déjà, à la température de 200 degrés, tout l'acide carbonique est chassé. Les combinaisons naturelles de carbonate de bioxyde de cuivre avec l'hydrate de bioxyde de cuivre, la malachite et l'azur de cuivre (bleu de montagne), ne perdent l'acide carbonique qu'à une haute température; elles ne sont, pour ainsi dire, pas modifiées à 200 degrés, et ne perdent entièrement leur acide carbonique qu'à 300 degrés; elles se transforment alors en bioxyde de cuivre, qui retient encore un peu plus de 1 pour 100 d'eau.

Les sels de bioxyde de cuivre, insolubles dans l'eau, se dissolvent dans les acides libres. On reconnaît dans cette dissolution les plus petites traces de bioxyde de cuivre, en y précipitant l'oxyde de cuivre à l'état de sulfure de cuivre au moyen de la dissolution d'hydrogène sulfuré, et en essayant ensuite le précipité au chalumeau. — La dissolution acide de ces combinaisons devient bleue lorsqu'on lui ajoute un excès d'ammoniaque, comme cela arrive pour les dissolutions des autres sels de bioxyde de cuivre. Une quantité d'ammoniaque plus faible, mais assez forte pour saturer l'acide, précipite de la dissolution le sel de bioxyde de cuivre insoluble.

Si on ajoute de l'hydrate de potasse à une dissolution d'un sel de bioxyde de cuivre, et si on chauffe jusqu'à ce que le précipité devienne brun-noirâtre, ce précipité se dissout facilement à chaud dans une dissolution de chlorure d'ammonium et donne une dissolution bleue. S'il y avait des traces de sesquioxyde de fer, elles restent à l'état insoluble. L'oxyde noir de cuivre calciné se dissout, difficilement et lentement, mais complétement, par l'ébullition dans une dissolution de chlorure d'ammonium. Il se sépare de la dissolution chaude un dépôt vert-bleuâtre, qui ne se dissout dans l'eau qu'après avoir laissé déposer une poudre bleue. Une dissolution de nitrate d'ammoniaque dissout aussi, à l'aide de l'ébullition, le bioxyde de cuivre calciné, mais encore plus difficilement que la dissolution de chlorure d'ammonium. La combinaison du carbonate de bioxyde de cuivre avec l'hydrate de bioxyde de cuivre se dissout lentement, mais complétement à chaud, dans une dissolution de chlorure d'ammonium. La dissolution concentrée est vert-émeraude; mais, si on l'étend d'eau, elle devient bleue et se trouble. Il n'y a que lorsqu'elle contient une très grande quantité de chlorure d'ammonium qu'elle reste claire, après qu'on l'a étendue d'eau. Le borate de bioxyde de cuivre ne se dissout dans une grande quantité d'une dissolution de chlorure d'ammonium que lorsqu'on le fait bouillir pendant longtemps. La dissolution est vert-émeraude, et laisse déposer par le refroidissement un sel vert cristallin.

Lorsqu'on fait chauffer du bioxyde de cuivre avec l'acide phosphorique sirupeux, il s'y dissout bientôt complétement. La masse a une couleur vert d'herbe, qui paraît bleue par le refroidissement: elle se dissout facilement et complétement dans l'eau, lorsqu'on a employé une quantité convenable d'acide phosphorique. Le bioxyde de cuivre peut être reconnu dans cette dissolution au moyen des réactifs ordinaires. Si cependant on a employé une faible quantité d'acide phosphorique, il reste à l'état insoluble, après le traitement par l'eau, une poudre qui ressemble à du sable, qui est presque blanche et qui n'est pas attaquée par l'eau. Cette poudre est du métaphosphate de bioxyde de cuivre qui résiste à l'action de tous les réactifs, comme le métaphosphate de nickel (page 120). Si on la met cependant dans l'ammoniaque, elle devient bleue au bout de quelque temps, et au bout d'un temps plus long, elle s'y dissout; elle se dissout aussi à chaud dans l'acide sulfurique concentré.

Lorsqu'on fait fondre les combinaisons de bioxyde de cuivre avec le cyanure de potassium, le cuivre n'est réduit qu'en partie.

Au chalumeau, on peut très facilement reconnaître le bioxyde de cuivre dans ses combinaisons. Il fond dans la flamme extérieure sur le charbon, et donne une perle noire qui s'étend sur le charbon. Dans la flamme intérieure, l'oxyde est facilement réduit sur le charbon ; mais il s'oxyde de nouveau par le refroidissement et devient noir. Le bioxyde de cuivre pur, tout aussi bien que ses combinaisons avec quelques acides, par exemple l'acide carbonique, l'acide acétique, l'acide sulfurique, l'acide nitrique, l'acide phosphorique, etc., colorent la flamme extérieure du chalumeau en vert-émeraude intense.

Avec le borax sur le fil de platine, les combinaisons de bioxyde de cuivre donnent, dans la flamme extérieure, une perle verte. Pour une faible quantité de combinaison de bioxyde de cuivre, la perle est verte tant qu'elle est chaude; mais elle devient bleue par le refroidissement. Pour une grande quantité, la perle est à chaud d'une couleur verte si foncée qu'elle paraît opaque; mais, par le refroidissement, elle devient transparente et bleu-verdâtre. — Dans la flamme intérieure, la perle de borax est brun-rouge et opaque; pour une petite quantité de bioxyde de cuivre, la perle est d'abord incolore, mais elle devient brun-rouge et opaque par le refroidissement. Pour une très petite quantité de bioxyde de cuivre, la production de la couleur brun-rouge est beaucoup favorisée par une addition d'étain; mais on ne doit pas, dans ce cas, souffler trop longtemps. Si la proportion de bioxyde de cuivre est trop grande, il s'en réduit une partie à l'état de cuivre métallique, dans le borax, à la flamme intérieure. Avec le sel de phosphore, les combinaisons de bioxyde de cuivre donnent, dans la flamme extérieure, une perle qui n'est pas aussi fortement colorée qu'avec le borax. Pour une petite quantité de bioxyde de cuivre, la couleur de la perle est verte à chaud, mais elle est bleue à froid; pour une grande quantité, les couleurs sont plus intenses. — Dans la flamme intérieure, la perle devient brun-rouge et opaque; mais, pour une très petite quantité de bioxyde de cuivre, elle devient quelquefois incolore après une longue insufflation; elle est cependant rouge-rubis et transparente par le refroidissement. Une addition d'étain favorise beaucoup, dans ce dernier cas, la réduction; la perle est alors toujours de couleur brun-rouge et opaque. Si le bioxyde de cuivre contient seulement des traces d'oxyde de bismuth et d'oxyde d'antimoine, la perle traitée par l'étain ne devient pas brun-rouge, mais plutôt grise ou noire.

Le bioxyde de cuivre se dissout avec la soude sur le fil de platine et forme une perle claire de couleur verte, qui, par le refroidissement, devient opaque. Mélangé avec la soude et exposé sur le charbon à la flamme intérieure, le bioxyde de cuivre est réduit; on peut découvrir de cette manière même les plus petites traces d'un sel de bioxyde de cuivre à la coloration habituelle du cuivre, après qu'on a séparé le charbon par des lavages.

Les dissolutions de bioxyde de cuivre peuvent être très facilement reconnues par leur manière de se comporter avec l'ammoniaque, avec une dissolution de ferrocyanure de potassium et avec le sulfure d'ammonium; elles se distinguent des dissolutions de nickel par leur manière de se comporter avec une dissolution d'hydrate de potasse et avec une dissolution d'hydrogène sulfuré.

La présence de certaines matières organiques dans les dissolutions de bioxyde de cuivre peut, surtout par l'ébullition, amener la réduction du bioxyde de cuivre à l'état de protoxyde. Cela a lieu en particulier pour le sucre de canne, le sucre de raisin ou le sucre de lait et les autres substances analogues. Mais cette réduction a toujours lieu lentement dans les dissolutions neutres et n'est qu'incomplète; elle est cependant plus rapide et plus complète, dans la plupart des cas, en présence des alcalis libres.

La manière dont les dissolutions de bioxyde de cuivre se comportent avec les réactifs, est surtout profondément modifiée par les substances organiques non volatiles. Si la dissolution de bioxyde de cuivre n'est que légèrement colorée par ces substances, il ne s'y forme pas de précipité lorsqu'on lui ajoute un excès d'hydrate de potasse; mais la liqueur prend une couleur bleue qui est analogue à celle qui se produit dans les dissolutions de bioxyde de cuivre lorsqu'on leur ajoute de l'ammoniaque en excès : c'est ce qui arrive, par exemple, lorsque du vin blanc, une dissolution de sucre de canne ou une dissolution d'acide tartrique contiennent une quantité assez considérable de sulfate de cuivre, de verdet ou d'un autre sel de cuivre. Plus la dissolution contient d'oxyde de cuivre, plus la coloration bleue est intense. Si on fait bouillir cette dissolution alcaline de couleur bleue, l'oxyde de cuivre est réduit dans la plupart des cas, et il se forme alors un précipité jaune-brunâtre de protoxyde de cuivre dont la couleur cependant est souvent d'un beau rouge-brun. En présence de certaines substances organiques, le cuivre est entièrement précipité à l'état de protoxyde : c'est ce qui arrive, par exemple, lorsqu'on ajoute à la dissolution d'un sel de cuivre du vin blanc ou du sucre de raisin, et lorsqu'on la traite de cette manière. La liqueur reste souvent longtemps bleue après l'ébullition, et alors une partie du cuivre seulement est précipité à l'état de protoxyde; c'est le cas qui se présente pour les dissolutions de sucre de canne qui contiennent du bioxyde de cuivre, et c'est la différence la plus importante et la plus essentielle qui existe entre le sucre de canne et le sucre de raisin. En effet, ce dernier réduit à l'état de protoxyde, même à la température ordinaire, plus rapidement cependant à chaud, la dissolution de bioxyde de cuivre en présence de la potasse, tandis que le sucre de canne ne la modifie pas à la température ordinaire, et ne la réduit à l'état de protoxyde que lentement, même à la température de l'ébullition. Quelquefois la coloration d'un beau bleu, produite dans la dissolution d'oxyde de cuivre par les substances organiques en présence d'un excès d'hydrate de potasse, n'est pas modifiée même par l'ébullition : c'est ce qui arrive, par exemple, pour les dissolutions de bioxyde de cuivre qui contiennent de l'acide tartrique, ce qui est caractéristique pour cet acide. Certaines substances organiques donnent bien, avec la dissolution de bioxyde de cuivre et l'hydrate de potasse, un précipité bleu; mais ce précipité ne se transforme pas en protoxyde de cuivre par une longue ébullition : c'est le cas de l'amylum et de la gomme arabique. En présence de l'amylum, le coagulum bleu se transforme, par une longue ébullition, en bioxyde de cuivre noir, ce qui n'est pas le cas pour la gomme arabique.

Lorsque, dans ces liqueurs, il n'y a que des traces de bioxyde de cuivre en dissolution, on ne peut souvent pas en reconnaître la présence au moyen d'une dissolution d'hydrate de potasse, parce qu'alors il ne s'y produit pas de coloration bleue et parce qu'il ne s'y forme pas non plus de précipité de protoxyde de cuivre par l'ébullition. Même dans une liqueur contenant du cuivre et qui a pris une couleur très foncée par suite de la présence des substances organiques, une dissolution de potasse peut ne pas produire de coloration bleue : c'est surtout le cas du vin rouge qui contient beaucoup d'oxyde de cuivre. Il se forme alors une dissolution vert sale, opaque, et un précipité de même couleur; mais, par l'ébullition, il se précipite du protoxyde de cuivre rouge-brun.

Si on ajoute de l'ammoniaque à une dissolution de bioxyde de cuivre qui contient des substances organiques non volatiles, il faut que la proportion de bioxyde de cuivre qu'elle contient soit assez considérable et que la couleur ne soit pas trop foncée, pour qu'il se produise une coloration bleue. Si, par exemple, le vin blanc contient beaucoup de bioxyde de cuivre, il se colore en vert sale ou en brun lorsqu'on lui ajoute un excès d'ammoniaque, et ce n'est que lorsqu'il contient une très grande quantité de bioxyde de cuivre à l'état de dissolution, qu'il se forme une liqueur bleue. Si la dissolution de bioxyde de cuivre a pris une couleur foncée par suite de la présence des substances organiques, on peut, bien qu'elle contienne une assez grande quantité de bioxyde de cuivre, ne pas obtenir de couleur bleue au moyen d'un excès d'ammoniaque. Le vin rouge, qui contient du bioxyde de cuivre, est coloré seulement en brun sale au moyen de l'ammoniaque, modification qui est analogue à celle que l'ammoniaque produit dans le vin rouge qui est exempt de bioxyde de cuivre.

Parmi les réactifs les plus sûrs pour découvrir rapidement le bioxyde de cuivre dans les liqueurs qui contiennent des substances organiques non volatiles, on peut citer la dissolution de ferrocyanure de potassium. Même lorsque de très faibles traces de bioxyde de cuivre et des quantités très considérables de substances organiques sont en présence d'une dissolution, il s'y forme, par l'action de ce réactif, un précipité rouge-brun caractéristique, comme dans les dissolutions de bioxyde de cuivre pur. Mais il est nécessaire ici que la liqueur soit ou neutre ou un peu acide, et qu'elle ne soit pas alcaline. On peut retrouver de cette manière de très petites traces de bioxyde de cuivre dans le vin blanc, dans les dissolutions de sucre et dans les autres dissolutions de substances organiques; cependant on ne peut le faire que dans les dissolutions qui n'ont pas pris une couleur foncée. Dans les liqueurs de couleur foncée, comme le vin rouge par exemple, on ne peut tout au plus reconnaître, au moyen du ferrocyanure de potassium, que des quantités considérables de bioxyde de cuivre.

Le moyen le plus sûr de retrouver de très faibles traces de bioxyde de cuivre dans les dissolutions est de le précipiter à l'état de cuivre métallique au moyen du fer poli, d'une lame de couteau, par exemple. Il est nécessaire ici que la dissolution soit neutre, ou mieux un peu acide. Si la dissolution est fortement acide, le fer en dégage beaucoup de gaz hydrogène, qui sépare du fer le cuivre précipité, en sorte que, pour de petites quantités, il peut ne pas se former de dépôt net. Même lorsque les liqueurs contiennent des substances organiques et ont une couleur tout à fait foncée ou bien sont complétement opaques, la plus faible quantité de bioxyde de cuivre est indiquée par un dépôt rouge de cuivre sur le fer. Si la liqueur ne contient que de très faibles quantités de bioxyde de cuivre, le dépôt de cuivre métallique ne se montre sur le fer qu'au bout de plusieurs heures. Pour découvrir de petites quantités de bioxyde de cuivre, ce moyen est encore meilleur que l'hydrogène sulfuré; car, dans les dissolutions qui ne contiennent que de très petites quantités de bioxyde de cuivre et aussi beaucoup de substances organiques, l'hydrogène sulfuré, ou, si la dissolution est alcaline, le sulfure d'ammonium, n'indiquent la présence du bioxyde de cuivre que par une coloration brune et non par une coloration noire. Pour s'assurer complétement de la présence du bioxyde de cuivre, on doit séparer par filtration le sulfure de cuivre précipité et y rechercher le cuivre au moyen du chalumeau. Lorsque le sulfure de cuivre n'est qu'en petite quantité, il se laisse difficilement séparer par filtration et reste très longtemps en suspension dans les liqueurs qui contiennent des substances organiques; en outre, des traces tout à fait insignifiantes de cuivre dissous ne peuvent souvent plus être indiquées par l'hydrogène sulfuré, bien qu'elles soient encore précipitées par le fer poli. Si une liqueur a une couleur très foncée, l'hydrogène sulfuré ne peut plus être employé pour découvrir le cuivre dissous.

L'emploi du fer métallique pour découvrir de très petites quantités de cuivre est surtout très avantageux lorsqu'on doit le retrouver dans des substances organiques de consistance demi-solide. Un morceau de fer poli se recouvre alors d'un dépôt rouge de cuivre métallique, bien que ce ne soit souvent qu'au bout de quelque temps. Lorsque la substance organique de consistance demi-solide n'est pas acide, il est bon de lui ajouter une petite quantité d'acide sulfurique étendu pour la rendre très faiblement acide. Les substances organiques solides doivent être transformées en une bouillie au moyen de l'eau à laquelle on a ajouté une très petite quantité d'acide sulfurique, lorsqu'on veut y retrouver de cette manière la présence de quantités excessivement petites de cuivre. Mais lorsque l'espèce du poison métallique n'est pas connue avec certitude, on fait digérer, dans ce cas, les substances organiques solides ou demi-solides avec l'acide nitrique, dans quelques cas aussi avec l'acide sulfurique étendu, mais d'une manière plus conforme au but qu'on se propose, avec l'acide chlorhydrique auquel on a ajouté peu à peu de petites quantités de chlorate de potasse; on examine ensuite la liqueur filtrée. Mais on ne peut souvent pas reconnaître de cette manière de très petites traces de bioxyde de cuivre, lorsqu'elles sont mélangées avec de très grandes quantités de substances organiques. Le mieux est alors de mélanger la substance avec du carbonate de soude ou du carbonate de potasse, de calciner le mélange dans un creuset de Hesse et de pulvériser la masse calcinée; on lave alors avec de l'eau pour séparer le charbon, et les traces de cuivre réduit restent dans le mortier employé. On peut de cette manière retrouver le cuivre dans les aliments qui ont été bouillis dans des vases de cuivre, et dans le pain lorsqu'on a introduit dans la pâte de très petites quantités de sulfate de cuivre.

Le mode d'expérimentation qu'on doit employer pour retrouver avec certitude une trace de cuivre dans ces substances, est le suivant : On doit agiter la substance avec assez d'eau pour qu'on obtienne une pâte molle avec laquelle on mélange le double de son poids de carbonate de soude cristallisé pulvérisé. On met le mélange dans un creuset de Hesse: on le chauffe peu à peu, et, après lui avoir mis son couvercle, on l'expose pendant un quart d'heure à une chaleur rouge. Après le refroidissement, on pulvérise dans un large mortier d'agate la masse carbonisée. On ne doit mettre dans le mortier qu'une partie de la masse; on l'humecte ensuite avec de l'eau; on la réduit en poudre très fine et on ajoute une plus grande quantité d'eau dans le mortier; on agite doucement le tout avec le pilon, et on décante la liqueur avec précaution. On pulvérise alors le reste de la masse, et on répète la lévigation jusqu'à ce que le charbon soit séparé; il reste alors au fond du mortier de petites écailles, à éclat métallique, qui ont la couleur du cuivre métallique. On peut de cette manière reconnaître le cuivre métallique à sa couleur habituelle beaucoup plus sûrement que de petites quantités d'autres métaux. — Si on emploie ici moins de carbonate de soude, l'oxyde de cuivre est bien réduit, mais il reste alors en poudre si fine qu'il peut être enlevé par les lavages en même temps que le charbon. Il est nécessaire aussi de bien calciner le creuset au rouge, parce que de cette manière les parcelles de cuivre réduit se réunissent mieux. Pour empêcher que, par suite de la chaleur, une partie du carbonate alcalin ne s'attache au fond du creuset et n'en attaque la masse, on met au fond de ce creuset un morceau de la substance dans laquelle on veut rechercher le cuivre auquel on n'a pas mélangé de carbonate alcalin. Au lieu d'un mortier d'agate, on pourrait en cas de besoin employer aussi un mortier de porcelaine ou de faïence.

De très petites quantités de bioxyde de cuivre, mélangées avec des substances organiques, peuvent aussi être déterminées de la manière suivante : On en incinère une quantité d'environ 200 grammes dans une capsule de platine; on place ensuite les cendres dans une capsule de porcelaine, on ajoute assez d'acide nitrique pour qu'il forme avec les cendres une bouillie épaisse, et on chauffe le mélange jusqu'à ce que la plus grande partie de l'acide libre se soit vaporisée. On dissout la masse dans l'eau et on filtre. Dans la liqueur séparée de la partie insoluble par filtration, on peut retrouver facilement le bioxyde de cuivre dissous par l'acide nitrique. On peut le faire au moyen d'une dissolution de ferrocyanure de potassium ou de sulfure d'ammonium, après avoir, dans ce dernier cas, sursaturé la liqueur par l'ammoniaque et avoir filtré. Mais le mieux est, après avoir étendu convenablement d'eau la liqueur nitrique qui contient le bioxyde de cuivre à l'état de dissolution, de précipiter le bioxyde de cuivre à l'état de sulfure de cuivre au moyen de l'hydrogène sulfuré, et d'examiner de plus près le sulfure de cuivre au chalumeau.

Dans cette méthode, l'incinération de la substance organique est souvent une opération de longue durée ; on peut la faciliter en se servant de capsules de platine larges qui donnent pendant la combustion un accès facile à l'air.

Acide cuivrique.

On obtient l'acide cuivrique en combinaison avec la chaux lorsqu'on agite avec l'eau le chlorure de chaux bien préparé, et lorsqu'on ajoute ensuite une dissolution de nitrate de bioxyde de cuivre. Il se produit d'abord un précipité verdatre qui prend bientôt une couleur plus foncée, et qui enfin se colore en un beau rouge-cramoisi ; en même temps il se dégage de l'oxygène. Le dégagement dure plusieurs semaines. Pendant ce temps, le precipité change peu à peu de couleur et devient bleu, et finit par se transformer entierement en hydrate de bioxyde de cuivre.

On ne réussit pas à transmettre à une autre base l'acide du cuivrate de chaux en traitant ce sel par d'autres dissolutions salines; on ne peut pas davantage laver la combinaison sur un filtre ou même dans un vase fermé; il se dégage alors de l'oxygène, et il reste de l'hydrate de bioxyde de cuivre. Comme le chlorure de calcium mélangé n'a pas pu être séparé, les acides en degagent du chlore gazeux.

On peut obtenir d'une manière analogue le cuivrate de baryte; il se presente également sous la forme d'un précipité rouge intense.

Si on met l'hydrate de bioxyde de cuivre en suspension dans des dissolutions d'hydrate de potasse ou de soude, et si on y fait passer très lentement un courant de chlore gazeux, en ayant soin de maintenir le vase à la température la plus basse possible, la liqueur prend d'abord une couleur verte qui, lorsque le courant de chlore gazeux est interrompu, se transforme, au bout de quelque temps, en une belle couleur rouge, qui a quelque analogie avec celle du ferrate de potasse. Mais cette couleur du cuivrate de potasse ou de soude disparaît très rapidement, en même temps qu'il se produit un abondant dégagement d'oxygène et qu'il se dépose un précipité noir de bioxyde de cuivre, qui contient cependant encore de l'acide hypochloreux. On ne peut, ni en concentrant très fortement la dissolution d'hydrate d'oxyde alcalin, ni en l'étendant, donner plus de fixité au cuivrate alcalin (Krüger).

XXIX. — ARGENT, Ag.

L'argent a une couleur blanc d'argent; il a un éclat fortement métallique; il est très extensible, un peu plus dur que l'or; mais il fond à une plus faible température que ce dernier. Il n'est oxydé par l'air à aucune température. A l'état fondu, il absorbe l'oxygène de l'air qui se dégage par le refroidissement du métal, ce qui produit le phénomène du rochage. Fondu au chalumeau sur le charbon, il le recouvre d'un faible dépôt rouge foncé. Son poids spécifique est de 10,4 à 10,5.

L'acide chlorhydrique, même concentré, n'attaque l'argent qu'à la surface, même lorsqu'on les chauffe ensemble, et le transforme en chlorure d'argent. La quantité de chlorure d'argent formé est cependant toujours excessivement faible. L'acide iodhydrique concentré, au contraire, dissout l'argent à chaud, avec dégagement de gaz hydrogène. La dissolution, mêlée avec l'eau, laisse déposer l'argent dissous à l'état d'iodure d'argent. L'argent n'est pas soluble dans l'acide iodhydrique étendu. L'acide nitrique attaque l'argent même à froid et le dissout; la dissolution contient de l'oxyde d'argent. L'acide sulfurique très étendu est sans action sur l'argent; mais l'acide sulfurique concentré transforme l'argent à chaud en sulfate d'argent avec dégagement d'acide sulfureux. L'argent pur n'est ni oxydé ni attaqué par la fusion avec le nitrate de potasse ou avec les alcalis purs au contact de l'air; cependant, par la fusion réitérée des alcalis caustiques dans un creuset d'argent, ce métal devient cassant. Une dissolution concentrée d'iodure de potassium transforme à chaud l'argent métallique en iodure d'argent qui se dissout dans un excès d'iodure de potassium et qui se précipite lorsqu'on ajoute de l'eau. — Lorsqu'on a de l'argent allié à beaucoup d'or, de manière que le dernier forme plus du quart de l'alliage, l'argent ne se dissout pas complétement dans l'acide nitrique, Mais si on fond un tel alliage avec assez d'argent pour que l'or n'en forme que le quart, l'argent peut être complétement séparé de l'or au moyen de l'acide nitrique.

Au rouge-blanc, l'argent peut décomposer l'eau avec dégagement d'hydrogène; il absorbe l'oxygène de l'eau, qui cependant se dégage de nouveau par le refroidissement, en sorte que l'argent reste à l'état métallique.

Sous-oxyde d'argent, Ag^4O.

Obtenu par la réduction, au moyen de l'hydrogène, à une température d'environ 100 degrés d'un sel de protoxyde d'argent formé par un acide organique, notamment du citrate de protoxyde d'argent, et par la décomposition, au moyen de l'hydrate de potasse, du sel d'argent obtenu, le sous-oxyde d'argent forme une poudre noire, lourde, qui, frottée avec un corps dur, ne présente pas d'éclat métallique. A une température d'environ 100 degrés, il se transforme en argent métallique avec dégagement d'oxygène. Avec l'acide chlorhydrique, il forme un chlorure brun. Le sous-oxyde d'argent, séparé de ses combinaisons salines, est décomposé par les oxacides en argent métallique et en protoxyde d'argent qui se combine avec les acides. Le sel de sous-oxyde d'argent lui-même n'est pas décomposé de cette manière, mais il se dissout en prenant une couleur rouge-jaunâtre foncé (Wœhler). Quant aux combinaisons du sous-oxyde d'argent avec les oxydes métalliques, nous nous en occuperons plus loin, à l'article *Protoxyde d'argent.*

PROTOXYDE D'ARGENT, Ag^2O.

A l'état pur, le protoxyde d'argent forme une poudre gris-brunâtre qui se colore en noir à la lumière solaire. Il se dissout facilement dans l'acide nitrique et dans quelques autres acides. A l'état humide, il est un peu soluble dans l'eau pure et lui communique une réaction alcaline. Il ne forme pas de combinaison avec l'eau ; il attire l'acide carbonique de l'air, et commence même, à une température de 250 degrés, à perdre son oxygène et à se transformer en argent métallique. — Les sels de protoxyde d'argent sont incolores, mais beaucoup d'entre eux noircissent par l'action de la lumière solaire ; lorsqu'ils en sont à l'abri, ils conservent leur couleur blanche. Quelques sels de protoxyde d'argent, comme, par exemple, le nitrate, ne se modifient pas par l'action de la lumière solaire, lorsqu'ils sont complétement préservés de la poussière et d'autres influences étrangères.

Une dissolution d'*hydrate de potasse* produit, dans les dissolutions des sels de protoxyde d'argent, un précipité brun clair de protoxyde d'argent, qui n'est pas soluble dans un excès du précipitant, mais qui se dissout dans l'ammoniaque. — Si on fait bouillir la liqueur, le précipité devient noir; mais il ne change ni de composition ni de propriété.

L'*ammoniaque*, ajoutée en très petite quantité aux dissolutions des sels neutres de protoxyde d'argent, produit un précipité brun de protoxyde d'argent, qui se dissout avec facilité dans une plus grande quantité d'ammoniaque. Si la dissolution d'oxyde d'argent contient un acide libre, il ne se forme pas de précipité par la saturation au moyen de l'ammoniaque. — Dans une dissolution d'oxyde d'argent à laquelle on a ajouté de l'ammoniaque, une dissolution d'hydrate de potasse produit un précipité blanc, si l'excès d'ammoniaque n'est que peu considérable.

Une dissolution de *carbonate neutre de potasse* ou *de soude* donne, dans les dissolutions de protoxyde d'argent, un précipité blanc de carbonate neutre anhydre de protoxyde d'argent, qui est soluble dans l'ammoniaque. Ce précipité n'est pas soluble dans un excès du précipitant. La couleur blanche du précipité devient jaunâtre au bout de peu de temps ; mais il n'est pas du tout modifié, même par une longue ébullition, lorsqu'on n'a pas ajouté un excès de carbonate alcalin. Dans ce cas, le carbonate d'oxyde d'argent perd son acide carbonique par l'action de la chaleur, et le précipité devient brun sale. Enfin, lorsqu'il y a un grand excès du précipitant et lorsque l'ébullition a été longue, le précipité devient tout à fait noir.

Une dissolution de *bicarbonate de potasse* ou *de soude* forme, dans les dissolutions de protoxyde d'argent, un précipité blanc de carbonate de protoxyde d'argent, qui se dissout également dans l'ammoniaque.

Une dissolution de *cyanure de potassium* produit, dans les dissolutions de protoxyde d'argent, un précipité blanc caillebotté, qui se dissout bien dans un excès du précipitant. Le sulfure d'ammonium produit dans cette dissolution un précipité noir de sulfure d'argent. Les acides produisent un précipité blanc de cyanure d'argent qui ne se dissout pas dans un excès d'acide.

Une dissolution de *carbonate d'ammoniaque* produit, dans les dissolutions de protoxyde d'argent, un précipité blanc-jaunâtre de carbonate de protoxyde d'argent qui est soluble dans un excès du précipitant.

Une dissolution de *phosphate de soude* produit, dans les dissolutions neutres de protoxyde d'argent, un précipité jaune de phosphate tribasique de protoxyde d'argent qui n'est pas plus soluble dans un excès de la dissolution d'oxyde d'argent que dans un excès de phosphate de soude ; il est cependant soluble dans l'ammoniaque. La liqueur qui surnage le précipité, rougit le papier de tournesol. Le précipité est soluble dans l'acide nitrique ; mais, après la saturation de l'acide par l'ammoniaque, il reparaît avec sa couleur jaune. — Si le phosphate de soude avait été préalablement calciné avant l'expérience et si ensuite il avait été dissous dans l'eau, cette dissolution produit, dans les dissolutions de protoxyde d'argent, un précipité blanc de phosphate bibasique de protoxyde d'argent. La liqueur qui surnage le précipité, est alors neutre et le précipité est soluble dans l'ammoniaque et dans l'acide nitrique. Si on sature par l'ammoniaque la dissolution dans l'acide nitrique, le précipité se reproduit de nouveau avec sa couleur blanche.

Une dissolution d'*acide oxalique* produit, dans les dissolutions neutres de protoxyde d'argent, un précipité blanc d'oxalate de protoxyde d'argent qui est soluble dans l'ammoniaque et dans une grande quantité d'acide nitrique.

Le *carbonate de baryte* ne précipite des dissolutions de protoxyde d'argent l'oxyde ni à froid ni à chaud.

Une dissolution de *ferrocyanure de potassium* donne, dans les dissolutions de protoxyde d'argent, un précipité blanc de ferrocyanure d'argent.

Une dissolution de *ferrocyanide de potassium* produit, dans les dissolutions de protoxyde d'argent, un précipité rouge-brun de ferrocyanide d'argent qui a de l'analogie avec le précipité d'hydrate de sesquioxyde de fer.

L'*infusion de noix de galles* ne produit pas immédiatement de précipité dans les dissolutions de protoxyde d'argent ; mais, par un long contact ou plus rapidement à chaud, l'argent est séparé de cette dissolution à l'état métallique sous la forme d'une poudre noire, ou bien il recouvre les parois du verre sous forme d'une pellicule noire possédant l'éclat métallique.

Une dissolution de *tannin* et d'*acide gallique* se comporte de même ; mais l'*acide pyrogallique* produit immédiatement une réduction et il se forme un précipité noir.

Le *sulfure d'ammonium* donne, dans les dissolutions des sels d'oxyde d'argent, un précipité noir de sulfure d'argent qui n'est soluble ni dans un excès du précipitant ni dans l'ammoniaque.

La dissolution d'*hydrogène sulfuré* donne, dans les dissolutions de protoxyde d'argent neutres, acides et ammoniacales, un précipité noir de sulfure d'argent. Les plus petites quantités d'oxyde d'argent dissous peuvent être indiquées par ce réactif.

Le *zinc métallique* précipite de ses dissolutions l'argent à l'état métallique. A proximité du zinc, l'argent réduit est noir; plus éloigné, il paraît blanc. Le chlorure d'argent est aussi réduit par le zinc, en présence de l'eau, à l'état d'argent métallique. — Le *fer métallique* ne réduit pas la dissolution de nitrate d'argent, mais réduit le chlorure d'argent. — Le *cuivre métallique* et même le *mercure* réduisent l'argent de ses dissolutions.

Les dissolutions de protoxyde d'argent peuvent encore être reconnues par les réactifs suivants :

L'*acide chlorhydrique* et les dissolutions des *chlorures* produisent, même dans les dissolutions très étendues de protoxyde d'argent, un précipité blanc de chlorure d'argent. Si la dissolution ne contient que très peu de protoxyde d'argent, le précipité se dépose lentement, et la liqueur possède alors une coloration blanche opaline. Lorsque l'oxyde est en grande quantité, il devient floconneux et caillebotté par l'agitation. Ce précipité est insoluble dans les acides étendus. L'acide chlorhydrique concentré en dissout une petite quantité, surtout à chaud. De petites quantités de chlorure d'argent peuvent être complétement dissoutes par cet acide; cependant le chlorure d'argent dissous est complétement précipité de nouveau par l'addition de beaucoup d'eau. Les dissolutions très concentrées des chlorures alcalins se comportent de même. L'ammoniaque dissout le précipité de chlorure d'argent. Si on sursature au moyen des acides étendus, le chlorure d'argent est précipité de nouveau de cette dissolution. — Exposé à la lumière solaire, le chlorure d'argent perd très rapidement sa couleur blanche et devient à la surface gris ou plutôt violet. Melangé avec une très petite quantité de protochlorure de mercure, il perd la propriété de se colorer à la lumière solaire. — Le chlorure d'argent à l'état humide n'est pas sensiblement modifié, à la température ordinaire, par les dissolutions d'hydrate de potasse; mais il l'est par un contact de quelque temps, plus rapidement par l'ébullition; cependant la décomposition n'est que partielle. Le chlorure d'argent n'est pas modifié du tout, même à l'ébullition, ou ne l'est que d'une manière tout à fait insignifiante, par les carbonates alcalins.

Une dissolution d'*iodure de potassium* forme, dans les dissolutions de protoxyde d'argent, un précipité blanc d'iodure d'argent qui a une pointe de jaune. Il ne se dissout pour ainsi dire pas dans l'ammoniaque, ou s'il se dissout, c'est à un degré tout à fait insignifiant; mais sa coloration jaunâtre est transformée en une coloration blanche. Il est cependant soluble dans un excès d'une dissolution d'iodure de potassium. L'iodure d'argent précipité est insoluble dans l'acide nitrique étendu.

Une dissolution de *chromate de potasse* produit, dans les dissolutions de protoxyde d'argent qui ne sont pas trop étendues, un précipité brun-rouge foncé de chromate de protoxyde d'argent, qui est soluble dans l'acide nitrique étendu, dans l'ammoniaque et dans une grande quantité d'eau.

Les précipités blancs ou peu colorés de l'argent se distinguent surtout en ce qu'ils noircissent très rapidement à la surface, lorsqu'on les expose à la lumière à l'état humide. Cette réaction a lieu le plus facilement pour le précipité qui se forme dans les dissolutions d'oxyde d'argent au moyen de l'acide chlorhydrique et des dissolutions des chlorures; elle est très faible, ou bien n'a pour ainsi dire pas lieu, pour les précipités qui sont produits dans les dissolutions d'oxyde d'argent par les dissolutions d'iodure de potassium, de cyanure de potassium, d'acide cyanhydrique et de phosphate de soude.

Les sels de protoxyde d'argent solubles dans l'eau sont décomposés par la calcination, lorsque les acides qu'ils contiennent appartiennent aux acides décomposables; dans ce cas, il reste, après la calcination, de l'argent pur. Le sulfate de protoxyde d'argent ne subit cette décomposition qu'à une très haute température.

Le carbonate de protoxyde d'argent perd à 200 degrés tout son acide carbonique, et se transforme en protoxyde d'argent; à 250 degrés, il se transforme en argent métallique.

Les dissolutions des sels neutres de protoxyde d'argent ne modifient pas le papier de tournesol.

Les sels de protoxyde d'argent insolubles dans l'eau sont, pour la plupart, solubles dans l'acide nitrique. On reconnaît, dans ces dissolutions, la présence de l'oxyde d'argent au moyen de l'acide chlorhydrique, parce qu'il se produit un précipité de chlorure d'argent insoluble dans les acides.

Si on fait bouillir avec une dissolution de nitrate d'ammoniaque l'oxyde d'argent brun encore humide, il s'y dissout, bien qu'un peu lentement, avec dégagement d'ammoniaque. Le carbonate d'ammoniaque se dissout plus facilement dans une dissolution de nitrate d'ammoniaque, à l'aide d'une faible élévation de température. Le borate de protoxyde d'argent, précipité à froid, s'y dissout même à la température ordinaire.

Si on chauffe modérément le protoxyde d'argent ou le nitrate de protoxyde d'argent avec l'acide phosphorique sirupeux, et si on pousse la chaleur jusqu'à ce que l'acide phosphorique commence à se volatiliser faiblement, on obtient une masse très faiblement jaunâtre qui donne avec l'eau une dissolution incolore. Lorsqu'on la sature avec l'ammoniaque, il s'y forme un précipité jaune de phosphate tribasique d'argent. — Mais si on chauffe l'acide phosphorique avec l'oxyde d'argent plus fortement jusqu'au rouge sombre, on obtient une masse incolore dont la dissolution incolore, saturée par l'ammoniaque, donne un précipité blanc. — Le chlorure d'argent ne se dissout pas à chaud dans l'acide phosphorique sirupeux; il fond bien, mais il ne se combine pas avec l'acide fondu, qui ne décompose qu'une faible quantité de chlorure d'argent et dissout une quantité correspondante d'oxyde d'argent.

Le protoxyde d'argent est une base très énergique et peut séparer la plupart des autres bases de leurs combinaisons avec les acides. Par suite de la grande affinité de l'argent pour le chlore, certaines bases que le protoxyde d'argent ne peut séparer de leurs combinaisons avec les oxacides, peuvent être séparées de leurs dissolutions lorsqu'elles sont en contact avec l'argent à l'état de chlorures. En effet, si on met la dissolution de chlorure de potassium en contact avec le protoxyde d'argent humide, il se forme du chlorure d'argent et de l'hydrate de potasse, et la décomposition peut être complète à la température ordinaire; mais si on fait bouillir, il se forme de nouveau du chlorure de potassium. Le carbonate de protoxyde d'argent décompose plus lentement, mais plus complétement, la dissolution de chlorure de potassium : en effet, les dissolutions des carbonates alcalins ne décomposent le chlorure d'argent que d'une manière tout à fait insignifiante. Les bromures et les iodures alcalins se comportent d'une manière analogue. Les oxydes alcalino-terreux, et même la magnésie, sont des bases plus énergiques que l'oxyde d'argent, et précipitent ce dernier de ses dissolutions; cependant le chlorure de baryum et le chlorure de calcium sont décomposés, à la température ordinaire, par le protoxyde d'argent; il se forme du chlorure d'argent et de l'hydrate de l'oxyde alcalino-terreux. Mais si on fait bouillir, une partie du chlorure d'argent formé est décomposée de nouveau par l'oxyde alcalino-terreux devenu libre. Les dissolutions de ces chlorures sont décomposées lentement par le carbonate de protoxyde d'argent humide, mais elles sont entièrement précipitées à l'état de chlorure d'argent et de carbonate terreux. La magnésie précipite aussi le protoxyde d'argent de ses dissolutions; le carbonate de magnésie peut aussi séparer, même à la température ordinaire, le protoxyde d'argent de sa dissolution à l'état de carbonate, ce qui est remarquable, car le carbonate de baryte n'est pas en état de le produire. — Les autres bases ont toutes des propriétés basiques plus faibles que le protoxyde d'argent et sont précipitées par le protoxyde d'argent, et même fréquemment par le carbonate de protoxyde d'argent, des dissolutions de leurs chlorures, aussi bien que de celles de leurs oxysels; pour quelques-uns cependant, la précipitation n'a lieu qu'au bout de quelque temps ou avec l'aide de la chaleur.

Quelques-uns de ces oxydes subissent même ici une modification, surtout ceux qui ont une tendance à passer à un degré supérieur d'oxydation. Ils réduisent l'oxyde d'argent à l'état de sous-oxyde d'argent : ce sont le protoxyde de fer, le protoxyde de manganèse et l'oxyde de cobalt.

Pendant que le chlorure d'argent récemment précipité n'est pas modifié par une dissolution neutre de protoxyde de fer, une dissolution d'un sel de protoxyde d'argent, mêlée avec un sel de protoxyde de fer, est décomposée, et l'argent métallique est séparé (page 88). Mais si on ajoute à la dissolution du sel de protoxyde d'argent assez d'ammoniaque pour que la petite quantité d'oxyde d'argent précipité soit dissoute de nouveau, et si on verse goutte à goutte, dans un excès de cette liqueur, une dissolution d'un sel de protoxyde de fer, il se forme immédiatement un précipité noir foncé d'un pouvoir colorant excessivement fort, en sorte qu'on peut retrouver de cette manière les plus petites quantités de protoxyde d'argent, comme on peut aussi retrouver de cette manière les plus petites quantités de protoxyde de fer. Le précipité est formé d'une combinaison de sesquioxyde de fer avec le protoxyde de fer et avec le sous-oxyde d'argent. Il est très stable et ne se modifie pas à l'air. Au rouge faible, il perd seulement son eau et ne se modifie pas dans sa composition. Une forte chaleur rouge le transforme en sesquioxyde de fer et en argent métallique. L'acide chlorhydrique étendu le transforme en chlorure d'argent, en argent métallique, et en une combinaison de protochlorure de fer avec le sesquichlorure de fer; cependant la proportion de l'argent séparé n'est pas très considérable. L'acide nitrique sépare d'abord du sesquioxyde de fer; en même temps il se dissout de l'argent, et il se produit un dégagement de gaz. A chaud, la dissolution est complète. Pour produire ce précipité, on peut presque, au lieu d'ammoniaque, employer toute autre base, pourvu qu'elle soit seulement suffisamment forte pour se combiner avec les acides des sels de protoxyde d'argent et de protoxyde de fer. de manière que le sesquioxyde de fer puisse s'unir avec le sous-oxyde d'argent produit. Si le protoxyde de fer et l'oxyde d'argent sont combinés avec des acides faibles, comme l'acide acétique par exemple, les dissolutions de ces combinaisons neutres forment le précipité noir, sans qu'on ait besoin d'ajouter de l'ammoniaque ou une autre base. On en obtient une bien plus grande quantité lorsque les acides libres ont été saturés par une petite quantité d'une base.

Si on mêle d'une manière analogue une dissolution ammoniacale d'un sel de protoxyde d'argent avec celle d'un sel de protoxyde de manganèse, on obtient de la même manière un précipité noir foncé analogue, formé de sesquioxyde de manganèse et de sous-oxyde d'argent. — Si on mélange un sel de protoxyde d'argent avec un sel d'oxyde de cobalt, et si on ajoute alors un peu d'ammoniaque, on obtient d'abord un précipité bleu-verdâtre, comme dans une dissolution d'oxyde de cobalt à laquelle on a ajouté uniquement un peu d'ammoniaque; mais, avec le temps, le précipité devient tout à fait noir, et est transformé en une combinaison de sesquioxyde de cobalt et de sous-oxyde d'argent. Cette transformation a lieu, en tout cas, bien plus lentement que pour les dissolutions de protoxyde de fer et de protoxyde de manganèse dans les mêmes circonstances.

Lorsqu'une combinaison d'argent ne donne pas d'argent métallique par la calcination, l'argent peut en être réduit par la fusion avec du cyanure de potassium : ainsi l'argent contenu dans le chlorure d'argent en est complétement séparé à l'état métallique par ce réactif; mais si on traite par l'eau la masse fondue, il ne faut pas laisser longtemps la dissolution en contact avec l'argent métallique, parce qu'il pourrait s'en dissoudre une petite quantité. Le sulfate d'argent, fondu avec du cyanure de potassium, donne de l'argent métallique et produit du rhodanure de potassium. Lorsqu'on opère sur du phosphate d'argent, l'argent est réduit, mais l'acide phosphorique n'est pas décomposé.

Au chalumeau, les sels de protoxyde d'argent sont réduits très rapidement à l'état d'argent métallique, surtout lorsqu'ils ont été préalablement mélangés avec la soude : ce caractère permet de les reconnaître facilement. Les combinaisons d'oxyde d'argent et cet oxyde lui-même se dissolvent en partie dans le borax sur le fil de platine à la flamme extérieure, aussi bien que l'argent métallique lui-même, et sont en partie réduits. La perle est laiteuse ou opaline, suivant la proportion d'oxyde qui est dissoute. Dans la flamme intérieure, l'oxyde est réduit. — Dans le sel de phosphore, les combinaisons d'oxyde d'argent donnent sur le fil de platine à la flamme extérieure une perle jaunâtre qui, pour une plus grande quantité d'argent, prend la couleur de l'opale, et qui paraît jaunâtre à la lumière du jour et rougeâtre à la lumière des chandelles (Berzelius).

Les dissolutions de protoxyde d'argent peuvent très facilement être reconnues au précipité qu'y produit l'acide chlorhydrique; en effet, il se distingue de tous les autres en ce qu'il est soluble dans l'ammoniaque et insoluble dans les acides étendus.

La présence des substances organiques non volatiles n'empêche pas la production du précipité formé par l'acide chlorhydrique dans les dissolutions d'oxyde d'argent.

Peroxyde d'argent, AgO (?).

Le peroxyde d'argent n'est pas encore connu à l'état pur. S'il a été obtenu au pôle positif, par l'action de l'électricité galvanique sur une dissolution de nitrate de protoxyde d'argent, il contient à l'état de mélange une certaine quantité du sel employé. Il contient également du sulfate de protoxyde d'argent, s'il a été obtenu au moyen d'une dissolution de ce sel. Il a la forme de cristaux octaédriques de couleur gris-noirâtre, possédant l'éclat métallique. Chauffé jusqu'à un peu plus de 100 degrés, il dégage de l'oxygène et laisse déposer un mélange de protoxyde d'argent et du sel de protoxyde d'argent à l'aide duquel il a été préparé. L'acide sulfurique le transforme en sulfate d'argent, avec dégagement de gaz oxygène. Avec l'acide nitrique pur, il ne se forme qu'une dissolution rouge; mais si on chauffe, il se dégage de l'oxygène et il se produit du nitrate de protoxyde d'argent. Si l'acide nitrique contient de l'acide nitreux, la réaction a lieu sans dégagement d'oxygène. Chauffé avec l'acide oxalique, il se tranforme en oxalate de protoxyde d'argent, avec dégagement d'acide carbonique. Par l'action de l'acide chlorhydrique, il est transformé en chlorure d'argent, avec dégagement de chlore gazeux. Il se dissout dans l'ammoniaque avec dégagement de bioxyde de nitrogène. L'hydrogène gazeux le réduit à l'état d'argent métallique à une température très modérée, mais non à la température ordinaire.

XXX. — MERCURE, Hg.

Le mercure se distingue de tous les autres métaux en ce qu'il est liquide à la température ordinaire de l'atmosphère ; il est d'autant plus liquide qu'il est plus pur. A une très basse température, environ 40 degrés au-dessous de zéro, le mercure se solidifie ; il est alors extensible et blanc. A une température de + 360 degrés, il entre en ébullition et devient gazeux ; le mercure gazeux est incolore. La couleur du mercure liquide est d'un blanc d'étain ; il a un éclat fortement métallique. Il est plus lourd que l'argent ; son poids spécifique est de 13,5 à 13,6.

A la température ordinaire de l'air, le mercure se conserve sans se modifier ; à une haute température longtemps soutenue, qui ne doit cependant pas être plus élevée que son point d'ébullition, il se transforme lentement, au contact de l'air, en oxyde qui cependant est réduit de nouveau à l'état métallique à une température encore plus élevée.

L'acide chlorhydrique, même lorsqu'il est concentré, n'attaque pas le mercure lorsqu'on les chauffe ensemble. L'acide iodhydrique, lorsqu'il est concentré, est sans action même à chaud sur le mercure. L'acide nitrique dissout peu à peu le mercure à froid, et le transforme en nitrate neutre de protoxyde de mercure lorsqu'il y a un excès d'acide. Si on fait bouillir l'acide nitrique avec un excès de mercure, ce dernier n'est transformé encore qu'en protoxyde qui se combine avec l'acide nitrique pour former du nitrate basique de protoxyde qui se sépare à l'état cristallin par le refroidissement de la liqueur. Si on fait bouillir, au contraire, le mercure avec un excès d'acide nitrique, le mercure est dissous et transformé en nitrate de bioxyde de mercure. Si on chauffe le mercure avec un excès d'eau régale, il se dissout complétement ; la dissolution contient du bichlorure et du nitrate de bioxyde. L'acide sulfurique étendu n'attaque pour ainsi dire pas le mercure à froid ; mais si on fait bouillir le mercure avec l'acide sulfurique concentré, il se dégage du gaz acide sulfureux, et le mercure est transformé en sulfate de bioxyde de mercure solide. Lorsqu'on n'a employé qu'une petite quantité d'acide sulfurique, et lorsqu'on n'a pas chauffé le tout jusqu'au point d'ébullition de l'acide, on obtient du sulfate de protoxyde. Si on fait passer du chlore gazeux sur le mercure et si on chauffe faiblement, il est transformé en bichlorure de mercure. — Le mercure métallique ne peut pas, à cause de sa volatilité, décomposer l'eau à une haute température.

Protoxyde de mercure, Hg^2O.

Le protoxyde de mercure est noir. On n'a pas pu l'obtenir à l'état pur ; on ne l'a obtenu qu'en combinaison avec les acides. A l'état libre, il se décompose ordinairement avec une excessive facilité, en mercure et en bioxyde de mercure. Cette décomposition s'opère même à une très basse température. Le bioxyde de mercure lui-même est décomposé, par une chaleur plus élevée, en oxygène et en mercure métallique. Le protoxyde de mercure est décomposé en mercure métallique et en bioxyde de mercure par les bases même les plus faibles à l'état libre, lorsqu'il a été séparé de ses combinaisons au moyen de ces bases. Les acides, surtout les acides faibles, ont une action bien moins forte. Le meilleur moyen d'obtenir une dissolution du protoxyde est de traiter un excès de mercure par l'acide nitrique. — Les sels neutres de protoxyde de mercure sont blancs; plusieurs sels basiques de protoxyde de mercure sont également de couleur blanche. On peut distinguer facilement les uns des autres les sels neutres et les sels basiques de protoxyde de mercure de couleur blanche, surtout ceux formés par l'acide nitrique, en les broyant avec du chlorure de sodium et en ajoutant de l'eau. Lorsque le sel est neutre, il se sépare du protochlorure de mercure pur, de couleur blanche; lorsque le sel est basique, il se forme une combinaison vert sale de protochlorure de mercure avec le protoxyde de mercure. Les sels de protoxyde de mercure, surtout ceux qui sont solubles, sont un peu décomposés par l'eau. Cette décomposition a lieu surtout lorsqu'on les fait bouillir avec l'eau; il se sépare alors du mercure métallique. La dissolution contient du bioxyde. Pour la combinaison neutre de l'acide nitrique avec le protoxyde de mercure, il se forme, lorsqu'on la traite par l'eau à une température élevée, des sels de couleur jaune qui contiennent du bioxyde et du protoxyde. Cependant le nitrate neutre de protoxyde de mercure n'est pour ainsi dire point décomposé par l'eau à la température ordinaire, mais il s'y dissout difficilement. La dissolution claire qui ne contient pas de bioxyde, reste claire lorsqu'on la soumet à l'ébullition, mais elle contient alors du bioxyde. La combinaison basique de couleur blanche formée par la combinaison de l'acide nitrique avec le protoxyde de mercure, est décomposée par l'eau à la température ordinaire; il se dissout du sel neutre et il reste à l'état insoluble un sel encore plus basique qui ne contient pas de bioxyde, si la réaction de l'eau sur le sel n'a pas eu lieu à une température élevée. Dans ce dernier cas, le sel jaune basique se transforme en une autre combinaison jaune qui contient du bioxyde et du protoxyde; il se sépare en même temps du mercure métallique.

Les dissolutions des sels de protoxyde de mercure se comportent avec les réactifs comme il suit :

Une dissolution d'*hydrate de potasse* y produit un précipité noir de protoxyde de mercure qui est insoluble dans un excès du précipitant. Outre le protoxyde, le précipité contient toujours du bioxyde et du mercure métallique.

L'*ammoniaque* produit également, dans les dissolutions de protoxyde de mercure, un précipité noir qui est insoluble dans un excès d'ammoniaque. Il n'est pas soluble à froid dans l'acide nitrique étendu; mais, si on le fait bouillir avec cet acide, il donne une combinaison de couleur blanche. L'acide chlorhydrique transforme très lentement le précipité noir en un précipité blanc de protochlorure de mercure. — Les traces même les plus faibles d'ammoniaque produisent, dans les dissolutions de protoxyde de mercure, un trouble brun sale.

Une dissolution de *carbonate neutre de potasse* ou *de soude* produit, dans les dissolutions de protoxyde de mercure, un précipité blanc sale qui devient bientôt noir, et qui, par l'ébullition, laisse séparer du mercure métallique.

Une dissolution de *bicarbonate de potasse* ou *de soude* produit un précipité blanc de carbonate de protoxyde de mercure, qui se colore en noir par l'ébullition et laisse dégager du gaz acide carbonique.

Une dissolution de *cyanure de potassium* produit immédiatement, dans les dissolutions de protoxyde de mercure, une séparation de mercure métallique; il se forme en même temps du cyanide de mercure dans la dissolution.

Une dissolution de *carbonate d'ammoniaque* produit, dans les dissolutions de protoxyde de mercure, lorsqu'il y a peu de carbonate d'ammoniaque, un précipité gris; lorsqu'il y en a beaucoup, un précipité noir.

Une dissolution de *phosphate de soude* donne, dans les dissolutions de protoxyde de mercure, un précipité blanc de phosphate de protoxyde de mercure qui devient gris par une longue ébullition avec l'eau. Ce précipité n'est pas soluble dans un excès de la dissolution de protoxyde de mercure.

Une dissolution d'*acide oxalique* produit également, dans les dissolutions de protoxyde de mercure, un précipité blanc d'oxalate de protoxyde de mercure. Par l'ébullition, il devient noirâtre.

Le *carbonate de baryte* décompose, même à la température ordinaire, la dissolution de protoxyde de mercure; mais il ne se précipite pas de protoxyde de mercure, parce que ce dernier se décompose immédiatement en bioxyde et en mercure métallique, qui se séparent tous deux. La liqueur filtrée ne contient pas de protoxyde de mercure, si le carbonate de baryte est resté pendant longtemps en contact à froid avec la dissolution de protoxyde de mercure.

Une dissolution de *ferrocyanure de potassium* produit, dans les dissolutions de protoxyde de mercure, un précipité blanc, gélatineux, de protocyanure de mercure et de protocyanure de fer.

Une dissolution de *ferrocyanide de potassium* produit, dans les dissolutions de protoxyde de mercure, un précipité rouge-brun de ferrocyanide de mercure qui devient blanc au bout de quelque temps.

L'*infusion de noix de galles* produit, dans les dissolutions de protoxyde de mercure, un précipité jaune clair qui, avec le temps, devient plus foncé. Les dissolutions de *tannin* et d'*acide gallique* se comportent de même; mais l'*acide pyrogallique* produit immédiatement un précipité brun-noirâtre foncé.

Le *sulfure d'ammonium* produit immédiatement, dans les dissolutions de protoxyde de mercure, un précipité noir d'un sulfure de mercure qui correspond au protoxyde, et qui est insoluble dans l'ammoniaque et dans un excès du précipitant. Il se dissout dans une dissolution de potasse lorsqu'on n'a pas préalablement ajouté une trop petite quantité de sulfure d'ammonium; il se sépare en même temps une poudre noire qui est du mercure métallique, et qui peut être reconnu pour tel à la loupe, si on filtre le tout sur du papier et si on frotte ensuite avec une baguette de verre. Si on sature, au moyen d'un acide, la liqueur que l'on a séparée par filtration, il se précipite du sulfure noir de mercure qui a une composition correspondante à celle du bioxyde.—Si le sulfure d'ammonium employé contient beaucoup de soufre, de manière que la liqueur ait une couleur fortement jaunâtre, le précipité produit se dissout complétement dans la dissolution d'hydrate de potasse, sans laisser déposer de mercure.

La dissolution d'*hydrogène sulfuré* produit immédiatement, dans les dissolutions neutres ou acides de protoxyde de mercure, un précipité de sulfure de mercure, même lorsqu'on a employé bien moins d'hydrogène sulfuré qu'il n'est nécessaire d'en employer pour la décomposition complète de la dissolution de protoxyde de mercure.

Le *zinc métallique* sépare des dissolutions de protoxyde de mercure le mercure métallique, sous la forme de parcelles grises; le métal précipitant conserve son aspect et ne s'amalgame pas. Le protochlorure de mercure, même récemment précipité, n'est pas réduit par le zinc en présence de l'eau.

Les dissolutions de protoxyde de mercure peuvent encore être reconnues au moyen des réactifs suivants :

L'*acide chlorhydrique* et les dissolutions des *chlorures* produisent, même lorsqu'on les ajoute en très petites quantités aux dissolutions de protoxyde de mercure, un précipité blanc de protochlorure de mercure, qui est insoluble dans les acides simples très étendus, et qui est transformé par l'ammoniaque en un précipité noir. Chauffé avec l'acide nitrique concentré, le protochlorure de mercure se dissout avec dégagement de bioxyde de nitrogène. La dissolution contient du nitrate de bioxyde de mercure et du bichlorure de mercure. L'acide sulfurique concentré le décompose à chaud en bichlorure de mercure et en sulfate de bioxyde de mercure, avec dégagement d'acide sulfureux. Si on le fait bouillir avec l'acide chlorhydrique concentré, il devient grisâtre et contient une quantité excessivement faible de mercure métallique; l'acide tient alors en dissolution une quantité correspondante de bichlorure de mercure. Les dissolutions de bicarbonate de potasse et de soude, aussi bien que les carbonates de baryte et de chaux, ne décomposent pas le protochlorure de mercure; mais l'hydrate de potasse et les carbonates de soude et de potasse le décomposent et le colorent en noir. Si on ajoute cependant une dissolution de chlorure de sodium au protochlorure de mercure, il est préservé de l'action des carbonates alcalins et reste blanc; si cependant on chauffe, il est décomposé et se colore en noir.

Une dissolution d'*iodure de potassium* produit, dans les dissolutions de protoxyde de mercure, un précipité jaune-verdâtre qui se colore en noir lorsqu'on ajoute un grand excès du précipitant, et qui se dissout dans un excès de ce même précipitant. Le protoiodure précipité contient toujours du bi-iodure. Dans les dissolutions étendues, l'iodure de potassium produit ordinairement un précipité jaune formé par une combinaison de protoiodure et de bi-iodure, qui noircit très facilement sous l'influence de la lumière.

Une dissolution de *chromate de potasse* donne, dans les dissolutions de protoxyde de mercure, un précipité rouge de chromate de protoxyde de mercure.

L'*acide sulfurique* étendu produit, dans les dissolutions de protoxyde de mercure, un précipité blanc abondant de sulfate de protoxyde de mercure qui n'est soluble qu'à un degré insignifiant dans les acides libres. Ses meilleurs dissolvants sont l'acide sulfurique étendu et les dissolutions de sulfate de potasse et de soude. Il est décomposé immédiatement, même à la température ordinaire, par l'hydrate de potasse et les carbonates alcalins et devient noir.

Une dissolution de *sulfate de protoxyde de fer* précipite d'abord dans les dissolutions de protoxyde de mercure du sulfate de protoxyde et sépare alors le mercure à l'état métallique; cependant le protochlorure de mercure, récemment précipité, n'est pas décomposé par le sulfate de protoxyde de fer.

Lorsqu'on verse une goutte d'une dissolution de protoxyde de mercure sur du *cuivre* poli, et lorsqu'on le frotte, au bout de quelque temps, avec du papier, le cuivre paraît argenté; mais si l'on calcine avec précaution, l'argenture apparente disparaît.

Les sels de protoxyde de mercure qui sont solubles dans l'eau, se volatilisent par la calcination et subissent alors une décomposition; c'est aussi le cas de la plupart des combinaisons de protoxyde de mercure qui sont insolubles dans l'eau. Le protochlorure et le protobromure de mercure se volatilisent sans se décomposer, et même sans entrer préalablement en fusion.

Les dissolutions des sels de protoxyde de mercure rougissent le papier de tournesol. La dissolution de nitrate neutre de protoxyde de mercure, même lorsqu'elle a été préparée à la température ordinaire, rougit le papier de tournesol : peut-être cela ne vient-il que de la présence d'une très petite quantité de sel basique de bioxyde, qu'il est à peu près impossible de reconnaître.

Les sels de protoxyde de mercure insolubles dans l'eau sont dissous en grande partie par l'acide nitrique étendu. L'acide chlorhydrique produit dans cette dissolution acide, lorsqu'il ne s'est pas formé un degré supérieur d'oxydation, un précipité blanc de protochlorure de mercure qui ne se dissout pas dans l'ammoniaque, mais qui, par l'action de ce réactif, devient noir.

Si, à la température ordinaire, on ajoute à une dissolution de nitrate de protoxyde de mercure une petite quantité d'une dissolution d'hydrate de potasse, de manière que la dissolution bleuisse le papier de tournesol, et si on ajoute alors du nitrate d'ammoniaque, le précipité formé d'abord se transforme en mercure métallique, et il se dissout du bioxyde de mercure. La même réaction a lieu si on décompose la dissolution de nitrate de protoxyde de mercure par le bicarbonate de soude, et si on traite alors par le nitrate d'ammoniaque.

Si on mélange les sels de protoxyde de mercure avec la soude desséchée, la chaux, l'oxyde de plomb ou d'autres substances basiques, dans un tube de verre qui a été fondu à une de ses extrémités, et si on calcine à la flamme du *chalumeau*, le mercure se sublime sous la forme d'un dépôt gris dans lequel on peut former très facilement de petits globules bien nets de mercure par le contact avec une petite baguette de verre. Les plus petites quantités d'un sel de protoxyde de mercure peuvent être découvertes de cette manière. Il est nécessaire d'employer les substances bien sèches, parce que la vapeur d'eau empêcherait facilement l'expérience de réussir. Cependant, lorsqu'on traite de cette manière le protochlorure ou le protobromure de mercure par la soude très sèche, une partie du sel de mercure peut se volatiliser à chaud, en présence de la soude, sans être décomposé. On peut l'éviter en humectant très légèrement le mélange de protochlorure ou de protobromure de mercure avec la soude avant de chauffer. Dans ce cas cependant, on doit maintenir le tube le plus horizontal possible, afin que l'eau qui s'est dégagée par l'action de la chaleur et qui se dépose sur la partie froide du tube, ne vienne pas couler sur la partie du tube qui a été chauffée et ne brise pas le verre. Le mieux est de chasser l'eau à l'aide d'une faible chaleur, en exposant le tube à une flamme quelconque sans employer le chalumeau, de l'enlever en l'absorbant au moyen d'un papier à filtre, et de produire alors le sublimé de mercure au moyen d'une plus forte chaleur.

Les sels de protoxyde de mercure en dissolution peuvent être facilement reconnus par leur manière de se comporter avec l'acide chlorhydrique; en effet, le précipité qui se forme, est insoluble dans les acides étendus et il devient noir par l'action de l'ammoniaque, ce qui le distingue des précipités produits par l'acide chlorhydrique dans les dissolutions d'oxyde d'argent et d'oxyde de plomb. Par la voie sèche, on peut très facilement s'assurer de la présence du mercure par la production des globules de mercure au moyen de la soude.

Bioxyde de mercure, HgO.

Le bioxyde de mercure à l'état pur est ordinairement cristallin, et possède alors une couleur rouge-cinabre. En poudre très fine, il prend une pointe de jaune-orangé. Le bioxyde, obtenu par précipitation par la voie humide, est jaune; mais il devient rouge-orangé par la dessiccation. Il n'est pas tout à fait insoluble dans l'eau. Par l'action d'une faible chaleur, il se colore en noir, et reprend la couleur rouge par le refroidissement. Par une chaleur plus forte, il est décomposé en oxygène et en mercure métallique. S'il contient encore de petites traces d'acide nitrique, il se produit des vapeurs rougeâtres. L'action prolongée de la lumière le noircit légèrement à la surface. Le bioxyde de mercure, mélangé avec du minium, laisse du plomb fondu comme résidu, lorsqu'on le chauffe dans un petit tube fondu à une de ses extrémités jusqu'à ce que la décomposition du bioxyde de mercure soit complète. Mais si le bioxyde de mercure est falsifié au moyen de la poudre de brique, cette poudre reste sans se modifier lorsqu'on chauffe le bioxyde de mercure. Le bioxyde de mercure est soluble dans les acides. Lorsque le bioxyde contient des traces de protoxyde, comme cela se présente lorsqu'il a été longtemps exposé à la lumière, il ne forme pas une liqueur claire en se dissolvant dans l'acide chlorhydrique; la dissolution devient alors laiteuse, par suite du protochlorure qui reste en suspension. Si le bioxyde est falsifié avec du minium, il se forme de l'oxyde puce de plomb lorsqu'on dissout le mélange dans l'acide nitrique (page 135). La falsification peut être ainsi facilement reconnue.

Les sels de bioxyde de mercure à l'état neutre sont ordinairement incolores. A l'état basique, ils sont souvent jaunes, mais quelquefois aussi incolores. Ils ne se dissolvent pas dans l'eau sans se décomposer : le bioxyde se sépare, rarement à l'état pur, mais ordinairement à l'état de sel basique; il reste en dissolution de l'acide libre et une quantité plus ou moins grande de sel de bioxyde de mercure. L'eau chaude détermine une décomposition plus rapide et plus complète que l'eau à la température ordinaire. Si on ajoute à l'eau un acide libre, l'acide nitrique, l'acide chlorhydrique ou l'acide sulfurique par exemple, on peut empêcher la séparation de l'oxyde ou du sel basique. Le bichlorure de mercure, aussi bien que le bibromure et le cyanide, font exception à cette règle, en ce qu'ils se dissolvent dans l'eau froide et dans l'eau chaude sans se décomposer et en ce qu'ils ne sont pas transformés en sels basiques, quelque grande que soit la quantité d'eau qu'on leur ajoute. — L'acide sulfurique concentré et l'acide nitrique ne décomposent le bichlorure de mercure ni à froid ni à chaud.

La dissolution de bichlorure de mercure se comporte avec la plupart des réactifs d'une manière tout autre que la dissolution des sels de bioxyde de mercure, qui, pour se dissoudre complétement, ont nécessité l'emploi d'une quantité suffisante d'acide libre.

La dissolution de bichlorure de mercure se comporte avec les réactifs comme il suit :

Une dissolution d'*hydrate de potasse*, ajoutée en excès dans une dissolution de bichlorure de mercure, y produit un précipité jaune de bioxyde de mercure, qui est insoluble dans le précipitant, bien qu'on en ajoute une grande quantité. Si on ajoute à la dissolution de bichlorure de mercure une quantité trop faible de dissolution de potasse, le précipité est rouge-brun plus ou moins foncé, et est formé d'un sel basique. La meilleure manière de produire ce précipité est d'employer une dissolution d'hydrate de potasse, qui est étendue d'une très grande quantité d'eau. — Si la dissolution de bichlorure de mercure contient du chlorure d'ammonium, l'hydrate de potasse y forme un précipité blanc qui a une composition analogue à celui que produit l'ammoniaque dans les dissolutions de bichlorure de mercure. Ce précipité devient jaunâtre lorsqu'on y ajoute une très grande quantité de dissolution de potasse; mais au bout de quelque temps, il redevient blanc. — Si la dissolution de bichlorure de mercure contient une très grande quantité d'acide libre, il ne se produit pas de précipité lorsqu'on ajoute un excès d'hydrate de potasse, ou, s'il s'en forme un, ce n'est qu'au bout de quelque temps. La dissolution d'hydrate de potasse produit souvent, en pareil cas, un précipité jaune que l'hydrate de soude ne peut pas produire.

L'*ammoniaque* donne, dans les dissolutions de bichlorure de mercure, un précipité blanc de chloro-amidure de mercure, qui n'est pas tout à fait insoluble dans un très grand excès d'ammoniaque, mais qui peut se dissoudre dans les acides libres.

Une dissolution de *carbonate neutre de potasse* ou *de soude* produit, dans les dissolutions de bichlorure de mercure, un précipité rouge-brun qui est insoluble dans un excès de carbonate neutre alcalin et dont la couleur n'est pas modifiée par un excès du précipitant. Il est formé d'une combinaison de bioxyde de mercure avec le bichlorure de mercure (oxychlorure de mercure . Si on le fait bouillir avec l'excès de carbonate alcalin, il devient jaune, perd tout son chlore et se transforme en bioxyde pur. Il perd également son chlore lorsqu'on le fait bouillir avec l'eau, mais ne le perd pas lorsqu'on le lave avec l'eau froide. Si la dissolution de bichlorure de mercure contient du chlorure d'ammonium, le carbonate de potasse y forme un précipité blanc qui a la même propriété que le précipité formé par la dissolution d'hydrate de potasse dans des circonstances analogues; seulement l'un ne devient pas jaunâtre aussi facilement que l'autre. — Si la dissolution de bichlorure contient une très grande quantité d'acide chlorhydrique en excès, un excès de carbonate alcalin n'y forme pas de précipité. L'hydrate de potasse y produit souvent alors un précipité jaune.

Une dissolution de *bicarbonate de potasse* ou *de soude*, lorsqu'elle a été très récemment préparée, ne produit pas de précipité dans les dissolutions de bichlorure de mercure, ou ne produit qu'un précipité blanchâtre très faible. Mais, les dissolutions étendues, dans tous les cas, restent parfaitement claires; au bout de quelque temps, il se forme cependant une faible quantité d'un précipité rouge. Par l'ébullition, il se produit un précipité brun-rouge sale. — Si le bicarbonate employé contient seulement une quantité très faible de carbonate alcalin neutre, il se produit immédiatement dans la dissolution de bichlorure de mercure un précipité rouge.

Une dissolution de *cyanure de potassium* ne trouble pas la dissolution de bichlorure de mercure, ou n'y détermine qu'une légère teinte opaline, qui disparaît lorsqu'on y ajoute une plus grande quantité de cyanure de potassium. Le sulfure d'ammonium forme dans cette dissolution un précipité noir de sulfure de mercure.

Une dissolution de *carbonate d'ammoniaque* produit, dans les dissolutions de bichlorure de mercure, un précipité blanc de propriétés analogues à celles du précipité produit par l'ammoniaque dans les dissolutions de bichlorure de mercure.

Une dissolution de *phosphate de soude* ne produit pas de précipité dans la dissolution de bichlorure de mercure. Au bout de quelque temps, il se forme un faible dépôt rouge qui se produit plus rapidement et plus abondamment par l'action de la chaleur.

Une dissolution d'*acide oxalique* et de *bioxalate de potasse* ne produit pas de précipité dans une dissolution de bichlorure de mercure. Si on ajoute de l'ammoniaque, il se forme un précipité blanc.

Le *carbonate de baryte* ne produit, ni à froid ni par l'ébullition, un précipité de bioxyde de mercure dans une dissolution de bichlorure de mercure. Dans le dernier cas, il se dépose seulement sur les bords du vase un oxyde légèrement brun-rougeâtre.

Une dissolution de *sulfate de protoxyde de fer* ne modifie pas la dissolution de bichlorure de mercure, et n'en sépare pas de mercure métallique.

Une dissolution de *ferrocyanure de potassium* produit, dans les dissolutions de bichlorure de mercure, un précipité blanc qui devient bleu au bout de quelque temps, par suite de la formation du bleu de Prusse; il reste du cyanide de mercure en dissolution dans la liqueur.

Une dissolution de *ferrocyanide de potassium* ne donne pas de précipité dans les dissolutions de bichlorure de mercure.

L'*infusion de noix de galles* ne produit pas de précipité dans les dissolutions de bichlorure de mercure.

Le *sulfure d'ammonium*, lorsqu'on l'ajoute en très faible quantité aux dissolutions de bichlorure de mercure, forme un précipité noir de sulfure de mercure qui devient complétement blanc lorsqu'on l'agite avec le bichlorure de mercure qui reste encore dissous et qui n'a pas été décomposé. Le précipité blanc reste très longtemps en suspension dans la liqueur; il est formé d'une combinaison de sulfure de mercure avec le bichlorure de mercure $HgCl^2+2HgS$. Si on ajoute peu à peu une plus grande quantité de sulfure d'ammonium, la couleur du précipité devient un mélange de noir et de blanc. Ces précipités sont formés de mélanges variables de la combinaison indiquée et de sulfure de mercure, et peuvent paraître d'abord rouge-brun. Lorsqu'il y a un excès du précipitant, le précipité est complétement noir; la combinaison indiquée est alors complétement décomposée par le sulfure d'ammonium, et le précipité n'est formé que de sulfure de mercure qui est insoluble à froid dans un excès de sulfure d'ammonium. Il est également insoluble dans l'ammoniaque; mais il se dissout complétement dans une dissolution d'hydrate de potasse avec formation de sulfure de potassium, si la quantité de sulfure d'ammonium, préalablement ajoutée, n'était pas trop faible. Lorsqu'on évapore cette dissolution, il se dépose un sulfosel qui provient de la combinaison du sulfure de potassium et du sulfure de mercure et qui cristallise en aiguilles soyeuses. Cette combinaison ne peut exister qu'en présence d'un oxyde alcalin libre, qu'elle soit à l'état de dissolution ou bien à l'état solide. Si on veut séparer le sel de l'oxyde alcalin libre, il se décompose immédiatement en sulfure noir de mercure qui se dépose et en sulfure de potassium qui se dissout. La dissolution du sulfosel, dans les dissolutions concentrées d'hydrate de potasse et de soude, est décomposée, avec séparation de sulfure de mercure noir, par l'action d'une suffisante quantité d'eau ou d'alcool, par l'action de la dissolution d'hydrogène sulfuré, du sulfure d'ammonium ou par l'action du soufre en poudre à chaud. Ces derniers transforment l'oxyde alcalin en sulfure qui ne dissout pas le sulfure de mercure. Le sulfosel est encore décomposé par les dissolutions des sels acides et par les acides.

La dissolution d'*hydrogène sulfuré* se comporte, à l'égard des dissolutions de bichlorure de mercure, de la même manière que le sulfure d'ammonium; cependant les réactions sont bien plus faciles à observer lorsqu'on n'ajoute d'abord que de petites quantités de la dissolution d'hydrogène sulfuré et lorsqu'on en ajoute ensuite peu à peu un excès. Même lorsque la dissolution contient une forte proportion d'un acide libre, tout le mercure est précipité à l'état de sulfure noir de mercure par un excès d'hydrogène sulfuré. Si on traite par la dissolution d'hydrate de potasse le sulfure de mercure précipité, il ne s'y dissout pas; mais si on fait passer au travers du mélange un courant de gaz hydrogène sulfuré, le sulfure de mercure se dissout et est précipité de nouveau à l'état de sulfure de mercure noir par l'action d'un excès de gaz. Le sulfure de mercure noir se transforme par sublimation en sulfure de mercure rouge cinabre), qui se forme aussi lorsqu'on chauffe le mercure avec du soufre et une dissolution d'hydrate de potasse. — Le sulfure de mercure noir et le sulfure de mercure rouge ne sont pas attaqués, même à l'ébullition, par les acides simples comme l'acide nitrique pur et l'acide chlorhydrique pur; mais ils sont attaqués par un mélange d'acide nitrique et d'acide chlorhydrique.

Le *zinc métallique* se comporte, à l'égard d'une dissolution de bichlorure de mercure, comme à l'égard d'une dissolution de protoxyde de mercure (page 174); car le mercure est précipité sous forme de parcelles grises, et le zinc ne s'amalgame pas. Si cependant on a ajouté de l'acide chlorhydrique à une dissolution de bichlorure de mercure, le zinc que l'on met dans cette dissolution devient bientôt poli et brillant. Il ne se produit pas de dégagement de gaz; il n'y a que quelques bulles de gaz qui adhèrent fortement à la surface du zinc amalgamé. Le mercure n'est séparé de la dissolution qu'incomplétement et au bout de quelque temps. — Lorsqu'on met du zinc métallique dans l'acide chlorhydrique et lorsqu'on ajoute une dissolution de bichlorure de mercure au moment où le dégagement du gaz hydrogène est en pleine activité, le dégagement de gaz cesse immédiatement; le zinc devient brillant et poli, en s'amalgamant, et le mercure n'est séparé qu'incomplétement de la dissolution même au bout de plusieurs jours. — L'acide sulfurique étendu agit de la même manière que l'acide chlorhydrique, et empêche ou rend plus difficile la précipitation du mercure, au moyen du zinc, dans une dissolution de bichlorure de mercure; il se sépare, dans ce cas, du protochlorure de mercure qui n'est pas modifié par le zinc. — L'acide nitrique se comporte aussi comme les deux acides que nous venons de citer. Si on met du zinc dans l'acide nitrique, il se produit immédiatement un vif dégagement de bioxyde de nitrogène qui est arrêté par l'addition d'une dissolution de bichlorure de mercure. Il se forme également ici du protochlorure de mercure, et le zinc s'amalgame.

Le nitrate de bioxyde de mercure, qui est très difficile à obtenir neutre à l'état solide et qui est presque toujours basique, lorsqu'on lui fait subir des traitements réitérés par l'eau chaude, finit par être transformé entièrement en bioxyde de mercure pur, qui, après le lavage, ne contient plus de trace d'acide nitrique. Il ne se dissout dans l'eau que lorsqu'on y a ajouté de l'acide nitrique. Cette dissolution se comporte avec les réactifs de la manière suivante :

Une dissolution d'*hydrate de potasse* se comporte avec cette dissolution comme avec celle de bichlorure de mercure.

L'*ammoniaque*, ajoutée en petite quantité à la dissolution de nitrate de bioxyde de mercure, donne un précipité blanc qui ne se dissout pas dans l'acide nitrique; si cependant on a ajouté beaucoup d'ammoniaque qui ne dissout pas le précipité blanc formé, ce précipité est dissous par l'acide nitrique, quoiqu'un peu difficilement. Le précipité formé par l'ammoniaque dans une dissolution de nitrate de bioxyde de mercure, est au contraire facilement soluble dans l'acide chlorhydrique. Si on a ajouté à la dissolution de nitrate de bioxyde de mercure une très grande quantité d'acide nitrique, il ne se forme pas de précipité lorsqu'on sursature par l'ammoniaque.

Une dissolution de *carbonate neutre de potasse* ou *de soude* produit, dans la dissolution de nitrate de bioxyde de mercure, un précipité rouge-brun de sel basique. Dans une dissolution à laquelle on a ajouté beaucoup d'acide nitrique et d'ammoniaque, le carbonate alcalin produit un précipité blanc.

Une dissolution de *bicarbonate de potasse* ou *de soude* forme immédiatement un précipité rouge-brun d'un sel basique, même lorsque le bicarbonate est tout à fait exempt de carbonate.

Une dissolution de *cyanure de potassium* produit, dans la dissolution nitrique de bioxyde de mercure, un précipité blanc qui est soluble dans une plus grande quantité de cyanure de potassium. Le sulfure d'ammonium produit dans cette dissolution un précipité de sulfure de mercure.

Une dissolution de *carbonate d'ammoniaque* agit comme l'ammoniaque.

Une dissolution de *phosphate de soude* forme immédiatement un précipité blanc dans la dissolution de nitrate de bioxyde de mercure, bien qu'elle soit acide. Ce précipité blanc n'est pas insoluble dans un excès de la dissolution de bioxyde de mercure; mais comme la dissolution contient toujours de l'acide libre, la solubilité du précipité provient de l'acide.

Une dissolution d'*acide oxalique* forme aussi, dans la dissolution de bioxyde de mercure, un précipité blanc.

Le *carbonate de baryte*, ajouté à la dissolution nitrique de bioxyde de mercure, y précipite complétement et immédiatement, même à froid, le bioxyde à l'état de sel basique.

Une dissolution de *sulfate de protoxyde de fer* sépare d'abord du sulfate de protoxyde, et ensuite, même à froid, tout le mercure métallique contenu dans une dissolution nitrique de bioxyde de mercure.

Une dissolution de *ferrocyanure de potassium* se comporte, à l'égard d'une dissolution de nitrate de bioxyde de mercure, comme elle se comporte à l'égard d'une dissolution de bichlorure de mercure.

Une dissolution de *ferrocyanide de potassium* produit un précipité jaune dans la dissolution nitrique de bioxyde de mercure.

La dissolution nitrique de bioxyde de mercure se comporte, à l'égard du *sulfure d'ammonium* et de la dissolution d'*hydrogène sulfuré*, de la même manière que la dissolution de bichlorure de mercure. Le précipité blanc, qui se forme d'abord lorsqu'on a ajouté une petite quantité des réactifs, est formé d'une combinaison de nitrate de bioxyde de mercure et de sulfure de mercure. Il se dépose plus vite que le précipité qui se forme dans la dissolution de bichlorure de mercure dans les mêmes circonstances.

Le sulfate de bioxyde de mercure est transformé par l'eau froide, mais plus rapidement par l'eau chaude, en sulfate basique de bioxyde de mercure de couleur jaune, auquel un grand excès d'eau ne fait pas subir de décomposition ultérieure. Le sel neutre se dissout de manière à former une liqueur claire, seulement lorsqu'on lui a ajouté une quantité suffisante d'un acide libre. Si on emploie, dans ce but, l'acide sulfurique étendu, il en faut une quantité assez considérable. Une dissolution de ce genre se comporte avec les réactifs de la même manière que la dissolution de nitrate de bioxyde de mercure à laquelle on a ajouté de l'acide nitrique libre; seulement la dissolution de sulfate de bioxyde de mercure a une bien plus grande tendance à former le sel basique jaune, qui résiste très fortement à l'action décomposante des réactifs. Ce sel jaune se sépare, même à une douce chaleur, de la dissolution à laquelle on a ajouté l'acide sulfurique libre; il ne se redissout pas par le refroidissement. Les dissolutions des sulfates alcalins neutres et du sulfate d'argent séparent de la dissolution du sulfate de bioxyde de mercure le sel jaune basique, par suite de la tendance que ces combinaisons salines possèdent de se transformer en sels acides, même à la température ordinaire. La réaction est plus rapide à chaud.—Les dissolutions d'*hydrate de potasse*, de *carbonates neutres* ou de *bicarbonates de potasse* et *de soude* produisent d'abord un précipité jaune de sulfate basique de bioxyde de mercure, lorsqu'on les a ajoutées en proportion telle que l'acide puisse prédominer encore un peu. Lorsqu'il y a sursaturation, elles réagissent de la même manière que sur la combinaison de bioxyde de mercure avec l'acide nitrique. — Les *carbonates de baryte* et *de chaux* se comportent de même.—*L'ammoniaque* ne produit pas de précipité après sursaturation dans la dissolution sulfurique de bioxyde de mercure, à cause de la grande quantité d'acide libre.—Une dissolution de *phosphate de soude* ne produit pas non plus de précipité par les mêmes causes, mais une dissolution d'*acide oxalique* en produit un.

La dissolution sulfurique de bioxyde de mercure se comporte, comme la dissolution nitrique, avec les dissolutions de *sulfate de protoxyde de fer*, de *ferrocyanure de potassium*, de *ferrocyanide de potassium*, de *sulfure d'ammonium* et d'*hydrogène sulfuré*.

Les dissolutions de bichlorure et de bioxyde de mercure peuvent encore être reconnues au moyen des réactifs suivants :

Une dissolution d'*iodure de potassium* y produit un précipité rouge-cinabre de bi-iodure de mercure, qui est surtout soluble dans un excès d'iodure de potassium, mais qui est également soluble dans un excès de dissolution de mercure et dans l'acide chlorhydrique.

Une dissolution de *chromate de potasse* produit, dans les dissolutions de bioxyde de mercure qui ne sont pas très étendues, un précipité rouge-jaunâtre de chromate de bioxyde de mercure.

Les dissolutions de bichlorure de mercure se comportent avec le *cuivre métallique* comme les dissolutions de protoxyde de mercure (page 175).

Les sels de bioxyde de mercure qui sont solubles dans l'eau et ceux qui y sont insolubles, se volatilisent et sont décomposés par la calcination.—Le bichlorure et le bibromure se volatilisent sans se décomposer. La volatilité du bichlorure de mercure a lieu, bien qu'à un faible degré, même lorsqu'il est dissous dans l'eau. Si, dans une dissolution aqueuse de ce sel, on sépare une partie du dissolvant en distillant à une basse température, la portion qui a passé à la distillation contient un peu de bichlorure de mercure. Il en est de même lorsqu'on traite de la même manière les dissolutions de bichlorure de mercure dans l'alcool et dans l'éther. Le bi-iodure de mercure, soumis à l'action de la chaleur, devient d'abord jaune, puis il fond et se sublime sous la forme d'iodure de mercure jaune; mais, par un contact prolongé, il redevient rouge.

Les dissolutions des sels neutres de bioxyde de mercure rougissent le papier de tournesol. La dissolution même de bichlorure de mercure rougit le papier de tournesol, mais pas très fortement. Si on ajoute à la dissolution un chlorure alcalin, comme le chlorure de potassium, le chlorure de sodium ou le chlorure d'ammonium, les dissolutions ne réagissent plus sur le papier de tournesol.

Les sels de bioxyde de mercure insolubles dans l'eau sont presque tous solubles dans les acides. Le meilleur moyen de reconnaître, dans cette dissolution, la présence du bioxyde de mercure est d'ajouter très lentement une dissolution d'hydrogène sulfuré. Lorsqu'il y a encore dans la dissolution un excès de bioxyde de mercure non décomposé, il se forme par l'agitation un précipité blanc qui reste longtemps en suspension, et qui, lorsqu'on ajoute un excès de la dissolution d'hydrogène sulfuré, se transforme en un précipité noir.

Le bioxyde de mercure se dissout bien à chaud dans une dissolution de chlorure d'ammonium avec un très fort dégagement d'ammoniaque, et forme une dissolution claire. Dans cette dissolution, il se dépose une poudre blanche, qui n'est pas soluble dans l'eau, qui devient jaune par l'ébullition avec une dissolution d'hydrate de potasse, qui fond par l'action de la chaleur et qui se sublime. L'odeur de l'ammoniaque se fait sentir sans qu'il se produise de mercure métallique. L'oxyde de mercure est également soluble à chaud dans une dissolution de nitrate d'ammoniaque. Dans la dissolution chaude, il se dépose un sel double peu soluble formé de nitrate de bioxyde de mercure et de nitrate d'ammoniaque.

Si on chauffe le bioxyde de mercure avec l'acide phosphorique sirupeux, il se dissout et forme une masse incolore qui est complétement soluble dans l'eau; avec le temps cependant, il se dépose du phosphate de bioxyde de mercure. La dissolution donne bien un précipité jaune avec l'hydrate de potasse, un précipité rouge-brun avec les carbonates alcalins et un précipité noir avec la dissolution d'hydrogène sulfuré; mais elle ne donne pas de précipité, même à chaud, avec l'ammoniaque.

Lorsqu'on expose au rouge, pendant quelque temps, l'acide phosphorique avec le bioxyde de mercure ou avec un sel de bioxyde de mercure, le bioxyde de mercure ne se volatilise pas plutôt que l'acide phosphorique : le résidu se dissout très lentement, mais complétement, dans l'eau, et contient autant de bioxyde de mercure qu'il y en avait avant la calcination. Il en est de même lorsqu'on expose pendant quelque temps le tout au rouge blanc. Si la calcination dure très longtemps, le bioxyde de mercure se volatilise, mais en même temps que l'acide phosphorique.

Si on fait chauffer du bichlorure de mercure avec l'acide phosphorique, le bichlorure n'est pas décomposé, mais se sépare complétement par volatilisation de l'acide phosphorique qui reste complétement pur de toute trace de mercure.

Le bioxyde de mercure est une base très faible, et ne peut pas, par suite, séparer des dissolutions des oxysels d'autres oxydes de même composition atomique. — Mais comme l'affinité du chlore pour le mercure est considérable, l'oxyde de mercure peut séparer des dissolutions de leurs chlorures, à l'état d'oxydes métalliques, un très grand nombre de métaux dont les oxydes ont des propriétés basiques beaucoup plus énergiques que le bioxyde de mercure ; il se forme du bichlorure de mercure qui reste dissous. C'est ainsi que le bioxyde de mercure sépare l'oxyde de zinc, l'oxyde de cobalt, l'oxyde de nickel de leurs dissolutions dans l'acide chlorhydrique.

Au chalumeau, les sels de bioxyde de mercure peuvent, comme les sels de protoxyde de mercure page 176 , être facilement réduits lorsqu'on les mélange avec la soude. Le bichlorure et le bibromure de mercure, chauffés avec la soude, se décomposent en partie et se volatilisent en partie à l'état de protochlorure et de protobromure; la réaction a lieu d'autant plus facilement que le mélange est plus sec. On peut l'éviter lorsqu'on emploie les méthodes qui ont été indiquées à propos des réactions que présente le protoxyde de mercure au chalumeau (page 176). — Si une combinaison de mercure a été précipitée par le gaz hydrogène sulfuré ou par le sulfure d'ammonium, si ensuite on la dessèche et on la mélange avec la soude, on peut, dans le sulfure de mercure obtenu, volatiliser également le mercure métallique au moyen du chalumeau, comme dans les combinaisons oxydées. Si l'expérience a eu lieu dans un petit matras, le mercure se volatilise dans le col sous forme de globules. Il n'y a qu'une très petite partie du sulfure de mercure qui se volatilise sans se décomposer, et il y en a d'autant moins que le mélange du sulfure avec la soude est plus intime. Il n'est pas nécessaire, dans ce cas, d'humecter le mélange avec de l'eau, et cela est même tout à fait sans utilité.

Si la quantité de mercure qui s'est volatilisée dans le col du matras est très faible et si on ne peut pas reconnaître à la vue seule les globules métalliques en les mettant en contact avec une baguette de verre plein, il faut l'examiner avec une bonne loupe.

Lorsqu'on fait chauffer au chalumeau, sur le charbon ou dans un petit matras, le bioxyde de mercure qui a été falsifié avec du minium ou de la poudre de brique, on obtient comme résidu, sur le charbon ou dans le petit matras, du plomb, de l'oxyde de plomb ou de la poudre de brique, ce qui permet de reconnaître facilement la falsification.

Les sels de bioxyde de mercure peuvent être reconnus et distingués des sels de tous les autres oxydes par leur manière de se comporter avec le sulfure d'ammonium, ou mieux, à cause de la trop grande concentration du sulfure d'ammonium, par leur manière de se comporter avec la dissolution d'hydrogène sulfuré. Par la voie sèche, on peut s'assurer avec facilité et avec certitude de la présence du métal par la formation des globules de mercure. — Si une dissolution contient simultanément du bioxyde et du protoxyde de mercure, on s'assure de la présence des deux oxydes en ajoutant à la dissolution de l'acide chlorhydrique très étendu : le protoxyde est ainsi séparé à l'état de protochlorure. Dans la dissolution filtrée, on retrouve la présence du bioxyde au moyen de la dissolution d'hydrogène sulfuré et des autres réactifs.

La présence de substances organiques qui ne peuvent pas se volatiliser sans se décomposer, peut modifier beaucoup la manière dont les dissolutions de bioxyde et de bichlorure se comportent avec les réactifs, même lorsque la liqueur n'est pas colorée : si, par exemple, on ajoute à une dissolution de bioxyde de mercure du sucre ou des acides organiques non volatils, un excès d'hydrate de potasse n'y produit pas immédiatement de précipité lorsque la dissolution ne contient qu'une petite quantité de bioxyde de mercure. Dans une dissolution concentrée, il se forme un précipité jaune sale lorsque la proportion de la substance organique n'est pas très considérable; cependant, dans les deux cas, il se dépose, au bout de quelque temps, un précipité lourd, de couleur noire, qui contient du protoxyde de mercure et une forte proportion de mercure métallique. Ce précipité noir se produit immédiatement par l'ébullition. Les mêmes réactions ont lieu lorsqu'au lieu de potasse on emploie une dissolution de carbonate de soude ou de carbonate de potasse. Sans addition d'oxyde alcalin, la réduction du mercure métallique n'a pas lieu. L'ammoniaque forme seulement, dans les dissolutions de bioxyde de mercure de ce genre, un précipité blanc qui, même au bout de quelque temps, reste blanc, et qui ne devient noir que partiellement par l'ébullition.

On affirme que, par l'action des substances organiques sur une dissolution de bichlorure de mercure, il se produit du protochlorure de mercure et du mercure métallique; cependant ce cas ne se présente que rarement, car ce n'est surtout que par l'addition d'un oxyde alcalin fixe qu'il se produit une réduction du bichlorure de mercure à l'état de protoxyde et de mercure métallique. Souvent une dissolution de bichlorure de mercure produit, dans les dissolutions des substances organiques, un précipité blanc; mais ce précipité est formé ordinairement d'une combinaison de la substance organique avec le bioxyde de mercure formé et ne contient pas de trace de protochlorure de mercure, comme on l'a pensé fréquemment. Si cependant on ajoute un oxyde alcalin, il y a, surtout à chaud, production de protoxyde de mercure et réduction de mercure à l'état métallique.

Si les dissolutions de bioxyde de mercure ont pris une couleur foncée, par suite de la présence de substances organiques, si, par exemple, elles contiennent du vin rouge, les dissolutions de potasse y forment immédiatement des précipités de couleurs foncées différentes qui deviennent noirs par le temps ou plus rapidement par l'ébullition et contiennent alors du protoxyde de mercure et du mercure métallique. Le vin blanc, qui tient en dissolution une forte proportion de bichlorure de mercure, est coloré en brun-rouge par la dissolution de potasse, sans qu'il se forme immédiatement de précipité; ce n'est qu'au bout de quelque temps, ou plus rapidement par l'ebullition, qu'il se forme un précipité brun-rouge sale, et finalement un précipité gris.

Si on ajoute du sulfure d'ammonium ou de l'hydrogène sulfuré en excès aux dissolutions de bioxyde de mercure qui retiennent en dissolution des substances organiques, il ne se forme, dans certains cas, point de précipité noir de sulfure de mercure. Le précipité formé est souvent jaune ou brun, d'après la substance organique qui est en présence; il ne devient noir que lorsqu'on ajoute de l'ammoniaque. Mais même lorsqu'il se produit immédiatement un précipité noir de sulfure de mercure, ce précipité est ordinairement difficile à observer dans les liqueurs de couleur foncée.

Pour s'assurer avec précision de la présence du mercure, on doit jeter sur un filtre le précipité de sulfure de mercure, le dessécher, le mélanger avec la soude et le réduire à l'état métallique, au moyen du chalumeau, dans un petit tube de verre fermé à l'une de ses extrémités.

Mais comme, en présence de certaines substances organiques, le sulfure de mercure peut rester longtemps en suspension dans la liqueur, et ne peut alors être filtré que difficilement ou même ne peut pas être filtré, on doit, avant la précipitation par le gaz hydrogène sulfuré, détruire entièrement ou en grande partie les substances organiques contenues dans la liqueur. On arrive à ce résultat au moyen de l'acide nitrique, ou mieux en rendant la liqueur acide au moyen de l'acide chlorhydrique et ajoutant du chlorate de potasse, et laissant la décomposition, aussi bien que l'expulsion du chlore en excès, se produire par une digestion de moyenne durée. Même lorsque la quantité du mercure dissous n'est que très faible, il est précipité par le gaz hydrogène sulfuré à l'état de sulfure de mercure, qui se laisse bien filtrer et laver. Pour de très petites quantités de mercure, on peut dessécher le sulfure, le mélanger avec la soude, en volatiliser le mercure à l'état métallique page 185), et reconnaître les globules métalliques à la loupe dans le col du matras.

Pour reconnaître une faible quantité de mercure dans des liqueurs qui contiennent des substances organiques, on se sert fréquemment d'une lame de cuivre poli que l'on met dans la dissolution. La liqueur doit être neutre, ou ne doit pas être trop fortement acide; mais on peut, même dans une liqueur alcaline, précipiter le mercure au moyen du cuivre; du reste, la liqueur peut avoir une couleur tout à fait foncée et tenir en dissolution des substances organiques d'une espèce quelconque. Lorsque la dissolution ne contient que de faibles traces de mercure, le cuivre se recouvre, au bout de quelque temps, d'un dépôt gris qui, frotté avec du papier, détermine une argenture apparente du cuivre, qui disparaît de nouveau par l'action d'une faible chaleur. Si la proportion de mercure est extraordinairement faible, l'argenture apparente du cuivre devient moins nette, parce que alors la couleur particulière du cuivre se fait jour à travers le dépôt de mercure. Dans ce cas, il faut, à l'aide de la chaleur, rendre au cuivre sa couleur sur quelques points; de cette manière on fait ressortir la faible argenture qui existe sur les parties du cuivre qui n'ont pas été chauffées. Cependant on ne peut jamais déterminer de cette manière la présence du mercure aussi exactement qu'on le fait en traitant par le gaz hydrogène sulfuré la liqueur décolorée par l'acide nitrique ou par le chlore, et en traitant ensuite le sulfure obtenu par la soude, d'après la méthode indiquée précédemment.

Pour découvrir dans une liqueur les plus petites traces d'un sel de mercure dissous, on se sert fréquemment de la méthode suivante : on enroule, en forme de spirale, une feuille épaisse d'étain autour d'une petite lame d'or ou d'un gros fil d'or, et on met le tout dans la liqueur à essayer, après l'avoir rendue acide au moyen de quelques gouttes d'acide chlorhydrique.

Au bout de quelque temps (pour de très petites quantités de mercure dissous, au bout de plusieurs heures), le mercure s'est précipité sur l'or, et ce dernier a blanchi. On n'a plus besoin alors que de chauffer l'or pour se convaincre avec certitude de la présence du mercure en le faisant volatiliser; l'or reprend alors sa couleur jaune ordinaire.

Quoique cette méthode permette de découvrir de faibles traces de mercure, elle peut quelquefois, d'après Orfila, induire en erreur. En effet, avec le temps, il se dissout un peu d'étain qui est réduit de nouveau, et l'or blanchit même en l'absence du mercure. Si on le chauffe, il peut même, dans ce cas, reprendre quelquefois sa couleur jaune; il vaut, par conséquent, mieux ne pas chauffer l'or, mais le faire digérer avec un peu d'acide chlorhydrique concentré. Si la couleur blanche de l'or provient de l'étain réduit, ce dernier est dissous par l'acide, et l'or reprend sa couleur jaune. Si c'est le mercure qui est la cause de la couleur blanche de l'or, elle ne disparaît pas par l'action de l'acide. On enlève l'or de la dissolution acide: on le met dans un petit tube de verre étroit, bouché à une de ses extrémités; on le chauffe : il se sublime alors un peu de mercure, et l'or redevient jaune.

On n'a pas besoin de toutes ces précautions lorsqu'au lieu d'étain on se sert d'un fil de fer pur, que l'on met en contact avec la lame d'or; on les met ensuite dans la liqueur, que l'on a rendue acide au moyen de l'acide chlorhydrique. Dans ce cas, l'or ne peut devenir blanc qu'en présence du mercure. On peut séparer le mercure de l'or en le volatilisant par l'action de la chaleur; on peut alors le reconnaître pour tel si la quantité n'en est pas trop faible.

Cette réduction du mercure peut être employée pour des liqueurs qui contiennent des substances organiques, et qui sont de couleur tout à fait foncée; on est cependant dans l'erreur lorsqu'on croit que les plus petites traces de mercure peuvent être reconnues avec certitude au moyen de la petite pile galvanique que nous venons d'indiquer. Il est bien vrai que l'or devient blanc pour de très petites quantités de mercure; mais cela peut aussi provenir souvent d'autres causes, comme nous l'avons déjà observé précédemment. Lorsque l'or est devenu blanc par suite du dépôt de quantités de mercure excessivement petites, il arrive souvent qu'après avoir chauffé l'or dans un matras et lui avoir rendu ainsi sa couleur jaune ordinaire, on ne peut plus reconnaître avec certitude, dans le col du matras, les petits globules de mercure. Nous devons particulièrement faire ressortir ici qu'au moyen de la petite pile galvanique que nous avons indiquée, on sépare rarement d'une liqueur tout le mercure qu'elle contient, si la pile ne reste pas pendant très longtemps en contact avec la liqueur, et si la surface de la lame d'or n'est pas très grande; car la réaction cesse presque totalement lorsque la lame d'or est entièrement recouverte de mercure. Il est plus sûr de plonger deux lames métalliques dans la liqueur chlorhydrique à essayer, et de les mettre en rapport avec une pile galvanique. On prend l'une de ces lames de platine, et on en forme le pôle positif; l'autre doit être d'or, et sert de pôle négatif : cas dans lequel le mercure se dépose complétement sur la lame d'or. Mais le mieux est toujours de transformer en sulfure de mercure les plus petites portions du mercure contenu dans la substance: on peut alors extraire du sulfure avec certitude de petits globules de mercure métallique.

Lorsqu'on veut rechercher le mercure dans une grande quantité d'une substance organique solide ou de la consistance d'une bouillie, on peut employer la méthode suivante : on mélange la substance desséchée avec environ le tiers ou le quart de son poids de carbonate de soude ou de carbonate de potasse, et on porte le mélange dans une cornue qui ne doit être remplie qu'au tiers ou au quart de sa capacité. On humecte alors le tout avec assez d'eau pour que le mélange forme une bouillie épaisse. Si la substance dans laquelle on veut rechercher le mercure est déjà de la consistance d'une bouillie, on la mélange avec le carbonate et on la dessèche alors à une très faible chaleur, afin de pouvoir introduire la masse desséchée dans la cornue, ou bien on porte la substance de consistance d'une bouillie dans la cornue, et on ajoute ensuite le carbonate alcalin. On adapte au col de la cornue un récipient, et on commence à chauffer peu à peu la cornue assez fortement pour que le fond soit rouge. La masse se gonfle considérablement, et on doit faire bien attention qu'elle ne sorte pas de la cornue. Après le refroidissement, on coupe le col de la cornue juste à l'endroit où il se voûte, et on le coupe également dans le sens de la longueur au moyen du charbon à couper le verre. La partie intérieure du col est recouverte d'huile empyreumatique brune visqueuse; mais à une distance d'un pouce de la voûte de la cornue, on peut observer de petits globules de mercure. On reconnaît de la manière la plus sûre ces globules lorsqu'on frotte avec le doigt la place où l'on croit voir de petits globules de mercure. On peut alors reconnaître sur le doigt les petits globules de mercure à la vue seule, ou mieux à la loupe. Cela est nécessaire, parce qu'on peut, en n'expérimentant pas d'une manière convenable, prendre pour des globules de mercure de petites bulles d'air qui se trouvent près du verre dans l'huile visqueuse. — Si la substance organique ne contenait que de petites quantités de mercure, tout le mercure se trouve dans le col de la cornue, et il ne s'en trouve pas du tout dans l'huile empyreumatique contenue dans le récipient. Cette méthode donne des résultats plus exacts qu'on ne le croit généralement. Si on ne trouve pas de mercure dans le col de la cornue, on doit traiter par l'acide nitrique l'huile qui se trouve dans la cornue, et les morceaux du col de la cornue avec l'huile qui s'y trouve attachée, ou mieux les faire digérer avec l'acide chlorhydrique en y ajoutant du chlorate de potasse, pour traiter ensuite la dissolution par l'hydrogène sulfuré et précipiter ainsi le mercure.

Par toutes ces méthodes, on constate seulement que la substance contient du mercure, mais on ne sait pas avec quels corps il est combiné. Il est cependant important de rechercher avec exactitude s'il est mélangé à la substance organique sous la forme de bichlorure de mercure, poison si violent, ou sous la forme de protochlorure beaucoup moins nuisible. Lorsqu'une substance organique sèche est mélangée avec du bichlorure de mercure, on peut dans beaucoup de cas, pour reconnaître la présence du bichlorure, le séparer au moyen de l'eau, de l'alcool ou de l'éther; il est alors facile de reconnaître, au moyen des réactifs indiqués précédemment, la présence du bichlorure de mercure dans la dissolution aqueuse, alcoolique ou éthérée. Pour séparer le bichlorure de mercure, on emploie l'eau lorsque la substance organique y est insoluble; on emploie, dans ce but, l'alcool ou l'éther lorsque ces dissolutions n'agissent pas sur la substance organique. Si la substance organique est insoluble dans l'eau et dans l'alcool, on emploie de préférence l'alcool, à cause de la solubilité bien plus grande du bichlorure de mercure dans ce dissolvant. On arrive souvent au but que l'on se propose en employant des dissolutions concentrées de chlorure de sodium ou de chlorure d'ammonium pour séparer le bichlorure de mercure, qui est bien plus soluble dans ces dissolutions que dans l'eau pure.

XXXI. — PLATINE, Pt.

Le platine a une couleur gris d'acier clair. En poudre fine, il est gris et n'a pas l'éclat métallique; mais il l'acquiert immédiatement lorsqu'on le comprime avec un corps dur. Le poids spécifique du platine est de 21,4 à 21,7. Il est plus dur que le cuivre et extensible, moins cependant que l'or et l'argent. A la température ordinaire de nos fourneaux, le platine ne fond pas; mais il fond à la flamme du chalumeau à gaz, avec projection d'étincelles. La réaction n'est pas aussi remarquable et n'est pas aussi éclatante que pour le fer. *Deville* a réussi à fondre le platine en grande masse. Lorsqu'il est une fois fondu, il se volatilise d'une manière notable, et, au moment de la fusion, il présente le phénomène du rochage; cependant il faut, pour que ce phénomène se produise, maintenir le platine en fusion pendant quelque temps, et faire refroidir tout à coup la masse fondue. Si on laisse refroidir le platine lentement, il ne se produit pas de rochage. Le platine peut se souder à une haute température. Calciné ou fondu en présence de l'air, il ne s'oxyde pas.

Le platine, même en poudre fine, est entièrement insoluble dans les acides simples, comme l'acide nitrique, l'acide chlorhydrique, l'acide sulfurique, même concentrés et bouillants. Il se dissout dans l'eau régale; et encore ne s'y dissout-il surtout qu'à chaud, et plus difficilement que l'or. La dissolution contient du bichlorure de platine. Plus le platine est pur, plus il se dissout facilement dans l'eau régale. En combinaison avec quelques métaux, l'argent par exemple, ou l'or et l'argent, le platine peut être dissous par l'acide nitrique pur. En réagissant sur l'alliage de platine et d'argent, l'acide nitrique, outre l'argent, ne dissout pas beaucoup de platine. La dissolution, étendue d'eau, est colorée d'une manière très peu notable et elle est presque claire comme de l'eau; ce n'est qu'en ajoutant de l'acide chlorhydrique qui précipite l'argent et en évaporant que la liqueur prend une légère coloration. L'acide nitrique pur, en réagissant, au contraire, sur l'alliage de platine, d'argent et d'or, dissout une quantité bien plus grande de platine. La dissolution a la couleur brune du nitrate de bioxyde de platine. — Fondu avec les alcalis caustiques et les nitrates alcalins, à l'abri aussi bien qu'au contact de l'air, le platine est attaqué et oxydé. La baryte et le nitrate de baryte agissent de la même manière. Les bisulfates alcalins, au contraire, fondus dans des vases de platine ou avec du platine, ne l'attaquent pas.—Le platine s'allie avec les métaux; c'est ce qui explique pourquoi les oxydes métalliques, facilement réductibles, lorsqu'ils sont combinés avec des acides organiques et lorsqu'on les calcine dans des vases de platine, les attaquent fortement. Ces vases sont également attaqués lorsqu'on y calcine des combinaisons dont on peut réduire du phosphore et de l'arsenic; il en est encore de même lorsqu'on fait fondre les sulfures métalliques facilement fusibles, surtout les sulfures alcalins et les oxydes métalliques facilement réductibles qui, en présence du platine, peuvent être réduits partiellement, comme, par exemple, l'oxyde de plomb. Les vases de platine, en contact avec le charbon à une très haute température, sont même attaqués par les cendres et contiennent du silicium à la partie extérieure.

Le platine ne décompose l'eau à aucune température, mais le platine très divisé (éponge de platine, ou, encore mieux, ce que l'on appelle mousse de platine détermine au rouge la combinaison de l'hydrogène et de l'oxygène et la formation de l'eau; il détermine également l'oxydation de l'alcool et sa transformation en acide acétique. Il absorbe aussi les gaz en plus forte proportion que le charbon de bois.

Protoxyde de platine, PtO.

Le protoxyde de platine, obtenu en traitant le protochlorure par une dissolution de carbonate de potasse et ensuite par l'acide sulfurique, est noir lorsqu'il est à l'état d'hydrate. Par la calcination, il perd son eau d'hydratation et se transforme en platine métallique, avec dégagement d'oxygène. Il forme avec les acides des combinaisons salines dont la couleur est rouge, brune ou verdâtre. — Le chlorure correspondant au protoxyde est brun foncé ou gris-verdâtre. Il est insoluble dans l'eau, mais il se dissout dans une dissolution de bichlorure de platine, et aussi dans l'acide chlorhydrique. Par la calcination, le protochlorure est réduit à l'état de platine métallique, avec dégagement de chlore; chauffé avec l'eau régale, il se transforme en bichlorure de platine. La dissolution de protochlorure de platine dans l'acide chlorhydrique, se comporte avec les réactifs de la manière suivante :

Une dissolution d'*hydrate de potasse* ne produit pas de précipité dans ces dissolutions, aussi bien lorsque la dissolution de potasse est en excès que lorsque l'acide chlorhydrique prédomine un peu. Si cependant la dissolution contient une faible quantité de bichlorure de platine, il se forme un faible précipité jaunâtre de chlorure double de platine et de potassium (chloroplatinate de potasse).

L'*ammoniaque*, lorsqu'on l'ajoute en excès à une dissolution de protochlorure de platine, produit un précipité vert cristallin de protochlorure de platine ammoniacal; la liqueur qui surnage le précipité est claire comme de l'eau.

Une dissolution de *carbonate de potasse* produit, dans les dissolutions de protochlorure de platine, un précipité brunâtre qui cependant ne se dépose qu'au bout de quelque temps. La liqueur qui surnage le précipité, reste colorée en brun-rouge et noircit beaucoup par le temps à partir de la surface.

Une dissolution de *carbonate de soude* agit comme une dissolution de carbonate de potasse.

Une dissolution de *carbonate d'ammoniaque* ne produit pas de précipité dans les dissolutions de protochlorure de platine.

Une dissolution de *phosphate de soude* ne donne pas non plus de précipité, même lorsque l'acide chlorhydrique libre a été saturé par la potasse.

Une dissolution d'*acide oxalique* ne produit pas non plus de précipité dans les dissolutions de protochlorure de platine.

Les dissolutions de *ferrocyanure* et de *ferrocyanide de potassium* ne produisent pas de précipité dans la dissolution de protochlorure de platine.

Une dissolution de *cyanide de mercure* ne donne pas non plus de précipité dans la dissolution de protochlorure de platine.

Une dissolution de *nitrate de protoxyde de mercure* produit un précipité noir.

Une dissolution de *sulfate de protoxyde de fer* ne produit pas de précipité dans la dissolution de protochlorure de platine.

Le *protochlorure d'étain* colore en rouge-brun foncé la dissolution de protochlorure de platine, sans former de précipité.

Une dissolution d'*iodure de potassium* colore d'abord en rouge-brun foncé la dissolution de protochlorure de platine; au bout de quelque temps, il se forme un précipité noir d'iodure de platine qui possède l'éclat métallique, et la liqueur se décolore.

La dissolution d'*hydrogène sulfuré* produit une coloration brune dans les dissolutions neutres et acides de protochlorure de platine; cependant, au bout de quelque temps, il se forme un précipité noir de sulfure de platine.

Le *sulfure d'ammonium* produit, dans la dissolution de protochlorure de platine, après qu'elle a été saturée par la potasse, un précipité brun-noir de sulfure de platine, qui est soluble dans un grand excès du précipitant. La dissolution a une couleur brun-rouge foncé.

Les dissolutions de protochlorure de platine peuvent surtout être reconnues facilement au précipité vert caractéristique que forme l'ammoniaque dans ces dissolutions. On peut s'assurer facilement de la présence du platine dans ces dissolutions en ce que le protochlorure de platine, chauffé avec l'eau régale, se transforme en bichlorure de platine qui peut facilement être reconnu, comme nous l'indiquerons plus bas.

Lorsqu'il y a des substances organiques non volatiles dans la dissolution de protochlorure de platine, cette dissolution n'est pas modifiée d'abord par le carbonate de potasse ou le carbonate de soude; cependant, au bout de quelque temps, elle se colore en noir. La formation du précipité vert caractéristique au moyen de l'ammoniaque, dans une dissolution de protochlorure de platine, n'est pas empêchée par la présence de substances organiques non volatiles.

Bioxyde de platine, PtO^2.

Le bioxyde de platine, qui se présente rarement à l'état pur dans les recherches analytiques, est brun-rougeâtre lorsqu'il est hydraté; il devient brun foncé ou presque noir par l'action de la chaleur et abandonne son eau d'hydratation. A une température encore plus élevée, il laisse dégager du gaz oxygène et est réduit à l'état de platine métallique. Il se combine avec les acides, et forme des sels de couleur jaune ou rouge; mais il a aussi une affinité assez forte pour les corps basiques, et se combine avec les oxydes alcalins. L'oxyde alcalin ne peut pas être extrait de ces combinaisons par des lavages au moyen de l'eau; il n'y a que les acides qui puissent l'enlever. — Les sels de bioxyde de platine sont jaunes. — Le chlorure correspondant au bioxyde forme une masse saline rouge-brun foncé qui, chauffée environ jusqu'au point de fusion du plomb, se transforme en protochlorure de platine. Une chaleur encore plus élevée la transforme en platine métallique. Dans les deux cas, il se dégage du chlore gazeux. Si on chauffe le bichlorure de platine, mais cependant pas assez fortement pour qu'il se transforme complétement en protochlorure, il se dissout complétement dans l'eau, et donne une dissolution de couleur brune, si foncée qu'elle paraît opaque : c'est une dissolution de protochlorure de platine dans le bichlorure de platine.

Le bichlorure de platine se dissout dans l'eau et dans l'alcool avec une couleur rouge-jaunâtre. Si la couleur de la dissolution est brun foncé, c'est ordinairement parce qu'on a employé une trop forte chaleur à l'évaporation du bichlorure et qu'elle contient un peu de protochlorure.

Les dissolutions de *chlorure de potassium* et de *chlorure d'ammonium*, ou les dissolutions des sels de potasse et des sels ammoniacaux, produisent généralement, dans la dissolution de bichlorure de platine, des précipités jaune-citron de chloroplatinate de potasse et de chloroplatinate d'ammoniaque, dont nous avons examiné avec détail les réactions précédemment, pages 4 et 18. Si on précipite la dissolution de bichlorure de platine au moyen d'une dissolution de chlorure d'ammonium, et si on fait chauffer l'eau mère avec l'acide nitrique, la liqueur ne doit pas prendre une couleur foncée et ne doit pas former de précipité de couleur foncée; autrement le platine contient de l'iridium. Le bichlorure de platine pur, chauffé avec l'acide nitrique, donne bien enfin du chloroplatinate d'ammoniaque, mais la couleur de ce produit est jaune pur et non brune. Souvent, lorsqu'il s'est formé de plus gros cristaux, ils sont plutôt de couleur rougeâtre; mais lorsqu'on les broie, ils donnent toujours une poudre jaune-citron. La coloration foncée de la liqueur est ici caractéristique. — Dans une dissolution alcoolique de bichlorure de platine, le platine est complétement réduit par le temps; la liqueur qui surnage le métal réduit, est incolore. La dissolution de bichlorure de platine est encore assez fortement colorée, même lorsqu'elle est assez étendue, pour qu'une dissolution de chlorure de potassium n'y forme plus de précipité. La dissolution aqueuse de bichlorure de platine se comporte avec les réactifs de la même manière que la dissolution du platine dans l'eau régale qui, du reste, contient du bichlorure de platine. Les dissolutions des sels de bioxyde de platine, surtout celles du sulfate et du nitrate de bioxyde de platine, se comportent cependant avec les réactifs d'une autre manière que celles du bichlorure de platine.

Une dissolution d'*hydrate de potasse* produit, dans la dissolution de bichlorure de platine, un précipité jaune de chloroplatinate de potasse. Le précipité n'est pas notablement soluble dans les acides libres, mais il se dissout à chaud dans un excès de potasse, et ne se sépare pas de nouveau par le refroidissement de la liqueur. Le précipité se produit de nouveau lorsqu'on sursature par l'acide chlorhydrique. Pour opérer la dissolution dans l'hydrate de potasse, le mieux est d'ajouter immédiatement à la dissolution de bichlorure de platine un grand excès de potasse et de chauffer. Lorsque le chloroplatinate de potasse s'est formé, il se dissout bien plus difficilement dans une dissolution de potasse. L'alcool ne produit pas de précipité dans cette dissolution. La formation du chloroplatinate de potasse, dans la dissolution de bichlorure de platine, est plus complète lorsqu'on ajoute du chlorure de potassium ou un sel de potasse (page 14). Calciné fortement, le chloroplatinate de potasse est transformé en un mélange de platine métallique et de chlorure de potassium avec dégagement de chlore. —L'hydrate de potasse produit, dans les dissolutions des sels de bioxyde de platine, un précipité jaune-brun qui est insoluble dans un excès de potasse. Le chlorure de potassium n'y produit pas, au moins immédiatement, un précipité jaune de chloroplatinate de potasse. Ce n'est qu'au bout de quelque temps qu'il se forme un faible précipité de sel double jaune.

L'*ammoniaque* produit, dans les dissolutions de bichlorure de platine, un précipité jaune de chloroplatinate d'ammoniaque (page 17) analogue au chloroplatinate de potasse. — Fortement calciné, le chloroplatinate d'ammoniaque se transforme en platine métallique.—Il se dissout à chaud dans un excès d'ammoniaque; cette dissolution, sursaturée par l'acide chlorhydrique, produit un précipité blanc. — Si on ajoute immédiatement à une dissolution de bichlorure de platine un grand excès d'ammoniaque, il ne se forme pas de précipité, et la dissolution devient incolore par l'action de la chaleur.—Les dissolutions des sels de bioxyde de platine se comportent avec l'ammoniaque comme avec l'hydrate de potasse. Si on ajoute du chlorure d'ammonium, il ne se produit pas immédiatement un précipité; mais il se forme, seulement au bout de quelque temps, un faible précipité jaune.

Une dissolution de *carbonate de potasse* donne, dans les dissolutions de bichlorure de platine, un précipité jaune de chloroplatinate de potasse. Ce précipité n'est pas dissous, même à chaud, par un excès de carbonate de potasse.

Une dissolution de *bicarbonate de potasse* se comporte de même.

Une dissolution de *carbonate de soude* ne produit pas de précipité à froid dans les dissolutions de bichlorure de platine, même lorsqu'elles sont restées longtemps en contact; si cependant on fait bouillir le tout pendant quelque temps, il se produit un précipité brun-jaune qui est formé par une combinaison de bioxyde de platine et de soude.

Une dissolution de *carbonate d'ammoniaque* se comporte, à l'égard des dissolutions de bichlorure de platine, comme une dissolution de carbonate de potasse. Le précipité jaune qui se produit, est formé de chloroplatinate d'ammoniaque.

L'*eau de chaux* en excès ne modifie pas d'abord la dissolution de bichlorure de platine; mais il se produit ensuite, plus rapidement à la lumière solaire, plus lentement à la lumière ordinaire du jour, un précipité blanc-jaunâtre. Tout le bioxyde de platine n'est cependant pas précipité par l'eau de chaux, ni même par le lait de chaux.

Le *carbonate de baryte* ne précipite le bioxyde de platine de la dissolution de bichlorure de platine ni à froid ni par l'ébullition. — Dans les dissolutions de sulfate et de nitrate de bioxyde de platine, le carbonate de baryte ne précipite pas le bioxyde de platine à froid; mais il en sépare la totalité par l'ébullition.

Une dissolution de *phosphate de soude* ne produit pas de précipité dans les dissolutions de bichlorure de platine, même par l'ébullition.

Une dissolution d'*acide oxalique* n'y produit pas non plus de précipité.

Une dissolution de *formiate de soude* ne modifie pas à froid la dissolution de bichlorure de platine; mais si on maintient le mélange à chaud pendant longtemps, et surtout si on ajoute un peu de carbonate de soude, tout le platine est réduit et se dépose en partie sur les parois du vase, de manière à former un enduit métallique poli.

Une dissolution de *ferrocyanure de potassium* produit, dans les dissolutions de bichlorure de platine, un précipité de chloroplatinate de potasse; en même temps la liqueur prend une couleur légèrement foncée.

Une dissolution de *ferrocyanide de potassium* se comporte, avec les dissolutions de bichlorure de platine, comme une dissolution de ferrocyanure de potassium.

Une dissolution de *cyanide de mercure* ne produit pas de précipité dans les dissolutions de bichlorure de platine.

Une dissolution de *nitrate de protoxyde de mercure* produit, dans les dissolutions de bichlorure de mercure, un précipité jaune-rougeâtre abondant.

Une dissolution d'*acétate de plomb* ne donne pas de précipité.

Une dissolution de *sulfate de protoxyde de fer* ne produit pas de précipité dans les dissolutions de bichlorure de platine, même à chaud; mais lorsqu'on fait bouillir pendant longtemps, le platine est enfin réduit. Dans les dissolutions de sulfate et de nitrate de bioxyde de platine, il se forme quelquefois, mais non dans tous les cas, par un long contact à la température ordinaire, une réduction complète du platine par l'action de la dissolution de sulfate de protoxyde de fer. Le métal se sépare, dans ce cas, sous forme de pellicule métallique qui recouvre les parois du vase et peut être obtenu sous forme d'écailles fines. — Si on mélange une dissolution de bichlorure de platine avec une dissolution de nitrate de bioxyde de mercure ou une dissolution de bichlorure de mercure, il se produit au bout de quelque temps une réduction par l'action de la dissolution de sulfate de protoxyde de fer. Les parois du vase se recouvrent d'une pellicule métallique. Lorsqu'on ajoute une dissolution de nitrate de protoxyde de mercure, il se forme immédiatement un précipité brun, qui plus tard devient noir.

Le *protochlorure d'étain* colore les dissolutions de bichlorure de platine en brun-rouge foncé, sans produire de précipité.

Une dissolution d'*iodure de potassium* colore les dissolutions de bichlorure de platine en brun-rouge, et produit plus tard un précipité noir de bi-iodure de platine. A chaud, le métal se dépose sur les parois du vase sous la forme d'un dépôt à éclat métallique. Le bi-iodure de platine est soluble dans un excès d'iodure de potassium; la dissolution a une couleur brune.

Une dissolution de *rhodanure de potassium* ne produit, dans la dissolution de bichlorure de platine, aucune autre modification que de lui donner une couleur légèrement foncée. Avec le temps, il se forme un dépôt de chloroplatinate de potasse.

L'*infusion de noix de galles* ne produit pas de précipité dans les dissolutions de bichlorure de platine.

La dissolution d'*hydrogène sulfuré* ne produit d'abord qu'une coloration brune dans les dissolutions acides et neutres de bichlorure de platine; au bout de quelque temps, il se forme un précipité brun de sulfure de platine, qui devient noir lorsqu'il s'est rassemblé.

Le *sulfure d'ammonium* produit, dans les dissolutions de bichlorure de platine, un précipité brun-noir de sulfure de platine qui est soluble dans un assez grand excès du précipitant. La dissolution a une couleur brun-rouge foncé.

Le *zinc métallique* précipite de ses dissolutions le platine à l'état métallique sous forme d'une poudre noire. La réaction est plus rapide avec la dissolution du sulfate de bioxyde de platine qu'avec celle du bichlorure.

Les combinaisons du bioxyde de platine et du bichlorure de platine sont décomposées par la calcination; il se sépare du platine métallique. En même temps l'acide, s'il est volatil, se dégage; il se produit aussi un dégagement d'oxygène ou de chlore. Si la combinaison de bichlorure de platine contient un chlorure métallique qui ne soit pas volatil et qui ne soit pas détruit par l'action de la chaleur, ce chlorure reste après l'action de la chaleur, comme résidu, mélangé avec le platine très divisé.

Les dissolutions des combinaisons de bioxyde de platine et de bichlorure de platine rougissent le papier de tournesol; mais les dissolutions neutres des combinaisons de bichlorure de platine avec les autres chlorures ne modifient pas le papier bleu de tournesol.

Pour retrouver la présence du platine dans les combinaisons du platine insolubles dans l'eau, on doit réduire par la calcination le bioxyde de platine ou le bichlorure de platine à l'état de platine métallique. On le dissout dans l'eau régale, et on peut s'assurer facilement de la présence du platine dans cette dissolution par les réactifs indiqués.

Les combinaisons de bichlorure de platine en dissolutions peuvent être très facilement reconnues et distinguées de toutes les autres substances par leur manière de se comporter avec les sels de potasse et les sels ammoniacaux. Si la dissolution du platine dans l'eau régale est acide, on n'a besoin d'y ajouter que de la potasse pure, du carbonate de potasse ou de l'ammoniaque, pour obtenir le précipité jaune; si elle est neutre, on doit ajouter une dissolution concentrée de chlorure de potassium ou de chlorure d'ammonium à la dissolution de platine, ou la rendre acide au moyen d'un peu d'acide chlorhydrique. — Pour les sels de bioxyde de platine, on les réduit par la calcination et on dissout dans l'eau régale le métal réduit, pour y reconnaître le platine.

La présence des substances organiques non volatiles, alors qu'elles ne sont pas en trop grande quantité dans la dissolution de bichlorure de platine, n'empêche pas la formation du précipité jaune au moyen de la potasse; si cependant il y a une trop grande quantité de substances organiques, la dissolution se colore complétement en noir, au bout de quelque temps, par l'addition de la potasse, et on ne peut pas observer d'une manière nette la production du chloroplatinate de potasse. — Si on fait digérer pendant quelque temps la dissolution d'une combinaison de bichlorure de platine qui contient de l'alcool, à une faible chaleur à laquelle l'alcool puisse être chassé presque entièrement, il se produit, non pas immédiatement, mais au bout de quelque temps, dans la dissolution aqueuse qui en résulte, par l'action d'une dissolution de cyanide de mercure, un précipité blanc volumineux dont la proportion augmente lorsqu'on prolonge le contact. Comme il ne se produit pas de précipité, au moyen du cyanide de mercure, dans les dissolutions de platine qui ne contiennent pas de substances organiques, on pourrait, dans ce cas, confondre le platine avec le palladium. Si on dessèche le précipité et si on le calcine, il se transforme en platine métallique, qui, dissous dans l'eau régale, peut être reconnu facilement par les réactifs indiqués précédemment, et distingué ainsi du palladium.

Lorsque le platine a été précipité, à un état de très grande division, de dissolutions dans lesquelles il a été mélangé avec des matières organiques, il se forme du *noir de platine* ou de la *mousse de platine*, qui se distingue par sa propriété de transformer avec rapidité et facilité l'alcool en acide acétique en présence de l'air.

XXXII. — PALLADIUM, Pd.

A l'état compacte, le palladium ressemble au platine; cependant son poids spécifique est bien plus faible : il est de 11,3 à 11,8. Il est extensible et plus facilement fusible que le platine; il se laisse souder comme le platine. Il peut rocher, d'après Deville, avec plus de facilité que le platine. L'oxygène ne se dégage que lorsque la surface du métal s'est déjà épaissie. Par suite du rochage, un morceau de palladium fondu est plein à l'intérieur d'irrégularités, tandis qu'on ne peut rien observer d'anormal à sa surface. Le palladium se volatilise à une très haute température, en produisant des vapeurs vertes. Si on chauffe le palladium au contact de l'air jusqu'au rouge naissant, il devient bleu; cette modification ne s'étend d'abord qu'à la surface, et le métal n'augmente pas de poids d'une manière appréciable. Lorsqu'on chauffe encore plus fortement et lorsqu'on refroidit ensuite rapidement, il reprend son éclat métallique. Lorsqu'on porte avec une pince à bouts de platine, dans la flamme intérieure de l'alcool, un petit morceau de palladium métallique, ou mieux du palladium très divisé et comprimé, il se combine au charbon, sans avoir besoin de devenir rouge; si on l'enlève rapidement, il commence à rougir fortement à l'air jusqu'à ce que le charbon soit brûlé; il reste pour résidu du palladium pur. Un petit morceau d'éponge de platine, traité de la même manière, ne devient pas rouge lorsqu'on le porte à l'air, ce qui permet de distinguer le platine du palladium lorsqu'ils ne sont pas réunis ensemble.

Le palladium se dissout à une température élevée dans l'acide nitrique, surtout lorsqu'il contient de l'acide nitreux. Il est le seul des métaux extraits de la mine de platine qui, outre l'osmium, soit soluble dans cet acide. La dissolution se produit bien un peu difficilement ; mais ce caractère distingue essentiellement le platine du palladium. La dissolution contient du protoxyde de palladium et possède une couleur semblable à celle de la dissolution du platine dans l'eau régale, bien qu'elle soit plus foncée. Le palladium n'est pour ainsi dire point dissous par l'acide chlorhydrique ni par l'acide sulfurique étendu, ou au moins n'est-ce qu'en proportion tout à fait insignifiante. L'acide sulfurique concentré en dissout une plus grande quantité à l'ébullition. L'acide iodhydrique concentré (mais non étendu) peut dissoudre le palladium. La dissolution a une couleur brun très foncé. L'eau régale dissout le palladium bien plus facilement que l'acide nitrique; la dissolution ne contient cependant que du protochlorure de palladium et du nitrate de protoxyde de palladium. Fondu avec l'hydrate de potasse ou avec le nitrate de potasse, le palladium est transformé en protoxyde de palladium; cependant il s'oxyde bien moins facilement que l'iridium, l'osmium et le rhodium. Le palladium se dissout par fusion dans le bisulfate de potasse; il se forme du sulfate de protoxyde. La masse fondue est rouge aussi longtemps qu'elle est chaude, et jaune après le refroidissement. — Lorsqu'on verse sur du palladium qui a été travaillé, ou mieux sur une lame de palladium, une goutte d'une dissolution alcoolique d'iode, et lorsqu'on la laisse s'évaporer d'elle-même à l'air, le palladium devient noir en cet endroit; par la calcination, la coloration noire disparaît. Sur le platine, la dissolution alcoolique d'iode se volatilise d'elle-même par évaporation, sans laisser de tache noire. Les deux métaux, lorsqu'ils ont été travaillés, peuvent de cette manière être distingués l'un de l'autre avec facilité et avec rapidité.

Même au rouge blanc, le palladium ne décompose pas l'eau.

Protoxyde de palladium, PdO.

Le protoxyde de palladium est brun foncé à l'état d'hydrate; lorsqu'on le chauffe, il perd son eau et devient noir. Ce n'est qu'à une température assez élevée qu'il est réduit. On obtient la dissolution du protoxyde de palladium lorsqu'on dissout le palladium dans l'acide nitrique. Si la dissolution contient une très grande quantité d'acide nitrique libre, elle n'est pas troublée par l'eau; si cependant elle est plus neutre et si elle est concentrée, l'eau en précipite un sel basique de couleur brun sale. — La dissolution du chlorure correspondant au protoxyde paraît brun-rouge, comme celle du nitrate de protoxyde. Elle se dissout dans l'eau sans se décomposer, même lorsqu'elle ne contient pas d'acide libre. A une température élevée, le protochlorure est réduit à l'état de palladium, et il se dégage du chlore gazeux. Les combinaisons doubles que le protochlorure de palladium forme avec les autres chlorures, sont solubles dans l'eau, et pour la plupart, aussi dans l'alcool; il n'y a que celle qu'il produit avec le chlorure de potassium, qui soit peu soluble dans l'alcool, surtout lorsqu'il est anhydre. Avec beaucoup de réactifs, la dissolution de protochlorure de palladium, lorsqu'elle ne contient pas en même temps un peu de bichlorure de palladium, se comporte d'une autre manière que la dissolution de nitrate de protoxyde.

Une dissolution d'*hydrate de potasse* produit, dans les dissolutions de protoxyde et de protochlorure de palladium, un précipité brun-jaune abondant, qui se dissout dans un grand excès de potasse. Si l'on soumet pendant un temps très long la dissolution à l'action de la chaleur, le protoxyde se précipite de nouveau. Si on ajoute un peu d'alcool à la dissolution froide de protoxyde de palladium dans l'hydrate de potasse, le palladium est réduit au bout de quelque temps, et il se dépose sur les parois du vase sous forme d'enduit métallique. La réaction est plus rapide à la température de l'ébullition.

L'*ammoniaque* ne produit pas de précipité dans la dissolution de nitrate de protoxyde de palladium; un excès d'ammoniaque décolore la dissolution. L'ammoniaque forme, dans la dissolution de protochlorure de palladium, un précipité abondant de protochlorure de palladium ammoniacal de couleur rouge-chair. Si on n'a pas ajouté une grande quantité d'ammoniaque et si on chauffe le précipité avec la liqueur, il se dissout et forme une dissolution brune; si la quantité d'ammoniaque ajoutée était plus grande, elle devient incolore. Pour un grand excès d'ammoniaque, le précipité ne se dissout pas immédiatement à froid; mais si on laisse le tout en contact pendant quelque temps, il se dissout complétement et forme une liqueur entièrement incolore. L'acide chlorhydrique produit dans cette dissolution ammoniacale un précipité jaune caractéristique de protochlorure de palladium ammoniacal qui n'est pas soluble dans un excès d'acide chlorhydrique. Si la dissolution ammoniacale est colorée en bleu, c'est que la dissolution de protochlorure de palladium contient du chlorure de cuivre, ce qui arrive très souvent. — Si la dissolution de protochlorure de palladium contient du bichlorure de platine, l'ammoniaque en précipite du chloroplatinate d'ammoniaque de couleur presque blanchâtre; une grande quantité d'ammoniaque produit un trouble blanc et un précipité blanc qui ne se dissout que lentement et non entièrement par l'ébullition. Cette réaction est particulière en ce qu'elle ne correspond pas aux dissolutions des métaux isolés.

Une dissolution de *carbonate de potasse* produit, dans les dissolutions de palladium, un précipité brun d'hydrate de protoxyde de palladium qui se dissout dans un excès du précipitant; mais si on fait bouillir le tout, la liqueur prend une couleur foncée et il se dépose un précipité brun.

Une dissolution de *bicarbonate de potasse* produit, dans les dissolutions de palladium, un précipité brun qui est soluble dans un excès du précipitant.

Une dissolution de *carbonate de soude* produit, dans les dissolutions de palladium, un précipité brun d'hydrate de protoxyde de palladium qui se dissout en petite quantité dans un excès du précipitant. Si on ajoute de l'acide chlorhydrique pour dissoudre le précipité, un excès de la dissolution de carbonate de soude ne reproduit pas de précipité dans la dissolution; mais si on fait bouillir le tout, la liqueur prend d'abord une couleur foncée et il se dépose ensuite un précipité brun.

Une dissolution de *carbonate d'ammoniaque* se comporte avec les dissolutions de palladium comme l'ammoniaque.

Une dissolution de *phosphate de soude* produit, dans les dissolutions de palladium, un précipité brun.

Une dissolution d'*acide oxalique* ne produit pas de précipité dans les dissolutions de palladium, lorsqu'elles ne sont pas aussi neutres que possible. — La dissolution d'un *oxalate* alcalin neutre produit, dans les dissolutions neutres de palladium, un précipité jaune-brun.

Le *carbonate de baryte* précipite, même à froid, le protoxyde de palladium d'une dissolution de nitrate de protoxyde de palladium; il ne le précipite pas dans une dissolution de protochlorure.

Une dissolution de *ferrocyanure de potassium* ne produit d'abord aucune modification dans les dissolutions de palladium; au bout d'un temps très long, il se forme une gelée épaisse, d'une certaine consistance.

Une dissolution de *ferrocyanide de potassium* ne produit pas non plus d'abord de précipité dans les dissolutions de palladium; au bout d'un temps très long, il se forme cependant une gelée.

Le *nitrate d'argent* produit un précipité blanc-jaunâtre.

Une dissolution de *cyanide de mercure* produit dans les dissolutions de palladium un précipité blanc-jaunâtre, gélatineux, de cyanure de palladium qui, par le temps, devient presque totalement blanc. Il est soluble dans un excès d'acide chlorhydrique et dans l'ammoniaque. Dans les dissolutions de palladium un peu acides, le cyanide de mercure ne forme de précipité qu'au bout de quelque temps.

Une dissolution de *nitrate de protoxyde de mercure* ne produit pas de précipité dans les dissolutions de protoxyde de palladium; il produit, au contraire, un précipité noir, abondant, dans une dissolution de protochlorure de palladium.

L'*acétate de plomb* donne un précipité jaunâtre qui est soluble dans un excès du précipitant.

Une dissolution de *sulfate de protoxyde de fer* produit, dans une dissolution de nitrate de protoxyde de palladium, un précipité de palladium métallique qui cependant ne paraît souvent qu'au bout de quelque temps et recouvre les parois du vase et la surface de la liqueur d'une pellicule à éclat métallique. Dans la dissolution de protochlorure de palladium, au contraire, il ne se produit souvent pas de séparation de métal par l'action d'un sel de protoxyde de fer. Si cependant le protochlorure ne contient pas d'acide libre, on obtient souvent très rapidement, par l'action d'une dissolution de protoxyde de fer exempte de sesquioxyde, une réduction de palladium.

Le *protochlorure d'étain* donne, dans les dissolutions de palladium, un précipité noir métallique; en même temps la liqueur qui le surnage, se colore en un beau vert foncé.

Une dissolution de *rhodanure de potassium* ne produit pas de modification dans la dissolution de protochlorure de palladium.

Une dissolution d'*iodure de potassium* produit, dans les dissolutions même très étendues de palladium, un précipité noir d'iodure de palladium. Ce précipité est soluble en partie dans un excès d'iodure de potassium. La dissolution a une couleur brune très foncée.

La dissolution d'*hydrogène sulfuré* donne, dans les dissolutions neutres ou acides de palladium, un précipité noir de sulfure de palladium. Parmi les minéraux de la mine de platine, le palladium est celui qui est précipité le plus facilement et le plus complétement de ses dissolutions par l'hydrogène sulfuré.

Le *sulfure d'ammonium* produit, dans les dissolutions de palladium, un précipité noir de sulfure de palladium qui est insoluble dans un excès de précipitant.

Le *zinc* précipite le palladium de ses dissolutions à l'état métallique sous forme d'une poudre noire; la précipitation est plus lente pour la dissolution de protoxyde, plus rapide pour celle de protochlorure.

La plupart des combinaisons de palladium sont décomposées par la calcination de la même manière que celles de platine; la réaction n'a cependant lieu, en général, qu'à une plus haute température que pour le platine. Comme les combinaisons de palladium insolubles dans l'eau sont décomposées de la même manière, on peut y reconnaître la présence du palladium en essayant, de la manière qui a été indiquée précédemment p. **198** , le palladium métallique réduit par la calcination, ou bien encore en le dissolvant dans l'acide nitrique ou dans l'eau régale, et essayant ensuite la dissolution pour y retrouver le palladium.

Le protoxyde de palladium décompose la dissolution de chlorure d'ammonium, et s'y dissout facilement par l'action de la chaleur. Si on a employé une petite quantité de chlorure d'ammonium, il se sépare par le refroidissement un précipité brun foncé qui est une combinaison de protochlorure de palladium et de protoxyde de palladium. Si on chauffe le protoxyde de palladium avec une plus grande quantité de chlorure d'ammonium, et si on ajoute une plus grande quantité d'eau, tout reste dissous.

La meilleure manière de reconnaître le palladium dans ses dissolutions est sa réaction avec une dissolution de cyanide de mercure. La dissolution de palladium peut surtout être distinguée de cette manière de la dissolution de bichlorure de platine avec laquelle elle a une très grande ressemblance sous le rapport de la couleur; il faut cependant observer que, dans certaines circonstances, la dissolution de bichlorure de platine peut également être précipitée par la dissolution de cyanide de mercure (p. **197** . L'iodure de potassium agit aussi d'une manière plus caractéristique sur les dissolutions de palladium que sur les dissolutions d'aucun autre des métaux de la mine de platine. La réaction, à l'égard de l'ammoniaque, est également caractéristique. Du reste, le palladium peut être facilement extrait, à l'état métallique, de ses combinaisons, et tant à l'état très divisé qu'à l'état de métal travaillé, il peut être bien distingué des autres métaux qui lui ressemblent.

La présence de substances organiques non volatiles empêche la précipitation de l'oxyde de palladium au moyen de la potasse et de ses dissolutions; mais elle n'empêche pas la précipitation au moyen du cyanide de mercure.

Bioxyde de palladium, PdO^2.

L'existence de cet oxyde n'a été reconnu que par les analyses de Berzelius. Le chlorure qui lui correspond, est contenu, en très petite quantité, dans les dissolutions du palladium dans l'eau régale; mais si on chauffe ces dissolutions, il disparaît ordinairement totalement. Il forme, avec le chlorure de potassium et le chlorure d'ammonium, des combinaisons qui, comme les combinaisons correspondantes du bichlorure de platine, se dissolvent très difficilement dans l'eau et dans l'alcool, et ont une couleur rouge-cinabre ou rouge-brun, mais peuvent être décomposées par l'alcool bouillant. La couleur de la dissolution de bichlorure de palladium est brun foncé; si on la chauffe, elle laisse dégager du chlore, et il se forme du protochlorure de palladium. C'est un bon caractère pour la distinguer des dissolutions de bichlorure de platine et de bichlorure d'iridium avec lesquelles elle a de la ressemblance sous le rapport de la couleur.

XXXIII. — RHODIUM, R.

Le rhodium à l'état métallique forme une poudre grise qui, chauffée fortement, ne fond pas et ne se soude pas; il s'agrége seulement un peu. Il est alors dur, cassant et facile à pulvériser. Deville a réussi cependant à le fondre; mais il fond moins facilement que le platine. Il ne se volatilise pas; mais, en fondant, il s'oxyde à la surface, et roche comme le palladium. Lorsqu'il est pur, il est moins blanc et moins brillant que l'argent, mais il est aussi ductile et aussi malléable. — Par la calcination à l'air, la poudre de rhodium métallique qui n'a pas été fondue, s'oxyde et se transforme en une combinaison de protoxyde et de sesquioxyde. Le métal oxydé est réduit de nouveau par une température encore plus élevée. — Le poids spécifique du rhodium est seulement de 11.

Le rhodium métallique est insoluble dans l'acide nitrique, l'acide chlorhydrique, l'acide sulfurique étendu et même l'eau régale. Lorsque cependant il est allié avec quelques autres métaux, comme le platine par exemple, il se dissout dans l'eau régale; mais lorsque la proportion de rhodium contenu dans l'alliage est un peu considérable, une grande quantité du rhodium reste sans se dissoudre. Le rhodium contenu dans les alliages d'or et d'argent n'est pas dissous par l'eau régale. Fondu avec du bisulfate de potasse, le rhodium métallique s'oxyde et se dissout; il peut aussi devenir soluble lorsqu'on le fond avec l'acide phosphorique et les phosphates acides. Fondu avec l'hydrate de potasse ou le nitrate de potasse, le rhodium se transforme en sesquioxyde, qui n'est soluble ni dans l'eau ni dans les acides. — Si on mélange avec soin le rhodium métallique avec le chlorure de potassium ou le chlorure de sodium, et si on fait passer sur le mélange au rouge naissant un courant de chlore, le rhodium se transforme en sesquichlorure. Si on fait passer un courant de chlore gazeux au rouge sur le rhodium métallique seul, il se transforme en une combinaison de sesquichlorure et de protochlorure.

Protoxyde de rhodium, RO.

Le protoxyde de rhodium à l'état pur est peu connu. Le chlorure correspondant au protoxyde, lorsqu'il a été obtenu par la voie sèche, est de couleur rose-rouge. Il est insoluble dans l'eau et dans les acides; il n'est pas décomposé à chaud par les oxydes alcalins.

Sesquioxyde de rhodium, R^2O^3.

Le sesquioxyde de rhodium est noir; son hydrate, qui retient avec beaucoup d'énergie son eau d'hydratation et ne la perd qu'à une température rouge longtemps soutenue, a une couleur gris-verdâtre. Le sesquioxyde de rhodium se forme lorsqu'on dissout le rhodium mélangé avec le platine dans l'eau régale dans laquelle il est insoluble lorsqu'il est seul; il se forme aussi lorsqu'on mêle le rhodium à l'état pulvérulent avec l'hydrate de potasse ou avec le nitrate de potasse, et lorsqu'on chauffe jusqu'au rouge naissant. Il se forme aussi lorsqu'on fait fondre le rhodium à l'état pulvérulent avec du bisulfate de potasse. Enfin il se forme encore lorsqu'on calcine pendant longtemps le rhodium au contact de l'air; seulement, dans ce cas, le sesquioxyde contient du protoxyde. Le sesquioxyde de rhodium est réduit à chaud par les substances qui contiennent du carbone, ou par un courant de gaz hydrogène. Le sesquioxyde de rhodium devient, par la calcination, insoluble dans les acides; il peut cependant se dissoudre de nouveau lorsqu'on le fait fondre dans un creuset de platine avec du bisulfate de potasse, et lorsqu'on traite par l'eau la masse fondue qui paraît rougeâtre, mais qui devient jaune lorsque le refroidissement est complet. La dissolution a également une couleur jaune.

Le chlorure correspondant au sesquioxyde de rhodium forme avec les chlorures alcalins des combinaisons rose-rouge, qui se dissolvent dans l'eau en donnant une liqueur rose-rouge, mais qui sont insolubles dans l'alcool. Si on dissout l'hydrate d'oxyde de rhodium dans l'acide chlorhydrique, la dissolution a une couleur jaune et contient du chlorhydrate d'oxyde de rhodium. La couleur de la dissolution ne devient rouge que par l'ébullition; elle contient alors du sesquichlorure de rhodium. La dissolution de l'hydrate d'oxyde de rhodium dans l'acide sulfurique, aussi bien que celle qui se produit dans une dissolution de bisulfate de potasse, sont jaunes; si cependant on ajoute à une dissolution de ce genre de l'acide chlorhydrique et si on fait bouillir, elle devient rose-rouge. Cette coloration rouge persiste aussi lorsque la liqueur est complétement refroidie; elle provient de la formation du sesquichlorure de rhodium. Ces modifications de couleur ne sont cependant pas très nettes lorsque les dissolutions ne contiennent que peu d'oxyde de rhodium.

Les dissolutions des sels de sesquioxyde de rhodium ne se comportent pas avec tous les réactifs comme les dissolutions du chlorure qui leur correspond. Les dissolutions du sulfate de sesquioxyde auquel on a ajouté de l'acide chlorhydrique et que l'on a fait bouillir, se comportent comme les combinaisons de sesquichlorure.

Une dissolution d'*hydrate de potasse* ne produit pas de précipité dans les dissolutions des sels de sesquioxyde de rhodium; cependant, par l'ébullition, il se forme un précipité brun-jaunâtre gélatineux d'hydrate de sesquioxyde de rhodium. Les dissolutions restent claires lorsqu'on leur ajoute un excès d'hydrate de potasse, et la dissolution conserve encore pendant un peu de temps la couleur rose-rouge; mais plus tard elle devient jaunâtre et dépose un précipité brun de sesquioxyde. A chaud, la dissolution rouge devient immédiatement jaunâtre, et le sesquioxyde de rhodium peut être alors complétement précipité par l'ébullition. — Si on ajoute un peu d'alcool à la dissolution du sesquichlorure de rhodium dans l'hydrate de potasse, il se forme, au bout de quelques instants, un précipité noir, même à la température ordinaire (Claus). Si on a ajouté un excès trop considérable de potasse, la réduction du rhodium n'a lieu qu'au bout de quelque temps; et même il ne se sépare que des traces de rhodium de cette manière lorsque l'excès de potasse est trop considérable. Lorsque le sesquioxyde de rhodium a été précipité par l'ébullition de la dissolution dans l'hydrate de potasse, le précipité brun formé par l'addition de l'alcool ne devient noir qu'au bout d'un temps très long. — Si la dissolution de sesquichlorure de rhodium contient du protochlorure de palladium, la liqueur se colore, par l'action de l'hydrate de potasse, d'abord en rose-rouge, ensuite en jaune. A chaud, il se sépare un précipité couleur de chair foncé qui est caractéristique. — Si la dissolution de rhodium contient du bichlorure de platine, il se forme, par l'action de l'hydrate de potasse, du chloroplatinate de potasse qui se dissout dans un excès de potasse. L'alcool produit à la température ordinaire une réduction dans cette dissolution.

L'*ammoniaque* produit dans les deux dissolutions, bien que ce ne soit pas immédiatement, mais seulement au bout de quelque temps, un abondant précipité jaune, qui est complétement soluble dans l'acide chlorhydrique étendu. Si on ajoute de l'ammoniaque en excès à la dissolution rouge du sesquichlorure, la dissolution reste encore rouge dans les premiers instants; mais elle se trouble rapidement et laisse déposer un précipité jaunâtre d'hydrate de sesquioxyde. — Si la dissolution de sesquichlorure de rhodium contient du protochlorure de palladium, l'ammoniaque forme immédiatement un précipité rose-rouge clair. La liqueur qui surnage le précipité, est incolore, et tout le rhodium est précipité en même temps que le palladium.

Une dissolution de *carbonate de potasse* ne produit pas, au premier abord, de précipité dans les deux dissolutions; mais au bout de quelque temps il se dépose un précipité jaunâtre d'hydrate de sesquioxyde de rhodium. Cependant le précipité paraît se former dans les dissolutions de sesquichlorure de rhodium plus tard que dans les dissolutions de sesquioxyde.

Une dissolution de *carbonate de soude* réagit de même.

Une dissolution de *carbonate d'ammoniaque* ne produit pas immédiatement de précipité; cependant, au bout d'un temps très long, il se dépose un précipité jaunâtre formé par une combinaison de sesquioxyde de rhodium et d'ammoniaque.

Le *carbonate de baryte* précipite, même à froid, tout le sesquioxyde contenu dans les dissolutions de sesquioxyde de rhodium. Dans les dissolutions de sesquichlorure de rhodium, au contraire, il ne se produit point, ou pour ainsi dire point, de précipité à froid par l'action du carbonate de baryte; mais il s'en produit un par l'ébullition, et tout le sesquioxyde est alors précipité. Cependant une dissolution de sesquioxyde de rhodium dans le sulfate acide de potasse, à laquelle on a ajouté de l'acide chlorhydrique et que l'on a fait bouillir, conserve sa couleur rouge, même après une longue ébullition avec un excès de carbonate de baryte.

Une dissolution de *phosphate de soude* ne produit pas de précipité dans les dissolutions de rhodium.

Une dissolution d'*acide oxalique* n'en produit pas non plus.

Les dissolutions de *ferrocyanure* et de *ferrocyanide de potassium* ne produisent pas de précipité dans les dissolutions de rhodium.

Les dissolutions de *nitrate d'argent*, de *nitrate de protoxyde de mercure* et d'*acétate de plomb* produisent des précipités rose-rouge. — Si une dissolution de sesquichlorure de rhodium contient du bichlorure de platine, l'acétate de plomb produit un précipité rouge-jaunâtre qui est exceptionnel dans ce cas, puisque le bichlorure de platine ne donne pas par lui-même de précipité au moyen de ce réactif.

Une dissolution de *sulfate de protoxyde de fer* ne produit ni précipité ni réduction dans les dissolutions de sesquioxyde, pas plus que dans les dissolutions de sesquichlorure de rhodium.

Une dissolution de *protochlorure d'étain* colore en brun foncé la dissolution rouge de rhodium, sans produire de précipité.

Une dissolution d'*iodure de potassium* colore les dissolutions de rhodium en jaune, mais non en jaune foncé; ce n'est qu'au bout d'un temps très long que la liqueur devient foncée et dépose enfin un précipité brun-noir de sesquioxyde de rhodium. A chaud, la formation du précipité a lieu immédiatement.

Une dissolution de *rhodanure de potassium* ne produit pas de modification.

La dissolution d'*hydrogène sulfuré* ne produit pas immédiatement de précipité dans les dissolutions de rhodium; plus tard il se forme un précipité brun de sulfure de rhodium, sans que pour cela la liqueur qui le surnage soit décolorée.

Le *sulfure d'ammonium* produit, dans les dissolutions de sesquioxyde de rhodium, un précipité brun de sulfure de rhodium qui n'est pas soluble dans un excès du précipitant.

Le *zinc métallique* précipite le rhodium de ses dissolutions à l'état métallique sous forme d'un précipité noir qui se dépose sur le zinc.

Les dissolutions de sesquichlorure de rhodium se distinguent par leur couleur rose-rouge. La manière dont les dissolutions de sesquioxyde et de sesquichlorure de rhodium se comportent avec l'hydrate de potasse et avec l'ammoniaque, mais surtout la manière dont la dissolution dans l'hydrate de potasse se comporte avec l'alcool, permettent de les distinguer des dissolutions de platine et de celles des autres métaux. A l'état solide, le rhodium peut être facilement reconnu dans ses combinaisons, en ce que ces dernières, traitées par le gaz hydrogène, donnent du rhodium métallique qui est insoluble dans l'eau régale, mais qui se dissout lorsqu'on le fait fondre avec du bisulfate de potasse. On a donc seulement besoin, pour s'assurer de la présence du rhodium, de faire fondre avec du bisulfate de potasse un peu du rhodium réduit dans un tube, d'un verre un peu épais, bouché à une de ses extrémités, ou mieux dans un creuset de platine. La couleur de la masse fondue est jaune par le refroidissement. Parmi les métaux dits nobles, il n'y a que le rhodium, le palladium et l'argent qui se dissolvent par fusion dans le bisulfate de potasse. Mais le rhodium ne peut pas être facilement confondu avec les deux autres.

XXXIV. — IRIDIUM, Ir.

A l'état métallique, l'iridium a l'aspect du platine; cependant il est cassant, il se laisse facilement broyer et réduire en poudre. L'iridium a un poids spécifique excessivement élevé. Lorsqu'il est en poudre, on prétend que son poids spécifique n'est que de 15,7; mais on le trouve dans la nature, en combinaison avec le platine, sous forme de grains qui ont un poids spécifique de 22,8 et qui sont souvent encore plus lourds; c'est par conséquent le plus lourd des corps connus. L'iridium est le plus difficile à fondre des métaux contenus dans la mine de platine; cependant Deville a réussi à l'amener à la fusion. Après avoir été fondu, l'iridium est encore cassant, bien qu'il se laisse légèrement aplatir sous le marteau. Après la fusion, il ne se volatilise pas. Réduit en poudre fine, il s'oxyde lorsqu'on le chauffe à l'air; s'il est sous un état plus compacte, l'oxydation a lieu moins facilement. L'iridium oxydé conserve son oxygène au rouge. A une température encore plus élevée, il est réduit sans qu'on ajoute rien. — Si on porte un morceau d'iridium métallique dans la flamme d'une lampe à alcool, l'iridium se recouvre bientôt d'une végétation de charbon.

L'iridium est insoluble dans l'acide nitrique, dans l'acide chlorhydrique, dans l'acide sulfurique étendu et concentré et même dans l'eau régale; cependant, lorsqu'on l'a obtenu par la réduction de ses oxydes au moyen de l'acide formique, il forme une poudre qui ressemble à de la suie et qui se dissout dans l'eau régale. Lorsque l'iridium est combiné avec une grande quantité de platine, il se dissout dans l'eau régale une faible quantité d'iridium. Fondu avec du bisulfate de potasse, l'iridium s'oxyde, mais ne se dissout pas. Il en est de même lorsqu'on le calcine fortement au contact de l'air avec l'hydrate de potasse ou avec un carbonate alcalin. Calciné avec le nitrate de potasse, l'iridium s'oxyde également; mais, dans ce cas, le contact de l'air n'est pas nécessaire. Si l'iridium, calciné avec le nitrate de potasse ou l'hydrate de potasse, donne une masse brune qui se dissout en partie dans l'eau avec une couleur jaune-brun foncé, c'est que l'iridium contient une grande quantité de ruthenium (Claus). L'iridium pur, fondu avec le nitrate de potasse, donne une masse vert-noirâtre qui se dissout dans l'eau avec une couleur indigo. Le chlore gazeux transforme l'iridium en bichlorure lorsqu'on l'a préalablement mélangé soigneusement à l'état de poudre fine, avec du chlorure de potassium ou de sodium, et lorsqu'on l'a soumis à l'action d'un courant de chlore gazeux à la température du rouge naissant. Lorsqu'on n'ajoute pas de chlorure alcalin, l'iridium n'est transformé qu'en protochlorure au rouge naissant (Berzelius), ou en un mélange de sesquichlorure avec du métal non attaqué (Claus).

Protoxyde d'iridium, IrO.

L'existence de cet oxyde, qui correspond au protoxyde de platine, est douteuse; il est au moins très peu connu.

Sesquioxyde d'iridium, Ir^2O^3.

Cet oxyde dont on croyait d'abord qu'il était de tous les degrés d'oxydation de l'iridium celui qui se formait de préférence, ne se produit que rarement; il présente l'aspect d'une poudre noire, insoluble dans les acides. — Le sesquichlorure, correspondant au sesquioxyde, prend naissance lorsqu'on chauffe le métal dans le chlore gazeux. Il se forme enfin par la décomposition des combinaisons de sesquichlorure, et notamment lorsqu'on broie avec une dissolution d'hydrate de potasse le chlorure double formé par le chlorure d'iridium et le chlorure de potassium, ou lorsqu'on mélange le bichlorure d'iridium avec une dissolution d'hydrate de potasse.

Dans ce dernier cas, on produit d'abord le chlorure double formé par le bichlorure d'iridium et le chlorure de potassium; en ajoutant ensuite de l'alcool, il se précipite un chlorure double qni est formé par le sesquichlorure d'iridium et le chlorure de potassium et qui est blanc miroitant avec une pointe de verdâtre. A froid, ce précipité n'éprouve aucune décomposition par l'action d'une dissolution d'hydrate de potasse; mais, à chaud, il se forme du sesquioxyde qui se dissout dans la potasse. Si l'on chauffe plus longtemps, il y a absorption d'oxygène, et le sesquioxyde se sépare sous forme d'un précipité bleu Claus .

Si le sesquichlorure d'iridium donne un précipité brun avec les oxydes alcalins, il contient du ruthenium.

Bioxyde d'iridium, IrO^2.

Le bioxyde d'iridium est le plus important de tous les oxydes d'iridium, comme le bichlorure correspondant est le plus important de tous les chlorures d'iridium. Le bichlorure se forme lorsqu'on dissout dans l'eau régale l'iridium allié à une grande quantité de platine; il se produit, surtout à l'état de chlorure double, lorsqu'on mêle intimement avec les chlorures alcalins l'iridium réduit en poudre fine, et lorsqu'on expose le mélange à l'action d'un courant de chlore gazeux à la température du rouge naissant.

Les dissolutions du bichlorure d'iridium et celles de ses combinaisons avec les autres chlorures ont, même à l'état étendu, une couleur rouge foncé avec une pointe de brun. Si la dissolution est concentrée, elle est presque entièrement opaque. Elle a une très grande ressemblance avec celle du sesquioxyde de ruthenium, en sorte qu'il est difficile de les distinguer toutes les deux par leur couleur (Claus).

Les combinaisons de bichlorure d'iridium avec les autres chlorures sont pour la plupart très difficilement solubles dans l'eau : c'est ce qui arrive, par exemple, pour les combinaisons du bichlorure d'iridium avec le chlorure de potassium et le chlorure d'ammonium. Ces combinaisons sont cependant un peu plus solubles que les combinaisons correspondantes du bichlorure de platine. Elles ne sont pas solubles non plus dans l'alcool; elles n'y sont cependant pas aussi insolubles que les combinaisons correspondantes du platine. La combinaison de bichlorure d'iridium et de chlorure de sodium est, au contraire, facilement soluble dans l'eau et dans l'alcool.

Les dissolutions de bichlorure d'iridium se comportent avec les réactifs de la manière suivante :

Une dissolution d'*hydrate de potasse* en excès décolore ces dissolutions, ou transforme leur couleur foncée en une couleur verdâtre très faible; en même temps il se produit un faible précipité brun-noirâtre de chlorure iridico-potassique (formé de la combinaison du bichlorure d'iridium et du chlorure de potassium . D'après *Claus*, il se forme ici de l'hypochlorite de potasse et du sesquichlorure vert-olive. Si l'on chauffe cette dissolution claire, il ne se produit ordinairement d'abord qu'une légère modification; mais si, après avoir soumis la dissolution à l'action de la chaleur, on laisse le contact se prolonger, elle ne commence à se colorer d'abord qu'en rouge faible et ensuite en bleu. La couleur bleue augmente peu à peu d'intensité à partir de la surface par laquelle la dissolution est en contact avec l'air atmosphérique. La couleur ressemble à celle d'une dissolution d'un sel de cuivre dans l'ammoniaque; mais elle a une pointe de violet bien nette que l'on peut observer bien mieux lorsque la dissolution n'est pas trop foncée. Si on évapore la dissolution bleue, il se sépare d'abord une petite quantité d'un précipité bleu; mais la masse desséchée est blanche et a une pointe de verdatre. Si on la traite par l'eau, il reste une poudre bleue insoluble, tandis que la dissolution est décolorée. Le précipité bleu qui se forme par l'action des alcalis sur les dissolutions de bichlorure d'iridium, est, d'après Claus, de l'hydrate de bioxyde d'iridium. — L'hydrate de potasse ne produit pas de modification du même genre dans une dissolution de sulfate de bioxyde d'iridium. Il ne se forme pas non plus de précipité bleu par l'ébullition. — Si la dissolution de bichlorure d'iridium contient du protochlorure de palladium, il se forme par l'action de la chaleur un précipité de protoxyde de palladium et de bioxyde d'iridium de couleur noire. La liqueur qui surnage le précipité, est incolore et ne prend pas la couleur bleue caractéristique. La présence du palladium empêche par conséquent la réaction bleue caractéristique de l'iridium au moyen de l'hydrate de potasse et détermine la précipitation du bioxyde d'iridium (Claus). Si la dissolution d'iridium contient du bichlorure de platine, l'hydrate de potasse décolore la liqueur et produit un précipité rouge de chloroplatinate de potasse qui contient de l'iridium et qui se dissout par l'action de la chaleur, en même temps qu'il se précipite de l'hydrate de bioxyde d'iridium contenant du platine. La coloration bleue de la liqueur est empêchée par la présence du platine. — Si la dissolution d'iridium contient du bichlorure de rhodium, il ne se forme pas d'abord de modification par l'action de l'hydrate de potasse; mais il se forme ensuite un précipité jaune clair d'hydrate de bioxyde de rhodium. A chaud, le précipité formé est gris-vert sale, et la liqueur devient incolore.

L'*ammoniaque*, ajoutée en excès à ces dissolutions, les décolore aussi immédiatement comme une dissolution d'hydrate de potasse et produit un faible précipité brun-noirâtre. Si on fait bouillir la dissolution pendant longtemps, de manière que la plus grande partie de l'ammoniaque en excès soit volatilisée, la dissolution commence à se colorer en bleu; mais la couleur bleue n'est ni aussi pure ni aussi intense que celle qui se forme par l'action de la potasse sur la dissolution de bichlorure d'iridium. On réussit mieux à produire la coloration bleue en exposant à l'air dans un flacon la dissolution ammoniacale claire. Lorsque l'excès de l'ammoniaque s'est évaporé, la liqueur se colore en bleu et il se forme en même temps un précipité bleu. — Une dissolution de sulfate de sesquioxyde d'iridium devient bleue, même à froid, par l'action de l'ammoniaque et donne un précipité bleu; en même temps la liqueur se décolore. Si la dissolution d'iridium contient du protochlorure de palladium, l'ammoniaque forme un précipité blanc sale. — Si elle contient du platine, l'ammoniaque produit du chloroplatinate d'ammoniaque contenant de l'iridium. A chaud, le précipité est jaune sale. Une grande quantité d'ammoniaque dissout le tout. A chaud, il se forme un précipité blanc. — Si la dissolution d'iridium contient du bichlorure de rhodium, l'ammoniaque agit comme une dissolution de potasse; ce n'est que plus tard qu'il se forme un précipité gris-verdâtre. Par l'action d'une grande quantité d'ammoniaque, le tout se dissout et forme une liqueur jaune qui devient incolore par l'ébullition et ne forme aucun dépôt, ce qui est particulier à ce mélange.

Une dissolution de *carbonate de potasse* produit d'abord, dans la dissolution de la combinaison de bichlorure d'iridium, un abondant précipité rouge-brun clair formé par le sel qui se sépare. Le précipité se redissout peu à peu et la liqueur se décolore alors de la même manière que lorsqu'on la traite par l'hydrate de potasse ou par l'ammoniaque; il ne reste alors, comme résidu insoluble, qu'un faible précipité brun-noirâtre. Si on fait bouillir la dissolution claire, elle ne se colore quelquefois pas en bleu. Si on l'évapore à siccité et si on traite le résidu par l'eau, il reste, comme résidu insoluble, une petite quantité d'une poudre bleue et la liqueur n'est colorée en bleu qu'au bout de quelque temps. Mais quelquefois il se forme par l'ébullition une dissolution bleue avec ou sans précipité bleu.

Une dissolution de *bicarbonate de potasse* ne produit pas d'abord de modification dans ces dissolutions. Au bout de quelque temps, la liqueur est décolorée de la même manière qu'avec l'hydrate de potasse et l'ammoniaque sans former de précipité. — Mais, par l'ébullition, il se forme un précipité bleu.

La dissolution de *carbonate de soude* décolore ces dissolutions comme la potasse et l'ammoniaque. La liqueur ne se colore pas d'abord en bleu; mais la coloration a lieu au bout de quelque temps.

Une dissolution concentrée de *carbonate d'ammoniaque* produit un précipité de chlorure iridico-ammonique (formé par la combinaison du bichlorure d'iridium et du chlorure d'ammonium), qui se sépare et qui peut être reconnu comme tel au microscope. Dans les dissolutions étendues, il ne se produit pas d'abord de modification; cependant, au bout de quelque temps, les dissolutions de bichlorure d'iridium sont décolorées; du reste elles ne se colorent pas en bleu ultérieurement, et ne produisent pas de précipité.

Le *carbonate de baryte* ne produit pas à froid de précipité de bioxyde d'iridium dans les dissolutions de bichlorure. Par l'ébullition, il se produit une dissolution verdâtre et le carbonate de baryte se colore en bleu. — Dans la dissolution de sulfate de bioxyde d'iridium, il se produit, même à froid, un précipité d'hydrate de bioxyde d'iridium par l'action du carbonate de baryte. Ce dernier se colore en bleu, et la dissolution est décolorée.

Une dissolution de *phosphate de soude* ne produit pas d'abord de modification dans ces dissolutions; mais, au bout de quelque temps, elles sont décolorées, ou ne conservent qu'une couleur verdâtre faible. Par l'ébullition, il se forme une dissolution bleue et un précipité bleu.

Une dissolution de *borax* ne produit pas de modification à froid; à chaud, la liqueur est d'abord décolorée et se colore ensuite en bleu, sans qu'il se forme de précipité.

Une dissolution d'*acide oxalique* ne produit pas immédiatement de modification; cependant, au bout de quelque temps, il se produit une décoloration complète.

Une dissolution de *formiate de soude* ne produit pas de modification à froid. Par l'action prolongée de la chaleur, il y a réduction et formation d'un précipité noir.

Une dissolution de *ferrocyanure de potassium* décolore immédiatement les dissolutions de bichlorure d'iridium.

Une dissolution de *ferrocyanide de potassium* ne produit pas de modification, même au bout de quelque temps, dans les dissolutions de bichlorure d'iridium.

Une dissolution de *cyanide de mercure* ne produit pas non plus de précipité; si cependant il s'en forme un, cela indique la présence du protochlorure de palladium.

Une dissolution de *nitrate de protoxyde de mercure* produit, dans la dissolution de bichlorure d'iridium, un précipité jaunâtre.

Une dissolution de *nitrate d'argent* produit dans ces dissolutions un précipité bleu qui devient blanc lorsqu'on lui ajoute de l'ammoniaque. — Si la dissolution d'iridium contient du platine, il se produit un précipité de couleur lilas (Claus .

Une dissolution de *sulfate de protoxyde de fer* décolore la dissolution de bichlorure d'iridium, sans qu'il se produise de précipité de métal réduit.

Le *protochlorure d'étain* produit, dans la dissolution de bichlorure d'iridium, un précipité brun clair.

Une dissolution de *rhodanure de potassium* ne produit pas de modification.

Une dissolution d'*acide sulfureux* décolore les dissolutions d'iridium et les colore en brun-jaunâtre.

Une dissolution d'*hydrogène sulfuré* décolore d'abord les dissolutions neutres ou acides de bichlorure d'iridium; il se forme du sesquichlorure d'iridium et il se sépare du soufre (Claus). Au bout de quelque temps, il se forme un précipité brun de sulfure d'iridium.

Le *sulfure d'ammonium* produit, dans la dissolution de bichlorure d'iridium, un précipité brun de sulfure d'iridium qui se dissout complétement dans un excès du précipitant qui n'a pas besoin d'être très considérable. Si on décompose la dissolution par l'acide chlorhydrique, on précipite du sulfure brun d'iridium.

Le *zinc métallique* précipite l'iridium d'une dissolution de bichlorure d'iridium sous forme métallique à l'état de poudre noire, mais incomplétement.

Par la calcination, les combinaisons de bichlorure d'iridium et de bioxyde d'iridium sont décomposées.

TRITOXYDE D'IRIDIUM, ACIDE IRIDIQUE, IrO^3.

Le tritoxyde d'iridium, qui peut très bien être considéré comme un acide, a été peu examiné. Il se forme (d'après Claus) lorsqu'on maintient pendant longtemps en fusion de l'iridium avec du nitrate de potasse. La masse vert-noirâtre fondue se dissout avec une couleur bleu-indigo foncé (à l'état d'iridate basique de potasse); en même temps il reste pour résidu une poudre noire cristalline (iridate acide de potasse). Cette dernière, après avoir été lavée, est complétement insipide. Traitée par l'acide chlorhydrique, elle dégage beaucoup de chlore et se dissout lentement, mais complétement, avec une couleur bleu-indigo très intense. Ce chlorure bleu est très instable; il se colore en vert au bout de quelques heures, et passe, par l'action de la chaleur, à l'état de chlorure rouge-brun ordinaire, avec lequel il est peut-être isomérique.

Les dissolutions d'iridium, qui contiennent ordinairement du bioxyde ou du bichlorure, et dont la couleur est alors rouge-brun foncé et n'est verte que rarement (lorsqu'elle contient du protochlorure), peuvent être distinguées facilement de toutes les autres substances dont il a été question précédemment par leur manière de se comporter avec les oxydes alcalins, et surtout avec une dissolution d'hydrate de potasse; elles peuvent être distinguées également par la facile réduction des combinaisons d'iridium au moyen de l'hydrogène et par l'insolubilité de l'iridium réduit dans l'eau régale. On les distingue des dissolutions de rhodium en les évaporant, réduisant par l'hydrogène la masse desséchée, et faisant fondre avec du bisulfate de potasse le métal obtenu. L'iridium s'oxyde et se transforme en sesquioxyde, mais ne se dissout pas dans le bisulfate et ne le colore pas, comme le fait le rhodium. On peut aussi mélanger le métal réduit avec du chlorure de potassium et chauffer le mélange dans un courant de gaz de chlore. De cette manière, lorsqu'il y a de l'iridium, il se produit du chlorure iridico-potassique, dont la dissolution a une couleur brun-noirâtre et la poudre une couleur rouge-brune, tandis que la dissolution de chlorure rhodico-potassique a une couleur rose-rouge.

XXXV. — OSMIUM, Os.

L'osmium, à l'état compacte, possède l'éclat métallique. On ne l'obtient ordinairement que sous la forme d'une poudre poreuse; il est alors noir et ne possède pas l'éclat métallique qu'il acquiert cependant lorsqu'on le frotte avec un corps dur. Il a, comme on l'admet, un poids spécifique plus faible que l'argent, et qui est environ de 10; cependant, dans sa combinaison avec l'iridium que l'on trouve dans la nature, il est incomparablement plus lourd. Chauffé hors du contact de l'air, il ne subit aucune modification. Il ne peut pas être porté jusqu'à la fusion sous la pression atmosphérique ordinaire; mais, à une très haute température, il se volatilise rapidement, d'après Deville, sans s'oxyder et sans laisser de résidu quand il est pur. La température à laquelle l'osmium se volatilise, n'est pas moins forte que celle à laquelle le platine entre en vapeur. Au contact de l'air, l'osmium s'oxyde très facilement à chaud et se transforme en acide osmique; il répand alors l'odeur désagréable caractéristique de cet acide. A l'état de poudre fine, il s'enflamme et brûle au contact de l'air, lorsqu'on le maintient au rouge. Lorsqu'il est à l'état compacte, cela n'a pas lieu, d'après Berzelius; mais il cesse de s'oxyder aussitôt qu'on l'enlève du feu. A la température ordinaire de l'air, l'osmium ne s'oxyde pas; même à une température de 100 degrés, l'osmium ne dégage pas l'odeur d'acide osmique.

L'acide nitrique dissout l'osmium et le transforme en acide osmique; cependant la réaction n'a lieu que lentement. A chaud, les deux acides se volatilisent ensemble. L'osmium se dissout plus facilement dans l'eau régale, mais ce n'est probablement qu'à cause de la plus grande concentration de l'acide; car, par suite de la dissolution de l'osmium, il ne se forme que de l'acide osmique et pas de chlorure d'osmium. Le meilleur dissolvant de l'osmium est l'acide nitrique fumant, surtout à chaud. Cependant, lorsqu'on expose l'osmium hors du contact de l'air à une très haute température, il ne se dissout plus dans les acides. Pour l'y rendre de nouveau soluble, il faut le faire fondre avec du nitrate de potasse. Une petite partie de l'acide osmique qui se forme, se volatilise; l'autre partie se combine avec la potasse et reste comme résidu. Si on dissout le résidu dans l'eau et si on ajoute de l'acide nitrique à la dissolution, on peut, par la distillation, obtenir l'acide osmique. — Lorsqu'on fait passer du chlore gazeux sur l'osmium, il n'est pas modifié à la température ordinaire; mais si on chauffe le métal, il se transforme en partie en protochlorure vert d'osmium, en partie en bichlorure rouge d'osmium. Ces deux chlorures sont volatils; cependant le bichlorure est plus volatil que le protochlorure. — Si on fait passer à une haute température de la vapeur d'eau sur l'osmium, la vapeur d'eau est d'abord légèrement décomposée; cependant cette décomposition cesse bientôt, et on n'est pas sûr que cette décomposition partielle ne vienne pas d'impuretés contenues dans l'osmium (Regnault).

L'iridium forme avec l'osmium un alliage naturel, dans lequel les deux métaux sont combinés si intimement que l'osmium ne se dissout plus ni dans l'acide nitrique ni dans l'eau régale. Cette combinaison contient ordinairement encore du ruthenium et du platine. L'osmium, contenu dans cet alliage, ne s'oxyde, même à chaud, ni en présence de l'air atmosphérique ni en présence de l'oxygène, et ne peut pas être reconnu à l'odeur. L'osmium, contenu dans cette combinaison, n'est pas attaqué, même à chaud, par le chlore gazeux. Cet alliage n'est décomposé que lorsqu'on le fait fondre avec du nitrate de potasse, ou avec un mélange d'hydrate de potasse et de chlorate de potasse; en même temps les deux métaux s'oxydent. Après la décomposition de l'alliage, les deux métaux peuvent être séparés l'un de l'autre de la manière qui sera indiquée dans la deuxième partie de cet ouvrage. — Pour reconnaître si l'iridium obtenu dans les analyses est entièrement exempt d'osmium, l'odeur de l'acide osmique qui se fait sentir lorsqu'on calcine, dans ce cas, l'iridium au contact de l'air, est une marque tout à fait distinctive; on a cependant, d'après Berzelius, un moyen encore plus certain et plus convenable : c'est l'action de l'acide osmique gazeux sur la flamme de l'alcool. Si on place seulement un tout petit morceau d'osmium pur sur une lame de platine, près du bord, et si on la porte dans la flamme de l'alcool, de manière que l'osmium soit chauffé et de manière qu'une partie de la flamme libre s'élève sur le bord, la flamme devient brillante comme celle du gaz oléfiant qui brûle. Si on chauffe de cette manière l'iridium qui contient des traces d'osmium, on remarque nettement que la flamme devient brillante en un instant, quoique ce ne soit pas d'une manière aussi exceptionnelle que pour l'osmium pur. La flamme cesse bientôt d'être brillante, non pas parce que tout l'osmium s'est déjà volatilisé, mais parce que les deux métaux se sont oxydés et se sont transformés en une combinaison fixe qui n'est pas susceptible de passer à un degré supérieur d'oxydation. Si on pousse la lame de platine dans la flamme assez loin pour que la combinaison se trouve dans la partie de la flamme non oxydante, il y a réduction; le métal s'enflamme de nouveau au bord de la flamme extérieure, rougit un instant et rend la flamme brillante. On peut cependant le porter ensuite de nouveau au rouge blanc, sans que l'odeur d'acide osmique se fasse sentir et sans qu'il y ait réduction. Après une nouvelle réduction, le phénomène se reproduit de nouveau, et il est encore très net, bien qu'on ne puisse plus reconnaître avec netteté la formation de l'acide osmique à l'odeur, lorsqu'on chauffe le métal.

Protoxyde d'osmium, OsO.

Le protoxyde d'osmium est vert foncé, presque noir; il se distingue parfaitement des oxydes d'iridium en ce que, chauffé à l'air, il donne naissance à la combinaison la plus oxydée et la plus volatile de l'osmium (l'acide osmique), qui peut se reconnaître facilement à son odeur. Le protoxyde d'osmium se dissout dans les acides; mais les sels de protoxyde d'osmium sont encore peu connus. — Le chlorure d'osmium, correspondant au protoxyde, est vert et sublimable. Il se dissout dans l'eau, mais il s'y décompose. Il se forme de l'acide osmique volatil qui se dissout; il se sépare de l'osmium métallique, et l'acide chlorhydrique devient libre. Le protochlorure d'osmium se combine avec les autres chlorures.

Sesquioxyde d'osmium, Os^2O^3.

Le sesquioxyde d'osmium se forme, d'après Berzelius, lorsqu'on dissout l'acide osmique dans l'ammoniaque. Il se forme alors une combinaison brun foncé de sesquioxyde et d'ammoniaque qui, soumise à l'ébullition avec une dissolution de potasse et ensuite lavée, détone avec bruit par l'action de la chaleur. Le sesquioxyde d'osmium se dissout dans l'acide chlorhydrique.

Bioxyde d'osmium, OsO^2.

Le bioxyde d'osmium est noir. Chauffé dans un tube de verre, il se décompose en métal et en acide osmique (Claus). On obtient le chlorure correspondant au bioxyde, soit pur, soit mélangé avec le protochlorure d'osmium, lorsqu'on chauffe l'osmium métallique dans le chlore gazeux. Il est rouge et plus volatil que le protochlorure. On obtient une combinaison de ce chlorure avec le chlorure de potassium lorsqu'on mélange de l'osmium métallique avec du chlorure de potassium, et lorsqu'on chauffe le tout, jusqu'au rouge naissant, dans un courant de chlore. La combinaison a une couleur rouge. Elle est presque insoluble ou très peu soluble dans l'alcool; cependant elle est plus soluble dans l'eau. Cette dissolution est jaune. Par l'ébullition, elle devient brune, ce qui vient de ce qu'elle est plus soluble dans l'eau chaude que dans l'eau froide. Par le refroidissement, il se sépare un précipité noir qui est formé seulement du sel qui s'est déposé à l'état cristallin sans se décomposer. — La dissolution n'a d'odeur ni à froid ni même à chaud; il n'y a que lorsqu'on fait bouillir la combinaison avec l'acide nitrique qu'on produit l'odeur désagréable caractéristique de l'acide osmique volatil. Mais il faut que l'acide nitrique soit concentré, qu'on lui ajoute même de l'acide chlorhydrique et que l'ébullition soit prolongée, pour que tout l'osmium soit expulsé à l'état d'acide osmique.

Lorsqu'il n'est pas combiné avec le chlorure de potassium ou les autres chlorures, le bichlorure d'osmium en dissolution se décompose très rapidement en acide osmique, en osmium métallique et en acide chlorhydrique. Les combinaisons du bichlorure avec les autres chlorures ne subissent cependant aucune décomposition lorsqu'on les dissout dans l'eau.

Une dissolution d'*hydrate de potasse* ne produit d'abord aucune modification dans les dissolutions des combinaisons de bichlorure d'osmium; mais si on chauffe, elles se colorent en noir par suite de la présence du bioxyde d'osmium; il se dépose alors un précipité noir et la liqueur redevient claire. Cette modification se produit par un contact prolongé, aussi bien que par l'action de la chaleur. — Si la dissolution de bichlorure d'osmium contient du bichlorure d'iridium, l'hydrate de potasse décolore d'abord la liqueur sans produire de précipité. A chaud, il se précipite du bioxyde noir d'osmium, en même temps que du bioxyde d'iridium. La liqueur devient incolore et ne se colore pas en bleu, même au bout de quelque temps. — Si la dissolution de bichlorure d'osmium est mélangée avec du sesquichlorure de rhodium, l'hydrate de potasse produit immédiatement un précipité jaune d'hydrate de sesquioxyde de rhodium qui, par l'action de la chaleur, devient noir à cause du bioxyde d'osmium qui se sépare. — Si la dissolution d'osmium contient du bichlorure de platine, il se précipite d'abord du chloroplatinate de potasse; par l'action de la chaleur, le sel se dissout avec une coloration rougeâtre, sans qu'il se sépare de bioxyde d'osmium. La présence du platine empêche par conséquent la précipitation du bioxyde d'osmium par la potasse.

L'*ammoniaque* ne modifie pas non plus d'abord la dissolution de la combinaison du bichlorure d'osmium et du chlorure de potassium. Au bout de quelque temps, la liqueur se colore en brun; il se dépose alors un précipité brun; mais la liqueur reste colorée en brun. A chaud, la réaction est plus rapide. Dans les dissolutions étendues, l'ammoniaque produit seulement une liqueur brune. Le précipité brun qui s'est formé, par l'action de l'ammoniaque, dans les dissolutions concentrées, disparaît lorsqu'on ajoute de l'eau. — Lorsqu'il y a en même temps du bichlorure d'iridium, l'ammoniaque se comporte comme la potasse dans les mêmes circonstances. Une grande quantité d'ammoniaque dissout le tout. La dissolution brunit par l'ébullition; il se forme un précipité brun-jaunâtre, mais la liqueur reste brune. — En présence du sesquichlorure de rhodium, l'ammoniaque agit comme l'hydrate de potasse; une grande quantité d'ammoniaque dissout le tout. A chaud, il se précipite un mélange des deux oxydes de couleur brune. — Si la dissolution d'osmium contient du bichlorure de platine, l'ammoniaque se comporte comme la potasse; une grande quantité d'ammoniaque dissout le tout avec une coloration jaune. La dissolution ne se trouble pas par l'ébullition; mais, par le refroidissement, il se forme un trouble blanchâtre.

Une dissolution de *carbonate de potasse* ne modifie pas à froid la dissolution de la combinaison de bichlorure d'osmium et de chlorure de potassium. Dans les dissolutions concentrées, ce réactif, lorsqu'il est lui-même en dissolution concentrée, produit un précipité brun clair, mais qui est formé seulement du sel qui s'est séparé, parce qu'il est plus difficilement soluble dans la dissolution du réactif que dans l'eau. Au microscope, on reconnaît clairement que le précipité est formé d'octaèdres réguliers. — Dans les dissolutions un peu étendues, il se forme, au bout de quelque temps, un précipité noir de bioxyde d'osmium, et la liqueur qui surnage est souvent colorée en bleuâtre. A chaud, il se forme, dans tous les cas, un précipité noir, et la liqueur qui le surnage devient incolore.

Une dissolution de *bicarbonate de potasse* agit de la même manière que le carbonate neutre; cependant le précipité noir ne se forme que par l'ébullition.

Une dissolution de *carbonate de soude* ne précipite pas le sel de ses dissolutions concentrées. Il se forme à froid un faible précipité; à chaud, le précipité est plus abondant. La liqueur qui surnage le précipité, est incolore.

Une dissolution de *carbonate d'ammoniaque*, lorsqu'elle est concentrée, produit, comme une dissolution de carbonate de potasse, un précipité brun clair qui est formé par le sel qui se sépare. Par l'action prolongée de la chaleur, le carbonate d'ammoniaque se volatilise sans produire de précipité.

Une dissolution de *phosphate de soude* ne modifie pas d'abord la dissolution de bichlorure d'osmium; au bout de quelque temps, il se forme un précipité noir, et la liqueur se colore en bleuâtre.

Une dissolution de *borax* ne produit pas de modification à froid; mais, à chaud, il se produit un précipité noir. C'est ce qui distingue essentiellement les combinaisons chlorurées de l'osmium des combinaisons analogues de l'iridium (page 212).

Une dissolution d'*acide oxalique* ne modifie pas, même au bout de quelque temps, la dissolution de la combinaison de bichlorure d'osmium et de chlorure de potassium.

Une dissolution de *formiate de soude* ne produit pas de modification à froid; cependant, à chaud, il se produit un précipité noir d'osmium réduit.

Les dissolutions de *ferrocyanure de potassium* et de *ferrocyanide de potassium* agissent de même. A chaud, la dissolution devient verte avec le ferrocyanure de potassium; d'après Claus, elle devient ensuite brun foncé.

Une dissolution de *cyanide de mercure* ne produit d'abord aucune modification; à chaud, il se forme, d'après Claus, une coloration verte, et finalement un précipité vert.

Une dissolution de *nitrate de protoxyde de mercure* produit, dans la dissolution de la combinaison de bichlorure d'osmium et de chlorure de potassium, un precipite blanc-jaunâtre; brun clair, d'après Claus.

Une dissolution de *nitrate d'argent* produit un précipité noir vert foncé, d'apres Claus, qui contient tout l'osmium et qui, traité par l'ammoniaque qui dissout le chlorure d'argent, devient brun-rougeâtre.

Une dissolution d'*acétate de plomb* ne produit pas de réaction qui soit de quelque importance; en effet, les dissolutions des autres métaux de la mine de platine, à l'exception du platine, produisent d'abondants précipités avec ce réactif.

Une dissolution de *sulfate de protoxyde de fer* ne produit aucune modification.

Le *protochlorure d'étain* donne un précipité brunâtre.

Une dissolution d'*iodure de potassium* ne modifie pas d'abord la dissolution de la combinaison de bichlorure d'osmium et de chlorure de potassium; mais, au bout de quelque temps, il se produit un précipité noir, et la liqueur se colore en bleu. D'après *Claus*, la dissolution prend rapidement une couleur foncée par l'action de l'iodure de potassium; plus tard elle se colore en rouge-pourpre, sans former de précipité. La coloration n'est pas modifiée par l'action de la chaleur.

Une dissolution d'*acide tannique* ne réagit pas d'abord. A chaud, la liqueur se colore en bleu foncé, ce qui est caracteristique; car l'acide tannique ne produit de réaction de ce genre avec aucun autre des métaux extraits de la mine de platine, à l'exception du ruthenium. En présence du bichlorure de platine, l'acide tannique forme, par une ébullition prolongée, une coloration verdâtre.

La dissolution d'*hydrogène sulfuré* ne modifie pas d'abord la dissolution de bichlorure d'osmium et de chlorure de potassium; au bout de quelque temps, il se produit un précipité jaune-brunâtre de sulfure d'osmium.

Le *sulfure d'ammonium* produit, dans la dissolution de la combinaison de bichlorure d'osmium et de chlorure de potassium, un précipité jaune-brunâtre de sulfure d'osmium qui n'est pas tout à fait insoluble dans un excès du précipitant.

Le *zinc métallique* précipite l'osmium de ses dissolutions à l'état de poudre noire; mais la précipitation n'est pas complète.

Tritoxyde d'osmium, Acide osmieux, OsO^3.

L'acide osmieux n'est pas connu à l'état isolé et ne peut être produit qu'à l'état de combinaison avec les bases. Le sel de potasse se produit facilement lorsqu'on sursature l'acide osmique avec une dissolution d'hydrate de potasse et lorsqu'on ajoute un peu d'alcool à la dissolution. Il se produit aussi par la simple évaporation d'une dissolution d'osmiate de potasse, qui contient un excès de potasse; d'un autre côté cependant, une dissolution d'osmite de potasse, exposée à l'air, absorbe l'oxygène et se transforme en osmiate de potasse. A l'état cristallisé, le sel a une couleur rouge-grenat foncé. Chauffé au contact de l'air, il s'oxyde et se transforme en osmiate de potasse (Fremy, Claus .

Les osmites alcalins sont solubles dans l'eau. La dissolution a une couleur vert sale; elle ne se conserve sans se décomposer que lorsqu'elle contient un excès de potasse. S'il n'y a pas un excès de potasse, l'acide se décompose par évaporation en bioxyde d'osmium qui se sépare et en acide osmique. Les osmites alcalins ne sont pas solubles dans l'alcool. Le sel de baryte est même insoluble dans l'eau.

Les acides, et notamment l'*acide sulfurique*, décomposent immédiatement l'acide osmieux des dissolutions d'osmites alcalins en acide osmique et en hydrate de bioxyde d'osmium qui retient avec beaucoup de force une partie de l'acide employé à la précipitation. — L'*acide sulfureux* en dégage aussi de l'acide osmique; mais il produit rapidement un précipité d'un beau bleu-indigo. — L'*acide nitrique* oxyde l'acide osmieux et le transforme en acide osmique.

Si on ajoute de l'*ammoniaque* à une dissolution d'osmite de potasse, elle devient brune; mais une dissolution d'hydrate de potasse y forme de nouveau de l'osmite de potasse, en même temps que l'ammoniaque est chassée. Une dissolution de chlorure d'ammonium, au contraire, produit un précipité jaune qui, réduit par l'hydrogène, donne de l'osmium métallique possédant l'éclat métallique.

ACIDE OSMIQUE, OsO^4 (ou peut-être Os^2O^7?)

L'acide osmique, à l'état pur et anhydre, forme une masse blanche, cristalline, lorsqu'il a été obtenu par l'oxydation de l'osmium. A la chaleur de la main, il devient mou; à une température un peu plus élevée, il fond; à une température encore plus élevée, environ celle de l'eau bouillante, il entre en ébullition; il se volatilise et forme des gouttes blanches et des aiguilles cristallines qui se déposent sur la partie froide du vase de verre dans lequel se fait l'expérience. En présence du charbon rouge, il est réduit avec détonation. Même à froid, l'acide osmique a une odeur très forte, piquante, tout à fait désagréable. La vapeur d'acide osmique n'attaque pas seulement le nez, mais même les yeux. L'acide osmique ne se dissout que lentement dans l'eau. Chauffé avec l'eau, il fond sous l'eau et forme de petits globules comme le phosphore que l'on fond sous l'eau. La dissolution aqueuse a une odeur forte, même à froid, exactement de même nature que l'acide osmique sec. Elle est incolore et ne rougit presque point, ou seulement très faiblement, le papier de tournesol.

Lorsqu'on mélange la dissolution aqueuse d'acide osmique avec les dissolutions des oxydes alcalins purs, on obtient une coloration jaune, et l'odeur d'acide osmique disparaît. Dans cette dissolution, l'acide osmique est réduit peu à peu à l'état d'acide osmieux, surtout en présence d'un peu d'alcool.

Lorsqu'on ajoute de l'acide nitrique ou de l'acide chlorhydrique aux dissolutions des osmiates alcalins, l'acide osmique devient libre et peut alors être reconnu, même à chaud, à son odeur caractéristique. Par la distillation, on peut ensuite obtenir une dissolution d'acide osmique dans l'eau.

L'acide osmique libre ne paraît pas donner de précipité avec les dissolutions des sels formés par les oxydes terreux et métalliques; il en donne, au contraire, lorsque l'acide libre a été saturé. L'acide osmique libre ne donne pas de précipité dans les dissolutions d'acétate neutre et de nitrate de plomb; mais si on ajoute un peu d'ammoniaque, il se forme immédiatement un précipité brun foncé. L'acide osmique libre forme immédiatement un précipité brun dans une dissolution d'acétate basique de plomb.

Une dissolution de *sulfate de protoxyde de fer* réduit l'acide osmique et produit dans ses dissolutions un précipité noir foncé.

Le *protochlorure d'étain* produit dans la dissolution d'acide osmique un précipité brun qui se dissout dans l'acide chlorhydrique en produisant une liqueur brune.

La plupart des *métaux*, même le *mercure*, réduisent à l'état métallique l'osmium contenu dans une dissolution d'acide osmique, lorsqu'on a préalablement ajouté un autre acide; mais très fréquemment la réaction n'est pas tout à fait complète. Le *zinc* même ne réduit que lentement et incomplétement l'acide osmique de ses dissolutions.

Si on ajoute *un sulfite* à la dissolution d'acide osmique, la liqueur se colore en bleu-violet foncé, même lorsqu'elle ne contient qu'une petite quantité d'acide osmique, et il se dépose un précipité noir d'osmium. La liqueur devient bleue avec le temps. Par un long contact, elle devient incolore; en même temps le précipité noir augmente. Si la liqueur bleue est étendue de beaucoup d'eau, elle paraît bleue malgré cela, ou plutôt violette. Dans une dissolution très étendue, la coloration violette se conserve bien plus longtemps que dans une dissolution concentrée.

La dissolution d'*hydrogène sulfuré* donne, dans les dissolutions d'acide osmique, un précipité brun-noir qui reste en suspension et qui ne se dépose bien que lorsqu'on ajoute de l'acide chlorhydrique ou un autre acide libre.

Le *sulfure d'ammonium* donne, dans la dissolution d'acide osmique, un précipité noir qui n'est pas soluble dans un excès du précipitant.

Presque toutes les substances organiques réduisent l'osmium de ses dissolutions aqueuses. Si on ajoute de l'alcool à la dissolution d'acide osmique, elle ne subit pas d'abord de modification : ce n'est qu'au bout de quelque temps qu'il se forme un précipité bleu-noir d'osmium métallique. Si la liqueur alcoolique est étendue d'une très grande quantité d'eau, l'osmium n'est pas réduit. L'acide acétique ne modifie pas non plus d'abord la dissolution d'acide osmique; mais, au bout de quelque temps, il se produit une coloration violette. Quelques substances organiques, comme le sucre par exemple, ne paraissent produire aucun changement, même au bout de quelque temps, dans la dissolution d'acide osmique; la graisse, au contraire, réduit très facilement la dissolution d'acide osmique.

Les combinaisons d'osmium peuvent être très facilement reconnues à ce que leurs dissolutions, soumises à l'ébullition avec un excès d'acide nitrique, produisent l'odeur désagréable de l'acide osmique volatil; elles peuvent être reconnues à ce que, par l'action de l'hydrogène, elles sont réduites à l'état d'osmium métallique, qui, chauffé au contact de l'air, donne, comme le bioxyde d'osmium, l'odeur caractéristique de l'acide osmique. Les dissolutions de bichlorure d'osmium peuvent aussi être distinguées par leur manière de se comporter avec l'acide tannique.—Lorsque cependant les combinaisons d'osmium contiennent de l'iridium, elles résistent bien plus fortement à l'action de l'acide nitrique et de l'oxygène qu'elles ne le feraient sans cela. Dans ce cas, le mieux est de réduire la combinaison au moyen de l'hydrogène; car lorsque les métaux sont à l'état métallique, on peut reconnaître dans l'iridium de petites quantités d'osmium, comme nous l'avons indiqué page 213.

XXXVI. — RUTHENIUM, Ru (1).

Le ruthenium se présente sous la forme de morceaux gris-blanchâtre, anguleux, qui possèdent l'éclat métallique, qui sont poreux et ont beaucoup de ressemblance avec l'iridium. Le poids spécifique du ruthenium poreux a été trouvé très faible : il est de 8,6. Le ruthenium est très cassant, et peut être réduit facilement en une poudre fine de couleur gris-noirâtre. Il fond difficilement, et ne s'agrége que faiblement à la flamme du chalumeau à gaz. Sa solubilité dans les acides est aussi faible que celle de l'iridium et du rhodium; en effet, si on le traite par l'eau régale, il ne s'en dissout qu'une très faible quantité. De tous les métaux de la mine de platine, le ruthenium est, après l'osmium, celui qui a la plus grande tendance à se combiner avec l'oxygène; en effet, il se transforme très facilement en oxyde bleu-noirâtre lorsqu'on le calcine à l'air, ou lorsqu'on le soumet à la flamme oxydante du chalumeau. Fondu avec le borax, il ne le colore pas et ne se dissout pas. Fondu avec le bisulfate de potasse, il ne s'oxyde pas et ne se dissout pas. Les oxydes de ruthenium sont bien réduits par l'hydrogène; mais la réduction n'a pas lieu à froid, comme pour les autres métaux de la mine de platine, mais seulement à chaud. — Calciné avec l'hydrate, le nitrate ou le chlorate de potasse, le ruthenium passe à un degré d'oxydation plus élevé et forme du ruthénate de potasse.

Si on mélange le ruthenium avec le chlorure de potassium ou le chlorure de sodium, et si on chauffe dans un courant de gaz chlore, le ruthenium se transforme en combinaisons de sesquichlorure de ruthenium et de chlorures alcalins.

Protoxyde de ruthenium, RuO.

On obtient le protoxyde de ruthenium en calcinant le protochlorure de ruthenium avec du carbonate de soude dans un courant d'acide carbonique, et traitant par l'eau la masse calcinée. Le protoxyde de ruthenium se présente sous la forme d'une poudre noire, qui ne contient pas d'oxyde alcalin et qui ne se dissout pas dans les acides. Le chlorure correspondant au protoxyde, $RuCl^2$, qu'on obtient en traitant au rouge faible le ruthenium en poudre par le gaz chlore sec (dans cette réaction, le sesquichlorure de ruthenium se volatilise et le protochlorure reste comme résidu), est, après cette préparation, complétement insoluble dans les acides, même dans l'eau régale. Il n'est pas attaqué non plus par les dissolutions des oxydes alcalins ou n'est attaqué que très faiblement, même lorsqu'on évapore à siccité une dissolution concentrée d'hydrate de potasse avec le protochlorure de ruthenium. L'eau n'enlève alors que l'oxyde alcalin; l'acide chlorhy-

(1) Tout ce que l'on sait du ruthenium et de ses combinaisons, on le doit à Claus : c'est dans ses Mémoires sur ce sujet qu'on a pris ce qui suit.

drique et même l'eau régale n'enlèvent au protochlorure non dissous qu'un peu de sesquichlorure qu'ils dissolvent en prenant une coloration verdâtre.

Si on soumet pendant quelque temps à l'action du gaz hydrogène sulfuré une dissolution de sesquichlorure de ruthenium, il se précipite du sulfure de ruthenium de couleur brune, et la liqueur prend une belle couleur bleue. Si on enlève l'hydrogène sulfuré libre au moyen d'un courant d'air atmosphérique, la dissolution bleue contient vraisemblablement le protochlorure à l'état de dissolution, et en outre de l'acide chlorhydrique libre. La dissolution bleue est assez fixe à la température ordinaire. Elle donne, avec l'ammoniaque, un précipité bleu-violet qui devient gris au bout de quelque temps; la liqueur prend alors une couleur jaune sale. Si on évapore la dissolution bleue de protochlorure, elle prend, par une forte concentration, une belle couleur vert-de-chrôme, en sorte que la liqueur ne peut pas être distinguée d'une dissolution de sesquichlorure de chrôme par son aspect extérieur. L'ammoniaque donne avec cette liqueur un précipité vert foncé qui se transforme en partie en oxyde noir insoluble et qui se dissout de nouveau en partie avec une coloration rouge-cerise lorsqu'on le fait chauffer avec la liqueur qui le surnage. Le protochlorure bleu, aussi bien que le protochlorure vert, se transforment en sesquichlorure lorsqu'on les soumet à l'action de la chaleur en présence de l'acide nitrique. Si le protochlorure bleu est un peu étendu et s'il est mélangé avec une grande quantité d'acide chlorhydrique, elle devient incolore par l'action de la chaleur. L'acide sulfureux produit aussi la décoloration complète du chlorure bleu.

Sesquioxyde de ruthenium, Ru^2O^3.

Lorsque le sesquioxyde de ruthenium a été préparé par la calcination soutenue du métal réduit en poudre fine, il a une couleur bleu-noirâtre et est insoluble dans les acides. On obtient l'hydrate de sesquioxyde en précipitant la dissolution de sesquichlorure au moyen des dissolutions des oxydes alcalins purs ou carbonatés. Il est brun-noirâtre, et se dissout facilement dans les acides. Les dissolutions ont une couleur jaune-orange. Le sesquioxyde de ruthenium n'est pas soluble dans un excès d'oxyde alcalin; mais, après avoir été lavé avec soin, il contient encore de l'oxyde alcalin. Chauffé dans une atmosphère de gaz acide carbonique, il perd son eau par une forte calcination et devient insoluble dans les acides.

Le sesquichlorure, correspondant au sesquioxyde Ru^2Cl^6, qu'on obtient en précipitant par un acide une dissolution de ruthénate de potasse, dissolvant dans l'acide chlorhydrique l'oxyde noir obtenu et évaporant la dissolution à siccité, se présente sous la forme d'une masse brun-jaune, cristalline, très déliquescente, qui devient vert foncé, et bleue sur quelques points, lorsqu'on la soumet à l'action d'une température élevée. Il se dissout dans l'eau et dans l'alcool en abandonnant, comme résidu, une petite quantité d'un sel basique de couleur jaune-brun. La dissolution aqueuse a une belle couleur jaune-orangé et une saveur purement astringente, qui n'est pas métallique.

Cette dissolution de sesquichlorure de ruthenium, qui constitue la combinaison sous laquelle on obtient le plus fréquemment le ruthenium, se distingue surtout en ce que, par l'action de la chaleur, elle est décomposée en oxyde brun-noirâtre et en acide chlorhydrique libre. L'oxyde, provenant de cette décomposition, a une puissance tinctoriale tout à fait extraordinaire, de telle sorte que 2 milligrammes sont en état de rendre presque opaque 200 à 300 grammes d'eau. Cela vient de l'extrême division du précipité noir, qui se maintient longtemps en suspension.

La dissolution se comporte avec les réactifs de la manière suivante :

Une dissolution d'*hydrate de potasse* précipite complétement, dans cette dissolution, le ruthenium sous la forme d'un précipité noir d'hydrate de sesquioxyde de ruthenium. La liqueur qui surnage le précipité, a bien une couleur verte, mais cela provient du sesquioxyde qui reste en suspension.

L'*ammoniaque* se comporte de même; seulement une partie du sesquioxyde reste en dissolution. Si on ajoute à la dissolution un grand excès d'ammoniaque, tout se dissout, et la liqueur prend une coloration brun-verdâtre. A chaud, le sesquioxyde se précipite; seulement la liqueur reste colorée en jaune et retient encore beaucoup de sesquioxyde en dissolution. Si on ajoute alors du sulfure d'ammonium, il ne se produit pas de précipité; mais si on sature par l'acide chlorhydrique, il se produit du sulfure de ruthenium de couleur brune.

Les *carbonates alcalins* et le *phosphate de soude* précipitent à la température ordinaire de l'hydrate de sesquioxyde, de couleur brun-noirâtre, qui n'est pas soluble dans un excès du précipitant. Le précipité n'est cependant pas complet : une partie du sesquioxyde reste en dissolution dans la liqueur.

Une dissolution de *borax* ne produit pas de précipité à la température ordinaire; cependant la liqueur se décolore, ou plutôt elle devient jaune-verdâtre. A chaud, il se précipite de l'hydrate de sesquioxyde.

Le *formiate de soude* décolore à chaud la dissolution de sesquichlorure, sans qu'il se dépose de ruthenium métallique.

Une dissolution de *nitrate d'argent* forme, dans la dissolution de sesquichlorure, un précipité de couleur noire; la liqueur qui surnage le précipité, est rose-rouge. Le précipité est un mélange de chlorure d'argent et de sesquioxyde de ruthenium. Ce dernier se dissout, au bout de quelque temps, dans l'acide nitrique, tandis que le chlorure d'argent de couleur blanche reste comme résidu. Si on ajoute à cette dissolution de l'ammoniaque en excès, le chlorure d'argent se dissout et le sesquioxyde de ruthenium se précipite.

Le *ferrocyanure de potassium* décolore d'abord la liqueur, qui devient verte au bout de quelque temps.

Le *ferrocyanide de potassium* donne une coloration rouge-brun.

Le *cyanide de mercure* ne produit pas d'abord de modification; mais, au bout de quelques heures, la liqueur se colore en vert, et au bout de vingt-quatre heures, en bleu. Si la liqueur contient de l'iridium, la réaction est plus intense. Si on fait bouillir la dissolution aussitôt après avoir ajouté le réactif, la coloration bleue ne se produit pas, mais il se forme un précipité noir.

Une dissolution de *nitrate de protoxyde de mercure* produit un précipité rose-rouge, tandis que la liqueur qui le surnage, a une coloration brune.

Une dissolution d'*acétate de plomb* donne un précipité rouge-pourpre foncé, tirant sur le noir; la liqueur qui le surnage, est rose-rouge.

Une dissolution d'*iodure de potassium* ne produit pas d'abord de précipité : ce n'est qu'au bout de quelque temps et par l'action de la chaleur qu'il se forme un précipité noir de sesqui-iodure de ruthenium.

Une dissolution de *rhodanure de potassium* ne produit pas d'abord de réaction; la liqueur prend ensuite une coloration rouge, qui passe au rouge-pourpre foncé. A chaud, cette coloration devient d'un beau violet. Cette réaction est une des plus distinctives du ruthenium; car le rhodanure de potassium ne réagit pour ainsi dire pas sur les dissolutions des autres métaux de la mine de platine. Cette réaction n'a cependant pas lieu lorsque la dissolution du ruthenium contient d'autres métaux de la mine de platine; car il faut que le ruthenium y soit contenu en grande quantité.

Le *zinc* colore d'abord la dissolution en bleu d'azur; ensuite il se précipite du ruthenium, et la liqueur se décolore.

L'*acide tannique* n'agit pas à la température ordinaire; à chaud, les dissolutions étendues prennent une couleur bleu-verdâtre.

Le *sulfure d'ammonium* produit un précipité brun-noirâtre de sulfure de ruthenium. Le précipité est très peu soluble dans un excès du précipitant. La dissolution a une couleur jaunâtre.

Si on traite la dissolution de sesquichlorure de ruthenium par l'*hydrogène sulfuré gazeux*, il ne se produit d'abord aucune réaction; mais au bout de quelque temps, comme nous l'avons déjà indiqué précédemment, la liqueur prend une belle couleur bleu d'azur, et il se forme un précipité brun de sulfure de ruthenium, ce qui permet de reconnaître de préférence la présence du ruthenium. Avec la dissolution d'hydrogène sulfuré, la réaction ne peut pas être nette, parce que les liqueurs sont trop étendues.

La dissolution concentrée de sesquichlorure de ruthenium donne, avec les dissolutions concentrées de *chlorure de potassium* et de *chlorure d'ammonium*, des précipités cristallins miroitant sur le violet. Ces combinaisons salines doubles se dissolvent très difficilement dans l'eau et sont insolubles dans l'alcool. — Si on laisse la dissolution de la combinaison de sesquichlorure de ruthenium et de chlorure de potassium en contact pendant quelque temps avec l'eau, la liqueur se trouble, devient noire, et il se sépare un oxychlorure noir. A chaud, cette décomposition se produit immédiatement.

Si la dissolution du sesquichlorure de ruthenium est mélangée avec les dissolutions des autres métaux de la mine de platine, les réactions sont tout autres. Il faut donc examiner la manière dont ces différents mélanges se comportent avec les réactifs.

Lorsque le sesquichlorure de ruthenium contient du *bichlorure d'osmium*, l'*hydrate de potasse* produit seulement un léger trouble, et la liqueur prend une couleur verdâtre. A chaud, les oxydes des deux métaux se séparent sous forme d'un précipité noir.

L'*ammoniaque*, ajoutée en petite quantité, sépare un peu de sesquioxyde de ruthenium. Une grande quantité d'ammoniaque forme une dissolution vert-olive, qui devient brune par l'action de la chaleur; il se sépare alors un précipité très faible de couleur jaune-brunâtre.

Une dissolution de *nitrate d'argent* produit le précipité vert-olive de l'osmium; mais la liqueur, devenue claire, permet de reconnaître à sa couleur rose-rouge la présence du ruthenium.

Le *nitrate de protoxyde de mercure* produit un précipité violet sale.

L'*acétate de plomb* ne donne que la coloration pourpre du ruthenium, qui cependant est moins pure à cause de la présence de l'osmium et est d'un rouge-noirâtre sale.

Le *sulfure d'ammonium* produit un faible précipité de sulfure de ruthenium. Un excès du réactif ne produit pas de précipité; mais la liqueur devient plus claire. A chaud, il se sépare du sulfure de ruthenium: mais une grande partie reste en dissolution.

Si le sesquichlorure de ruthenium contient du *bichlorure d'iridium*, l'*hydrate de potasse* produit un précipité noir; un grand excès de potasse dissout le tout et donne une liqueur verte. Ce n'est qu'à chaud qu'il se précipite du sesquioxyde de ruthenium et en même temps du sesquioxyde d'iridium. La liqueur reste incolore et ne prend pas de coloration bleue. La presence du ruthenium accélère la précipitation du bioxyde d'iridium, et empêche la coloration bleue caractéristique de l'iridium.

Avec l'*ammoniaque*, la liqueur est d'abord decolorée; puis elle devient rouge et, pour une certaine proportion d'iridium par rapport au ruthenium, elle devient rouge-pourpre foncé. A chaud, la coloration rouge passe au bleu; et, si on fait bouillir la liqueur avec l'acide chlorhydrique, on obtient une dissolution bleue fixe, tandis que la dissolution des deux métaux isolés devient rouge-brun si on les traite de la même manière par l'ammoniaque et l'acide chlorhydrique.

Une dissolution de *nitrate d'argent* produit un précipité brun qui ne correspond ni à la réaction de l'iridium, ni à celle du ruthenium lorsqu'ils sont seuls. Comme la liqueur qui surnage le précipité est rose-rouge, on peut reconnaître la présence du ruthenium.

Une dissolution de *nitrate de protoxyde de mercure* ne donne ni la réaction de l'iridium ni celle du ruthenium, mais produit un précipité blanc sale.

L'*acétate de plomb*, au contraire, donne la réaction rouge-pourpre du ruthenium.

Le meilleur moyen de s'assurer de la présence du ruthenium en combinaison avec l'iridium est l'emploi du *rhodanure de potassium*. La coloration rouge-pourpre se produit; et après l'action de la chaleur, elle passe au violet. Cependant, lorsqu'il y a une trop grande quantité d'iridium et trop peu de ruthenium, la réaction n'a pas lieu.

Si la dissolution de sesquichlorure de ruthenium contient du *sesquichlorure de rhodium*, l'*hydrate de potasse* ne produit qu'un léger trouble, et la liqueur se colore peu à peu en rouge pur. A chaud il se précipite du sesquioxyde de rhodium vert-jaunâtre contenant du ruthenium, et la liqueur reste jaune. Un excès de potasse dissout le tout, et donne une liqueur de couleur verte. A chaud, la dissolution se trouble, et il se précipite un peu de sesquioxyde gris-noirâtre, tandis que la liqueur reste colorée en vert-olive. Le rhodium détermine par conséquent la solubilité du sesquioxyde de ruthenium dans la potasse.

Avec l'*ammoniaque*, il ne se produit pas d'abord de modification; mais ensuite la liqueur rouge-jaunâtre se transforme en une liqueur vert-jaunâtre, et il se dépose enfin un faible précipité vert-jaunâtre. A chaud, le tout se redissout et donne une liqueur verte, de laquelle il se précipite plus tard un peu d'oxyde de couleur foncée. Une grande quantité d'ammoniaque forme une dissolution jaune clair, transparente, qui prend à chaud une couleur verdâtre, et qui ne laisse précipiter qu'au bout de quelque temps une faible quantité d'oxyde en flocons de couleur sale. Le sesquioxyde de rhodium détermine donc par conséquent aussi la solubilité du sesquioxyde de ruthenium dans l'ammoniaque.

Le *nitrate d'argent* forme un précipité couleur de chair qui se dissout dans l'ammoniaque et forme une liqueur de couleur brune; on n'a donc ici ni la réaction du ruthenium ni celle du rhodium.

Le *nitrate de protoxyde de mercure* produit un précipité rouge-brique clair qui noircit par l'action de l'ammoniaque, à cause du protoxyde de mercure qui se sépare.

L'*acétate de plomb* produit un précipité violet sale qui ne se dissout pas dans l'ammoniaque, et qui n'est pas non plus modifié par ce réactif.

Le *rhodanure de potassium* donne d'abord la réaction pourpre du ruthenium; par l'action de la chaleur, il se produit une liqueur brun foncé opaque.

Si la dissolution du sesquichlorure de ruthenium contient du *chlorure de palladium*, l'*hydrate de potasse* produit d'abord un trouble noir : ce n'est que par l'ébullition que les deux oxydes se séparent sous la forme d'un précipité brun-noirâtre. Un excès de potasse dissout le tout en produisant une liqueur vert-olive; par l'action de la chaleur, les deux oxydes se précipitent et la liqueur devient incolore.

Si on ajoute une faible quantité d'*ammoniaque,* il se produit un précipité jaune foncé, qui ressemble à du chloroplatinate d'ammoniaque impur. Un excès d'ammoniaque ne dissout presque rien. La présence du ruthenium annule donc la solubilité dans l'ammoniaque de la combinaison du palladium. Si on ajoute immédiatement à la dissolution des deux métaux une très grande quantité d'ammoniaque, il se produit une dissolution complète de couleur jaune; ce n'est que par un contact prolongé qu'il se sépare une faible quantité d'un précipité jaune-brunâtre. Dans ce cas, la solubilité du sesquioxyde de ruthenium est déterminée par le palladium.

Le *nitrate d'argent* donne un précipité jaune clair, presque blanc, et la liqueur qui surnage a une couleur jaune : c'est donc la réaction du ruthenium qui est mise en évidence. L'ammoniaque produit une dissolution presque totale.

Une dissolution d'*acétate de plomb* détermine la réaction pourpre du ruthenium.

Une dissolution de *cyanide de mercure* produit d'abord le précipité de cyanure de palladium pur. A chaud, le précipité devient plus foncé, et prend enfin une couleur vert foncé, en même temps que la liqueur devient incolore.

Le *rhodanure de potassium* produit la belle couleur pourpre de la réaction du ruthenium. A chaud, il ne se produit pas de réaction violette; mais, à sa place, il se forme un trouble de couleur brun-noirâtre.

Si la dissolution du sesquichlorure de ruthenium contient du *bichlorure de platine,* l'*hydrate de potasse,* ajouté en petite quantité, produit un précipité de chloroplatinate de potasse, et la liqueur devient noire par suite de la présence du sesquioxyde de ruthenium qui se précipite en même temps. Si l'on ajoute une plus grande quantité de potasse et si l'on chauffe, le tout se dissout avec une coloration brune; par une longue ébullition, il se sépare du bioxyde de platine et du sesquioxyde de ruthenium, et la liqueur devient incolore. Le ruthenium détermine donc la précipitation du bioxyde de platine.

L'*ammoniaque* agit d'abord comme l'hydrate de potasse; mais si on ajoute une plus grande quantité d'ammoniaque, le tout se dissout et donne une liqueur jaunâtre, qui prend à chaud une coloration vert-noirâtre et ne laisse pas déposer de précipité. La présence du platine empêche donc la précipitation du sesquioxyde de ruthenium à chaud.

Une dissolution de *nitrate d'argent* produit un précipité gris clair sale. Dans la liqueur claire, on reconnaît la présence du ruthenium à la coloration rose-rouge.

Le *nitrate de protoxyde de mercure* donne un précipité rouge-brique.

Une dissolution de *rhodanure de potassium* produit d'abord la coloration rouge-pourpre du ruthenium. A chaud, il se produit une coloration violette.

Bioxyde de ruthenium, RuO^2.

Le bioxyde de ruthenium, obtenu par la calcination soutenue du sulfure de ruthenium résultant de l'action de l'hydrogène sulfuré, a une couleur miroitant sur le vert et est insoluble dans les acides.

L'hydrate de bioxyde, que l'on obtient lorsqu'on chauffe avec une petite quantité d'oxyde alcalin la dissolution du chlorure correspondant, ou plutôt la dissolution du sel double que ce chlorure forme avec le chlorure de potassium, est brun-jaunâtre, et a de la ressemblance avec le sesquioxyde de rhodium impur; il se dissout dans les acides avec une couleur jaune; par la concentration, la liqueur devient rose-rouge. L'hydrate de bioxyde de ruthenium contient de l'oxyde alcalin, et paraît se dissoudre très facilement par voie humide dans un excès d'oxyde alcalin.

Quant à l'oxyde noir qui se précipite par l'action des acides sur la dissolution de ruthénate de potasse, il est incertain s'il est du bioxyde ou du sesquioxyde de ruthenium. La dernière supposition est la plus probable.

Le chlorure correspondant au bioxyde, $RuCl^4$, n'a pas encore été produit à l'état isolé; on ne l'a obtenu qu'en combinaison avec le chlorure de potassium. Ce sel double est très soluble dans l'eau, mais il ne se dissout pas dans l'alcool. Il est d'une couleur brune, miroitant sur le rose-rouge. La dissolution aqueuse est rose-rouge foncé, et la dissolution du sesquichlorure de rhodium lui ressemble tellement qu'on ne peut pas les distinguer l'une de l'autre. — Le gaz *hydrogène sulfuré* a peu d'action sur la dissolution du sel double; il se sépare d'abord du soufre, ce qui trouble la dissolution et la rend laiteuse, et ce n'est que plus tard qu'il se dépose du sulfure jaune-brunâtre, tandis que la dissolution reste fortement colorée en rose-rouge. Dans ce cas, il ne se produit pas de dissolution bleue.

Acide ruthénique, RuO^3.

L'acide ruthénique n'est connu qu'en combinaison avec la potasse, et même seulement à l'état de dissolution; on l'obtient en calcinant le métal avec l'hydrate, le chlorate ou le nitrate de potasse, et traitant ensuite par l'eau la masse de couleur vert-noirâtre qui résulte de la calcination. La dissolution du ruthénate de potasse a une odeur faible, mais particulière; elle a une couleur jaune-orangé très belle. Elle est neutre lorsqu'on n'a pas employé pour sa préparation une trop grande quantité d'hydrate ou de nitrate de potasse. Sa saveur est fortement astringente, comme celle de l'acide tannique. Cette combinaison se décompose très facilement en oxygène et en oxyde noir; elle colore immédiatement la peau en noir, par suite de la formation d'un dépôt d'oxyde provenant de la réduction de l'acide. Les acides précipitent de la dissolution de l'oxyde noir sesquioxyde?). Même en présence des substances organiques, de l'alcool par exemple, il se produit une semblable décomposition.

Les combinaisons du ruthenium peuvent être surtout distinguées de la manière suivante des combinaisons des autres métaux de la mine de platine. On fond une petite quantité du métal ou d'une de ses combinaisons (on n'a besoin de prendre pour cet essai que quelques milligrammes), avec un grand excès de salpêtre, dans une petite cuiller de platine, à une forte chaleur, jusqu'à ce que la masse calcinée ne se boursoufle plus, mais se maintienne à l'état de fusion tranquille; on laisse alors refroidir, et on dissout dans un peu d'eau distillée. Une ou deux gouttes d'acide nitrique produisent, dans cette dissolution jaune-orangé du ruthénate de potasse, un précipité noir volumineux. Si on ajoute de l'acide chlorhydrique à la liqueur encore en présence du précipité et si on chauffe dans un creuset de porcelaine, l'oxyde se dissout et prend par concentration une belle couleur jaune-orangé. Si on fait passer du gaz hydrogène sulfuré dans la dissolution jusqu'à ce qu'elle devienne presque noire et si on filtre, la liqueur filtrée devient d'un magnifique bleu d'azur. La manière dont le rhodanure de potassium et l'acétate de plomb se comportent avec les dissolutions de sesquioxyde de ruthenium, caractérise également ces dissolutions.

Pour distinguer le ruthenium métallique des autres métaux de la mine de platine, on peut le mélanger avec du chlorure de sodium et traiter à la température rouge le mélange par le chlore gazeux. La masse noire se dissout dans l'eau avec une couleur jaune-orange. Cette dissolution peut même, par la couleur, être distinguée facilement des dissolutions du rhodium et de l'iridium avec lesquelles les dissolutions du ruthenium ont la plus grande ressemblance, et aussi du mélange des dissolutions des deux métaux. L'ammoniaque produit dans cette dissolution un précipité noir, et l'hydrogène sulfuré produit une liqueur colorée en bleu d'azur intense, en même temps qu'il se sépare du sulfure de ruthenium. Ni l'iridium, ni le rhodium ne présentent de réaction de ce genre.

Le ruthenium se distingue du rhodium avec lequel il a plus de ressemblance qu'avec l'iridium, par la manière dont il se comporte lorsqu'on le fait fondre, tant avec du bisulfate qu'avec du nitrate de potasse; il se distingue encore par la manière dont les dissolutions du sesquichlorure de ruthenium et celles du sesquichlorure de rhodium se comportent avec les oxydes alcalins et avec l'hydrogène sulfuré.

XXXVII. — OR, Au.

L'or a une couleur jaune caractéristique, qui n'est pas modifiée par une longue exposition à l'air. Vues par transparence, les feuilles d'or très minces ont une couleur verte. L'or, obtenu en poudre fine par précipitation, paraît brun; cependant, si on le comprime, il prend alors l'éclat métallique et la couleur jaune que l'on connaît. L'or est un des métaux les plus lourds; son poids spécifique est de 19,2 à 19,8. Il est mou et très extensible. Le martelage le rend plus dur; mais il redevient mou par la calcination, comme c'est le cas pour beaucoup de métaux. L'or ne fond qu'à une température assez élevée; il fond bien plus difficilement que l'argent et même le cuivre. A l'état fondu, il paraît vert. A la température la plus élevée que l'on puisse produire, il ne se volatilise pas et n'est pas oxydé par l'air, même à chaud. Fondu avec du nitre ou du bisulfate de potasse, il n'est pas attaqué.

L'or, même en poudre très fine, est insoluble dans l'acide nitrique, à moins qu'il ne soit très concentré; il ne se dissout pas dans l'acide chlorhydrique ni dans l'acide sulfurique même très concentré. Si cependant l'acide nitrique contient un peu d'acide nitreux, il peut dissoudre, par l'action de la chaleur, une petite quantité d'or. Le meilleur dissolvant de l'or est l'eau régale, qui le dissout, même à froid, lorsqu'il est très divisé, et qui le dissout à chaud lorsqu'il a été fondu. La dissolution contient du sesquichlorure d'or; elle colore en pourpre la peau humaine. L'or en poudre fine est dissous facilement même par l'eau de chlore. Les mélanges d'acide chlorhydrique avec l'acide chrômique et l'acide sélénique dissolvent l'or; l'acide sélénique le dissout même à lui seul. Allié à l'argent, l'or ne se dissout pour ainsi dire pas dans l'eau régale, parce que l'alliage se recouvre d'une couche de chlorure d'argent qui empêche l'action ultérieure de l'acide; mais si on traite l'alliage alternativement par l'eau régale et par l'ammoniaque qui dissout le chlorure d'argent formé, on peut dissoudre complétement l'or. Même à une température élevée, l'or ne décompose pas l'eau.

Protoxyde d'or, Au^2O.

Le protoxyde d'or est d'une couleur violette si intense qu'il paraît noir. A la température de l'ébullition de l'eau, il devient bleu-violet; à une température plus élevée, il se décompose en or et en oxygène. Il est insoluble dans l'eau; mais il peut quelquefois rester longtemps en suspension dans l'eau : cependant, dans ce cas, il se sépare facilement par l'action de la chaleur. Il est décomposé par l'acide chlorhydrique en or et en sesquichlorure d'or. L'acide bromhydrique et l'acide iodhydrique forment avec le protoxyde d'or un bromure et un iodure de couleur brun foncé. L'eau régale dissout complétement le protoxyde d'or; la dissolution contient du sesquichlorure d'or. Le protoxyde d'or ne se dissout pas dans les oxacides, même concentrés. Il est un peu soluble dans une dissolution d'hydrate de potasse; cependant il ne l'est plus dès qu'il est complétement séparé de la liqueur dans laquelle il s'est formé. — Le chlorure correspondant au protoxyde est décomposé par l'eau en or métallique et en sesquichlorure d'or qui se dissout.

SESQUIOXYDE D'OR, Au^2O^3.

L'hydrate de sesquioxyde d'or, obtenu par l'action du carbonate de soude à chaud sur une dissolution de sesquichlorure d'or, est volumineux et ressemble à l'hydrate de sesquioxyde de fer. A une température élevée, il perd son oxygène et est transformé en or métallique. Il n'est pas réduit par l'hydrogène à la température ordinaire; il est réduit seulement par ce gaz à une faible chaleur avec dégagement de lumière. Récemment précipité, l'hydrate de sesquioxyde d'or est presque entièrement insoluble à froid dans une dissolution d'hydrate de potasse; mais lorsqu'on le fait bouillir pendant longtemps avec l'hydrate de potasse, il s'en dissout une grande quantité. Le sesquioxyde d'or ne se dissout pas dans les bicarbonates alcalins ni dans l'ammoniaque; cependant il se colore en jaune par l'action de ce dernier réactif, et prend alors l'aspect du précipité qui est produit par l'action de l'ammoniaque sur une dissolution de sesquichlorure d'or. L'hydrate de sesquioxyde d'or, même récemment précipité, est presque insoluble dans la plupart des acides. L'acide sulfurique concentré en dissout une petite quantité, qui se sépare de nouveau lorsqu'on étend d'eau. L'hydrate de sesquioxyde d'or est précipité, par l'acide sulfurique, dans la dissolution du sesquioxyde d'or dans l'hydrate de potasse; un excès d'acide n'en dissout qu'une très faible quantité. L'acide nitrique étendu ne dissout pas l'hydrate de sesquioxyde d'or. Par l'action de l'acide nitrique sur une dissolution d'hydrate de sesquioxyde d'or dans l'hydrate de potasse, l'hydrate de sesquioxyde d'or est précipité; un excès d'acide nitrique ne dissout également que des traces de sesquioxyde d'or. L'acide nitrique fumant dissout excessivement peu d'oxyde d'or, et réduit un peu d'oxyde à l'état métallique par l'action de l'acide nitreux qu'il contient. L'acide phosphorique n'attaque pas non plus le sesquioxyde d'or, ou ne l'attaque presque pas; l'acide fluorhydrique même ne dissout pas le sesquioxyde d'or. Le sesquioxyde d'or est réduit immédiatement, par l'acide oxalique, à l'état de protoxyde d'or et d'or métallique, avec dégagement de gaz. De tous les oxacides, l'acide acétique est celui qui dissout la plus grande quantité de sesquioxyde d'or, lorsqu'on laisse pendant longtemps l'hydrate de sesquioxyde en contact avec l'acide à froid; la dissolution est de couleur brun-jaunâtre foncé. Par un contact prolongé, une grande quantité du sesquioxyde se précipite, en partie à l'état réduit. Par l'ébullition, il se produit immediatement un précipité de sesquioxyde; mais tout le sesquioxyde n'est pas précipité. L'acide acétique forme, dans une dissolution d'hydrate de sesquioxyde d'or dans la dissolution d'hydrate de potasse, un précipité d hydrate de sesquioxyde d'or; mais si on ajoute un excès d'acide acétique, cet acide dissout une assez forte proportion d'hydrate de sesquioxyde, même à froid.

Le meilleur dissolvant du sesquioxyde d'or est l'acide chlorhydrique, qui le dissout facilement et rapidement. La dissolution contient du sesquichlorure d'or, qui a les mêmes propriétés que celui qui est contenu dans la dissolution ordinaire de l'or dans l'eau régale. La couleur de la dissolution de sesquichlorure d'or est jaune; il ne s'y produit aucune modification par l'ébullition, et il ne se précipite pas de sesquioxyde. Lorsqu'on évapore avec soin la dissolution à une faible chaleur jusqu'à ce qu'elle soit fortement concentrée, on obtient une combinaison cristalline de sesquichlorure d'or et d'acide chlorhydrique. A une température élevée, l'acide chlorhydrique se dégage, et le sesquichlorure se transforme en protochlorure qui, par une chaleur encore plus forte, perd tout son chlore et se transforme en or métallique.

La dissolution de sesquichlorure d'or se comporte, sous certains rapports, avec les réactifs d'une manière tout autre que la dissolution du sesquioxyde d'or dans l'acide acétique.

Une dissolution d'*hydrate de potasse,* ajoutée en excès à la dissolution de sesquichlorure d'or, ne produit pas de précipité; au bout de quelque temps, la dissolution prend quelquefois une couleur légèrement verdâtre, et il se dépose un précipité noir insignifiant. Cela ne provient cependant que de ce que la dissolution de potasse contient une petite quantité de matière organique, et notamment quelquefois une petite quantité d'acide organique. Le précipité noir insignifiant est formé de protoxyde d'or. Plus la dissolution d'hydrate de potasse est pure de matière organique, moins il se sépare de protoxyde d'or; et si la potasse ne contient pas de corps organiques, il ne se produit pas de précipité dans la dissolution de sesquichlorure d'or; la dissolution de potasse rend seulement la couleur plus pâle. —L'acide sulfurique et l'acide nitrique ne produisent pas de précipité dans la dissolution de sesquichlorure d'or, parce qu'il y a, dans la dissolution, du chlorure de potassium qui, lorsqu'on ajoute ces acides, donne naissance à de l'acide chlorhydrique dans lequel le sesquioxyde d'or est soluble. La dissolution conserve donc, en présence de ces acides, une couleur jaune. — L'hydrate de potasse forme, dans une dissolution de sesquioxyde d'or dans l'acide acétique, un précipité qui est soluble dans un excès du précipitant.

L'*ammoniaque* produit, dans les dissolutions de sesquichlorure d'or, un précipité jaune (or fulminant), qui n'est pas soluble dans un excès d'ammoniaque.

Une dissolution de *carbonate neutre de potasse* ou *de soude* ne forme pas de précipité à froid dans les dissolutions de sesquichlorure d'or : à chaud, il se sépare un précipité volumineux d'hydrate de sesquioxyde d'or.— Dans une dissolution de sesquioxyde d'or dans l'acide acétique, les carbonates alcalins produisent un précipité dont il se dissout une forte proportion dans un excès du précipitant.

Une dissolution de *bicarbonate de potasse* ou *de soude* ne produit pas de précipité dans la dissolution de sesquichlorure d'or.

Une dissolution de *cyanure de potassium* produit, dans la dissolution de sesquichlorure d'or, un précipité jaune qui est soluble dans un excès du précipitant.

Une dissolution de *carbonate d'ammoniaque* produit dans les dissolutions neutres de sesquichlorure d'or, un précipité jaune, comme l'ammoniaque pure : il se dégage en même temps de l'acide carbonique.

Une dissolution de *phosphate de soude* ne donne pas de précipité.

Une dissolution d'*acide oxalique* produit, dans les dissolutions de sesquichlorure d'or, une coloration vert-foncé qui est produite par l'or métallique qui se dépose au bout de quelque temps sous forme de petites écailles d'or. A chaud, la réaction est plus rapide : il se produit en même temps un dégagement sensible de gaz acide carbonique. Une dissolution alcoolique d'acide oxalique ne produit pas de réduction d'or dans une dissolution alcoolique de sesquichlorure d'or.

Une dissolution aqueuse d'*acide sulfureux* décolore une dissolution de sesquichlorure d'or : il s'en sépare de l'or métallique. A chaud, la séparation de l'or métallique se produit immédiatement. (On examinera plus loin les réactions de l'acide sulfureux.)

Le *carbonate de baryte* ne précipite pas d'or à froid dans la dissolution de sesquichlorure d'or. Dans une dissolution d'or dans l'acide acétique, il se précipite un peu de sesquioxyde d'or; mais tout l'or n'est pas précipité.

Une dissolution de *ferrocyanure de potassium* produit un précipité vert-émeraude dans les dissolutions de sesquichlorure d'or.

Une dissolution de *ferrocyanide de potassium* ne donne pas de précipité.

Une dissolution de *cyanide de mercure* ne produit pas de précipité dans la dissolution de sesquichlorure d'or.

Une dissolution de *nitrate de protoxyde de mercure* produit immédiatement, dans la dissolution de sesquioxyde d'or, un précipité noir de protoxyde d'or. Si on ajoute à la dissolution de sesquichlorure d'or un excès de la dissolution de nitrate de protoxyde de mercure, on obtient un mélange de protochlorure de mercure et de protoxyde d'or.

Une dissolution de *sulfate de protoxyde de fer* produit d'abord une coloration bleue dans les dissolutions très étendues de sesquichlorure d'or : il se précipite ensuite de l'or métallique de couleur brune. Dans les dissolutions de sesquichlorure d'or qui ne sont pas très étendues, la dissolution de sulfate de protoxyde de fer produit un précipité brun foncé d'or métallique. Il se forme en même temps du sulfate de sesquioxyde de fer et du sesquichlorure de fer.

Si on ajoute à la dissolution de sesquichlorure d'or dans la potasse une dissolution de sulfate de protoxyde de fer, il se produit immédiatement un précipité noir formé par la combinaison du sesquioxyde de fer et du protoxyde d'or. Lorsque la liqueur est très étendue, elle est de couleur pourpre. Cette réaction est tout à fait caractéristique et surpasse la réaction du protochlorure d'étain en netteté lorsqu'on veut retrouver l'or.

Si on ajoute à la dissolution de sesquichlorure d'or du *sulfate de protoxyde de manganèse, du sulfate d'oxyde de cobalt* et du *sulfate d'oxyde de nickel*, il se forme également des précipités noirs qui sont formés de combinaisons de protoxyde d'or et de degrés d'oxydation plus élevés des métaux qu'on avait ajoutés à l'état de sulfates à la dissolution.

Les dissolutions des sels d'*oxyde de plomb* y produisent un précipité jaune formé d'une combinaison de sesquioxyde d'or et d'oxyde de plomb.

Une dissolution de *chlorure d'étain,* à laquelle on a ajouté assez d'acide chlorhydrique pour que la dissolution reste claire, produit une coloration rouge-pourpre-brunâtre, même dans les dissolutions très étendues de sesquichlorure d'or : dans les dissolutions concentrées, on obtient un précipité rouge-pourpre foncé, souvent presque brun, qui est formé d'une combinaison double de stannate de protoxyde d'or et de stannate de protoxyde d'étain (pourpre de Cassius) et qui ne se dissout pas dans l'acide chlorhydrique libre. — Le protochlorure d'étain produit un précipité jaune dans une dissolution d'acétate de sesquioxyde d'or.

Une dissolution concentrée d'*iodure de potassium* produit une coloration noire dans les dissolutions concentrées de sesquichlorure d'or : il se dépose un précipité vert-jaunâtre de proto-iodure d'or et la liqueur contient à l'état de dissolution de l'iode libre.

L'*infusion de noix de galles,* aussi bien que les dissolutions d'*acide tannique*, d'*acide gallique* et d'*acide pyrogallique* colorent d'abord en brun-foncé la dissolution de sesquichlorure d'or, et il se produit bientôt un précipité brun d'or réduit.

Le *sulfure d'ammonium* forme dans les dissolutions neutres de sesquichlorure d'or un précipité brun foncé de sulfure d'or qui est dissous de nouveau par un excès du précipitant; mais le sulfure d'ammonium doit être aussi pur que possible de tout excès de soufre.

La dissolution d'*hydrogène sulfuré* produit dans les dissolutions neutres et acides de sesquichlorure d'or un précipité noir de sulfure d'or. — Si on fait passer de l'hydrogène sulfuré dans une dissolution bouillante de sesquichlorure d'or, on obtient un sulfure d'or de couleur brun foncé, presque noir, qui correspond au protoxyde : il se forme en même temps de l'acide sulfurique et de l'acide chlorhydrique. — Les deux sulfures d'or sont décomposés au rouge faible ; tout le soufre se volatilise et l'or pur reste pour résidu.

Le *zinc métallique* précipite de ses dissolutions l'or à l'état métallique sous la forme d'un dépôt brun, volumineux.

Les combinaisons d'or sont décomposées et réduites par la calcination.

La dissolution neutre d'or rougit le papier de tournesol.

Les dissolutions d'or peuvent être reconnues à leur manière de se comporter avec les dissolutions de sulfate de protoxyde de fer, d'acide oxalique et de protochlorure d'étain.

Quelques substances organiques réduisent l'or contenu dans la dissolution de bichlorure d'or. Cependant il n'y en a qu'un petit nombre qui, comme l'infusion de noix de galles et surtout l'acide tannique, produisent immédiatement la réduction : la plupart ne réduisent l'or que lorsque la dissolution a été chauffée pendant un temps plus ou moins long : il ne se sépare alors dans la plupart des cas qu'une petite quantité d'or sous forme métallique, comme l'or de couleur jaune. Mais les substances organiques, volatiles et non volatiles, presque sans exception, lorsqu'elles sont en quantité suffisante, produisent une séparation de l'or à l'état de protoxyde d'or, si l'on a ajouté en même temps un excès d'hydrate de potasse. Dans la plupart des cas, le protoxyde d'or est précipité immédiatement par l'addition de l'hydrate de potasse à l'état de précipité noir foncé : dans quelques cas, il n'est précipité qu'au bout de quelque temps. Pour obtenir la réduction de l'or au moyen de l'hydrate de potasse, la chaleur n'est nécessaire que dans un petit nombre de cas; mais le précipité noir se forme toujours plus rapidement par l'action de la chaleur. Par une longue ébullition, le précipité noir peut être transformé partiellement en or métallique.

Le précipité, formé par l'ammoniaque dans une dissolution de sesquichlorure d'or, n'a pas lieu en présence de quelques substances organiques, comme par exemple une dissolution de gomme arabique; il n'est que partiel en présence de l'amidon; mais une dissolution de sucre de canne ou de sucre de raisin ne l'empêche pas d'avoir lieu. Si la dissolution de ces dernières substances reste longtemps en contact avec le précipité, l'or est réduit en partie, surtout avec le sucre de raisin.

Si on dissout le sesquichlorure d'or dans l'alcool aqueux, et si on chasse l'alcool par l'action de la chaleur, une dissolution de cyanide de mercure produit un précipité jaune dans la dissolution aqueuse qui reste

---

XXXVIII. — ÉTAIN, Sn.

L'étain a une couleur blanche, semblable à celle de l'argent : il est mou et extensible. Il peut être mis en lames minces : il produit, lorsqu'on le ploie, un bruit particulier (cri de l'étain) : il prend une odeur un peu désagréable par le frottement, surtout avec les doigts humectés par la sueur. Il fond plus facilement que le plomb. A l'abri du contact de l'air, il n'est pas volatil : ou s'il l'est, ce n'est au moins qu'à une température excessivement élevée. Il n'est pas modifié par l'air à la température ordinaire; mais il s'oxyde à la surface lorsqu'on le chauffe au contact de l'air et donne de l'oxyde d'étain gris-blanchâtre. Si l'étain n'est que très peu chauffé, la couleur de l'oxyde prend souvent une pointe de jaune. — Le poids spécifique de l'étain est de 7,285.

L'étain est oxydé facilement à chaud par l'acide nitrique : l'oxyde d'étain ainsi formé n'est pas dissous par l'acide nitrique. L'acide contient une faible quantité d'ammoniaque qui s'est produite pendant la réaction. Cette action de l'acide nitrique sur l'étain est tout à fait caractéristique. Ce métal se distingue par là de tous les autres métaux dont il a été question précédemment. L'acide nitrique étendu peut cependant, si l'on évite toute chaleur, dissoudre complétement l'étain en petites lames minces : il ne se forme alors que du protoxyde d'étain et un peu d'ammoniaque qui reste dans la dissolution. L'eau régale attaque facilement l'étain : elle attaque surtout vivement l'étain en petites lames minces. Cependant, pour obtenir la dissolution de l'étain, on doit éviter l'élévation de température et mettre l'étain peu à peu dans l'eau régale : la dissolution contient ordinairement du protoxyde et du bioxyde d'étain : si l'on a ajouté une grande quantité d'acide nitrique, la dissolution ne contient souvent que du bioxyde d'étain. L'acide chlorhydrique dissout l'étain, avec dégagement de gaz hydrogène, surtout lorsqu'on opère à chaud et lorsqu'on emploie de l'acide qui n'est pas très étendu : cependant l'étain n'est pas dissous très rapidement; la dissolution contient du protochlorure d'étain. L'acide sulfurique concentré transforme l'étain en sulfate de bioxyde d'étain avec dégagement d'acide sulfureux et production de soufre. Lorsqu'il y a un excès d'étain, il se forme du sulfate de protoxyde d'étain peu soluble. L'étain se dissout excessivement lentement à chaud dans l'acide sulfurique étendu; il se produit en même temps un dégagement d'hydrogène ; la dissolution contient du protoxyde d'étain. Si on fait passer du chlore gazeux en excès sur l'étain à chaud, il se forme du bichlorure d'étain volatil. Si on fait digérer l'étain avec une dissolution d'hydrate de potasse, il se dissout avec dégagement de gaz hydrogène. Si on fait chauffer l'étain au chalumeau sur le charbon, le charbon se recouvre d'un dépôt blanc d'oxyde. — A une température élevée, l'étain décompose l'eau avec dégagement d'hydrogène et se transforme en bioxyde d'étain.

Protoxyde d'étain, SnO.

A l'état anhydre, le protoxyde d'étain est une poudre noire ou brun-noirâtre que l'on peut aussi obtenir à l'état cristallin. Il s'enflamme en presence de l'air par le contact des corps portés à la température rouge, brûle et se transforme en oxyde d'étain blanc. L'hydrate de protoxyde d'étain est blanc et se dissout dans les acides plus facilement que le protoxyde calciné à l'abri du contact de l'air. Les sels de protoxyde d'étain sont incolores ; lorsqu'ils sont en dissolution, ils s'oxydent très-facilement par le contact de l'air. Le protoxyde d'étain décompose l'eau à une température élevée : il se transforme alors en bioxyde et il se dégage de l'hydrogène. — Le chlorure d'étain correspondant au protoxyde ne se dissout pas dans l'eau sans se décomposer et ne forme avec ce liquide une dissolution claire que lorsqu'il a été récemment préparé et lorsque l'eau est exempte d'air. La dissolution n'est pas décomposée même par l'ébullition ; mais si on continue pendant longtemps l'ébullition au contact de l'air, il se dépose enfin un précipité blanc qui a une faible pointe de jaunâtre et qui s'est produit par oxydation. Le sel préparé depuis quelque temps et celui qui se trouve dans le commerce, forment toujours avec l'eau et même avec l'alcool une liqueur plus ou moins laiteuse; il s'est produit une légère oxydation et l'eau sépare de la dissolution une combinaison qui contient du bioxyde d'étain. Lorsqu'on ajoute de l'acide chlorhydrique, la liqueur laiteuse redevient claire; mais si le sel d'étain a été préparé depuis longtemps, l'acide chlorhydrique étendu ne produit plus de dissolution claire, au moins à froid.

La dissolution du protochlorure d'étain, aussi bien que celles des combinaisons salines du protoxyde d'étain, attirent l'oxygène de l'air et ont une action réductrice très forte sur les corps oxydés.

La dissolution du protochlorure d'étain se comporte, à l'égard des réactifs, comme celle des combinaisons salines du protoxyde d'étain, et notamment du sulfate de protoxyde d'étain.

Une dissolution d'*hydrate de potasse* y produit un précipité blanc d'hydrate de protoxyde d'étain, qui est soluble dans un excès de potasse. Si la dissolution est concentrée et si on la chauffe jusqu'à l'ébullition, il s'en sépare du protoxyde d'étain anhydre de couleur noire ou brun-noirâtre, qui a souvent un aspect entièrement cristallin. Si la dissolution est très étendue, la proportion de l'oxyde anhydre qui se sépare est insignifiante; mais si on concentre par évaporation, il se sépare une quantité considérable d'oxyde. Si on évapore rapidement par l'ébullition une dissolution de protoxyde d'étain dans l'hydrate de potasse dans laquelle il y a un excès assez considerable d'hydrate de potasse, jusqu'à ce qu'elle commence à devenir presque sèche, le protoxyde d'étain se décompose complétement en étain métallique qui se sépare et en bioxyde d'étain qui reste dissous dans l'hydrate de potasse. Si on sature l'hydrate de potasse par l'acide chlorhydrique, il se sépare du bioxyde d'étain qui se dissout cependant dans un excès d'acide. La dissolution d'hydrogène sulfuré produit dans cette dissolution un précipité jaune.

L'*ammoniaque* produit un précipité blanc d'hydrate de protoxyde d'étain qui est insoluble dans un excès d'ammoniaque. Si on fait bouillir le précipité blanc avec l'ammoniaque, en ayant soin de renouveler l'ammoniaque qui s'évapore, le précipité devient noir et se transforme en protoxyde anhydre.

Une dissolution de *carbonate neutre de potasse* ou *de soude* détermine une effervescence dans les dissolutions de protochlorure et de protoxyde d'étain; il se produit en même temps un précipité blanc d'hydrate de protoxyde d'étain qui est insoluble dans un excès du précipitant. Par l'ébullition, le précipité d'hydrate de protoxyde d'étain est transformé en protoxyde d'étain noir anhydre. Si on mélange le protochlorure d'étain cristallisé avec du carbonate de soude cristallisé, et si on chauffe le tout, l'hydrate de protoxyde d'étain se sépare avec effervescence et se transforme rapidement en protoxyde d'etain anhydre de couleur brun-noirâtre.

Les dissolutions de *bicarbonate de potasse* ou *de soude* déterminent une vive effervescence et produisent un précipité blanc qui, même par une longue ébullition, ne devient ni noir ni brun.

Une dissolution de *cyanure de potassium* donne un précipité blanc, qui est insoluble dans un excès de cyanure de potassium. Le précipité devient immédiatement brun par l'action du sulfure d'ammonium.

Une dissolution de *carbonate d'ammoniaque* forme, dans les dissolutions de protoxyde d'étain, un précipité blanc d'hydrate de protoxyde d'étain qui est insoluble dans un excès du précipitant.

Une dissolution de *phosphate de soude* produit, dans les dissolutions de protoxyde d'étain, un précipité blanc de phosphate de protoxyde d'étain. Soumis à l'ébullition en présence d'un excès de phosphate de soude, le précipité reste blanc. Le précipité est soluble dans une dissolution d'hydrate de potasse: par l'ébullition, il se sépare un précipité noir.

Une dissolution d'*acide oxalique* produit, dans les dissolutions de protoxyde d'étain, un précipité blanc d'oxalate de protoxyde d'étain. Ce précipité est soluble dans la dissolution d'hydrate de potasse ; l'ébullition en sépare du protoxyde d'étain noir.

Le *carbonate de baryte* précipite, même à la température ordinaire, tout le protoxyde d'étain contenu dans une dissolution de protochlorure d'étain et de sulfate de protoxyde d'étain.

Une dissolution de *ferrocyanure de potassium* produit, dans les dissolutions de protoxyde d'étain, un précipité blanc, gélatineux, de ferrocyanure d'étain. Si le précipité a une pointe de rougeâtre, cela indique que la dissolution contenait un peu de cuivre.

Une dissolution de *ferrocyanide de potassium* donne un précipité blanc de ferrocyanide d'étain qui est soluble dans l'acide chlorhydrique libre.

L'*infusion de noix de galles* produit un abondant précipité jaune clair dans la dissolution de protochlorure d'etain, qu'elle soit claire, laiteuse, ou qu'on y ait ajouté seulement un peu d'acide chlorhydrique.

Le *sulfure d'ammonium* produit, dans les dissolutions neutres de protoxyde d'étain, un précipité brun de sulfure d'étain qui serait tout à fait insoluble dans un excès du précipitant, si le réactif était complétement pur de tout excès de soufre, et si par suite il était incolore. Le sulfure d'étain précipité se dissout généralement dans le sulfure d'ammonium ordinaire; cependant, pour dissoudre le précipité, il faut employer un très grand excès du précipitant, et l'excès du précipitant qu'il faut employer est d'autant moins grand que la couleur du précipitant est plus jaune et qu'il contient un plus grand excès de soufre. Pour de grandes quantités, on accélère beaucoup la dissolution, lorsqu'on ajoute un peu de soufre pulvérisé et lorsqu'on chauffe. — Si on ajoute de l'acide chlorhydrique en excès à la dissolution, on obtient un précipité jaune de bisulfure d'étain, ordinairement mélangé de soufre libre.

La dissolution d'*hydrogène sulfuré* produit, dans les dissolutions neutres et acides de protoxyde d'étain, un précipité brun foncé de protosulfure d'étain. — Fondu avec le cyanure de potassium, ce sulfure d'étain n'est réduit qu'en partie à l'état d'étain métallique; il ne se forme pas de rhodanure de potassium; mais seulement un sulfosel résultant de la combinaison du bisulfure d'étain avec le sulfure de potassium et avec le protosulfure d'étain.—Le sulfure d'étain SnS se dissout par l'action de la chaleur dans l'acide chlorhydrique concentré avec dégagement d'hydrogène sulfuré ; la dissolution contient du protochlorure d'étain.

Le *zinc métallique* précipite, dans les dissolutions de protoxyde d'étain, l'étain à l'état métallique sous la forme de feuilles d'une couleur gris-blanchâtre.

Une dissolution d'*iodure de potassium* produit, dans les dissolutions de protochlorure d'étain, un précipité blanc-jaunâtre d'iodure d'étain, qui n'est pas soluble dans un excès d'iodure de potassium, mais qui se dissout bien dans l'acide chlorhydrique et dans la dissolution d'hydrate de potasse. Si on verse une dissolution d'iodure de potassium sur du protochlorure d'étain récemment préparé et si on évapore le tout, la masse épaissie ne se colore pas. Si, cependant, le protochlorure d'étain contient du bioxyde d'étain, il se forme, lorsque la liqueur a une certaine concentration, du bi-iodure rouge d'étain qui se décompose lorsqu'on ajoute de l'eau et se transforme en oxyde blanc d'étain; en même temps il reste en dissolution de l'acide iodhydrique. Une dissolution de sulfate de protoxyde d'étain ne donne pas de précipité avec l'iodure de potassium ; mais il se forme à chaud un précipité blanc-jaunâtre ; par l'évaporation au contact de l'air, il se forme du bi-iodure rouge d'étain, lorsque la liqueur a une certaine concentration.

La manière dont la dissolution de *sesquichlorure d'or* se comporte avec le protochlorure d'étain, a été examinée page 235. La dissolution de sulfate de protoxyde d'étain produit aussi, avec la dissolution de bichlorure d'or, le même précipité brun-pourpre.

Une dissolution de *nitrate d'argent* produit d'abord dans la dissolution de sulfate de protoxyde d'étain un précipité blanchâtre qui devient bientôt noir ou brun-noir et contient du sous-oxyde d'argent. Soumis à l'ébullition, il conserve sa couleur. Chauffé avec l'acide chlorhydrique, il se transforme en argent métallique. — Le nitrate d'argent produit un précipité blanc de chlorure d'argent dans une petite quantité de dissolution de protochlorure d'étain à laquelle on a ajouté assez d'acide chlorhydrique pour former une liqueur claire. Si la quantité de protochlorure d'étain est plus considerable, l'argent est réduit et se précipite sous forme d'une poudre brun-noirâtre qui n'occupe qu'un petit volume.

Une dissolution de *nitrate de protoxyde de mercure* produit, dans la dissolution de sulfate de protoxyde d'étain, un précipité brun-noirâtre qui devient gris-noirâtre par l'ébullition et se dépose alors facilement. Chauffé avec l'acide chlorhydrique, il se transforme en mercure métallique.— Une dissolution de *bichlorure de mercure* produit, dans les dissolutions de protochlorure d'étain et de protoxyde d'étain, un précipité blanc de protochlorure de mercure ; si on ajoute une plus grande quantité de dissolution d'étain et si on chauffe, le précipité blanc devient gris-noir; il est formé de mercure métallique qui, par l'action de l'acide chlorhydrique à chaud, se sépare en gros globules. Les plus petites quantités de protochlorure d'étain ou de protoxyde d'étain en dissolution, même mélangées avec de grandes quantités de bichlorure d'étain, peuvent être découvertes au moyen du bichlorure de mercure par la production du précipité blanc de protochlorure de mercure qui est insoluble dans les acides étendus.

Les sels de protoxyde d'étain sont décomposés par la calcination au contact de l'air; leurs dissolutions rougissent le papier de tournesol. — Si on évapore la dissolution de protochlorure d'étain, il ne se dégage pas de protochlorure d'étain en même temps que la vapeur d'eau.

Les sels de protoxyde d'étain insolubles dans l'eau se dissolvent presque tous dans l'acide chlorhydrique, du moins lorsqu'ils n'ont pas été préalablement calcinés. On s'assure de la présence du protoxyde d'étain dans ces dissolutions, soit au moyen de la dissolution d'hydrogène sulfuré, soit au moyen d'une dissolution de sesquichlorure d'or.

Le protoxyde noir d'étain se dissout très lentement dans une dissolution de chlorure d'ammonium à l'aide de l'ébullition. On doit séparer par décantation la dissolution de la partie qui ne s'est pas dissoute, faire bouillir de nouveau ce résidu avec une dissolution de chlorure d'ammonium et répéter ce traitement plusieurs fois pour dissoudre enfin entièrement une quantité d'oxyde qui n'est pas très considérable. Souvent il reste alors comme résidu insoluble une petite quantité de bioxyde d'étain qui se trouvait préalablement contenue dans le protoxyde ou dans le protochlorure et dont on peut reconnaître la présence de cette manière

Lorsqu'on fait fondre du protoxyde d'étain anhydre avec du cyanure de potassium, une partie du protoxyde est bien réduite à l'état métallique lorsqu'on maintient les substances pendant longtemps en fusion; mais la poudre de protoxyde n'est pas facilement mouillée par le cyanure de potassium en fusion et échappe par suite à l'action réductrice de ce corps. Cependant l'étain se sépare bien plus facilement à l'état métallique par la fusion du cyanure de potassium avec le protochlorure d'étain anhydre; et, lorsqu'on dissout dans l'eau la masse fondue, il reste comme résidu à l'état de globules d'étain.

Au chalumeau, on peut réduire l'étain contenu dans les sels de protoxyde d'étain, en les mélangeant avec la soude et chauffant sur le charbon dans la flamme intérieure. Il est bon d'ajouter à la soude une petite quantité de borax, parce qu'alors la réduction se produit dans un temps incomparablement plus court. Le grain d'étain réduit peut être reconnu aux caractères suivants : il se laisse aplatir sous le marteau; traité par une perle verte de sel de phosphore qui retient en dissolution du bioxyde de cuivre, il la colore en brun-rouge opaque dans la flamme extérieure, par suite de la formation du protoxyde de cuivre. — Avec le borax et le sel de phosphore, le protoxyde d'étain donne, à la flamme d'oxydation aussi bien qu'à la flamme de réduction, des perles claires, incolores, qui ne perdent pas leur transparence par une insufflation intermittente. Cependant les oxydes d'étain se dissolvent difficilement et lentement dans ces fondants. — Si on traite le sulfure d'étain sur le charbon par la flamme d'oxydation, le charbon se recouvre d'un dépôt blanc de bioxyde d'étain qui se distingue particulièrement des dépôts formés par les autres métaux volatils en ce qu'il se dépose sur le charbon à proximité immédiate de l'essai et en ce qu'il n'est chassé ni par la flamme intérieure ni par la flamme extérieure. — Le protoxyde d'étain, soumis au grillage avec précaution, se transforme complétement en bioxyde d'étain.

Les dissolutions de protoxyde d'étain peuvent être surtout reconnues avec facilité à leur manière de se comporter avec la dissolution d'or (page 235).

La presence des substances organiques non volatiles peut souvent empêcher la précipitation du protoxyde d'étain au moyen des alcalis. — Si on ajoute de l'acide tartrique à la dissolution du protochlorure d'étain, l'ammoniaque et les dissolutions de carbonate de soude y produisent des précipites analogues à ceux qu'ils produisent en l'absence de l'acide tartrique. Une dissolution d'hydrate de potasse produit aussi un précipité blanc, abondant, qui se dissout complétement dans un excès du précipitant. Si on soumet une dissolution de ce genre à une ébullition continue, il s'en sépare de l'étain métallique sous forme d'une poudre noire qui peut s'agglomérer par la pression et prendre l'éclat métallique, lorsqu'on la comprime avec un corps dur. La décomposition du protoxyde d'étain en étain métallique et en bioxyde d'etain a lieu de cette manière plus facilement que par le traitement du protoxyde d'étain au moyen de la dissolution d'hydrate de potasse seul.

Sesquioxyde d'étain, Sn^2O^3.

Obtenu à l'état d'hydrate par la décomposition de l'hydrate de sesquioxyde de fer au moyen d'une dissolution de protochlorure d'étain, le sesquioxyde d'étain est blanc; mais ordinairement il est de couleur jaunâtre, par suite du mélange d'une certaine quantité de sesquioxyde de fer : il est très mucilagineux et peut être difficilement séparé par filtration. Anhydre, il forme une poudre gris-brunâtre. Chauffé au contact de l'air, il se transforme en bioxyde d'étain. A l'état humide, il se dissout dans l ammoniaque, ce qui n'arrive pas au protoxyde. Il se dissout difficilement dans l'acide chlorhydrique étendu, plus facilement dans l'acide chlorhydrique concentré. La dissolution forme du pourpre de Cassius, avec une dissolution de sesquichlorure d'or, comme celle de protoxyde d'étain, ce qui distingue la dissolution du sesquioxyde de celle du bioxyde Fuchs .

Bioxyde d'étain, Acide stannique, SnO^2.

Calciné, le bioxyde d'étain a une couleur blanche ou blanc-jaunatre. Il est insoluble ou presque insoluble dans les acides, notamment dans l'acide chlorhydrique : si on soumet le bioxyde d'étain calciné à une ébullition prolongée avec l'acide chlorhydrique, il ne s'en dissout que de faibles traces. Le bioxyde d'étain calciné résiste avec beaucoup de force même à l'action de l'acide sulfurique concentré. Soumis à une très longue digestion et à une très longue ébullition, le bioxyde d'étain ne s'y dissout qu'en petite quantité. Le bioxyde d'étain calciné ne devient pas soluble, même lorsqu'on le fait fondre avec du bisulfate de potasse. Il ne se dissout même point pendant la fusion dans le sel de potasse indiqué; et si on traite la masse fondue par l'eau, elle ne retient pas d'oxyde d'étain en dissolution. Le bioxyde d'étain qui se trouve dans la nature (Zinnstein) se comporte comme le bioxyde d'étain calciné : il est coloré en brun par des substances qui y sont mélangées et qui ne lui sont pas essentielles.

Le chlorure, correspondant au bioxyde d'étain, est un liquide volatil, qui fume au contact de l'air. En contact avec une petite quantité d'eau, il forme un hydrate solide, cristallisé; avec une plus grande quantité d'eau, il se dissout complétement en donnant une liqueur claire. La combinaison que l'on obtient en traitant une dissolution de protochlorure d'étain par le chlore gazeux et faisant cristalliser, a la même composition que cet hydrate. La dissolution aqueuse de ces cristaux se comporte entièrement comme la dissolution du chlorure volatil. Ces dissolutions rougissent le papier de tournesol. Lorsqu'on concentre ces dissolutions dans une cornue et lorsqu'elles commencent à être un peu concentrées, il se volatilise avec les vapeurs d'eau d'abord de l'acide chlorhydrique, et ensuite de l'acide chlorhydrique et du bioxyde d'étain; ou plutôt il passe avec la vapeur d'eau du bichlorure d'étain : la dissolution contenue dans la cornue ne se trouble pas. Si on interrompt la distillation, la combinaison du bichlorure d'étain avec l'eau contenue dans la cornue peut encore cristalliser; mais elle contient, outre le bichlorure d'étain, une quantité plus ou moins grande d'hydrate de bioxyde d'étain et elle est soluble dans l'eau. Si on continue la distillation, il se dégage beaucoup de bichlorure d'étain et d'acide chlorhydrique; et, après la distillation, il reste dans la cornue du bioxyde d'étain qui contient de petites quantités d'acide chlorhydrique que l'on peut enlever au moyen de l'ammoniaque.— En ajoutant de l'acide sulfurique concentré à une dissolution de bichlorure d'étain, on ne peut pas décomposer le bichlorure d'étain et empêcher sa volatilisation avec la vapeur d'eau. La dissolution se trouble lorsqu'elle est arrivée à un certain degré de concentration; mais elle redevient claire au bout de quelque temps. Outre l'acide sulfurique, elle contient du bichlorure d'étain. Si on l'évapore jusqu'à ce que l'acide sulfurique commence à se volatiliser, les vapeurs d'acide sulfurique sont accompagnées de bichlorure d'étain anhydre. Il reste alors comme résidu du sulfate de bioxyde d'étain sous la forme d'une masse blanche qui peut se dissoudre dans une petite quantité d'eau lorsqu'on laisse le contact se prolonger pendant quelque temps. La présence même de l'acide nitrique n'est pas en état d'empêcher la volatilisation du bichlorure d'étain. La dissolution n'est pas troublée d'abord pendant la distillation; il passe avec la vapeur d'eau du bichlorure d'étain et de l'acide nitrique ; et, pour une plus grande concentration, le résidu entre en fusion : si on porte la cornue au rouge, le bichlorure d'étain passe et le bioxyde d'étain reste comme résidu.—Une dissolution d'étain métallique dans l'eau régale qui contient également du bichlorure d'étain, se comporte de même : pour une proportion exacte d'acide chlorhydrique et d'acide nitrique, on peut arriver à ce que presque tout l'étain passe à l'état de bichlorure d'étain et à ce qu'il ne reste pas de bioxyde d'étain dans la cornue. — Si les dissolutions de bichlorure d'étain ont été étendues d'une plus grande quantité d'eau et ont été soumises ensuite pendant quelque temps à l'ébullition, il s'y produit un précipité volumineux, épais, d'hydrate de bioxyde d'étain. Le bioxyde d'étain est précipité complétement par l'ébullition. lorsque la dissolution a été étendue d'une quantité convenable d'eau. Cet oxyde d'étain que Berzelius nomme *bioxyde d'étain a* et qui est contenu à l'état de bichlorure en dissolution dans l'acide chlorhydrique, se comporte avec les réactifs comme il suit :

L'*acide sulfurique*, l'*acide chlorhydrique* et l'*acide nitrique* ne produisent pas de précipité dans les dissolutions de bichlorure d'étain, même lorsqu'on laisse les substances longtemps en contact. Ce n'est que lorsque la dissolution de bichlorure a été étendue d'une grande quantité d'eau qu'il s'y produit un précipité par l'action de l'acide sulfurique, tandis qu'il ne s'en produit pas par l'action de l'acide chlorhydrique, ni par l'action de l'acide nitrique. On peut précipiter tout l'oxyde d'étain en ajoutant une quantité d'eau excessivement considérable à la dissolution du bichlorure d'étain à laquelle on a ajouté de l'acide sulfurique. Le précipité est du sulfate de bioxyde d'étain dont on peut séparer l'acide sulfurique en le lavant avec une grande quantité d'eau. Le précipité se dissout dans l'acide chlorhydrique, sinon immédiatement, du moins au bout de quelque temps. La dissolution est claire et ne se trouble pas lorsqu'on y ajoute une plus grande quantité d'eau. — Les dissolutions de bichlorure d'étain ne se modifient pas d'abord par l'action de l'*acide phosphorique* : cependant, au bout de plusieurs jours, elles s'épaississent et forment une gelée incolore. — Ce n'est qu'avec une dissolution aqueuse d'*acide arsénieux* qu'il se forme un précipité, mais seulement au bout de quelque temps.

Les dissolutions de *sulfate de potasse* et *de soude*, de *chlorure de potassium* et *de sodium*, de *chlorure d'ammonium*, de *nitrate de potasse* et des sels analogues, ne produisent pas de précipité dans les dissolutions de bichlorure d'étain.

Une dissolution d *hydrate de potasse*, ajoutée en petite quantité aux dissolutions de bichlorure d'étain, produit un précipité qui disparaît par l'agitation lorsque la liqueur a encore une réaction acide sur le papier de tournesol. Si l'on ajoute une plus grande quantité de la dissolution de potasse, de manière que la liqueur ait une réaction alcaline, il se produit un précipité volumineux d'hydrate de bioxyde d'étain, qui se dissout facilement et complétement dans une plus grande quantité de potasse. Si cependant on ajoute à cette dissolution une quantité encore plus grande de dissolution de potasse, il se forme de nouveau un précipité, parce que le stannate de potasse formé se dissout difficilement dans une dissolution concentrée de potasse. Cependant si on ajoute de l'eau, le précipité disparaît complétement.

L'*ammoniaque* produit, dans les dissolutions de bichlorure d'étain, un précipité volumineux d'hydrate de bioxyde d'étain, qui n'est pas tout à fait insoluble dans un excès du précipitant. Si on jette ce précipité sur un filtre, une grande partie de l'oxyde précipité se dissout à la longue par les lavages avec l'eau, surtout lorsqu'elle contient un peu d'ammoniaque libre; mais l'oxyde se précipite de nouveau dans la liqueur filtrée qui contient du chlorure d'ammonium. Le précipité est insoluble dans une dissolution de chlorure d'ammonium. — Ce précipité, comme celui formé par la dissolution de potasse, est facilement soluble dans les acides, surtout l'acide sulfurique étendu, l'acide chlorhydrique et l'acide nitrique. Dans toutes ces dissolutions, même celle formée par l'acide nitrique, il se précipite de l'hydrate de bioxyde d'étain par l'ébullition, comme dans la dissolution de bichlorure d'étain. La réaction est d'autant plus complète que la dissolution a été étendue d'une plus grande quantité d'eau, et qu'on a employé moins d'acide pour opérer la dissolution. Le bioxyde précipité a les propriétés du bioxyde *a*.

Une dissolution de *carbonate de potasse* détermine une effervescence dans la dissolution de bichlorure d'étain et produit un précipité volumineux qui se dissout complétement dans un excès du précipitant. Les acides étendus produisent dans cette dissolution des précipités d'hydrate de bioxyde d'étain qui se redissolvent complétement lorsqu'on ajoute une plus grande quantité d'acide.

Une dissolution de *carbonate de soude* détermine, dans la dissolution de bichlorure, une effervescence et produit un abondant précipité qui ne se dissout pas complétement dans une quantité plus abondante du précipitant. La liqueur trouble redevient cependant claire lorsqu'on la sursature avec l'acide chlorhydrique étendu, l'acide sulfurique et l'acide nitrique.

Une dissolution de *bicarbonate de potasse* produit une abondante effervescence et un précipité volumineux qui n'est pas soluble dans un excès du précipitant.

Une dissolution de *cyanure de potassium* donne, dans les dissolutions de bichlorure, un précipité blanc qui n'est pas soluble dans un excès de cyanure de potassium.

Une dissolution de *carbonate d'ammoniaque* agit comme l'ammoniaque.

Une dissolution de *phosphate de soude* donne immédiatement un précipité volumineux, abondant.—Une dissolution de *pyrophosphate de soude* ne produit pas immédiatement de précipité; cependant, au bout de quelque temps, le tout s'épaissit et forme un précipité mucilagineux.

Les dissolutions de *bioxalate de potasse* ou d'*acide oxalique* ne produisent pas de précipité dans les dissolutions de bichlorure.

Les *carbonates de baryte* et *de chaux* précipitent, même à froid, avec effervescence, tout le bioxyde d'étain de la dissolution de bichlorure.

Une dissolution de *ferrocyanure de potassium* produit, dans la dissolution de bichlorure, un abondant précipité qui s'épaissit en une gelée épaisse, consistante, qui n'est pas soluble dans l'acide chlorhydrique.

Une dissolution de *ferrocyanide de potassium* ne produit pas de précipité.

Une dissolution de *nitrate d'argent* produit un abondant précipité blanc, qui est complétement soluble dans l'ammoniaque lorsqu'on a ajouté un excès de dissolution d'argent. Lorsqu'il y a un excès de dissolution de bichlorure d'étain, l'ammoniaque sépare de l'hydrate de bioxyde d'étain.

Une dissolution de *nitrate de protoxyde de mercure* produit un précipité blanc, qui devient noir lorsqu'on ajoute de l'ammoniaque.

Une dissolution de *bichlorure de mercure* ne produit pas de précipité.

Une dissolution de *sesquichlorure d'or* ne produit pas de précipité dans la dissolution de bichlorure d'étain.

L'*infusion de noix de galles* ne produit pas de précipité dans la dissolution de bichlorure d'étain, même lorsqu'on y a ajouté un peu d'acide chlorhydrique.

Une dissolution d'*iodure de potassium* ne produit pas de précipité.

Le *sulfure d'ammonium* produit, dans la dissolution de bichlorure d'étain, un précipité jaune de bisulfure d'étain, qui est soluble dans un excès du précipitant, aussi bien que dans les dissolutions d'hydrate de potasse, d'ammoniaque et de carbonate alcalin. Dans les dissolutions alcalines, il se produit un dépôt d'hydrate de bioxyde d'étain.

La dissolution d'*hydrogène sulfuré* ne produit pas immédiatement de précipité dans la dissolution du bichlorure d'étain; au bout de très peu de temps, il se produit un précipité jaune de bisulfure d'étain. Le précipité se forme plus rapidement dans la dissolution étendue de bichlorure, lorsqu'on l'a soumise à l'action de la chaleur ou même à l'ébullition en présence de l'hydrogène sulfuré. Il a, sous le rapport de la couleur, beaucoup de ressemblance avec le précipité que forme l'hydrogène sulfuré dans les dissolutions d'acide arsénieux. Il se dissout aussi, comme ce précipité, dans l'hydrate de potasse, dans l'ammoniaque et dans les carbonates alcalins, cependant plus difficilement. Mais il se distingue du précipité de sulfure d'arsenic en ce qu'il ne se volatilise pas complétement, comme celui-ci, par l'action de la chaleur, mais se transforme en bioxyde d'étain par une calcination suffisante au contact de l'air. — Si on fait fondre le bisulfure d'étain avec du cyanure de potassium, la masse fondue paraît rouge-brun à l'état liquide; mais elle est blanche après le refroidissement. L'étain n'est point du tout réduit à l'état métallique; il ne s'est pas formé de rhodanure de potassium, mais il s'est formé seulement un sulfosel de bisulfure d'étain. — Le sulfure d'étain SnS^2, chauffé hors du contact de l'air, donne un dépôt de soufre. Chauffé avec l'acide chlorhydrique concentré, il se dissout avec dégagement de gaz hydrogène sulfuré; la dissolution contient du bichlorure d'étain. Le bisulfure d'étain, préparé par voie sèche (or mussif) n'est pas soluble dans l'acide chlorhydrique à chaud.)

Le *zinc métallique* forme d'abord, dans les dissolutions de bichlorure d'étain, un faible précipité d'étain métallique; mais il se forme ensuite un précipité blanc, gélatineux, d'hydrate de bioxyde d'étain. Plus la dissolution de bichlorure d'étain est étendue, moins il se précipite d'étain métallique et plus il se sépare de bioxyde d'étain. Mais si on ajoute de l'acide chlorhydrique libre à la dissolution de bichlorure d'étain, le zinc sépare tout l'étain à l'état métallique, et il ne se forme pas de bioxyde d'étain.

Si le bioxyde d'étain a été obtenu en traitant l'étain métallique par l'acide nitrique, il est tout à fait insoluble dans un excès d'acide et dans l'eau qu'on ajoute; mais si on sépare par le lavage l'acide nitrique dont le bioxyde conserve cependant une partie avec force, et si on traite ensuite le bioxyde par l'acide chlorhydrique, il ne s'y dissout pas; mais si on soumet le bioxyde à l'action de la chaleur en présence de l'acide chlorhydrique et si on ajoute de l'eau, il se forme immédiatement une dissolution claire. Cette dissolution chlorhydrique du bioxyde d'étain qui est produit par l'acide nitrique, et que Berzelius nomme *bioxyde d'étain b* et Fremy *acide métastannique*, se comporte avec beaucoup de réactifs d'une tout autre manière que la dissolution aqueuse du bichlorure d'étain volatil et de l'hydrate de bichlorure d'étain.

Si on soumet à la distillation la dissolution chlorhydrique de cet oxyde, elle se comporte d'une manière essentiellement différente de la dissolution du bichlorure d'étain; elle se trouble par l'action de la chaleur. La partie distillée ne contient que de l'acide chlorhydrique, et ne contient pas de bioxyde d'étain; et ce n'est qu'à la fin, lorsque le résidu qui est dans la cornue est presque sec, qu'il se dégage un peu de chlore (lorsque le bioxyde d'étain employé contient encore un peu d'acide nitrique) et qu'il se forme un peu de bichlorure d'étain qui passe à la distillation. La différence entre cette dissolution et celle du bichlorure d'étain paraît consister en ce que, dans la première, l'acide chlorhydrique ne s'est pas encore uni au bioxyde d'étain pour former du bichlorure d'étain.

Si on soumet à la distillation, avec beaucoup d'acide chlorhydrique, la dissolution chlorhydrique de l'oxyde *b*, elle se comporte de même. Il ne passe à la distillation que de l'acide chlorhydrique, et ce n'est que lorsque le résidu contenu dans la cornue commence à se dessécher qu'il se forme un peu de bichlorure d'étain qui passe à la distillation. — Si on ajoute à la dissolution chlorhydrique de l'acide sulfurique concentré qui forme immédiatement un précipité épais, et si on soumet à la distillation, l'acide chlorhydrique ne s'unit pas au bioxyde d'étain pour former du bichlorure d'étain, et il ne passe à la distillation que de l'acide chlorhydrique. Pour une certaine concentration, la liqueur devient claire; l'acide chlorhydrique et l'acide sulfurique passent ensemble à la distillation, et si l'on ajoute de l'acide sulfurique à la dissolution, tout l'acide chlorhydrique passe à la distillation, tandis qu'il reste comme résidu du sulfate de bioxyde d'étain qui, additionné d'eau, s'y dissout au bout de quelque temps. Par conséquent, tandis que, d'une part, le bichlorure d'étain n'est pour ainsi dire pas décomposé par l'acide sulfurique, d'un autre côté, tout l'acide chlorhydrique de la dissolution chlorhydrique de l'oxyde *b* peut être chassé par l'acide sulfurique. — Si l'on ajoute de l'acide nitrique qui trouble la dissolution chlorhydrique de bioxyde d'étain et si l'on soumet à la distillation, il ne se volatilise pas non plus de bioxyde d'étain à l'état de bichlorure d'étain, et ce n'est que lorsque le résidu contenu dans la cornue est entièrement épaissi qu'il se forme une très petite quantité de bichlorure d'étain. La partie distillée contient de l'acide chlorhydrique et de l'acide nitrique, et il reste dans la cornue du bioxyde d'étain.

Lorsqu'on a étendu d'une quantité convenable d'eau la dissolution chlorhydrique du bioxyde *b*, il se précipite par l'ébullition de l'hydrate de bioxyde d'étain. Le précipité a tout à fait le même aspect et est également volumineux comme l'oxyde *a*, qui se sépare d'une dissolution de bichlorure d'étain à l'aide de l'ébullition; mais, malgré cette ressemblance extérieure, il se comporte comme l'oxyde *b*. Moins la dissolution contient d'acide chlorhydrique libre et plus elle est étendue, plus la séparation de l'oxyde se produit rapidement par l'ébullition. Toutes circonstances égales, l'oxyde *b* est plus rapidement précipité par l'ébullition que l'oxyde *a*.

L'*acide sulfurique* étendu produit un abondant précipité dans la dissolution chlorhydrique du bioxyde *b* lorsqu'elle n'a pas été étendue d'eau, et tout le bioxyde d'étain est précipité. Le précipité est un acide double formé par la combinaison de l'acide sulfurique et du bioxyde d'étain. Si on lave cette combinaison avec l'eau, surtout avec l'eau chaude, on peut lui enlever facilement et complétement son acide sulfurique. Si on chauffe avec l'acide chlorhydrique le bioxyde d'étain lavé et si on y ajoute de l'eau, l'acide sulfurique étendu produit de nouveau un précipité dans la dissolution.—Si on chauffe avec l'acide chlorhydrique le précipité formé par l'ébullition dans la dissolution chlorhydrique de l'oxyde *b* et si on ajoute de l'eau, cette dissolution donne aussi un précipité avec l'acide sulfurique étendu. Si on traite cependant de la même manière le bioxyde qui est précipité par l'ebullition dans une dissolution de bichlorure d'étain, et qui ressemble complétement, pour les propriétés extérieures, à l'oxyde *b* précipité par l'ébullition, on n'obtient pas dans sa dissolution un précipité au moyen de l'acide sulfurique étendu. — Si on chauffe avec l'acide chlorhydrique le sulfate de bioxyde d'étain *b* et si on ajoute de l'eau, il se produit une dissolution complète, dans laquelle il se forme cependant spontanément, au bout de quelque temps, un précipité de sulfate de bioxyde d'étain. Si on le traite de la même manière par l'acide nitrique et si on ajoute de l'eau, il s'y dissout; mais il se produit aussi dans cette dissolution, au bout de quelque temps, un précipité abondant. — La manière différente dont les deux bioxydes d'étain *a* et *b* se comportent avec l'acide sulfurique, les distingue surtout l'un de l'autre.

Si la dissolution de l'oxyde *b* dans l'acide chlorhydrique ne contient pas d'acide en excès, l'*acide chlorhydrique* y produit un précipité abondant; mais tout le bioxyde d'étain n'est pas précipité. Si on sépare l'acide du précipité par décantation et si on ajoute de l'eau, le précipité s'y dissout facilement. Si cependant la dissolution contenait déjà un excès d'acide, l'acide chlorhydrique n'y forme pas de précipité.

La dissolution chlorhydrique de l'oxyde *b* donne également, mais seulement lorsqu'elle ne contient pas d'acide en excès, un faible précipité lorsqu'on y ajoute de l'*acide nitrique*. Ce précipité se redissout lorsqu'on ajoute de l'eau. — Mais l'oxyde *b*, séparé, au moyen de l'ébullition ou par l'action de l'ammoniaque, de sa dissolution chlorhydrique, ne se dissout pas dans l'acide nitrique, même lorsqu'il est humide et récemment précipité, tandis que les précipités de l'oxyde *a*, formés par l'ébullition ou par l'ammoniaque, sont solubles dans l'acide nitrique.

Les dissolutions de *sulfate de potasse* et *de soude* produisent immédiatement des précipités abondants dans la dissolution chlorhydrique de l'oxyde *b*, ce qui la distingue essentiellement de la dissolution de bichlorure d'étain. Ces précipités ne sont pas solubles dans une grande quantité d'eau, mais se dissolvent dans l'acide chlorhydrique. — Une dissolution de *chlorure de sodium* produit également un précipité qui cependant est faible, tandis que les dissolutions de chlorure de potassium et de chlorure d'ammonium n'en produisent pas. — Une dissolution de *nitrate de potasse* ne donne un précipité qu'après un très long contact.

Une dissolution d'*hydrate de potasse* produit, dans la dissolution chlorhydrique de l'oxyde *b*, un précipité qui est soluble dans une plus grande quantité de dissolution de potasse. L'oxyde *b*, obtenu directement par l'action de l'acide nitrique sur l'étain métallique, se dissout aussi complétement dans une dissolution de potasse. La dissolution est ordinairement trouble ou opaline, mais elle devient plus claire au bout de quelque temps. Une plus grande quantité de dissolution de potasse produit un trouble qui disparaît lorsqu'on ajoute de l'eau. La dissolution un peu concentrée ne se trouble pas par l'action de la chaleur, mais se prend, au bout de quelque temps, en une gelée transparente. Par l'action de la chaleur, cette gelée devient liquide; mais elle se reforme par le refroidissement. Évaporée dans le vide, la dissolution se transforme en une gelée qui, en se desséchant, se transforme en une masse transparente, semblable à la gomme arabique, qui se redissout complétement dans l'eau. — Si on ajoute de l'alcool à la dissolution de stannate de potasse, le sel se dépose, et peut être ainsi séparé de l'excès de potasse. Le précipité qui s'est déposé, est complétement soluble dans l'eau. — La dissolution donne, avec la dissolution de *chlorure de sodium*, un abondant précipité, et le bioxyde d'étain est entièrement précipité. — Les dissolutions de *chlorure de potassium*, de *chlorure d'ammonium* et de *sulfate de potasse* se comportent de même; mais si on lave ces précipités avec de l'eau, ils s'y dissolvent. — L'*acide chlorhydrique* forme dans la dissolution un abondant précipité, qui se dissout par l'action de la chaleur lorsqu'on ajoute ultérieurement de l'eau. — *L'acide sulfurique* étendu forme immédiatement un précipité dans cette dissolution; on doit cependant observer que, dans certaines circonstances, l'acide sulfurique ne peut pas former de précipité dans la dissolution chlorhydrique de stannate de potasse qui contient l'oxyde *b*.

L'ammoniaque produit, dans la dissolution chlorhydrique de l'oxyde d'étain *b*, un précipité semblable à celui qu'elle produit dans les dissolutions de l'oxyde *a* et dans celle du bichlorure d'étain; mais ce précipité se distingue essentiellement de ceux de l'oxyde *a* et du bichlorure en ce que, chauffé avec l'acide chlorhydrique, il ne se dissout que dans l'eau, et en ce que l'acide sulfurique étendu forme dans cette dissolution un précipité.

Les dissolutions de *carbonate de potasse* et *de soude* donnent de volumineux précipités qui ne sont pas solubles dans une quantité plus abondante du précipitant; mais si on jette les précipités sur un filtre et si on les lave, ils se dissolvent partiellement, et l'eau de lavage trouble le liquide qui avait été séparé par la filtration.

Les dissolutions de *bicarbonate de potasse* et *de soude* produisent également des précipités qui ne sont pas solubles dans un excès du précipitant.

Une dissolution de *cyanure de potassium* donne un précipité blanc, qui n'est pas soluble dans un excès de cyanure de potassium.

Une dissolution de *carbonate d'ammoniaque* agit comme l'ammoniaque.

Une dissolution de *phosphate de soude* donne immédiatement un précipité volumineux, abondant; il en est de même d'une dissolution de *pyrophosphate de soude*.

Le *carbonate de baryte* précipite, même à froid, tout le bioxyde d'étain contenu dans la dissolution chlorhydrique.

Une dissolution de *ferrocyanure de potassium* produit un abondant précipité blanc.

Une dissolution de *ferrocyanide de potassium* produit un précipité blanc-jaunâtre.

Une dissolution de *nitrate d'argent* produit un abondant précipité blanc, qui, même lorsque la dissolution d'argent est en excès, n'est pas complétement soluble dans l'ammoniaque, mais laisse le bioxyde d'étain *b* comme résidu insoluble. Cette réaction distingue essentiellement du bioxyde *a* cette modification du bioxyde d'étain.

La dissolution chlorhydrique de l'oxyde *b* se comporte comme la dissolution de l'oxyde *a* avec les dissolutions de *nitrate de protoxyde de mercure* et de *bichlorure de mercure*

La dissolution de *sesquichlorure d'or* ne produit pas de précipité.

L'infusion de noix de galles ne produit pas immédiatement de précipité dans la dissolution chlorhydrique de l'oxyde *b*; mais il se produit, au bout de quelque temps, un précipité blanc-jaunâtre.

Une dissolution d'*iodure de potassium* ne produit pas de précipité.

Le *sulfure d'ammonium* et l'*hydrogène sulfuré* se comportent avec la dissolution de l'oxyde *b* comme avec celle de l'oxyde *a*.

Le *zinc métallique* détermine, comme dans une dissolution de bichlorure d'étain, un dégagement d'hydrogène et forme d'abord un précipité d'étain métallique, et ensuite un précipité blanc gélatineux de bioxyde d'étain; mais si on ajoute de l'acide chlorhydrique libre à la dissolution, il ne se précipite que de l'étain métallique.

Si l'on fait fondre dans un creuset d'argent le bioxyde d'étain calciné avec de l'hydrate de potasse et si l'on traite par l'eau la masse fondue, il se forme dans la liqueur filtrée des cristaux de stannate de potasse. Le bioxyde d'étain contenu dans ces cristaux est de la modification *a*. Les cristaux, séparés de l'eau-mère, attirent facilement l'acide carbonique de l'air et ne forment plus avec l'eau une dissolution claire. Conservés à l'abri de l'air et sous l'eau-mère, ils se dissolvent complétement dans l'eau. Ils se dissolvent de même facilement et complétement dans l'alcool. La dissolution aqueuse n'est pas troublée lorsqu'on ajoute une plus grande quantité d'une dissolution de potasse. — Elle ne donne pas non plus de précipité avec les dissolutions de *chlorure de sodium*, de *chlorure de potassium* et de *sulfate de potasse*. — Une dissolution de *chlorure d'ammonium* ne trouble pas d'abord la dissolution; mais il se forme, au bout de quelque temps, un abondant précipité. — En présence de l'*acide sulfurique* étendu, de l'*acide chlorhydrique* et de l'*acide nitrique*, la dissolution reste complétement claire.

Lorsqu'on fait fondre le bioxyde d'étain calciné avec du *carbonate de potasse* ou *de soude*, l'acide carbonique est chassé; mais la masse fondue ne se dissout pas complétement dans l'eau. Le bioxyde d'étain, contenu dans le stannate alcalin dissous dans l'eau, appartient à la modification *a*, et si l'on sursature la dissolution par l'acide chlorhydrique, l'acide sulfurique n'y produit pas de précipité. La dissolution aqueuse se trouble d'elle-même lorsqu'on l'expose à l'air; elle attire l'acide carbonique, et, au bout de plusieurs jours, tout le bioxyde d'étain en est séparé. — La masse qui ne s'est pas dissoute dans l'eau et qui constitue la plus grande partie du bioxyde d'étain employé, passe au travers du filtre avec l'eau de lavage, lorsqu'on a presque enlevé le carbonate alcalin, et forme un liquide tout à fait laiteux; elle ne peut donc pas être filtrée. Elle ne se dissout qu'en petite quantité dans l'acide chlorhydrique, et ne se dissout pas, même à chaud, dans l'acide sulfurique concentré. La petite portion qui se dissout, appartient à la modification *a*, et n'est pas précipitée par l'acide sulfurique étendu. Elle ne se dissout pas non plus, même lorsqu'on la fait digérer avec le sulfure d'ammonium; mais lorsqu'on l'a rendue acide avec un peu d'acide chlorhydrique, elle se transforme en sulfure d'étain par un long traitement, au moyen de la dissolution d'hydrogène sulfuré. Elle ne contient pas d'alcali, et est, par ses propriétés, analogue au bioxyde d'étain calciné.

L'oxyde *a* en dissolution peut être transformé en oxyde *b*; mais la transformation directe de l'oxyde *b* en dissolution en oxyde *a* n'a pas encore été produite.

L'oxyde *a* se transforme complétement en oxyde *b* dans une dissolution aqueuse de chlorure d'étain volatil ou d'hydrate de bichlorure d'étain qui date de plusieurs années, sans que la liqueur ait changé d'aspect extérieur. La dissolution contient alors l'oxyde *b* dissous dans la plus petite quantité d'acide chlorhydrique possible, comme il ne peut pas se produire lorsqu'on dissout dans l'acide chlorhydrique le bioxyde d'étain obtenu au moyen de l'action de l'acide nitrique sur l'étain métallique. Cette dernière dissolution ne donne pas de précipité avec l'acide chlorhydrique, tandis que la première en donne un (p. 249). — Pour le reste, cette dissolution se comporte complétement comme une dissolution préparée en dissolvant l'oxyde *b* dans l'acide chlorhydrique, surtout à l'égard de l'acide sulfurique, avec lequel elle produit un abondant précipité.

Cette transformation peut cependant se produire aussi dans un temps très court. Si on chauffe jusqu'à l'ébullition une dissolution de chlorure volatil d'étain récemment préparée ou une dissolution d'hydrate de bichlorure d'étain, l'oxyde est précipité. L'oxyde précipité est encore l'oxyde *a*; car il se dissout facilement dans l'acide chlorhydrique, et donne une dissolution qui n'est pas troublée par l'acide sulfurique; mais si on ajoute à la dissolution de bichlorure une quantité suffisante d'acide chlorhydrique, on empêche la précipitation de l'oxyde au moyen de l'ébullition. On doit avoir soin de renouveler l'eau qui s'évapore, en ajoutant de temps en temps de très petites quantités d'acide chlorhydrique et faisant bouillir quelques heures, ou assez longtemps pour qu'une petite quantité de la liqueur refroidie soit précipitée par l'acide sulfurique. La dissolution contient alors l'oxyde *b*.

Lorsqu'on dessèche à l'air l'oxyde *a* que l'on a précipité des dissolutions du bichlorure au moyen de l'ammoniaque, il conserve encore toutes ses propriétés. Il se dissout bien dans l'acide chlorhydrique; la dissolution ne donne pas de précipité avec l'acide sulfurique. Si on le chauffe même jusqu'à 50 degrés, il perd bien son eau, mais ne perd aucune de ses propriétés. Chauffé jusqu'à 80 degrés, il devient plus difficilement soluble dans l'acide chlorhydrique. Une partie reste insoluble; mais la partie qui se dissout, a encore la plupart des propriétés de l'oxyde *a*. Si on le chauffe jusqu'à 130 degrés, il ne perd plus d'eau; mais une partie se dissout toujours dans l'acide chlorhydrique, ce qui n'a pas lieu lorsque l'oxyde a été calciné. Plus l'oxyde a été calciné fortement, moins il se dissout dans l'acide chlorhydrique.

Si on conserve pendant plusieurs années le protochlorure d'étain cristallisé au contact de l'air, il se transforme à la fin complétement en une combinaison de bichlorure et de bioxyde d'étain. L'étain contenu dans cette combinaison y est à l'état de bioxyde d'étain *a*. Si on dissout le sel dans l'acide chlorhydrique, la dissolution donne un précipité jaune avec la dissolution d'hydrogène sulfuré, mais ne donne pas de précipité avec l'acide sulfurique étendu.

La dissolution de chlorure d'ammonium n'est décomposée par aucune des modifications du bioxyde d'étain, même avec l'aide d'une longue ébullition. On ne retrouve pas de bioxyde d'étain en dissolution dans la liqueur filtrée.

Si on mélange avec le chlorure d'ammonium les différentes modifications du bioxyde d'étain et si on calcine le mélange, le bioxyde d'étain se volatilise complétement et sans laisser de résidu. Si on mélange les stannates alcalins avec le chlorure d'ammonium, il reste, après la calcination, comme résidu, des chlorures alcalins; en même temps le bioxyde d'étain s'est volatilisé. Lorsque la quantité de stannate n'est pas trop petite, on doit mélanger plusieurs fois le résidu avec le chlorure d'ammonium et calciner, pour chasser complétement le bioxyde d'étain. Dans les sulfosels formés par le sulfure d'étain, au moins dans ceux qui contiennent des sulfures alcalins, on peut chasser tout l'étain et tout le soufre en les mélangeant avec du chlorure d'ammonium et calcinant le tout; il ne reste comme résidu que du chlorure alcalin.

Lorsqu'on fait fondre du bioxyde d'étain avec du cyanure de potassium, tout l'étain est réduit à l'état métallique. Si on verse de l'eau sur la masse fondue, les grains d'étain restent à l'état insoluble; mais si on les laisse longtemps en contact avec la dissolution, le cyanure de potassium qui s'y trouve peut déterminer la dissolution d'une petite quantité d'étain.

Les sels de bioxyde d'étain dans lesquels le bioxyde forme la base et qui sont insolubles dans l'eau, comme le sulfate de bioxyde d'étain par exemple, sont décomposés par la calcination, lorsque l'acide qu'ils contiennent est volatil; il reste du bioxyde d'étain comme résidu lorsque la calcination a été soutenue un temps suffisant. On accélère la volatilisation de l'acide lorsque, avant de calciner, on met un petit morceau de carbonate d'ammoniaque dans le creuset. Lorsqu'on a dissous dans l'acide chlorhydrique un sel de bioxyde d'étain insoluble, le meilleur caractère auquel on puisse reconnaître la présence du bioxyde d'étain, est le précipité jaune que produit dans cette dissolution une dissolution d'hydrogène sulfuré, et qui est soluble dans le sulfure d'ammonium. Lorsqu'une combinaison de bioxyde d'étain a été calcinée et est devenue, par suite, insoluble dans l'acide chlorhydrique, on la réduit en poudre fine, et on la fait fondre dans un creuset d'argent avec de l'hydrate de potasse. On traite par l'eau la masse fondue; on filtre la liqueur; on la sursature par l'acide chlorhydrique, et on précipite par la dissolution d'hydrogène sulfuré. Tout cela n'a lieu naturellement que lorsque le bioxyde d'étain est combiné avec un acide qui n'est pas précipité par l'hydrogène sulfuré; cependant, dans les combinaisons insolubles du bioxyde d'étain, il est plus facile de retrouver la présence du bioxyde d'étain au moyen du chalumeau.

Dans les sels de bioxyde d'étain, dans lesquels l'oxyde d'étain constitue l'acide, le meilleur moyen de reconnaître la présence du bioxyde d'étain est le suivant : on réduit la combinaison en poudre fine, et on la fond dans un petit creuset de porcelaine, à la lampe à alcool à double courant, avec trois parties de carbonate de soude et avec trois parties de soufre.

On traite par l'eau la masse refroidie. L'eau dissout l'étain à l'état de sulfosel. Dans la dissolution filtrée, on peut, en sursaturant par l'acide chlorhydrique étendu, précipiter le sulfure d'étain, qui, par une singularité spéciale, ne paraît pas jaune, mais paraît brunâtre, quoiqu'il soit mélangé avec du soufre libre. Par le grillage, il se transforme en bioxyde d'étain. Si les bases avec lesquelles le bioxyde d'étain est combiné, forment des sulfures qui ne sont pas solubles dans une dissolution de sulfure de sodium, ils restent à l'état insoluble après le traitement de la masse fondue par l'eau.

Au chalumeau, on peut réduire le bioxyde d'étain à l'état d'étain métallique sur le charbon, au feu de réduction, sans rien ajouter; mais il faut pour cela une insufflation longtemps soutenue. La réduction s'opère bien plus facilement au moyen de la soude, avec addition de borax, comme pour les combinaisons de protoxyde d'étain (p. 241). Le bioxyde d'étain, humecté avec une dissolution de nitrate de cobalt et chauffé, se colore en bleu-verdâtre. Le sulfure d'étain, correspondant au bioxyde, se comporte comme il a été indiqué (p. 241).

Les dissolutions de bioxyde d'étain peuvent être facilement reconnues à leur manière de se comporter avec la dissolution d'hydrogène sulfuré et avec le sulfure d'ammonium.

Les deux modifications *a* et *b*, en dissolution dans l'acide chlorhydrique, se distinguent surtout en ce que ni l'acide sulfurique étendu (lorsqu'on ne lui a pas ajouté trop d'eau), ni la dissolution de nitrate d'argent, ni l'ammoniaque en excès, ne déterminent, dans la dissolution de l'oxyde *a*, la précipitation du bioxyde d'étain à l'état de combinaison insoluble, et en ce que l'infusion de noix de galles n'y donne pas de précipité; mais les dissolutions diffèrent surtout essentiellement l'une de l'autre par leur manière de se comporter à la distillation. — L'acide tartrique et l'ammoniaque peuvent aussi, comme cela va être indiqué un peu plus bas, servir à distinguer l'une de l'autre les deux modifications.

La presence des substances organiques non volatiles a de l'influence sur la determination du bioxyde d'étain au moyen des réactifs. Dans une dissolution de bichlorure d'étain et d'hydrate de bichlorure d'étain à laquelle on a ajouté de l'acide tartrique, l'ammoniaque ne précipite pas de bioxyde d'étain. La liqueur, sursaturée par l'ammoniaque, reste complétement claire. Au contraire, dans une dissolution chlorhydrique de l'oxyde *b*, à laquelle on ajoute de l'acide tartrique, tout le bioxyde d'étain est précipité par l'ammoniaque. Les dissolutions d'hydrate de potasse et de carbonate de soude ne troublent pas d'abord les dissolutions de bichlorure d'étain et d'hydrate de bichlorure d'étain auxquelles on a ajouté de l'acide tartrique; mais, au bout de quelque temps, il se forme, au moyen du carbonate de soude, un abondant précipité dans une dissolution de ce genre.

Dans la dissolution chlorhydrique de l'oxyde *b*, à laquelle on a ajouté de l'acide tartrique, l'oxyde d'etain est précipité par les dissolutions d'hydrate de potasse et de carbonate de soude. L'acide sulfurique étendu produit, dans une dissolution de ce genre, un précipité, comme il en produit un lorsqu'il n'y a pas d'acide tartrique.

La précipitation de l'oxyde *b* par l'ammoniaque, en présence de l'acide tartrique, est un moyen de le distinguer de l'oxyde *a*. On doit cependant observer que certaines dissolutions chlorhydriques de bioxyde d'étain, qui ne donnent pas de précipité avec l'acide sulfurique, en produisent un lorsqu'on ajoute de l'acide tartrique et un excès d'ammoniaque.

On obtient des *combinaisons de protoxyde d'étain avec le bioxyde d'étain*, qui n'ont du reste aucune analogie avec le sesquioxyde d'étain, lorsqu'on mélange les hydrates de bioxyde d'étain *a* et *b* avec le protochlorure d'étain. Si on mélange l'hydrate de bioxyde d'étain *b* avec le protochlorure d'étain et si on ajoute une très petite quantité d'eau, ou si on melange l'hydrate de bioxyde d'étain *b* avec une dissolution de sulfate de protoxyde d'étain, il devient immédiatement jaune-brunâtre; la combinaison qui se forme a pour formule $SnO+3SnO^2$ Fremy). Lorsqu'on mêle la dissolution chlorhydrique de l'oxyde *b* avec une dissolution claire de protochlorure d'étain ou avec une dissolution de sulfate de protoxyde d'étain, il se forme un précipité jaunâtre. Si l'on ajoute un excès d'ammoniaque, on obtient un précipité blanc qui a une pointe de jaunâtre. Lorsqu'on mélange l'hydrate d'oxyde *a*, ou même l'oxyde d'étain calciné, avec du protochlorure d'étain et un peu d'eau, ou avec une dissolution de sulfate de protoxyde d'étain, il devient immédiatement d'une couleur jaune, mais moins intense que l'oxyde *b*, dans les mêmes circonstances. Une dissolution de bichlorure d'etain ou d'hydrate de bichlorure d'étain ne donne de précipité ni avec une dissolution de protochlorure d'étain, ni avec une dissolution de sulfate de protoxyde d'étain. Les liqueurs deviennent un peu jaunâtres après le mélange; l'ammoniaque y produit un précipité blanc qui a une faible pointe de jaunâtre. — Lorsqu'une dissolution de bioxyde ou de protoxyde d'étain, dans les acides ou dans les alcalis, a une couleur jaunâtre qui ne vient pas de la présence d'un autre métal, cela vient ordinairement de ce qu'il y a du protoxyde dans la dissolution de bioxyde, ou du bioxyde dans la dissolution de protoxyde. Cette réaction du bioxyde d'étain, surtout celle de la modification *b* avec le protochlorure et avec le protoxyde, caractérise très bien le bioxyde d'etain et le distingue des autres oxydes, surtout de ceux d'antimoine.

XXXIX. — ANTIMOINE, Sb.

L'antimoine a une couleur d'un blanc d'étain, qui a une pointe de bleuâtre, un éclat et une structure foliacée très prononcés. Plus l'antimoine est pur, plus son grain paraît être fin. Il est cassant et se laisse facilement réduire en poudre ; il entre facilement en fusion. Il n'est que peu volatil hors du contact de l'air, ou ne se volatilise qu'au rouge-blanc. Il ne se modifie pas par le contact de l'air. Lorsqu'on chauffe l'antimoine au contact de l'air, il reste longtemps rouge après que le foyer de chaleur extérieure a cessé, et produit une colonne blanche, épaisse, d'acide antimonieux, qui, dans un air calme, s'élève d'abord perpendiculairement, et se dépose ensuite sous forme de cristaux brillants. Si on chauffe un petit morceau d'antimoine sur le charbon à la flamme du chalumeau, le globule d'antimoine, lorsqu'on cesse de le réduire en vapeur, s'entoure d'un dépôt d'acide antimonieux cristallisé. Au contact de l'air, l'antimoine peut complétement être volatilisé à l'état d'acide antimonieux. — Le poids spécifique de l'antimoine est de 6,71.

On obtient une modification allotropique importante de l'antimoine lorsqu'on soumet à l'action d'une pile électrique faible une dissolution de sesquichlorure d'antimoine dans l'acide chlorhydrique ; on obtient ainsi au pôle négatif, sur une forte lame de cuivre ou sur un fil de platine, un dépôt d'antimoine. Lorsqu'on raye cet antimoine avec une forte aiguille, il se transforme en antimoine ordinaire, en produisant une grande quantité de chaleur. La chaleur qui se dégage ici, est si considérable qu'elle peut brûler le doigt, enflammer le papier et faire devenir brun le bois en le desséchant (Gore). On peut également obtenir cette modification au moyen d'une très faible élévation de température. Par suite de l'élévation de température qui se produit dans cette modification, le métal se fond, et il s'oxyde un peu d'antimoine qui se volatilise à l'état d'oxyde d'antimoine : il se volatilise en même temps un peu de sesquichlorure d'antimoine qui était renfermé dans l'antimoine métallique.

L'antimoine s'oxyde facilement par l'action de l'acide nitrique, mais ne se dissout pas : en effet, tous les degrés d'oxydation de l'antimoine sont presque insolubles dans l'acide nitrique. Si on traite l'antimoine en poudre fine par l'acide nitrique de concentration ordinaire, qui a été étendu d'une quantité égale ou d'une plus grande quantité d'eau, il se transforme en grande partie en acide antimonieux qui cependant contient toujours un peu d'acide antimonique. L'acide nitrique plus concentré peut, par l'action d'une chaleur prolongée, transformer entièrement l'antimoine en acide antimonique. L'antimoine n'est pour ainsi dire point attaqué, même à chaud, par l'acide chlorhydrique, bien que le sulfure d'antimoine s'y dissolve. Le meilleur dissolvant de l'antimoine est l'eau régale : l'antimoine s'y dissout complétement à chaud : la dissolution contient de l'acide antimonique, surtout lorsque l'action de la chaleur a été prolongée; quelquefois, lorsque la chaleur a été faible et lorsqu'on a employé de l'acide étendu, la dissolution peut aussi contenir de l'acide antimonieux. Lorsque l'antimoine contient beaucoup de plomb, la dissolution dans l'eau régale laisse cristalliser par le refroidissement des paillettes de chlorure de plomb. Si on sursature par l'ammoniaque la dissolution de l'antimoine dans l'eau régale, le précipité qui se forme doit se dissoudre complétement dans un excès de sulfure d'ammonium : s'il reste un sulfure noir à l'état insoluble, c'est que l'antimoine contient du fer, du plomb ou d'autres métaux étrangers. La dissolution de l'antimoine dans l'eau régale, étendue d'eau, devient laiteuse; cela n'a pas lieu lorsqu'on a préalablement ajouté de l'acide tartrique. — Si on fait passer sur l'antimoine du chlore gazeux et si on chauffe, on obtient du perchlorure d'antimoine volatil. Par l'action d'un courant de chlore gazeux très faible, il se produit aussi du sesquichlorure d'antimoine solide. L'antimoine métallique décompose l'eau, mais seulement à une température très élevée. Il se produit un dégagement d'hydrogène et l'antimoine est transformé en acide antimonieux. Si on ajoute de l'acide sulfurique étendu ou de l'acide chlorhydrique à une dissolution d'une combinaison oxydée quelconque de l'antimoine dans laquelle on a mis du zinc, il se dégage, outre le gaz hydrogène, du gaz hydrogène antimonié. Si on dessèche le mélange gazeux avec du chlorure de calcium, si on le fait passer dans un tube étroit d'un verre peu fusible, et si on chauffe une partie de ce tube jusqu'au rouge au moyen de la flamme d'une lampe, il se dépose, non loin de la place chauffée, un anneau métallique d'antimoine, même pour les plus petites quantités de combinaison d'antimoine : le gaz hydrogène antimonié s'est transformé en gaz hydrogène et en antimoine métallique. Si l'on ne chauffe pas le tube par lequel passe le mélange gazeux, mais si on allume le mélange, il brûle avec une flamme blanc-verdâtre et donne une fumée blanche d'acide antimonieux. Si on place dans la flamme un corps froid, par exemple une assiette de porcelaine ou une soucoupe de porcelaine, il se produit ensuite des taches noires d'antimoine métallique.

Sous-oxyde d'antimoine, SbO ou Sb^2O (?).

Le sous-oxyde d'antimoine est gris-foncé ou brun et se forme au pôle positif d'une pile électrique très faible, lorsqu'on emploie l'antimoine comme pôle positif et surtout lorsqu'on fait passer le courant dans une dissolution de sesquichlorure d'antimoine dans l'acide chlorhydrique. Le sous-oxyde d'antimoine, traité par l'acide chlorhydrique un peu concentré, se décompose en sesquichlorure d'antimoine qui se dissout et en antimoine métallique qui reste comme résidu à l'état insoluble.

ACIDE ANTIMONIEUX (SESQUIOXYDE D'ANTIMOINE), Sb^2O^3.

L'acide antimonieux à l'état pur est blanc ; il est soluble dans l'eau à un très faible degré. Lorsqu'on le traite par l'eau chaude, une petite partie de l'acide antimonieux dissous se sépare par le refroidissement. L'acide antimonieux fond à une température qui n'est pas très élevée et forme ainsi une masse jaune qui devient blanche et cristalline par le refroidissement. Lorsqu'on le chauffe hors du contact de l'air, il peut se volatiliser complétement et se sublimer en aiguilles cristallines, brillantes. Si on le chauffe au contact de l'air, il se produit à peine une fumée blanche : l'acide antimonieux perd sa fusibilité et sa volatilité et se transforme en une combinaison d'acide antimonique et d'acide antimonieux. — L'acide antimonieux se volatilise très facilement et complétement lorsqu'on le mélange avec du chlorure d'ammonium et lorsqu'on soumet le mélange à l'action de la chaleur. Soumis à l'action de la chaleur avec du charbon, l'acide antimonieux est facilement réduit à l'état d'antimoine métallique. — Lorsqu'on le fait fondre avec du sulfure d'antimoine, il se combine facilement avec ce corps, sans dégager d'acide sulfureux lorsqu'il est pur. La combinaison qui se forme est vitreuse lorsqu'elle a été refroidie rapidement, cristalline lorsqu'elle a été refroidie lentement. Dans le premier cas, elle est d'une couleur plus rouge et ne conduit pas l'électricité : dans le dernier cas, elle est d'une couleur plus noire et conduit bien l'électricité. Plus la combinaison contient d'acide antimonieux, plus elle est rouge : cependant si après la fusion on la laisse refroidir excessivement lentement, on peut encore l'obtenir à l'état cristallin et de couleur noire ; elle donne alors sur le biscuit de porcelaine un trait noir qui a cependant une pointe de rougeâtre. Si, après avoir fondu une pareille combinaison d'acide antimonieux et de sulfure d'antimoine, on la verse en grosses gouttes sur de la porcelaine froide, ces gouttes sont vitreuses, rouges et mauvaises conductrices de l'électricité, du côté où elles touchent la porcelaine et où par conséquent elles se sont refroidies rapidement : de l'autre côté, elles sont cristallines, noires et bonnes conductrices de l'électricité. — Si on fait fondre l'acide antimonieux avec les carbonates alcalins, l'acide antimonieux chasse l'acide carbonique et se combine avec les oxydes alcalins. Si cependant on traite la masse fondue par l'eau, il se sépare de l'acide antimonieux qui ne contient pas d'oxyde alcalin : ce dernier reste dissous dans l'eau. Si on fait fondre l'acide antimonieux avec les hydrates des oxydes alcalins, il s'y dissout ; et, en ajoutant de l'eau, on peut opérer une dissolution complète. Si cependant on maintient pendant longtemps l'acide antimonieux en fusion dans un creuset d'argent au contact de l'air avec les hydrates des oxydes alcalins, il s'oxyde entièrement et se transforme enfin en acide antimonique. — L'acide antimonieux n'est pas soluble dans l'acide nitrique ; cependant il n'y est pas aussi insoluble que l'oxyde d'étain *b* : car la liqueur nitrique, séparée de l'acide antimonieux, contient un peu de ce dernier. Si on chauffe l'acide antimonieux avec l'acide nitrique, l'acide antimonieux s'oxyde partiellement et se transforme en acide antimonique avec une production de vapeurs rouge-orangé : plus l'acide nitrique est concentré et plus on a chauffé longtemps, plus il s'est formé d'acide antimonique. L'acide antimonieux se dissout dans l'acide chlorhydrique et forme avec cet acide une dissolution claire. S'il ne se dissout pas même à chaud dans l'acide chlorhydrique en formant une liqueur claire, c'est qu'il contient de l'acide antimonique. La dissolution claire devient laiteuse lorsqu'on y ajoute de l'eau : en même temps il se sépare un composé volumineux d'acide antimonieux et de sesquichlorure d'antimoine, qui cependant se rassemble par le temps et surtout par l'action de la chaleur et devient pesant. Lorsqu'on ajoute à la liqueur laiteuse assez d'acide chlorhydrique étendu pour qu'elle paraisse claire, l'acide nitrique n'y produit pas de précipité. Si on ajoute de l'acide nitrique à une dissolution d'antimoine devenue laiteuse par suite d'addition d'eau, elle devient claire. Cependant ces deux dissolutions se troublent par le temps.

Le sesquichlorure d'antimoine (beurre d'antimoine), qui correspond à l'acide antimonieux, est à l'état anhydre une masse solide, blanche, cristalline, qui fond facilement à une faible chaleur et qui, lorsqu'elle est fondue, coule comme une huile. Il est facilement fusible et peut être distillé : il attire l'humidité de l'air et tombe en deliquium en formant une liqueur laiteuse. — Si on ajoute de l'eau à du sesquichlorure d'antimoine, il se transforme en un liquide laiteux et la plus grande partie de l'antimoine est séparée sous la forme d'une combinaison d'acide antimonieux et de sesquichlorure d'antimoine : si la quantité d'eau est considérable, cette combinaison est séparée sous la forme d'une poudre blanche qui, en restant longtemps sous l'eau, devient cristalline. — Si on soumet à la distillation une dissolution de sesquichlorure d'antimoine dans l'acide chlorhydrique étendu, il passe d'abord avec la vapeur d'eau de l'acide chlorhydrique : plus tard, il passe en outre du sesquichlorure d'antimoine et à la fin il se volatilise du sesquichlorure anhydre qui s'épaissit en une masse solide dans le col de la cornue. — Si on ajoute de l'acide nitrique à la dissolution chlorhydrique et si on soumet le tout à la distillation, il ne distille que de l'acide chlorhydrique et de l'acide nitrique; mais il ne distille pas d'antimoine. Ce n'est qu'à la fin, lorsqu'il ne se dégage plus d'acide nitrique, qu'il distille une très petite quantité du chlorure Sb^2Cl^{10} qui se dépose partiellement dans le col de la cornue sous forme d'hydrate solide, cristallin, mais qui se décompose en partie sous l'influence de la chaleur en sesquichlorure d'antimoine Sb^2Cl^6 avec dégagement de chlore. Il reste dans la cornue de l'acide antimonique. Cette réaction distingue essentiellement le sesquichlorure d'antimoine du protochlorure d'étain.

Dans une dissolution de sesquichlorure d'antimoine à laquelle on a ajouté assez d'acide chlorhydrique pour qu'elle devienne claire, les réactifs donnent les caractères suivants :

Une dissolution d'*hydrate de potasse* donne un précipité blanc, volumineux, qui se dissout complétement dans un très grand excès du précipitant. La dissolution n'est troublée ni à froid ni par l'ébullition lorsqu'on l'étend d'eau. Si on n'ajoute pas assez de la dissolution de potasse pour que le précipité volumineux soit dissous et si on chauffe ensuite la liqueur, le précipité change d'aspect : il devient lourd, cristallin, prend un petit volume et se dépose bientôt. Il se dépose alors souvent sur les parois du vase des grains cristallins d'acide antimonieux. Dans la liqueur séparée du précipité par filtration, il reste beaucoup d'acide antimonieux en dissolution : cependant d'autant moins qu'on a employé une moins forte quantité de dissolution de potasse. Si on conserve pendant un temps excessivement long, à l'abri du contact de l'air, une dissolution d'acide antimonieux dans l'hydrate de potasse, tout l'acide antimonieux se sépare enfin de la dissolution à l'état cristallin. — Dans une dissolution d'acide antimonieux dans la potasse qui ne contient pas d'acide chlorhydrique, l'acide nitrique forme à froid un précipité au bout de quelque temps.

L'*ammoniaque* forme un précipité volumineux, abondant, qui se rassemble au bout de quelque temps et devient lourd. Ce précipité n'est presque pas soluble dans un excès du précipitant.

Une dissolution de *carbonate neutre de potasse* produit un précipité volumineux qui se rassemble à la longue et devient lourd. L'acide antimonieux est entièrement soluble, surtout à chaud dans un excès du précipitant. Cependant plus on laisse reposer la dissolution, plus il se sépare d'acide antimonieux qui était dissous.

Une dissolution de *bicarbonate de potasse* produit un abondant précipité qui est presque entièrement insoluble dans un excès du précipitant.

Une dissolution de *carbonate de soude* se comporte de la même manière que le carbonate de potasse, seulement elle dissout moins d'acide antimonieux : et par le temps l'acide antimonieux est encore plus complétement séparé de la liqueur, en sorte que, lorsqu'on la sépare du précipité au bout de quelque temps, elle ne contient pour ainsi dire point d'acide antimonieux.

Une dissolution de *cyanure de potassium* produit immédiatement un abondant précipité qui est insoluble dans un excès du précipitant.

Une dissolution de *carbonate d'ammoniaque* agit comme l'ammoniaque.

Une dissolution de *phosphate de soude* donne un volumineux précipité qui ne se rassemble pas par le temps et ne devient pas plus pesant, mais reste volumineux. La liqueur séparée par filtration contient encore beaucoup d'acide antimonieux.

Une dissolution d'*acide oxalique* produit un précipité blanc, volumineux, abondant, qui se rassemble ensuite. L'acide antimonieux est entièrement précipité à la longue par l'acide oxalique, en sorte que la liqueur séparée par filtration n'en contient plus. Pour un grand excès d'acide oxalique, le précipité ne paraît pas immédiatement, mais seulement au bout de quelque temps; dans ce cas aussi, tout l'acide antimonieux est séparé de la liqueur.

Le *carbonate de baryte* ne précipite ni à froid ni par l'ébullition tout l'acide antimonieux contenu dans la dissolution. La liqueur séparée par filtration retient à l'état de dissolution des quantités assez considérables d'antimonite de baryte.

L'*eau de baryte* réagit comme le carbonate de baryte.

Une dissolution de *ferrocyanure de potassium* produit un précipité blanc qui est insoluble dans l'acide chlorhydrique et qui, pour cela, n'est pas produit par l'eau que contient le précipitant.

Une dissolution de *ferrocyanide de potassium* ne donne pas de précipité : s'il se forme un léger trouble, il disparaît en ajoutant une petite quantité d'acide chlorhydrique, et il est probable qu'il n'est produit que par l'eau que contient le précipitant.

L'*infusion de noix de galles* produit un précipité blanc ou faiblement jaunâtre.

Le *sulfure d'ammonium* forme un précipité rouge de sulfure d'antimoine qui se redissout complétement dans un excès du précipitant. La dissolution est beaucoup accélérée par l'action de la chaleur et se produit plus facilement lorsque le sulfure d'ammonium est de couleur jaune et n'a pas été récemment préparée, ou lorsqu'on y a ajouté un peu de soufre en poudre fine et lorsqu'on a chauffé ensuite. — Si la dissolution d'antimoine contient des métaux étrangers comme le fer, le plomb, le cuivre, etc., ils se séparent de la dissolution du sulfure d'antimoine dans le sulfure d'ammonium à l'état de sulfures métalliques de couleur noire.

La dissolution d'*hydrogène sulfuré* produit dans les dissolutions neutres et acides d'oxyde d'antimoine un précipité rouge-orangé, volumineux, de sulfure d'antimoine. Ce sulfure d'antimoine, lorsqu'il a été obtenu au moyen de l'hydrogène sulfuré et de la dissolution chlorhydrique de sesquichlorure d'antimoine, retient avec force du sesquichlorure d'antimoine : on ne peut l'obtenir pur qu'en ajoutant de l'acide tartrique à la dissolution de sesquichlorure d'antimoine : de cette manière, lorsqu'on ajoute de l'eau, la liqueur ne se trouble pas, mais on obtient une dissolution complète : on traite alors cette dissolution par l'hydrogène sulfuré. Mais ce sulfure d'antimoine retient alors de petites quantités d'eau qui ne s'élèvent pas à 1 pour 100, mais qui ne se séparent pas du sulfure d'antimoine lorsqu'on le chauffe jusqu'à 100 et même 150°. Cette eau ne se sépare qu'à 200°; mais alors il subit encore une autre modification importante : il devient noir, cristallin (lorsqu'on le regarde au microscope), bon conducteur de l'électricité et prend une plus grande densité, tandis qu'auparavant, lorsqu'il était rouge, il était amorphe et mauvais conducteur de l'électricité. C'est sous cette modification que se trouve le sulfure d'antimoine qui se trouve dans la nature à l'état de grauspieszglanzerz (antimoine sulfuré gris), et celui qu'on obtient par la fusion simultanée du soufre et de l'antimoine. Ce sulfure d'antimoine est facilement fusible; mais lorsqu'il est en fusion et lorsqu'on le refroidit fortement, en le jetant dans une grande quantité d'eau froide, il se transforme de nouveau dans l'autre modification et devient amorphe, mauvais conducteur de l'électricité, rouge, au moins lorsqu'il est en poudre fine, et prend un poids spécifique plus faible. Mais si on chauffe jusqu'à 200° le sulfure d'antimoine devenu rouge, il passe à la modification noire. — L'hydrogène transforme en antimoine métallique à une température élevée le sulfure d'antimoine, qu'il soit rouge ou noir : en même temps il se dégage du gaz hydrogène sulfuré; mais il ne se dépose pas de soufre libre. Lorsqu'on chauffe avec de l'acide chlorhydrique concentré le sulfure d'antimoine, qu'il soit rouge-orangé ou noir, il se dissout complétement avec dégagement d'hydrogène sulfuré : cependant la dissolution s'opère bien plus facilement avec la modification rouge-orangé qu'avec la modification noire : la liqueur contient du chlorure d'antimoine. Si on verse de l'acide chlorhydrique sur le sulfure d'antimoine rouge-orangé, mais moins qu'il n'en faut pour opérer la dissolution complète, il passe par le temps à la modification noire, même à la température ordinaire : la réaction est plus rapide par l'action de la chaleur; en même temps il s'en dissout plus ou moins. La transformation ne réussit que très incomplétement avec l'acide sulfurique étendu, et elle ne réussit pas avec les acides faibles comme l'acide tartrique. — Si on fait bouillir le sulfure d'antimoine avec une dissolution d'hydrate de potasse, il se dissout ordinairement en produisant un résidu blanc, cristallin, d'acide antimonieux qui, lavé avec de l'eau, se dissout facilement dans l'acide chlorhydrique : la dissolution contient du sesquichlorure d'antimoine. Lorsqu'on ajoute une plus grande quantité de potasse et lorsqu'on chauffe, l'acide antimonieux séparé se dissout complétement. Si l'on fait bouillir le sulfure d'antimoine rouge-orangé avec une quantité considérable d'une dissolution de carbonate de potasse, il se dissout : par le refroidissement, le sulfure d'antimoine dissous se sépare de nouveau en grande partie sous la forme d'un précipité brun-rouge volumineux. Il se sépare ensuite une faible quantité d'acide antimonieux. Si on emploie une dissolution de carbonate de soude, la réaction est la même; mais, pour opérer la dissolution du sulfure d'antimoine, il faut employer une plus grande quantité du dernier réactif; et la quantité d'acide antimonieux qui se sépare après l'entier refroidissement de la dissolution et qui se dépose plus tard que le sulfure d'antimoine brun-rouge, est un peu plus considérable. Si on fait fondre le sulfure d'antimoine rouge-orangé ou même le sulfure d'antimoine noir avec du carbonate de potasse ou de soude dans un petit creuset de porcelaine, la masse fondue se dissout après le refroidissement lorsqu'on la fait bouillir avec l'eau, mais en laissant comme résidu des grains d'antimoine métallique; après le refroidissement, il se sépare du sulfure d'antimoine brun-rouge. Si on mêle le sulfure d'antimoine avec une grande quantité d'oxyde de cuivre et si on fait bouillir pendant longtemps le mélange avec une dissolution d'hydrate de potasse, une dissolution de nitrate d'argent produit dans la liqueur filtrée un précipité noir qui n'est pas soluble dans l'ammoniaque; mais si on a d'abord mélangé le sulfure d'antimoine avec du soufre et si on a traité le mélange par l'oxyde de cuivre de la manière qui vient d'être indiquée, on peut obtenir dans la dissolution alcaline, au moyen de la dissolution d'argent, un précipité qui peut se dissoudre entièrement dans l'ammoniaque.—Le sulfure d'antimoine n'est soluble qu'en faible quantité dans l'ammoniaque. Si on ajoute à la dissolution filtrée une dissolution de nitrate d'argent, et si on sépare au moyen de la filtration le sulfure d'argent obtenu, il se produit un faible précipité blanc par la saturation de la liqueur ammoniacale filtrée.

Si on fait fondre le sulfure d'antimoine hors du contact de l'air, il ne se volatilise que très peu à une température élevée. Mais si on le mélange avec du chlorure d'ammonium, il se volatilise entièrement par l'action de la chaleur. Dans les combinaisons du sulfure d'antimoine avec les autres sulfures, on peut aussi en volatiliser le sulfure d'antimoine en les mélangeant avec du chlorure d'ammonium et soumettant le mélange à l'action de la chaleur. Dans la plupart des cas, les sulfures qui étaient combinés avec le sulfure d'antimoine, sont transformés en chlorures et restent comme résidu.

Si on fait fondre avec du cyanure de potassium le sulfure d'antimoine, que ce soit la modification noire ou la modification rouge-orangé, une grande partie de l'antimoine est réduite à l'état de grains métalliques qui ne contiennent pas de trace de soufre et qui restent comme résidu après la dissolution dans l'eau de la masse fondue qui paraît brun foncé à chaud et presque blanche après le refroidissement. La dissolution contient, outre le cyanure de potassium en excès, du rhodanure de potassium et un sulfosel formé par la combinaison du sulfure de potassium avec le sulfure d'antimoine Sb^2S^5 qui résiste à l'action du cyanure de potassium. Tout l'antimoine contenu dans le sulfure d'antimoine ne peut donc pas être réduit par le cyanure de potassium.

Le *zinc métallique* précipite de ses dissolutions l'antimoine à l'état métallique sous la forme d'une poudre noire.

Lorsqu'on fait réagir une dissolution de *sesquichlorure d'or* sur les dissolutions de sesquichlorure d'antimoine et des sels dans lesquels l'acide antimonieux est la base, l'or est séparé à l'état métallique avec sa couleur jaune. La précipitation de l'or ne se produit que lentement à froid, et, avant la réduction de l'or, on obtient un précipité blanc d'acide antimonique. Mais si on chauffe le tout, la réduction de l'or se produit plus rapidement et avant la séparation de l'acide antimonique. La séparation de l'acide antimonique est empêchée seulement lorsqu'on ajoute à la dissolution d'antimoine une quantité excessivement forte d'acide chlorhydrique. — Si on ajoute une dissolution de sesquichlorure d'or à une dissolution d'acide antimonieux dans une dissolution d'hydrate de potasse, on obtient un précipité noir qui n'est pas modifié par l'action de la chaleur. Les plus petites quantités d'acide antimonieux peuvent être reconnues de cette manière.

Une dissolution de *nitrate d'argent* produit dans une dissolution de sesquichlorure d'antimoine un précipité blanc, épais, dans lequel l'ammoniaque dissout le chlorure d'argent et laisse l'acide antimonieux à l'état insoluble.

— Si cependant on ajoute une dissolution de nitrate d'argent à une dissolution d'acide antimonieux dans une dissolution d'hydrate de potasse, on obtient un précipité noir foncé qui est un mélange d'acide antimonieux, de sous-oxyde d'argent et de protoxyde d'argent : il reste dans la dissolution de l'antimoniate de potasse. Le précipité n'est pas soluble dans l'ammoniaque qui en dissout cependant le protoxyde d'argent qui y était mélangé et qui avait été précipité par l'excès de dissolution de potasse. — La dissolution d'argent est un des meilleurs réactifs pour retrouver l'acide antimonieux.

Si on ajoute une dissolution de *bichlorure de mercure* à une dissolution de sesquichlorure d'antimoine, elle n'agit que par l'eau qu'elle contient; le précipité blanc qui se forme est facilement soluble dans l'acide chlorhydrique.

Les sels dans lesquels l'acide antimonieux constitue la base, ne peuvent pas être calcinés au contact de l'air sans se décomposer ou se volatiliser. Lorsqu'on les dissout dans l'eau, ils se décomposent : en même temps, l'acide antimonieux se sépare avec une quantité plus ou moins grande de l'acide avec lequel il était combiné.

Les combinaisons d'antimoine insolubles dans l'eau peuvent dans la plupart des cas être dissoutes par l'acide chlorhydrique. Dans cette dissolution, le meilleur moyen de reconnaître l'antimoine est d'employer le gaz hydrogène sulfuré. Dans la liqueur que l'on a séparée du sulfure d'antimoine par filtration, on retrouve l'acide auquel l'antimoine était combiné : lorsque la combinaison insoluble était formée d'acide antimonieux et d'une base, cette dernière reste dans la liqueur à l'état de chlorure.

Lorsque l'acide antimonieux est combiné avec des bases, on peut l'en séparer complétement par volatilisation, en mélangeant la combinaison avec du chlorure d'ammonium et chauffant le mélange. Les bases restent dans la plupart des cas comme résidu à l'état de chlorures.

L'acide antimonieux, fondu avec du cyanure de potassium, est complétement réduit à l'état métallique.

L'acide antimonieux et ses combinaisons, soumis à l'action de la flamme intérieure du *chalumeau* avec la soude sur le charbon, sont réduits à l'état de métal qui, après qu'il a été fondu, dégage pendant longtemps une fumée blanche, épaisse, et qui recouvre le charbon assez loin de l'essai d'un dépôt blanc, abondant, d'acide antimonieux. Si on traite ce dépôt par la flamme de réduction, il disparaît avec une lueur vert-bleuâtre. Lorsque la fumée cesse, le reste du globule métallique est entouré d'un anneau de cristaux qui sont formés d'acide antimonieux. L'acide antimonieux pur, soumis à l'action de la flamme intérieure sur le charbon, est réduit à l'état métallique, même sans l'intervention de la soude. Si on chauffe un peu d'antimoine dans un petit tube de verre qui soit ouvert aux deux extrémités, il s'oxyde lentement et forme sur le verre un dépôt blanc qui est formé d'acide antimonieux et qui peut être transporté par l'action de la chaleur d'une place à une autre sans laisser de résidu.

L'acide antimonieux est dissous à la flamme d'oxydation par le borax et le sel de phosphore et donne une perle claire. Si l'expérience a lieu sur le charbon, il se recouvre d'une fumée d'acide antimonieux. A la flamme intérieure, la perle est d'abord trouble par suite de la présence de l'antimoine réduit, mais il redevient clair lorsqu'on prolonge l'action de la flamme du chalumeau.

Les dissolutions d'antimoine se reconnaissent très facilement à la manière dont elles se comportent avec la dissolution d'hydrogène sulfuré et avec le sulfure d'ammonium.

La présence des substances organiques peut modifier de différentes manières les réactions que font subir aux dissolutions d'antimoine les différents réactifs. Plusieurs d'entre elles peuvent empêcher la précipitation de l'acide antimonieux au moyen des réactifs. C'est ce qui arrive spécialement lorsqu'on ajoute à la dissolution d'acide antimonieux ou de sesquichlorure d'antimoine des acides organiques non volatils. Les substances organiques volatiles, comme l'alcool et l'alcool contenant de l'éther, l'acide acétique, même lorsqu'il n'est pas très étendu, ajoutées à une dissolution d'antimoine, ne l'empêchent pas de devenir laiteuse.

L'*acide tartrique* spécialement empêche la décomposition, au moyen de l'eau, d'une dissolution d'antimoine et de sesquichlorure d'antimoine, bien qu'on l'ajoute en quantité peu considérable à ces dissolutions. — L'addition de l'acide tartrique modifie entièrement non-seulement la manière dont la dissolution d'antimoine se comporte avec l'eau, mais aussi la manière dont elle se comporte avec tous les réactifs. Comme, dans les recherches analytiques, l'acide antimonieux se trouve très fréquemment, dans les dissolutions, à l'état de combinaison avec l'acide tartrique et la potasse sous la forme d'*émétique* (*tartrate d'antimoine et de potasse*), il est important de connaître la manière dont cette dissolution se comporte avec les réactifs.

Si on ajoute du tartre à une dissolution d'acide antimonieux dans l'acide chlorhydrique, à l'acide antimonieux sec, ou à une combinaison qui contienne de l'acide antimonieux et qui n'ait pas été calcinée, si on la laisse digérer quelque temps et si on évapore la dissolution filtrée, on obtient des cristaux d'émétique, ce qui est caractéristique pour l'acide antimonieux.

L'émétique se dissout dans l'eau et forme, à cause de la présence de l'acide tartrique, une liqueur complétement claire.

Une dissolution d'*hydrate de potasse*, ajoutée en petite quantité à la dissolution d'émétique, produit immédiatement un précipité blanc d'acide antimonieux qui se dissout complétement et facilement dans un excès du précipitant.

L'*ammoniaque*, ajoutée même en grande quantité à la dissolution, ne la trouble pas immédiatement : cependant au bout de quelque temps il se produit un précipité blanc d'acide antimonieux qui n'est pas soluble dans un excès d'ammoniaque. Si on laisse pendant très longtemps le tout en contact, la liqueur, séparée du précipité, contient un peu d'acide antimonieux.

Une dissolution de *carbonate neutre de potasse* ne produit pas immédiatement, mais produit au bout de quelque temps dans la dissolution d'émétique un précipité blanc d'acide antimonieux qui ne se dissout pas dans un excès du précipitant. La liqueur, séparée du précipité, retient cependant encore beaucoup d'acide antimonieux.

Les dissolutions de *bicarbonate de potasse*, de *carbonate de soude* et de *carbonate d'ammoniaque* agissent presque de même.

Une dissolution de *cyanure de potassium* ne produit qu'un léger trouble qui cependant devient considérable au bout de quelque temps et qui n'est pas soluble dans un excès de cyanure de potassium.

Une dissolution de *phosphate de soude* ne produit pas de précipité, même au bout de quelque temps, dans la dissolution d'émétique.

Une dissolution d'*acide oxalique* produit seulement au bout de quelque temps un faible précipité qui ne se dissout pas dans un excès d'acide oxalique ; la liqueur que l'on sépare du précipité, retient encore en dissolution une très grande quantité d'acide antimonieux.

Le *carbonate de baryte* ne précipite pas l'acide antimonieux contenu dans l'émétique.

Une dissolution d'*acide chlorhydrique*, ajoutée en petite quantité à une dissolution d'émétique, produit immédiatement un précipité abondant qui est très soluble dans un excès d'acide chlorhydrique.

L'*acide nitrique* produit également un précipité qui finit par se dissoudre dans un excès d'acide. La liqueur que l'on sépare du précipité par filtration, contient de l'acide antimonieux.

L'*acide sulfurique* etendu produit également, dans la dissolution d'émétique, un précipité qui se dissout au bout de quelque temps dans un excès d'acide. La liqueur que l'on sépare du précipité, contient beaucoup d'acide antimonieux.

L'*acide acétique* et l'*acide tartrique* ne donnent pas de précipité dans la dissolution d'émétique.

Une dissolution de *ferrocyanure de potassium* ne donne pas de précipité dans la dissolution d'émétique.

Une dissolution de *ferrocyanide de potassium* n'en produit pas non plus.

L'*infusion de noix de galles* produit immédiatement un précipité volumineux de couleur blanc-jaunâtre dans une dissolution d'émétique.

Le *sulfure d'ammonium* forme un précipité rouge de sulfure d'antimoine qui se dissout également dans un excès du précipitant, dans les mêmes circonstances que le précipité formé par ce réactif dans les autres dissolutions d'antimoine p. 261).

La dissolution d'*hydrogène sulfuré* ne produit pas de précipité dans les dissolutions étendues d'émétique. La liqueur se colore seulement en rouge foncé. Il se forme un précipité rouge de sulfure d'antimoine, lorsqu'on ajoute une petite quantité d'acide, lorsqu'on chauffe ou lorsqu'on laisse les substances très longtemps en contact. Si au contraire la dissolution d'émétique est concentrée, il se produit immédiatement un précipité rouge.

Le précipité de sulfure d'antimoine qui est formé par l'hydrogène sulfuré dans les dissolutions d'antimoine, peut prendre une autre couleur par suite de la présence de plusieurs substances organiques. Lorsqu'on ajoute à une dissolution d'émétique des substances albumineuses, l'hydrogène sulfuré produit une liqueur jaune, et lorsqu'on ajoute une petite quantité d'acide, il se produit un précipité jaune, volumineux, qui reste longtemps en suspension dans la liqueur.

Dans une dissolution de *sesquichlorure d'or*, une dissolution d'émétique produit à froid une réduction lente de l'or. Par l'action de la chaleur, il se produit d'abord un précipité blanc-jaunâtre et ensuite une réduction plus rapide de l'or.

Une dissolution de *nitrate d'argent* donne dans la dissolution d'émétique un précipité blanc. Le précipité est soluble dans l'ammoniaque; la dissolution est d'abord claire; mais elle se trouble avec le temps comme une dissolution pure d'émétique traitée par l'ammoniaque. — Si cependant on ajoute à une dissolution d'émétique une dissolution d'hydrate de potasse en excès de manière à obtenir une dissolution complète et si on ajoute alors une dissolution de nitrate d'argent, on obtient un précipité noir, abondant, qui n'est pas soluble dans l'ammoniaque; celle-ci lui enlève cependant l'oxyde d'argent qui s'est précipité en même temps. Ce précipité a toutes les propriétés de celui qui se forme dans la dissolution d'antimonite de potasse par l'action de la dissolution d'argent (p. 264).

Si de petites quantités d'acide antimonieux sont en présence de très grandes quantités de substances organiques, on y retrouve la présence de l'antimoine de la manière qui sera indiquée plus loin à l'article *Acide antimonique*.

Acide antimonique, Sb^2O^5.

L'acide antimonique est jaunâtre à l'état pur : il est plus foncé à chaud, plus pâle à froid. Il n'est jaune foncé que lorsqu'il contient de l'acide nitrique. A l'état d'hydrate, il a une couleur blanche. Si on chauffe jusqu'au rouge l'acide antimonique, il perd une partie de son oxygène et se transforme en une combinaison infusible d'acide antimonieux et d'acide antimonique qui paraît blanche lorsqu'elle est refroidie. Lorsque par suite on chauffe l'hydrate d'acide antimonique, il devient d'abord jaunâtre en perdant son eau : lorsqu'on le soumet à une plus forte chaleur, il redevient blanc, en perdant de l'oxygène. Lorsqu'on calcine l'acide antimonique dans un petit tube de verre, bouché à une extrémité, dont l'extrémité ouverte est étirée en une pointe fine, une allumette, présentant encore quelque point en ignition, que l'on place à l'extrémité effilée, s'allume d'elle-même et brûle avec une flamme vive. Dans une petite cornue de verre, l'acide antimonique ne peut pas être transformé complétement en une combinaison d'acide antimonieux et d'acide antimonique. Après la calcination, l'acide antimonique présente encore au milieu des places jaunes qui deviennent blanches lorsqu'on calcine plus fortement dans un creuset de platine ou dans un petit creuset de porcelaine. — Si on mélange l'acide antimonique avec du chlorure d'ammonium, il se volatilise facilement et complétement par l'action de la chaleur.

Non-seulement l'hydrate d'acide antimonique, mais même l'acide antimonique sec rougissent fortement le papier bleu de tournesol humide.

Le chlorure dont la composition correspond à l'acide antimonique, est une liqueur très volatile qui fume fortement à l'air et qui a une faible pointe de jaunâtre. Lorsqu'on le distille, il perd facilement du chlore et se transforme en partie en sesquichlorure d'antimoine solide. Lorsqu'on y ajoute un peu d'eau, le chlorure volatil forme une masse solide, cristalline : une plus grande quantité d'eau le transforme en acide chlorhydrique et en hydrate d'acide antimonique qui se dépose.

L'hydrate d'acide antimonique et l'acide antimonique à l'état sec sont insolubles dans l'eau et même dans l'alcool. Leur meilleur dissolvant est l'*acide chlorhydrique*. Cependant ce dernier réactif les dissout tous deux difficilement à froid, plus facilement à chaud. L'acide antimonique sec ne se dissout pas beaucoup plus difficilement que l'hydrate. La dissolution ne laisse pas dégager de chlore par l'action de la chaleur : elle est d'abord opaline ; mais elle devient claire à la longue et par l'action de la chaleur. Elle se trouble lorsqu'on la mêle avec l'eau. Lorsqu'on la mêle en une fois avec beaucoup d'eau, la liqueur se trouble d'abord un peu ; mais il se dépose au bout de quelque temps une quantité aussi forte de précipité blanc que lorsqu'on la mêle peu à peu avec l'eau. Par l'ébullition, l'acide étendu d'eau se trouble plus rapidement.

L'acide antimonique et son hydrate sont insolubles dans l'*acide nitrique*. — Même par une longue digestion avec l'*acide sulfurique* étendu ou concentré, il ne se dissout que très peu d'acide antimonique. — Les dissolutions d'*acide oxalique* et d'*oxalate acide de potasse* ne dissolvent pas beaucoup d'hydrate d'acide antimonique.

Par une longue digestion avec une dissolution d'*hydrate de potasse*, il ne se dissout pas une quantité très considérable d'hydrate d'acide antimonique. — Une dissolution de *carbonate de potasse* en dissout encore moins et on ne peut pas observer de dégagement d'acide carbonique. — L'*ammoniaque* n'en dissout pas trace.

Comme l'acide antimonique est plus soluble dans l'acide chlorhydrique que dans les alcalis, les dissolutions d'hydrate de potasse, de carbonate de potasse et de carbonate de soude produisent des précipités dans sa dissolution chlorhydrique. Un excès considérable du précipitant peut, par l'action de la chaleur, redissoudre les précipités, même celui formé par le carbonate de soude. L'ammoniaque forme aussi dans la dissolution chlorhydrique un abondant précipité qui ne se redissout pas lorsqu'on ajoute de l'eau. Si la dissolution est étendue de beaucoup d'eau, de manière cependant qu'elle ne se trouble pas encore, l'ammoniaque ne forme pas de précipité.

L'hydrate d'acide antimonique et l'acide desséché, mis en contact avec la dissolution d'*hydrogène sulfuré*, ne sont pas transformés immédiatement, mais sont transformés au bout de peu de temps et peu à peu en sulfure d'antimoine de couleur rouge-orangé. Dans la dissolution d'acide antimonique dans l'acide chlorhydrique ou dans tout autre acide, même lorsqu'il n'y est contenu qu'en petite quantité, la dissolution d'hydrogène sulfuré ou un courant de gaz hydrogène sulfuré produisent un précipité rouge-orangé volumineux de sulfure d'antimoine. Ce précipité a une couleur presque entièrement pareille à celui qui se forme par l'action de l'hydrogène sulfuré dans les dissolutions d'acide antimonieux (p. 261 ; seulement l'un se produit plus lentement que l'autre. Lorsqu'une dissolution ne contient que de petites quantités d'acide antimonique, la dissolution d'hydrogène sulfuré ne produit souvent d'abord pas de précipité ; mais il s'en produit un au bout de quelque temps. Tout l'acide antimonique est précipité par l'hydrogène sulfuré à l'état de sulfure d'antimoine. — Ce sulfure d'antimoine ne retient pas d'eau à une température de 100°, comme celui dont la composition correspond à l'acide antimonieux auquel, du reste, il ressemble complétement par son aspect extérieur. Il fond lorsqu'on le chauffe à l'abri du contact de l'air et se transforme en sulfure d'antimoine noir (Sb^2S^3) : en même temps il se volatilise du soufre. Traité par le gaz hydrogène à une température élevée, il est transformé en antimoine métallique avec dégagement de gaz hydrogène sulfuré et volatilisation d'une certaine quantité de soufre. — Si l'on fait fondre le sulfure d'antimoine Sb^2S^5 avec du cyanure de potassium, une partie seulement est réduite à l'état d'antimoine métallique qui se sépare sous forme de grains métalliques fondus. La masse fondue contient, outre le cyanure de potassium en excès, du rhodanure de potassium et un sulfosel formé par la combinaison du sulfure de potassium et du sulfure d'antimoine Sb^2S^5. Le sulfure d'antimoine au maximum de soufre se comporte par conséquent à l'égard du cyanure de potassium d'une manière analogue au sulfure d'antimoine Sb^2S^3 (p. 263) : seulement, dans le premier cas, il y a moins d'antimoine réduit que dans le second. Si on mélange les deux espèces de sulfure d'antimoine avec du soufre, et si on fait fondre le mélange avec du cyanure de potassium, il ne se sépare plus d'antimoine métallique : il ne se produit que du rhodanure de potassium et un sulfosel d'antimoine.— Le *sulfure d'ammonium* dissout le sulfure d'antimoine Sb^2S^5 plus facilement qu'il ne dissout celui formé par la précipitation des dissolutions d'acide antimonieux. Si l'on sursature par un acide étendu, le sulfure d'antimoine est précipité de nouveau ; mais il a ordinairement une couleur plus pâle qu'auparavant et peut paraître souvent tout à fait jaune, lorsqu'il se précipite en même temps beaucoup de soufre provenant de la décomposition du sulfure d'ammonium. — Le sulfure d'ammonium réagit moins énergiquement que la dissolution d'hydrogène sulfuré sur l'hydrate d'acide antimonique et sur l'acide antimonique sec. Ce n'est qu'au bout de très longtemps qu'ils sont dissous par le réactif. — Le sulfure d'antimoine. correspondant à l'acide antimonique, se dissout à chaud dans l'acide chlorhydrique concentré avec dégagement de gaz hydrogène sulfuré, comme celui qui correspond à l'acide antimonieux (p. 262) ; mais, ce qui est caractéristique pour le sulfure d'antimoine Sb^2S^5, il reste du soufre insoluble qui paraît d'abord un peu rougeâtre, mais qui devient jaunâtre lorsqu'on le soumet à l'action d'une chaleur prolongée. La dissolution contient du sesquichlorure d'antimoine.— Si l'on fait bouillir le sulfure d'antimoine au maximum de soufre avec l'hydrate de potasse, il s'y dissout plus facilement que le sulfure d'antimoine correspondant à l'acide antimonieux. Dans cette dissolution, il ne se forme ordinairement qu'un faible précipité floconneux d'antimoniate de potasse. — Si on chauffe le sulfure d'antimoine avec une dissolution d'hydrate de soude, il se sépare par le refroidissement de l'antimoniate de soude, blanc, peu soluble, que l'on peut obtenir à l'état cristallin, lorsqu'on n'a pas employé de trop petites quantités de matières. — Si l'on fait bouillir le sulfure d'antimoine Sb^2S^5 avec une dissolution de carbonate de potasse, on obtient une dissolution complète qui, même après le refroidissement, reste claire lorsqu'elle n'est pas très concentrée et lorsqu'on la préserve du contact de l'air. — Si on fait bouillir le même sulfure d'antimoine avec une dissolution de carbonate de soude, on obtient un dépôt considérable d'antimoniate de soude peu soluble ; mais il ne se sépare pas de sulfure d'antimoine lorsque, après le refroidissement, on la préserve bien du contact de l'air. Cette manière de se comporter avec les carbonates alcalins distingue essentiellement le sulfure d'antimoine Sb^2S^5 du sulfure d'antimoine Sb^2S^3. Si l'on sursature avec des acides, même des acides très faibles, les dissolutions du sulfure d'antimoine dans les dissolutions des hydrates ou des carbonates alcalins, on en précipite du sulfure d'antimoine rouge-orangé. L'acide carbonique de l'air peut même produire cette décomposition. Si l'on fait fondre le sulfure d'antimoine Sb^2S^5 avec un carbonate alcalin dans un petit creuset de porcelaine, il ne se sépare pas d'antimoine métallique. Lorsqu'on fait bouillir avec de l'eau la masse fondue, elle se dissout ; mais, par le refroidissement, il se sépare du sulfure d'antimoine brun-rouge. Si on mélange avec une grande quantité d'oxyde de cuivre le sulfure d'antimoine au maximum de soufre et si on fait bouillir pendant longtemps le mélange avec une dissolution d'hydrate de potasse, une dissolution de nitrate d'argent produit dans la liqueur filtrée un précipité noir qui est soluble dans l'ammoniaque ; s'il n'y est pas complétement soluble, c'est que l'ébullition n'a pas été continuée pendant assez longtemps. —Le sulfure d'antimoine au maximum de soufre est soluble dans l'ammoniaque, mais en quantité pas très considérable. Si on ajoute à la dissolution filtrée une dissolution de nitrate d'argent et si l'on sépare en filtrant le précipité de sulfure d'argent obtenu, la dissolution ammoniacale filtrée produit, lorsqu'on la sature, un précipité blanc. — Si on mélange avec du chlorure d'ammonium le sulfure d'antimoine Sb^2S^5, et si l'on chauffe le mélange, il se volatilise complétement. On peut aussi, dans les combinaisons du sulfure d'antimoine avec les autres sulfures, volatiliser le sulfure d'antimoine en mélangeant ces combinaisons avec du chlorure d'ammonium et en chauffant le mélange : dans la plupart des cas, les sulfures étrangers restent comme résidu à l'état de chlorures.

Le *zinc métallique* précipite, dans la dissolution d'acide antimonique dans l'acide chlorhydrique, l'antimoine sous forme d'une poudre noire, mais incomplétement.

L'acide antimonique forme avec les bases des sels qui appartiennent à deux modifications isomériques : les unes se forment au moyen des autres par la calcination. Les sels calcinés sont plus insolubles et se décomposent plus difficilement par l'action des acides que les sels qui n'ont pas été calcinés. Lorsqu'on calcine certains antimoniates métalliques, la réaction est accompagnée de production de lumière (Berzelius .

La combinaison de l'acide antimonique avec la *potasse*, lorsqu'elle a été obtenue par la fusion de l'antimoine avec le nitrate de potasse et par le lavage de la masse fondue au moyen de l'eau, se dissout difficilement dans l'eau froide; mais elle peut se dissoudre dans l'eau par une longue ébullition. Lorsqu'on la fait fondre dans un creuset de platine avec l'hydrate de potasse, on obtient un sel de potasse qui se dissout facilement dans l'eau froide, et que l'on peut obtenir du reste en ajoutant simplement de l'hydrate de potasse à la première dissolution. Les deux dissolutions ne se comportent pas tout à fait de la même manière avec les réactifs; car, dans le premier cas, il se dissout un peu d'antimoniate acide de potasse : la seconde dissolution contient de l'antimoniate neutre de potasse, et aussi un peu d'hydrate de potasse libre.

L'*acide chlorhydrique* produit dans ces deux dissolutions un précipité blanc, abondant, d'hydrate d'acide antimonique qui se dissout bien même à froid dans un excès d'acide.

L'*acide nitrique* y donne également un précipité d'hydrate d'acide antimonique qui n'est pas soluble à froid dans un excès d'acide : à chaud, au contraire, il se forme une dissolution claire.

L'*acide sulfurique* étendu produit également un précipité abondant d'hydrate d'acide antimonique, qui est soluble par un long contact et à chaud dans l'acide sulfurique.

Un courant de *gaz acide carbonique* produit au bout de quelque temps un abondant précipité : si cependant la dissolution contient de la potasse libre, il se passe naturellement un temps bien plus long avant que le gaz puisse troubler la liqueur. Lorsqu'on la laisse au contact de l'air, l'acide carbonique que l'air contient, y produit également un trouble : ce qui la rend moins apte à être employée comme réactif qu'une dissolution qui contient de la potasse libre.

Les dissolutions d'*acide oxalique* et de *bioxalate de potasse* ne produisent pas de précipité : au bout de quelque temps, il se forme un faible précipité floconneux.

Les antimoniates sont pour la plupart insolubles ou peu solubles dans l'eau. Le plus soluble de tous est le sel de potasse. L'antimoniate de potasse est décomposé par l'eau; il se dissout d'abord de l'hydrate de potasse; plus tard, la dissolution contient un antimoniate de potasse un peu acide, tandis qu'il reste à l'état insoluble un antimoniate de potasse encore plus acide. Cette décomposition se produit plus rapidement par l'ébullition.

Les dissolutions des *sels de potasse*, surtout celles du sulfate et du nitrate de potasse, produisent un faible précipité floconneux dans les dissolutions qui contiennent de l'antimoniate de potasse un peu acide; mais elles n'en produisent pas dans celles auxquelles on a ajouté de l'hydrate de potasse.

Les dissolutions des *sels de soude*, surtout celles du nitrate, du sulfate, du carbonate, du phosphate et du borate de soude, aussi bien que celle du chlorure de sodium, versées dans une dissolution d'antimoniate de potasse à laquelle on a ajouté un peu d'hydrate de potasse, donnent, bien que souvent ce ne soit pas immédiatement, mais au bout de quelque temps, un précipité grenu cristallin qui se dépose en partie sur les parois du verre en y adhérant. L'acide antimonique est précipité en grande partie par les dissolutions des sels de soude, en sorte que la liqueur filtrée n'en contient que de faibles traces au bout de vingt-quatre heures. On peut de cette manière distinguer très bien la soude de la potasse (p. 9). Cependant l'antimoniate de soude peut se dissoudre dans une très grande quantité d'eau chaude et former une dissolution claire. — Si on ajoute à la dissolution d'antimoniate de potasse assez d'acide chlorhydrique pour que le précipité formé d'abord se redissolve, les dissolutions des sels de soude ne forment pas dans cette dissolution un précipité d'antimoniate de soude : il faut, pour qu'il s'en forme un, sursaturer préalablement la dissolution par l'hydrate de potasse.

L'*ammoniaque* ou le *chlorure d'ammonium* produisent d'abord dans la dissolution d'antimoniate de potasse, soit qu'elle contienne de la potasse libre ou qu'elle n'en contienne pas, un faible précipité qui augmente beaucoup à la longue.

Les antimoniates, lorsqu'ils n'ont pas été calcinés, se dissolvent dans l'acide chlorhydrique, lorsque la base de l'antimoniate ne forme pas avec cet acide une combinaison insoluble. — Si on précipite les dissolutions des sulfates neutres ou des chlorures par la dissolution d'antimoniate de potasse qui ne contient pas de potasse libre ou par une dissolution bouillante d'antimoniate de soude, on obtient, surtout dans le dernier cas, des précipités floconneux qui se déposent bientôt et qui sont formés d'antimoniates acides : au bout de quelque temps, il se forme à la surface de la liqueur de petits cristaux d'antimoniates neutres qui deviennent plus gros au bout de quelque temps, se précipitent en partie au fond du vase et se mélangent avec le sel acide amorphe : une partie du sel neutre reste attachée aux parois du vase. On peut séparer le sel neutre du sel acide par des lavages.

Une dissolution de *chlorure de baryum* y donne un précipité abondant qui se dissout presque entièrement dans une dissolution de chlorure d'ammonium. Cependant le sel se sépare de nouveau de la dissolution au bout de quelque temps. — L'antimoniate de baryte est soluble dans un excès de chlorure de baryum.

Une dissolution de *chlorure de calcium* donne également un abondant précipité qui est encore plus soluble dans une dissolution de chlorure d'ammonium que le précipité formé par le chlorure de baryum, mais la dissolution se trouble au bout de quelque temps.

Une dissolution de *sulfate de magnésie* ne produit pas de précipité, même au bout de quelque temps. Il ne s'en forme un que lorsqu'on ajoute de l'ammoniaque, et le précipité qui se forme alors se dissout facilement et complétement dans une dissolution de chlorure d'ammonium. Cette dissolution reste claire, même au bout de quelque temps.

Une dissolution de *sesquichlorure d'or* ne produit presque pas de précipité dans la dissolution d'antimoniate de potasse, même lorsqu'elle contient de la potasse libre. Ce n'est qu'au bout de quelque temps qu'il se forme un faible précipité noir.

Une dissolution de *nitrate d'argent* donne, dans la dissolution d'antimoniate de potasse, un précipité blanc, abondant, d'antimoniate d'argent. Si la dissolution contient de la potasse libre, le précipité est brun par suite de la séparation de l'oxyde d'argent qui se précipite en même temps. Les deux précipités sont complétement solubles dans l'ammoniaque. L'acide nitrique forme dans la dissolution ammoniacale un précipité d'hydrate d'acide antimonique. — Si cependant la dissolution contient seulement une très faible quantité d'acide antimonieux, le précipité formé par la dissolution d'argent n'est pas complétement soluble dans l'ammoniaque, il reste alors un précipité noir insoluble (p. 264).

Une dissolution de *nitrate de protoxyde de mercure* produit un précipité jaunâtre d'antimoniate de protoxyde de mercure. Si la dissolution contient de la potasse libre, le précipité est brun et devient noir par un contact prolongé.

Le *bichlorure de mercure* ne produit pas de précipité dans la dissolution d'antimoniate de potasse, lorsqu'elle ne contient pas de potasse libre.

Une dissolution de *sulfate de cuivre* produit un précipité blanc-bleuâtre. Si l'antimoniate de potasse contient de la potasse libre, le précipité est bleu-verdâtre. Les deux précipités sont complétement solubles dans l'ammoniaque.

La dissolution d'*hydrogène sulfuré* ne produit pas immédiatement de précipité dans la dissolution d'antimoniate de potasse qui ne contient pas de potasse libre; mais au bout de quelque temps il se produit un précipité rouge de sulfure d'antimoine. Si, au contraire, la dissolution contient de la potasse libre, il ne se forme pas de précipité, et il ne se précipite du sulfure d'antimoine que par la sursaturation avec un acide étendu.

Lorsqu'on les calcine, les antimoniates alcalins sont légèrement décomposés par l'eau de cristallisation : il se forme de l'hydrate d'oxyde alcalin et de l'antimoniate alcalin acide. Ces combinaisons salines ne perdent pas complétement leur eau de cristallisation par la calcination. Ce n'est que lorsqu'on les soumet à l'action de la chaleur dans une atmosphère de gaz acide carbonique que l'eau se dégage complétement : il se forme alors un carbonate alcalin et un antimoniate alcalin acide. La même réaction s'opère lorsqu'on calcine l'antimoniate alcalin avec un peu de carbonate d'ammoniaque. L'antimoniate de baryte se montre sous ce rapport légèrement analogue aux antimoniates alcalins.

Si on mélange les antimoniates alcalins avec du chlorure d'ammonium et si on calcine le mélange, l'acide antimonique est complétement volatilisé et l'oxyde alcalin reste comme résidu à l'état de chlorure. Si on traite les autres antimoniates de la même manière, la décomposition n'est pas complète.

Si on fait fondre avec du cyanure de potassium les antimoniates, surtout les antimoniates alcalins et alcalino-terreux, l'antimoine est réduit complétement à l'état métallique ; et, lorsqu'on dissout dans l'eau la masse fondue, l'antimoine reste presque en entier comme résidu sous la forme d'un seul globule métallique : il ne se sépare qu'une très petite quantité d'antimoine sous forme pulvérulente. Si, pour dissoudre la masse fondue, on emploie l'alcool étendu d'eau et si on laisse le liquide le moins longtemps possible en contact avec l'antimoine réduit, la dissolution ne contient pas d'antimoine. On n'en trouve des traces que lorsque le liquide est resté longtemps en contact avec l'antimoine réduit : on en trouve une plus grande quantité lorsqu'on n'a employé que de l'eau pour dissoudre la masse fondue et lorsqu'on l'a laissé réagir pendant longtemps sur l'antimoine. — Si l'on fait fondre les antimoniates dans un courant d'hydrogène, il se volatilise une quantité excessivement faible d'antimoine à l'état d'hydrogène antimonié gazeux.

Les antimoniates contiennent de l'eau de cristallisation. Dans un très grand nombre d'antimoniates neutres cristallisés qui ont une même forme cristalline, l'eau peut aller jusqu'à 12 atomes. Si on les chauffe jusqu'à 100 degrés, ils perdent 8 atomes d'eau ; à 200 degrés, ils en perdent 10, et à 300 degrés, ils en perdent 11. Si on les chauffe jusqu'au rouge, ils perdent également le dernier atome d'eau ; mais en même temps il se produit un phénomène de lumière remarquable. Ce phénomène est surtout intense pour les antimoniates de zinc, de cuivre, de nickel et de cobalt : le phénomène de lumière se montre par la calcination même pour les sels acides de ces oxydes. Après la calcination, ces antimoniates ne sont presque plus décomposables par les acides forts.

Chauffé à la flamme du *chalumeau* sur le charbon, l'acide antimonique perd de l'oxygène en répandant une forte lumière et se transforme en une combinaison d'acide antimonieux et d'acide antimonique. Cette combinaison ne fond pas et ne se volatilise pas comme l'acide antimonieux pur. A la flamme intérieure, cette combinaison ne se réduit pas sans addition de soude, mais elle diminue de volume; en même temps le charbon se recouvre d'un dépôt blanc. Humecté avec la dissolution de nitrate de cobalt, l'acide antimonique devient vert foncé sale après la calcination. Avec les fondants, l'acide antimonique se comporte comme l'acide antimonieux (p. 265).

Le meilleur moyen de reconnaître l'acide antimonique et de le distinguer des autres oxydes métalliques est, comme pour l'acide antimonieux, l'emploi du gaz hydrogène sulfuré. L'acide antimonique, en dissolution dans les acides et surtout dans l'acide chlorhydrique, peut être distingué de l'acide antimonieux au moyen du sesquichlorure d'or qui, en présence du premier, ne réduit pas l'or à l'état métallique : dans les dissolutions alcalines, et surtout dans une dissolution d'hydrate de potasse, on peut de préférence distinguer les deux acides de l'antimoine au moyen du nitrate d'argent.

La présence des substances organiques non volatiles modifie essentiellement la manière dont l'acide antimonique se comporte avec les réactifs. Ainsi, en présence de l'acide tartrique, la dissolution de l'acide antimonique dans l'acide chlorhydrique n'est précipitée ni par l'eau, ni par les dissolutions d'hydrate de potasse et de carbonates alcalins. Cependant l'acide tartrique n'empêche pas la formation du sulfure d'antimoine au moyen de l'hydrogène sulfuré s'il n'est pas en très grand excès.

Si, à une très petite quantité d'antimoine métallique, à un anneau d'antimoine par exemple, comme celui qu'on obtient dans un petit tube de verre par la décomposition de l'hydrogène antimonié gazeux (p. 257), on ajoute une très petite quantité de chlorate de potasse et quelques gouttes d'acide chlorhydrique, l'antimoine se dissout entièrement, soit par un contact prolongé, soit avec l'aide d'une chaleur excessivement faible. Si on ajoute un peu d'acide tartrique, et ensuite de l'ammoniaque en excès, à cette dissolution qui contient l'antimoine à l'état d'acide antimonique, la dissolution reste non-seulement complétement claire lorsqu'on prolonge le contact, mais elle ne se trouble pas du tout lorsqu'on y verse une dissolution claire d'un sel de magnésie à laquelle on a ajouté une dissolution de chlorure d'ammonium et de l'ammoniaque libre. Cette réaction est caractéristique pour distinguer l'acide antimonique des acides analogues, et notamment de l'acide arsénique. Mais on doit faire l'expérience avec précaution. Il est nécessaire de laisser reposer quelque temps la dissolution après avoir ajouté l'acide tartrique et l'ammoniaque et avant d'ajouter la dissolution de magnésie. Quelquefois, lorsqu'il n'y a pas une quantité suffisante de tartrate d'ammoniaque et de chlorure d'ammonium, il se forme un faible précipité floconneux d'acide antimonique qui disparaît lorsqu'on ajoute une dissolution de chlorure d'ammonium. C'est ce qui arrive, par exemple, lorsqu'on traite de la manière indiquée une dissolution d'antimoniate de potasse qui contient beaucoup de potasse libre. Il est en outre nécessaire que la liqueur ne soit pas chaude lorsqu'on ajoute la dissolution de magnésie : on ne doit pas non plus la chauffer après qu'on a ajouté la dissolution de magnésie, parce que la dissolution d'un sel de magnésie qui contient des sels ammoniacaux et de l'ammoniaque libre, est troublée par l'action de la chaleur et peut former un précipité considérable.

Lorsqu'une quantité très faible d'une combinaison antimoniée quelconque est mélangée avec une grande quantité de substances organiques, avec des aliments solides, semi-solides ou liquides par exemple, et lorsqu'on veut y rechercher la présence de l'antimoine, le mieux est d'opérer de la manière suivante : Si la substance organique est solide, il faut la diviser en portions très petites; si elle est liquide, il faut l'évaporer à une très faible chaleur pour la réduire à un petit volume. On ajoute ensuite environ autant d'acide chlorhydrique concentré qu'il y a de substance organique; on ajoute ensuite assez d'eau pour que le tout forme une bouillie épaisse et on chauffe le tout à une faible chaleur. On ajoute ensuite peu à peu, et en agitant, de petites quantités de chlorate de potasse à la liqueur chaude jusqu'à ce qu'elle devienne jaune clair, et on chauffe encore jusqu'à ce que l'odeur du chlore disparaisse : on étend alors la liqueur avec de l'eau et on laisse le tout refroidir complétement. Comme une chaleur trop forte et de trop longue durée pourrait déterminer la volatilisation d'une très petite quantité d'antimoine à l'état de chlorure d'antimoine, le mieux est de faire l'expérience dans un vase spacieux que l'on ne chauffe que faiblement et que l'on recouvre d'un entonnoir. Ordinairement il se sépare une quantité plus ou moins grande de matière grasse liquide ou demi-solide. On filtre, et on peut faire passer dans la dissolution filtrée un courant de gaz hydrogène sulfuré qui produit du sulfure d'antimoine rouge-orangé qui se dépose immédiatement ou au bout de quelque temps: on peut encore utiliser la dissolution pour former du gaz hydrogène antimonié et obtenir par suite un anneau d'antimoine métallique par l'action de la chaleur sur ce gaz. On opère ici d'une manière tout à fait semblable à celle que l'on suit pour découvrir de petites quantités d'arsenic dans de grandes quantités de substances organiques : ce qui sera décrit avec détail plus loin à l'article ARSENIC.

Une combinaison d'*acide antimonieux* avec l'*acide antimonique* ($Sb^2O^3+Sb^2O^5$) se forme lorsqu'on calcine l'acide antimonique assez longtemps pour que le résultat de la calcination paraisse entièrement blanc après le refroidissement. A chaud, cette combinaison a une petite pointe de jaunâtre. Elle se produit aussi lorsqu'on chauffe d'abord faiblement et ensuite fortement l'acide antimonieux au contact de l'air. Lorsqu'on calcine cette combinaison, soit dans des vases fermés, soit dans des vases ouverts, l'acide antimonieux ne se volatilise pas. La combinaison des deux acides ne fond pas et ne se modifie pas par la calcination.

Cette combinaison est insoluble dans l'eau. Malgré cela, elle rougit le papier de tournesol, lorsqu'on la place sur ce papier et lorsque ensuite on l'humecte. Cette coloration rouge est cependant bien plus faible et ne se produit qu'après un contact bien plus long que celle produite par l'hydrate d'acide antimonique et aussi par l'acide antimonique sec dans les mêmes circonstances.

Si l'on fait fondre la combinaison avec l'hydrate de potasse dans un creuset d'argent, la masse fondue se dissout complétement dans l'eau après le refroidissement. Si la fusion n'a duré que peu de temps, la dissolution alcaline donne avec la dissolution de nitrate d'argent un précipité noir qui n'est pas soluble dans l'ammoniaque : l'oxyde d'argent qui s'est précipité en même temps et l'antimoniate d'argent se dissolvent seulement. Si on sursature la dissolution alcaline par l'acide chlorhydrique et si on ajoute ensuite du sesquichlorure d'or, l'or est réduit au bout de quelque temps par l'action de la chaleur. — Si la fusion avec l'hydrate de potasse a été continuée très longtemps au contact de l'air, tout l'acide antimonieux peut être oxydé et transformé en acide antimonique ; une dissolution de nitrate d'argent forme alors dans la dissolution de la masse fondue un précipité noir ou brun qui est entièrement soluble dans l'ammoniaque ; lorsqu'on sursature cette dissolution par l'acide chlorhydrique et lorsqu'on ajoute du sesquichlorure d'or, l'or n'est pas réduit.

La combinaison des deux acides n'est que peu attaquée, même à chaud, par l'acide chlorhydrique, et bien moins que l'acide antimonique. La dissolution peut se troubler par le mélange avec l'eau et donne avec la dissolution d'hydrogène sulfuré un précipité rouge-orangé de sulfure d'antimoine. — Les autres acides ne dissolvent qu'une petite quantité de cette combinaison. Lorsqu'on la fait digérer pendant longtemps avec du tartre, on n'obtient pas de cristaux d'émétique.

XL. — TITANE, Ti.

Le titane, lorsqu'il a été produit par la décomposition du fluorure de titane et de potassium au moyen du potassium ou du sodium, constitue une poudre noire grisâtre qui n'est pas cristalline et qui ressemble beaucoup au fer réduit par l'hydrogène ; par la pression, il ne prend pas la couleur du cuivre. Au contact de l'air, il s'enflamme en produisant un phénomène d'incandescence très vif et se transforme en acide titanique. Il se dissout dans l'acide chlorhydrique en produisant un vif dégagement de gaz hydrogène et donnant naissance à du protochlorure de titane ; la dissolution incolore, traitée par l'ammoniaque, forme un précipité d'hydrate noir de protoxyde. Il a une si grande affinité pour le nitrogène que, si dans sa préparation on n'a pas soin d'éviter le contact de l'air atmosphérique, il se forme toujours des écailles de *nitrure de titane* qui ont la couleur du cuivre métallique (Wöhler et Deville). On obtient ce nitrure de titane à l'état pur lorsqu'on chauffe la combinaison de bichlorure de titane avec l'ammoniaque. Ce nitrure de titane s'oxyde facilement par la calcination à l'air, par l'action de l'acide nitrique et de l'eau régale et se transforme en acide titanique. — On trouve quelquefois dans les laitiers et les scories des hauts fourneaux une combinaison de *nitrure de titane* avec le *cyanure de titane* que l'on considérait autrefois comme du titane métallique et qui cristallise en petits cubes. Ces cristaux sont d'une couleur rouge de cuivre, très durs, cassants, presque infusibles : ils ne sont cependant pas complétement fixes; ils se volatilisent à une température supérieure au point de fusion du platine. Calcinés à l'air, ils ne s'oxydent qu'à la surface extérieure. Ils ne sont attaqués ni par l'acide chlorhydrique, ni par l'acide nitrique, ni par l'eau régale; mais lorsqu'on les fait fondre à une température élevée avec un nitrate alcalin, ils s'oxydent surtout lorsqu'on a ajouté un peu de borax et de carbonate de soude. Si on réduit les cristaux en poudre et si on les fait fondre avec de l'hydrate de potasse, il se produit un abondant dégagement d'ammoniaque gazeuse et il se forme du titanate de potasse. Si on calcine la poudre dans un courant de vapeur d'eau, il se produit de l'ammoniaque et de l'acide cyanhydrique, et il se forme de l'acide titanique qui est cristallin et a la forme de l'anatase. Si on mélange la poudre avec les oxydes de plomb, de cuivre et de mercure, le mélange brûle avec une vive incandescence; en même temps les oxydes métalliques sont réduits. Si on soumet la combinaison à l'action de la chaleur dans un courant de chlore gazeux sec, il se forme du chlorure volatil de titane, et en même temps de petits cristaux d'un jaune de soufre formés par une combinaison du même chlorure de titane avec le chlorure de cyanogène (Wöhler).

Sesquioxyde de titane, Ti^2O^3.

Le sesquioxyde de titane, obtenu par l'action du gaz hydrogène sur l'acide titanique à une haute température, est noir et se transforme très difficilement et incomplétement par la calcination au contact de l'air, en acide titanique blanc. Il n'est attaqué ni par l'acide chlorhydrique, ni par l'acide nitrique; l'acide sulfurique le dissout, quoique difficilement, et forme une liqueur violette.

Le chlorure, correspondant au sesquioxyde, forme des écailles violet foncé très brillantes. Chauffé à l'air, il produit des vapeurs de bichlorure de titane et se transforme en acide titanique. Même à la température ordinaire, il subit une modification du même genre : seulement l'action est plus lente; et, lorsqu'il est pur, il ne donne pas de vapeur de bichlorure.

Il est volatil, mais bien moins que le bichlorure. Il se dissout dans l'eau avec production de chaleur. La dissolution a une couleur rouge-violet : elle se décolore peu à peu à l'air et laisse déposer de l'acide titanique.

Les dissolutions d'*hydrate de potasse* et l'*ammoniaque* donnent, dans la dissolution violette de sesquioxyde de titane et de sesquichlorure de titane des précipités brun foncé d'hydrate de sesquioxyde de titane, qui laissent dégager peu à peu de l'hydrogène, deviennent noirs, bleus et finalement blancs et sont formés alors d'acide titanique.—Les *carbonates alcalins* agissent de même : il se dégage d'abord de l'acide carbonique et ensuite de l'hydrogène. — Le *carbonate de chaux* précipite complétement, même à froid, le sesquioxyde de sa dissolution dans l'acide chlorhydrique.

Le *gaz hydrogène sulfuré* ne produit aucun changement dans ces dissolutions; le *sulfure d'ammonium* en précipite de l'hydrate de sesquioxyde de titane de couleur brune qui se transforme peu à peu en acide titanique blanc avec dégagement de gaz hydrogène.

Les dissolutions de sesquioxyde de titane réduisent les dissolutions de sesquichlorure d'or, les sels de protoxyde d'argent et les oxydes de mercure à l'état métallique : le sesquichlorure de titane produit, dans les dissolutions de bioxyde de cuivre, du protochlorure blanc de cuivre, et forme du protoxyde de fer dans les dissolutions de sesquioxyde de fer (Ebelmen).

Lorsqu'on fait fondre dans un petit creuset de platine du sesquioxyde de titane avec du bisulfate de potasse, il se dissout par la fusion et s'oxyde en se transformant en acide titanique. Si l'on fait fondre de la même manière le sesquioxyde de titane avec du sel de phosphore, on obtient une masse vitreuse violette . Si l'on ajoute au sesquioxyde de titane du sesquioxyde de fer, la masse vitreuse se colore en brun. Le sel de phosphore fondu prend la même couleur lorsqu'on le fond dans un creuset de platine avec la combinaison de sesquioxyde de fer et de sesquioxyde de titane (fer titané) que l'on trouve dans la nature et que l'on a préalablement réduit en poudre fine.

Les combinaisons naturelles du sesquioxyde de titane et du sesquioxyde de fer, réduites en poudre fine, se dissolvent dans l'acide chlorhydrique, mais cependant avec lenteur. Si l'opération a lieu dans des vases fermés, la dissolution contient de l'acide titanique et du protoxyde de fer : elle peut aussi contenir du sesquioxyde de fer, lorsque ce composé y était en excès.

Acide titanique, TiO^2.

Lorsque l'acide titanique a été précipité, par l'ébullition, de ses dissolutions dans l'acide chlorhydrique ou dans l'acide sulfurique, et lorsqu'on l'a desséché à l'air ou à une très faible chaleur, il forme une poudre blanche qui ne cesse pas d'être pulvérulente par la calcination, et ne produit pas de phénomène de lumière. Sa couleur ne se modifie pour ainsi dire point par une calcination très intense et très soutenue; elle prend tout au plus une légère pointe de jaune-citron. Si l'acide titanique devient plus fortement jaune ou brunâtre par une forte calcination, c'est qu'il contient un peu de sesquioxyde de fer. Si cependant on dessèche à une haute température l'acide titanique précipité, il se recouvre souvent d'une croûte brunâtre brillante. Cette croûte devient blanche par la calcination; mais la surface reste brillante, tandis que le reste de l'acide est pulvérulent. — Si l'on a précipité l'acide de sa dissolution à l'état d'hydrate au moyen d'un oxyde alcalin, il forme des masses qui ont de la cohérence et qui sont de couleur blanche. Si on les calcine, elles présentent au rouge un phénomène de lumière, prennent un grand éclat et une couleur brunâtre. Le phénomène de lumière est d'autant plus faible que l'acide précipité a été mieux lavé à l'eau chaude; il est le plus intense lorsqu'on l'a traité seulement par l'eau froide, et lorsqu'on l'a desséché sans employer la chaleur. Plus l'acide titanique a été soumis longtemps à l'action de la chaleur et plus cette action a été forte, plus la couleur brunâtre de l'acide est foncée.

Pendant qu'il est soumis à l'action de la chaleur, l'acide titanique est jaune-citron, soit qu'il ait été précipité de ses dissolutions par l'ébullition ou par un oxyde alcalin; cependant, après le refroidissement, il reprend la même couleur qu'il avait avant d'être chauffé.

L'acide titanique n'est pas fusible; par une chaleur très considérable, il s'agrége un peu.

L'acide titanique, suivant qu'il a été calciné pendant peu de temps ou pendant longtemps, possède des densités différentes. S'il a été précipité de ses dissolutions au moyen de l'ammoniaque, ou bien s'il a été précipité de sa dissolution dans l'acide sulfurique au moyen de l'ébullition et s'il a été ensuite calciné faiblement, il a pour pesanteur spécifique de 3,89 à 3,95; s'il a été calciné plus longtemps, sa pesanteur spécifique monte jusqu'à 4,13 et enfin jusqu'à 4,25, qui paraît être la plus grande densité que puisse prendre l'acide titanique. L'acide titanique existe dans la nature, avec ces trois densités, dans l'anatase, la brookite et le rutile.

Le chlorure, correspondant à l'acide titanique, est un liquide très volatil, incolore, qui fume fortement au contact de l'air et ressemble au chlorure d'étain. S'il se dissout dans l'eau en produisant une chaleur intense, la dissolution est opaline; si, au contraire, le bichlorure de titane se dissout peu à peu dans l'eau, de manière qu'on puisse éviter toute élévation de température, on obtient une dissolution claire.

L'hydrate d'acide titanique, précipité dans une dissolution acide au moyen des alcalis, est insoluble dans l'alcool et dans l'eau, soit à l'état humide, soit à l'état sec; mais il se dissout complétement dans les acides, surtout dans l'acide chlorhydrique et dans l'acide sulfurique étendu; la dissolution peut être étendue d'eau froide sans se troubler. Mais pour que l'acide titanique soit complétement soluble, il est nécessaire de laver l'acide titanique avec de l'eau froide, et de ne pas employer une haute température pour le dessécher; on doit par conséquent le dessécher au-dessus de de l'acide sulfurique. Si l'on n'a pas observé ces précautions, la dissolution dans les acides n'est pas complète, et la liqueur paraît plus ou moins opaline lorsqu'on l'étend d'eau.

L'acide titanique, précipité de ses dissolutions au moyen de l'ébullition, est presque insoluble dans les acides, mais il n'est cependant pas entièrement insoluble; l'acide titanique calciné, au contraire, est tout à fait insoluble dans l'acide chlorhydrique et dans l'acide sulfurique étendu, même par l'action d'une chaleur prolongée. Cependant les deux espèces d'acide titanique peuvent se dissoudre complétement lorsqu'on les chauffe pendant longtemps avec l'acide sulfurique concentré, jusqu'à ce qu'une partie de l'acide sulfurique en excès se vaporise. Lorsque, après le refroidissement, on étend d'eau froide la masse sirupeuse épaisse qui s'est formée, de manière à éviter le plus possible toute élévation de température, on obtient une dissolution claire.

Les modifications de l'acide titanique insolubles dans les acides peuvent devenir de nouveau solubles lorsqu'on les fait fondre avec cinq ou six fois leur poids de bisulfate de potasse. L'acide titanique se dissout complétement dans le sel lorsqu'on maintient le mélange pendant longtemps en fusion. La masse fondue est, après le refroidissement, complétement soluble dans l'eau froide, lorsque tout l'acide titanique s'est dissous dans le sel pendant la fusion; il faut donc employer une quantité d'eau très considérable et laisser le contact se prolonger pour opérer la dissolution complète.

La dissolution de l'acide titanique dans les acides n'est pas troublée à froid, même quand on lui ajoute beaucoup d'eau; si cependant on la fait bouillir, il se sépare de l'acide titanique. Cependant, dans une dissolution chlorhydrique d'acide titanique, même lorsqu'elle est très étendue, on ne peut pas précipiter par l'ébullition tout l'acide titanique dissous. Plus il y a d'acide chlorhydrique dans la dissolution et moins elle est étendue, plus la quantité d'acide titanique précipité est faible. Lorsqu'on filtre la dissolution chaude ou refroidie, elle passe d'abord complétement claire au travers du filtre; mais si l'on veut laver avec de l'eau pure l'acide titanique recueilli sur le filtre, l'eau passe laiteuse au travers du papier le plus épais et entraîne avec elle mécaniquement l'acide titanique, si bien qu'à la fin il ne reste plus rien sur le filtre. On peut l'éviter en ajoutant à l'eau de lavage un acide ou une combinaison saline; mais dans le dernier cas, surtout lorsqu'on a employé pour le lavage une dissolution de chlorure d'ammonium, cette dissolution passe excessivement lentement à travers le filtre.

Lorsqu'on a dissous l'acide titanique dans l'acide sulfurique concentré, ou lorsqu'on l'a dissous par fusion dans le bisulfate de potasse, et lorsqu'on a traité ensuite par une grande quantité d'eau le sirop ou la masse fondue, on peut, dans ces dissolutions, précipiter complétement l'acide titanique au moyen de l'ébullition; cependant il faut souvent une ébullition prolongée. Mais moins il y avait d'acide sulfurique et plus la dissolution était étendue, plus la précipitation est rapide. L'acide titanique, précipité de cette manière de sa dissolution dans l'acide sulfurique, peut être complétement lavé avec de l'eau pure, même chaude, sans qu'elle passe à l'état laiteux à travers le filtre.

La dissolution d'acide titanique, dans l'acide chlorhydrique ou dans l'acide sulfurique étendu, est presque complétement précipitée par l'*hydrate de potasse* sous la forme d'un précipité très volumineux, et il ne se dissout dans un excès du précipitant que des traces tout à fait insignifiantes d'hydrate d'acide titanique, même lorsque le tout a été chauffé. Si, au contraire, on fait fondre l'acide titanique avec l'hydrate de potasse solide, et si on traite, après le refroidissement, la masse fondue par l'eau, l'acide titanique est contenu dans la dissolution en quantité un peu plus grande.

L'*ammoniaque* précipite complétement, dans les dissolutions acides, l'acide titanique à l'état d'hydrate très volumineux. Un excès du précipitant ne dissout pas d'acide titanique. La présence d'une grande quantité de sels ammoniacaux est sans influence sur la précipitation de l'acide titanique. — Si l'on a précipité l'acide titanique de sa dissolution chlorhydrique par l'ébullition, la sursaturation au moyen de l'ammoniaque précipite la portion de l'acide titanique qui ne s'était pas séparée par l'ébullition.

Les dissolutions de *carbonate de potasse*, de *carbonate de soude* et de *carbonate d'ammoniaque*, aussi bien que celles des *bicarbonates alcalins*, précipitent presque complétement l'acide titanique sous la forme d'un précipité volumineux.

Tous ces précipités d'hydrate d'acide titanique, lorsqu'ils n'ont pas été formés dans des dissolutions chaudes ou lorsqu'ils n'ont pas été lavés avec de l'eau chaude, sont solubles dans l'acide chlorhydrique et dans beaucoup d'autres acides, mais ne sont pas solubles dans une dissolution aqueuse d'acide sulfureux.

Une dissolution de *cyanure de potassium* produit un abondant précipité, qui est insoluble dans un excès du précipitant.

Le *carbonate de baryte* précipite complétement à froid l'acide titanique de sa dissolution.

Lorsque la dissolution de l'acide titanique dans l'acide chlorhydrique ne contient pas une trop grande quantité de ce dernier acide, ou bien lorsqu'on a saturé, au moyen d'un oxyde alcalin, la plus grande partie de l'excès d'acide, de manière que la dissolution ne soit qu'un peu acide, il s'y forme des précipités blancs lorsqu'on y ajoute de l'*acide sulfurique* étendu, de l'*acide arsénique*, de l'*acide phosphorique* et surtout de l'*acide oxalique*. Ce dernier peut précipiter presque complétement l'acide titanique lorsque la dissolution contient le moins possible d'acide chlorhydrique. — L'*acide nitrique*, au contraire, ne trouble pas la dissolution.

Ces précipités sont formés d'acide titanique, combiné avec l'acide employé à la précipitation. Ils se redissolvent complétement dans un excès de l'acide ajouté, et aussi dans l'acide chlorhydrique libre ; cependant le précipité d'oxalate d'acide titanique a besoin d'une quantité assez considérable d'acide chlorhydrique pour se redissoudre.

L'*acide cyanhydrique* étendu forme, dans la dissolution sulfurique d'acide titanique, un précipité blanc qui est soluble dans l'acide chlorhydrique. Par suite, l'acide cyanhydrique ne forme pas de précipité dans une dissolution chlorhydrique d'acide titanique.

Lorsqu'on verse de l'*acide fluorhydrique* sur l'acide titanique, l'acide titanique s'échauffe et se dissout avec l'aide de la chaleur, même lorsqu'il a été préalablement calciné. Si l'on évapore la dissolution jusqu'à consistance sirupeuse, elle ne se dissout plus complétement dans l'eau lorsque l'excès d'acide fluorhydrique s'est volatilisé. — Si on fait fondre l'acide titanique avec du sulfate acide de potasse, si on dissout la masse fondue dans l'eau froide et si on ajoute de l'acide fluorhydrique à la dissolution, on obtient, par l'évaporation à une très faible chaleur, une grande quantité de petits cristaux de fluorure double de titane et de potassium, qui sont brillants comme la nacre de perle. La dissolution de ce sel dans l'eau n'est pas troublée d'abord lorsqu'on ajoute un excès d'ammoniaque; ce n'est qu'au bout de quelque temps que l'acide titanique est précipité. — Si la dissolution contient du sesquioxyde de fer, ce dernier est précipité immédiatement par l'ammoniaque, tandis que l'acide titanique reste encore en dissolution. — Si on fait fondre le sel dans de petites capsules de platine, il se colore en bleu.

Une dissolution de *ferrocyanure de potassium* produit, dans les dissolutions acides d'acide titanique, un précipité brun foncé sale.

Une dissolution de *ferrocyanide de potassium* donne un précipité blanc-verdâtre.

L'*infusion de noix de galles* produit, dans les dissolutions acides d'acide titanique, un précipité qui d'abord paraît un peu brunâtre, mais qui devient rouge-orangé pâle au bout de peu de temps. Si on verse de l'infusion de noix de galles sur l'acide titanique qui a été précipité de sa dissolution par l'ébullition, il se colore en rouge-orangé. Le tannate d'acide titanique n'est pas soluble dans l'acide chlorhydrique.

La dissolution d'*hydrogène sulfuré* ne produit pas de précipité dans les dissolutions acides d'acide titanique.

Le *sulfure d'ammonium*, ajouté en excès à des dissolutions d'acide titanique aussi saturées que possible, produit un volumineux précipité blanc d'hydrate d'acide titanique; si cependant la dissolution contient des traces très faibles de sesquioxyde de fer, le précipité est gris ou noirâtre.

Lorsqu'on met du *zinc métallique* dans une dissolution acide d'acide titanique, la dissolution se colore en bleu au bout de quelque temps et reste d'abord claire; en même temps il se dégage du gaz hydrogène, par suite de l'action de l'acide libre qui tenait en dissolution l'acide titanique. Au bout de quelque temps, il se dépose un précipité bleu qui peu à peu devient blanc. Si on enlève le zinc métallique de la liqueur bleue lorsqu'elle est encore claire, et si on la sursature avec une dissolution d'hydrate de potasse ou avec de l'ammoniaque, il se forme un précipité bleu d'hydrate de sesquioxyde de titane. Ce dernier se transforme peu à peu en acide titanique blanc, par suite de la décomposition de l'eau; en même temps il se dégage du gaz hydrogène. Lorsque l'acide titanique a été précipité de sa dissolution par l'ébullition et lorsqu'on met un petit morceau de zinc dans le précipité, il se colore en bleu. La coloration commence à la surface du zinc. Lorsqu'une dissolution ne contient qu'une faible quantité d'acide titanique, elle ne se colore pas en bleu par l'action du zinc, même lorsqu'il y a très peu d'acide libre.— Le *fer* métallique, le *cuivre* et l'*étain* se comportent de la même manière.

Les combinaisons de l'acide titanique avec les acides, même lorsqu'elles ne sont pas solubles dans l'eau, rougissent toutes fortement le papier de tournesol humide. Les dissolutions d'acide titanique dans l'acide chlorhydrique et dans l'acide sulfurique colorent en une couleur brun-café le papier de curcuma, ce qu'on peut surtout observer après la dessiccation.

Les combinaisons de l'acide titanique avec les bases, en tant que nous les connaissons, peuvent se dissoudre par une longue digestion dans l'acide chlorhydrique concentré lorsqu'elles sont en poudre fine et lorsque la base forme également un chlorure soluble. La chaleur accélère la dissolution; cependant on ne doit employer qu'une chaleur très modérée, parce qu'une forte chaleur pourrait précipiter l'acide titanique dissous, et le rendre ensuite presque insoluble dans l'acide chlorhydrique.

Si l'on fait fondre l'acide titanique avec les carbonates de potasse ou de soude, l'acide carbonique est chassé, et il se forme un titanate neutre alcalin mélangé avec l'excès de carbonate alcalin, qui, du reste, après le refroidissement, forment deux dépôts séparés. Si on traite par l'eau la masse fondue, il reste à l'état insoluble un titanate alcalin acide, tandis qu'il se dissout de l'oxyde alcalin libre et du carbonate alcalin en excès; mais il ne se dissout pas de titanate alcalin. Aussi longtemps que la liqueur est alcaline, elle passe claire à travers le filtre; mais, lorsqu'on veut laver le titanate alcalin acide, la liqueur passe légèrement laiteuse à travers le papier. On peut néanmoins l'éviter lorsque, avant de filtrer, on étend la liqueur d'une grande quantité d'eau, et lorsqu'on laisse ensuite déposer. Les titanates alcalins acides qui se forment de cette manière, sont solubles dans l'acide chlorhydrique, même après qu'ils ont été desséchés; ils ne sont incomplétement solubles que lorsque la fusion de l'acide titanique avec le carbonate alcalin a eu lieu à une température trop basse et n'a pas duré un temps suffisant; mais si les titanates alcalins acides ont été calcinés, ils perdent leur solubilité dans l'acide chlorhydrique. — On peut retrouver dans les dissolutions la présence des oxydes alcalins en précipitant l'acide titanique dans la dissolution acide au moyen de l'ammoniaque, et évaporant à siccité la liqueur filtrée dans laquelle l'oxyde alcalin se trouve à l'état de chlorure. Dans les titanates alcalins desséchés, on retrouve l'oxyde alcalin encore plus facilement en les mélangeant avec du chlorure d'ammonium, calcinant le mélange jusqu'à la volatilisation du sel ammoniacal, et répétant l'opération encore une fois. Si l'on traite la masse calcinée par l'eau, l'acide titanique reste à l'état insoluble, et il se dissout du chlorure alcalin. L'acide titanique, après qu'il a été mélangé avec le chlorure d'ammonium, n'est pas modifié, même par la calcination du mélange. Après la volatilisation du sel ammoniacal, il n'a pas changé de poids.

Dans beaucoup de combinaisons d'acide titanique, on peut, dans les recherches d'analyse qualitative par voie humide, laisser échapper la présence de l'acide titanique aussi bien que celle des bases qui sont combinées avec lui. Cela arrive surtout lorsqu'il est combiné avec des bases qui sont précipitées comme lui, au moyen des oxydes alcalins, de la dissolution dans l'acide chlorhydrique. Si ces bases peuvent être précipitées à l'état de sulfures, au moyen de l'hydrogène sulfuré, dans leur dissolution acide, le mieux est de les séparer par ce moyen de l'acide titanique; dans la liqueur que l'on a séparée du sulfure par filtration, on reconnaît alors facilement la présence de l'acide titanique. Si, au contraire, les bases ne peuvent être précipitées à l'état de sulfures, au moyen du sulfure d'ammonium, que dans des dissolutions neutres ou alcalines, comme, par exemple, le protoxyde de fer et le sesquioxyde de fer, qui se rencontrent très fréquemment dans la nature avec l'acide titanique, on réussit fréquemment à les reconnaître lorsqu'on précipite, au moyen de l'ébullition, l'acide titanique de la dissolution de la combinaison dans l'acide chlorhydrique, et lorsqu'on poursuit ensuite l'examen; mais lorsque la dissolution ne contient que de petites quantités d'acide titanique, elles ne peuvent plus être précipitées de la dissolution chlorhydrique par l'ébullition; mais elles sont précipitées par l'ébullition seulement dans une dissolution sulfurique. On doit alors ajouter à la dissolution de la combinaison dans l'acide chlorhydrique la dissolution d'une substance organique non volatile, qui fait perdre la propriété d'être précipité par les alcalis à l'acide titanique, comme à la plupart des bases, ainsi que nous l'avons vu dans ce qui précède. Le mieux est de se servir pour cela d'une dissolution d'acide tartrique. Lorsqu'on l'a ajoutée, on sursature la dissolution par l'ammoniaque, qui ne précipite ni l'acide titanique ni la base; si on ajoute alors du sulfure d'ammonium à cette dissolution ammoniacale, l'oxyde métallique est précipité à l'état de sulfure. Dans la liqueur séparée du sulfure par filtration, on ne peut retrouver la présence de l'acide titanique qu'en évaporant la dissolution à siccité et calcinant au contact de l'air la masse desséchée jusqu'à ce que le sel ammoniacal soit chassé, et que tout le carbone de l'acide tartrique soit brûlé. Il reste alors l'acide titanique comme résidu. Lorsqu'on a obtenu une grande quantité de matière desséchée, le mieux est d'opérer la combustion dans une capsule de platine. Pour de petites quantités, on peut opérer la combustion dans un creuset de platine.

Mais lorsque la base avec laquelle l'acide titanique est combiné ne peut pas être transformée par le sulfure d'ammonium en sulfure insoluble, sa séparation de l'acide titanique, pour des recherches d'analyse qualitative, est souvent accompagnée de grandes difficultés; l'acide titanique, en combinaison avec quelques bases, prend en effet des propriétés qu'il n'a pas ordinairement. C'est surtout ce qui arrive pour la combinaison de l'acide titanique avec la zircone. Si on dissout cette combinaison dans l'acide sulfurique et si on la chauffe jusqu'à l'ébullition après l'avoir étendue d'eau, il ne se précipite que peu ou point d'acide titanique, quoique l'acide titanique soit complétement précipité par l'ébullition d'une dissolution dans l'acide sulfurique étendu où il se trouve seul. Le ferrocyanure de potassium ne forme pas non plus de précipité dans une dissolution des deux substances. La zircone ne peut même pas, dans une dissolution de cette nature, être précipitée pure d'acide titanique au moyen d'une dissolution de sulfate de potasse, bien qu'une dissolution d'acide titanique pur ne soit pas précipitée par une dissolution de sulfate de potasse lorsqu'elle contient une grande quantité d'acide libre. Lorsque la proportion de la zircone, par rapport à l'acide titanique, n'est pas trop faible, on n'obtient pas non plus de précipité, dans une dissolution un peu acide, au moyen de l'infusion de noix de galles. La seule méthode dont on puisse se servir dans une analyse qualitative pour séparer approximativement les deux oxydes l'un de l'autre et les essayer ensuite à l'état isolé, est la suivante : On les précipite tous les deux de la dissolution au moyen de l'ammoniaque; on calcine le résidu, et on le fait fondre dans un creuset de platine avec du bisulfate de potasse. On fait digérer avec de l'eau la masse fondue, et on traite par l'acide chlorhydrique concentré la combinaison insoluble d'acide titanique et de zircone. Cette combinaison ne dissout, dans ce cas, surtout que la zircone, tandis que la plus grande partie de l'acide titanique reste à l'état insoluble.

C'est au moyen de ce procédé qu'on doit chercher à séparer l'acide titanique des bases qui, comme l'alumine et la glycine, sont solubles dans une dissolution de potasse; mais le mieux est de les dissoudre dans l'acide sulfurique avec l'acide titanique, ce que l'on peut opérer soit en traitant la combinaison par l'acide sulfurique concentré, soit en la faisant fondre avec du sulfate acide de potasse. Dans cette dissolution étendue d'eau, on précipite alors l'acide titanique par l'ébullition. Cette méthode remplit surtout le but que l'on se propose, dans tous les cas où la substance combinée avec l'acide titanique ne peut pas être précipitée de sa dissolution aqueuse au moyen de l'ébullition; cependant elle peut aussi être employée, même lorsque c'est le sesquioxyde de fer qui est combiné avec l'acide titanique. On ajoute seulement à la dissolution sulfurique, pendant l'ébullition, une dissolution d'acide sulfureux qui réduit le sesquioxyde de fer à l'état de protoxyde de fer qui n'est pas précipité par l'ébullition. Ainsi la meilleure méthode est, dans tous les cas où cela est possible, de séparer l'acide titanique par l'ébullition, surtout dans sa dissolution sulfurique.

Au chalumeau, on reconnaît l'acide titanique et les combinaisons de l'acide titanique avec les bases qui ne colorent pas les fondants en ce que, dissous dans le sel de phosphore, ils communiquent à la perle, lorsqu'on la soumet pendant longtemps à la flamme intérieure, une coloration bleue ou plutôt violette qui ne se montre distinctement qu'après refroidissement complet; tant que la perle est chaude, elle est jaunâtre. Pour une très grande quantité d'acide titanique, la perle paraît presque opaque après le refroidissement, par suite de l'action de la flamme intérieure; mais, dans ce cas, elle ne devient pas analogue à l'émail. Pour certaines combinaisons d'acide titanique, il faut maintenir pendant quelque temps l'action de la flamme intérieure du chalumeau pour obtenir, après le refroidissement, la coloration bleue de la perle. La production de la perle bleue réussit mieux sur le charbon que sur le fil de platine. Dans la flamme extérieure, la coloration bleue de la perle disparaît, et elle devient presque incolore, au moins après le refroidissement. Si l'acide titanique contient du fer, la perle prend une couleur brun-rouge dans la flamme intérieure après le refroidissement. Si la quantité de fer est considérable, la couleur est rouge de sang après le refroidissement. Si l'on traite une perle de ce genre sur le charbon par l'étain métallique, on réussit souvent, lorsque la proportion de titane n'est pas trop peu considérable, à produire la coloration violette. — Avec le borax, l'acide titanique produit dans la flamme extérieure une perle incolore qui devient blanc de lait par une insufflation intermittente. A la flamme intérieure, la perle devient jaune, et l'on n'obtient une couleur violette après le refroidissement que par une longue insufflation : pour de grandes quantités d'acide titanique, on obtient une couleur bleu-noir foncé; en renouvelant l'action de la chaleur, la perle devient bleu clair et analogue à l'émail. Plusieurs combinaisons d'acide titanique, comme celle qui se trouve dans la nature et que l'on connaît sous le nom de titanite sphène, ne donnent pas de coloration bleue à la flamme intérieure avec le borax, mais n'en donnent qu'avec le sel de phosphore. — L'acide titanique fond avec la soude sur le charbon en produisant une effervescence, et donne une perle jaune qui, par le refroidissement, devient blanc-grisâtre et opaque. L'acide titanique n'est pas réduit sur le charbon. On peut, par suite, retrouver de petites quantités d'oxyde d'étain dans l'acide titanique, en le traitant par la soude sur le charbon au feu de réduction, et séparant de l'étain réduit, au moyen de lavages successifs, le charbon avec l'acide titanique non réduit. Si l'acide titanique contient du sesquioxyde de fer, il est bon de le séparer avant d'employer l'action du chalumeau, ou d'empêcher sa réduction en ajoutant à la soude une faible quantité de borax. — Chauffé avec la dissolution de nitrate de cobalt, l'acide titanique devient jaune-verdâtre; mais la couleur n'est pas aussi belle qu'avec l'oxyde de zinc (Berzelius).

L'acide titanique ne peut pas être confondu avec les oxydes de manganèse et de cobalt, parce qu'il donne avec le sel de phosphore une couleur bleue ou violette, seulement dans la flamme intérieure; en effet, l'oxyde de manganèse ne donne au sel de phosphore la coloration violette ou bleue que dans la flamme extérieure, tandis que, pour les sels de cobalt, la coloration a lieu tant dans la flamme intérieure que dans la flamme extérieure.

L'acide titanique se distingue très bien des autres substances en ce qu'il est presque insoluble dans l'acide chlorhydrique, lorsqu'il a été précipité de sa dissolution acide au moyen de l'ébullition; il se distingue en outre en ce que, à l'état de dissolution et à l'état de précipité, il prend, par l'action du zinc, une couleur bleue. Il se distingue aussi par sa manière de se comporter avec la noix de galles, et enfin par sa manière de se comporter au chalumeau. De cette manière, l'acide titanique peut être reconnu, la plupart du temps, dans les combinaisons dont les parties constituantes sont difficiles à découvrir.

La présence des substances organiques non volatiles, surtout de l'acide tartrique, empêche entièrement la précipitation, au moyen des alcalis, de la dissolution de ses combinaisons dans l'acide chlorhydrique et dans l'acide sulfurique. L'acide titanique n'est pas précipité non plus par l'ébullition dans une dissolution de ce genre; mais l'infusion de noix de galles donne le précipité caractéristique : cependant ce précipité ne paraît qu'au bout d'un temps très considérable. Si on ajoute de l'acide tartrique à une dissolution d'acide titanique dans l'acide chlorhydrique qui contient le moins possible de ce dernier, il se forme un abondant précipité de tartrate d'acide titanique, qui n'est soluble que dans une grande quantité d'acide chlorhydrique étendu. Si on calcine le précipité hors du contact de l'air, il devient noir et prend l'éclat métallique; au contact de l'air, il est difficile de le calciner jusqu'à ce qu'il devienne blanc. L'acide titanique est précipité par l'ébullition de la dissolution du précipité dans l'acide chlorhydrique.

XLI. — TANTALE, Ta.

Le tantale, qui n'a été trouvé jusqu'ici avec certitude que dans les tantalites de Finlande et de France, lorsqu'il a été obtenu par la réduction, au moyen du sodium, de la combinaison du fluorure de tantale et du fluorure de sodium, se présente sous la forme d'une poudre noire qui conduit bien l'électricité. Calciné à l'air, il s'oxyde avec incandescence et se transforme en acide tantalique. Il n'est attaqué ni par l'acide chlorhydrique, ni par l'acide nitrique, ni même par l'eau régale, même par un contact prolongé et par l'ébullition. Chauffé avec l'acide fluorhydrique dans une capsule de platine, il se dissout lentement avec un faible dégagement de gaz. On opère plus rapidement la dissolution du tantale et elle est accompagnée de la production de vapeurs rougeâtres, lorsqu'on verse sur le métal un mélange d'acide nitrique et d'acide fluorhydrique. Le tantale n'est attaqué ni par l'acide sulfurique étendu, ni par l'acide sulfurique concentré, même à une température à laquelle l'acide sulfurique commence à se volatiliser. Par une fusion prolongée avec le bisulfate de potasse, il s'oxyde et se transforme en acide tantalique. Lorsqu'on fait passer du chlore gazeux sur le tantale métallique, il n'y a pas de réaction à la température ordinaire; mais à une faible chaleur, le métal devient incandescent, et il passe à la distillation du chlorure volatil de tantale. Si le tantale métallique contenait du tantalate de soude, celui-ci reste, comme résidu, avec le chlorure de sodium formé.

Le poids spécifique du tantale métallique (lorsqu'il n'est pas entièrement pur) est entre 10,08 et 10,78.

Lorsqu'on fait passer au rouge intense du gaz ammoniac sur l'acide tantalique, il se forme une faible quantité de *nitrure de tantale;* mais la plus grande quantité de l'acide tantalique reste sans se décomposer. On obtient une plus grande quantité de nitrure de tantale, lorsqu'on fait passer du cyanogène sur l'acide tantalique : il se forme une poudre brune qui, outre le nitrure de tantale, contient du cyanure de tantale. Le moyen le plus sûr d'obtenir le nitrure de tantale à l'état pur est de faire réagir à chaud le gaz ammoniac sur le chlorure de tantale. Il se forme une poudre noire qui, par le frottement avec un corps dur, prend l'éclat métallique. Cette poudre conduit bien l'électricité et brûle à l'air lorsqu'on la chauffe jusqu'au rouge : en même temps, elle est transformée en acide tantalique blanc. Fondu avec l'hydrate de potasse, le nitrure de tantale s'oxyde et forme du tantalate de potasse : il se produit un abondant dégagement d'ammoniaque. De même que le tantale métallique, le nitrure de tantale n'est pour ainsi dire pas attaqué par l'acide nitrique ni même par l'eau régale à la température de l'ébullition; mais il se dissout à la température ordinaire dans un mélange d'acide fluorhydrique et d'acide nitrique avec production de vapeurs rougeâtres.

Oxyde de tantale, Ta^2O^3 (?).

On a obtenu l'oxyde de tantale en exposant dans un creuset de charbon l'acide tantalique à l'action d'un feu de forge (Berzelius). Il se présente sous la forme d'une substance gris-foncé qui, frottée à l'état pulvérulent, ne présente pas l'éclat métallique, mais dont les plus petites parties sont si dures qu'elles rayent le verre. La poudre n'est attaquée ni par l'acide chlorhydrique, ni par l'acide nitrique, ni même par l'eau régale, ni par un mélange d'acide fluorhydrique et d'acide nitrique. Chauffé jusqu'au rouge, l'oxyde de tantale devient incandescent; mais il cesse de l'être lorsqu'on le refroidit. Il devient gris-blanchâtre et est transformé en acide tantalique. Mélangé avec le nitre, il détone, mais faiblement, lorsqu'on le projette dans un creuset rouge. Fondu avec l'hydrate de potasse, il s'oxyde et se transforme en acide tantalique qui se combine avec la potasse.

ACIDE TANTALIQUE, TaO^2.

L'acide tantalique est une poudre blanche qui conserve sa couleur blanche lorsqu'on la chauffe, ou qui prend une très faible pointe de jaunâtre. Si on l'a obtenu, à l'état d'hydrate qui est également blanc, soit par la décomposition du chlorure au moyen de l'eau, soit par la précipitation de l'acide tantalique contenu dans les tantalates alcalins au moyen d'un acide qui ne soit pas trop fort, comme l'acide sulfureux, par exemple; il présente lorsqu'on le calcine un vif phénomène de lumière; ce qui n'a pas lieu lorsqu'on l'a obtenu par la calcination de la combinaison sulfurique.

Pour distinguer avec certitude l'acide tantalique de certains acides qui lui ressemblent, il est souvent nécessaire d'en déterminer le poids spécifique. L'acide tantalique peut, du reste, avoir des densités très différentes. La densité est modifiée suivant le mode de préparation qui a servi à l'obtenir et suivant les différentes températures auxquelles il a été calciné. Lorsqu'il a été obtenu par la décomposition du chlorure au moyen de l'eau ou par la fusion avec un sulfate alcalin et lorsqu'il a été exposé ensuite à un rouge modéré, la densité de l'acide tantalique est de 7,01 à 7,05. Il a souvent alors une structure cristalline si nette qu'on peut le reconnaître au moyen de la loupe; mais souvent aussi il est amorphe. Lorsque l'acide a été exposé à une température rouge vif longtemps soutenue, il prend une densité considérable, sans perdre pour cela sa structure cristalline : l'acide amorphe devient même cristallin de cette manière. Sa densité monte de 8,0 à 8,2 lorsqu'on a fait monter la température jusqu'au rouge blanc. Mais si on le laisse pendant très longtemps exposé au rouge blanc, comme l'est par exemple la température d'un four à porcelaine, il perd sa structure cristalline : il prend un plus grand volume; sa pesanteur spécifique est alors de 7,6.

Le chlorure, correspondant à l'acide tantalique, obtenu par la calcination d'un mélange d'acide tantalique et de charbon dans un courant de chlore gazeux, lorsqu'il est pur de toute trace de bichlorure d'étain et de chlorure rouge de tungstène, est solide, jaunâtre, volatil, et forme par la fusion une liqueur jaune. Il paraît souvent blanchâtre, lorsqu'il contient une petite quantité d'acichloride (combinaison d'acide et de chlorure) et lorsqu'on n'a pas eu soin, dans sa préparation, de se mettre à l'abri de toute trace d'eau et d'air atmosphérique. On n'obtient le chlorure exempt d'acichloride et à l'état de pureté complète que lorsqu'on le fait passer d'une place à une autre dans une atmosphère de gaz chlore. S'il est complétement exempt d'acichloride, il doit se volatiliser complétement dans cette atmosphère sans laisser le plus petit résidu d'acide blanc non volatil. Exposé à l'air atmosphérique, il donne des vapeurs d'acide chlorhydrique, mais ne tombe pas en deliquium en attirant l'humidité que l'air contient. Récemment préparé, il fait entendre un sifflement lorsqu'on le verse dans l'eau; il se décompose en hydrate d'acide tantalique qui se précipite et en acide chlorhydrique qui, vu la quantité qui s'en forme, ne dissout pas sensiblement d'acide tantalique, mais forme une liqueur opaline dont il est difficile de séparer par filtration l'hydrate d'acide tantalique, même lorsqu'on fait bouillir le tout. — Cependant si l'on verse de l'acide chlorhydrique sur le chlorure de tantale, il se dissout même à froid et forme une liqueur trouble qui au bout de quelque temps se prend en une gelée opaline assez épaisse. L'eau froide ne lui enlève par dissolution que des traces d'acide tantalique qui restent dissoutes même après l'ébullition. Si on traite le chlorure de tantale par l'acide chlorhydrique bouillant, il ne s'y dissout pas complétement; et après le refroidissement, la dissolution ne se prend pas en gelée. Si on ajoute ensuite de l'eau, le tout se dissout et forme une liqueur opaline, qui ne se trouble pas plus fortement par l'ébullition. L'acide sulfurique y produit au bout de quelque temps, même à la température ordinaire, un précipité volumineux. Lorsqu'on chauffe le chlorure de tantale avec une dissolution d'hydrate de potasse, il se dissout partiellement; mais lorsqu'on traite le chlorure de tantale par une dissolution de carbonate de potasse, ce dernier n'est pas en état de dissoudre l'acide tantalique, même lorsqu'on les fait bouillir ensemble.

Si l'on verse de l'*acide sulfurique* concentré sur le chlorure de tantale, il se dégage de l'acide chlorhydrique sans qu'il se produise de chaleur, et le chlorure de tantale se dissout à froid ou avec l'aide d'une très faible chaleur en produisant une liqueur parfaitement claire. Si on fait bouillir cette liqueur, elle se trouble fortement et se prend par le refroidissement en une gelée blanche opaline. Si on l'étend d'eau, l'eau acide ne dissout que des traces d'acide tantalique; et si on fait bouillir le tout, il ne s'en dissout presque point.

L'acide tantalique et les tantalates alcalins calcinés ne se dissolvent pas lorsqu'on les fait digérer et même bouillir avec l'acide sulfurique concentré. Même lorsqu'on fait chauffer l'acide tantalique et les tantalates acides calcinés avec l'acide sulfurique concentré jusqu'à ce qu'une grande partie de l'acide sulfurique se volatilise, l'acide tantalique ne se dissout pas : et les tantalates calcinés ne sont pas décomposés, ou bien il ne s'en décompose qu'une très petite quantité. Même par la fusion des tantalates alcalins avec le sulfate acide d'ammoniaque auquel on a ajouté une quantité considérable d'acide sulfurique concentré dans lequel il s'est dissous, il ne s'opère pas de dissolution, mais il s'opère une décomposition. Si cependant on fait fondre avec du bisulfate de potasse l'acide tantalique ou les tantalates alcalins calcinés, ils se dissolvent dans ce sel par fusion. On doit faire fondre dans un creuset de platine l'acide tantalique ou ses combinaisons salines avec six fois au moins leur poids de bisulfate de potasse : il se produit alors à la fin une dissolution complète qui a une couleur jaunâtre. Après le refroidissement, la masse fondue est opaque, laiteuse; l'eau en sépare l'acide tantalique, mais combiné avec l'acide sulfurique : on peut en séparer complétement le sulfate de potasse par des lavages à l'eau. Si on calcine l'acide tantalique ainsi lavé, on peut le séparer de l'acide sulfurique : on arrive bien plus facilement à ce résultat lorsque, pendant la calcination, on ajoute dans le creuset un peu de carbonate d'ammoniaque. L'acide tantalique, obtenu de cette manière, est cristallin, ce que l'on peut reconnaître à la loupe. —Il n'y a que lorsque l'acide tantalique est exposé pendant quelque temps à la chaleur très vive des fours à porcelaine, ce qui l'a transformé en une poudre grossière, qu'une petite quantité résiste fortement à l'action dissolvante du bisulfate de potasse en fusion. On doit alors augmenter la proportion du sulfate acide de potasse et employer dix fois autant de ce sel. Mais souvent aussi, lorsque la fusion est trop prolongée, il se volatilise trop d'acide sulfurique, qu'il faut remplacer par une addition d'acide concentré. Cependant lorsque la masse n'est pas complétement claire pendant qu'elle est en fusion et lorsqu'il reste au fond du creuset un peu d'acide tantalique, on n'est pas sûr, par des lavages subséquents, d'obtenir un acide pur, qui soit surtout entièrement exempt d'oxyde alcalin.

Si l'acide tantalique et les tantalates ne sont pas trop fortement calcinés, ils peuvent aussi se dissoudre par la fusion avec le sulfate acide d'ammoniaque et former ainsi une masse sirupeuse complétement incolore et transparente, lorsqu'on emploie la quantité convenable du sel. Il est également bon d'employer ici au moins une quantité de sel six fois aussi grande que celle de la combinaison tantalique. La masse sirupeuse fondue reste complétement claire après un long contact et après le refroidissement. Lorsqu'on y verse alors un peu d'eau, elle devient laiteuse et il se sépare de l'acide tantalique. Mais cela est seulement une conséquence de la chaleur qui se développe dans le mélange : si on verse la masse sirupeuse dans une grande quantité d'eau, elle s'y dissout, et on obtient une dissolution complétement claire qui reste claire dix-huit et même vingt-quatre heures; mais ensuite elle commence à se troubler. La séparation de l'acide tantalique a lieu plus rapidement lorsqu'on chauffe la dissolution jusqu'à une température de 40 à 50 degrés. Par une longue ébullition, la précipitation de l'acide tantalique à l'état de précipité floconneux est presque complète. Lorsqu'on a dissous l'acide tantalique par fusion dans le sulfate acide d'ammoniaque, de manière à former une masse sirupeuse claire, elle devient un peu trouble au bout de quelque temps, vingt-quatre heures environ. Lorsque le trouble n'est pas considérable, on obtient, en ajoutant beaucoup d'eau, une dissolution claire ou presque claire; mais plus le trouble de la masse sirupeuse est devenu considérable par le temps, plus la dissolution qu'elle forme dans une grande quantité d'eau est trouble. Si cependant on a employé à la fusion une quantité considérable de sulfate acide d'ammoniaque, la masse sirupeuse reste claire après le refroidissement, même au bout d'un temps assez long, non-seulement au bout de quelques mois, mais même au bout d'une année; ce qui est caractéristique pour l'acide tantalique. Une masse claire, sirupeuse, fondue, qui est devenue trouble par le temps, redevient tout à fait claire lorsqu'on la chauffe et lorsqu'on la fait fondre de nouveau. Mais il faut alors que, pendant la fusion, il ne se soit pas perdu trop d'acide sulfurique.—Lorsqu'on a employé à la dissolution de l'acide tantalique une quantité de sulfate acide d'ammoniaque qui n'est pas assez considérable, on ne peut pas, même par une fusion prolongée, arriver à obtenir une dissolution claire : la masse sirupeuse, épaisse, obtenue ainsi, est trouble et ne donne pas une dissolution claire lorsqu'on ajoute une grande quantité d'eau. Si on a traité de cette manière un tantalate, on peut cependant arriver à une décomposition complète; lorsqu'on traite par l'eau, il se sépare alors de l'acide tantalique floconneux. Cependant le plus sûr, dans tous les cas, est d'employer assez de sulfate acide d'ammoniaque pour obtenir par fusion une dissolution claire; ce que l'on obtient souvent en employant une quantité du sel décuple de celle de la combinaison tantalique. — Il est avantageux de ne pas opérer la fusion de l'acide tantalique ou de ses combinaisons dans un creuset ou dans une capsule de platine, mais de l'opérer dans un matras de verre vert peu attaquable, qui alors n'est pas attaqué, la chaleur ne dépassant pas le rouge sombre. Dans un matras de verre, non-seulement on peut mieux observer si l'acide tantalique est complétement dissous, mais en outre l'acide sulfurique du sel employé se volatilise bien moins, surtout lorsque le col du matras est un peu long. Au commencement de la fusion, le sel se boursoufle lorsque l'eau s'en va ; mais ensuite il passe tranquillement à l'état liquide. — La fusion avec le sulfate acide de potasse, pour laquelle on doit employer une plus forte chaleur, ne peut avoir lieu que dans un creuset de platine.

Comme l'acide tantalique présente, non-seulement à l'état pur, mais aussi à l'état de combinaison, des densités très différentes, il est nécessaire souvent d'employer, pour quelques-unes des modifications très denses, une fusion longtemps soutenue avec le sulfate acide d'ammoniaque; et il faut de grandes quantités de ce sel pour que la dissolution et la décomposition puissent s'opérer : souvent une partie de la combinaison tantalique reste à l'état insoluble. On doit alors, après avoir dissous dans l'eau la masse fondue, séparer la dissolution de la petite quantité de matière insoluble et soumettre de nouveau celle-ci à la fusion avec une plus grande quantité de sulfate acide d'ammoniaque. Lorsque le tout ne s'est pas dissous, on doit faire fondre la partie insoluble avec du sulfate acide de potasse, pour opérer la décomposition complète, de manière qu'on ne puisse plus reconnaître d'oxyde alcalin libre dans l'acide tantalique.

L'acide tantalique que l'on obtient par la fusion avec les bisulfates alcalins, contient, comme nous l'avons déjà observé, de l'acide sulfurique dont on le sépare complétement par la calcination en présence du carbonate d'ammoniaque. On peut aussi enlever au moyen de l'eau tout l'acide sulfurique; mais, même lorsqu'on se sert d'eau bouillante, on peut, pour des quantités de sulfate d'acide tantalique qui ne sont pas très grandes, être forcé d'employer plusieurs semaines pour chasser par le lavage tout l'acide sulfurique. Si cependant on verse une liqueur ammoniacale étendue sur l'acide tantalique humide, le lavage s'opère très facilement; mais la liqueur passe quelquefois un peu laiteuse à travers le filtre : si cependant on ajoute du chlorure d'ammonium, l'eau de lavage passe claire.

L'*acide sulfurique* produit un précipité dans les dissolutions des tantalates alcalins, même lorsqu'elles sont étendues; et, de tous les acides, l'acide sulfurique est celui qui précipite le mieux l'acide tantalique. Le sulfate d'acide tantalique précipité n'est cependant pas entièrement insoluble lorsqu'on le chauffe avec une très grande quantité d'acide chlorhydrique. Du reste, lorsque l'acide tantalique n'a pas été complétement précipité par l'acide sulfurique, l'ammoniaque produit alors une précipitation complète.

L'acide tantalique que l'on obtient par la décomposition du chlorure de tantale, au moyen de l'eau, a une densité et des propriétés tout autres que celui que nous venons d'examiner et que l'on obtient par la fusion avec les bisulfates alcalins. L'acide tantalique, formé par la décomposition du chlorure, peut être complétement séparé, par des lavages, de l'acide chlorhydrique qui s'est formé en même temps que lui, bien qu'il s'en dissolve une très petite quantité qui peut être complétement précipitée par l'ammoniaque.

Si on ajoute de l'*acide chlorhydrique* en excès à une dissolution étendue d'un tantalate alcalin, l'acide tantalique se dissout et forme une liqueur opaline. L'acide sulfurique étendu forme, dans une dissolution de ce genre, un précipité d'acide tantalique, surtout lorsqu'on a fait bouillir le tout; mais la séparation de l'acide tantalique ne peut pas être opérée d'une manière complète par ce moyen. Dans certaines circonstances, lorsque, par exemple, on n'a pas ajouté d'excès d'acide tantalique, on peut précipiter presque entièrement l'acide tantalique contenu dans les dissolutions des tantalates alcalins; il se précipite de même presque entièrement dans les dissolutions étendues à l'aide d'une ébullition prolongée.

Les dissolutions des tantalates alcalins se comportent avec l'*acide nitrique* comme avec l'acide chlorhydrique. Dans une dissolution concentrée, il se forme un précipité. Si la dissolution a été préalablement étendue d'eau, elle devient seulement opaline par l'action de l'acide nitrique.

L'*acide phosphorique* produit, dans la dissolution des tantalates alcalins, un précipité épais, même lorsque la dissolution a été préalablement étendue de beaucoup d'eau.

Une dissolution d'*acide arsénique*, au contraire, ne produit pas de précipité; la liqueur devient seulement opaline. Même par un contact prolongé ou par l'ébullition, il ne se produit de précipité ni dans les dissolutions étendues, ni dans les dissolutions concentrées.

Une dissolution aqueuse d'*acide arsénieux* ne produit pas non plus de précipité dans les dissolutions des tantalates alcalins, ni par un contact prolongé, ni par l'ébullition.

L'*acide cyanhydrique* étendu ne produit pas non plus de précipité dans la dissolution des tantalates alcalins; seulement, lorsque la dissolution est très concentrée, elle devient opaline, mais d'une manière insignifiante.

L'acide tantalique, à l'état d'hydrate, tant celui que l'on obtient par la fusion avec les bisulfates alcalins que celui que l'on obtient par la décomposition du chlorure au moyen de l'eau, se dissout à la température ordinaire dans l'*acide fluorhydrique* aqueux et forme une liqueur claire. Si on soumet la dissolution à l'action de la chaleur et si on la fait bouillir, il ne se sépare pas d'acide tantalique ; si même on évapore la dissolution seulement à une très faible chaleur, il se volatilise une quantité considérable d'acide tantalique à l'état de fluorure de tantale, et il se forme seulement à la fin une petite quantité d'une combinaison cristalline de fluorure de tantale et d'hydrate d'acide tantalique. Si on calcine cette combinaison, il se dégage une grande quantité de fluorure de tantale, sous forme d'une fumée blanche; mais il reste comme résidu de l'acide tantalique qui ne se dissout plus dans l'acide fluorhydrique; car l'acide tantalique calciné est devenu entièrement insoluble dans l'acide fluorhydrique, et ne peut plus devenir volatil par suite de la réaction de l'acide fluorhydrique, lorsqu'on réitère plusieurs fois le traitement par l'acide fluorhydrique et lorsqu'on évapore le tout. Même lorsqu'on ajoute de l'acide sulfurique, lorsqu'on évapore le tout et lorsqu'on calcine, on n'obtient pas de perte d'acide tantalique. — Il n'est donc pas possible de volatiliser entièrement l'hydrate d'acide tantalique au moyen de l'acide fluorhydrique. On peut cependant volatiliser complétement l'acide calciné lorsqu'on le mélange avec le fluorure d'ammonium et lorsqu'on calcine le mélange.

Si on ajoute de l'acide sulfurique à la dissolution claire de l'acide tantalique dans l'acide fluorhydrique, il ne se sépare pas d'acide tantalique, ce qui est remarquable. Même lorsqu'on l'évapore, la liqueur reste claire, et ce n'est que lorsqu'elle a été réduite à un petit volume qu'elle devient trouble, par suite de la séparation d'un peu d'acide tantalique. Lorsque l'évaporation a été continuée, et que, par suite, l'acide sulfurique s'est concentré, l'acide tantalique qui s'était séparé, se redissout par l'action de la chaleur.—L'acide sulfurique transforme, dans la dissolution, le fluorure de tantale en acide tantalique, mais pas assez complétement pour qu'on puisse évaporer la dissolution à siccité sans perte de tantale. Cependant cette perte est faible.

Les combinaisons du fluorure de tantale avec le fluorure de potassium et le fluorure de sodium qui sont cristallines, rougissent le papier de tournesol lorsqu'elles sont à l'état de dissolution. Après la calcination, par suite de laquelle le fluorure de tantale se volatilise en grande partie et les fluorures alcalins restent seulement comme résidu, ce résidu bleuit le papier de tournesol humide.

Si on fait fondre avec l'*hydrate de potasse,* dans un creuset d'argent, l'acide tantalique calciné, il se dissout et forme une masse claire. Lorsque la fusion n'a pas duré trop peu de temps et lorsqu'on a employé une quantité convenable d'hydrate de potasse, la masse est entièrement soluble dans l'eau. Le tantalate de potasse produit est soluble en toute proportion dans une dissolution d'hydrate de potasse; c'est pour cela qu'il est très difficile de l'obtenir à l'état pur. Si on enlève l'excès d'hydrate de potasse au moyen de l'alcool, le tantalate de potasse perd de cette manière une partie de sa solubilité dans l'eau. Dans la dissolution trouble, le tantalate de potasse est complétement précipité à l'état de tantalate acide de potasse par une ébullition prolongée.—Par la voie humide, l'hydrate d'acide tantalique ne peut pas chasser l'acide carbonique contenu dans le carbonate de potasse ; mais par la voie sèche, lorsqu'on fait fondre l'acide tantalique avec le carbonate de potasse, l'acide carbonique est chassé, et il se forme du tantalate de potasse. Lorsqu'on fait fondre l'acide tantalique avec un excès de carbonate de potasse jusqu'à ce que la masse fondue forme un liquide clair, la masse fondue ne donne pas, après le refroidissement, une liqueur claire lorsqu'on la dissout dans l'eau. Si l'on n'a pas mis un grand excès de carbonate de potasse et si l'on n'a pas employé une chaleur convenable pour opérer la fusion, lorsqu'on traite la masse fondue par l'eau, il reste à l'état insoluble une grande quantité d'acide tantalique sous forme de tantalate acide de potasse, tandis qu'il se dissout dans l'eau beaucoup de tantalate neutre ou de tantalate basique de potasse.

Lorsqu'on fait passer de l'acide carbonique dans une dissolution de tantalate de potasse, tout l'acide tantalique se sépare très rapidement et complétement à l'état de tantalate acide de potasse qui, à l'état humide, se dissout, par l'action de la chaleur, dans l'hydrate de potasse, et forme avec lui une dissolution trouble.

La manière dont l'*hydrate de soude* se comporte avec l'acide tantalique, est essentiellement différente de celle de l'hydrate de potasse. Tandis que le tantalate de potasse est soluble dans les dissolutions d'hydrate de potasse et de carbonate de potasse, le tantalate de soude est entièrement insoluble dans les dissolutions d'hydrate de soude et de carbonate de soude, lorsqu'elles ne sont pas trop étendues. Cette propriété permet d'obtenir le tantalate neutre de soude dans un état de pureté dans lequel on ne peut pas obtenir le tantalate neutre de potasse. — Lorsqu'on projette de l'acide tantalique calciné, ou même de l'hydrate d'acide tantalique, dans l'hydrate de soude en fusion, il se produit un phénomène d'incandescence très vif; chaque parcelle d'acide que l'on projette dans l'hydrate de soude paraît entrer en combustion. Ce phénomène n'a lieu que lorsqu'on chauffe jusqu'au rouge, dans un creuset d'argent, l'hydrate de soude en fusion. On ne peut pas l'observer lorsque l'hydrate de soude a été amené graduellement à la fusion au moyen d'une faible chaleur. On n'obtient pas par la fusion une masse claire, mais on obtient une masse trouble, opaque; par une fusion prolongée, on obtient un dépôt insoluble qui ne se dissout pas dans un excès d'alcali. Si on traite par l'eau la masse fondue, la soude en excès se dissout, et il reste un dépôt blanc insoluble. La dissolution qui contient la soude, décantée, ne contient pas de trace d'acide tantalique lorsqu'on n'a pas employé trop d'eau; mais si, après avoir séparé la dissolution de soude, on verse de nouveau de l'eau sur la partie insoluble, elle s'y dissout, et on obtient une dissolution de tantalate de soude qui est tout à fait insoluble dans une dissolution concentrée d'hydrate de soude.

Si on la mêle, par suite, avec la dissolution de soude obtenue d'abord, elle se trouble immédiatement, et il se sépare du tantalate de soude. Si on opère le mélange excessivement lentement et avec précaution, on peut obtenir des cristaux de tantalate de soude qui se déposent sur les parois du vase. Si on évapore un peu la dissolution, on obtient par le refroidissement le sel neutre, mais jamais en gros cristaux. Il est bon d'ajouter une très petite quantité d'hydrate de soude libre pour obtenir le sel neutre; car si on lave avec de l'eau froide la partie insoluble de manière qu'elle commence à s'y dissoudre, on n'obtient jamais de cristaux nets après la dissolution du résidu; mais on obtient seulement une masse pulvérulente qui est formée d'un peu de tantalate acide de soude. Le sel neutre est très peu soluble dans l'eau froide, plus soluble dans l'eau bouillante. Si on évapore la dissolution, il s'en sépare peu à peu du tantalate acide de soude insoluble.

Si l'on chauffe seulement le tantalate neutre de soude à une température de 100 degrés et même au-dessous, il commence à se transformer en tantalate acide de soude insoluble et en hydrate de soude; mais la décomposition n'est pas complète. Si on traite par l'eau le sel desséché à cette température, il reste à l'état insoluble une grande quantité de tantalate acide de soude; mais l'hydrate de soude dissous contient beaucoup d'acide tantalique à l'état de sel neutre ou à l'état de sel basique. Si on calcine le sel soumis à une température de 100 degrés, il perd de nouveau de l'eau, cependant en bien moins grande quantité que par la dessiccation; mais, par la calcination, l'hydrate de soude commence à attirer l'acide carbonique de l'air. Le sel calciné fait alors effervescence lorsqu'on le traite par les acides; cependant l'effervescence est faible lorsque le sel a été calciné fortement, parce que l'acide tantalique, ou plutôt le sel acide, a réagi sur le carbonate de soude formé. — La transformation de l'hydrate de soude en carbonate de soude peut être beaucoup accélérée lorsqu'on calcine dans une atmosphère de carbonate d'ammoniaque le sel desséché à 100 degrés; mais aussi, dans ce cas, il y a une action réciproque entre l'acide tantalique et le carbonate de soude. Suivant la température que l'on emploie à la calcination, il y a augmentation ou diminution de poids; en effet, tandis que, à une température élevée, l'acide carbonique est chassé, la soude en reprend au carbonate d'ammoniaque à une température plus basse. Lorsque la calcination a été énergique, il se dissout dans l'eau du carbonate de soude (qui représente ordinairement le tiers de la soude contenue dans le sel neutre) qui contient encore une très petite quantité de tantalate de soude, et il reste à l'état insoluble du tantalate acide de soude. — Si on expose le tantalate neutre de soude au rouge-blanc, il s'agrége fortement, mais ne fond pas; il ne perd pas non plus toute l'eau qu'il contenait. L'hydrate de soude qui s'est formé, est si intimement agrégé avec le tantalate acide de soude que l'eau ne peut le séparer de la masse calcinée que par une longue digestion.

Lorsqu'on traite la dissolution de tantalate neutre de soude par les acides faibles, on ne lui enlève qu'une partie de la soude, et il se forme un tantalate acide de soude insoluble.—*L'eau* (par l'évaporation de la dissolution aqueuse) n'enlève qu'un tiers de la soude; un courant de *gaz acide carbonique* qui sépare tout l'acide tantalique à l'état de sel acide, n'enlève qu'un neuvième de la soude. Dans le dernier cas, il se forme un précipité épais, très volumineux, qui n'est pas sans analogie par son aspect extérieur avec l'alumine précipitée. Le précipité desséché forme des morceaux solides, d'une grande dureté, dont les cassures ont l'éclat de la nacre de perles et qui ressemblent à l'encens blanc et transparent. — Le *gaz hydrogène sulfuré* enlève au sel les 5/6es de la soude. Tout l'acide tantalique est précipité avec des propriétés analogues.

Lorsqu'on traite la dissolution de tantalate neutre de soude par un acide encore un peu plus fort, l'acide enlève à la combinaison saline toute la base. Si on fait passer du *gaz acide sulfureux* dans la dissolution, les premières bulles de gaz produisent un précipité volumineux d'hydrate d'acide tantalique pur qui perd son eau par la calcination en produisant un phénomène de lumière.

Si l'acide employé appartient aux acides très énergiques, non-seulement toute la soude est séparée de l'acide tantalique, mais il prend lui-même le rôle de base vis-à-vis de l'acide fort que l'on a employé : tel est le rôle que joue, par exemple, l'acide sulfurique, qui, comme nous l'avons déjà remarqué, précipite l'acide tantalique à l'état de sulfate d'acide tantalique. Les autres acides, comme l'acide chlorhydrique et l'acide nitrique, enlèvent au tantalate alcalin toute la base, et se combinent comme acides avec l'acide tantalique; seulement ils forment avec cet acide des combinaisons solubles. L'acide sulfurique peut aussi, comme nous l'avons déjà remarqué page 294, donner avec l'acide tantalique des combinaisons solubles qui se précipitent de la dissolution par un contact prolongé et par l'action de la chaleur.

Lorsque l'acide que l'on emploie pour décomposer le tantalate de soude est fort, la réaction est plus rapide, et a lieu même à la température ordinaire. Les acides les plus forts, comme l'acide sulfurique, l'acide nitrique et l'acide chlorhydrique, produisent immédiatement des précipités; l'acide sulfureux produit même un précipité qui commence à se former dès les premières bulles de gaz. La réaction a lieu lentement avez le gaz hydrogène sulfuré; elle est bien plus lente avec le gaz acide carbonique. Toutes ces réactions se produisent même à la température ordinaire; mais l'acide le plus faible et l'eau ne produisent la précipitation qu'à une température élevée et par évaporation.

Par la fusion, l'acide tantalique chasse l'acide carbonique contenu dans le carbonate de soude plus difficilement que celui qui est contenu dans le carbonate de potasse. Plus la chaleur employée à la fusion est forte, plus il y a d'acide carbonique chassé. La masse fondue paraît former pendant la fusion un liquide clair et transparent; mais, en observant avec attention, on remarque une petite quantité d'une combinaison qui ne s'est pas entièrement dissoute; et, après le refroidissement de la masse fondue, on trouve à sa partie inférieure un dépôt très épais qui se distingue du reste de la masse. Lorsque cependant le creuset a été exposé pendant longtemps à une température encore plus élevée, on peut arriver enfin, avec l'aide d'un soufflet de forge, à ce qu'on ne puisse plus rien découvrir qui ne soit dissous dans la masse liquide. La masse fondue présente alors, après le refroidissement, une uniformité complète. — Si on traite par l'eau la masse fondue, elle ne s'y dissout pas complétement; mais elle laisse déposer une grande quantité de tantalate acide de soude, même lorsque la fusion a été continuée pendant longtemps. L'eau n'enlève d'abord presque que du carbonate de soude à la masse fondue, et la dissolution contient très peu de tantalate de soude, qui est presque insoluble dans une dissolution de carbonate de soude; il n'y est cependant pas tout à fait aussi insoluble que dans une dissolution d'hydrate de soude. Après la décantation de la dissolution de carbonate de soude, le tantalate de soude insoluble ne se dissout pas complétement dans l'eau, comme cela arrive lorsqu'on a employé l'hydrate de soude; mais il reste beaucoup de tantalate acide de soude insoluble.

Avec l'*ammoniaque*, l'acide tantalique ne forme pas de combinaison neutre, mais seulement des sels acides; mais ces combinaisons salines ne peuvent pas être obtenues directement en traitant l'acide tantalique par la liqueur ammoniacale. Dans ses dissolutions acides, l'acide tantalique est complétement précipité par l'ammoniaque. Dans la dissolution de tantalate neutre de soude, l'ammoniaque ne produit pas de précipité, et, au bout de quelque temps, il ne se produit qu'un faible précipité; mais si on ajoute à la dissolution d'un tantalate alcalin, que ce soit du tantalate de potasse ou de soude, une dissolution de *chlorure d'ammonium* ou d'un autre sel ammoniacal, comme le *sulfate d'ammoniaque* par exemple, l'acide tantalique est entièrement précipité de la dissolution au bout de très peu de temps. Si la dissolution de tantalate alcalin contient de l'oxyde alcalin libre et notamment de la potasse, la production du précipité est retardée, même lorsqu'on a ajouté la quantité convenable de sel ammoniacal; cependant le précipité se produit même à la température ordinaire, quoique souvent très longtemps après. Le précipité se dépose bien et se laisse bien filtrer en présence d'un excès de sel ammoniac; il est formé d'un tantalate acide d'ammoniaque. S'il a été précipité, au moyen du chlorure d'ammonium, dans une dissolution de tantalate de potasse, il contient aussi, outre le tantalate acide d'ammoniaque, du tantalate acide de potasse. Si la dissolution de tantalate alcalin contient du carbonate de potasse ou du carbonate de soude en assez petite quantité pour que le carbonate de soude ne forme pas de précipité dans une dissolution étendue, la précipitation au moyen du chlorure d'ammonium ne peut pas avoir lieu dans une dissolution de ce genre. On doit alors faire bouillir pendant longtemps pour décomposer le carbonate alcalin, ou au moins laisser reposer le tout pendant quelque temps pour qu'il puisse se former un précipité. Si on ajoute du carbonate alcalin au précipité formé par le chlorure d'ammonium, il se dissout; mais il se reproduit de nouveau spontanément par un contact prolongé lorsqu'il y a assez de chlorure d'ammonium, et alors l'acide tantalique est entièrement précipité.

Le *sulfure d'ammonium* ne modifie pas l'acide tantalique.

Les dissolutions des tantalates alcalins neutres, et notamment celles du tantalate de soude, produisent, dans les dissolutions de presque toutes les combinaisons salines neutres formées par les oxydes non alcalins, des précipités qui sont presque tous insolubles dans l'eau. Les précipités sont neutres lorsqu'on a employé un excès du sel précipitant; mais les tantalates précipités sont un peu acides lorsqu'on emploie un excès de tantalate de soude. Ils contiennent presque tous de l'eau de cristallisation. Après la calcination, pendant laquelle quelques-uns présentent un phénomène de lumière, ils deviennent difficilement décomposables par les acides; mais ils peuvent alors être décomposés par la fusion avec le bisulfate de potasse. Si l'oxyde métallique donne avec l'acide sulfurique une combinaison soluble, cette combinaison se trouve contenue dans la dissolution lorsqu'on traite par l'eau la masse fondue; mais si l'oxyde métallique est une base faible qui perd son acide sulfurique à une température élevée, il ne peut pas être complétement séparé de l'acide tantalique insoluble par la fusion avec le sulfate acide de potasse, et par le traitement ultérieur de la masse fondue au moyen de l'eau. C'est le motif pour lequel les combinaisons naturelles d'acide tantalique avec le protoxyde de fer (tantalite), fondues avec le sulfate acide de potasse et traitées par l'eau, donnent un acide tantalique qui contient du sesquioxyde de fer. Si l'on fait digérer avec l'acide sulfurique concentré les combinaisons que l'acide tantalique non calciné forme avec les bases faibles, on produit au contraire la séparation complète.

Le *chlorure de baryum* produit, dans la dissolution du tantalate neutre de soude, un précipité volumineux, floconneux, qui ne se modifie pas par le temps. Par la calcination du sel précipité, il se produit un phénomène de lumière très intense.

Une dissolution de *sulfate de magnésie* donne d'abord un précipité volumineux, floconneux, qui, par le temps, prend de la densité et devient cristallin. Par la calcination, il ne se présente pas de phénomène de lumière.

Une dissolution de *nitrate d'argent* produit un précipité blanc qui, à l'air sec, devient jaunâtre. Par la dessiccation, il devient jaune, brun et finalement noir à 100 degrés. Après la calcination, le sel reste également noir. — Le tantalate d'argent est complétement soluble dans l'ammoniaque. Il est décomposé par l'acide nitrique; l'oxyde d'argent se dissout, et la plus grande partie de l'acide tantalique se sépare à l'état floconneux. Si le sel a été récemment précipité et si on a fait bouillir le tout, le précipité devient jaunâtre et enfin brun; il n'est plus alors soluble dans l'ammoniaque.—Si on ajoute d'abord au précipité une très petite quantité d'ammoniaque, il devient brun; ce n'est qu'en employant une plus grande quantité d'ammoniaque que l'on produit une dissolution complète.

Une dissolution de *nitrate de protoxyde de mercure* produit un précipité volumineux de couleur jaune-verdâtre qui a de l'analogie avec l'hydrate d'oxyde de nickel. Desséché, il devient brun-châtain; mais il donne une poudre d'une couleur plus claire. Par l'action de la chaleur, le précipité devient noir. — Une dissolution de *bichlorure de mercure* ne produit pas de précipité. Si le tantalate de soude contient une très petite quantité de soude libre, il se forme un précipité rouge-brun d'oxychlorure de mercure.

Les dissolutions des combinaisons salines des oxydes non alcalins ne sont pas les seules qui produisent un précipité dans la dissolution des tantalates neutres alcalins, et surtout dans la dissolution de tantalate neutre de soude; les dissolutions des sels neutres alcalins produisent également des précipités qui sont formés de tantalates alcalins acides, puisque ces combinaisons salines enlèvent, même à la température ordinaire, de l'oxyde alcalin au tantalate alcalin en dissolution, ce qui n'a lieu pour la dissolution pure que par évaporation. Les sulfates neutres de potasse et de soude, les nitrates de potasse et de soude, les chlorures de potassium et de sodium en dissolution, forment des précipités de ce genre. — Lorsqu'on mêle les dissolutions de ces combinaisons salines avec celles d'un tantalate alcalin neutre, il ne se forme pas d'abord de précipité, surtout lorsque les dissolutions ne sont pas très concentrées; mais la liqueur devient tout au plus légèrement opaline. Avec le temps, il se forme un précipité très abondant; plus on laisse le tout longtemps en contact, plus les traces d'acide tantalique que l'on retrouve dans la liqueur décantée sont faibles; souvent même l'acide tantalique est enfin entièrement précipité, notamment par une dissolution de nitrate de soude.

Une dissolution de *ferrocyanure de potassium* ne produit pas de précipité dans les dissolutions des tantalates neutres alcalins; si cependant on les rend légèrement acides, il se forme un précipité jaune qui n'est presque pas soluble dans les acides étendus.

Une dissolution de *ferrocyanide de potassium* ne produit pas non plus de précipité : elle produit, au contraire, immédiatement un précipité blanc-jaunâtre épais, lorsque la dissolution est un peu acide. La liqueur qui surnage le précipité, est jaune.

Une dissolution de *cyanure de potassium* ne produit pas de précipité; au bout de quelque temps, il ne se produit qu'un trouble opalin insignifiant.

L'*infusion de noix de galles* ne produit pas de précipité dans la dissolution des tantalates alcalins neutres; cependant, lorsqu'on ajoute de l'acide sulfurique ou de l'acide chlorhydrique, il se forme un précipité jaune clair, ce qui est caractéristique pour l'acide tantalique. Ce précipité se produit aussi bien lorsque l'acide tantalique est presque entièrement dissous par un excès d'acide chlorhydrique que lorsque l'acide sulfurique ou l'acide chlorhydrique ont formé un précipité blanc, épais, d'acide tantalique; ce dernier prend la même couleur jaune clair lorsqu'on ajoute de l'infusion de noix de galles. Le précipité de tannate d'acide tantalique n'est pas tout à fait insoluble dans un très grand excès de teinture de noix de galles. S'il y a très peu d'acide tantalique dans la liqueur, le précipité ne se forme qu'au bout de quelque temps. Les alcalis libres dissolvent le précipité. — L'*acide gallique* et l'*acide tannique* pur se comportent comme la teinture de noix de galles.

Les tantalates alcalins auxquels on a ajouté de l'acide chlorhydrique, ne donnent pas de couleur bleue lorsqu'on y ajoute du *zinc métallique* : ce n'est que lorsqu'on ajoute une grande quantité d'acide chlorhydrique qu'on obtient quelques indices de coloration bleue. Même lorsqu'on ajoute de l'acide sulfurique, il ne se forme pas de coloration bleue ; ou, s'il s'en forme une, elle est très peu nette. Mais lorsqu'on dissout le chlorure de tantale dans l'acide sulfurique concentré et lorsqu'on ajoute ensuite de l'eau et du zinc métallique, on obtient une belle couleur bleue. La coloration bleue ne passe pas au brun au bout de quelque temps, mais l'acide bleu redevient bientôt blanc. Lorsqu'on dissout le chlorure de tantale dans l'acide chlorhydrique et lorsqu'on ajoute seulement un peu d'eau à la dissolution, le zinc y produit aussi la coloration bleue ; mais elle ne se forme pas lorsqu'on ajoute beaucoup d'eau, et l'acide sulfurique même ne peut pas produire alors une coloration bien nette.

On obtient également le degré d'oxydation du tantale, qui est de couleur bleue, lorsqu'on dissout par fusion l'acide tantalique dans le sulfate acide d'ammoniaque ; il se forme alors une masse sirupeuse claire que l'on dissout dans une petite quantité d'eau et qui, traitée alors par le zinc métallique, donne la coloration bleue. On l'obtient beaucoup mieux lorsque, au lieu d'un peu d'eau, on ajoute de l'acide chlorhydrique. Cette coloration bleue disparaît peu à peu, mais elle ne passe jamais au brun : elle passe au rouge. — Si l'on fond dans une petite cuiller de platine le fluorure double de potassium et de tantale (mais non le fluorure double de sodium et de tantale), on obtient une masse bleue.

Si l'on fait passer un courant d'hydrogène sur l'acide tantalique chauffé à un feu de charbon très vif, il reste blanc.

L'acide tantalique, chauffé à un feu de charbon très vif et soumis à l'action d'un courant de gaz hydrogène sulfuré, devient gris-noirâtre ; il se volatilise en même temps des traces de soufre ; mais on ne peut pas remarquer de production d'eau : il ne se forme que des traces de sulfure de tantale. On obtient ce composé pur lorsqu'on fait passer des vapeurs de sulfure de carbone sur l'acide tantalique à une température qui est très rapprochée du rouge-blanc. Il est d'une couleur gris-noirâtre ; si on le broie dans un mortier d'agate, il prend un éclat fortement métallique : il est alors d'une couleur jaune-laiton nette. On l'obtient aussi lorsqu'on chauffe au rouge le chlorure de tantale dans un courant de gaz hydrogène sulfuré. A la température ordinaire, il n'y a pour ainsi dire point d'action. — Les deux sulfures de tantale sont décomposés par le chlore gazeux : le premier, celui que l'on obtient au rouge-blanc, n'est décomposé qu'à une température élevée, tandis que le dernier se décompose en grande partie, même à la température ordinaire. Il se forme, dans ce cas, du chlorure de tantale et du chlorure de soufre. Le sulfure de tantale est bon conducteur de l'électricité; il n'est pas attaqué par l'acide chlorhydrique, même à l'aide de l'ébullition, mais il est attaqué par l'acide nitrique qui l'oxyde à l'aide de l'ébullition et le transforme en acide tantalique et en acide sulfurique, sans qu'il se produise de dépôt de soufre. La décomposition a cependant lieu très lentement. L'eau régale réagit un peu plus fortement, mais pas très fortement, sur le sulfure de tantale. Le sulfure de tantale n'est pas attaqué par l'acide sulfurique étendu; il n'est attaqué que très lentement par l'acide sulfurique concentré, mais seulement lorsque la plus grande partie de l'acide sulfurique s'est volatilisée par l'action de la chaleur. L'acide fluorhydrique attaque très peu le sulfure de tantale; le mélange même d'acide fluorhydrique et d'acide nitrique ne produit pas la dissolution complète du sulfure de tantale. Calciné au contact de l'air, le sulfure de tantale se transforme en acide tantalique. Lorsqu'on le fait bouillir avec du sulfure de potassium, il ne s'y dissout pas. Si on le fait fondre avec de l'hydrate de potasse, il se forme du sulfure de potassium et du tantalate de potasse. Si on fait fondre le sulfure de tantale avec un mélange de soufre et de carbonate de soude, il ne se forme que du sulfure de sodium et du tantalate de soude. Lorsque la fusion n'a pas lieu à une température élevée, il reste comme résidu beaucoup de sulfure de tantale non décomposé.

Si l'on soumet le tantalate de soude à l'action d'une température rouge intense au moyen d'un feu de charbon très vif et si l'on fait passer en même temps un courant de gaz hydrogène sulfuré sec, il reste blanc; mais la soude qu'il contient, est transformée en sulfhydrate de sulfure de sodium, qui peut être séparé, au moyen de l'eau, de l'acide tantalique non décomposé.— Le tantalate acide de soude n'est pas modifié, même à la température rouge, par l'hydrogène sulfuré gazeux ni par l'hydrogène gazeux, et reste blanc.

La dissolution de tantalate neutre de soude bleuit le papier rouge de tournesol. Elle colore en brun le papier de curcuma; mais la coloration brune disparaît au bout de vingt-quatre heures. Si on ajoute de l'acide chlorhydrique à la dissolution, le papier de curcuma n'est pas modifié. Lorsqu'on dissout le chlorure de tantale dans l'acide chlorhydrique, le papier de curcuma est très faiblement coloré en brun par la dissolution.

Au chalumeau, l'acide tantalique n'est pas modifié. Il se dissout en grande quantité dans le sel de phosphore, et produit une perle claire, incolore. Cette perle ne subit aucun changement dans la flamme intérieure. Par une addition excessivement forte d'acide tantalique et par une insufflation soutenue très longtemps, elle prend une couleur jaune clair excessivement faible, qui est excessivement difficile à observer et qui disparaît par le refroidissement. Une addition de sulfate de fer ne rend pas la perle rouge de sang dans la flamme intérieure. — L'acide tantalique donne sur le fil de platine, avec le borax, lorsqu'il y est dissous en petite quantité, une perle claire, incolore, qui ne peut pas devenir opaque par une insufflation intermittente. Si on ajoute à la perle de borax une plus grande quantité d'acide tantalique, il se dissout et forme une perle claire; mais la perle devient opaque par une insufflation intermittente. Cependant la perle, qui est devenue d'un blanc d'émail et opaque par une insufflation intermittente, peut redevenir claire par une insufflation soutenue, et rester claire après le refroidissement. Si on ajoute une plus grande quantité d'acide tantalique à la perle de borax, la perle devient opaque. Dans la flamme intérieure, la couleur n'est pas modifiée. — Fondu avec la soude sur le charbon, l'acide tantalique produit une effervescence, mais il ne fond pas en une perle et ne peut pas être réduit. On peut retrouver quelquefois une faible quantité de bioxyde d'étain mélangé à l'acide tantalique, en le traitant à la flamme de réduction par la soude sur le charbon. Par la lévigation du charbon et de l'acide tantalique non réduit, on obtient de l'étain métallique; mais il est nécessaire, dans ce cas, d'ajouter à la soude une petite quantité de borax.

L'acide tantalique se distingue de tous les oxydes dont il a été question précédemment en ce que, à l'état calciné, il est tout à fait insoluble dans l'acide chlorhydrique, et même à chaud dans l'acide sulfurique concentré. Il se distingue en outre en ce que, fondu avec un excès de bisulfate de potasse, il se dissout par fusion dans ce sel, mais à l'état de combinaison avec l'acide sulfurique, et peut être complétement séparé de la masse fondue par l'eau à la température ordinaire. L'acide tantalique calciné a la plus grande analogie avec l'acide titanique calciné; mais l'acide tantalique s'en distingue non-seulement par la manière de se comporter au chalumeau, mais encore en ce que l'acide titanique calciné, réduit en poudre fine, se dissout, par l'action de la chaleur, dans l'acide sulfurique concentré, et forme, par sa fusion avec le bisulfate de potasse, une masse fondue qui se dissout entièrement dans une grande quantité d'eau à la température ordinaire, lorsque la fusion a duré seulement un temps suffisamment long.

Lorsqu'on a besoin d'essayer un mélange d'acide tantalique et d'acide titanique, il est souvent difficile de reconnaître avec exactitude la présence des deux acides. Traité au chalumeau par les fondants, ce mélange ne montre surtout que les réactions de l'acide titanique, et il peut arriver qu'on ne s'aperçoive pas de la présence de quantités considérables d'acide tantalique. Si l'on fait fondre un pareil mélange avec du sulfate acide de potasse, dans un creuset de platine, et si l'on traite, après le refroidissement, la masse fondue par l'eau à la température ordinaire, l'acide titanique se dissout, tandis que l'acide tantalique reste à l'état insoluble; on peut alors, après avoir lavé ce dernier, l'essayer au chalumeau. Mais si l'on fait fondre le mélange, avec l'hydrate de potasse, dans un creuset d'argent, la masse fondue ne se dissout pas non plus complétement dans l'eau. La plus grande partie de l'acide titanique reste alors comme résidu à l'état insoluble. Le procédé le plus certain pour s'assurer de la présence de l'acide titanique dans l'acide tantalique, est le suivant : on les mélange avec un grand excès de sucre pur, et on calcine le tout; on obtient ainsi un mélange des acides métalliques avec une grande quantité de charbon. On le place dans un tube d'un verre très peu fusible, et, avant le mélange, on met dans le tube du charbon pur préparé au moyen du sucre. On met le tube de verre dans un fourneau dans lequel on le chauffe jusqu'au rouge au moyen d'un feu de charbon. On fait passer sur le mélange d'abord à froid, puis à chaud, un courant de gaz acide carbonique très bien desséché, pour chasser tout l'air atmosphérique et toute l'humidité; on fait alors passer pendant quelque temps sur le mélange refroidi un courant de gaz chlore très bien desséché; ensuite on porte d'abord au rouge la petite quantité de charbon pur, puis le mélange des acides métalliques avec le charbon. Si l'acide tantalique était pur, il ne se produit qu'un agrégat solide de chlorure jaune de tantale; mais s'il contient de l'acide titanique, il se forme en même temps du chlorure liquide de titane, qui se caractérise par sa propriété de fumer très fortement à l'air.

Si l'acide tantalique contient du bioxyde d'étain, dont la présence peut du reste être reconnue au moyen du chalumeau (p. 304), il reste à l'état insoluble avec l'acide tantalique lorsqu'on fait fondre le mélange avec le bisulfate de potasse, et lorsqu'on traite ensuite par l'eau la masse fondue. Si l'on fait digérer avec du sulfure d'ammonium tout ce qui ne s'est pas dissous, l'acide tantalique ne se dissout pas; mais l'oxyde d'étain se transforme en sulfure d'étain qui se dissout, et peut être obtenu par la sursaturation de la dissolution au moyen d'un acide étendu. Il peut ensuite être transformé en oxyde d'étain par la calcination au contact de l'air. Mais le plus sûr est de faire fondre l'acide avec un mélange de soufre et de carbonate de soude dans un petit creuset de porcelaine. Si on traite par l'eau la masse fondue, le bioxyde d'étain se dissout à l'état de sulfure d'étain. L'acide tantalique reste à l'état de tantalate de soude insoluble dans la dissolution qui contient du carbonate de soude. On ne doit pas laver la partie insoluble, ou on ne doit la laver qu'avec une dissolution de carbonate de soude. Dans la dissolution, on précipite le sulfure d'étain au moyen d'un acide étendu, et on le transforme par le grillage en bioxyde d'étain. — Si on traite de la manière qui a été indiquée précédemment, par le charbon et le chlore gazeux, un acide tantalique qui contient du bioxyde d'étain, on obtient, outre le chlorure de tantale solide, du chlorure d'étain liquide qui fume à l'air, mais pas aussi fortement que le chlorure de titane.

La présence des substances organiques peut modifier en quelque sorte la manière dont l'acide tantalique se comporte avec les réactifs. — Les acides organiques volatils, comme l'*acide acétique* et l'*acide succinique*, précipitent l'acide tantalique contenu dans la dissolution des tantalates alcalins. — L'*acide oxalique* et l'*oxalate acide de potasse* n'y produisent pas immédiatement de précipité; mais il s'en produit un au bout de quelque temps. L'acide tantalique est presque entièrement dissous par l'ébullition avec un excès d'acide oxalique. — Les *acides tartrique*, *paratartrique* et *citrique* ne produisent pas de précipité dans les dissolutions des tantalates alcalins; il ne se produit pas non plus de précipité lorsqu'on sursature les dissolutions par l'ammoniaque. Dans une dissolution de tantalate alcalin qui a été rendu seulement un peu acide au moyen de l'acide tartrique, le ferrocyanure de potassium ne produit pas de précipité. Au bout de quelque temps, il se dépose un précipité blanc de tartre, et, dans la liqueur qui surnage ce précipité, il se forme du bleu de Prusse par suite du contact de l'air. Le ferrocyanide de potassium ne produit pas non plus de précipité lorsque la dissolution du tantalate alcalin a été rendue acide au moyen de l'acide tartrique.

Lorsque l'acide tantalique a été précipité par l'acide oxalique, le précipité blanc ne prend qu'au bout de quelque temps une couleur jaune par l'action de la teinture de noix de galles. La teinture de noix de galles ne produit pas de précipité dans les dissolutions des tantalates alcalins qui ont été rendues acides au moyen des acides tartrique, paratartrique ou citrique. Même lorsqu'on a produit un précipité blanc d'acide tantalique, par l'action de l'acide chlorhydrique sur les tantalates alcalins, et lorsqu'on a ajouté ensuite de l'acide tartrique et enfin de la teinture de noix de galles, le précipité reste d'abord entièrement blanc : ce n'est qu'au bout de plusieurs jours qu'il prend une couleur jaune clair de tannate d'acide tantalique. Lorsqu'on fait bouillir l'acide tantalique humide avec une dissolution d'acide tartrique qui ne le dissout pas, et lorsqu'on ajoute de la teinture de noix de galles, il reste blanc; mais il se colore en jaune avec le temps, et seulement au bout de plusieurs jours.

Le chlorure de tantale se dissout dans l'*alcool anhydre*. L'acide tantalique contenu dans cette dissolution alcoolique n'est pas précipité par l'acide sulfurique, même lorsqu'on les fait bouillir. La précipitation n'a lieu que lorsqu'on a ajouté de l'eau, et lorsque la plus grande partie de l'alcool s'est volatilisée par l'action de la chaleur.

Si on soumet à la distillation la dissolution alcoolique de chlorure de tantale, l'alcool et l'acide chlorhydrique se volatilisent, et il reste une liqueur sirupeuse qui est formée en grande partie d'éther tantalique (tantalate d'oxyde d'éthyle).

XLII. — NIOBIUM, Nb.

Le niobium, lorsqu'on l'a obtenu par l'action du sodium sur les combinaisons du fluorure et de l'hypofluorure de niobium avec les fluorures alcalins, forme, comme le tantale métallique, une poudre noire qui conduit bien l'électricité, et qui est attaquée un peu plus facilement que le tantale par les réactifs. Lorsqu'on fait bouillir le niobium sec avec de l'acide chlorhydrique, il s'en dissout une petite quantité, et l'ammoniaque précipite de la dissolution un peu d'acide hyponiobique ; mais lorsqu'on chauffe avec de l'acide chlorhydrique la poudre métallique, encore humide, immédiatement après sa préparation et son lavage, elle peut se dissoudre entièrement dans l'acide avec dégagement de gaz hydrogène. La dissolution incolore donne avec l'ammoniaque un précipité volumineux, abondant, d'une couleur légèrement brune, qui s'oxyde lorsqu'on le jette sur un filtre et lorsqu'on le lave ; il devient alors d'un blanc pur. Si on conserve la dissolution chlorhydrique dans un vase de verre bien fermé, elle conserve longtemps la propriété de donner avec l'ammoniaque un précipité brunâtre ; mais il se dépose enfin de la dissolution un précipité blanc d'acide hyponiobique, et la dissolution ne retient plus de niobium en dissolution. Le niobium ne se dissout pas, même à chaud, dans l'acide nitrique ; il ne se dissout pas non plus dans l'eau régale. Lorsqu'on le fait chauffer pendant longtemps avec l'acide sulfurique concentré, le niobium se dissout. La dissolution a une couleur brune ; mais si on la mêle avec une grande quantité d'eau, elle devient incolore. Si on la sursature par l'ammoniaque, on obtient un précipité blanchâtre, volumineux, qui a une pointe de brunâtre. Si l'on met l'acide fluorhydrique en contact avec le niobium métallique, il se produit une élévation de température. Si on chauffe le niobium métallique avec l'acide fluorhydrique, il se dissout avec dégagement d'hydrogène ; mais la dissolution se produit bien plus facilement, même à la température ordinaire, au moyen d'un mélange d'acide fluorhydrique et d'acide nitrique. Le niobium se dissout aussi, mais lentement, lorsqu'on le fait bouillir avec une dissolution d'hydrate de potasse ; il se forme de l'hyponiobate de potasse. Cette transformation a lieu bien plus rapidement lorsqu'on le mélange avec le carbonate de potasse et lorsqu'on fait fondre. Le niobium s'oxyde par la fusion avec le sulfate acide de potasse, et lorsqu'on traite par l'eau la masse fondue, il reste de l'acide hyponiobique insoluble.

Lorsqu'on calcine le niobium métallique au contact de l'air, il s'oxyde en produisant un phénomène de lumière intense, plus facilement et plus rapidement que le tantale métallique, et il ne se forme toujours que de l'acide hyponiobique. Si on expose le niobium métallique à l'action du chlore gazeux, il n'y a pas de réaction à la température ordinaire ; mais si on calcine le métal à une très faible chaleur dans un courant de chlore gazeux, il est absorbé avec beaucoup de force. Il se forme deux chlorures de niobium : l'un volatil, jaune, plus dense, et l'autre bien moins volatil, blanc, très volumineux. Le premier se produit lorsqu'on fait agir une grande quantité de chlore gazeux sur le métal ; le dernier se forme lorsqu'il n'y a qu'une petite quantité de chlore en contact avec le métal. Une fois que l'hypochlorure de niobium blanc s'est formé, il ne peut plus être transformé en chlorure jaune de niobium lorsqu'on le chauffe dans un fort courant de chlore gazeux.

Le poids spécifique du niobium métallique (lorsqu'il n'est pas encore complétement pur) est entre 6,27 et 6,67.

Si l'on fait passer au rouge intense du gaz ammoniac sur l'acide niobique et l'acide hyponiobique, il se forme de l'eau et il se produit du *nitrure de niobium* lorsque c'est de l'acide niobique, de l'*hyponitrure de niobium* lorsque c'est de l'acide hyponiobique; mais le dernier est plus facilement décomposé que le premier. On obtient ces combinaisons à l'état pur lorsqu'on fait passer à chaud du gaz ammoniac sur le chlorure de niobium et sur l'hypochlorure de niobium. Tous les deux se présentent sous la forme d'une poudre tout à fait noire. Par le frottement, ils ne présentent pas l'éclat métallique, ou ils ne présentent qu'un éclat excessivement peu net; mais ils sont très bons conducteurs de l'électricité. La décomposition des acides du niobium est incomparablement plus rapide lorsqu'on les soumet à l'action d'un courant de gaz cyanogène; mais il se forme alors des combinaisons qui contiennent, outre le nitrogène, du cyanogène qui est aussi combiné avec le métal. — Les nitrures de niobium, fondus avec l'hydrate de potasse, dégagent une très grande quantité d'ammoniaque; ils ne sont attaqués ni par l'acide nitrique ni par l'eau régale, même à la température de l'ébullition; mais ils sont attaqués, même à la température ordinaire, par un mélange d'acide nitrique et d'acide fluorhydrique.

Acide hyponiobique, Nb^2O^3 (1).

L'acide hyponiobique est contenu dans tous les minéraux qui contiennent du niobium et qui se trouvent dans la nature; il se produit aussi par la décomposition de l'hypochlorure blanc de niobium au moyen de l'eau. Il a une couleur blanche. Par l'action de la chaleur, il devient jaune; mais après le refroidissement, il est aussi blanc qu'antérieurement. Ce caractère le distingue essentiellement de l'acide tantalique. La couleur que prend l'acide hyponiobique par l'action de la chaleur, n'est pas toujours de la même teinte de jaune : quelquefois elle est plus claire, quelquefois elle est plus foncée. Cela peut dépendre des différentes densités de l'acide. Si on fait fondre l'acide hyponiobique avec du sulfate acide de potasse, il montre en général, par l'action de la chaleur, une couleur jaune plus pâle, même lorsqu'il est complétement exempt d'acide sulfurique. Lorsque l'acide hyponiobique a été précipité par l'ammoniaque, il forme, après la calcination, des morceaux cohérents, très brillants, qui ont de l'analogie avec l'acide titanique précipité par l'ammoniaque et ensuite calciné. Si on calcine l'acide hyponiobique dans un creuset de platine ouvert, il devient grisâtre pendant la calcination, parce que les gaz non combustibles de la flamme produisent une très faible réduction de l'acide à la surface. Un courant d'air atmosphérique produit par la présence d'un corps froid sur le bord du creuset de platine, détermine immédiatement une oxydation, et la couleur grise disparaît. L'acide s'oxyde aussi complétement pendant le refroidissement, et devient entièrement blanc.

(1) Cet acide a été appelé autrefois par moi *acide niobique*.

Si l'acide hyponiobique a été obtenu par la décomposition de l'hypochlorure de niobium au moyen de l'eau, l'hydrate blanc que l'on obtient présente un phénomène de lumière intense lorsqu'on le calcine. Il en est de même lorsque l'hydrate d'acide hyponiobique a été séparé, au moyen de l'acide chlorhydrique, des dissolutions des hyponiobates alcalins. Par la calcination de la combinaison sulfurique, le même phénomène n'a pas lieu.

Le poids spécifique de l'acide hyponiobique peut être variable comme celui de l'acide tantalique. S'il a été obtenu par la décomposition de l'hypochlorure de niobium au moyen de l'eau, l'acide obtenu est amorphe, et il a pour densité 5,25. Mais si l'hypochlorure de niobium a été exposé pendant longtemps à l'air, de manière que l'humidité de l'air produise une décomposition très lente, on obtient par l'action de l'eau un acide cristallin d'une densité spécifique plus faible, de 4,6 à 4,7. On obtient un acide qui a la même densité lorsqu'on expose l'acide amorphe à une température rouge longtemps soutenue, ou à une température rouge-blanc. L'acide plus dense est alors bien plus volumineux que l'acide fortement calciné. L'acide hyponiobique, que l'on obtient par la fusion avec le sulfate acide de potasse, a une autre densité qui peut varier de 5,208 à 6,13 et même 6,5. Plus il a été calciné fortement, plus sa densité est faible; mais on ne peut pas découvrir dans cet acide une structure cristalline nette.

Le chlorure correspondant à l'acide hyponiobique peut être préparé en mêlant intimement l'acide hyponiobique ou l'acide niobique avec du charbon, et en exposant à l'action du chlore sec le mélange porté à une température rouge. On obtient ordinairement deux chlorures volatils, solides, de propriétés très différentes, l'un blanc, l'autre jaune, dont le premier correspond à l'acide hyponiobique, le second à l'acide niobique. Ce dernier est plus volatil que l'hypochlorure blanc de niobium : c'est ce qui permet de séparer approximativement les deux chlorures l'un de l'autre lorsqu'on les soumet à l'action de la chaleur dans un courant de gaz chlore; on peut cependant obtenir l'hypochlorure de niobium seul, exempt ou presque exempt de chlorure jaunâtre de niobium, en mélangeant les acides du niobium avec une quantité de charbon qui ne soit pas trop grande, calcinant d'abord fortement le mélange dans un courant de gaz acide carbonique sec afin de chasser toute l'humidité, et en l'exposant ensuite à un courant de gaz chlore à la température la plus élevée que puisse supporter le tube de verre dans lequel se fait l'expérience. L'hypochlorure de niobium étant très volumineux, on doit employer à sa préparation un tube de verre large, et n'opérer que sur de petites quantités du mélange d'acide et de charbon. L'hypochlorure de niobium est d'une couleur tout à fait blanche; il est très volumineux; il est infusible et se volatilise plus difficilement que le chlorure de tantale. Exposé à l'air, il produit des vapeurs d'acide chlorhydrique, mais il ne devient pas déliquescent. Lorsqu'on verse de l'eau sur l'hypochlorure de niobium récemment préparé, il fait entendre un sifflement et se décompose en acide hyponiobique et en acide chlorhydrique, qui, à cause de la petite quantité qui s'est produite, ne dissout pas d'acide hyponiobique. Il forme avec cet acide un mélange laiteux; par l'ébullition, il se sépare de l'acide hyponiobique sous forme de flocons caillebottés, analogues au chlorure d'argent. Si on traite à froid l'hypochlorure de niobium par l'acide chlorhydrique, il ne se dissout pas et ne se prend pas en gelée. Si l'on verse de l'eau sur la masse, l'acide hyponiobique reste à l'état insoluble, et la liqueur décantée ne contient que très peu d'acide hyponiobique; si, au contraire, on fait bouillir l'hypochlorure de niobium avec l'acide chlorhydrique, il ne se dissout pas non plus et ne se prend pas en gelée; mais si l'on étend d'eau, le tout se dissout, et l'acide hyponiobique n'est plus précipité de cette dissolution, même par l'ébullition. L'hypochlorure de niobium, une fois qu'il est formé, ne peut plus être transformé en chlorure de niobium, lorsqu'on le traite par une plus grande quantité de chlore gazeux, même à chaud.

L'hypochlorure de niobium se dissout dans l'*acide sulfurique* concentré avec l'aide d'une faible chaleur, et forme une dissolution complétement claire; la dissolution ne se trouble pas par l'ébullition. Si on étend la dissolution d'eau froide, elle reste complétement claire; mais elle se trouble par l'ébullition, et l'acide hyponiobique est complétement précipité de la dissolution. — Si on ajoute de l'acide sulfurique à la dissolution chlorhydrique d'hypochlorure de niobium, elle se trouble même à froid, et tout l'acide hyponiobique est précipité par l'ébullition. L'acide sulfurique étendu sépare complétement, même à froid, l'acide hyponiobique contenu dans les dissolutions des hyponiobates alcalins.

Une dissolution d'*hydrate de potasse* dissout complétement, même à la température ordinaire, l'hypochlorure de niobium. — Il est aussi soluble, à l'aide de l'ébullition, dans une dissolution de *carbonate de potasse.*

L'acide hyponiobique, récemment précipité et surtout non calciné, se dissout complétement, par l'action de la chaleur, dans l'*acide sulfurique* concentré, et forme une masse sirupeuse claire. Si, après le refroidissement, on ajoute à la masse sirupeuse une grande quantité d'eau, elle s'y dissout et forme une liqueur presque claire qui se trouble bientôt spontanément, et laisse précipiter avec le temps tout l'acide hyponiobique à l'état de sulfate d'acide hyponiobique. Par l'ébullition, la réaction est instantanée.

L'acide hyponiobique calciné se dissout aussi quelquefois lorsqu'on le fait digérer à chaud avec l'acide sulfurique concentré, et forme une masse sirupeuse claire, épaisse, qui se dissout aussi dans l'eau froide. Si on fait bouillir la dissolution, l'acide hyponiobique se sépare complétement sous la forme d'un précipité volumineux. Si cependant l'acide hyponiobique avait été très fortement calciné, il n'est presque pas soluble, et même pas soluble dans l'acide sulfurique concentré à une température élevée. L'acide hyponiobique fortement calciné produit, avec le sulfate acide d'ammoniaque en fusion, une masse sirupeuse claire qui, lorsqu'elle n'a pas été agitée, forme par le refroidissement un liquide épais, mais qui reste transparent. Lorsqu'on n'a pas employé trop d'acide sulfurique, la masse est si épaisse qu'on peut retourner la capsule de platine sans que la masse s'écoule; mais si on a agité, le tout devient cristallin et opaque. La masse sirupeuse claire devient même spontanément opaque au bout de quelque temps, ce qui distingue l'acide hyponiobique de l'acide tantalique et même de l'acide niobique. Si l'on verse de l'eau froide sur la masse sirupeuse claire refroidie, on obtient une dissolution claire; mais il se sépare très rapidement de l'acide hyponiobique; cependant la séparation n'est complète que lorsqu'on fait bouillir le tout. Si l'on fait fondre l'acide hyponiobique avec du bisulfate de potasse, il se dissout facilement et forme une masse claire qui s'épaissit par le refroidissement et devient cristalline. Si l'on traite par l'eau, surtout par l'eau bouillante, l'acide hyponiobique reste, comme résidu insoluble, à l'état de combinaison avec l'acide sulfurique. L'acide hyponiobique, même lorsqu'il a été exposé au rouge-blanc et à la température d'un four à porcelaine, est complétement dissous lorsqu'on le fait fondre avec du sulfate acide de potasse, tandis que, dans les mêmes circonstances, de petites quantités d'acide niobique et de grandes quantités d'acide tantalique restent à l'état insoluble. Quelquefois la masse fondue avec le sulfate acide de potasse est tout à fait cristalline après le refroidissement.

Les hyponiobates calcinés sont complétement décomposés et deviennent solubles par la fusion avec les bisulfates alcalins, lorsque la base forme avec l'acide sulfurique une combinaison soluble dans le sel en fusion. En général, l'acide hyponiobique et ses combinaisons salines, après avoir été calcinés, se dissolvent bien plus facilement par la fusion dans les bisulfates alcalins que les combinaisons correspondantes d'acide tantalique et d'acide niobique.

L'acide hyponiobique, lorsqu'il a été obtenu par la fusion avec les bisulfates alcalins, contient de l'acide sulfurique, dont on peut le séparer en le calcinant, surtout dans une atmosphère de carbonate d'ammoniaque. Si on le lave avec l'eau pure, on ne peut le séparer de l'acide sulfurique qu'avec les plus grandes difficultés; mais on le sépare facilement lorsqu'on a ajouté de l'ammoniaque pendant qu'il était encore humide. Mais comme l'ammoniaque dissout un peu d'acide hyponiobique, bien que cette quantité soit seulement très faible, on la remplace par une dissolution de carbonate de soude; alors on verse sur le filtre de l'acide chlorhydrique très étendu.

Dans les dissolutions des hyponiobates alcalins, on peut précipiter entièrement l'acide hyponiobique au moyen de l'*acide sulfurique* étendu, et plus complétement que l'acide tantalique dans les mêmes circonstances.

L'*acide chlorhydrique* produit, dans les dissolutions des hyponiobates alcalins, un précipité volumineux, épais, que les dissolutions soient concentrées ou étendues. Lorsqu'on a employé un excès d'acide chlorhydrique, la liqueur filtrée ne contient pas d'acide hyponiobique. Même lorsque la dissolution a été chauffée jusqu'à l'ébullition, mais lorsqu'elle n'a pas été soumise pendant longtemps à l'ébullition, il ne se dissout pas d'acide hyponiobique. Un excès de dissolution d'hydrate de potasse dissout le précipité. Cette réaction distingue l'acide hyponiobique de l'acide tantalique et de l'acide niobique.

Lorsqu'on fait bouillir pendant très longtemps une dissolution concentrée d'un hyponiobate alcalin avec un excès d'acide chlorhydrique, on peut trouver de l'acide hyponiobique dans la dissolution filtrée. Lorsqu'on réduit en poudre fine l'hyponiobate de soude cristallisé, lorsqu'on le fait ensuite bouillir pendant longtemps avec l'acide chlorhydrique concentré et lorsqu'on ajoute enfin de l'eau, il se dissout beaucoup d'acide hyponiobique. Si l'on sépare par décantation la partie soluble de la partie insoluble, si l'on fait bouillir de nouveau la partie insoluble avec l'acide chlorhydrique et si on traite le tout par l'eau, on peut enfin arriver à dissoudre entièrement l'acide hyponiobique. Lorsqu'on fait bouillir pendant longtemps l'hyponiobate de soude non calciné avec une grande quantité d'acide chlorhydrique qui ne soit pas trop concentré, on peut obtenir une dissolution opaline tout à fait trouble qui redevient complétement claire lorsqu'on y ajoute de l'eau. Si on ajoute cependant une plus grande quantité d'eau et si on fait bouillir le tout, on peut précipiter de nouveau complétement l'acide hyponiobique. Lorsqu'on fait bouillir de nouveau avec l'acide chlorhydrique l'acide hyponiobique précipité par l'ébullition et lorsqu'on ajoute ensuite de l'eau, il ne se dissout qu'une petite quantité de cet acide hyponiobique.

L'*acide nitrique* produit, à la température ordinaire, un abondant précipité dans la dissolution des hyponiobates alcalins. Ce précipité ne se dissout pas par l'ébullition, même lorsqu'on ajoute de l'eau. Une dissolution, même très étendue, d'hyponiobate alcalin, se trouble par l'action de l'acide nitrique. Si l'on réduit en poudre l'hyponiobate de potasse cristallisé et si on le fait bouillir avec l'acide nitrique, on ne peut pas découvrir l'acide hyponiobique cristallisé dans la liqueur filtrée. La manière dont il se comporte avec l'acide nitrique, est caractéristique pour l'acide hyponiobique.

Si on fait bouillir un hyponiobate alcalin avec l'acide nitrique, si on décante ensuite l'acide, si on fait bouillir la partie insoluble avec l'acide chlorhydrique et si on ajoute ensuite de l'eau, la liqueur filtrée contient de l'acide hyponiobique, mais pas autant que lorsque le sel a été traité seulement par l'acide chlorhydrique.

Avec l'*acide phosphorique*, on obtient, dans les dissolutions concentrées d'hyponiobate de soude, un précipité; dans les dissolutions étendues, il ne s'en produit pas.

L'*acide arsénique* ne produit pas de précipité, même par l'ébullition. — L'*acide arsénieux* n'en produit pas non plus.

L'*acide cyanhydrique* étendu produit immédiatement un précipité épais.

L'hydrate d'acide hyponiobique se dissout avec une grande facilité dans l'*acide fluorhydrique*, à la température ordinaire; même lorsqu'on a employé de l'acide fumant, on n'obtient pas de fluorure cristallisé. Si on évapore la dissolution et si on fait chauffer le résidu, il se produit de fortes vapeurs blanches; mais il reste comme résidu, après la calcination, beaucoup d'acide hyponiobique, qui paraît à chaud d'un jaune très intense, mais qui devient blanc après le refroidissement. — Si on verse de l'acide fluorhydrique sur l'acide hyponiobique calciné, il ne s'y dissout pas, mais change d'aspect. Par la calcination du résidu évaporé, il se volatilise une petite quantité de l'hypofluorure de niobium. Si l'on met de l'acide hyponiobique calciné dans une petite cornue de platine et si l'on y ajoute de l acide fluorhydrique et de l'acide sulfurique concentré, il se dégage de l'hypofluorure de niobium sans qu'on ait besoin de chauffer, et l'eau qui distille contient de l'acide hyponiobique, mais en petite quantité; mais si on chauffe la cornue, la production de l'hypofluorure de niobium cesse complétement, et il ne passe à la distillation que de l'acide fluorhydrique. Le fluorure qui s'était formé à la température ordinaire, se décompose à chaud par l'action de l'acide sulfurique.

Les combinaisons de l'hypofluorure de niobium avec le fluorure de potassium et le fluorure de sodium sont cristallines. Leurs dissolutions rougissent fortement le papier de tournesol. L'acide sulfurique ne produit pas de précipité dans ces dissolutions. Si l'on dissout dans l'eau ces combinaisons salines, et notamment la combinaison de l'hypofluorure de niobium et du fluorure de potassium, elle se trouble spontanément; mais le trouble disparaît immédiatement lorsqu'on ajoute de l'acide sulfurique étendu. Mais lorsqu'on évapore jusqu'à ce que l'acide sulfurique commence à se volatiliser, il se sépare de l'acide hyponiobique qui se redissout complétement lorsqu'on continue à chauffer. — Dans les combinaisons de l'hypofluorure de niobium avec le fluorure de sodium, ce dernier est encore combiné avec l'acide fluorhydrique.

Les combinaisons de l'hypofluorure de niobium avec le fluorure de potassium fondent facilement lorsqu'on les chauffe dans une cuiller de platine, et colorent la flamme en violet, comme le font les sels de potasse. Si on les soumet pendant plus longtemps à l'action de la chaleur, ils deviennent infusibles et abandonnent un résidu de couleur bleue qui bleuit le papier de tournesol humide. Si l'on fait fondre dans une cuiller de platine l'acide hyponiobique avec la combinaison de fluorure de potassium et d'acide fluorhydrique, elle devient bleue si on chauffe assez longtemps pour que le tout soit devenu infusible.—Les combinaisons de l'hypofluorure de niobium avec le fluorure de sodium ne fondent pas dans une cuiller de platine par l'action de la chaleur; elles fument fortement et donnent un résidu qui n'est pas de couleur bleue, mais qui bleuit le papier de tournesol humide.

Lorsqu'on fait fondre avec l'*hydrate de potasse*, dans un creuset d'argent, l'acide hyponiobique calciné, il s'y dissout et forme une masse claire qui est entièrement soluble dans l'eau.

Lorsqu'on fait fondre l'acide hyponiobique avec le *carbonate de potasse* à la température rouge, l'acide carbonique est chassé, et on obtient une masse qui ordinairement se dissout en totalité dans l'eau. Si, pour opérer la fusion, on a employé une chaleur trop faible, une partie de l'acide hyponiobique peut rester à l'état de sel acide insoluble.

L'hydrate d'acide hyponiobique, aussi bien celui que l'on obtient par la décomposition de l'hypochlorure que celui que l'on obtient par la fusion avec un bisulfate alcalin, se dissout complétement dans une dissolution d'hydrate de potasse, même lorsqu'il a été desséché. Une dissolution de carbonate de potasse dissout aussi une petite quantité d'acide hyponiobique lorsqu'il a été obtenu par la fusion avec un bisulfate alcalin; mais elle ne peut pas en dissoudre une quantité très considérable, et encore faut-il aider la réaction en opérant à chaud, et même en faisant bouillir. Lorsque l'hydrate d'acide hyponiobique a été préparé au moyen de l'hypochlorure, il se dissout en forte proportion et même totalement dans la dissolution de carbonate de potasse; mais on ne peut pas observer nettement d'effervescence provenant du dégagement de l'acide carbonique.

Les dissolutions d'hyponiobate de potasse, quel que soit leur degré de concentration, peuvent être soumises à l'ébullition sans qu'il se sépare de sel acide insoluble; on peut même évaporer la dissolution à siccité. Si l'on traite ensuite par l'eau, on obtient de nouveau une dissolution complète.

Si l'on fait passer du gaz acide carbonique dans les dissolutions d'hyponiobate de potasse, on obtient enfin, lorsque le courant a été prolongé quelque temps, un précipité volumineux qui se redissout complétement lorsqu'on le lave; il est formé d'une combinaison de bicarbonate de potasse avec l'hyponiobate de potasse basique.

Lorsqu'on fait fondre avec l'*hydrate de soude* l'acide hyponiobique calciné ou un hyponiobate acide, ou même l'hydrate d'acide hyponiobique, on obtient une masse trouble, opaque, à laquelle l'eau n'enlève par dissolution que de l'hydrate de soude; la dissolution ne contient pas d'acide hyponiobique. Il reste un dépôt blanc insoluble qui se dissout complétement dans l'eau pure, et forme une liqueur claire qui est une dissolution d'hyponiobate de soude, et qui ne se dissout pas dans une dissolution concentrée d'hydrate de soude. La dissolution d'hyponiobate de soude se trouble immédiatement lorsqu'on la mêle avec la dissolution de soude obtenue d'abord. Lorsqu'on opère le mélange avec précaution, on peut obtenir avec le temps des cristaux d'hyponiobate de soude; cependant le peu de solubilité de l'hyponiobate de soude dans la dissolution d'hydrate de soude empêche qu'on ne les obtienne d'une certaine grosseur.

Lorsqu'on fait fondre l'acide hyponiobique avec un excès de carbonate de soude, il se dégage, par une fusion prolongée, assez d'acide carbonique pour qu'il se forme un sel basique. Si on traite la masse fondue par l'eau, il ne se dissout d'abord que du carbonate de soude; si on ajoute à la partie insoluble une nouvelle quantité d'eau, l'hyponiobate de soude, qui n'est que très peu soluble dans une dissolution de carbonate de soude, se dissout complétement. La dissolution donne des cristaux d'hyponiobate de soude. La dissolution peut être exposée pendant très longtemps à l'air et même soumise à l'ébullition, sans se troubler; on peut l'évaporer à siccité et la chauffer pendant longtemps au bain-marie, sans que le sel perde sa solubilité dans l'eau. Si cependant on soumet l'acide hyponiobique à la fusion à une basse température et pendant peu de temps avec du carbonate de soude, de manière que tout l'acide carbonique du carbonate de soude ne soit pas chassé, ce qui arriverait par l'action d'une température plus élevée longtemps prolongée, on obtient alors de l'hyponiobate acide de soude insoluble lorsqu'on traite par l'eau.

Lorsqu'on fait chauffer l'hydrate d'acide hyponiobique avec une dissolution d'hydrate de soude, il ne s'y dissout pas; mais lorsqu'on décante la dissolution de soude claire, et lorsqu'on la sépare ainsi de la partie insoluble, cette dernière se dissout complétement dans l'eau chaude, et on peut obtenir par évaporation de l'hyponiobate de soude cristallisé.

L'hyponiobate de soude cristallisé est peu soluble, surtout dans l'eau, à la température ordinaire; il est un peu plus soluble dans l'eau bouillante. Il est, du reste, bien plus soluble que le tantalate et le niobate de soude. — Si on chauffe jusqu'à 100 degrés l'hyponiobate de soude cristallisé, il perd la plus grande partie de son eau de cristallisation; mais il en conserve une portion avec beaucoup de force. Après avoir été ainsi exposé à l'action de la chaleur, l'hyponiobate de soude se redissout complétement dans l'eau, ce qui le distingue essentiellement du tantalate de soude. Mais si on calcine l'hyponiobate de soude, il se transforme en un sel acide et en hydrate de soude qui échange son eau d'hydratation pour de l'acide carbonique lorsque ce gaz peut avoir accès, et notamment lorsque la calcination a eu lieu dans une atmosphère de carbonate d'ammoniaque.

Si l'on fait passer du gaz acide carbonique dans la dissolution d'hyponiobate neutre de soude, on n'obtient qu'au bout d'un temps très long et après un contact prolongé un précipité volumineux qui peut être lavé. Il est formé d'un hyponiobate de soude très acide.

Si on ajoute de l'*ammoniaque* à une dissolution chlorhydrique d'acide hyponiobique, il se forme un précipité même avant que la liqueur soit saturée d'ammoniaque. Après la sursaturation, le précipité est très volumineux, et l'acide est entièrement précipité. Si l'on fait chauffer avec l'acide chlorhydrique le précipité encore humide, il se redissout lorsqu'on ajoute de l'eau.

Si on ajoute une dissolution de *chlorure d'ammonium* à une dissolution d'un hyponiobate alcalin, il se forme, au bout de quelque temps, un précipité; mais lorsque le tout est resté assez longtemps en contact avec un excès de sel ammoniacal, l'acide hyponiobique n'est encore précipité qu'incomplétement. Même lorsqu'on fait bouillir la liqueur pendant longtemps, la précipitation de l'acide hyponiobique n'est pas complète. La présence du carbonate de potasse et du carbonate de soude empêche la précipitation complète de l'acide hyponiobique au moyen du chlorure d'ammonium : en effet, ces bases dissolvent facilement, même à froid, le précipité d'acide hyponiobique formé par le chlorure d'ammonium. Par une ébullition prolongée, il se forme un précipité d'acide hyponiobique qui est peu considérable.

Le *sulfate d'ammoniaque* se comporte comme le chlorure d'ammonium avec les dissolutions des hyponiobates alcalins. Le précipité est formé d'hyponiobate acide d'ammoniaque qui contient encore une très petite quantité d'hyponiobate alcalin acide.

Le *sulfure d'ammonium* ne modifie pas l'acide hyponiobique.

Les dissolutions de presque tous les sels neutres formés par les oxydes non alcalins produisent, dans les dissolutions des hyponiobates alcalins neutres, surtout dans celles d'hyponiobate de soude, des précipités qui sont presque tous insolubles dans l'eau. Les précipités sont neutres lorsqu'on a employé un excès du précipitant; les hyponiobates précipités sont, au contraire, un peu acides lorsqu'on a employé un excès d'hyponiobate de soude. Ils contiennent de l'eau de cristallisation. Par la calcination, ils deviennent difficilement décomposables par les acides, et ne peuvent plus alors être décomposés que par la fusion avec les bisulfates alcalins.

Les dissolutions de *chlorure de baryum* et de *chlorure de calcium* produisent des précipités blancs qui sont insolubles dans l'eau et dans les dissolutions des sels ammoniacaux.

Une dissolution de *nitrate d'argent* produit, dans la dissolution d'hyponiobate de soude, un précipité blanc-jaunâtre qui se dissout en petite quantité, mais non totalement, par l'ébullition. Une très petite quantité d'ammoniaque colore le précipité en brun; une plus grande quantité d'ammoniaque détermine une dissolution complète. Par la dessiccation, le précipité devient d'abord brun et enfin noir.

Une dissolution de *nitrate de protoxyde de mercure* produit un précipité jaune-verdâtre dans la dissolution d'hyponiobate de soude. Si on ajoute un excès du précipitant, le précipité se rassemble facilement au fond du vase. Desséché à l'air, il devient d'abord bleu-verdâtre et forme des morceaux solides dont la cassure présente un éclat vitreux; ils donnent une poudre jaune-verdâtre. Desséchée au bain-marie, la poudre devient jaune-rougeâtre, de la couleur du bioxyde de mercure.

Une dissolution de *bichlorure de mercure* ne produit pas de précipité; avec le temps, la dissolution se prend en gelée, ce qui distingue l'acide hyponiobique de l'acide tantalique, dont le sel de soude ne se prend pas en gelée par l'action du bichlorure de mercure, même par un contact prolongé. — Quelquefois il se dépose un peu d'oxychlorure de mercure rouge-brun.

Les dissolutions des sels formés par les oxydes alcalins peuvent aussi produire des précipités dans la dissolution de l'hyponiobate de soude neutre. — Le sulfate de soude produit un abondant précipité, tandis que le sulfate de potasse n'en produit pas, ou ne produit un faible précipité qu'au bout de quelque temps.—Une dissolution de nitrate de soude produit aussi immédiatement un abondant précipité, tandis que le nitrate de potasse n'en produit un qu'au bout de quelque temps. — Le chlorure de potassium et le chlorure de sodium, au contraire, donnent tous les deux immédiatement des précipités.

Une dissolution de *ferrocyanure de potassium* ne donne pas de précipité dans la dissolution d'hyponiobate neutre de soude; si cependant on la rend un peu acide, il se forme un précipité brun foncé.

Le *ferrocyanide de potassium* n'y produit pas non plus de précipité; au bout de quelque temps, il se produit un trouble blanc-jaunâtre. Lorsqu'on ajoute une petite quantité d'acide chlorhydrique, il se forme un précipité jaune.

Le *cyanure de potassium* produit immédiatement un précipité blanc, épais.

L'*infusion de noix de galles* ne produit pas de précipité dans les dissolutions neutres des hyponiobates alcalins; mais si on les rend acides au moyen de l'acide sulfurique ou de l'acide chlorhydrique, il se forme un précipité rouge-orangé foncé volumineux. Ce précipité se forme aussi bien lorsqu'on a dissous l'acide hyponiobique dans un acide, et notamment dans l'acide chlorhydrique (ce qui peut arriver lorsqu'on traite l'hypochlorure de niobium par l'acide chlorhydrique, que lorsque l'acide hyponiobique a été précipité sous la forme d'un dépôt blanc épais. Dans ce dernier cas, le précipité prend au bout de quelque temps une couleur rouge-orangé foncé par l'action de l'infusion de noix de galles. S'il n'y a qu'une petite quantité d'acide hyponiobique, le précipité ne se forme qu'au bout de quelque temps par l'action de l'infusion de noix de galles. Les oxydes alcalins libres dissolvent le précipité. — Les dissolutions d'*acide tannique* et d'*acide gallique* produisent un précipité tout à fait semblable. Lorsqu'il a été desséché, le précipité formé par l'acide tannique est brun-noir foncé; mais lorsqu'il est en poudre, il est d'une couleur brun-rouge. Le précipité produit par l'acide gallique est brun-châtain foncé; en poudre, il est brun clair, plus clair que celui produit par l'acide tannique.— Si, après avoir desséché ces deux précipités, on les soumet à l'action de la chaleur, ils déterminent un vif phénomène de lumière lorsque les acides organiques sont oxydés et lorsque l'acide hyponiobique est devenu blanc.

Les dissolutions des hyponiobates alcalins, aussi bien que celles formées par l'hypochlorure de niobium mêlées avec l'acide chlorhydrique ou l'acide sulfurique étendu, colorent le papier de curcuma en brun ou en rouge-brun, ce que l'on ne peut bien observer qu'après la dessiccation complète.

Si on ajoute à la dissolution d'un hyponiobate alcalin de l'acide chlorhydrique ou de l'acide sulfurique et ensuite une lame de *zinc métallique*, l'acide hyponiobique qui se sépare prend très rapidement une belle couleur bleue pure. Peu à peu la couleur devient bleu sale et enfin brune. La couleur bleue paraît plus rapidement que pour l'acide niobique dans les mêmes circonstances. Si, dans la dissolution d'hyponiobate de soude, il s'est formé, par l'action du zinc, un précipité brun et une liqueur brune, on peut séparer la dissolution par décantation ; elle donne avec l'ammoniaque un précipité brun qui devient bientôt incolore. — On obtient la couleur bleue la plus pure lorsqu'on opère sur une dissolution d'hyponiobate de soude aussi concentrée que possible, et lorsqu'on y ajoute de l'acide chlorhydrique, puis de l'acide sulfurique étendu et enfin du zinc. Avec l'acide sulfurique étendu seul, la couleur bleue paraît plus tard qu'avec l'acide chlorhydrique seul ; mais elle est d'un bleu plus pur. — Lorsqu'on dissout par fusion l'hyponiobate de soude dans le sulfate acide d'ammoniaque, lorsqu'on ajoute ensuite du zinc métallique à la masse sirupeuse ainsi obtenue et lorsqu'on chauffe, il se produit bien un dégagement d'hydrogène, mais il ne se produit pas de coloration bleue ; elle se montre immédiatement lorsqu'on ajoute de l'acide chlorhydrique. La modification bleue de l'acide hyponiobique peut être produite au moyen du cuivre.

On obtient quelquefois accidentellement cette modification de l'acide hyponiobique, lorsqu'on chauffe avec l'acide sulfurique concentré un acide hyponiobique mélangé avec des substances organiques, lorsqu'on ajoute ensuite de l'alcool et lorsqu'on chauffe de nouveau. Le tout devient brun ; mais si l'on ajoute un peu d'eau, on obtient un acide entièrement bleu, que l'on peut séparer au moyen d'une grande quantité d'eau de tout l'acide sulfurique qu'il pourrait contenir et qui conserve une belle couleur bleue après avoir été desséché.

Lorsqu'on chauffe l'acide hyponiobique à un feu de charbon intense, en faisant passer sur cet acide un courant d'hydrogène, il devient noir. Mais, malgré cela, la réduction que le gaz hydrogène opère sur l'acide hyponiobique, n'est pas considérable : il ne se produit que des traces peu considérables d'eau, et l'acide devenu noir redevient blanc lorsqu'on le calcine au contact de l'air.

Si l'on chauffe l'acide hyponiobique au moyen d'un foyer de charbon intense et si l'on fait passer sur cet acide un courant de gaz hydrogène sulfuré, il se produit de l'eau, il se dépose du soufre et l'acide hyponiobique est transformé en hyposulfure noir de niobium. Cependant la décomposition n'est pas complète, même lorsqu'on opère au rouge-blanc. Mais elle est complète lorsqu'on emploie la vapeur de sulfure de carbone : le sulfure de carbone transforme l'acide hyponiobique en hyposulfure de niobium, même au rouge. Cet hyposulfure de niobium est une poudre noire qui est très bonne conductrice de l'électricité. Lorsqu'on la broie dans un petit mortier d'agate, elle prend un éclat métallique très prononcé et présente alors une couleur gris d'acier. — On obtient également l'hyposulfure de niobium lorsqu'on fait passer au rouge du gaz hydrogène sulfuré sur de l'hypochlorure de niobium et lorsqu'on sépare le chlorure d'ammonium formé en le volatilisant. L'hypochlorure de niobium ne devient pas noir à la température ordinaire par l'action de l'hydrogène sulfuré gazeux : la réaction ne s'opère qu'avec l'aide de la chaleur ; mais alors l'hypochlorure est très facilement transformé en hyposulfure.

L'hyposulfure de niobium est décomposé, même à froid, par le chlore gazeux avec production de chaleur, même lorsqu'il a été obtenu à une température très élevée. Il n'est pas attaqué par l'acide chlorhydrique, même à une température elevée : mais il est attaqué par l'acide nitrique et par l'eau régale avec dégagement de vapeurs rougeâtres : il est cependant difficile d'opérer son oxydation complète ; mais le métal et le soufre sont également attaqués. L'acide fluorhydrique l'attaque également, mais avec difficulté. Il se comporte avec l'acide sulfurique, avec les hydrates des oxydes alcalins et avec les carbonates alcalins, comme le sulfure de tantale (p. 303).

Si on chauffe l'hyponiobate de soude au moyen d'un feu de charbon intense jusqu'au rouge vif, et si l'on fait passer en même temps sur ce sel un courant de gaz hydrogène sulfuré, on obtient une masse cristalline, brillante, noir foncé, à laquelle l'eau enlève du sulfhydrate de sulfure de sodium et qui laisse comme résidu de l'hyposulfure de niobium cristallisé. Il ne se forme pas ici de sulfosel. — Si on emploie un mélange d'acide hyponiobique et de carbonate de soude en excès, la masse ne devient pas noire par l'action du gaz hydrogène sulfuré au rouge et il ne se forme pas d'hyposulfure de niobium, mais seulement du sulfhydrate de sulfure de sodium mélangé avec de l'hyponiobate acide de soude qui le préserve de l'action du gaz hydrogène sulfuré. — Si l'on calcine l'hyposulfure de niobium au contact de l'air, il s'oxyde et se transforme en acide hyponiobique qui a le même poids que l'acide au moyen duquel on avait préparé l'hyposulfure de niobium.

Par l'action de la flamme du *chalumeau*, surtout par l'action de la flamme intérieure, l'acide hyponiobique devient jaune verdâtre ; mais dès que l'insufflation cesse, il reprend sa couleur ordinaire, et paraît seulement très jaune, aussi longtemps qu'il est chaud. Avec le sel de phosphore, l'acide hyponiobique se dissout en grande quantité dans la flamme extérieure et donne une perle claire incolore. Dans la flamme intérieure, la perle est aussi claire et incolore lorsque la quantité d'acide hyponiobique ajoutée n'est pas très considérable. Si la quantité d'acide hyponiobique est considérable, la perle est violette dans la flamme intérieure ; et lorsqu'on ajoute une très grande quantité d'acide, la perle est d'un beau bleu pur sans la moindre pointe de violet. Une sursaturation convenable est nécessaire pour que la couleur bleue de la perle puisse se produire. La couleur bleue, du reste, se produit non-seulement sur le charbon, mais aussi sur le fil de platine. Dans la flamme extérieure, la perle devient facilement incolore. Mais les différentes modifications de l'acide hyponiobique se comportent d'une manière variable au chalumeau avec le sel de phosphore. On obtient une perle bleue pure dans la flamme intérieure, seulement avec un acide qu'on obtient par la décomposition de l'hypochlorure de niobium au moyen de l'eau. Si l'acide hyponiobique a été préparé par la fusion avec le sulfate acide de potasse, on obtient avec le sel de phosphore dans la flamme intérieure une perle de couleur brune qui peut être très intense, lorsqu'il y a beaucoup d'acide en dissolution, et lorsque l'insufflation a été prolongée. Cette couleur ne peut pas passer au bleu ni même au violet, lorsqu'on ne la traite même qu'un instant par la flamme extérieure. Par une longue insufflation dans la flamme extérieure, la perle devient incolore. — Si l'on ajoute du sulfate de fer, la perle devient rouge de sang foncé dans la flamme intérieure. Lorsqu'on mélange avec de l'acide tantalique l'acide hyponiobique (obtenu au moyen de l'hypochlorure de niobium, le mélange, lorsqu'on en a dissous une très grande quantité dans le sel de phosphore, donne dans la flamme intérieure une perle violette ou bleue comme l'acide hyponiobique pur : cependant la couleur paraît un peu plus foncée que lorsque l'acide ne contient pas d'acide tantalique. Si l'acide hyponiobique a été mélangé avec une très petite quantité d'acide niobique, le mélange peut encore colorer en bleu le sel de phosphore dans la flamme intérieure. Mais si on a ajouté une plus grande quantité d'acide niobique, la perle devient brune dans la flamme intérieure. — L'acide hyponiobique se dissout dans le borax et forme une perle claire : la perle devient seulement opaque par une insufflation intermittente, pour une grande quantité d'acide hyponiobique ajoutée; mais la perle, devenue opaque par une insufflation intermittente, redevient claire par insufflation. Dans ce dernier cas, la perle n'est pas colorée dans la flamme intérieure : cela n'a lieu que lorsqu'on a dissous dans le borax assez d'acide hyponiobique pour que la perle, traitée dans la flamme extérieure, devienne spontanément opaque par le refroidissement. Si on la porte ensuite dans la flamme intérieure, elle devient violette ou plutôt gris-bleuâtre et elle est opaque. — Avec la soude, l'acide hyponiobique se comporte comme l'acide tantalique. On reconnaît dans l'acide hyponiobique la présence du bioxyde d'étain, comme dans l'acide tantalique p. 304 .

L'acide hyponiobique peut se distinguer des oxydes dont il a été question précédemment de la même manière que l'acide tantalique s'en distingue p.304). Même lorsque le bioxyde d'étain et l'acide titanique sont mélangés avec l'acide hyponiobique, on peut reconnaître la présence des premiers de la même manière que lorsqu'ils sont mélangés avec l'acide tantalique (p. 304). Mais il faut faire plus d'attention lorsqu'on doit distinguer l'acide hyponiobique de l'acide tantalique. Ces deux acides se trouvent dans la nature et il serait possible qu'on les rencontrât dans les mêmes minéraux, quoique ce ne soit pas vraisemblable, parce qu'ils sont de composition différente. Les différences les plus importantes entre l'acide hyponiobique et l'acide tantalique consistent surtout dans la manière dont les deux acides se comportent au chalumeau et dans leurs densités différentes. Quoique les deux acides soient de densités très différentes, la différence entre eux est si grande, qu'il ne peut pas y avoir de doute sous ce rapport. Une autre différence importante consiste dans la manière dont les dissolutions des hyponiobates alcalins se comportent à la température ordinaire en présence d'un excès d'acide chlorhydrique qui ne dissout pas l'acide hyponiobique précipité, tandis que, dans les dissolutions des tantalates alcalins, le précipité formé par l'acide chlorhydrique se dissout dans l'excès d'acide et forme une liqueur un peu opaline. Les dissolutions des hyponiobates alcalins peuvent être évaporées et on peut chauffer (mais non calciner) la masse évaporée, sans qu'il se sépare de sels acides insolubles dans la dissolution, tandis que cela est vrai à un haut degré pour les dissolutions des tantalates alcalins. Les dissolutions des hyponiobates alcalins se distinguent encore de celles des tantalates par leur manière de se comporter avec le gaz acide carbonique, le chlorure d'ammonium, le ferrocyanure de potassium, l'infusion de noix de galles et le zinc métallique : l'emploi d'autres réactifs, et notamment de l'acide cyanhydrique et du cyanure de potassium, peut souvent induire en erreur. L'acide hyponiobique se distingue aussi de l'acide tantalique par sa propriété d'être réduit facilement par l'ammoniaque gazeuse et l'hydrogène sulfuré gazeux. Lorsque les deux acides, l'acide hyponiobique et l'acide tantalique, se rencontrent ensemble, il faut d'abord s'assurer de la pesanteur spécifique qui doit être la moyenne de celle des deux acides. Mais, pour s'assurer avec certitude de la présence des deux acides, il faut faire fondre leur mélange dans un creuset d'argent avec l'hydrate de soude, ajouter de l'eau à la masse fondue, décanter la dissolution après quelque temps et dissoudre dans une grande quantité d'eau chaude la partie insoluble. Dans la dissolution, on fait passer du gaz acide carbonique qui précipite les deux acides à l'état de sels acides. On fait bouillir plusieurs fois le précipité humide avec une dissolution très étendue de carbonate de soude, jusqu'à ce que la dissolution, sursaturée par l'acide sulfurique étendu, ne donne plus de précipité, ou ne donne qu'une teinte opaline tout à fait insignifiante. L'acide hyponiobique est dissous de cette manière, tandis que l'acide tantalique reste comme résidu sous forme de tantalate acide de soude. Les dissolutions contiennent de l'hyponiobate de soude. Par la sursaturation au moyen de l'acide sulfurique et par l'ébullition, l'acide hyponiobique est précipité. Les deux acides doivent alors être essayés séparément au moyen des réactifs.

La présence des substances organiques peut modifier d'une certaine manière les réactions de l'acide hyponiobique. — Les acides organiques volatils, comme l'*acide acétique*, produisent un abondant précipité dans les dissolutions des hyponiobates alcalins. — L'*acide oxalique* et l'*oxalate acide de potasse* n'y produisent pas de précipité. Ce dernier réactif produit après un contact prolongé un très faible précipité. L'infusion de noix de galles ne peut pas indiquer dans ces dissolutions la présence de l'acide hyponiobique. — L'*acide tartrique*, l'*acide paratartrique* et l'*acide citrique* ne produisent pas de précipité dans la dissolution des hyponiobates alcalins. Lorsqu'on a ajouté ces acides, l'infusion de noix de galles ne produit plus de précipité rouge-orangé. Si l'on fait bouillir avec une dissolution concentrée d'acide tartrique l'hydrate d'acide hyponiobique humide, il ne se produit pas de dissolution; mais il se forme une liqueur laiteuse qui ne devient pas claire lorsqu'on la filtre : la liqueur filtrée paraît toujours fortement opaline. L'infusion de noix de galles ne donne pas de précipité rouge-orangé avec une liqueur de cette espèce.

L'hypochlorure de niobium se dissout dans l'alcool, et il ne reste comme résidu que l'acide hyponiobique qu'il contient, et qui, lorsqu'on y ajoute de l'eau, ne se prend pas en gelée. Il se produit ici une élévation de temperature. Si on sépare l'excès de l'alcool en distillant, le résidu s'épaissit et forme une masse solide, transparente, qui doit contenir de l'éther hyponiobique (hyponiobate d'oxyde d'éthyle). L'épaississement du résidu distingue la dissolution alcoolique de l'hypochlorure de niobium de celle du chlorure de tantale et même de celle du chlorure de niobium. La masse épaissie se dissout dans l'eau; mais il reste longtemps des masses gélatineuses à l'état insoluble. Si on ajoute de l'acide sulfurique à la dissolution alcoolique, on n'obtient pas de précipité. Si on distille alors le tout, si on chauffe jusqu'à ce que le résidu se carbonise et jusqu'à ce qu'il ne se dégage plus de gaz combustible, et si on traite alors la masse carbonisée par l'eau, celle-ci dissout une très grande quantité d'acide hyponiobique.

Acide niobique, NbO^2 (1).

L'acide niobique ne peut être obtenu pur que par la décomposition du chlorure jaune de niobium au moyen de l'eau. Il n'a pas été trouvé jusqu'ici dans les minéraux naturels qui contiennent du niobium. Il a la plus grande ressemblance avec l'acide tantalique. Après avoir été calciné, il forme une poudre blanche; pendant la calcination, ou même par une faible chaleur, il devient jaunâtre, mais pas aussi fortement que l'acide hyponiobique. Si on le calcine dans un creuset de platine ouvert, il ne devient pas aussi facilement gris par l'action des gaz non combustibles de la flamme.

Si l'acide niobique a été obtenu à l'état d'hydrate par la décomposition du chlorure, il présente par la calcination un phénomène de lumière intense. Ce même phénomène est produit aussi par l'acide obtenu par la décomposition des sels alcalins au moyen de l'acide chlorhydrique. Par la calcination de l'acide obtenu au moyen de sa combinaison sulfurique, ce phénomène de lumière ne se montre pas.

La densité de l'acide niobique peut être très variable, comme celle de l'acide hyponiobique et de l'acide tantalique, suivant qu'il a été exposé à des degrés de températures variables. S'il a été obtenu au

(1) Cet acide avait été appelé précédemment par moi *acide pélopique.*

moyen du chlorure, il est ou amorphe, ou cristallin, suivant qu'il a été décomposé immédiatement par l'eau, ou suivant qu'il a été exposé pendant très longtemps à l'action de l'air humide avant cette décomposition. Sa densité est ordinairement alors de 6,2. L'acide qui a été obtenu par la fusion avec le sulfate acide de potasse, a une pesanteur spécifique semblable. Si on expose ces acides pendant longtemps au rouge-blanc, la pesanteur spécifique diminue beaucoup et elle descend jusqu'à 5,7.

Le chlorure, correspondant à l'acide niobique, est solide et d'une couleur plus jaune que le chlorure de tantale avec lequel il a du reste beaucoup de ressemblance. Il est plus volatil que le chlorure de tantale, et se sublime en aiguilles qui, par l'action de la chaleur, fondent en un liquide jaune qui forme, par le refroidissement, une masse cristalline. Exposé à l'air, il dégage des vapeurs d'acide chlorhydrique; mais il ne tombe pas en deliquium. Il se produit du chlorure de niobium lorsqu'on mélange l'acide niobique ou l'acide hyponiobique avec une très grande quantité de charbon, et lorsqu'on soumet ensuite le mélange à l'action du chlore gazeux à une très faible chaleur; il faut avoir soin, avant de chauffer, de bien remplir de chlore gazeux toutes les parties de l'appareil; il faut encore avoir soin de bien chasser préalablement l'humidité contenue dans le mélange. Si l'on n'a pas eu soin de chasser complétement l'humidité, il se forme, outre le chlorure de niobium, une quantité plus ou moins grande d'un acichloride qui, en se volatilisant dans le chlore gazeux, laisse comme résidu de l'acide hyponiobique non volatil. Le chlorure de niobium, récemment préparé, fait entendre un sifflement lorsqu'on le verse dans l'eau; il se décompose en hydrate d'acide niobique et en acide chlorhydrique, qui dissout une très petite quantité de l'acide niobique contenu dans le mélange dans lequel il a pris naissance. Par l'ébullition, l'hydrate d'acide niobique se sépare, mais ne forme pas de flocons caillebottés; il ne peut être filtré qu'avec difficulté. Si on traite le chlorure de niobium par l'acide chlorhydrique, il s'y dissout; la dissolution se trouble au bout de quelque temps et se prend en masse. Le tout n'est pas complétement soluble dans l'eau; la dissolution filtrée est opaline et contient beaucoup d'acide niobique, qui est précipité presque entièrement de la dissolution par l'ébullition. Si on fait bouillir le chlorure de niobium avec l'acide chlorhydrique, on obtient une dissolution trouble qui ne se prend pas en gelée. Si on ajoute de l'eau, il se forme une dissolution claire qui ne se trouble pas par l'ébullition.

Si on traite le chlorure de niobium par l'*acide sulfurique* concentré, il s'y dissout; la dissolution se trouble par l'ébullition et forme par le refroidissement une gelée qui n'est pas aussi épaisse que celle produite par le chlorure de tantale dans les mêmes circonstances. Si on l'étend d'eau, une partie de l'acide niobique se dissout dans l'eau acide; mais si on fait bouillir le tout, la liqueur séparée par filtration n'en contient presque point. — Si on ajoute de l'acide sulfurique à une dissolution chlorhydrique de chlorure de niobium, il ne se forme pas de précipité à la température ordinaire, mais il s'en forme un par l'ébullition.

Si on chauffe le chlorure de niobium avec une dissolution d'*hydrate de potasse*, il se dissout plus de chlorure de niobium qu'il ne se dissoudrait de chlorure de tantale.

Une dissolution de *carbonate de potasse* dissout également par l'ébullition avec le chlorure de niobium une quantité d'acide niobique, qui est loin d'être insignifiante.

L'acide niobique et les niobates, surtout les niobates alcalins calcinés, ne sont pas attaqués et ne se dissolvent pas lorsqu'on les fait bouillir avec l'acide sulfurique concentré. La décomposition de ces derniers ne peut avoir lieu que par la fusion avec le sulfate acide de potasse, comme pour les tantalates dans les mêmes circonstances. L'acide se dissout alors complétement par fusion dans le sulfate acide de potasse, même lorsqu'il avait été exposé auparavant à la chaleur la plus élevée des fours à porcelaine. Quelquefois seulement il reste, dans ce dernier cas, quelques traces de substances qui ne sont pas devenues solubles par suite de la fusion. Toutefois l'acide niobique, fortement calciné, se dissout, dans le sulfate acide de potasse en fusion, plus facilement que l'acide tantalique fortement calciné.

Par la fusion avec le sulfate acide de potasse, l'acide niobique n'est pas modifié dans sa composition; mais si, au lieu de sulfate acide de potasse, on emploie le sulfate acide d'ammoniaque, on obtient bien aussi par la fusion une dissolution complète de l'acide niobique, même calciné; il se forme ainsi une masse sirupeuse claire qui reste claire après le refroidissement; au bout de quelque temps elle se trouble, ce qui distingue l'acide niobique de l'acide tantalique; mais, par ce traitement, l'acide niobique est transformé partiellement en acide hyponiobique. Les autres sels ammoniacaux exercent sur l'acide niobique une action réductrice bien plus faible, ou même nulle.

L'acide niobique qui a été obtenu au moyen du bisulfate de potasse en traitant la masse fondue par l'eau, contient de l'acide sulfurique dont on peut le séparer par des lavages prolongés au moyen de l'eau chaude. Mais la séparation de l'acide sulfurique et de l'acide niobique s'opère bien plus facilement lorsqu'on verse une dissolution étendue de carbonate de soude sur l'acide niobique humide; il faut ensuite enlever le carbonate de soude au moyen de l'acide chlorhydrique étendu. On doit avoir soin d'éviter l'emploi de l'ammoniaque, parce que l'acide niobique n'y est pas aussi insoluble que l'acide tantalique.

L'acide niobique est entièrement précipité par l'acide sulfurique, surtout à chaud, dans les dissolutions des niobates alcalins et plus complétement que l'acide tantalique dans les dissolutions des tantalates. Si on ajoute de l'acide sulfurique étendu à une dissolution d'un niobate alcalin dans l'acide chlorhydrique, l'acide niobique est entièrement précipité par cet acide à l'aide de l'ébullition. lorsqu'il n'y a pas un trop grand excès d'acide chlorhydrique.

Si on ajoute de l'*acide chlorhydrique* à la dissolution d'un niobate alcalin, il se forme à la température ordinaire un abondant précipité; mais tout l'acide niobique n'est pas précipité lorsque l'acide chlorhydrique est en excès. Lorsqu'on a précipité entièrement l'acide niobique à la température ordinaire, au moyen de l'acide chlorhydrique étendu, on doit le séparer rapidement par filtration, parce qu'il s'en dissout une petite quantité par un contact prolongé. L'acide niobique peut se dissoudre complétement par l'ébullition avec un excès d'acide chlorhydrique, lorsqu'on fait bouillir avec cet acide le niobate alcalin desséché; on obtient bien une dissolution trouble, mais elle redevient claire par une addition d'eau. Si l'on évapore une dissolution de ce genre, elle redevient trouble; mais elle redevient claire lorsqu'on ajoute de l'eau.

L'*acide nitrique* produit, à la température ordinaire, un précipité dans les dissolutions des niobates alcalins; les dissolutions étendues deviennent seulement opalines. Par l'ébullition avec l'acide nitrique assez concentré, il ne paraît pas se dissoudre beaucoup d'acide niobique; mais il s'en dissout lorsqu'on ajoute de l'eau.

L'*acide phosphorique* ne produit pas de précipité dans les dissolutions des niobates alcalins, même par un contact prolongé et par l'ébullition. Ce caractère distingue l'acide niobique de l'acide tantalique.

L'*acide arsénique* ne produit pas non plus de précipité, même par l'ébullition; il en est de même d'une dissolution d'*acide arsénieux*.

L'*acide cyanhydrique* étendu rend immédiatement les dissolutions opalines; mais il ne produit pas de précipité, même par un contact prolongé.

L'hydrate d'acide niobique se dissout facilement dans l'*acide fluorhydrique*. La dissolution donne avec les autres fluorures, surtout avec les fluorhydrates de fluorures (combinaisons des fluorures avec l'acide fluorhydrique), des combinaisons doubles dont la dissolution aqueuse rougit fortement le papier de tournesol et n'est pas troublée par l'acide sulfurique. La combinaison avec le fluorure de potassium, fondue dans une petite cuiller de platine, devient au bout de quelque temps infusible et d'une belle couleur bleue. Cette combinaison bleuit alors le papier de tournesol humide.

Si l'on fait fondre avec l'*hydrate de potasse* l'acide niobique calciné, il s'y dissout complétement; la masse fondue est soluble dans l'eau. — Si l'on fait fondre au rouge l'acide niobique avec le *carbonate de potasse*, l'acide carbonique est chassé et la masse calcinée devient ordinairement complétement soluble dans l'eau; seulement, lorsque la chaleur n'a pas été suffisante, il reste un peu de niobate acide de potasse insoluble.

L'hydrate d'acide niobique est presque entièrement soluble dans une dissolution d'hydrate de potasse. Une dissolution de carbonate de potasse ne dissout qu'une petite quantité d'hydrate d'acide niobique, même à l'ébullition.

Les dissolutions de l'acide niobique dans l'hydrate de potasse et dans le carbonate de potasse se distinguent de celles que forme l'acide tantalique avec cet oxyde alcalin en ce qu'elles ne sont que peu décomposables, même dans les dissolutions étendues, et ne laissent point précipiter de sel acide, ou n'en laissent précipiter qu'une petite quantité. On peut faire bouillir pendant longtemps la dissolution du chlorure de niobium dans le carbonate de potasse et l'évaporer presque à siccité; on n'obtient, dans ce cas, qu'un faible résidu insoluble lorsqu'on ajoute de l'eau.

Si l'on fait passer du gaz acide carbonique dans la dissolution de niobate de potasse, ce n'est qu'au bout d'un temps très long, au bout de plusieurs jours, que l'acide niobique se sépare à l'état de sel acide.

Si l'on projette l'acide niobique calciné dans l'*hydrate de soude* en fusion, il se produit un phénomène d'incandescence semblable à celui qui se produit lorsqu'on traite l'acide tantalique par l'hydrate de soude. La masse fondue n'est pas claire, parce que le niobate de soude produit est insoluble dans l'hydrate de soude en excès. Si l'on traite la masse fondue par l'eau, on peut observer des réactions complétement identiques avec celles que produit la dissolution de tantalate de soude lorsqu'elle a été préparée de la même manière. Le niobate de soude est aussi insoluble que le tantalate de soude dans une dissolution d'hydrate de soude et de carbonate de soude.

Lorsqu'on fait fondre l'acide niobique avec le *carbonate de soude*, une quantité plus ou moins grande d'acide carbonique est chassée suivant le degré de chaleur que l'on a employé à la fusion. Si le mélange n'a pas été soumis pendant assez longtemps à une température élevée, il se forme, outre le niobate neutre de soude, du niobate acide de soude qui reste à l'état insoluble après qu'on a traité par l'eau la masse fondue, et après qu'on a décanté la dissolution de carbonate de soude dans laquelle le niobate de soude est insoluble. Mais lorsqu'on emploie une température plus élevée et maintenue plus longtemps, la masse fondue se dissout complétement dans l'eau lorsqu'on en a séparé l'excès du carbonate de soude.

Le niobate neutre de soude se dissout dans l'eau plus difficilement que l'hyponiobate, mais plus facilement que le tantalate de soude. Il est plus soluble dans l'eau bouillante que dans l'eau à la température ordinaire. A une température élevée, il se comporte essentiellement comme le tantalate et l'hyponiobate de soude; il se décompose, par la calcination, en niobate acide de soude et en hydrate de soude, qui échange son eau pour de l'acide carbonique lorsqu'il est en présence de ce gaz, ou lorsqu'on ajoute pendant la calcination du carbonate d'ammoniaque à l'hyponiobate. — Si l'on fait passer du gaz acide carbonique dans la dissolution de l'hyponiobate neutre et si l'on maintient le courant pendant quelque temps, il se dépose un précipité gélatineux qui est formé de niobate acide de soude, et qui, après la dessiccation, ressemble au blanc d'œuf desséché. Par la calcination, il se produit un phénomène de lumière.

Dans la dissolution chlorhydrique des niobates alcalins, l'*ammoniaque* produit un précipité avant que la liqueur soit devenue alcaline. Un grand excès d'ammoniaque dissout une très petite quantité d'acide niobique, et cet acide n'est pas précipité par l'ammoniaque aussi complétement que l'acide tantalique.

Si on ajoute à la dissolution d'un niobate alcalin du *chlorure d'ammonium* ou la dissolution d'un autre sel ammoniacal, du *sulfate d'ammoniaque* par exemple, il ne se forme pas de précipité lorsque les dissolutions sont étendues; et, dans les dissolutions concentrées, le précipité se forme plus tard que pour les tantalates alcalins dans les mêmes circonstances. Tout l'acide niobique n'est pas précipité par ce moyen, même lorsque le précipité s'est formé dans la dissolution du niobate neutre de soude. Dans la liqueur filtrée, il se trouve une quantité, faible cependant, d'acide niobique, et l'acide sulfurique rend la liqueur opaline. Si on lave avec de l'eau froide, il se dissout également une petite quantité du précipité.—L'acide niobique n'est pas complétement précipité par l'ébullition. Si la dissolution de niobate alcalin contient du carbonate alcalin, le chlorure d'ammonium ne produit pas de précipité, et s'il en produit un, il est faible et ne paraît qu'au bout d'un temps très long. Par l'ébullition, le précipité est plus considérable. Si on ajoute un carbonate alcalin au précipité formé par le chlorure d'ammonium, il se dissout. — Le précipité est formé de niobate acide d'ammoniaque, qui contient encore une petite quantité de potasse ou de soude.

Le *sulfure d'ammonium* n'est pas modifié par l'acide niobique.

Les dissolutions de presque tous les sels neutres formés par les oxydes non alcalins produisent dans les dissolutions des niobates alcalins neutres, et notamment dans celles du niobate de soude, des précipités qui sont neutres lorsqu'on a employé un excès de la dissolution de l'oxyde non alcalin. Calcinés, ces précipités deviennent difficilement décomposables par les acides et ne peuvent être décomposés que par la fusion avec les bisulfates alcalins : il faut cependant observer ici qu'on doit choisir à cet effet le sulfate acide de potasse, parce que le sulfate acide d'ammoniaque en fusion décompose partiellement l'acide niobique et le transforme partiellement en acide hyponiobique.

Les dissolutions de *chlorure de baryum* et de *chlorure de calcium* produisent dans la dissolution du niobate neutre de soude des précipités blancs qui ne sont pas solubles dans les dissolutions des sels ammoniacaux. — Le *sulfate de magnésie* donne aussi un précipité semblable qui se rassemble facilement et peut être lavé.

Le *nitrate d'argent* produit un précipité blanc, volumineux. Si l'on chauffe la liqueur, il se dissout une petite quantité du précipité. Ce précipité devient brun par l'addition d'une petite quantité d'ammoniaque : une plus grande quantité d'ammoniaque le dissout complétement. Par la dessiccation, le précipité blanc devient noir : par la calcination, il présente un phénomène de lumière; mais il conserve la même couleur noire qu'il avait avant d'être calciné.

Une dissolution de *nitrate de protoxyde de mercure* produit un précipité volumineux d'une couleur jaune-verdâtre sale. Par la dessiccation, le sel devient brun-châtain. Chauffé avec l'acide nitrique, il est décomposé, et il se sépare de l'acide niobique qui présente par la calcination un phénomène de lumière.

Une dissolution de *bichlorure de mercure* ne produit pas de précipité dans la dissolution du niobate neutre de soude; mais au bout de peu de temps la liqueur se prend en une gelée d'un blanc laiteux qui est plus épaisse que la gelée produite dans les mêmes circonstances par l'hyponiobate de soude (p. 316).

Les dissolutions de plusieurs sels neutres alcalins produisent aussi des précipités dans la dissolution du niobate neutre de soude, comme cela arrive pour l'hyponiobate et le tantalate de soude (p. 300 et 316). Les dissolutions de sulfate de potasse, de chlorure de potassium et de nitrate de potasse ne donnent cependant pas de précipité, et, seulement au bout d'un temps très long, il se montre souvent un léger trouble. Le sulfate de soude, le chlorure de sodium et le nitrate de soude donnent au bout de quelque temps des troubles un peu plus abondants : toutefois ils sont bien plus faibles et ils ne paraissent qu'au bout d'un temps bien plus long que dans la dissolution de tantalate neutre de soude et même dans la dissolution d'hyponiobate de soude.

Une dissolution de *ferrocyanure de potassium* ne produit pas de modification dans la dissolution du niobate neutre de soude. Si on ajoute cependant une petite quantité d'acide chlorhydrique, il se produit une dissolution rouge foncé, dans laquelle il se dépose au bout de quelque temps un précipité rouge-brun, volumineux, épais (qui ressemble à l'hydrate de sesquioxyde de fer précipité par l'ammoniaque).

Le *ferrocyanide de potassium* ne modifie pas la dissolution; mais si on ajoute un peu d'acide chlorhydrique, la dissolution prend une teinte jaune opaline et il se forme ultérieurement un précipité jaune.

Le *cyanure de potassium* ne produit pas de précipité, même après un contact prolongé.

L'*infusion de noix de galles* ne produit pas de précipité dans les dissolutions neutres des niobates alcalins. Mais si la dissolution a été rendue acide au moyen de l'acide chlorhydrique ou de l'acide sulfurique, il se produit un volumineux précipité de couleur jaune-orangé, plus clair que celui qui se forme dans les dissolutions d'hyponiobate de soude dans les mêmes circonstances. Ce précipité se forme aussi bien lorsque l'acide niobique est presque entièrement dissous dans un excès d'acide chlorhydrique que lorsqu'il s'est formé un précipité épais par l'action de l'acide sulfurique; le dernier prend par l'infusion de noix de galles une couleur jaune-orangé. Lorsque la quantité d'acide niobique est peu considérable, le précipité jaune-orangé ne se forme qu'au bout de quelque temps dans la dissolution acide par l'action de l'infusion de noix de galles. Les oxydes alcalins libres dissolvent le précipité.—Les dissolutions d'*acide tannique pur* et d'*acide gallique* forment un précipité tout à fait semblable à celui que forme l'infusion de noix de galles. Desséchées, ces combinaisons deviennent brun-noir; mais la poudre est rouge-brun clair (plus claire que pour les combinaisons d'acide tannique et d'acide hyponiobique). Si, après les avoir desséchées, on les soumet à l'action de la chaleur au contact de l'air, ils produisent un phénomène de lumière lorsque les acides organiques sont oxydés.

Les dissolutions des niobates alcalins, lorsqu'on y a ajouté de l'acide chlorhydrique, colorent, mais pas très fortement, le papier de curcuma en brun. On ne peut bien juger cette coloration qu'après la dessiccation.

Si on sursature par l'acide chlorhydrique une dissolution d'un niobate alcalin et si on y place alors un morceau de *zinc métallique*, il se dégage du gaz hydrogène, et l'acide qui se sépare est d'abord gris-bleuâtre, puis bleu et enfin brun. Plus on a ajouté d'acide chlorhydrique et plus le dégagement du gaz hydrogène a été rapide, plus la coloration paraît vite. Mais avec le temps l'acide qui s'est séparé avec une couleur bleue ou brune, redevient blanc, bien qu'il reste en contact avec le zinc métallique. Souvent l'acide devient immédiatement brun sans avoir préalablement été bleu, surtout lorsqu'on n'a employé que de petites quantités de niobate alcalin. L'acide sulfurique étendu détermine un peu plus lentement la production de la couleur bleue ; mais le bleu est ordinairement plus pur. Le moyen le plus sûr de produire la couleur bleue est d'employer l'acide chlorhydrique additionné d'acide sulfurique étendu. — Si on verse de l'acide sulfurique sur le chlorure de niobium et si on ajoute de l'eau et du zinc métallique, on obtient la coloration la plus belle. On produit aussi une belle coloration bleue, lorsqu'on dissout le chlorure de niobium dans l'acide chlorhydrique et lorsqu'on ajoute ensuite de l'eau et du zinc.

Si l'acide niobique est devenu bleu de la manière que nous venons d'indiquer et si on ajoute un excès d'ammoniaque, le précipité devient brun avec une faible pointe de rougeâtre; la liqueur filtrée est incolore, ordinairement un peu opaline. Au contact de l'air, le précipité brun redevient blanc.

Il y a une assez grande différence, toutes circonstances égales d'ailleurs, dans le temps que la couleur bleue met à paraître avec les combinaisons de l'acide niobique et celles de l'acide hyponiobique. Pour que la couleur bleue se produise avec les premières, il faut trois fois environ autant de temps que pour les dernières.

Si l'on chauffe l'acide niobique à un feu de charbon intense et si l'on fait en même temps passer sur cet acide un courant de gaz hydrogène, il se produit bien une réduction, mais elle est tout à fait peu considérable. L'acide niobique devient un peu moins noir que l'acide hyponiobique dans les mêmes circonstances. Par la calcination à l'air, l'acide noirci redevient blanc.

Si l'on fait passer un courant de gaz hydrogène sulfuré sur l'acide niobique porté au rouge, il se forme de l'eau, il se sépare du soufre et il se produit du sulfure noir de niobium. Mais la décomposition est plus facile lorsqu'on emploie du sulfure de carbone dont les vapeurs décomposent complétement l'acide niobique au rouge. On obtient aussi le sulfure de niobium, lorsqu'on fait passer du gaz hydrogène sulfuré sur le chlorure de niobium. Le chlorure noircit même à la température ordinaire; mais la décomposition n'est complète que lorsqu'on chauffe le chlorure et lorsqu'on chasse ainsi le chlorure d'ammonium produit. — Le sulfure de niobium est complétement noir; il conduit très bien l'électricité et prend l'éclat métallique lorsqu'on le broie dans un mortier d'agate, mais ne prend pas une couleur jaune. Il ressemble complétement à l'hyposulfure de niobium, même dans sa manière de se comporter avec les réactifs. Si on le calcine au contact de l'air, il s'oxyde et se transforme complétement en acide niobique dont le poids est le même que celui de l'acide qui a servi à la préparation du sulfure de niobium. Le sulfure de niobium, qu'il ait été préparé au rouge ou au rouge blanc, n'est pas attaqué à la température ordinaire par le gaz chlore sec. Mais si on chauffe, il se produit une décomposition et il se forme du chlorure de niobium et du chlorure de soufre.

Le niobate de soude devient brun-noirâtre au rouge par l'action d'un courant de gaz hydrogène sulfuré; il se forme du sulfure de niobium et du sulfhydrate de sulfure de sodium qui ne se combine pas avec le sulfure de niobium et qui peut être dissous par l'eau qui laisse le sulfure de niobium à l'état de residu insoluble. Ce caractère distingue les niobates alcalins des tantalates alcalins.

Au chalumeau, l'acide niobique ne se modifie pas; il devient seulement grisâtre par l'action de la chaleur; mais, par le refroidissement, il reprend sa couleur blanche ordinaire. Il se dissout en grande quantité dans le sel de phosphore à la flamme extérieure et donne une perle claire, incolore. Dans la flamme intérieure, la perle reste claire, mais devient brune. La couleur brune a une petite pointe de violet que l'on peut observer spécialement lorsqu'on soumet pendant longtemps une perle saturée à l'action de la flamme intérieure et lorsqu'on la soumet ensuite très peu de temps à l'action de la flamme extérieure. Par l'action prolongée de la flamme exterieure, la perle devient incolore. La coloration brune peut être produite sur le charbon et sur le fil de platine. L'acide niobique, en quelque proportion que ce soit, ne peut pas donner une perle bleue dans la flamme intérieure avec le sel de phosphore : ce qui distingue essentiellement l'acide niobique de l'acide hyponiobique qui a été obtenu au moyen de l'hypochlorure de niobium; l'acide hyponiobique qui a été obtenu par la fusion avec le sulfate acide de potasse se comporte de même. Lorsque cependant l'acide niobique a été maintenu pendant longtemps en fusion avec le sulfate acide d'ammoniaque, ce qui le transforme partiellement en acide hyponiobique, il peut donner avec le sel de phosphore une perle bleue dans la flamme intérieure. Si l'on ajoute du sulfate de protoxyde de fer, la perle brune formée par l'acide niobique avec le sel de phosphore devient rouge de sang. — Avec le borax, l'acide niobique se comporte comme l'acide tantalique. Si la quantité d'acide niobique est peu considérable, la perle ne devient pas opaque par une insufflation intermittente; cela n'a lieu que pour une grande quantité, un peu plus difficilement cependant que pour l'acide tantalique. La perle, devenue opaque par une insufflation intermittente, peut redevenir claire par une insufflation prolongée. Pour une grande quantité d'acide niobique ajoutée, la perle devient spontanément opaque. Dans la flamme intérieure, la perle ne devient pas brune, au moins sur le fil de platine. — Avec la soude, l'acide niobique se comporte comme l'acide tantalique. On retrouve un mélange de bioxyde d'étain, comme dans l'acide tantalique (p. 304).

Les trois acides métalliques que nous venons d'examiner, l'acide niobique, l'acide hyponiobique et l'acide tantalique, présentent tant de ressemblance que, pour les distinguer, il faut les essayer avec soin. On a déjà indiqué, page 320, comment l'acide hyponiobique se distingue de l'acide tantalique. L'acide niobique est, pour la manière de se comporter avec les réactifs, l'intermédiaire des deux autres acides. Il se montre dans beaucoup de cas tout à fait semblable à l'acide tantalique; mais il s'en distingue essentiellement par la manière de se comporter au chalumeau et par son poids spécifique plus faible; il s'en distingue en outre par la manière de se comporter à une température élevée avec le gaz hydrogène, le gaz hydrogène sulfuré et le gaz ammoniac. La dissolution des sels alcalins de l'acide niobique présente, par l'évaporation et aussi par l'action du chlorure d'ammonium, du gaz acide carbonique, du ferrocyanure de potassium et de l'infusion de noix de galles des réactions distinctes qui la différencient de la dissolution des tantalates analogues et aussi de la dissolution des hyponiobates analogues. Elle présente assez exactement les réactions intermédiaires entre celles des deux autres acides. L'acide niobique se distingue de l'acide hyponiobique par la manière dont les dissolutions des niobates alcalins se comportent avec l'acide chlorhydrique et par la grande stabilité de l'hyponiobate neutre de soude. Il a sans contredit beaucoup plus d'analogie avec l'acide tantalique qu'avec l'acide hyponiobique qui lui ressemble par la manière dont il se comporte à une température élevée avec les agents de réduction et par la manière dont il se comporte au chalumeau.

L'acide hyponiobique et l'acide niobique ne se comportent du reste sous aucun rapport comme deux degrés d'oxydation différents d'un même métal; ils se comportent plutôt comme les oxydes de deux métaux différents.

La présence des substances organiques peut modifier beaucoup la manière dont l'acide niobique se comporte avec les réactifs. — L'*acide acétique* produit dans la dissolution du niobate de soude un abondant précipité; mais l'*acide oxalique* et une dissolution d'*oxalate acide de potasse* n'en produisent pas, même par un contact prolongé. — Les *acides tartrique, paratartrique* et *citrique* ne produisent pas de précipité dans la dissolution du niobate de soude. Dans les dissolutions des niobates alcalins auxquelles on a ajouté ces acides organiques, l'infusion de noix de galles ne produit plus le précipité caractéristique.

Le chlorure de niobium se dissout dans l'alcool et forme une liqueur claire; il reste quelquefois un faible résidu qui forme une gelée lorsqu'on y ajoute de l'eau. Si l'on soumet la dissolution alcoolique à la distillation, il se volatilise de l'alcool, de l'éther chlorhydrique (chlorure d'éthyle) et de l'acide chlorhydrique, et il se forme un résidu sirupeux qui contient de l'éther niobique (niobate d'oxyde d'éthyle) qui se volatilise très difficilement; car on ne peut découvrir de l'acide niobique dans la partie distillée que lorsque le résidu commence à noircir. L'éther niobique sirupeux se dissout dans l'eau en formant une dissolution claire; dans cette dissolution, l'acide niobique peut être séparé au moyen de l'ébullition.

XLIII. — TUNGSTÈNE (WOLFRAMIUM), W.

On obtient ordinairement le tungstène par la réduction de l'acide tungstique au moyen de l'hydrogène à une température rouge très intense; il se présente sous la forme d'une poudre gris de fer qui prend l'éclat métallique lorsqu'on la comprime. Le tungstène est assez brillant, très dur, cassant; comme la fusion de ce métal est très difficile, on a réussi rarement jusqu'ici à l'obtenir à l'état fondu. On peut cependant l'obtenir à l'état d'anneau brillant, lorsqu'on fait passer en même temps dans un tube de verre porté au rouge la vapeur de chlorure de tungstène avec l'hydrogène sec (Wöhler). — Le tungstène a une pesanteur spécifique élevée; suivant ses différentes modifications, sa pesanteur spécifique est de 16,5, de 17,5, de 18,3. — Le tungstène n'est pas modifié par l'action de l'air à la température ordinaire; mais si on le calcine au contact de l'air, il s'oxyde et se transforme en acide tungstique, surtout lorsqu'il est à l'état pulvérulent; il s'enflamme alors comme l'amadou. Si pendant que le tungstène est soumis à l'action de la chaleur, on fait passer sur ce métal du chlore gazeux, on obtient du chlorure rouge de tungstène sous forme d'un sublimé rouge lanugineux. A une température élevée, le tungstène décompose l'eau et se transforme en acide tungstique avec dégagement d'hydrogène. Le métal n'est attaqué par aucun acide, ni même par l'eau régale; il n'est pas attaqué non plus par une dissolution concentrée d'hydrate de potasse. Mais il se dissout facilement dans un mélange d'une dissolution d'hydrate de potasse avec les hypochlorites alcalins.

Lorsqu'on traite l'acide tungstique par le gaz ammoniac au rouge faible, il se forme des combinaisons de tungstamide avec l'oxyde de tungstène et le nitrure de tungstène (Wöhler).

Oxyde de tungstène, WO^2.

On obtient l'oxyde de tungstène par voie sèche lorsqu'on traite à une température qui n'est pas trop élevée l'acide tungstique par le gaz hydrogène; mais si l'on chauffe trop fortement, on obtient en même temps du tungstène métallique. Lorsqu'on chauffe jusqu'au rouge un mélange d'acide tungstique et de chlorure d'ammonium, on obtient un mélange d'oxyde de tungstène avec de la tungstamide, ou avec du nitrure de tungstène.

L'oxyde de tungstène est de couleur noire. Souvent il est un peu jaunâtre; il contient alors de l'acide tungstique. Si on l'a obtenu par la réduction de l'acide tungstique au moyen du gaz hydrogène ou au moyen d'un mélange de carbonate alcalin et de chlorure d'ammonium, il est plus brun, souvent un peu cristallin, et il a l'éclat métallique.

Par une forte calcination à l'air, il s'oxyde et se transforme en acide tungstique. Il ne se modifie pas par la calcination avec le chlorure d'ammonium. Il ne se dissout pas dans l'acide chlorhydrique, ni dans l'acide sulfurique concentré même par l'action de la chaleur. Il n'est pour ainsi dire point attaqué même à chaud par l'acide nitrique; mais il est attaqué par l'eau régale concentrée qui l'oxyde et le transforme en acide tungstique. L'oxyde de tungstène n'est pas attaqué, même par l'ébullition avec une dissolution d'hydrate de potasse. — Parmi les composés doubles de l'acide tungstique avec l'oxyde de tungstène et avec les oxydes alcalins, la combinaison dans laquelle entre la soude, qui se forme lorsqu'on fait passer du gaz hydrogène sur le tungstate acide de soude en fusion et qui forme de petits cubes jaune d'or ayant l'éclat métallique, résiste également à l'action de tous les acides, de l'eau régale et des oxydes alcalins. Ce n'est que par une longue ébullition avec une dissolution d'hydrate de potasse qu'elle se dissout peu à peu et lentement, et se transforme par oxydation en acide tungstique.

Si l'on fait passer du gaz chlore sec sur l'oxyde de tungstène, en ayant soin d'élever légèrement la température, il se transforme en une masse sublimée de petites écailles d'un blanc-jaunâtre qui sont formées d'acichloride de tungstène $WCl^6 + 2WO^3$. Ce composé est sublimable; mais si on le chauffe tout à coup dans une atmosphère de gaz chlore, il se produit un dégagement de chlore, et le composé se transforme en acide tungstique qui n'est pas volatil et en chlorure rouge de tungstène qui se volatilise. Si l'oxyde de tungstène contient du tungstène métallique, comme cela se présente fréquemment, il se forme, outre l'acichloride de tungstène, du chlorure rouge de tungstène au premier instant de la réaction, lorsqu'on chauffe à une faible chaleur dans une atmosphère de chlore gazeux.

Le chlorure rouge, correspondant à l'oxyde de tungstène, se produit lorsqu'on chauffe dans le chlore gazeux, ou du tungstène métallique, ou un mélange de charbon et d'acide tungstique ou d'oxyde de tungstène. Mais si, dans le dernier cas, on n'a pas employé une quantité suffisante de charbon, ou si on n'a pas mis une couche de charbon avant de placer le mélange, on obtient en même temps de l'acichloride de tungstène dont on ne peut du reste éviter que très difficilement la production; on obtient en outre du chlorure rouge de tungstène qui correspond à l'acide tungstique. Le chlorure rouge de tungstène forme un sublimé lanugineux : il est décomposé par l'eau en acide chlorhydrique et en oxyde de tungstène qui se sépare avec une couleur bleue. Il se dissout avec dégagement d'hydrogène dans une dissolution d'hydrate de potasse; la dissolution contient du tungstate de potasse et du chlorure de potassium. Il est décomposé et dissous de la même manière par l'ammoniaque.

Au chalumeau, l'oxyde de tungstène se comporte comme l'acide tungstique.

Acide tungstique, WO^3.

L'acide tungstique, à l'état anhydre, possède lorsqu'il a été calciné une couleur jaune-citron qui devient plus foncée par l'action de la chaleur. On l'obtient quelquefois sous la forme d'une poudre verte qui prend une couleur jaune pure par l'action prolongée de la chaleur au contact de l'air. Par l'action des gaz désoxydants, l'acide jaune prend une couleur verte; mais, si on le calcine au contact de l'air, il redevient jaune.

L'acide tungstique est complétement fixe. Même à l'air libre, il ne s'en volatilise pas la moindre trace par l'action de la température la plus élevée. Il ne se dissout pas dans l'eau. Lorsqu'on l'humecte et lorsqu'on le met en contact avec le papier bleu de tournesol, il ne le rougit pas d'une manière notable. Il ne se dissout pas dans les acides, lorsqu'il est pur et lorsqu'il n'est pas combiné avec une base. L'acide sulfurique, même concentré, ne le dissout pas du tout, même à chaud. Par la calcination avec le chlorure d'ammonium, l'acide tungstique n'est pas modifié et il n'est réduit à l'état d'oxyde de tungstène contenant du nitrogène que lorsqu'on a ajouté au mélange un carbonate alcalin avant la calcination, ou lorsqu'au lieu d'acide tungstique, on a employé des tungstates alcalins. — Lorsqu'on fait fondre de l'acide tungstique avec du bisulfate de potasse et lorsqu'on traite par l'eau la masse fondue, l'eau enlève l'excès de bisulfate de potasse; la dissolution rougit le papier de tournesol, mais ne contient pas d'acide tungstique. Si on lave avec l'eau pure le résidu qui est formé de tungstate de potasse, il se dissout entièrement; la dissolution ne rougit pas le papier de tournesol et se comporte entièrement comme une dissolution de tungstate de potasse.

Si l'on fait passer du chlore gazeux sur l'acide tungstique chauffé à une température rouge, on obtient, comme avec l'oxyde de tungstène, de l'acichloride de tungstène $WCl^6 + 2WO^3$ qui ne contient que très peu de chlorure rouge. Si l'on soumet à l'action du gaz chlore l'acide tungstique mélangé avec le charbon, on obtient du chlorure rouge de tungstène (p. 333).

L'acide tungstique forme avec les oxydes alcalins des sels qui sont solubles dans l'eau. Même lorsqu'il a été calciné, il se dissout dans les oxydes alcalins purs et carbonatés ; cependant la dissolution s'opère très difficilement, même à chaud. Lorsqu'on traite l'acide tungstique par la dissolution d'un carbonate alcalin, il est difficile d'observer un dégagement de gaz acide carbonique. L'acide tungstique calciné ne se dissout pas dans l'ammoniaque.

On obtient facilement les dissolutions des tungstates alcalins, lorsqu'on fait fondre avec un carbonate alcalin le minerai naturel connu sous le nom de Wolfram (tungstate de protoxyde de fer et de protoxyde de manganèse) et lorsqu'on traite la masse fondue par l'eau. Les oxydes de fer et de manganèse restent comme résidus à l'état insoluble, et le tungstate alcalin se dissout en même temps que l'excès de carbonate alcalin.

L'*acide chlorhydrique* donne, dans les dissolutions des tungstates alcalins, un abondant précipité blanc de chlorhydrate d'acide tungstique qui n'est pas soluble dans un excès d'acide, mais qui se dissout dans l'ammoniaque. Au bout de quelque temps ce précipité prend une pointe de jaunâtre ; mais il devient plus rapidement jaune par l'action de la chaleur. Si on traite le précipité par une grande quantité d'eau, il s'en dissout une grande partie, et il est entièrement soluble dans l'eau, lorsqu'on a décanté l'acide libre, et lorsqu'on a lavé plusieurs fois le précipité avec de l'eau. Si on fait bouillir pendant longtemps la dissolution, elle ne se trouble pas.

L'*acide sulfurique* étendu produit également un abondant précipité blanc de sulfate d'acide tungstique qui est insoluble dans un excès d'acide sulfurique, mais qui se dissout dans l'ammoniaque. Il reste blanc plus longtemps que le précipité formé par l'acide chlorhydrique et devient moins jaune par l'action de la chaleur. Traité par une grande quantité d'eau, il se dissout ; mais si on fait bouillir la dissolution, il se forme un abondant précipité.

L'*acide nitrique* produit également un précipité blanc de nitrate d'acide tungstique qui n'est pas soluble dans un excès d'acide nitrique, mais qui est soluble dans l'ammoniaque. Il devient jaunâtre par le temps et par l'action de la chaleur. Il se dissout dans une grande quantité d'eau ; mais si l'on fait bouillir pendant longtemps la dissolution, elle se trouble.

L'*acide phosphorique* donne dans la dissolution des tungstates alcalins un précipité blanc de phosphate d'acide tungstique qui se dissout dans un excès d'acide phosphorique.

L'*acide oxalique* ne produit pas de précipité.

Les combinaisons de l'acide tungstique avec les oxydes terreux et métalliques sont insolubles dans l'eau, à peu d'exceptions près. Les dissolutions des combinaisons salines des oxydes terreux et alcalins forment par suite des précipités dans les dissolutions des tungstates alcalins. Les dissolutions de *chlorure de baryum* et de *chlorure de calcium* y produisent des précipités blancs qui ne se dissolvent pas dans une grande quantité d'eau et ne se dissolvent pas non plus dans l'ammoniaque.

Une dissolution de *sulfate de magnésie* ne produit pas de précipité dans les dissolutions des tungstates alcalins. Ce n'est que lorsqu'on ajoute de l'ammoniaque qu'il se forme un précipité qui est cependant soluble dans une dissolution de chlorure d'ammonium.

Une dissolution de *nitrate d'argent* produit un précipité blanc qui est complétement soluble dans l'ammoniaque.

Une dissolution de *nitrate de protoxyde de mercure* produit un précipité blanc qui a une pointe de jaune. Ce précipité devient entièrement noir par l'action de l'ammoniaque. — Une dissolution de *bichlorure de mercure* ne produit pas de précipité.

Une dissolution de *nitrate de plomb* donne un précipité blanc qui est insoluble dans l'ammoniaque.

Une dissolution de *ferrocyanure de potassium* ne produit pas de précipité dans les dissolutions des tungstates alcalins. Si cependant on ajoute à la dissolution une petite quantité d'acide, elle se colore en brun-rouge foncé et au bout de quelque temps elle se transforme en une gelée brun-rouge.

Une dissolution de *ferrocyanide de potassium* ne modifie pas non plus les dissolutions des tungstates alcalins. Si l'on ajoute une petite quantité d'acide, il se produit un précipité jaune clair.

L'*infusion de noix de galles* ne modifie pas les dissolutions des tungstates alcalins. Si cependant on ajoute une petite quantité d'acide, on obtient un précipité brun-chocolat épais. L'infusion de noix de galles transforme aussi en un précipité brun le précipité blanc qui se forme par l'action des acides dans la dissolution des tungstates alcalins.

La dissolution d'*hydrogène sulfuré* ne trouble pour ainsi dire pas les dissolutions des tungstates alcalins dans les acides libres, dans l'acide phosphorique par exemple.

Le *sulfure d'ammonium* ne produit pas de modification ; mais si on ajoute de l'acide chlorhydrique étendu, il se forme un précipité brun-clair de sulfure de tungstène dont la couleur ne peut être reconnue exactement que lorsqu'on a laissé le tout en contact pendant quelque temps. L'acide tungstique précipité par un acide est soluble dans le sulfure d'ammonium.

Si l'on ajoute du *protochlorure d'étain* à une dissolution de tungstate alcalin, il se forme un précipité jaunâtre qui devient d'un beau bleu lorsqu'on chauffe après avoir ajouté un peu d'acide chlorhydrique ou d'acide sulfurique. Le précipité paraît d'un bleu moins pur ou vert lorsque la quantité de protochlorure d'étain ajoutée a été trop forte. Si l'on ajoute de l'acide phosphorique, la coloration est aussi d'un bleu moins beau. — A l'aide de ce réactif, on reconnaît, bien mieux qu'à l'aide de toute autre, les plus petites traces d'acide tungstique; seulement il faut avoir soin de s'assurer de l'absence des autres acides métalliques qui peuvent aussi se colorer en bleu par l'action du protochlorure d'étain.

Si l'on ajoute du *sulfate de protoxyde de fer* à la dissolution d'un tungstate alcalin, on obtient un précipité brun qui ne devient jamais bleu par l'action des acides, ce qui distingue essentiellement l'acide tungstique de l'acide molybdique.

Les dissolutions des *sulfites alcalins* n'opèrent pas, même à chaud, la production d'une couleur bleue. Si cependant on ajoute une très petite quantité d'acide chlorhydrique, on obtient par l'action de la chaleur une liqueur d'une couleur bleuâtre excessivement faible.

Si l'on sursature la dissolution d'un tungstate par un acide, et si, au précipité formé, sans le séparer de la liqueur, ou à la dissolution lorsqu'on a dissous le précipité dans l'acide, on ajoute une lame de *zinc métallique*, on obtient une coloration d'un beau bleu de tungstate d'oxyde de tungstène. Dans les dissolutions de tungstate alcalin dans un excès d'acide phosphorique, le zinc forme une coloration bleue plus belle que dans les précipités qui sont formés au moyen de l'acide sulfurique et de l'acide chlorhydrique. Le zinc métallique ne produit pas de coloration bleue dans le précipité formé par la réaction de l'acide nitrique sur la dissolution d'un tungstate alcalin.—Le *cuivre métallique* produit aussi une coloration bleue dans les mêmes circonstances. Elle se produit aussi bien lorsque la dissolution du tungstate a été rendue acide au moyen de l'acide chlorhydrique que lorsqu'elle a été rendue acide au moyen de l'acide sulfurique. Le précipité blanc formé par ces acides ne devient cependant bleu au moyen du cuivre qu'au bout d'un temps plus long que cela n'a lieu au moyen du zinc.

Les combinaisons de l'acide tungstique avec les bases peuvent être décomposées par l'acide nitrique ou par l'acide chlorhydrique lorsqu'on les fait digérer avec ces acides; la base se dissout dans l'acide et l'acide tungstique est séparé. Si la décomposition n'a pas été complète, l'acide tungstique séparé ne se dissout pas complétement dans l'ammoniaque. Si une combinaison de l'acide tungstique, comme le wolfram, par exemple, est décomposée difficilement et incomplétement par les acides, on la fait fondre dans un creuset de platine avec trois parties de carbonate alcalin et on traite par l'eau la masse fondue. L'eau dissout le tungstate alcalin et le carbonate alcalin en excès, tandis que les bases restent à l'état de résidu insoluble lorsqu'elles sont insolubles dans le carbonate alcalin. Dans la dissolution du tungstate alcalin, on reconnaît l'acide tungstique au moyen des réactions que nous avons indiquées précédemment.

L'acide tungstique n'est pas modifié par la flamme oxydante du *chalumeau;* il devient noir à la flamme de réduction. Avec le borax, il se dissout sur le fil de platine dans la flamme extérieure et donne une perle claire, incolore. Si l'on ajoute une grande quantité d'acide, la perle peut devenir comme l'émail par une insufflation intermittente. Dans la flamme intérieure, la perle n'est pas modifiée par une faible addition d'acide; elle devient jaune lorsque la quantité d'acide ajoutée est plus grande, et elle devient brun-jaunâtre par le refroidissement. — L'acide tungstique se dissout dans le sel de phosphore à la flamme extérieure et donne une perle claire, incolore, qui paraît jaune lorsqu'on ajoute une quantité considérable d'acide; mais, dans la flamme intérieure, la perle est d'un bleu pur. Si l'acide tungstique contient du fer, ou si l'on ajoute un peu de sulfate de fer, la perle devient rouge de sang. Une faible addition d'étain la fait redevenir bleue ; mais elle devient verte lorsque la proportion de fer est considérable. — L'acide tungstique est dissous par la soude sur le fil de platine et forme une perle claire, de couleur jaune foncé qui devient d'une couleur blanche ou jaunâtre, cristalline et opaque après le refroidissement. Traité par un peu de soude sur le charbon au feu de réduction, l'acide tungstique peut être réduit en grande partie et transformé en tungstène métallique que l'on obtient par la lévigation du charbon. Si l'on ajoute une plus grande quantité de soude, le tout s'infiltre dans le charbon ; et, par la lévigation, on obtient la combinaison jaune d'or de l'acide tungstique avec l'oxyde de tungstène et la soude (Berzelius et Plattner).

Les combinaisons de l'*acide tungstique* avec l'*oxyde de tungstène* de couleur bleue s'obtiennent lorsqu'on décompose le tungstate d'ammoniaque par l'action de la chaleur à l'abri du contact de l'air ; on les obtient aussi par l'action que le zinc, le protochlorure d'étain et d'autres substances réductrices exercent sur l'acide tungstique. Lorsqu'on fait réagir le gaz hydrogène sur l'acide tungstique à une température peu élevée, la combinaison bleue se produit ordinairement antérieurement à la production de l'oxyde de tungstène.

L'acide tungstique peut par conséquent être distingué de la plupart des substances dont il a été traité précédemment par la manière particulière dont il se comporte avec le sel de phosphore à la flamme intérieure du chalumeau. On ne peut pas, à cause de cette réaction, confondre avec l'oxyde de cobalt l'acide tungstique même à l'état de combinaison, parce que cet oxyde donne aussi dans la flamme extérieure du chalumeau une perle bleue. L'acide tungstique se distingue de l'acide titanique en ce que, fondu avec les carbonates alcalins, il forme avec les oxydes alcalins des combinaisons solubles dans l'eau, tandis que l'acide titanique ne forme, dans le même cas, que des combinaisons insolubles ; il s'en distingue en outre en ce que, dans les tungstates alcalins, l'acide tungstique est réduit par la calcination avec le chlorure d'ammonium à l'état d'oxyde noir de tungstène contenant du nitrogène, tandis que les titanates alcalins sont transformés par la calcination avec le chlorure d'ammonium en un mélange d'acide titanique non modifié et de chlorures alcalins. L'acide tungstique se distingue de l'acide niobique et de l'acide hyponiobique qui accompagnent en petite quantité l'acide tungstique dans ses combinaisons naturelles, en ce que l'acide tungstique récemment précipité est soluble dans l'ammoniaque ; l'acide niobique et l'acide hyponiobique s'en distinguent en outre en ce que les niobates et les hyponiobates, calcinés avec le chlorure d'ammonium, ne sont pas transformés en un oxyde noir ; ils s'en distinguent encore en ce que l'acide tungstique produit un chlorure rouge lorsqu'on le traite par le charbon et le chlore gazeux ; ce caractère distingue aussi essentiellement l'acide tungstique de l'acide titanique. Les plus petites traces d'acide tungstique contenues dans l'acide hyponiobique peuvent être reconnues avec facilité et avec certitude en les transformant en chlorures; le plus petit mélange d'un chlorure rouge peut être facilement observé dans l'hypochlorure blanc de niobium.

Certains acides organiques, comme l'*acide tartrique* et l'*acide citrique*, ne produisent pas de précipité dans les dissolutions des tungstates alcalins. Ils empêchent aussi la production de la couleur bleue, lorsqu'on les ajoute à ces dissolutions avec le protochlorure d'étain, ou lorsqu'on les met avec le zinc dans ces dissolutions. — L'*acide acétique* produit, dans les dissolutions des tungstates alcalins, un précipité blanc qui ne se dissout pas dans un excès d'acide acétique et qui ne devient pas jaunâtre au bout de quelque temps. L'acide acétique n'empêche pas la production de la couleur bleue au moyen du zinc. Cette couleur paraît même plus belle que celle qui se produit avec l'acide chlorhydrique; cependant l'acide acétique empêche la formation de la couleur bleue au moyen du protochlorure d'étain; le précipité paraît alors brun.

XLIV. — MOLYBDÈNE, Mo.

Le molybdène, lorsqu'il a été fondu, possède une couleur blanc d'argent et se laisse légèrement aplatir sous le marteau, avant de se casser; comme sa fusion est très difficile à opérer, on ne l'a obtenu jusqu'ici que rarement à l'état fondu. On obtient facilement et fréquemment le molybdène sous la forme d'une poudre métallique grise qui prend du poli par la pression. Le poids spécifique du molybdène métallique est de 8,6. Il n'est pas modifié par l'action de l'air à la température ordinaire; mais il s'oxyde lorsqu'on le calcine à l'air : si on le soumet à l'action d'une chaleur longtemps soutenue, il se transforme en oxyde bleu et enfin en acide molybdique. Si on chauffe le métal sur le charbon à la flamme oxydante du chalumeau, le charbon se recouvre, pas très loin de l'essai, d'un dépôt cristallin d'acide molybdique. Le molybdène ne se modifie pas au feu de réduction. — L'acide chlorhydrique, l'acide sulfurique étendu et même l'acide fluorhydrique ne dissolvent pas le molybdène; l'acide sulfurique concentré le transforme en une masse brune avec dégagement d'acide sulfureux. L'acide nitrique et l'eau régale dissolvent le molybdène et le transforment en acide molybdique, lorsqu'on a employé une quantité suffisante d'acide; si l'on a employé moins d'acide nitrique, on n'obtient que du nitrate d'oxyde de molybdène. Le molybdène ne se dissout pas dans une dissolution d'hydrate de potasse; même lorsqu'on le fait fondre avec l'hydrate de potasse, il n'est oxydé que difficilement et lentement avec dégagement d'hydrogène. Par la fusion avec le nitrate de potasse, il s'oxyde avec activité (Berzelius). Si l'on fait passer du chlore gazeux sur le métal chauffé, il se transforme en chlorure volatil de molybdène ($MoCl^4$). A une température élevée, le molybdène métallique décompose la vapeur d'eau; il se dégage du gaz hydrogène et le molybdène se transforme en oxyde bleu et finalement en acide molybdique qui se volatilise à mesure qu'il s'est formé (Regnault).

On obtient des combinaisons de nitrure de molybdène et de molybdamide, lorsqu'on fait passer à une faible chaleur du gaz ammoniac sur du chlorure de molybdène. A une température plus élevée, il se transforme en nitrure de molybdène et il se transforme, au rouge blanc, en molybdène pur (Uhrlaub).

Protoxyde de molybdène, MoO (?)

Le protoxyde de molybdène à l'état d'hydrate est noir, lorsqu'on le précipite au moyen d'un excès d'ammoniaque dans la dissolution d'un molybdate alcalin que l'on a rendue acide au moyen de l'acide chlorhydrique et que l'on a traitée par le zinc. On obtient le protoxyde de molybdène le plus pur, lorsqu'on verse un peu d'acide chlorhydrique sur l'acide molybdique calciné et lorsqu'on le réduit ensuite par le zinc, sans qu'il soit dissous par un excès d'acide. Mais un contact prolongé est nécessaire dans ce cas. Le protoxyde paraît également noir, mais il devient jaune-laiton foncé à la lumière solaire. Lorsqu'on le dessèche, il devient bleu par oxydation. Chauffé lentement dans le vide, il perd son eau; si on élève la température jusqu'au rouge, le protoxyde présente un vif phénomène d'incandescence, et il reste comme résidu avec une couleur noir de jais. Il n'est plus soluble dans les acides. Chauffé à l'air libre, il s'enflamme et se transforme en acide molybdique. Le protoxyde de molybdène préparé au moyen du zinc ne présente pas ce phénomène, parce qu'il contient un peu d'oxyde de zinc (Berzelius). — La dissolution du protoxyde de molybdène dans l'acide chlorhydrique a une couleur noire très foncée; fortement étendue, elle est brune. Cette dissolution se comporte avec les réactifs comme il suit :

Une dissolution d'*hydrate de potasse* y forme un précipité brun-noir d'hydrate de protoxyde de molybdène, qui est insoluble dans un excès du précipitant.

L'*ammoniaque* agit de même.

Une dissolution de *carbonate neutre de potasse* y produit un précipité brun-noirâtre d'hydrate de protoxyde de molybdène, qui est un peu soluble dans un excès du précipitant.

Une dissolution de *bicarbonate de potasse* produit la même réaction.

Une dissolution de *carbonate d'ammoniaque* produit également dans la dissolution du protoxyde de molybdène un précipité brun-noir d'hydrate de protoxyde de molybdène qui se redissout complétement dans un excès du précipitant. Si l'on fait bouillir la dissolution, le protoxyde de molybdène se précipite de nouveau.

Une dissolution de *phosphate de soude* produit dans la dissolution du protoxyde de molybdène un précipité brun-noirâtre de phosphate de protoxyde de molybdène.

Une dissolution d'*acide oxalique* ne donne pas de précipité dans la dissolution du protoxyde de molybdène.

Les dissolutions de *ferrocyanure de potassium* et de *ferrocyanide de potassium* produisent dans la dissolution du protoxyde de molybdène des précipités rouge-brun.

Le *sulfure d'ammonium* produit dans la dissolution du protoxyde de molybdène saturée par l'ammoniaque un précipité jaune-brun de sulfure de molybdène, qui se dissout complétement dans un excès du précipitant, lorsque la dissolution du protoxyde de molybdène était exempte d'oxyde de zinc.

La dissolution d'*hydrogène sulfuré* ne produit pas d'abord de précipité dans les dissolutions du protoxyde de molybdène; mais plus tard il se produit un précipité brun-noir de sulfure de molybdène.

Les combinaisons du protoxyde de molybdène avec les acides qui se volatilisent à l'état libre, se décomposent par la calcination à l'air; et le protoxyde de molybdène se transforme en acide molybdique.

Au chalumeau, le protoxyde de molybdène se comporte comme l'acide molybdique.

Les combinaisons du protoxyde de molybdène peuvent être confondues avec les dissolutions du sesquioxyde de manganèse ou plutôt du sesquichlorure de manganèse p. 74); en effet, ces deux espèces de sels ont de l'analogie sous le rapport de la couleur. Mais ils se distinguent surtout par le précipité que forme le sulfure d'ammonium et qui est soluble dans un excès du précipitant. Au chalumeau, on peut du reste facilement reconnaître la présence du molybdène.

Oxyde de molybdène, MoO^2 (?), peut-être Mo^2O^3.

On obtient cet oxyde du molybdène par la voie sèche, lorsqu'on calcine un molybdate alcalin avec le chlorure d'ammonium et lorsqu'on traite par l'eau la masse calcinée; l'oxyde de molybdène est brun-noir et presque insoluble dans les acides non oxydants comme l'acide chlorhydrique. Mais si on le traite par l'acide nitrique et l'eau régale avec l'aide de la chaleur, il se transforme en acide molybdique. Préparé par la méthode que nous avons indiquée, il contient du nitrure de molybdène. On obtient l'oxyde de molybdène plus pur lorsqu'on traite l'acide molybdique par le gaz hydrogène à une température qui ne soit pas trop élevée; préparé de cette manière, il a une couleur brun foncé, tirant sur le rouge-cuivre; il possède alors l'éclat métallique. L'hydrate d'oxyde de molybdène est brun, volumineux et se dissout dans les acides avec une couleur brune. L'hydrate est un peu soluble dans l'eau pure; cette dissolution a une couleur brunâtre et rougit faiblement le papier de tournesol; cependant l'hydrate est précipité de la dissolution lorsqu'on dissout dans la liqueur une combinaison saline comme le chlorure d'ammonium par exemple. Lorsque l'hydrate d'oxyde de molybdène humide est exposé pendant longtemps à l'air, il absorbe de l'oxygène et se colore à la surface en vert ou en bleu ; lorsqu'on ajoute alors de l'eau, il la colore en vert. — Si l'on fait passer du chlore gazeux sec sur l'oxyde de molybdène, en le chauffant legèrement, il se sublime une cristallisation en écailles et en aiguilles qui est formée d'acichloride de molybdène, $MoCl^6 + 2MoO^3$. Le même composé se sublime sans être décomposé par une élévation subite de température comme la combinaison analogue du tungstène (p. 333). L'acichloride de molybdène est transformé par l'eau en acide molybdique et en acide chlorhydrique; il ne forme pas une dissolution claire, mais une liqueur qui est rendue laiteuse par l'acide molybdique qui se sépare. On obtient le chlorure de molybdène correspondant à l'oxyde de molybdène lorsqu'on chauffe le molybdène métallique dans le chlore gazeux ; à l'état sec, il possède l'éclat métallique; il est cristallin : sa couleur est noire; il fond à une basse température et forme en se volatilisant un gaz d'une couleur rouge très foncée. Le chlorure de molybdène est soluble dans l'eau. La dissolution aqueuse concentrée a une couleur noire ; lorsqu'on l'étend d'une plus grande quantité d'eau, elle devient verte, brune et enfin jaune. Si cependant le chlorure de molybdène contient un peu d'acichloride de molybdène (ce qui arrive, lorsque le molybdène métallique traité par le chlore gazeux contient un peu d'oxyde), il se dissout dans l'eau avec une belle couleur bleue.

La dissolution de l'oxyde de molybdène dans les acides se comporte avec les réactifs de la manière suivante :

Une dissolution d'*hydrate de potasse* produit dans ces dissolutions un précipité brun-noir, volumineux, d'hydrate d'oxyde de molybdène qui est insoluble dans un excès du précipitant.

L'*ammoniaque* exerce la même réaction.

Une dissolution de *carbonate de potasse* donne dans la dissolution d'oxyde de molybdène un précipité brun-clair d'hydrate d'oxyde de molybdène qui est soluble dans un excès du précipitant.

Une dissolution de *bicarbonate de potasse* produit dans la dissolution d'oxyde de molybdène un précipité brun-clair qui se dissout dans un excès du précipitant.

Une dissolution de *carbonate d'ammoniaque* réagit de même.

Une dissolution de *phosphate de soude* donne un précipité blanc-brunâtre de phosphate de molybdène.

Une dissolution d'*acide oxalique* ne produit pas de modification dans la dissolution d'oxyde de molybdène.

Les dissolutions de *ferrocyanure de potassium* et de *ferrocyanide de potassium* donnent des précipités bruns dans les dissolutions d'oxyde de molybdène.

Le *sulfure d'ammonium* produit, dans la dissolution d'oxyde de molybdène saturée par l'ammoniaque, un précipité jaune-brun de sulfure de molybdène qui se dissout dans un excès du précipitant et qui est précipité de cette dissolution avec une couleur jaune-brun par l'acide chlorhydrique.

La dissolution d'*hydrogène sulfuré* ne produit pas d'abord de précipité; mais il se forme ultérieurement un précipité brun de sulfure de molybdène.

Les combinaisons d'oxyde de molybdène ont une très grande ressemblance avec les combinaisons du protoxyde de molybdène, en sorte qu'il paraît douteux que ces deux oxydes soient des degrés différents d'oxydation d'un même métal. Toutefois la composition du degré d'oxydation le plus faible du molybdène n'est pas exactement connue.

Acide molybdique, MoO^3.

L'acide molybdique forme ou une masse blanche ou des aiguilles cristallines qui ont le brillant de la soie. Chauffé dans des vases fermés, l'acide molybdique fond et forme un liquide jaune qui devient cristallin et d'une couleur jaune pâle après le refroidissement. Si on chauffe l'acide molybdique au contact de l'air, il se vaporise et se sublime même à une température qui n'est pas très élevée; l'acide sublimé forme des aiguilles longues, brillantes, quelquefois aussi des écailles. — L'acide molybdique se dissout en très petite quantité dans l'eau; la dissolution rougit faiblement le papier de tournesol. Si on met l'acide sur du papier bleu de tournesol, il est fortement rougi.

L'acide molybdique se dissout dans les acides, surtout lorsqu'il n'a pas été chauffé jusqu'à la fusion. Après avoir été calciné, il se dissout beaucoup moins et même souvent presque point dans la plupart des acides. L'acide molybdique se dissout par fusion dans le bisulfate de potasse; la masse fondue est complétement soluble dans l'eau. — Si l'on fait passer à chaud du chlore gazeux sur l'acide molybdique, il se produit un sublimé cristallin d'acichloride de molybdène; mais ce sublimé se produit plus difficilement que celui formé par l'action du chlore sur l'oxyde de molybdène.

L'acide molybdique, même fondu et sublimé, se dissout très facilement dans les dissolutions des oxydes alcalins purs et carbonatés; lorsqu'on opère avec les carbonates alcalins, il chasse l'acide carbonique en produisant une forte effervescence. L'acide molybdique fondu est soluble dans l'ammoniaque.

L'*acide nitrique* et l'*acide chlorhydrique* produisent, dans les dissolutions des molybdates alcalins qui ne sont pas très étendues, des précipités blancs qui se dissolvent dans un excès d'acide et même dans une grande quantité d'eau. Les acides indiqués ne forment pas de précipité dans les dissolutions très étendues des molybdates alcalins. L'acide sulfurique et l'acide oxalique ne produisent pas de précipité dans les dissolutions assez concentrées des molybdates alcalins.

L'acide molybdique forme avec les oxydes alcalins des sels qui présentent différents degrés de saturation et qui sont solubles dans l'eau. Les sels neutres qui attirent souvent l'acide carbonique de l'air, se dissolvent facilement; mais les sels acides se dissolvent plus difficilement. La plupart des combinaisons de l'acide molybdique avec les oxydes terreux et métalliques sont insolubles.

Une dissolution de *chlorure de calcium* produit, dans les dissolutions des molybdates alcalins, un précipité blanc qui est soluble dans l'acide chlorhydrique et l'acide nitrique. Ce précipité ne se forme pas immédiatement, mais seulement au bout de quelque temps dans les dissolutions étendues.

Une dissolution de *chlorure de baryum* produit immédiatement un précipité blanc, abondant, qui est soluble dans l'acide chlorhydrique et l'acide nitrique. Le précipité se produit immédiatement, même dans les dissolutions très étendues.

Une dissolution de *sulfate de magnésie* ne produit pas de précipité, même au bout de quelque temps. Mais lorsqu'on ajoute de l'ammoniaque, il se forme un précipité blanc qui est soluble dans une dissolution de chlorure d'ammonium.

Une dissolution de *nitrate d'argent* produit un précipité blanc qui est soluble dans l'acide nitrique et dans l'ammoniaque. Cette dernière dissolution devient opaline avec le temps.

Une dissolution de *nitrate de protoxyde de mercure* produit un précipité jaunâtre qui est soluble dans l'acide nitrique et qui devient immédiatement noir par l'action de l'ammoniaque. — Une dissolution de *bichlorure de mercure* ne produit pas d'abord de précipité; mais, au bout de quelque temps, il se forme un précipité blanc.

Une dissolution de *nitrate de plomb* donne un abondant précipité blanc qui n'est pas soluble dans l'ammoniaque, mais qui est soluble dans l'acide nitrique.

Le *ferrocyanure de potassium* ne produit pas de précipité dans les dissolutions des molybdates alcalins. Si l'on ajoute un peu d'acide chlorhydrique, il se produit un précipité rouge-brun, épais, qui se dissout dans l'ammoniaque en formant une liqueur claire.

Le *ferrocyanide de potassium* ne modifie pas non plus les dissolutions des molybdates alcalins. Même lorsqu'on ajoute de l'acide chlorhydrique, elles restent d'abord claires; mais il se forme au bout de quelque temps un précipité rouge-brun, de couleur plus claire que celui qui est formé par le ferrocyanure de potassium; ce précipité se dissout dans l'ammoniaque et forme une liqueur claire.

L'*infusion de noix de galles* ne produit pas de précipité dans les dissolutions des molybdates alcalins, mais il colore ces dissolutions en rouge de sang foncé. Si cependant on a ajouté à la dissolution un peu d'acide chlorhydrique, l'infusion de noix de galles produit un précipité épais d'une couleur rouge de sang. Si cependant la dissolution est étendue de beaucoup d'eau, l'infusion de noix de galles forme seulement une coloration rouge de sang, mais ne forme pas de précipité.

Dans les dissolutions d'acide molybdique et de ses combinaisons salines auxquelles on a ajouté de l'acide chlorhydrique, la dissolution d'*hydrogène sulfuré* ajoutée en excès, forme un précipité brun de sulfure de molybdène;

la liqueur qui surnage le précipité, est verte. S'il y avait très peu d'acide molybdique, on obtient seulement au moyen d'un excès de dissolution d'hydrogène sulfuré une liqueur verte dont il se sépare par le temps un précipité brun : le précipité se sépare plus rapidement par l'action de la chaleur. Un courant de gaz hydrogène sulfuré agit de même lorsqu'on le fait passer pendant assez longtemps pour que la liqueur en soit complétement saturée. Il est cependant très difficile de précipiter complétement tout le molybdène à l'état de sulfure brun de molybdène, de manière que la liqueur, séparée par filtration, devienne complétement incolore. Ordinairement, la liqueur est colorée faiblement en verdâtre et en bleuâtre et même en bleu et ne contient que de très faibles traces de molybdène. Ce n'est qu'en soumettant plusieurs fois à l'action de la chaleur et ajoutant de nouveau une certaine quantité de dissolution d'hydrogène sulfuré qu'on arrive enfin à séparer tout le molybdène à l'état de sulfure de molybdène. — Si au contraire on n'ajoute à une dissolution d'acide molybdique qu'une très petite quantité de dissolution d'hydrogène sulfuré, de manière qu'on ne puisse pas en sentir l'odeur, on obtient une liqueur bleue ; si la quantité de dissolution d'hydrogène sulfuré est un peu plus grande, on obtient une liqueur bleue et un précipité brun; ce n'est que lorsqu'il y a un excès de dissolution d'hydrogène sulfuré qu'on observe les phénomènes dont il a été question. — Un excès de dissolution d'hydrogène sulfuré ne produit pas de précipité dans les dissolutions des molybdates alcalins; la liqueur devient seulement jaune d'or. Ce n'est que lorsqu'on ajoute de l'acide chlorhydrique que le précipité de sulfure de molybdène se produit. — La dissolution d'hydrogène sulfuré est de tous les réactifs le plus propre à découvrir, dans une dissolution rendue acide, de très petites traces d'acide molybdique.

Le *sulfure d'ammonium*, ajouté aux dissolutions des molybdates alcalins, ne produit d'abord pas de modification; au bout de quelque temps, la liqueur se colore en jaune d'or. Les dissolutions concentrées se colorent fortement en jaune-brun; les acides étendus y produisent un précipité brun de sulfure de molybdène. — Si un molybdate alcalin contient du bioxyde de cuivre, un excès de sulfure d'ammonium dissout du sulfure de cuivre en même temps que le sulfure de molybdène.

Si on ajoute à la dissolution du molybdate d'ammoniaque assez d'acide chlorhydrique ou mieux d'acide nitrique pour que le précipité formé d'abord se redissolve, et si on ajoute ensuite une quantité excessivement faible d'une dissolution d'un phosphate, la liqueur devient jaune et il se dépose un précipité jaune même pour de très petites quantités d'acide phosphorique. La chaleur accélère la formation du précipité. On retrouve de cette manière les plus petites traces d'*acide phosphorique* (voy. plus loin l'article ACIDE PHOSPHORIQUE ; on retrouve aussi les plus petites traces d'*ammoniaque* lorsqu'on met dans la dissolution ammoniacale (p. 17) une dissolution dans l'acide chlorhydrique de l'acide molybdique contenant de l'acide phosphorique.

Si on ajoute la dissolution d'*un sulfite* à la dissolution d'un molybdate alcalin, elle ne se modifie pas. Si cependant on ajoute un peu d'acide chlorhydrique, la dissolution prend, surtout à chaud, une belle couleur bleu-verdâtre foncé. Si on ajoute une grande quantité de molybdate alcalin, la liqueur que l'on obtient est d'une belle couleur bleu pur. Cette dissolution bleue ou bleu-verdâtre n'est pas décolorée même à chaud par la sursaturation avec l'hydrate de potasse ou avec l'ammoniaque, et il ne se sépare pas d'oxyde de molybdène.

Si l'on traite par le *zinc métallique* la dissolution de l'acide molybdique dans l'acide chlorhydrique ou la dissolution d'un molybdate alcalin à laquelle on a ajouté de l'acide chlorhydrique en excès, l'acide molybdique est réduit à l'état de protoxyde de molybdène qui reste dissous dans l'acide chlorhydrique. La liqueur se colore alors en brun noir foncé par l'action du zinc (p. 340). La réduction de l'acide molybdique à l'état de protoxyde de molybdène n'est pas immédiate; c'est pour cela que, par l'action du zinc, la liqueur est colorée d'abord seulement en bleu, ensuite en vert et enfin en brun-noir foncé. — L'*étain* produit la même réaction. — Le *cuivre* métallique colore au contraire en bleu la dissolution d'un molybdate alcalin que l'on a rendue acide au moyen de l'acide sulfurique; la dissolution reste bleue, même au bout de quelque temps; par l'action du cuivre, les dissolutions concentrées sont d'abord bleues, ensuite vertes et enfin brunes. Si la dissolution a été rendue acide au moyen de l'acide chlorhydrique, elle devient brune par l'action du cuivre; la réaction ne réussit souvent qu'au bout de quelque temps.

Le *protochlorure d'étain*, ajouté à la dissolution d'un molybdate alcalin, produit immédiatement un précipité vert-bleuâtre qui se dissout dans l'acide chlorhydrique et donne une liqueur claire, de couleur verte. Si l'on ajoute une quantité excessivement faible de protochlorure d'étain, on obtient alors une dissolution bleue.

Si l'on rend acide au moyen de l'acide chlorhydrique ou de l'acide sulfurique étendu la dissolution d'un molybdate alcalin, de manière que le précipité qui se sépare, se redissolve, on obtient au moyen du *sulfate de protoxyde de fer* une dissolution bleue. Par l'action d'une plus grande quantité de sulfate de protoxyde de fer, la dissolution devient brune et il se forme aussi un précipité brun; pour une grande quantité d'acide molybdique, le précipité est vert. La dissolution bleue se conserve très longtemps sans se modifier.

Si l'on fait bouillir la dissolution d'un molybdate alcalin avec le molybdène métallique, le protoxyde de molybdène, ou l'oxyde de molybdène, après avoir ajouté de l'acide chlorhydrique, on obtient une liqueur d'une belle couleur bleu foncé qui est une dissolution de molybdate d'oxyde de molybdène dans l'acide chlorhydrique. Le moyen le plus facile d'obtenir cette liqueur bleue au moyen d'une dissolution d'un molybdate alcalin est d'ajouter un excès d'acide chlorhydrique à la liqueur, de mettre ensuite dans une petite partie de la liqueur une lame de zinc ou d'étain et, après avoir enlevé la lame métallique, d'ajouter à la dissolution du molybdate alcalin non réduit la liqueur brun-noir foncé qui contient du protoxyde de molybdène. S'il n'y a pas assez d'acide chlorhydrique, on obtient outre la liqueur bleue un précipité bleu. Si l'on fait bouillir la liqueur avec une dissolution d'hydrate de potasse, elle perd sa couleur bleue; il se dépose un précipité brun-noir d'oxyde de molybdène, tandis que l'oxyde alcalin se combine avec l'acide molybdique.

Si l'on calcine les molybdates alcalins avec le chlorure d'ammonium, le tout se transforme en un mélange d'oxyde de molybdène, de nitrure de molybdène et de chlorure alcalin. L'eau dissout le chlorure : le nitrure et l'oxyde de molybdène restent comme résidu à l'état insoluble.

Si l'on fait fondre à la flamme du *chalumeau* l'acide molybdique sur le charbon au feu d'oxydation, il devient brun, s'étend, se volatilise et se dépose sur le charbon à quelque distance sous la forme d'une poudre jaunâtre, souvent cristalline, qui redevient blanche par le refroidissement. Lorsqu'on chasse plus loin ce dépôt par l'action de la chaleur, il se forme une surface mince, non volatile, d'oxyde de molybdène qui paraît rouge de cuivre foncé après le refroidissement et qui possède l'éclat métallique. A la flamme de réduction, la plus grande partie de l'acide molybdique passe dans le charbon et peut être réduite, à l'aide d'une flamme intense et sans addition de soude, à l'état de molybdène métallique que l'on obtient sous la forme d'une poudre grise métallique par la lévigation du charbon. Le sulfure de molybdène, traité par une bonne flamme d'oxydation sur le charbon, produit un dégagement d'acide sulfureux et donne des dépôts analogues à l'acide molybdique. Les combinaisons du molybdène font prendre à la flamme du chalumeau une couleur verdâtre ou plutôt vert-jaunâtre. —L'acide molybdique est dissous par le borax sur le fil de platine et donne une perle claire qui est jaune à chaud lorsqu'elle contient une grande quantité d'acide molybdique et qui est incolore après le refroidissement. Si on ajoute une plus grande quantité d'acide molybdique, la perle est jaune foncé par l'action de la chaleur et opaline après le refroidissement; si la quantité d'acide molybdique ajouté est encore plus grande, la perle paraît rouge foncé à chaud et gris-bleuâtre émaillé par le refroidissement. A la flamme de réduction, la perle de borax est brune et, pour une grande quantité d'acide molybdique, elle est tout à fait opaque. A un feu suffisamment intense, il se sépare alors de l'oxyde de molybdène qui nage sous forme de flocons brun-noirâtre dans une perle claire de couleur jaunâtre. Dans le sel de phosphore, l'acide molybdique est dissous sur le fil de platine à la flamme d'oxydation et donne une perle claire qui est verdâtre à chaud et qui devient presque incolore après le refroidissement. Sur le charbon, la perle devient vert-noirâtre à chaud; après le refroidissement, elle est d'un beau vert presque comme le sesquioxyde de chrome. A la flamme de réduction, la perle se colore en vert-noirâtre foncé sur le fil de platine et sur le charbon; après le refroidissement, la perle est transparente et d'une couleur verte. Il ne se sépare pas d'oxyde de molybdène à la flamme de réduction dans le sel de phosphore. — L'acide molybdique, fondu avec la soude sur le fil de platine, produit une effervescence et donne une perle claire qui devient d'un blanc laiteux par le refroidissement. L'acide molybdique est réduit sur le charbon dans la flamme intérieure à l'état de molybdène métallique que l'on peut obtenir sous la forme d'une poudre gris de fer par la lévigation du charbon (Plattner et Berzelius).

Les combinaisons de l'*acide molybdique* avec l'*oxyde de molybdène* sont de couleur bleue et verte ; elles sont solubles dans l'eau et insolubles dans les liqueurs qui contiennent des combinaisons salines. Si l'on décompose au moyen d'un excès d'alcali la dissolution aqueuse d'un beau bleu que l'on obtient par la dissolution des combinaisons d'acide molybdique et d'oxyde de molybdène, il se sépare de l'oxyde de molybdène, tandis qu'il reste en dissolution un molybdate alcalin. Dans les dissolutions étendues, cette réaction n'a lieu qu'avec l'aide de la chaleur.

L'acide molybdique peut être reconnu par la réaction que ses dissolutions rendues acides présentent avec la dissolution d'hydrogène sulfuré, par la solubilité du sulfure de molybdène ainsi produit dans le sulfure d'ammonium, et aussi par les réactions qu'il présente au chalumeau. Les combinaisons bleues que forme l'acide molybdique pourraient peut-être le faire confondre avec l'acide tungstique dont il se distingue par sa grande solubilité dans les acides, sa fusion facile, sa volatilisation et aussi, lorsqu'il est en dissolution, par sa manière de se comporter avec l'hydrogène sulfuré. — Dans les combinaisons de l'acide molybdique avec la plupart des oxydes métalliques, on peut, lorsqu'elles sont en dissolution, séparer l'acide molybdique des oxydes métalliques qui sont transformés en sulfures insolubles en sursaturant la dissolution par l'ammoniaque et ajoutant du sulfure d'ammonium. Il peut cependant se présenter un sulfure qui soit insoluble dans le sulfure d'ammonium lorsqu'il est seul et qui s'y dissolve lorsqu'il est en présence du sulfure de molybdène, comme le sulfure de cuivre par exemple. Si l'on traite par un acide étendu la dissolution du sulfure de molybdène dans le sulfure d'ammonium, il se précipite du sulfure de molybdène brun qui peut être transformé par le grillage en acide molybdique.

Les acides organiques, notamment l'acide oxalique, l'acide tartrique et l'acide acétique, ne produisent pas de précipité, même dans les dissolutions assez concentrées des molybdates alcalins. L'acide chlorhydrique peut souvent produire, dans une dissolution de ce genre, surtout lorsqu'elle est chaude, un précipité qui se redissout dans un excès d'acide oxalique et d'acide tartrique. — Le bitartrate de potasse dissout même l'acide molybdique fondu lorsqu'on les fait bouillir ensemble avec l'eau, ce que ne peuvent pas opérer la plupart des acides inorganiques. C'est le meilleur moyen d'opérer la dissolution de l'acide molybdique fondu.

Si on ajoute à une dissolution incolore d'acide molybdique dans l'acide sulfurique concentré une petite quantité d'une matière organique quelconque, comme l'alcool, le sucre, l'acide acétique, l'acide tartrique, etc., elle prend immédiatement une belle couleur bleue. Si cependant on étend la liqueur d'une grande quantité d'eau, la couleur bleue disparaît et on obtient une dissolution incolore.

XLV. — VANADIUM, V.

Le vanadium à l'état métallique a beaucoup de ressemblance avec le molybdène; cependant on le connaît à peine à l'état pur, puisque le métal que l'on considérait comme tel, était du nitrure de vanadium que l'on peut transformer en vanadium métallique pur en le chauffant jusqu'au rouge blanc (Uhrlaub).

Le nitrure de vanadium, obtenu en soumettant à l'action de la chaleur la combinaison du chlorure de vanadium et de l'ammoniaque, est d'une couleur blanc d'argent qui n'est pas bien net, d'un éclat prononcé, mais qui n'est pas uniforme; il est très peu extensible et peut très facilement être transformé en une poudre gris d'acier. Il ne s'oxyde ni par l'action de l'air ni par l'action de l'eau; mais lorsqu'on le conserve, il devient peu à peu moins brillant et prend une pointe de rougeâtre. Il s'enflamme à l'air avant la température rouge et brûle avec énergie en se transformant en un oxyde noir, infusible. Il n'est attaqué ni par l'acide sulfurique, ni par l'acide chlorhydrique, ni par l'acide fluorhydrique, même concentrés et bouillants; mais il se dissout dans l'acide nitrique et dans l'eau régale; la dissolution est d'un beau bleu foncé. Il n'est pas dissous même à l'aide de l'ébullition par une dissolution d'hydrate de potasse. Il ne subit aucune modification, lorsqu'on le chauffe jusqu'au rouge avec les hydrates des oxydes alcalins à l'abri du contact de l'air. Il ne décompose pas même au rouge les carbonates alcalins (Berzelius).

Protoxyde de vanadium, VO.

Le protoxyde de vanadium que l'on obtient par la réduction de l'acide vanadique au moyen du gaz hydrogène à une température rouge, est noir et possède un éclat semi-métallique. Il est infusible : il s'enflamme lorsqu'on le chauffe au contact de l'air, brûle comme de l'amadou et se transforme en oxyde noir. Exposé à l'air, il commence à s'oxyder au bout de quelque temps sans changer d'aspect; moins la température à laquelle il s'est produit, est élevée, plus cette oxydation est rapide. Si on le met alors dans l'eau, il prend, aussi bien que l'oxyde, une belle couleur verte. Le protoxyde de vanadium n'est dissous ni par les acides ni par les oxydes alcalins; si cependant on laisse le tout pendant un peu de temps en contact, il se produit des combinaisons d'oxyde de vanadium avec l'acide ou avec l'oxyde alcalin; c'est ce qui fait que l'eau se colore. Les acides ne dissolvent pas le protoxyde même à l'aide de l'ébullition; il faut cependant en excepter l'acide nitrique qui le dissout en produisant un dégagement de bioxyde de nitrogène; la dissolution est de couleur bleue. Le chlore gazeux transforme le protoxyde de vanadium en chlorure de vanadium et en acide vanadique (Berzelius).

Bioxyde de vanadium, Acide vanadeux, VO^2.

Préparé par voie sèche, l'oxyde de vanadium est noir, analogue aux oxydes terreux; il n'est pas fusible à une température que peut supporter le verre. — L'hydrate d'oxyde de vanadium se présente sous l'aspect d'une masse gris-blanchâtre, légère, qui se dépose difficilement dans l'eau. Si, en le desséchant, on a évité le contact de l'air, il conserve après la dessiccation sa couleur gris-blanchâtre; si cependant on n'a pas observé cette précaution, l'hydrate s'oxyde rapidement au contact de l'air; il devient d'abord brun, puis vert, et enfin noir lorsqu'il est sec. Ces transformations ont également lieu lorsqu'on conserve l'oxyde sec dans des vases qui contiennent de l'air. L'hydrate de bioxyde de vanadium, obtenu par la précipitation de la dissolution de ses combinaisons salines au moyen d'une dissolution de carbonate de soude, contient toujours un peu d'acide carbonique, mais seulement des traces qui ne paraissent pas lui être essentielles. Il est insoluble dans l'eau; mais si on le laisse longtemps en contact avec l'eau, elle se colore peu à peu en vert, tandis que l'oxyde passe à un degré d'oxydation plus élevé.

Le bioxyde de vanadium se combine aussi bien avec les acides qu'avec les bases. L'oxyde de vanadium forme avec les acides des sels de vanadium. L'hydrate de bioxyde de vanadium se dissout dans les acides plus facilement que le bioxyde de vanadium calciné qui ne se dissout que lentement, mais cependant complétement. Si le bioxyde calciné contient un peu de vanadate d'oxyde de vanadium, il se dissout dans l'acide chlorhydrique avec dégagement de chlore.

La dissolution aqueuse des sels de vanadium est d'un beau bleu, mais elle n'est pas très foncée; elle présente plutôt le ton des demi-teintes. La dissolution du chlorure de vanadium qui correspond au bioxyde, est bleue; quelquefois aussi elle est brune. Les dissolutions de la plupart des sels de vanadium deviennent vertes lorsqu'on les expose à l'air. Elles ont une saveur douce, astringente, complétement semblable à celles des dissolutions des sels de protoxyde de fer.

Les dissolutions des *oxydes alcalins hydratés* et *carbonatés* produisent, dans les dissolutions des sels de vanadium, un précipité gris-blanchâtre d'hydrate de bioxyde de vanadium qui se dissout dans un excès de l'oxyde alcalin; la dissolution a une couleur brune; lorsqu'on a employé les carbonates alcalins, elle contient du vanadite et du bicarbonate alcalins. Si l'on emploie un excès encore plus grand d'oxyde alcalin, il se forme un précipité brunâtre de vanadite alcalin qui se dissout bien dans l'eau pure, mais qui est peu soluble dans une dissolution alcaline.

Les dissolutions des *bicarbonates alcalins* produisent également, dans les dissolutions du bioxyde de vanadium, un précipité gris d'hydrate d'oxyde de vanadium qui est soluble dans un excès d'oxyde alcalin. La couleur de la dissolution est bleu pâle.

L'*ammoniaque* en excès produit également un précipité brun qui forme avec l'eau pure une dissolution brune qui est complétement insoluble dans l'eau qui contient de l'ammoniaque; c'est ce qui explique pourquoi la liqueur qui surnage le précipité, est incolore.

Une dissolution de *ferrocyanure de potassium* donne, avec les dissolutions des sels de bioxyde de vanadium, un précipité jaune de ferrocyanure de vanadium qui est insoluble dans les acides et qui devient vert au contact de l'air.

Une dissolution de *ferrocyanide de potassium* forme, dans les dissolutions des sels de vanadium, une masse verte, gélatineuse, de ferrocyanide de vanadium.

Le *sulfure d'ammonium* produit, dans les dissolutions des sels neutres du bioxyde de vanadium, un précipité brun-noirâtre de sulfure de vanadium qui est soluble dans un excès du précipitant; la dissolution a une couleur pourpre foncé tout à fait semblable à celle de l'hypermanganate de potasse. Les acides étendus forment dans cette dissolution un précipité de sulfure de vanadium.

La dissolution d'*hydrogène sulfuré* ne produit de précipité ni dans les dissolutions neutres ni dans les dissolutions acides d'oxyde de vanadium.

L'*infusion de noix de galles* fait prendre, aux dissolutions des sels de vanadium, une couleur bleue si foncée, qu'elles paraissent comme de l'encre. Si on laisse reposer la liqueur, il se réunit un précipité noir, volumineux, de tannate de vanadium, et la liqueur est transparente, un peu bleuâtre.

Le vanadium ne peut être réduit par le *zinc*, ni dans ses dissolutions acides, ni dans les dissolutions alcalines.

Les sels de vanadium sont généralement bleu-foncé à l'état solide, quelques-uns cependant sont bleu-clair, d'autres verdâtres. Les sels anhydres sont ordinairement bruns, quelquefois verts; mais les sels anhydres bruns, aussi bien que les sels anhydres verts, forment, en se dissolvant dans l'eau, des liqueurs colorées en bleu. Les sels basiques de vanadium sont bruns.

Les vanadites dans lesquels l'oxyde de vanadium est l'acide, sont bruns. Il n'y a que ceux qui ont pour base un oxyde alcalin, qui sont solubles dans l'eau. Les vanadites à l'état humide s'oxydent. Les vanadites terreux et métalliques sont insolubles et se précipitent sous la forme d'une poudre brune. Si on les lave sur un filtre, ils deviennent verts. — Les dissolutions des vanadites alcalins prennent, par l'action de la dissolution d'hydrogène sulfuré, une belle couleur rouge pourpre, analogue à celle des hypermanganates; cette coloration provient de la formation d'un sulfosel. Les dissolutions des vanadites deviennent d'un beau bleu par l'action des acides libres et se transforment en sels doubles qui ont pour bases l'oxyde alcalin et l'oxyde de vanadium. Les dissolutions deviennent bleu-noir par l'action de l'infusion de noix de galles, comme les sels de vanadium (Berzelius).

La manière dont l'oxyde de vanadium se comporte *au chalumeau* est tout à fait semblable à celle de l'acide vanadique, dont il sera question plus loin.

On verra plus loin, à l'Acide vanadique, la manière dont on distingue les combinaisons d'oxyde de vanadium des autres substances.

Certains acides organiques, notamment les acides organiques non volatils, modifient essentiellement la manière dont le bioxyde de vanadium se comporte avec les réactifs. Si la dissolution d'un sel de vanadium contient de l'acide tartrique, le bioxyde de vanadium n'est pas précipité par un excès d'ammoniaque ; il se dissout, au contraire. La dissolution a une couleur pourpre caractéristique, qui a une pointe de bleu. La couleur de la dissolution disparaît rapidement au contact de l'air, en même temps qu'il se forme du vanadate d'ammoniaque.

Acide vanadique, VO^3 (?) très probablement V^2O^5.

Lorsque l'acide vanadique a été préparé par l'action de la chaleur sur le vanadate d'ammoniaque au contact de l'air, il se présente sous la forme d'une poudre qui, suivant son degré de division, est rouge-brique ou rouge-jaune ; elle prend par le frottement une couleur rouge d'autant plus claire, qu'elle est plus divisée. L'acide vanadique fond au rouge naissant sans se décomposer, lorsqu'on a eu soin d'éviter le contact des corps réducteurs. Par le refroidissement, il s'épaissit en une masse qui est formée d'un agrégat de cristaux isolés. Pendant cette cristallisation, il se dégage assez de chaleur pour que la masse qui avait cessé d'être à la température rouge, soit portée de nouveau à cette température. L'acide vanadique est très brillant ; il a une couleur rouge avec des reflets orangés et il est jaune transparent sur les arêtes minces. Si l'on fait fondre l'acide avant qu'il soit complétement oxydé, de manière qu'il contienne encore de l'oxyde de vanadium, il ne cristallise pas de la manière indiquée ; mais au moment où la masse s'épaissit, il se forme des excroissances qui ressemblent à des choux-fleurs et, après le refroidissement, la masse est noire. L'acide vanadique se comporte de la même manière lorsqu'il contient des oxydes métalliques. Si l'acide vanadique contient une très petite quantité d'oxyde de vanadium, cela n'empêche pas la cristallisation d'avoir lieu ; seulement la couleur de la masse épaissie est alors plus foncée et a des reflets violets.

L'acide vanadique n'est pas volatil. Il peut supporter même la température du rouge blanc sans perdre d'oxygène, lorsqu'il n'est pas mélangé avec des corps réducteurs. Il se dissout très difficilement dans l'eau et par suite la dissolution n'a pas de saveur; cependant l'acide rougit très fortement le papier de tournesol humide lorsqu'on le place sur ce papier. Mêlé avec l'eau à l'état pulvérulent, il forme un liquide laiteux, jaunâtre, qui ne s'éclaircit que très lentement et seulement au bout de quelques jours, comme cela arrive pour l'alumine. L'acide vanadique ainsi divisé possède après la dessiccation une belle couleur jaune tout à fait semblable à celle de l'hydrate de sesquioxyde de fer formé par l'action de l'eau sur le fer métallique. La liqueur jaune laiteuse possède une couleur jaune pure; elle est insipide, rougit le papier de tournesol, et lorsqu'on la soumet à la dessiccation, elle n'abandonne pas tout à fait un millième de son poids d'acide vanadique.

L'acide vanadique est insoluble dans l'alcool pur; il se dissout à un faible degré dans l'alcool hydraté. Par la voie humide, il peut être facilement réduit à l'état d'oxyde de vanadium, surtout lorsqu'il est combiné avec un autre acide. L'acide nitreux même s'oxyde à ses dépens; si on mêle de l'acide nitrique rouge fumant à une dissolution d'acide vanadique, la liqueur devient rapidement bleue. L'acide vanadique est en outre réduit à l'état d'oxyde par un très grand nombre de métaux, par l'acide sulfureux, l'acide phosphoreux, l'acide oxalique et la plupart des oxysels métalliques, etc.

L'acide vanadique a une grande analogie avec l'acide molybdique et l'acide tungstique, sous ce rapport qu'il joue le rôle de base avec les acides forts et qu'il se comporte avec les bases comme un acide fort.

Les dissolutions de l'acide vanadique dans les acides sont rouges ou jaune-citron; mais elles sont quelquefois aussi incolores. Leur saveur est fortement astringente, comme celle des combinaisons de sesquioxyde de fer, et ensuite acidule. Si les acides sont exactement saturés d'acide vanadique, les dissolutions se troublent par l'ébullition et l'évaporation et déposent des précipités brun-rouge qui sont des sels basiques. Les dissolutions de ces combinaisons salines se décolorent souvent complétement lorsqu'on les chauffe. Exposées pendant longtemps à l'air, ces dissolutions deviennent souvent vertes peu à peu, ce que l'on doit attribuer à l'action réductrice de la poussière contenue dans l'air. Beaucoup de substances désoxydantes, notamment l'hydrogène sulfuré, certaines substances organiques, etc., font passer ces dissolutions au bleu.

L'*acide chlorhydrique* dissout l'acide vanadique et donne une dissolution de couleur rouge-orangé; peu à peu la dissolution dégage du chlore; elle devient verte au bout de quelque temps et dissout l'or et le platine. Si, pour dissoudre l'acide vanadique, on a employé une chaleur modérée et l'acide chlorhydrique concentré, le dégagement de chlore est plus abondant; la dissolution est alors d'une belle couleur bleue et contient du chlorure de vanadium qui donne cependant souvent aussi une dissolution brun-noirâtre. — Le perchlorure liquide et volatil, correspondant à l'acide vanadique, possède une couleur jaune claire et s'obtient lorsqu'on fait passer du chlore gazeux sur un mélange de charbon et de protoxyde de vanadium porté au rouge. Il se dissout dans l'eau et donne une liqueur faiblement jaunâtre; mais, au bout de quelques jours, il se dégage du chlore et la dissolution devient d'abord verte et ensuite bleue. La chaleur accélère cette réduction.

L'*acide nitrique* dissout l'acide vanadique ; mais la dissolution conserve avec le temps une couleur verte.

Une dissolution de *ferrocyanure de potassium* produit dans les dissolutions de l'acide vanadique dans les acides un précipité vert, floconneux, qui n'est pas soluble dans les acides.

Le *sulfure d'ammonium* colore les dissolutions d'acide vanadique en une couleur brune. Si on rend la dissolution acide au moyen d'un autre acide, et si on ajoute à la liqueur brune de l'acide chlorhydrique ou de l'acide sulfurique étendu, on obtient un précipité brun de sulfure de vanadium qui est plus clair que celui formé par les sels d'oxyde de vanadium dans les mêmes circonstances. En même temps que ce précipité se forme, la liqueur acide devient ordinairement bleue. Le précipité brun est soluble dans un excès de sulfure d'ammonium et dans les dissolutions des oxydes alcalins purs et carbonates.

L'*hydrogène sulfuré gazeux* produit, dans les dissolutions d'acide vanadique, un précipité gris-brunâtre qui est un mélange mécanique de soufre et d'hydrate d'oxyde de vanadium et qui n'est pas formé de sulfure de vanadium. Dans les dissolutions rendues acides, il ne se produit pas de précipité d'oxyde de vanadium par l'action de l'hydrogène sulfuré.

L'*infusion de noix de galles* donne, au bout de quelque temps, dans les dissolutions neutres de l'acide vanadique dans les acides un précipité bleu-noir.

Les sels que l'acide vanadique forme avec les bases, peuvent supporter une température rouge sans perdre d'oxygène. Ils sont presque tous solubles dans l'eau; quelques-uns cependant y sont très peu solubles, mais ils ne sont pas complétement insolubles; de ce nombre sont les combinaisons de l'acide vanadique avec la baryte et l'oxyde de plomb. Ces sels sont solubles dans l'acide nitrique; si on ajoute de l'acide sulfurique à la dissolution acide, les bases se séparent à l'état de sulfates. La décomposition est incomplète, mais elle est suffisante pour pouvoir reconnaître la présence de l'acide vanadique dans la liqueur filtrée. — Les combinaisons de l'acide vanadique avec les oxydes alcalins sont peu solubles, surtout lorsque l'eau est alcaline ou bien lorsqu'elle contient quelque combinaison saline en dissolution. Le vanadate d'ammoniaque par exemple est insoluble dans une dissolution de chlorure d'ammonium. Cette réaction du vanadate d'ammoniaque mérite d'être signalée particulièrement, en ce qu'elle permet de précipiter l'acide vanadique dans les analyses qualitatives, aussi bien que dans les analyses quantitatives, et de le séparer des acides qui lui ressemblent. Une dissolution de chlorure d'ammonium précipite le vanadate d'ammoniaque sous la forme d'une poudre blanche dans une dissolution neutre de vanadate d'ammoniaque ou dans une dissolution de sel neutre de potasse ou de soude; mais seulement lorsque la liqueur a été complétement saturée de chlorure d'ammonium, tout le vanadate d'ammoniaque est précipité.—Les vanadates sont pour la plupart insolubles dans l'alcool.

On peut obtenir avec la même base des vanadates de différentes couleurs et de differents degrés de saturation. Les vanadates avec excès d'acide sont presque toujours de couleur rouge-orangé, quelques-uns seulement sont jaunes, ce qui dépend ordinairement de la dimension des cristaux, puisque les plus gros sont ordinairement rouges. Parmi les vanadates neutres, il y en a de différentes couleurs; quelquefois ils sont incolores, quelquefois ils sont fortement colorés en jaune. Cette dernière couleur paraît être la couleur particulière de presque toutes ces combinaisons salines; presque toutes les bases donnent avec l'acide vanadique des sels d'un jaune plus ou moins pur. Du reste, différentes bases énergiques, comme tous les oxydes alcalins et alcalino-terreux, les oxydes de zinc, de cadmium, de plomb et jusqu'à un certain point l'oxyde d'argent, donnent également des vanadates incolores sans qu'on puisse observer de variation dans la neutralité du sel. Ordinairement le sel jaune passe à l'état de sel incolore lorsqu'on le chauffe à une température qui n'atteint pas le point d'ébullition de l'eau; il perd rapidement sa couleur et devient incolore, qu'il soit en dissolution ou qu'il soit dans une liqueur dans laquelle on puisse le faire chauffer. Les sels qui peuvent devenir incolores, perdent également leur couleur sans qu'on ait besoin d'employer la chaleur, lorsqu'on les abandonne à eux-mêmes pendant un temps suffisant, surtout lorsqu'ils sont en présence d'un excès de base, ce qui est nécessaire en particulier pour les sels jaunes des oxydes alcalins, lorsqu'on veut qu'ils deviennent incolores; cependant cet excès d'oxyde alcalin ne se combine pas avec le vanadate, et les carbonates alcalins peuvent être employés dans ce cas aussi bien que les oxydes alcalins purs. Si par suite on fait chauffer jusqu'à l'ébullition les dissolutions jaunes des vanadates alcalins acides, leur couleur ne se modifie pas. Les dissolutions neutres des vanadates alcalins qui ont la même couleur jaune très prononcée, deviennent complétement incolores par l'action de la chaleur et ne cessent pas d'être incolores, même par un contact prolongé.

La dissolution blanche du vanadate neutre de potasse donne, avec le *chlorure de baryum*, un précipité blanc, volumineux. La dissolution jaune, au contraire, produit un précipité blanc-jaunâtre qui n'est pas volumineux. Il devient, à la température ordinaire et avec le temps, aussi blanc que le precipité produit par une dissolution blanche du vanadate de potasse; mais il ne devient jamais volumineux. — Une dissolution jaune du vanadate acide de potasse donne, avec le chlorure de baryum, un précipité blanc-jaunâtre qui ne devient blanc ni par un contact prolongé ni par l'action de la chaleur.

Une dissolution de *nitrate d'argent* donne, aussi bien avec la dissolution blanche qu'avec la dissolution jaune de vanadate de potasse, un précipité jaune qui est soluble dans l'acide nitrique; la dissolution a une couleur faiblement jaunâtre. Le précipité reparaît par la saturation avec l'ammoniaque; il se redissout lorsqu'on ajoute une plus grande quantité d'ammoniaque : cette dissolution a également une couleur faiblement jaunâtre; par l'action de la chaleur, la couleur du précipité ne se modifie pas. — Une dissolution de vanadate acide de potasse se comporte de même à l'égard d'une dissolution de nitrate d'argent.

Une dissolution de *nitrate de protoxyde de mercure* forme, dans les deux dissolutions, un précipité jaune-rougeâtre dont la couleur n'est pas modifiée par l'action de la chaleur. Le vanadate acide de potasse donne aussi un précipité semblable. — Le précipité est soluble dans l'acide nitrique; la dissolution a une couleur jaunâtre.

Le *sulfate de cuivre* produit, dans la dissolution des vanadates neutres et acides de potasse, un précipité jaune-verdâtre qui donne avec l'ammoniaque une dissolution bleue qui cependant est trouble et dont il se sépare par le temps un précipité jaune.

L'*acétate de plomb* produit, dans les dissolutions blanche et jaune du sel neutre de potasse, un précipité jaune-blanchâtre qui devient complétement blanc par le temps, même à la température ordinaire. — Une dissolution de *nitrate de plomb* produit un précipité jaune-blanchâtre qui ne devient pas tout à fait blanc, même par le temps et par l'action de la chaleur.

Les vanadates n'ont pas de saveur particulière, venant de l'acide. Lorsqu'on les mêle avec un acide, ils deviennent jaunes ou rouges; mais cette couleur disparaît souvent au bout de quelque temps, lorsque l'acide ajouté est un acide des plus énergiques et lorsqu'il y en a un excès.

Les dissolutions des vanadates alcalins, surtout celles des vanadates acides, produisent avec l'*infusion de noix de galles* une liqueur d'un noir tout à fait foncé, qui ressemble tout à fait au tannate de sesquioxyde de fer, en sorte qu'elle peut être, aussi bien que ce produit, utilisée comme encre. Les plus petites quantités d'acide vanadique peuvent être découvertes de cette manière. Il ne se produit pas de précipité dans la liqueur même par le temps. Les acides et aussi l'eau de chlore modifient la couleur noire et la font passer au vert-brunâtre; par suite de leur action, la liqueur se décolore presque entièrement ou prend une couleur faiblement jaunâtre. L'acide nitrique la fait passer au brun et finalement au jaune faible; une dissolution d'hydrate de potasse la colore en brun-verdâtre. — L'*acide gallique* et l'*acide pyrogallique* donnent, avec les dissolutions des vanadates acides une liqueur brune.

Au chalumeau, l'acide vanadique se comporte de la manière suivante : il fond sur le charbon; et la partie qui est en contact avec le charbon, se réduit; la portion réduite s'infiltre dans le charbon et s'y solidifie, mais la plus grande partie reste sur le charbon : elle a la couleur et l'éclat du graphite et est formée de protoxyde de vanadium. L'acide vanadique se dissout dans le borax et le sel de phosphore par l'action de la flamme extérieure et donne une perle claire qui est incolore lorsqu'on n'a ajouté qu'une petite quantité d'acide vanadique et qui est colorée en jaune lorsqu'il y en a une plus grande quantité; dans la flamme intérieure, la perle est d'un beau vert, comme une perle qui serait colorée en vert par le chrome. Si cependant la perle est très colorée, elle paraît brunâtre tant qu'elle est chaude, et la belle couleur verte ne commence à paraître que par le refroidissement. La couleur bleue des sels de vanadium ne peut pas être produite dans les fondants, même lorsqu'on ajoute de l'étain. A la flamme extérieure, la perle verte de vanadium passe au jaune et peut devenir tout à fait incolore pour une petite quantité de combinaison vanadique ajoutée. Cette réaction s'opère surtout avec la perle de borax.—Avec la soude, l'acide vanadique entre en fusion et pénètre dans le charbon; mais il n'est pas réduit à l'état métallique.

Comme l'acide molybdique et l'acide tungstique, l'acide vanadique forme, avec l'oxyde de vanadium, des combinaisons qui sont solubles dans l'eau et qui sont colorées en pourpre, en vert ou en jaune orangé. Elles se forment soit par l'oxydation de l'oxyde au contact de l'air, soit par la combinaison immédiate de l'acide et de l'oxyde par voie sèche ou par voie humide.

Le vanadium a, dans ses combinaisons, la plus grande analogie avec les combinaisons correspondantes de l'uranium, du molybdène, du tungstène et surtout du chrome.

Le vanadium peut, dans ses combinaisons, être facilement confondu avec le chrome : nous indiquerons un peu plus loin les différences les plus importantes des combinaisons des deux métaux.

Le vanadium a de l'analogie avec l'urane, sous ce rapport que le premier forme un oxyde jaune et une combinaison verte de sesquioxyde et de protoxyde et que les réactions des deux oxydes au chalumeau se ressemblent. Les dissolutions du sesquioxyde jaune d'urane dans les acides qui ont une couleur jaune, sont précipitées en jaune par l'ammoniaque. Le précipité formé ne change pas de couleur par l'action de la chaleur, tandis que les dissolutions d'acide vanadique, auxquelles on ajoute un excès d'ammoniaque, deviennent incolores par l'action de la chaleur et laissent déposer en présence du chlorure d'ammonium une poudre blanche de vanadate d'ammoniaque. Les dissolutions de sesquioxyde d'urane ne sont pas précipitées par une dissolution de carbonate d'ammoniaque, lorsqu'il est en grand excès; cependant elles sont précipitées par une ébullition prolongée, ce qui n'a pas lieu pour les dissolutions d'acide vanadique. Avec les dissolutions de ferrocyanure de potassium, les dissolutions de sesquioxyde d'uranium donnent un précipité rouge-brun, celles de vanadium un précipité vert.

Le vanadium a de l'analogie avec le molybdène, en ce que ces deux métaux peuvent donner des combinaisons dont les dissolutions sont bleues. Cependant les dissolutions bleues que forme le molybdène, perdent leur couleur bleue lorsqu'on les fait bouillir avec une dissolution de potasse et deviennent incolores; en même temps il se dépose de l'oxyde de molybdène noir-brun; dans les dissolutions bleues d'oxyde de vanadium, au contraire, les oxydes alcalins forment un précipité gris-blanchâtre et, pour un excès d'oxyde alcalin, la liqueur qui surnage est brune.

Le tungstène peut donner aussi des dissolutions bleues; du reste, le vanadium n'a pas, sous d'autres rapports, beaucoup d'analogie avec le tungstène, et il s'en distingue suffisamment par la manière dont il se comporte au chalumeau.

Un très grand nombre de substances organiques comme l'acide tartrique, l'acide citrique, le sucre, l'alcool, etc., réduisent l'acide vanadique à l'état d'oxyde. Les dissolutions jaunes des vanadates alcalins se colorent peu à peu en bleu par l'action des acides organiques non volatils; la réaction est plus rapide par l'action de la chaleur. L'acide acétique décolore seulement la dissolution jaune, surtout par l'action de la chaleur.

XLVI. — CHROME, Cr.

Le chrome à l'état métallique a été obtenu sous différents états allotropiques. Il est ordinairement de couleur gris-blanchâtre; il est cassant et très peu fusible. Il n'est pas modifié par l'action de l'air, même lorsqu'on le chauffe au contact de l'air. On l'obtient souvent aussi sous la forme d'une poudre noire qui s'enflamme lorsqu'on la calcine à l'air et forme un oxyde brun. Lorsqu'on traite à chaud le sesquichlorure de chrome par le gaz hydrogène et qu'on a soin d'opérer la réaction à l'abri du contact de l'air atmosphérique, on obtient, outre le protochlorure de chrome, au fond de la boule de verre un dépôt brillant de chrome métallique que l'on obtient pur après la dissolution du protochlorure dans l'eau. Ce chrome métallique est soluble dans l'acide chlorhydrique avec dégagement d'hydrogène; la dissolution est verte et contient du sesquichlorure de chrome, Cr^2Cl^6 et non du protochlorure de chrome, $CrCl^2$ Berzelius . Le chrome métallique pulvérulent, préparé par l'action du potassium sur le sesquichlorure de chrome, se dissout dans l'acide chlorhydrique avec dégagement de gaz hydrogène; il est aussi oxydé par l'acide nitrique. Le chrome métallique, obtenu par l'électrolyse d'une dissolution de protochlorure de chrome qui contient du sesquichlorure, forme des lames entrelacées qui sont entièrement blanches et possèdent l'éclat métallique, mais qui sont cassantes. Le chrome métallique possède alors l'apparence du fer; mais il est plus fixe au contact de l'air humide; chauffé au contact de l'air, il brûle et se transforme en oxyde. L'acide sulfurique étendu et l'acide chlorhydrique le dissolvent avec difficulté et le transforment en protoxyde avec dégagement d'hydrogène. L'acide nitrique ne l'attaque pas, même à chaud (Bunsen). — Le chrome métallique, préparé par d'autres méthodes, en réduisant l'oxyde à une température très élevée, n'est pour ainsi dire point attaqué ou n'est que très peu attaqué par l'acide nitrique et même par l'eau régale.

Le chrome décompose l'eau à une température élevée et se transforme en sesquioxyde de chrome avec dégagement d'hydrogène.

Protoxyde de chrome, CrO.

Le protoxyde de chrome à l'état anhydre est inconnu; on est même à peine sûr de son existence. L'hydrate que l'on obtient en traitant la dissolution de protochlorure de chrome par une dissolution d'hydrate de potasse, est jaune; si on le dessèche dans une atmosphère exempte d'oxygène, il est brun foncé. Si on le mélange avec un peu de sesquioxyde, sa couleur devient sale. Il ne se dissout que lentement dans les acides concentrés lorsqu'on n'emploie pas la chaleur; il n'est pour ainsi dire pas soluble dans les acides étendus; si on le fait même bouillir avec l'eau régale, il la colore à peine. Si on le calcine, même dans une atmosphère exempte d'oxygène, dans une atmosphère de gaz hydrogène par exemple, il se transforme en sesquioxyde par suite de la décomposition de son eau d'hydratation. — Le protochlorure de chrome, correspondant au protoxyde, que l'on obtient en traitant le sesquichlorure par le gaz hydrogène et en ayant soin d'éviter le contact de l'air, même en très petite quantité, forme des cristaux blancs, soyeux, qui se dissolvent avec une couleur bleue dans l'eau qui ne contient pas d'air, et qui se dissolvent avec une couleur verte dans l'eau qui contient de l'air. Les dissolutions d'hydrate de potasse produisent dans la dissolution, lorsque l'air peut avoir accès ou au moins lorsqu'il n'est pas complétement exclu, un précipité brun qui est une combinaison de protoxyde et de sesquioxyde; il se produit en même temps un dégagement d'hydrogène. Les dissolutions des sulfures alcalins produisent un précipité noir de sulfure de chrome qui ne se dissout pas dans un excès du précipitant (Moberg et Péligot). On obtient des dissolutions de sulfate de protoxyde de chrome mélangé avec du sulfate de potasse et avec du sulfate de zinc et des dissolutions de protochlorure de chrome mélangé avec du chlorure de zinc lorsqu'on fait réagir, à l'abri du contact de l'air, le zinc métallique sur une dissolution verte d'alun de chrome dans l'eau chaude ou sur du sesquichlorure vert de chrome. Il se dégage d'abord du gaz hydrogène et la couleur verte de la dissolution se transforme en une couleur bleue. Mais si on laisse le zinc pendant plusieurs mois en contact avec la liqueur bleue à l'abri du contact de l'air, il se produit un dégagement lent et continu de gaz hydrogène, et la liqueur se décolore enfin complétement; tout le chrome se sépare sous la forme de sulfate basique de sesquioxyde de chrome ou sous la forme d'oxychloride de chrome (Lœwel).

Sesquioxyde de chrome, Cr^2O^3.

Le sesquioxyde de chrome à l'état d'hydrate est gris-verdâtre : il est vert, lorsqu'il a été fortement desséché. Il se dissout facilement dans les acides : lorsque la dissolution a été opérée à chaud, ou lorsque l'hydrate a été lavé avec l'eau chaude, elle prend une couleur vert-émeraude foncée même lorsqu'elle est étendue; vue par transparence à la lumière des chandelles, la couleur de la dissolution paraît violet-rougeâtre. L'acide sulfurique concentré transforme à chaud l'hydrate de sesquioxyde de chrome en sulfate de sesquioxyde de chrome insoluble, de couleur blanc-rougeâtre pâle. — Chauffé au contact de l'air, l'hydrate de sesquioxyde de chrome perd son eau d'hydratation et se transforme en bioxyde brun de chrome : si on porte ce dernier au rouge, il se produit un vif phénomène d'incandescence lorsqu'il commence à devenir rouge. Il se dégage de l'oxygène et le bioxyde se transforme en sesquioxyde anhydre. Calciné dans un courant de gaz hydrogène et de gaz acide carbonique, l'hydrate de sesquioxyde de chrome perd son eau d'hydratation et se transforme également en sesquioxyde de chrome anhydre en produisant un phénomène d'incandescence. Le phénomène d'incandescence se produit dans ce cas à une température plus élevée que dans l'air atmosphérique. Le gaz hydrogène ne lui fait subir aucune réduction même à une température très élevée. La couleur de l'oxyde calciné est vert foncé : lorsqu'il a été calciné, il est insoluble dans les acides; l'acide sulfurique ne le modifie pas non plus même par l'ébullition. Traité de cette manière par l'acide sulfurique, il reste vert; lorsqu'on ajoute de l'eau, il ne se dissout qu'une petite quantité de sesquioxyde de chrome et la dissolution est légèrement colorée en vert. — La couleur des sels de chrome cristallisés, surtout celle des sels doubles qui se produisent par la combinaison des sels de chrome avec les sels qui contiennent des bases fortes (de ce nombre est l'alun de chrome), est ordinairement violet foncé, presque noire et opaque pour les gros cristaux : leur dissolution dans l'eau froide est violet-bleuâtre, rougeâtre par transparence. Si on fait bouillir la dissolution ou si même on la chauffe faiblement, elle devient vert-émeraude. — Si on abandonne pendant très longtemps à elle-même une dissolution violette de sesquioxyde de chrome préparée à froid, elle devient peu à peu vert-émeraude. — Les dissolutions violettes donnent des sels cristallisés, surtout par l'évaporation spontanée; les dissolutions vertes ne donnent ordinairement pas de sels cristallisés par évaporation; mais elles forment une masse sirupeuse de couleur vert foncé qui se redissout dans l'eau en donnant une dissolution de couleur vert-émeraude. Peu à peu, par l'évaporation spontanée, la couleur de cette dissolution passe au bleu-violet et il se sépare de la dissolution un sel violet cristallisé. Si l'on chauffe avec l'acide nitrique une dissolution verte de sesquioxyde de chrome, elle devient bleue après le refroidissement. Dans la dissolution violette de l'alun de chrome, on peut précipiter complétement l'acide sulfurique au moyen du chlorure de baryum à la température ordinaire; mais, dans une dissolution verte du sel, l'acide sulfurique n'est précipité qu'incomplétement par le chlorure de baryum, ce qui est tout à fait digne de remarque (Lœwel). — La saveur des dissolutions de sesquioxyde de chrome est douce.

L'acide nitrique ne détermine pas l'oxydation du sesquioxyde de chrome et ne le transforme pas en acide chromique.

La dissolution du sesquichlorure de chrome correspondant au sesquioxyde est vert-émeraude. Si on l'évapore, elle donne une masse sirupeuse vert foncé qui, par la calcination au contact de l'air, se transforme en sesquioxyde de chrome avec dégagement de chlore. — Le sesquichlorure, obtenu par sublimation dans une atmosphère de chlore gazeux, a une belle couleur rouge fleur de pêcher et un éclat micacé; il est très peu volatil. Chauffé au contact de l'air atmosphérique, il se transforme en sesquioxyde de chrome avec dégagement de chlore. Il est complétement insoluble dans l'eau, dans les acides et dans les dissolutions alcalines étendues. Il n'est pas décomposé par l'action de l'acide sulfurique concentré, même à chaud : l'acide peut être séparé, à l'aide de la distillation, du sesquichlorure de chrome non modifié. Chauffé avec les dissolutions concentrées d'hydrate de potasse et même avec celles des carbonates alcalins, il est décomposé, bien qu'avec une excessive lenteur et une excessive difficulté. Il est soluble dans une dissolution qui contient une quantité même très petite de protochlorure de chrome. — Dans une dissolution verte de sesquichlorure de chrome, on ne peut pas précipiter tout le chlore à l'état de chlorure d'argent au moyen du nitrate d'argent : on ne peut en précipiter que les deux tiers; dans la modification bleue, au contraire, on peut précipiter tout le chlore de cette manière (Péligot).

Les dissolutions d'un bleu-violet des sels de sesquioxyde de chrome se comportent avec quelques réactifs d'une manière tout autre que les dissolutions vertes que l'on obtient en faisant bouillir les premières.

Une dissolution d'*hydrate de potasse*, ajoutée en petite quantité, produit dans les deux dissolutions un précipité vert-clair d'hydrate de sesquioxyde de chrome qui se dissout complétement à froid dans un excès du précipitant. La couleur de cette dissolution est toujours verte. Une dissolution de chlorure d'ammonium en sépare même à froid un précipité volumineux gris-verdâtre de sesquioxyde de chrome qui paraît rouge-violet à la lumière des chandelles. La liqueur qui surnage le précipité, est incolore. — Si l'on fait bouillir la dissolution du sesquioxyde de chrome dans l'excès d'hydrate de potasse, le sesquioxyde de chrome dissous se précipite complétement avec une couleur verte et la liqueur qui surnage le précipité est clair comme de l'eau. La couleur du précipité est verte même à la lumière des chandelles. — La dissolution du sesquioxyde de chrome dans l'hydrate de potasse produit dans plusieurs dissolutions des oxydes fortement basiques dans la potasse des précipités qui sont formés de sesquioxyde de chrome combiné avec l'oxyde basique. Les dissolutions d'oxyde de zinc et d'oxyde de plomb dans l'hydrate de potasse donnent, dans ce cas, des précipités de couleur verte, et tout le sesquioxyde de chrome est précipité à la température ordinaire par un excès de ces dissolutions, en sorte que la liqueur séparée du précipité paraît tout à fait incolore.

Si l'on ajoute à une dissolution de sesquioxyde de chrome dans l'hydrate de potasse une dissolution d'hypermanganate de potasse, il se forme du chromate de potasse et il se sépare de l'hydrate de sesquioxyde de manganèse Reynoso . C'est un des moyens peu nombreux que l'on possède pour oxyder le sesquioxyde de chrome par voie humide à la température ordinaire. Lorsqu'on a ajouté l'hypermanganate de potasse, on ajoute un peu de chlorure d'ammonium et on fait bouillir. Si on avait employé un excès d'hypermanganate de potasse, il est détruit par le chlorure d'ammonium, et la dissolution filtrée contient du chromate jaune de potasse sur lequel le chlorure d'ammonium n'a pas d'action. Si on a ajouté une quantité trop faible du sel, le sesquioxyde de chrome non oxydé se précipite par l'ébullition, et la dissolution filtrée ne contient également que du chromate jaune de potasse.

L'*ammoniaque* donne avec les deux espèces de dissolution du sesquioxyde de chrome un précipité gris-bleuâtre d'hydrate de sesquioxyde de chrome qui a une pointe de violet. A la lumière des chandelles, le précipité paraît tout à fait violet. La liqueur qui surnage le précipité, est colorée en rougeâtre et contient encore du sesquioxyde de chrome à l'état de dissolution : elle contient d'autant plus de sesquioxyde de chrome que l'on a ajouté plus d'ammoniaque. Le sesquioxyde de chrome est complétement précipité par l'action d'une chaleur prolongée ou par l'ébullition.

Une dissolution de *carbonate neutre de potasse* et *de soude* produit, dans les dissolutions de sesquioxyde de chrome, un précipité vert clair d'hydrate de sesquioxyde de chrome qui contient cependant encore de l'acide carbonique. Par un contact prolongé, il devient presque bleu et paraît violet à la lumière des chandelles. Un excès du précipitant redissout une très grande partie du précipité, en sorte que la liqueur qui surnage le précipité est verdâtre et paraît plus tard bleuâtre. Le sesquioxyde précipité se dissout complétement dans un très grand excès du précipitant. Dans cette dissolution, il ne se forme pas de précipité par l'ébullition.

Une dissolution de *bicarbonate de potasse* produit, dans la dissolution de sesquioxyde de chrome une effervescence, et détermine un précipité vert-clair qui a une composition semblable à celui que l'on obtient par l'action d'une dissolution de carbonate neutre de potasse. Un excès du réactif peut opérer la dissolution complète : la liqueur est colorée en verdâtre. Peu à peu il se dépose un précipité qui devient bleuâtre à la longue : la liqueur qui surnage le précipité se colore de même, mais à un degré très faible. — A la lumière des chandelles, le précipité paraît violet.

Une dissolution de *carbonate d'ammoniaque* réagit de même.

Une dissolution de *phosphate de soude* produit, dans la dissolution neutre de sesquioxyde de chrome de couleur bleue, un précipité bleu-violet qui est lourd et se rassemble rapidement : la liqueur qui surnage le précipité, est colorée en violet-rougeâtre excessivement faible. — Le phosphate de soude ne produit pas d'abord de précipité dans la dissolution verte de sesquioxyde de chrome : au bout de quelque temps, il se produit un précipité vert volumineux qui paraît vert même à la lumière des chandelles. — Si on a transformé une dissolution verte de sesquioxyde de chrome en une dissolution bleue en la traitant à chaud par l'acide nitrique et si on sature à peu près l'acide libre par l'ammoniaque, le phosphate de soude donne un précipité bleu-violet et se comporte comme une dissolution originairement bleue.

Si on ajoute une dissolution aqueuse d'*acide sulfureux* à une dissolution bleue de sesquioxyde de chrome et si on ajoute ensuite de l'ammoniaque en excès, on obtient une liqueur colorée en bleu-violet, mais il ne se forme pas de précipité. Au bout d'un temps très long, il se forme un précipité bleu ; mais il reste encore beaucoup de sesquioxyde de chrome en dissolution et par suite la dissolution est colorée en violet. Par l'ébullition, le précipité se forme immédiatement. La dissolution d'un sulfite alcalin agit comme la dissolution d'acide sulfureux pur. — Si on ajoute de l'acide sulfureux à une dissolution verte de sesquioxyde de chrome, on obtient immédiatement au moyen de l'ammoniaque un précipité vert; mais il reste beaucoup de sesquioxyde de chrome en dissolution et la liqueur est colorée en rouge-violet.

Une dissolution d'*acide oxalique* ne produit pas de précipité dans les dissolutions de sesquioxyde de chrome. — En présence du sesquioxyde de chrome, on ne peut pas précipiter complétement dans une dissolution neutre la chaux au moyen de la dissolution d'un oxalate neutre.

Une dissolution de *cyanure de potassium* produit un précipité gris-verdâtre qui n'est pas soluble dans un excès de cyanure de potassium.

Le *carbonate de baryte* précipite entièrement, même à froid, le sesquioxyde de chrome contenu dans les deux espèces de dissolutions de sesquioxyde de chrome; mais la réaction est lente et la précipitation n'a lieu qu'au bout d'un temps assez long. Le précipité est toujours verdâtre et la liqueur qui le surnage est tout à fait incolore.

Les dissolutions de *ferrocyanure de potassium*, de *ferrocyanide de potassium* et aussi l'*infusion de noix de galles* ne produisent pas de précipité, même lorsqu'on a ajouté un peu d'acide chlorhydrique aux dissolutions de sesquioxyde de chrome.

Une dissolution de *chromate de potasse* colore en jaune-brun foncé une dissolution acide de sesquioxyde de chrome ; si on ajoute de l'ammoniaque il se forme un précipité jaune-brun d'hydrate de bioxyde de chrome, tandis que la liqueur qui surnage le précipité est colorée en rouge-brun. Dans une dissolution neutre de sesquioxyde de chrome, il se forme immédiatement un precipité jaune de chromate d'oxyde de chrome lorsqu'on ajoute une dissolution de chromate de potasse et la liqueur qui surnage le précipité est jaune-brun.

Le *sulfure d'ammonium*, en réagissant sur une dissolution neutre de sesquioxyde de chrome, détermine une effervescence et un dégagement d'hydrogène sulfuré et produit un précipité verdâtre d'hydrate de sesquioxyde de chrome.

La dissolution d'*hydrogène sulfuré* ne produit de précipité ni dans les dissolutions acides, ni dans les dissolutions neutres de sesquioxyde de chrome.

Les sels neutres solubles de sesquioxyde de chrome rougissent le papier de tournesol. Les dissolutions des sels de sesquioxyde de chrome ne sont pas précipitées par l'ébullition, même prolongée. Les sels de sesquioxyde de chrome solubles dans l'eau sont décomposés par la calcination.

Les sels de sesquioxyde de chrome insolubles dans l'eau se dissolvent pour la plupart dans les acides lorsqu'ils n'ont pas été calcinés. Les dissolutions de ces combinaisons se comportent souvent comme les dissolutions acides de sesquioxyde de chrome pur, et on peut souvent laisser échapper l'acide qui était combiné avec le sesquioxyde de chrome dans les combinaisons insolubles dans l'eau. Quelques combinaisons de sesquioxyde de chrome sont complétement insolubles dans les acides même les plus forts. A ce genre de combinaisons appartient notamment le sulfate de sesquioxyde de chrome avec excès d'acide sulfurique qui est de couleur blanc-rougeâtre, et que l'on obtient en traitant à chaud l'hydrate de sesquioxyde de chrome par l'acide sulfurique concentré : il en est de même du sulfate double de sesquioxyde de chrome et de potasse de couleur verte qui a été préparé par la fusion du sesquioxyde de chrome (même calciné) avec le bisulfate de potasse et par le lavage de la masse fondue avec l'eau. Ces combinaisons non-seulement sont insolubles dans l'eau, mais elles ne peuvent pas être décomposées par les dissolutions alcalines. L'ammoniaque notamment est sans action sur ces dissolutions, même après une longue digestion à chaud. Ce n'est que lorsqu'on les fait bouillir pendant longtemps et d'une manière continue avec des dissolutions d'hydrate de potasse, et lorsqu'on les fait digérer ensemble, que le sesquioxyde de chrome se transforme peu à peu et passe à la modification qui est soluble dans les acides : on obtient alors une dissolution verte.

Le meilleur moyen de décomposer ces combinaisons insolubles de sesquioxyde de chrome consiste dans la fusion avec un mélange de carbonate et de nitrate alcalins. On continue la fusion jusqu'à ce que la masse ne se boursoufle plus. Lorsqu'on a employé, pour opérer la fusion, autant de carbonate alcalin que de nitrate ou plus de carbonate que de nitrate, on peut sans inconvénient opérer dans un creuset de platine. Le sesquioxyde de chrome est alors complétement oxydé et transformé en acide chromique ; la masse fondue contient du chromate alcalin et elle est entièrement soluble dans l'eau, lorsque la combinaison insoluble du sesquioxyde de chrome ne contenait pas de matière qui puisse donner avec l'acide chromique des combinaisons insolubles. Par la fusion avec les nitrates alcalins, le sesquioxyde de chrome est transformé dans toutes ses combinaisons en acide chromique qui se combine avec l'oxyde alcalin du nitrate.

Par la voie humide, le sesquioxyde de chrome ne peut être transformé que difficilement en acide chromique. On ne peut pas réussir à opérer cette transformation au moyen des acides oxydants; mais on peut y arriver au moyen de l'oxyde puce de plomb et de l'hypermanganate de potasse : ce que l'on peut utiliser quelquefois pour caractériser et distinguer le sesquioxyde de chrome. Si on traite à la température ordinaire une dissolution de sesquioxyde de chrome dans l'hydrate de potasse par un excès d'oxyde puce de plomb (PbO^2), il se forme au bout de très peu de temps une dissolution jaune de chromate de plomb dans l'hydrate de potasse.

Au chalumeau, on reconnaît très facilement le sesquioxyde de chrome et ses combinaisons à la belle couleur vert-émeraude qu'ils communiquent aux fondants. A la flamme seule du chalumeau, le sesquioxyde de chrome n'est pas modifié. Il se dissout très lentement dans le borax. Sur le fil de platine, dans la flamme extérieure, la perle est jaune tant qu'elle est chaude et rouge foncé lorsque la quantité de sesquioxyde de chrome ajoutée est plus grande; après le refroidissement, elle est jaune-verdâtre. Dans la flamme intérieure, la couleur de la perle est d'un beau vert. Dans le sel de phosphore, le sesquioxyde de chrome se dissout et donne une perle claire qui, lorsqu'elle est chaude, n'est pas d'un vert aussi beau et aussi pur qu'après le refroidissement. Dans la flamme intérieure, la couleur verte paraît encore un peu plus foncée. Le sesquioxyde de chrome est dissous par la soude sur le fil de platine dans la flamme extérieure et donne une perle jaune-brun foncé qui devient jaune et opaque par le refroidissement. Dans la flamme intérieure, la perle est opaque et elle est verte après le refroidissement. Sur le charbon, le sesquioxyde de chrome ne peut pas être réduit par la soude (Berzelius).

La plupart des combinaisons du sesquioxyde de chrome à l'état sec peuvent, même lorsqu'elles sont en petite quantité, être distinguées des autres substances qui leur ressemblent au moyen du chalumeau. Elles se distinguent des combinaisons du bioxyde de cuivre par la manière de se comporter en présence des fondants à la flamme intérieure du chalumeau, surtout lorsqu'on ajoute de l'étain qui n'a aucune influence sur les fondants qui contiennent du sesquioxyde de chrome. Dans les dissolutions, on reconnaît les sels de sesquioxyde de chrome à leur couleur verte qui est verte pour tous, au moins lorsqu'ils ont été soumis à l'action de la chaleur. Ils se distinguent des dissolutions vertes des autres substances en ce qu'il ne s'y produit ni précipité, ni modification, par l'action de la dissolution d'hydrogène sulfuré. Le sesquioxyde de chrome a de l'analogie avec la combinaison de sesquioxyde d'urane et de protoxyde d'urane aussi bien dans les dissolutions que par la manière dont ils se comportent au chalumeau. Les dissolutions du protoxyde d'urane et de la combinaison des deux oxydes d'urane deviennent jaunes par l'action de l'acide nitrique et contiennent alors du sesquioxyde d'urane; elles se distinguent en outre des combinaisons du sesquioxyde de chrome par leur manière de se comporter avec l'acide oxalique, le ferrocyanure de potassium et le sulfure d'ammonium. — On indiquera plus loin, à l'Acide chromique, comment les combinaisons du sesquioxyde de chrome se distinguent des combinaisons de l'oxyde de vanadium.

La presence des acides organiques non volatils, et notamment de l'acide tartrique, peut modifier essentiellement la manière dont les dissolutions du sesquioxyde de chrome se comportent en présence des réactifs. Si on ajoute de l'acide tartrique aux dissolutions de sesquioxyde de chrome, l'ammoniaque y forme un précipité gris-verdâtre; mais il reste beaucoup de sesquioxyde de chrome en dissolution; les dissolutions bleues et les dissolutions vertes de sesquioxyde de chrome se comportent presque de même sous ce rapport. Mais si on chauffe le tout après avoir ajouté de l'ammoniaque, le précipité se dissout; après le refroidissement, la dissolution reste claire. Elle a une couleur vert-émeraude. — Si, dans une dissolution de chromate neutre ou de bichromate de potasse, l'acide chromique a été réduit par l'acide tartrique à l'état de sesquioxyde de chrome, la dissolution se colore en rouge-violet; par l'action de l'ammoniaque, à froid, elle devient vert-émeraude sans qu'il se forme de précipité.

Bioxyde de chrome, CrO^2.

Le bioxyde de chrome se produit lorsqu'on chauffe fortement l'hydrate de sesquioxyde de chrome au contact de l'air, sans cependant que la température s'élève jusqu'au rouge; après avoir perdu son eau, l'hydrate de sesquioxyde de chrome perd aussi sa couleur verte et devient brun; il passe alors à un degré d'oxydation plus élevé et se transforme en bioxyde de chrome. Si on chauffe ce dernier jusqu'au rouge, il laisse dégager de l'oxygène et se transforme en sesquioxyde vert anhydre; il se produit en même temps un phénomène d'incandescence.

Si on mélange le bioxyde de chrome avec du chlorure de sodium et si on chauffe le mélange avec de l'acide sulfurique concentré, il ne se dégage que du chlore gazeux; mais il ne se dégage pas de vapeurs rouges d'acichloride de chrome. Si on le chauffe avec de l'acide chlorhydrique pur, il ne donne que du chlore gazeux et il s'y dissout; la dissolution contient du sesquichlorure de chrome. Une dissolution d'hydrate de potasse ne le modifie pas et n'en sépare pas d'acide chromique par dissolution.

L'hydrate de bioxyde de chrome se forme par le melange des dissolutions de sulfate de sesquioxyde de chrome et de bichromate de potasse auxquelles on a ajouté de l'ammoniaque. L'hydrate de bioxyde de chrome se décompose par un lavage prolongé avec l'eau ; il se dissout de l'acide chromique et il ne reste enfin comme résidu que de l'hydrate de sesquioxyde de chrome. Si on fait bouillir l'hydrate de bioxyde de chrome avec une dissolution d'hydrate de potasse, la décomposition s'opère plus facilement; il se dissout du chromate de potasse et il reste comme résidu de l'hydrate de sesquioxyde de chrome. Si on chauffe avec précaution l'hydrate de bioxyde de chrome, il perd son eau et donne du bioxyde anhydre de couleur noire qui cependant, lorsqu'il est en poudre, est brun foncé : lorsqu'on le calcine, il se transforme en sesquioxyde vert et il se produit en même temps un phénomène d'incandescence (Krüger).

Acide chromique, CrO^3.

L'acide chromique forme, à l'état pur, une poudre brun-rouge ou des cristaux rouges, lanugineux, déliés, mais ordinairement de couleur rouge-écarlate. Si on le chauffe, il devient noir. Si on le calcine sur une lame de platine, il se décompose en sesquioxyde de chrome et en gaz oxygène; et, par suite de la calcination du sesquioxyde de chrome, il se produit un phénomène d'incandescence. Si on a obtenu l'acide par l'évaporation de sa dissolution aqueuse, le sesquioxyde de chrome qui se produit lorsqu'on le chauffe ne produit pas de phénomène d'incandescence. L'acide tombe en deliquium au contact de l'air et donne une liqueur brun-noirâtre : il se dissout dans une petite quantité d'eau et donne une liqueur brun-foncé qui détruit le papier et les autres substances organiques, comme le fait l'acide sulfurique concentré. Étendue d'une plus grande quantité d'eau, la dissolution est jaune ou brun-jaunâtre; elle a une saveur acide et rougit le papier de tournesol. Après la dessiccation, ce papier paraît avoir pris une teinte blanchâtre; pour une certaine concentration, la dissolution colore le papier en jaune. Si on met la dissolution en contact avec la peau, celle-ci devient jaune. L'acide chromique se dissout bien dans l'alcool; mais cette dissolution se décompose rapidement. L'acide chromique se dissout à froid dans l'acide sulfurique concentré et donne une liqueur brun-jaune dans laquelle il se dépose des cristaux d'acide chromique. Si l'on chauffe pendant longtemps jusqu'à ce que l'acide sulfurique commence à se volatiliser, il se dégage de l'oxygène et l'acide chromique est transformé d'abord en chromate de sesquioxyde de chrome, puis il est réduit à l'état de sesquioxyde de chrome qui forme, avec l'acide sulfurique, du sulfate de sesquioxyde de chrome qui est en partie soluble dans l'eau avec une couleur verte et en partie insoluble. L'acide sulfurique étendu ne produit pas cette réaction.

Le perchlorure de chrome, dont la composition est analogue à l'acide chromique, n'a pas pu être préparé jusqu'ici à l'état pur et anhydre. On obtient facilement un acichloride ($CrCl^6 + 2CrO^3$) qui est une combinaison de l'acide chromique avec le perchlorure de chrome, lorsqu'on melange les chromates avec le chlorure de sodium, lorsqu'on verse ensuite de l'acide sulfurique concentré sur le mélange et lorsqu'on chauffe légèrement. Ce composé est une liqueur rouge de sang qui dégage des vapeurs d'une couleur rouge foncée. Il se dissout dans une grande quantité d'eau; la dissolution contient de l'acide chromique et de l'acide chlorhydrique qui, pour une certaine concentration, se décomposent tous deux (voyez plus loin).

L'acide chromique forme, avec les oxydes alcalins, des sels qui sont solubles dans l'eau. Ils se produisent lorsqu'on calcine le sesquioxyde de chrome ou les combinaisons de sesquioxyde de chrome au contact de l'air avec les nitrates alcalins, avec les hydrates des oxydes alcalins ou même avec les carbonates alcalins. Dans le dernier cas, il est nécessaire d'employer une chaleur très considérable. Les combinaisons neutres que les oxydes alcalins forment avec l'acide chromique, sont jaunes; les dissolutions acides sont de couleur rouge-orangé; les dissolutions aqueuses de ces combinaisons salines ont la même couleur que les sels qui leur correspondent. Le pouvoir colorant des chromates alcalins est très considérable; et de très petites quantités même de chromate alcalin peuvent colorer en jaune de grandes quantités d'eau d'une manière très nette. Si les dissolutions des chromates alcalins acides sont très étendues, leur couleur ne paraît pas d'un rouge-orangé bien net; elles paraissent jaunes presque comme celles des chromates neutres. — Les dissolutions des chromates alcalins acides colorent en jaune le papier bleu de tournesol; après avoir été desséché, le papier paraît blanchâtre. Si on ajoute un acide non désoxydant aux dissolutions jaunes des sels neutres, la liqueur se colore en rouge-orangé et il se forme un chromate alcalin acide. Lorsqu'on ajoute de l'acide chlorhydrique, la même transformation s'opère d'abord; mais au bout de quelque temps, l'acide chromique est décomposé par l'acide chlorhydrique. Les acides faibles, comme l'acide acétique, opèrent la même transformation. Lorsque cependant la dissolution du chromate neutre alcalin est très étendue, on ne peut pas reconnaître d'une manière nette la formation du chromate alcalin acide lorsqu'on ajoute un acide : en effet, la dissolution paraît alors presque jaune. Si on ajoute à la dissolution rouge-orangé d'un chromate alcalin acide les dissolutions des hydrates des oxydes alcalins ou même des carbonates alcalins, elles se colorent de nouveau en jaune. Dans ce dernier cas, on ne peut pas observer, à la température ordinaire, une effervescence provenant du dégagement d'acide carbonique, ce qui n'a lieu qu'à chaud.

Si la dissolution d'un chromate alcalin contient un sel de sesquioxyde de chrome, la couleur n'est ni jaune pur, ni rouge-orangé. Dans ce cas, on ajoute assez d'hydrate de potasse pour que le sel de sesquioxyde de chrome précipité se redissolve : on fait alors bouillir la dissolution; le sesquioxyde de chrome est précipité, et la dissolution du chromate alcalin filtrée a une couleur jaune. — L'acide chromique forme, avec la plupart des oxydes terreux et avec plusieurs oxydes métalliques, des combinaisons qui sont peu solubles ou insolubles dans l'eau et même quelquefois dans les acides étendus. Elles ont ordinairement une couleur jaune ou rouge.

Quelques combinaisons jaunes insolubles de l'acide chromique, lorsqu'elles deviennent basiques, prennent une couleur rouge pareille à celles des chromates alcalins acides. C'est ce qui arrive pour le précipité de chromate de plomb dont la couleur jaune passe au rouge lorsqu'on ajoute de l'ammoniaque (p. 132). L'acide chromique ne forme pas de sels acides avec les oxydes terreux et métalliques. — Comme on se sert souvent des chromates alcalins pour réactifs à l'égard de plusieurs bases, les réactions de ces bases en présence d'une dissolution de chromate de potasse ont été indiquées précédemment.

Dans une dissolution de chromate neutre de potasse, le *carbonate de baryte* précipite à la longue, à la température ordinaire, une partie de l'acide chromique à l'état de chromate de baryte; mais l'autre portion du chromate de potasse reste sans se décomposer, même en présence d'un grand excès de carbonate de baryte. Dans une dissolution de bichromate de potasse, le carbonate de baryte ne précipite également qu'une partie de l'acide chromique à l'état de chromate de baryte; une autre portion reste sans se décomposer. Mais si, dans les deux cas, on ajoute de l'acide nitrique ou de l'acide chlorhydrique très étendu à la dissolution du chromate, un excès de carbonate de baryte sépare, à la température ordinaire, tout l'acide chromique à l'état de chromate de baryte; la liqueur filtrée est alors complétement incolore et ne contient pas d'acide chromique.

Dans les chromates dont les bases sont peu énergiques, l'acide chromique est transformé par la calcination en sesquioxyde de chrome et il se dégage de l'oxygène. L'acide chromique en excès, contenu dans les chromates alcalins acides, est aussi modifié de la même manière, mais seulement lorsqu'on calcine très fortement; le sesquioxyde de chrome est alors mélangé avec le chromate alcalin neutre : en dissolvant alors le chromate neutre dans l'eau, on obtient le sesquioxyde de chrome sous forme de petites lames vertes cristallines. Les sels alcalins neutres ne sont pas modifiés par l'action de la chaleur.

Les chromates insolubles, surtout le chromate de baryte, ne subissent à la température ordinaire qu'une très faible décomposition par l'action des carbonates alcalins. Ces derniers se colorent en jaune, mais l'action cesse lorsqu'il s'est formé une certaine quantité de chromate alcalin. Si l'on décante la liqueur alcaline jaune, si on la sépare ainsi de la partie insoluble et si on ajoute ensuite une nouvelle quantité de dissolution de carbonate alcalin, cette dissolution se colore de nouveau en jaune : en répétant plusieurs fois l'opération, on peut arriver enfin, quoique au bout d'un temps très long, à transformer complétement le chromate de baryte en carbonate de baryte. La décomposition du chromate de baryte est bien plus rapide, lorsqu'on emploie les dissolutions bouillantes des carbonates alcalins et lorsqu'on fait bouillir le tout pendant quelque temps : il suffit alors de répéter deux fois le traitement par le carbonate alcalin pour opérer la décomposition complète du chromate de baryte. On empêche complètement la décomposition du chromate de baryte d'avoir lieu lorsqu'on ajoute à la dissolution du carbonate alcalin une quantité suffisante de chromate neutre alcalin. — Le carbonate de baryte est complétement transformé en chromate de baryte à la température ordinaire par une dissolution de chromate alcalin neutre.

L'*acide sulfurique concentré* ne modifie pas, même à chaud, les dissolutions concentrées des chromates. Mais si l'on fait réagir à chaud l'acide sulfurique concentré sur les chromates desséchés, il se dégage de l'oxygène et il se forme du sulfate de sesquioxyde de chrome insoluble ou des combinaisons de ce composé avec d'autres bases.

L'*acide nitrique* ne modifie pas l'acide chromique contenu dans les chromates; mais si l'on ajoute de l'acide nitrique rouge fumant à la dissolution concentrée de l'acide chromique ou d'un chromate alcalin, il se produit même à froid une réduction de l'acide chromique qui est transformé en sesquioxyde de chrome. La dissolution devient seulement brun foncé et contient alors du chromate de sesquioxyde de chrome : enfin elle devient bleu-verdâtre. A chaud, cette modification est plus rapide. La liqueur bleu-verdâtre devient encore plus bleue lorsqu'on l'étend d'eau. et, après avoir été saturée d'ammoniaque, elle se comporte avec le phosphate de soude comme une dissolution bleue de sesquioxyde de chrome (p. 362 .

Les chromates en dissolution sont décomposés par l'*acide chlorhydrique*, comme la dissolution de l'acide chromique même. Il se dégage du chlore et l'acide chromique est transformé d'abord en chromate de sesquioxyde de chrome et enfin en sesquioxyde de chrome. Cette décomposition a lieu très lentement à froid et dans une dissolution étendue : à chaud et dans une dissolution concentrée, la réaction est plus rapide; cependant il faut attendre très longtemps pour que la décomposition soit complète. La décomposition s'opère le plus rapidement lorsqu'on fait bouillir les chromates desséchés et réduits en poudre avec l'acide chlorhydrique concentré jusqu'à ce qu'il ne se dégage plus de chlore. La dissolution, qui était d'abord rouge-orangé, est devenue brune, puis vert-émeraude. — Lorsqu'on opère sur un sel alcalin jaune dont par suite la dissolution est jaune, cette dissolution se colore d'abord en rouge-orangé par l'action de l'acide chlorhydrique comme par l'action des autres acides : lorsque la dissolution est très étendue, elle reste colorée en rouge au bout d'un temps assez long, en sorte que l'acide chlorhydrique et l'acide chromique ne se décomposent pas l'un l'autre à froid dans les dissolutions très étendues. Une dissolution plus concentrée devient brune par l'ébullition; mais, pour qu'elle soit complétement transformée en une dissolution verte, il est nécessaire de faire bouillir pendant excessivement longtemps. La décomposition n'est complète que lorsque la liqueur chauffée ne sent plus le chlore : elle se comporte alors avec les réactifs comme une dissolution verte de sesquioxyde de chrome (p. 361). Si le sel de chrome contient de l'acide sulfurique, on ne peut y découvrir la présence de l'acide sulfurique au moyen de la dissolution d'un sel de baryte qu'après la décomposition de l'acide chromique au moyen de l'acide chlorhydrique. — Lorsqu'on met un chromate soluble ou insoluble dans un tube de verre blanc bouché à une de ses extrémités, lorsqu'on ajoute ensuite de l'acide chlorhydrique concentré et lorsqu'on chauffe le tout, on peut reconnaître à sa couleur particulière le chlore gazeux qui se dégage.

Si on verse une dissolution de *sulfate de protoxyde de fer* dans la dissolution d'un chromate neutre alcalin, il se forme immédiatement un précipité brun-jaune qui se dissout lorsqu'on ajoute une plus grande quantité de sel de protoxyde de fer et donne une liqueur brun-noir qui, lorsqu'on ajoute une quantité encore plus grande de sel de fer, se transforme en une liqueur verte qui contient du sesquioxyde de chrome. Le bichromate de potasse se comporte de même avec les sels de protoxyde de fer.

Si l'on ajoute du *protochlorure d'étain* à la dissolution d'un chromate alcalin neutre, il se forme, seulement lorsqu'on ajoute de l'acide chlorhydrique, une liqueur verte qui contient du sesquioxyde de chrome. Une dissolution de bichromate de potasse devient immédiatement verte lorsqu'on ajoute du protochlorure d'étain, même sans qu'il soit nécessaire d'ajouter de l'acide chlorhydrique étendu.

Le *sulfure d'ammonium* forme dans la dissolution neutre d'un chromate alcalin un précipité d'hydrate de sesquioxyde de chrome qui a une belle couleur verte. Le chrome n'est complétement séparé à l'état de sesquioxyde que par l'action de la chaleur. Le précipité est mélangé avec du soufre qui reste comme résidu insoluble lorsqu'on dissout l'hydrate de sesquioxyde dans un acide. — Le sulfure d'ammonium produit immédiatement un précipité vert-brunâtre dans la dissolution d'un bichromate alcalin. Si, dans ce cas, on fait bouillir, tout le chrome est séparé à l'état d'hydrate vert de sesquioxyde.

Si on ajoute un excès de dissolution d'*hydrogène sulfuré* dans la dissolution d'un chromate à laquelle on a ajouté un acide, de l'acide nitrique ou de l'acide sulfurique étendu, par exemple, ou dans la dissolution de l'acide chromique lui-même, ou si on y fait passer un courant de gaz hydrogène sulfuré, la couleur de la liqueur se modifie et elle devient enfin verte : en même temps l'acide chromique se transforme en sesquioxyde de chrome qui reste dissous dans l'acide employé. Si on opère à froid, il ne se forme pas d'acide sulfurique. Le soufre ne commence à se séparer qu'au bout d'un certain temps et la liqueur devient laiteuse. Lorsqu'on chauffe légèrement la dissolution, en faisant passer un courant de gaz hydrogène sulfuré, la décomposition de l'acide chromique et sa transformation en sesquioxyde de chrome s'opèrent plus rapidement; mais il se forme alors beaucoup d'acide sulfurique et la quantité de soufre qui se sépare est plus faible. On comprend qu'il ne doit pas y avoir d'oxyde métallique qui puisse être séparé par l'hydrogène sulfuré à l'état de sulfure dans une dissolution acide. La liqueur, séparée du soufre par filtration, se comporte comme une dissolution de sesquioxyde de chrome.

Une dissolution d'*acide oxalique* réduit, lentement à froid, plus rapidement à chaud, à l'état de sesquioxyde de chrome, l'acide chromique contenu dans la dissolution d'un chromate : il se dégage en même temps de l'acide carbonique gazeux. La dissolution paraît colorée en rouge-violet. Si on ajoute un excès d'ammoniaque, la liqueur devient vert-émeraude sans qu'il se forme de précipité.

Si on ajoute à la dissolution d'un chromate un acide, l'acide sulfurique par exemple, et si on ajoute ensuite un *sulfite*, il ne se dégage pas d'acide sulfureux lorsqu'il y a une quantité convenable du chromate; mais l'acide chromique est réduit à l'état de sesquioxyde de chrome qui colore la liqueur en vert. La réduction de l'acide chromique à l'état de sesquioxyde de chrome au moyen de l'acide sulfureux est bien plus rapide qu'au moyen de l'acide chlorhydrique et au moyen de l'hydrogène sulfuré gazeux. La dissolution verte du sesquioxyde de chrome n'est pas précipitée par l'ammoniaque (p. 362).

Le *zinc métallique* ne produit pas de modification dans la dissolution d'un chromate neutre ni même dans celle d'un chromate acide. Mais si on ajoute à la dissolution un peu d'acide sulfurique étendu, la liqueur est colorée en vert par la réduction de l'acide chromique à l'état de sesquioxyde de chrome. On a déjà indiqué, page 359, ce qui se passe ultérieurement.

Lorsqu'on broie avec du chlorure de sodium les chromates, qu'ils soient solubles ou insolubles, lorsqu'on les met ensuite avec de l'*acide sulfurique concentré* dans un tube de verre fermé à une de ses extrémités et lorsqu'on chauffe, il se produit un boursouflement et il se dégage un gaz rouge qui remplit l'espace vide du tube et se condense en une liqueur brun-rouge d'acichloride de chrome. — Si, au lieu de chlorure, on emploie un bromure, il se dégage un gaz qui a presque la même couleur et qui se condense en une liqueur brun-rouge qui est formée de brome pur.

Au chalumeau, l'acide chromique en combinaison se comporte comme le sesquioxyde de chrome (p. 364).

L'acide chromique présente des propriétés assez caractéristiques pour qu'il soit facile de ne pas le confondre avec un autre acide. Il peut surtout être bien reconnu par sa facile réduction à l'état de sesquioxyde de chrome qui peut être facilement reconnu non-seulement en dissolution, mais aussi à l'état solide, au moyen du chalumeau (p. 364). Lorsqu'on veut reconnaître avec certitude l'acide chromique dans une dissolution très étendue d'un chromate, le mieux est de le précipiter au moyen d'une dissolution de nitrate de protoxyde de mercure ; par la calcination du chromate de mercure, on obtient du sesquioxyde de chrome dont on peut rechercher les plus petites quantités au moyen du chalumeau.

L'acide chromique et surtout les combinaisons du chrome peuvent être facilement confondus avec les combinaisons du vanadium. Les combinaisons de chacun de ces deux métaux colorent en vert de la même manière le borax et le sel de phosphore au chalumeau ; mais elles se distinguent en ce que les perles vertes du vanadium deviennent jaunes à la flamme extérieure, tandis que les perles du chrome, au moins celles formées avec le sel de phosphore, sont vertes dans la flamme extérieure et dans la flamme intérieure. — L'acide chromique et l'acide vanadique sont tous les deux rouges et donnent tous les deux des sels qui ont une couleur jaune et dont les dissolutions deviennent rouges lorsqu'on ajoute un acide. Mais les dissolutions des chromates alcalins conservent leur couleur à chaud, tandis que celles des vanadates deviennent incolores. L'acide chromique se dissout facilement dans l'eau; la dissolution a une saveur fortement acide : l'acide vanadique, lorsqu'il ne contient pas en même temps de sesquioxyde de vanadium (cas dans lequel la dissolution a une couleur verte), se dissout très difficilement dans l'eau : la dissolution est insipide quoiqu'elle ait une couleur jaune. L'acide chromique calciné perd de l'oxygène et se transforme en sesquioxyde, tandis que l'acide vanadique ne subit pas de transformation du même genre (p. 352). — Le sesquioxyde de chrome est vert, insoluble dans les oxydes alcalins au moins après l'ébullition; il ne s'oxyde pas par la calcination lorsqu'il n'est pas mélangé avec des bases fortes, et il est insoluble dans l'eau. L'oxyde de vanadium est également vert lorsqu'il contient de l'acide vanadique; mais il est alors soluble dans l'eau et dans les oxydes alcalins et il s'oxyde lorsqu'on le calcine. La différence la plus caractéristique de ces deux oxydes est la suivante : on mélange intimement le sesquioxyde de chrome avec du charbon et on calcine fortement le mélange dans un courant de chlore gazeux, il se forme alors un chlorure cristallin, très peu volatil, d'une couleur rouge fleur de pêcher (p. 361), tandis que les oxydes du vanadium, même le protoxyde indifférent, traités de la même manière, donnent du perchlorure de vanadium liquide, volatil (p. 353).

Une grande quantité de substances organiques réduisent l'acide chromique à l'état de sesquioxyde de chrome avec dégagement de gaz acide carbonique. Cette réduction s'opère surtout rapidement dans les dissolutions des chromates par l'action des acides organiques non volatils comme l'*acide tartrique*, l'*acide paratartrique* et l'*acide citrique*, surtout lorsque la réaction a lieu à chaud : il se produit en même temps un dégagement de gaz acide carbonique. Si on ajoute de l'acide tartrique à une dissolution de chromate neutre de potasse, la dissolution jaune devient rouge-orangé comme avec les autres acides, et il se dépose un précipité considérable de bitartrate de potasse. Avec le temps, la dissolution se colore en rouge-violet, ce qui a lieu bien plus rapidement par l'ébullition : dans ce cas, le tartre qui s'est déposé disparaît et reparaît en bien plus petite quantité après le refroidissement. Dans les deux cas, la dissolution devient vert-émeraude par l'action de l'ammoniaque en excès sans qu'il se produise de précipité. — Une dissolution d'acide paratartrique se comporte de même; mais le précipité de biparatartrate de potasse formé disparaît entièrement par l'ébullition et ne reparaît plus par le refroidissement. Cette dissolution devient également vert-émeraude par l'action de l'ammoniaque en excès, sans qu'il se forme de précipité. — L'acide citrique modifie la dissolution de chromate de potasse, qui devient seulement rouge-orangé, mais bien plus lentement qu'avec l'acide tartrique et l'acide paratartrique; au bout de quelque temps, il se forme une dissolution qui présente des effets de couleur remarquable; elle est verte, mais par transparence elle est brun-rouge. L'ébullition accélère la réduction de l'acide chromique. L'ammoniaque en excès ne produit pas de précipité : la liqueur se colore en brun-violet. — L'*acide acétique* n'opère pas la réduction de l'acide chromique à l'état de sesquioxyde de chrome, même lorsqu'on a fait bouillir la dissolution pendant longtemps. — D'autres substances organiques non acides, comme le *sucre*, l'*alcool*, etc., produisent seulement avec une excessive lenteur une réduction partielle de l'acide chromique dans les dissolutions des chromates alcalins. La réaction est un peu plus rapide par l'action des mêmes substances organiques dans les dissolutions des chromates acides, mais on ne peut pas observer de dégagement d'acide carbonique. Si on ajoute quelques gouttes d'acide sulfurique étendu, la réduction s'opère excessivement rapidement surtout à chaud, et il se dégage du gaz acide carbonique avec effervescence. Si on ajoute de l'alcool à la dissolution d'un chromate à laquelle on a ajouté de l'acide chlorhydrique, la réduction de l'acide chromique à l'état de sesquioxyde de chrome est extraordinairement accélérée; au lieu de chlore, il se dégage alors de l'éther chlorhydrique. D'autres substances organiques favorisent aussi considérablement la réduction de l'acide chromique lorsqu'on les ajoute avec de l'acide chlorhydrique aux dissolutions des chromates. — Si l'on humecte l'acide chromique cristallisé avec l'alcool concentré de manière que l'acide chromique ne soit pas préservé du contact de l'air atmosphérique, il est décomposé avec force et en produisant un dégagement de chaleur assez grand pour que l'alcool s'enflamme. — L'*éther* a une réaction analogue.

XLVII. — ARSENIC, As.

L'arsenic préparé artificiellement, aussi bien que celui qui se trouve dans la nature (cobalt testacé), forme, lorsqu'il a été exposé quelque temps à l'air, des couches et des dépôts concentriques de couleur noire, sans éclat métallique, dont la cassure est gris d'acier et possède un éclat fortement métallique. Récemment sublimé, il a également l'éclat métallique lorsqu'il n'est pas en couches trop minces; en couches très minces, il paraît noir et, en couches encore plus minces, il paraît brun. L'arsenic gris d'acier qui possède l'éclat métallique, se ternit au contact de l'air, perd l'éclat métallique, devient noir et se transforme en sous-oxyde d'arsenic. On peut obtenir l'arsenic, comme l'antimoine et le bismuth, en cristaux rhomboédriques bien déterminés qui ne peuvent être divisés que sur un sens. Si l'arsenic humide est exposé au contact de l'air, il se transforme peu à peu en acide arsénieux. — L'arsenic est cassant et peut être facilement pulvérisé. A chaud, il se volatilise entièrement, mais sans avoir préalablement passé par la fusion : les vapeurs d'arsenic ont une odeur tout à fait caractéristique qui ressemble à celle de l'ail et qui permet de reconnaître facilement et sûrement les plus petites traces d'arsenic. Lorsqu'on chauffe l'arsenic au contact de l'air, il se volatilise en produisant une fumée blanche qui est formée d'acide arsénieux : si on l'expose à une température plus élevée ou si on le chauffe dans le gaz oxygène, il brûle avec une flamme bleuâtre pâle. Le poids spécifique de l'arsenic est de 5,7 à 5,95.

L'arsenic est oxydé à chaud par l'acide nitrique, et (surtout lorsque l'acide est faible) il est transformé presque uniquement en acide arsénieux qui se dissout en très petite quantité dans l'acide nitrique. L'acide nitrique plus concentré oxyde l'arsenic à chaud et le transforme en acide arsénique. L'arsenic n'est pas soluble dans l'acide chlorhydrique; mais quelques arséniures, comme l'arséniure d'étain et l'arséniure de zinc, peuvent se dissoudre dans l'acide chorhydrique avec dégagement de gaz hydrogène arsénié. L'arsenic métallique est transformé par le chlore gazeux, même à la température ordinaire, en chlorure d'arsenic (As^2Cl^6). Si l'on mélange avec du chlorate de potasse l'arsenic métallique pulvérisé et si l'on frappe fortement avec un marteau le mélange enveloppé dans du papier et placé sur une enclume, il détone et s'enflamme. Le mélange s'enflamme par le contact avec un corps chauffé jusqu'au rouge, avec une telle force que tout est projeté comme dans la combustion de la poudre à tirer et qu'il ne reste pas de résidu. — La vapeur d'eau n'est pas décomposée par l'arsenic métallique, même à une température élevée.

Si on ajoute à une dissolution de chlorure d'arsenic ou d'une combinaison oxydée quelconque de l'arsenic, de l'acide sulfurique étendu ou de l'acide chlorhydrique dans lesquels on a mis du zinc, il se dépose de l'arsenic métallique et il se dégage, outre l'hydrogène, de l'*hydrogène arsénié*. Si, au lieu d'une dissolution d'une combinaison oxydée de l'arsenic, on emploie une dissolution de sulfure d'arsenic dans une dissolution de potasse, il ne se dégage, outre l'hydrogène, qu'une très petite quantité de gaz hydrogène arsénié. Si, après avoir desséché au moyen du chlorure de calcium le mélange de gaz hydrogène et de gaz hydrogène arsénié, on le fait passer dans un tube de verre étroit formé d'un verre très peu fusible, et si on en chauffe une partie jusqu'au rouge avec la flamme d'une lampe, il se dépose non loin de la place chauffée un anneau métallique d'arsenic, même lorsqu'on a employé une quantité très petite de la combinaison arsenicale; car l'hydrogène arsénié gazeux se décompose par la calcination seule en hydrogène et en arsenic métallique. Si on ne chauffe pas le tube dans lequel passe le mélange, mais si on enflamme le mélange gazeux à l'extrémité du tube, il brûle avec une flamme blanchâtre et produit une fumée blanche d'acide arsénieux. Si l'on place dans la flamme un corps froid, une soucoupe ou une assiette plate de porcelaine par exemple, il se produit des taches noires qui sont brunes pour de très petites quantités d'arsenic et qui sont formées d'arsenic métallique. Les taches, aussi bien que l'anneau métallique qui se dépose dans le tube de verre lorsqu'on le chauffe, ont une très grande ressemblance avec l'antimoine métallique que l'on peut obtenir tout à fait de la même manière au moyen du gaz hydrogène antimonié (p. 257). Le gaz hydrogène antimonié est plus complétement décomposé que l'hydrogène arsénié par l'action de la chaleur. Si l'on fait passer lentement l'hydrogène arsénié mélangé avec beaucoup d'hydrogène dans un tube d'un verre peu fusible d'un petit diamètre et d'une longueur de cinquante centimètres, il faut le chauffer jusqu'au rouge en quatre ou cinq places en même temps au moyen de plusieurs lampes ou mieux en une place au moyen d'une large lampe placée dans la première moitié du tube, pour que tout l'arsenic se sépare du gaz et qu'il se dégage de l'hydrogène pur dont la flamme ne donne plus de taches métalliques sur la porcelaine blanche. On obtient alors dans le premier cas quatre ou cinq anneaux métalliques d'arsenic qui contiennent d'autant moins d'arsenic que le gaz est chauffé en plus d'endroits : dans le cas où on emploie une large lampe, on n'obtient qu'un anneau métallique épais. Si on traite de la même manière un mélange de gaz hydrogène antimonié avec une grande quantité de gaz hydrogène, on n'a besoin d'employer que deux ou trois lampes ou de chauffer au moyen d'une large lampe un espace moins long du tube pour obtenir le même résultat, toutes circonstances égales d'ailleurs. — On indiquera plus loin comment on peut distinguer avec certitude de petites quantités d'antimoine métallique et d'arsenic métallique.

Les combinaisons de l'arsenic métallique avec les autres métaux (arséniures se comportent d'une manière différente à une température élevée. Les arséniures métalliques les plus riches en arsenic, calcinés à l'abri du contact de l'air, donnent un sublimé d'arsenic métallique et se transforment en arséniures moins riches qui ne perdent plus leur arsenic à une température élevée. Telles sont notamment les combinaisons de l'arsenic avec le fer, le cobalt, le nickel, le cuivre et autres métaux. Chauffés à la flamme du chalumeau, même au contact de l'air, les arséniures les plus riches en arsenic donnent l'odeur d'ail caractéristique; et lorsqu'il n'y a qu'une petite quantité de la combinaison arsenicale, on peut observer même d'assez loin l'odeur de l'arsenic. Pour les arséniures les moins riches, il est souvent difficile d'observer nettement l'odeur d'arsenic, car lorsqu'on les chauffe fortement au contact de l'air, ils ne donnent fréquemment que de l'acide arsénieux, qui ne produit pas l'odeur alliacée caractéristique. Pour obtenir cette odeur, il faut faire griller la combinaison, la traiter ensuite par une bonne flamme de réduction sur le charbon et placer immédiatement l'essai sous le nez. On n'obtient souvent l'odeur d'arsenic que lorsqu'on fait fondre avec la soude sur le charbon à la flamme de réduction la matière préalablement soumise au grillage. Mais on ne peut pas reconnaître de cette manière la présence de l'arsenic, lorsqu'on veut rechercher de très petites quantités d'arsenic, surtout à l'état de combinaisons avec une très grande quantité de fer, de cobalt et de nickel, et ce n'est qu'en analysant ces combinaisons par voie humide que l'on peut s'assurer de la présence de l'arsenic.

Lorsqu'on traite les arséniures par l'acide chlorhydrique, quelques-uns, surtout ceux de zinc et d'étain, donnent, outre l'hydrogène, de l'hydrogène arsénié : d'autres y sont insolubles ou presque insolubles, bien que les métaux qui entrent dans leur composition soient solubles dans l'acide chlorhydrique comme l'arséniure de nickel, le kupfernickel, le speisscobalt et l'arséniure de fer. Seulement lorsque ces arséniures ne contiennent qu'un peu d'arsenic, une partie du métal combiné avec l'arsenic se dissout dans l'acide chlorhydrique; c'est ce qui arrive par exemple pour le speissnickel préparé artificiellement. Si on produit un dégagement d'hydrogène au moyen du fer métallique et de l'acide chlorhydrique ou de l'acide sulfurique et si on ajoute ensuite une dissolution d'acide arsénieux, on obtient, outre le gaz hydrogène, du gaz hydrogène arsénié, plus difficilement et en moins grande quantité que lorsqu'au lieu de fer, on emploie du zinc. — Les arséniures sont complétement oxydés par l'acide nitrique; mais l'arsenic se transforme seulement en grande partie en acide arsénieux. Par suite, s'ils contiennent beaucoup d'arsenic, il se sépare, après l'action de l'acide nitrique, de l'acide arsénieux qui est très peu soluble dans l'acide nitrique. Les arséniures s'oxydent facilement par l'action de l'eau régale, et l'arsenic se transforme en acide arsénique. La même réaction a lieu lorsqu'on traite les arséniures par le chlorate de potasse et l'acide chlorhydrique.

Si l'on fait fondre l'arsenic avec l'hydrate de potasse, il se dégage un peu de gaz hydrogène et on obtient une masse brune qui, à l'intérieur, est noire. Elle est formée d'arséniure de potassium et d'arsénite de potasse qui, par la calcination, se transforme en arséniate de potasse et en arsenic qui se sépare. Si on traite la masse par l'eau, il s'en dégage de l'hydrogène arsénié. Si l'on fait bouillir avec une dissolution concentrée d'hydrate de potasse l'arsenic métallique réduit en poudre, il se forme de l'arsénite de potasse et il se dégage du gaz hydrogène.

Sous-oxyde d'arsenic, As^2O.

Le sous-oxyde d'arsenic se forme par l'oxydation de l'arsenic métallique au contact de l'air à la température ordinaire. Les différentes modifications allotropiques de l'arsenic métallique ont une tendance différente à se transformer en sous-oxyde. Soumis à l'action de la chaleur, le sous-oxyde d'arsenic se décompose en acide arsénieux et en arsenic métallique. Si on le traite par un acide, il se décompose de la même manière; l'acide dissout l'acide arsénieux et l'arsenic reste à l'état insoluble. Soumis pendant longtemps au contact de l'eau contenant de l'air, le sous-oxyde d'arsenic s'oxyde peu à peu et se transforme en acide arsénieux.

PROTOXYDE D'ARSENIC, AsO.

Le protoxyde d'arsenic n'est connu ni à l'état pur ni à l'état de combinaison; mais l'existence de cet oxyde est rendu vraisemblable par la production facile du sulfure correspondant AsS (réalgar). Ce sulfure est de couleur rouge, complétement volatil, et sublimable. Il se dissout dans une dissolution d'hydrate de potasse en laissant séparer un sulfure moins sulfuré As^6S d'une couleur noire, tirant sur le brun.

ACIDE ARSÉNIEUX, As^2O^3.

L'acide arsénieux, qui se trouve dans le commerce, forme soit une poudre blanche, soit une masse blanche, vitreuse, cassante, d'une cassure conchoïde. Dans le dernier cas, il est translucide ou transparent; mais seulement immédiatement ou quelque temps après sa préparation. A la longue, il devient opaque et ressemble alors à de la porcelaine, sans avoir absorbé l'humidité de l'air. L'acide arsénieux reste vitreux, lorsqu'on le conserve entièrement à l'abri de l'air, soit sous l'eau, soit sous l'alcool. L'acide arsénieux se dépose à l'état cristallisé sous forme d'octaèdres réguliers de sa dissolution dans l'eau ou dans les acides; on l'obtient souvent aussi sous la même forme par sublimation.

L'acide arsénieux, qui est un des poisons les plus puissants, se volatilise sous forme d'une fumée blanche lorsqu'on en chauffe une petite quantité, sans passer préalablement par l'état de fusion. Lorsqu'on en chauffe une grande quantité, il devient mou et peut fondre, lorsqu'il est dans un vase fermé, par suite de la pression que sa vapeur exerce sur elle-même. La vapeur d'acide arsénieux ne sent pas l'odeur d'ail, lorsque l'acide n'a pas été chauffé en présence d'une substance qui puisse le réduire. Mais si ce cas se présente, on sent l'odeur d'ail caractéristique que produisent seulement les vapeurs d'arsenic métallique. Si par suite on chauffe l'acide arsénieux sur une lame de verre ou de platine, il se volatilise sans qu'il se produise d'odeur d'ail, lorsqu'il est pur et lorsqu'il n'est pas mélangé avec des substances organiques; mais si on le chauffe sur le charbon incandescent ou sur une lame de fer, l'odeur alliacée particulière à l'arsenic se fait sentir.

L'acide arsénieux est très peu soluble dans l'eau; il est plus soluble dans l'eau bouillante que dans l'eau froide. Par le refroidissement de la dissolution chaude saturée, il se sépare de l'acide arsénieux anhydre en cristaux octaédriques. La dissolution concentrée de l'acide arsénieux dans l'eau froide peut être évaporée pendant assez longtemps avant qu'il se sépare d'acide arsénieux de la dissolution. La dissolution ne rougit que très faiblement ou même presque point le papier de tournesol. — Si l'on soumet à la distillation la dissolution aqueuse d'acide arsénieux, il s'en volatilise une très faible trace avec les vapeurs d'eau.

Le chlorure, correspondant à l'acide arsénieux, est un liquide volatil. Il se forme lorsqu'on traite par le chlore l'arsenic métallique ou lorsqu'on fait chauffer avec un excès d'acide sulfurique concentré un mélange d'acide arsénieux et de chlorure de sodium. Une petite quantité d'eau décompose immédiatement et avec force le chlorure d'arsenic en acide arsénieux et en acide chlorhydrique; mais ce dernier n'est pas en quantité suffisante pour dissoudre l'acide arsénieux. La plus grande partie de l'acide arsénieux se sépare lorsqu'on a traité par un peu d'eau et forme une liqueur laiteuse qui redevient complétement claire lorsqu'on ajoute une plus grande quantité d'eau.

L'acide arsénieux est dissous par certains acides plus facilement, par d'autres plus difficilement, que par l'eau. L'acide arsénieux n'est pas modifié de cette manière et se dépose par le refroidissement d'une dissolution acide chaude en cristaux octaédriques, comme cela arrive par le refroidissement de la dissolution aqueuse chaude. Le meilleur dissolvant de l'acide arsénieux, tant vitreux qu'opaque, est l'*acide chlorhydrique* qui en dissout surtout à chaud une quantité considérable. Si l'on dissout par l'action de la chaleur l'acide arsénieux vitreux dans l'acide chlorhydrique, il s'en dépose par le refroidissement une très grande partie à l'état cristallisé et il se produit un phénomène de lumière. Si l'on fait cristalliser l'acide arsénieux opaque ou celui qu'on a déjà fait cristalliser une fois, le phénomène de lumière ne se produit pas par le refroidissement d'une dissolution chlorhydrique.

Si on soumet à la distillation une dissolution d'acide arsénieux dans l'acide chlorhydrique très étendu, il se volatilise d'abord excessivement peu de chlorure d'arsenic; ce n'est que lorsque la dissolution est concentrée que le chlorure d'arsenic à l'état de dissolution passe à la distillation. A la fin, il passe un peu d'acide arsénieux et il ne reste pas de résidu dans la cornue, lorsqu'à la fin de l'opération on a chauffé fortement. Si on mélange à une pareille dissolution une quantité considérable d'acide sulfurique concentré, à peu près parties égales, et si l'on soumet à la distillation, il se volatilise avec la vapeur d'eau dès le commencement de la distillation une grande quantité de chlorure d'arsenic, et il en distille jusqu'à ce que l'acide sulfurique commence à se volatiliser : il ne se volatilise alors que des traces d'acide arsénieux et d'acide chlorhydrique; l'acide sulfurique qui finit par rester comme résidu, ne contient plus d'acide chlorhydrique, mais contient encore des quantités considérables d'acide arsénieux : l'acide sulfurique concentré peut produire par suite une décomposition partielle du chlorure d'arsenic. Si on mélange au contraire une grande quantité de chlorure de sodium avec une petite quantité d'acide arsénieux et si on ajoute ensuite une quantité plus ou moins grande d'eau et enfin de l'acide sulfurique concentré, tout l'arsenic passe à la distillation à l'état de chlorure d'arsenic; car lorsqu'il y a suffisamment d'acide chlorhydrique par rapport à la quantité d'acide arsénieux, l'acide sulfurique ne peut pas opérer la décomposition du chlorure d'arsenic.

L'*acide sulfurique* étendu dissout par l'action de la chaleur une quantité d'acide arsénieux bien moins considérable que celle qui est dissoute par l'acide chlorhydrique.

L'*acide nitrique* ne dissout que de très faibles quantités d'acide arsénieux, sans le transformer d'une manière notable en acide arsénique, même par l'action de la chaleur, lorsqu'il est étendu : cette transformation n'a lieu qu'au moyen de l'acide nitrique concentré ou plus rapidement au moyen de l'eau régale. Si on ajoute de l'acide nitrique étendu à une dissolution aqueuse d'acide arsénieux et si on soumet le tout à la distillation, la partie distillée ne contient pas d'arsenic; le résidu contenu dans la cornue est transformé en acide arsénique, lorsqu'il est assez concentré. Même lorsqu'on ajoute de l'acide nitrique à une dissolution d'acide arsénieux dans l'acide chlorhydrique étendu et lorsqu'on soumet le tout à la distillation, il ne se dégage pas d'acide arsénieux, mais seulement de l'acide nitreux et de l'acide chlorhydrique : il reste comme résidu de l'acide arsénique. La réaction est la même lorsqu'on ajoute à une dissolution chlorhydrique d'acide arsénieux, outre l'acide nitrique, de l'acide sulfurique concentré. Il ne se volatilise pas d'acide arsénieux et il reste de l'acide arsénique dans la cornue.

Si, à une dissolution aqueuse d'acide arsénieux, on ajoute du chlorate de potasse et ensuite peu à peu de l'acide chlorhydrique et si on soumet le tout à la distillation, il ne se volatilise que de faibles traces d'acide arsénieux; il en est encore de même lorsqu'on dissout l'acide arsénieux dans l'acide chlorhydrique et lorsqu'on ajoute ensuite peu à peu du chlorate de potasse. Il se forme de l'acide arsénique.

Si on fait passer dans une dissolution d'acide arsénieux dans l'acide chlorhydrique autant de chlore gazeux qu'elle peut en absorber et si on soumet le tout à la distillation, il ne se volatilise que des traces excessivement faibles d'acide arsénieux que l'on retrouve dans le liquide du récipient transformées en acide arsénique par le chlore en excès. Presque tout l'arsenic reste comme résidu dans la cornue à l'état d'acide arsénique.

L'*acide acétique* ne dissout que de faibles traces d'acide arsénieux, moins que l'eau ne pourrait en dissoudre.

Les dissolutions des *oxydes alcalins* dissolvent l'acide arsénieux bien plus facilement que l'eau; il est dissous également par les carbonates alcalins. Lorsqu'on verse à froid sur l'acide arsénieux en poudre la dissolution d'un carbonate alcalin, on n'observe pas d'effervescence provenant du dégagement d'acide carbonique : à chaud, il se dégage de l'acide carbonique et il se produit une effervescence qui n'est cependant pas très forte. — Dans une dissolution d'acide arsénieux dans l'ammoniaque, il se sépare souvent de l'acide arsénieux pur en très gros cristaux octaédriques.

L'acide arsénieux paraît former, seulement avec les oxydes alcalins, des combinaisons qui sont solubles dans l'eau. Les combinaisons de l'acide arsénieux avec les oxydes terreux et les oxydes métalliques proprement dits paraissent être insolubles ou très peu solubles. La présence de l'acide arsénieux empêche souvent certains oxydes métalliques d'être précipités par les oxydes alcalins; ainsi l'arsénite de cuivre, par exemple, se dissout dans une dissolution d'hydrate de potasse (voyez plus loin).

L'acide sulfurique étendu, l'acide nitrique et l'acide acétique ne produisent pas immédiatement de précipité dans les dissolutions neutres d'acide arsénieux dans les oxydes alcalins; il ne s'en produit qu'au bout d'un temps très long; l'acide chlorhydrique, au contraire, produit immédiatement un précipité qui est soluble dans un excès d'acide. Une dissolution d'acide oxalique précipite immédiatement l'acide arsénieux de la dissolution d'arsénite de potasse.

La dissolution aqueuse d'acide arsénieux ne donne pas de précipité avec les dissolutions de *chlorure de baryum*, de *chlorure de strontium* et de *chlorure de calcium*. Mais si on sature l'acide libre par l'ammoniaque, une dissolution de chlorure de calcium produit immédiatement un précipité blanc, abondant, d'arsénite de chaux. Ce précipité est soluble dans une dissolution de chlorure d'ammonium et de tout autre sel ammoniacal. Le précipité ne se produit pas lorsqu'on opère sur une très grande quantité d'acide arsénieux que l'on met en présence d'une très petite quantité de chlorure de calcium, et lorsqu'on sature ensuite par l'ammoniaque. L'arsénite de chaux reste dissous dans la forte proportion d'arsénite d'ammoniaque qui s'est formée. La dissolution d'acide arsénieux saturée d'ammoniaque ne produit pas immédiatement de précipité d'arsénite de baryte dans une dissolution de chlorure de baryum; il ne se produit de précipité qu'au bout de quelque temps. La même réaction a lieu avec une dissolution de chlorure de strontium; seulement, pour de petites quantités, le précipité d'arsénite de strontiane ne se forme qu'au bout de plusieurs jours et est encore moins considérable que le précipité formé dans une dissolution de chlorure de baryum.

L'*eau de baryte* n'est troublée que d'une manière tout à fait peu considérable, lorsqu'on l'ajoute en excès à une dissolution aqueuse d'acide arsénieux; l'*eau de strontiane* ne trouble pour ainsi dire point la dissolution aqueuse d'acide arsénieux; mais si on ajoute de l'*eau de chaux* en excès à une dissolution aqueuse d'acide arsénieux, il se forme un précipité considérable d'arsénite de chaux qui est soluble dans un excès d'acide arsénieux. Le précipité d'arsénite de chaux est soluble dans une dissolution de chlorure d'ammonium et des autres sels ammoniacaux; l'ammoniaque libre n'empêche pas la solubilité de l'arsénite de chaux dans les dissolutions des sels ammoniacaux. L'arsénite de chaux précipité est excessivement peu soluble dans une dissolution de chlorure de sodium; il est encore moins soluble dans une dissolution de nitrate de potasse : cependant il n'y est pas tout à fait insoluble.

Le chlorure de calcium donne immédiatement un précipité abondant, volumineux, dans la dissolution d'arsénite de potasse; le chlorure de baryum ne donne pas d'abord de précipité; mais au bout de quelque temps, il se forme un précipité gélatineux, abondant; les dissolutions des sels de strontiane ne produisent, même au bout de quelque temps, qu'un léger trouble et qu'un faible précipité.

Si l'on fait digérer pendant longtemps à froid une dissolution aqueuse d'acide arsénieux avec le *carbonate de baryte*, la liqueur décantée contient encore la plus grande partie de l'acide arsénieux. Si l'on fait digérer aussi pendant longtemps à froid la dissolution d'acide arsénieux avec le *carbonate de chaux*, il reste dans la dissolution une très grande quantité d'acide arsénieux. Si on ajoute du chlorure d'ammonium, il ne se précipite pas d'acide arsénieux à froid.

Une dissolution de *sulfate de magnésie* ne produit pas de précipité dans une dissolution aqueuse d'acide arsénieux. Mais si on ajoute un peu d'ammoniaque, il se forme un abondant précipité d'arsénite de magnésie qui n'est pas soluble dans l'ammoniaque en excès. Ce précipité est soluble dans une dissolution de chlorure d'ammonium; il faut cependant employer pour cela une quantité assez considérable du réactif.

Si l'on fait digérer à froid, avec une dissolution aqueuse d'acide arsénieux, l'*hydrate de sesquioxyde de fer*, récemment précipité au moyen de l'ammoniaque, bien lavé et maintenu en suspension dans l'eau, il ne reste pas d'acide arsénieux dans la dissolution; et la liqueur, que l'on sépare de l'oxyde de fer par filtration, ne contient plus d'acide arsénieux. Le mélange de sesquioxyde de fer peut être très bien lavé, sans passer à l'état trouble au travers du filtre.

Les dissolutions d'*acétate* et de *nitrate de plomb* ne produisent pas de précipité dans la dissolution aqueuse d'acide arsénieux. Dans une dissolution d'acide arsénieux saturée par l'ammoniaque, une dissolution d'acétate de plomb ne donne un précipité d'arsénite de plomb que lorsqu'elle n'est pas trop étendue. Les dissolutions de nitrate et d'acétate de plomb donnent immédiatement un précipité abondant dans la dissolution d'arsénite de potasse.

Une dissolution de *nitrate d'argent* ne produit pour ainsi dire point de précipité dans une dissolution aqueuse d'acide arsénieux; elle devient seulement opaline et de couleur blanc-jaunâtre. Mais si on sature l'acide libre au moyen d'une quantité excessivement faible d'ammoniaque, il se forme un précipité jaune d'arsénite d'argent qui est soluble dans l'acide nitrique étendu. Si l'on n'a ajouté qu'une faible quantité de dissolution d'argent à un excès de dissolution aqueuse d'acide arsénieux, le précipité jaune d'arsénite d'argent formé par l'addition d'une petite quantité d'ammoniaque se dissout très bien et complétement dans une plus grande quantité d'ammoniaque ou plutôt dans l'arsénite d'ammoniaque formé. Si, au contraire, on a ajouté à la dissolution d'acide arsénieux un excès de dissolution de nitrate d'argent, il se forme, par l'action de l'ammoniaque, un précipité d'arsénite d'argent qui ne se dissout que difficilement et incomplétement dans une grande quantité d'ammoniaque. Mais si l'on ajoute un peu d'acide nitrique, seulement assez pour que l'ammoniaque prédomine encore, le précipité se dissout dans le nitrate d'ammoniaque formé. Lorsque, par suite, il n'y a qu'une petite quantité de précipité jaune en dissolution dans une grande quantité d'acide nitrique, le précipité ne reparaît souvent pas lorsqu'on sature avec précaution par l'ammoniaque. Si on ajoute au précipité jaune une petite quantité d'ammoniaque, de manière que le précipité ne soit pas dissous, il devient d'une couleur jaune sale par l'ébullition; cependant il ne se produit pas de réduction de l'oxyde d'argent. Mais si on dissout le précipité dans un excès d'ammoniaque, il ne se sépare d'abord pas d'argent métallique par l'ébullition; mais au bout d'un certain temps, quelques parties du verre se recouvrent d'un dépôt d'argent. — Le précipité jaune d'arsénite d'argent ressemble à celui que forme une dissolution de nitrate d'argent dans les dissolutions des phosphates; il n'est cependant pas d'une couleur jaune aussi pâle, et il est plus soluble dans l'acide acétique que le phosphate d'argent. — Le nitrate d'argent donne, dans une dissolution d'arsénite de potasse, un précipité blanc, abondant, qui a seulement une faible pointe de jaunâtre. Mais il devient jaune lorsqu'on ajoute une dissolution d'hydrate de potasse; il devient ensuite noir par l'ébullition. Si l'on n'ajoute qu'une petite quantité de nitrate d'argent à une grande quantité de dissolution d'arsénite de potasse, il se forme un précipité blanc qui devient faiblement jaune par l'action d'une dissolution de potasse, et qui se dissout entièrement à l'aide d'une faible chaleur : par l'ébullition, il se forme alors un précipité noir. Ce précipité devient blanc par l'action de la chaleur et ressemble à l'argent métallique. Si l'on fait bouillir avec une dissolution d'hydrate de potasse le précipité jaune d'arsénite d'argent, il devient noir. Par une ébullition suffisamment prolongée avec un excès d'hydrate de potasse, le précipité ne contient plus d'arsenic et est formé soit d'argent pur, soit d'un mélange d'argent et de protoxyde d'argent : la dissolution contient de l'arséniate de potasse. Si l'on traite l'arsénite d'argent à la température ordinaire par une dissolution d'hydrate de potasse, il devient noir au bout de quelque temps; mais la dissolution, outre l'arséniate de potasse, contient encore beaucoup d'arsénite de potasse.

Une dissolution d'*acétate d'argent* produit immédiatement, sans addition d'ammoniaque, dans une dissolution aqueuse d'acide arsénieux un précipité jaune d'arsénite d'argent.

Une dissolution de *nitrate de protoxyde de mercure* produit, dans la dissolution aqueuse d'acide arsénieux, un précipité blanc d'arsénite de protoxyde de mercure qui est soluble dans l'acide nitrique. La dissolution de nitrate de protoxyde de mercure produit un précipité blanc dans une dissolution d'arsénite de potasse : le précipité devient gris à la longue. Si l'on ajoute un excès d'arsénite de potasse, le précipité devient gris au bout de très peu de temps, et il se sépare du mercure métallique par l'ébullition.

Une dissolution de *bichlorure de mercure* ne trouble pas la dissolution d'acide arsénieux; mais elle forme un abondant précipité blanc dans la dissolution d'arsénite de potasse.

Si l'on fait réagir sur une dissolution de *sesquichlorure d'or* la dissolution d'acide arsénieux et des combinaisons salines d'acide arsénieux, après avoir ajouté de l'acide chlorhydrique, il se sépare de l'or métallique avec sa couleur jaune. La séparation s'opère lentement; mais elle est plus rapide à chaud.

Une dissolution de *sulfate neutre de cuivre* ne trouble pour ainsi dire point une dissolution aqueuse d'acide arsénieux. Si cependant on sature l'acide libre au moyen d'une petite quantité d'une dissolution d'hydrate de potasse ou d'ammoniaque, il se forme un précipité vert-serin d'arsénite de cuivre (vert de Scheele), ce qui est tout à fait caractéristique pour l'acide arsénieux. Ce précipité est soluble dans un excès d'ammoniaque et aussi dans un excès d'hydrate de potasse : la dissolution a, dans les deux cas, une couleur bleue presque pareille. La dissolution bleue formée par l'hydrate de potasse laisse déposer, par le temps, du protoxyde de cuivre rouge-brun. La liqueur devient incolore et contient de l'arséniate de potasse. La dissolution bleue, formée par l'ammoniaque, ne se modifie pas par le temps. — La dissolution de sulfate de cuivre produit immédiatement, dans une dissolution d'arsénite de potasse, un précipité vert-serin d'arsénite de cuivre.

Les dissolutions de *ferrocyanure de potassium* et de *ferrocyanide de potassium* ne produisent pas de modification dans les dissolutions aqueuses d'acide arsénieux.

L'*infusion de noix de galles* ne modifie pas la dissolution d'acide arsénieux.

Une dissolution d'*hypermanganate de potasse* est décolorée immédiatement par une dissolution aqueuse d'acide arsénieux, même en très petite quantité; il se forme une petite quantité d'un précipité brun. Une dissolution d'arsénite de potasse est transformée en une liqueur brune par l'hypermanganate de potasse.

Une dissolution de *chromate neutre de potasse* produit, au bout de quelque temps, un précipité volumineux de couleur verte dans une dissolution aqueuse d'acide arsénieux. Le *bichromate de potasse* produit un précipité vert, plus épais.—La dissolution d'arsénite de potasse colore en vert les dissolutions de chromate neutre et de bichromate de potasse, cette dernière immédiatement, la première au bout de quelque temps; à la longue, ces deux dissolutions sont transformées en précipités gélatineux de couleur verte.

La dissolution d'acide arsénieux n'est pas modifiée par l'*iodure de potassium:* si l'on ajoute de l'acide chlorhydrique, elle devient jaunâtre avec le temps.

La dissolution d'*hydrogène sulfuré* forme, dans la dissolution aqueuse d'acide arsénieux, une coloration jaune; au bout de quelque temps, ou par l'action de la chaleur, il se forme un précipité jaune de sulfure d'arsenic As^2S^3. Si cependant on ajoute un peu d'acide chlorhydrique à la dissolution d'acide arsénieux, la dissolution d'hydrogène sulfuré forme immédiatement le précipité jaune. Ce précipité est soluble dans le sulfure d'ammonium aussi bien que dans une dissolution d'hydrate de potasse, dans l'ammoniaque et même dans les dissolutions des carbonates alcalins. Le sulfure d'arsenic est complétement soluble, mais seulement à chaud, même dans les dissolutions de borax neutre et ordinaire. La dissolution reste claire après le refroidissement. Toutes ces dissolutions alcalines contiennent, outre l'arsénite alcalin, un sulfosel formé de la combinaison du sulfure d'arsénic, As^2S^3, avec le sulfure alcalin. Si la dissolution alcaline est sursaturée par un acide, tout le sulfure d'arsenic dissous se précipite, sans qu'il se dégage de gaz hydrogène sulfuré. La solubilité dans les alcalis et dans le sulfure d'ammonium peut permettre de distinguer facilement le sulfure d'arsenic du sulfure de cadmium (p. 124). Le sulfure d'arsenic n'est décomposé ni dissous par l'acide chlorhydrique, même à une température élevée. Soumis à l'action de la chaleur, le sulfure d'arsenic fond et se sublime à l'abri du contact de l'air sans se modifier. Si on dissout le sulfure d'arsenic dans l'ammoniaque, si on ajoute à la dissolution un excès d'une dissolution de nitrate d'argent, si on filtre le sulfure d'argent formé et si on sature exactement au moyen de l'acide nitrique la dissolution filtrée, on obtient un précipité jaune d'arsénite d'argent. Si le sulfure d'arsenic est mélangé de soufre et si on opère de la même manière, on obtient un précipité brun d'arséniate d'argent. — On ne peut séparer l'arsenic métallique par l'action du charbon sur le sulfure d'arsenic à une température élevée. Mais si on mélange le sulfure d'arsenic avec du carbonate de potasse ou du carbonate de soude secs, ou mieux avec le mélange si fusible des deux carbonates et si on chauffe le mélange dans un petit matras, il se forme dans le col du matras un anneau d'arsenic métallique. Si on ajoute de l'ammoniaque à la dissolution de la masse fondue, puis du nitrate d'argent et si on sature par l'acide nitrique la liqueur séparée du sulfure d'argent, il se forme un précipité brun d'arséniate d'argent. Si on fait fondre le mélange de sulfure d'arsenic et de carbonate alcalin dans un courant de gaz hydrogène, on obtient un fort anneau d'arsenic métallique, et la masse fondue contient, outre le sulfosel, du sulfure d'arsenic As^2S^5, de l'arsénite alcalin et une quantité plus ou moins grande d'arséniate alcalin qui n'a pas été décomposé par le gaz hydrogène.— Si l'on fait fondre dans un petit matras le sulfure d'arsenic avec du cyanure de potassium, on obtient, même pour de petites quantités, un anneau d'arsenic; mais tout l'arsenic n'est pas volatilisé. Car, outre le rhodanure de potassium, il s'est formé un sulfosel de sulfure de potassium et de sulfure d'arsenic qui résiste à l'action réductrice du cyanure de potassium. Si, par suite, on dissout dans l'eau la masse fondue et si on sursature légèrement la dissolution par l'acide chlorhydrique, il se dégage, outre le gaz cyanhydrique, du gaz hydrogène sulfuré, et il se précipite du sulfure d'arsenic. La liqueur séparée du sulfure d'arsenic devient rouge de sang par l'action d'une dissolution de sesquichlorure de fer.

Si on ajoute une dissolution de perchlorure d'étain à une dissolution aqueuse d'acide arsénieux, la dissolution d'hydrogène sulfuré forme, dans la liqueur, un précipité jaune qui cependant au bout de peu de temps devient brun. La réaction est plus rapide lorsqu'on ajoute à la liqueur un peu d'acide chlorhydrique. La couleur brune du sulfure précipité ressemble à celle du précipité produit par l'hydrogène sulfuré dans les dissolutions de protochlorure d'étain.

Le *sulfure d'ammonium* ne donne pas de précipité dans une dissolution aqueuse d'acide arsénieux : si on ajoute à la liqueur un acide étendu, il s'en précipite du sulfure d'arsenic jaune.

Le *zinc métallique* ne précipite pas ou presque pas d'arsenic métallique dans une dissolution aqueuse d'acide arsénieux. Mais si on y ajoute de l'acide chlorhydrique ou de l'acide sulfurique étendu, il se dégage du gaz hydrogène et du gaz hydrogène arsénié, et il se précipite de l'arsenic métallique sous forme d'une poudre noire et d'un dépôt noir qui recouvre le zinc.

Si l'on met, dans un petit tube bouché à une extrémité, une quantité excessivement petite d'acide arsénieux, bien moins qu'une petite tête d'épingle, si on ajoute ensuite une quantité un peu plus grande d'acétate de potasse ou de soude et si on chauffe le tout à la lampe à alcool, une partie de l'acide est réduit par la fusion à l'état d'arsenic métallique : il se dégage en même temps une odeur particulière, très désagréable, caractéristique, provenant d'un radical composé d'arsenic, de carbone et d'hydrogène (kakodyle) ; cette odeur permet de reconnaître les plus petites quantités d'acide arsénieux.

Dans les arsénites, l'acide arsénieux est complétement volatilisé lorsqu'on les mélange avec du chlorure d'ammonium et lorsqu'on les soumet à l'action de la chaleur. Les bases qui étaient combinées avec l'acide arsénieux, restent comme résidu à l'état de chlorures.

Dans les combinaisons que forme l'acide arsénieux avec les bases et qui sont insolubles dans l'eau, on reconnaît, dans les analyses qualitatives par voie humide, la présence de l'acide arsénieux de la manière suivante : on les dissout dans un acide, spécialement dans l'acide chlorhydrique ; dans cette dissolution, on précipite l'acide arsénieux par le gaz hydrogène sulfuré ; ou bien, lorsque l'oxyde avec lequel l'acide arsénieux est combiné, est précipité par le gaz hydrogène sulfuré dans une dissolution acide, on sursature la dissolution par l'ammoniaque et on ajoute un excès de sulfure d'ammonium ; l'acide arsénieux est ainsi dissous à l'état de sulfure d'arsenic, et les bases restent à l'état de sulfures comme résidu insoluble ; on filtre et on précipite de la dissolution le sulfure d'arsenic au moyen de l'acide chlorhydrique étendu. On emploie ce dernier moyen pour l'analyse qualitative des couleurs vertes des peintres qui sont essentiellement composées d'arsénite de cuivre.

Cependant l'acide arsénieux, à l'état de combinaison, peut bien plus facilement être reconnu, dans les analyses qualitatives, par voie sèche que par voie humide. La plupart de ses combinaisons, chauffées dans un courant d'hydrogène, donnent de l'arsenic métallique ; il en est de même lorsqu'on les calcine, après les avoir mélangées avec de la poudre de charbon. Lorsque l'acide arsénieux est combiné avec des bases qui ne peuvent être réduites à l'état métallique ni par l'hydrogène, ni par le charbon, on obtient toujours de cette manière de l'arsenic métallique; si, au contraire, l'acide arsénieux est combiné avec des oxydes métalliques qui peuvent être réduits à l'état métallique par le charbon, il peut se former un arséniure dont on ne peut pas séparer l'arsenic métallique par volatilisation. Du reste, cela n'arrive que lorsque la quantité de la base réductible qui est combinée à l'acide arsénieux, est très considérable; si elle est faible, l'excès d'arsenic de l'arséniure formé est chassé à l'état métallique par l'action de la chaleur.

Plusieurs arsénites et particulièrement ceux qui contiennent des bases fortes, produisent, par la chaleur seule, de l'arsenic métallique et se transforment en arséniates. Plus la base est forte, plus cette transformation a lieu facilement. Lorsqu'on ajoute à une dissolution aqueuse d'acide arsénieux un excès d'hydrate de potasse, et lorsqu'on évapore, il se sépare de l'arsenic métallique et il se forme de l'arséniate de potasse dès que le mélange est évaporé à siccité. La quantité d'arséniate formé augmente lorsqu'on chauffe jusqu'au rouge sombre le résidu desséché. — Dans les arsénites formés par les bases faibles, comme l'arsénite de cuivre par exemple, l'acide arsénieux est chassé par l'action de la chaleur.

Pour retrouver au moyen du *chalumeau* la présence de l'arsenic, on traite les combinaisons arsenicales sur le charbon à la flamme intérieure du chalumeau. L'odeur alliacée bien connue de l'arsenic se dégage alors; ce qui permet de reconnaître les plus petites quantités d'arsenic dans une combinaison arsenicale. On ne doit pas omettre ici de mélanger la combinaison avec la soude, avant d'exposer la substance sur le charbon à la flamme intérieure du chalumeau, parce qu'on ne peut souvent reconnaître que par ce moyen avec certitude la présence de l'arsenic par l'odeur alliacée qui se fait sentir. — Si l'on veut essayer au chalumeau l'acide arsénieux pur, on doit également le mélanger d'abord avec la soude et traiter alors le mélange sur le charbon par la flamme intérieure du chalumeau. L'odeur alliacée qui se développe pendant l'insufflation, dure alors assez longtemps. Si on omet de mélanger avec la soude, l'acide arsénieux se volatilise ordinairement si rapidement, qu'il n'est pour ainsi dire point réduit ou ne l'est que partiellement : l'odeur alliacée ne peut pas alors être observée nettement.

On a déjà dit, page 376, que souvent de petites quantités d'acide arsénieux ne peuvent pas être reconnues avec certitude au moyen du chalumeau, lorsqu'elles sont mélangées avec de très grandes quantités de certains oxydes métalliques. C'est ce qui arrive lorsqu'on veut retrouver dans le sesquioxyde de fer des traces d'acide arsénieux, notamment dans les dépôts ocreux des eaux minérales. Dans ce cas, on retrouve l'acide arsénieux, soit en faisant bouillir la substance avec une dissolution d'hydrate de potasse, et dans ce cas la plus grande partie de l'acide arsénieux est enlevée par la potasse, soit en dissolvant la matière ocreuse dans l'acide chlorhydrique et essayant la dissolution dans l'appareil de Marsh, soit en séparant l'arsenic à l'état de sulfure d'arsenic au moyen de l'hydrogène sulfuré. On doit conseiller ici de chauffer la dissolution chlorhydrique avec l'acide sulfureux avant de traiter par l'hydrogène sulfuré. Avec le sulfure d'arsenic, il se précipite ordinairement en même temps de petites quantités de sulfure de cuivre et de sulfure d'étain et aussi de sulfure d'antimoine et de sulfure de plomb. On traite les sulfures par le sulfure d'ammonium ou le sulfure de potassium : le sulfure de cuivre et le sulfure de plomb restent alors comme résidu à l'état insoluble; on précipite dans la dissolution les sulfures au moyen d'un acide.

On réussit souvent, avec ces combinaisons arsenicales, à produire l'odeur de l'arsenic au moyen de la flamme intérieure du chalumeau, en les faisant fondre sur le charbon avec un peu de plomb métallique.

Pour déterminer avec certitude la présence de l'arsenic dans les plus petites quantités d'acide arsénieux, on doit opérer de la manière suivante :

On étire un tube de verre de manière que son diamètre soit le même que celui d'une forte aiguille à tricoter, et on fait fondre l'extrémité de la partie étirée qui ne doit pas avoir plus de 3 à 4 centimètres de long. On met à l'extrémité *a* la petite quantité de la substance à examiner qui peut être moindre que 1 milligramme, on place dessus une petite parcelle de charbon qui doit être placée dans la partie étirée du tube entre *b* et *c*. On chauffe ensuite avec précaution la partie étirée du tube entre *b* et *c*, où est le charbon, et ce n'est que lorsqu'il est rouge qu'on chauffe l'extrémité *a*, en sorte que les vapeurs d'acide arsénieux doivent passer sur le charbon porté au rouge; l'acide arsénieux est alors réduit et forme, dans la partie froide du tube en *d*, un anneau d'arsenic métallique de couleur noire. La réaction s'opère parfaitement à l'aide de la chaleur produite par la flamme d'une petite lampe, sans qu'il y ait besoin d'employer le chalumeau; et il ne faut pas employer une trop forte chaleur, parce que la partie étirée du tube de verre pourrait se ramollir. Lorsque la quantité d'acide arsénieux est très faible, on obtient seulement entre *c* et *d* un dépôt noir très léger : il est néanmoins facile de déplacer la substance au moyen de la flamme du chalumeau et d'obtenir un petit anneau d'arsenic métallique. Après le refroidissement, on sépare en *c* l'extrémité du tube qui contient le charbon et on chauffe le tube en *d* à la flamme d'une petite lampe pour s'assurer, par la production de l'odeur alliacée, que l'anneau obtenu est réellement formé d'arsenic métallique. Après avoir chauffé, on doit porter le tube vers le nez, dans le sens vertical et non dans le sens horizontal, lorsqu'on veut reconnaître nettement l'odeur caractéristique.

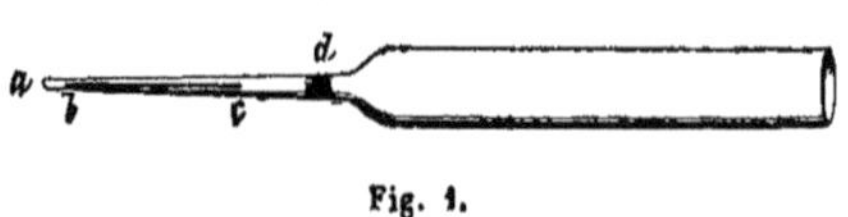

Fig. 1.

Lorsque, dans l'expérience indiquée, on emploie du charbon en poudre au lieu d'un morceau de charbon, l'air contenu entre les particules du charbon peut se dilater lorsqu'on chauffe sans précaution, et une petite quantité de poudre de charbon peut être projetée dans la partie la plus large du tube qui peut devenir noire ou seulement sale. Lorsqu'on emploie un éclat de charbon, l'expérience réussit toujours, même lorsque la quantité d'acide arsénieux est si faible qu'elle ne peut pas ou peut à peine être pesée sur les balances les plus sensibles.

On n'indiquera que plus loin la meilleure méthode de reconnaître la présence de l'arsenic dans le sulfure d'arsenic dont on ne peut pas séparer l'arsenic à l'état métallique au moyen du charbon.

Lorsqu'on veut retrouver la présence de l'arsenic dans de petites quantités d'une combinaison arsenicale dont la base ne peut pas être facilement réduite à l'état métallique, on peut, comme nous l'avons déjà indiqué, arriver à ce résultat au moyen du charbon. Aux combinaisons de ce genre appartient l'arsénite de chaux dans lequel on avait plus souvent à rechercher l'arsenic dans les analyses chimico-légales anciennes que dans les analyses actuelles. Il donne de l'arsenic métallique, même par une simple calcination; mais tout l'arsenic est volatilisé seulement au moyen de la poudre de charbon. Pour de petites quantités de substance, on opère de la manière suivante : on dessèche l'arsénite de chaux dont on a besoin d'employer seulement quelques milligrammes, et on le mélange avec de la poudre de charbon récemment calciné, environ trois fois son volume. On place le mélange dans une petite boule qui a été soufflée à l'extrémité d'un petit tube d'un verre un peu fort : on essuie avec soin le tube au moyen des barbes d'une plume, afin d'enlever toute la poudre de charbon qui aurait pu s'y attacher. On chauffe la boule, d'abord très peu, au moyen d'une lampe, en ayant soin de pencher le tube, comme cela est indiqué dans la figure 2 : on augmente ensuite la chaleur, de manière à porter la boule *a* au rouge. L'arsenic réduit se dépose alors en *b*. Si l'on ne penchait pas le tube, comme cela est indiqué, l'eau qui se rassemble toujours dans le tube pourrait couler sur la boule rougie et en déterminer la rupture. Lorsqu'on chauffe tout de suite fortement la boule, la poudre de charbon est projetée et salit le tube. On peut éviter entièrement cet inconvénient en mélangeant l'arsénite de chaux avec de l'oxalate de chaux : l'acide arsénieux est alors réduit comme par la poudre de charbon.

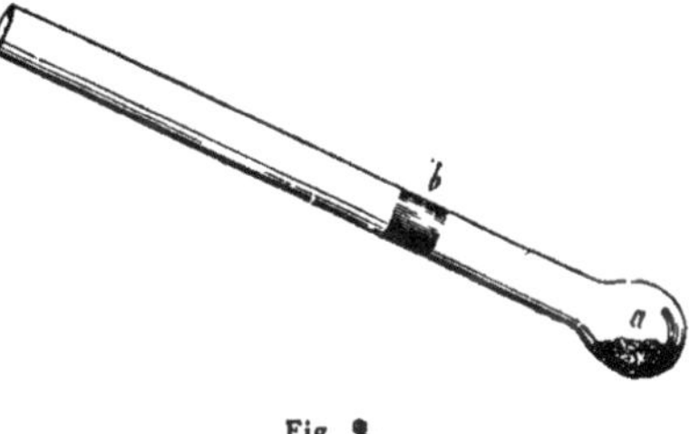

Fig. 2.

Si on ajoute un peu d'acide borique au mélange d'arsénite de chaux et de charbon, la réduction s'opère non-seulement à une plus faible chaleur, mais encore elle est plus complète.

Si, dans les analyses chimico-légales, on a obtenu de grandes quantités d'arsénite de chaux, on peut opérer la réduction de l'acide arsénieux à l'état d'arsenic métallique dans une petite cornue.

Lorsqu'on doit retirer de cette manière l'arsenic métallique contenu dans l'arsénite de chaux, il faut que cet arsénite ne soit pas fortement souillé de substances organiques, parce qu'alors l'huile empyreumatique, produite par la calcination des matières organiques, pourrait cacher si bien une petite quantité d'arsenic qu'il pourrait être difficile de la retrouver.

On se sert actuellement, en général, beaucoup mieux et avec bien plus d'avantage, du *cyanure de potassium* au lieu de charbon pour découvrir les plus petites quantités d'arsenic dans les combinaisons arsenicales. On chauffe, au-dessus d'une lampe jusqu'au rouge sombre, la combinaison avec un petit morceau de cyanure de potassium, dans un petit matras, comme il a été indiqué, figure 2 ; le cyanure de potassium fond immédiatement et réduit l'acide arsénieux : il se dépose alors de l'arsenic métallique en *b*. Il n'est pas nécessaire d'augmenter la chaleur au moyen du chalumeau. La boule *a* ne doit pas être trop petite, parce qu'au moment où la chaleur commence à déterminer la fusion du cyanure de potassium, il se produit un boursouflement qui peut pousser dans le col du matras une petite quantité du sel fondu, ce que l'on doit éviter. On emploie dans ce cas, comme dans tous les essais de la même espèce, le cyanure de potassium qui se trouve dans le commerce et qui contient du cyanate de potasse. On a souvent conseillé d'ajouter au cyanure de potassium un peu de carbonate de soude, ce qui ne peut avoir que des inconvénients; car la fusion n'est pas facilitée de cette manière et le boursouflement peut augmenter.

Mais lorsqu'on emploie le cyanure de potassium, on peut souvent, et par les mêmes motifs que lorsqu'on emploie le charbon, ne pas s'apercevoir de la présence de l'arsenic. Si on fait fondre, par exemple, du vert de Scheele (arsénite de cuivre) avec du cyanure de potassium, on n'obtient qu'un petit anneau d'arsenic métallique; mais si on commence par mélanger intimement la combinaison avec une plus grande quantité d'oxyde de cuivre, on n'obtient pas de trace d'arsenic métallique. Par les mêmes motifs, on peut ne pas obtenir d'arsenic métallique par l'action du cyanure de potassium, lorsqu'on opère sur les combinaisons d'acide arsénieux avec l'oxyde de plomb, l'oxyde d'argent, les oxydes de fer, de cobalt, de nickel, lorsque ces combinaisons contiennent une grande quantité de la base réductible. Une addition considérable d'or métallique, réduit en poudre fine, peut aussi empêcher la volatilisation de l'arsenic par l'action du cyanure de potassium. C'est, par conséquent, seulement dans les combinaisons de l'acide arsénieux qui contiennent des bases qui ne peuvent pas être réduites à l'état métallique au moyen du cyanure de potassium, que l'on peut séparer de très petites quantités d'arsenic à l'état d'arsenic métallique au moyen du cyanure de potassium. Telles sont les combinaisons que l'acide arsénieux forme avec les oxydes alcalins, les oxydes alcalino-terreux, l'alumine et les autres oxydes terreux, les oxydes de manganèse. Lorsque l'acide arsénieux est combiné avec une grande quantité d'oxyde de zinc, on obtient de l'arsenic métallique par l'action du cyanure de potassium. Bien que le zinc métallique ait de la tendance à se transformer en zinco-cyanide de potassium par une fusion prolongée avec le cyanure de potassium (probablement à cause de l'oxygène contenu dans le cyanate de potasse), on n'obtient pas d'anneau d'arsenic métallique par l'action du cyanure de potassium sur un alliage de zinc et d'une petite quantité d'arsenic qui est très peu fusible, parce que, dans cet alliage, lorsqu'une partie du zinc a été dissoute par le cyanure de potassium, l'arsenic se concentre sans se volatiliser.

Il n'y a que dans les combinaisons que l'acide arsénieux forme avec les oxydes de deux métaux que l'arsenic, même en très petite quantité, peut être volatilisé à l'état métallique, bien que les oxydes de ces deux métaux soient réduits facilement par le cyanure de potassium. Ce sont les combinaisons de l'acide arsénieux avec les oxydes de l'antimoine et du bismuth. Ces deux métaux sont les seuls qui aient assez peu d'affinité pour l'arsenic pour que tout l'arsenic soit séparé et volatilisé de leurs combinaisons à une température peu élevée. Il n'en est pas tout à fait de même de l'oxyde d'étain; en effet, une petite quantité d'arsenic ne peut pas être séparée de l'étain par la simple calcination à l'abri de l'air.—Mais lorsque, dans les combinaisons de l'acide arsénieux avec les oxydes de bismuth et d'antimoine, il n'y a qu'une très petite quantité d'acide arsénieux et en outre d'autres oxydes réductibles, on ne peut pas reconnaître au moyen du cyanure de potassium la présence de petites quantités d'arsenic, comme, par exemple, dans les mélanges d'oxyde de bismuth ou d'antimoine avec l'oxyde de plomb et les autres oxydes réductibles.

De même, dans le sulfure d'arsenic, lorsqu'il est mélangé avec du soufre, on ne peut volatiliser l'arsenic à l'état métallique, ni complétement, ni partiellement. Il en est de même lorsque le sulfure d'arsenic est mélangé ou combiné avec des quantités considérables d'autres sulfures dont les métaux peuvent être séparés au moyen du cyanure de potassium, mais donnent avec l'arsenic des combinaisons dont l'arsenic ne peut pas être volatilisé par la chaleur, comme cela arrive, par exemple, pour le sulfure de plomb, le sulfure de cuivre, le sulfure de fer, etc. Mais on peut trouver de petites quantités d'arsenic au moyen du cyanure de potassium lorsqu'il est combiné, à l'état de sulfure d'arsenic, avec de grandes quantités de sulfure d'antimoine, et rend ainsi ce dernier corps impur. Cependant on ne peut pas retrouver de cette manière la présence de l'arsenic dans le sulfure d'antimoine commercial (que l'on appelle antimoine cru), parce qu'il se trouve presque toujours dans ce composé d'autres sulfures dont les métaux, après la réduction au moyen du cyanure de potassium, peuvent retenir l'arsenic à une température élevée, comme le sulfure de plomb par exemple.

L'acide arsénieux et ses combinaisons peuvent surtout être si facilement découverts à l'aide du chalumeau, qu'on ne peut pas en méconnaître la présence. Dans les dissolutions, on peut distinguer l'acide arsénieux des autres substances au moyen du gaz hydrogène sulfuré et du sulfure d'ammonium. L'acide arsénieux ressemble, sous ce rapport, à l'oxyde d'étain dont il se distingue par la manière de se comporter au chalumeau. On n'indiquera que plus loin comment les sulfures des deux métaux peuvent être distingués entre eux et peuvent être distingués de ceux d'antimoine.

La présence de certaines substances organiques, surtout de celles qui ne sont pas volatiles, modifie la manière dont l'acide arsénieux et ses combinaisons se comportent avec la plupart des réactifs. Par ce motif, dans les analyses qualitatives chimico-légales de substances organiques qui ont été empoisonnées au moyen de l'acide arsénieux, on ne peut pas accorder beaucoup de confiance aux phénomènes que produisent les réactifs dans les dissolutions; on ne peut pas, par suite, prouver de cette manière dans ces dissolutions l'existence de l'acide arsénieux: en effet, plusieurs de ces réactions peuvent souvent être produites par les substances organiques seules.

Si une dissolution aqueuse d'acide arsénieux contient des substances organiques non volatiles, comme le sucre par exemple, cela n'empêche pas la production du précipité que l'acide arsénieux forme avec un excès d'eau de chaux; seulement il ne se forme alors qu'au bout d'un temps très long. En présence d'autres substances organiques, comme le vin blanc par exemple, le précipité d'arsénite de chaux ne se forme également que plus tard; en outre, il a un autre aspect.

Le précipité que forme une dissolution de nitrate d'argent dans les dissolutions des arsénites, perd par le temps sa couleur jaune et devient peu à peu noir, lorsqu'il y a en même temps des substances organiques non volatiles, mais incolores. Dans une dissolution colorée, le nitrate d'argent forme ordinairement un précipité sale.

Le précipité vert-serin que forme une dissolution de sulfate de cuivre dans les dissolutions des arsénites alcalins, n'est pas modifié notablement, sous le rapport de la couleur, lorsqu'il y a dans la dissolution des substances organiques non volatiles. Il en est de même du précipité que forme le gaz hydrogène sulfuré dans les dissolutions de l'acide arsénieux qui ont été rendues acides au moyen de l'acide chlorhydrique. Cependant, lorsque les dissolutions sont fortement colorées, la couleur jaune du précipité que forme le gaz hydrogène sulfuré, est difficile à observer.

On admet que, de tous les réactifs de l'acide arsénieux, le gaz hydrogène sulfuré est le plus sûr, surtout lorsque les dissolutions à essayer n'ont pas une teinte trop foncée. Dans certains cas cependant, on obtient, à l'aide de ce réactif, un précipité jaune, abondant, dans des dissolutions acides qui ne contiennent pas de trace d'acide arsénieux ni d'oxydes métalliques. Cela arrive, par exemple, lorsqu'on fait bouillir pendant longtemps, avec une dissolution de potasse, de la viande qui contient beaucoup de matière grasse et lorsqu'on sature ensuite la liqueur alcaline avec l'acide chlorhydrique ou l'acide nitrique. Lorsqu'on fait bouillir une viande de cette espèce avec ces acides seulement, l'hydrogène sulfuré produit un précipité jaune abondant dans la dissolution étendue d'eau qu'il est souvent difficile d'obtenir claire par filtration. Il en est de même lorsqu'on sursature une pareille dissolution par un alcali, lorsqu'on ajoute ensuite du sulfure d'ammonium, puis de l'acide chlorhydrique jusqu'à ce que la dissolution devienne acide.

Nous venons d'examiner pourquoi on ne peut pas considérer le gaz hydrogène sulfuré comme un réactif certain de l'acide arsénieux; c'est avec bien plus de raison que la dissolution de sulfate de cuivre doit être rejetée, parce que plusieurs décoctions de substances organiques faiblement colorées peuvent donner avec ce réactif un précipité vert-serin semblable à celui que donne l'acide arsénieux lorsqu'on ajoute une petite quantité d'une dissolution de potasse ou d'ammoniaque. Une décoction de café non brûlé, par exemple, produit dans les dissolutions d'une certaine quantité de sulfate de cuivre auxquelles on a ajouté un peu de potasse, un précipité vert dont la couleur a de la ressemblance avec celle de l'arsénite de cuivre; cependant la liqueur qui surnage le précipité, est également colorée en vert; le précipité se dissout aussi avec une couleur verte et non avec une couleur bleue dans un excès de dissolution de potasse. Le précipité vert que forme, dans une décoction d'oignons dans l'eau chaude, une dissolution de sulfate de cuivre à laquelle on a ajouté un peu de potasse, ressemble encore plus à l'arsénite de cuivre (cependant lorsque les oignons ont été bouillis pendant longtemps avec l'eau, la réaction ne peut pas se produire). Il est d'autant plus nécessaire d'y faire attention, qu'une dissolution de nitrate d'argent produit, dans la décoction d'oignons à laquelle on a ajouté une goutte d'ammoniaque, un précipité jaune qui est soluble dans l'acide nitrique étendu et dans l'ammoniaque, et qui a quelque ressemblance, bien qu'éloignée, avec l'arsénite d'argent. Cependant la couleur de ce précipité est d'un jaune un peu plus sale que celle de l'arsénite d'argent; ce précipité devient noir spontanément par le temps. Une décoction de café non brûlé donne, avec la dissolution de nitrate d'argent seulement, un précipité blanc qui devient immédiatement noir par l'action d'une goutte d'ammoniaque.

La recherche de l'acide arsénieux, lorsqu'il est mélangé avec de grandes quantités de substances organiques, est d'une grande importance dans les analyses chimico-légales. La plupart des empoisonnements prémédités ont lieu au moyen de l'acide arsénieux. On a beaucoup perfectionné, dans ces derniers temps, les méthodes de recherches de l'acide arsénieux en petite quantité. Mais comme toutes ces méthodes ont pour but d'obtenir l'arsenic à l'état métallique, et comme, dans la plupart des cas, il importe peu que la substance organique contienne l'arsenic à l'état d'acide arsénieux ou à l'état d'acide arsénique, il sera traité avec détail de ces méthodes plus loin, à l'article Acide arsénique.

Acide arsénique, As^2O^5.

L'acide arsénique, à l'état anhydre, forme une masse blanche, opaque. Il attire l'humidité de l'air et finit par tomber en deliquium, mais seulement au bout de quelque temps. On peut l'obtenir à l'état cristallisé, et il cristallise avec des quantités d'eau variables. A l'état anhydre, l'acide arsénique se dissout complétement, mais assez lentement dans l'eau : une grande partie reste pendant longtemps à l'état de poudre blanche insoluble. Mais lorsqu'il a attiré l'humidité de l'air et qu'il s'est ainsi transformé en hydrate, il se dissout facilement dans l'eau. La dissolution rougit très fortement le papier de tournesol. L'acide arsénique anhydre fond au rouge faible et forme une masse blanche qui, en se dissolvant dans une petite quantité d'eau, abandonne de l'acide arsénieux comme résidu ; à une température plus élevée, l'acide arsénique se volatilise entièrement; mais en même temps il se décompose en acide arsénieux et en oxygène.

Il n'y a pas de chlorure correspondant à l'acide arsénique. Lorsqu'on mélange l'acide arsénique ou un arséniate avec du chlorure de sodium, et lorsqu'on traite le mélange par l'acide sulfurique concentré, il se dégage du chlore et il se forme du chlorure correspondant à l'acide arsénieux (As^2Cl^6). Mais si on soumet à la distillation une dissolution aqueuse concentrée d'acide arsénique avec l'acide chlorhydrique même fumant, il ne se dégage pas d'acide arsénieux ou plutôt il ne se produit pas de chlorure correspondant. On en obtient seulement à la fin de l'opération une trace excessivement faible : et lorsqu'on fait passer la partie distillée dans une dissolution très étendue d'iodure de potassium, elle se colore faiblement en jaune : il s'est par conséquent produit un peu de chlore, mais il s'en est produit si peu qu'on ne peut en reconnaître la production que de cette manière.

On n'obtient pas non plus de l'acide arsénieux dans la portion qui a passé à la distillation, ou bien on n'en obtient que des traces excessivement faibles, lorsqu'on ajoute à une dissolution d'acide arsénieux de l'acide chlorhydrique et ensuite de l'acide sulfurique en quantité égale, et lorsqu'on soumet le tout à la distillation.

Les combinaisons salines de l'acide arsénique ont, sous le rapport de leur forme cristalline, de leur solubilité dans l'eau et de beaucoup d'autres propriétés, de l'analogie avec les combinaisons correspondantes de l'acide phosphorique. L'acide arsénique forme seulement avec les oxydes alcalins des sels qui, tant à l'état acide qu'à l'état neutre, sont solubles dans l'eau. Les combinaisons neutres de l'acide arsénique avec les oxydes terreux et métalliques proprement dits, sont insolubles dans l'eau et ne sont dissous que par un excès d'acide arsénique ou par un autre acide libre. Les dissolutions des combinaisons neutres de l'acide arsénique sont donc précipitées par les dissolutions neutres des combinaisons salines des oxydes terreux et métalliques proprement dits. Ces précipités se dissolvent dans les acides libres et sont précipités de nouveau de la dissolution à l'état d'arséniates, lorsqu'on sature l'acide au moyen d'un oxyde alcalin. Cependant un excès d'oxyde alcalin, et surtout un excès de potasse, enlèvent souvent de l'acide arsénique à la combinaison saline, et l'oxyde paraît alors avec sa couleur particulière; mais il n'est pas possible d'enlever de cette manière tout l'acide arsénique à la dissolution. Si la base de l'arséniate précipité se dissout dans un excès d'oxyde alcalin, l'arséniate s'y dissout de même. Souvent cependant l'acide arsénique empêche certaines bases d'être précipitées par les oxydes alcalins, et ressemble un peu, sous ce rapport, à l'acide phosphorique.

Une dissolution de *chlorure de calcium* ne produit pas de précipité dans l'acide arsénique libre, mais cependant l'eau de chaux en produit un seulement lorsqu'on en ajoute un excès. Cependant le chlorure de calcium produit un précipité insoluble d'arséniate de chaux dans les dissolutions des arséniates alcalins. Ce précipité est soluble non-seulement dans l'acide chlorhydrique et dans l'acide nitrique, mais aussi dans les dissolutions des sels ammoniacaux, et particulièment du chlorure d'ammonium. La dissolution d'arséniate de chaux dans le chlorure d'ammonium, reste claire même au bout de quelque temps. Lorsqu'il y a de l'ammoniaque libre, l'arséniate de chaux se dissout plus difficilement dans les sels ammoniacaux; cependant il ne se forme très fréquemment pas de précipité par l'action d'un excès d'ammoniaque sur une dissolution d'arséniate de chaux dans une très grande quantité d'acide chlorhydrique ou d'acide nitrique libres. — Le *chlorure de baryum* ne produit pas immédiatement de précipité dans une dissolution étendue d'arséniate de soude; mais il s'en produit un au bout de quelque temps. Une dissolution concentrée produit immédiatement un précipité qui est soluble dans le chlorure d'ammonium. Cependant la dissolution ne reste ordinairement claire que pendant quelques instants; car il se forme ensuite un précipité cristallin. — L'eau de baryte donne un précipité lorsqu'on en ajoute un excès à une dissolution d'acide arsénique.

Le *carbonate de chaux*, lorsqu'on le fait digérer pendant longtemps à froid avec une dissolution aqueuse d'acide arsénique, ne le précipite pas complétement. Si on ajoute du chlorure d'ammonium, le carbonate de chaux ne précipite pas du tout d'acide arsénique.

Si l'on fait digérer à la température ordinaire le *carbonate de baryte* avec une dissolution aqueuse d'acide arsénique, tout l'acide arsénique n'est pas précipité même au bout de quelque temps à l'état d'arséniate de baryte. Mais même lorsqu'on ajoute de l'acide chlorhydrique, le carbonate de baryte ne précipite pas complétement l'acide arsénique. Tout l'acide arsénique n'est pas davantage précipité lorsqu'on ajoute un excès d'acide chlorhydrique à la dissolution d'arséniate de soude, et lorsqu'on fait digérer ensuite avec le carbonate de baryte.

Une dissolution de *sulfate de magnésie* ne donne que dans les dissolutions un peu concentrées des arséniates, un précipité qui est soluble à froid dans une grande quantité d'eau. Il ne se forme pas de précipité dans les dissolutions étendues. Mais si on fait bouillir le tout, il se forme un précipité d'arséniate de magnésie qui ne disparaît pas de nouveau par le refroidissement. Si l'on a employé des dissolutions d'arséniate alcalin et de sel de magnésie assez étendues pour qu'il ne se produise pas d'arséniate de magnésie à froid, on obtient immédiatement un précipité d'arséniate ammoniaco-magnésien lorsqu'on ajoute de l'ammoniaque ou du carbonate d'ammoniaque. La présence de quantités même considérables de chlorure d'ammonium et d'autres sels ammoniacaux, est sans influence sur la production de ce précipité.

Si l'on fait digérer à froid une dissolution aqueuse d'acide arsénique avec l'*hydrate de sesquioxyde de fer* qui a été récemment précipité au moyen de l'ammoniaque, qui a été ensuite bien lavé et que l'on maintient en suspension dans l'eau, l'acide arsénique n'est pas entièrement précipité, et la liqueur séparée du sesquioxyde de fer par filtration, est rouge. Ce n'est que lorsqu'il y a un excès excessivement considérable de sesquioxyde de fer que l'on peut arriver à ce que tout le sesquioxyde de fer reste comme résidu à l'état insoluble, et à ce que la liqueur filtrée soit incolore.

Une dissolution de *nitrate* ou d'*acétate de plomb* produit, dans les dissolutions d'acide arsénique, un précipité blanc d'arséniate de plomb. Il en forme également un dans les dissolutions des arséniates alcalins. Le précipité d'arséniate de plomb est soluble dans l'acide nitrique ; mais il est tout à fait insoluble dans l'acide acétique. Lorsqu'on le fait fondre sur le charbon à la flamme du chalumeau, il ne cristallise pas ; mais il est réduit par la flamme intérieure à l'état de régule de plomb, avec dégagement d'une fumée épaisse et production de l'odeur de l'arsenic.

Une dissolution de *nitrate d'argent* produit, dans une dissolution d'acide arsénique libre, un précipité brun ou brun-rougeâtre d'arséniate d'argent qui se dissout très difficilement dans un excès d'acide arsénique. Ce précipité est soluble dans l'acide nitrique libre. Si l'on a ajouté une petite quantité de dissolution d'argent à une grande quantité d'acide arsénique, le précipité se dissout facilement dans l'ammoniaque libre, ou plutôt dans l'arséniate d'ammoniaque formé. Mais si on a ajouté à l'acide arsénique un excès de dissolution d'argent, le précipité ne se dissout que très difficilement et seulement incomplétement dans un grand excès d'ammoniaque. Si on ajoute de l'acide nitrique, le précipité se dissout complétement dans le nitrate d'ammoniaque formé et donne une dissolution claire, même lorsque la dissolution est encore fortement ammoniacale. Une dissolution d'arséniate de soude qui bleuit le papier de tournesol, produit immédiatement un précipité brun avec la dissolution de nitrate d'argent. La liqueur qui surnage le précipité brun, rougit le papier de tournesol. Si on a ajouté un excès de la dissolution d'arséniate, le précipité se dissout facilement et complétement dans l'ammoniaque ; mais dans le cas contraire, lorsqu'il y a un excès de dissolution d'argent, le précipité se dissout difficilement et incomplétement ; cependant il se dissout facilement dans l'acide nitrique, même lorsque cet acide n'est pas en excès et lorsque la liqueur est fortement ammoniacale. — Lorsque l'arséniate d'argent a été dissous dans l'acide nitrique libre en présence d'un sel ammoniacal, il reparaît avec sa couleur particulière lorsqu'on sature par l'ammoniaque. Si l'arséniate a été soumis à la calcination avant d'être dissous, cela n'a aucune influence sur la couleur et les propriétés du précipité. — Si l'on dissout les arséniates de chaux et de magnésie dans l'acide nitrique, la dissolution de nitrate d'argent produit ordinairement immédiatement un précipité brun d'arséniate d'argent, lorsque la quantité d'acide nitrique n'est pas trop considérable. Si l'on ajoute ensuite un excès d'ammoniaque, le précipité brun devient immédiatement blanc, lorsqu'il y a de l'arséniate de magnésie dans la dissolution, mais non lorsqu'il y a de l'arséniate de chaux. Dans ce dernier cas, le précipité brun conserve sa couleur brune, pendant longtemps, même lorsqu'il y a un excès considérable d'ammoniaque, et ce n'est que plus tard que le précipité se transforme en arséniate de chaux blanc; la transformation est plus rapide par l'action de la chaleur. — L'arséniate d'argent ne devient pas noir comme l'arsénite d'argent, lorsqu'on le fait bouillir avec l'hydrate de potasse.

Si une dissolution d'acide arsénique contient en même temps beaucoup d'acide arsénieux, on obtient par l'action d'une dissolution d'oxyde d'argent, même après la neutralisation au moyen de l'ammoniaque, un précipité qui a presque entièrement la couleur de l'arséniate d'argent, même lorsque l'acide arsénieux surpasse l'acide arsénique en quantité. Mais lorsque le précipité a été dissous dans l'ammoniaque à l'aide d'un sel ammoniacal, on obtient, en ajoutant avec soin de l'acide nitrique goutte à goutte, d'abord un précipité jaune d'arsénite d'argent et ensuite un précipité brun d'arséniate d'argent : une plus grande quantité d'acide nitrique dissout le tout. Si le mélange des deux sels d'argent a été dissous par l'acide nitrique, et si l'on ajoute avec précaution de l'ammoniaque, il se produit un précipité brun, qui cependant devient jaune lorsqu'on ajoute en plus une faible quantité d'ammoniaque.

Une dissolution de *nitrate de protoxyde de mercure* produit, dans les dissolutions d'acide arsénique et d'arséniate de soude, un précipité blanc qui a une pointe de jaunâtre. Le précipité blanc devient rouge-brique par le temps, et plus rapidement par l'action de la chaleur.

Une dissolution de *bichlorure de mercure* ne produit pas de modification dans la dissolution d'acide arsénique; dans une dissolution d'arséniate de soude, il se produit, à l'aide de ce réactif, un précipité jaune qui n'est pas très considérable.

Une dissolution d'un *sel neutre de cuivre*, de *sulfate de cuivre* par exemple, produit, dans les dissolutions neutres des arséniates alcalins, un précipité bleu-verdâtre, pâle, d'arséniate de cuivre dans lequel la dissolution d'hydrate de potasse ne sépare pas de protoxyde de cuivre.

Les dissolutions de *ferrocyanure de potassium* et de *ferrocyanide de potassium* ne modifient pas la dissolution d'acide arsénique.

L'*infusion de noix de galles* ne produit pas non plus de précipité dans la dissolution d'acide arsénique.

Une dissolution d'*hypermanganate de potasse* n'est pas modifiée par les dissolutions d'acide arsénique et d'arséniate de soude.

Les dissolutions de *chromate neutre* et de *bichromate de potasse* ne sont pas non plus décomposées par les dissolutions d'acide arsénique et d'arséniate de soude; seulement la dissolution jaune de chromate neutre de potasse devient rouge-orangé par l'action de l'acide arsénique, comme par l'action des autres acides; et le chromate neutre de potasse est transformé en bichromate.

Une dissolution d'*iodure de potassium* ne modifie pas d'abord la dissolution d'acide arsénique; seulement la dissolution devient jaune au bout de quelque temps, et brune par suite de la séparation de l'iode. La réaction est plus rapide par l'action de la chaleur et encore plus rapide lorsqu'on ajoute de l'acide chlorhydrique. Une dissolution d'arséniate de soude n'est point modifiée par l'action de l'iodure de potassium, ni même par l'action de l'ébullition; mais elle est modifiée lorsqu'on ajoute de l'acide chlorhydrique qui colore en brun la dissolution et détermine une séparation d'iode qu'il est facile d'observer.

La dissolution d'*hydrogène sulfuré* produit un précipité jaune clair de sulfure d'arsenic, As^2S^5, dans la dissolution aqueuse d'acide arsénique et dans la dissolution des arséniates rendue acide au moyen d'un acide libre, surtout au moyen de l'acide chlorhydrique. Ce précipité ne se forme pas immédiatement, surtout dans les dissolutions étendues; mais il se forme seulement au bout d'un temps très long, au bout d'une demi-heure ou même au bout d'un temps encore plus long; la réaction est plus rapide lorsqu'on chauffe légèrement le tout. Dans tous les cas, le précipité se produit incomparablement plus lentement que celui formé par l'hydrogène sulfuré dans les dissolutions d'acide arsénieux (p. 384), et on doit, pour le produire, employer un excès d'une dissolution d'hydrogène sulfuré bien concentrée. Le sulfure d'arsenic As^2S^5 se sublime à l'abri de l'air sans se décomposer, comme le sulfure d'arsenic As^2S^3; mais il a une couleur moins jaune, plus pâle. Le sulfure d'arsenic As^2S^5 est, comme le sulfure d'arsenic As^2S^3, soluble dans le sulfure d'ammonium, dans les dissolutions des hydrates alcalins, des carbonates et des borates alcalins. La dissolution contient, outre l'arséniate alcalin, un sulfosel formé de la combinaison du sulfure d'arsenic As^2S^5 avec le sulfure alcalin. Si on sature la dissolution alcaline avec un acide, le sulfure d'arsenic dissous est précipité sans qu'il se dégage de gaz hydrogène sulfuré. Pour distinguer le sulfure d'arsenic As^2S^5 du sulfure d'arsenic As^2S^3, on peut ajouter à leur dissolution dans l'ammoniaque un excès de dissolution de nitrate d'argent, séparer par filtration le sulfure d'argent formé et saturer par l'acide nitrique la liqueur filtrée. On obtient ainsi un précipité brun d'arséniate d'argent. Cependant on a déjà remarqué que, lorsque le sulfure d'arsenic correspondant à l'acide arsénieux est mélangé avec du soufre, il se forme après ce traitement un précipité brun. — Le sulfure d'arsenic As^2S^5 n'est ni décomposé ni dissous par l'acide chlorhydrique, même avec l'aide d'une température élevée. — Si l'on fait fondre le sulfure d'arsenic As^2S^5 dans un petit matras avec du carbonate de soude, du carbonate de potasse, ou un mélange des deux carbonates, il ne se sublime rien et il ne se forme pas d'anneau d'arsenic métallique; c'est le moyen le plus facile et le plus certain de distinguer l'une de l'autre les deux espèces de sulfures d'arsenic As^2S^3 et As^2S^5 qui ont tant de ressemblance l'une avec l'autre. La masse fondue contient, outre l'arséniate alcalin, le sulfosel formé de la combinaison du sulfure d'arsenic As^2S^5 avec le sulfure alcalin. Mais si l'on fait fondre le mélange dans un courant de gaz hydrogène, il se produit un fort anneau d'arsenic métallique. Le sulfosel formé par la fusion n'est pas décomposé par l'action du gaz hydrogène, et l'arséniate alcalin formé est réduit à l'état d'arsenic qui se sublime. On arrive aussi au même résultat lorsqu'on ajoute de la poudre de charbon au mélange du carbonate alcalin et du sulfure d arsenic As^2S^5, et lorsqu'on chauffe dans un petit matras de verre. On obtient alors d'une manière facile et convenable l'anneau d'arsenic métallique. — Si l'on fait fondre le sulfure d'arsenic As^2S^5 avec le cyanure de potassium dans un petit matras, il se forme, comme pour le sulfure d'arsenic le moins sulfuré, un anneau d'arsenic sublimé, et la masse fondue contient, outre le rhodanure de potassium, un sulfosel d'arsenic sur lequel le cyanure de potassium ne peut plus agir. Mais si le sulfure d'arsenic est mélangé avec une plus grande quantité de soufre, le mélange, fondu avec le cyanure de potassium, ne laisse pas séparer d'arsenic métallique; il ne se sublime qu'un peu de soufre.

Le *sulfure d'ammonium* ne donne pas de précipité dans les dissolutions des arséniates neutres alcalins. Si on ajoute quelques gouttes de sulfure d'ammonium à une dissolution très concentrée d'un arséniate, la liqueur se trouble bien; mais elle redevient complétement claire lorsqu'on ajoute une plus grande quantité de sulfure d'ammonium. Lorsqu'on verse ensuite un acide, spécialement de l'acide chlorhydrique dans la dissolution à laquelle on a ajouté du sulfure d'ammonium, il se dégage du gaz hydrogène sulfuré, et il se produit un précipité jaune-clair de sulfure d'arsenic As^2S^5 qui ne se forme qu'au bout de quelque temps, surtout dans les dissolutions étendues et qui ne se forme qu'un peu plus rapidement par l'action de la chaleur. Le sulfure d'arsenic As^2S^5 est précipité plus rapidement de cette manière qu'il ne l'est par le gaz hydrogène sulfuré dans les dissolutions acides.

Si l'on chauffe une dissolution d'acide arsénique avec une dissolution d'*acide sulfureux,* jusqu'à ce qu'on ne puisse plus reconnaître ce dernier à l'odeur, l'acide arsénique est transformé en acide arsénieux et la dissolution d'hydrogène sulfuré donne immédiatement un précipité jaune de sulfure d'arsenic correspondant à l'acide arsénieux. Si on emploie un sulfite et un arséniate, il faut ajouter un excès d'acide chlorhydrique ou d'acide sulfurique étendu pour séparer de leurs combinaisons salines l'acide sulfureux et l'acide arsénique; on fait ensuite bouillir jusqu'à ce que l'odeur d'acide sulfureux ait complétement disparu.

L'acide arsénique peut être distingué des autres acides qui forment, comme lui, avec les oxydes terreux et métalliques, des combinaisons insolubles dans l'eau, par le précipité que produit le gaz hydrogène sulfuré dans les dissolutions acides de ses combinaisons. La présence de l'acide arsénique, lorsque, dans les dissolutions, il a été réduit à l'état d'acide arsénieux au moyen de l'acide sulfureux, peut être reconnue par ce moyen d'autant plus sûrement que l'acide arsénieux est précipité par l'hydrogène sulfuré bien plus facilement que l'acide arsénique.

Lorsque l'acide arsénique est combiné à des oxydes terreux ou à des oxydes métalliques qui ne peuvent pas être précipités par l'hydrogène sulfuré gazeux dans une dissolution acide, comme le sesquioxyde de fer, le protoxyde de fer, l'oxyde de cobalt, l'oxyde de nickel, l'oxyde de zinc, le protoxyde de manganèse, l'oxyde d'urane, le sesquioxyde de chrome, etc., on dissout la combinaison dans un acide, spécialement dans l'acide chlorhydrique; on traite la dissolution par l'acide sulfureux et on fait passer dans la dissolution étendue un courant de gaz hydrogène sulfuré, jusqu'à ce que la liqueur en soit saturée. Il se forme un précipité que l'on peut reconnaître pour du sulfure d'arsenic à sa couleur et à sa solubilité dans le sulfure d'ammonium. Le sulfure d'arsenic peut être distingué facilement, par sa solubilité dans l'ammoniaque, du précipité de soufre pur.

Lorsque l'acide arsénique est combiné à des oxydes métalliques qui peuvent être précipités par le gaz hydrogène sulfuré dans une dissolution acide à l'état de sulfures, mais dont les sulfures ne peuvent se dissoudre dans le sulfure d'ammonium, on dissout la combinaison dans un acide, on sursature la dissolution par l'ammoniaque, on ajoute alors du sulfure d'ammonium, bien que l'ammoniaque ait déjà formé un précipité, et on fait digérer le tout pendant quelque temps à une température élevée. Le sulfure d'arsenic formé est dissous, tandis que les bases avec lesquelles l'acide arsénique était combiné, restent comme résidu à l'état de sulfures insolubles et peuvent être séparées par filtration. Quelquefois cependant il se dissout avec le sulfure d'arsenic une petite quantité de sulfures basiques. Dans la liqueur séparée des sulfures métalliques par filtration, on précipite le sulfure d'arsenic par l'acide chlorhydrique étendu.

Lorsque le sulfure d'arsenic obtenu de cette manière est mélangé avec une trop grande quantité de soufre, on ne peut pas obtenir d'arsenic métallique par la fusion avec le cyanure de potassium. Pour en retirer alors l'arsenic d'une manière certaine, on doit y verser de l'acide chlorhydrique, puis du chlorate de potasse. Il n'est pas nécessaire d'enlever préalablement du filtre le sulfure d'arsenic; on peut le soumettre avec le sulfure d'arsenic à l'action du chlorate de potasse et de l'acide chlorhydrique. On chauffe le tout pendant longtemps et on filtre : on n'a pas besoin de chauffer jusqu'à ce que tout le soufre soit dissous complétement; l'arsenic se dissout et se transforme en acide arsénique. A la dissolution filtrée, on ajoute une dissolution de sulfate de magnésie et de chlorure d'ammonium, et on sursature ensuite par l'ammoniaque : il se précipite de l'arséniate ammoniaco-magnésien que l'on peut faire fondre avec du cyanure de potassium dans un petit matras ; on obtient alors tout l'arsenic à l'état d'anneau métallique.

Comme l'acide arsénique est précipité par le gaz hydrogène sulfuré bien plus difficilement et bien plus lentement que tous les autres oxydes métalliques qui peuvent être précipités par ce gaz à l'état de sulfures dans des dissolutions acides, cela donne un moyen plus commode de séparer, dans une analyse qualitative, les oxydes métalliques qui sont combinés avec l'acide arsénique et d'en déterminer la nature. On fait passer rapidement le gaz hydrogène sulfuré dans la dissolution acide jusqu'à ce qu'elle soit saturée; on filtre immédiatement et rapidement le sulfure précipité. Il contient assez peu de sulfure d'arsenic pour qu'on puisse en rechercher facilement la nature. On chauffe la dissolution filtrée pour chasser le gaz hydrogène sulfuré libre, on la traite par l'acide sulfureux et on peut alors précipiter facilement par le gaz hydrogène sulfuré l'acide arsénieux formé.

Lorsque l'acide arsénique est combiné avec des oxydes métalliques qui sont précipités de leur dissolution acide par le gaz hydrogène sulfuré et dont les sulfures sont solubles dans le sulfure d'ammonium, comme le bioxyde d'étain, le sesquioxyde d'antimoine, etc., on y retrouve la présence de l'arsenic de la manière que nous indiquerons plus loin.

Dans les combinaisons de l'acide arsénique avec les oxydes métalliques qui sont tout à fait insolubles dans une dissolution de potasse, on peut souvent, dans les analyses qualitatives, séparer l'acide arsénique, en dissolvant la combinaison arsenicale dans une quantité d'acide aussi petite que possible et faisant bouillir avec un excès d'une dissolution d'hydrate de potasse. Il n'est pas possible de séparer entièrement par ce moyen l'acide arsénique de l'oxyde métallique qui y est combiné; mais on peut le séparer au moins en grande partie : la liqueur décantée contient de l'arséniate de potasse dans lequel on peut reconnaître l'acide arsénique au moyen des réactifs.

Le *zinc métallique*, mis en contact avec une dissolution d'acide arsénique, détermine avec beaucoup de lenteur la réduction à l'état métallique d'une petite quantité d'arsenic qui se dépose sur le zinc sous forme d'une poudre noire. La liqueur se prend enfin, à la longue, en un précipité gélatineux d'arséniate de zinc. Si on ajoute à l'acide arsénique un peu d'acide chlorhydrique ou d'acide sulfurique étendu, il se produit un dégagement abondant de gaz hydrogène et de gaz hydrogène arsénié et il se précipite sur le zinc de l'arsenic à l'état de poudre noire.

Au chalumeau, l'acide arsénique à l'état de combinaison peut être reconnu bien plus facilement que dans les analyses par voie humide, même lorsqu'il n'est qu'en très petite quantité. Si on traite la combinaison arsenicale sur le charbon par la flamme intérieure du chalumeau, l'odeur alliacée bien connue de l'arsenic se dégage immédiatement; ce qui permet de reconnaître la plus petite quantité d'arsenic contenue dans une combinaison arsenicale. On ne doit pas négliger de mélanger d'abord avec la soude la substance que l'on veut essayer pour y rechercher l'arsenic avant de la traiter par la flamme intérieure du chalumeau : pour de très petites quantités d'acide arsénique, on ne peut reconnaître la présence de l'arsenic que de cette manière. Il faut cependant observer que, si de très petites quantités d'acide arsénique sont mélangées avec de grandes quantités de certains oxydes métalliques, il est aussi difficile de les découvrir à l'aide du chalumeau que pour l'acide arsénieux dans les mêmes circonstances (p. 376 et 387).

Si l'on expose à l'extrémité de la flamme bleue du chalumeau, entre les extrémités d'une pince de platine, des arséniates dont les bases ne donnent par elles-mêmes aucune coloration à la flamme extérieure du chalumeau, comme l'arséniate d'oxyde de nickel, de cobalt et de fer, la flamme extérieure prend une coloration bleu-clair intense.

L'acide arsénique se volatilise très facilement et complétement, lorsqu'on le mélange avec le chlorure d'ammonium et lorsqu'on soumet le mélange à l'action de la chaleur. Même dans les arséniates, l'acide arsénique est complétement volatilisé, lorsqu'on les chauffe avec le chlorure d'ammonium; les bases restent alors comme résidus à l'état de chlorures. — Le sulfure d'arsenic, correspondant à l'acide arsénique, est volatilisé complétement, même lorsqu'il est combiné à un autre sulfure, si on le mélange avec le chlorure d'ammonium, et si on le soumet à l'action de la chaleur; les sulfures combinés avec le sulfure d'arsenic restent comme résidu à l'état de chlorures.

Les arséniates sont fixes, lorsque la base qu'ils contiennent est fixe. Un grand nombre d'entre eux, surtout les arséniates acides, sont fusibles. Plusieurs arséniates acides, chauffés fortement, perdent une partie de leur acide arsénique qui est alors décomposé; il se dégage de l'acide arsénieux et de l'oxygène. Lorsque l'expérience a lieu dans un tube de verre fort qui est fermé à une extrémité, il se dépose de l'acide arsénieux dans la partie froide du tube. Si on mélange avec de la poudre de charbon les combinaisons de l'acide arsénique et si on chauffe, l'acide arsénique qu'elles contiennent est décomposé. Si elles contiennent un excès d'acide arsénique, ou si la base qui y est combinée n'est pas réduite par le charbon à l'état métallique, on obtient, par la calcination avec le charbon, de l'arsenic métallique qui se dépose dans la partie froide du tube, lorsque l'expérience a eu lieu dans un tube de verre bouché à une de ses extrémités. D'autres arséniates ne donnent pas d'arsenic métallique de cette manière, mais se transforment en un arséniure non volatil. Ce sont les combinaisons dont les bases, lorsqu'elles sont combinées avec l'acide arsénieux, ne donnent pas d'arsenic métallique lorsqu'on les calcine avec du charbon. On obtient un peu plus facilement un anneau d'arsenic par l'action de la poudre de charbon sur les arséniates, lorsqu'on ajoute un peu d'acide borique; mais cela est à peine nécessaire.

Dans les arséniates dont les bases ne peuvent pas être réduites à l'état métallique par le gaz hydrogène à une température élevée, on peut, au moyen du gaz hydrogène, réduire l'arsenic à l'état métallique. Si l'on chauffe les arséniates alcalins anhydres dans une atmosphère de gaz hydrogène, il se volatilise de l'arsenic métallique; mais il ne se volatilise que très peu d'eau lorsque l'arséniate n'est pas acide. Le gaz hydrogène en excès qui se dégage, ne contient pas de gaz hydrogène arsénié, mais seulement des traces de vapeur d'arsenic, et, si on l'allume, il ne forme pas de taches d'arsenic métallique sur la porcelaine blanche, ou bien il n'en forme que d'excessivement faibles. L'arséniate alcalin se noircit d'abord par suite de la précipitation de l'arsenic; mais lorsqu'on chauffe plus longtemps, il redevient blanc. Lorsqu'on continue l'expérience pendant très longtemps, on peut arriver à la volatilisation de tout l'arsenic et il ne reste que de l'hydrate d'oxyde alcalin. Ordinairement, il reste un mélange d'arsénite alcalin, d'arséniate alcalin et d'hydrate d'oxyde alcalin.

Pour de très petites quantités d'arséniates, même lorsqu'elles sont accompagnées de quantités considérables de bioxyde d'étain et de sesquioxyde d'antimoine, on peut obtenir de l'arsenic métallique lorsqu'on traite la combinaison par le cyanure de potassium, comme cela a déjà été indiqué pour l'acide arsénieux (p. 390). Du reste, toutes les recommandations qui ont été indiquées, page 390, pour le traitement des combinaisons de l'acide arsénieux au moyen du cyanure de potassium, sont utiles à observer ici. Ce n'est que dans les combinaisons salines dont les bases ne sont pas réduites à l'état métallique par le cyanure de potassium que l'on peut réduire complétement l'arsenic à l'état métallique. Pour certains arséniates, une fusion plus prolongée avec le cyanure de potassium est nécessaire lorsqu'on veut obtenir un fort anneau d'arsenic métallique qu'il n'est nécessaire pour les arsénites correspondants. Cet anneau ne se présente que lentement et par une calcination prolongée pour l'arséniate de chaux par exemple, tandis qu'il se produit facilement et rapidement avec l'arsénite de chaux. Lorsqu'on emploie l'arséniate ammoniaco-magnésien, au contraire, l'anneau d'arsenic se produit rapidement et facilement.

Les combinaisons de l'acide arsénique peuvent être distinguées facilement des substances dont il a été question précédemment, lorsqu'elles sont solides, par leur manière de se comporter au chalumeau, et, lorsqu'elles sont en dissolution, par leur manière de se comporter avec le gaz hydrogène sulfuré et le sulfure d'ammonium. Mais elles peuvent être confondues avec les arsénites dont il est difficile de les distinguer dans quelques cas. Les combinaisons de l'acide arsénieux qui sont solubles dans l'eau, se distinguent cependant essentiellement des combinaisons de l'acide arsénique par la couleur différente des précipités qui se produisent dans leurs dissolutions par l'action d'une dissolution de nitrate d'argent et aussi par l'action d'une dissolution de sulfate de cuivre, et encore par la manière différente dont l'arséniate et l'arsénite de cuivre se comportent en présence d'une dissolution d'hydrate de potasse. Ils se distinguent d'une manière bien moins nette par la couleur plus ou moins claire des précipités jaunes que produit le gaz hydrogène sulfuré dans les dissolutions acides; la production plus ou moins rapide et plus ou moins lente du précipité est un meilleur caractère. Lorsque les deux espèces de sulfures d'arsenic ont été desséchées, on peut les distinguer facilement par leur manière différente de se comporter lorsqu'on les fait fondre avec un carbonate alcalin. La manière différente dont les dissolutions de l'acide arsénieux et de l'acide arsénique se comportent à l'égard d'une dissolution de magnésie en présence du chlorure d'ammonium et de l'ammoniaque, permet surtout de les distinguer facilement l'un de l'autre. — Pour distinguer les deux acides dans les sels insolubles, on les dissout dans l'acide chlorhydrique et on les traite par le gaz hydrogène sulfuré; on essaye ensuite le sulfure d'arsenic pour savoir si sa composition correspond à l'acide arsénique ou à l'acide arsénieux; et, pour cela, on le fait fondre avec un carbonate alcalin, ou bien, après l'avoir dissous dans l'ammoniaque, on le traite par le nitrate d'argent. Du reste, on ne peut confondre les deux acides l'un avec l'autre, lorsqu'on examine la manière différente dont les arsénites et les arséniates se comportent à une température élevée : en effet, dans le cas des arsénites, il se volatilise de l'arsenic métallique ou de l'acide arsénieux, tandis que les arséniates ne sont pas modifiés.

Lorsque l'acide arsénique est accompagné de substances organiques, la manière dont il se comporte avec les réactifs est légèrement modifiée. La présence de l'acide tartrique n'a pas d'influence marquée sur la formation du précipité d'arséniate ammoniaco-magnésien; seulement il ne se produit pas immédiatement, mais bien plus lentement.

La recherche de l'arsenic dans l'acide arsénique, lorsqu'il est mélangé de grandes quantités de substances organiques, s'opère de la même manière que la recherche de l'arsenic dans l'acide arsénieux. Du reste, dans plusieurs méthodes employées pour chercher l'arsenic existant à l'état d'acide arsénieux, on commence par le transformer d'abord en acide arsénique.

Dans ces derniers temps, on est arrivé, par de nombreuses expériences, à des méthodes qui permettent de reconnaître de très petites quantités d'arsenic, lorsqu'elles sont mélangées sous une forme quelconque avec des substances organiques, spécialement si l'arsenic est contenu dans les cadavres humains, même lorsqu'ils ont séjourné pendant plusieurs années sous la terre.

Dans toutes ces méthodes, on cherche à obtenir l'arsenic sous forme métallique; car ce n'est surtout qu'à l'état métallique qu'on peut reconnaître facilement et sûrement de petites quantités d'arsenic, même presque impondérables. Dans les recherches chimico-légales, on admet généralement maintenant qu'on ne peut être sûr de la présence de l'arsenic que lorsqu'on l'a obtenu à l'état d'arsenic métallique. A tout autre état, la présence de l'arsenic n'est pas considérée comme complétement démontrée.

Dans le cours de l'analyse chimico-légale des substances arsenicales, on doit distinguer deux cas différents. Ou l'acide arsénieux (car ce n'est que sous cette forme que l'arsenic est employé comme poison) se trouve encore en morceaux, mélangé au contenu de l'estomac et du canal intestinal et aux matières vomies, ou bien il n'est plus mécaniquement séparable. Dans ce dernier cas, ou bien il est mélangé intimement avec le contenu de l'estomac, ou bien toute la proportion du poison est passée dans le sang et dans les organes.

Dans le premier cas, lorsqu'on trouve l'acide arsénieux à l'état de morceaux, la recherche est facile. On recherche alors l'acide arsénieux, ce qui convient surtout bien, lorsqu'il n'a pas été employé en poudre tout à fait fine, mais lorsqu'il est en petits grains.

Lorsqu'on a bien lavé la poudre ou les petits grains pour les débarrasser de toute matière organique, et lorsqu'on les a desséchés, on prend un petit grain ou une très petite quantité de poudre, on la place dans un petit tube de verre fondu à une extrémité et on chauffe au moyen d'une lampe. L'acide se volatilise complétement et forme un dépôt blanc qui, examiné à la loupe, paraît cristallin; ce que l'on peut examiner plus ou moins nettement. On prend un deuxième petit grain ou une autre petite quantité de poudre que l'on met dans un tube semblable à celui indiqué, page 388, et on le réduit au moyen d'un éclat de charbon à l'état d'arsenic métallique. On prend ensuite une troisième quantité de poudre très petite; on la place dans un petit tube de verre fermé à une extrémité avec de l'acétate de potasse ou de soude et on chauffe : l'odeur de cacodyle se fait alors sentir p. 386). — Si on a trouvé une quantité considérable d'acide arsénieux, on peut encore, mais cela est superflu, en faire dissoudre une partie par l'ébullition avec l'eau, et essayer la dissolution au moyen des réactifs les plus importants, de la dissolution de nitrate d'argent, de la dissolution de sulfate de cuivre et de la dissolution d'hydrogène sulfuré; on peut aussi transformer l'acide arsénieux en acide arsénique au moyen de l'acide chlorhydrique et du chlorate de potasse et précipiter l'acide arsénique à l'état d'arséniate ammoniaco-magnésien au moyen du sulfate de magnésie; mais on doit surtout employer la dissolution d'acide arsénieux pour la traiter par le zinc et l'acide sulfurique, d'après une méthode qui sera décrite plus loin avec détail; on obtient ainsi un dégagement de gaz hydrogène arsénié, et par suite on produit de l'arsenic métallique.

Mais, de toutes ces réactions, la plus sûre et la plus caractéristique est toujours la réduction à l'état métallique.

L'analyse est bien plus difficile, lorsque c'est le second cas qui se présente, celui dans lequel l'acide arsénieux n'est plus mécaniquement séparable des substances organiques, et dans lequel par conséquent il est mélangé intimement au contenu de l'estomac ou bien il est passé dans le sang et dans les autres organes. Il ne peut même déjà plus être séparé mécaniquement aussitôt après l'empoisonnement, lorsqu'il a été employé en dissolution aqueuse filtrée.

Dans ce second cas, on doit soumettre à l'analyse toute la masse de la substance organique, le contenu de l'estomac, les matières alimentaires vomies, l'estomac lui-même et le canal intestinal, pour y retrouver de petites quantités d'arsenic et obtenir ensuite l'arsenic à l'état métallique.

On a proposé plusieurs méthodes dont la plus simple et la plus sûre est de volatiliser l'acide arsénieux à l'état de chlorure d'arsenic et de le séparer ainsi des substances organiques. Cette méthode a été proposée d'abord par *Schneider* et ensuite par *Fyfe*.

Un grand nombre d'expériences ont démontré que la présence des substances organiques, même lorsqu'il y en a une quantité considérable, n'empêche pas la formation et la volatilisation du chlorure d'arsenic, et que l'on peut obtenir de cette manière tout l'acide arsénieux isolé de presque toutes les substances organiques. On doit conduire l'opération de la manière suivante :

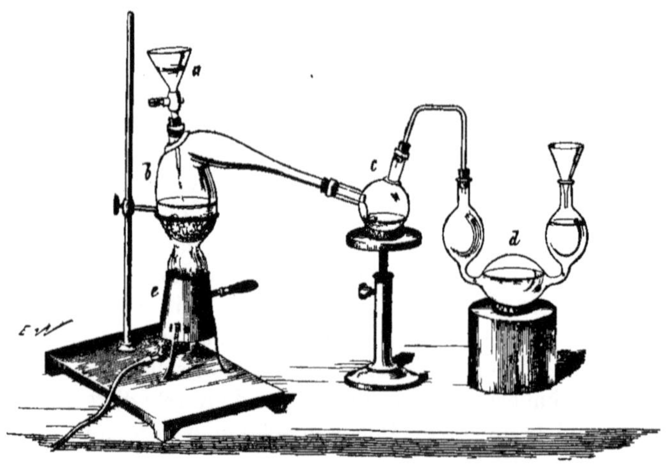

Fig. 3

On coupe la substance à analyser en gros morceaux, et on les met dans une cornue tubulée *b*, on y ajoute des morceaux de chlorure de sodium fondu ou de sel gemme, puis assez d'eau pour que le mélange en soit recouvert. On peut aussi employer le sel de cuisine ordinaire; mais cependant le sel gemme ou le sel fondu ont un avantage : c'est que l'acide sulfurique réagit sur eux plus lentement. On adapte à la cornue un petit récipient de verre *c* que l'on fait communiquer avec un appareil à boules *d*, comme cela est indiqué dans la figure ci-jointe. Le ballon *c* est vide avant l'opération; mais l'appareil à boules contient de l'eau distillée. Au moyen de l'entonnoir *a*, on verse peu à peu dans la cornue de l'acide sulfurique concentré. On chauffe la cornue très lentement. Il passe à la distillation d'abord de l'eau, puis de l'acide chlorhydrique qui se condense dans le récipient;

il passe ensuite avec l'acide chlorhydrique du chlorure d'arsenic qui reste tout entier dans le récipient; ce n'est que lorsque la distillation a été trop rapide qu'il se trouve un peu d'acide arsénieux dans l'eau de l'appareil à boules. On ne continue pas la distillation trop longtemps. Pour reconnaître avec certitude si tout l'acide arsénieux contenu dans la cornue s'est volatilisé, il est nécessaire d'essayer au moyen de la dissolution d'hydrogène sulfuré une petite quantité de la liqueur qui passe à la distillation : lorsqu'il y a de l'acide arsénieux, il se forme un précipité jaune ou une coloration jaune.

Lorsqu'on a soin qu'il n'y ait pas d'excès d'acide sulfurique dans la cornue, la partie distillée ne contient pas d'acide sulfureux. Le contenu de la cornue noircit ordinairement, mais très peu. On peut éviter la production de l'acide sulfureux en ayant soin de n'employer qu'un atome d'hydrate d'acide sulfurique pour un atome de chlorure de sodium.

Lorsque la substance organique ne contient que de l'acide arsénieux, tout l'arsenic est chassé à l'état de chlorure d'arsenic, et on ne peut plus retrouver d'arsenic dans la substance organique détruite qui se trouve dans la cornue.

Lorsque les substances organiques qui sont en présence de l'arsenic, appartiennent aux substances dites hydrocarbonatées, comme le pain par exemple, il passe à la distillation, outre le chlorure d'arsenic, l'acide chlorhydrique et l'eau, un acide organique dont la formation ne peut pas avoir d'inconvénients lors de la détermination de l'arsenic. Lorsqu'on veut déterminer approximativement la quantité de l'acide arsénieux, on peut précipiter par le gaz hydrogène sulfuré ou par la dissolution d'hydrogène sulfuré le contenu du ballon et la liqueur de l'appareil à boules et déduire la quantité d'acide arsénieux de la quantité du sulfure As^2S^3 que l'on a obtenue et que l'on a fait dessécher. On traite ensuite une partie du sulfure d'arsenic par le cyanure de potassium et on obtient ainsi de l'arsenic métallique.

Si cependant la substance organique contient beaucoup de matière grasse, la distillation est un peu désagréable. En effet, il se forme à la surface de la liqueur un dépôt de matière grasse; ce qui détermine des soubresauts et des projections : il se dépose, en outre, dans la liqueur contenue dans le ballon une substance de l'espèce des matières grasses dont la formation rend la détermination de l'arsenic moins exacte par la méthode indiquée. Dans ce cas, et surtout lorsque la liqueur contenue dans le récipient n'est pas pure et n'est pas claire, on y ajoute, ainsi qu'à l'eau de l'appareil à boules, de l'acide chlorhydrique et un peu de chlorate de potasse et on chauffe; tout l'acide arsénieux est ainsi transformé en acide arsénique. Lorsqu'il est nécessaire, on filtre et on précipite l'acide en ajoutant du chlorure d'ammonium et du sulfate de magnésie; sursaturant alors par l'ammoniaque, on obtient de l'arséniate ammoniaco-magnésien dont la quantité sert à déterminer la quantité de l'acide arsénieux.

La découverte et la détermination de l'arsenic par ce moyen exigent bien moins de temps que par toute autre méthode.

On a proposé, au lieu de chlorure de sodium et d'acide sulfurique, d'employer de l'acide chlorhydrique concentré que l'on verse sur la substance organique; on distille ensuite le tout. Mais cela ne doit pas être conseillé: car le chlorure d'arsenic se volatilise plus tard dans ce cas; et on doit pousser plus loin la distillation, en sorte que le contenu de la cornue noircit beaucoup avant que tout l'arsenic se soit volatilisé.

La méthode ne peut pas être employée avec fruit lorsque la substance organique empoisonnée, au lieu d'acide arsénieux, contient de l'acide arsénique. Dans les analyses, l'arsenic se trouve rarement à l'origine à l'état d'acide arsénique dans la substance organique; mais il peut s'en être formé par l'oxydation de l'acide arsénieux, par suite de la méthode d'analyse que l'on a employée.

Si l'on soumet à la distillation l'acide arsénique avec de l'acide chlorhydrique, ce n'est que lorsque l'acide arsénique commence à être presque à l'état sec dans la cornue, qu'il se volatilise enfin une trace d'acide arsénieux à l'état de chlorure d'arsenic, et qu'il se dégage une quantité correspondante de chlore qui ne colore que faiblement en jaune une dissolution d'iodure de potassium.

Si l'on dissout l'acide arsénieux dans l'acide chlorhydrique, si l'on fait passer ensuite du chlore gazeux dans la dissolution, et si l'on soumet ensuite le tout à la distillation, il ne se volatilise pas ou presque pas d'arsenic et il reste de l'acide arsénique comme résidu dans la cornue.

On obtient le même résultat, en dissolvant l'acide arsénieux dans l'acide chlorhydrique, ajoutant peu à peu du chlorate de potasse, chauffant le tout seulement à une température peu élevée, et soumettant ensuite le tout à la distillation. On ne retrouve dans la portion distillée des traces d'arsenic que lorsqu'il s'est produit des soubresauts qui l'ont rendue impure.

Le résultat est tout autre lorsqu'on soumet à la distillation l'acide arsénique avec l'acide chlorhydrique et les substances organiques.

Si l'on oxyde l'acide arsénieux au moyen de l'acide chlorhydrique et du chlorate de potasse en présence des substances organiques, et si l'on soumet le tout à la distillation, la partie distillée ne contient d'abord pas d'acide arsénieux; mais elle en contient plus tard, lorsque le chlore libre s'est volatilisé, et lorsque le contenu de la cornue a commencé à noircir. — Il se volatilise encore plus d'acide arsénieux lorsqu'on soumet en même temps à la distillation un arséniate, avec du chlorure de sodium, de l'acide sulfurique et des matières organiques et lorsqu'on a soin qu'il y ait un atome d'acide sulfurique pour un atome de chlorure de sodium. Lorsque la masse noircit, on obtient dans la partie distillée des quantités considérables d'acide arsénieux, et l'on pourrait volatiliser à la fin tout l'acide arsénique à l'état d'acide arsénieux, en ayant soin de renouveler de temps en temps le chlorure de sodium et l'acide sulfurique. Il ne se forme jamais ici d'acide sulfureux, lorsqu'il y a un excès de chlorure de sodium.

On peut encore volatiliser avec facilité tout l'acide arsénique à l'état d'acide arsénieux, en le réduisant au moyen de l'acide sulfureux. Si, après avoir ajouté une petite quantité d'acide sulfureux ou d'un sulfite alcalin, on distille la dissolution d'un arséniate alcalin avec du chlorure de sodium, de l'acide sulfurique et des substances organiques, on obtient de l'acide arsénieux dans la portion distillée, avant même que le contenu de la cornue ait commencé à noircir. Tout l'arsenic est volatilisé très rapidement et le résidu qui reste dans la cornue, ne contient pas la moindre trace d'arsenic.

Pour éviter que, dans ce cas, la portion distillée soit rendue impure par la présence de l'acide sulfureux, ce qui ne permettrait de reconnaître qu'avec difficulté, au moyen de l'hydrogène sulfuré, la présence de l'acide arsénieux dans la portion distillée, il est seulement nécessaire, après avoir ajouté de l'acide sulfureux dans la cornue et après avoir opéré, au moyen d'une digestion à une température modérée, la réduction de l'acide arsénique à l'état d'acide arsénieux, d'ajouter une petite quantité d'une dissolution de sesquichlorure de fer, ce qui détruit immédiatement l'excès d'acide sulfureux et empêche que la portion distillée n'en contienne.

Si l'on veut séparer, par suite, dans une substance organique, l'arsenic, qu'il soit à l'état d'acide arsénieux, à l'état d'acide arsénique, ou à l'état d'acide arsénieux et d'acide arsénique à la fois, la marche de l'analyse est la suivante : On distille la substance dans une cornue tubulée avec du chlorure de sodium et de l'acide sulfurique de la manière qui a été décrite plus haut, et on continue jusqu'à ce que le contenu de la cornue soit évaporé à un petit volume, sans être amené à siccité, ou jusqu'à ce qu'une petite quantité de la portion distillée donne avec l'hydrogène sulfuré un précipité jaune ou une coloration jaune. On ajoute alors dans la cornue de nouvelles quantités de chlorure de sodium et d'acide sulfurique, et, en outre, un peu d'acide sulfureux et on laisse digérer le tout pendant quelques heures à une très faible chaleur. On met ensuite du sesquichlorure de fer dans la cornue et on continue la distillation ; la portion de l'arsenic qui existait dans la substance empoisonnée à l'état d'acide arsénique, passe à la distillation sous forme de chlorure d'arsenic.

Une autre méthode que l'on emploie fréquemment est la suivante :

Si la substance organique n'est pas en bouillie, on commence par la couper en petits morceaux que l'on mélange les uns aux autres. On les met dans une grande capsule de porcelaine, et on y ajoute à peu près autant d'acide chlorhydrique de concentration moyenne que le comporte le poids de la masse, ou bien on y ajoute assez d'acide chlorhydrique pour former une bouillie très liquide. On chauffe le tout à une très faible chaleur et on ajoute du chlorate de potasse en petite quantité, à peu près le quart d'une cuiller à thé, en ayant soin d'agiter, et on continue jusqu'à ce que la liqueur soit seulement jaune-clair et présente l'aspect d'un liquide. On chauffe alors pendant longtemps, mais seulement à une chaleur modérée, en ayant soin cependant que la température ne s'élève pas jusqu'à l'ébullition de la liqueur. Il n'est pas possible, dans ce cas, qu'il se volatilise d'arsenic, parce qu'il a été transformé en acide arsénique. On laisse complétement refroidir le tout et on filtre. Si la masse est considérable, on la passe au travers d'un linge de toile pure avant de filtrer et on lave le résidu avec de l'eau jusqu'à ce que sa réaction ne soit presque plus acide. L'eau de lavage est évaporée au bain-marie à une très faible chaleur, jusqu'à ce qu'elle soit réduite à un très faible volume; on l'ajoute alors à la liqueur que l'on avait obtenue d'abord par filtration.

Dans cette liqueur, on peut obtenir l'arsenic, soit indirectement, soit directement.

On opère directement en transformant en hydrogène arsénié l'acide arsénique contenu dans la liqueur lorsque l'acide arsénique ne contient pas une trop grande quantité de substance organique non détruite) et transformant ensuite l'hydrogène arsénié en arsenic métallique à l'aide d'une température élevée, suivant la méthode qui a déjà été indiquée, page 375. C'est la méthode dite de *Marsh*.

On se sert, dans ce cas, d'un appareil à gaz hydrogène *a* dans lequel on dégage du gaz hydrogène, suivant le procédé ordinaire. Le gaz doit être exempt de toute humidité, ce qu'il est nécessaire de bien observer, parce que sans cela on n'obtiendrait pas le résultat désiré. Pour dessécher le gaz, on ne doit pas employer l'acide sulfurique concentré; mais on doit faire

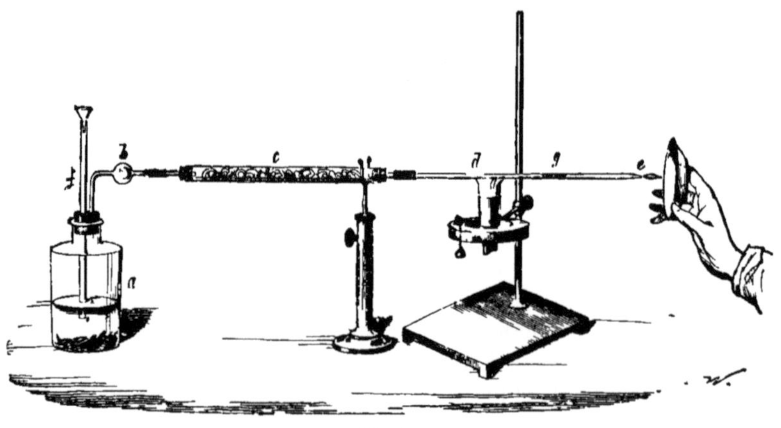

Fig. 4.

passer le gaz dans un tube à chlorure de calcium *c*. Il est bon d'employer une boule de verre disposée comme en *b*, dans laquelle se dépose la plus grande partie de l'humidité. On adapte au tube *c* un tube d'au moins six décimètres de long. Il doit être d'un verre très peu fusible et ne doit pas avoir plus de trois à quatre millimètres de diamètre. Le choix du tube de verre est d'une grande importance. Plus le diamètre du tube est petit, meilleur il est; mais les tubes très étroits, même d'un verre peu fusible, deviennent trop facilement mous et se courbent beaucoup trop lorsqu'on les chauffe. L'extrémité du tube doit être étirée en pointe fine en *e*. Le verre ne doit pas contenir d'oxyde de plomb.

Dans le flacon *a*, on dégage du gaz hydrogène au moyen du zinc, de l'eau et de l'acide sulfurique concentré. Ces substances doivent être pures de toute trace d'arsenic, ce qui n'arrive pas toujours; car l'acide sulfurique commercial contient notamment quelquefois des traces d'arsenic : mais il n'est pas nécessaire d'essayer si les substances que l'on emploie contiennent de l'arsenic; car l'appareil même permet de reconnaître avec certitude si les réactifs employés sont purs d'arsenic. Lorsqu'en effet on a produit un courant très lent de gaz hydrogène et lorsqu'on a rempli entièrement l'appareil de ce gaz, on porte une portion du tube jusqu'à la température rouge au moyen d'une lampe disposée à cet effet, et on maintient cette température pendant à peu près un quart d'heure, en ayant soin d'ajouter une très petite quantité d'acide sulfurique par l'entonnoir *f*, dès que le dégagement de gaz commence à s'arrêter : il faut avoir soin, en versant l'acide sulfurique, de ne pas introduire de bulles d'air atmosphérique dans le flacon *a*. Si le zinc et l'acide sulfurique étaient complétement exempts d'arsenic, il ne se montre pas en *g* de traces d'anneau métallique. Si, après avoir enlevé la lampe, on enflamme le courant de gaz en *e*, et si on place dans la flamme une soucoupe ou une assiette de porcelaine, il ne doit pas se produire sur la porcelaine des taches brunâtres ou noirâtres, pour que la pureté des réactifs puisse être considérée comme démontrée.

Lorsqu'on s'est assuré de cette manière de la pureté des réactifs, on maintient au rouge, d'une manière continue, la portion *d* du tube de verre et on verse par l'entonnoir *f* de très petites quantités de la liqueur dans laquelle on veut rechercher l'arsenic, en ayant toujours soin d'éviter en versant d'introduire des bulles d'air atmosphérique dans le flacon *a*. Si l'on verse en une seule fois une trop grande quantité de la liqueur et si elle contient une très grande quantité d'acide arsénique, le dégagement de gaz est si fort, que le contenu du flacon augmente beaucoup de volume et sort du flacon lorsqu'il n'est pas très spacieux. Un dégagement rapide du gaz a encore un inconvénient, c'est que le gaz hydrogène arsénié formé passe trop rapidement sur la portion *d* du tube qui a été chauffée et peut se dégager en grande partie sans se décomposer. Le dégagement rapide du gaz a encore lieu, lorsque la liqueur que l'on veut analyser pour rechercher l'arsenic est très peu acide ou ne l'est pour ainsi dire point, et lorsque le courant de gaz hydrogène a passé d'abord très lentement; par suite de la réduction de l'acide arsénique à l'état métallique, il se forme avec le zinc une pile électrique qui accélère beaucoup la décomposition de l'eau.

Dès qu'on a versé dans le flacon *a* de très petites quantités de la substance à analyser pour y rechercher l'arsenic, il se forme en *g*, lorsqu'il y a réellement de l'arsenic, un anneau métallique qui paraît brun pour des quantités excessivement faibles d'arsenic, mais qui paraît noir pour des quantités plus considérables et qui possède un éclat métallique prononcé. L'anneau augmente de volume à mesure que l'on verse dans le flacon *a* une plus grande quantité de la substance à analyser. Mais lorsque le courant de gaz a été excessivement lent, de telle sorte qu'en enflammant le gaz hydrogène qui se dégage à l'extrémité du tube en *e*, on puisse à peine observer une flamme, on arrive rarement à séparer tout l'arsenic à l'état d'anneau métallique par l'action de la chaleur sur le gaz hydrogène arsénié lorsqu'on n'a pas employé une lampe aussi large que la lampe à gaz de M. Heintz, que nous décrirons avec détail à l'article où nous traiterons des Appareils et de l'emploi du gaz de l'éclairage comme agent de chauffage dans les laboratoires. Si l'on a employé une lampe ordinaire ou une lampe à alcool à double courant, si l'on enflamme le gaz et si l'on place ensuite dans la flamme en *e* une assiette ou une soucoupe de porcelaine, il se produit sur la porcelaine des taches brunes qui peuvent même paraître noires pour une quantité considérable d'arsenic.

Lorsqu'on n'a pas pu employer une lampe aussi large que celle indiquée, il est bon, pendant que le gaz passe dans le tube, de chauffer le tube non-seulement en une place *d*, mais en plusieurs places. Lorsque le courant de gaz va convenablement, on peut arriver au moyen de plusieurs lampes à ce que le gaz hydrogène qui passe soit exempt d'arsenic, et on obtient alors plusieurs anneaux d'arsenic, tandis que la flamme ne produit plus en *e* de taches d'arsenic sur la porcelaine. Mais on doit alors employer un tube de verre d'un mètre de long.

On ne laisse couler que peu à peu toute la liqueur par l'entonnoir *f*; mais lorsqu'on a fini, on maintient encore au rouge la portion *d* du tube et on continue le dégagement de gaz hydrogène, en ayant soin de verser de temps en temps par l'entonnoir *f* un peu d'acide sulfurique : il continue encore à se dégager pendant très longtemps de petites quantités d'hydrogène arsénié. On cesse de maintenir le tube au rouge, lorsqu'on a obtenu un anneau métallique suffisant, et on laisse refroidir le tube tout en continuant à y faire passer du gaz. — Il est souvent utile, lorsqu'on a obtenu une quantité suffisante d'anneaux assez forts, de ne pas employer dans une seule expérience toute la quantité de la liqueur à analyser, mais d'en conserver une portion pour des expériences ultérieures.

Si l'on a maintenu pendant longtemps le tube de verre au rouge et si l'on n'a pas observé de trace de dépôt ou d'anneau métallique, si en outre on n'a pas pu obtenir de tache métallique sur la porcelaine avec la flamme du gaz, on peut être entièrement convaincu de l'absence de l'arsenic dans la substance à analyser, pourvu que l'on n'ait pas fait de fautes grossières dans le cours de l'analyse.

Si, dans les expériences précédentes, le gaz hydrogène n'a pas été complétement desséché, on obtient un anneau métallique qui n'adhère pas fortement au verre.

Toutes les liqueurs qui contiennent l'arsenic à l'état d'acide arsénieux ou d'acide arsénique, aussi bien que les dissolutions de chlorure d'arsenic, sont propres à être examinées dans l'appareil de Marsh. Mais on ne peut pas employer dans cet appareil l'arsenic à l'état d'arsenic métallique ni à l'état de sulfure d'arsenic : on ne peut pas non plus employer la dissolution du sulfure d'arsenic dans les carbonates alcalins et dans les hydrates d'oxydes alcalins. Si l'on veut obtenir au moyen de l'appareil de Marsh l'arsenic contenu dans le sulfure d'arsenic, il faut le dissoudre dans l'hydrate de potasse et faire bouillir la dissolution avec l'oxyde de cuivre. Il se forme du sulfure de cuivre et il reste de l'arsénite ou de l'arséniate de potasse dans la dissolution que l'on filtre.

Les dissolutions que l'on veut examiner dans l'appareil de Marsh, ne doivent pas contenir d'acide nitrique, ni de chlore libre : il ne doit pas non plus y avoir de sel de mercure, parce que cela arrête le dégagement d'hydrogène. Il faut éviter aussi que la dissolution contienne une trop grande quantité de substance organique non détruite.

Les anneaux métalliques obtenus peuvent facilement être reconnus pour de l'arsenic. Si on a employé plusieurs lampes, et si par suite on a obtenu plusieurs anneaux, on coupe le tube pour obtenir les anneaux isolés. Si on a employé une lampe large, et si par suite on a obtenu un anneau plus large, on peut, en coupant le tube, partager cet anneau en plusieurs parties. Si on veut conserver l'arsenic pendant longtemps, il est bon de fermer à la lampe, aux deux extrémités, les portions du tube qui contiennent les anneaux les plus considérables. On cherche à reconnaître si on a bien obtenu de l'arsenic en expérimentant sur l'anneau le moins considérable; et, pour cela, on le chauffe faiblement à une petite lampe à alcool; on place ensuite immédiatement le tube sous le nez dans une position horizontale, et on le penche peu à peu : le courant d'air pousse dans le nez la vapeur arsenicale, et l'on peut alors reconnaître les plus petites quantités d'arsenic à son odeur alliacée caractéristique.

Si l'on a obtenu plusieurs anneaux métalliques, on peut encore faire d'autres essais, afin de bien s'assurer que c'est bien de l'arsenic. Avant tout, on doit s'assurer que l'anneau métallique est complétement volatil. Dans ce but on peut même, en faisant l'essai indiqué plus haut au moyen d'une petite lampe à alcool, chauffer une partie de l'anneau métallique : elle doit se volatiliser entièrement et produire par oxydation de l'acide arsénieux blanc. — On peut oxyder un autre anneau au moyen de l'acide nitrique : il se forme d'abord surtout de l'acide arsénieux ; mais si l'on chauffe pendant longtemps, il se forme aussi beaucoup d'acide arsénique. On peut saturer avec précaution la dissolution par l'ammoniaque et ajouter une dissolution de nitrate d'argent ou d'autres réactifs qui peuvent indiquer par voie humide la présence de l'acide arsénieux et de l'acide arsénique. On doit surtout traiter par l'acide chlorhydrique et un peu de chlorate de potasse un anneau qui ne contienne pas trop peu d'arsenic métallique, afin de s'assurer par une méthode que nous décrirons plus loin avec détail, que l'anneau métallique est formé seulement d'arsenic et ne contient pas d'antimoine, ou qu'il n'est même pas formé entièrement d'antimoine.

Plusieurs chimistes, notamment *Frésénius*, rejettent la séparation directe de l'arsenic métallique au moyen de l'appareil de Marsh, et emploient une méthode plus indirecte. Quelquefois les substances organiques volatiles qui se dégagent avec le gaz hydrogène, sont décomposées à la température rouge et produisent du charbon et des matières empyreumatiques qu'un chimiste peu exercé pourrait prendre pour de l'arsenic métallique. Certaines substances organiques produisent aussi une écume visqueuse qui pourrait déterminer un boursouflement de la matière qui est contenue dans le flacon et qui en sortirait. Pour l'éviter, on sépare l'arsenic à l'état de sulfure d'arsenic au moyen du gaz hydrogène sulfuré.

Lorsqu'on a traité une liqueur arsenicale par l'acide chlorhydrique et le chlorate de potasse, l'arsenic y existe à l'état d'acide arsénique qui se décompose difficilement par le gaz hydrogène sulfuré. On y ajoute une dissolution aqueuse d'acide sulfureux en assez grande quantité pour que la liqueur sente fortement l'acide sulfureux, et on chauffe jusqu'à ce que l'odeur ait de nouveau complètement disparu. On ne doit chauffer qu'à une température modérée, parce que si l'on chauffait fortement après avoir fait réagir l'acide sulfureux, il pourrait se dégager un peu d'arsenic à l'état de chlorure d'arsenic. On fait alors passer lentement un courant de gaz hydrogène sulfuré jusqu'à ce que la liqueur sente fortement l'odeur de ce gaz. Il faut observer ici que l'on doit avoir soin de débarrasser complétement la liqueur de toute trace de chlore avant de la traiter par l'acide sulfureux et l'hydrogène sulfuré. S'il y avait encore du chlore, le sulfure d'arsenic se précipite plus difficilement et à l'état impur. On doit conseiller, lorsqu'on n'a pas une trop grande quantité de matière, de sursaturer légèrement par l'ammoniaque la liqueur qui contient du chlore, de laisser reposer le tout pendant quelque temps ou de chauffer un peu : il faut ensuite sursaturer par l'acide chlorhydrique et traiter par l'acide sulfureux et enfin par l'hydrogène sulfuré. On jette sur un filtre le précipité de sulfure d'arsenic. Lorsqu'il s'est déposé sur le tube par lequel se dégage le gaz, un peu de sulfure d'arsenic à l'état solide que l'on ne peut pas enlever mécaniquement, on le dissout dans une petite quantité d'ammoniaque, et on ajoute la dissolution ammoniacale à l'autre liqueur. Le filtre doit être de papier à filtrer fin et aussi petit que possible. La liqueur filtrée ne contient plus d'arsenic : on doit cependant conseiller, avant de la jeter, d'y faire passer du gaz hydrogène sulfuré pour voir s'il se sépare encore du sulfure d'arsenic.

Le précipité qui est sur le filtre, contient tout l'arsenic à l'état de sulfure d'arsenic; il n'est pas formé de sulfure d'arsenic pur; mais il peut contenir aussi de petites quantités d'autres sulfures dont les métaux étaient dissous dans la liqueur que l'on a traitée par le gaz hydrogène sulfuré. Il peut aussi contenir une forte proportion de substance organique : il peut souvent aussi ne pas contenir d'arsenic et n'être formé que de matières organiques, notamment lorsque la substance à analyser est formée de viande qui contient beaucoup de matière grasse. Car, dans ce cas, l'hydrogène sulfuré forme souvent dans la liqueur un précipité jaunâtre qui a une certaine ressemblance avec le sulfure d'arsenic bien qu'elle soit éloignée, et qui se précipite à l'état de mélange avec le sulfure d'arsenic lorsque la liqueur contenait en même temps de l'arsenic. Si on dessèche ce mélange et si on le chauffe à l'abri du contact de l'air, il se sublime du soufre et du sulfure d'arsenic, et il reste comme résidu une très grande quantité de charbon.

On peut séparer le sulfure d'arsenic de la plus grande partie de la substance organique, en le jetant sur un filtre et y versant de l'ammoniaque pendant qu'il est encore humide : le sulfure d'arsenic se dissout très facilement, et la matière organique reste comme résidu sur le filtre à l'état de poudre blanche (si le sulfure d'arsenic est sec, il se dissout plus difficilement dans l'ammoniaque . Si le précipité contenait de petites quantités d'autres sulfures, ils restent comme résidu à l'état insoluble. Par l'évaporation de la dissolution ammoniacale au bain-marie, on obtient le sulfure d'arsenic à l'état pur.

Le sulfure d'arsenic étant ainsi obtenu, on peut en séparer l'arsenic à l'état métallique par d'autres méthodes. On peut, dans la capsule même de porcelaine qui a servi à opérer l'évaporation de la dissolution ammoniacale, ajouter au sulfure d'arsenic de l'acide chlorhydrique, puis ensuite de temps en temps de très petites quantités de chlorate de potasse : on chauffe ensuite avec précaution. L'arsenic passe à l'état d'acide arsénique et se dissout, tandis qu'il reste du soufre comme résidu insoluble en quantité d'autant moins grande que la digestion a duré plus longtemps et que l'on a ajouté plus de chlorate de potasse. Lorsqu'on a débarrassé complétement, par l'action de la chaleur la dissolution filtrée de tout le chlore libre qu'elle pouvait contenir et lorsqu'elle ne contient plus de chlorate de potasse non décomposé, on peut en séparer l'arsenic à l'état métallique par la méthode de Marsh, en le versant peu à peu, comme cela a été indiqué, page 411, par l'entonnoir *f* dans le flacon *a*, dans lequel il se produit un dégagement d'hydrogène. Si l'on chauffe alors en *d* la portion du tube indiquée, on obtient un anneau d'arsenic métallique.

Dans une autre méthode, indiquée par Frésénius, après avoir purifié le sulfure d'arsenic, on le mélange ou on en mélange une portion dans un mortier d'agate avec parties égales de carbonate de soude sec et de cyanure de potassium et on chauffe le mélange dans une atmosphère de gaz acide carbonique sec : on obtient ainsi un anneau d'arsenic métallique. L'expérience peut se faire dans l'appareil représenté figure 5 : on porte le mélange soigneusement et rapidement, afin d'éviter qu'il attire l'humidité, dans un petit tube *aa'*, d'une longueur d'environ 6 centimètres et d'un diamètre de 3 à 4 millimètres, ouvert aux deux extrémités; on place ce petit tube dans un tube de verre *bc*, plus long et plus large. Ce tube est mis en communication avec un appareil *d*, destiné à dégager du gaz acide carbonique que l'on fait passer pour le dessécher dans un flacon *e*, qui contient de l'acide sulfurique concentré et dans un tube à chlorure de calcium *gb*. Lorsque tout l'appareil est rempli de gaz acide carbonique, on chauffe la portion *aa'* du tube au moyen de la flamme d'une lampe à alcool à double courant, en ayant soin de faire passer dans l'appareil un courant très lent de gaz acide carbonique. Il se produit de cette manière un anneau d'arsenic métallique en *f*: en même temps le gaz qui se dégage possède l'odeur

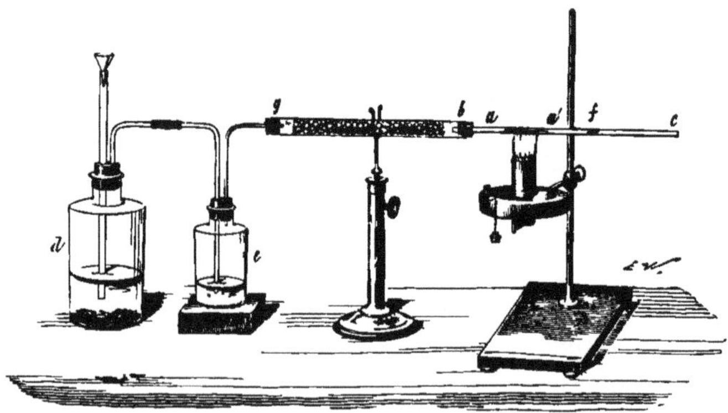

Fig. 5.

d'ail caractéristique de l'arsenic. Il faut cependant observer ici que le cyanure de potassium ne réduit qu'une partie de l'arsenic contenu dans le sulfure d'arsenic.

Dans d'autres méthodes, lorsque le sulfure d'arsenic contient des substances organiques, on l'oxyde en le faisant fondre avec du nitrate et du carbonate de soude : on traite par l'eau (de cette manière, l'antimoine, lorsqu'il y en a, reste comme résidu à l'état d'antimoniate de soude peu soluble) : on sursature le tout par l'acide sulfurique, et on évapore jusqu'à ce que tout l'acide nitrique et tout l'acide nitreux soit chassé et jusqu'à ce que l'acide sulfurique commence à se volatiliser. On étend alors le tout d'une petite quantité d'eau et on obtient une liqueur qui est tout à fait convenable pour être employée dans l'appareil de Marsh.— Cette méthode est plus compliquée que celle qui consiste à oxyder le sulfure d'arsenic au moyen du chlorate de potasse et de l'acide chlorhydrique.

Ce n'est que dans quelques cas que l'on doit conseiller de précipiter d'abord l'arsenic à l'état de sulfure d'arsenic dans la liqueur que l'on a obtenue en traitant par l'acide chlorhydrique et le chlorate de potasse la substance organique empoisonnée par l'arsenic. Le mieux est presque toujours de traiter directement la liqueur par l'appareil de Marsh et d'obtenir ainsi l'arsenic métallique.

On a proposé encore plusieurs méthodes pour traiter les substances organiques dans lesquelles on suppose des quantités excessivement faibles d'arsenic et pour en obtenir ensuite l'arsenic à l'état métallique. Si, par exemple, on opère sur un cadavre qui est resté sous la terre pendant plusieurs mois ou même plusieurs années, l'analyse présente beaucoup de difficultés : toute l'opération est désagréable au plus haut degré. On sépare des os les parties molles qui souvent, par suite de la putréfaction, se sont mélangées les unes avec les autres et on les met dans une grande capsule de porcelaine ; on les traite ensuite à chaud, d'après la méthode de Wœhler, par l'acide nitrique d'une densité de 1,2 que l'on verse peu à peu, en ayant soin d'agiter jusqu'à ce que le tout se soit transformé en une bouillie homogène. On ajoute ensuite jusqu'à sursaturation une dissolution concentrée d'hydrate de potasse. On peut, au lieu d'hydrate de potasse, employer du carbonate de potasse ou de soude pour saturer la liqueur ; mais alors l'acide carbonique, en se dégageant, forme une écume visqueuse qui s'élève lentement, en sorte qu'il faut opérer la saturation au moins avec beaucoup de soin pour que la masse ne passe pas par-dessus la capsule et pour que par suite il n'y ait pas de perte de matière. On ajoute ensuite une quantité encore plus grande de nitrate de potasse, à peu près autant qu'il y a de matière organique en poids; on évapore le tout, autant que possible, à siccité, et on jette le résidu de l'évaporation peu à peu par petites portions dans un creuset de Hesse bien propre et neuf que l'on a chauffé au rouge faible. De cette manière, toute la matière organique est oxydée et l'arsenic, s'il y en a, est transformé en arséniate de potasse. Il est important de n'employer ici que la quantité de salpêtre exactement nécessaire ; mais cela n'est pas facile à déterminer. Si l'on en met trop peu, la matière organique n'est pas brûlée, et il peut se volatiliser de l'arsenic de la masse carbonisée ; si l'on en met trop, le traitement ultérieur de la masse est plus difficile. Le mieux est de faire de petits essais avec le mélange, de les jeter dans un petit creuset rouge et d'observer si, après que la masse a fusé, elle est complétement blanche. Tant qu'elle est noire et tant qu'elle contient par conséquent du charbon, on doit la mélanger avec une plus grande quantité de nitre.

La masse qui est formée essentiellement de carbonate, de nitrate et de nitrite alcalins et qui peut contenir de l'arséniate alcalin, est dissoute dans la plus petite quantité d'eau bouillante possible. On verse cette dissolution dans une capsule de porcelaine, sans la séparer par filtration du phosphate de chaux et de la silice qui restent en suspension, et on sature peu à peu par l'acide sulfurique distillé concentré, de manière qu'il y ait un petit excès de ce dernier. On chauffe ensuite la bouillie saline avec précaution, jusqu'à ce que tout l'acide nitreux et tout l'acide nitrique soient chassés. On doit faire beaucoup d'attention à cette circonstance. — Le mieux est de faire l'expérience dans une cornue à laquelle est adapté un récipient; car, lorsque la substance organique contient des chlorures, il peut, dans ce cas, se volatiliser un peu de chlorure d'arsenic par l'action de l'acide sulfurique.

Après le refroidissement, la masse est agitée avec une très petite quantité d'eau froide, et la liqueur est jetée sur un filtre pour être séparée de la grande quantité de sulfate de potasse qui s'est formée. On lave plusieurs fois le sulfate de potasse avec l'eau froide et on ajoute l'eau de lavage à la première liqueur. On verse ensuite la liqueur avec précaution dans un flacon dans lequel il se dégage du gaz hydrogène, de la manière qui a été indiquée page 410 ; on obtient ensuite l'arsenic métallique par la décomposition du gaz hydrogène arsénié qui s'est formé. Lorsqu'on le préfère, on peut traiter la liqueur par l'acide sulfureux et y faire passer ensuite du gaz hydrogène sulfuré pour précipiter l'arsenic à l'état de sulfure d'arsenic; il est cependant bien plus simple de traiter directement la liqueur par la méthode de Marsh.

Je m'abstiendrai de dire si, dans les cas indiqués, cette méthode remplit mieux le but qu'on se propose que la méthode plus simple qui consiste à soumettre la substance organique à la distillation avec le chlorure de sodium et l'acide sulfurique de la manière qui a été indiquée précédemment, en ayant soin d'ajouter de l'acide sulfureux, après la volatilisation du chlorure d'arsenic. Toutefois on doit peut-être préférer cette méthode lorsque la masse de la substance organique est très considérable par rapport à celle de l'arsenic, et lorsque la substance organique contient beaucoup de matière grasse.

Une autre méthode d'analyse souvent employée est celle qui consiste à soumettre à l'action de la chaleur, avec de l'acide sulfurique concentré, la substance à analyser. Mais il peut arriver alors qu'il se volatilise de l'arsenic à l'etat de chlorure d'arsenic, lorsque la substance organique contenait des chlorures. Du reste, ce traitement, qui a encore d'autres inconvénients, ne paraît, malgré son emploi fréquent, avoir aucun avantage sur les méthodes indiquées.

Dans toutes ces méthodes, on ne peut pas mettre trop de soin à s'assurer préalablement de la pureté des réactifs que l'on emploie, et notamment à rechercher s'ils ne contiennent pas d'arsenic. Pour l'acide sulfurique et le zinc, on y arrive très simplement de la manière qui a été indiquée, page 411. On doit particulièrement essayer aussi de la même manière, au moyen de l'appareil de Marsh, l'acide chlorhydrique que l'on veut employer.

Dans ces analyses dans lesquelles on veut rechercher de très petites quantites d'arsenic contenues dans de grandes quantités de substances organiques, on réussit souvent à déterminer approximativement la quantité de l'arsenic obtenu. Une détermination approximative de la quantité de l'arsenic métallique obtenu est souvent à désirer, parce qu'on peut se tromper excessivement facilement, sous le rapport de la quantité d'arsenic, lorsqu'on juge d'après l'anneau obtenu dans la méthode de Marsh. Dans les analyses chimico-légales, on exige en outre souvent une détermination approximative de ce genre. Pour cela, on a besoin seulement de peser le tube de verre avec l'anneau métallique, de dissoudre l'arsenic et de peser ensuite de nouveau le tube pour déterminer approximativement par différence la quantité d'arsenic; mais comme il a pu passer de l'arsenic à l'état d'hydrogène arsénié, la détermination peut être excessivement inexacte.

On peut employer, d'après *Berzelius*, la méthode suivante qui présente plus de certitude, lorsqu'on veut déterminer la quantité d'arsenic contenue dans le gaz hydrogène arsénié formé : On place, à peu près au milieu d'un tube de verre étroit qui n'a pas besoin d'avoir plus de 3 à 4 millimètres de diamètre intérieur, un dépôt de bioxyde de cuivre de 3 à 4 centimètres de long à la suite d'un fil de cuivre enroulé en spirale, et on le réduit dans un courant de gaz hydrogène, en ayant soin de maintenir au moyen de la flamme d'une lampe l'oxyde à une température rouge tant qu'il se forme de l'eau. Lorsque la partie du tube qui se trouve placée après le cuivre réduit, a été entièrement desséchée et ne contient par suite plus d'eau, on laisse refroidir le tube en ayant soin de continuer à y faire passer de l'hydrogène pendant le refroidissement. Après le refroidissement complet, on fait passer dans le tube un peu d'air atmosphérique sec, afin d'en chasser le gaz hydrogène; on le pèse alors et il est tout prêt à être employé.

On détermine dans le flacon de dégagement un courant de gaz hydrogène au moyen du zinc pur et de l'acide sulfurique pur, et on continue jusqu'à ce que l'appareil en soit plein; on y adapte le tube dans lequel se trouve le cuivre et on porte le cuivre à la température rouge. On verse alors peu à peu avec précaution, à des intervalles assez éloignés, au moyen de l'entonnoir, la liqueur dans laquelle on doit rechercher l'arsenic. Le gaz hydrogène qui se dégage au commencement de l'opération, après que la totalité de la liqueur a été introduite dans le flacon, est plus riche en gaz hydrogène arsénié par des motifs faciles à comprendre; le gaz qui se dégage ensuite en contient toujours moins, parce que la quantité de l'acide arsénique ou de l'acide arsénieux qui existe dans la liqueur va toujours en diminuant. On doit donc avoir soin de ne pas perdre les premières portions de gaz et de ne pas les employer pour chasser l'air de l'appareil. Plus le dégagement de gaz est lent, plus on est certain d'avoir décomposé tout le gaz hydrogène arsénié. Lorsque le dégagement de gaz commence à se ralentir, on peut lui redonner de la force plusieurs fois en ajoutant de nouveau de l'acide sulfurique afin de chasser de la liqueur les dernières traces d'arsenic autant que cela est possible. Le gaz hydrogène qui passe sur le cuivre porté au rouge, n'entraîne pas avec lui de trace d'arsenic.

Lorsque l'opération est terminée, la portion antérieure du cuivre est blanche et est transformée en arséniure de cuivre. L'augmentation de poids du tube représente le poids de l'arsenic. Une petite portion, prise pour essai sur la partie du cuivre devenue blanche, donne, au chalumeau, la preuve la plus décisive que la matière absorbée par le cuivre est de l'arsenic, par l'odeur spéciale qui se dégage et que l'on ne peut méconnaître. Si l'on veut séparer l'arséniure de cuivre du cuivre métallique, on les fait digérer avec le bichlorure de cuivre et l'acide chlorhydrique; de cette manière, le cuivre pur se dissout et abandonne comme résidu de l'arséniure de cuivre que l'on sépare du chlorure de cuivre par des lavages avec l'acide chlorhydrique.

On peut également employer dans ce cas un certain poids de bioxyde de cuivre dont on a préalablement enlevé l'humidité en le maintenant au rouge dans un tube dans lequel on fait passer un courant d'air atmosphérique sec. Du poids de l'oxyde, on déduit celui du cuivre. Pendant l'opération, l'oxyde est réduit à l'état métallique, et ce que le métal pèse en plus de ce que le calcul indique, est de l'arsenic.

On n'obtient jamais ici la totalité de l'arsenic qui est contenu dans la liqueur à analyser. Une portion dont la quantité ne peut pas être determinée avec certitude, reste avec le zinc dans le flacon de dégagement. On peut, du reste, admettre avec Berzelius qu'on obtient à l'état d'arséniure de cuivre plus des deux tiers de l'arsenic qui existait dans la liqueur.

En parlant de la production de l'arsenic métallique au moyen de l'appareil de Marsh, on ne doit pas négliger la remarque importante que l'antimoine, à l'état d'acide antimonieux, d'acide antimonique, de chlorure d'antimoine et surtout dans les dissolutions acides, peut former, dans les mêmes circonstances que l'arsenic, une combinaison hydrogénée gazeuse, qui se décompose, par l'action de la chaleur, d'une manière tout à fait semblable à l'hydrogène arsénié gazeux et donne un anneau d'antimoine métallique qui a une ressemblance surprenante avec l'anneau d'arsenic métallique (p. 257 et p. 276). Lorsque la couche est très mince, l'anneau paraît brun comme celui d'arsenic : lorsque le dépôt est plus épais, il paraît noir et possède l'éclat métallique. Si on ne porte pas à la température rouge le tube de verre dans lequel passe le gaz, mais si on allume le gaz et si on place dans la flamme une assiette ou une soucoupe de porcelaine, on obtient des taches brunes ou noires d'antimoine métallique qui ressemblent quelquefois presque complétement à celles que produit l'arsenic métallique dans les mêmes circonstances. Cependant ordinairement les bords des taches formées par l'arsenic sont bruns, tandis que les bords des taches formées par l'antimoine sont noirs; mais lorsque le dépôt est très mince, les bords peuvent aussi être bruns.

On doit employer toute espèce de précaution pour distinguer un anneau d'arsenic, obtenu par la méthode indiquée, de l'anneau que peut former l'antimoine, et surtout pour reconnaître si l'anneau métallique n'est pas formé en même temps d'arsenic et d'antimoine.

L'arsenic peut être distingué de l'antimoine, dans le tube même où l'anneau métallique s'est produit, au moyen des caractères suivants : On place le tube dans une position horizontale et on chauffe l'anneau métallique au moyen de la flamme d'une petite lampe; on porte alors le tube vers le nez en ayant soin de le maintenir dans la position horizontale et on le penche; on observe alors une odeur alliacée très nette qui ne se forme pas lorsque l'anneau est formé d'antimoine. On peut même reconnaître l'arsenic pendant le dégagement de la combinaison hydrogénée gazeuse quand un anneau métallique s'est formé dans le tube de verre; si on chauffe alors l'anneau métallique, le courant gazeux qui se dégage possède une odeur alliacée nette, lorsqu'il y avait de l'arsenic : si au contraire l'anneau était formé d'antimoine, le gaz est presque inodore.

L'anneau d'arsenic est incomparablement plus volatil que celui d'antimoine, qui ne se volatilise que très difficilement. Mais on peut se tromper sous le rapport de la volatilité des deux métaux, lorsqu'on est en présence d'un anneau d'arsenic épais et lorsque le tube dans lequel il s'est déposé est d'un verre très épais, tandis que l'anneau d'antimoine est mince et s'est déposé dans un tube de verre mince.

Si l'on chauffe jusqu'au rouge sombre l'anneau d'antimoine contenu dans le tube, l'antimoine fond d'abord en petits globules, et ce n'est qu'à une température plus élevée qu'il se volatilise, tandis que l'arsenic passe immédiatement par l'action de la chaleur de l'état solide à l'état gazeux.

Si l'on sépare au moyen de la lime la portion du tube dans laquelle l'anneau métallique s'est déposé, si l'on place cette portion du tube dans un verre à réactif qui n'a pas un trop grand diamètre, si l'on ajoute un peu d'acide nitrique pur étendu de manière que l'anneau métallique soit bien humecté, et si l'on chauffe le tout modérément, l'anneau métallique se transforme en une croûte blanche d'acide antimonieux qui ne se dissout pas dans l'acide nitrique, lorsque l'anneau est formé d'antimoine. Mais si l'anneau est formé d'arsenic, il se dissout dans l'acide qui contient alors de l'acide arsénieux et de l'acide arsénique. — Cet essai, que l'on préfère ordinairement, n'est pas, à beaucoup près, aussi caractéristique que celui que nous indiquons immédiatement après.

Si l'on met dans un verre à réactif la portion du tube de verre que l'on a séparée et qui contient l'anneau métallique, si l'on ajoute ensuite de petites quantités de chlorate de potasse, puis de l'acide chlorhydrique en assez grande quantité pour que l'anneau puisse être humecté, et si on laisse le tout en contact pendant quelque temps à froid, l'anneau disparaît bientôt et se dissout dans l'acide lorsqu'il est formé d'arsenic. Un anneau d'antimoine résiste très longtemps à l'action du chlore, et il se passe un temps assez long avant qu'il puisse se dissoudre dans l'acide; souvent même la chaleur est nécessaire pour obtenir ce résultat. On peut également, dans cette occasion, être induit en erreur : en effet, dans les circonstances indiquées, un anneau d'arsenic épais disparaît souvent plus lentement qu'un anneau d'antimoine très mince; et, par le simple aspect, on ne peut souvent pas juger avec certitude si un anneau d'arsenic est plus ou moins épais ou plus ou moins mince. Si cependant on ajoute, à la liqueur qui contient le métal oxydé, un peu d'acide tartrique, puis du chlorure d'ammonium et enfin du sulfate ammoniaco-magnésien, on obtient en présence de l'arsenic un précipité lorsqu'on a à analyser des anneaux métalliques minces, le précipité ne se forme qu'au bout de quelque temps) : lorsqu'il y a de l'antimoine, il ne se forme pas de précipité. Ce mode d'essai est le plus sûr pour distinguer les deux espèces d'anneaux métalliques.

Dans les analyses de combinaisons que l'on suppose arsenicales, on doit toujours avoir soin d'obtenir aussi, outre les anneaux métalliques des taches au moyen de la flamme de la combinaison hydrogénée gazeuse. Le mieux est d'en déterminer le dépôt à l'intérieur d'une assiette de porcelaine blanche qui ne doit pas contenir de couverte plombifère. Si on humecte ces taches avec une dissolution alcoolique d'iode et si on laisse le tout s'épaissir spontanément, les taches deviennent rouges et se transforment en iodures. Mais la couleur de l'iodure d'arsenic qui se forme est analogue à celle de l'iodure d'antimoine, et tous deux disparaissent complétement lorsqu'on les expose pendant quelque temps à l'air à la température ordinaire. Cependant les taches d'iodure d'arsenic disparaissent bien plus rapidement que celles d'iodure d'antimoine; mais on ne peut pas baser sur cette réaction un caractère distinctif certain des deux métaux, bien qu'on l'ait proposé.

Lorsqu'on a obtenu les taches métalliques sur une assiette de porcelaine et non sur une capsule, on peut, d'après le procédé de *Cottereau*, en recouvrir une capsule ou une tasse de porcelaine dans laquelle on a mis quelques petits morceaux de phosphore. Si les taches métalliques sont formées d'arsenic, elles disparaissent au bout de quelques heures; mais si elles sont formées d'antimoine, elles restent plusieurs jours, quelquefois plusieurs semaines sans disparaître; mais ensuite elles diminuent peu à peu et disparaissent entièrement. Si le dépôt des taches métalliques a été produit sur une capsule de porcelaine, on y place de petits morceaux de phosphore et on recouvre la capsule d'une plaque de verre. — Il se forme de l'ozone qui oxyde l'arsenic bien plus rapidement que l'antimoine.

Cette méthode, qui donne à la vérité un bon résultat, a cependant un inconvénient; on peut être quelquefois incertain lorsqu'il s'agit de reconnaître le métal: en effet, de fortes taches d'arsenic disparaissent au bout d'un temps plus long que des taches excessivement minces d'antimoine.

Pour reconnaître avec certitude les taches formées sur la porcelaine et les distinguer entre elles, la méthode qu'une longue expérience a indiquée comme la plus sûre, est la suivante : On humecte avec quelques gouttes de sulfure d'ammonium les taches métalliques produites dans une capsule ou dans un creuset de porcelaine, et on évapore le tout à siccité à l'aide d'une faible chaleur ou mieux au bain-marie : les métaux passent ainsi complétement à l'état de sulfures. Le sulfure d'arsenic paraît avec sa couleur jaune particulière; le sulfure d'antimoine avec la couleur rouge-orangé qui lui est propre. Si on verse alors de l'acide chlorhydrique sur le sulfure jaune d'arsenic, il n'est pas modifié : on peut même évaporer l'acide chlorhydrique au bain-marie à une faible chaleur sans que le sulfure d'arsenic soit décomposé. Si, au contraire, on verse de l'acide chlorhydrique sur le sulfure d'antimoine rouge-orangé, la coloration disparaît immédiatement à l'aide d'une faible chaleur : si l'on évapore, il se volatilise du chlorure d'antimoine, et il ne reste pas de résidu. Même lorsque les taches métalliques sont excessivement faibles, on peut en reconnaître la nature de cette manière. On ne doit employer cette méthode que pour opérer sur les taches et non sur l'anneau obtenu dans un tube de quelque épaisseur; on ne doit l'appliquer aux anneaux que lorsqu'on a obtenu des anneaux excessivement minces que l'on ne pourrait pas analyser par la méthode indiquée plus loin. Du reste, on doit opérer exactement comme il a été indiqué. Si, au lieu de sulfure d'ammonium, on emploie la dissolution d'hydrogène sulfuré, les taches, particulièrement lorsqu'elles ne sont pas très minces, ne sont transformées que très incomplétement en sulfures, même lorsqu'on chauffe et lorsqu'on évapore. On peut opérer la dissolution des taches au moyen de quelques gouttes d'eau de chlore concentrée, ajouter ensuite la dissolution d'hydrogène sulfuré et évaporer avec précaution à une faible chaleur : on obtient alors les sulfures avec leurs couleurs caractéristiques. L'évaporation complète est surtout nécessaire dans ce cas, parce que l'eau de chlore fait passer ordinairement les métaux à leur degré d'oxydation le plus élevé, et parce que l'acide arsénique n'est pas précipité d'abord par la dissolution d'hydrogène sulfuré. Mais cette méthode ne peut être employée que pour les taches d'arsenic, et non pour celles d'antimoine; car, bien que la couleur rouge-orangé du sulfure se montre lorsqu'on évapore, elle est détruite au moins partiellement par une évaporation complète ; en effet, la petite quantité d'acide chlorhydrique formée peut redissoudre le sulfure d'antimoine produit, lorsque l'acide a acquis un certain degré de concentration.

Pour distinguer avec certitude l'anneau d'arsenic de l'anneau d'antimoine, et pour reconnaître en même temps si l'anneau métallique n'est pas formé des deux métaux, il faut employer la méthode suivante : on sépare de la manière qui a été indiquée page 421, le morceau du tube de verre qui contient l'anneau; on partage la portion du tube en plusieurs morceaux; on met le tout dans un verre à réactif, on y jette de petits cristaux de chlorate de potasse et on ajoute assez d'acide chlorhydrique pour que l'anneau métallique en soit recouvert. Si l'anneau métallique ne s'est pas complétement dissous à froid, on chauffe le tout; si l'anneau ne se dissout pas encore complétement, on ajoute de nouveau une petite quantité de chlorate de potasse. Lorsque le tout est complétement dissous, on soumet la liqueur à l'action de la chaleur pour détruire tout le chlorate de potasse. On n'a pas à craindre de volatilisation de chlorure d'arsenic, et à peine une légère volatilisation de chlorure d'antimoine. On nettoie le morceau de tube de verre, on ajoute une petite quantité d'une dissolution d'acide tartrique et d'une dissolution de chlorure d'ammonium, et on sursature le tout par l'ammoniaque : on laisse ensuite le tout pendant quelque temps en contact. Il ne doit pas alors se former de précipité tant pour un anneau d'arsenic que pour un anneau d'antimoine. Cependant lorsqu'on n'a pas opéré exactement comme nous venons d'indiquer, il se forme un léger trouble, lorsque c'est de l'antimoine qui a été dissous. Ce trouble est déterminé par une addition trop faible d'acide tartrique ou de chlorure d'ammonium. On doit chercher à l'éviter; car lorsqu'après la sursaturation par l'ammoniaque, il s'est séparé un peu d'acide antimonique, on éprouve un peu de difficulté à le redissoudre dans l'acide tartrique. Dans tous les cas, après avoir sursaturé par l'ammoniaque, on doit attendre un peu de temps pour s'assurer que la dissolution ne se trouble pas. On ajoute à la liqueur claire une petite quantité d'une dissolution de sulfate de magnésie et de chlorure d'ammonium que l'on a préparée dans ce but et dans laquelle l'ammoniaque ne doit pas former de précipité; on sursature le tout par l'ammoniaque. On agite ensuite et on laisse reposer à froid. Il se forme alors immédiatement ou bien ordinairement au bout de quelque temps un précipité plus ou moins abondant d'arséniate ammoniaco-magnésien, lorsque l'anneau métallique est formé d'arsenic, mais il ne se forme pas le plus petit trouble lorsque l'anneau est formé d'antimoine métallique pur.

Lorsqu'on a obtenu un précipité d'arséniate ammoniaco-magnésien, on doit le laisser déposer pendant quelques heures à la température ordinaire, le jeter sur un filtre et le laver avec de l'eau légèrement ammoniacale. On sursature la liqueur filtrée par l'acide chlorhydrique, et on y ajoute une dissolution d'hydrogène sulfuré: on laisse alors reposer. Si, au bout de quelque temps, il ne s'est pas produit de modification, c'est que l'anneau était seulement formé d'arsenic; mais s'il se forme une quantité plus ou moins grande d'un précipité rouge-orangé, c'est que l'anneau métallique contenait, outre l'arsenic, de l'antimoine. Il faut observer ici que, lorsqu'on a ajouté trop d'acide tartrique à la dissolution, le précipité de sulfure d'antimoine ne se forme qu'au bout de quelque temps ou même ne se forme pas. Cela n'arrive que lorsqu'on a ajouté sans utilité une quantité excessivement grande d'acide tartrique.

Après avoir obtenu l'arséniate ammoniaco-magnésien, on doit en retirer de l'arsenic à l'état métallique. On recueille le précipité sur un petit filtre, on le lave, on le dessèche, on le sépare du filtre et on le fait fondre dans un petit matras avec du cyanure de potassium (p. 389 . La totalité de l'arsenic contenu dans le précipité se sublime alors et peut être obtenue à l'état d'anneau métallique brillant.— Si l'on n'a pas trouvé d'arsenic au moyen de la dissolution de magnésie, il faut rendre la dissolution acide au moyen de l'acide chlorhydrique et précipiter, au moyen de la dissolution d'hydrogène sulfuré, l'antimoine à l'état de sulfure d'antimoine. Mais comme, par suite de la grande quantité de chlorure d'ammonium et d'acide tartrique que contient la liqueur, la dissolution d'hydrogène sulfuré pourrait ne précipiter qu'incomplétement l'antimoine, on doit préférer d'ajouter à la dissolution du sulfure d'ammonium aussi incolore que possible, et de décomposer au bout de quelque temps le tout par l'acide chlorhydrique étendu. On laisse ensuite le sulfure d'antimoine se déposer dans un flacon fermé.

Cette méthode doit être préférée à celle d'après laquelle on oxyde l'anneau métallique au moyen de l'acide nitrique, on sursature ensuite légèrement la masse oxydée au moyen du carbonate de soude, on évapore le tout et on fait fondre la masse desséchée. On traite par l'eau la masse fondue, et on sépare l'antimoniate de soude peu soluble de l'arséniate de soude qui est bien plus soluble. Cette méthode est non-seulement moins exacte, mais aussi plus compliquée.

On peut, sans transformer en anneau métallique le gaz qui se dégage de l'appareil de Marsh, distinguer le gaz hydrogène arsénié du gaz hydrogène antimonié en faisant passer le gaz dans une dissolution de nitrate d'argent. Il se forme dans les deux cas des précipités noirs. Mais si l'on a fait passer le gaz dans la dissolution de nitrate d'argent, seulement jusqu'à ce qu'il reste une portion considérable de la dissolution d'argent qui ne soit pas décomposée, le précipité qui se produit dans le premier cas, est formé seulement d'argent, et l'arsenic existe à l'état d'acide arsénieux dans la liqueur que l'on en sépare. Si l'on sature alors avec précaution cette liqueur par l'ammoniaque, on obtient un précipité d'arsénite jaune d'argent; si on précipite dans cette dissolution l'oxyde d'argent au moyen de l'acide chlorhydrique, l'hydrogène sulfuré donne, dans la liqueur que l'on sépare du chlorure d'argent, un précipité jaune de sulfure d'arsenic. — Si l'on fait passer au contraire du gaz hydrogène antimonié dans une dissolution d'argent, il se précipite de l'antimoniure d'argent, et la liqueur filtrée ne contient pas d'antimoine ou n'en contient que des traces. — Dans une dissolution de bichlorure de mercure, le gaz hydrogène arsénié donne un précipité jaune-brunâtre d'arséniure de mercure et de bichlorure de mercure ($As^2Hg^3 + 3HgCl^2$, tandis que le gaz hydrogène antimonié donne un précipité blanc qui est formé d'antimoniure d'argent et de chlorure de mercure.

C'est au moyen de l'appareil de Marsh qu'on peut rendre sensible aux yeux, dans le temps le plus court, la présence de l'arsenic au moyen de l'anneau d'arsenic qui permet de s'en convaincre. Si l'on veut, par exemple, comme cela arrive très fréquemment, s'assurer de la présence de l'arsenic dans des tapis de couleur verte, on peut y arriver en les brûlant, et en traitant les cendres par la soude sur le charbon au chalumeau. Cependant on peut, dans un espace de temps très court, obtenir, au moyen de ces tapis, un anneau d'arsenic en faisant digérer une portion de ces tapis avec l'acide chlorhydrique à une très faible chaleur, et versant la liqueur dans l'appareil de Marsh, sans la filtrer. Seulement il faut verser la liqueur peu à peu et avec précaution à cause de la présence des substances organiques dans la dissolution.

En employant les méthodes dont on se servait anciennement pour retrouver l'arsenic dans les substances organiques, on peut souvent ne pas s'apercevoir de la présence de l'arsenic lorsqu'il est en petite quantité. La méthode la plus ancienne, la plus généralement employée autrefois et la meilleure de son époque, par laquelle on obtenait l'arsenic à l'état métallique, est celle de *Valentin Rose*. Elle prescrit de faire bouillir la substance organique avec une dissolution d'hydrate de potasse, de sursaturer la dissolution visqueuse par l'acide nitrique, de filtrer la dissolution, de la saturer presque entièrement par le carbonate de potasse, et de la précipiter par l'eau de chaux : on obtient ensuite l'arsenic métallique en réduisant le précipité obtenu par le charbon et une petite quantité d'acide borique. En opérant d'après cette méthode, on peut ne pas précipiter de petites quantités d'acide arsénieux et d'acide arsénique contenues dans une dissolution, parce que les sels de chaux des deux acides ne sont pas complétement insolubles, et parce qu'ils peuvent être très facilement retenus en dissolution partiellement et en quantités considérables, par les dissolutions de certains sels, surtout par les dissolutions des sels ammoniacaux.

On a bien apporté à cette méthode des modifications; mais elles ne remplissent pas le but qu'on se propose. On a proposé, pour éviter le boursouflement provenant du dégagement de l'acide carbonique, de saturer par l'ammoniaque, au lieu du carbonate de potasse, la liqueur traitée par l'acide nitrique; mais alors il se serait formé une grande quantité de sels ammoniacaux qui pourraient empêcher entièrement la précipitation de très grandes quantités d'arsénite de chaux. — On a proposé aussi quelquefois de sursaturer par l'acide chlorhydrique la liqueur obtenue par l'ébullition avec l'hydrate de potasse. Mais *Otto* a fait ici une remarque très importante. Si la substance organique est composée des substances dites protéiques (viande, sang, albumine végétale, etc.), qui contiennent toutes de petites quantités de soufre, il se forme par l'action de l'hydrate de potasse, du protéinate de potasse et du sulfure de potassium, qui, lorsqu'il y a une petite quantité d'acide arsénieux, le transforme en sulfure d'arsenic qui est dissous par le sulfure de potassium. Si l'on sursature ensuite par l'acide chlorhydrique la dissolution filtrée, il se précipite, outre la protéine, du sulfure d'arsenic, et lorsque la quantité de sulfure d'arsenic est assez faible pour pouvoir être transformée en sulfosel par le sulfure de potassium formé, la dissolution sursaturée par l'acide chlorhydrique et filtrée peut être tout à fait exempte d'arsenic.

XLVIII. — TELLURE, Te.

Le tellure a l'éclat métallique; sa couleur ressemble à celle de l'antimoine, cependant il est moins bleuâtre. A l'état très divisé, tel qu'il est lorsqu'il se dépose à l'état métallique de ses dissolutions, il peut avoir une couleur brune. Il est, comme l'antimoine, très fortement foliacé; il cristallise en cristaux rhomboédriques, comme l'arsenic, l'antimoine et le bismuth. Il est cassant et peut être facilement pulvérisé. Il est bon conducteur de l'électricité, comme les autres métaux, mais cependant à un degré bien plus faible. Il est fusible, à peu près comme l'antimoine; à une température très élevée, il se volatilise à l'abri du contact de l'air. Dans un petit matras, le tellure se sublime même à la température produite par la flamme du chalumeau, ce qui n'arrive pas pour l'antimoine. Chauffé au contact de l'air, il s'oxyde, brûle avec une flamme vert-bleuâtre et dégage une vapeur blanche épaisse d'acide tellureux, qui n'a qu'une saveur légèrement acidule et qui a une faible odeur de raifort, lorsque le tellure contient du selenium, ce qui arrive fréquemment. Chauffé dans un tube ouvert aux deux extrémités, le tellure laisse déposer à l'intérieur du tube une poussière de couleur blanc-grisâtre, et se transforme complétement, à une température élevée, en acide tellureux qui fond en gouttelettes claires, transparentes. Si l'on chauffe le tellure sur le charbon, il s'y forme un dépôt blanc d'acide tellureux qui est jaune-rougeâtre sur les bords; mais si l'on dirige sur ce dépôt la flamme de réduction, il disparaît avec une lueur verte (s'il y a du selenium, avec une lueur bleu-verdâtre). Si, pendant l'expérience, on sent l'odeur de raifort pourri, c'est que le tellure contenait du selenium. Le poids spécifique du tellure est 6,2.

Le tellure n'est pas soluble dans l'acide chlorhydrique. Il se dissout facilement dans l'acide nitrique : la dissolution contient de l'acide tellureux qui se dépose spontanément de la dissolution à l'état anhydre au bout de quelque temps, sous forme d'une masse grenue, cristalline, en sorte qu'il n'en reste qu'une petite quantité dans la dissolution et que cette dissolution ne se trouble pas lorsqu'on l'étend d'eau. Si l'on a aidé la dissolution du métal par l'action de la chaleur, l'acide tellureux qui se dépose est encore plus nettement cristallin. Si on mêle avec l'eau la dissolution nitrique du tellure, avant que l'acide tellureux se soit déposé, on obtient un précipité blanc d'acide tellureux hydraté. Le tellure se dissout aussi dans l'eau régale : la dissolution contient, outre l'acide tellureux, un peu d'acide tellurique. L'acide tellureux ne se dépose pas spontanément de la dissolution, mais il se précipite à l'état hydraté, lorsqu'on mêle la dissolution avec l'eau. Si l'on projette dans l'acide sulfurique concentré du tellure pulvérulent, il se dissout en grande partie; la dissolution a une belle couleur pourpre. Si l'on étend d'eau la dissolution, le tellure se précipite de la dissolution à l'état métallique. Si l'on chauffe la liqueur de couleur pourpre, il se dégage de l'acide sulfureux : la dissolution se décolore et contient alors de l'acide tellureux.

Le gaz chlore n'attaque pas le tellure métallique à froid; mais, à une faible chaleur, il se forme du chlorure blanc de tellure $TeCl^4$, lorsqu'il y a un excès de chlore, et du chlorure noir de tellure $TeCl^2$, lorsqu'il y a un excès de tellure.

Si l'on fait bouillir le tellure en poudre fine avec une dissolution concentrée d'hydrate de potasse, il se dissout; la dissolution a une couleur rouge. Elle contient du tellurure de potassium et du tellure oxydé combiné avec la potasse. Si l'on étend la dissolution seulement d'une petite quantité d'eau, le tellure s'en sépare à l'état métallique; la dissolution devient incolore et ne contient que de l'hydrate de potasse. Le tellure n'est pas soluble dans une dissolution étendue d'hydrate de potasse. Si l'on fait fondre le tellure avec les hydrates ou les carbonates des oxydes alcalins et avec du charbon, on obtient des tellurures alcalins qui se dissolvent dans l'eau avec une couleur pourpre. Exposée à l'air, la dissolution se recouvre d'une pellicule de tellure métallique et se trouble peu à peu, mais lentement, jusqu'au fond. Si l'on fait passer lentement dans la dissolution un courant d'air atmosphérique, elle se modifie rapidement et tout le tellure est séparé de la dissolution à l'état métallique. Vers la fin, la dissolution prend une couleur verte.

Si l'on ajoute de l'acide chlorhydrique ou de l'acide sulfurique étendu à la dissolution du tellurure de potassium, il se dégage du gaz *hydrogène telluré :* ce gaz est incolore, d'une odeur tout à fait désagréable : lorsqu'on l'enflamme, il brûle avec une flamme bleuâtre. Il se dissout dans l'eau : la dissolution est rouge-pâle et rougit le papier de tournesol ; en contact avec l'air, il se décompose très rapidement, devient brun-rouge et laisse déposer du tellure métallique. L'hydrogène telluré produit, dans les dissolutions de beaucoup de sels métalliques, des précipités de tellurures métalliques.

Les tellurures se comportent, sous certains rapports, comme les séléniures et les sulfures. Cependant lorsqu'on les fait digérer avec l'acide nitrique, le tellure ne paraît être oxydé ni dissous plus tard que le métal avec lequel il était combiné. Cela est vrai, même pour les tellurures que l'on trouve dans la nature. La dissolution nitrique laisse souvent cristalliser la combinaison de l'oxyde métallique avec l'acide tellureux. Si l'on fait griller les tellurures dans un tube de verre à la flamme du chalumeau, on obtient un sublimé d'acide tellureux. Lorsque l'odeur de raifort se fait sentir, comme cela se présente très fréquemment, c'est que le tellurure contient du selenium.

Sous-oxyde de tellure, TeO.

Il n'a été produit ni à l'état pur, ni à l'état de combinaison, quoique l'existence de cet oxyde soit rendue probable par la facile production du chlorure $TeCl^2$ qui lui correspond.

Ce chlorure se forme lorsqu'on chauffe le tellure métallique à une température élevée et lorsqu'on fait passer alors sur le tellure un faible courant de gaz chlore. Le chlorure passe à la distillation sous la forme d'un liquide volatil, de couleur noire, qui, par le refroidissement, s'épaissit en une masse noire, solide, non cristalline. La vapeur de cette combinaison est de couleur pourpre. Le chlorure de tellure ne fume pas à l'air, mais il devient humide. Lorsqu'on le décompose par l'eau, il se forme une liqueur gris-noirâtre, et il se dépose, outre l'acide tellureux, du tellure métallique très divisé : l'acide tellureux n'est dissous que partiellement par l'acide chlorhydrique qui s'est formé en même temps, mais le tellure métallique n'est pas dissous. Si on traite le chlorure par de l'eau à laquelle on a ajouté une quantité d'acide chlorhydrique ou d'acide sulfurique étendu suffisante pour dissoudre l'acide tellureux, le tellure métallique noir, très divisé, reste seul comme résidu à l'état insoluble. Si l'on expose la combinaison à l'action d'un courant de chlore gazeux, elle se transforme à la surface en chlorure de tellure $TeCl^4$. Mais pour en opérer la transformation complète en chlorure $TeCl^4$, il faut chauffer de temps en temps le chlorure $TeCl^2$ et le faire fondre.

Si l'on décompose par le carbonate de soude sec le chlorure $TeCl^2$, on obtient un mélange de tellurite de soude et de tellure métallique.

Acide tellureux (Oxyde de tellure), TeO^2.

A l'état pur, l'acide tellureux est de couleur blanche; il fond, au rouge naissant, en une liqueur claire, jaune foncé, qui paraît jaune tant qu'elle est chaude, mais qui, après le refroidissement complet, est blanche et cristalline. Au contact de l'air, l'acide tellureux se volatilise complétement au rouge vif; mais il faut, pour sa volatilisation, employer une température plus élevée que pour la volatilisation du métal et que pour la volatilisation de l'acide antimonieux qui lui ressemble sous beaucoup de rapports. Il ne forme pas de sublimé cristallin, au moins pour les recherches qui se font sur de petites quantités. L'acide tellureux est réduit facilement à l'état métallique par le charbon à une température élevée : il est réduit difficilement par le gaz hydrogène, parce qu'il faut pour cela une température à laquelle l'acide tellureux fond, et le métal formé commence à se volatiliser.

L'acide tellureux à l'état anhydre, aussi bien que celui qui se dépose spontanément de la dissolution du tellure métallique dans l'acide nitrique, est grenu et cristallin. On a déjà dit que l'acide tellureux n'est soluble qu'en petite quantité dans l'acide nitrique, et qu'il n'y est soluble en plus grande quantité qu'immédiatement après sa formation par la dissolution du tellure dans l'acide nitrique. A l'état anhydre, l'acide tellureux ne se dissout également qu'en petite quantité dans plusieurs autres acides; mais il est bien soluble dans l'acide chlorhydrique. Il se dissout lentement dans l'ammoniaque, et ne se dissout qu'à l'aide de l'ébullition dans les dissolutions de carbonate de potasse et de soude. Il est soluble dans les dissolutions d'hydrate de potasse et de soude. Il ne se dissout qu'en très petite quantité dans l'eau : la dissolution ne rougit pas le papier de tournesol. L'acide n'a, au moins au premier instant, aucune saveur, mais au bout de quelque temps il présente une saveur métallique désagréable. Si on le place sur du papier de tournesol humide, le papier ne rougit qu'au bout de quelque temps.

On obtient l'acide tellureux hydraté, lorsqu'on traite par l'eau une dissolution nitrique de tellure récemment préparée, ou bien encore le chlorure de tellure $TeCl^4$, ou lorsqu'on fait fondre l'acide tellureux anhydre avec un poids égal de carbonate de potasse, et lorsqu'on le maintient en fusion tant qu'il se dégage du gaz acide carbonique : on dissout dans l'eau le tellurite de potasse formé de cette manière, et on mêle la dissolution avec de l'acide nitrique, jusqu'à ce qu'elle commence à rougir nettement le papier de tournesol. L'hydrate d'acide tellureux est blanc, léger, d'un aspect terreux, non cristallin. Il rougit le papier de tournesol humide : à l'état humide, il se dissout en quantité notable dans l'eau et possède une saveur métallique. La dissolution rougit aussi le papier de tournesol; mais si l'on chauffe, il se sépare de l'acide tellureux anhydre sous forme de grains cristallins, et la liqueur ne rougit plus le papier de tournesol. Si l'on dessèche légèrement l'acide tellureux hydraté, il perd son eau et se transforme en acide tellureux anhydre; cela arrive souvent déjà même sur le filtre sur lequel on lave l'acide tellureux hydraté.

L'acide tellureux hydraté est soluble dans l'acide nitrique, l'acide chlorhydrique et les autres acides. La dissolution dans l'acide chlorhydrique est jaune à l'état concentré. La dissolution nitrique seule laisse déposer, au bout de quelque temps ou par l'action de la chaleur, de l'acide tellureux anhydre : cela n'arrive pas pour la dissolution dans les autres acides.

Le chlorure $TeCl^4$ dont la composition correspond à l'acide tellureux, est blanc, volatil, cristallin : il fond facilement en une liqueur légèrement brunâtre. Il ne fume pas à l'air, mais il en attire l'humidité. Il est décomposé par l'eau en un liquide laiteux : en même temps il se sépare de l'acide tellureux qui ne peut pas se dissoudre dans l'acide chlorhydrique à cause de la petite quantité de cet acide qui s'est formée. Mais si l'on ajoute une plus grande quantité d'acide chlorhydrique ou d'acide sulfurique étendu, il se produit une dissolution claire. Le chlorure de tellure est également soluble dans une très grande quantité d'eau.

Si l'on fait chauffer l'acide tellureux anhydre dans un courant de chlore gazeux à une température inférieure à sa fusion, il est transformé en chlorure de tellure $TeCl^4$.

Lorsqu'une dissolution d'acide tellureux dans les acides, notamment dans l'acide chlorhydrique, ne contient pas une trop grande quantité d'acide libre, l'*eau* y produit un précipité d'acide tellureux hydraté, précisément comme dans la dissolution d'acide antimonieux dans l'acide chlorhydrique p. 259): une certaine quantité d'acide libre redissout le précipité; du reste, une très grande quantité d'eau peut aussi le redissoudre complétement.

Les dissolutions d'*hydrate de potasse*, d'*ammoniaque*, de *carbonate neutre* et de *bicarbonate de potasse*, de *carbonate d'ammoniaque*, produisent, dans la dissolution claire de l'acide tellureux hydraté dans l'acide chlorhydrique, un précipité blanc, abondant, d'acide tellureux hydraté qui se redissout complétement dans un excès du précipitant. La dissolution d'acide tellureux, traitée par un excès de carbonate de potasse, devient quelquefois verdâtre au bout de quelque temps; mais la coloration disparaît lorsqu'on chauffe et ne reparaît pas par le refroidissement. — L'acide tellureux est précipité, mais incomplétement par le *carbonate de baryte.*

Une dissolution de *chlorure de baryum* produit immédiatement un précipité blanc qui ne se dissout pas dans l'ammoniaque. — Une dissolution de *chlorure de calcium* ne produit un précipité que lorsqu'on a ajouté de l'ammoniaque.

Une dissolution de *phosphate de soude* produit un précipité blanc, même dans la dissolution un peu acide d'acide tellureux. — Une dissolution d'*acide oxalique* ne donne pas de précipité.

Les dissolutions de *ferrocyanure* et de *ferrocyanide de potassium* ne produisent pas de précipité dans la dissolution d'acide tellureux.

L'infusion de noix de galles ne produit pas de précipité dans la dissolution d'acide tellureux.

Le *sulfure d'ammonium* produit, dans une dissolution d'acide tellureux saturée par un oxyde alcalin, un précipité brun de sulfure de tellure qui, lorsqu'il y en a une grande quantité, paraît presque noir : ce précipité se redissout avec une grande facilité dans un excès du précipitant.

La dissolution d'*hydrogène sulfuré* produit immédiatement, dans une dissolution aeide d'acide tellureux, un précipité brun de sulfure de tellure qui, sous le rapport de la couleur, ressemble à celui que forme le gaz hydrogène sulfuré dans les dissolutions de protoxyde d'étain. Le sulfure de tellure se dissout dans l'ammoniaque et dans une dissolution d'hydrate de potasse. Si l'on chauffe le sulfure de tellure à l'abri du contact de l'air, le soufre est séparé du tellure, en sorte que ce dernier reste comme résidu à l'état métallique. Ce n'est que lorsqu'on commence à chauffer qu'il se volatilise un peu de sulfure de tellure.

Une dissolution d'*acide sulfureux* ou d'un *sulfite alcalin* produit, dans la dissolution acide d'acide tellureux, un précipité noir de tellure métallique. Pour de petites quantités d'acide tellureux, le précipité ne se montre qu'au bout de quelque temps, ou par l'action de la chaleur.

Le *protochlorure d'étain* produit immédiatement un précipité noir.

Le *zinc métallique* produit, dans les dissolutions d'acide tellureux, un précipité de tellure métallique qui se présente sous la forme d'une masse noire volumineuse.

Les combinaisons de l'acide tellureux avec les bases se dissolvent pour la plupart dans l'acide chlorhydrique, au moins lorsqu'il est concentré. Les dissolutions sont ordinairement jaunes et ne sentent pas le chlore lorsqu'on les chauffe. Lorsqu'elles ne contiennent pas trop d'acide chlorhydrique, il s'en précipite de l'acide tellureux hydraté lorsqu'on les étend d'eau. Dans ces dissolutions, on peut précipiter l'acide tellureux par le gaz hydrogène sulfuré ou par l'acide sulfureux : on peut alors retrouver dans la liqueur filtrée la substance qui était combinée avec l'acide tellureux, pourvu que cette substance ne soit pas précipitée aussi par le gaz hydrogène sulfuré, ou par l'acide sulfureux. — Les combinaisons de l'acide tellureux avec les oxydes alcalins sont solubles dans l'eau ; celles que l'acide tellureux forme avec les autres bases, sont ou bien insolubles, ou bien très peu solubles dans l'eau.

La plupart des combinaisons salines de l'acide tellureux sont fusibles et s'épaississent par le refroidissement en une masse cristalline : il n'y a que les combinaisons très acides que l'acide tellureux forme avec les oxydes alcalins qui produisent par la fusion une masse vitreuse. — Calcinées avec le charbon et la potasse, la plupart de ces combinaisons donnent une masse dont l'eau extrait une dissolution rouge-vineux de tellurure de potassium.

Au chalumeau, on reconnaît l'acide tellureux en ce qu'il est réduit très facilement sur le charbon dans la flamme intérieure : le métal réduit se volatilise très facilement : en même temps il s'oxyde de nouveau et recouvre alors le charbon d'une poussière blanche d'acide tellureux. Si on soumet l'acide tellureux à la flamme de réduction, il disparaît avec une lueur bleu-verdâtre. L'acide tellureux se dissout dans le borax et le sel de phosphore, et donne une perle claire, incolore, qui devient grise et opaque sur le charbon à cause de la présence du métal qui a été réduit et qui est très divisé. L'acide tellureux est dissous par la soude sur le fil de platine, et donne une perle claire, incolore qui, par le refroidissement, devient blanche. L'acide tellureux est réduit par la soude sur le charbon : le métal se volatilise et recouvre le charbon d'acide tellureux blanc : le dépôt est souvent rouge ou jaune foncé sur les bords.—Pour distinguer au chalumeau l'acide tellureux de l'acide antimonieux avec lequel il a de la ressemblance, on doit les chauffer dans un tube ouvert aux deux extrémités. L'acide tellureux se sublime et se dépose sous forme de poussière blanche sur la partie supérieure du tube qui est froide : il fond en gouttelettes là où on le chauffe : mais on ne peut bien observer cette circonstance que lorsque la couche sublimée n'est pas trop mince. L'acide antimonieux, lorsqu'il a été produit par la calcination de l'antimoine dans un tube ouvert, se sublime aussi et se dépose sous la forme d'une poussière blanche ; mais il peut être chassé par l'action de la chaleur d'une place à une autre, de telle sorte que la place où l'acide antimonieux s'est déposé par sublimation puisse devenir tout à fait vide (p. 264). L'acide antimonieux, chauffé dans un tube ouvert, ne se volatilise que partiellement, parce que la plus grande partie s'oxyde et se transforme en antimoniate d'oxyde d'antimoine qui n'est pas volatil (p. 276). Les deux oxydes peuvent encore être distingués l'un de l'autre en ce que le dépôt blanc d'acide antimonieux qui se produit sur le charbon par l'action du chalumeau, disparaît à la flamme de réduction en donnant à la flamme une coloration bleuâtre, tandis que l'acide tellureux communique à la flamme une belle coloration verte.—L'acide tellureux peut aussi être confondu avec l'oxyde de bismuth. Lorsque les combinaisons du bismuth, notamment le sulfure de bismuth, sont chauffées sur le charbon, il se produit sur le charbon un dépôt qui peut avoir quelquefois de la ressemblance avec celui d'acide tellureux. Mais lorsqu'on a réduit la combinaison par la soude sur le charbon, et lorsqu'on chauffe le métal dans un tube ouvert, il ne se produit pour ainsi dire pas de vapeur et il se forme autour du métal une combinaison oxydée fondue de couleur brun foncé qui, par le refroidissement, devient jaune pâle : en même temps le verre est fortement attaqué (Berzelius).—L'acide tellureux a aussi de l'analogie avec le chlorure de plomb par la manière dont il se comporte au chalumeau. Mais le chlorure de plomb peut être facilement réduit par la soude sur le charbon à l'état de plomb métallique, qui se laisse aplatir sous le marteau et qui n'est pas cassant (p. 133).

Les dissolutions de l'acide tellureux peuvent être très bien reconnues par la manière dont elles se comportent avec le gaz hydrogène sulfuré et par le précipité brun qui se forme dans ces dissolutions par l'action du sulfure d'ammonium et qui est soluble dans un excès du précipitant. Elles ne peuvent être confondues sous ce rapport qu'avec les dissolutions de protoxyde d'étain. Le sulfure d'ammonium forme en effet dans les dissolutions de protoxyde d'étain un précipité brun p. 239 ; mais ce précipité se dissout dans un excès du précipitant beaucoup plus difficilement que le précipité brun correspondant de l'acide tellureux. Les dissolutions du protoxyde d'étain se distinguent encore de celles d'acide tellureux par la manière dont elles se comportent avec l'ammoniaque et les carbonates alcalins, et surtout par la manière dont elles se comportent avec une dissolution d'or dans laquelle l'acide tellureux ne forme pas de combinaison qui puisse avoir de la ressemblance avec le pourpre de Cassius. — L'acide tellureux se distingue, surtout par sa volatilité, de la plupart des oxydes dont les dissolutions forment avec le sulfure d'ammonium un précipité qui se dissout dans un excès du précipitant. Il se distingue de l'acide antimonieux à l'état solide, par la manière dont il se comporte au chalumeau, comme cela vient d'être indiqué ; en dissolution, par la couleur différente du précipité obtenu par l'action du gaz hydrogène sulfuré, aussi bien que par la manière de se comporter avec le protochlorure d'étain qui ne réduit pas les dissolutions d'acide antimonieux et d'acide antimonique dans l'acide chlorhydrique. L'acide tellureux ne peut pas être confondu avec les acides de l'arsenic.

Acide tellurique, TeO^3.

L'acide tellurique peut être obtenu en gros cristaux : il se dissout lentement, mais en grande quantité, dans l'eau. Il est soluble en toute proportion dans l'eau bouillante. La dissolution rougit le papier de tournesol; cependant, lorsque la dissolution est étendue, elle rougit assez difficilement le papier de tournesol. Elle n'a pas une saveur acide : mais elle a une saveur métallique désagréable. L'acide tellurique est soluble dans l'alcool hydraté, mais il ne l'est pas dans l'alcool anhydre. Une dissolution aqueuse saturée d'acide tellureux est précipitée par l'alcool. L'acide cristallisé perd une partie de son eau de cristallisation à une température qui est un peu plus élevée que le point de l'ébullition de l'eau. A chaud, il paraît faiblement jaunâtre : par le refroidissement, il devient d'un blanc laiteux : il se dissout très lentement, mais complétement dans l'eau, surtout à l'aide de l'ébullition. Si l'on soumet l'acide à l'action d'une température plus élevée, sans aller cependant jusqu'au rouge, il perd toute son eau de cristallisation, devient jaune-orangé et est alors complétement insoluble dans l'eau froide et dans l'eau bouillante, dans l'acide chlorhydrique concentré froid, dans l'acide nitrique bouillant, et même dans une dissolution bouillante d'hydrate de potasse avec lequel il se combine, sans se dissoudre, lorsque la dissolution de potasse n'est pas très concentrée. A une température encore plus élevée, l'acide tellurique perd de l'oxygène et se transforme en acide tellureux. La température à laquelle l'acide tellurique perd les dernières portions de son eau de cristallisation et celle à laquelle il commence à perdre de l'oxygène, sont très rapprochées l'une de l'autre. Lorsque, par l'action de la chaleur, il s'est formé de l'acide tellureux par suite de la décomposition d'une portion de l'acide tellurique, on peut séparer au moyen de l'acide chlorhydrique l'acide tellureux de l'acide tellurique non décomposé Berzelius .

La dissolution aqueuse d'acide tellurique n'est pas troublée par les acides. Le *protochlorure d'étain* ne produit pas immédiatement, mais produit au bout de quelque temps une coloration noire dans la dissolution de l'acide tellurique à laquelle on a ajouté de l'acide chlorhydrique.

Parmi les combinaisons salines que l'acide tellurique forme avec les bases, les combinaisons qu'il forme avec les oxydes alcalins sont solubles dans l'eau : mais elles se dissolvent difficilement dans les dissolutions alcalines. Elles ont une saveur métallique. Si l'on ajoute à une dissolution aqueuse de tellurate une plus grande quantité d'eau, il ne se forme pas de précipité. La plupart des acides, même l'acide acétique, enlèvent la base de ces combinaisons salines : si on les chauffe jusqu'à une température qui n'a pas besoin de monter jusqu'au rouge, ils deviennent souvent entièrement insolubles dans l'eau. — Les combinaisons de l'acide tellurique avec les oxydes terreux et métalliques sont pour la plupart insolubles dans l'eau.

Si l'on chauffe les tellurates jusqu'au rouge, ils fondent, deviennent jaunes ou bruns et se transforment en tellurites avec dégagement de gaz oxygène.

Les tellurates peuvent se dissoudre à froid dans l'*acide chlorhydrique*, sans se décomposer. Cette dissolution qui n'a pas une couleur jaune comme celle des tellurites, peut être étendue d'eau sans devenir laiteuse, lorsqu'il y a un petit excès d'acide chlorhydrique. Si cependant on fait bouillir la dissolution, il se dégage du chlore et l'eau peut alors produire un précipité blanc d'acide tellureux hydraté, à moins qu'il n'y ait un trop grand excès d acide chlorhydrique qui empêcherait la formation de ce précipité.

Si on ajoute de l'acide chlorhydrique aux dissolutions aqueuses des tellurates, et si on les mele ensuite avec une dissolution d'*acide sulfureux* ou d'un *sulfite alcalin*, il se sépare du tellure métallique sous forme d'une poudre noire par l'action de la chaleur. La même reaction s'opère avec une dissolution chlorhydrique des tellurates insolubles dans l'eau.

Si on ajoute une dissolution de *chlorure de baryum* aux dissolutions des tellurates neutres, il se forme un précipité blanc volumineux de tellurate de baryte qui, au bout de quelque temps, devient grenu et lourd ; ce précipité se dissout dans l'acide chlorhydrique et dans l'acide nitrique.

Si l'on fait passer un courant de *gaz hydrogène sulfuré* dans une dissolution très étendue d'acide tellurique, la liqueur ne se modifie pas d'abord. Mais si on la laisse reposer dans un flacon fermé, placé dans un endroit chaud, elle devient au bout de quelque temps brun-clair et la paroi intérieure du flacon se recouvre d'une couche de sulfure de tellure possédant l'éclat métallique. La liqueur devient alors claire et incolore.

Les tellurates donnent pour la plupart une dissolution rouge-vineux de tellurure alcalin, lorsqu'on les calcine avec du charbon et un oxyde alcalin fixe.

Beaucoup de tellurates sont réduits à l'état de tellurures métalliques lorsqu'on les soumet à l'action du *chalumeau* sur le charbon; dans la plupart des cas, il se produit en même temps une faible détonation. On reconnait au chalumeau l'acide tellurique contenu dans les tellurates comme on reconnait l'acide tellureux contenu dans les tellurites (p. 431) : l'acide tellurique se transforme, en effet, par la calcination en acide tellureux.

L'acide tellurique, lorsqu'il fait partie d'une combinaison saline, se distingue de l'acide tellureux par la manière dont il se comporte en presence de l'acide chlorhydrique à chaud : il se dégage alors du chlore; il s'en distingue aussi en ce que ses dissolutions dans l'acide chlorhydrique ne sont pas jaunes, mais sont incolores et ne sont pas précipitées par l'eau, bien qu'il y ait peu d'acide chlorhydrique libre.

XLIX. — SELENIUM, Se.

Le selenium est solide et cassant à la température ordinaire. Il est vitreux et d'une cassure conchoïde, lorsqu'il a été refroidi rapidement après avoir été fondu; il est grenu, cristallin et d'une cassure inégale lorsque le refroidissement a été lent. Lorsque le selenium vitreux a été chauffé jusqu'à 96 ou 97 degrés, il passe rapidement à l'état grenu et cristallin, et il se produit un dégagement de chaleur considérable qui élève la température du selenium à plus de 200 degrés. Le selenium à l'état fondu possède l'éclat métallique : sa couleur est alors noire ou gris foncé. Les fils minces de selenium ont une couleur rouge-rubis et sont transparents. La poudre fine de selenium paraît rouge foncé. Le selenium donne, sur le biscuit de porcelaine, un trait rouge : cependant le trait produit par le selenium grenu est moins rouge que le trait produit par le selenium vitreux. Le selenium vitreux conduit la chaleur un peu plus difficilement que le selenium grenu. Le premier est insoluble dans le sulfure de carbone : le second s'y dissout, mais difficilement. Lorsque le selenium s'est deposé au pôle positif d'une pile électrique, par suite de l'électrolyse de l'acide sélénhydrique, il est entièrement ou presque entièrement soluble dans le sulfure de carbone. Si, au contraire, il s'est déposé au pôle négatif par l'électrolyse de l'acide sélénieux, il est en grande partie insoluble dans le sulfure de carbone (Berthelot). Lorsqu'on sépare, à l'état pulvérulent, le selenium contenu dans une dissolution d'acide sélénieux au moyen de l'acide sulfureux, du zinc ou d'un autre réactif, le selenium est rouge-cinabre et volumineux; mais il appartient à la même modification que le selenium vitreux, amorphe. Par l'ébullition, il devient noir et s'agrége. Le selenium amorphe, rouge, pulvérulent, mis en contact pendant quelque temps avec le sulfure de carbone, est transformé en selenium cristallin; le selenium vitreux fondu n'a pas cette propriété (Mitscherlich). — Le poids spécifique du selenium vitreux varie de 4,27 à 4,28 : celui du selenium rouge pulvérulent, de 4,24 à 4,27, et celui du selenium grenu de 4,79 à 4,8 Schaffgotsch .

Si l'on chauffe le selenium, il se ramollit d'abord; il devient ensuite visqueux et peut, comme la cire à cacheter, être étiré en fils minces; à une température d'environ 250 degrés, il fond. Si on le chauffe plus fortement et autant que possible à l'abri de l'air, il bout et se volatilise : la vapeur de selenium a une couleur jaune qui est moins foncée que celle du soufre gazeux. Au contact de l'air, elle s'enflamme lorsqu'on la met en contact avec un corps en combustion et brûle avec une flamme bleue. Lorsqu'on chauffe le selenium, même lorsqu'il n'est qu'en quantité tout à fait faible, il se produit une odeur caractéristique de raifort pourri. Cette odeur peut faire facilement reconnaître le selenium. Si on le chauffe au contact de l'air sans aller jusqu'à la température rouge, il se produit simplement une vapeur rouge qui est formée de selenium pulvérulent : l'odeur de raifort ne se dégage qu'à une température élevée.

Le selenium ne conduit pas l'électricité; il devient électrique par le frottement, lorsque sa surface est pure et complétement sèche. Mais s'il n'a pas été entièrement desséché avec soin, il conduit l'électricité.

Le selenium est oxydé et dissous avec un peu de difficulté par l'acide nitrique et par l'eau régale, plus facilement cependant que le soufre; dans les deux cas, il ne se forme que de l'acide sélénieux et non de l'acide sélénique. Il n'est soluble ni dans l'acide sulfurique étendu, ni dans l'acide chlorhydrique. Cependant lorsqu'on prépare l'acide chlorhydrique au moyen du chlorure de sodium et d'un acide sulfurique concentré qui contient un peu de selenium, on obtient un acide chlorhydrique un peu jaunâtre qui laisse déposer à la longue une poudre brun-rouge de selenium très divisé : le selenium ne se sépare pas complétement de l'acide de cette manière. Le selenium est soluble dans l'acide sulfurique concentré; la dissolution a une belle couleur verte : l'eau en précipite le selenium avec une couleur rouge. Si l'on fait passer du chlore gazeux sur le selenium à chaud, on obtient, ou bien du chlorure de selenium liquide $SeCl^2$, ou, pour une plus grande quantité de chlore gazeux, du chlorure de selenium solide $SeCl^4$. Si l'on recouvre d'eau le selenium pulvérisé de manière que l'eau forme une couche de quelques millimètres au-dessus du selenium pulvérisé, et si l'on fait passer du chlore gazeux dans le mélange, il se forme d'abord du chlorure de selenium liquide de couleur brune et ensuite du chlorure de selenium blanc solide qui se dépose d'abord à l'état solide avant de se dissoudre dans l'eau. Si l'on a obtenu du chlorure liquide de selenium que l'on peut conserver pendant quelque temps sous l'eau lorsqu'on n'agite pas, et si l'on remue le verre de manière à mélanger le chlorure avec l'eau, cette dernière devient rouge par suite de la séparation du selenium très divisé; car le chlorure ne se dissout dans l'eau qu'en laissant déposer une portion du selenium. Le selenium très divisé se redissout très rapidement lorsqu'on fait passer du chlore gazeux dans la dissolution. Si le selenium s'est dissous complétement dans une petite quantité d'eau avec l'aide du chlore gazeux, et si l'on fait passer encore du chlore gazeux dans la dissolution étendue d'une grande quantité d'eau, le selenium se transforme complétement en acide sélénique, et il se forme en même temps de l'acide chlorhydrique. — Si l'on fait fondre du selenium avec un nitrate alcalin fixe, il se forme du séléniate alcalin.

Le selenium se dissout, par l'action de la chaleur, dans une dissolution d'hydrate de potasse, plus difficilement cependant que le soufre. La dissolution est d'une couleur brun foncé, et elle est si foncée qu'elle paraît presque opaque. Lorsque le selenium a été fondu avec l'hydrate de potasse ou avec un carbonate alcalin, on obtient une masse brun-foncé qui donne avec l'eau une dissolution brun-foncé. Les masses fondues et les dissolutions contiennent du sélénite de potasse et du séléniure de potassium. Le selenium n'est pas soluble dans une liqueur ammoniacale.—Lorsqu'on fait fondre le selenium avec les métaux, on obtient des séléniures qui ont une très grande ressemblance avec les sulfures, même dans leur manière de se comporter avec les réactifs, et qui ont très fréquemment l'éclat métallique. Cependant ces séléniures n'ont pas été analysés aussi exactement que les sulfures.

Les séléniures sont décomposés, comme les sulfures, par l'action de l'acide nitrique et de l'eau régale. Le séléniure de mercure n'est pas attaqué par l'acide nitrique, pas plus que le sulfure de mercure. Chauffés sur le charbon par l'action de la flamme extérieure du *chalumeau*, les séléniures donnent une odeur de raifort pourri. Le charbon se recouvre ordinairement, à une distance assez peu considérable de l'essai, d'un dépôt de selenium gris d'acier, possédant un éclat métallique faible. Ce dépôt peut être chassé assez facilement d'une place dans une autre par l'action de la flamme d'oxydation; en contact avec la flamme de réduction, il donne une lueur bleue. Si l'on chauffe les séléniures dans un tube ouvert aux deux extrémités, souvent, pour une certaine inclinaison du tube, une partie du selenium se sublime à l'état de selenium avec une couleur rouge, tandis que le reste s'oxyde. Il se forme alors très fréquemment de l'acide sélénieux qui se dépose sous la forme d'un réseau cristallin dans la partie froide du tube. Si, outre le selenium, il y a un sulfure, souvent le selenium se volatilise seul de cette manière, tandis que le soufre se dégage à l'état d'acide sulfureux. Le sulfure d'arsenic se sublime quelquefois de la même manière que le selenium; mais lorsqu'on traite par la soude et le charbon, il se dégage une odeur d'arsenic et non une odeur de selenium. — Si l'on fait fondre un séléniure avec la soude sur le charbon, on peut facilement retrouver la présence du selenium au moyen d'une lame d'argent, en traitant par l'eau la masse fondue, d'après la méthode qui sera indiquée plus loin, aux SÉLÉNITES.

Si l'on traite par un acide, l'acide chlorhydrique par exemple, les combinaisons du selenium avec les métaux alcalins, que ces combinaisons aient été obtenues par la voie sèche ou par la voie humide, il se dégage du gaz *hydrogène sélénié*. Le gaz hydrogène selénié est incolore; mélangé avec l'air atmosphérique, il a une odeur qui ressemble à celle de l'hydrogène sulfuré : à l'état concentré, il est toxique au plus haut degré et très dangereux à respirer. Les combinaisons du selenium avec quelques autres métaux, et notamment le fer, traitées par les acides, donnent également du gaz hydrogène sélénié. — Le gaz hydrogène sélénié est soluble dans l'eau; la dissolution est incolore, mais elle se colore rapidement en rouge par l'action de l'oxygène de l'air atmosphérique, et il se sépare du selenium rouge pulvérulent. L'hydrogène sélénié produit, dans les dissolutions de la plupart des combinaisons salines neutres formées par les protoxydes des métaux proprement dits, même celles d'étain et de fer, des précipités de séléniures dont la plupart sont de couleur noire et brun foncé et possèdent l'éclat métallique lorsqu'on les frotte avec un corps dur; les précipités formés par les dissolutions des sels de zinc, de manganèse et de cerium sont seuls de couleur rouge-chair (Berzelius).

ACIDE SÉLÉNIEUX, SeO^2.

L'acide sélénieux, à l'état hydraté, forme des cristaux qui ont quelque ressemblance avec ceux de nitrate de potasse. Il se sublime, sans se décomposer, à l'état d'acide anhydre cristallisé à une température qui est inférieure de quelques degrés au point d'ébullition de l'acide sulfurique; mais il ne passe pas préalablement à l'état de fusion. La vapeur d'acide sélénieux a une couleur jaune-verdâtre faible : elle a une saveur acide, mais ne sent pas le raifort pourri. L'acide anhydre sublimé attire l'humidité de l'air.

L'acide sélénieux se dissout très facilement dans l'eau : il se dissout en toutes proportions dans l'eau bouillante. Par le refroidissement de la dissolution chaude concentrée, il se dépose à l'état cristallisé. L'acide sélénieux est également soluble dans l'alcool. Il appartient, à cause de son peu de volatilité, aux acides énergiques. Il existe dans la dissolution du selenium dans l'acide nitrique et dans l'eau régale. — Chauffé dans le chlore gazeux sec, il donne du chlorure de selenium $SeCl^4$.

Le chlorure de selenium $SeCl^4$, correspondant à l'acide sélénieux, se forme lorsqu'on traite à chaud le selenium ou les séléniures par un excès de chlore gazeux; il se présente sous la forme d'une masse blanche, solide. Il se volatilise par l'action de la chaleur et peut être sublimé en une efflorescence cristalline. La vapeur de ce chlorure possède, comme celle de l'acide sélénieux, une couleur jaune-verdâtre faible. Le chlorure $SeCl^4$ se dissout dans l'eau avec dégagement de chaleur. La dissolution contient de l'acide sélénieux et de l'acide chlorhydrique.

Parmi les selenites, ceux qui ont pour base un oxyde alcalin, sont tous solubles dans l'eau. Les dissolutions des selenites alcalins neutres ont une réaction alcaline et ont une saveur alcaline. Il n'y a pas de sélénites neutres dont les dissolutions ne modifient pas le papier de tournesol. Les combinaisons de l'acide sélenieux avec les oxydes terreux et métalliques sont en partie insolubles dans l'eau, en partie très peu solubles; elles sont dissoutes par les acides libres; quelques-unes cependant ne s'y dissolvent que très difficilement ou ne s'y dissolvent pour ainsi dire point; le sélénite de plomb et le sélénite d'argent, par exemple, ne se dissolvent que très difficilement dans l'acide nitrique. — Les selenites acides paraissent se dissoudre tous facilement dans l'eau.

Les sélénites neutres solubles sont précipités par les dissolutions des sels de baryte; mais le précipité de sélénite de baryte est soluble dans les acides libres.

Les dissolutions des sélénites dans l'eau ou dans les acides, aussi bien que la dissolution d'acide sélénieux, ne sont pas modifiees lorsqu'on les fait bouillir avec l'acide chlorhydrique, et il ne s'en dégage pas de chlore gazeux. Si l'on fait passer du chlore gazeux dans une dissolution étendue d'acide sélénieux, l'acide sélénieux est transformé en acide sélénique, et il se forme en même temps de l'acide chlorhydrique : les deux acides peuvent exister ensemble dans une dissolution étendue à froid.

La dissolution d'*hydrogène sulfuré* ou un courant d'hydrogène sulfuré gazeux produisent, dans les dissolutions étendues d'acide sélenieux, un précipité jaune-citron de sulfure de selenium qui devient jaune-foncé ou presque rouge-cinabre lorsqu'on chauffe la liqueur. Le même précipité se forme dans les dissolutions des sélénites rendues acides au moyen de l'acide chlorhydrique ou d'un autre acide, lorsque ces dissolutions ne contiennent pas d'oxyde métallique qui soit précipité de sa dissolution acide par l'hydrogène sulfuré. Le précipité conserve sa couleur lorsqu'on le dessèche.

Si l'on ajoute du *sulfure d'ammonium* à la dissolution d'un sélénite neutre ou alcalin, il se forme également un précipité rouge ou rouge-brun de sulfure de selenium qui ressemble souvent beaucoup au selenium précipité par l'acide sulfureux : ce précipité est très soluble dans un excès du précipitant. L'acide chlorhydrique ou bien les autres acides étendus précipitent de la dissolution le sulfure de selenium avec une couleur jaune-rougeâtre. — Le sulfure de selenium n'est pas soluble dans l'ammoniaque pure, ce qui est digne de remarque : le sulfure de selenium se comporte avec l'ammoniaque plutôt comme un mélange de soufre et de selenium que comme une combinaison de ces deux corps.

Si l'on ajoute une dissolution aqueuse d'*acide sulfureux* à la dissolution aqueuse d'acide sélenieux, aussi bien qu'à la dissolution d'un sélénite dans l'eau ou dans un acide, l'acide sélénieux est réduit à l'état de selenium qui trouble la liqueur au bout de quelque temps : la liqueur prend d'abord une couleur jaunâtre; le selenium se sépare ensuite sous la forme d'une poudre rouge-cinabre qui reste longtemps en suspension : la liqueur reste alors trouble et colorée en rouge; plus tard, il se forme un précipité rouge floconneux. Lorsqu'il n'y a que de très petites quantités d'acide sélénieux, la liqueur ne se trouble quelquefois que lentement à froid; mais la réaction est plus rapide lorsqu'on chauffe le tout. Si l'on fait bouillir la liqueur pendant quelque temps, les particules de selenium se réunissent, deviennent noires et prennent alors un très petit volume. — La réduction de l'acide sélénieux s'opère de la même manière et même encore mieux, lorsqu'on ajoute peu à peu la dissolution d'un sulfite à la dissolution d'acide sélénieux ou à la dissolution d'un sélénite : seulement lorsque la dissolution du sélénite est neutre, il faut la rendre préalablement acide, en y ajoutant une certaine quantité d'un acide. — Souvent lorsqu'il n'y a que de petites quantités d'acide sélénieux en dissolution, l'acide sélénieux n'est réduit que très difficilement et lentement à l'état de selenium par l'action de l'acide sulfureux. Cela arrive surtout lorsque la dissolution contient beaucoup d'acide nitrique. Il faut ajouter alors peu à peu de l'acide chlorhydrique à la liqueur, faire bouillir, ajouter la dissolution d'un sulfite et chauffer de nouveau : le selenium est alors précipité, quelquefois seulement au bout de quelque temps.

Le *zinc métallique* précipite le selenium dans la dissolution d'acide sélénieux; mais la précipitation n'est pas complète, parce qu'il se forme en même temps un sélénite acide de zinc; le zinc se recouvre d'un dépôt couleur de cuivre : plus tard, le selenium précipité se sépare sous la forme de flocons rouges, bruns et noirs. Si l'on emploie une dissolution concentrée d'acide sélenieux, il se sépare, outre le selenium libre, du séléniure de zinc, et il se forme du sélénite acide de zinc. Si l'acide sélénieux contient de l'acide sulfurique, le selenium se précipite très lentement et contient un peu de soufre. En présence de l'arsenic, la séparation du selenium s'opère aussi lentement.

Le *fer métallique* peut aussi précipiter le selenium rouge de la dissolution d'acide sélénieux.

Le *protochlorure d'étain* forme également un précipité de selenium rouge dans une dissolution d'acide sélénieux. Même dans une dissolution très étendue d'acide sélénieux, le selenium est séparé du chlorure d'étain avec une couleur rouge.

Une dissolution de *sulfate de protoxyde de fer* peut réduire le selenium de l'acide sélénieux. — Si l'on ajoute une trace d'acide sélénieux et quelques gouttes d'une dissolution de protosulfate de fer à l'acide sulfurique concentré, on obtient une réaction tout à fait semblable à celle qui se produit lorsqu'on ajoute un peu de protosulfate de fer à un acide sulfurique concentré qui contient un tant soit peu d'un oxyde du nitrogène. Il se forme au point de contact des deux liqueurs une coloration pourpre. La ressemblance de ces deux réactions disparaît après peu de temps. La coloration produite par l'acide sélénieux passe au rouge en présence du selenium très divisé : la réaction est plus rapide par l'action de la chaleur ou par une addition d'eau. Avec le temps, le selenium très divisé se précipite. — On peut examiner de cette manière un acide sulfurique qui contient des traces de selenium.

Dans les sélénites insolubles dans l'eau, on reconnaît l'acide sélénieux, en les dissolvant dans l'acide chlorhydrique et en examinant la manière dont cette dissolution acide se comporte avec le gaz hydrogène sulfuré et avec l'acide sulfureux. Si les sélénites contiennent des oxydes métalliques qui sont précipités également par un de ces deux réactifs, on doit les séparer en traitant le mélange par le sulfure d'ammonium ou par un autre réactif qui puisse séparer l'acide sélénieux. — Si le sélénite insoluble dans l'eau ne se dissout pas dans l'acide chlorhydrique, on doit chercher à le dissoudre dans l'acide nitrique.

Si l'on mélange avec le chlorure d'ammonium les sélénites à l'état solide, et si l'on chauffe le mélange à l'abri du contact de l'air, on obtient du selenium sublimé.

Si on calcine légèrement les sélénites et s'ils contiennent seulement des traces de matière organique, une petite quantité de l'acide sélénieux du sélénite est réduite à l'état de selenium ; et si le sel est soluble, il se dissout alors avec une couleur faiblement rougeâtre. Si on mélange avec la poudre de charbon et si on calcine un sélénite qui a pour base un oxyde alcalin fixe, il se forme un séléniure alcalin qui se dissout dans l'eau avec une couleur rouge-foncé. Si on calcine avec du charbon en poudre un sélénite dont la base est un oxyde alcalino-terreux, on obtient des séléniures qui sont en partie insolubles dans l'eau, comme le séléniure de calcium par exemple. Les combinaisons de l'acide sélénieux avec les oxydes alcalins et alcalino-terreux sont également transformées en séléniures, lorsqu'on les fait chauffer dans une atmosphère de gaz hydrogène.

Au chalumeau, les sélénites traités par la flamme intérieure sur le charbon perdent une portion de leur selenium : ils produisent alors une lueur bleu d'azur et une odeur de raifort pourri qui permet de les reconnaître facilement. Traités par le sel de phosphore sur le charbon dans la flamme intérieure, ils produisent une forte odeur de raifort. — Si l'on ajoute une petite quantité d'un sélénite à une perle claire formée par la silice et la soude traitées sur le charbon au chalumeau, et si on chauffe le tout dans la flamme intérieure, la perle devient brun-rouge. Cette coloration disparaît par l'action d'une insufflation soutenue. — Si l'on fait fondre une petite quantité d'un sélénite avec la soude sur le charbon dans la flamme intérieure, si l'on sépare ensuite la portion du charbon où s'est opérée la fusion, si on la place sur une lame d'argent et si l'on y verse une goutte d'eau, l'argent devient noir ou brun foncé à la place où il était en contact avec la masse calcinée.

La réduction de l'acide sélénieux à l'état de selenium qui se présente sous la forme d'un précipité rouge caractéristique produit par l'action de l'acide sulfureux dans les dissolutions des sélénites rendues acides, permet de les reconnaître facilement et de les distinguer des autres acides. Comme le selenium à l'etat pur se comporte par lui-même d'une manière tout à fait caractéristique, le selenium réduit est facile à reconnaître. — On peut, en outre, facilement reconnaître dans les sélénites la présence du selenium à l'odeur caractéristique de raifort qu'ils dégagent lorsqu'on les soumet à l'action du chalumeau.

Acide sélénique, SeO^3.

L'acide sélénique à l'état hydraté est un liquide incolore, de consistance oléagineuse, qui peut être chauffé jusqu'à 280 degrés sans se décomposer. Si on le soumet à l'action d'une température plus élevée, il se décompose en oxygène et en acide sélénieux. Il attire l'humidité de l'air. S'il est concentré et si on le mêle avec l'eau, il y a élévation de température comme cela arrive avec l'acide sulfurique. Il est fortement acide et fortement caustique comme l'acide sulfurique (Mitscherlich).

Si l'on fait bouillir l'acide sélénique hydraté avec l'*acide chlorhydrique*, l'acide sélenique est décomposé : il se forme de l'acide sélénieux et il se dégage du chlore gazeux que l'on reconnaît clairement à son odeur et à ce qu'il blanchit le papier de tournesol humide que l'on place au-dessus de la liqueur. Un mélange d'acide chlorhydrique et d'acide sélénique ou d'acide chlorhydrique et d'un séléniate dissout le platine comme le fait l'eau régale : aussi ne doit-on pas opérer ce mélange dans des vases de platine.

La dissolution aqueuse d'acide sélénique n'est ni modifiée ni décomposée par le *gaz hydrogène sulfuré* ou par la dissolution d'hydrogène sulfuré. Mais si l'on fait préalablement bouillir la dissolution avec l'acide chlorhydrique de maniere qu'il se forme de l'acide sélénieux, le gaz hydrogène sulfuré produit dans la dissolution un précipité jaune.

L'acide sélénique n'est ni précipité, ni transformé en sulfure de selenium par le *sulfure d'ammonium*, même lorsque l'acide a été saturé par l'ammoniaque ou par une autre base. Si, après avoir ajouté du sulfure d'ammonium, on decompose la dissolution par un acide étendu, il ne se précipite pas de sulfure de selenium.

La dissolution d'acide sélénique n'est pas précipitée non plus par l'*acide sulfureux*. Ce n'est que lorsqu'on a fait bouillir l'acide sélénique avec l'acide chlorhydrique, et lorsqu'on l'a transformé ainsi en acide sélénieux, que l'acide sulfureux sépare du selenium.

L'acide sélénique hydraté, comme la plupart des acides hydratés, dissout le fer et le zinc avec dégagement d'hydrogène gazeux. Mais il a aussi la proprieté de dissoudre le cuivre et même l'or : en même temps il se transforme partiellement en acide sélénieux. Le platine ne dissout pas dans l'acide sélénique.

L'acide sélénique forme avec les bases des sels qui ont une grande analogie avec les sulfates correspondants. Les séléniates acides et neutres sont solubles dans l'eau, à l'exception de ceux de baryte, de strontiane, de chaux et de plomb, qui sont ou très peu solubles ou presque insolubles, et, comme les sulfates correspondants, ils ne se dissolvent pas à froid dans un acide libre. On peut par conséquent reconnaître, au moyen de la dissolution d'un *sel de baryte*, la présence de l'acide sélénique dans sa dissolution aqueuse ou dans la dissolution d'une de ses combinaisons salines de la même manière que pour l'acide sulfurique; mais, pour s'assurer de l'insolubilité dans un acide libre du précipité de séléniate de baryte formé, on ne doit pas employer l'acide chlorhydrique, surtout lorsqu'il est chaud et bouillant, parce que cet acide exerce à chaud une action décomposante sur l'acide sélénique. Lorsqu'on emploie l'acide nitrique, il ne s'opère pas de décomposition. Le séléniate de baryte n'est pas tout à fait aussi insoluble dans l'eau que le sulfate de baryte. Il s'en dissout encore une plus grande quantité lorsqu'on le traite par les acides étendus. Il est décomposé complétement, même à la température ordinaire, par les dissolutions des carbonates alcalins.

Lorsqu'on fait bouillir pendant quelque temps avec l'*acide chlorhydrique* les dissolutions des séléniates, ils produisent, comme l'acide sélénique lui-même, un dégagement de chlore gazeux, et l'acide sélénique qu'ils contiennent est transformé en acide sélénieux.

Les dissolutions des séléniates ne sont précipités ni par la dissolution d'*hydrogène sulfuré*, ni par l'hydrogène sulfuré gazeux, lorsqu'elles ne contiennent pas un oxyde métallique qui puisse être précipité à l'état de sulfure. Si cependant on a fait bouillir pendant quelque temps avec l'acide chlorhydrique la dissolution du séléniate avant de la traiter par le gaz hydrogène sulfuré, cette dissolution est décomposée par le gaz hydrogène sulfuré comme une dissolution d'acide sélénieux.

Les séléniates en dissolution ne sont pas décomposés par une dissolution aqueuse d'*acide sulfureux*: cela n'a lieu que lorsqu'on a fait préalablement bouillir pendant longtemps avec l'acide chlorhydrique.

Dans les séléniates qui sont insolubles dans l'eau et dans les acides, ou qui y sont au moins très peu solubles, comme les séléniates de baryte, de strontiane, de chaux et de plomb, on retrouve la présence de l'acide sélénique en les traitant par une dissolution de carbonate de potasse ou de soude. On sursature ensuite par l'acide nitrique la liqueur séparée par filtration du précipité insoluble et étendue d'eau; on ajoute une dissolution de nitrate de baryte : il se produit un précipité blanc de séléniate de baryte. Mais il est plus facile de faire bouillir les séléniates insolubles avec l'acide chlorhydrique; l'acide sélénique est transformé en acide sélénieux : on peut alors s'assurer de la présence de l'acide sélénieux, et par suite, de celle de l'acide sélénique. La transformation totale de l'acide sélénique en acide sélénieux dans les séléniates insolubles, et notamment dans le séléniate de baryte, ne s'opère que lentement et difficilement par l'ébullition du sel avec l'acide chlorhydrique. Comme les sélénites sont presque tous solubles dans les acides, la réduction est complète lorsque la combinaison s'est dissoute dans l'acide chlorhydrique. Si cependant l'acide sélénique est combiné à l'oxyde de plomb, il ne se produit pas de dissolution complète à cause de la formation du chlorure de plomb.

Si on mélange un séléniate avec du chlorure de sodium, si on ajoute ensuite de l'acide sulfurique concentré, et si on soumet le tout à la distillation, il se degage d'abord du chlore, et il se produit une dissolution aqueuse de chlorure de selenium $SeCl^4$: enfin, il passe à la distillation une matière oléagineuse, complétement soluble dans l'eau, qui est une combinaison d'acide sélénieux et d'acide sulfurique.

Si, à une dissolution d'*indigo* dans l'acide sulfurique, que l'on a étendue d'une grande quantité d'eau, de manière qu'elle paraisse nettement, mais faiblement bleuâtre, on ajoute un séléniate, qu'il soit soluble ou même insoluble, comme le séléniate de baryte par exemple, si on y verse ensuite de l'acide sulfurique, et si on chauffe le tout, la dissolution est entièrement décolorée. Cette décoloration s'opère également lorsqu'au lieu d'acide sulfurique on a ajouté de l'acide chlorhydrique, parce qu'alors il y a du chlore qui devient libre et qui décolore la dissolution d'indigo.

Lorsqu'on mélange avec le chlorure d'ammonium les séléniates à l'état solide, et lorsqu'on les chauffe dans une petite cornue, ils donnent du selenium sublimé. Si on chauffe dans une atmosphère de gaz hydrogène les combinaisons de l'acide sélénique avec les oxydes alcalins et alcalino-terreux, ils sont transformés en séléniures et sont décomposés par le gaz hydrogène bien plus facilement que les sulfates analogues. Si on les chauffe avec du charbon pulvérisé, ces séléniates produisent également des séléniures.

Au chalumeau, les séléniates se comportent dans tous les cas comme les sélénites.

L'acide sélénique, qu'il soit à l'état libre ou qu'il soit en dissolution à l'état de séléniate, peut être facilement reconnu par sa manière de se comporter avec la dissolution d'un sel de baryte : en effet, aucun autre acide (à l'exception de l'acide sulfurique dont il va être question un peu plus loin), ne forme un sel de baryte presque entièrement insoluble dans l'eau et dans les acides étendus. Comme, en outre, l'acide sélénique, tant à l'état libre qu'à l'état de combinaison saline, traité par l'acide chlorhydrique, peut être transformé en acide sélénieux, on peut également employer, pour rechercher l'acide sélénique, les mêmes réactifs que l'on a employés pour découvrir l'acide sélénieux.

L. — SOUFRE, S.

Le soufre est solide à la température ordinaire : il est généralement de couleur jaune ; mais on peut l'obtenir sous différentes modifications dont quelques-unes sont moins stables que les autres. Le soufre que l'on rencontre dans la nature, est d'une couleur jaune pure, d'une cassure conchoïde : il est cassant, transparent et presque translucide : lorsqu'on le rencontre dans la nature à l'état cristallisé, les cristaux sont des octaèdres rhomboédriques. Ce soufre se dissout facilement et complétement dans le sulfure de carbone : il se dépose de cette dissolution, à l'état de cristaux qui affectent la même forme cristalline que les cristaux de soufre naturel.

Si l'on fait fondre le soufre, on peut également l'obtenir par le refroidissement avec la forme cristalline ; mais ces cristaux ont la forme prismatique ; ils sont jaunâtres et presque translucides. Au bout de quelque temps le soufre prismatique ainsi obtenu devient opaque et se transforme en soufre octaédrique, en sorte que les cristaux prismatiques qui étaient d'abord translucides, sont composés d'un grand nombre de très petits cristaux rhombo-octaédriques, lorsqu'ils sont devenus opaques à la longue. Les bâtons de soufre que l'on trouve dans le commerce, sont de cette nature. On peut opérer très rapidement la transformation du soufre prismatique en soufre octaédrique en trempant le premier dans certains liquides, dans lesquels le soufre est soluble, spécialement dans le sulfure de carbone. On n'a besoin de mettre en contact avec le sulfure de carbone que l'extrémité d'un cristal prismatique, pour que de cette place la transformation s'étende immédiatement à tout le cristal. On opère aussi rapidement la transformation des cristaux prismatiques par le choc. Il se dégage dans ce cas de la chaleur (Mitscherlich).

Si l'on expose le soufre à l'action de la chaleur, il fond à 110 degrés : il est alors fluide, de couleur jaune. De 140 à 150 degrés, il commence à devenir visqueux et à prendre une couleur plus foncée : à 220 degrés, il forme un liquide très épais de couleur rouge ; on peut alors renverser le vase sans qu'il s'écoule. Vers 240 degrés il redevient un peu plus fluide et d'une couleur brun-rouge ; à 340 degrés, il devient encore plus fluide et paraît brun-rouge (Deville).

Si l'on verse dans l'eau froide le soufre fluide, qui n'a été chauffé que jusqu'à son point de fusion ou un peu au-dessus, il s'épaissit immédiatement et forme des globules jaunes, friables, qui sont solubles dans le sulfure de carbone. Mais si l'on verse dans l'eau froide le soufre épais, il prend la forme de fils minces, reste très longtemps mou et conserve sa couleur foncée. Ce soufre mou contient plus du tiers de son volume d'une modification du soufre qui n'est pas soluble dans le sulfure de carbone. Il en contient d'autant plus que le refroidissement a été plus rapide : il en contient plus lorsqu'on le verse dans l'éther, par exemple, au lieu de le verser dans l'eau froide. Le cas dans lequel le soufre fortement chauffé contient la plus grande quantité de soufre insoluble dans le sulfure de carbone, est celui où on l'a versé dans l'eau froide, et où on l'a ensuite conservé sous une couche d'acide nitrique fumant ou d'acide sulfureux (Berthelot). — Le soufre mou devient à la longue jaune, friable et soluble dans le sulfure de carbone : la transformation est bien plus rapide lorsqu'on opère avec l'aide d'une légère élévation de température qui du reste n'est pas éloignée du point de fusion du soufre. Pendant la transformation, il y a de la chaleur qui devient libre.

A 420 degrés, le soufre entre en ébullition, et se transforme en une vapeur brun-jaune. Si l'on refroidit instantanément le soufre en vapeur jusqu'au-dessous du point de fusion du soufre, il se transforme en soufre pulvérulent de couleur jaune (fleurs de soufre). Les petits grains sont encore formés à l'intérieur de soufre mou et ne se dissolvent par conséquent pas dans le sulfure de carbone. Plus il y a longtemps qu'ils ont été obtenus, plus est grande la quantité de soufre mou qui s'est transformée en soufre ordinaire, soluble dans le sulfure de carbone. Si l'on volatilise le soufre dans une cornue, la vapeur de soufre se condense dans le col de la cornue en gouttelettes brunes, visqueuses, qui, à mesure qu'elles se refroidissent, deviennent fluides et se solidifient à la fin. Mais si l'on refroidit rapidement la vapeur de soufre dans un récipient plus grand, le soufre se précipite sous la forme d'une poudre jaune.

Si l'on traite par le sulfure de carbone le soufre chauffé à 300 degrés et devenu mou pour avoir été refroidi rapidement, une portion considérable de ce soufre reste à l'état insoluble, comme nous l'avons déjà indiqué : si l'on concentre la dissolution en séparant le sulfure de carbone par distillation, elle donne d'abord du soufre octaédrique, puis une masse visqueuse qui devient friable par l'évaporation spontanée du sulfure de carbone qui s'y trouve encore. Le soufre friable, après avoir été séparé du sulfure de carbone, est devenu insoluble dans ce réactif (Magnus).

Si l'on chauffe jusqu'à 300 degrés ou jusqu'à l'ébullition le soufre mélangé avec une quantité excessivement faible de corps gras (1/500) et si on le verse ensuite dans l'eau froide, le soufre mou qui se produit présente, lorsqu'il est en couches épaisses, une couleur tout à fait noire, et ce n'est qu'en couches très minces qu'il est d'une couleur rouge-rubis foncé. Si l'on traite ce soufre par le sulfure de carbone, la portion qui s'y dissout donne une dissolution rouge (Mitscherlich).

En général, le soufre est amorphe et insoluble dans le sulfure de carbone, lorsqu'il a été séparé de ses combinaisons avec l'oxygène, le chlore, le brome, dans lesquelles il forme la partie constituante électro-positive. On obtient le soufre à l'état électro-positif lorsqu'on décompose par l'acide chlorhydrique étendu ou par l'eau les sels alcalins de l'acide hyposulfureux, de l'acide trithionique, de l'acide tetrathionique, de l'acide pentathionique : on l'obtient également par l'action de l'eau ou de l'acide chlorhydrique étendu sur le chlorure de soufre, le bromure de soufre et l'iodure de soufre. Le soufre se sépare aussi à l'état électro-positif au pôle négatif d'une pile galvanique, lorsqu'on décompose par électrolyse une dissolution aqueuse d'acide sulfureux ou d'acide sulfurique.

Mais si le soufre a été séparé de combinaisons dans lesquelles il joue le rôle d'une partie constituante électro-négative, il est soluble dans le sulfure de carbone : fréquemment alors il cristallise ou au moins se transforme facilement en soufre octaédrique. Outre le soufre octaédrique, on peut ranger dans la catégorie des soufres électro-négatifs, le soufre prismatique qui se transforme facilement en soufre octaédrique, et le soufre blanc qui se dépose par l'action des acides étendus sur les polysulfures alcalins : cependant ce dernier peut être mélangé avec du soufre électro-positif, lorsque la dissolution contenait en même temps un hyposulfite alcalin. Il se forme également du soufre électro-négatif au pôle positif de la pile, lorsqu'on décompose par électrolyse une dissolution aqueuse d'hydrogène sulfuré (Berthelot).

Le soufre électro-positif amorphe n'est stable que lorsqu'on en a séparé au moyen du sulfure de carbone le soufre électro-négatif. Si on le fait fondre, il passe à l'état de soufre prismatique; et ce dernier passe ensuite à l'état de soufre octaédrique.

Ces raisons d'après lesquelles on range les différentes modifications du soufre en deux catégories, ne sont exactes qu'en général et présentent fréquemment des exceptions. Ainsi on obtient à la longue par la décomposition du chlorure de soufre qui retient du soufre en dissolution, de grands cristaux rhombo-octaédriques, de plusieurs centimètres de long, qui ont complétement le même aspect que ceux qui se déposent d'une dissolution de soufre dans le sulfure de carbone : ils sont également solubles dans le sulfure de carbone. Le soufre se dissout par conséquent dans le chlorure de soufre, et se dépose de cette dissolution à l'état cristallisé, sans passer à l'état de soufre insoluble.

Lorsqu'on enflamme le soufre, il brûle au contact de l'air avec une flamme bleue en produisant une odeur d'acide sulfureux qui se forme seul; même lorsqu'on brûle le soufre dans le gaz oxygène, il ne se forme que de l'acide sulfureux et il ne se forme pas d'acide sulfurique. On peut reconnaître très facilement à cette odeur de très petites quantités de soufre, même lorsqu'il est assez impur pour qu'on puisse le reconnaître moins facilement à son aspect extérieur.

Si l'on fait digérer ou si l'on fait bouillir pendant longtemps le soufre avec l'acide nitrique de concentration ordinaire, il fond en globules, se laisse humecter incomplétement par l'acide et enfin se dissout en se transformant en acide sulfurique. Cependant la dissolution complète ne s'opère qu'excessivement difficilement; et il est nécessaire, pour qu'elle puisse s'opérer, de renouveler la quantité d'acide nitrique qu'on avait d'abord ajoutée : la dissolution du soufre s'opère bien plus rapidement par l'action de l'acide nitrique concentré et fumant. Cependant il faut verser l'acide nitrique fumant sur le soufre à l'état pulvérulent et maintenir le tout pendant longtemps en contact dans un endroit d'une chaleur modérée, avant de faire bouillir. — Le soufre n'est pas attaqué par l'acide chlorhydrique. L'eau régale le dissout plus facilement que l'acide nitrique seul, mais en produisant les mêmes réactions. Lorsqu'il est en poudre et lorsqu'on le maintient pendant longtemps en contact avec l'eau régale à une très faible chaleur, le soufre se dissout en bien plus forte proportion que lorsqu'il a été soumis à l'ébullition immédiatement, parce qu'il se réunit alors en masses qui sont attaquées plus difficilement et plus lentement. L'acide chlorhydrique auquel on a ajouté du chlorate de potasse, se comporte à l'égard du soufre de la même manière que l'eau régale. Si l'on fait passer du chlore gazeux sur du soufre réduit en poudre, il se transforme en chlorure de soufre liquide, de couleur jaune ou brun-jaune qui peut contenir du soufre à l'état de dissolution en toutes proportions. L'acide sulfurique concentré ne modifie pas le soufre à la température ordinaire; mais si l'on chauffe, il se produit de l'acide sulfureux. Si l'on fait passer de la vapeur d'acide sulfurique anhydre sur du soufre pulvérisé très sec, il se forme des combinaisons d'une couleur brune, d'une couleur verte et d'une belle couleur bleue. C'est la première qui contient le plus de soufre et la dernière qui en contient le moins. Si l'on projette un peu de soufre en poudre sur une grande quantité d'acide sulfurique anhydre, on obtient immédiatement la combinaison bleue qui est liquide, sans contenir aucune trace d'eau. Même lorsqu'elles sont entièrement à l'abri du contact de l'air, ces combinaisons se décomposent : il se forme une combinaison d'acide sulfurique et d'acide sulfureux qui est fluide, incolore et qui surnage le soufre brun en excès. Au contact de l'air, ces combinaisons en attirent facilement l'humidité, tombent en deliquium, dégagent de l'acide sulfureux, et se transforment en un mélange de soufre et d'hydrate d'acide sulfurique. Si l'on fait passer du gaz ammoniac sec sur la combinaison bleue, elle se colore en rouge-carmin; mais il faut qu'il y ait beaucoup d'acide sulfurique anhydre en excès. Si l'on fait fondre le soufre avec un nitrate alcalin fixe, il s'oxyde en produisant un phénomène de lumière très vif que l'œil peut à peine supporter : il se produit de l'acide sulfurique qui se combine à l'oxyde alcalin.

Le soufre se dissout dans une dissolution d'*hydrate de potasse*, surtout lorsqu'on fait bouillir. La dissolution a une couleur brun-jaune, lorsqu'elle est chaude, et paraît jaune après le refroidissement. Lorsque la quantité de soufre qui était dans la dissolution est suffisante, la dissolution contient du sulfure de potassium au maximum de sulfuration et de l'hyposulfite de potasse. — Une dissolution de *carbonate de potasse* dissout également le soufre à l'aide de l'ébullition, en produisant les mêmes réactions, mais plus difficilement que la dissolution d'hydrate de potasse. — Si l'on fait bouillir pendant longtemps le soufre avec une dissolution de *borax ordinaire,* le soufre est dissous; la dissolution est faiblement colorée en jaune. Le soufre est dissous plus facilement et en plus grande quantité par une dissolution de *borax neutre* : la dissolution est fortement colorée en jaune.

L'ammoniaque ne dissout pas le soufre, lorsqu'il est pur. Mais s'il contient seulement des quantités même peu considérables d'arsenic et si on le fait digérer à froid à l'état pulvérulent avec l'ammoniaque, il se dissout du sulfure d'arsenic. Si l'on sursature par l'acide chlorhydrique la dissolution ammoniacale, le sulfure d'arsenic dissous est précipité.

Si l'on fait fondre à une faible chaleur un excès de soufre avec l'hydrate de potasse, la masse fondue contient également du sulfure de potassium au maximum de sulfuration et de l'hyposulfite de potasse. Ce dernier se sépare en partie à la surface de la masse fondue. Si l'on chauffe un excès de soufre avec du carbonate de potasse, jusqu'à une température de 180 degrés, sans la dépasser, on obtient une masse qui est formée de sulfure de potassium au maximum de sulfuration et d'hyposulfite de potasse; mais si l'on chauffe jusqu'au rouge, la masse fondue contient du sulfure de potassium au maximum de sulfuration et du sulfate de potasse. Cette masse paraît brun-noir foncé à chaud : par le refroidissement, elle paraît rouge-brun. Exposée à l'air, la masse se décompose peu à peu : le sulfure de potassium s'oxyde et se transforme en hyposulfite de potasse. Une oxydation analogue s'opère aussi dans les dissolutions de sulfure de potassium.

Si l'on fait fondre avec du soufre le borax ordinaire à l'état anhydre, il ne se forme que de petites quantités de sulfure de sodium et de sulfate de soude. Mais si l'on fait fondre avec du soufre le borax neutre anhydre, on obtient beaucoup de sulfure de sodium et de sulfate de soude.

Si l'on fait fondre le soufre avec les métaux, il se forme dans la plupart des cas des sulfures : la réaction est souvent accompagnée d'un phénomène de lumière. Il se forme également des sulfures lorsqu'on fait fondre les oxydes métalliques avec le soufre : il se dégage en même temps de l'acide sulfureux. Plusieurs métaux, chauffés dans un courant de gaz hydrogène sulfuré, produisent des sulfures ; il se dégage en même temps du gaz hydrogène : mais il vaut mieux chauffer les oxydes métalliques dans le courant de gaz hydrogène sulfuré; il se produit alors de l'eau. Par voie humide, il peut se former des sulfures lorsqu'on traite les dissolutions des oxydes métalliques dans les acides par le gaz hydrogène sulfuré ou par le sulfure d'ammonium. Ces sulfures produits par voie humide ne se distinguent que par leur extrême division de ceux obtenus par voie sèche que l'on obtient souvent à l'état fondu, et qui présentent quelquefois par ce motif des propriétés que les autres n'ont pas.

La combinaison du *soufre avec l'hydrogène* H^2S est un gaz incolore qui peut être condensé par le refroidissement et par une forte pression en un liquide clair, incolore, très fluide et ensuite en une masse solide, blanche, cristalline. Le gaz hydrogène sulfuré a une odeur particulière, très désagréable, qui a de la ressemblance avec celle des œufs pourris dont l'odeur provient de la formation d'une très petite quantité de gaz hydrogène sulfuré dont la moindre quantité communique son odeur désagréable à une grande quantité d'un autre gaz inodore, d'air atmosphérique par exemple : il en est de même de l'eau et d'autres liquides : les plus petites quantités d'hydrogène sulfuré libre peuvent donc être reconnues facilement et nettement à l'odeur caractéristique de ce gaz.

Lorsqu'on enflamme à l'air le gaz hydrogène sulfuré, il brûle avec une flamme bleue ; il se produit un dégagement de gaz acide sulfureux : le gaz hydrogène sulfure peut même être enflammé par une allumette présentant un point en ignition. Lorsque le contact de l'air n'est pas complet, il se dépose sur les parois du vase du soufre non brûlé. Lorsqu'on le mélange avec l'oxygène ou l'air atmosphérique, et lorsqu'on enflamme le mélange, il détone avec force. A l'état sec, il n'est modifié ni par l'oxygène, ni par l'air atmosphérique ; mais à l'état humide ou à l'état de dissolution aqueuse, il se décompose. Le gaz acide sulfureux n'agit point sur le gaz hydrogène sulfuré, lorsque les deux gaz sont secs : mais, en présence de l'eau, ils se decomposent mutuellement.

Le gaz hydrogène sulfuré est aussi décomposé à une température élevée, notamment à la température rouge : il se sépare du soufre et le gaz hydrogène devient libre. Mais cette décomposition n'est que partielle. Le gaz hydrogène sulfuré n'est pas modifié par une faible chaleur.

L'*acide sulfurique concentré* absorbe une petite quantité de gaz hydrogène sulfuré ; il se forme alors un peu d'acide sulfureux, et il se dépose du soufre. L'acide sulfurique étendu est sans action sur le gaz hydrogène sulfuré. Le *chlore gazeux* le décompose et le transforme en acide chlorhydrique : en même temps il se dépose du soufre : si l'on ajoute un excès de chlore, le soufre est transformé en chlorure de soufre : la vapeur de *brome* et la vapeur d'*iode* réagissent de même. Si on dissout l'iode dans une dissolution d'iodure de potassium ou dans un autre agent de dissolution de la même espèce, et si on traite la dissolution par l'hydrogène sulfuré, l'iode est rapidement transformé en acide iodhydrique et il se sépare du soufre. L'*acide nitrique fumant* décompose également le gaz hydrogène sulfuré, avec assez de force ; en même temps il se sépare du soufre.

Le gaz hydrogène sulfuré pur est complétement absorbé par l'*hydrate de potasse* et est transformé en sulfure de potassium ou en sulfhydrate de sulfure de potassium, suivant la quantité d'hydrogène sulfuré qui s'est dissoute ; mais si le gaz contient du gaz hydrogène, l'absorption n'est pas complete. Si le gaz hydrogène sulfuré contient du gaz acide carbonique, et si on fait passer le melange gazeux dans l'eau de chaux, il la trouble.

Le gaz hydrogène sulfuré est complétement absorbé par l'eau, mais pas en très forte proportion : l'eau absorbe deux ou trois volumes de ce gaz. La dissolution est incolore et a une odeur désagréable comme celle du gaz. Cette dissolution est un des réactifs les plus indispensables en analyse chimique. Elle rougit le papier de tournesol, mais pas très fortement. Cette dissolution ne se décompose pas lorsqu'on la conserve complétement à l'abri de l'air : mais, au contact de l'air, elle se décompose au bout de peu de temps : l'hydrogène contenu dans l'hydrogène sulfuré s'oxyde et le soufre se sépare. La dissolution devient d'abord laiteuse ; peu à peu elle perd son odeur et le soufre séparé se rassemble au fond. Ce soufre a toujours une couleur blanche, jamais une couleur jaunâtre : il se dissout facilement dans le sulfure de carbone.

Par l'ébullition, l'hydrogène sulfuré est chassé de sa dissolution aqueuse : cependant il est difficile de rendre en peu de temps l'eau inodore par ce moyen.

La dissolution aqueuse d'hydrogène sulfuré est décomposée par presque toutes les substances qui décomposent le gaz hydrogène sulfuré. La manière la plus facile d'opérer la décomposition de la dissolution d'hydrogène sulfuré est d'employer une dissolution aqueuse de *chlore*, de *brome* ou d'*iode*; il se sépare toujours du soufre et il se forme de l'acide chlorhydrique, de l'acide bromhydrique ou de l'acide iodhydrique. L'*acide sulfureux* opère facilement aussi la décomposition de la dissolution d'hydrogène sulfuré ; mais à cause du peu de concentration dans lequel l'hydrogène sulfuré se trouve dans sa dissolution aqueuse, l'*acide nitrique* agit moins énergiquement.

Le soufre et l'hydrogène peuvent se combiner ensemble en une autre proportion et former un composé (probablement H^2S^5) liquide, oléagineux, qui est de couleur brun-jaune, qui est plus lourd que l'eau et qui se rassemble au fond de ce liquide. Cette combinaison ne peut être séparée que dans une liqueur acide : dans une liqueur alcaline, elle se décompose. L'eau la transforme en hydrogène sulfuré qui se dissout, et en soufre qui se dépose. Au contact de l'air, elle se décompose également en hydrogène sulfuré qui se dégage et en soufre qui reste comme résidu. A mesure que la substance se décompose, elle devient plus épaisse et ressemble alors à la térébenthine : il se passe un temps assez long avant que le soufre reste comme résidu à l'état pur. — Ce composé sent l'hydrogène sulfuré, et cela vient de la présence du gaz qui se produit par la décomposition de la combinaison : cependant cette dernière a en outre une odeur particulière repoussante. Une certaine quantité de substances, presque les mêmes qui décomposent le peroxyde d'hydrogène en eau et en oxygène, décomposent rapidement, souvent instantanément, le polysulfure d'hydrogène en soufre et en hydrogène sulfuré : souvent la réaction est accompagnée d'un phénomène d'incandescence.

L'hydrogène sulfuré forme avec les oxydes métalliques des sulfures. Il n'y a que quelques oxydes qui ne soient pas transformés en sulfures par l'hydrogène sulfuré avec formation d'eau ; il en sera question plus loin. — Les chlorures métalliques sont également transformés en sulfures par l'hydrogène sulfuré avec production d'acide chlorhydrique. Les bromures et les iodures sont transformés de même en sulfures.

Les combinaisons du soufre avec les métaux dont les oxydes sont alcalins, sont solubles dans l'eau. Les métaux alcalins se combinent avec le soufre en plusieurs proportions. Les combinaisons qu'ils forment avec le soufre, sont, à l'état pur, de couleur rouge-cinabre, jaunâtre ou brune : elles attirent toutes l'humidité de l'air et tombent en deliquium en donnant naissance à une liqueur jaune. Dans quelques cas, elles peuvent être obtenues à l'état cristallisé et contiennent alors de l'eau de cristallisation. Leurs dissolutions aqueuses bleuissent toutes le papier rouge de tournesol. Les sulfures alcalins qui contiennent la proportion la plus faible de soufre, se dissolvent dans l'eau en donnant un liquide incolore qui cependant devient facilement jaune par l'action de l'air et prend la même couleur que les sulfures alcalins qui contiennent une plus grande quantité de soufre. Il est par conséquent difficile d'obtenir les dissolutions à un tel degré de pureté qu'elles soient réellement incolores. La dissolution incolore de ces sulfures alcalins dissout le soufre en poudre, lorsqu'elle est concentrée, et surtout à chaud : elle prend alors une couleur jaune et ressemble aux dissolutions des sulfures alcalins qui contiennent une plus grande quantité de soufre.

Les combinaisons du soufre avec les métaux alcalins sont également solubles dans l'alcool. Si elles contiennent des hyposulfites ou des sulfates alcalins, ils restent à l'état insoluble. Dans une dissolution aqueuse concentrée, l'alcool sépare les premiers sous forme d'un liquide oléagineux, lourd, et les derniers sous la forme d'une poudre.

Les dissolutions aqueuses de ces sulfures sont décomposées par presque tous les acides, même les plus faibles, toujours avec production de gaz hydrogène sulfuré : lorsqu'on a employé un oxacide, le métal se combine avec lui sous forme d'oxyde ; lorsqu'on a employé un hydracide, le métal se combine à l'état de métal avec le radical de l'hydracide. Même l'acide nitrique décompose les dissolutions des sulfures alcalins avec dégagement de gaz hydrogene sulfuré. Si la combinaison de soufre et de métal alcalin contient le minimum de soufre, sa dissolution ne doit pas être troublée lorsqu'on la décompose par un acide : cependant elle est toujours plus ou moins laiteuse ou au moins opaline par suite de la séparation d'une certaine quantité de soufre : cela vient de ce qu'il est impossible d'obtenir la dissolution entièrement exempte de toute trace de soufre en excès. Si le sulfure alcalin contient une plus grande quantité de soufre et si l'on décompose sa dissolution par un acide, il se dépose en même temps du soufre qui se présente toujours sous la forme d'un précipité blanc ; et il se dépose d'autant plus de soufre que la combinaison en contenait plus. — Même l'acide carbonique de l'air produit cette décomposition : par suite, ces combinaisons, qu'elles soient à l'état sec ou à l'état de dissolution, sentent l'odeur d'hydrogène sulfuré, bien que ce soit faiblement.

Si l'on décompose par un acide, surtout par l'acide chlorhydrique qui n'est pas trop concentré, les dissolutions des sulfures alcalins qui contiennent beaucoup de soufre, en ayant soin de verser goutte à goutte l'acide dans la dissolution et d'agiter souvent le tout, il se dégage toujours du gaz hydrogène sulfuré : mais il se produit ensuite du sulfure d'hydrogène au maximum de sulfuration qui se sépare sous la forme d'un corps oléagineux. C'est ordinairement de cette manière qu'on le prépare. Le soufre qui a été précipité au moyen d'un acide de la dissolution des sulfures alcalins, en contient toujours une excessivement petite quantité à l'état de mélange, et cela est une des causes de sa couleur blanchâtre.

Si le sulfure alcalin contient en même temps du carbonate alcalin, comme cela arrive pour le foie de soufre, il se dégage, outre le gaz hydrogène sulfuré, du gaz acide carbonique lorsqu'on décompose la combinaison au moyen d'un excès d'acide.

Si l'on expose à l'air les dissolutions des sulfures alcalins, ils sont décomposés par l'acide carbonique, et en outre par l'oxygène de l'air; il y a oxydation et il se produit des hyposulfites alcalins. Lorsqu'on opère sur les dissolutions des sulfures alcalins au maximum de sulfuration, il se sépare du soufre : dans les dissolutions des sulfures alcalins au minimum de sulfuration, il se forme au contraire de l'hydrate d'oxyde alcalin libre.

Les combinaisons du soufre avec les métaux dont les oxydes sont alcalino-terreux, ont beaucoup de ressemblance avec les sulfures alcalins, tant sous le rapport de leur manière de se comporter avec les réactifs que sous le rapport de leurs autres propriétés : cependant elles se dissolvent dans l'eau plus difficilement que les sulfures alcalins. Elles ne peuvent se dissoudre dans l'eau sans être décomposées; mais elles sont transformées par l'eau en sulfhydrates de sulfures et en hydrates d'oxydes alcalino-terreux. Les sulfhydrates de sulfures sont bien plus solubles dans l'eau que les hydrates d'oxydes alcalino-terreux qui y sont généralement très peu solubles, comme l'hydrate de chaux par exemple qui se forme par la dissolution du sulfure de calcium. Si par suite on traite les sulfures des métaux alcalino-terreux par une quantité d'eau plus faible qu'il n'est nécessaire pour opérer une dissolution complète, le sulfhydrate de sulfure se dissout d'abord. La dissolution devient bientôt jaune, surtout au contact de l'air; car en même temps l'hydrogène de l'hydrogène sulfuré s'oxyde et le sulfure se combine avec le soufre pour donner naissance à un degré de sulfuration plus élevé. L'hydrate d'oxyde alcalino-terreux reste alors en partie à l'état insoluble; quelquefois il se combine avec le sulfure et donne naissance à des combinaisons que l'on peut obtenir à l'état cristallisé.

Les oxydes terreux proprement dits et quelques-uns des oxydes métalliques proprement dits ne se transforment que très difficilement en sulfures. Si l'on ajoute du sulfure d'ammonium aux dissolutions neutres de leurs oxysels, la décomposition s'opère dans la plupart des cas de la manière suivante : l'oxyde terreux ou métallique est précipité et il se dégage de l'hydrogène sulfuré. C'est ce qui arrive avec les dissolutions neutres des sels d'alumine (p. 45), de glucine (p. 49), de thorine (p. 52), d'yttria et des oxydes terreux qui l'accompagnent (p. 57), des oxydes de cerium et des oxydes qui se rencontrent toujours avec eux (p. 60), avec les dissolutions de zircone (p. 54), d'acide titanique (p. 283) et de sesquioxyde de chrome (p. 363). — Les dissolutions neutres des combinaisons salines de ces oxydes ne sont pas décomposées par le gaz hydrogène sulfuré.

La plupart des combinaisons du soufre avec les métaux proprement dits sont tout à fait insolubles dans l'eau et dans les dissolutions salines. On se sert par suite de préférence, tant dans les analyses qualitatives que dans les analyses quantitatives, du gaz hydrogène sulfuré et du sulfure d'ammonium pour précipiter les différents oxydes métalliques de leurs dissolutions à l'état de sulfures : de cette manière, on peut précipiter complétement, dans la plupart des cas, de faibles traces d'oxydes métalliques en dissolution : les précipités, formés de cette manière, peuvent en outre être reconnus d'après leur nature avec plus de certitude que les précipités formés par d'autres réactifs : ils possèdent en effet fréquemment une couleur caractéristique. Le gaz hydrogène sulfuré et le sulfure d'ammonium sont par conséquent les plus importants de tous les réactifs qu'on emploie dans les analyses chimiques.

Les sulfures qui ont été obtenus par la précipitation au moyen du gaz hydrogène sulfuré ou du sulfure d'ammonium, ont une composition tout à fait semblable à celle des sulfures que l'on trouve dans la nature ou que l'on a produits par voie sèche : ils ne s'en distinguent, comme je l'ai déjà indiqué, que par leur grande division et leur faible densité.

Bien que les sulfures se comportent différemment avec les différents réactifs, ils se comportent d'une manière sensiblement pareille avec l'eau régale et l'acide nitrique.

Si on réduit en poudre les sulfures et si on les fait bouillir pendant quelque temps avec l'*eau régale*, ils s'oxydent : mais le métal est toujours complétement oxydé bien avant le soufre qui était combiné avec lui. Le métal oxydé se dissout ordinairement complétement dans l'acide : il ne s'y dissout pas seulement lorsqu'il forme avec l'acide chlorhydrique, ou avec l'acide sulfurique formé, une combinaison qui est insoluble ou peu soluble, comme cela arrive pour l'argent et pour le plomb par exemple. Le soufre s'oxyde bien plus lentement, en sorte qu'après la décomposition complète du sulfure, il reste encore comme résidu du soufre pur. La couleur du soufre qui se sépare est ordinairement d'abord grise, parce qu'il est encore mélangé avec un peu de sulfure non décomposé : mais, par une longue ébullition ou par une longue digestion, sa couleur devient jaune. Par l'ébullition, le soufre qui s'est séparé, entre en fusion ; il n'est pas humecté complétement par l'acide, mais il surnage souvent à la surface et ne se précipite au fond que lorsque l'ébullition a cessé. On peut jeter sur un filtre le soufre qui s'est séparé et le chauffer dans un petit creuset de porcelaine, pour voir si c'est reellement du soufre pur : il doit alors brûler avec une flamme bleue en produisant l'odeur de l'acide sulfureux et ne laissant pas de résidu ou n'en laissant qu'un excessivement faible. La liqueur filtrée contient, outre le métal dissous, de l'acide sulfurique ; car une portion du soufre s'oxyde toujours et se transforme en acide sulfurique, à cause de l'excès d'eau régale employée, mais ne se transforme jamais en un degré inférieur d'oxydation du soufre. On peut s'assurer au moyen de la dissolution d'un sel de baryte de la présence de l'acide sulfurique dans la liqueur que l'on a séparée du soufre par filtration. Pour oxyder complétement le soufre du sulfure, il faut ordinairement faire digérer pendant excessivement longtemps avec l'eau régale, et répeter le traitement plusieurs fois. La meilleure manière d'oxyder le soufre du sulfure est de faire digérer le sulfure réduit en poudre fine avec l'eau régale très concentrée à une assez faible chaleur pour que le soufre ne puisse pas s'agréger et fondre.

L'*acide chlorhydrique avec addition de chlorate de potasse* se comporte à l'égard des sulfures de la même manière que l'eau régale. On peut souvent se servir avec beaucoup de succès de cette methode d'oxydation dans les cas où l'emploi d'un sel de potasse n'a pas d'inconvénient. On verse de l'acide chlorhydrique sur le sulfure pulvérisé et on n'ajoute d'abord qu'une petite quantité de chlorate de potasse. Lorsque, après une digestion à une faible chaleur, le dégagement de chlore a cessé, on ajoute une nouvelle quantité de sel, et on continue jusqu'à ce que le soufre soit completement dissous, ou jusqu'à ce qu'il se sépare avec une couleur jaune pure. L'oxydation du soufre est aussi considérablement accélérée dans ce cas lorsqu'on ne fait pas digérer le sulfure à une chaleur assez forte pour que le soufre s'agrége.

L'*acide nitrique* de concentration ordinaire, d'une pesanteur spécifique de 1,2, agit sur les sulfures, de la même manière que l'eau régale, mais moins énergiquement. Lorsqu'on traite les sulfures par l'acide nitrique à chaud, il se dégage des vapeurs rouges d'acide nitreux. Il est nécessaire que les sulfures soient maintenus en digestion avec l'acide nitrique pendant plus longtemps qu'avec l'eau régale pour que le soufre séparé ait une couleur jaune. La liqueur séparée du soufre par filtration contient également de l'acide sulfurique. Le métal oxydé est complétement dissous, lorsqu'il est soluble dans l'acide nitrique et lorsqu'il ne forme pas de combinaison insoluble avec l'acide sulfurique formé. Lorsqu'on fait digérer le sulfure d'antimoine ou le sulfure d'étain avec l'acide nitrique, il reste à l'état insoluble du soufre avec de l'acide antimonieux ou du bioxyde d'étain : lorsqu'on fait digérer le sulfure de plomb avec l'acide nitrique, le soufre séparé contient une quantité plus ou moins grande de sulfate de plomb, tandis qu'une autre portion de l'oxyde de plomb est dissoute à l'état de nitrate de plomb. Le sulfure de mercure est à peu près le seul sulfure qui ne soit pas décomposé par la digestion avec l'acide nitrique : du reste, lorsqu'on le fait digérer avec l'eau régale, il est décomposé de la manière qui a été indiquée précédemment.

L'*acide nitrique fumant* agit sur les sulfures avec bien plus de force que l'eau régale et l'acide nitrique ordinaire. Si l'on verse l'acide nitrique fumant sur un sulfure desséché et réduit en une poudre très fine, il se produit dans la plupart des cas un phénomène d'incandescence bien nette ; ordinairement, non-seulement le métal, mais aussi le soufre est complétement oxydé : le soufre est alors transformé en acide sulfurique : de cette manière le sulfure est entièrement transformé en sulfate qui se dissout ordinairement complétement lorsqu'on ajoute de l'eau.

Les sulfures insolubles dans l'eau se comportent ordinairement d'une manière variable avec *l'acide chlorhydrique*. Lorsqu'ils sont en poudre fine et lorsqu'on les traite à chaud par l'acide chlorhydrique concentré, ils dégagent pour la plupart du gaz hydrogène sulfuré. C'est ce qui arrive surtout pour les sulfures dont les métaux décomposent facilement l'eau en présence d'un acide étendu, comme le sulfure de fer et le sulfure de manganèse. Le sulfure de zinc est déjà décomposé plus difficilement. Le sulfure de nickel et le sulfure de cobalt ne sont presque point décomposés. Les sulfures dont les métaux ne décomposent que très difficilement ou ne décomposent pas l'eau en présence d'un acide, sont souvent décomposés complétement à chaud par l'acide chlorhydrique concentré avec dégagement d'hydrogène sulfuré gazeux, lorsqu'ils sont réduits en poudre fine; de ce nombre sont les sulfures d'antimoine, de plomb, de bismuth, de cadmium et d'étain. Lorsque le sulfure contient précisément autant de soufre qu'il en faut pour former de l'hydrogène sulfuré avec l'hydrogène de l'acide chlorhydrique, il ne se dépose pas de soufre et il se produit une dissolution complete, lorsque le chlorure formé n'est pas insoluble. C'est le cas des degrés de sulfuration du fer et de l'antimoine qui correspondent aux degrés inférieurs d'oxydation de ces métaux. Mais si les sulfures contiennent plus de soufre qu'il n'est nécessaire pour former de l'hydrogène sulfuré avec l'hydrogène de l'acide chlorhydrique décomposé, le soufre en excès se sépare en même temps qu'il se dégage du gaz hydrogène sulfuré; il est cependant quelquefois difficile d'obtenir le soufre séparé d'une couleur jaune pure, lorsqu'on n'a pas employé l'acide chlorhydrique bien concentré ou mieux fumant. C'est ce qui arrive surtout pour les degrés plus élevés de sulfuration du fer (pyrites de fer) et de l'antimoine.

Les sulfures insolubles dans l'eau se comportent avec l'acide chlorhydrique très étendu d'une autre manière. Quelques-uns se dissolvent facilement dans l'acide chlorhydrique très étendu et même dans les autres acides étendus, tandis que d'autres, lorsque la liqueur contient un excès d'hydrogène sulfuré, sont tout a fait insolubles dans les acides étendus, bien qu'ils soient décomposés assez facilement par l'acide chlorhydrique concentré. D'après cela, les sulfures qui se forment dans les dissolutions des oxydes métalliques par la précipitation au moyen de l'hydrogène sulfuré, peuvent être placés dans deux sections assez distinctes, savoir : ceux qui ne sont pas précipités par un excès d'hydrogène sulfuré dans la dissolution acide, mais qui sont précipités seulement dans la dissolution alcaline et quelquefois aussi dans la dissolution neutre des oxydes métalliques, et ceux qui sont séparés au moyen d'un excès d'hydrogène sulfuré dans les dissolutions acides étendues des oxydes métalliques. Les oxydes métalliques peuvent être séparés eux-mêmes de cette manière en deux sections. Cette différence dans la manière dont les différents oxydes métalliques se comportent avec l'hydrogène sulfuré, peut être très utile, tant en analyse qualitative qu'en analyse quantitative, pour les distinguer les uns des autres et les séparer. Dans les chapitres précédents, où on a examiné la manière dont les différents oxydes métalliques se comportent avec les réactifs, on a toujours eu soin d'indiquer la manière dont l'hydrogène sulfuré se comporte avec les dissolutions neutres et avec les dissolutions acides des bases dont il était question. Cependant on examinera encore plus loin succinctement les différents oxydes en réunissant leurs réactions, afin de faire ressortir la manière dont leurs dissolutions se comportent avec l'hydrogène sulfuré et le sulfure d'ammonium, et d'indiquer ceux qui se comportent de la même manière ou différemment.

L'*acide sulfurique étendu* se comporte dans la plupart des cas, à l'égard des sulfures, comme l'acide chlorhydrique étendu.

Les sulfures de la première section qui sont par conséquent précipités par l'hydrogène sulfuré dans les dissolutions des oxydes métalliques de la première classe, se forment également lorsqu'on ajoute aux dissolutions neutres de ces oxydes du sulfure d'ammonium ou la dissolution d'un autre sulfure alcalin. Pour précipiter par conséquent à l'état de sulfure un oxyde métallique de la première section, il faut, lorsque sa dissolution est acide, la rendre neutre ou alcaline au moyen d'un oxyde alcalin, ou mieux de l'ammoniaque (car un excès d'oxyde alcalin n'empêche pas la précipitation du sulfure); on ajoute ensuite du sulfure d'ammonium. Même lorsque l'excès d'oxyde alcalin a précipité l'oxyde métallique, il est transformé en sulfure, lorsqu'on ajoute une quantité suffisante de sulfure d'ammonium, pourvu que l'oxyde ait été récemment précipité. Il n'y a que lorsque l'oxyde a été desséché ou calciné, qu'il devient quelquefois très difficile de le transformer en sulfure au moyen du sulfure d'ammonium. On peut, dans la plupart des cas, employer un excès assez considérable de sulfure d'ammonium sans avoir à craindre qu'il dissolve une petite quantité du sulfure formé. La plupart des oxydes métalliques de la première section ne sont même pas précipités par l'hydrogène sulfuré dans la plupart de leurs dissolutions neutres: car en même temps que le sulfure se forme, l'acide avec lequel l'oxyde métallique est combiné devient libre, et le sulfure formé pourrait se dissoudre. Cela n'arrive cependant que lorsque l'oxyde métallique était combiné avec un acide (inorganique) fort, comme l'acide sulfurique, l'acide chlorhydrique, l'acide nitrique, etc.

Quelques oxydes métalliques qui appartiennent à cette section et dont les sulfures se dissolvent dans les acides, peuvent être précipités partiellement à l'état de sulfures par l'hydrogène sulfuré dans leurs dissolutions neutres, bien qu'ils soient combinés à un acide fort; mais le précipité cesse, dès que, par suite de la formation du sulfure, une quantité convenable d'acide est devenue libre : cet acide empêche en effet ultérieurement la formation du sulfure. Les dissolutions des sels neutres de zinc qui contiennent des acides forts, appartiennent à cette catégorie.

Si, au contraire, les oxydes métalliques de cette section sont combinés à des acides organiques très faibles, ils peuvent être précipités partiellement, quelquefois même complétement, de leurs dissolutions par l'hydrogène sulfuré gazeux à l'état de sulfures. Le zinc, par exemple, est complétement précipité lorsqu'il est combiné à l'acide acétique; et même lorsqu'on ajoute une grande quantité d'acide acétique à la dissolution d'acétate neutre de zinc, on peut en séparer complétement l'oxyde de zinc à l'état de sulfure de zinc au moyen du gaz hydrogène sulfuré. Mais s'il y a dans la dissolution seulement une petite quantité d'un acide inorganique fort, la séparation de l'oxyde de zinc à l'état de sulfure de zinc n'est pas complète. L'oxyde de cobalt et l'oxyde de nickel sont aussi précipités complétement à l'état de sulfures par le gaz hydrogène sulfuré, dans leurs dissolutions acétiques neutres ; mais si l'on ajoute de l'acide acétique libre aux dissolutions acétiques de ces oxydes, il n'y a pas de précipité et tout l'oxyde reste dissous après le traitement par le gaz hydrogène sulfuré. Dans une dissolution d'acétate neutre de protoxyde de manganèse, il ne se produit pas de précipité par l'action du gaz hydrogène sulfuré ; cependant, au bout de quelque temps, il se précipite un peu de sulfure de manganèse. Si cependant on ajoute de l'acide acétique libre, il ne se précipite pas de sulfure de manganèse. Dans une dissolution neutre ou basique d'acétate de sesquioxyde de fer, le gaz hydrogène sulfuré produit un précipité de sulfure de fer noir ; si la dissolution contient de l'acide acétique libre, il ne se produit qu'un précipité de soufre de couleur blanc-jaunâtre.

Si un oxyde métallique de la première section a été précipité par le sulfure d'ammonium dans une dissolution neutre ou alcaline, le sulfure formé se dissout dans la plupart des cas avec facilité lorsqu'on traite la liqueur par l'acide chlorhydrique ou l'acide sulfurique étendus : il se produit en même temps un dégagement de gaz hydrogène sulfuré. Ordinairement la dissolution est plus ou moins laiteuse par suite de la présence d'une certaine quantité de soufre qui s'est déposée : le sulfure d'ammonium employé contient en effet ordinairemment du soufre en excès et est par suite de couleur jaune. Les sulfures de cobalt et de nickel, précipités par le sulfure d'ammonium, font seuls exception. Ils résistent à l'action dissolvante de l'acide sulfurique et de l'acide chlorhydrique étendus (p. 111 et p. 119) ; et cela est d'autant plus exceptionnel que les oxydes de ces métaux ne sont pas transformés en sulfures par le gaz hydrogène sulfuré, lorsqu'ils sont dissous dans les acides indiqués, bien que la dissolution ne contienne pas d'excès d'acide et soit neutre. Il n'y a que les acides oxydants qui produisent leur décomposition comme cela a été indiqué page 454. — Le sulfure de zinc précipité par le sulfure d'ammonium n'est dissous, avec dégagement d'hydrogène sulfuré gazeux, que par l'acide sulfurique et l'acide chlorhydrique concentrés.

Les sulfures de la deuxième section sont les combinaisons du soufre avec les métaux des oxydes de la deuxième section, c'est-à-dire des oxydes qui peuvent être précipités par le gaz hydrogène sulfuré dans leurs dissolutions acides. Lorsqu'on précipite par le gaz hydrogène sulfuré à l'état de sulfure dans sa dissolution acide un oxyde métallique de la deuxième section, le précipité de sulfure qui se forme d'abord ne se distingue pas, dans la plupart des cas, par son aspect, de celui qui se forme plus tard lorsque la liqueur est près d'être saturée par l'hydrogène sulfuré ; en effet, le sulfure précipité d'abord ne forme pas de combinaison avec l'oxyde non décomposé ou plutôt avec le sel décomposé : ou si cela arrive, la combinaison a la même couleur que le sulfure à l'état pur. Pour les dissolutions de quelques oxydes métalliques, notamment pour celles du bioxyde de mercure et pour celles du bichlorure, du bibromure et du bifluorure de mercure, il se présente une exception. Si l'on fait passer en effet dans ces dissolutions une petite quantité de gaz hydrogène sulfuré, il se forme un précipité blanc ; à la surface de la liqueur, à l'endroit où les bulles de gaz hydrogène sulfuré viennent se dégager, il se forme un précipité noir de sulfure de mercure ; mais, par l'agitation, le précipité redevient complétement blanc, lorsqu'il y a encore une grande quantité de sel de mercure non décomposé. Ce précipité blanc reste longtemps en suspension dans la liqueur ; il est formé d'une combinaison insoluble du sulfure de mercure formé avec le sel de mercure non décomposé. Si l'on fait passer encore pendant quelque temps du gaz hydrogène sulfuré dans la dissolution, il se produit par l'agitation un mélange de précipité noir et de précipité blanc : mais si, enfin, on fait passer dans la dissolution un excès de gaz hydrogène sulfuré, le précipité devient d'un noir pur et prend du poids ; il est alors formé de sulfure de mercure pur (p. 180). — Les dissolutions d'oxyde de plomb ou plutôt celles de chlorure de plomb forment aussi par l'action d'une petite quantité de gaz hydrogène sulfuré, un précipité différent de celui qu'elles forment par l'action d'un excès du même gaz (p. 131).

Parmi les oxydes métalliques de la deuxième section, ceux qui constituent des bases énergiques, sont précipités dans leurs dissolutions à l'état de sulfures par le gaz hydrogène sulfuré plus facilement et plus rapidement que les oxydes qui ont une réaction acide. Ces derniers ne sont précipités complétement de leur dissolution saturée par l'hydrogène sulfuré que lorsqu'on laisse la dissolution pendant longtemps en contact : la précipitation est plus rapide lorsqu'on chauffe la liqueur. Lorsqu'on ajoute à la dissolution un acide étendu, on opère souvent beaucoup mieux la séparation du sulfure. — Cela s'applique bien moins aux dissolutions de bioxyde d'étain, et aux dissolutions des différents degrés d'oxydation de l'antimoine qu'à celles des différents degrés d'oxydation de l'arsenic. On a déjà indiqué page 398 que l'acide arsénique est précipité excessivement lentement par le gaz hydrogène sulfuré, mais cela ne s'applique pas à l'acide arsénieux.

Une grande partie des oxydes métalliques de la deuxième section peuvent être précipités complétement à l'état de sulfures par le sulfure d'ammonium, même dans une dissolution neutre ou alcaline : la plupart de ces sulfures ne sont pas dissous par un excès du précipitant, même lorsque l'oxyde se dissout facilement dans l'ammoniaque. C'est ainsi que dans les dissolutions des sels d'oxyde d'argent et d'oxyde de cuivre, dans un excès d'ammoniaque, ces oxydes métalliques peuvent être précipités et séparés à l'état de sulfures par l'action du sulfure d'ammonium.

D'autres oxydes métalliques de la deuxième section, surtout ceux qui se comportent plutôt comme des acides que comme des bases, ne peuvent pas être précipités complétement par le sulfure d'ammonium dans leurs dissolutions neutres ou alcalines, parce que les sulfures formés sont plus ou moins solubles dans un excès de sulfure d'ammonium. Ce caractère peut servir à diviser les sulfures de la deuxième section en deux sous-sections, savoir : les sulfures qui se dissolvent dans un excès de sulfure d'ammonium et ceux qui ne s'y dissolvent pas. Les oxydes métalliques de la deuxième section se divisent alors en deux sous-sections de la même manière. Dans ce qui précède, on a indiqué à chaque combinaison sulfurée formée par un oxyde métallique, la manière dont elle se comporte avec un excès de sulfure d'ammonium; mais comme il est d'une grande importance en analyse chimique de connaître exactement ce mode de réaction, on réunira plus loin succinctement dans un même article tout ce qui a rapport à cette question.

La solubilité de certains sulfures dans un excès de sulfure d'ammonium provient de l'affinité qu'ont ces sulfures pour le sulfure d'ammonium, affinité par suite de laquelle il se forme un sulfosel soluble. Cela s'applique surtout aux combinaisons du soufre avec l'arsenic, le tungstène, le molybdène, le vanadium, l'antimoine, l'étain et le tellure, et aussi aux combinaisons du soufre avec le carbone et même avec l'hydrogène, qui forment avec les sulfures des métaux basiques des combinaisons salines dont un grand nombre sont cristallines et peuvent retenir de l'eau de cristallisation. On distingue ces sulfures qui jouent le rôle d'acides sous le nom spécial de *sulfides.*

Les sulfosels qui ont pour base un sulfure alcalin ou un sulfure alcalino-terreux, sont ordinairement solubles dans l'eau, tandis que ceux qui ont pour base un autre sulfure métallique, paraissent être ordinairement insolubles dans l'eau.

Les plus importants des sulfosels produits jusqu'ici sont les suivants :

Sulfosels du sulfure d'arsenic As^2S^5, Sulfarséniates.

Les sulfarséniates contiennent le sulfure d'arsenic, As^2S^5, dont la composition correspond à l'acide arsénique. Ils ont les propriétés suivantes : Leur couleur est variable; ceux qui ont pour bases des sulfures alcalins, sont jaune-citron à l'état anhydre; lorsqu'ils contiennent de l'eau de cristallisation, ils sont incolores, ou seulement jaunâtres. Ils ont une saveur hépatique, avec un arrière-goût tout à fait nauséabond. Leur dissolution bleuit fortement le papier de tournesol. Les sulfarséniates sont décomposés par l'acide chlorhydrique et par les autres acides, lorsque le sulfure métallique basique qu'ils contiennent peut être facilement décomposé par ces acides ; il se dégage alors du gaz hydrogène sulfuré et le sulfure d'arsenic As^2S^5 se dépose sous la forme d'un précipité jaune ; le sulfure d'arsenic se sépare bien plus rapidement dans ce cas que par l'action d'une dissolution d'hydrogène sulfuré sur l'acide arsénique. Mais la totalité du sulfure d'arsenic ne se sépare, même dans le premier cas, qu'après un long contact ou par l'action de la chaleur. Si l'on ajoute un acide à une dissolution très étendue d'un sulfosel d'arsenic, il ne se produit pas d'effervescence; mais la liqueur prend seulement l'odeur d'hydrogène sulfuré. Même lorsqu'on fait passer de l'acide carbonique dans la dissolution des sulfosels, le sulfure d'arsenic est précipité (Berzelius). — Si l'on mélange avec le chlorure d'ammonium les sulfarséniates, surtout ceux qui contiennent un sulfure alcalin, et si l'on calcine le mélange dans un creuset de porcelaine, les sulfarséniates sont entièrement décomposés : il reste comme résidu du chlorure alcalin pur.

Les sulfarséniates qui sont formés par les métaux des oxydes alcalins, des oxydes alcalino-terreux, par le glucinium et l'yttrium, aussi bien que par quelques-uns des autres métaux, sont solubles dans l'eau; les autres y sont insolubles. Les dissolutions des sulfarséniates sont décomposées par l'alcool : il se précipite un sel basique, tandis qu'il reste à l'état de dissolution, dans la liqueur, un sel qui contient une quantité double de sulfure d'arsenic. Si l'on enlève par la distillation la moitié de l'alcool, ou bien une quantité un peu plus grande de la liqueur alcoolique filtrée, il se dépose par le refroidissement des groupes d'écailles cristallines, jaunes, brillantes, qui remplissent souvent toute la liqueur, bien que leur quantité en poids ne soit que très faible. Ces écailles cristallines fondent presque aussi facilement que le soufre, et sont formées du degré de sulfuration le plus élevé de l'arsenic qui contient plus de soufre que le sulfure qui correspond à l'acide arsénique. Par une évaporation subséquente, il se précipite de la liqueur un degré inférieur de sulfuration qui est de couleur rouge.

Par la distillation sèche, les sulfarséniates perdent de l'eau et une partie de leur soufre, deviennent rouges et sont transformés en sulfarsénites. Si on chauffe les sulfarséniates dans une atmosphère de gaz hydrogène, le sel ne perd presque que du soufre et seulement à la fin une petite quantité de sulfure d'arsenic. Si on chauffe les sulfarséniates au contact de l'air, ils se décomposent assez facilement et abandonnent leur base à l'état d'oxyde ou à l'état de sulfate ; quelquefois le résidu contient aussi de l'acide arsénique.

Si l'on mélange avec les dissolutions des sels métalliques neutres les sulfarséniates solubles, surtout ceux qui contiennent des sulfures alcalins, il se forme un sel alcalin neutre, et le sulfure d'arsenic As^2S^5 se combine avec le sulfure métallique formé pour produire un sulfosel insoluble. Mais cela n'a lieu que lorsqu'on verse goutte à goutte la dissolution du sel métallique dans celle du sulfarséniate alcalin, de manière qu'il reste un excès de sulfarséniate. Si l'on verse au contraire goutte à goutte la dissolution de sulfarséniate alcalin dans la dissolution du sel métallique de manière qu'il y ait un excès du dernier et si l'on chauffe ensuite le tout jusqu'à l'ébullition, le sulfure d'arsenic As^2S^5 est décomposé par l'oxyde métallique et il se sépare un sulfure métallique basique, tandis que l'acide arsénique reste en dissolution.

Les sulfarséniates en dissolution concentrée se conservent assez bien au contact de l'air : les dissolutions étendues se décomposent au contact de l'air, mais la décomposition ne s'opère que lentement, et il se passe plusieurs mois avant que la décomposition soit complète. La dissolution se trouble et il se sépare du sulfure d'arsenic et du soufre; la liqueur contient alors, outre le sel non décomposé, un arsénite et un hyposulfite qui, lorsque la décomposition est complète, est transformé en sulfate.

Sulfosels du sulfure d'arsenic As^2S^3, Sulfarsénites.

Les sulfarsénites contiennent le sulfure d'arsenic As^2S^3 dont la composition correspond à l'acide arsénieux. Ils ne peuvent, d'après Berzelius, être obtenus à l'état neutre et sous forme solide que par voie sèche : en effet leurs dissolutions se décomposent lorsqu'elles ont un certain degré de concentration ; en même temps il se dépose une poudre noire qui est un hyposulfarsénite, tandis qu'il reste un sulfarséniate à l'état de dissolution dans la liqueur : la décomposition n'est complète que lorsque le sulfarséniate cristallise. Si l'on étend d'eau et si l'on fait bouillir, le précipité brun se redissout et le sulfarsénite se reproduit. La décomposition du sulfarsénite s'opère également lorsqu'on traite par une petite quantité d'eau le sel préparé par voie sèche, et aussi lorsqu'on mélange avec l'alcool une dissolution étendue de sulfarsénite; il se précipite dans ce dernier cas un sel basique qui subit également la décomposition indiquée et devient noire en peu d'instants. Lorsqu'on ajoute de l'alcool aux dissolutions des sulfarsénites basiques de baryum, de calcium ou d'ammonium, le sel basique qui se précipite, ne subit pas de décomposition ultérieure : cette décomposition ultérieure n'a lieu que lorsqu'il se trouve dans la dissolution un sel neutre, ou un sel qui contient du sulfure d'arsenic en excès.

Les sulfarsénites avec sulfobase alcaline ne sont pas décomposés par la distillation sèche : la sulfobase alcaline peut même retenir au rouge plusieurs fois autant de sulfure d'arsenic qu'il est nécessaire pour la saturation. Les autres sulfarsénites sont décomposés par la distillation sèche; il passe du sulfure d'arsenic à la distillation et il reste comme résidu, ou un sel basique, ou même la sulfobase seule.

Les sulfarsénites se comportent avec les oxydes métalliques, avec les acides, au contact de l'air et par la calcination au contact de l'air, comme les sulfarséniates.

Sulfosels de l'hyposulfure d'arsenic AsS, Hyposulfarsénites.

Les hyposulfarsénites contiennent le sulfure rouge d'arsenic AsS qui ne correspond à aucun degré d'oxydation de l'arsenic. Ils ont une couleur rouge ou brun-foncé. Les hyposulfarsénites neutres préparés par voie sèche sont, d'après Berzelius, décomposés par l'eau : il se dépose un sulfure d'arsenic au minimum de sulfuration, noir ou brun foncé, et il reste en dissolution un sulfarsénite. La plupart des hyposulfarsénites sont insolubles dans l'eau; les acides en séparent du sulfure rouge d'arsenic.

Sulfosels du sulfure de molybdène MoS^3, Sulfomolybdates.

Les sulfomolybdates contiennent le sulfure de molybdène MoS^3 dont la composition correspond à l'acide molybdique : ils ont, d'après Berzelius, les propriétés suivantes: Les combinaisons du sulfure de molybdène avec les sulfures alcalins et avec les sulfures alcalino-terreux sont solubles dans l'eau. La dissolution, lorsqu'elle est neutre, a une belle couleur rouge; si elle contient un excès de sulfure de molybdène, elle est brune; si elle contient un excès de sulfobase, elle est jaune d'or. Les sulfomolybdates peuvent être obtenus a l'état cristallin; les cristaux sont bruns ou rouge-rubis; ils peuvent encore être rouge-rubis par transparence et d'un beau vert par réflexion comme les ailes vertes de différents scarabées. Par l'action des acides, les sulfomolybdates sont décomposés; il se sépare du sulfure de molybdène de couleur brun-noir et il se dégage du gaz hydrogène sulfuré. Les sulfomolybdates sont décomposés par la distillation sèche. La décomposition s'opère de deux manières : — ou bien la sulfobase se combine avec une portion du soufre du sulfure de molybdène; si on traite par l'eau, le sulfure plus sulfuré se dissout, tandis qu'il reste comme résidu insoluble du sulfure gris de molybdène au minimum de sulfuration MoS^2; — ou bien, lorsque la base ne peut pas former un sulfure plus sulfuré, il se dégage du soufre et le résidu contient une combinaison, ou seulement un mélange du sulfure gris de molybdène avec la sulfobase. Les dissolutions neutres concentrées se conservent assez bien au contact de l'air; mais lorsque les dissolutions contiennent un excès, soit de la sulfobase, soit d'une oxybase, elles se décomposent rapidement au contact de l'air. Les dissolutions étendues des sulfomolybdates neutres prennent peu à peu une couleur plus foncée par l'action du contact de l'air; la sulfobase s'oxyde partiellement et se transforme en hyposulfite, tandis qu'il se forme en même temps dans la liqueur un sulfosel avec excès de sulfure de molybdène; ce dernier se décompose enfin et il se sépare du sulfure de molybdène. La liqueur prend une couleur bleue et contient alors la sulfobase oxydée qui est combinée, en partie avec un des oxacides du soufre, en partie avec l'acide molybdique; la couleur bleue de la liqueur provient de la présence du molybdate d'oxyde de molybdène. Cette decomposition s'opère si lentement que la dissolution a le temps de se dessécher et qu'il faut redissoudre plusieurs fois le sel, avant que la décomposition soit complète.

Sulfosels de l'hypersulfure de molybdène, MoS^4, Hypersulfomolybdates.

Les hypersulfomolybdates contiennent un sulfure de molybdène MoS^4 qui contient deux fois autant de soufre que le sulfure gris de molybdène et dont on ne connaît pas la combinaison oxygénée correspondante. Les hypersulfomolybdates ont tous une couleur jaune foncée ou rouge et cristallisent rarement. Ils sont insolubles dans l'eau, à l'exception des hypersulfomolybdates alcalins; ces derniers sont presque insolubles dans l'eau froide; mais ils se dissolvent complétement dans l'eau bouillante et ne se déposent pas de nouveau de la dissolution par le refroidissement. La dissolution a une couleur rouge foncée. Les acides, en réagissant sur les hypersulfomolybdates, en dégagent du gaz hydrogène sulfuré, et il se dépose du sulfure de molybdène floconneux, d'une belle couleur rouge foncée.

Sulfosels du sulfure de tungstène WS^3, Sulfotungstates.

Les sulfotungstates contiennent un sulfure de tungstène WS^3 correspondant à l'acide tungstique. Les sulfotungstates solubles ont une couleur jaune ou rouge. Leurs dissolutions se décomposent très lentement au contact de l'air et peuvent être évaporées à une faible chaleur à l'air libre de manière à cristalliser. Si on laisse ces dissolutions exposées pendant quelque temps à l'air, leur couleur devient peu à peu plus claire; il se dépose alors du sulfure de tungstène et du soufre, et il reste en dissolution un tungstate et un sulfate. Lorsque la liqueur contient un excès de base, la décomposition s'opère très rapidement.

Sulfosels du sulfure de vanadium VS^3, Sulfovanadates.

Parmi les sulfovanadates qui contiennent le sulfure de vanadium VS^3 correspondant à l'acide vanadique, ceux qui contiennent une sulfobase alcaline sont solubles; ceux qui contiennent une sulfobase alcalino-terreuse sont peu solubles; ceux qui contiennent d'autres sulfobases sont insolubles. Les sulfovanadates sont de couleur brun foncé ou presque noire; leur dissolution aqueuse est brune; l'alcool les précipite de cette dissolution. Dans la dissolution aqueuse des sulfovanadates, les acides étendus forment un précipité brun foncé de sulfure de vanadium.

Sulfosels de sulfure de vanadium VS^2, Sulfovanadites.

Les sulfovanadites contiennent le degré de sulfuration le plus faible du vanadium VS^2). Ceux qui contiennent une sulfobase alcaline, sont solubles dans l'eau; la dissolution a une très belle couleur rouge-pourpre. On les obtient lorsqu'on fait passer du gaz hydrogène sulfuré dans le vanadate de potasse. Une faible proportion de métaux étrangers détruit la belle couleur de la dissolution.

Sulfosels du sulfure de tellure TeS^2, Sulfotellurites.

Les sulfotellurites contiennent un sulfure de tellure TeS^2 qui correspond à l'acide tellureux. Ils sont solubles dans l'eau lorsqu'ils contiennent pour sulfobase un métal alcalin ou alcalino-terreux; ces dissolutions se décomposent rapidement au contact de l'air. A l'état sec, les sulfotellurites se conservent pendant longtemps; mais la plus faible trace d'humidité accélère leur décomposition. La sulfobase est alors transformée en hyposulfite et le sulfure de tellure se dépose. Préservés autant que possible du contact de l'air, la plupart des sulfotellurites peuvent être calcinés sans se décomposer. Les sulfotellurites qui contiennent des sulfobases faibles, sont décomposés par la calcination; le soufre du sulfure de tellure est chassé et le tellure sépare alors une portion du soufre de la sulfobase; il reste alors une matière qui a l'éclat métallique et qui est formée de tellure métallique et de sulfure métallique.

Sulfosels du sulfure d'antimoine Sb^2S^5, Sulfoantimoniates.

Les sulfoantimoniates contiennent le sulfure d'antimoine Sb^2S^5 dont la composition correspond à l'acide antimonique. Lorsqu'on les traite par les acides, le sulfure d'antimoine se sépare et il se dégage de l'hydrogène sulfuré, lorsque la sulfobase qu'ils contiennent est facilement décomposée par les acides. Les sulfoantimoniates dont la sulfobase contient un métal alcalin ou alcalino-terreux, sont solubles dans l'eau et peuvent être obtenus à l'état cristallin. La dissolution bleuit fortement le papier de tournesol. Les cristaux sont incolores ou d'une couleur faiblement jaunâtre. Leurs dissolutions aqueuses saturées ne dissolvent plus de sulfure d'antimoine lorsqu'on les fait bouillir et n'en laissent pas déposer par suite par le refroidissement, ce qui les distingue essentiellement des sulfoantimonites. Par la distillation sèche, ils ne perdent pas de soufre. Même lorsqu'on les calcine dans une atmosphère de gaz hydrogène, ils ne sont pas décomposés et ne déposent pas de soufre. Le plus connu d'entre eux est le sulfoantimoniate de soude. Si on le chauffe au contact de l'air, il perd son eau de cristallisation et entre en fusion; mais si on l'expose au contact de l'air, il absorbe de nouveau la plus grande partie de l'eau qu'il avait perdue et se transforme en une poudre volumineuse. Si les cristaux restent pendant longtemps exposés à l'air, ils se décomposent peu à peu et deviennent rouge-brun à la surface par suite de la séparation du sulfure d'antimoine. La dissolution des sulfoantimoniates est décomposée par les acides faibles, même par l'acide carbonique; il se dégage du gaz hydrogène sulfuré et il se précipite du sulfure d'antimoine. Les sulfosels d'antimoine solubles dans l'eau sont insolubles dans l'alcool. Chauffés avec l'acide chlorhydrique très concentré, ils se dissolvent avec dégagement d'hydrogène sulfuré, en laissant un résidu de soufre. La dissolution contient du chlorure d'antimoine Sb^2Cl^3. Mélangés avec du chlorure d'ammonium et chauffés, les sulfoantimoniates sont entièrement décomposés; s'ils contiennent une sulfobase alcaline, il ne reste comme résidu que du chlorure alcalin. — Les sulfoantimoniates qui sont insolubles dans l'eau ont une couleur jaune, rouge-orangé, brune ou noire. On les obtient lorsqu'on verse goutte à goutte une dissolution neutre d'un sel métallique dans une dissolution de sulfoantimoniate de soude, de manière qu'il reste un excès de ce dernier ; il se forme alors un sel neutre de soude et le sulfure d'antimoine se combine avec la sulfobase produite. Si l'on verse au contraire goutte à goutte la dissolution du sulfoantimoniate de soude dans la dissolution du sel métallique, de manière qu'il y ait un excès de ce dernier, et si on chauffe ensuite le tout jusqu'à l'ébullition, le sulfure d'antimoine est décomposé par l'oxyde métallique, et il se sépare une sulfobase mélangée avec de l'acide antimonique Rammelsberg). — Les sulfoantimoniates insolubles ne sont presque décomposés que par l'acide nitrique ou l'eau régale. Par la calcination, plusieurs d'entre eux perdent du soufre et sont transformés en sulfoantimonites. C'est ce qui arrive spécialement pour les sulfoantimoniates de plomb et d'argent.

Sulfosels du sulfure d'antimoine Sb^2S^3, Sulfoantimonites.

Les sulfoantimonites contiennent le sulfure d'antimoine Sb^2S^3 au minimum de sulfuration. Ceux qui contiennent une sulfobase alcaline, n'ont pas encore pu être obtenus cristallisés à l'état pur ; mais ils ont été obtenus seulement à l'état de dissolution. Lorsqu'on ajoute une grande quantité d'eau à la dissolution, elle se décompose : il se sépare du sulfure d'antimoine et il reste en dissolution un sel basique. Lorsqu'on fait bouillir, le sel basique dissout une quantité encore plus grande de sulfure d'antimoine ; mais ce sulfure d'antimoine se dépose de nouveau par le refroidissement ; ce qui est caractéristique pour les sulfoantimonites. Par l'action de la chaleur, les sulfoantimonites se transforment en sulfoantimoniates avec dépôt d'antimoine métallique. L'acide chlorhydrique fortement concentré les dissout complétement par l'action de la chaleur, avec dégagement de gaz hydrogène sulfuré, sans qu'il se forme de dépôt de soufre insoluble. Quelques-uns d'entre eux se présentent très fréquemment dans la nature à l'état cristallisé et forment une série de sulfosels qui sont très importants au point de vue industriel et au point de vue scientifique. Lorsque, dans ces sulfosels, le sulfure qui est combiné avec le sulfure d'antimoine peut être réduit à l'état métallique par la calcination dans une atmosphère de gaz hydrogène, les sulfosels eux-mêmes sont réduits complétement par le gaz hydrogène à l'état d'antimoniures.

Sulfosels du sulfure d'étain SnS^2, Sulfostannates.

Les sulfostannates contiennent le sulfure d'étain SnS^2 correspondant au bioxyde d'étain. Les sulfostannates qui contiennent des sulfures alcalins ou alcalino-terreux, sont solubles dans l'eau : la dissolution bleuit fortement le papier de tournesol. Les sulfostannates solubles peuvent être précipités de leurs dissolutions par l'alcool ; ceux dont la sulfobase est alcaline, prennent une consistance oleagineuse. Ils ne peuvent pas être calcinés à l'abri du contact de l'air sans être décomposés. Une portion du sulfure d'étain SnS^2 se transforme en sulfure noir d'étain SnS qui, lorsqu'on traite par l'eau, reste sous la forme d'un résidu insoluble de structure cristalline; dans la liqueur filtrée, l'acide chlorhydrique étendu précipite du sulfure jaune d'étain SnS^2. Si on chauffe les sulfostannates dans une atmosphère de gaz hydrogène, ils subissent la même décomposition. Si on les mélange avec le chlorure d'ammonium et si on calcine le mélange, les sulfostannates sont entièrement décomposés et il ne reste, comme résidu, que du chlorure alcalin.

Outre les combinaisons du soufre avec les métaux dont les oxydes ont des propriétés acides, il y a encore des combinaisons du soufre avec quelques autres corps qui peuvent s'unir aux sulfobases. A cette catégorie appartiennent surtout l'hydrogène sulfuré et le sulfure de carbone.

Sulfosels de l'hydrogène sulfuré, Sulfhydrates de sulfures.

Les sulfhydrates de sulfures sont les combinaisons que l'hydrogène sulfuré forme avec les sulfobases. Les sulfures des métaux alcalins ou alcalino-terreux peuvent seuls se combiner avec l'hydrogène sulfuré pour former des sulfhydrates de sulfures : on les obtient en faisant passer pendant longtemps du gaz hydrogène sulfuré dans les dissolutions des oxydes alcalins ou alcalino-terreux, ou en traitant les sulfures de baryum, de strontium et de calcium par une quantité d'eau moindre qu'il n'est nécessaire pour opérer la dissolution complète. Le sulfure d'ammonium que l'on emploie comme réactif, lorsqu'il a été bien préparé, appartient à cette classe de combinaisons salines, et devrait par conséquent être appelé sulfhydrate de sulfure d'ammonium. Les combinaisons de l'hydrogène sulfuré avec les sulfures alcalins peuvent être calcinées à l'abri du contact de l'air sans se décomposer : le sulfhydrate de sulfure de baryum et le sulfhydrate de sulfure de strontium perdent leur hydrogène sulfuré par la calcination; les sulfhydrates de sulfure de calcium et de sulfure de magnésium ne peuvent être obtenus qu'à l'etat de dissolution. Dans une dissolution concentrée de sulfhydrate de sulfure de calcium, il se produit même par l'ébullition un dégagement d'hydrogène sulfuré : le sulfhydrate de sulfure de magnésium perd son hydrogène sulfuré encore plus facilement, et même dans le vide. Les sulfhydrates de sulfures ont une très grande ressemblance avec les sulfures qu'ils contiennent comme sulfobases, et leur ressemblent presque sous tous les rapports. Les acides étendus, en réagissant sur les sulfhydrates de sulfures, en dégagent du gaz hydrogène sulfuré, comme cela arrive avec les sulfures. On ne peut les distinguer que de la manière suivante : on ajoute à leur dissolution concentrée une dissolution neutre concentrée d'un sel de protoxyde de fer ou d'un sel de protoxyde de manganèse; il se forme, dans les deux cas, un sulfure insoluble de fer ou de manganèse; mais dans les dissolutions des sulfhydrates de sulfures, il se produit en même temps un abondant dégagement de gaz hydrogène sulfuré qui n'a pas lieu dans la dissolution d'un sulfure alcalin ordinaire. Les dissolutions des sulfhydrates de sulfures sont incolores : elles se décomposent excessivement facilement au contact de l'air; une partie de la sulfobase s'oxyde et se transforme en hyposulfite, tandis qu'une autre partie passe à un degré supérieur de sulfuration : en même temps l'hydrogène de l'hydrogène sulfuré s'oxyde seul, et le soufre se combine avec la sulfobase. Par ce motif, les dissolutions incolores deviennent jaunes lorsqu'elles ont été pendant très peu de temps en contact avec l'air; cela s'applique particulièrement au sulfure d'ammonium. Les degrés de sulfuration les plus élevés des métaux alcalins et alcalino-terreux ne se combinent pas avec l'hydrogène sulfuré. On peut, par suite, chasser l'hydrogène sulfuré dans les sulfhydrates de sulfures, en y dissolvant du soufre pulvérisé. — Si on mélange les sulfhydrates de sulfures avec la dissolution des hydrates des oxydes alcalins, ou avec les hydrates des oxydes alcalino-terreux, ils sont transformés en sulfures ordinaires.

Sulfosels du sulfure de carbone, Sulfocarbonates.

Les sulfocarbonates sont les combinaisons du sulfure de carbone CS^2 avec les sulfobases. Le sulfure de carbone ne se combine que difficilement avec les sulfobases. Les sels qui contiennent une sulfobase alcaline, ont une couleur jaune qui est plus foncée que celle du foie de soufre. Ils ont d'abord une saveur fraîche et poivrée; mais ils ont un arrière-goût hépatique. Calcinés en vases clos, ils se décomposent. Les sulfocarbonates qui ont pour base un sulfure alcalin, fondent d'abord et se décomposent ensuite : le sulfure basique absorbe une plus grande quantité de soufre et il se sépare du charbon. Les sulfocarbonates qui contiennent des sulfobases formées par les oxydes alcalino-terreux ou métalliques proprement dits, perdent leur sulfure de carbone par calcination en vases clos. — Les sulfocarbonates desséchés, aussi bien que leurs dissolutions concentrées, ne subissent que très peu de modification par l'action de l'air. Les dissolutions étendues se décomposent très rapidement au contact de l'air : même à l'abri du contact de l'air, elles sont décomposées par l'ébullition : l'eau est décomposée; il se forme un carbonate et il se dégage du gaz hydrogène sulfuré. Les sulfocarbonates qui ont pour base des sulfures alcalins ou alcalino-terreux, se dissolvent dans l'eau; les autres sont insolubles dans l'eau, mais se dissolvent en quantité plus ou moins grande dans les dissolutions des premiers. Si on mélange avec l'acide chlorhydrique un sulfocarbonate soluble dans l'eau, il se sépare une substance jaune, oléagineuse, qui a été préparée pour la première fois par *Zeise;* cette substance est formée d'une combinaison de sulfure de carbone avec l'hydrogène sulfuré qui est formé par la décomposition de la sulfobase. La liqueur à laquelle on a ajouté de l'acide chlorhydrique, ressemble d'abord à un lait jaune, et il peut se passer une semaine avant que la substance oléagineuse se rassemble.

Outre les sulfures indiqués, il y en a encore plusieurs autres qui s'unissent avec les sulfobases pour former des sulfosels; mais les uns n'ont pas été préparés, les autres n'ont pas été examinés avec soin, de sorte qu'on ne peut pas donner ici leurs propriétés. En général, on peut admettre qu'un sulfure insoluble dans l'eau qui se dissout facilement dans un excès de sulfure d'ammonium lorsqu'il a été récemment précipité, peut former des sulfosels avec les sulfobases : il y a cependant des exceptions à cette règle. La solubilité dans une dissolution d'hydrate de potasse d'un sulfure insoluble indique déjà une tendance à former des sulfosels avec les sulfobases. Ordinairement tous les sulfures qui sont solubles dans un excès de sulfure d'ammonium, sont également solubles dans une dissolution d'hydrate de potasse, tandis que toutes les sulfobases y sont entièrement insolubles, bien que les oxydes correspondants aux métaux s'y dissolvent avec facilité, comme cela se présente pour le sulfure de zinc et l'oxyde de zinc. Si on dissout un sulfure dans une dissolution d'hydrate de potasse, une portion du métal s'oxyde aux dépens de la potasse, et l'acide métallique formé se combine avec la portion de la potasse qui n'a pas été réduite pour former un sel de potasse : en même temps le potassium libre s'unit avec le soufre dont le métal a été oxydé, pour former du sulfure de potassium qui se combine avec la portion du sulfure qui n'a pas été décomposée pour former un sulfosel soluble. La dissolution dans la potasse contient donc toujours, outre le sulfosel formé, un oxysel qui est quelquefois peu soluble, et se sépare de la dissolution. Si on ajoute un excès d'un acide étendu dans une dissolution d'un sulfure dans une dissolution de potasse, le sulfure est de nouveau précipité; mais il ne se dégage pas d'hydrogène sulfuré : l'acide employé se combine avec la potasse, et le sulfure de potassium qui s'était formé antérieurement est transformé par l'acide métallique en sulfure métallique et en potasse.

Quelques sulfures, comme le sulfure d'arsenic, le sulfure d'antimoine, le sulfure d'étain, etc., sont solubles dans un excès d'une dissolution de carbonate de potasse ou de soude ; on retrouve ici les mêmes produits que dans la dissolution dans la potasse pure, et il ne se dégage pas d'acide carbonique parce qu'il s'est formé un bicarbonate alcalin. Le sulfure d'antimoine au minimum de sulfuration ne se dissout qu'à l'aide de l'ébullition dans les dissolutions de carbonate de potasse ou de soude, et la plus grande partie du sulfure d'antimoine dissous dans le sulfure de potassium ou dans le sulfure de sodium formés, se sépare par le refroidissement, vu qu'il est moins soluble à froid (p. 466). — L'ammoniaque et le carbonate d'ammoniaque et aussi le borax neutre et même le borax ordinaire dissolvent aussi quelques sulfures, notamment le sulfure d'arsenic.

La plupart des sels solubles dans l'eau qui sont formés de la combinaison d'une base alcaline avec un acide métallique qui peut être transformé par le gaz hydrogène sulfuré en un sulfure insoluble dans l'eau, lorsqu'on fait passer un courant d'hydrogène sulfuré dans leurs dissolutions, sont transformés en sulfosels, qui restent dissous dans l'eau. Si on ajoute à la dissolution un excès d'acide chlorhydrique étendu, le sulfure insoluble se sépare, et il se dégage du gaz hydrogène sulfuré.

Comme il est très important, en analyse chimique, de bien connaître la manière dont le gaz hydrogène sulfuré et le sulfure d'ammonium se comportent avec les dissolutions des différents oxydes métalliques, nous les résumerons ici.

Première section. — Oxydes métalliques qui ne peuvent être précipités à l'état de sulfures par l'hydrogène sulfuré dans leurs dissolutions rendues acides par un acide énergique étendu, mais qui peuvent être précipités à l'état de sulfures par l'hydrogène sulfuré, dans leurs dissolutions alcalines, et qui peuvent également être précipités à l'état de sulfures par le sulfure d'ammonium dans leurs dissolutions neutres ou alcalines :

Le protoxyde de manganèse et les degrés supérieurs d'oxydation du manganèse;
Le protoxyde de fer et le sesquioxyde de fer;
L'oxyde de zinc;
L'oxyde de cobalt;
L'oxyde de nickel;
Le sesquioxyde d'urane et le protoxyde d'urane.

Les oxydes suivants peuvent encore être précipités dans leurs dissolutions neutres, avec dégagement d'hydrogène sulfuré : seulement ils ne se deposent pas comme sulfures, mais comme oxydes:

L'alumine;
La glucine;
La thorine;
L'yttria, la terbine et l'erbine;
Le protoxyde de cerium, le sesquioxyde de cerium, l'oxyde de lanthane et l'oxyde de didyme;
La zircone;
L'acide titanique;
L'acide tantalique;
L'acide niobique et l'acide hyponiobique;
Le sesquioxyde de chrome;

Les oxydes alcalins purs ou les oxydes alcalino-terreux sont transformés en sulfures par le gaz hydrogène sulfuré : mais ils restent dissous sous cette forme ou à l'état de sulfhydrates de sulfures. Les dissolutions neutres des combinaisons salines des oxydes alcalins et alcalino-terreux ne sont pas modifiées par le gaz hydrogène sulfuré, ni par le sulfure d'ammonium.

Deuxième section. — Oxydes métalliques qui peuvent être précipités à l'état de sulfures par le gaz hydrogène sulfuré dans leurs dissolutions rendues acides.

Premiere sous-section. — Oxydes métalliques qui peuvent être précipités à l'état de sulfures par l'hydrogène sulfuré, dans leurs dissolutions neutres ou alcalines, et dont les sulfures sont insolubles dans un excès de sulfure d'ammonium :

L'oxyde de cadmium;
L'oxyde de plomb;
L'oxyde de bismuth;
Le protoxyde et le bioxyde de cuivre;
L'oxyde d'argent;
Le protoxyde de mercure et le bioxyde de mercure;
Le protoxyde de palladium;
L'oxyde de rhodium;
L'oxyde d'osmium;
L'oxyde de ruthenium.

Deuxième sous-section. — Oxydes métalliques qui sont précipités, bien que souvent au bout d'un temps assez long, à l'état de sulfures par le gaz hydrogène sulfuré dans leurs dissolutions étendues rendues acides, mais qui ne peuvent pas être précipités complétement par le gaz hydrogène sulfuré ou par le sulfure d'ammonium dans leurs dissolutions neutres ou alcalines, parce que les sulfures formés par les oxydes sont plus ou moins solubles dans un excès de sulfure d'ammonium, et forment par ce moyen une dissolution dans laquelle l'oxyde métallique peut être précipité de nouveau à l'état de sulfure par l'action d'un acide étendu :

Le protoxyde de platine et le bioxyde de platine;
L'oxyde d'iridium;
L'oxyde d'or;
Le protoxyde d'étain et le bioxyde d'étain;
L'acide antimonieux et l'acide antimonique;
Le protoxyde de molybdène, l'oxyde de molybdène et l'acide molybdique;
L'acide tungstique;
L'acide vanadeux et l'acide vanadique;
L'acide tellureux et l'acide tellurique;
L'acide sélénieux;
L'acide arsénieux et l'acide arsénique.

Le protoxyde d'étain appartient réellement à la première sous-section; mais comme le sulfure d'ammonium contient toujours un excès de soufre, le sulfure produit est transformé en sulfure d'étain au maximum par un grand excès de sulfure d'ammonium, et il se dissout alors dans le sulfure d'ammonium (p. 239). L'acide tungstique n'appartient précisément pas à cette sous-section : en effet, le sulfure de tungstène ne peut être précipité que par les acides étendus de sa dissolution dans le sulfure d'ammonium, mais ne peut pas être précipité de ses dissolutions acides par le gaz hydrogène sulfuré (p. 336). L'acide vanadique et l'oxyde de vanadium ne peuvent aussi être précipités à l'état de sulfure de vanadium, que lorsqu'on traite par l'acide chlorhydrique leurs dissolutions dans le sulfure d'ammonium (p. 351 et p. 354).

On ne doit pas ranger dans cette classe les combinaisons oxygénées dont les dissolutions subissent, de la part de l'hydrogène sulfuré gazeux, une action désoxydante avec production d'un dépôt de soufre, comme cela arrive pour les dissolutions de sesquioxyde de fer, d'acide chromique, d'acide chlorique, d'acide bromique, d'acide iodique et d'acide sulfureux.

Il est à peine nécessaire d'observer que les dissolutions des chlorures, des bromures, des iodures et des fluorures, se comportent avec l'hydrogène sulfuré comme les dissolutions des combinaisons oxygénées correspondantes.

Les sulfures présentent tous, *au chalumeau*, des réactions particulières. Lorsqu'on les chauffe sur le charbon, à la flamme extérieure ou dans un tube ouvert aux deux extrémités au moyen de la flamme du chalumeau, ils dégagent tous de l'acide sulfureux qui peut être reconnu très facilement à son odeur. Si on les chauffe dans un tube ouvert et si on place un papier de tournesol humide dans la partie supérieure du tube, ce papier devient rouge, bien que la quantité d'acide sulfureux qui se dégage soit faible. On ne doit particulièrement pas négliger cette circonstance dans l'analyse des substances qui contiennent du sulfure d'antimoine; car souvent l'odeur légère de l'acide antimonieux rend l'odeur de l'acide sulfureux plus difficile à observer. — Souvent aussi il se sublime du soufre; mais souvent aussi il ne s'en dégage pas; cela dépend surtout du plus ou moins d'inclinaison du tube pendant la calcination. — On indiquera plus loin, en examinant les caractères des sulfates, comment les substances qui contiennent des sulfures se comportent avec une perle d'acide silicique et de soude; mais lorsque le métal combiné avec le soufre doit colorer la perle, on peut s'assurer, au moyen du chalumeau, de la présence du soufre, de manière à n'en pouvoir pas douter, en faisant fondre la substance avec la soude sur le charbon, séparant avec un couteau le morceau de charbon qui contient l'essai fondu, et le plaçant sur une lame d'argent que l'on a légèrement humectée; il s'est formé un sulfure alcalin qui, en réagissant sur l'argent humide, produit une tache noire ou jaune foncé. Il vaut souvent mieux employer, au lieu de soude pure, un mélange d'une partie de borax et de deux parties de soude, et faire fondre ce mélange sur le charbon avec le sulfure métallique à analyser ou avec le métal dans lequel on suppose une petite quantité de sulfure. L'addition de borax présente cet avantage que le sulfure de sodium formé ne pénètre pas dans le charbon, mais se présente sous la forme d'une masse qu'il est facile de séparer du charbon. Dans les deux cas, il s'est formé du sulfure de sodium qui s'est dissous dans l'eau dont on a humecté l'argent : cette dissolution, en réagissant sur l'argent, a produit du sulfure d'argent. On doit cependant observer que les séléniures, les sélénites et les séléniates fondus avec la soude se comportent tout à fait de la même manière que les sulfures (p. 437 et p. 441).

Lorsque, dans l'analyse des sulfures au chalumeau, on a surtout pour but de découvrir le métal, on doit, dans la plupart des cas, chercher d'abord à se débarrasser du soufre aussi bien que possible, en soumettant la substance au grillage. Pour les sulfures qui se trouvent dans la nature, on doit choisir les éclats minces qui peuvent être bien mieux pénétrés par l'air, et on doit éviter les morceaux ronds et épais. Au commencement du grillage, on ne chauffe que faiblement, afin que la masse ne fonde pas : lorsque, malgré toute espèce de précaution, la masse entre en fusion, le mieux est de recommencer l'opération avec un autre morceau ou de pulvériser la masse fondue. Lorsqu'on a opéré le grillage jusqu'à un certain point, certains sulfures ne peuvent plus fondre ; on peut alors chauffer plus fortement pour détruire le sulfate qui se forme ordinairement pendant le grillage. Le grillage s'opère très bien sur le charbon.

Quelques sulfures, lorsqu'ils ont été grillés sur le charbon, et surtout lorsqu'ils ont été chauffés plus fortement qu'il n'était nécessaire pour le grillage, produisent des dépôts sur le charbon. C'est ce qui arrive pour le sulfure de plomb, le sulfure de bismuth, le sulfure d'étain, le sulfure de cadmium et le sulfure de zinc. Les deux premiers, fondus sur le charbon, donnent deux dépôts différents, suivant que l'on a employé la flamme de réduction ou celle d'oxydation. Le plus volatil a une couleur blanche et est formé du sulfate de l'oxyde correspondant au sulfure ; le moins volatil a une couleur jaune et est formé d'oxyde. Le sulfure d'antimoine donne, même à une faible chaleur, un dépôt blanc sur le charbon.

Ce n'est que lorsque le grillage est complet que l'on peut se servir avec avantage des réactions des fondants. Il faut surtout que l'on ait éloigné le soufre autant que possible, lorsqu'on veut réduire au moyen de la soude les oxydes métalliques formés, parce qu'il pourrait se produire de nouveau des sulfures que l'on ne pourrait pas reconnaître aussi bien que les métaux eux-mêmes, ou qui pourraient se dissoudre dans le sulfure de sodium formé et être enlevés par les lavages au moyen de l'eau. (Berzelius.)

A l'abri du contact de l'air, les sulfures sont fixes lorsque les métaux qu'ils contiennent ne sont pas volatils. Les métaux volatils, au contraire, forment des sulfures volatils : cependant ces sulfures ne paraissent pas être tout à fait aussi volatils que les métaux qu'ils contiennent ; cela s'applique, par exemple, au sulfure de mercure, au sulfure d'arsenic et au sulfure de sélénium.

Si l'on mélange les sulfures avec le *chlorure d'ammonium* et si on chauffe le mélange, la plupart se transforment en chlorures ou en combinaisons de chlorures et de sulfures. Quelques sulfures, notamment les sulfides, comme le sulfure d'antimoine et le sulfure d'étain par exemple, se volatilisent complétement.

Si l'on fait fondre les sulfures avec le *cyanure de potassium*, la plupart sont réduits et en même temps il se forme du rhodanure de potassium. Outre le rhodanure de potassium, les sulfides produisent encore du sulfure de potassium qui se combine avec le sulfide non décomposé pour former un sulfosel qui résiste à l'action décomposante du cyanure de potassium; il n'y a donc par conséquent qu'une portion du métal qui est réduite. Plus le sulfide contient de soufre, moins il se forme de rhodanure de potassium et moins il y a de métal réduit: si même on mélange le sulfide avec une certaine quantité de soufre, il ne se forme plus de rhodanure de potassium et il n'y a plus de métal réduit : il se forme seulement un sulfosel.

Calcinés à l'abri du contact de l'air, plusieurs degrés supérieurs de sulfuration des métaux perdent une partie de leur soufre et se transforment en degrés inférieurs de sulfuration; il est cependant difficile de chasser tout l'excès de soufre assez complétement pour que le degré inférieur de sulfuration soit pur. Au nombre des sulfures qui subissent cette décomposition, sont les degrés supérieurs de sulfuration du fer (pyrite de fer), du cuivre, de l'étain or mussif et de l'antimoine. — Mais d'autres sulfures, qui ne devraient pas perdre de soufre lorsqu'on les calcine à l'abri du contact de l'air, perdent, lorsqu'on les calcine dans un petit matras de verre ou dans un tube bouché à une extrémité, une petite quantité de soufre qui se dépose dans la partie froide du tube; cela vient de ce qu'il n'est pas possible de préserver complétement du contact de l'air la matière contenue dans le tube : l'oxygène de l'air déplace alors une petite quantité du soufre contenu dans le sulfure.

Calcinés au contact de l'air, la plupart des sulfures sont transformés en sulfates basiques; il se dégage en même temps de l'acide sulfureux. La production de l'acide sulfureux cesse lorsqu'une certaine quantité du métal s'est transformée en oxyde. Si l'oxyde est une base forte, le soufre non oxydé s'oxyde alors et se transforme en acide sulfurique qui, en s'unissant avec l'oxyde formé antérieurement, produit un sulfate. On a déjà indiqué comment les combinaisons des sulfures entre eux (sulfosels se comportent à une température élevée.

Les sulfures ne se ressemblent pas beaucoup par leur aspect extérieur. Quelques-uns d'entre eux, que l'on trouve dans la nature, ont l'éclat métallique comme les métaux eux-mêmes; d'autres ne l'ont pas. Ceux que l'on produit artificiellement par voie humide, bien qu'ils aient une composition tout à fait identique, possèdent souvent une couleur tout autre que ceux qui se trouvent dans la nature ou qui ont été préparés par voie sèche. Le sulfure d'antimoine qui se trouve dans la nature ou qui a été préparé par voie sèche, a une couleur noire et possède l'éclat métallique, tandis que celui qui a été préparé par voie humide est de couleur rouge et n'a pas l'éclat métallique. Le sulfure de mercure qui se trouve dans la nature et qui a été obtenu artificiellement par sublimation, est rouge; celui qui a été préparé par voie humide, est noir.

Un grand nombre de sulfures préparés artificiellement par voie humide, particulièrement ceux qui ont été précipités par le sulfure d'ammonium dans des dissolutions neutres ou alcalines, s'oxydent excessivement facilement au contact de l'air, tandis que ceux qui se trouvent dans la nature ou qui ont été préparés par voie sèche, ne s'oxydent pas au contact de l'air, ou au moins ne s'oxydent pas, à beaucoup près, aussi facilement. C'est par suite de l'oxydation dont nous venons de parler, que le sulfure de fer noir, précipité par le sulfure d'ammonium et jeté sur un filtre, devient rouge-brun ; c'est aussi par cette raison que le sulfure de manganèse devient brun ou brun-noir.

L'hydrogène sulfuré est si facile à reconnaître à cause de son odeur qu'il est à peine nécessaire d'employer un autre moyen pour le découvrir, même lorsqu'il est en faible quantité. On peut ajouter à la dissolution aqueuse d'hydrogène sulfuré une dissolution métallique, une dissolution d'oxyde de plomb par exemple, pour s'assurer de la présence de l'hydrogène sulfuré par la formation du sulfure précipité ; on peut aussi se servir d'un papier trempé dans une dissolution d'acétate de plomb qui devient brun en présence de l'hydrogène sulfuré. Si l'on suppose des traces d'hydrogène sulfuré dans un mélange gazeux, on suspend dans le mélange gazeux un papier trempé dans une dissolution d'acétate de plomb. — Les sulfures peuvent être facilement reconnus au chalumeau.

Acide hyposulfureux (Acide dithioneux), S^2O^2.

L'acide hyposulfureux n'est connu ni à l'état pur, ni à l'état de combinaison avec l'eau : en effet, lorsqu'on cherche à le séparer, au moyen d'un acide fort, de la base avec laquelle il est uni dans une de ses combinaisons salines, il se décompose très rapidement.

Les combinaisons de cet acide avec la plupart des bases sont solubles dans l'eau. Il n'y a qu'un très petit nombre d'hyposulfites qui soient très peu solubles comme l'hyposulfite de baryte par exemple. En dehors des hyposulfites, qui ont pour bases les oxydes alcalins ou alcalino-terreux, on ne peut produire qu'un petit nombre d'hyposulfites simples : en effet, la tendance de l'acide hyposulfureux à se décomposer, surtout dans les hyposulfites métalliques, est grande. Les sels doubles qui contiennent en même temps un oxyde alcalin et un oxyde métallique, sont beaucoup plus stables.

Lorsqu'on ajoute un acide aux dissolutions des hyposulfites, elles restent claires au premier moment, surtout lorsqu'elles sont très étendues et que l'acide l'est aussi. Mais bientôt elles se troublent et deviennent troubles par suite du soufre qui se sépare : il se dégage en même temps de l'acide sulfureux que l'on reconnaît à son odeur. La décomposition de l'acide hyposulfureux au moyen d'un acide s'opère d'abord rapidement et se produit considérablement plus vite lorsqu'on chauffe le tout; mais sa décomposition complète en soufre et en acide sulfureux n'est pas complète pour des quantités qui ne soient pas trop petites, même au bout de plusieurs semaines à la température ordinaire : et si, au bout de ce temps, on filtre la liqueur pour en séparer le soufre qui s'est déposé, la liqueur filtrée contient encore de petites quantités d'acide hyposulfureux non décomposé.

— Le soufre qui s'est déposé par l'action des acides étendus sur les dissolutions des hyposulfites, lorsqu'il n'est plus en suspension dans la liqueur, mais lorsqu'il s'est déposé, est de couleur jaune, même pour de petites quantités : quelquefois il est de consistance molle. La plupart des acides se comportent de la même manière sous ce rapport : il n'y a que l'acide acétique qui sépare des dissolutions des hyposulfites du soufre, de couleur blanche, qui reste blanc même après l'ébullition de la liqueur. Les acides excessivement faibles ne décomposent pas la dissolution des hyposulfites alcalins, même à l'aide de l'ébullition ; l'acide borique et l'acide arsénieux sont de ce nombre. Le gaz acide carbonique ne produit non plus aucun changement dans les dissolutions des hyposulfites, lorsqu'on l'y fait passer pendant longtemps.

Lorsqu'on verse goutte à goutte de l'acide chlorhydrique ou un autre acide sur les hyposulfites à l'état solide, il se produit une effervescence provenant d'un dégagement d'acide sulfureux que l'on peut reconnaître très nettement à son odeur. Si on place un hyposulfite sur une plaque d'argent humide, la place de l'argent où se trouve la masse humide, noircit au bout de quelque temps.

La dissolution des hyposulfites alcalins est décomposée par les dissolutions des combinaisons neutres des acides forts avec les bases faibles, de la même manière que par les acides libres. Si l'on ajoute à la dissolution d'hyposulfite de soude une dissolution d'*alun de chrome* (*sulfate de sesquioxyde de chrome et de potasse* ou *d'ammoniaque*), la dissolution se trouble, même à la température ordinaire, et il se forme un dépôt de soufre. Si l'on fait bouillir, le dépôt de soufre paraît plus rapidement et il se produit une odeur d'acide sulfureux. — Une dissolution de *sesquichlorure de fer* est colorée immédiatement en brun-rouge foncé par l'action de l'hyposulfite de soude ; mais cette coloration, qui est celle de l'hyposulfite de fer, n'est que passagère : au bout de peu de temps, la dissolution de sesquichlorure de fer reprend sa couleur ordinaire ; la dissolution commence ensuite à se troubler, devient laiteuse ; et il se produit un dépôt de soufre, mais on n'observe pas d'odeur d'acide sulfureux ; finalement la dissolution devient incolore et contient du protoxyde de fer. Une très faible chaleur accélère cette décomposition. — Une dissolution d'*alun de fer* (*sulfate de sesquioxyde de fer et de potasse* ou *d'ammoniaque*) se comporte de même. (Comme la dissolution de sulfate de protoxyde de fer contient toujours une petite quantité de sesquioxyde de fer, elle se colore légèrement en rouge-brun par l'action de l'hyposulfite de soude ; mais cette coloration disparaît rapidement.) — Une dissolution d'*alun ordinaire* (*sulfate d'alumine et de potasse* ou *d'ammoniaque*) ne trouble pour ainsi dire point, à la température ordinaire, la dissolution de l'hyposulfite de soude. Mais si l'on fait bouillir, il se produit un dépôt de soufre et de sulfite d'alumine ; mais il reste beaucoup d'alumine en dissolution et il s'en dissout encore plus par le refroidissement.

L'acide nitrique très étendu produit, dans les dissolutions des hyposulfites, un dépôt de soufre de couleur jaune. L'acide nitrique concentré oxyde, à l'aide de l'ébullition, l'acide hyposulfureux contenu dans les hyposulfites et le transforme en acide sulfurique; s'il ne se sépare pas de soufre par suite de l'oxydation, il se forme deux fois autant d'acide sulfurique qu'il en faudrait pour former un sel neutre avec la quantité de base qui était combinée avec l'acide hyposulfureux dans l'hyposulfite.

Une dissolution d'*hydrate de potasse* ne décompose pas l'acide hyposulfureux, tandis que les autres acides du soufre qui contiennent plus de soufre que l'acide sulfureux, sont décomposés par la dissolution d'hydrate de potasse.

Les dissolutions de la plupart des hyposulfites ne sont pas décomposées par l'ébullition. La dissolution d'hyposulfite de chaux est cependant décomposée par l'ébullition en sulfite de chaux et en soufre. — Les hyposulfites, même les hyposulfites alcalins, sont insolubles dans l'alcool; ils peuvent très bien être séparés au moyen de l'alcool des sulfures qui y sont solubles : dans les dissolutions concentrées, ils se déposent par l'action de l'alcool, sous la forme de liquides oléagineux.

L'hyposulfite de soude décompose plusieurs sels métalliques: ces décompositions sont quelquefois importantes à considérer en chimie analytique, et, dans la suite, lorsqu'elles auront été étudiées avec plus de soin, elles acquerront probablement une importance encore plus grande; l'hyposulfite de soude deviendra par suite, dans l'avenir, un réactif essentiel en analyse qualitative. Les décompositions qui peuvent avoir de l'importance en analyse, sont les suivantes :

Une dissolution aqueuse d'*acide arsénique* modifie la dissolution d'hyposulfite de soude, tant à la température ordinaire qu'à l'aide de l'ébullition, de la même manière que les acides étendus non métalliques ou ceux qui ne sont pas trop forts; il se sépare peu à peu du soufre, et il se produit de l'acide sulfureux. Mais si on ajoute de l'acide chlorhydrique, il se forme, lentement à la température ordinaire, mais plus rapidement à l'aide de l'ébullition, un précipité jaune abondant de sulfure d'arsenic, As^2S^5; la liqueur filtrée contient de l'acide sulfurique : si on emploie trop d'hyposulfite, le sulfure d'arsenic est mélangé avec beaucoup de soufre. — Une dissolution d'*arséniate de soude* n'est pas modifiée par l'hyposulfite de soude. Si l'on ajoute de l'acide chlorhydrique, il se sépare du sulfure jaune d'arsenic : la réaction est lente à la température ordinaire; mais elle s'opère rapidement lorsqu'on fait bouillir. Si, à la dissolution d'arséniate de soude, on ajoute une grande quantité d'hydrate de potasse, il se produit quelquefois par la sursaturation au moyen de l'acide chlorhydrique seulement un dépôt de soufre et une odeur d'acide sulfureux : si l'on ajoute de l'acide sulfurique, il se dépose, surtout par l'ébullition, un précipité jaune de sulfure d'arsenic.

Une dissolution aqueuse d'*acide arsénieux* ne décompose pas l'hyposulfite de soude, même à l'aide de l'ébullition. Mais si on ajoute de l'acide chlorhydrique, il se forme, à la température ordinaire au bout de quelque temps, mais rapidement par l'ébullition, un précipité jaune de sulfure d'arsenic (ce précipité est formé ou par le sulfure As^2S^5, ou par un mélange du sulfure As^2S^3 et de soufre).

Une dissolution d'*antimoniate de potasse*, à laquelle on a ajouté de l'hydrate de potasse en dissolution, n'est pas modifiée, même à l'aide de l'ébullition, par l'hyposulfite de soude. Si l'on sursature par l'acide sulfurique étendu, il se sépare, lentement à la température ordinaire, rapidement à l'aide de l'ébullition, un précipité rouge de sulfure d'antimoine. Mais si l'on sursature par l'acide chlorhydrique, il ne se produit de dépôt de sulfure rouge d'antimoine, ni à la température ordinaire, ni à l'aide de l'ébullition; il se produit seulement un dépôt de soufre et un dégagement d'acide sulfureux.

Si l'on agite le *chlorure d'antimoine* $SbCl^3$ avec l'eau, de manière à former un liquide laiteux, et si on ajoute ensuite de l'hydrate de potasse sans qu'il soit nécessaire de dissoudre complétement l'oxyde d'antimoine précipite, la liqueur qui en résulte n'est pas modifiée par l'hyposulfite de soude, même à l'aide de l'ébullition. Si on sursature par l'acide chlorhydrique, on n'obtient pas de sulfure rouge d'antimoine. Mais si on sursature par l'acide sulfurique étendu, il se produit du sulfure rouge d'antimoine qui se dissout lorsqu'on ajoute de l'acide chlorhydrique.

Si l'on transforme au moyen de l'eau le *chlorure d'antimoine* $SbCl^3$ en une liqueur laiteuse, elle redevient claire lorsqu'on ajoute de l'hyposulfite de soude. A la temperature ordinaire, il se produit lentement dans cette dissolution du sulfure rouge d'antimoine (qui cependant se dissout lorsqu'on ajoute de l'acide chlorhydrique): la réaction est plus rapide lorsqu'on fait bouillir.

Si l'on ajoute à une dissolution aqueuse de *bichlorure d'étain* assez d'hydrate de potasse pour que l'oxyde d'étain précipité se redissolve, cette dissolution ne modifie pas l'hyposulfite de soude. Une dissolution de bichlorure d'étain pur, mélangée avec l'hyposulfite de soude, laisse déposer un précipité blanc-jaunâtre; en même temps il se dégage de l'acide sulfureux. Par l'ebullition, le tout se prend en une gelée qui, agitée avec l'eau, ne laisse dissoudre ni chlorure d'étain, ni oxyde d'étain. Dans les deux cas, la liqueur filtrée contient de l'acide sulfureux, mais ne contient pas d'étain en dissolution: l'étain est contenu de préférence dans le précipité. Si on ajoute à une dissolution de bichlorure d'étain de l'hyposulfite de soude et ensuite de l'acide chlorhydrique ou de l'acide sulfurique étendu, et si on fait bouillir le tout, la liqueur séparée par filtration du précipité jaune contient du bioxyde d'étain; mais le précipité contient aussi de l'étain.— Si on ajoute à une dissolution de bichlorure d'étain un excès d'hydrate de potasse, si on traite ensuite le tout par l'hyposulfite de soude, si on sursature alors par l'acide chlorhydrique ou l'acide sulfurique etendu, et si on fait bouillir le tout, le précipité jaune qui se forme est seulement composé de soufre et ne contient pas d'étain; tout l'étain est contenu dans la liqueur filtrée.

Une dissolution chlorhydrique d'*oxyde d'étain b acide métastannique*) se comporte en général comme la dissolution de bichlorure d'étain à l'égard de l'hyposulfite de soude.

Si l'on ajoute à une dissolution de *protochlorure d'étain* une quantité d'une dissolution d'hydrate de potasse assez grande pour que le protoxyde d'étain qui s'était formé d'abord se redissolve complétement, l'hyposulfite de soude ne produit pas de modification dans la dissolution. Mais si l'on ajoute de l'acide chlorhydrique, il se produit un précipité jaune de bisulfure d'étain: la réaction s'opère rapidement par l'action de la chaleur; la liqueur filtrée contient de l'acide sulfurique et du bichlorure d'étain. — Si l'on ajoute au protochlorure d'étain une très petite quantité d'hyposulfite de soude, il se produit au bout de quelque temps un précipité brun; si l'on ajoute une très petite quantité d'acide chlorhydrique, le précipité est souvent noir, souvent brun-jaune. On peut par cette réaction découvrir de petites quantités d'hyposulfite de soude.

Une dissolution de *bichromate de potasse* ne produit pas d'abord de modification dans la dissolution d'hyposulfite de soude. La liqueur se colore avec le temps en brun foncé, et il se forme un précipité de chromate d'oxyde de chrome. Si on ajoute de l'acide chlorhydrique, il se forme un dépôt de soufre; la liqueur devient immédiatement verte et ne contient que du sesquioxyde de chrome.

Dans une dissolution d'*hypermanganate de potasse*, l'hyposulfite de soude produit un précipité brun d'hydrate de sesquioxyde de manganèse. Si on ajoute à l'hypermanganate de potasse une petite quantité d'acide sulfurique étendu, la dissolution devient immédiatement incolore par l'action de l'hyposulfite de soude: il se précipite du soufre et il se produit de l'acide sulfureux.

Une dissolution de *nitrate d'oxyde de bismuth* devient jaune par l'action de l'hyposulfite de soude: il se produit un précipité brun qui devient noir au bout de quelque temps. Par l'ébullition, le précipité de sulfure de bismuth devient immédiatement noir.

Une dissolution de *bichlorure de platine*, en réagissant sur l'hyposulfite de potasse, détermine un dépôt de soufre et un dégagement d'acide sulfureux: en même temps la dissolution devient brun foncé, mais il ne se produit pas de sulfure de platine, même par l'ébullition. Si on ajoute de l'acide chlorhydrique, il se forme un précipité noir de sulfure de platine: la liqueur filtrée est incolore et contient de l'acide sulfurique.—Une dissolution de bichlorure de platine dans un excès d'hydrate de potasse n'est pas modifiée par l'hyposulfite de soude, même lorsqu'on fait bouillir.

Une dissolution de *sesquichlorure d'or* devient noir foncé par l'action de l'hyposulfite de soude, lorsqu'on ajoute seulement une petite quantité de ce sel; par l'ébullition, il se forme immédiatement un précipité noir de sulfure d'or; la liqueur incolore que l'on en sépare contient de l'acide sulfurique. Mais si on ajoute seulement une petite quantité de sesquichlorure d'or à une grande quantité d'hyposulfite de soude, il ne se forme pas de sulfure noir d'or, même par l'ébullition: la dissolution devient laiteuse par suite du soufre qui se sépare, et il se forme de l'hyposulfite de protoxyde d'or et de soude, dans lequel les sels de protoxyde de fer et l'acide oxalique ne peuvent pas réduire l'or; mais dans lequel l'or est précipité, bien que lentement, par l'hydrogène sulfuré à l'état de sulfure d'or. (Fordos et Gelis.) — Si on ajoute à la dissolution de sesquichlorure d'or un excès d'hydrate de potasse et ensuite plus ou moins d'hyposulfite de soude, il se produit à peine une modification même par l'ébullition : il ne se forme qu'un faible précipité brun ; si l'on sursature par l'acide chlorhydrique, il se produit un trouble laiteux qui provient de la séparation d'une certaine quantité de soufre : avec le temps, il devient brun.

Une dissolution de *nitrate d'argent* produit dans la dissolution d'un hyposulfite, un précipité qui, au premier moment, est blanc et qui est formé d'hyposulfite d'argent. Ce précipité devient bientôt jaunâtre et enfin noir : la réaction s'opère rapidement lorsqu'on chauffe le tout. Le précipité noir est du sulfure d'argent : la liqueur que l'on en sépare, contient la moitié du soufre de l'hyposulfite à l'état d'acide sulfurique ; il s'y produit par conséquent un précipité abondant de sulfate de baryte par l'action d'une dissolution de nitrate de baryte. — Si on ajoute à une dissolution d'une quantité considérable de nitrate d'argent une très petite quantité seulement de la dissolution d'un hyposulfite, le précipité devient seulement brun, mais ne devient pas noir même au bout de quelque temps, et il reste brun même après l'ébullition de la liqueur. Si, au contraire, on emploie un excès de la dissolution d'hyposulfite, le précipité d'hyposulfite d'argent se dissout complétement, pourvu qu'il ne se soit pas encore décomposé ; la dissolution qui contient un sel double formé par la combinaison de l'hyposulfite d'argent avec l'hyposulfite employé et qui possède une saveur douce, reste claire même après une longue ébullition, et ne laisse pas précipiter de sulfure d'argent. Si on ajoute un acide à cette dissolution, il ne se produit pas non plus de précipité au premier abord dans les liqueurs étendues ; mais au bout de quelque temps il se forme un précipité blanchâtre qui change bientôt de couleur et se transforme enfin en sulfure noir d'argent : la réaction est surtout rapide par l'ébullition. L'acide chlorhydrique ne produit pas de précipité de chlorure d'argent dans cette dissolution ; elle reste d'abord claire, mais ensuite on obtient les mêmes modifications qu'avec les autres acides. — La dissolution d'un hyposulfite dissout une grande quantité de chlorure d'argent récemment précipité. Cette dissolution contient le sel double déjà indiqué dans lequel l'oxyde d'argent n'est pas précipité par les dissolutions des chlorures. Si, par suite, on ajoute à une dissolution de nitrate d'argent une dissolution de chlorure de potassium ou de chlorure de sodium, le chlorure d'argent formé est complétement dissous par la dissolution d'un hyposulfite. Il ne se produit de sulfure noir d'argent dans cette dissolution, ni par un contact prolongé, ni par l'ébullition, mais il s'en produit un si l'on ajoute un acide étendu ; le précipité se produit surtout rapidement lorsqu'on fait bouillir. — Si on ajoute à la dissolution de

TRAITÉ COMPLET

DE

CHIMIE ANALYTIQUE

Paris. — Imprimerie de L. MARTINET, rue Mignon, 2.

TRAITÉ COMPLET

DE

CHIMIE ANALYTIQUE

PAR

M. HENRI ROSE

ÉDITION FRANÇAISE ORIGINALE

I

ANALYSE QUALITATIVE

PARIS
LIBRAIRIE DE VICTOR MASSON
PLACE DE L'ÉCOLE-DE-MÉDECINE
1859

AVIS DE L'ÉDITEUR.

La traduction du *Manuel de chimie analytique* de H. Rose, publiée en 1832 et réimprimée en 1843, est depuis longtemps épuisée, et la France ne possède pas un seul traité complet d'analyse chimique. Nous avons pensé que M. Henri Rose était encore aujourd'hui, comme il y a vingt-cinq ans, l'autorité la plus compétente en pareille matière, et que la nature de ses travaux le désignait comme le chimiste particulièrement apte à combler cette lacune.

Cependant nous ne pouvions songer à éditer en 1858 la traduction pure et simple d'un ouvrage dont la dernière édition publiée en Allemagne date de 1851. M. Rose consentirait-il à faire pour la France, non une simple révision de son livre, mais un livre nouveau, parfaitement au courant de la science ? Ce travail accompli, voudrait-il revoir la traduction française, en corriger toutes les épreuves ? — Si la première condition était *sine quâ non*, la seconde n'était pas moins essentielle; nous savons ce que sont les traductions d'ouvrages scientifiques allemands, lorsque les auteurs ne les ont pas revues.

Hâtons-nous de le déclarer, notre demande a été accueillie avec un empressement qui témoigne du dévouement de M. Rose à la science.

Prenant son édition allemande de 1851 comme simple canevas, s'entourant de tout ce qui a été fait en chimie depuis huit années, il s'est mis au laboratoire, et tout en revisant les anciens résultats, il en découvert de nouveaux. M. Rose aura donc doté la France non d'une nouvelle édition du *Handbuch der analytischen Chemie*, mais d'un ouvrage original entièrement neuf.

V. M.

PRÉFACE DE L'AUTEUR.

C'est à l'instigation du libraire Victor Masson que j'ai entrepris cette édition en langue française de mon *Manuel de chimie analytique*, publié pour la dernière fois, en Allemagne, dans l'année 1851.

Je suis arrivé à un âge où les illusions ne sont plus guère permises : j'allais sans doute reviser mon œuvre pour la dernière fois; je devais donc chercher à la rendre aussi parfaite que possible. Pénétré de ce devoir, j'ai abordé ma tâche avec ardeur. J'ai rassemblé tous les faits dont les travaux des chimistes ont enrichi la science depuis huit années; je les ai contrôlés au laboratoire, j'y ai ajouté les résultats des nombreuses recherches auxquelles je me suis moi-même livré dans l'intérêt spécial de ce traité. Enfin il n'est pas une partie du livre qui n'ait été revue avec soin, et, je ne crains pas de l'avancer, il est sorti de tout ce travail plutôt un ouvrage entièrement neuf qu'une nouvelle édition de mon ancien *Manuel*.

Ma première édition, publiée en 1829, ne formait qu'un seul volume; elle s'adressait plus particulièrement aux commençants. Elle contenait le premier essai d'un ordre systématique à suivre dans les analyses qualitatives. Cet ordre a été maintenu dans les éditions suivantes sans modifications essentielles. Grâce à mon livre peut-être, l'art d'apprendre la chimie analytique s'est introduit en Allemagne, et j'ai eu la satisfaction de voir tous les traités de chimie analytique qui ont été publiés postérieurement au mien adopter l'ordre que j'avais indiqué.

Une description des réactions produites par l'action des substances isolées doit, selon moi, précéder immédiatement l'indication de la marche à suivre dans les analyses qualitatives. Cette connaissance préliminaire permettra de choisir les réactifs les plus propres à l'essai des substances que l'on aura trouvées et séparées, et d'obtenir, dans les cas difficiles et douteux, toutes les réactions qui peuvent conduire à un résultat certain. Cette partie de mon ouvrage a été, à chaque nouvelle édition, augmentée de nombreuses expériences. Les substances plus rares ont toujours plus particulièrement fixé mon attention, et je leur ai consacré d'autant plus de développement, qu'elles étaient plus difficiles à reconnaître et à distinguer. Ce parti pris expliquera l'inégalité apparente que l'on remarque dans les proportions des divers chapitres.

Mon ouvrage n'est plus destiné seulement aux élèves ; qu'il me soit permis d'espérer que les chimistes expérimentés pourront, dans les cas douteux, le consulter utilement.

Je me fais un plaisir d'exprimer ici toute ma gratitude envers M. A. Delondre, qui a bien voulu se charger de la traduction. Je ne saurais assez louer le zèle amical et dévoué avec lequel il a su aplanir les difficultés inhérentes au sujet, difficultés que les distances augmentaient encore. Je ne terminerai pas sans le remercier d'avoir concouru à l'amélioration de l'ouvrage en me signalant, au cours de l'impression, quelques omissions dans mon manuscrit.

H. Rose.

Berlin, juillet 1859.

TABLE DES MATIÈRES.

ANALYSE QUALITATIVE.

PREMIÈRE PARTIE.

DE LA MANIÈRE DONT LES CORPS SIMPLES ET LEURS COMBINAISONS LES PLUS SIMPLES SE COMPORTENT AVEC LES RÉACTIFS.

DEUXIÈME PARTIE.

DE LA MARCHE A SUIVRE DANS LES ANALYSES QUALITATIVES. — DES RÉACTIFS QUE L'ON EMPLOIE DANS LES ANALYSES.

DES RÉACTIFS.

ANALYSE QUALITATIVE PROPREMENT DITE.

ERRATA.

Page 4, ligne 9, *au lieu de* perchlorate de potasse, *lisez* acide perchlorique.

— 6, — 14 et 15, *au lieu de* hors de la présence, *lisez* en l'absence de.

— 65, — 21, *au lieu de* D, *lisez* DO.

— 96, — 8, *ajoutez* ainsi que du rhodanure de potassium.

— 130, — 17, *au lieu de* d'oxyde, *lisez* d'acide.

— 130, — 36, *au lieu de* du soufre, *lisez* de soufre.

— 202, — 7, *au lieu de* minéraux, *lisez* métaux.

— 112, — 6, *supprimez* que nous décrirons avec détail à l'article où nous traiterons des APPAREILS et de l'emploi du gaz de l'éclairage comme agent de chauffage dans les laboratoires.

nitrate d'argent une dissolution d'iodure de potassium, l'iodure d'argent qui se forme est dissous par la dissolution d'un hyposulfite. L'iodure d'argent y est cependant plus difficilement soluble que le chlorure d'argent. Du reste, les acides produisent dans la dissolution un précipité blanc ou jaunâtre qui se transforme spontanément en sulfure noir d'argent : cette transformation est surtout rapide à l'aide de l'ébullition.

Cette réaction des hyposulfites en présence d'une dissolution d'argent permet d'en reconnaître les plus petites traces dans un autre sel qu'ils rendent impur. Ainsi le carbonate de soude que l'on préparait autrefois dans les fabriques, contenait quelquefois de très petites quantités d'hyposulfite de soude que l'on pouvait retrouver facilement en saturant la dissolution par l'acide nitrique étendu pur et en ajoutant une petite quantité d'une dissolution de nitrate d'argent. Lorsqu'il y a de très petites quantités d'acide hyposulfureux, il se sépare au bout de quelque temps un peu de sulfure d'argent brun-noir.

Si on ajoute un excès d'ammoniaque à une dissolution de nitrate d'argent, il ne s'opère pas de modification dans cette dissolution par l'action de l'hyposulfite de soude, que l'on en ajoute peu ou beaucoup ; il n'y a pas de modification même lorsqu'on fait bouillir le tout. Mais lorsqu'on ajoute un acide, il se forme dans le premier cas un précipité noir, et dans le second, un précipité qui est mélangé avec beaucoup de soufre et qui par suite ne devient brun qu'à la longue.

Une dissolution de *bichlorure de mercure*, ajoutée en forte proportion à la dissolution d'un hyposulfite, y produit un précipité blanc qui reste longtemps en suspension dans la liqueur et dont la couleur blanche ne se modifie ni par un contact prolongé, ni par l'ébullition. Il est formé d'une combinaison de sulfure de mercure et de bichlorure de mercure p. 179 . La liqueur séparée du précipité contient de l'acide sulfurique et donne, par suite, un abondant précipité lorsqu'on ajoute une dissolution de chlorure de baryum. Si, au contraire, on ajoute un excès de la dissolution d'hyposulfite à la dissolution de bichlorure de mercure, il se forme un précipité blanc d'hyposulfite de mercure. Ce précipité devient bientôt jaune, brun et enfin noir: ces transformations ont lieu surtout rapidement lorsqu'on fait bouillir le tout : le précipité noir est du sulfure de mercure et la liqueur qui le surnage contient de l'acide sulfurique. Le précipité d'hyposulfite de mercure est soluble dans un grand excès d'hyposulfite : par l'ébullition, il se précipite du sulfure noir de mercure.

Une dissolution de *cyanide de mercure* rend les dissolutions des hyposulfites fortement alcalines ; mais il ne s'y produit pas de précipité même par un contact prolongé, pas plus lorsqu'il y a un excès de cyanide que lorsque l'hyposulfite est en excès. Même par une longue ébullition, il ne se produit qu'une quantité insignifiante d'un précipité noir de sulfure de mercure; mais si l'on ajoute quelques gouttes d'un acide à une dissolution chaude d'un hyposulfite à laquelle on a ajouté du cyanide de mercure, et si l'on continue à chauffer, il se forme un précipité noir de sulfure de mercure. Fréquemment le précipité est d'abord jaune, mais par une longue ébullition, il devient noir.

Une dissolution de *nitrate de protoxyde de mercure* produit immédiatement dans la dissolution d'hyposulfite un précipité noir de sulfure de mercure au minimum de sulfuration, lorsque la première dissolution est en excès aussi bien que lorsqu'il y a un excès de la dernière.

Une dissolution d'un *sel de bioxyde de cuivre* ou de *bichlorure de cuivre* ne produit pas de précipité dans les dissolutions des hyposulfites. La dissolution se colore en vert et, par un contact prolongé, il se produit un précipité jaune cristallin composé d'un sel double formé par la combinaison de l'hyposulfite alcalin avec l'hyposulfite de protoxyde de cuivre : dans la dissolution de bichlorure de cuivre, il se forme en même temps un précipité de protochlorure de cuivre. Si l'on fait bouillir le mélange des deux dissolutions, il se forme très rapidement un précipité noir de sulfure ; la liqueur qui le surnage, contient de l'acide sulfurique. — Mais si l'on a ajouté une quantite très considérable d'hyposulfite de soude, la dissolution devient incolore et, si on la fait bouillir, il se forme seulement un dépôt de soufre ; mais il ne se produit pas de sulfure de cuivre.

Une dissolution d'*acétate* ou de *nitrate de plomb* produit dans les dissolutions des hyposulfites un précipité blanc d'hyposulfite de plomb. Si l'on fait bouillir pendant longtemps ce précipité avec la liqueur, il se colore, par suite de la formation d'une certaine quantité de sulfure de plomb : cependant la couleur du sulfure de plomb est grise et n'est pas noire à cause de la présence du sulfate de plomb qui s'est formé en même temps et qui se melange avec le sulfure : si l'on traite par l'hydrate de potasse, on peut dissoudre le sulfate de plomb ; le sulfure de plomb reste alors comme résidu avec sa couleur noire. L'hyposulfite de plomb est soluble dans un excès d'hyposulfite soluble. Si l'on fait bouillir cette dissolution, il ne se sépare du sulfure de plomb que difficilement : une dissolution de sulfate de potasse n'y produit pas de précipité de sulfate de plomb, même par l'action de la chaleur.

Une dissolution de *chlorure de baryum* produit dans les dissolutions d'hyposulfites un précipité blanc d'hyposulfite de baryte qui est soluble dans ne grande quantité d'eau, surtout lorsqu'elle est bouillante, et qui se distingue de cette manière du sulfate de baryte. Ce précipité n'est pas plus soluble dans une dissolution d'hyposulfite de soude que dans l'eau pure. Une dissolution de sulfate de potasse produit un précipité de sulfate de baryte dans la dissolution d'hyposulfite de baryte.

Les dissolutions de *chlorure de calcium* et de *chlorure de strontium* ne produisent pas de modification dans la dissolution d'hyposulfite de soude.

Si on calcine les hyposulfites à l'abri du contact de l'air, ils sont décomposés. Ceux qui ont pour base un oxyde alcalin fixe, sont transformés en un mélange de sulfate alcalin et de sulfure. Le foie de soufre que l'on obtient par la fusion du carbonate de potasse et du soufre, contient du sulfure de potassium et du sulfate de potasse, tandis qu'il contient de l'hyposulfite de potasse, lorsqu'on l'a obtenu par la fusion du soufre avec l'hydrate de potasse: en effet, dans ce cas, la fusion a eu lieu à une température assez faible pour que l'hyposulfite de potasse ne soit pas décomposé. Les hyposulfites qui ont pour base un oxyde alcalino-terreux, calcinés, dégagent un peu de gaz hydrogène sulfuré et de soufre, et laissent un résidu de sulfate et de sulfure qui contient souvent une quantité assez considérable d'un sulfite. Les hyposulfites qui contiennent un oxyde métallique, se décomposent ordinairement en sulfures par la calcination; il se dégage en même temps du soufre et de l'acide sulfureux.

Projetés dans le nitrate de potasse en fusion, les hyposulfites dégagent des vapeurs jaune foncé d'acide nitreux. Comme la plupart des hyposulfites contiennent beaucoup d'eau de cristallisation, il se produit dans ce cas un boursouflement très prononcé.

Lorsqu'un hyposulfite est mélangé avec un sulfure, il est souvent difficile de reconnaître la présence du sel, surtout dans une dissolution. C'est ce qui arrive lorsqu'on dissout, à l'aide de l'ébullition, le soufre dans les dissolutions des hydrates d'oxydes alcalins. Cependant on peut, en traitant par l'alcool, dissoudre le sulfure alcalin, tandis que l'hyposulfite alcalin reste comme résidu à l'état insoluble, et peut être ensuite analysé. Dans les dissolutions aqueuses étendues, il faut décomposer le sulfure dissous en ajoutant une dissolution d'acétate ou de nitrate de zinc, et séparer le sulfure de zinc ; on recherche ensuite l'acide hyposulfureux dans la liqueur que l'on en a séparée.

Au chalumeau, les hyposulfites se comportent à l'égard des réactifs comme les sulfates dont il sera question un peu plus loin.

Les hyposulfites se distinguent par conséquent par la manière de se comporter avec les acides et aussi par la manière de se comporter avec les dissolutions d'oxyde d'argent et de mercure, de manière à ne pas pouvoir être confondus avec les autres acides.

Acide pentathionique, S^5O^6.

L'acide pentathionique est produit par l'action du gaz hydrogène sulfuré sur une dissolution d'acide sulfureux ; il se sépare en même temps du soufre qui reste en suspension dans la dissolution de l'acide et ne se dépose pas même au bout d'un temps assez long ; il rend par suite cette dissolution laiteuse ; il est très difficile de séparer, par filtration, le soufre qui ne se dépose pas même au bout de quelque temps ; en présence d'une très grande quantité d'eau, il se forme une liqueur presque claire. Dans l'émulsion que ce soufre forme avec une petite quantité d'eau, le soufre est précipité lorsqu'on ajoute des sels neutres de soude et de potasse ; dans le premier cas, on peut former de nouveau avec l'eau une émulsion ; dans le dernier cas, on l'obtient à l'état visqueux, élastique, et il ne forme plus alors d'émulsion avec l'eau (*Sobrero* et *Selmi*).

L'acide pentathionique se forme aussi par la décomposition du chlorure de soufre au moyen de l'eau et de l'acide sulfureux (cependant l'action simultanée de ce dernier ne paraît pas avoir d'influence essentielle).

La dissolution de l'acide pentathionique qui peut être concentrée à une basse température jusqu'à la densité de 1,37 et même de 1,506, rougit fortement le papier de tournesol, possède une saveur acide et amère en même temps et peut être conservée longtemps, sans subir de modification. Elle se décompose lorsqu'on la fait bouillir; il se dégage d'abord du gaz hydrogène sulfuré, ensuite du gaz acide sulfureux, et il reste comme résidu de l'acide sulfurique qui paraît trouble à cause du soufre qui se sépare et qui reste en suspension (Wackenroder).

L'acide pentathionique est d'une grande instabilité. Lorsqu'on le conserve pendant longtemps, il se dépose du soufre et l'acide pentathionique est transformé en partie en acide tétrathionique qui se décompose également à la longue (Fordos et Gélis). L'acide pentathionique est plus stable lorsqu'il est en présence des autres acides, et se décompose alors plus lentement. La présence des oxydes alcalins accélère la décomposition. L'hydrate de potasse transforme à l'aide de l'ébullition l'acide pentathionique en hyposulfite de potasse.

L'acide pentathionique n'est donc pas troublé par les acides étendus, par l'acide chlorhydrique etendu par exemple, pas plus que la dissolution de ses combinaisons salines, notamment du pentathionate de baryte qui est presque le seul pentathionate que l'on ait produit. Même lorsqu'on chauffe le tout jusqu'à l'ébullition, la dissolution ne se trouble pas. L'acide sulfurique étendu produit seulement dans cette dissolution un précipité de sulfate de baryte, mais ne modifie pas l'acide pentathionique. L'acide sulfurique concentré décompose la dissolution avec production d'un dépôt de soufre. L'acide sulfureux ne décompose pas non plus l'acide pentathionique, mais le préserve plutôt de la décomposition; c'est ce qui explique pourquoi l'acide pentathionique se conserve plus longtemps lorsqu'au lieu d'eau pure, on emploie une dissolution aqueuse d'acide sulfureux pour décomposer le chlorure de soufre. L'acide nitrique étendu ne trouble pas non plus à froid la dissolution de pentathionate de baryte; mais, par un contact prolongé, il se produit un dépôt de soufre; une dissolution de baryte donne alors dans la liqueur un précipité de sulfate de baryte. Cette décomposition s'opère très rapidement par l'action de la chaleur et il se dégage en même temps des vapeurs rougeâtres.

L'acide pentathionique forme avec la plupart des bases des combinaisons solubles dans l'eau; l'acide ou la dissolution du sel de baryte ne sont troublés que par un petit nombre de dissolutions salines.

Une dissolution de *nitrate d'argent* produit immédiatement un précipité jaune qui devient spontanément brun au bout de quelque temps. Il est formé de sulfure d'argent et de soufre; si on traite la liqueur filtrée par une dissolution de nitrate de baryte, il se produit un précipité de sulfate de baryte. Si on ajoute une petite quantité seulement d'une dissolution de nitrate d'argent à une grande quantité d'acide pentathionique ou de la dissolution de pentathionate de baryte, le précipité devient noir, prend l'éclat métallique et est foliacé.

Si l'on ajoute une dissolution de *bichlorure de mercure* à la dissolution du pentathionate de baryte, on obtient un précipité blanc. Si l'on a ajouté une grande quantité de la dissolution d'acide pentathionique ou de pentathionate de baryte à une petite quantité de dissolution de bichlorure de mercure, le précipité devient gris-noir et est formé de sulfure de mercure et de soufre. Dans le cas, au contraire, où on emploie un excès de dissolution de bichlorure de mercure, le précipité reste blanc, même au bout de quelque temps : il est formé de soufre et d'une combinaison de bichlorure de mercure et de sulfure de mercure (p. 174). Mais, dans les deux cas, la liqueur séparée du précipité et additionnée de chlorure de baryum donne un précipité de sulfate de baryte.

Une dissolution de *cyanide de mercure*, ajoutée en excès à la dissolution de pentathionate de baryte, y produit d'abord un précipité blanc qui devient tout à fait noir par un contact prolongé. Pour un excès de pentathionate de baryte, le faible précipité qui se forme reste blanc à froid, même au bout d'un temps assez long : par l'ébullition, il se forme un précipité noir. Le précipité est formé, dans les deux cas, de sulfure de mercure, mélangé avec du sulfate de baryte.

Une petite quantité d'une dissolution de *nitrate de protoxyde de mercure* produit un precipité jaune qui reste jaune, même au bout de quelque temps. Mais si l'on a ajouté un excès du sel de mercure, le précipité jaune devient blanc par un contact prolongé.

Une dissolution de *sulfate de cuivre* ne produit à froid qu'un précipité de sulfate de baryte dans la dissolution de pentathionate de baryte. Par l'ébullition, il se produit un précipité noir.

Une dissolution d'*acétate de plomb* donne un précipité blanc.

Une dissolution de *protochlorure d'étain* ne produit pas d'abord de modification : au bout de quelque temps, il se dépose un précipité brun.

Les pentathionates parmi lesquels on ne connaît surtout que le sel de baryte, ont la plus grande ressemblance avec les hyposulfites : les acides des deux sortes de sels ont la même composition en centièmes. Quoique les pentathionates soient bien plus facilement décomposables que les hyposulfites, l'acide pentathionique peut être produit dans les dissolutions aqueuses des pentathionates, ce qui n'est pas possible pour l'acide hyposulfureux : cela constitue la principale distinction entre l'acide pentathionique et l'acide hyposulfureux. Les pentathionates en dissolution ne sont pas décomposés par l'acide chlorhydrique étendu, comme les hyposulfites.

Acide tétrathionique, S^4O^5.

L'acide tétrathionique est produit par l'action de l'iode sur les hyposulfites : il se produit un iodure et un tétrathionate. L'acide tétrathionique libre est incolore et inodore, fortement acide et d'une plus grande stabilité que l'acide pentathionique. Conservé pendant longtemps, il se décompose enfin : il se dépose du soufre et l'acide tétrathionique est transformé partiellement en acide trithionique. L'acide tétrathionique n'est pas décomposé à froid par les acides; mais au contraire lorsqu'il est en dissolution dans l'eau, les acides le préservent de la décomposition. Si on le fait bouillir, il se décompose, lorsqu'il est concentré, en acide sulfureux qui se dégage ; en même temps, il reste de l'acide sulfurique comme résidu et il se dépose du soufre. L'acide nitrique ne décompose pas l'acide tétrathionique à froid, même par un conctact prolongé ; mais si on chauffe le tout, il se dépose du soufre et il se dégage subitement des vapeurs rougeâtres. L'acide chlorhydrique et l'acide sulfurique étendu ne décomposent pas, même à l'aide de l'ébullition, la dissolution étendue d'acide tétrathionique : l'acide sulfurique concentré, au contraire, le décompose avec production d'un dépôt de soufre. L'acide tétrathionique est décomposé par l'hydrate de potasse à l'aide de l'ébullition en sulfite et en hyposulfite de potasse (Fordos et Gélis .

L'acide tétrathionique forme, avec la plupart des bases, des combinaisons qui sont solubles dans l'eau. Si l'on ajoute un acide à ces dissolutions, l'acide tétrathionique n'est pas décomposé.

Une dissolution de *nitrate d'argent* produit, avec l'acide tétrathionique et avec les dissolutions des tétrathionates, un précipité de couleur jaune qui devient spontanément brun au bout de quelque temps : si l'on fait bouillir, il devient immédiatement brun-noir. Ce précipité est formé de sulfure d'argent et de soufre. Le nitrate de baryte produit, dans la liqueur filtrée, un abondant précipité de sulfate de baryte.

Un excès d'une dissolution de *bichlorure de mercure*, ajouté à l'acide tétrathionique, donne un précipité jaunâtre qui devient spontanément blanc au bout de quelque temps, et qui ne se modifie pas lorsqu'on le fait bouillir. Il est formé de soufre et d'une combinaison de sulfure de mercure et de bichlorure de mercure. Pour un excès d'acide tétrathionique, il se forme un précipité blanc qui devient jaunâtre et gris-noir par l'ébullition : il est formé de soufre et de sulfure de mercure. — Dans les deux cas, les liqueurs, séparées des précipités, donnent avec la dissolution de chlorure de baryum un précipité abondant de sulfate de baryte.

Une dissolution de *cyanide de mercure* dont on ajoute un excès, produit un précipité blanc qui devient spontanément noir au bout de quelque temps. Pour un excès d'acide tétrathionique, il se dégage peu à peu à froid un précipité jaune sale qui, par l'ébullition, devient noir et qui est formé de sulfure de mercure, mélangé avec du soufre. Dans les deux cas, il y a dans la liqueur de l'acide sulfurique libre.

Une dissolution de *nitrate de protoxyde de mercure* dont on ajoute un excès, produit un précipité jaune qui devient blanc par le temps et n'est pas modifié, même par l'ébullition. Si l'acide tétrathionique est en excès, le précipité est d'un jaune plus foncé et devient noir à la longue.

Une dissolution de *sulfate de cuivre* ne produit pas de précipité à froid dans la dissolution d'acide tétrathionique. Par l'ébullition, il se produit un précipité plus brun dont la formation est plus facile lorsque l'acide a été préalablement saturé par la potasse.

Une dissolution d'*acétate de plomb* donne un précipité blanc qui est entièrement soluble dans un grand excès de la dissolution de plomb.

Une dissolution de *protochlorure d'étain* ne produit pas d'abord de modification. Au bout de quelque temps, il se forme un précipité brun, qui avec le temps devient jaune.

L'acide tétrathionique, à l'état de combinaison saline, a une très grande analogie avec l'acide hyposulfureux dont il se distingue essentiellement, en ce que sa dissolution aqueuse n'est pas décomposée, bien qu'elle le contienne à l'état libre. Il est d'une plus grande stabilité que l'acide pentathionique.

Acide trithionique, S^3O^5.

Le sel de potasse de l'acide trithionique, qui est d'une grande instabilité, se produit lorsqu'on traite par le soufre pulvérisé une dissolution saturée de bisulfite de potasse dans un endroit chaud dont la température ne doit pas atteindre le point d'ébullition de l'eau et doit même à peine atteindre jusqu'à 80 degrés. On l'obtient aussi lorsqu'on fait passer de l'acide sulfureux dans une dissolution concentrée d'hyposulfite de potasse ou de sulfure de potassium; dans le dernier cas, il se forme d'abord de l'hyposulfite de potasse. La liqueur séparée de la potasse par l'acide perchlorique ou l'acide hydrofluosilicique peut être évaporée jusqu'à consistance sirupeuse dans le vide au-dessus de l'acide sulfurique; mais elle se décompose spontanément en soufre dont la séparation trouble la liqueur, en acide sulfureux dont la liqueur sent fortement l'odeur et en acide sulfurique. A froid, la décomposition s'opère lentement; mais elle s'opère rapidement à chaud, surtout lorsqu'on élève la température jusqu'à l'ébullition. Une dissolution d'acide trithionique ne contient plus, après l'ébullition, que de l'acide sulfurique étendu et un dépôt de soufre Langlois).

La dissolution du sel de potasse subit aussi, par l'action de la chaleur, une décomposition du même ordre; c'est ce qui explique pourquoi sa préparation ne réussit souvent pas. Si l'on fait bouillir la dissolution, elle commence bientôt à se troubler, ce qui provient de ce qu'il s'en sépare du soufre : mais on ne peut observer nettement l'odeur d'acide sulfureux qu'après le refroidissement de la liqueur.

Si l'on fait bouillir l'acide trithionique ou son sel de potasse avec l'hydrate de potasse, il se forme du sulfite et de l'hyposulfite de potasse. Cependant l'acide trithionique se décompose par l'action de l'hydrate de potasse plus difficilement que l'acide pentathionique et que l'acide tétrathionique : une ébullition prolongée est nécessaire pour operer cette décomposition.

Si l'on ajoute un acide fort, comme l'acide chlorhydrique ou l'acide sulfurique etendu, par exemple, il ne se dégage pas d'acide sulfureux à froid de la dissolution du sel de potasse, et il ne se dépose pas de soufre. Cela n'a lieu qu'à l'aide de l'ébullition, mais la décomposition ne s'opère pas plus rapidement que lorsqu'on n'a pas ajouté d'acide.

Si l'on sature le gaz ammoniac sec par le gaz acide sulfureux sec, et si l'on dissout dans l'eau la combinaison produite, il se forme, outre le sulfate d'ammoniaque, du trithionate d'ammoniaque.

Les combinaisons salines de l'acide trithionique paraissent être presque toutes solubles dans l'eau ; mais comme elles sont très fréquemment mélangées de sulfates et se transforment partiellement en sulfates, on obtient par l'action de plusieurs réactifs des précipités qui proviennent de la présence de l'acide sulfurique.

Une dissolution de *nitrate d'argent* produit dans la dissolution du trithionate de potasse, un précipité blanc qui devient bientôt jaune, ensuite brun-jaune, et enfin noir par un contact prolongé.

Une dissolution de *bichlorure de mercure*, ajoutée en petite quantité à une dissolution de trithionate de potasse, donne un précipité blanc qui devient noir par un contact prolongé. Si au contraire on a ajouté un excès de la dissolution de bichlorure de mercure, le précipité reste blanc, même par un contact prolongé.

Une dissolution de *cyanide de mercure* ne produit pas d'abord de précipité dans la dissolution de trithionate de potasse. Mais au bout de quelque temps il se dépose un précipité jaune qui est mélangé avec un précipité noir. Si l'on fait bouillir, le précipité est d'un noir pur, et conserve cette couleur après le refroidissement.

Une dissolution de *nitrate de protoxyde de mercure*, ajoutée en grande quantité à une dissolution de trithionate de potasse, produit un précipité noir qui devient complétement blanc par un contact prolongé, et qui ne se modifie pas par l'ébullition. Mais si on a employé seulement une petite quantite de la dissolution de protoxyde de mercure, on obtient un précipité qui paraît encore plus noir que celui qui est produit par un excès de la dissolution de protoxyde de mercure. Ce précipité ne perd pas sa couleur noire par un contact prolongé, ni par l'ébullition.

Une dissolution de *sulfate de cuivre* ne produit pas de modification au premier abord à froid. Au bout de quelque temps, il se produit un faible trouble noir : par l'ébullition, il se produit immédiatement un précipité noir.

Une dissolution d'*acétate de plomb* donne dans la dissolution de trithionate de potasse un précipité blanc, mais seulement parce que ce sel contient toujours du sulfate de potasse.

Une dissolution de *protochlorure d'étain* ne modifie pas d'abord la dissolution de trithionate de potasse ; mais il se forme par la suite un précipité brun.

L'acide trithionique, considéré dans les dissolutions de ses combinaisons salines, a beaucoup de ressemblance avec l'acide hyposulfureux ; il s'en distingue surtout en ce qu'il peut être produit à l'état libre dans les dissolutions des trithionates. L'acide trithionique est du reste d'une stabilité plus faible que l'acide tétrathionique et même que l'acide pentathionique. Ces trois acides sont difficiles à distinguer avec une grande certitude les uns des autres, au moyen des réactifs, parce qu'ils présentent des propriétés tout à fait semblables, et se décomposent facilement; souvent il n'y a que l'analyse quantitative qui puisse donner des résultats caractéristiques certains.

Acide sulfureux (Acide monothionique), SO^2.

A la température ordinaire, l'acide sulfureux est un gaz incolore, non combustible, d'une odeur particulière, piquante, qui permet d'en reconnaître facilement les plus petites quantités. C'est l'odeur du soufre qui brûle, et qui forme en brûlant de l'acide sulfureux. Cette odeur particulière de l'acide sulfureux ne peut pas être observée lorsque le gaz est mélangé avec une grande partie de chlore gazeux. Les deux gaz ne se décomposent pas lorsqu'ils sont secs, même à une température élevée. Ce n'est que par l'action immédiate des rayons solaires que la décomposition s'opère très lentement, après un contact de plusieurs semaines : il se forme une combinaison oléagineuse d'acide sulfurique et de chlorure de soufre.

Par le froid et par la pression, le gaz sulfureux peut être transformé très facilement en un liquide fluide, incolore, et même en une masse cristalline solide.

L'acide sulfureux est soluble dans l'eau : il est également soluble en grande quantité dans l'alcool. Les dissolutions ont l'odeur piquante, particulière, de l'acide gazeux et possèdent une saveur acide particulière; elles rougissent le papier de tournesol et blanchissent le papier de Fernambouc.

A l'état anhydre, l'acide sulfureux n'absorbe pas l'oxygène et ne se transforme pas en acide sulfurique; mais cette transformation a lieu en présence de l'eau. La dissolution aqueuse d'acide sulfureux contient toujours, par suite, de l'acide sulfurique, lorsqu'elle n'a pas été conservée complétement à l'abri du contact de l'air.

La dissolution d'acide sulfureux perd son odeur particulière lorsqu'on la fait bouillir pendant longtemps, parce que l'acide se volatilise. Mais la dissolution contient alors de l'acide sulfurique, lorsque, pendant l'ébullition, elle n'a pas été complétement préservée du contact de l'air.

La dissolution aqueuse d'acide sulfureux dissout plusieurs métaux ; mais ce n'est presque que dans le cas où on opère sur les métaux alcalins qu'il se dégage du gaz hydrogène. D'autres métaux, comme le zinc, l'étain et le fer, ne déterminent pas de dégagement de gaz hydrogène, mais produisent des hyposulfites et des sulfites, ou des sulfites et des sulfures. — Si l'on ajoute de l'acide chlorhydrique à une très petite quantité d'acide sulfureux, et si on y dissout du zinc métallique, il se dégage, outre le gaz hydrogène, du gaz hydrogène sulfuré. Si l'on fait passer le gaz qui se dégage au travers d'une dissolution d'acétate de plomb, à laquelle on a ajouté un excès d'hydrate de potasse, on peut reconnaître les plus petites quantités de gaz hydrogène sulfuré, par la production de petites quantités de sulfure de plomb. Aucun autre procédé ne permet d'observer d'aussi petites quantités d'acide sulfureux que celui que nous venons d'indiquer, surtout lorsqu'il est en présence de l'acide chlorhydrique. On peut faire l'expérience dans un petit flacon que l'on ferme avec un bouchon : on adapte au bouchon un tube recourbé deux fois à angle droit (Fordos et Gélis).

L'acide sulfureux forme avec les bases des combinaisons salines, parmi lesquelles les combinaisons avec les oxydes alcalins sont solubles dans l'eau. Les autres sels sont insolubles ou très peu solubles, cependant ils se dissolvent dans les acides forts, lorsqu'ils sont étendus avec dégagement d'acide sulfureux, pourvu que la base du sel ne forme pas avec l'acide employé un sel insoluble ou peu soluble ; ils se dissolvent souvent aussi dans un excès d'acide sulfureux. Les dissolutions des bases faibles dans l'acide sulfureux sont précipitées par l'ébullition.

Les dissolutions des sulfites solubles, lorsqu'elles sont à l'état neutre, ne sentent pas l'acide sulfureux; mais elles possèdent la saveur particulière à l'acide, même lorsqu'il y a un excès de base. On les reconnaît à l'odeur d'acide sulfureux qu'elles dégagent, même à froid, lorsqu'on y ajoute de l'acide chlorhydrique, ou mieux de l'acide sulfurique. Dans le dernier cas, l'odeur d'acide sulfureux se laisse mieux reconnaître. Si la dissolution du sulfite est très concentrée, le gaz acide sulfureux, en se dégageant par l'action d'un acide, produit une effervescence. Dans la liqueur qui reste ensuite, on ne retrouve pas d'acide sulfurique, lorsqu'on a employé l'acide chlorhydrique pour opérer la décomposition. Il ne se sépare pas non plus de soufre par suite de cette décomposition. — Si on ajoute de l'acide nitrique à la dissolution concentrée d'un sulfite, il se dégage à froid un peu d'acide sulfureux ; mais si l'on fait bouillir le tout, il se dégage des vapeurs jaune-rougeâtre d'acide nitreux, et il se forme de l'acide sulfurique.

L'acide sulfureux libre, en dissolution aqueuse, donne avec l'ammoniaque des fumées blanches qui ressemblent à celles que l'ammoniaque donne avec l'acide chlorhydrique : seulement elles ne sont pas aussi épaisses. Par suite, si l'on présente à la surface d'une dissolution d'acide sulfureux une baguette de verre humectée avec une liqueur ammoniacale, les fumées apparaissent immédiatement. On les obtient de la même manière, lorsqu'on décompose les sulfites par l'acide sulfurique.

La dissolution aqueuse d'acide sulfureux peut, dans certaines circonstances, dissoudre de petites quantités de soufre et prendre alors des propriétés qui appartiennent à l'acide hyposulfureux. Si l'on produit un dégagement d'acide sulfureux en chauffant le peroxyde de manganèse avec du soufre, et si l'on fait passer le gaz dans l'eau, la dissolution qui se produit est laiteuse par suite du soufre qui reste en suspension. Dans un flacon fermé, elle devient complétement claire au bout de vingt-quatre heures. Mais, outre les propriétés de l'acide sulfureux, elle en possède d'autres que l'acide sulfureux n'a pas lorsqu'il est à l'état de pureté. Si notamment on ajoute un peu de nitrate d'argent, le précipité blanc devient jaune au bout de quelque temps : et si l'on ajoute seulement une goutte de la dissolution de nitrate d'argent, il se forme au bout d'un temps assez long un faible dépôt de sulfure noir d'argent. Cela n'arrive pas pour une dissolution d'acide sulfureux lorsqu'on la prépare en traitant à chaud l'acide sulfurique concentré par le cuivre ou le mercure. Mais, par ce dernier mode de préparation, la dissolution d'acide sulfureux contient ordinairement une quantité d'acide sulfurique qui n'est pas entièrement insignifiante, et qui n'existe pas dans la dissolution d'acide sulfureux préparée par le premier procédé.

On reconnaît la présence de l'acide sulfureux, dans une dissolution, en la mélangeant avec une dissolution d'*hydrogène sulfuré*. Il se produit un précipité blanc laiteux de soufre, et il se forme de l'acide pentathionique. S'il y a un sulfite dans la dissolution, il ne s'y forme de trouble laiteux que lorsqu'on ajoute de l'acide sulfurique étendu ou de l'acide chlorhydrique, après ou avant d'y ajouter la dissolution d'hydrogène sulfuré.

Dans une dissolution d'*acide sélénieux*, l'acide sulfureux réduit le sélénium à l'état de poudre rouge (p. 442).

Si l'on ajoute une dissolution aqueuse d'acide sulfureux à la dissolution du *manganate vert* ou de l'*hypermanganate rouge* de potasse, ces dissolutions sont immédiatement décolorées, même par de petites quantités d'acide. Les dissolutions des sulfites neutres détruisent aussi immédiatement la couleur des manganates, et il se sépare de la dissolution des degrés inférieurs d'oxydation du manganèse.

Dans les dissolutions des chromates alcalins, l'acide chromique est réduit à l'état de sesquioxyde vert de chrome par l'action de l'acide sulfureux (p. 372).

Si l'on mélange les dissolutions d'acide sulfureux ou des sulfites avec les dissolutions de quelques sels métalliques, dans lesquels le métal n'a pas une forte affinité pour l'oxygène, les oxydes sont réduits.

La dissolution d'acide sulfureux produit dans une dissolution de *nitrate d'argent* un précipité blanc de sulfite d'argent, qui ne se dissout pas dans un excès d'acide sulfureux. L'oxyde d'argent est complétement précipité par l'acide sulfureux. Le sulfite d'argent est complétement soluble dans l'ammoniaque; une ébullition prolongée sépare de cette dissolution l'argent à l'état métallique; la liqueur que l'on sépare de l'argent métallique, contient du sulfate d'argent. Si on traite la dissolution du sel d'argent par la dissolution d'un sulfite alcalin, on obtient également un precipité blanc de sulfite d'argent; mais ce précipité est completement soluble dans un excès de sulfite alcalin. Par l'ébullition, il se sépare de cette dissolution de l'argent à l'état métallique. Cet argent se dépose en partie sous forme d'une poudre blanche, et recouvre en partie les parois du vase.

Une dissolution d'acide sulfureux réduit l'or contenu dans une dissolution de *sesquichlorure d'or*. Si la dissolution de sesquichlorure d'or est très étendue, elle est décolorée immédiatement par l'acide sulfureux, et ce n'est qu'au bout de quelque temps qu'il se depose de l'or métallique. Par l'action de la chaleur, la séparation de l'or a lieu immédiatement. L'or qui se sépare est de couleur brune. Une dissolution de sulfite alcalin ne produit pas de réduction d'or dans la dissolution de sesquichlorure d'or, même après une ébullition prolongée. Il ne se produit qu'une décoloration de la dissolution d'or; si l'on sursature la dissolution par l'acide chlorhydrique, l'or est précipité à l'état métallique.

Une dissolution de *bichlorure de mercure* n'est pas modifiée à froid par une dissolution d'acide sulfureux. Au bout d'un temps très long, il se forme seulement un faible précipité de protochlorure de mercure. Par l'ébullition, il se forme un abondant précipité blanc de protochlorure de mercure qui n'est pas réduit à l'état de mercure métallique par l'action d'une plus grande quantité d'acide sulfureux. Le bioxyde de mercure très divisé est transformé très rapidement par la dissolution d'acide sulfureux en une poudre blanche de sulfite de protoxyde de mercure. On trouve en même temps dans la liqueur de l'acide sulfurique et une petite quantité de protoxyde de mercure.

Une dissolution de *nitrate de protoxyde de mercure* produit immédiatement un précipité noir foncé dans les dissolutions d'acide sulfureux ou de sulfite alcalin.

La réaction remarquable de l'acide sulfureux sur une *dissolution de bioxyde de cuivre* a déjà été examinée en détail (p. 150).

Les sulfites alcalins, aussi bien du reste que la dissolution aqueuse d'acide sulfureux, produisent dans la dissolution de *protochlorure d'étain* un précipité blanc qui devient rapidement brun, puis jaune par le temps; le précipité contient du sulfure d'étain. La réaction est plus rapide par l'ébullition. La présence de très petites quantités d'acide sulfureux et de sulfites peut être facilement reconnue en ajoutant à la dissolution une dissolution de protochlorure d'étain dans l'acide chlorhydrique, ou bien de l'acide chlorhydrique pur et ensuite des cristaux de protochlorure d'étain pur. Au bout d'un certain temps, dans le cas où l'on a employé une dissolution chlorhydrique de protochlorure d'étain, la liqueur devient jaune et enfin brune, et il se dépose un précipité brun qui est formé principalement de sulfure d'étain. — Dans le cas où l'on a employé les cristaux de protochlorure d'étain, le précipité brun enveloppe les cristaux entiers de protochlorure d'étain. Pour de très petites quantités d'acide sulfureux, le précipité est seulement jaune. La chaleur accélère la formation du précipité. Le même phénomène se produit souvent, lorsqu'on dissout dans l'acide chlorhydrique des cristaux de protochlorure d'étain pur, mais toujours seulement lorsque l'acide chlorhydrique contient des traces d'acide sulfureux qui y sont mélangées et qui peuvent être reconnues de cette manière. — Si l'on chauffe avec une petite quantité de protochlorure d'étain, la liqueur qui contient des traces d'acide sulfureux, et si l'on ajoute ensuite quelques gouttes d'une dissolution de sulfate de cuivre, il se produit un précipité brun-noir. On peut de cette manière reconnaître des traces d'acide sulfureux encore plus faibles qu'au moyen du protochlorure d'étain seul (Heintz).

Dans les dissolutions de *chlorure de plomb*, d'*acétate* et de *nitrate de plomb*, la dissolution d'acide sulfureux produit un abondant précipité de sulfite de plomb qui n'est pas soluble dans un excès d'acide sulfureux. Dans la liqueur que l'on sépare du sulfure de plomb, l'ammoniaque ne produit pas de précipité, et même lorsqu'on ajoute du sulfure d'ammonium, il ne se produit que des traces de sulfure de plomb, lorsqu'on a employé le nitrate de plomb. — Le précipité est soluble à froid dans l'acide nitrique étendu; mais si l'on fait bouillir le tout, l'acide nitrique est décomposé et il se forme du sulfate de plomb insoluble. L'oxyde puce de plomb très divisé, soumis pendant quelque temps à l'action de l'acide sulfureux, est transformé en sulfate de plomb.

Si l'on ajoute une dissolution d'acide sulfureux à une dissolution de *sesquichlorure de fer*, la liqueur est colorée immédiatement en rouge de sang par le sulfite de sesquioxyde de fer qui se forme. Cette couleur ne persiste cependant pas longtemps; la dissolution devient jaune, puis enfin incolore : le sesquioxyde de fer est alors réduit à l'état de protoxyde de fer. Par l'action de la chaleur, la réduction s'opère plus rapidement. Le sesquichlorure de fer produit dans les dissolutions des sulfites alcalins un abondant précipité jaune qui se dissout par l'ébullition; la dissolution contient du protoxyde de fer.

Si l'on ajoute de l'ammoniaque à une dissolution de *sulfate d'alumine*, et si l'on dissout dans une dissolution aqueuse d'acide sulfureux, le précipité qui s'est ainsi formé, il se produit à l'aide de l'ébullition dans la liqueur claire un précipité épais, volumineux; ce précipité se redissout complétement au bout de quelque temps, et on peut produire de nouveau, à l'aide de l'ébullition, le précipité volumineux dans la liqueur qui est devenue claire. — Une dissolution d'*alun* se comporte de même.

Une dissolution de *sulfate de glucine*, dans laquelle on a précipité la glucine au moyen d'une addition d'ammoniaque, devient complétement claire lorsqu'on y ajoute une dissolution d'acide sulfureux. L'ébullition ne modifie pas cette dissolution. Cette réaction distingue essentiellement la glucine de l'alumine.

Une dissolution de *chlorure de calcium* n'est pas précipitée par une dissolution d'acide sulfureux. Si cependant on sature exactement le tout par l'ammoniaque, il se forme un abondant précipité de sulfite de chaux. Ce précipité se rassemble lentement; si cependant on fait bouillir le tout, le précipité devient lourd et se rassemble rapidement. Il se dissout facilement dans les acides avec dégagement d'acide sulfureux; il se dissout aussi facilement et complètement dans une dissolution d'acide sulfureux. L'ébullition ne détermine pas, dans cette dissolution, la formation d'un précipité de sulfite de chaux.

Une dissolution de *chlorure de strontium* ne produit pas non plus de précipité dans la dissolution d'acide sulfureux, pourvu qu'elle ne contienne pas une trop grande quantité d'acide sulfurique qui la rende impure : si l'on sature par l'ammoniaque, il se forme cependant un abondant précipité de sulfite de strontiane. Ce précipité se rassemble facilement lorsqu'on fait bouillir le tout. Il est soluble dans les acides, et même dans une dissolution d'acide sulfureux; cependant il faut un peu plus d'acide sulfureux que des autres acides pour opérer la dissolution. L'ébullition précipite presque complétement le sulfite de strontiane de cette dissolution, en sorte qu'on ne peut plus trouver de trace de strontiane dans la liqueur filtrée.

Une dissolution de *chlorure de baryum* ne produit pas de précipité dans une dissolution d'acide sulfureux; ce n'est que dans le cas où elle contient de l'acide sulfurique qu'il se produit un précipité de sulfate de baryte. Si l'on sature par l'ammoniaque la dissolution de chlorure de baryum contenant de l'acide sulfureux, il se précipite du sulfite de baryte qui se rassemble facilement, lorsqu'on chauffe le tout jusqu'à l'ébullition. Le sulfite de baryte est soluble dans l'acide chlorhydrique, avec dégagement d'acide sulfureux; mais il n'est pas soluble dans une dissolution d'acide sulfureux; il ne s'en dissout que des traces très faibles, qui sont précipitées par l'ébullition.

Une dissolution de *sulfate de magnésie* ne produit pas de précipité dans une dissolution d'acide sulfureux, même après la sursaturation par l'ammoniaque; il ne s'en produit pas non plus par l'ébullition.

On reconnaît les sulfites sous forme solide, à l'odeur d'acide sulfureux qui se dégage lorsqu'on verse dessus un acide, sans qu'il y ait besoin de chauffer.

Calcinés à l'abri du contact de l'air, les sulfites se comportent d'une manière différente. Ceux qui ont pour base un oxyde alcalin ou alcalino-terreux, donnent par la calcination un mélange de sulfate et de sulfure, sans donner naissance à un dégagement d'acide sulfureux. Le sulfite de magnésie perd, par l'action de la chaleur, d'abord son eau de cristallisation, et de l'acide sulfureux; par la calcination, il perd encore du soufre et abandonne comme résidu de la magnésie et du sulfate de magnésie. Le sulfite de zinc perd également, par l'action de la chaleur, son eau de cristallisation et de l'acide sulfureux, mais il ne perd pas de soufre : il laisse un résidu formé de sulfate de zinc et d'un peu de sulfure de zinc. Le sulfite de cadmium donne, par l'action de la chaleur, de l'acide sulfureux, et abandonne un résidu formé d'oxyde de cadmium, de sulfure de cadmium et de sulfate de cadmium. Le sulfite de protoxyde de manganèse perd, par l'action de la chaleur, de l'eau et de l'acide sulfureux, et laisse après la calcination un résidu brun-verdâtre formé de sulfure de manganèse, d'oxyde de manganèse et de sulfate de protoxyde de manganèse. Le sulfite de nickel perd, par l'action de la chaleur, de l'eau et de l'acide sulfureux, et laisse comme résidu du sulfure de nickel, de l'oxyde de nickel et du sulfate de nickel. Le sel double, formé par la combinaison du sulfite de bioxyde de cuivre et du sulfite de protoxyde de cuivre, ne donne qu'à une température élevée de l'eau et de l'acide sulfureux, et laisse comme résidu, après la calcination, du protoxyde de cuivre, et du sulfate de bioxyde de cuivre.

Si l'on projette un sulfite sur du nitrate de potasse en fusion, il se dégage des vapeurs jaune-orangé d'acide nitreux, et le sel est transformé en sulfate.

Au chalumeau, les sulfites se comportent comme les sulfates, dont il sera question plus loin.

On reconnaît facilement les sulfites à ce qu'ils dégagent une odeur caractéristique d'acide sulfureux lorsqu'on les traite par l'acide chlorhydrique ou mieux par l'acide sulfurique étendu, sans qu'il se dépose de soufre : ce qui les distingue des hyposulfites qui, à cause de leur réaction en présence d'une dissolution de nitrate d'argent, ne peuvent pas, du reste, être confondus avec les sulfites.

Acide hyposulfurique (Acide dithionique), S^2O^5.

A l'état pur et à l'état de dissolution aqueuse, l'acide hyposulfurique ne se présente que rarement dans les analyses chimiques : dans ce cas, il est inodore et possède une réaction fortement acide. Fortement évaporé, il se décompose : il se dégage du gaz acide sulfureux et il reste de l'acide sulfurique. L'acide hyposulfurique forme avec toutes les bases des sels solubles : c'est par cette raison que les dissolutions des sels de baryte, de strontiane, de chaux et de plomb ne produisent pas de précipité dans les dissolutions des hyposulfates. On peut le rechercher dans ces dissolutions de différentes manières.

Si on ajoute de l'*acide chlorhydrique* à la dissolution d'un hyposulfate, il ne se produit aucune modification à la température ordinaire; mais si on fait bouillir la dissolution, il se produit une décomposition : l'odeur d'acide sulfureux se fait sentir nettement, et on retrouve dans la liqueur de l'acide sulfurique que l'on peut reconnaître facilement au moyen de la dissolution d'un sel de baryte. Il ne se dépose pas de trace de soufre. — Lorsque, dans la dissolution, l'acide hyposulfurique était combiné avec la baryte, la strontiane, l'oxyde de plomb ou même la chaux et lorsqu'on fait bouillir cette dissolution avec l'acide chlorhydrique, il se sépare un précipité insoluble ou peu soluble formé du sulfate de la base qui était unie à l'acide hyposulfurique. Si l'on a décomposé de cette manière l'hyposulfate de baryte par l'acide chlorhydrique, la liqueur que l'on sépare par filtration du précipité de sulfate de baryte formé, ne doit plus contenir d'acide sulfurique. Mais comme l'acide sulfureux en dissolution s'oxyde facilement, surtout à une température élevée, lorsqu'on n'a pas soin de le préserver complétement du contact de l'air, et se transforme alors en acide sulfurique, il arrive fréquemment que la liqueur séparée par filtration du sulfate de baryte, donne avec une dissolution de chlorure de baryum un très faible précipité de sulfate de baryte. On évite la production de cette faible trace de sulfate de baryte, en faisant bouillir l'hyposulfate de baryte à l'état pulvérulent dans un matras à long col avec de l'acide chlorhydrique qui ne soit pas trop étendu jusqu'à ce que tout l'acide sulfureux soit chassé. Si l'on étend ensuite d'eau, la liqueur séparée du sulfate de baryte par filtration ne contient pas de trace d'acide sulfurique et ne se trouble pas par l'action d'un sel de baryte.

Si l'on ajoute de l'*acide sulfurique* étendu à la dissolution d'un hyposulfate, il ne se produit pas de modification à la température ordinaire, lorsque l'acide hyposulfurique n'est pas combiné avec une base avec laquelle l'acide sulfurique forme une combinaison insoluble ou peu soluble. Même la couleur rouge d'une dissolution d'hypermanganate de potasse que l'on ajoute, n'est pas modifiée : ce n'est que par un contact très prolongé que la couleur rouge pâlit un peu. Même par l'ébullition avec l'acide sulfurique étendu, il ne se dégage pas d'acide sulfureux ou bien il ne s'en dégage qu'une si faible quantité qu'on ne peut pas le reconnaître à l'odeur: si cependant on laisse refroidir et on traite par une dissolution étendue d'hypermanganate de potasse, elle peut perdre sa couleur. Cependant la couleur d'une dissolution de bichromate de potasse n'est pas modifiée.

Si on traite à la température ordinaire la dissolution d'un hyposulfate par l'acide chlorhydrique et ensuite par une dissolution d'*hydrogène sulfuré*, il ne se sépare pas de soufre, lorsqu'on préserve la liqueur du contact de l'air. Si cependant on a fait bouillir pendant un peu de temps seulement la dissolution de l'hyposulfate avec l'acide chlorhydrique, et si l'on ajoute la dissolution d'hydrogène sulfuré, il se produit immédiatement un dégagement d'acide sulfureux et il se sépare du soufre qui produit dans la liqueur un trouble laiteux abondant.

Lorsqu'on a ajouté à la température ordinaire de l'acide chlorhydrique à la dissolution d'un hyposulfate, et lorsqu'on ajoute ensuite la dissolution d'un métal facilement réductible, une dissolution de sesquichlorure d'or par exemple, il ne se sépare pas de métal réduit à la température ordinaire; mais si l'on fait bouillir, il se produit de l'acide sulfureux qui opère la réduction du métal.

Si on traite à la température ordinaire la dissolution d'un hyposulfate par l'*acide nitrique*, il ne s'opère pas de modification. Mais si on fait bouillir le tout, il se dégage des vapeurs jaunes d'acide nitreux et l'acide hyposulfurique est transformé en acide sulfurique; il se produit deux fois autant d'acide sulfurique qu'il est nécessaire pour la saturation de la base qui était combinée avec l'acide hyposulfurique. Si par suite on fait bouillir avec l'acide nitrique la dissolution de l'hyposulfate de baryte, il se forme du sulfate de baryte insoluble et on retrouve de l'acide sulfurique libre dans la liqueur que l'on en sépare par filtration. — Si l'on ajoute de l'acide nitrique à la dissolution d'*hypermanganate de potasse* et si l'on ajoute ensuite la dissolution d'un hyposulfate, la couleur rouge de la dissolution n'est modifiée ni à la température ordinaire ni après que la liqueur a été soumise à l'ébullition : en effet, l'acide sulfureux qui serait devenu libre est transformé en acide sulfurique.

Lorsqu'on fait passer à la température ordinaire du *chlore gazeux* dans la dissolution d'un hyposulfate, l'acide hyposulfurique est transformé, mais très incomplétement, en acide sulfurique. La transformation est plus complète lorsqu'on fait chauffer jusqu'à l'ébullition la dissolution après l'avoir saturée par le chlore gazeux.

A l'état solide, les hyposulfates peuvent être facilement reconnus au caractère suivant : si l'on en chauffe une petite quantité au moyen d'une petite lampe dans un tube de verre bouché à une extrémité, il se dégage une forte odeur d'acide sulfureux. Il reste alors dans le tube un sulfate neutre lorsqu'on a chauffé pendant assez longtemps. Les hyposulfates ne noircissent pas par l'action de la chaleur.

Si l'on projette un hyposulfate dans le nitrate de potasse en fusion, il se dégage des vapeurs jaune-orangé d'acide nitreux et l'hyposulfate est transformé en sulfate.

Au chalumeau, les hyposulfates se comportent comme les sulfates.

On reconnaît les hyposulfates en dissolution à ce que, chauffés avec l'acide chlorhydrique, ils se transforment en sulfates et en acide sulfureux : à l'état solide, on les distingue facilement par leur manière de se comporter lorsqu'on les chauffe.

Acide sulfurique, SO^3.

A l'état pur et anhydre, l'acide sulfurique se présente sous la forme d'une masse cristalline, asbestiforme, visqueuse, qui fume très fortement à l'air. Mis en contact avec l'eau, il s'y dissout avec une vive production de chaleur : lorsqu'on en projette de petites quantités dans l'eau, il se produit un sifflement. L'acide sulfurique anhydre se combine avec le soufre en plusieurs proportions et forme des combinaisons brunes, vertes et bleues : les premières contiennent plus de soufre que les dernières; lorsqu'on les chauffe et même lorsqu'on les conserve longtemps, ces combinaisons dégagent de l'acide sulfureux et sont décomposées par l'action de l'eau en soufre, en acide sulfureux et en acide sulfurique : il y a en même temps production de chaleur.

L'acide sulfurique hydraté peut être fumant (*acide sulfurique de Nord-*

hausen ou *de Saxe* : il dépose alors facilement des cristaux lorsqu'on le maintient à une température un peu basse ; ces cristaux ont alors pour composition H^2O, $2SO^3$: chauffé légèrement dans une cornue, il donne de l'acide sulfurique anhydre qui peut facilement se déposer à l'état solide, et se transforme, lorsqu'on le chauffe pendant un peu plus longtemps, en *acide sulfurique anglais* H^2O,SO^3). L'acide sulfurique peut encore, et c'est ce qui arrive le plus fréquemment, n'être pas fumant et présenter une consistance oléagineuse (acide sulfurique anglais). L'acide sulfurique, qu'il soit fumant ou qu'il ne le soit pas, est incolore à l'état pur; cependant ils ont souvent tous les deux, et surtout le premier, une couleur brunâtre qui provient de la presence d'une quantité excessivement faible de matière organique. L'acide sulfurique anglais ne bout qu'à une température bien plus élevée que l'eau, à 326 degrés; à la température ordinaire, il n'est point du tout volatil, et par suite un tube de verre humecté avec de l'ammoniaque et placé à la surface de l'acide ne produit pas de fumée blanche. L'acide sulfurique ne se decompose pas lorsqu'on le fait bouillir; il exerce une action destructrice très prononcée sur les substances organiques et attire fortement l'humidité de l'air. Lorsqu'on le mélange avec l'eau ou avec l'alcool, il se produit une très forte élevation de température.

L'acide sulfurique concentré est décomposé à une température élevée par la plupart des métaux, à l'exception de l'or, du platine et de quelques autres ; il est réduit en partie à l'état d'acide sulfureux, tandis qu'en même temps il se forme un sulfate de l'oxyde du métal employé. Lorsqu'on le chauffe avec le fer métallique, il se degage de l'acide sulfureux et il se produit du sulfate de sesquioxyde de fer. Chauffé avec le charbon, l'acide sulfurique se transforme en acide sulfureux: il se forme en même temps de l'acide carbonique. Chauffé avec le soufre, l'acide sulfurique produit de l'acide sulfureux. Si l'on fait passer du gaz hydrogène sulfuré dans l'acide sulfurique concentré, il se dépose du soufre et il se dégage de l'acide sulfureux; si l'acide sulfurique est étendu d'eau, le gaz hydrogène sulfuré n'exerce pas sur lui d'action décomposante. Le gaz hydrogène phosphoré est absorbé d'abord par l'acide sulfurique concentré sans produire de décomposition. La dissolution, mise en contact avec l'eau, laisse dégager du gaz hydrogène phosphoré. Si l'on conserve la dissolution même complétement à l'abri du contact de l'air, elle commence à se modifier au bout de vingt-quatre heures: elle cesse d'être transparente par suite de la formation d'un dépôt de soufre; il se produit en même temps de l'acide sulfureux et de l'acide phosphorique.

Lorsqu'on fait réagir au rouge les vapeurs d'acide sulfurique anhydre sur le fer métallique, il se forme du sulfure de fer melangé avec de l'oxyde de fer : l'oxyde de fer qui entre dans la composition de ce mélange, est celui qui est formé par la combinaison du protoxyde et du sesquioxyde; si l'on opère sur le zinc, il se forme de l'oxyde de zinc et du sulfure de zinc.

L'acide sulfurique étendu d'eau n'attaque pas les metaux qui ne décomposent pas l'eau: ceux au contraire qui décomposent l'eau, comme le fer, le zinc, etc., sont dissous par l'acide sulfurique étendu avec dégagement d'hydrogène : il se forme des sulfates métalliques. D'autres métaux, comme le cobalt et le nickel, ne sont dissous par l'acide sulfurique étendu avec dégagement d'hydrogène que par l'action prolongée de la chaleur.

L'acide sulfurique forme avec les bases des combinaisons salines; parmi ces combinaisons, les sulfates neutres et les sulfates acides sont solubles dans l'eau, à l'exception des sulfates de baryte, de strontiane, de plomb, de chaux, de protoxyde de mercure et d'oxyde d'argent, qui sont ou insolubles ou peu solubles; ils ne deviennent même pas solubles ou ne deviennent que peu solubles lorsqu'on ajoute des acides étendus. Les sulfates qui contiennent plusieurs équivalents de bases, sont presque tous insolubles dans l'eau; mais ils se dissolvent dans les acides étendus. Les sulfates neutres sont insolubles dans l'alcool concentré, à l'exception des sulfates de sesquioxyde de fer, de sesquioxyde de chrome et de quelques autres bases peu énergiques.

On reconnaît très facilement la présence de l'acide sulfurique, soit libre soit à l'état de sulfate soluble dans l'eau, en ce que, même dans les dissolutions très étendues, une dissolution d'un *sel de baryte*, et particulièrement de *chlorure de baryum* que l'on doit employer dans presque tous les cas, produit un précipité blanc de sulfate de baryte qui n'est pas dissous par les acides libres, et spécialement par l'acide chlorhydrique qu'il vaut mieux employer dans la plupart des cas. Lorsqu'on a ajouté de l'acide chlorhydrique ou de l'acide nitrique à la dissolution d'un sel à examiner, il faut observer que, lorsqu'on ajoute du chlorure de baryum ou du nitrate de baryte, il peut se former un précipité blanc de chlorure de baryum ou de nitrate de baryte, parce que ces combinaisons salines sont moins solubles dans les acides libres que dans l'eau p. 23 . Mais si on ajoute de l'eau, le précipité se dissout complètement. Si une liqueur acide ne se trouble pas immédiatement, mais seulement au bout de quelque temps par l'action d'une dissolution d'un sel de baryte, elle contient de l'acide sulfurique, mais en quantité excessivement faible, impondérable. — Mais comme, outre l'acide sélénique, il n'y a presque aucun autre acide que l'acide sulfurique qui forme avec la baryte une combinaison qui soit complètement insoluble dans l'eau et dans les acides, il est très facile de reconnaître dans une dissolution l'acide sulfurique au moyen de la dissolution d'un sel de baryte et de le distinguer ainsi des autres acides.

Les dissolutions des *sels de plomb* produisent aussi, dans les dissolutions de l'acide sulfurique et des sulfates, un précipité blanc de sulfate de plomb qui se distingue des précipités blancs qui lui ressemblent et qui contiennent du plomb, en ce qu'il ne se dissout pas dans l'acide nitrique étendu. De très petites quantités de sulfates en dissolution ne peuvent pas cependant être découvertes à beaucoup près aussi bien au moyen des dissolutions des sels de plomb qu'au moyen des dissolutions des sels de baryte.

Lorsqu'on veut reconnaître dans les dissolutions si l'acide sulfurique y est contenu en partie à l'état libre (combiné uniquement avec l'eau), en partie à l'état de combinaison avec les bases fortes, on ne peut pas y arriver au moyen de la dissolution d'un sel de baryte, et on ne peut y arriver que rarement au moyen de la couleur rouge que prend le papier de tournesol: en effet, les dissolutions de beaucoup de sulfates neutres, même lorsque l'acide sulfurique y est combiné avec des bases assez énergiques, rougissent le papier de tournesol: on doit alors concentrer la dissolution avec soin et la mêler ensuite avec un excès d'alcool concentré. Les sulfates neutres sont précipités complétement lorsqu'on a ajouté une quantité suffisante d'alcool, à peu d'exceptions près qui sont indiquées page 499. La liqueur alcoolique séparée du précipité, puis étendue d'eau, ou mieux évaporée et ensuite étendue d'eau, donne, avec une dissolution d'un sel de baryte, un précipité qui provient de l'acide sulfurique libre qui était contenu dans la dissolution, en plus de celui qui y était contenu à l'état de sulfate. La totalité de l'acide sulfurique libre n'est pas précipitée à l'état de sulfate de baryte; mais on obtient dans tous les cas un précipité au moyen de la dissolution de baryte. (On indiquera plus loin, page 504, une méthode bien meilleure et bien plus facile de retrouver l'acide sulfurique libre contenu dans les dissolutions des sulfates neutres, lorsqu'on traitera de la manière dont l'acide sulfurique se comporte avec les substances organiques.)

Les dissolutions aqueuses de l'acide sulfurique et des sulfates, même lorsqu'on a ajouté à ces dernières un acide libre, ne sont pas troublées par la dissolution d'*hydrogène sulfuré*, lorsque l'acide n'est pas combiné avec une base qui puisse être précipitée par l'hydrogène sulfuré.

Dans les sulfates insolubles dans l'eau, lorsqu'ils sont basiques, on retrouve la présence de l'acide sulfurique de la manière suivante: on les dissout dans l'acide chlorhydrique étendu, et on ajoute une dissolution de chlorure de baryum à la dissolution étendue d'eau : il se sépare de cette manière du sulfate de baryte insoluble.

Pour reconnaître la présence de l'acide sulfurique dans les sulfates qui sont insolubles ou au moins très peu solubles dans l'eau et dans les acides, comme le sont les sulfates de baryte, de strontiane, de chaux et de plomb, il faut les faire bouillir avec une dissolution de carbonate de potasse. On laisse la liqueur s'éclaircir par suite de la formation du dépôt de la partie insoluble, on décante, on ajoute une nouvelle dissolution de carbonate de potasse, on fait bouillir de nouveau et on filtre les deux liqueurs. On sursature ensuite par l'acide chlorhydrique et on ajoute à la liqueur acide une dissolution de chlorure de baryum: il se forme un précipité blanc de sulfate de baryte, lorsqu'il y avait de l'acide sulfurique dans la combinaison insoluble.

Les sulfates neutres ne sont pas décomposés au rouge, lorsque la base qu'ils contiennent est un oxyde alcalin, ou bien lorsque cette base est la baryte, l strontiane, la chaux ou l'oxyde de plomb. Cependant si on calcine fortement et pendant longtemps le sulfate de chaux au-dessus d'une lampe, on peut lui enlever une portion de son acide sulfurique. Cela se présente d'une manière encore bien plus nette pour le sulfate de magnésie. Les sulfates qui ont pour base le protoxyde de manganèse, l'oxyde de zinc, l'oxyde de cobalt, l'oxyde de nickel, l'oxyde de cadmium et l'oxyde de cuivre, ne sont décomposés qu'à une température très élevée ; et encore, pour plusieurs de ces sulfates, au moins lorsqu'on opère sur de grandes quantités, la décomposition n'est souvent qu'incomplète ; l'acide sulfurique n'en est séparé qu'à une température si élevée qu'il est décomposé : il se dégage alors un mélange d'acide sulfureux et d'oxygène. Les combinaisons de l'acide sulfurique avec l'alumine, le sesquioxyde de fer, le bioxyde d'étain, l'oxyde d'antimoine, l'oxyde de bismuth et les autres bases faibles, et aussi avec le protoxyde de fer et le protoxyde d'étain, sont décomposées facilement par l'action de la chaleur, surtout au contact de l'air, et ne laissent enfin comme résidu que de l'oxyde pur lorsqu'elles ont été soumises à l'action d'une température élevée : l'acide sulfurique est séparé de la plupart de ces combinaisons à une si basse température qu'il se dégage à l'état d'acide anhydre après la séparation de l'eau. La combinaison de l'acide sulfurique avec l'oxyde d'argent abandonne au rouge très intense le métal à l'état d'argent métallique pur : les sulfates de protoxyde et de bioxyde de mercure ne laissent pas de résidu.

Le sulfate de potasse, soumis au rouge modéré en présence du fer métallique, donne du sulfure de fer et une combinaison de sesquioxyde de fer et de potasse ; le sulfate de soude est décomposé de la même manière. Le sulfate de potasse, traité de la même manière par le zinc métallique, donne du sulfure de potassium et de l'oxyde de zinc. Les sulfates de chaux et de baryte, calcinés avec le fer, donnent du sulfure de calcium et du sulfure de baryum mélangés avec l'oxyde de fer résultant de la combinaison du protoxyde et du sesquioxyde de fer. Le sulfate de strontiane est décomposé de la même manière par le fer, mais seulement à une température plus élevée.

Les dissolutions des combinaisons neutres de l'acide sulfurique avec les oxydes alcalins, avec la chaux, la magnésie, le protoxyde de manganèse et l'oxyde d'argent, ne modifient pas la couleur du *papier bleu de tournesol;* la dissolution de sulfate de protoxyde de fer ne rougit même pas d'abord le papier de tournesol ; mais elle le rougit lorsqu'on l'a desséchée sur le papier (p. 89). Les dissolutions des combinaisons neutres de l'acide sulfurique avec les autres bases rougissent le papier de tournesol.

Au chalumeau, on reconnaît facilement l'acide sulfurique dans les sulfates solubles ou insolubles, pourvu qu'ils ne contiennent pas d'oxyde métallique proprement dit qui colore les fondants : pour cela, on en ajoute une petite quantité à une perle claire et incolore que l'on a formée à l'aide du chalumeau sur le charbon avec la soude et l'acide silicique, et on chauffe le tout à la flamme intérieure. La couleur de la perle devient jaune, brune ou rouge foncé suivant que la quantité de soufre est faible ou considérable. Les sulfures, aussi bien que les sels formés par un des acides du soufre quel qu'il soit, se comportent sous ce rapport comme les sulfates.

Dans la plupart des cas, il vaut cependant mieux employer la méthode suivante : on fait fondre simultanément une petite quantité de sulfate avec la soude sur le charbon à la flamme intérieure, et on place sur une lame d'argent la masse calcinée avec la portion du charbon avec laquelle elle était en contact et que l'on a enlevée avec un couteau : si l'on humecte alors avec de l'eau, la lame d'argent devient noire ou jaune à la place où elle est en contact avec la masse calcinée ; cette coloration provient de la formation du sulfure d'argent (Berzelius .—Cette méthode peut être employée même pour les sulfates dont les bases peuvent colorer fortement les fondants.

Mais comme le charbon peut contenir quelquefois de très petites quantités de sulfates, il vaut mieux, dans les analyses très exactes, mélanger la substance avec une quantité égale d'acide tartrique pur et de soude, puis chauffer fortement dans une petite cuiller de platine à la flamme du chalumeau jusqu'à ce que le charbon soit brûlé en grande partie. Si l'on verse une goutte d'eau dans la petite cuiller, et si l'on agite avec un fil d'argent, ce fil se colore en brun. On peut notamment rechercher de cette manière si le carbonate de soude contient de l'acide sulfurique.

Les sulfures et les combinaisons salines des acides du soufre qui contiennent moins d'oxygène que les sulfates se comportent dans ce cas comme les sulfates. Dans plusieurs combinaisons, notamment dans plusieurs minéraux, le soufre existe à l'état isolé ou à l'état de sulfate : on peut alors le retrouver par la methode suivante : on réduit la matière en poudre très fine, et on la fait bouillir avec une dissolution concentrée d'hydrate de potasse ; on chauffe jusqu'à ce que la potasse commence à fondre, ou bien on fait fondre au chalumeau la matière avec l'hydrate de potasse dans une cuiller de platine. La masse est ensuite dissoute dans une petite quantité d'eau, puis filtrée. Dans la liqueur filtrée, on place une lame d'argent blanc ; dans le cas où la combinaison contenait du soufre, la lame brunit ou noircit immediatement ou au bout de quelque temps. Les sulfates, traités de cette manière, ne réagissent pas sur l'argent (Kobell .

Il faut du reste observer que les séléniates et les sélenites, aussi bien que les séléniures, se comportent comme les combinaisons qui contiennent du soufre en présence d'une perle formée de soude et d'acide silicique, et en presence de la soude et d'une lame d'argent p. 441 .

Les sulfates de potasse, de soude et de lithine, calcinés sur le charbon dans la flamme intérieure, pénètrent dans le charbon et sont réduits à l'état de sulfures : de ces sulfures, le sulfure de potassium est le plus volatil et forme, en se volatilisant, un dépôt blanc de sulfate de potasse. Les sulfates de soude et de lithine donnent un dépôt blanc bien plus faible, parce que les sulfures correspondants ne sont pas aussi volatils. Si l'on traite ces dépôts par la flamme de réduction, ils disparaissent : celui qui provient du sulfate de potasse avec une lueur violette, celui qui provient du sulfate de soude avec une lueur jaune-rougeâtre, et celui qui provient du sulfate de lithine avec une lueur rouge-carmin Plattner.

Si les sulfates contiennent comme base un oxyde métallique, on y reconnaît dans la plupart des cas la présence de l'acide sulfurique au chalumeau à ce qu'ils dégagent une odeur d'acide sulfureux lorsqu'on les calcine sur le charbon. On arrive à un résultat plus certain en calcinant sur le charbon une petite quantité du sel pour lui enlever son eau de cristallisation, le pulvérisant dans un petit mortier et mélangeant ensuite avec une petite quantité de poudre de charbon : on chauffe le mélange au moyen de la flamme du chalumeau dans un petit tube ; il se dégage alors une quantité considérable d'acide sulfureux que l'on peut reconnaître soit à l'odeur, soit à la couleur rouge que prend une bande de papier de tournesol humide que l'on place à la partie supérieure du tube. — Les combinaisons de l'acide sulfurique avec les oxydes alcalins et les oxydes alcalino-terreux, et aussi avec l'oxyde de plomb, traitées de la même manière par le charbon, ne dégagent pas d'odeur d'acide sulfureux : les combinaisons salines de l'acide sulfurique avec la magnésie, le protoxyde de fer, l'oxyde de zinc, le protoxyde de manganèse, le bioxyde de cuivre, etc., dégagent de l'acide sulfureux lorsqu'on les traite de même par le charbon.

La manière dont l'acide sulfurique et les sulfates se comportent à l'égard d'une dissolution de baryte est tellement caractéristique, qu'elle permet de distinguer facilement l'acide sulfurique de tout autre acide, à l'exception seulement de l'acide sélénique. Mais, à l'état de combinaison, il peut facilement être distingué de cet acide au moyen du chalumeau.

L'acide sulfurique concentré (anglais dissout à la température ordinaire une forte proportion de *substances organiques*, tant volatiles que non volatiles : lorsque, pendant la dissolution, on a évité autant que possible l'élévation de température, il se forme des dissolutions colorées en brun plus ou moins foncé. Dans ces dissolutions, une portion de l'acide sulfurique est combinée avec la substance organique et produit avec cette substance des combinaisons qui forment avec la baryte, la strontiane, la chaux et l'oxyde de plomb, des sels qui, dans la plupart des cas, sont solubles dans l'eau, et qui y sont rarement peu solubles ou insolubles : c'est pour cela que les dissolutions de chlorure de baryum ne forment pas de précipité dans les dissolutions des sels que l'acide sulfurique, combiné avec la substance organique, forme avec les autres bases. — Si cependant on a traité par l'acide sulfurique une substance organique en suivant la méthode indiquée, jamais la totalité de l'acide sulfurique ne s'est combinée avec la substance organique ; mais une partie de l'acide sulfurique reste encore à l'état libre : et si on etend d'eau la liqueur, une dissolution de chlorure de baryum forme toujours un précipité de sulfate de baryte.

Pour reconnaître l'acide sulfurique dans les combinaisons copulées pures ou dans les sels qu'elles forment en s'unissant avec les bases, on dessèche la combinaison et on la chauffe jusqu'au rouge dans un tube bouché à une extrémité. Elle se carbonise : il se dégage souvent dans ce cas des combinaisons sulfurées volatiles: souvent aussi il ne s'en dégage pas. Le résidu contient ordinairement la base à l'état de combinaison avec le soufre. Si la base n'est pas alcaline, on melange, avant de le calciner, le sel anhydre avec du carbonate de potasse ou du carbonate de soude; on obtient de cette manière un sulfure alcalin que l'on peut reconnaître facilement après l'avoir dissous dans l'eau. Si l'on a chauffé le sel avec l'hydrate de potasse, précisement jusqu'au point où il commence à se carboniser, sans aller jusqu'au rouge, on obtient une certaine quantité de sulfate alcalin, mais fréquemment aussi du sulfite alcalin qui, traité par l'acide chlorhydrique, degage de l'acide sulfureux que l'on peut reconnaître à son odeur. Dans ce cas, la combinaison organique peut contenir de l'acide hyposulfurique.

Beaucoup de substances organiques sont noircies par l'acide sulfurique concentré et sont transformées en composés de couleur noire analogues à l'humus. C'est ce qui se présente spécialement pour le sucre de canne ; et on peut, par ce moyen, retrouver avec certitude l'acide sulfurique libre dans les plus petites quantités des dissolutions des sulfates neutres, lorsque leurs bases sont des bases fortes. L'acide sulfurique libre décompose le sucre de canne au-dessous de 100 degrés. Si par suite, après avoir ajouté une quantité tout à fait insignifiante de sucre de canne, on évapore jusqu'à siccité au bain-marie dans une petite capsule de porcelaine ou seulement sur le couvercle d'un creuset de porcelaine quelques gouttes d'une dissolution qui contienne des quantités insignifiantes d'acide sulfurique libre, on obtient une tache noir foncé. La tache est vert foncé lorsqu'on met sur la surface sucrée d'une assiette de porcelaine une goutte d'une liqueur qui contienne seulement une partie d'acide sulfurique pour huit mille parties d'eau, et lorsqu'on évapore ensuite au bain-marie. — Les dissolutions des sulfates neutres, même de ceux dont les dissolutions rougissent le papier de tournesol, pourvu que leur base ne puisse pas être considérée comme une base faible, ne produisent pas cette réaction ; la présence de l'acide sulfurique libre peut donc très bien être découverte de cette manière, bien qu'il y ait en même temps de l'acide sulfurique à l'état de combinaison. — On peut, par ce procédé, reconnaître en particulier la falsification du vinaigre au moyen de l'acide sulfurique; en effet, l'acide sulfurique des sulfates qui peuvent entrer dans le vinaigre au moyen de l'eau de puits, ne produit pas cette réaction. — L'acide phosphorique et les autres acides libres ne décomposent pas le sucre de canne de cette manière; c'est ce qui permet de reconnaître la présence de l'acide sulfurique libre, bien qu'il y ait d'autres acides libres dans la même dissolution (Runge .

LI. — PHOSPHORE, P.

Le phosphore est, à la température ordinaire, solide, flexible, de couleur blanche : il est transparent; au point de congélation de l'eau, il devient cassant : sa cassure est alors cristalline. Au moyen de certains dissolvants, on peut l'obtenir en plus gros cristaux. Conservé sous l'eau à la température ordinaire en présence de la lumière, il devient jaunâtre et se recouvre enfin d'une couche blanche, mince. — Le phosphore est plus lourd que l'eau : il a une densité de 1,77 : il fond même à + 44°; il entre en fusion lorsqu'on verse dessus de l'eau chaude. A l'abri de l'air, il se volatilise à une température élevée, environ 290 degrés : la vapeur de phosphore est incolore.

Au contact de l'air, le phosphore s'oxyde facilement. Il fume à l'air et dégage des vapeurs blanches qui paraissent lumineuses dans l'obscurité. Ces vapeurs sont formées d'acide phosphoreux et d'acide phosphorique.

La propriété que possèdent les vapeurs de phosphore d'être lumineuses ne peut être observée lorsqu'on les mélange avec de la vapeur d'eau : ce n'est qu'après le refroidissement que le phénomène a lieu. Si l'on fait bouillir le phosphore avec l'eau, la vapeur d'eau est colorée en verdâtre au contact de l'air par les vapeurs de phosphore. Le phosphore n'est pas lumineux dans l'air atmosphérique comprimé et même dans le gaz oxygène à la température ordinaire : il n'est pas lumineux non plus dans l'air atmosphérique qui contient du chlore gazeux ou des vapeurs d'acide nitrique; mais il est lumineux dans l'air raréfié : il y est même plus lumineux que dans l'air atmosphérique à la pression ordinaire. Le phosphore n'est pas lumineux dans les gaz qui ne contiennent pas d'oxygène, mais il y est lumineux lorsque ces gaz ne sont pas complétement exempts de toute trace d'air atmosphérique. Le plus faible mélange d'air atmosphérique peut, par suite, être reconnu dans toute espèce de mélange gazeux, à ce que le phosphore qu'on y introduit paraît lumineux dans l'obscurité. D'autre part, les vapeurs de certaines substances peuvent empêcher le phosphore d'être lumineux. C'est ce qui s'applique spécialement aux vapeurs d'éther, d'alcool, de créosote, d'huile de pétrole, de plusieurs huiles volatiles et notamment de l'huile essentielle de térébenthine et des autres hydrocarbures qui empêchent complétement le phosphore d'être lumineux, lorsqu'on ajoute même moins de 1 pour 100 de leurs vapeurs à une atmosphère que les vapeurs de phosphore ont rendue lumineuse. Le gaz hydrogène bicarboné donne le même résultat lorsqu'on en ajoute seulement moins de 1/4 pour 100 (Graham . Lorsqu'on introduit de l'ammoniaque dans une atmosphère devenue lumineuse par l'action du phosphore, elle cesse d'être lumineuse; mais elle redevient immédiatement lumineuse lorsqu'on sursature l'ammoniaque par un acide fort.

Dans l'air atmosphérique humide, il se forme, par l'action du phosphore, une matière gazeuse particulière, appelée *ozone*. Cette matière se produit également dans l'air par l'électricité de frottement et aussi par la décharge de la pile hydro-électrique dans l'eau qui a été rendue acide par l'action de l'acide sulfurique. Cette substance, qui est probablement une modification plus dense de l'oxygène, se distingue par son odeur particulière.

Au contact de l'air, le phosphore s'enflamme très facilement et même souvent par un très faible frottement. En été, lorsque la température est un peu élevée, le phosphore s'enflamme quelquefois spontanément à l'air, surtout lorsqu'il est en contact avec des corps rugueux, comme du papier gris commun, et même en hiver dans des circonstances qu'il n'est souvent pas facile de prévoir. Il brûle avec une flamme claire, vive, et produit une fumee blanche, abondante, qui est formée d'acide phosphorique anhydre qui cependant contient souvent de l'acide phosphoreux et même des vapeurs de phosphore, lorsque l'air n'a pas pu avoir complétement accès pendant la combustion.

Lorsqu'on maintient pendant très longtemps environ quarante à cinquante heures le phosphore à une température qui se rapproche de son point d'ébullition environ 240 à 250 degrés dans une atmosphère dans laquelle il ne peut pas s'oxyder, il se transforme en une autre modification importante possédant des propriétés particulières qui lui sont essentielles. Il se colore en rouge foncé et devient totalement opaque. Ce phosphore contient encore une quantité plus ou moins grande de phosphore ordinaire dont on peut le séparer au moyen du sulfure de carbone dans lequel le phosphore ordinaire est soluble, tandis que la modification rouge y est insoluble. On obtient alors le phosphore rouge sous la forme d'une poudre rouge foncé dont la couleur devient encore plus foncée par l'action de la chaleur : il a alors les mêmes propriétés que le phosphore qui a été exposé pendant longtemps à la lumière solaire et qui a subi de cette manière la même modification que par l'action prolongée de la chaleur. On peut obtenir la modification rouge du phosphore en masses compactes, cassantes, d'une cassure conchoïde et d'une couleur brune, presque noire et aussi exempte que possible de tout mélange avec le phosphore ordinaire, en continuant de le chauffer pendant très longtemps huit jours environ sans interruption à la température indiquée. On a appelé cette modification du phosphore *phosphore amorphe* Schrötter .

Le phosphore amorphe a une pesanteur spécifique plus élevée que le phosphore ordinaire : elle est de 2,09 à 2,1 et elle est d'autant plus elevee que le phosphore rouge est plus pur de tout mélange avec le phosphore ordinaire. Chauffé au-dessus de 290 degrés, le phosphore rouge se volatilise et les vapeurs, en se solidifiant, reproduisent du phosphore ordinaire. Le phosphore rouge n'est pas lumineux dans l'obscurité et ne dégage pas de vapeur au contact de l'air. Cependant un mélange de phosphore ordinaire et de phosphore amorphe fume à l'air plus fortement que le phosphore ordinaire. On obtient un mélange des deux modifications du phosphore lorsqu'on brûle le phosphore sous l'eau chaude en y faisant passer de l'air atmosphérique ou du gaz oxygène. On l'obtient aussi souvent accidentellement dans les recherches chimiques. Le phosphore amorphe n'est pas dissous où n'est dissous que difficilement par les agents de dissolution qui dissolvent le phosphore ordinaire.

L'acide nitrique et l'eau régale dissolvent à chaud le phosphore plus facilement que le soufre : le phosphore amorphe se dissout à chaud dans l'acide nitrique avec bien moins de violence que le phosphore ordinaire. Par l'action de l'acide nitrique et de l'eau régale, le phosphore est oxydé et transformé en acide phosphorique qui contient cependant toujours de l'acide phosphoreux qui peut exister pendant très longtemps en même temps que les acides oxydants, sans se transformer en acide phosphorique, bien qu'il y ait un excès considérable d'acide oxydant. Même par évaporation, la transformation de l'acide phosphoreux en acide phosphorique n'a lieu que lorsque la liqueur concentrée a atteint une température d'environ 200 degrés à laquelle l'acide nitrique libre se volatilise. Si la quantité de phosphore que l'on veut oxyder est considérable par rapport à la quantite d'acide nitrique, la quantité d'acide phosphoreux contenue dans l'acide phosphorique est encore plus considérable, et il en existe encore même après l'évaporation de l'acide nitrique. Lorsque, par suite, on chauffe encore plus fortement l'acide phosphorique, l'acide phosphoreux qu'il contient s'oxyde et se transforme en acide phosphorique avec dégagement de gaz hydrogène phosphoré. — Le phosphore est insoluble dans l'acide chlorhydrique : il ne se dissout pas non plus dans les oxacides non oxydants. Si l'on fait passer du chlore gazeux sur du phosphore ordinaire, il fond d'abord et brûle ensuite; pour un excès de chlore, il se transforme en chlorure de phosphore solide et, pour un excès de phosphore, en chlorure de phosphore liquide. Dans le premier cas, la flamme que le phosphore produit en brûlant, est étincelante et plus brillante que dans le second cas dans lequel elle a un tout autre aspect. Le phosphore amorphe se combine avec le chlore sans qu'il se produise de flamme. Si l'on plonge du phosphore ordinaire dans du brome liquide, les deux corps se combinent avec incandescence : cette réaction est accompagnée d'une forte explosion qui est très dangereuse. Mais si l'on met la vapeur de brome en contact avec le phosphore à la température ordinaire, il se forme pour un excès de phosphore un bromure de phosphore liquide. Si l'on plonge le phosphore amorphe dans le brome liquide, les deux corps se combinent : la réaction est vive et il y a incandescence; mais les deux phénomènes ne se produisent pas à un degré aussi élevé qu'avec le phosphore ordinaire. Le phosphore ordinaire se combine avec l'iode à l'aide d'une faible chaleur : il y a inflammation; mais il ne se produit pas d'explosion dangereuse. Le phosphore amorphe s'unit à l'iode à l'aide d'une faible chaleur : il y a inflammation, mais elle n'est pas facile à voir et l'action est moins vive.

Si l'on fait bouillir le phosphore avec une dissolution d'*hydrate de potasse*, le phosphore se dissout avec dégagement de gaz hydrogène phosphoré spontanément inflammable, mélangé d'hydrogène, et produit du phosphate et de l'hypophosphite de potasse. L'*hydrate de soude*, aussi bien que les *hydrates de chaux*, *de strontiane* et *de baryte*, produisent une réaction analogue, lorsqu'on les fait bouillir avec le phosphore et avec l'eau. Mais les hydrates des oxydes alcalins et des oxydes alcalino-terreux sont les seules bases qui puissent, en présence de l'eau et du phosphore, donner naissance à un dégagement de gaz hydrogène phosphoré. La magnésie, aussi bien que l'oxyde d'argent, lorsqu'on les fait bouillir avec le phosphore et avec l'eau, ne peuvent pas produire de gaz hydrogène phosphoré. Les oxydes alcalins et alcalino-terreux à l'état de carbonates ne sont pas non plus en état de produire du gaz hydrogène phosphoré. Il ne s'en produit pas non plus lorsqu'on fait bouillir le phosphore avec une dissolution concentrée de cyanure de potassium.

Si l'on chauffe le phosphore avec la baryte, la strontiane et la chaux anhydres, on obtient des combinaisons de couleur brune qui sont des mélanges de phosphures et de phosphates terreux. Si l'on calcine fortement ces combinaisons à l'abri du contact de l'air, les oxydes terreux restent comme résidu à l'état pur et il se dégage du phosphore. Les combinaisons brunes, traitees par l'eau, dégagent du gaz hydrogène phosphoré spontanément inflammable : l'eau contient un hypophosphite en dissolution, tandis qu'il se sépare un phosphate à l'état insoluble.

La combinaison du phosphore avec le *nitrogène* que l'on obtient lorsqu'on chauffe dans une atmosphère de gaz acide carbonique une combinaison du chlorure liquide de phosphore avec l'ammoniaque, est une poudre blanche, inodore, insipide, qui n'est pas volatile lorsqu'elle est complétement à l'abri de l'air, et qui résiste fortement aux agents de destruction. Calcinée à l'air, elle dégage des vapeurs blanches d'acide phosphorique et se transforme lentement en acide phosphorique sans brûler avec flamme. Cette combinaison se distingue par sa grande indifférence à l'égard des réactifs. Elle est insoluble dans l'eau et dans presque tous les acides, même dans l'acide nitrique étendu : elle n'est attaquée ni par le soufre, ni par le chlore gazeux, même à une température élevée, et n'est pas modifiée, même à l'ébullition, par les dissolutions des hydrates des oxydes alcalins et alcalino-terreux. Lorsque cependant on fait fondre ces hydrates avec la combinaison indiquée, elle se décompose avec incandescence aux depens de l'eau en acide phosphorique qui se combine avec la base et en ammoniaque qui se dégage. La combinaison du phosphore et du nitrogène est transformee au rouge par l'hydrogène gazeux en phosphore et en ammoniaque gazeuse.

Le phosphore se comporte à l'égard des dissolutions de certains oxydes métalliques comme un métal électro-positif et peut, par suite, à la température ordinaire, séparer dans ces dissolutions le métal à l'état métallique. Du reste, ce sont presque uniquement les dissolutions des métaux dits nobles qui peuvent être précipitées par le phosphore ; il en est également de même des dissolutions de bioxyde de cuivre.

Si l'on met à la température ordinaire du phosphore ordinaire dans une dissolution de *sulfate de cuivre*, elle devient d'abord noire; mais elle se recouvre ensuite lentement d'une couche de cuivre métallique ayant sa couleur rouge ordinaire. Le métal est à la fin complétement précipité de la dissolution : celle-ci devient incolore et contient de l'acide phosphoreux. Cependant le cuivre précipité recouvre le phosphore en excès d'une couche plus ou moins épaisse et empêche, par suite, toute réaction ultérieure du phosphore sur la dissolution de cuivre, en sorte que, lorsque le phosphore est recouvert de cette manière, il ne réduit pas la plus petite quantité de la dissolution, bien qu'elle reste longtemps en contact avec le phosphore ainsi renfermé. — Cependant si l'on fait bouillir le phosphore avec une dissolution concentrée de sulfate de cuivre, il se sépare d'abord du cuivre métallique, qui devient bientôt noir et se transforme en phosphure de cuivre. Pour l'obtenir à l'état pur, on doit ajouter à la liqueur, lorsqu'elle est devenue incolore, une nouvelle quantité de dissolution de sulfate de cuivre, broyer avec précaution le précipité avec un pilon, et laisser réagir sur la dissolution de cuivre les petites particules de phosphore qui sont enveloppées de phosphure de cuivre. Le phosphure de cuivre doit être lavé avec une dissolution de bichromate de potasse à laquelle on a ajouté un peu d'acide sulfurique étendu : on doit ensuite le chauffer et le laver de nouveau. Ce phosphure de cuivre a la propriété caractéristique de dégager du gaz hydrogène phosphoré spontanément inflammable lorsqu'on le mêle avec du cyanure de potassium pulvérisé et lorsqu'on l'humecte très légèrement. Le dégagement du gaz persiste pendant longtemps. Si on humecte le mélange avec un peu d'alcool, le gaz qui se dégage n'est pas spontanément inflammable (Boettger). L'hydrate de potasse humide, en réagissant sur le phosphure de cuivre, ne produit pas de dégagement de gaz hydrogène phosphoré. Si l'on fait bouillir le phosphure de cuivre avec l'acide chlorhydrique concentré, il se produit un très faible dégagement de gaz hydrogène phosphoré qui n'est pas spontanément inflammable.

Le phosphore ordinaire, en réagissant à la température ordinaire sur le *bichlorure de cuivre*, produit seulement un précipité de protochlorure blanc de cuivre. Si cependant on fait bouillir, il se forme du phosphure de cuivre. Lorsqu'on veut le purifier au moyen du bichromate de potasse et de l'acide sulfurique, il se dissout souvent entièrement, lorsqu'il contient encore du protochlorure de cuivre : seulement il se dégage en même temps du chlore qui devient libre.

Le phosphore amorphe ne réduit pas, à la température ordinaire, le cuivre d'une dissolution de sulfate et ne donne pas à chaud du phosphure de cuivre.

Le phosphore ordinaire sépare complétement d'une dissolution de *nitrate d'argent*, l'argent, d'abord avec une couleur noire, puis bientôt avec une couleur blanche; l'argent se dépose sous la forme d'écailles et ne forme pas sur le phosphore un dépôt métallique; la dissolution contient de l'acide phosphoreux. — Le phosphore amorphe peut aussi réduire, à la température ordinaire, l'argent de la dissolution de nitrate d'argent; mais la réaction est très lente et est encore incomplète, même au bout d'un temps très long. Du reste, l'argent ne forme pas sur le phosphore de dépôt métallique, mais se dépose plutôt à l'état pulvérulent et recouvre les parois du vase.

Le phosphore ordinaire réduit en peu de temps l'or d'une dissolution de *sesquichlorure d'or* sous forme d'un dépôt métallique qui recouvre le phosphore; la dissolution contient de l'acide phosphoreux. Le phosphore amorphe réduit également, à la température ordinaire, l'or d'une dissolution de sesquichlorure d'or; mais il faut un temps plus long; cependant la séparation est complète. L'or se dépose autour du phosphore sous la forme d'une croûte cristalline, solide.

Dans une dissolution de *bichlorure de platine*, le bichlorure de platine est réduit seulement à l'etat de protochlorure de platine par le phosphore ordinaire à la température ordinaire; le protochlorure de platine reste dissous et prend une couleur plus foncée : la dissolution donne avec l'ammoniaque un précipité vert (p. 192). Mais si l'on fait bouillir le phosphore avec la dissolution de bichlorure de platine, le platine est précipité complètement à l'état de phosphure de platine brun-noir foncé. Ce phosphure de platine, mélangé avec le cyanure de potassium humide, donne naissance à un dégagement de gaz hydrogène phosphoré qui est très peu abondant.

Dans une dissolution de *nitrate de protoxyde de mercure* et de *nitrate de bioxyde de mercure*, le mercure est précipité à la température ordinaire par le phosphore, mais très lentement et incomplétement, en partie à l'etat métallique, en partie à l'état de combinaison avec le phosphore et le colorant alors en noir. — Dans une dissolution de *bichlorure de mercure*, le bichlorure de mercure est réduit, à la température ordinaire, par le phosphore, seulement à l'état de protochlorure de mercure; cependant, par l'ebullition, il se forme du phosphure noir de mercure qui se combine avec le phosphore en excès et le colore entièrement en noir : il se sépare en même temps un peu de mercure à l'état métallique.

D'autres métaux, comme le plomb, le nickel, le cobalt, etc., ne sont pas réduits de leurs dissolutions par le phosphore à la température ordinaire. Si cependant on fait bouillir pendant très longtemps avec le phosphore une dissolution d'acetate de plomb, il se sépare à la fin du phosphure noir de plomb. Les dissolutions de nitrate de plomb et de chlorure de plomb ne sont pas décomposées, même par une longue ebullition avec le phosphore. Dans une dissolution de sulfate de nickel que l'on fait bouillir pendant très longtemps avec le phosphore, il se précipite du phosphure noir de nickel; mais tout l'oxyde de nickel n'est pas séparé de la dissolution. Une dissolution de sulfate de cobalt, au contraire, n'est pas modifiée, même par une longue ebullition avec le phosphore.

Si l'on soumet à une température élevée des mélanges de phosphore avec certains métaux, il se forme des *phosphures;* dans quelques cas avec incandescence. Il s'en produit aussi lorsqu'on chauffe le phosphore avec quelques oxydes métalliques dans ce cas, il se forme en même temps des phosphates et aussi lorsqu'on traite certains phosphates par le charbon à une température élevée. Lorsqu'on fait chauffer ces phosphates dans un courant de gaz hydrogène au rouge vif, on obtient également des phosphures. Il s'en produit aussi lorsqu'on fait passer du gaz hydrogène phosphoré sur les chlorures et les sulfures de certains métaux, en ayant soin de les chauffer à une température très modérée. Beaucoup de phosphures qui se produisent de cette manière, sont décomposés en phosphore qui se dégage et en métal à la température même que l'on doit employer pour les produire : c'est le cas qui se présente, par exemple, lorsqu'on chauffe dans un courant de gaz hydrogène phosphoré les chlorures d'argent et de plomb, et les sulfures d'étain, de bismuth et d'antimoine. Ils abandonnent comme résidu du métal pur : en même temps il se dépose du phosphore dans la partie froide de l'appareil, et il se dégage du gaz chlorhydrique ou du gaz hydrogène sulfuré. Ce sont particulièrement les combinaisons du phosphore avec le cuivre, le fer, le nickel, le cobalt, le chrome, le manganèse et le zinc qui conservent leur phosphore à une température élevée. Si l'on chauffe les oxydes de ces métaux, notamment le bioxyde de cuivre et le protoxyde de cuivre, dans un courant de gaz hydrogène phosphoré, il se forme toujours, outre le phosphure, de l'acide phosphorique. Les phosphures de cuivre, de fer, de cobalt et de nickel se distinguent en ce qu'ils résistent complétement à l'action des acides non oxydants, comme l'acide chlorhydrique et l'acide sulfurique étendu, bien que les métaux qui entrent dans la composition de ces phosphures, lorsqu'ils sont à l'état pur, soient facilement dissous par ces acides, comme cela arrive pour le fer par exemple. Les acides oxydants, au contraire, comme l'acide nitrique et l'eau régale, dissolvent ces phosphures à chaud; le phosphore s'oxyde alors complétement et passe à l'état d'acide phosphorique à mesure que le phosphure se dissout : il ne se sépare pas partiellement, comme cela arrive pour le soufre, lorsqu'on soumet les sulfures à l'action des acides oxydants (p. 454).

Le phosphore que l'on trouve dans le commerce, contient souvent de l'arsenic, autrefois cependant plus fréquemment qu'actuellement. Pour l'essayer, on le transforme en acide phosphorique au moyen de l'acide nitrique, et on précipite ensuite l'arsenic oxydé à l'état de sulfure d'arsenic au moyen de l'hydrogène sulfuré. Comme les petites quantités d'arsenic contenues dans le phosphore ont ordinairement été transformées en acide arsénique par l'oxydation au moyen de l'acide nitrique, leur transformation en sulfure d'arsenic exige un temps assez long (p. 398 . Mais la production du sulfure d'arsenic peut être accelérée par l'action de l'acide sulfureux. La quantité de l'arsenic contenue dans le phosphore est actuellement si peu considérable, qu'on ne peut pas en retrouver la présence, même lorsqu'on a oxyde au moyen de l'acide nitrique plusieurs grammes de phosphore impur. Mais si on transforme en acide phosphorique au moyen de l'acide nitrique de grandes quantités de phosphore (de 1/2 à 1 kilogramme), on peut, en expérimentant avec exactitude, précipiter de petites quantités de sulfure d'arsenic.

Le phosphore peut être coloré par des mélanges de quantités excessivement petites de métaux : il paraît alors noir ou brun-rouge. On trouve quelquefois dans le commerce un phosphore de cette espèce; cependant cela était plus fréquent autrefois qu'actuellement : ce phosphore, lorsqu'on a enlevé la couche blanche qui le recouvre, paraît noir ou brun-rouge lorsqu'on observe la lumière solaire par transparence. Un tel phosphore contient de très petites quantités de métaux étrangers, arsenic, cuivre, antimoine, plomb, etc. Un demi pour 100 et même une moins grande quantité de matière étrangère peut donner au phosphore la couleur noire. Un phosphore de cette espèce se recouvre d'une croûte blanche plus rapidement que le phosphore pur. Si on le fait fondre dans un tube barométrique exposé à la température de l'eau bouillante, la plus grande partie des impuretés se rend à la surface du phosphore liquide sous forme d'écume : on peut alors, en enlevant cette écume, purifier le phósphore d'une grande partie des matières étrangères qui étaient mélangées avec ce phosphore. Cependant le phosphore, purifié de cette manière, qui, immédiatement après avoir été purifié, a l'aspect du phosphore pur, redevient noir ou brun-rouge au bout de quelque temps.

La combinaison du *phosphore* avec l'*hydrogène* PH^3 est un gaz incolore, d'une odeur caractéristique excessivement désagréable. S'il a été préparé par l'ébullition du phosphore avec l'eau et les hydrates des oxydes alcalins ou alcalino-terreux, cas dans lequel il est mélangé avec le gaz hydrogène, il s'enflamme de lui-même au contact de l'air atmosphérique, et chaque bulle brûle avec une flamme vive et forme une fumée annulaire d'acide phosphorique anhydre. On obtient un gaz qui a les mêmes propriétés lorsqu'on décompose le phosphure de calcium ou le phosphure de baryum par l'eau. Si, au contraire, on a préparé le gaz hydrogène phosphoré par l'action de la chaleur sur les hydrates d'acide hypophosphoreux et d'acide phosphoreux ou par la décomposition de l'acide phosphorique qui contient beaucoup d'acide phosphoreux, ou encore par la décomposition du phosphure de calcium ou du phosphure de baryum au moyen de l'acide chlorhydrique, il n'est pas spontanément inflammable au contact de l'air; mais si on l'enflamme, il brûle avec la même flamme que le gaz spontanément inflammable et en dégageant une fumée abondante d'acide phosphorique. Si, pendant la combustion, le contact de l'air n'a pas été complet, il se produit, outre l'acide phosphorique, beaucoup de phosphore à l'état amorphe. — Mélangé avec une grande quantité de vapeur d'eau, le gaz hydrogène phosphoré brûle au contact de l'air avec une flamme verdâtre. Le gaz hydrogène phosphoré spontanément inflammable perd son inflammabilité lorsqu'on le mélange avec une petite quantité de vapeur d'éther ou d'alcool. Si on place seulement une goutte d'alcool à l'orifice du tube à dégagement dans lequel passe le gaz spontanément inflammable, le gaz qui se dégage cesse pendant très longtemps d'être inflammable. Les huiles volatiles, comme l'essence de térébenthine et l'huile de pétrole, détruisent l'inflammabilité spontanée du gaz hydrogène phosphoré, comme le fait l'alcool, mais pas au même degré.

Si l'on met en contact avec le fond d'une petite cloche ou d'une petite éprouvette en verre une baguette de verre qui a été humectée avec une quantité excessivement faible d'acide nitrique, si l'on remplit alors immédiatement la cloche ou l'éprouvette avec du mercure, si, ensuite, au bout de quelque temps, lorsque l'acide a réagi sur le mercure, on remplit l'éprouvette de gaz hydrogène phosphoré non spontanément inflammable, on peut rendre spontanément inflammable, par un contact de plusieurs heures, quarante à soixante volumes de gaz hydrogène phosphoré non spontanément inflammable, en les mélangeant avec le mercure ainsi préparé (Graham et Bonet .

Lorsqu'on fait bouillir le phosphore avec une dissolution alcoolique d'hydrate de potasse, on obtient un hydrogène phosphoré qui ne contient qu'une petite quantité de gaz hydrogène, mais qui a complétement perdu son inflammabilité.

Si l'on mélange le gaz hydrogène phosphoré avec le gaz chlorhydrique, il perd également sa propriété d'être spontanément inflammable. Mais si l'on fait passer le mélange gazeux dans une liqueur ammoniacale qui ne soit pas trop étendue, il reprend sa propriété d'être spontanément inflammable ; et le gaz hydrogène phosphoré non spontanément inflammable, mélangé avec le gaz chlorhydrique, devient spontanément inflammable lorsqu'on le fait passer ensuite à travers une liqueur ammoniacale. Une dissolution d'hydrate de potasse, même très concentrée, ne produit pas la même réaction, bien qu'on y ait ajouté une liqueur ammoniacale ou une dissolution de chlorure d'ammonium. Une dissolution de carbonate d'ammoniaque ou une liqueur ammoniacale étendue ne peuvent pas rendre spontanément inflammable le gaz hydrogène phosphoré contenu dans un mélange gazeux.

Le gaz hydrogène phosphoré s'unit avec plusieurs chlorures liquides et forme des combinaisons solides : il en forme, par exemple, avec le bichlorure d'étain, le chlorure de titane, le perchlorure d'antimoine, etc. Il se combine aussi avec les chlorures solides, le chlorure d'aluminium par exemple. Toutes ces combinaisons sont décomposées immédiatement par l'eau : le gaz hydrogène phosphoré se dégage avec effervescence; seulement il est à l'état non spontanément inflammable, bien qu'on ait employé à la préparation de la combinaison solide un gaz qui était spontanément inflammable : le chlorure se dissout dans l'eau. Seulement, dans la décomposition au moyen de l'eau de la combinaison formée par le bichlorure d'étain et l'hydrogène phosphoré, il se sépare du phosphure d'étain de couleur jaune.

Les dissolutions d'hydrate de potasse, de carbonate de potasse et de carbonate d'ammoniaque séparent, de la même manière que l'eau, à l'état non spontanément inflammable, le gaz hydrogène phosphoré contenu dans ces combinaisons : c'est seulement lorsqu'on emploie une liqueur ammoniacale que le gaz se dégage à l'état spontanément inflammable.

Les combinaisons sont tout à fait de la même espèce, soit qu'elles résultent de la combinaison des chlorures avec le gaz spontanément inflammable ou avec le gaz non spontanément inflammable. Par l'action de l'eau aussi bien que par l'action des dissolutions aqueuses des combinaisons salines, le gaz se dégage de toutes ses combinaisons à l'état non spontanément inflammable : par l'action d'une liqueur ammoniacale, au contraire, le gaz se dégage à l'état spontanément inflammable. Cependant, dans le cas où l'on verse de l'eau sur de grandes quantités de la combinaison de chlorure d'aluminium et d'hydrogène phosphoré, et dans ce cas seulement, le gaz qui se dégage peut quelquefois s'enflammer spontanément.

Le gaz hydrogène phosphoré se combine d'une manière analogue avec le gaz bromhydrique et le gaz iodhydrique et forme des combinaisons que l'on peut obtenir à l'etat cristallisé. La combinaison iodhydrique peut être obtenue très facilement et en très grande quantité en gros cristaux cubiques, incolores, en chauffant avec un peu d'eau un mélange d'iode et de phosphore. Cette combinaison est aussi décomposée immédiatement par l'eau, et le gaz hydrogène phosphoré s'en dégage avec effervescence ; cependant cette combinaison se distingue essentiellement des combinaisons du gaz hydrogène phosphoré avec les chlorures, en ce que toutes les dissolutions aqueuses, et même la liqueur ammoniacale concentrée, en dégagent le gaz à l'état non spontanément inflammable.

On attribue actuellement l'inflammabilité spontanée du gaz hydrogène phosphoré à un mélange d'une certaine quantité de vapeur d'une combinaison liquide du phosphore avec une proportion moindre d'hydrogène PH^2 qui se forme en même temps que la combinaison gazeuse, et que l on peut obtenir sous la forme d'un liquide incolore, lorsqu'on soumet à l'action d'un froid intense le gaz hydrogène phosphoré spontanément inflammable. L'hydrogène phosphoré liquide est d'une très faible stabilité et ne peut être conservé que dans l'obscurité et par un froid intense; en effet, il se décompose rapidement à la température ordinaire par l'action de la lumière solaire en hydrogène phosphoré gazeux et en hydrogène phosphoré solide de couleur jaune, P^2H Paul Thenard). Cependant plusieurs des phénomènes indiqués ne peuvent pas être expliqués par la présence des vapeurs de la combinaison liquide dans le gaz spontanément inflammable. Lorsqu'on admet que, dans la décomposition au moyen de l'ammoniaque des combinaisons des chlorures avec l'hydrogène phosphoré, il se produit une température assez élevée pour qu'elle puisse enflammer le gaz non spontanément inflammable, il faut observer qu'une dissolution aqueuse concentrée d'hydrate de potasse, en décomposant les mêmes combinaisons, produit également une température élevée, peut-être encore plus élevée, et que cependant elle ne détermine pas l'inflammabilité spontanée du gaz.

Le gaz hydrogène phosphoré est absorbé par l'*acide sulfurique* concentré sans être décomposé. Si l'on verse la dissolution goutte à goutte dans l'eau, le gaz se sépare immédiatement de la combinaison et se dégage à l'état non spontanément inflammable, malgré la température élevée qui se produit pendant la décomposition, et bien qu'on ait employé primitivement à la préparation de la combinaison sulfurique le gaz spontanément inflammable. Si l'on préserve complétement du contact de l'air la dissolution de l'hydrogène phosphoré dans l'acide sulfurique concentré, elle se modifie déjà au bout de vingt-quatre heures. Il se sépare du soufre qui reste en suspension, mais qui se dépose sous la forme d'une poudre jaune lorsqu'on étend d'eau; il se dégage beaucoup d'acide sulfureux, et la liqueur étendue d'eau contient de l'acide phosphorique. — L'acide sulfurique anhydre ne se combine pas avec l'hydrogène phosphoré; il est décomposé, même à une basse température ; il se forme de l'acide sulfureux et le phosphore se dépose à l'état de phosphore rouge.

Si l'on fait passer le gaz hydrogène phosphoré, qu'il soit spontanément inflammable au contact de l'air ou qu'il ne le soit pas, dans un tube de verre qui n'a pas un trop grand diamètre et que l'on chauffe jusqu'au rouge en une place, l'hydrogène phosphoré se décompose en gaz hydrogène et en phosphore qui se dépose non loin de la place chauffée. Cette décomposition à l'aide de la chaleur n'est pas aussi complète pour le gaz hydrogène phosphoré que pour le gaz hydrogène antimonié et le gaz hydrogène arsénié (p. 257 et p. 375) et n'a lieu qu'à une température plus élevée.

Le gaz hydrogène phosphoré ne trouble que les dissolutions d'un petit nombre d'oxydes métalliques, lorsqu'on le fait passer dans ces dissolutions, et forme de cette manière par voie humide, dans des cas rares, des phosphures, de la même manière que le gaz hydrogène sulfuré forme des sulfures. Cela s'applique spécialement aux dissolutions des oxydes métalliques suivants qui sont modifiées par l'hydrogène phosphoré lorsqu'on le fait passer à travers ces dissolutions.

Dans une dissolution de *sesquichlorure d'or*, il se produit immédiatement, dès les premières bulles de gaz, un précipité brun-noir foncé qui est de l'or métallique et qui n'est pas modifié par un excès de gaz.

Dans une dissolution d'*oxyde d'argent*, il se produit, avec la même facilité que dans la dissolution de sesquichlorure d'or, dès les premières bulles de gaz, une coloration brune et ensuite un précipité noir, très volumineux, dont il paraît se dissoudre une grande quantité dans la liqueur qui forme ainsi une dissolution brune. Si l'on filtre très rapidement le précipité noir sans lui laisser le temps de se déposer, la liqueur passe brune à travers le papier. Après un long contact, le précipité se dépose, change de couleur, devient métallique et d'une couleur gris-blanchâtre. Cette modification est beaucoup accélérée par une légère élévation de température. Le précipité brun-noir qui n'a pas de ressemblance extérieure avec l'argent métallique, n'est cependant formé que d'argent; peut-être contient-il de l'hydrogène, mais il ne contient pas de phosphore, et bien qu'il soit encore noir, il acquiert par le frottement l'éclat de l'argent métallique: la liqueur contient de l'acide phosphorique. — La réaction est la même, soit que l'on ait fait passer une petite quantité ou un excès de gaz hydrogène phosphoré dans la dissolution d'argent, et elle réussit tout aussi bien dans les dissolutions de nitrate, de sulfate et d'acétate d'argent que dans une dissolution ammoniacale de chlorure d'argent. — Parmi toutes les dissolutions métalliques, la dissolution d'argent est, après la dissolution d'or, la plus convenable pour distinguer le gaz hydrogène phosphoré, de telle sorte qu'on peut s'en servir comme d'un excellent réactif pour découvrir les plus petites traces de ce gaz. — Lorsqu'il se dégage d'une liqueur des traces de gaz hydrogène phosphoré, on peut les reconnaître à l'odeur désagréable particulière au gaz. Mais il vaut mieux employer un papier trempé dans une dissolution de nitrate d'argent ou sur lequel on a tracé des caractères avec une dissolution de nitrate d'argent. Si l'on porte à la surface de la liqueur ce papier même desséché, il se colore immédiatement en noir foncé. Des traces très faibles de gaz ne font souvent que brunir le papier.

Le gaz hydrogène phosphoré forme un précipité jaune dans une dissolution de *bichlorure de mercure*. Ce précipité est formé d'une combinaison de bichlorure de mercure avec le phosphure de mercure et l'eau ($Hg^3P^2 + 3HgCl^2 + 3H^2O$. Les premières bulles de gaz forment souvent, surtout dans les dissolutions étendues, un précipité noirâtre qui disparaît totalement au bout de peu de temps et devient jaune. Le précipité a les mêmes propriétés, soit qu'il soit formé par un excès de bichlorure de mercure ou bien par un excès d'hydrogène phosphoré, en sorte que l'excès d'hydrogène phosphoré ne peut plus décomposer le bichlorure de mercure contenu dans le précipité. La couleur jaune du précipité a de la ressemblance avec la couleur du bioxyde de mercure précipité de ses dissolutions au moyen de l'hydrate de potasse. Dans la liqueur séparée du précipité par filtration, il n'y a pas d'acide phosphorique, ni d'acide phosphoreux, lorsqu'on a évité le contact de l'air atmosphérique et lorsqu'on n'a pas fait passer de gaz hydrogène phosphoré en excès dans la dissolution de bichlorure; mais il y a de l'acide chlorhydrique libre dans lequel le précipité n'est pas soluble. Le précipité jaune se décompose facilement, même lorsqu'on le lave avec l'eau chaude; il se décompose aussi lorsque, pendant le passage du gaz dans la dissolution de bichlorure de mercure, cette dissolution s'échauffe, et aussi lorsqu'on le conserve pendant quelque temps à l'état humide. Il se décompose par l'action de l'eau en mercure métallique, en acide chlorhydrique et en acide phosphoreux qui se dissolvent dans l'eau. Par l'action de la chaleur, la combinaison à l'état sec est décomposée en mercure métallique, en gaz chlorhydrique qui contient un peu de gaz hydrogène phosphoré et en acide phosphorique qui reste comme résidu.

Il se forme un précipité tout à fait semblable lorsqu'on fait passer du gaz hydrogène phosphoré dans la dissolution de *bibromure de mercure;* seulement la couleur du précipité est alors un peu plus brune.

Le gaz hydrogène phosphoré produit d'abord, dans une dissolution de *nitrate de bioxyde de mercure*, un précipité jaunâtre; mais ce précipité devient blanc par l'action d'un excès de gaz. Par la dessiccation, il devient jaune. Par la calcination, par la percussion et même par l'action d'un courant de gaz chlore sec, il détone avec beaucoup de force et beaucoup de bruit. Il est formé de nitrate basique d'oxyde de mercure et de phosphure de mercure [$Hg^3P^2 + 3(2HgO + N^2O^5)$].

Une dissolution de *sulfate de bioxyde de mercure* à laquelle on a ajouté assez d'acide sulfurique pour qu'il ne se sépare pas de sel jaune basique lorsqu'on l'étend d'eau, donne aussi, avec le gaz hydrogène phosphoré, un précipité qui est d'abord jaune, mais qui devient blanc lorsqu'on continue à y faire passer du gaz, et qui reprend sa couleur jaune lorsqu'on le dessèche. Il est formé d'un sulfate basique d'oxyde de mercure, de phosphure de mercure et d'eau ($Hg^3P^2 + (6HgO + 4SO^3) + 4H^2O$.

Le gaz hydrogène phosphoré forme immédiatement, dans une dissolution de *nitrate de protoxyde de mercure*, un précipité noir qui se décompose par l'action de la chaleur avec bruit, mais sans explosion dangereuse.

Une dissolution de *sulfate de cuivre* est décomposée par le gaz hydrogène phosphoré bien plus difficilement et bien plus lentement que les autres dissolutions métalliques indiquées. La dissolution ne noircit que lorsque le courant de gaz a passé lentement dans la dissolution de cuivre pendant une demi-heure ou plus longtemps. La coloration noire de la liqueur augmente bientôt beaucoup d'intensité, et il se forme un précipité noir de phosphure de cuivre qui est formé essentiellement de Cu^3P^2, mais qui contient ordinairement en outre de l'oxyde de cuivre; il y a dans la liqueur de petites quantités d'acide phosphorique. Lorsqu'on ne chauffe même que très faiblement le précipité noir, il prend une couleur rouge de cuivre et acquiert l'éclat métallique; il ressemble alors complétement au cuivre métallique très divisé. Chauffé sur le charbon à l'aide de la flamme du chalumeau, il ne donne pas de flamme phosphorée. Si on le mélange avec le cyanure de potassium en poudre et si on humecte le mélange avec une petite quantité d'eau, il dégage du gaz hydrogène phosphoré.

Si l'on fait passer du gaz hydrogène phosphoré dans une dissolution d'*acétate de plomb*, on obtient seulement au bout de quelques heures un précipité brun de phosphure de plomb qui, chauffé sur le charbon par l'action de la flamme du chalumeau, donne une flamme phosphorée et se transforme en phosphate de plomb dont la perle donne par le refroidissement de très beaux cristaux.

Les dissolutions des autres oxydes métalliques ne paraissent pas être modifiées par l'action du gaz hydrogène phosphoré.

Le phosphore est quelquefois employé comme moyen d'empoisonnement, et comme une quantité excessivement faible de phosphore peut occasionner la mort, il est important de pouvoir retrouver avec certitude de très petites quantités de phosphore que l'on a mélangées avec une grande quantité de substance organique.

Il est clair que, dans ce cas, on ne doit pas oxyder le phosphore et le transformer ainsi en acide phosphorique pour en déduire la présence du phosphore et la quantité de ce corps. Car il se trouve toujours des phosphates dans l'estomac et dans presque toutes les substances organiques, et comme ce n'est que le phosphore libre, mais non l'acide phosphorique (surtout à l'état de phosphates) qui agit comme poison, on doit prouver la présence du phosphore à l'état non oxydé.

On y arrive très facilement et très sûrement en s'appuyant sur la propriété caractéristique que possèdent les vapeurs de quantités même très petites de phosphore d'être lumineuses dans l'obscurité. Pour arriver à ce but, on emploie avec avantage, d'après Mitscherlich, la méthode suivante :

On soumet à la distillation, dans un ballon A, la substance que l'on soupçonne empoisonnée, après y avoir ajouté un peu d'acide sulfurique,

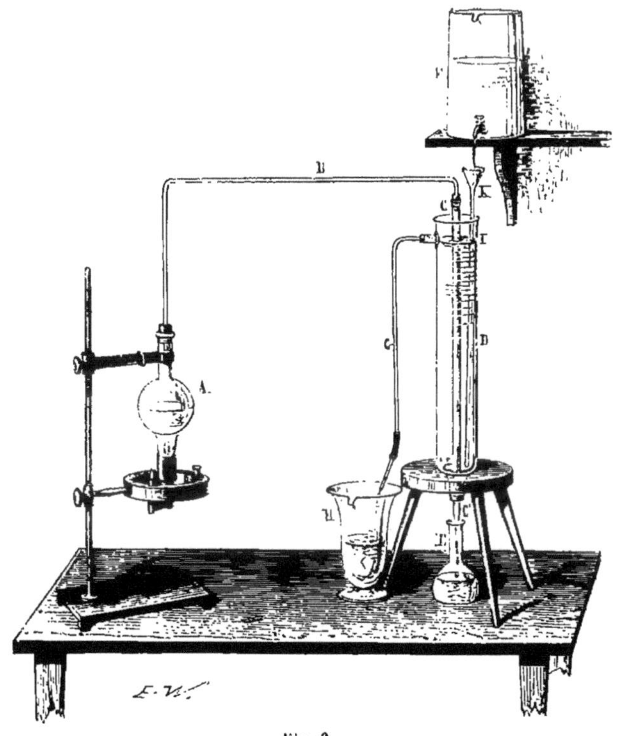

Fig. 6.

surtout lorsque la substance organique est de la farine, et après avoir ajouté la quantité d'eau nécessaire. On adapte au ballon un long tube à dégagement B, que l'on met en communication avec un tube de verre CC, que l'on maintient refroidi au moyen d'eau froide placée dans le manchon D. Le tube CC passe à travers le fond du manchon D auquel il est fixé au moyen d'un bouchon et s'ouvre dans le vase E. Le vase F est destiné à verser, au moyen d'un robinet, de l'eau froide dans le tube à entonnoir K, dont l'extrémité inférieure s'ouvre au fond du cylindre D : par suite, il se produit dans le cylindre D un courant ascendant d'eau froide qui refroidit les vapeurs d'eau qui passent dans le tube C. L'eau qui a servi à refroidir l'appareil et qui est alors devenue chaude, sort du cylindre D par le tube G et tombe dans le vase H.

En I, à l'endroit où les vapeurs d'eau passent dans la partie froide du tube C, on observe continuellement dans l'obscurité une phosphorescence très nette; pour de très petites quantités de phosphore, on observe un anneau lumineux. Lorsqu'on soumet à la distillation 150 grammes d'une masse qui contient seulement $\frac{1}{1000}$ pour 100 de phosphore et qui n'en contient par conséquent que $\frac{1}{100000}$, on peut distiller au delà de 90 grammes, ce qui peut durer plus d'une demi-heure sans que la phosphorescence cesse. Lorsqu'on interrompt alors la distillation et lorsqu'on laisse les matières en contact dans le ballon pendant plusieurs semaines, et lorsqu'on recommence ensuite la distillation, on peut observer la phosphorescence aussi complétement qu'auparavant.

Si la liqueur contient des substances qui empêchent la phosphorescence du phosphore, comme l'éther, l'alcool ou l'essence de térébenthine, il ne se produit pas de phosphorescence tant que ces substances n'ont pas distillé. Mais comme l'éther et l'alcool passent très rapidement à la distillation, la phosphorescence apparaît aussitôt, tandis qu'une addition d'essence de térébenthine empêche d'une manière continue la phosphorescence; du reste, dans les analyses médico-légales, ce mélange ne se présente pas. Si, avant la distillation, on a ajouté de l'acide sulfurique à la liqueur, l'ammoniaque ne peut plus détruire la phosphorescence.

Au fond du flacon E dans lequel s'écoule la partie distillée, on retrouve de petits grains de phosphore que l'on peut facilement reconnaître pour tels. — Si l'on soumet à la distillation de plus grandes quantités de matière qui contiennent par suite de plus grandes quantités de phosphore, il se forme pendant la distillation du phosphore assez d'acide phosphoreux pour qu'il puisse être reconnu au moyen des dissolutions de bichlorure de mercure et de nitrate d'argent, et pour qu'il puisse être transformé en acide phosphorique par l'acide nitrique. Ces réactions ne peuvent, du reste, pas être considérées comme une preuve de l'intoxication par le phosphore, lorsqu'il n'y a pas en même temps du phosphore libre, et alors elles n'ont aucune importance. On peut d'autant moins conclure de ces réactions qu'il y a du phosphore libre, qu'il peut passer à la distillation des matières organiques volatiles qui peuvent avoir une action réductrice sur les sels que nous avons indiqués plus haut. Si la distillation a été opérée dans une cornue, on ne peut souvent pas éviter entièrement les soubresauts, lorsque le contenu de la cornue est en ébullition, et il peut se trouver de cette manière de l'acide phosphorique dans la partie distillée.

Pour recueillir le phosphore divisé dans une grande quantité de matière organique, afin d'en pouvoir déterminer approximativement la quantité, on se sert avec succès du soufre. On expérimente de la manière suivante : On rend acide, au moyen de l'acide sulfurique étendu, la substance dans laquelle on veut rechercher le phosphore et on la met dans une cornue tubulée. On y projette alors quelques morceaux de soufre et on arrête la distillation après une ébullition d'une demi-heure. La portion qui a passé à la distillation contient quelquefois, par suite de l'oxydation des vapeurs de phosphore, un peu d'acide phosphoreux et d'acide phosphorique dont il est facile de déterminer la quantité en mêlant la portion qui a distillé avec un peu d'acide nitrique, évaporant le tout et précipitant l'acide phosphorique à l'état de phosphate ammoniaco-magnésien. Voyez la détermination quantitative de l'acide phosphorique, dans la seconde partie de cet ouvrage.)

On laisse refroidir le résidu de la distillation et on le sort de la cornue. Les morceaux de soufre sont enlevés et lavés. Ils contiennent toute la proportion du phosphore libre que contenait la substance organique à analyser. Si le phosphore est en excès, sa combinaison avec le soufre est liquide à la température ordinaire, même après le refroidissement complet. Si le soufre est en excès, la combinaison est solide et cristalline après le refroidissement, mais elle est molle et peut être moulée comme un amalgame. Lorsque le soufre ne contient que 2 pour 100 de phosphore, il peut encore fumer à l'air, même après la dessiccation, et il peut se colorer en noir lorsqu'on l'humecte avec une dissolution de nitrate d'argent. Cela peut même encore avoir lieu lorsque le soufre ne contient que 1 pour 100 de phosphore. Si l'on chauffe ce soufre au bain-marie, il devient phosphorescent dans l'obscurité ; par l'action de la chaleur, un soufre qui contient même encore moins de phosphore peut être phosphorescent. Si l'on fait digérer avec l'acide nitrique le soufre contenant du phosphore, la petite quantité de phosphore s'oxyde facilement et se transforme en acide phosphorique qu'il est aisé de séparer dans une liqueur acide à l'état de phosphate ammoniaco-magnésien et dont on peut alors déterminer la quantité lorsqu'on le désire (Lipowitz).

Acide hypophosphoreux, P^2O.

A l'état de dissolution concentrée, l'acide hypophosphoreux ressemble tellement à l'acide phosphoreux, qu'il est à peine possible de les distinguer. Il forme alors une liqueur sirupeuse épaisse que l'on ne peut pas amener à cristallisation et qui peut se dissoudre en toutes proportions dans l'eau. En contact avec l'air, il n'en absorbe pas l'oxygène. Si on le chauffe dans un petit creuset de porcelaine au-dessus d'une lampe à alcool, il se décompose lorsqu'il est suffisamment concentré et se transforme en acide phosphorique avec production d'une abondante effervescence qui provient d'un dégagement de gaz hydrogène phosphoré; ce gaz, chauffé à l'air, brûle avec une flamme verdâtre, par suite de son mélange avec les vapeurs d'eau qui se dégagent en même temps et produit des vapeurs blanches, abondantes, d'acide phosphorique. Si on le chauffe dans une petite cornue à l'abri de l'air, il se dégage du gaz hydrogène phosphoré qui n'est pas spontanément inflammable au contact de l'air, et il reste de l'acide phosphorique comme résidu dans la cornue.

L'acide hypophosphoreux forme avec les bases des sels qui sont tous solubles dans l'eau. Par suite, il ne se forme pas de précipité lorsqu'on ajoute à leurs dissolutions les dissolutions des sels formés par les oxydes alcalino-terreux et les oxydes métalliques, et il ne peut se former de précipité que lorsqu'il se produit une réduction de l'oxyde métallique; ce qui a lieu surtout pour la plupart des oxydes métalliques dans lesquels le métal qui est combiné avec l'oxygène n'a pas une grande affinité pour ce dernier.

Les dissolutions des hypophosphites, évaporées au contact de l'air, en attirent l'oxygène, mais seulement en petite quantité; une très petite quantité de l'acide s'oxyde et se transforme en acide phosphoreux et en acide phosphorique. Par suite, lorsqu'on évapore à siccité les dissolutions des combinaisons salines que l'acide hypophosphoreux forme avec la chaux et la baryte, il reste un léger résidu insoluble lorsqu'on veut redissoudre le tout.

Les combinaisons salines que l'acide hypophosphoreux forme avec les oxydes alcalins, sont très déliquescentes à l'air et sont solubles dans l'alcool. Parmi les combinaisons salines qui ont pour bases les oxydes alcalino-terreux et les oxydes métalliques, aucune n'est déliquescente; elles ne sont pas non plus solubles dans l'alcool ou n'y sont solubles qu'en très petite quantité. — Les hypophosphites contiennent tous 2 atomes d'eau qui ne peuvent en aucune manière être séparés du sel sans que l'acide soit complétement décomposé; ils contiennent ordinairement, en outre, de l'eau de cristallisation. Ils contiennent fréquemment en tout 8 atomes d'eau et cristallisent en octaèdres réguliers et en cubes.

Tous les hypophosphites sont décomposés par l'action de la chaleur. Si on les calcine à l'abri du contact de l'air dans une petite cornue, ils se transforment pour la plupart en phosphates *b* (pyrophosphates , et il se dégage en même temps du gaz hydrogène phosphoré qui s'enflamme spontanément au contact de l'air. Trois atomes d'eau sont dans ce cas décomposés par deux atomes d'hypophosphite, et il se volatilise un quatrième atome d'eau. Pendant cette opération, une partie du gaz hydrogène phosphoré qui se produit peut être décomposée par l'action de la chaleur, et il peut, par suite, se sublimer une trace de phosphore; le gaz hydrogène phosphoré qui se dégage est alors mélangé avec du gaz hydrogène libre, et ce dernier peut souvent même prédominer vers la fin de l'opération. Le phosphate qui reste comme résidu paraît incolore tant qu'il est chaud; mais il devient rougeâtre ou brunâtre après le refroidissement. Si on le dissout dans l'acide chlorhydrique, il reste un très faible résidu de couleur rougeâtre qui contient du phosphore. Cela arrive notamment pour les combinaisons de l'acide hypophosphoreux avec les oxydes alcalins et alcalino-terreux, aussi bien que pour les combinaisons de l'acide hypophosphoreux avec un grand nombre d'oxydes métalliques qui sont décomposées de cette maniere par l'action de la chaleur. Les combinaisons de l'acide hypophosphoreux avec l'oxyde de nickel et l'oxyde de cobalt sont décomposées par la calcination à l'abri du contact de l'air de la manière suivante : il se dégage un mélange de gaz hydrogène et de gaz hydrogène phosphoré qui ne s'enflamme pas spontanément au contact de l'air; il reste comme résidu un phosphate acide ou plutôt un mélange de pyrophosphate et de métaphosphate qui n'est pas soluble dans l'acide chlorhydrique et qui n'est soluble dans l'eau qu'après l'ébullition avec l'acide sulfurique concentré. Dans ce cas, deux atomes d'eau sont décomposés par un atome d'hypophosphite de cobalt ou d'hypophosphite de nickel, et il se dégage un mélange de gaz hydrogène phosphoré et de gaz hydrogène un volume du premier pour deux volumes du second .

Si l'on fait bouillir la dissolution d'un hypophosphite avec une dissolution d'*hydrate de potasse* ou *de soude*, il se dégage du gaz hydrogène et il se forme du phosphite alcalin. Le dégagement du gaz n'est faible que lorsque les dissolutions sont très étendues; pour les dissolutions plus concentrées, le dégagement est d'abord très vif, mais il cesse au bout de quelque temps : si on concentre encore plus fortement la dissolution, le dégagement du gaz hydrogène recommence et il ne cesse que lorsque la matière évaporée a pris la consistance d'une bouillie épaisse. Le phosphite alcalin est alors transformé en phosphate. Ce dernier mode de décomposition a lieu surtout lorsque l'on ajoute de l'hydrate de potasse solide aux dissolutions des hypophosphites alcalins. — Lorsqu'on fait bouillir la baryte, la strontiane et la chaux avec les dissolutions des hypophosphites alcalins, il se dégage du gaz hydrogène; mais l'action est moins énergique et on ne peut pas arriver à oxyder l'acide hypophosphoreux de manière à le transformer complétement en acide phosphorique.

La dissolution d'un hypophosphite, en réagissant sur une dissolution de *sesquichlorure d'or*, en précipite l'or à l'état métallique.

La dissolution d'un hypophosphite, en réagissant sur une dissolution de *nitrate d'argent*, y produit d'abord un précipité blanc d'hypophosphite d'argent; mais ce précipité brunit rapidement, et il se précipite au bout de peu de temps, même à froid, de l'argent métallique de couleur noire. Par l'action de la chaleur, la réduction est plus rapide.

Dans une dissolution de *bichlorure de mercure* à laquelle on a ajouté un peu d'acide chlorhydrique, il se précipite du mercure métallique, lorsqu'on y ajoute une grande quantité de la dissolution de l'acide hypophosphoreux ou d'un hypophosphite. Dans le cas contraire, pour un excès de bichlorure de mercure, il ne se forme que du protochlorure de mercure. Le protochlorure de mercure ne se précipite que lentement dans ce cas et la précipitation n'est complète qu'au bout de plusieurs jours; l'action de la chaleur accélère la réaction. Plus les dissolutions étaient étendues et plus le protochlorure de mercure se sépare lentement, plus il est nettement cristallin.

Dans une dissolution de *sulfate de cuivre* dont on ajoute un excès à la dissolution d'un hypophosphite, la réduction du cuivre est plus lente et plus difficile que celle du mercure, de l'argent et de l'or dans les mêmes circonstances. Mais elle est complète, surtout à chaud, lorsqu'on opère dans un flacon fermé, et il ne se produit pas de dégagement d'hydrogène. A froid, l'acide hypophosphoreux peut dissoudre l'hydrate d'oxyde de cuivre récemment précipité, sans qu'il s'opère de réduction; la dissolution qui se produit dans ce cas est bleue. Elle peut être conservée très longtemps sans se décomposer. On peut même la chauffer, lorsqu'elle n'est pas très concentrée, sans qu'il s'opère de réduction. Mais si on laisse pendant longtemps l'acide en contact avec l'hydrate d'oxyde de cuivre à froid, il finit par se réduire un peu de cuivre. Si l'on évapore la dissolution d'hypophosphite de cuivre, il s'opère une réduction complète, mais seulement lorsque la dissolution est très fortement concentrée. Cela a lieu aussi lorsqu'on évapore la dissolution dans le vide sans la chauffer. — Si cependant on traite une dissolution de sulfate de cuivre par un excès d'acide hypophosphoreux ou par un hypophosphite avec addition d'acide, le cuivre est réduit par l'action de la chaleur avec dégagement d'une certaine quantité de gaz hydrogène qui provient de la décomposition de l'hydrure de cuivre qui se sépare à une basse température sous la forme d'un précipité jaune qui devient peu à peu plus foncé et finalement brun-kermès (Wurtz).

L'acide hypophosphoreux, en combinaison avec l'eau, se distingue surtout en ce que, à l'état concentré, il dégage du gaz hydrogène phosphoré par l'action de la chaleur et se transforme en acide phosphorique. A l'état de combinaison saline, on reconnaît cet acide par sa manière de se comporter à une température élevée : dans ce cas, la plupart des hypophosphites donnent naissance à un dégagement de gaz hydrogène phosphoré spontanément inflammable.

Acide phosphoreux, P^2O^3.

L'acide phosphoreux à l'état anhydre, tel qu'on l'obtient par la combustion du phosphore lorsque l'air n'a pas complétement accès, forme une poudre qui ressemble à la farine, qui peut être sublimée et qui s'enflamme d'elle-même au contact de l'air. En combinaison avec l'eau, il forme à l'état concentré un liquide épais, sirupeux, qui peut cristalliser. Par l'action de la chaleur, l'acide phosphoreux concentré se décompose entièrement de la même manière que l'acide hypophosphoreux concentré en gaz hydrogène phosphoré et en acide phosphorique. Si on le décompose par l'action de la chaleur à l'abri du contact de l'air, le gaz hydrogène phosphoré qui se dégage n'est pas spontanément inflammable au contact de l'air; ce gaz est d'une grande pureté et ne contient pas de gaz hydrogène mélangé. Mais si l'on chauffe l'acide phosphoreux hydraté dans un creuset de porcelaine ouvert ou dans une capsule de porcelaine, et non dans une cornue, le gaz hydrogène phosphoré s'enflamme à mesure qu'il se forme par suite de la décomposition de l'acide et brûle avec une flamme phosphorée.

L'acide phosphoreux forme avec les bases des combinaisons salines qui, à l'état neutre, contiennent deux atomes d'une base forte pour un atome d'acide. Les phosphites alcalins sont très solubles dans l'eau. Ceux qui ont pour base un oxyde terreux ou métallique, ne sont pas tous insolubles dans l'eau; mais ils s'y dissolvent pour la plupart difficilement. Presque tous les phosphites sont dissous par les acides libres et même par l'acide phosphoreux libre. On obtient des précipités lorsqu'on mélange la dissolution d'un phosphite alcalin avec une dissolution neutre de la plupart des combinaisons salines formées par les oxydes terreux et métalliques. Fréquemment cependant le précipité n'est pas très considérable; sa proportion est plus forte et souvent même la totalité de l'acide phosphoreux est précipitée lorsqu'on fait bouillir le tout. Lorsque la dissolution d'un phosphite alcalin est très étendue, il ne s'y forme souvent pas de précipité lorsqu'on y ajoute une combinaison saline formée par un oxyde terreux ou métallique. Cependant, par un long contact ou par l'ébullition, il se forme des précipités qui peuvent souvent être très considérables.

Les phosphites contiennent, outre l'eau de cristallisation, de l'eau sans laquelle ils ne peuvent pas exister et qui ne peut en être séparée sans que l'acide phosphoreux qu'ils contiennent soit entièrement décomposé. La plupart contiennent deux atomes de cette eau, quelques-uns seulement un atome.

Tous les phosphites à l'etat solide sont décomposés par la calcination. Les phosphites neutres et basiques qui, outre l'eau de cristallisation, contiennent deux atomes d'eau qui sont décomposés par l'action de la chaleur, sont transformés en phosphates *b* pyrophosphates) par la calcination à l'abri du contact de l'air; en même temps, il se dégage du gaz hydrogène; l'oxygène de l'eau qui a été décomposée, suffit précisément pour transformer l'acide phosphoreux en acide phosphorique. Dans quelques cas, le gaz hydrogène qui se dégage par la calcination, contient des traces de gaz hydrogène phosphoré et le phosphate qui reste comme résidu a des propriétés analogues à celui qui reste comme résidu dans la calcination des hypophosphites (p. 521 . Dissous dans l'acide chlorhydrique, ce phosphate abandonne un résidu très faible qui contient du phosphore. Le gaz hydrogène obtenu par la calcination des autres phosphites, surtout celui obtenu par la calcination de ceux qui contiennent beaucoup d'eau de cristallisation, est souvent très pur; il brûle avec une flamme bleue pure et ne donne pas de trace d'un précipité brun-noirâtre ou jaune, lorsqu'on le fait passer dans une dissolution de nitrate d'argent ou de bichlorure de mercure.

Pour les phosphites dans lesquels un atome d'eau seulement est décomposé lorsqu'on les calcine à l'abri du contact de l'air, il se dégage un mélange de gaz hydrogène phosphoré et de gaz hydrogène ($PH^3 + 2H$) qui ne s'enflamme pas spontanément au contact de l'air, mais qui, enflammé, brûle avec une flamme de phosphore intense et qui, lorsqu'on le fait passer dans les dissolutions de nitrate d'argent et de bichlorure de mercure, donne des précipités abondants de couleur noire ou de couleur jaune. Il se sublime des traces de phosphore, et il reste comme résidu un phosphate plus basique. A cette catégorie appartiennent notamment les combinaisons neutres de l'acide phosphoreux avec l'oxyde de plomb, l'oxyde d'étain et le protoxyde de manganèse.

Si l'on calcine les phosphites acides à l'abri du contact de l'air, il se dégage un mélange de gaz hydrogène phosphoré et de gaz hydrogène qui ne s'enflamme pas spontanément au contact de l'air.

Dans la calcination de la plupart, mais non de tous les phosphites à l'abri du contact de l'air, lorsque le phosphite se transforme en phosphate, il se produit un phénomène intense de lumière qui ne peut être observé dans la calcination des hypophosphites.

Si l'on fait bouillir avec l'*hydrate de potasse* la dissolution d'un phosphite alcalin, il se transforme en phosphate avec dégagement de gaz hydrogène. Mais cela n'a lieu que pour les dissolutions très concentrées; dans les dissolutions étendues, au contraire, on n'observe pas de dégagement d'hydrogène.

Les dissolutions de l'acide phosphoreux et des phosphites réduisent de la même manière que les hypophosphites les oxydes métalliques dans lesquels le métal qui est combiné avec l'oxygène a peu d'affinité pour ce dernier.

Une dissolution de *sesquichlorure d'or* n'est pas modifiée par l'acide phosphoreux; même par l'ébullition, l'or n'est pas réduit; mais si on sursature le tout par l'hydrate de potasse, il se produit même à froid, mais plus rapidement à chaud, un précipité noir de protoxyde d'or.

Une dissolution de *nitrate d'argent* n'est ordinairement pas modifiée au premier moment par une dissolution étendue d'acide phosphoreux, mais au bout de peu de temps la dissolution commence à passer au brun et il se forme un précipité noir abondant qui, comprimé avec une baguette de verre, présente l'éclat métallique de l'argent et qui n'est formé que d'argent ou qui ne contient au moins que des traces douteuses de phosphore. La réduction de l'argent est plus rapide à l'aide de l'ébullition, et ordinairement alors l'argent réduit recouvre d'un enduit métallique les parois du vase de verre dans lequel se fait l'expérience. Si on sature avec l'ammoniaque la dissolution de l'acide phosphoreux, le nitrate d'argent y produit un précipité blanc de phosphite d'argent qui brunit très rapidement et devient noir lorsqu'on ajoute de l'ammoniaque. Ce précipité est formé presque uniquement d'argent métallique qui contient un peu de protoxyde d'argent; la liqueur filtrée contient de l'acide phosphorique. — Si on sursature par l'hydrate de potasse la dissolution d'acide phosphoreux et si on ajoute alors le nitrate d'argent, il se forme un précipité brun qui est formé seulement d'oxyde d'argent et qui est complétement soluble dans l'ammoniaque. Mais si on laisse le tout pendant longtemps en contact, le précipité brun devient noir et il est alors insoluble dans l'ammoniaque. Cette transformation s'opère rapidement lorsqu'on fait bouillir le tout. Le précipité est formé d'argent métallique qui contient un peu de protoxyde d'argent.

De petites quantités d'acide phosphoreux peuvent être reconnues à la couleur brune que prend la liqueur lorsqu'on ajoute du nitrate d'argent et ensuite de l'ammoniaque. Il faut cependant observer que, si la dissolution contient, outre l'acide phosphoreux, une quantité considérable d'acide chlorhydrique, comme cela arrive lorsqu'on dissout dans l'eau le chlorure liquide de phosphore, il ne brunit pas ou ne laisse pas précipiter d'argent métallique lorsqu'on ajoute de l'ammoniaque et du nitrate d'argent, parce que le chlorure d'argent formé se dissout; même par l'action de la chaleur, la liqueur ne brunit pas. On doit, dans ce cas, précipiter tout l'acide chlorhydrique à l'état de chlorure d'argent au moyen d'un excès de nitrate d'argent, et on ne doit ajouter l'ammoniaque qu'après avoir opéré cette précipitation; l'argent est alors réduit, surtout par l'action de la chaleur. — Lorsqu'on sature l'acide phosphoreux par l'hydrate de potasse, et lorsqu'on ajoute ensuite immédiatement du nitrate d'argent et de l'ammoniaque, il ne se produit pas non plus, même par l'ébullition, une coloration brune ou un précipité noir.

Si l'on ajoute à l'acide phosphoreux une grande quantité d'une dissolution de *bichlorure de mercure*, il se forme, bien que ce ne soit pas immédiatement, mais seulement au bout de quelque temps, un précipité blanc de protochlorure de mercure qui augmente par un contact prolongé et paraît cristallin, surtout lorsqu'il s'est formé lentement. L'action de la chaleur accélère beaucoup la formation du précipité; mais, même par une longue ébullition, il ne se sépare pas de mercure métallique lorsque la dissolution de bichlorure de mercure est en excès. — Mais si on ajoute un excès d'acide phosphoreux à la dissolution de bichlorure de mercure, il se forme, même à froid, un précipité blanc de protochlorure de mercure qui devient gris par l'ebullition et se transforme en mercure métallique.

L'acide phosphoreux produit au bout de quelque temps, dans une dissolution de *nitrate de bioxyde de mercure*, un précipité blanc de phosphite de bioxyde de mercure qui se transforme immédiatement en mercure métallique par l'action de la chaleur; lorsqu'on ajoute de l'ammoniaque, le précipité devient immédiatement noir, même à froid, et contient du mercure métallique réduit. — En présence de l'acide chlorhydrique, l'acide phosphoreux produit du protochlorure de mercure dans la dissolution du nitrate de mercure.

Une dissolution de *nitrate de protoxyde de mercure* donne immédiatement, avec l'acide phosphoreux, un précipité blanc de phosphite de protoxyde de mercure qui, par l'action de la chaleur, se transforme immédiatement en mercure métallique. Cette réaction s'opère, même à froid, lorsqu'on sursature par l'ammoniaque.

Les dissolutions de *sulfate de cuivre* ou de *bichlorure de cuivre* sont d'abord décolorées par l'acide phosphoreux à froid. Dans la dissolution de bichlorure de cuivre, il se dépose avec le temps du protochlorure de cuivre blanc, cristallin; il en est de même de la dissolution de sulfate de cuivre lorsqu'on y ajoute de l'acide chlorhydrique; les dissolutions contiennent alors du protochlorure de cuivre. Si on précipite à froid la dissolution d'un phosphite neutre par la dissolution d'un sel de cuivre, il se forme un précipité bleu de phosphite de cuivre qui peut très bien être lavé et desséché. La dessiccation peut même être accélérée par l'action de la chaleur sans qu'il s'opère de réduction. Ce n'est que par une chaleur plus élevée que le phosphite de cuivre est décomposé; il dégage de l'eau et du gaz hydrogène pur, et il reste comme résidu du cuivre métallique et du phosphite acide de cuivre qui forment une masse brune fondue. Si on dissout le phosphite de cuivre dans l'acide phosphoreux et si on fait bouillir le tout, il s'opère une réduction de l'oxyde de cuivre; cependant la totalité de l'oxyde de cuivre n'est pas réduite. Il ne s'opère pas de réduction d'oxyde de cuivre, même à l'aide de l'ébullition, dans une dissolution de phosphite de cuivre dans l'ammoniaque.

Les dissolutions de *chlorure de baryum*, de *chlorure de strontium* ou de *chlorure de calcium* ne sont pas précipitées par l'acide phosphoreux; mais si on sursature par l'ammoniaque, il se forme un précipité volumineux épais de phosphite de baryte, de strontiane ou de chaux. Ces précipités ne sont pas insolubles dans l'eau et sont précipités plus complétement par un long contact ou par l'ébullition, comme cela arrive pour la plupart des phosphites. Les précipites obtenus à la température ordinaire sont volumineux; mais ils se rassemblent par l'ébullition. Le phosphite de strontiane est de ces trois sels le moins difficilement soluble.

Une dissolution de *sulfate de magnésie* n'est pas troublée par l'acide phosphoreux. Même lorsqu'on ajoute du sulfate de magnésie à la dissolution d'un phosphite alcalin neutre, on n'obtient pas de précipité ou on n'en obtient que dans les dissolutions très concentrées. Si on fait bouillir le tout, on obtient un précipité qui disparaît de nouveau par le refroidissement. Le phosphite de magnésie, bien que peu soluble, est le plus soluble des phosphites, à l'exception des phosphites alcalins. — Si on ajoute de l'ammoniaque à la dissolution, il se forme un abondant précipité qui n'est pas soluble dans une grande quantité d'une dissolution de chlorure d'ammonium; même lorsqu'on a ajouté de l'acide tartrique avant de sursaturer la liqueur par l'ammoniaque, le précipité se produit; mais il se produit, dans ce cas, un peu plus lentement.

Une dissolution d'*acétate de plomb* produit immédiatement, dans une dissolution d'acide phosphoreux, un précipité abondant de phosphite de plomb qui n'est pas soluble dans l'acide acétique et qui ne se dissout même presque point dans un grand excès d'acide phosphoreux. De tous les phosphites, le phosphite de plomb paraît être le plus insoluble; il se précipite par suite même dans les dissolutions très étendues.

Une dissolution d'*hypermanganate de potasse* est décolorée par l'acide phosphoreux, mais ce n'est pas cependant au même degré que par les autres acides réducteurs.

La dissolution de *chromate de potasse* est colorée peu à peu par l'acide phosphoreux à froid d'abord en brun, puis en vert et contient de l'oxyde de chrome. Les modifications de couleur se produisent instantanément par l'action de la chaleur. Si l'on sursature par l'ammoniaque, il ne se produit pas de précipité d'oxyde de chrome dans la dissolution verte.

Si l'on fait bouillir avec de l'*acide sulfureux* la dissolution d'acide phosphoreux, elle est décomposée et il se forme un trouble abondant provenant de la séparation du soufre; il se forme en même temps de l'acide phosphorique.

Au chalumeau, les phosphites peuvent être distingués par la méthode que nous indiquerons plus loin pour les phosphates. A la première action de la flamme du chalumeau, les phosphites brûlent avec une flamme phosphorée.

L'acide phosphoreux, en combinaison avec l'eau, se distingue surtout en ce que, à l'état concentré, il dégage du gaz hydrogène phosphoré par l'action de la chaleur et se transforme en acide phosphorique. Il ressemble tellement à l'acide hypophosphoreux, qu'ils sont tous deux difficiles à distinguer l'un de l'autre lorsqu'ils sont en dissolution; ils se ressemblent en outre beaucoup par leurs réactions sur les oxydes métalliques facilement réductibles. Si l'on peut opérer sur de grandes quantités des deux acides contenus dans des dissolutions qui ne soient pas trop étendues, on les sature exactement par l'ammoniaque et on essaye si elles donnent des précipités avec les dissolutions des sels neutres alcalino-terreux ou avec le sulfate de magnésie et l'ammoniaque; ce qui pourrait distinguer l'acide phosphoreux de l'acide hypophosphoreux. On peut aussi saturer exactement les acides par une dissolution d'hydrate de baryte et évaporer le tout au bain-marie. Si l'on soumet à l'action de la chaleur, dans une petite cornue, le résidu desséché, on obtient pour l'acide phosphoreux du gaz hydrogène qui contient des traces tout à fait insignifiantes de gaz hydrogène phosphoré qui n'est jamais spontanément inflammable, tandis que, pour l'acide hypophosphoreux, on obtient du gaz hydrogène phosphoré spontanément inflammable.

Acide phosphorique, P^2O^5.

L'acide phosphorique, lorsqu'il a été obtenu à l'état anhydre par la combustion du phosphore dans le gaz oxygène sec ou dans l'air atmosphérique sec, présente l'aspect d'une poudre floconneuse, légère, qui ressemble à la neige et qui peut être réduite à un petit volume par la pression. L'acide phosphorique anhydre attire avec beaucoup de force l'humidité de l'air et tombe en deliquium en formant une masse sirupeuse épaisse. Si l'on verse de l'eau sur l'acide phosphorique anhydre, on entend un sifflement et il se produit une forte élévation de température ; en même temps, l'acide phosphorique se dissout. En évaporant la dissolution, on ne peut pas obtenir de nouveau l'acide phosphorique à l'état anhydre. — Il contient quelquefois de l'acide phosphoreux, et il est toujours mélangé avec du phosphore amorphe à l'endroit où s'est produite la combustion du petit morceau de phosphore dans le gaz oxygène ou dans l'air atmosphérique ; c'est ce phosphore amorphe qui le colore en brun-jaune.

Si l'acide phosphorique a été obtenu par l'oxydation du phosphore au moyen de l'acide nitrique, il contient en même temps de l'acide nitrique et de l'acide phosphoreux. Si on l'évapore et si on le chauffe jusqu'à environ 200 degrés, l'acide nitrique est chassé et se dégage sous forme de vapeurs rouges d'acide nitreux ; en même temps, l'acide phosphoreux s'oxyde lorsqu'il n'y en avait pas un excès considérable (p. 507). Si au contraire l'excès d'acide phosphoreux est considérable, l'acide phosphorique s'enflamme lorsqu'on le chauffe dans une capsule ou dans un creuset de porcelaine ouvert, par suite de la production du gaz hydrogène phosphoré provenant de la décomposition de l'acide phosphoreux.

L'acide phosphorique qui a été obtenu par l'évaporation de la dissolution aqueuse, forme une masse sirupeuse qui peut s'épaissir en une masse cristalline. Si on le chauffe pendant longtemps, d'abord à une basse température et ensuite à une température plus élevée, dans un creuset de platine fermé, sans que le creuset soit cependant porté à la température rouge, l'acide forme d'abord une masse épaisse qui ressemble à la térébenthine ; si on le calcine plus longtemps dans un creuset de platine fermé et si on élève la température jusqu'au rouge naissant, on obtient après le refroidissement une masse vitreuse qui devient humide au contact de l'air et tombe peu à peu en deliquium en donnant une masse sirupeuse. Si l'on verse de l'eau sur l'acide phosphorique vitreux avant qu'il soit tombé en deliquium, il se dissout en produisant de petits petillements qui durent tout le temps que la dissolution de l'acide n'est pas entièrement opérée. Ces petillements n'ont pas lieu lorsque la calcination de l'acide phosphorique a été insuffisante et n'a duré que peu de temps.

L'acide phosphorique fortement calciné contient encore de l'eau dont on ne peut le séparer par une calcination longtemps soutenue. Cependant un grand nombre d'analyses ont démontré que la proportion d'eau contenue dans l'acide phosphorique soumis à une température élevée et calciné pendant longtemps, est toujours moindre qu'un atome d'eau pour un atome d'acide phosphorique.

Lorsqu'on chauffe dans un vase de platine ouvert l'acide phosphorique qui a la consistance d'une masse sirupeuse, il se vaporise avec une fumée intense, blanche, qui a une odeur fortement acide, qui n'est pas sans analogie avec l'acide sulfurique concentré et qui se volatilise sans résidu lorsque l'acide est complètement pur, mais qui se volatilise bien plus difficilement et à une température bien plus élevée que l'acide sulfurique concentré. Plus l'acide phosphorique est impur, moins il se volatilise facilement par l'action de la chaleur et moins il est déliquescent après son refroidissement au contact de l'air. Lorsque l'acide phosphorique est rendu impur par des matières étrangères fixes, il ne fume pas quand on le calcine dans un creuset de platine ouvert; mais il forme un verre qui ne tombe pas en deliquium, même au bout d'un temps assez long, et qui est peu soluble ou n'est même pas du tout soluble dans l'eau; la masse vitreuse ne contient alors point d'eau.

L'acide phosphorique attaque fortement la porcelaine et spécialement le verre, lorsqu'on le fait fondre dans des vases formés de ces substances; et même lorsqu'on fait seulement chauffer pendant longtemps l'acide phosphorique sirupeux dans des vases de verre ou de porcelaine, ces substances sont attaquées. Si, apres la fusion, on dissout l'acide phosphorique dans l'eau, il se forme une dissolution trouble qui est laiteuse, par suite de la présence de la silice (acide silicique) qu'elle tient en suspension et qui laisse déposer à l'état insoluble une quantité plus ou moins grande de silice. Cependant l'acide phosphorique en fusion ne contient pas de silice à l'état de dissolution; mais il dissout seulement les bases contenues dans le verre ou dans la porcelaine, notamment les oxydes alcalins et la chaux. Par suite, plus l'acide phosphorique a été maintenu pendant longtemps à l'état fondu dans des vases de porcelaine ou de verre, moins il est volatil par la calcination, moins il est déliquescent et moins il se dissout complétement dans l'eau.

L'acide phosphorique pur se dissout facilement et complétement dans l'eau et même dans l'alcool. Mais les dissolutions aqueuses d'acide phosphorique présentent, dans leur manière de se comporter avec les réactifs, des differences si grandes que l'on doit admettre plusieurs modifications isomériques de l'acide phosphorique. On en distingue jusqu'ici surtout trois, d'après Th. Graham; mais il est probable qu'il y en a un plus grand nombre. On peut transformer ces trois modifications l'une dans l'autre avec plus ou moins de facilité. On désigne ces trois états de l'acide phosphorique, d'après Berzelius, par acide phosphorique *a*, *b*, *c*, et, d'après Graham, par acide métaphosphorique, acide pyrophosphorique et acide phosphorique ordinaire; c'est cette dernière modification qui est contenue dans les combinaisons de l'acide phosphorique qui se trouvent dans la nature, tant dans les substances inorganiques que dans les substances organiques, et c'est cette modification que les autres modifications tendent à produire le plus facilement et le plus rapidement.

Acide phosphorique *a* Acide metaphosphorique). — Dans cette modification de l'acide phosphorique, viennent se ranger actuellement plusieurs sous-modifications de l'acide phosphorique qui diffèrent souvent essentiellement les unes des autres par leur manière de se comporter à l'égard des bases. Mais toutes ont pour propriété commune que leurs dissolutions aqueuses produisent un précipité blanc, abondant, dans la dissolution d'albumine blanc d'œuf) étendue et filtrée et qu'elles forment des sels dans lesquels 1 atome d'acide est combiné de préférence avec 1 atome de base.

L'acide phosphorique *a* qui a été produit par la combustion du phosphore dans un excès de gaz oxygène sec ou d'air atmosphérique sec, est anhydre. Lorsqu'il contient du phosphore amorphe, ce dernier reste après la dissolution à l'état insoluble dans l'eau; dans ce cas, l'acide est coloré en brun-jaune ou en rougeâtre et contient en même temps de l'acide phosphoreux. — Cet acide est également soluble dans l'alcool.

La dissolution aqueuse de cet acide se comporte avec les réactifs de la manière suivante:

Une dissolution de *chlorure de baryum* y produit immédiatement un abondant précipité. Il faut un excès extraordinairement grand d'acide pour redissoudre ce précipité; l'ammoniaque ne produit pas de précipité dans cette dissolution. — L'*eau de baryte* produit de même un précipité dans la dissolution aqueuse de l'acide, bien que ce dernier soit en excès; un excès d'eau de baryte détermine cependant la formation d'un précipité plus abondant.

Une dissolution de *chlorure de calcium* ne produit pas de précipité ou n'en produit qu'un excessivement faible qui est complétement soluble dans un excès d'acide. L'ammoniaque produit dans cette dissolution un précipité épais, volumineux. — L'*eau de chaux* ne produit pas de précipité dans la dissolution de l'acide avant qu'on ait ajouté un excès d'eau de chaux.

Une dissolution de *sulfate de magnésie* ne produit pas de précipité dans la dissolution de l'acide. Si on sursature l'acide par l'ammoniaque, et si on ajoute du chlorure d'ammonium à la dissolution, le sulfate de magnésie forme un précipité qui se redissout complétement lorsqu'on ajoute une plus grande quantité d'eau.

Une dissolution de *nitrate d'argent* donne un précipité blanc qui se redissout lorsqu'on ajoute une plus grande quantité d'acide. Si l'on sature par l'ammoniaque, le précipité blanc se dépose de nouveau, mais il se dissout facilement dans un excès d'ammoniaque. Il se dissout également dans l'acide nitrique. Mais si on laisse reposer cette dissolution pendant longtemps ou si on la soumet à l'ébullition, on obtient en saturant par l'ammoniaque ou un précipité jaune ou un mélange de précipité jaune et de précipité blanc.—Si cependant l'acide phosphorique contient de l'acide phosphoreux, sa dissolution présente, avec le nitrate d'argent, les réactions indiquées page 525.

Une dissolution de *nitrate de protoxyde de mercure* produit un précipité blanc, abondant, qui est soluble dans l'acide nitrique.

Une dissolution de *bichlorure de mercure* ne produit pas d'abord de précipité ; mais, au bout de quelque temps, il se produit un léger précipité. — Le *nitrate de bioxyde de mercure* ne produit pas non plus de précipité, même lorsqu'on sature par l'ammoniaque.

Une dissolution de *nitrate* ou d'*acétate de plomb* produit immédiatement un abondant précipité qui est soluble dans une grande quantité d'acide nitrique.

Une dissolution d'*albumine blanc d'œuf*) étendue et filtrée produit un abondant précipité blanc.

Si on laisse reposer pendant longtemps la dissolution de l'acide phosphorique anhydre, il se transforme peu à peu en acide phosphorique *c*. Cette transformation a lieu plus rapidement par l'ébullition. Si on le laisse refroidir après l'avoir soumis à une ébullition prolongée, il ne produit plus de précipité avec l'albumine, et se comporte d'une tout autre manière avec les autres réactifs.

Si cependant on sursature par l'*hydrate de potasse* a dissolution d'acide phosphorique anhydre, on peut la faire bouillir pendant longtemps sans que l'acide se transforme en acide phosphorique *c*. Si on sursature par l'acide acétique la dissolution refroidie, on obtient immédiatement un abondant précipité avec l'albumine.

La dissolution alcoolique de l'acide phosphorique anhydre présente les mêmes réactions que la dissolution aqueuse étendue d'eau ; elle précipite les dissolutions d'albumine et de chlorure de baryum et donne avec le nitrate d'argent un précipité blanc. Si cependant on laisse reposer pendant très longtemps la dissolution alcoolique, il se produit une autre modification de l'acide phosphorique qui, étendue d'eau, ne donne plus de précipité avec l'albumine ni avec le chlorure de baryum.

Si l'acide phosphorique *a* a été produit d'une autre manière, sa dissolution aqueuse présente souvent d'autres propriétés que celles de celui qui a été obtenu par la combustion du phosphore. Si on précipite par le nitrate d'argent la dissolution du phosphate *a* de soude, soluble, fondu, amorphe, et si on décompose par le gaz hydrogène sulfuré le sel d'argent ainsi obtenu et maintenu en suspension dans l'eau, on obtient un acide qui retient pendant très longtemps en suspension le sulfure d'argent formé dont on le sépare difficilement par filtration et qui, après avoir été séparé complétement du sulfure d'argent, se comporte avec les réactifs comme il suit :

Une dissolution de *chlorure de baryum* n'y produit d'abord point de précipité ; il ne s'y produit qu'au bout de quelque temps un précipité floconneux. — L'*eau de baryte* y produit un précipité, bien qu'elle ne prédomine pas et que la liqueur soit encore acide.

Une dissolution de *chlorure de calcium* ne produit pas de précipité. — L'*eau de chaux* n'y forme un précipité que lorsqu'elle prédomine, mais n'en produit pas lorsque la liqueur est encore acide.

Une dissolution de *sulfate de magnésie* à laquelle on a ajouté du chlorure d'ammonium, produit, dans la dissolution de l'acide saturée par l'ammoniaque, un précipité lorsque les dissolutions sont concentrées. Ce précipité est soluble dans une grande quantité d'eau et ne se produit pas dans les dissolutions étendues.

Une dissolution de *nitrate d'argent* produit dans la dissolution de l'acide un précipité blanc qui devient plus considérable lorsqu'on sature par l'ammoniaque, et qui est soluble dans un excès d'ammoniaque, de même que dans l'acide nitrique.

Une dissolution de *nitrate de protoxyde de mercure* produit un précipité blanc.

Une dissolution de *bichlorure de mercure* ne produit pas de précipité. — Une dissolution de *nitrate de bioxyde de mercure* produit immédiatement un précipité blanc.

Une dissolution d'*albumine* étendue et filtrée produit immédiatement un abondant précipité blanc.

Cette sous-modification de l'acide phosphorique *a* se distingue, par conséquent, par sa manière de se comporter à l'égard du chlorure de baryum et du nitrate de bioxyde de mercure, de la dissolution de l'acide anhydre dont elle se rapproche par sa manière de se comporter à l'égard de l'albumine. On peut la considérer comme une combinaison de l'acide phosphorique *b* avec l'acide phosphorique anhydre.

Les combinaisons salines de l'acide métaphosphorique prennent naissance lorsqu'on soumet à la fusion les phosphates *c* acides; le métaphosphate de soude notamment qui a été surtout examiné, prend naissance lorsqu'on soumet à la fusion le phosphate acide de soude ou le phosphate ammoniaco-sodique. Les métaphosphates se produisent aussi lorsqu'on fait chauffer ensemble l'acide phosphorique ordinaire avec un poids équivalent d'une base forte jusqu'à ce que l'eau de l'acide soit chassée. La sous-modification de l'acide métaphosphorique que l'on obtient, dépend du mode d'action de la chaleur.

Si l'on fait fondre avec un poids équivalent d'acide phosphorique un sel de soude contenant un acide volatil, et si l'on refroidit le tout rapidement, ou si l'on traite de la même manière le phosphate ammoniaco-sodique (sel de phosphore, sel micro-cosmique) ou le phosphate acide de soude ($NaO + 2H^2O + P^2O^5$), on obtient une masse transparente qui attire l'humidité de l'air, devient déliquescente et se dissout complétement dans l'eau. Quoiqu'il ne se dégage pas d'acide pendant la fusion lorsqu'on transforme le phosphate acide de soude en métaphosphate, la dissolution du sel fondu ne modifie plus le papier de tournesol.

La dissolution de ce sel, qui ne peut pas être amené à cristallisation, ne donne pas de précipité avec une dissolution d'albumine étendue et filtrée; mais elle donne un abondant précipité lorsqu'on ajoute de l'acide acétique.

La dissolution de ce métaphosphate de soude non cristallin (sel de Graham) qui devient humide à l'air, donne avec les dissolutions de beaucoup de sels métalliques neutres des précipités qui possèdent des proprietes particulières et remarquables; ces précipités sont, à peu d'exceptions près, solubles dans un excès de métaphosphate.

Une dissolution de *chlorure de baryum* produit un précipité volumineux; la liqueur qui surnage ce précipité, rougit le papier de tournesol; il est complétement soluble dans un excès de métaphosphate. L'ammoniaque ne produit pas de precipité dans cette dissolution. Le précipité ne devient pas huileux, même par un contact prolongé ou par l'ébullition. — L'*eau de baryte* produit aussi un précipité qui est soluble dans le chlorure d'ammonium.

Une dissolution de *chlorure de calcium* produit un précipité volumineux qui se rassemble au fond du vase par l'agitation, même à la température ordinaire, sous la forme d'une masse huileuse épaisse ou analogue à la térébenthine. La liqueur qui surnage, rougit le papier de tournesol. La masse n'est pas modifiee par l'ébullition, mais elle se dissout lorsqu'on la fait chauffer avec l'acide chlorhydrique. — Un excès du sel de soude dissout complétement le précipité; l'ammoniaque ne produit pas de précipité dans la dissolution.

Une dissolution de *sulfate de magnésie* ne donne pas de précipité, même par l'ébullition. Si l'on a ajouté beaucoup de métaphosphate de soude, l'ammoniaque ne produit pas de précipité dans la dissolution; dans le cas contraire, l'ammoniaque produit un précipité soluble dans le chlorure d'ammonium.

Une dissolution de *nitrate d'argent* produit un précipité blanc, épais, volumineux, qui est soluble dans l'ammoniaque et dans l'acide nitrique. Le précipité est aussi complétement soluble dans un grand excès du sel de soude. La liqueur qui surnage le précipité, rougit le papier de tournesol. Le précipité ne devient pas huileux par l'agitation à froid; mais il se rassemble par l'ébullition, prend un petit volume et devient tout à fait semblable à une résine; à chaud, il est visqueux, peut être étiré en fils et se durcit par le refroidissement, de manière à former une masse cassante.

Une dissolution de *nitrate de bioxyde de mercure* donne un précipité blanc qui se depose au fond du vase par l'agitation, même à la température ordinaire, sous la forme d'une masse huileuse, épaisse.

Une dissolution de *nitrate de protoxyde de mercure* produit un précipité blanc, abondant, qui est soluble dans un excès de métaphosphate de soude. Par l'ebullition, le précipité devient résineux, comme celui formé par le sel d'argent. A cet etat, il ne se dissout que difficilement dans le sel de soude.

Une dissolution de *bichlorure de mercure* ne produit pas de modification.

Une dissolution de *sulfate de cuivre* ne produit pas non plus de modification. — Le *bichlorure de cuivre*, au contraire, produit un précipité blanc-bleuâtre qui est soluble dans un excès du sel de soude et aussi dans le bichlorure de cuivre.

Une dissolution d'*acétate de plomb* produit un précipité épais, volumineux, qui est soluble dans un excès de métaphosphate de soude, et qui se rassemble par l'agitation, mais sans devenir huileux; par le temps, devient au contraire un peu résineux.

Une dissolution de *sulfate de protoxyde de manganèse* donne un précipité blanc qui se prend par l'agitation en une masse huileuse. Le précipité est soluble dans un excès du sel de soude : le sulfure d'ammonium produit dans cette dissolution du sulfure de manganèse.

Une dissolution de *sulfate de protoxyde de fer* ne donne pas de précipité. Même lorsqu'on ajoute de l'ammoniaque, il ne se produit pas de précipité dans la liqueur, mais elle devient vert foncé.

Une dissolution de *sulfate de zinc* ne produit pas de précipité.

Les dissolutions de *sulfate de cobalt* et de *sulfate de nickel* ne produisent pas de modification. — Les dissolutions de *chlorure de cobalt* et de *chlorure de nickel*, au contraire, donnent des précipités de couleur rouge ou blanc-verdâtre qui se déposent par l'agitation au fond du vase sous la forme de gouttes huileuses, lourdes, de couleur rouge ou blanc-verdâtre. Les précipités sont solubles dans un excès du sel de soude.

Une dissolution de *nitrate de bismuth*, bien qu'elle contienne un acide libre, produit un précipité blanc qui devient un peu résineux par l'agitation, mais qui ne devient pas huileux. Ce précipité est soluble dans le sel de soude.

On ne réussit pas toujours à produire cette modification du métaphosphate de soude, et les circonstances qui sont nécessaires pour sa formation ne sont pas encore bien connues. Si on fait fondre de nouveau le métaphosphate devenu humide et si on le laisse refroidir très lentement, ou bien si on fait fondre le phosphate de soude et d'ammoniaque, et si on le laisse refroidir lentement après la fusion, on obtient, outre le sel indiqué, un sel de soude cristallisé qui a bien la même composition que le métaphosphate de soude devenu humide, mais qui a des propriétés tout autres. On peut l'obtenir directement au moyen du phosphate ammoniaco-sodique en exposant ce dernier à une chaleur qui s'élève progressivement. Ce sel n'est ni transparent, ni translucide. On peut, au moyen de sa dissolution aqueuse, l'obtenir à l'état cristallisé avec 4 atomes d'eau, tandis que le sel de Graham ne peut pas être amené à cristallisation. — L'acide contenu dans ce sel est bien l'acide métaphosphorique, mais sous une autre sous-modification que le sel de soude fondu, transparent, qui devient humide. La dissolution du sel de soude qui appartient à cette sous-modification, ne précipite pas la dissolution d'albumine, comme cela arrive pour le sel de soude transparent; mais elle produit comme le sel de soude transparent un précipité blanc, abondant, lorsqu'on a ajouté de l'acide acétique. L'acide isolé précipite immédiatement l'albumine. — La propriété la plus importante de cet acide est de donner des combinaisons solubles avec toutes les bases, ce qui le distingue essentiellement de toutes les modifications de l'acide phosphorique. Une petite quantité du sel de soude peut bien quelquefois produire un précipité dans les dissolutions des autres sels; mais ce précipité est soluble dans un excès du sel de soude; cela vient, du reste, de ce que le sel de soude est mélangé avec un autre sel qui appartient à une autre sous-modification de l'acide métaphosphorique. — Les combinaisons de la sous-modification de l'acide métaphosphorique qui donne des combinaisons solubles avec toutes les bases, et même la combinaison qu'il forme avec l'argent, peuvent être obtenues à l'état cristallisé. Dans les sels cristallises, comme cela se présente dans toutes les sous-modifications de l'acide métaphosphorique, 1 atome d'acide sature 1 atome d'une base forte. La dissolution du sel de soude ne donne pas de précipité avec les dissolutions de nitrate d'argent, de nitrate de plomb, de chlorure de calcium, de chlorure de baryum, de chlorure de strontium, de sulfate de magnésie, de sulfate de protoxyde de fer, de sulfate de protoxyde de manganèse, de sulfate de zinc, de sulfate de cobalt et de sulfate de nickel. Dans la dissolution du sel de protoxyde de manganèse, on ne peut pas retrouver la présence du manganèse au moyen du sulfure d'ammonium. La dissolution du sel de soude ne se trouble pas d'abord en présence des dissolutions de nitrate de protoxyde et de nitrate de bioxyde de mercure; mais, au bout de quelque temps, il se produit un précipité. Dans la dissolution d'acétate de plomb, il se forme aussi un précipité (Fleitmann et Henneberg). — L'acide contenu dans cette sous-modification de l'acide phosphorique a été appelé acide *trimétaphosphorique*, parce qu'il forme des combinaisons doubles qui contiennent 2 atomes d'une base pour 1 atome d'une autre base.

On peut facilement isoler l'acide en traitant par le gaz hydrogène sulfuré la dissolution du sel d'argent cristallisé. L'acide isolé, saturé par le carbonate de soude, reproduit le sel de soude qui avait servi à le former. Si on neutralise l'acide par l'ammoniaque, on peut obtenir dans la dissolution le sel d'argent cristallisé.

Outre ces sous-modifications de l'acide métaphosphorique, il existe encore une série importante de combinaisons de l'acide métaphosphorique qui étaient connues déjà depuis longtemps sous le nom de *phosphates acides insolubles*. Ces combinaisons salines prennent naissance lorsqu'on chauffe l'acide phosphorique avec des combinaisons salines à une température superieure à 300 degrés. Pour leur préparation, on peut employer des sels de différentes espèces, chlorures, sulfates, nitrates, carbonates et chlorates que l'on chauffe jusqu'à 316 degrés avec l'acide phosphorique libre et que l'on maintient en fusion jusqu'à ce qu'une petite quantité, prise sur la masse fondue, dissoute dans l'eau et additionnée d'acide acétique, précipite la dissolution d'albumine, c'est-à-dire jusqu'à ce que l'excès d'acide phosphorique soit transformé en acide métaphosphorique.

Ces métaphosphates insolubles ont tout à fait la composition des autres métaphosphates : ils sont formés de 1 atome d'acide et de 1 atome d'une base forte. Ils ne se dissolvent que lorsqu'on les fait chauffer dans l'acide sulfurique concentré ou lorsqu'on les fait fondre en présence d'un excès d'acide phosphorique. Lorsqu'on traite alors le tout par l'eau, le métaphosphate reste dissous. Les métaphosphates insolubles ne se forment par suite que lorsqu'on fait fondre à la température indiquée les combinaisons salines avec un petit excès d'acide phosphorique seulement, c'est-à-dire lorsque, pour 1 atome de base ou pour 1 atome de la combinaison saline, on emploie seulement un peu plus de 1 atome d'acide phosphorique ; car le sel insoluble se dissout dans un excès d'acide phosphorique.

Comme les réactions de l'acide phosphorique sirupeux à chaud en présence des oxydes ont une certaine importance même pour reconnaître ces oxydes, elles ont déjà été exposées précédemment, lorsqu'on a traité des réactions de chaque oxyde en particulier.

L'acide, contenu dans les différents métaphosphates insolubles, ne peut être isolé que dans quelques cas au moyen de l'hydrogène sulfuré ; du reste, la séparation est toujours incomplète : c'est ce qui arrive par exemple lorsqu'on veut décomposer par l'hydrogène sulfuré le sel de cuivre en suspension dans l'eau. La décomposition s'opère bien mieux lorsqu'on traite le sel de cuivre par une dissolution de sulfure de sodium. On obtient de cette manière avec facilité un sel de soude soluble, cristallisé, qui se distingue du métaphosphate de soude indiqué précédemment par la plupart de ses propriétés et notamment par sa forme cristalline. Comme le sel que l'on obtient lorsqu'on fait chauffer l'acide phosphorique avec un sel de soude est tout à fait insoluble, tandis que celui que l'on obtient par la décomposition du sel de cuivre au moyen du sulfure de sodium se distingue par sa solubilité, on a été amené nécessairement à admettre, dans ce sel aussi bien que dans quelques autres sels semblables, une sous-modification de l'acide métaphosphorique autre que celle qui est contenue dans les phosphates alcalins insolubles (Fleitmann).

Lorsqu'on a décomposé par le sulfure de sodium le sel de cuivre insoluble, on peut obtenir à l'état soluble dans l'eau les combinaisons de cet acide métaphosphorique avec les bases en décomposant par les dissolutions des autres sels métalliques la dissolution du sel de soude obtenu : elles peuvent alors cristalliser. L'acide contenu dans ces combinaisons salines se distingue par sa grande stabilité. Il donne avec les oxydes alcalins des combinaisons solubles, avec les autres oxydes métalliques des combinaisons peu solubles : ces combinaisons à l'état anhydre, soumises à l'action de la chaleur, deviennent ordinairement de nouveau insolubles dans l'eau et dans les acides étendus. Le sel de potasse lui-même, fortement calciné, devient complétement insoluble après une faible calcination, tandis qu'à l'état cristallisé il est soluble : l'acide passe par conséquent de nouveau, par l'action de la chaleur, à la modification insoluble ; mais le sel de soude qui perd son eau de cristallisation à 100 degrés, conserve sa solubilité jusqu'au-dessous de son point de fusion : le métaphosphate de soude insoluble ne se forme que lorsqu'on soumet la soude en présence d'un léger excès d'acide phosphorique à l'action d'une température que l'on élève graduellement. Le sel de potasse peut être produit avec la même facilité par le même procédé. Si on emploie, au contraire, un mélange des deux bases, et si on le traite par une quantité correspondante d'acide phosphorique, on n'obtient pas de sel insoluble ou bien on n'en obtient qu'une quantite excessivement faible qui ne paraît être qu'un simple mélange du sel de soude et du sel de potasse, mais qui n'est pas un sel double. Cela indiquerait que les métaphosphates alcalins insolubles ne peuvent pas former de combinaisons doubles.

Dans les sels doubles que forme cet acide, il y a 1 atome d'une base pour 1 atome d'une autre base : par ce motif, il est appelé *acide dimétaphosphorique*, tandis qu'on appelle *acide monométaphosphorique* l'acide contenu dans les métaphosphates alcalins insolubles (Fleitmann).

L'acide métaphosphorique qui se forme lorsqu'on chauffe l'acide phosphorique avec l'oxyde de cuivre, se forme également par l'action de l'acide phosphorique sur l'oxyde de zinc et le protoxyde de manganèse. L'oxyde de plomb, l'oxyde de bismuth et l'oxyde de cadmium, au contraire, fondus avec l'acide phosphorique, donnent des combinaisons qui sont peut-être une nouvelle sous-modification de l'acide phosphorique.

Les différentes sous modifications de l'acide métaphosphorique ont toutes pour propriété commune : que leurs dissolutions salines, additionnées d'acide acétique, donnent un précipité abondant avec une dissolution étendue d'albumine.

Toutes les espèces d'acide métaphosphorique, aussi bien en dissolution aqueuse qu'en combinaison avec les bases, peuvent être transformées en acide phosphorique *c*, de la même manière que l'acide pyrophosphorique : cela sera indiqué plus loin avec détail.

Acide phosphorique *b* Acide pyrophosphorique). — Les combinaisons salines qui appartiennent à cette modification de l'acide phosphorique, se forment par la calcination des phosphates *c* qui ne contiennent que 2 atomes de base fixe pour 1 atome d'acide : si le phosphate *c* contient 3 atomes de base fixe, il ne se modifie pas par la calcination et reste phosphate *c*. La meilleure méthode pour obtenir l'acide phosphorique *b* est de mettre en suspension dans l'eau le phosphate *b* de plomb et de faire passer au travers du tout un courant d'hydrogène sulfuré. L'acide, séparé du sulfure de plomb par filtration, se comporte avec les réactifs comme il suit :

Une dissolution de *chlorure de baryum* ne produit pas de précipité ; au bout de quelque temps, il se produit un trouble très considérable. Par l'action de l'ammoniaque, il se forme un précipité dans la dissolution. — L'*eau de baryte* produit un précipité qui est soluble dans un excès d'acide pyrophosphorique ; la dissolution se trouble par l'action de l'ammoniaque.

Une dissolution de *chlorure de calcium* ne donne pas de précipité, même par un contact prolongé. Par l'action de l'ammoniaque, il se forme un précipité qui cependant n'est pas très considérable.—L'*eau de chaux* forme un précipité, bien que l'on n'en ait pas ajouté un excès et bien que la dissolution soit encore un peu acide : si cependant on ajoute un excès d'acide pyrophosphorique, le précipité se dissout. L'ammoniaque ne forme pas de précipité dans cette dissolution.

Si l'on ajoute du chlorure d'ammonium à l'acide pyrophosphorique et si l'on sature ensuite par l'ammoniaque, une dissolution de *sulfate de magnésie* produit un précipité qui est soluble dans une très grande quantité d'eau. Si l'on ajoute à cette dissolution une dissolution de phosphate *c* de soude, il se forme immédiatement un précipité.

Une dissolution de *nitrate d'argent* ne donne ordinairement pas de précipité. Si l'on sature par l'ammoniaque, il se produit un précipité blanc qui a souvent une pointe de jaune lorsque la dissolution d'acide pyrophosphorique est restée un peu de temps en repos. — Une dissolution d'*acétate d'argent* donne un précipité blanc qui se redissout dans une plus grande quantité d'acide pyrophosphorique. — Le pyrophosphate d'argent est soluble dans l'acide nitrique et dans l'ammoniaque.

Une dissolution de *nitrate de protoxyde de mercure* donne immédiatement un précipité blanc.

Une dissolution de *bichlorure de mercure* ne produit pas de modification, même au bout de quelque temps.

Une dissolution d'*albumine* (*blanc d'œuf*) étendue et filtrée ne produit pas de précipité; mais si la dissolution d'albumine est concentrée, il s'en produit un.

Lorsqu'on laisse reposer pendant quelque temps la dissolution d'acide pyrophosphorique, ce dernier se transforme en acide phosphorique *c*. Fréquemment, dans ce cas, l'acide contenu dans la dissolution est un mélange d'acide phosphorique *b* et d'acide phosphorique *c*. Lorsqu'on ajoute alors du nitrate d'argent et lorsqu'on sature peu à peu par l'ammoniaque, on obtient d'abord un précipité blanc et plus tard un précipité jaune. La transformation de l'acide pyrophosphorique s'opère rapidement par l'ébullition : l'acide, saturé par l'ammoniaque, donne alors après le refroidissement un précipité jaune avec le nitrate d'argent.

Parmi les pyrophosphates, les pyrophosphates alcalins sont solubles dans l'eau : les pyrophosphates terreux et métalliques sont insolubles dans l'eau, mais solubles dans les acides. La plupart des pyrophosphates insolubles sont solubles dans un excès d'une dissolution de pyrophosphate de soude et forment avec ce dernier des sels doubles solubles. Cependant plusieurs des sels doubles sont aussi insolubles et les pyrophosphates simples insolubles contiennent souvent des quantités considérables de sel double insoluble, lorsqu'ils ont été préparés par précipitation au moyen du pyrophosphate de soude.

Le pyrophosphate qui est le plus facile à obtenir et au moyen duquel on obtient les autres pyrophosphates et même indirectement l'acide pyrophosphorique, est le pyrophosphate de soude qui se produit par la calcination du phosphate *c* de soude ($2Na^2O + H^2O + P^2O^5 + 24H^2O$). Sa dissolution se comporte avec les réactifs comme il suit :

La dissolution du sel, additionnée d'acide acétique, ne produit pas de précipité dans une dissolution d'*albumine* étendue et filtrée; cependant il se produit, au bout de quelque temps, un précipité par le simple contact. Dans une dissolution concentrée d'albumine, le sel additionné d'acide acétique produit immédiatement un précipité.

Une dissolution de *chlorure de baryum* produit immédiatement un précipité qui est soluble dans l'acide chlorhydrique et dans l'acide nitrique. Ce précipité n'est pas soluble dans un excès de pyrophosphate de soude et l'acide sulfurique étendu ne produit pas de précipité dans la dissolution filtrée ou ne produit qu'un trouble tout à fait insignifiant.

Une dissolution de *chlorure de calcium* produit dans la dissolution du pyrophosphate de soude un précipité qui est soluble dans une très grande quantité de pyrophosphate de soude: dans la dissolution claire, l'oxalate de potasse produit un précipité abondant d'oxalate de chaux. La dissolution claire se trouble spontanément à la longue, et, au bout de vingt-quatre heures, une dissolution d'oxalate de potasse ne produit dans la dissolution filtrée qu'un très faible précipité d'oxalate de chaux et même finit par ne plus produire de précipité.

Une dissolution de *sulfate de magnésie* produit un précipité qui est soluble dans un excès de pyrophosphate de soude. Mais si l'on fait bouillir, il se forme dans cette dissolution un abondant précipité qui persiste après le refroidissement. L'ammoniaque ne produit pas de précipité, même par un contact prolongé, dans la dissolution de pyrophosphate de magnésie dans le pyrophosphate de soude. — Le précipité de pyrophosphate de magnésie est également soluble dans un excès de sulfate de magnésie. Si l'on fait bouillir, il se produit dans cette dissolution un précipité qui ne disparaît pas de nouveau par le refroidissement.

Une dissolution de *nitrate d'argent* produit immédiatement un précipité blanc, soluble dans l'acide nitrique et dans l'ammoniaque; ce précipité n'est pas tout à fait insoluble dans un excès de pyrophosphate de soude. La liqueur qui surnage le précipité, ne modifie pas le papier de tournesol ou ne le bleuit que lorsqu'on a employé un excès du sel de soude.

Une dissolution de *nitrate de bioxyde de mercure*, bien qu'elle contienne de l'acide nitrique libre, produit un abondant précipité blanc qui devient jaune-rougeâtre en présence d'un excès de pyrophosphate de soude et qui est formé d'un sel basique.

Une dissolution de *nitrate de protoxyde de mercure* donne un précipité blanc qui est soluble dans un excès de pyrophosphate de soude. L'ammoniaque produit, dans cette dissolution, un précipité gris-noirâtre, le sulfure d'ammonium produit un précipité noir et l'acide chlorhydrique un précipité blanc de protochlorure de mercure.

Une dissolution de *bichlorure de mercure* ne donne pas de précipité immédiatement. Au bout de quelque temps, il se forme un précipité rouge, dense, d'oxychlorure de mercure qui se forme encore plus rapidement par l'action de la chaleur.

Une dissolution de *sulfate de cuivre* produit un précipité blanc-bleuâtre qui est soluble dans un excès de pyrophosphate de soude. La dissolution est bleue; par l'action de l'hydrate de potasse, il s'y forme un précipité bleu, volumineux, d'hydrate d'oxyde de cuivre, qui devient brun-noir par l'ébullition. La dissolution bleue devient d'un bleu encore plus foncé lorsqu'on y ajoute de l'ammoniaque. Le sulfure d'ammonium y produit immédiatement un précipité brun de sulfure de cuivre. — Le pyrophosphate de cuivre est également soluble dans un très grand excès de sulfate de cuivre. La chaleur détermine, dans la dissolution, la production d'un précipité qui ne disparaît pas de nouveau par le refroidissement.

Une dissolution d'*acétate de plomb* produit un précipité blanc, gélatineux, qui est soluble dans le pyrophosphate de soude. La dissolution d'hydrogène sulfuré produit immédiatement du sulfure de plomb dans cette dissolution.

Une dissolution de *sulfate de protoxyde de manganèse* donne un précipité blanc qui n'est pas soluble dans un excès de sel de protoxyde de manganèse, mais qui est soluble dans le pyrophosphate de soude. Ni l'ammoniaque, ni le sulfure d'ammonium, ce qui est tout à fait digne de remarque, ne produisent de précipité dans cette dissolution. Même par un contact prolongé, il ne se sépare pas de sulfure de manganèse par l'action du sulfure d'ammonium. Cependant l'hydrate de potasse produit, dans la dissolution, un précipité blanc d'hydrate de protoxyde de manganèse.

Une dissolution de *sulfate de protoxyde de fer* produit un précipité blanc qui est soluble dans le pyrophosphate de soude. Le sulfure d'ammonium forme immédiatement, dans la dissolution, un précipité noir de sulfure de fer : l'hydrate de potasse y produit un précipité verdâtre; l'ammoniaque, au contraire, ne trouble pas la dissolution qui prend, seulement dans ce cas, une couleur plus foncée.—Le pyrophosphate de protoxyde de fer est également soluble dans un excès de la dissolution de protoxyde de fer.

Une dissolution de *sesquichlorure de fer* donne un précipité blanc qui est soluble dans un excès de pyrophosphate de soude. Le sulfure d'ammonium forme immédiatement un précipité noir de sulfure de fer dans cette dissolution qui est incolore : l'hydrate de potasse y produit un précipité d'hydrate de sesquioxyde de fer; l'ammoniaque ne trouble pas la dissolution qui devient seulement immédiatement rouge de sang par l'action de ce réactif.

Une dissolution de *sulfate de zinc* produit un précipité blanc qui se dissout dans le pyrophosphate de soude. La dissolution ne se trouble pas par l'action de l'ammoniaque; elle ne se trouble pas non plus lorsqu'on la fait bouillir : le sulfure d'ammonium y produit cependant un précipité de sulfure de zinc. — Le précipité est également soluble dans un excès de la dissolution de sulfate de zinc. La dissolution se trouble fortement par l'ébullition : le trouble ne disparaît pas par le refroidissement.

Une dissolution de *sulfate de cadmium* produit un précipité blanc qui est soluble dans un excès de pyrophosphate de soude. La dissolution se trouble par l'action de la chaleur : le trouble ne disparaît pas par le refroidissement. Le sulfure d'ammonium produit immédiatement, dans la dissolution, un précipité de sulfure de cadmium.

Dans une dissolution de *sulfate de nickel,* il se produit un précipité vert-blanchâtre qui est soluble dans le pyrophosphate de soude. La dissolution n'est pas troublée par l'action de la chaleur.—Le *chlorure de nickel* se comporte de même : seulement la dissolution du précipité dans le pyrophosphate de soude en excès est troublée par l'action de la chaleur et ne devient pas claire par le refroidissement. Le sulfure d'ammonium forme immédiatement, dans ces dissolutions, du sulfure de nickel.

Une dissolution de *sulfate de cobalt* donne un précipité rose pâle : le précipité est soluble dans le sel de soude. La dissolution est rouge : par l'action de la chaleur, elle devient complétement bleue sans se troubler; mais, par le refroidissement, elle reprend sa couleur rouge. Le sulfure d'ammonium y produit immédiatement un précipité de sulfure de cobalt.

Une dissolution d'*alun* donne un précipité blanc qui est soluble dans le pyrophosphate de soude. Ni l'ammoniaque, ni le sulfure d'ammonium ne produisent de précipite dans cette dissolution. — Le précipité se dissout également dans un excès de dissolution d'alun.

Une dissolution de *nitrate de bismuth*, bien qu'elle contienne de l'acide nitrique libre, produit un précipité blanc qui est soluble dans le pyrophosphate de soude. Il se produit, dans cette dissolution, un précipité blanc par l'action de la chaleur : le sulfure d'ammonium y produit un précipité de sulfure de bismuth.

Les pyrophosphates solubles, et notamment le pyrophosphate de soude, en dissolutions aqueuses, se conservent sans se modifier, et l'acide pyrophosphorique qu'ils contiennent n'est transformé en acide phosphorique *c* ni par l'ebullition, ni par un contact prolongé, même d une année. Un excès même d'oxyde alcalin ne produit pas de modification : on peut même évaporer jusqu'à siccite les dissolutions des pyrophosphates en présence d'un carbonate alcalin sans qu'il se forme d'acide phosphorique *c*. Si l'on fait bouillir les pyrophosphates insolubles avec une dissolution d'hydrate de potasse, on leur enleve l'acide pyrophosphorique sans le modifier. Mais si l'on ajoute à la dissolution de pyrophosphate de soude une dissolution d'hydrate de potasse, et si l'on évapore le tout à siccité, l'acide pyrophosphorique est transformé en acide phosphorique *c*. La transformation de l'acide pyrophosphorique en acide phosphorique *c* s'opère également par la fusion avec un excès d'hydrate ou de carbonate alcalin; mais pour que la transformation soit complète, il est nécessaire que le pyrophosphate soit décomposé completement par la fusion avec les oxydes alcalins. Cette transformation n'est pas complète pour les phosphates terreux, et notamment pour le phosphate de chaux, le phosphate de baryte et même le phosphate de magnésie.—Lorsqu'on fait bouillir les dissolutions des carbonates alcalins avec le pyrophosphate de chaux, il ne se produit qu'une décomposition très incomplète : à la température ordinaire, il ne s'opère pas de décomposition.

Les acides, au contraire, opèrent la transformation de l'acide pyrophosphorique en acide phosphorique *c* dans ses combinaisons salines, même lorsqu'elles sont à l'état de dissolution. Si l'on ajoute de l'acide nitrique aux sels alcalins solubles ou bien si l'on dissout à froid dans cet acide les pyrophosphates insolubles, les dissolutions contiennent encore de l'acide pyrophosphorique ; lorsqu'on fait bouillir ou lorsqu'on laisse le contact se prolonger, il se produit de l'acide phosphorique *c*. L'acide chlorhydrique agit de même ; mais il est difficile de transformer de cette manière en acide phosphorique *c* les dernières traces d'acide pyrophosphorique. Plus l'acide employé est fort, plus les dissolutions sont concentrées et plus la chaleur a été maintenue longtemps, plus la transformation est complète. La méthode par laquelle elle réussit le mieux et le plus complétement, consiste à faire chauffer avec l'acide sulfurique concentré. Si l'on n'a pas continué assez longtemps de chauffer les pyrophosphates avec l'acide chlorhydrique ou l'acide nitrique, l'acide phosphorique qui s'est formé contient encore une petite quantité d'acide pyrophosphorique que l'on peut retrouver par une méthode que nous indiquerons plus loin. — Les acides opèrent la transformation de l'acide pyrophosphorique en acide phosphorique *c*, parce qu'ils séparent la base de l'acide pyrophosphorique avec lequel elle était unie : l'acide pyrophosphorique se combine avec l'eau et l'ébullition le transforme alors en acide phosphorique *c*. Plus l'acide employé est concentré et plus l'action de la chaleur a été prolongée, plus la séparation de l'acide pyrophosphorique et de la base est complète.

Il y a encore une seconde modification de l'acide pyrophosphorique qui forme des sels qui sont insolubles dans l'eau et même dans les acides. Ils ressemblent aux métaphosphates insolubles (p. 536) et se produisent d'une manière analogue, spécialement lorsqu'on chauffe les combinaisons salines avec un excès d'acide phosphorique ; mais seulement l'action de la chaleur ne doit pas être élevée jusqu'à 316 degrés ; car alors il se formerait des métaphosphates. Dans le pyrophosphate de cuivre insoluble, l'acide pyrophosphorique peut être isolé au moyen du gaz hydrogène sulfuré.

Acide phosphorique *c* (Acide phosphorique ordinaire). — Seule, cette modification de l'acide phosphorique se trouve dans la nature et se présente fréquemment dans les analyses. Toutes les modifications de l'acide métaphosphorique et de l'acide pyrophosphorique peuvent facilement être transformées en acide phosphorique ordinaire. Le meilleur moyen d'opérer la transformation est de faire fondre avec un excès de carbonate alcalin les combinaisons salines appartenant aux autres modifications ; cependant il faut d'abord qu'il s'opère une séparation complète de la base, ce qui n'arrive pas toujours. La transformation en acide phosphorique ordinaire se produit aussi par l'action des acides et notamment par l'action de l'acide sulfurique concentré.

La dissolution d'acide phosphorique ordinaire se comporte avec les réactifs de la manière suivante :

Une dissolution de *chlorure de baryum* ne produit qu'un trouble insignifiant; mais lorsqu'on ajoute de l'ammoniaque, il se forme immédiatement un abondant précipité. — L'*eau de baryte* produit un précipité, même lorsque la liqueur est encore acide. — Lorsqu'on fait digérer à la température ordinaire avec un excès de *carbonate de baryte* l'acide phosphorique *c* en dissolution aqueuse, on obtient encore dans la liqueur filtrée même au bout de plusieurs jours des réactions très nettes indiquant la présence de l'acide phosphorique. La quantité de l'acide phosphorique diminue bien à mesure que le carbonate de baryte reste plus longtemps en contact avec l'acide phosphorique ; mais, même après une digestion de plusieurs semaines, on peut encore reconnaître (au moyen du molybdate d'ammoniaque) dans la dissolution filtrée des traces évidentes, bien que faibles, d'acide phosphorique. Même lorsqu'au bout de ce temps on fait bouillir la liqueur avec un excès de carbonate de baryte, on ne précipite pas les dernières traces d'acide phosphorique; ce qui prouve que ce n'est pas l'acide carbonique libre qui dissout un tant soit peu de phosphate de baryte. — Si d'autre part on ajoute de l'acide nitrique ou de l'acide chlorhydrique à une dissolution d'acide phosphorique, si on étend d'eau le tout, et si on traite par le carbonate de baryte à la température ordinaire, l'acide phosphorique est séparé complétement au bout d'un espace de temps qui varie de vingt-quatre à quarante-huit heures, en sorte qu'on ne peut plus retrouver au moyen du molybdate d'ammoniaque aucune trace d'acide phosphorique dans la liqueur filtrée. Si par suite on dissout un phosphate dans l'acide chlorhydrique, et si on traite par l'acide chlorhydrique la dissolution étendue d'eau, la totalité de l'acide phosphorique est séparée. La base qui était combinée avec l'acide phosphorique reste en dissolution lorsqu'elle était une base forte ; mais elle est précipitée en même temps que l'acide phosphorique lorsqu'elle appartient aux bases faibles et lorsqu'elle peut être précipitée par le carbonate de baryte dans les dissolutions de ses autres combinaisons salines.

Une dissolution de *chlorure de calcium* ne donne pas de précipité, même par un contact prolongé ; mais, par l'action de l'ammoniaque, il se forme immédiatement un abondant précipité. — Dans une dissolution de *sulfate de chaux*, il ne se forme pas de précipité à la longue et la liqueur ne se trouble même pas par l'action de l'acide phosphorique ordinaire. — L'*eau de chaux* produit un précipité, bien que la liqueur soit encore un peu acide : ce précipité disparaît cependant lorsqu'on ajoute une plus grande quantité d'acide phosphorique.

Si l'on ajoute du chlorure d'ammonium à une dissolution d'acide phosphorique ordinaire, et si l'on sursature ensuite par l'ammoniaque, une dissolution de *sulfate de magnésie* produit un précipité. Les plus petites quantités d'acide phosphorique peuvent être complétement précipitées de cette manière par un excès de sel de magnésie, au moins après un contact de quelque temps. Le précipité est cristallin et se dépose en partie sur les parois du vase. Si l'on frotte les parois du vase avec une baguette de verre, après avoir mêlé les liqueurs à l'état étendu, les places frottées deviennent apparentes, par suite du dépôt qu'y forme le précipité.

Une dissolution de *nitrate d'argent*, après avoir été saturée par l'ammoniaque, donne un précipité jaune, soluble dans l'ammoniaque et dans l'acide nitrique. — L'*acétate d'argent* donne, sans qu'il soit nécessaire de saturer par l'ammoniaque, un précipité jaune qui se dissout lorsqu'on ajoute une plus grande quantité d'acide phosphorique.

Une dissolution de *nitrate de protoxyde de mercure* donne immédiatement un précipité blanc, abondant.

Une dissolution de *nitrate de bioxyde de mercure* donne immédiatement un précipité blanc, abondant, qui est soluble dans une grande quantité d'acide nitrique et qui cristallise à la longue.

Une dissolution de *bichlorure de mercure* ne produit pas de modification.

Dans une dissolution de *nitrate de plomb*, il se forme immédiatement un précipité blanc, abondant.

Une dissolution d'*albumine* étendue et filtrée ne produit pas de précipité, même par un contact prolongé. Une dissolution concentrée d'albumine n'est pas précipitée non plus par l'acide phosphorique ordinaire.

Si l'on soumet pendant quelque temps la dissolution concentrée d'acide phosphorique *c* à une faible chaleur, de manière qu'il ne se volatilise pas encore une trace d'acide phosphorique, et si elle s'épaissit après le refroidissement en une masse sirupeuse, très épaisse, cette masse dissoute dans l'eau ne donne pas de précipité avec une dissolution concentrée d'albumine : elle n'en donne pas non plus avec une dissolution de chlorure de baryum, ou bien il ne se produit au bout de quelque temps, par l'action de ce réactif, qu'un trouble insignifiant : avec l'ammoniaque, il se produit un précipité abondant, volumineux. La dissolution de la masse sirupeuse, saturée par l'ammoniaque, donne un précipité blanc avec le nitrate d'argent. L'acide phosphorique *c* (acide phosphorique ordinaire) est par conséquent transformé par la chaleur en acide phosphorique *b* (acide pyrophosphorique).

Si l'on soumet ensuite l'acide phosphorique à une température plus intense, de manière qu'il commence à se volatiliser abondamment, sa dissolution aqueuse donne immédiatement avec l'albumine un abondant précipité, même lorsqu'elle est très étendue. Il se produit aussi immédiatement, dans une dissolution de chlorure de baryum, un abondant précipité : la dissolution, saturée par l'ammoniaque, donne avec le nitrate d'argent un précipité blanc. Une température plus élevée a transformé, par conséquent, l'acide phosphorique *c* en acide phosphorique *a* (acide métaphosphorique) ; et la sous-modification qui s'est produite, est vraisemblablement la même que celle qui se produit par la combustion du phosphore.

Si l'on chauffe rapidement l'acide phosphorique, on peut obtenir, au contraire, un acide dont la dissolution aqueuse produise un précipité abondant avec l'albumine, n'en donne pas, au contraire, avec le chlorure de baryum, et, après sa saturation par l'ammoniaque, produise avec le nitrate d'argent un précipité blanc dans lequel on peut observer nettement, au bout de quelque temps, un mélange de précipité jaune. L'acide qui se produit, dans ce cas, paraît être celui que l'on peut séparer du métaphosphate d'argent, mélangé avec un peu d'acide phosphorique ordinaire non décomposé.

Parmi les combinaisons salines de l'acide phosphorique ordinaire, celles dans lesquelles la base est un oxyde alcalin, sont solubles dans l'eau; celles qui ont pour base un oxyde terreux ou métallique, sont insolubles dans l'eau et solubles, au contraire, dans les acides et dans l'acide phosphorique libre. Il existe des sels doubles formés par la combinaison des phosphates alcalins et des phosphates terreux qui sont insolubles dans l'eau. Le plus connu d'entre eux est le phosphate ammoniaco-magnésien dont nous avons déjà parlé à propos des caractères de la magnésie p. 39 ; on peut obtenir aussi d'autres sels doubles tout à fait analogues, ayant une composition semblable et la même insolubilité que le précédent; ils sont formés de phosphates de potasse, de soude ou même de lithine unis avec le phosphate de magnesie et même le phosphate de chaux. Ces sels doubles prennent naissance lorsqu'on fait fondre les phosphates de chaux et de magnésie avec un excès de carbonate alcalin. C'est par suite de la production de ces sels doubles que les carbonates alcalins, bien qu'on en ait employé un grand excès, ne peuvent pas décomposer complétement, même à une température élevée, les combinaisons de l'acide phosphorique avec les oxydes alcalino-terreux et avec la magnésie. Cependant la quantité de phosphate terreux décomposée est d'autant plus grande que la température qui a été employée pour opérer cette décomposition est plus élevée, que le tout passe plus complétement dans le fondant et que l'excès de carbonate alcalin est plus grand. On peut même effectuer à une température très élevée la décomposition totale du phosphate de magnésie, en employant un excès du mélange si facilement fusible de carbonate de potasse et de carbonate de soude à poids équivalents égaux; il se forme alors seulement du phosphate alcalin et de la magnésie qui a perdu, par l'action de la chaleur, l'acide carbonique avec lequel elle s'était combinée dans le premier instant de la réaction du carbonate alcalin sur le phosphate de magnésie; le phosphate alcalin et la magnésie peuvent alors être séparés au moyen de l'eau chaude. Pour le phosphate de chaux, la décomposition complète ne peut pas être opérée, en partie à cause de la difficulté qu'on éprouve à décomposer par le carbonate alcalin le sel double de phosphate alcalin et de phosphate de chaux, en partie à cause de la formation d'une combinaison double de phosphate de chaux et de carbonate de chaux, comme nous l'indiquerons plus loin avec détail.

Lorsqu'on mélange, au contraire, intimement les phosphates terreux avec une petite quantité de carbonate alcalin, et lorsqu'on soumet ensuite à la calcination, de manière que la masse n'entre pas en fusion et ne s'agrége même pas, la totalité de l'acide carbonique est séparée de l'oxyde alcalin, et on ne peut séparer complétement de la combinaison calcinée l'oxyde alcalin, ni au moyen de l'eau froide, ni au moyen de l'eau chaude.

Il est cependant difficile d'obtenir les phosphates doubles à un très grand état de pureté. Cela dépend en partie de la quantité du carbonate alcalin employé. Si l'on emploie trop peu de carbonate alcalin, on obtient la combinaison à l'état de mélange avec un excès de phosphate terreux. Si l'on emploie une trop grande quantité de carbonate alcalin, on peut opérer une décomposition partielle du sel double formé, et ce dernier contient alors une quantité plus ou moins grande de carbonate terreux. La composition de la combinaison insoluble dépend aussi en partie du lavage plus ou moins prolongé avec l'eau qui a pu la modifier plus ou moins. — On obtient ces combinaisons doubles aussi pures que possibles lorsqu'on mêle très intimement un poids équivalent de phosphate terreux (à l'état de pyrophosphate avec un poids equivalent de carbonate alcalin, et lorsqu'on calcine le mélange jusqu'à ce qu'il n'y ait plus de perte de poids, mais pas plus longtemps. De cette manière, la masse calcinée n'est ni fondue, ni même agrégée. On la traite ensuite par l'eau chaude et on la lave ensuite avec l'eau chaude.

Les phosphates insolubles forment quelquefois avec les sels des autres acides des combinaisons doubles insolubles qui sont difficiles à décomposer. C'est ce qui arrive notamment pour les carbonates, et c'est là le deuxième motif pour lequel les phosphates alcalino-terreux et le phosphate de magnésie ne peuvent être décomposés complétement ni par voie sèche ni par voie humide, lorsqu'on les traite à la température ordinaire par une dissolution de carbonate alcalin, lorsqu'on les fait bouillir avec cette dissolution, ou même lorsqu'on ajoute une nouvelle dissolution de carbonate alcalin après avoir décanté la liqueur et lorsqu'on répète plusieurs fois le même traitement. Dans la combinaison double de phosphate de chaux et de carbonate de chaux dont il est ici question, et qui est de même espèce que celle que l'on rencontre dans les os, les deux sels sont combinés l'un à l'autre avec une telle affinité qu'ils résistent à la décomposition au moyen des dissolutions de carbonate alcalin. Le phosphate ammoniaco-magnésien n'est aussi décomposé qu'incomplétement par une dissolution de carbonate alcalin. Du reste, le phosphate de chaux, recemment préparé et non calciné, est toujours decomposé par une dissolution de carbonate de soude en bien plus grande quantité que par la fusion avec le carbonate de soude. Si l'on emploie la dissolution de carbonate alcalin à la température ordinaire et non à la température de l'ébullition, la décomposition est presque complète. Par suite, une dissolution de phosphate de soude n'agit pas sur le carbonate de chaux à la temperature ordinaire. — Si l'on fait fondre le phosphate de chaux avec l'hydrate de potasse, il se dissout complétement au rouge en un liquide clair. Si on traite par l'eau la masse fondue, le phosphate de chaux reste presque complétement à l'état insoluble et la dissolution de potasse ne contient qu'une très petite quantité d'acide phosphorique.— Le phosphate de strontiane n'est décomposé que partiellement par la fusion avec le carbonate alcalin; le phosphate de baryte, au contraire, est décomposé complétement. Il fond avec six fois son poids de carbonate de soude en donnant un liquide clair, transparent : si on traite par l'eau la masse fondue et refroidie, elle laisse comme résidu du carbonate de baryte insoluble qui est seulement mélangé avec une petite quantité de phosphate de baryte.

Les combinaisons de l'acide phosphorique avec les autres oxydes métalliques, notamment avec l'oxyde de zinc, le protoxyde de manganèse, le bioxyde de cuivre et le sesquioxyde de fer, traitées par les carbonates alcalins, ne donnent pas de combinaison double insoluble, et comme ces oxydes, lorsqu'ils sont combinés avec l'acide carbonique, perdent très facilement cet acide à une haute température, les phosphates peuvent être complétement décomposés par la fusion avec le carbonate alcalin. Si l'on traite par l'eau la masse fondue, l'oxyde métallique reste comme résidu insoluble, exempt de toute trace d'acide phosphorique; seulement quelquefois, comme pour le phosphate de protoxyde de manganèse, il se produit un degré supérieur d'oxydation.

L'acide phosphorique sature 3 atomes de base; mais fréquemment, dans ses combinaisons salines, 1 atome de base fixe est remplacé par 1 atome d'eau : dans ce cas, le phosphate peut passer par la calcination à l'état de pyrophosphate. Mais lorsque, dans les phosphates ordinaires, 2 atomes de base fixe sont remplacés par 2 atomes d'eau (phosphates acides , on obtient des métaphosphates par la calcination. Si les phosphates contiennent 3 atomes d'une base fixe, le sel calciné reste à l'état de phosphate *c*. Mais, dans ce cas, le troisième atome de la base est ordinairement combiné avec moins de force que les deux autres; et si le sel est un phosphate alcalin soluble, l'acide carbonique de l'air, en réagissant sur la dissolution, en sépare peu à peu 1 atome de la base fixe qui est remplacé par 1 atome d'eau.

Nous avons examiné avec détail, dans ce qui précède, la manière dont la dissolution d'un phosphate (et notamment celle du phosphate de soude qui contient 2 atomes de soude et 1 atome d'eau occupant la place du troisième atome de base et qui est le plus important de tous les phosphates , se comporte avec les différentes bases, en parlant de chacune de ces bases en particulier.

Nous ajouterons seulement ici qu'une dissolution d'*albumine* étendue et filtrée ne produit pas de précipité dans la dissolution d'un phosphate, même lorsqu'on a ajouté de l'acide acétique. Une dissolution concentrée d'albumine ne produit pas non plus de précipité.

Il est souvent assez difficile de reconnaître la présence de l'acide phosphorique, Les phosphates dans lesquels il est difficile de reconnaître la présence de l'acide phosphorique, surtout lorsqu'il ne s'y trouve qu'en petite quantité, peuvent être reconnus par la méthode suivante :

Si l'on ajoute à une dissolution de *molybdate d'ammoniaque* assez d'acide chlorhydrique ou mieux d'acide nitrique pour que le précipité qui s'était formé d'abord disparaisse, et si l'on ajoute ensuite une quantité même excessivement faible d'un phosphate, la liqueur devient jaune et laisse déposer un précipité jaune qui est formé d'acide molybdique combiné avec des quantités d'ammoniaque et d'acide phosphorique qui ne sont pas très considérables (p. 345). Si la combinaison qui contient l'acide phosphorique est insoluble dans l'eau, il faut l'employer à l'état de dissolution dans les acides et notamment dans l'acide nitrique. La chaleur accélère la précipitation. Le précipité jaune est soluble dans l'ammoniaque, aussi bien que dans un excès de phosphate. Par suite, on peut retrouver de cette manière avec facilité de petites quantités d'acide phosphorique, tandis que de grandes quantités peuvent échapper à l'observation, vu que, dans ce cas, une très grande quantité de molybdate est nécessaire pour produire le précipité jaune après la sursaturation par l'ammoniaque. — Ce réactif, qui a été indiqué par *Svanberg* et *Struve* pour l'acide phosphorique, paraît être le meilleur; on peut retrouver par ce moyen des quantités d'acide phosphorique plus petites qu'on ne le peut par tout autre procédé.

Cette réaction de l'acide phosphorique permet de découvrir la présence de l'acide phosphorique dans des substances dans lesquelles on ne le supposait pas autrefois, parce qu'on ne pouvait pas le retrouver lorsqu'il était en aussi petite quantité. Cependant les substances qui ne contiennent point de trace d'acide phosphorique, ne donnent pas de réaction au moyen du molybdate d'ammoniaque.

On peut reconnaître nettement le précipité jaune, bien qu'il se soit produit dans une liqueur colorée, comme par exemple dans une dissolution nitrique de phosphate de cuivre ou dans les dissolutions acides des autres phosphates colorés.

Cependant il faut observer ici que l'acide phosphorique *c* et ses combinaisons salines peuvent seuls produire cette réaction. Les autres modifications de l'acide phosphorique ne donnent de précipité jaune avec le molybdate d'ammoniaque que lorsqu'on les a d'abord transformés en acide phosphorique *c* au moyen de l'acide nitrique; et l'on sait que cette dernière réaction ne s'opère souvent à froid que très lentement et incomplétement. On peut par suite laisser pendant très longtemps dans les dissolutions étendues le pyrophosphate de soude en contact avec le molybdate d'ammoniaque et l'acide nitrique libre sans qu'on puisse observer de réaction. Mais si on porte le tout à l'ébullition, on obtient immédiatement une liqueur jaune et bientôt un précipité jaune.

Aucun autre acide, à l'exception de l'acide arsénique, ne se comporte d'une manière semblable avec le molybdate d'ammoniaque; et l'acide arsénique, même en petite quantité, est facile à distinguer de l'acide phosphorique.

Pour reconnaître la présence de l'acide phosphorique dans des quantités excessivement petites de phosphates, on employait autrefois la méthode suivante : On plaçait au fond d'un tube de verre bouché à l'une de ses extrémités un peu de potassium ou de sodium métallique, et on y ajoutait ensuite la petite quantité de la combinaison dans laquelle on voulait rechercher l'acide phosphorique et dont on peut n'employer même qu'un demi-milligramme, mais qui doit être entièrement sèche. On chauffe le tout avec précaution jusqu'au rouge : le potassium ou le sodium réduisent alors l'acide phosphorique à l'état de phosphure. L'excès de potassium ou de sodium employé est ensuite enlevé au moyen d'un peu de mercure que l'on ajoute dans le petit tube après le refroidissement et que l'on décante ensuite. On souffle ensuite avec un tube effilé sur la masse contenue dans le tube de verre pour humecter cette masse au moyen de l'air expiré. Lorsqu'on le porte ensuite vers le nez, on sent l'odeur forte et caractéristique de l'hydrogène phosphoré Thenard et Vauquelin . — Cette méthode, qui donne souvent un résultat erroné, est devenu tout à fait inutile, par suite de la découverte de celle qui vient d'être indiquée et qui consiste à rechercher l'acide phosphorique au moyen de l'acide molybdique.

Les phosphates sont fixes, lorsque la base avec laquelle l'acide phosphorique est combiné, est fixe. Dans les phosphates acides dans lesquels l'acide phosphorique est combiné avec une base fixe, il ne se volatilise pas d'acide phosphorique par la calcination. La plupart des phosphates sont fusibles à une température élevée, surtout les phosphates acides. On a examiné dans ce qui précède comment les modifications de l'acide phosphorique se forment par la calcination et la fusion. Tandis que les phosphates non calcinés qui sont insolubles dans l'eau se dissolvent dans les acides, quelques métaphosphates et quelques pyrophosphates résistent à l'action des acides et y sont insolubles. Les phosphates insolubles dans l'eau et dans les acides sont décomposés pour la plupart lorsqu'on les fait fondre avec un excès de carbonate alcalin; par cette methode, toutes les modifications de l'acide phosphorique sont transformées en acide phosphorique *c* qui se combine avec l'oxyde alcalin, tandis que, dans la plupart des cas, la base qui était combinée avec l'acide phosphorique s'en sépare.

Un tres grand nombre de phosphates sont decomposes à la température rouge par le charbon et par le gaz hydrogène, surtout ceux dont les bases sont reduites de cette manière. Dans quelques cas, il se forme un phosphure : dans d'autres au contraire, surtout lorsqu'il y a un excès d'acide phosphorique, il se sublime du phosphore. Les combinaisons neutres et basiques de l'acide phosphorique avec les oxydes alcalins et alcalino-terreux ne sont pas decomposées par la calcination avec le charbon lorsqu'on n'ajoute pas de l'acide silicique ou un autre acide fixe qui se combine avec la base et rende l'acide phosphorique libre.

Si l'acide phosphorique est combiné avec un oxyde alcalino-terreux ou avec la magnesie, on peut conclure que la combinaison contient de l'acide phosphorique lorsque, dissoute dans l'acide chlorhydrique où dans l'acide nitrique et sursaturée par l'ammoniaque, elle donne de nouveau un précipité blanc. Cependant il faudrait s'assurer par d'autres expériences que l'acide arsénique et quelques autres acides, notamment quelques acides organiques, ne peuvent pas donner, par leur combinaison avec les bases indiquées, des combinaisons insolubles dans l'eau.

Lorsqu'on n'a pas à craindre la présence des acides que nous venons d'indiquer, on peut reconnaître avec plus de certitude la présence de l'acide phosphorique dans ces combinaisons, en dissolvant la combinaison dans une quantité d'acide nitrique aussi faible que possible, ajoutant à la dissolution une dissolution de nitrate d'argent, et additionnant ensuite la liqueur d'une quantité d'ammoniaque seulement suffisante pour saturer l'acide nitrique libre. On obtient alors le précipité jaune de phosphate d'argent, dont la production est le moyen le plus infaillible pour reconnaître l'acide phosphorique *c*. Mais il est nécessaire ici d'obtenir aussi concentrée que possible la dissolution dans l'acide nitrique de la combinaison phosphorique; il est également nécessaire de ne pas ajouter pour la sursaturation un excès d'ammoniaque, parce que le phosphate serait précipité, tandis que le sel d'argent serait dissous. Mais même lorsque le phosphate terreux est précipité par un grand excès d'ammoniaque, le précipité reste souvent encore jaune pendant longtemps à froid, et l'ammoniaque, dans ce cas, ne dissout que lentement le phosphate d'argent; si l'on chauffe, le précipité devient immédiatement blanc et n'est plus formé que de phosphate terreux. Ce procédé est encore le meilleur pour retrouver l'acide phosphorique, même lorsqu'on doit opérer sur du phosphate ammoniaco-magnésien). — Si l'on n'a qu'une quantité du précipité de phosphate terreux trop faible pour pouvoir, après l'avoir dissoute dans l'acide nitrique, obtenir avec certitude le précipité jaune de phosphate d'argent, on doit au moins essayer au moyen du molybdate d'ammoniaque la dissolution nitrique du phosphate terreux.

Si l'acide phosphorique est combiné seulement à la chaux, on peut dissoudre la combinaison dans l'acide chlorhydrique étendu ou dans l'acide nitrique; on sépare alors dans la dissolution étendue la chaux à l'état d'oxalate de chaux au moyen de l'oxalate acide de potasse. On neutralise le tout par le carbonate de potasse jusqu'à ce que le papier de tournesol soit encore rougi, mais très faiblement; de cette manière il se sépare une quantité encore plus grande d'oxalate de chaux, et il n'en reste presque point en dissolution. Après que l'oxalate de chaux s'est complétement déposé et a été séparé par filtration, l'acide phosphorique est précipité dans la liqueur filtrée au moyen du sulfate de magnésie et de l'ammoniaque, et peut être ainsi reconnu. La presence de l'acide oxalique empêche, dans ce cas, de reconnaître l'acide phosphorique au moyen du nitrate d'argent.

Si l'acide phosphorique est combiné à la fois à la chaux et à la magnésie, comme cela se presente dans les os, on dissout le tout dans un acide, et on sépare la chaux comme précédemment. Dans la liqueur séparée de l'oxalate de chaux par filtration, on précipite la magnésie et une partie de l'acide phosphorique au moyen de l'ammoniaque à l'état de phosphate ammoniaco-magnésien, et, après avoir séparé ce dernier par filtration, on précipite l'acide phosphorique au moyen d'une dissolution de sulfate de magnésie.

La présence de l'acide phosphorique est plus difficile à reconnaître lorsqu'il est combiné à l'alumine. Le phosphate d'alumine se comporte avec la plupart des réactifs comme l'alumine pure; la dissolution acide est précipitée par l'ammoniaque, et le phosphate d'alumine précipité est dissous par un excès d'une dissolution d'hydrate de potasse et par un acide libre de la même manière que l'alumine pure. Pour découvrir la présence de l'acide phosphorique dans le phosphate d'alumine, on dissout d'abord dans l'acide chlorhydrique; on ajoute ensuite une quantité d'une dissolution d'hydrate de potasse assez grande pour que le phosphate d'alumine précipité d'abord se redissolve complétement; on verse ensuite dans la dissolution une dissolution d'acide silicique dans la potasse (que l'on appelle ordinairement *liqueur des cailloux* . L'alumine est précipitée de cette manière, soit immédiatement, soit au bout de quelque temps, en combinaison avec l'acide silicique et la potasse sous la forme d'une masse insoluble, gélatineuse. On ajoute ensuite à la liqueur filtrée une dissolution de chlorure de calcium; de cette manière, lorsqu'il y a de l'acide phosphorique, il se produit un précipité de phosphate de chaux. Mais il vaut mieux, surtout lorsque la potasse contient un peu d'acide carbonique, ajouter un très petit excès d'acide chlorhydrique, puis du chlorure de calcium, et ensuite un peu d'ammoniaque pour saturer l'acide. — On peut aussi dissoudre le phosphate d'alumine dans l'acide nitrique, et précipiter l'alumine par le silicate de potasse de la manière qui a été indiquée précédemment. La liqueur filtrée est alors neutralisée par l'acide nitrique, et l'acide phosphorique peut alors être précipité par une dissolution de nitrate d'argent à l'état de phosphate jaune d'argent, ou par une dissolution d'acétate de plomb à l'état de phosphate de plomb; sous cette dernière forme, l'acide phosphorique peut facilement être reconnu à sa manière de se comporter au chalumeau. — Cependant on reconnaît plus rapidement et plus facilement la présence de l'acide phosphorique dans le phosphate d'alumine en le dissolvant dans la moindre quantité d'acide nitrique possible, ajoutant à la dissolution une dissolution de nitrate d'argent, puis ensuite seulement la quantité d'ammoniaque qui est précisément nécessaire pour la saturation de l'acide libre. On produit ainsi un précipité jaune de phosphate d'argent. — Mais, même dans le cas qui nous occupe, le procédé le plus rapide pour retrouver l'acide phosphorique est de dissoudre le phosphate d'alumine dans l'acide nitrique, et d'ajouter à la dissolution du molybdate d'ammoniaque.

On emploie fréquemment le procédé suivant pour découvrir l'acide phosphorique en combinaison avec l'alumine et avec d'autres bases analogues : on dissout la combinaison dans l'acide chlorhydrique ; on ajoute ensuite à la dissolution d'abord de l'acide tartrique, puis une dissolution de chlorure d'ammonium, et enfin une dissolution de sulfate de magnésie ; on sursature alors le tout par l'ammoniaque. L'alumine reste en dissolution, tandis que l'acide phosphorique est précipité à l'état de phosphate ammoniaco-magnésien ; on peut alors y retrouver l'acide phosphorique par les méthodes indiquées précédemment.

Si l'acide phosphorique est combiné avec des oxydes métalliques qui peuvent être précipités à l'état de sulfures par le sulfure d'ammonium dans leurs dissolutions saturées ou sursaturées par l'ammoniaque, mais qui ne peuvent pas être précipitées à l'état de sulfures par l'hydrogène sulfuré dans leurs dissolutions acides, si par conséquent l'acide phosphorique est combiné avec les oxydes du manganèse, du fer, du zinc, du cobalt, du nickel et de l'uranium, on peut précipiter l'acide phosphorique à l'état de phosphate ammoniaco-magnésien par la méthode indiquée précédemment ; mais, ordinairement, on traite par le sulfure d'ammonium la dissolution de la combinaison dans les acides, après avoir préalablement sursaturé par l'ammoniaque cette dissolution acide, et on précipite de cette manière les bases à l'état de sulfures. Après avoir filtré la liqueur pour en séparer le sulfure formé, on peut alors, sans y détruire, au moyen d'un acide, l'excès du sulfure d'ammonium ajouté, y verser une dissolution de sulfate de magnésie, à laquelle on a ajouté assez de chlorure d'ammonium pour que l'ammoniaque n'y précipite plus la magnésie. Il se produit alors un précipité de phosphate ammoniaco-magnésien qui n'est pas soluble dans les dissolutions des sels ammoniacaux.

Si l'on veut retrouver, au moyen d'une dissolution de nitrate d'argent, la présence de l'acide phosphorique dans une combinaison du genre de celles que nous venons d'indiquer, on doit la dissoudre dans l'acide nitrique, sursaturer la dissolution par l'ammoniaque, précipiter l'oxyde à l'état de sulfure au moyen du sulfure d'ammonium et détruire dans la liqueur filtrée l'excès du précipitant au moyen de l'acide nitrique. On chauffe alors la liqueur aussi longtemps qu'il est nécessaire pour qu'elle ne sente plus l'hydrogène sulfuré, et on y ajoute ensuite une dissolution de nitrate d'argent et la quantité d'ammoniaque exactement nécessaire pour saturer l'acide libre. Il se précipite du phosphate jaune d'argent. S'il s'est formé dans la dissolution une trop grande quantité de nitrate d'ammoniaque et si la quantité d'acide phosphorique qui y est contenue est très faible, on ne peut souvent pas produire le précipité de phosphate d'argent. Si, en outre, on n'a pas eu soin de chasser de la liqueur toute trace d'hydrogène sulfuré, il peut se précipiter un peu d'oxyde d'argent à l'état de sulfure noir d'argent, dont une très petite quantité peut modifier beaucoup la couleur jaune du phosphate d'argent.

Lorsqu'on dissout dans l'acide nitrique les combinaisons de l'acide phosphorique que nous venons d'indiquer, plusieurs d'entre elles sont colorées ; mais, malgré cela, on peut encore y reconnaître, avec facilité et avec certitude, la présence de l'acide phosphorique au moyen du molybdate d'ammoniaque.

Lorsque l'acide phosphorique est combiné avec un oxyde métallique qui peut être précipité à l'état de sulfure par le gaz hydrogène sulfuré dans une dissolution acide, on commence d'abord par précipiter l'oxyde métallique à l'état de sulfure de cette manière. Dans la liqueur séparée du sulfure par filtration, on chasse, au moyen de la chaleur, l'hydrogène sulfuré : on essaye ensuite cette liqueur, pour y rechercher l'acide phosphorique, au moyen d'une des méthodes précédemment indiquées. Si on doit opérer au moyen du nitrate d'argent, il faut commencer par chasser très complétement l'hydrogène sulfuré, parce que, sans cela, il pourrait se précipiter un peu de sulfure d'argent en même temps que le phosphate jaune d'argent. — Du reste, on peut encore, dans ce cas, dissoudre la combinaison dans l'acide nitrique et employer ensuite le molybdate d'ammoniaque; on reconnaît l'acide phosphorique facilement et immédiatement.

Si l'acide phosphorique est combiné avec un oxyde métallique qui ne puisse être précipité à l'état de sulfure ni dans une dissolution acide au moyen de l'hydrogène sulfuré, ni dans une dissolution saturée ou sursaturée par l'ammoniaque au moyen du sulfure d'ammonium, mais qui soit insoluble dans une dissolution d'hydrate de potasse, on peut séparer de l'oxyde métallique au moins la plus grande partie de l'acide phosphorique, en dissolvant dans une quantité d'acide aussi petite que possible la combinaison de l'acide phosphorique, et faisant bouillir ensuite cette dissolution avec un excès d'une dissolution d'hydrate de potasse. L'oxyde est précipité de cette manière, ordinairement avec sa couleur particulière et en combinaison avec une petite quantité d'acide phosphorique, tandis que la plus grande partie de l'acide phosphorique est contenue a l'état de combinaison avec la potasse dans la liqueur que l'on a séparée du précipité par filtration. On retrouve alors dans cette liqueur l'acide phosphorique par une des méthodes qui ont été indiquées précédemment. Les autres acides qui se comportent comme l'acide phosphorique à l'égard des réactifs, peuvent être séparés de la même manière de la base avec laquelle ils sont combinés. On peut retrouver la présence de l'acide phosphorique, par la méthode que nous venons d'indiquer, lorsqu'il est combiné avec le sesquioxyde de chrome et le protoxyde de cérium. On peut souvent reconnaître de cette manière, plus rapidement et plus sûrement que par les autres méthodes, l'acide phosphorique lorsqu'il est combiné avec le protoxyde de manganèse, les oxydes de fer, l'oxyde de nickel et quelques autres bases.

Lorsque l'acide phosphorique est combiné avec plusieurs bases et lorsqu'on veut séparer ces bases de l'acide phosphorique, afin de pouvoir en faire une analyse quantitative approximative, on peut aussi se servir de la méthode précédente et séparer des bases la plus grande partie de l'acide phosphorique au moyen de l'hydrate de potasse. Mais comme, d'un côté, quelques phosphates, spécialement à l'état calciné, résistent à l'action d'une dissolution d'hydrate de potasse, et comme, d'autre part, plusieurs bases sont solubles dans la dissolution d'hydrate de potasse, il vaut mieux, dans la plupart des cas, faire fondre les phosphates à l'état sec avec trois fois leur poids de carbonate de soude sec. Si on traite alors par l'eau la masse fondue, l'eau dissout, outre le carbonate de soude en excès, du phosphate de soude, tandis que les bases restent à l'état insoluble, soit à l'état pur, soit quelquefois aussi à l'état de carbonates, et peuvent être examinées ultérieurement.

Cependant cette méthode ne donne souvent que des résultats incomplets. Quelques phosphates, et précisément ceux qui peuvent surtout se présenter dans les analyses qualitatives, comme les phosphates de chaux et de magnésie, ne sont, surtout le premier, décomposés qu'incomplétement par la fusion avec le carbonate de soude; d'autres, comme le phosphate d'alumine, se dissolvent souvent entièrement dans le carbonate alcalin, après sa dissolution dans l'eau.

La méthode la plus sûre pour séparer complétement presque toutes les bases qui peuvent être unies à l'acide phosphorique, à peu d'exceptions près, de manière à pouvoir non-seulement en déterminer avec facilité et avec certitude la nature, mais aussi analyser et reconnaître même sans difficulté l'acide phosphorique, est celle que l'on emploie dans les analyses quantitatives. Dans cette méthode, on dissout la combinaison dans l'acide nitrique, et on la traite par le mercure métallique. Comme cette méthode sera décrite avec détail dans la seconde partie de cet ouvrage, et que les précautions spéciales que l'on doit prendre s'appliquent aussi bien aux analyses qualitatives qu'aux analyses quantitatives, nous pouvons renvoyer à cet endroit tous les détails et les négliger ici.

Si un phosphate est contenu dans une dissolution en même temps qu'un chlorure, on ajoute de l'acide nitrique à la dissolution, si elle ne contenait pas déjà de l'acide libre, et on précipite dans cette dissolution le chlore à l'état de chlorure d'argent au moyen d'une dissolution de nitrate d'argent. Dans la liqueur filtrée qui doit encore contenir de l'oxyde d'argent, on découvre l'acide phosphorique en sursaturant avec précaution au moyen de l'ammoniaque; il se sépare alors un précipité jaune de phosphate d'argent.

Si un phosphate est en présence d'un sulfate, comme cela arrive fréquemment, et si les bases des sels sont des oxydes alcalins et se dissolvent par suite dans l'eau, on peut se servir d'une dissolution de sulfate de magnésie pour retrouver l'acide phosphorique; mais il faut prendre les précautions qui ont été indiquées précédemment pour obtenir le précipité de phosphate ammoniaco-magnésien.

Si une dissolution d'acide phosphorique *c* (acide phosphorique ordinaire) contient de petites quantités d'acide pyrophosphorique, on ne peut les découvrir qu'en sursaturant la dissolution par l'ammoniaque, ajoutant du sulfate de magnésie et du nitrate d'ammoniaque, et séparant de cette manière l'acide phosphorique ordinaire à l'état de phosphate ammoniaco-magnésien. On ajoute alors du nitrate d'argent à la liqueur ammoniacale filtree, et on neutralise avec beaucoup de précaution par l'acide nitrique. Lorsque la quantité d'acide pyrophosphorique contenue dans la liqueur est très faible, on n'observe d'abord aucune modification au moment de la neutralisation; mais, en regardant avec quelque attention, on observe au bout de quelque temps un léger trouble blanchâtre, et il se sépare ensuite des flocons blancs de pyrophosphate d'argent. — Si l'on veut, dans un phosphate *c* insoluble, retrouver un mélange de pyrophosphate, on dissout la combinaison à la température ordinaire dans l'acide nitrique étendu; on sépare la base par une méthode quelconque, et on opère ensuite d'une manière analogue à celle que nous venons d'indiquer. On doit éviter ici toute élevation de température, et l'analyse ne doit pas subir d'interruption, parce que, dans une dissolution nitrique, l'acide pyrophosphorique est transformé au bout de quelque temps en acide phosphorique *c*.

Les phosphates, calcinés en présence du *chlorure d'ammonium*, ne sont que peu modifiés. Le phosphate de chaux n'est, pour ainsi dire, point décomposé; le phosphate de soude n'est décomposé qu'à un très faible degré : il se forme un peu de chlorure de sodium et un peu de métaphosphate de soude.

Au chalumeau, l'acide phosphorique, dans les combinaisons solides, peut très bien, d'après *Berzelius*, être reconnu de la manière suivante : On fait fondre une petite quantité de la substance à analyser avec l'acide borique sur le charbon, et, après que l'insufflation a cessé, on introduit dans la perle un petit morceau de fil d'acier fin pour clavecin, de manière que ce fil dépasse des deux côtés; on chauffe ensuite fortement à la flamme intérieure. La perle obtenue est enlevée de dessus le charbon après le refroidissement et on la brise sur une enclume au moyen d'un léger coup de marteau, après l'avoir recouverte de papier; le phosphure de fer se sépare alors sous la forme d'un grain metallique, rond, qui est magnétique et cassant et qui éclate sous de forts coups de marteau. Mais, par cette méthode, on ne peut pas retrouver dans la substance à analyser une petite quantité d'acide phosphorique; elle est bonne à employer lorsque la substance à analyser ne contient ni acide sulfurique, ni acide arsénique, ni aucun autre oxyde métallique qui puisse être réduit par le fer, parce qu'on pourrait obtenir ainsi des perles cassantes, fusibles, qui ressemblent, sous quelque rapport, au phosphure de fer. Lorsque cependant la substance a été maintenue pendant longtemps en fusion avec l'acide borique, cet acide a chassé l'acide sulfurique aussi bien que l'acide arsénique et l'acide arsénieux. Cette méthode exige cependant une certaine habitude de l'emploi du chalumeau, et elle ne réussit souvent pas; au moins elle ne peut pas être employée par les commençants.

Le meilleur mode d'opérer, pour bien réussir, est de prendre une aiguille à coudre, fine, de fil de clavecin (nº 9 à 10) et de la tordre en trois torsions, de l'humecter et de la plonger dans l'acide borique pulvérisé, de manière que le fil en soit seulement recouvert; car l'emploi d'une trop grande quantité d'acide borique doit être évité. Lorsqu'on a fait fondre le tout, on porte la perle obtenue au contact du corps dans lequel on doit rechercher l'acide phosphorique, et on fait fondre le tout ensemble dans la flamme intérieure du chalumeau. On sépare avec précaution les scories sur l'enclume. Pour de très petites quantités d'acide phosphorique, les torsions du fil de fer sont au moins soudées l'une à l'autre (Ascherson .

L'acide phosphorique, les phosphates et les minéraux qui contiennent de l'acide phosphorique, lorsqu'ils ne contiennent pas en même temps beaucoup de soude, produisent, soit par eux-mêmes, soit lorsqu'ils ont été humectés d'acide sulfurique, une coloration bleu-verdâtre à la flamme extérieure du chalumeau. Cette réaction, qui a été indiquée par *Fuchs*, est si sûre qu'on peut, avec une attention convenable, découvrir encore de très petites quantités d'acide phosphorique dans les minéraux en les réduisant en poudre, les humectant avec de l'acide sulfurique, portant la masse pâteuse dans le petit anneau d'un fil de platine et chauffant avec l'extrémité de la flamme bleue du chalumeau. Si les sels contiennent de l'eau, on doit d'abord s'en débarrasser en calcinant ou faisant fondre une petite quantité de la substance sur le charbon avec l'aide du chalumeau et pulvérisant l'essai déshydraté; ensuite on peut l'humecter avec de l'acide sulfurique et l'exposer sur le fil de platine à la flamme bleue du chalumeau. Si la combinaison contient de la soude, la flamme extérieure est colorée en bleu-verdâtre tout à fait net pendant le temps où l'acide phosphorique devient libre, par suite de l'action de l'acide sulfurique; mais ensuite elle prend la couleur jaune-rougeâtre caractéristique de la soude. Comme la coloration bleu-verdâtre ne dure quelquefois que peu de temps, on doit commencer à observer si la flamme extérieure se colore ou ne se colore pas en bleu-verdâtre, immédiatement au moment où on approche l'essai de l'extrémité de la flamme bleue. — Le phosphate de plomb, même celui qui se trouve dans la nature, colore par lui-même d'une manière durable en vert le bord extérieur de la flamme colorée en bleu par l'oxyde de plomb (Plattner).

Le phosphate de plomb a une propriété qui permet de le reconnaître facilement au chalumeau. Il fond sur le charbon à la flamme d'oxydation en une perle qui, par le refroidissement, devient entièrement cristalline à la surface. Même à la flamme intérieure, en même temps que le charbon se recouvre d'une fumée de plomb un peu jaune, on obtient une perle qui, en se refroidissant, devient cristalline. Au moment où la perle cristallise, la température s'élève et la perle rougit faiblement. Si le phosphate de plomb contient en même temps de l'acide arsénique, il fond également à la flamme d'oxydation en une perle cristalline; mais à la flamme de réduction, on observe une odeur d'arsenic et une séparation de plomb métallique. L'arséniate de plomb pur fond sur le charbon plus difficilement que le phosphate de plomb, et est réduit en une certaine quantité de régule de plomb; en même temps on sent une forte odeur d'arsenic.

Il résulte de ce que nous avons dit dans tout ce qui précède sur la manière dont l'acide phosphorique et ses modifications se comportent, que la recherche de l'acide phosphorique présente souvent des difficultés. La meilleure methode pour reconnaître avec certitude, dans ses combinaisons, l'acide phosphorique en petite quantité, est sans contredit celle dans laquelle on emploie le molybdate d'ammoniaque, et qui permet de reconnaitre toujours la présence de l'acide phosphorique, quelle que soit la modification sous laquelle il se présente. Ce procédé peut, à cause de sa trop grande sensibilité, faire supposer souvent aux commençants, dans la substance à analyser, une plus grande quantité d'acide phosphorique qu'il n'y en a réellement. Par suite de cette réaction, l'acide phosphorique ne peut pas être confondu avec un autre acide, qui, du reste, pourrait avoir avec lui de la ressemblance dans ses réactions, aussi facilement qu'avec l'acide arsénique, qui peut très bien en être distingué au moyen du chalumeau.

Les différentes modifications de l'acide phosphorique se distinguent, comme il a été dit précédemment, de la manière suivante :

L'*acide phosphorique c* (*acide phosphorique ordinaire*), à l'état libre et en dissolution dans l'eau, ne donne pas de précipité avec le chlorure de baryum; il n'en donne pas non plus avec une dissolution étendue ou concentrée d'albumine, même après un contact prolongé : saturé par l'ammoniaque, cet acide donne un précipité jaune avec le nitrate d'argent. Les dissolutions de ses combinaisons salines solubles ne donnent pas de précipité avec l'albumine après addition d'acide acétique. Par l'action du sulfate de magnésie, du chlorure d'ammonium et de l'ammoniaque, elles donnent un précipité tout à fait insoluble dans les sels ammoniacaux, et qui n'est pas soluble dans un excès de phosphate; elles produisent en outre, avec la dissolution de nitrate d'argent, un précipité jaune, et avec les dissolutions de la plupart des sels des oxydes métalliques proprement dits, des précipites qui ont la propriété particulière d'être solubles dans un grand excès du sel métallique, et de donner une dissolution qui se trouble par l'action de la chaleur et redevient claire par le refroidissement.

L'*acide phosphorique b* (*acide pyrophosphorique*), en dissolution aqueuse, ne donne, comme l'acide phosphorique *c*, aucun précipité avec le chlorure de baryum ni avec la dissolution d'albumine étendue; mais, après avoir été saturé par l'ammoniaque, il donne un précipité blanc avec la dissolution de nitrate d'argent. La dissolution des pyrophosphates solubles ne donne pas de précipite avec la dissolution d'albumine étendue après addition d'acide acetique; mais elle donne avec le sulfate de magnesie un précipité qui est soluble dans le pyrophosphate, et produit ainsi une dissolution dans laquelle l'ammoniaque ne donne pas de précipité. La dissolution des pyrophosphates donne avec la dissolution de nitrate d'argent un précipité blanc, et, avec les dissolutions de la plupart des combinaisons salines des oxydes métalliques proprement dits, des précipités qui sont solubles dans un excès de pyrophosphate.

Les différentes modifications de l'*acide phosphorique a* (*acide métaphosphorique* se distinguent en ce que leurs dissolutions aqueuses précipitent la dissolution d'albumine même étendue; elles donnent avec le chlorure de baryum un précipité plus ou moins abondant; saturées par l'ammoniaque, elles donnent un précipité blanc avec la dissolution de nitrate d'argent. Les dissolutions de leurs combinaisons salines solubles ne donnent pas de précipité avec la dissolution d'albumine étendue; mais elles en donnent un lorsqu'on ajoute de l'acide acétique. Elles ne donnent pas de précipité avec le sulfate de magnésie et l'ammoniaque, ou en donnent un soluble dans le chlorure d'ammonium; elles produisent avec la dissolution de nitrate d'argent un précipité blanc, et avec les dissolutions de la plupart des combinaisons salines des oxydes métalliques proprement dits, des précipités qui sont ordinairement solubles dans un excès de metaphosphate.

Pour ce qui concerne l'action de l'acide phosphorique et des phosphates sur les substances organiques, il n'a pas encore été fait de recherches suffisantes sur ce sujet. L'acide tartrique n'empêche pas la production du précipité de phosphate ammoniaco-magnésien, quoique l'on ne puisse nier qu'une quantité très considérable d'acide tartrique ne puisse dissoudre une très petite quantité du phosphate double. L'acide tartrique ne paraît exercer aucune influence sur la production du précipité jaune de phosphate d'argent.

LII. — FLUOR, F.

Le fluor à l'état pur n'est pas encore connu avec une entière certitude.

Acide fluorhydrique, HF.

L'acide fluorhydrique à l'état anhydre, lorsqu'il a été obtenu par l'action de la chaleur sur le fluorhydrate de fluorure de potassium ou par la décomposition du fluorure de plomb au moyen du gaz hydrogène, se présente à la température ordinaire sous la forme d'un gaz qui peut être condensé au moyen d'un mélange réfrigérant en un liquide très mobile qui répand à l'air des fumées blanches excessivement épaisses et qui attaque très fortement le verre. Il se combine avec l'eau avec beaucoup d'énergie et s'y dissout en grande quantité (Fremy). La dissolution aqueuse concentrée d'acide fluorhydrique fume fortement à l'air. Par l'ébullition, elle perd la plus grande partie de son acide fluorhydrique et laisse pour résidu une dissolution acide plus faible. La dissolution d'acide fluorhydrique rougit le papier de tournesol. A l'état concentré, elle ne modifie pas le papier de Fernambouc : le papier de Fernambouc, exposé à la vapeur de l'acide fumant, n'est même pas modifié. L'acide fluorhydrique étendu colore en jaune le papier de Fernambouc; et si l'on humecte avec l'eau un papier de Fernambouc qui a été exposé aux vapeurs de l'acide fumant, il devient immédiatement jaune. La réaction de l'acide fluorhydrique étendu sur le papier de Fernambouc le distingue essentiellement de quelques autres acides comme l'acide sulfurique étendu, l'acide nitrique, l'acide arsénique et l'acide borique : il n'y a que l'acide phosphorique et l'acide oxalique qui présentent la même réaction (Bonsdorf). — Les vapeurs d'acide fluorhydrique sont très nuisibles à la santé; aussi ne doit-on volatiliser cet acide que sous une bonne cheminée. La dissolution aqueuse concentrée et même étendue, lorsqu'on en a humecté des coupures tout à fait insignifiantes, produit chez quelques individus des conséquences fâcheuses. Il se produit des ulcères et il s'ensuit souvent un état fiévreux.

L'acide fluorhydrique aqueux n'est décomposé ni par l'acide nitrique ni par l'acide sulfurique, ni par le chlore gazeux. Il se distingue surtout des autres acides, en ce qu'il dissout l'*acide silicique*, et par suite corrode le verre : par suite les expériences que l'on fait avec cet acide ne doivent pas être faites dans des vases de verre, mais dans des vases métalliques et surtout dans des vases de platine. L'acide fluorhydrique volatilise entièrement l'acide silicique; et la dissolution de l'acide silicique dans l'acide fluorhydrique ne laisse pas de résidu lorsqu'on l'évapore, pourvu que les deux acides soient employés à l'état pur. (Il sera question de cette réaction avec détail plus loin, à l'article SILICIUM.)

L'acide fluorhydrique dissout plusieurs métaux, et notamment ceux qui peuvent décomposer l'eau, avec dégagement d'hydrogène. Un mélange d'acide fluorhydrique et d'acide nitrique oxyde plusieurs métaux qui, comme le niobium et le tantale par exemple, ne pourraient être oxydés ni par l'acide nitrique, ni même par l'eau régale : ce mélange n'oxyde pas l'or ni le platine. Le cuivre se dissout lentement dans l'acide fluorhydrique aqueux et donne du fluorure de cuivre.

L'acide fluorhydrique forme avec les oxydes métalliques des *fluorures* dont une grande partie se distinguent des chlorures correspondants par leur peu de solubilité dans l'eau. Les combinaisons du fluor avec les métaux alcalins sont solubles dans l'eau; mais le fluorure de potassium y est seul très soluble, tandis que le fluorure de sodium y est très peu soluble; les combinaisons du fluor avec les métaux alcalino-terreux sont ou insolubles ou solubles seulement en quantité excessivement faible : les combinaisons du fluor avec les métaux proprement dits sont presque toutes assez peu solubles : cependant quelques-unes sont plus solubles que les chlorures correspondants. Le fluorure d'argent, par exemple, est très soluble et peut être obtenu à l'état cristallisé en combinaison avec l'eau. Les fluorures peu solubles sont solubles dans l'acide fluorhydrique libre et forment avec cet acide des combinaisons définies fluorhydrates de fluorures. Parmi les combinaisons des fluorures avec l'acide fluorhydrique, celles formées par les fluorures alcalins peuvent facilement cristalliser. Ces combinaisons perdent leur acide fluorhydrique au rouge naissant. — Quelques fluorures sont ou peu solubles ou tout à fait insolubles dans un excès d'acide : de ce nombre est celui qui se trouve dans la nature et que l'on appelle kryolithe (combinaison du fluorure d'aluminium et du fluorure de sodium). La kryolithe, même en poudre fine, n'est pas soluble dans l'acide chlorhydrique, même lorsqu'on la fait bouillir avec cet acide : seulement elle devient si transparente, que l'on croit souvent avoir obtenu une dissolution. Si l'on ajoute de l'eau, on obtient une dissolution.

Les dissolutions des fluorures alcalins bleuissent assez fortement le papier de tournesol. Le papier de tournesol rougi n'est pas bleui immédiatement, lorsqu'on le met dans la dissolution du fluorure de sodium; mais si on retire le papier et si on le laisse dessécher, il bleuit fortement à mesure que la dessiccation s'opère. — Les dissolutions des combinaisons des fluorures alcalins avec l'acide fluorhydrique rougissent le papier de tournesol.

Les fluorures alcalins fondent par la calcination : cependant le fluorure de sodium est plus difficilement fusible que le fluorure de potassium. Les fluorures alcalins ne sont pas décomposés par la fusion au contact de l'air et ne sont que très peu volatils, même à une température très élevée.

Les dissolutions des fluorures alcalins, bien qu'elles aient une réaction alcaline, attaquent le verre, lorsqu'on les conserve pendant quelque temps dans des vases de verre; mais le verre est attaqué à un bien plus haut degré par les dissolutions des fluorhydrates de fluorures. On ne peut expérimenter dans des vases de verre sur les dissolutions des combinaisons du fluor que lorsqu'elles contiennent un excès d'oxyde alcalin et spécialement un excès d'ammoniaque. — Les fluorhydrates de fluorures, même desséchés, attaquent les vases de verre dans lesquels on les conserve pendant longtemps.

Parmi les combinaisons du fluor avec les corps simples qui correspondent à des oxydes faiblement basiques ou à des acides, quelques-unes sont très volatiles et ne peuvent être obtenues qu'à l'état gazeux : de ce nombre sont les combinaisons du fluor avec le silicium et le bore (dont il sera question plus loin en parlant du Silicium et du Bore). D'autres sont d'une décomposition excessivement difficile : ce sont précisément celles dont les chlorures correspondants sont volatils, très décomposables et peuvent même être décomposés par l'humidité de l'air : à cette catégorie appartient le fluorure d'aluminium dont on peut produire deux modifications différentes : l'une de ces deux modifications du fluorure d'aluminium est soluble dans l'eau et peut après la dissolution être obtenu de nouveau à l'état soluble par l'évaporation de la dissolution au bain-marie; il est alors décomposable par l'acide sulfurique. Mais si on le calcine, il devient insoluble dans l'eau et n'est plus décomposable par l'acide sulfurique qu'avec une excessive difficulté; il devient en outre cristallin, presque fixe, et ne peut être volatilisé qu'au rouge blanc et même à cette température avec difficulté. — La glucine comme l'alumine, lorsqu'elle a été portée au rouge, se dissout dans l'acide fluorhydrique avec dégagement de chaleur; mais si l'on soumet au rouge blanc la masse évaporée au bain-marie, elle se dissout encore dans l'eau, bien que lentement et difficilement; elle se dissout alors dans l'acide sulfurique concentré qui la décompose.

Par ce motif, le fluorure d'ammonium ne peut pas être utilisé avec autant d'avantage et de la même manière que le chlorure d'ammonium pour séparer par volatilisation les corps simples de leurs combinaisons. Ce n'est que lorsqu'on calcine l'acide silicique et l'acide borique avec le fluorure d'ammonium qu'il s'opère une volatilisation facile et complète; cependant l'acide silicique du quartz ne se volatilise que difficilement, et ce n'est qu'en lui faisant subir plusieurs traitements par le fluorure d'ammonium que l'on arrive à le volatiliser. Le pyrophosphate de soude n'est décomposé que très faiblement par la calcination avec le fluorure d'ammonium; la plus grande partie du sel reste sans se modifier et il n'y en a qu'une très petite partie qui est transformée en fluorure de sodium et en métaphosphate de soude. Les arséniates alcalins ne perdent également que très incomplètement leur proportion d'arsenic lorsqu'on les calcine avec le fluorure d'ammonium. Le sulfate de potasse et le chlorure de potassium ne sont pour ainsi dire pas modifiés par la calcination avec le fluorure d'ammonium; mais le sulfate de soude est en partie transformé en fluorure de sodium. Il ne se volatilise pas trace d'alumine, de glucine, de sesquioxyde de fer, de zircone, d'oxyde de chrome, ni d'acide tungstique, par le traitement au moyen du fluorure d'ammonium; le bioxyde d'étain est seulement transformé de cette manière en protoxyde. Il n'y a que l'acide tantalique, l'acide niobique et l'acide hyponiobique qui peuvent à la fin être volatilisés entièrement, mais seulement par des calcinations répétées au moyen du fluorure d'ammonium.

Le fluorhydrate de fluorure de potassium n'agit pas énergiquement à une température élevée sur les autres corps qui ordinairement sont dissous et volatilisés par l'acide fluorhydrique aqueux. Si on fait fondre des quantités considérables de cette combinaison, même seulement avec des quantités très petites d'acide silicique et d'acide borique, on ne peut pas volatiliser ces petites quantités d'acide silicique et d'acide borique, bien que la dissolution aqueuse de fluorhydrate de fluorure de potassium puisse dissoudre des quantités considérables d'acide silicique. Cela vient de ce que l'acide fluorhydrique qui était uni au fluorure de potassium, se volatilise trop rapidement à une température peu élevée et de ce que sa volatilisation s'opère avant qu'il ait pu réagir sur l'acide silicique et l'acide borique. Les sulfates, les phosphates et les arséniates ne sont pour ainsi dire point décomposés ou ne sont décomposés que d'une manière tout à fait insignifiante lorsqu'on les fait fondre avec des quantités considérables de fluorhydrate de fluorure de potassium.

Les *sels de chaux* produisent des précipités dans les dissolutions des fluorures. Dans les dissolutions d'un fluorure très pur, on obtient seulement, au moyen d'une dissolution de chlorure de calcium, une forte teinte opaline ou une masse gélatineuse qui est si transparente, qu'on ne croit d'abord avoir obtenu qu'un précipité tout à fait insignifiant. La masse que l'on obtient ainsi, ne peut être filtrée que difficilement et même ne peut pas être filtrée. Mais si on chauffe le tout, le précipité se rassemble et peut être bienfiltré mais il ne peut être lavé qu'avec difficulté. Lorsqu'on ajoute de l'ammoniaque, le précipité se rassemble mieux et forme un précipité net, visible, qui cependant ne peut être bien filtré qu'après avoir eté soumis à l'action de la chaleur. Ce précipité se dissout très difficilement dans l'acide chlorhydrique et dans l'acide nitrique, surtout dans ce dernier; cependant il se dissout complétement dans des quantités considérables de ces acides. L'ammoniaque en excès ne forme ordinairement pas de précipité ou ne forme qu'un léger trouble dans ces dissolutions, parce que le fluorure de calcium est soluble dans de grandes quantités de sels ammoniacaux, spécialement dans le chlorure d'ammonium : une dissolution de cette espèce n'est pas troublée par l'ébullition. — Lorsque le fluorure contenait de l'acide silicique, le fluorure de calcium formé se dissout plus facilement dans les acides: l'ammoniaque le précipite de nouveau de cette dissolution. Le fluorure de calcium n'est soluble que d'une manière tout à fait insignifiante dans l'acide fluorhydrique libre : par suite, l'acide fluorhydrique libre produit un volumineux précipité dans une dissolution de chlorure de calcium. — Le fluorure de calcium n'est pas décomposé par la calcination ; il n'est pas décomposé non plus lorsqu'on le calcine à une température très élevée dans une atmosphère de gaz hydrogène sec. Même lorsqu'on calcine le fluorure de calcium avec le soufre et le charbon, il ne subit aucune modification. Mais lorsqu'on le calcine au rouge dans un courant de vapeur d'eau, il est décomposé en gaz fluorhydrique et en hydrate de chaux. Lorsqu'on calcine le fluorure de calcium à une température très élevée en présence du gaz oxygène, du gaz chlore et des vapeurs de sulfure de carbone, il est décomposé; mais les produits gazeux de la décomposition n'ont pas pu encore être analysés avec exactitude (Fremy). Le fluorure de calcium n'est pas décomposé par la fusion avec les carbonates alcalins, ou bien il ne s'en décompose que des traces excessivement faibles. Mais si le fluorure de calcium est mélangé avec de l'acide silicique, il se produit une décomposition complète par la fusion avec les carbonates alcalins.

Une dissolution de *chlorure de baryum* produit dans les dissolutions des fluorures alcalins un volumineux précipité de fluorure de baryum. Même dans l'acide fluorhydrique libre, le chlorure de baryum produit immédiatement un abondant précipité qui est soluble dans des quantités considérables d'acide chlorhydrique ou d'acide nitrique. Comme le fluorure de baryum est soluble dans les dissolutions des sels ammoniacaux, l'ammoniaque ne produit pas de précipité dans la dissolution du fluorure de baryum dans l'acide chlorhydrique ou l'acide nitrique, ou ne fait que la troubler : par l'ébullition, le fluorure de baryum n'est pas précipité.

Une dissolution de *sulfate de magnésie* produit dans les dissolutions des fluorures alcalins un volumineux précipité qui se dissout complétement dans un excès considérable du précipitant. Le précipité de fluorure de magnésium est également soluble dans une dissolution de chlorure d'ammonium. Mais, dans les deux cas, la totalité du fluorure de magnésium est de nouveau précipitée par une addition d'ammoniaque.

Une dissolution de *nitrate d'argent* ne produit pas de précipité dans les dissolutions des fluorures alcalins et dans l'acide fluorhydrique libre, ce qui, du reste, s'explique naturellement par la grande solubilité du fluorure d'argent. Le fluorure d'argent cristallisé que l'on obtient très bien directement en dissolvant l'oxyde d'argent dans l'acide fluorhydrique et évaporant la dissolution dans le vide, peut être fondu; et, même lorsqu'il a été fondu, il est encore soluble dans l'eau. — Cependant lorsque l'on soumet à l'action de la chaleur le fluorure d'argent qui contient de l'eau, il se forme un peu de gaz fluorhydrique et d'oxyde d'argent qui est réduit par la chaleur seule à l'état d'argent métallique qui est mélangé avec le fluorure d'argent qui n'a pas été décomposé : le fluorure d'argent anhydre est indécomposable par l'action de la chaleur (Fremy).

L'acide fluorhydrique libre ne dissout pas le *sesquichlorure d'or* (p. 232) et se comporte à cet égard comme un oxacide, ce qui est certainement très digne de remarque (Fremy).

Une dissolution de *nitrate de protoxyde de mercure* produit dans une dissolution de fluorure de sodium un abondant précipité jaune. Le précipité ne se dissout pas dans un excès de fluorure de sodium; mais il se dissout completement dans un excès de la dissolution de nitrate de protoxyde de mercure. La dissolution de nitrate de protoxyde de mercure produit dans l'acide fluorhydrique libre un précipité blanc qui se dissout également dans un excès de la dissolution de nitrate de protoxyde de mercure. Si l'on ajoute peu à peu du carbonate de soude, on obtient d'abord un précipité blanc, puis ensuite un précipité jaune sale.

Une dissolution de *sulfate de cuivre* ne produit pas de modification dans la dissolution du fluorure de sodium. Mais si l'on ajoute, sans agiter, une quantité assez considérable d'acide sulfurique concentré, il se forme un précipité presque blanc de fluorure de cuivre qui est soluble dans l'eau. — Si l'on mêle la dissolution d'un fluorure alcalin avec le sulfate de cuivre et si l'on verse goutte à goutte la liqueur sur une lame d'argent, il ne se forme pas de dépôt noir, même après un long contact.

Les dissolutions de *nitrate* et d'*acétate de plomb* produisent, dans les dissolutions du fluorure de sodium aussi bien que dans l'acide fluorhydrique libre, de volumineux précipités qui ne sont pas solubles dans un excès du sel de plomb. Ils sont solubles dans l'acide nitrique libre et dans une dissolution d'hydrate de potasse. Cependant le fluorure de plomb n'est pas tout à fait insoluble, mais il se dissout seulement très difficilement : la dissolution est troublée d'une manière excessivement peu considérable lorsqu'on y ajoute de l'ammoniaque, ce qui distingue la dissolution du fluorure de plomb de celle du chlorure de plomb (p. 132 . Par un long contact, il se sépare du carbonate de plomb. — Le fluorure de plomb n'est pas réduit par le charbon à une température élevée, mais il est réduit par le gaz hydrogène.

Les plus petites quantités de fluorures à l'état solide peuvent être reconnues facilement et sûrement en les mettant dans un creuset de platine, ajoutant de l'*acide sulfurique* concentré et chauffant le tout. Il s'en dégage alors de l'acide fluorhydrique dont on découvre les plus petites traces en ce qu'elles attaquent le verre. Il est nécessaire de chauffer le creuset de platine, en ce que plusieurs fluorures, comme le fluorure de calcium pur par exemple, se dissolvent à froid dans l'acide sulfurique concentré et produisent ainsi une liqueur transparente, visqueuse, qui peut être étirée en fils, sans que l'acide fluorhydrique devienne libre ; lorsqu'on chauffe le tout, même seulement un peu, il se dégage de l'acide fluorhydrique et il reste enfin du sulfate comme résidu. — Pour reconnaître l'acide fluorhydrique qui se dégage, on place au-dessus du creuset de platine une plaque de verre qui est recouverte d'une couche de cire dans laquelle on a imprimé des traits d'écriture. On obtient une couche de cire sur une plaque de verre en la chauffant et en y faisant fondre un peu de cire : après le refroidissement de la plaque de verre, on imprime dans la couche de cire des caractères d'écriture avec une aiguille ou un fil de fer mou, de manière que le verre apparaisse de nouveau dans les endroits où l'on a écrit. On verse ensuite de l'acide sulfurique concentré sur le fluorure à analyser; on place immédiatement au-dessus du creuset le côté de la plaque de verre qui est recouvert de cire et on chauffe au moyen de la flamme d'une petite lampe le creuset assez faiblement pour que la cire ne fonde pas : on peut aussi verser quelques gouttes d'eau sur le côté opposé de la plaque de verre pour rendre la fusion de la cire plus difficile. On laisse ensuite refroidir le creuset et, après avoir chauffé la plaque, on la gratte et on l'essuie pour en enlever la cire. A l'endroit où l'on avait imprimé dans la cire des traits d'écriture, on observe que le verre est fortement attaqué ; même lorsqu'on n'a employé que quelques milligrammes de fluorure, on peut observer nettement que le verre a été attaqué. Si cependant la quantité du fluorure que l'on a soumis à l'analyse était trop faible, on ne peut reconnaître, après l'enlèvement de la cire, que le verre a été attaqué que lorsqu'on souffle dessus.

Si l'on n'a pas de creuset de platine, on mélange le fluorure en poudre avec l'acide sulfurique, de manière à en former une bouillie, et on place cette bouillie sur la plaque de verre recouverte de cire, après avoir tracé dans la couche de cire des traits d'écriture qui pénètrent jusqu'au verre et le mettent à nu. Après avoir laissé l'action se prolonger p n lant quelque temps, on enlève le mélange de fluorure et d'acide sulfurique, on gratte la plaque pour enlever la cire et on observe que le verre est attaqué dans les endroits où l'on avait imprimé dans la cire des caractères d'écriture. Cependant, pour opérer de cette manière, il faut une grande quantité de fluorure et un temps plus long.

On peut reconnaître d'une manière analogue au moyen de l'acide sulfurique les fluorures même lorsqu'ils sont en dissolution, pourvu que ces dissolutions ne soient pas trop étendues. Lorsque la dissolution du fluorure est étendue, on doit, après avoir ajouté l'acide sulfurique, verser la liqueur dans un verre dont on a recouvert préalablement la paroi intérieure avec une couche de cire dans laquelle on a imprimé en quelques endroits des caractères d'écriture de manière à mettre le verre à nu. S'il n'y a pas une trop grande quantité de dissolution, on la laisse dessécher spontanément dans le verre. Lorsque la dissolution est desséchée, on enlève le résidu de la dessiccation et on gratte la cire : on observe alors que le verre est attaqué dans les endroits où la cire avait été enlevée et le verre mis à nu par les traits d'écriture. Si l'on doit analyser une très petite quantité d'une dissolution qui ne contienne qu'une très petite quantité de fluorure, on peut, d'apres Berzelius, évaporer la liqueur sur un verre de montre qui doit cependant résister à l'action des acides ordinaires. Lorsqu'on dissout ensuite dans l'eau la masse saline desséchée, on observe que le verre est attaqué nettement dans l'endroit où la dessiccation a laissé un résidu. — Cependant un moyen plus sûr que la méthode que nous venons d'indiquer pour retrouver la présence d'un fluorure, consiste dans le traitement de la combinaison dessechee par l'acide sulfurique dans un creuset de platine. Lorsque par suite on veut rechercher la présence de l'acide fluorhydrique ou d'un fluorure dans une dissolution très étendue, le mieux est, lorsque la dissolution est neutre ou alcaline, d'évaporer cette dissolution à siccite dans un vase de platine et d'analyser la masse desséchée au moyen de l'acide sulfurique de la manière qui a été indiquée : si la dissolution est acide, on la sature par l'ammoniaque et on experimente de même.

Si un fluorure est mélangé avec une grande quantité d'acide silicique ou d'acide borique ou avec des silicates et des borates, on peut, lorsqu'on décompose par l'acide sulfurique concentré le mélange pulvérisé, n'observer sur le verre aucune ou presque aucune trace d'action de l'acide fluorhydrique : en effet, dans ces circonstances, il ne se produit que du gaz fluosilicique et du gaz fluoborique et il ne se produit pas de gaz fluorhydrique. C'est ce qui arrive spécialement pour l'apatite qui contient toujours ou presque toujours de petites quantités de fluor et qui est fréquemment enclavé dans les silicates; en effet, les roches basaltiques et les autres roches contiennent souvent de très petites quantités d'apatite dans lesquelles on ne peut pas découvrir ou bien on ne peut découvrir qu'avec difficulté le fluor qui peut y être contenu, en employant la méthode que nous venons d'indiquer. Cependant le verre est ordinairement attaqué, bien que très faiblement, parce que le fluorure de silicium est légèrement décomposé par l'humidité : si l'on chauffe ensuite faiblement, il se dégage d'abord du fluorure de silicium et ensuite de l'acide fluorhydrique. Toutefois le verre est alors attaqué si faiblement, qu'un observateur inexpérimenté ne peut souvent pas l'observer et qu'on ne peut rendre la réaction visible qu'en soufflant sur le verre. Il est bon, dans ce cas, d'humecter avec une très petite quantité d'eau la substance à analyser et de la traiter ensuite par l'acide sulfurique concentré.

L'acide sulfurique qui se trouve dans le commerce, contient quelquefois des quantités excessivement faibles d'acide fluorhydrique et lorsqu'on se sert d'un acide sulfurique de cette espèce pour des analyses, cela peut être une cause qui puisse faire supposer de faibles traces de fluor dans des substances qui n'en contiendraient pas (Nicklès). Lorsque cependant on emploie un acide sulfurique distillé dans la distillation duquel on a séparé la portion qui a passé la première à la distillation, on n'a pas à craindre d'avoir un acide sulfurique qui soit rendu impur par la présence du fluor.

On a en outre observé que les plaques de certaines sortes de verre sont attaquées par l'acide sulfurique seul, même lorsqu'il n'est pas rendu impur par la présence de l'acide fluorhydrique et on a employé des lames de quartz poli au lieu de lames de verre. Mais l'emploi des lames de quartz a des inconvénients. En effet, si on ne veut pas considérer que ces lames sont difficiles à faire, qu'elles ne doivent pas être employées mates, mais qu'elles doivent être bien polies parce que, sans cela, on ne pourrait pas reconnaître lorsqu'elles ne sont que peu attaquées, on doit réfléchir au moins que, de toutes les modifications de la silice et des composés siliciques, c'est le quartz qui est attaqué le plus difficilement et le plus lentement par l'acide fluorhydrique, et que par suite les lames de quartz ne doivent pas être employées pour des recherches délicates. Du reste, les lames de verre à vitres de couleur verte que l'on fabrique dans le nord-est de l'Allemagne, ne sont attaquées ni par l'acide sulfurique, ni par la vapeur d'eau, ni par les autres influences analogues; en outre, elles sont d'un prix assez bas : toutes ces circonstances les rendent aptes à être employées pour reconnaître le fluor.

Mais, pour retrouver avec certitude de très petites quantités de fluor dans les combinaisons siliciques, on se sert avec avantage de la méthode suivante : on réduit la combinaison en poudre fine et on la place dans un petit ballon de verre, on verse dessus un excès d'acide sulfurique concentré et on ferme immédiatement le ballon avec un bouchon dans lequel passe un tube à dégagement recourbé deux fois à angle droit qui se rend dans l'eau, en ayant soin que le tube ne pénètre dans l'eau que de quelques lignes au-dessous de la surface. Il est nécessaire que la substance employée soit aussi sèche que possible; en outre, l'acide sulfurique doit être très concentré : par suite, le mieux est d'employer l'acide sulfurique fumant ou un mélange de cet acide avec l'acide sulfurique ordinaire concentré. On chauffe le ballon jusqu'à ce que l'acide sulfurique commence à se volatiliser. S'il y a du fluor dans la combinaison à analyser, il se dégage du gaz fluosilicique qui, en traversant l'eau, subit une décomposition partielle (dont il sera question plus loin avec détail à l'article SILICIUM) et dépose de l'acide silicique à l'état de gelée. Cette séparation de l'acide silicique est tellement caractéristique, qu'on peut en conclure avec une grande certitude qu'il y avait du fluor dans la combinaison à analyser. Le gaz fluosilicique ne se dégage pas tout de suite, en sorte qu'on n'avance pas et qu'on n'accélère pas son dégagement au moyen du gaz acide carbonique que l'on dégagerait, comme on l'a conseillé, en introduisant quelques morceaux de marbre dans le ballon. — Lorsque le dégagement de gaz fluosilicique a presque cessé, on sursature la liqueur par l'ammoniaque, sans la séparer par filtration de l'acide silicique qu'elle tenait en suspension : tout le silicium est alors séparé à l'état d'acide silicique qui se présente sous la forme d'un précipité plus abondant, d'un blanc laiteux, qui n'a plus autant la forme d'une gelée. On jette le tout sur un filtre et on évapore au bain-marie dans une petite capsule de platine jusqu'à siccité la liqueur filtrée qui contient du fluorure d'ammonium; on traite la masse desséchée par l'acide sulfurique concentré, et on essaye, par la méthode que nous avons indiquée, si le verre est attaqué.

Cette méthode est également la meilleure pour reconnaître avec beaucoup de certitude de très petites quantités de fluor, lorsqu'elles sont mélangées avec de grandes quantités d'autres combinaisons salines, de telle manière qu'on ne puisse pas traiter immédiatement le tout par l'acide sulfurique pour déterminer l'action sur le verre. On mélange la substance à analyser avec de l'acide silicique ou mieux, au lieu d'acide silicique, avec du verre pilé et on traite le mélange par l'acide sulfurique concentré. Même lorsque des quantités très considérables de chlorures, de nitrates, de sulfates et de phosphates, sont mélangées avec des quantités excessivement petites de fluorures, on peut obtenir par ce procédé une séparation bien nette d'acide silicique en gelée en faisant passer dans l'eau le gaz qui se dégage. Cette séparation de l'acide silicique n'a lieu que lorsque presque la totalité du gaz chlorhydrique, du gaz chlore et du gaz nitreux s'est dégagée, en sorte qu'il serait même superflu dans ce cas de vouloir avancer le dégagement du gaz fluosilicique au moyen du gaz carbonique que l'on dégagerait des carbonates. Mais, après avoir sursaturé par l'ammoniaque la liqueur qui retient en dissolution les différentes sortes de gaz qui se sont dégagées, on ne doit pas oublier de la traiter comme nous l'avons indiqué.

Si un melange de plusieurs combinaisons salines dans lequel on suppose une petite quantité de fluorure, contient en même temps une grande quantité de carbonates, le traitement de ce mélange par l'acide sulfurique peut présenter quelques difficultés, à cause du dégagement du gaz acide carbonique. Dans ce cas, on place le mélange salin dans un vase de platine ouvert, et on y verse peu à peu de l'acide sulfurique à la température ordinaire, et, après que le dégagement de gaz acide carbonique a cessé, on essaye l'action du mélange sur le verre d'après la méthode indiquée. On peut encore traiter le mélange par l'acide sulfurique à la température ordinaire dans un ballon de verre ouvert; puis, lorsque le dégagement de gaz acide carbonique a cessé, on peut ajouter de l'acide silicique ou du verre pilé et expérimenter ensuite par la méthode indiquée. En même temps que le gaz acide carbonique, il ne se dégage ordinairement pas de gaz fluorhydrique.

La plupart des fluorures sont décomposés par l'acide sulfurique à chaud; il existe cependant des combinaisons du fluor qui sont difficilement attaquées par l'acide sulfurique, comme nous l'avons déjà indiqué : le fluorure d'aluminium calciné, par exemple, appartient à cette catégorie. En effet, il faut, pour opérer sa décomposition, le chauffer avec l'acide sulfurique concentré à une température très élevée, ou bien le faire fondre avec du bisulfate de potasse, en sorte que les vapeurs qui se dégagent ne peuvent pas être utilisées pour essayer leur action sur des lames de verre qui sont recouvertes de cire. — A la même catégorie appartiennent plusieurs combinaisons naturelles qui contiennent du fluorure d'aluminium et en outre du silicate d'alumine, comme la topaze, par exemple. Même lorsque ce minéral est en poudre très fine, il ne dégage pas d'acide fluorhydrique par l'action de l'acide sulfurique concentré, bien qu'on opère à une température à laquelle les vapeurs qui se dégagent sont telles qu'on devrait reconnaître nettement la présence du fluor à son action sur le verre. On peut y reconnaître le fluor au moyen du chalumeau par le procédé que nous indiquerons plus loin; cependant ce procédé réussit difficilement et ne réussit même pas lorsque la proportion du fluor n'est que très faible, comme dans quelques espèces d'amphiboles. Par la fusion avec le bisulfate de potasse ou par l'action de l'acide sulfurique à une température élevée qui doit aller même jusqu'au point d'ébullition de l'acide, la topaze est décomposée de même que l'amphibole. Si l'on fait fondre dans une cornue de platine la topaze en poudre fine avec du bisulfate de potasse que l'on a préalablement séparé, à l'aide de la chaleur, de la plus grande partie de l'eau qu'il contient, et si l'on fait passer dans l'eau les vapeurs qui se dégagent, cette eau contient de l'acide fluorhydrique et de l'acide hydrofluosilicique.

Cependant on peut aussi se convaincre, par une autre méthode un peu compliquée, de la présence du fluor dans la topaze et dans les autres combinaisons qui ne peuvent pas être facilement décomposées par l'acide sulfurique. On calcine fortement dans un creuset de platine, avec environ trois ou quatre fois son poids de carbonate de soude, la combinaison réduite en poudre fine et lévigée; on ramollit avec de l'eau la masse calcinée et on filtre pour séparer la partie dissoute de la partie insoluble. Si la quantité de dissolution que l'on a obtenue est trop grande, on l'évapore dans une capsule de porcelaine jusqu'au volume convenable; on décante ensuite dans une capsule de platine, ou si l'on n'a pas de capsule de platine, dans une capsule d'argent pur, et on sursature avec précaution par l'acide chlorhydrique. On ne doit pas employer une baguette de verre, mais seulement une baguette de platine ou d'argent. On laisse reposer pendant quelque temps la liqueur acide; on en dégage l'acide carbonique autant que possible à froid; on sursature par l'ammoniaque dans la capsule et on chauffe le tout. La liqueur ammoniacale est versée ensuite dans un flacon de verre qui peut être bouché; on ajoute à la liqueur, pendant qu'elle est encore chaude, une dissolution de chlorure de calcium; il se produit alors du fluorure de calcium lorsque la combinaison à analyser contenait un fluorure. Le fluorure de calcium peut très bien se déposer à l'abri du contact de l'air; de cette manière, il ne contient pas une quantité notable de carbonate de chaux qui le rende impur. On jette le fluorure de calcium sur un filtre, et, après l'avoir desséché, on le décompose dans un creuset de platine par l'acide sulfurique en suivant la méthode qui a été décrite précédemment, afin de pouvoir reconnaître avec certitude si l'on a bien obtenu du fluorure de calcium. On doit observer ici qu'il ne faut pas employer un excès inutile d'acide chlorhydrique pour saturer le carbonate de soude, parce qu'il se produirait une quantité trop grande de chlorure d'ammonium, dont la dissolution peut dissoudre le fluorure de calcium.

L'*acide nitrique* d'un poids spécifique de 1,2, en réagissant sur les fluorures, au moins sur le fluorure de calcium, ne dégage pas d'acide fluorhydrique, même à chaud. Un acide nitrique de la densité de 1,5 ne détermine même aucune action sur le verre, comme le fait l'acide sulfurique; ce n'est qu'avec une très grande attention que l'on peut observer sur le verre des traces d'une action excessivement peu nette. — L'*acide chlorhydrique*, au contraire, produit à chaud un dégagement partiel d'acide fluorhydrique; cependant la quantité de ce dernier qui se dégage, n'est pas très considerable. La portion assurément la plus grande ne se dégage complétement que lorsqu'on ajoute de l'acide sulfurique et lorsqu'on chauffe.

Les fluorures, mélangés avec le *chlorure d'ammonium*, subissent par la calcination une décomposition partielle. Le fluorure de potassium est transformé en grande partie de cette manière en chlorure de potassium, et la decomposition serait complète en répétant plusieurs fois le traitement par le chlorure d'ammonium. Le fluorure de calcium est decomposé, par la calcination avec le chlorure d'ammonium, plus difficilement que le fluorure de potassium.

Au chalumeau, les combinaisons dans lesquelles il est difficile de retrouver la présence du fluor, sont précisément celles dont le fluor est une partie essentielle, comme le spath-fluor et la topaze; au contraire, il peut être reconnu facilement, au moyen du chalumeau, dans les combinaisons dans lesquelles il est contenu en très petite quantité et dans lesquelles il paraît être purement accidentel, comme dans les micas, pourvu seulement que la combinaison contienne en même temps un peu d'eau. Pour reconnaître, dans la première série de combinaisons, la présence d'un fluorure, on mélange la substance avec du sel de phosphore préalablement fondu, et on chauffe le mélange a l'extrémité d'un tube ouvert, de manière qu'une partie de la flamme soit chassée dans le tube par le courant d'air. En opérant sur des combinaisons qui ne contiennent pas d'acide silicique, il se produit de cette manière de l'acide fluorhydrique hydraté qui passe dans le tube, et que l'on peut reconnaître non-seulement à son odeur particulière, mais aussi à ce que le verre est attaqué intérieurement et devient mat dans toute sa longueur, surtout dans les endroits où il s'est déposé de l'humidité. Si l'on place alors dans la partie froide du tube un papier de Fernambouc humecté, il devient jaune Berzelius). — Si la combinaison contient de l'acide silicique, il se sépare du fluorure de silicium, qui est décomposé par l'humidité contenue dans les gaz de la flamme; il se sépare, par suite, de l'acide silicique qui reste comme résidu sur le verre, lorsque l'humidité a été évaporée par le courant de gaz chaud.

Dans les substances qui ne contiennent pas trop peu de fluor, on peut découvrir la présence du fluor sans l'aide du chalumeau, en les chauffant avec précaution au-dessus d'une lampe avec du sel de phosphore dans un tube bouché à une de ses extrémités et bien propre. On chauffe d'abord à une faible chaleur, à laquelle l'ammoniaque et l'eau du sel s'en vont; on enlève cette dernière des parois du tube avec du papier gris; on fond ensuite à une température plus élevée. Après le refroidissement, on nettoie bien le tube avec de l'eau et on le dessèche complétement. On remarque alors que le verre est fortement attaqué. — Au lieu du sel de phosphore, on peut employer avec plus de succès pour cette expérience le bisulfate de potasse. On fait fondre la combinaison dans un tube bouché, avec quatre fois son poids de bisulfate de potasse qui a préalablement perdu par la fusion la plus grande partie de son eau. On doit moins chauffer au fond que sur les côtés pour empêcher la projection de la masse. Après le refroidissement, on coupe le tube juste au-dessus de la masse fondue; on le lave à l'intérieur avec de l'eau et on le dessèche. Pour une quantité considérable de fluor, le tube de verre paraît entièrement mat. De très faibles quantités ne peuvent pas être reconnues avec certitude de cette manière; en effet, quelques tubes de verre sont attaqués, même en l'absence des combinaisons du fluor, par la fusion avec le bisulfate de potasse seul.

D'après *Smithson*, on peut même dégager l'acide fluorhydrique du spath fluor et de la topaze, sans les mélanger avec le sel de phosphore, en les chauffant sur une lame de platine à la flamme du chalumeau. Pour pouvoir reconnaître l'acide fluorhydrique qui se dégage, on doit ployer la lame de platine en une rigole ou un cylindre, et l'enfoncer à peu près jusqu'à la moitié dans un tube de verre dont les extrémités sont ouvertes. En soufflant avec le chalumeau, on place le tube un peu obliquement, de manière que l'acide fluorhydrique qui se dégage passe par le tube de verre, qui est alors attaqué et devient opaque. On peut de cette manière analyser encore d'autres combinaisons qui contiennent des fluorures. D'après Smithson, on peut encore modifier l'expérience de la manière suivante : on fixe le tube dans un bouchon de bouteille avec un fil métallique; on fixe la substance à analyser à l'extrémité d'un fil de platine avec un peu d'argile, et on pique ce fil dans le bouchon de manière que la substance à analyser se trouve vis-à-vis l'orifice inférieur du tube, et on chasse, en soufflant, la flamme de manière qu'elle pénètre dans le tube en passant sur la substance.

Lorsqu'une combinaison ne contient qu'une petite quantité de fluorure et lorsque cette combinaison contient en même temps un peu d'eau, on peut souvent y retrouver la présence du fluor de la manière suivante : on place la combinaison dans un tube d'un verre un peu fort, bouché à une de ses extrémités, et on place à l'extrémité ouverte un papier de Fernambouc humecté ; on chauffe ensuite la combinaison ou à la flamme du chalumeau, ou mieux au moyen d'une forte lampe. Si la combinaison contient de l'acide silicique, il se produit par l'action de la chaleur de l'acide hydrofluosilicique ; il se dépose alors non loin de la combinaison un anneau d'acide silicique, et l'extrémité du papier de Fernambouc humecté, qui avait pénétré dans le tube, devient jaune. On retrouve de cette manière le fluor dans les micas. — Lorsque la combinaison ne contient pas d'eau, les mêmes réactions ne se produisent pas, bien que la combinaison contienne une assez grande quantité de fluorure. Si, par suite, un mica ne contient point d'eau, on ne peut pas y reconnaître la présence du fluor de cette manière. Un mica de cette espèce conserve son éclat même après avoir été calciné, tandis que le mica qui contient de l'eau devient mat après avoir été calciné.

Le fluorure de calcium a la propriété de fondre à la flamme du chalumeau sur le charbon avec le sulfate de baryte, le sulfate de strontiane et le sulfate de chaux, et de donner des perles incolores qui deviennent d'un blanc laiteux par le refroidissement (p. 25, 30, 35).

Les combinaisons simples du fluor s'unissent souvent entre elles pour donner des combinaisons doubles qui présentent d'autres propriétés que les combinaisons simples du fluor. Dans une analyse rapide, on peut, par suite, ne pas s'apercevoir de la présence du fluor dans ces combinaisons. A cette catégorie appartiennent spécialement les combinaisons du fluorure de silicium et du fluorure de bore avec les autres fluorures, combinaisons dont il sera question plus loin, aux articles Bore et Silicium où l'on indiquera la manière de les reconnaître.

L'acide fluorhydrique se distingue par conséquent de tous les autres acides en ce qu'il attaque fortement le verre, et ne peut pas, par suite, être confondu avec eux. Les fluorures simples et composés, traités par l'acide sulfurique d'après la méthode qui a été indiquée page 565, peuvent être facilement reconnus à l'action corrosive qu'ils exercent sur le verre, et peuvent être distingués de cette manière de toutes les autres substances.

LIII. — CHLORE, Cl.

Le chlore à l'état pur est gazeux et possède une couleur jaune-verdâtre; il peut être condensé par la pression en un liquide huileux, de couleur jaune foncé.—Le gaz chlore a une odeur suffocante; il peut entretenir la combustion de plusieurs corps, spécialement celle du phosphore et de beaucoup de métaux; mais il n'entretient pas la combustion du charbon. Le chlore est plus lourd que l'air atmosphérique; le poids spécifique du chlore gazeux est de 2,47. Le chlore peut s'unir avec une certaine quantité d'eau et former ainsi une combinaison cristalline, de couleur jaune-clair, qui ne peut être obtenue qu'à une basse température qui peut cependant être un peu supérieure à 0°; à une température plus élevée, l'hydrate de chlore se décompose au contact de l'air en une dissolution aqueuse de chlore et en chlore gazeux. Dans une plus grande quantité d'eau, le gaz chlore se dissout. La dissolution (eau de chlore) possède l'odeur du chlore gazeux et blanchit, comme le gaz chlore, non-seulement le papier de tournesol, mais encore toutes les matières colorantes végétales. Cette dissolution est rapidement décomposée; il s'y forme un peu d'acide chlorhydrique, et probablement une petite quantité d'acide hypochloreux. La décomposition s'opère surtout rapidement par l'action des rayons solaires, et, dans ce cas, il se dégage de l'oxygène en même temps qu'il se forme de l'acide chlorhydrique. Presque toutes les substances organiques exercent une action décomposante sur l'eau de chlore, et déterminent en même temps une production d'acide chlorhydrique.

Le mercure et la plupart des autres métaux absorbent le chlore, et se transforment alors en chlorures. Beaucoup de métaux, spécialement les métaux dits ignobles, se combinent à la température ordinaire avec le chlore, en produisant une vive incandescence, surtout lorsqu'ils sont en poudre fine ou en tournure. L'or faux (laiton) en feuilles s'enflamme également lorsqu'on le projette dans le chlore.

Le gaz chlore est absorbé par les dissolutions des hydrates des oxydes alcalins fixes. Lorsqu'on emploie un excès de chlore et lorsque les dissolutions ne sont pas trop étendues, il se produit des chlorures et des chlorates alcalins. Il s'opère une réaction du même ordre par l'action du chlore sur les dissolutions des carbonates alcalins, aussi bien que sur les dissolutions des autres bases fortes; seulement, dans le cas où on opère sur les carbonates, il se produit un dégagement de gaz acide carbonique. Si l'on ne traite pas les oxydes alcalins et alcalino-terreux par un excès de chlore, il se produit, au lieu des chlorates, des hypochlorites qui sont mélangés avec les chlorures. L'oxyde d'argent même et quelques-unes de ses combinaisons salines sont transformés en chlorure d'argent et en chlorate d'argent par le chlore en présence de l'eau : c'est pour cela que le chlore pur, qui est entièrement exempt de toute trace d'acide chlorhydrique, produit toujours un précipité de chlorure d'argent lorsqu'on le fait passer dans une dissolution de nitrate d'argent. Il en est de même lorsqu'on ajoute de l'eau de chlore à la dissolution d'argent. Mais si on traite l'eau de chlore par le mercure métallique et si on prolonge l'action jusqu'à ce que l'eau de chlore ait perdu son odeur particulière, et jusqu'à ce que le mercure soit transformé en un mélange de metal et de protochlorure de mercure, une dissolution de nitrate d'argent indique, par le précipité de chlorure d'argent qu'elle produit, la présence de l'acide chlorhydrique dans la liqueur filtree, quand l'eau de chlore en contient.

Le gaz chlore est absorbé par l'ammoniaque avec dégagement de gaz nitrogène (azote). Lorsqu'on fait passer le gaz chlore dans les dissolutions des sels ammoniacaux, il se produit du *chlorure de nitrogène* (*chlorure d'azote*) qui se présente sous la forme d'un liquide huileux qui détone avec beaucoup de force par l'action d'une faible chaleur et par le contact de beaucoup de corps combustibles.

Une dissolution d'*hypermanganate de potasse* ne perd pas sa couleur rouge par l'action de l'eau de chlore, et la conserve même après un contact prolongé. — L'acide chromique, contenu dans une dissolution de *chromate de potasse*, n'est pas décomposé non plus par l'eau de chlore.

Acide chlorhydrique, HCl.

L'acide chlorhydrique se présente à l'état pur sous la forme d'un gaz incolore qui ne peut être condensé à l'état liquide que par une forte pression et par un refroidissement intense. L'acide chlorhydrique a une odeur acide suffocante; il fume à l'air. Il n'est pas combustible, et il se dissout dans l'eau en grande quantité et est absorbé par l'eau avec beaucoup de force. La dissolution saturée que forme l'acide chlorhydrique concentré liquide, est incolore; elle est seulement quelquefois colorée en jaune ou en jaunâtre par la presence des matières organiques ou du sesquichlorure de fer. Elle fume à l'air; cependant elle perd cette propriété lorsqu'on l'étend d'eau. Elle a une saveur acide, forte, corrosive; elle perd la plus grande partie de son gaz chlorhydrique lorsqu'on la fait bouillir; elle en perd même d'autant plus qu'elle est plus concentrée. La dissolution de l'acide chorhydrique, lorsqu'elle est très étendue, ne laisse dégager qu'une petite quantite du gaz qu'elle retient en dissolution; mais elle peut être concentrée par l'action de la chaleur jusqu'à un certain degré. Même lorsque l'acide chlorhydrique est très étendu, il forme un nuage blanc dès qu'on approche de sa surface une baguette de verre humectée avec de l'ammoniaque (p. 16).

L'acide chlorhydrique dissout, avec dégagement de gaz hydrogène, beaucoup de métaux, spécialement ceux qui peuvent décomposer l'eau. A l'egard de quelques autres métaux, comme l'argent et le cuivre par exemple, qui n'ont pas la même propriété, il ne se comporte pas au contact de l'air comme un corps tout à fait indifférent.

L'*acide nitrique* decompose l'acide chlorhydrique en lui enlevant son hydrogène. Cette décomposition s'opère beaucoup mieux à chaud qu'à froid. Le mélange d'acide chlorhydrique et d'acide nitrique, que l'on appelle ordinairement *eau régale*, se comporte par suite comme du chlore libre lorsqu'il a été chauffé, et devient jaunâtre. De même, c'est au chlore libre que l'eau régale doit sa propriété de dissoudre l'or et le platine, tandis que l'acide chlorhydrique et l'acide nitrique seuls n'attaquent pas ces métaux. On reconnaît. par suite, l'acide chlorhydrique à ce qu'il dissout l'or lorsqu'on y ajoute un peu d'acide nitrique. — L'*acide sulfurique* ne décompose pas l'acide chlorhydrique concentré. — Si l'on traite l'acide chlorhydrique par les composés appelés *peroxydes*, comme le *peroxyde de manganèse*, l'*oxyde rouge* et l'*oxyde puce de plomb*, il se dégage, surtout par l'action de la chaleur, du gaz chlore que l'on peut reconnaître facilement à sa couleur, à son odeur et à sa propriété de blanchir le papier de tournesol.

L'acide chlorhydrique détruit très facilement la couleur rouge de la dissolution d'*hypermanganate de potasse* p. 83 et celle de la dissolution de *chromate de potasse* p. 371).

L'acide chlorhydrique forme avec les oxydes métalliques des *chlorures* qui, à l'état de dissolution, ont été considérés par quelques chimistes comme des chlorhydrates d'oxydes. En effet, les métaux dont les oxydes sont des bases énergiques, lorsqu'ils sont combinés avec le chlore, ont presque toujours les mêmes propriétés que présentent leurs oxydes lorsqu'ils sont combinés avec les oxacides, tant à l'état sec qu'à l'état de dissolution dans l'eau. Dans les chapitres de ce volume qui précèdent, lorsqu'on a traité de la manière dont les bases isolées et leurs combinaisons salines se comportent avec les réactifs, on a toujours, par suite, parlé des réactions des chlorures, bien qu'on n'ait fait spécialement mention que des oxysels. Ce n'est que dans un très petit nombre de cas que les réactions des dissolutions des chlorures diffèrent de celles des oxysels qui leur correspondent. On a toujours fait ressortir ces réactions spéciales lorsque cela était nécessaire. Cette différence de réactions se présente spécialement pour les dissolutions des chlorures des métaux dits nobles, spécialement pour les dissolutions de bichlorure de mercure (p. 177), de bichlorure de platine p. 194), de protochlorure de palladium p. 199 , de protochlorure de rhodium p. 205 , de chlorure d'iridium (p. 210), de chlorure d'or (p. 233).

Les chlorures qui correspondent aux oxydes fortement basiques, spécialement les chlorures alcalins, ne se combinent ni avec une plus grande quantité de chlore, ni avec l'acide chlorhydrique, de la même manière que les fluorures alcalins avec l'acide fluorhydrique pour former des combinaisons cristallines.

Les chlorures formés par les métaux dont les oxydes ne sont pas des bases énergiques, mais sont des bases faibles ou des acides plus ou moins énergiques, présentent des propriétés extérieures tout autres que les oxysels. Ils se présentent ordinairement à l'état pur sous la forme de liquides volatils; quelquefois cependant ils sont solides et gazeux. Ils se dissolvent dans l'eau en se décomposant d'une manière bien nette et dégageant beaucoup de chaleur, tandis que ceux qui correspondent à des oxydes de propriétés basiques plus ou moins énergiques produisent du froid lorsqu'on les dissout dans l'eau, pourvu qu'ils n'aient pas la propriété d'absorber de l'eau de cristallisation; car alors il se produit une élévation de température lorsqu'on les traite par l'eau. Lorsqu'on dissout dans l'eau les chlorures volatils, il se produit de l'acide chlorhydrique, et, dans la plupart des cas, un oxyde qui joue le rôle d'acide et qui est formé d'oxygène uni à la substance qui était combinée avec le chlore, et qui reste, dans quelques cas, partiellement à l'état insoluble, la quantité d'acide chlorhydrique qui s'est produite n'étant pas suffisante pour dissoudre la totalité de l'oxyde. Quelquefois aussi la totalité de l'oxyde ou de l'acide formé reste comme résidu insoluble. Dans la plupart des cas, la décomposition du chlorure volatil au moyen de l'eau n'est pas complète; l'oxyde qui se sépare, contient du chlore et est ordinairement une combinaison, en proportions simples et déterminées, d'oxyde ou plutôt d'hydrate d'oxyde avec le chlorure non décomposé. Dans beaucoup de cas, l'oxychlorure qui se sépare est cristallin.

On ne connaît pas de chlorure volatil dont la décomposition au moyen de l'eau produise, outre l'acide chlorhydrique, du chlore libre; en effet, il n'y a pas de chlorure formé par un corps simple qui contienne plus d'équivalents de chlore que l'oxyde formé par sa décomposition ne contient d'équivalents d'oxygène. — Il n'y a que les protochlorures de tellure, de selenium et de soufre qui soient décomposés par l'eau, en donnant naissance à une séparation de tellure, de selenium et de soufre.

A la série des chlorures volatils appartiennent le bichlorure d'étain, le chlorure d'aluminium, le sesquichlorure de fer, le chlorure de glucinium, le chlorure de titane, le perchlorure d'antimoine et le protochlorure d'antimoine, le chlorure de niobium, l'hypochlorure de niobium, le chlorure de tantale, le chlorure de tungstène, le chlorure de molybdène, le chlorure d'arsenic, le perchlorure de tellure et le protochlorure de tellure, le perchlorure de selenium et le protochlorure de selenium, le perchlorure de phosphore et le protochlorure de phosphore, le chlorure de silicium, le chlorure de bore et le chlorure de soufre. Parmi ces chlorures, le chlorure d'aluminium, le sesquichlorure de fer, le chlorure de glucinium, le protochlorure d'antimoine, le chlorure de niobium, l'hypochlorure de niobium, le chlorure de tantale, le chlorure de tungstène, le perchlorure de tellure et le protochlorure de tellure, le perchlorure de selenium et le perchlorure de phosphore sont solides à la température ordinaire de l'air atmosphérique. Le chlorure de bore seul est gazeux; les autres chlorures volatils sont liquides à la température ordinaire.

C'est sur la production de ces chlorures volatils qu'est basée la volatilisation, au moyen de la calcination avec le chlorure d'ammonium, de plusieurs métaux et de plusieurs corps simples non métalliques qui sont ainsi séparés de leurs combinaisons oxygénées et sulfurées.

Quelques chlorures volatils ne peuvent pas être préparés à l'état isolé, mais forment quelquefois, avec les oxydes du même métal qui leur correspondent, des combinaisons volatiles qui ont beaucoup de ressemblance avec les chlorures purs, surtout dans leur manière de se comporter à l'égard de l'eau. En effet, leur dissolution aqueuse contient, comme celle des chlorures purs, de l'acide chlorhydrique et l'oxyde du métal qui possède des propriétés acides et qui se dissout ou se dépose suivant qu'il est soluble ou insoluble. Ce n'est que lorsqu'on chauffe les vapeurs de ces combinaisons à une température plus élevée que celle à laquelle ces combinaisons ont pris naissance, qu'il s'en sépare des oxydes qui quelquefois ont perdu une partie de leur oxygène et se sont transformés en un degré inférieur d'oxydation. Parmi les combinaisons de cette espèce, on peut ranger le chromate de chlorure de chrome, le tungstate de chlorure de tungstène, le molybdate de chlorure de molybdène et la combinaison de sesquioxyde d'urane et de chlorure d'urane. Le chromate de chlorure de chrome est liquide; les autres sont solides. — Ordinairement on considère ces combinaisons comme des acides métalliques dans lesquels le tiers de l'oxygène est remplacé par un équivalent de chlore. Cependant ces composés ne s'unissent pas aux bases pour former des sels, et se décomposent, par l'action des oxybases, en oxysels et en chlorures.

On a appelé *acichlorides* ces combinaisons dont il a été déjà question dans ce qui précède.

Les acichlorides sont formés seulement par la combinaison des acides forts avec les chlorides qui leur correspondent. Lorsque les chlorures qui correspondent à des oxydes doués de propriétés basiques énergiques s'unissent avec ces oxydes, ils produisent des combinaisons qui ont la plus grande analogie avec les oxysels basiques et qui peuvent à peine en être distingués. On appelle ces combinaisons des *chlorhydrates basiques*.

Les chlorures sont presque tous solubles dans l'eau : ils y sont même ordinairement très solubles; plusieurs d'entre eux attirent avec beaucoup de force l'humidité de l'air et tombent en deliquium. Un très petit nombre seulement sont tout à fait insolubles dans l'eau ou n'y sont que très peu solubles; ces chlorures sont surtout caractérisés par leur insolubilité ou leur peu de solubilité dans l'eau et leur production sert particulièrement à reconnaître la présence du chlore dans les dissolutions.

Les dissolutions aqueuses des chlorures se comportent à l'égard de la plupart des réactifs presque de la même manière que l'acide chlorhydrique. Ce n'est qu'avec un petit nombre de réactifs que les réactions sont tout autres. Ainsi les dissolutions des chlorures ne modifient pas les dissolutions d'hypermanganate de potasse et de chromate rouge de potasse, tandis que l'acide chlorhydrique libre les décompose.

Les chlorures s'unissent entre eux pour former des combinaisons doubles cristallisables; mais ces combinaisons ne peuvent pas être considérées comme des chlorosels (analogues aux sulfosels). Quelques-unes de ces combinaisons doubles ont une solubilité dans l'eau tout à fait différente de celle des chlorures dont ils sont formés. Le chlorure de potassium et le chlorure d'ammonium donnent notamment, par leur combinaison avec le bichlorure de platine, des combinaisons doubles qui sont très peu solubles dans l'eau, qui sont insolubles dans l'alcool concentré et qui ont de l'importance en chimie analytique (pages 3, 17 et 193). Ces chlorures alcalins donnent également des combinaisons peu solubles avec le chloride d'iridium (p. 209) et le chloride d'osmium (p. 216).

Une dissolution de *nitrate d'argent*, ou la dissolution d'un autre sel d'argent soluble, produisent dans la dissolution des chlorures un précipité blanc de chlorure d'argent dont les propriétés ont été décrites avec détail, page 166. Ce precipité se dissout à chaud dans une assez grande quantité d'acide chlorhydrique très concentré; mais, lorsqu'on ajoute de l'eau, le chlorure d'argent se sépare de nouveau complétement. Les chlorures solubles, aussi bien que l'acide chlorhydrique libre, peuvent être facilement reconnus à la production de ce précipité, et le nitrate d'argent est par suite le réactif le plus important pour reconnaître ces composés; en effet, presque tous les précipités que produisent les dissolutions d'argent dans les dissolutions des autres sels, sont solubles dans l'acide nitrique etendu, à l'exception du bromate et de l'iodate d'argent, et aussi du bromure, de l'iodure et du cyanure d'argent, qui, comme le chlorure d'argent, ne sont pas solubles dans l'acide nitrique étendu. On indiquera plus loin comment on peut distinguer ces précipités du chlorure d'argent. — Les plus petites quantités de chlorures en dissolution ou d'acide chlorhydrique libre peuvent être reconnues au moyen du nitrate d'argent; cependant, pour de très petites quantités, il ne se forme pas de précipité, mais seulement un trouble opalin.— Ce n'est que dans un très petit nombre de cas que l'acide chlorhydrique et le chlore ne sont pas précipités ou ne sont précipites qu'incomplétement par le nitrate d'argent à l'état de chlorure d'argent. C'est ce qui se présente spécialement lorsqu'on opère sur les dissolutions alcooliques des combinaisons de l'acide chlorhydrique avec quelques huiles essentielles exemptes d'oxygène, dans lesquelles le nitrate d'argent ne produit pas de précipité ou ne précipite qu'une partie du chlore à l'état de chlorure d'argent. De même, dans les dissolutions de plusieurs combinaisons du chlore avec le carbone, on ne peut pas précipiter le chlore à l'état de chlorure d'argent. Dans une dissolution de chlorure vert de chrome neutre, une portion seulement du chlore est précipitée à l'état de chlorure d'argent: mais, dans la dissolution du chlorure bleu de chrome, la totalité du chlore est précipitée à l'état de chlorure d'argent (p. 361).

Outre la dissolution de nitrate d'argent, il n'y a que les dissolutions de *protoxyde de mercure* (p. 174) et les dissolutions d'*oxyde de plomb* (p. 132) qui produisent dans les dissolutions des chlorures et de l'acide chlorhydrique des précipités formés par la partie constituante acide et non par la partie constituante basique; encore faut-il que les dissolutions des chlorures ne soient pas trop étendues pour qu'il puisse se produire un précipité par l'action des dissolutions d'oxyde de plomb; en effet, à l'exception du chlorure d'argent, du protochlorure de mercure, du chlorure de plomb et du protochlorure de cuivre, les autres chlorures se dissolvent facilement dans l'eau. Mais plusieurs chlorures se combinent avec les oxydes pour former des chlorhydrates basiques insolubles dans l'eau. On dissout ordinairement ces combinaisons dans les acides et on reconnaît dans cette dissolution la présence du chlorure au moyen d'une dissolution de nitrate d'argent. Pour opérer cette dissolution, on peut employer l'acide nitrique étendu : mais il doit même être employé s'il est possible à froid.

Les dissolutions du *nitrate de protoxyde de palladium* et du protochlorure de palladium ne produisent pas de précipité dans les dissolutions des chlorures.

Si l'on ajoute à une dissolution concentrée d'un chlorure alcalin ou à de l'acide chlorhydrique une dissolution de *sulfate de cuivre,* il ne se produit pas de modification. Si les dissolutions sont très concentrées, la couleur de la liqueur devient verte ; mais si l'on étend d'eau, la liqueur redevient bleue. Si cependant on ajoute à la liqueur un peu concentrée une quantité assez considerable d'acide sulfurique concentré en ayant soin de ne pas agiter, il se forme un précipité brun-jaunâtre abondant qui disparaît ordinairement par l'agitation. Ce précipité est formé de chlorure de cuivre anhydre : l'acide sulfurique concentré a déshydraté le chlorure de cuivre qui s'était formé dans la dissolution. — Si l'on mêle la dissolution d'un chlorure alcalin avec du sulfate de cuivre, et si l'on met une ou deux gouttes du mélange sur une lame d'argent, il se forme au bout de quelque temps une tache noire.

Si l'on mélange avec du carbonate de potasse ou de soude les chlorures qui, comme le chlorure d'argent et le chlorure de plomb, sont insolubles ou peu solubles et qui ne sont pas volatils, et si on calcine ensuite dans un petit creuset de porcelaine, il se produit du chlorure alcalin, et, lorsqu'on opère sur le chlorure d'argent, il se sépare de l'argent métallique en même temps qu'il se dégage du gaz acide carbonique et du gaz oxygène, tandis qu'il se produit du carbonate de plomb et de l'oxyde de plomb lorsqu'on a opéré sur du chlorure de plomb. Si l'on traite par l'eau la masse calcinée, le chlorure alcalin se dissout en même temps que le carbonate alcalin en excès. Si par suite on sursature la dissolution par l'acide nitrique, elle donne avec la dissolution de nitrate d'argent un précipité de chlorure d'argent. Cette méthode permet de retrouver avec certitude la présence du chlore dans les chlorures insolubles ou peu solubles et de le séparer.

Si l'on verse de l'*acide sulfurique* concentré sur les chlorures à l'état solide, la plupart d'entre eux laissent dégager de l'acide chlorhydrique gazeux avec effervescence : les plus faibles quantités d'acide chlorhydrique qui se dégagent, forment une fumée blanche lorsqu'on place au-dessus du verre dans lequel se fait l'expérience une baguette de verre humectee avec de l'ammoniaque p. 516 . Si l'expérience a lieu dans un tube de verre blanc bouché, on peut remarquer que le gaz qui se dégage est incolore. Quelques chlorures ne dégagent du gaz acide chlorhydrique que lorsqu'on les traite par l'acide sulfurique à chaud. Un très petit nombre de chlorures seulement ne sont pas décomposés lorsqu'on les fait chauffer avec l'acide sulfurique : ce ne sont spécialement que le bichlorure de mercure, le protochlorure de mercure, le protochlorure et le bichlorure d'étain : le bichlorure de mercure se dissout dans l'acide sulfurique chaud sans se décomposer et se dépose par le refroidissement de cette dissolution à l'état cristallin; il peut même, à l'aide d'une plus forte chaleur, être séparé de l'acide sulfurique chaud par sublimation. Le protochlorure de mercure est décomposé à chaud par l'acide sulfurique en bichlorure de mercure et en sulfate de bioxyde de mercure; en même temps il se dégage de l'acide sulfureux : Le protochlorure d'étain désoxyde l'acide sulfurique. — Il ne se dégage jamais de chlore par l'action de l'hydrate d'acide sulfurique sur les chlorures. Mais si, au lieu d'hydrate d'acide sulfurique $H^2O + SO^3$), on emploie un acide sulfurique qui contient de l'acide sulfurique anhydre, comme celui qu'on appelle huile de vitriol de Nordhausen acide sulfurique de Nordhausen , on peut, par l'action de la chaleur, outre le dégagement d'acide chlorhydrique, obtenir un dégagement de gaz chlore et un dégagement de gaz acide sulfureux.

Les dissolutions concentrées des autres acides peu volatils ou fixes réagissent de la même manière que l'acide sulfurique.

Si on pulvérise les chlorures avec du *chromate neutre* ou du *bichromate de potasse*, si on met le mélange dans une cornue tubulée, si on verse ensuite sur ce mélange de l'acide sulfurique concentré ou mieux de l'acide sulfurique fumant, et si on chauffe modérément, il passe à la distillation une liqueur rouge de sang acichloride de chrome, chromate de chlorure de chrome) (p. 372 qui, traitée par un excès de liqueur ammoniacale, donne une dissolution qui est colorée en jaune par le chromate d'ammoniaque.

Si l'on mélange les chlorures avec du *peroxyde de manganèse*, avec de l'*oxyde rouge* ou de l'*oxyde puce de plomb* ou avec d'*autres peroxydes*, si l'on ajoute ensuite de l'*acide sulfurique* concentré et si l'on chauffe, il se dégage du gaz chlore que l'on peut reconnaître à son odeur caractéristique et à sa couleur : lorsqu'il se dégage en plus forte proportion, il blanchit un papier de tournesol humecté que l'on place au-dessus du mélange.

Plusieurs chlorures, mais non pas tous les chlorures, sont décomposés, lorsqu'on les fait bouillir pendant longtemps avec un excès d'*acide nitrique*. Il se dégage du chlore et, lorsque l'acide libre a été évaporé, il reste pour résidu un nitrate plus ou moins exempt de chlorure.

La plupart des combinaisons du chlore avec les métaux dont les oxydes possèdent des propriétés fortement basiques, ne se décomposent pas, mais entrent seulement en fusion lorsqu'on les calcine à l'abri du contact de l'air. Mais un très grand nombre subissent, par la calcination au contact de l'air, une décomposition partielle qui n'est pas opérée par l'oxygène, mais bien par la vapeur d'eau contenue dans l'air; il se produit de l'oxyde et il se dégage de l'acide chlorhydrique. Le résidu est alors plus ou moins insoluble dans l'eau. Pour un petit nombre de chlorures seulement, le métal est oxydé et le chlore est chassé; c'est ce qui arrive pour le chlorure de chrome, par exemple. Les chlorures alcalins ne subissent pas de modification de ce genre, pas plus que le chlorure de baryum ni le chlorure de strontium. Le chlorure de calcium n'est décomposé qu'à un très faible degré par la calcination au contact de l'air humide. Les chlorures alcalins sont volatilisés par l'action de la chaleur, bien plus facilement au contact de l'air qu'à l'abri du contact de l'air, soit partiellement, soit entièrement si la température est très élevée. Les combinaisons du chlore avec beaucoup d'autres métaux se volatilisent à une température très élevée sans se décomposer lorsqu'on les volatilise dans une atmosphère exempte de vapeur d'eau, d'oxygène et des autres gaz qui peuvent exercer sur eux une action décomposante.

D'un autre côté, on peut, au moyen du gaz chlore, chasser à une température élevée à l'état gazeux l'oxygène d'un grand nombre d'oxydes et transformer par suite ces oxydes en chlorures. Cela n'a pas lieu seulement pour les oxydes qui jouissent de propriétés basiques très énergiques, mais aussi pour les bases faibles qui sont alors transformées en chlorures volatils. C'est ce qui arrive spécialement pour l'oxyde de bismuth qui est transformé facilement en chlorure de bismuth par l'action d'un courant de gaz chlore sec à la température rouge. Il en est de même de l'acide tellureux qui est transformé en chlorure de tellure et du sesquioxyde de fer qui est transformé en sesquichlorure de fer; même dans les minéraux appelés fer titané et fer chromé, l'oxyde de fer est séparé à l'état de chlorure de fer. Le protoxyde d'étain est transformé très difficilement et seulement en petite quantité en bichlorure d'étain liquide et volatil : pour le bioxyde d'étain, la transformation est encore plus difficile; l'oxyde d'antimoine se transforme aussi difficilement en perchlorure d'antimoine. L'acide molybdique et l'acide tungstique forment, comme les oxydes du molybdène et du tungstène, du molybdate de chlorure de molybdène et du tungstate de chlorure de tungstène. Parmi les oxydes qui ne sont pas décomposés par le gaz chlore à une temperature élevée, on peut citer spécialement l'alumine. — Dans ce qui précède, on a déjà remarqué, en traitant de chaque oxyde en particulier, que les oxydes qui sont faiblement basiques, melangés avec le charbon et traités par le chlore à une température élevée, se transforment en chlorures volatils avec production d'oxyde de carbone.

Les oxybases, même à l'état de combinaisons salines, peuvent dans quelques cas être transformées partiellement en chlorures avec production d'un dégagement d'oxygène lorsqu'on les traite par le chlore à une température élevée en même temps qu'il se forme des sels avec excès d'acide. C'est ce qui se présente pour le borax, le pyrophosphate de soude, le pyrophosphate de baryte; mais cela n'a pas lieu pour le pyrophosphate de chaux. Le gaz chlore, en réagissant sur le sulfate de cuivre anhydre à une température élevée, en sépare l'acide sulfurique anhydre à l'etat solide, en même temps qu'il se produit du protochlorure de cuivre qui reste comme résidu avec le sulfate de cuivre non décomposé. On peut, par ce moyen, obtenir des quantités considérables d'acide sulfurique anhydre.

Au chalumeau, on découvre les chlorures, qu'ils soient solubles ou insolubles, de la manière suivante : On produit, à l'aide du chalumeau, une perle de sel de phosphore et d'oxyde de cuivre; puis on y ajoute une petite quantité du chlorure à analyser, et on soumet le tout à l'action de la flamme du chalumeau. La perle paraît alors entourée d'une belle flamme bleue. Si la proportion de chlore contenue dans une combinaison est faible, le phénomène ne dure que peu de temps; mais il se reproduit de nouveau lorsqu'on ajoute une nouvelle quantité de chlorure à la perle de sel de phosphore (Berzelius). Pour cet essai, on doit employer un phosphate ammoniaco-sodique qui soit exempt de chlorure de sodium ou de tout autre chlorure.

L'acide chlorhydrique libre, aussi bien que les chlorures solubles, se comportent à l'égard d'une dissolution de nitrate d'argent d'une manière si caractéristique, qu'on ne peut pas les confondre avec les autres substances dont il a été question dans ce qui précède. Dans les chlorures insolubles, on decouvre la présence du chlore à l'aide du chalumeau, ou bien en faisant fondre le chlorure avec un carbonate alcalin et en formant ainsi un chlorure soluble dans l'eau.

ACIDE HYPOCHLOREUX, Cl^2O.

L'acide hypochloreux à l'état pur, tel qu'on l'obtient par l'action du chlore gazeux sur le bioxyde de mercure (que l'on doit préparer en précipitant une dissolution de bichlorure de mercure au moyen de l'hydrate de potasse), est un gaz jaune orangé-rougeâtre, de couleur plus foncée que le gaz chlore. A une basse température, il forme un liquide rouge foncé qui bout déjà à + 20 degrés. L'odeur de ce gaz ressemble à celle du chlore (Balard, Pelouze). A une température élevée, il se décompose avec détonation en gaz chlore et en gaz oxygène; à la température ordinaire, il ne peut se conserver que peu de temps (quelques heures) sans se modifier lorsqu'il est exposé à la lumière du jour; exposé aux rayons solaires, il se decompose de la même manière qu'à une température élevée, mais sans detonation. Le gaz hypochloreux est absorbé par l'eau et par le mercure; il se décompose par l'action du gaz chlorhydrique en chlore et en eau; il transforme les metaux en oxyde et en chlorure; il oxyde le brome et l'iode, aussi bien que le soufre, le selenium, le phosphore et l'arsenic en les transformant en acides; les deux premiers sans détonation, les quatre autres avec detonation; le chlore qui devient libre dans cette réaction, s'unit avec l'excès de la substance. L'acide hypochloreux décompose la plupart des substances organiques avec dégagement d'acide carbonique et de gaz chlore; l'indigo est transformé par l'acide hypochloreux en une substance jaune, un peu amère. L'acide hypochloreux attaque fortement la peau de l'homme et la colore en brun-rouge.

L'acide aqueux est jaune à l'état concentré, mais il est incolore à l'état étendu. On peut l'obtenir très facilement en agitant avec de l'eau le bioxyde de mercure en poudre fine et versant le mélange dans un flacon qui contient du gaz chlore; il se forme un oxychlorure de mercure insoluble et une dissolution d'acide hypochloreux. La dissolution peut être conservée pendant longtemps dans l'obscurité sans se modifier; par l'action de la lumière du jour, mais plus rapidement encore par l'action de la lumière solaire, elle se décompose en chlore et en degrés plus élevés d'oxydation du chlore; il ne se forme pas d'acide chloreux, mais bien un peu d'acide chlorhydrique. Par l'action de la chaleur, l'acide étendu ne se décompose pas immédiatement; mais il peut être distillé, bien qu'il se décompose toujours une partie de l'acide, d'autant moins cependant que la distillation a été plus rapide et que l'acide était plus concentré, parce qu'alors le point d'ébullition était moins élevé. — Si on ajoute de l'acide chlorhydrique à une dissolution aqueuse concentrée d'acide hypochloreux, et si l'on refroidit le mélange, il se dépose de l'hydrate de chlore à l'état cristallisé.

La dissolution aqueuse d'acide hypochloreux détruit et décolore très facilement les matières colorantes organiques, comme l'indigo; une dissolution qui contient un volume d'acide hypochloreux gazeux, décolore aussi fortement qu'une eau de chlore qui tient en dissolution deux volumes de gaz chlore.

L'acide hypochloreux se combine avec les bases pour former des hypochlorites. Comme, dans la combinaison de l'acide hypochloreux avec les bases, il se produit un dégagement de chaleur qui pourrait décomposer de nouveau le sel formé, on doit opérer la combinaison très lentement et dans un vase entouré d'un mélange réfrigérant. Les hypochlorites se conservent longtemps sans se décomposer, lorsqu'ils sont en présence d'un excès de base et lorsqu'ils ne sont exposés qu'à une basse température; mais à une température un peu plus élevée, ils se transforment en chlorures et en chlorates, et donnent par suite naissance à un dégagement d'oxygène, lorsque la température est très élevée. — L'acide hypochloreux chasse l'acide carbonique des carbonates alcalins et des carbonates terreux; d'un autre côté, l'acide hypochloreux est séparé, mais seulement en partie, par un courant de gaz acide carbonique dans les dissolutions de ses combinaisons salines. L'acide phosphorique concentré, en réagissant sur les hypochlorites, peut en chasser l'acide hypochloreux à l'état gazeux; cependant il est difficile d'obtenir ainsi l'acide hypochloreux entièrement exempt de gaz chlore (Balard).

Les hypochlorites à l'état pur sont peu connus et n'ont été préparés qu'en petit nombre. On connaît bien mieux les mélanges des hypochlorites avec les chlorures, spécialement les mélanges des hypochlorites alcalins et de l'hypochlorite de chaux avec les chlorures correspondants, qui se produisent lorsqu'on traite à une basse température par le chlore gazeux (mais non pas par un excès de chlore) les dissolutions des hydrates alcalins ou des carbonates alcalins ou bien l'hydrate de chaux sec, ou lorsqu'on traite par une plus grande quantité de chlore ces dissolutions très étendues. Les mélanges d'hypochlorites et de chlorures que l'on obtient ainsi, sont ordinairement connus sous les noms de chlorure de potasse, chlorure de soude et chlorure de chaux. Leurs dissolutions blanchissent le papier de tournesol d'autant plus rapidement qu'ils contiennent moins d'oxyde alcalin ou d'hydrate d'oxyde terreux libre. Si l'excès d'hydrate terreux libre est très considérable, le papier de tournesol n'est blanchi qu'au bout d'un temps très long ou n'est même pas blanchi du tout. Ces mélanges d'hypochlorites et de chlorures détruisent également d'autres matières colorantes d'origine organique, même celle de l'indigo; mais la décoloration s'opère considérablement plus facilement et plus rapidement lorsqu'on ajoute un acide étendu.

Les mélanges d'hypochlorites et de chlorures sont complétement solubles dans l'eau; seul, le chlorure de chaux traité par l'eau laisse un résidu insoluble d'hydrate de chaux. Une certaine quantité d'hydrate de chaux est nécessaire pour préserver le chlorure de chaux de la décomposition. Les dissolutions des mélanges dont il est ici question, ont une odeur et une saveur particulières qui se rapprochent de celles de la dissolution aqueuse d'acide hypochloreux.

Les hypochlorites, spécialement l'hypochlorite de chaux, se décomposent à la longue, particulièrement lorsque la température est tant soit peu élevée. L'hypochlorite de chaux se transforme alors en chlorure de calcium et en chlorate de chaux : $3\ (CaO + Cl^2O) = 2\,CaCl^2 + CaO + Cl^2O^5$; ce mélange se produit aussi lorsqu'on fait passer du gaz chlore qui n'a pas été refroidi dans un lait de chaux ou dans une bouillie de chaux soumis à l'action de la chaleur. Si l'on évapore les dissolutions des chlorures d'oxydes alcalins, ils sont également transformés peu à peu en chlorures et en chlorates. Mais nous devons encore signaler ici un autre mode de décomposition des hypochlorites et spécialement de l'hypochlorite de chaux; l'hypochlorite de chaux peut en effet, dans certains cas, se décomposer en chlorure de calcium et en oxygène qui se dégage à l'état gazeux. Lorsque la dissolution de chlorure de chaux est très étendue, elle se décompose, même par une ébullition très prolongée seulement en chlorate de chaux et en chlorure de calcium; mais si elle est concentrée, il s'en dégage du gaz oxygène par l'ébullition, et il s'en dégage d'autant plus qu'elle est plus concentrée; la moitié presque de l'hypochlorite de chaux contenu dans la dissolution peut être transformée en chlorure de calcium et en gaz oxygène : le chlorure de chaux sec peut même se décomposer partiellement en chlorure de calcium et en oxygène pendant les mois les plus chauds de l'été. Soumis à une forte pression, l'hypochlorite de chaux paraît se transformer seulement en chlorure de calcium et en chlorate de chaux, même à une température très élevée, et ne paraît pas dégager d'oxygène (Schlieper).

La décomposition de l'hypochlorite de chaux en chlorure de calcium et en gaz oxygène s'opère complétement lorsqu'on ajoute une quantité extrêmement faible d'une dissolution d'un sel de cobalt à la dissolution du chlorure de chaux dont on a séparé le mieux possible l'hydrate de chaux insoluble. Le peroxyde sesquioxyde) de cobalt qui se forme, détermine immédiatement le dégagement du gaz oxygène qui s'opère, lentement à la température ordinaire, mais très rapidement à l'aide de la chaleur et qui dure jusqu'à ce que tout l'hypochlorite de chaux soit décomposé. Cela a lieu pour les dissolutions étendues et pour les dissolutions concentrées de chlorure de chaux. — Au lieu de l'oxyde de cobalt, on peut employer aussi l'oxyde de nickel et même l'oxyde de cuivre; mais la réaction ne réussit pas aussi bien qu'avec l'oxyde de cobalt (Fleitmann).

Si l'on ajoute un excès d'*acide chlorhydrique* aux dissolutions des chlorures d'oxydes, il s'en dégage immédiatement du chlore; dans ce cas, l'acide hypochloreux et l'acide chlorhydrique se décomposent mutuellement et laissent tous deux dégager le chlore qu'ils contiennent. Les oxacides, en réagissant sur les chlorures d'oxydes, en dégagent l'acide hypochloreux qui, du reste, a une grande tendance à se décomposer en gaz chlore et en oxygène qui se combine avec le métal du chlorure d'oxyde. Plus l'acide employé est énergique et concentré, plus est grande la tendance qu'a le gaz chlore à se dégager. Par suite, la production du gaz chlore s'opère avec une très vive effervescence, lorsque l'acide employé pour opérer sa décomposition est l'acide sulfurique concentré. L'acide nitrique, en réagissant sur les chlorures d'oxydes, en dégage aussi du gaz chlore; si cependant on ajoute à la dissolution de chlorure de chaux seulement autant d'acide nitrique qu'il en faut pour saturer la moitié de la chaux, on obtient de l'acide hypochloreux (Gay-Lussac . Par l'action de l'acide acétique et des autres acides organiques, l'acide hypochloreux devient libre; mais la réaction est assez peu vive. L'acide carbonique même dégage peu à peu l'acide hypochloreux de ses combinaisons; c'est ce qui explique pourquoi ces dissolutions, aussi bien que les hypochlorites à l'état solide, sentent toujours l'acide hypochloreux. En effet, cet acide est dégagé de ses combinaisons par l'action de l'acide carbonique de l'air : c'est ce qui explique aussi pourquoi les hypochlorites finissent par être décomposés au contact de l'air.

Le gaz chlore qui se dégage par l'action des acides concentrés sur les chlorures d'oxydes alcalins et sur le chlorure de chaux, n'est pas pur; mais il contient ordinairement plus ou moins d'acide hypochloreux.

Les dissolutions des chlorures d'oxydes alcalins et celle du chlorure de chaux décomposent l'ammoniaque et en dégagent du gaz nitrogène.

Une dissolution de *nitrate de protoxyde de mercure* produit d'abord, dans les dissolutions des chlorures d'oxydes alcalins et du chlorure de chaux, un précipité de protochlorure de mercure qui se dissout peu à peu en se transformant en bichlorure de mercure. Un excès de base précipite le protoxyde.

Une dissolution de *nitrate de plomb* y produit un précipité qui est blanc au premier moment, mais qui commence bientôt à devenir jaune, puis rouge-orangé et devient enfin brun ; il est alors formé de peroxyde de plomb. Si la dissolution ne contient pas une trop grande quantité de base libre et si elle est étendue, l'oxyde puce de plomb se dépose sur les parois du vase sous la forme d'un dépôt brun-noir et la dissolution est tout à fait incolore.

Dans une dissolution de *sulfate de protoxyde de manganèse*, il se produit immédiatement, par l'action des chlorures d'oxydes alcalins et par l'action du chlorure de chaux, un précipité brun d'hydrate de sesquioxyde de manganèse. — Une dissolution d'*hypermanganate de potasse* conserve sa couleur rouge ; ce n'est que lorsque la dissolution contient une grande quantité de base libre que sa couleur se modifie peu à peu et devient verte (p. 82). — La couleur d'une dissolution de *chromate de potasse* n'est pas modifiée non plus.

Dans une dissolution de *sulfate de protoxyde de fer*, il se précipite de l'hydrate de sesquioxyde de fer.

Dans les dissolutions des *sels de cobalt* et des *sels de nickel*, il se précipite des peroxydes (sesquioxydes) noirs de cobalt et de nickel ; le peroxyde de cobalt se forme immédiatement, le peroxyde de nickel ordinairement un peu plus tard.

En présence des dissolutions des chlorures d'oxydes, l'*acide arsénieux* est transformé en acide arsenique. Si l'on emploie une quantité convenable d'acide arsénieux, les dissolutions du chlorure de chaux et des chlorures d'oxydes alcalins peuvent perdre entièrement de cette manière la propriété de décolorer l'indigo.

Si l'on chauffe dans une cornue les chlorures d'oxydes et spécialement le chlorure de chaux à l'état solide, il se dégage ordinairement une très petite quantité de chlore gazeux et les hypochlorites se transforment, d'abord par la première action de la chaleur, en chlorures et en chlorates ; en continuant à chauffer, le chlorate lui-même est décomposé en chlorure et en oxygène qui se dégage en grande quantité sous forme de gaz et qui peut être facilement reconnu en maintenant à l'orifice du col de la cornue une allumette présentant quelque point en ignition. Ce n'est que lorsqu'il se dégage beaucoup de vapeur d'eau en même temps que le gaz oxygène, que l'inflammation de l'allumette présentant quelque point en ignition peut ne pas réussir. Il vaut par conséquent mieux adapter à la cornue un récipient dans lequel les vapeurs d'eau puissent se condenser, ou bien il faut recevoir sur l'eau le gaz oxygène que l'on obtient en très grande quantité.

Les hypochlorites et leurs mélanges avec les chlorures peuvent, par conséquent, être reconnus à la propriété décolorante que possèdent leurs dissolutions lorsqu'elles ne contiennent pas une trop grande quantité de base libre et au dégagement de chlore qui se produit lorsqu'on les traite par les acides forts. A l'état solide, ils peuvent être aussi reconnus au moyen du dégagement de gaz oxygène qu'ils produisent par l'action de la chaleur.

Acide chloreux, Cl^2O^3.

L'acide chloreux, obtenu en traitant par l'acide nitrique un mélange de chlorate de potasse et d'acide arsénieux ou d'acide tartrique, est un gaz jaune-verdâtre, d'une odeur très désagréable qui se distingue nettement de l'odeur du chlore et de celle de l'acide hypochloreux. Le chlorate de potasse, traité par l'acide nitrique pur qui ne contient pas d'acide nitreux, ne produit pas d'acide chloreux à la température ordinaire et il ne s'en produit qu'une petite quantité par l'action de la chaleur. Soumis à l'action d'un froid intense, le gaz acide chloreux se condense en une liqueur rougeâtre. A une température de + 57 degrés, il se décompose avec explosion en acide perchlorique, en gaz chlore et en gaz oxygène. Beaucoup de métaux ne sont pas attaqués par le gaz acide chloreux lorsqu'il est sec; cependant le mercure l'absorbe complétement (Millon).

Le gaz acide chloreux est soluble dans l'eau; la dissolution a une couleur jaune plus intense que celle de l'eau de chlore. Elle colore la peau du corps humain en jaune-brunâtre faible; elle a une saveur caustique; elle blanchit le papier de tournesol sans le rougir, même après addition d'acide arsénieux et elle détruit la couleur du tournesol et celle de l'indigo. Au bout d'un temps assez long, la dissolution d'acide chloreux se décolore et devient même tout à fait incolore.

La dissolution aqueuse d'acide chloreux n'attaque pas l'or, ni le platine, ni même plusieurs autres métaux; mais elle transforme le mercure en bichlorure de mercure et en bioxyde de mercure.

L'*acide chlorhydrique* et l'*acide nitrique* étendu ne paraissent pas décomposer l'acide chloreux. — L'acide chloreux, en réagissant sur l'*acide iodhydrique* et sur une dissolution d'*iodure de potassium*, en sépare immédiatement de l'iode.

La dissolution d'*hydrogène sulfuré*, traitée par la dissolution d'acide chloreux, devient laiteuse au bout de quelque temps; il s'en sépare du soufre et l'acide chloreux est transformé en acide chlorhydrique.

La couleur jaune de la dissolution d'acide chloreux n'est pas détruite d'abord par une dissolution d'*hydrate de potasse;* mais, au bout de quelque temps, la dissolution devient incolore, et si la dissolution de potasse est en excès, la dissolution d'acide chloreux perd la propriété de blanchir rapidement le papier de tournesol; la décoloration ne se produit plus qu'au bout d'un temps très long. La dissolution sursaturée par l'acide nitrique redevient immédiatement jaune et l'acide chloreux redevient libre.

L'*ammoniaque*, ajoutée en excès à la dissolution de l'acide chloreux, ne la décolore pas d'abord. Mais, au bout de quelque temps, il se dégage des bulles de gaz et la dissolution devient incolore : la dissolution s'est transformée en une dissolution de chlorure d'ammonium. Si on la sursature par l'acide nitrique, une dissolution de nitrate d'argent y produit un précipité abondant de chlorure d'argent.

Une dissolution de *chlorure de baryum* ne produit pas de précipité; mais la dissolution se décolore au bout de quelque temps.

La dissolution d'*hypermanganate de potasse* est décolorée immédiatement par la dissolution d'acide chloreux; il se dépose au bout de quelque temps un précipité brun d'hydrate d'oxyde de manganèse et l'ammoniaque en excès donne dans la dissolution un précipité d'hydrate d'oxyde de manganèse. — D'autre part, une dissolution de *sulfate de protoxyde de manganèse* passe à un degré supérieur d'oxydation par l'action d'une dissolution d'acide chloreux. Si on ajoute alors un oxyde alcalin, il se précipite de l'hydrate d'oxyde de manganèse de couleur brune.

Une dissolution de *bichromate de potasse* n'est pas colorée en vert par l'acide chloreux, même à l'aide de l'ébullition.

Une dissolution de *nitrate d'argent* donne dans la dissolution d'acide chloreux un précipité blanc qui se dissout dans une grande quantité d'eau en laissant comme résidu une très petite quantité de chlorure d'argent.

Une dissolution de *nitrate de protoxyde de mercure* produit dans une dissolution d'acide chloreux un précipité blanc qui est soluble dans une grande quantité d'eau, surtout à chaud. La liqueur reste cependant opaline par suite de la formation d'une petite quantité de protochlorure de mercure qui reste en suspension.

Une dissolution de *bichlorure de mercure* ne produit pas de modification.

Une dissolution d'*acétate de plomb* ne produit pas de précipité; mais, au bout de quelque temps, il se dépose de l'oxyde puce de plomb. Si l'on a sursaturé l'acide chloreux avec la potasse, une dissolution de nitrate ou d'acétate de plomb y produit un précipité blanc qui se dissout dans l'excès de potasse lorsqu'on agite le tout. Au bout de quelque temps, il se dépose un précipité jaune; c'est ce qui arrive même à la longue à l'acide chloreux sursaturé par la potasse.

Les chlorites sont pour la plupart solubles dans l'eau : en dissolution, ils se décomposent facilement en chlorures et en chlorates.

L'acide chloreux en dissolution a par consequent la plus grande ressemblance avec l'eau de chlore et l'acide hypochloreux. Il s'en distingue surtout par sa manière de se comporter avec une dissolution de nitrate d'argent et une dissolution d'hypermanganate de potasse.

Acide hypochlorique (Chlorate d'acide chloreux), Cl^2O^4 $Cl^2O^3 + Cl^2O^5$).

Lorsque l'acide hypochlorique a été obtenu en distillant avec beaucoup de précaution un melange de chlorate de potasse fondu et d'acide sulfurique concentré, il forme un gaz jaune-verdâtre dont la couleur est plus foncée que celle du gaz chlore, et qui peut être condensé en une liqueur rouge qui bout à + 20 degrés. L'odeur de ce gaz est très désagréable et plus suffocante que celle du chlore. Il détone avec beaucoup de force sous l'influence d'une très faible élévation de température souvent même à la température ordinaire et se transforme de cette manière en gaz oxygène et en gaz chlore. Le gaz acide hypochlorique attaque les métaux et se dissout dans l'eau : la dissolution a une couleur jaune-verdâtre et se décompose par l'action des bases qui, en réagissant sur cette dissolution, produisent un mélange de chlorates et de chlorites (Millon).

Acide chlorique, Cl^2O^5.

La dissolution aqueuse d'acide chlorique forme un liquide incolore, jouissant de propriétés acides. Elle rougit le papier de tournesol; la couleur rouge persiste même après la dessiccation; mais s'il y a élévation de température pendant la dessiccation, le papier de tournesol est blanchi légèrement. Une dissolution d'indigo n'est pas décolorée d'abord, mais seulement au bout de quelque temps, par l'acide étendu : elle est décolorée sur-le-champ lorsqu'on chauffe. L'acide chlorique est souvent coloré légèrement en jaunâtre : cela vient de ce qu'il se décompose très facilement et contient un peu de chlore libre. Sa dissolution ne doit, par suite, être concentrée que par évaporation dans le vide et non par l'action d'une température élevée; elle ne peut pas non plus être distillée : en effet, elle est alors sensiblement décomposée, et d'autant plus qu'elle est plus concentrée. Elle se décompose dans ce cas en acide perchlorique et en acide chloreux, et ce dernier même est ensuite décomposé en gaz oxygène et en gaz chlore. Le papier que l'on plonge dans l'acide chlorique concentré, s'enflamme vivement au moment où on l'en retire : il se produit dans ce cas une odeur qui ressemble à celle de l'acide nitrique. Cette expérience ne réussit pas toujours. Quand on verse de l'alcool goutte à goutte dans un verre qui contient de l'acide chlorique concentré, l'alcool peut s'enflammer.

L'acide chlorique dissout le *zinc* métallique avec dégagement de gaz hydrogène. La dissolution, outre le chlorate de zinc, contient du chlorure de zinc, et donne par suite, avec la dissolution de nitrate d'argent, un précipité considérable de chlorure d'argent.

L'*acide chlorhydrique* décompose l'acide chlorique et en dégage du chlore.

La dissolution d'*hydrogène sulfuré* transforme l'acide chlorique en acide chlorhydrique et en acide sulfurique ; en même temps il se produit un dépôt de soufre.

Une dissolution d'*acide sulfureux* décompose l'acide chlorique en acide sulfurique et en acide chlorhydrique, ou en gaz chlore, suivant la quantité d'acide ajoutée.

L'acide chlorique étendu ne produit pas d'abord de décomposition dans une dissolution d'*iodure de potassium* et dans l'*acide iodhydrique :* mais, par un contact prolongé, l'iode devient libre et il se forme de l'acide chlorhydrique. La réaction est plus rapide lorsqu'on chauffe.

Si l'on ajoute de l'*acide sulfurique concentré* à l'acide chlorique, ce dernier se decompose legèrement. — L'*acide nitrique* à l'état étendu ne décompose pas l'acide chlorique; et si on ajoute une dissolution de nitrate d'argent, elle se comporte avec le mélange des deux acides comme elle se comporterait avec l'acide chlorique pur. Mais si on emploie de l'acide nitrique concentré, il se produit une légère décomposition, et la dissolution de nitrate d'argent est alors troublée plus fortement, surtout par l'action de la chaleur.

Une dissolution d'acide chlorique étendu, en réagissant sur une dissolution de *nitrate d'argent*, détermine la production d'un léger trouble opalin qui provient d'un très faible mélange d'acide chlorhydrique, ou plutôt de chlore.

Une dissolution de *nitrate de protoxyde de mercure* produit dans l'acide chlorique étendu un précipité blanc, abondant, qui n'est pas soluble dans l'acide nitrique étendu. Ce précipité est presque entièrement soluble à chaud dans l'acide acétique.

Une dissolution de *nitrate de plomb* ne donne pas de précipité.

Une dissolution d'*hypermanganate de potasse* n'est pas modifiée d'abord par une dissolution étendue d'acide chlorique; mais, au bout de quelque temps, elle est completement décolorée, même à froid, et il se depose de l'hydrate brun d'oxyde de manganèse. La modification s'opère plus rapidement à l'aide de l'ebullition.

Une dissolution de *bichromate de potasse* ne change de couleur par l'action de l'acide chlorique, ni par un contact prolongé, ni par l'ébullition.

Les dissolutions d'*hydrate de potasse*, de *carbonate de potasse* et des autres *sels de potasse*, lorsqu'elles ne sont pas trop étendues, produisent dans la dissolution d'acide chlorique un précipité de chlorate de potasse peu soluble qui peut se redissoudre complétement lorsqu'on ajoute une grande quantite d'eau.

La dissolution de chlorate de potasse, lorsqu'elle est pure, n'est troublée par la dissolution d'aucun autre sel, ni par la dissolution de nitrate d'argent, ni même par la dissolution de nitrate de protoxyde de mercure. Si l'on ajoute de l'acide sulfurique, de l'acide chlorhydrique ou de l'acide nitrique à la dissolution de chlorate de potasse, elle se colore immediatement en jaune. La réaction est d'autant plus rapide, et la couleur est d'autant plus foncée, que la dissolution de chlorate de potasse ou celle de l'acide employé sont plus concentrées. Le gaz hydrogène sulfuré ne décompose la dissolution de chlorate de potasse ni à froid, ni à l'ebullition.

Si l'on verse de l'*acide sulfurique* concentré sur de petites quantités de chlorate de potasse sec, ce sel se colore immédiatement en jaune-brun foncé, même à froid; en même temps, il se dégage des vapeurs jaune-verdâtre foncé d'acide hypochlorique. Par un contact prolongé à froid, le sel se dissout dans l'acide sulfurique et forme, par suite de l'absorption d'une certaine quantité d'acide hypochlorique, une liqueur brun-rouge foncé, qui laisse déposer du perchlorate de potasse peu soluble, qui peut être facilement séparé du sulfate acide de potasse. L'acide sulfurique étendu au contraire est à la température ordinaire sans action sur le chlorate de potasse, et, par l'action de la chaleur, il ne se produit qu'une faible décomposition. Une dissolution d'indigo n'est pas décolorée, par conséquent, lorsqu'on la mélange à la température ordinaire avec une dissolution étendue de chlorate de potasse à laquelle on a ajouté un peu d'acide sulfurique ; mais la décoloration a lieu lorsqu'on fait bouillir le tout. Si l'on mélange une dissolution de chlorate de potasse avec une dissolution de chlorure de sodium, et si on ajoute de l'acide sulfurique étendu, il n'y a pas non plus de décomposition à la température ordinaire, et la dissolution d'indigo n'est pas décolorée ; mais la décomposition et la décoloration ont lieu par l'action de la chaleur. — Si l'on ajoute de l'acide sulfurique étendu et ensuite un peu de zinc métallique à une dissolution de chlorate de potasse, le chlorate de potasse est décomposé peu à peu par un contact prolongé et transformé en chlorure de potassium.

L'*acide chlorhydrique* concentré, versé sur le sel desséché, en dégage avec effervescence des vapeurs jaune-verdâtre de chlore. L'acide chlorhydrique étendu n'agit pour ainsi dire pas à la température ordinaire sur le chlorate de potasse, mais il réagit avec l'aide de la chaleur.— L'*acide nitrique* n'attaque pas le chlorate de potasse à la température ordinaire, et ne l'attaque que légèrement avec l'aide de la chaleur. Si par suite on mélange à la température ordinaire une dissolution étendue de chlorate de potasse avec de l'acide nitrique très étendu, elle ne décolore pas la dissolution d'indigo; mais si on chauffe, la décoloration a lieu. — L'*acide acétique* n'attaque pas le chlorate de potasse.

Tous les chlorates sont décomposés par l'action de la chaleur. Ou ils sont transformés en chlorures, en même temps que la totalité du gaz oxygène contenu dans le sel se dégage, ou bien l'oxyde est séparé de l'acide chlorique qui se dégage en se décomposant en un mélange de gaz chlore et de gaz oxygène. — Le chlorate de potasse se transforme par la fusion en chlorure de potassium avec dégagement de gaz oxygène. Si l'action de la chaleur est subite, le sel est transformé d'abord en chlorure de potassium et en perchlorate de potasse qui, par l'action ultérieure de la chaleur, se décompose lui-même en chlorure de potassium avec dégagement d'oxygène. Si, pour fondre le sel, on emploie une température aussi basse que possible, on peut arriver à ce que le chlorate de potasse se transforme en chlorure de potassium et en gaz oxygène, sans qu'il se soit formé de perchlorate de potasse ; mais il faut pour cela que l'action de la chaleur soit maintenue pendant excessivement longtemps. Si l'on mélange le chlorate de potasse avec le peroxyde de manganèse et les autres oxydes métalliques, le sel se décompose par l'action de la chaleur en peu d'instants, et l'oxygène s'en dégage extrêmement vite.

Si l'on mélange le chlorate de potasse avec une petite quantité de soufre et si l'on ajoute ensuite de l'acide sulfurique concentré, il se dégage du mélange une flamme vive. L'expérience réussit mieux avec l'acide sulfurique fumant qu'avec celui qui ne l'est pas, parce que ce dernier contient souvent trop d'eau.

Si l'on melange une petite quantité de chlorate de potasse avec du soufre ou avec un peu de phosphore, ce mélange détone avec force lorsqu'on le place sur une enclume et lorsqu'on le frappe ensuite avec le marteau. Si l'on frotte avec force un mélange de chlorate de potasse avec un peu de soufre et de charbon dans un mortier de fer, l'explosion est très forte. Si l'on fait fondre le chlorate de potasse avec du soufre, du charbon ou des substances carbonées, comme les substances organiques, par exemple, ces matières s'oxydent avec beaucoup de force, et déterminent souvent des explosions dangereuses.

L'acide chlorique en dissolution aqueuse peut être reconnu par conséquent à la grande tendance qu'il a pour se décomposer. Une certaine quantité de réactifs le transforme en acide chlorhydrique dont la présence, même en très petite quantité, peut être découverte au moyen de la dissolution d'argent. La dissolution aqueuse d'acide chlorique se distingue des dissolutions aqueuses du chlore, de l'acide hypochloreux et de l'acide chloreux, en ce qu'elle n'a pas, comme ces dissolutions, une odeur très forte et caractéristique : elle s'en distingue en outre par sa manière de se comporter à l'égard de la dissolution d'hypermanganate de potasse. — Les chlorates peuvent être facilement reconnus à la manière dont ils se comportent lorsqu'on les fait fondre et au dégagement d'oxygène qu'ils produisent dans ce cas ; ils peuvent en outre être facilement reconnus à l'action vive qu'ils exercent sur les corps combustibles à une température élevée. Le chlorate de potasse à l'état solide peut être reconnu même en très petite quantité par sa manière de se comporter à l'égard de l'acide sulfurique concentré.

Acide perchlorique, Cl^2O^7.

L'acide perchlorique peut être obtenu à l'état solide et cristallin. Il attire alors facilement l'humidité de l'air, tombe en deliquium et donne un liquide blanc, trouble. L'acide perchlorique solide se volatilise à une température d'environ 140 ou 200 degrés et peut même être porté au rouge sombre sans se décomposer ; mais, au rouge intense, il se décompose. En dissolution, l'acide perchlorique est d'une bien plus grande stabilité que l'acide chlorique : il peut être concentré par évaporation et distillé ; cependant dans ce cas, il s'en décompose une portion en gaz chlore et en gaz oxygène. L'acide perchlorique rougit fortement le papier de tournesol, sans le blanchir. L'acide perchlorique ne décolore pas non plus la dissolution d'indigo.

L'acide perchlorique dissout le *zinc* métallique en produisant un vif dégagement de gaz hydrogène. La dissolution contient seulement du perchlorate de zinc et ne contient pas de chlorure de zinc ; elle ne donne par suite aucun précipité avec une dissolution d'argent.

L'*acide chlorhydrique*, la dissolution d'*hydrogène sulfuré*, l'*acide sulfureux*, l'*acide sulfurique* à l'état concentré et l'*acide nitrique* ne décomposent pas la dissolution d'acide perchlorique. Si par suite on mêle une dissolution de perchlorate de potasse avec du chlorure de sodium et si on ajoute de l'acide sulfurique étendu, il n'y a pas de décomposition à la température ordinaire et la dissolution d'indigo n'est pas décolorée ; même à chaud, la dissolution d'indigo n'est pas décolorée, au moins immédiatement ; elle l'est cependant par une ébullition prolongée. Si l'on verse dans une dissolution de perchlorate de potasse de l'acide sulfurique étendu, et si l'on y ajoute ensuite un peu de zinc métallique, le perchlorate de potasse n'est pas transformé en chlorure de potassium, même au bout d'un temps très long ; par suite, le mélange ne trouble pas la dissolution d'argent.

La dissolution de *nitrate d'argent* ne forme pas de précipité dans la dissolution d'acide perchlorique.

La dissolution d'*hypermanganate de potasse* n'est pas décolorée d'abord par l'acide perchlorique ; mais, par un contact prolongé, la décoloration se produit. — Le *bichromate de potasse* n'est pas modifié par l'acide perchlorique.

Les dissolutions d'*hydrate de potasse*, de *carbonate de potasse* et des autres *sels de potasse* produisent dans la dissolution d'acide perchlorique un précipité cristallin de perchlorate de potasse très peu soluble qui peut se dissoudre dans une très grande quantité d'eau. Le perchlorate de potasse est du reste encore moins soluble que le chlorate de potasse (p. 590).

La dissolution du perchlorate de potasse, lorsqu'elle est pure, n'est troublée par la dissolution d'aucun autre sel ; même lorsqu'on verse à froid de l'acide sulfurique concentré, de l'acide nitrique ou de l'acide chlorhydrique sur le perchlorate de potasse desséché, il n'est pas modifié. La méthode la plus facile pour distinguer rapidement et sûrement le perchlorate de potasse du chlorate de potasse, est de le traiter à froid par l'acide sulfurique concentré incolore. S'il ne reste pas tout à fait incolore, c'est qu'il contient une trace de chlorate de potasse dont le mélange, en quantité même tout à fait faible, est la cause de la coloration brune du perchlorate de potasse impur lorsqu'on y verse de l'acide sulfurique. — Si on fait bouillir le perchlorate de potasse avec l'acide sulfurique concentré, il est décomposé ; l'acide libre se volatilise avec une vive effervescence et se décompose en grande partie en gaz chlore et en gaz oxygène. Lorsqu'on le fait bouillir avec l'acide nitrique concentré, l'acide perchlorique est aussi légèrement décomposé ; mais il n'est pas décomposé par l'ébullition avec l'acide chlorhydrique très concentré.

Les perchlorates sont décomposés par l'action de la chaleur et se transforment en chlorures avec dégagement d'oxygène ou en oxydes avec dégagement simultané de gaz chlore et de gaz oxygène. Ils ont besoin, pour être décomposés, d'être soumis à une température un peu plus élevée que les chlorates correspondants.

Si l'on mélange le perchlorate de potasse avec du soufre et si l'on ajoute ensuite de l'acide sulfurique concentré, le mélange ne s'enflamme pas. Si, au contraire, on le mélange en très petite quantité avec du soufre et du charbon et si on broie fortement le mélange dans un mortier de fer, il se produit une explosion aussi forte que lorsqu'on emploie du chlorate de potasse. Le perchlorate de potasse se comporte aussi comme le chlorate de potasse lorsqu'on le fait fondre avec les corps combustibles.

L'acide perchlorique qui, à l'état de combinaison saline, peut être facilement confondu avec l'acide chlorique, s'en distingue par conséquent, aussi bien du reste que des autres acides du chlore, par sa stabilité bien plus grande et par la plus grande difficulté qu'on éprouve à le décomposer à l'aide des réactifs. Le perchlorate de potasse se distingue surtout du chlorate de potasse par sa manière de se comporter à l'égard de l'acide sulfurique concentré. Pour reconnaître l'acide perchlorique à l'état de perchlorate comme appartenant à la série des acides oxygénés du chlore, il faut transformer le perchlorate en chlorure dont la dissolution, traitée par la dissolution d'argent, donne un précipité qui permet de reconnaître la présence du chlore.

LIV. — BROME, Br.

Le brome à la température ordinaire se présente sous la forme d'un liquide brun-rouge foncé, presque noir, d'une odeur particulière, désagreable, qui ressemble à celle du chlore. Il est beaucoup plus lourd que l'eau : sa pesanteur spécifique est de 2,97. Il bout à environ 63°; mais il se volatilise même à la température ordinaire. Si on le conserve dans un flacon de verre qui n'est pas tout à fait plein, la portion du vase qui se trouve au-dessus du brome liquide, se remplit d'une vapeur brun-rouge de brome. La couleur de la vapeur de brome est plus foncée que celle du gaz nitreux et que celle du soufre. A une basse température, à — 7°,3, le brome liquide se solidifie en une masse cristalline qui a presque l'éclat métallique et qui est d'une couleur gris de plomb.

La plupart des métaux se combinent avec le brome et se transforment en bromures. Le brome, en réagissant sur les hydrates des oxydes alcalins fixes, donne naissance à des bromures et à des bromates alcalins. Si l'on traite le brome par un excès de liqueur ammoniacale, il se forme du bromure d'ammonium en même temps qu'il se dégage du nitrogène à l'état gazeux et la liqueur est immédiatement décolorée.

Le brome blanchit comme le chlore les matières colorantes végétales, mais avec beaucoup moins d'énergie; il détruit par suite la couleur de l'indigo et du tournesol.

Le brome se combine avec une petite quantité d'eau pour former un hydrate cristallin qu'une température de + 15° suffit pour décomposer en brome et en une dissolution aqueuse de brome. Le brome peut se dissoudre dans une grande quantité d'eau. La dissolution, quoiqu'elle ne contienne pas beaucoup de brome, possède une couleur rouge-hyacinthe et blanchit le papier de tournesol. De même que l'eau de chlore, l'eau de brome précipite la dissolution de nitrate d'argent; il se forme du bromure d'argent et du bromate d'argent. La couleur rouge de la dissolution d'hypermanganate de potasse est détruite par l'eau de brome; la dissolution prend une couleur qui ressemble à celle de l'eau de brome même; elle devient seulement encore plus foncée et dépose avec le temps de l'hydrate d'oxyde de manganèse. Le bichromate de potasse n'est pas décomposé par l'eau de brome.

Le brome à l'état libre forme avec l'*amidon* une combinaison jaune, tirant sur le rouge-orangé : on doit employer pour ces essais de l'empois d'amidon. Cette réaction du brome est caractéristique, mais n'est pas très sensible et ne peut pas être comparée, sous le rapport de la sensibilité, avec celle qu'exerce l'iode sur l'amidon. On peut cependant, au moyen de l'amidon, distinguer le brome libre du chlore qui ne colore pas l'amidon. Par l'action de la chaleur, la coloration du bromure d'amidon devient plus faible; mais elle reparaît avec son intensité antérieure par le refroidissement. La couleur disparaît immédiatement par l'action d'une dissolution d'hydrate de potasse; mais elle se reproduit lorsqu'on sursature par un acide.

Lorsqu'on agite avec du *chloroforme* une dissolution aqueuse de brome libre, le chloroforme se colore en rouge-brun plus ou moins foncé suivant la quantité de brome que contenait la dissolution, et, en laissant reposer, le chloroforme brun-rouge contenant du brome se rassemble au fond du vase au-dessous de l'eau qui a été décolorée. Si l'on agite le tout avec une dissolution d'hydrate de potasse, le chloroforme se décolore complétement; mais il reprend la couleur brun-rouge que possède le chloroforme contenant du brome, lorsqu'on sursature par un acide quelconque, par l'acide sulfurique étendu, par l'acide chlorhydrique ou par l'acide acétique par exemple.

De la même manière que le chloroforme, le *sulfure de carbone* se colore en brun-rouge par l'action du brome. Si on agite le sulfure de carbone avec l'eau de brome et si on laisse reposer le tout, l'eau devient incolore et le sulfure de carbone coloré par le brome se rassemble au fond du vase. Si on agite le tout avec une dissolution d'hydrate de potasse et si on laisse le sulfure de carbone se déposer, on observe une décoloration complète; mais le sulfure de carbone reste incolore lors même qu'on sursature le tout par un acide quelconque (par l'acide sulfurique étendu, l'acide chlorhydrique ou l'acide acétique, par exemple).

Acide bromhydrique, HBr.

L'acide bromhydrique se présente à l'état pur sous la forme d'un gaz qui a beaucoup d'analogie avec le gaz chlorhydrique. Le gaz bromhydrique dégage au contact de l'air des vapeurs incolores qui sont plus épaisses que celles qui sont produites par le gaz chlorhydrique. Le gaz bromhydrique est décomposé par le gaz chlore qui lui enlève son hydrogène : le brome devient alors libre et se présente sous la forme de vapeurs rougeâtres, ou, lorsque la quantité de brome est plus grande, sous la forme d'un précipité liquide composé de gouttes rougeâtres. — Le gaz bromhydrique est excessivement soluble dans l'eau ; la dissolution est incolore et ressemble, tant à l'etat concentré qu'à l'état étendu, à l'acide chlorhydrique liquide concentré et étendu. Si cependant le gaz bromhydrique contient du brome libre, l'acide liquide possède alors une couleur rougeâtre foncée, parce que l'acide bromhydrique liquide dissout le brome libre.

La dissolution aqueuse concentrée de gaz bromhydrique laisse dégager du gaz bromhydrique lorsqu'on la fait bouillir ; dans une dissolution étendue, cela n'a pas lieu. La dissolution d'acide bromhydrique qui contient du brome libre, perd, lorsqu'on la fait bouillir, le brome et une partie de l'acide bromhydrique qu'elle contient, et il reste alors comme résidu un acide incolore, étendu.

L'acide bromhydrique se comporte à l'égard des métaux comme le gaz chlorhydrique (p. 574).

Une dissolution aqueuse de *chlore*, ou bien un courant de gaz chlore, colorent en rouge l'acide bromhydrique liquide : en même temps le brome devient libre. — L'*acide nitrique* n'agit pas rapidement sur l'acide bromhydrique ; mais lorsqu'on chauffe, le brome devient libre immédiatement : on obtient par ce moyen une liqueur qui ressemble à l'eau régale. — L'*acide sulfurique* peut aussi, par l'action de la chaleur, enlever l'hydrogène à l'acide bromhydrique d'une certaine concentration : en même temps, il se produit de l'acide sulfureux. — Le *peroxyde de manganèse*, l'*oxyde rouge* et l'*oxyde puce de plomb*, aussi bien que les autres peroxydes, dégagent la vapeur de brome de l'acide bromhydrique, lorsqu'on les chauffe ensemble.

L'acide bromhydrique forme avec les oxydes métalliques des *bromures* qui ressemblent sous beaucoup de rapports aux chlorures. Les combinaisons du brome avec les métaux dont les combinaisons oxygénées sont des acides énergiques, sont volatiles ; cependant elles sont toujours moins volatiles que les combinaisons correspondantes du chlore ; elles se comportent du reste de la même manière en présence de l'eau.

Les bromures solubles dans l'eau peuvent, lorsqu'ils sont dissous, être reconnus au moyen des réactifs de la même manière que l'acide bromhydrique libre.

Une dissolution de *nitrate d'argent* produit dans les dissolutions des bromures un précipité blanc de bromure d'argent qui est insoluble dans l'acide nitrique étendu : ce précipité est soluble dans l'ammoniaque, cependant il y est moins soluble que le précipité blanc de chlorure d'argent. Comme le chlorure d'argent, le bromure d'argent noircit sous l'influence de la lumière, un peu plus lentement cependant que le chlorure d'argent. Lorsqu'on l'agite, le bromure d'argent forme des flocons caillebottés qui ressemblent à ceux que donne le chlorure d'argent dans les mêmes circonstances. Il se distingue du chlorure d'argent en ce que sa couleur tire un peu sur le jaune. Si l'on fait passer à une température élevée du gaz chlore sur le bromure d'argent, il est complétement transformé en chlorure d'argent, en même temps le brome devient libre. Il se produit une décomposition analogue lorsqu'on verse de l'eau de chlore concentrée sur du bromure d'argent humide : le bromure d'argent, aussi bien que la liqueur, deviennent brun-rougeâtre, et, par l'action de la chaleur, le brome devenu libre se dégage à l'état de vapeurs, que l'on peut observer nettement, même pour de petites quantités, dans l'espace vide du vase de verre dans lequel se fait l'expérience. — D'autre part, le bromure d'argent n'est pour ainsi dire point décomposé, même à chaud, par l'acide chlorhydrique, ou n'est décomposé par cet acide qu'à un très faible degré. Il s'en dissout seulement une très petite quantité qui se précipite de nouveau lorsqu'on étend d'eau. Si, au contraire, on traite le chlorure d'argent par une dissolution de bromure de potassium, il s'opère pour un excès de bromure une décomposition complète et tout le chlorure d'argent est complétement transformé au bout de quelque temps en bromure d'argent (Field). Si l'on agite à la température ordinaire du chlorure d'argent humide avec une petite quantité d'une dissolution de bromure de potassium et si on filtre ensuite, la dissolution filtrée est au bout de quelque temps complétement exempte de brome et ne contient plus que du chlorure de potassium. — Dans une dissolution qui contient en même temps un bromure et un chlorure, une dissolution de nitrate d'argent ne produit d'abord qu'un précipité de bromure d'argent qui est entièrement exempt de chlorure d'argent. Le chlorure d'argent n'est précipité que lorsque tout le bromure, contenu dans la dissolution, a été transformé en bromure d'argent par l'action du nitrate d'argent.

Une dissolution de *nitrate de protoxyde de mercure* produit dans les dissolutions des bromures et dans la dissolution d'acide bromhydrique un précipité de protobromure de mercure, qui est de couleur blanche tirant un peu sur le jaunâtre. Ce précipité n'est pas soluble dans l'acide nitrique étendu; mais il se dissout dans l'eau de chlore en produisant une liqueur jaune-rougeâtre.

Une dissolution de *nitrate de plomb* donne un précipité blanc. Ce précipité est soluble dans une grande quantité d'eau ; il l'est cependant moins que le chlorure de plomb p. 132 . L'ammoniaque produit dans cette dissolution un précipite. Si l'on ajoute une dissolution d'hydrogène sulfuré à la dissolution de bromure de plomb, moins cependant qu'il n'en faut pour transformer la totalité du plomb en sulfure de plomb, il se forme un précipité rouge-brun analogue à celui qui se forme dans les mêmes circonstances lorsqu'il y a du chlorure de plomb dans une dissolution (p. 131). La dissolution du bromure de plomb, additionnée d'alcool, devient seulement opaline.

Une dissolution de *bichlorure de platine* ne produit pas de précipité dans les dissolutions des bromures, même par un contact prolongé ou par l'action de la chaleur. — Dans une dissolution de bromure de potassium, le bichlorure de platine forme un précipité jaune de chlorure double de potassium et de platine.

Une dissolution de *protochlorure de palladium* ne produit pas non plus de précipité dans les dissolutions des bromures, même par un contact prolongé ou par l'action de la chaleur. — Une dissolution de *nitrate de protoxyde de palladium,* au contraire, produit un précipité rouge-brun de bromure de palladium. Si la proportion du bromure dissous est très faible, le précipité ne paraît qu'au bout de quelque temps et se dépose en partie sur les parois du vase. Ce n'est que pour de très faibles traces de bromure qu'il ne se produit pas de précipité, même par un contact prolongé. Le bromure de palladium est très soluble dans les dissolutions des chlorures, et spécialement dans celles du chlorure de sodium. C'est par ce motif que le protochlorure de palladium ne produit pas de précipité de bromure de palladium dans les dissolutions des bromures, et que le précipité ne s'opère qu'au moyen du nitrate de protoxyde de palladium.

Si l'on ajoute une dissolution de *sulfate de cuivre* à une dissolution un peu concentrée d'un bromure alcalin, il ne se produit pas de modification; mais si l'on ajoute alors, sans agiter, une quantité assez considérable d'acide sulfurique concentré, il se forme un abondant précipité noir qui est soluble dans l'eau. Ce précipité est formé de bromure anhydre de cuivre qui s'est formé de la même manière que le chlorure anhydre de cuivre, de couleur jaune-brunâtre, dans les mêmes circonstances (p. 578). — Si l'on mélange avec du sulfate de cuivre la dissolution d'un bromure alcalin, et si l'on met sur une lame d'argent une ou deux gouttes de la liqueur mélangée, la lame d'argent noircit au bout de quelque temps, comme cela arrive pour la dissolution d'un chlorure dans les mêmes circonstances (p. 579).

Si l'on ajoute de l'*acide nitrique* aux dissolutions des bromures, et si l'on chauffe, il se dégage des vapeurs jaune-rougeâtre de brome gazeux. Si la dissolution du bromure était incolore, elle devient jaune-rougeâtre, ou bien si elle était étendue, elle n'est colorée qu'en jaune. Mais si l'on ne chauffe pas, la dissolution du bromure ne subit pas de modification sensible par l'action de l'acide nitrique.

Si l'on ajoute de l'*acide chlorhydrique* à la dissolution d'un bromure, le bromure est transformé en chlorure en même temps qu'il se forme de l'acide bromhydrique ; mais la liqueur reste incolore. Si cependant le bromure contient une petite quantite d'un bromate, comme cela peut se présenter si le bromure est alcalin et s'il a été préparé par l'action de l'oxyde alcalin sur le brome, il se sépare du brome libre qui colore la liqueur en jaune ou en brun.

Si l'on mélange une dissolution de *chlorate de potasse* avec la dissolution d'un bromure alcalin et si l'on ajoute de l'acide sulfurique étendu, la liqueur prend une couleur jaunâtre : par l'action de la chaleur, il s'en dégage des vapeurs de brome. — Si l'on mélange une dissolution de *perchlorate de potasse* avec la dissolution d'un bromure alcalin, et si l'on ajoute ensuite de l'acide sulfurique étendu, la liqueur prend également une couleur jaunâtre à la température ordinaire ; mais la coloration est très faible : par l'action de la chaleur, il s'en dégage un peu de vapeur de brome.

Si l'on fait passer du *gaz chlore* dans une dissolution incolore d'un bromure, elle se colore en jaune ou en jaune-rougeâtre par suite de la présence du brome qui devient libre. L'eau de chlore et le chlorure de chaux produisent la même réaction lorsqu'on les ajoute à une dissolution de bromure qui a été rendue acide au moyen d'un acide quel qu'il soit.

Le chlore est le réactif le plus sensible pour retrouver les plus petites quantités de bromure ou d'acide bromhydrique dans une dissolution ou dans un mélange de plusieurs combinaisons salines. Cependant, pour découvrir au moyen du chlore de très petites quantités de bromures, il est nécessaire de séparer au moyen de *l'éther* le brome devenu libre. On opère alors de la manière suivante : On place, dans un vase de verre blanc qui peut être bien fermé, la liqueur ou la dissolution concentrée du mélange salin que l'on suppose contenir une petite quantité d'un bromure, et on y ajoute assez d'ether pour qu'il en surnage une couche de quelques lignes au-dessus de la liqueur après l'agitation. On ajoute ensuite avec précaution de l'eau de chlore (pour de petites quantités de brome, seulement quelques gouttes), on ferme le flacon et on agite. Après que l'éther s'est séparé, il paraît brun par suite de la présence du brome qu'il tient en dissolution : pour de petites quantités de brome, l'éther paraît seulement jaunâtre; s'il n'y a pas de brome, l'éther reste incolore. Par un contact prolongé de plusieurs jours, le brome contenu dans une dissolution éthérée de brome se transforme en acide bromhydrique et l'éther devient complétement incolore; mais si l'on ajoute de l'eau de chlore, la coloration antérieure reparaît. Lorsque, dans cette expérience, l'éther paraît trop peu coloré, en sorte qu'on puisse douter s'il y a du brome dans la liqueur à analyser, il est bon de faire une expérience comparative avec une autre dissolution saline dont on soit sûr qu'elle est exempte de brome : on la traite de la même manière par la même quantité d'eau de chlore et d'ether, et on observe si l'ether paraît tout à fait blanc à côté de celui qui a été employé pour l'autre expérience. Si, au lieu d'employer l'eau de chlore, on fait passer du gaz chlore dans la liqueur à essayer, il peut se dissoudre assez de chlore libre pour que l'éther qu'on y ajoute prenne une couleur jaunâtre sans qu'il y ait du brome. — Il faut seulement observer ici qu'un iodure dissous se comporte à l'égard de l'eau de chlore et de l'éther de la même manière qu'un bromure.

Il faut encore observer que, si l'on ne trouve pas de brome d'une manière nette dans un mélange salin en opérant de cette manière, on doit faire digérer le mélange avec de l'alcool un peu étendu. On évapore ensuite l'alcool, on dissout dans une petite quantité d'eau le résidu desséché, et on traite la dissolution par l'eau de chlore et l'éther de la manière qui a été indiquée.

Si l'on ajoute une dissolution d'*amidon* aux dissolutions incolores des bromures, il ne s'opère aucune modification. Mais si l'on ajoute ensuite un peu d'eau de chlore, on voit apparaître la coloration jaune, tirant sur le rouge-orangé, qui caractérise le bromure d'amidon p. 594 : cette coloration disparaît de nouveau lorsqu'on ajoute une plus grande quantité d'eau de chlore. Si l'on ajoute de petites quantités de dissolution d'hydrogène sulfuré ou de dissolution d'acide sulfureux, la coloration se reproduit; mais elle disparaît de nouveau par l'action d'une plus forte proportion de ces substances réductrices. Lorsqu'on ajoute de l'acide nitrique à une dissolution de bromure de potassium, à laquelle on a ajouté de l'empois d'amidon, elle se colore en brun-rouge; mais cette coloration n'est pas très caractéristique, et on se sert d'amidon plutôt pour distinguer les bromures des iodures que pour reconnaître avec certitude la présence des premiers dans les dissolutions. — Le brome, à l'état de combinaison, ne peut du reste être bien reconnu au moyen de l'amidon que lorsque la combinaison est exempte d'iode.

Si l'on ajoute du *chloroforme* à une dissolution de bromure de potassium, il ne se produit pas de modification lorsqu'on agite : si on laisse reposer, le chloroforme se sépare à l'état entièrement incolore au fond du vase; mais si l'on ajoute un peu d'eau de chlore, le chloroforme se colore en brun-rouge lorsqu'on agite, tandis que la liqueur qui surnage paraît incolore. Si l'on ajoute une plus grande quantité d'eau de chlore, le chloroforme est décoloré peu à peu, cependant avec un peu de difficulté. La couleur brun-rouge du chloroforme reparaît lorsqu'on ajoute une petite quantité d'une dissolution d'hydrogène sulfuré; la liqueur qui surnage au-dessus du chloroforme, devient alors laiteuse : une plus grande quantité de dissolution d'hydrogène sulfuré produit une décoloration complète. Avec l'acide sulfureux, au contraire, on ne réussit pas bien à annuler la décoloration du chloroforme contenant du brome produite par un excès d'eau de chlore, et à reproduire le chloroforme coloré en rouge-brun.

Le *sulfure de carbone* se comporte comme le chloroforme à l'égard d'une dissolution de bromure de potassium. Il ne se produit une modification que lorsqu'on a ajouté un peu d'eau de chlore, et lorsque ensuite on a agité : le sulfure de carbone qui se sépare alors est coloré en rouge-brun. Une plus grande quantité d'eau de chlore décolore le sulfure de carbone en rouge-brun : il est cependant difficile d'arriver ainsi à une décoloration complète. On ne réussit à reproduire la coloration brun-rouge ni au moyen de l'acide sulfureux, ni au moyen de la dissolution d'hydrogène sulfuré.

Si l'on mélange avec du carbonate alcalin le bromure d'argent, le bromure de plomb et les autres bromures non volatils, ils sont décomposés comme les chlorures correspondants (p. 579), et il se forme un bromure alcalin.

Si l'on met les bromures à l'état solide dans un tube de verre blanc bouché à une de ses extrémités, si l'on verse ensuite de l'*acide sulfurique* concentré et si l'on chauffe, la plupart d'entre eux laissent dégager du brome dont les vapeurs remplissent la partie froide du tube, et qui peut être reconnu très bien à la lumière du jour, moins bien à la lumière d'une lampe, par sa couleur jaune qui ressemble à celle de l'acide nitreux. Il se forme en même temps dans ce cas de l'acide sulfureux et de l'acide bromhydrique. Quelques bromures ne sont pas décomposés par l'acide sulfurique : de ce nombre est le bibromure de mercure, par exemple. — Au lieu d'acide sulfurique, on peut se servir de *bisulfate de potasse* et le faire fondre avec le bromure dans un petit tube bouché : de cette manière, il se produit, outre l'acide sulfureux et l'acide bromhydrique, des vapeurs de brome que l'on peut facilement reconnaître à leur couleur. — Si l'on ajoute de l'acide sulfurique étendu à une dissolution d'un bromure alcalin, elle devient jaunâtre, même à la température ordinaire : il faut que la liqueur soit très étendue pour qu'elle paraisse incolore. Mais, même dans ce cas, elle peut décolorer une dissolution d'indigo même à la température ordinaire.

Si l'on pulvérise les bromures avec du *chromate neutre* ou du *bichromate de potasse*, si on verse ensuite sur le mélange de l'acide sulfurique concentré, ou mieux de l'acide sulfurique fumant, si l'on met ensuite le tout dans une cornue tubulée, et si l'on chauffe modérément, il passe à la distillation, comme cela arrive pour les chlorures dans les mêmes circonstances (p. 580), une liqueur rouge de sang qui est formée de brome pur et qui, traitée par un excès d'ammoniaque, donne une dissolution incolore qui ne contient que du bromure d'ammonium. Si cependant le bromure employé contient une petite quantité de chlorure, l'ammoniaque est colorée en jaune plus ou moins foncé, par suite de la présence du chromate d'ammoniaque : en effet, outre le brome libre, il passe alors à la distillation de l'acichloride de chrome. Cette méthode est la seule qui permette de retrouver avec certitude un mélange de chlorure dans un bromure. Les plus petites quantités de chlorure mélangées avec un bromure peuvent être retrouvées de cette manière.

A chaud les bromures paraissent se comporter comme les chlorures.

Les bromures, mélangés avec le *chlorure d'ammonium*, ne subissent qu'une décomposition partielle par la calcination. Même après neuf calcinations du bromure de sodium avec le chlorure d'ammonium, il ne s'est transformé qu'un peu plus de la moitié du bromure de sodium en chlorure de sodium.

Au chalumeau, un bromure que l'on a ajouté à une perle de sel de phosphore qui contient du bioxyde de cuivre en dissolution, donne à la flamme une coloration bleue, comme cela arrive pour les chlorures dans les mêmes circonstances; seulement la coloration de la flamme produite par les bromures tire plus sur le verdâtre, spécialement sur les bords (Berzelius).

On reconnaît l'acide bromhydrique et les bromures en dissolution aux précipités que les dissolutions de nitrate d'argent et de nitrate de protoxyde de mercure forment dans ces dissolutions. Le bromure d'argent se distingue, comme le chlorure d'argent, par son insolubilité dans l'acide nitrique étendu, de tous les précipités que forme le nitrate d'argent dans les dissolutions des substances dont il a été question jusqu'ici. On a indiqué précédemment (p. 596), comment le chlorure et le bromure d'argent se distinguent l'un de l'autre. — On peut reconnaître la présence du brome dans les bromures insolubles dans l'eau par la méthode qui a été indiquée pour le bromure d'argent p. 596 . On peut encore en séparer le brome qu'ils contiennent en les faisant fondre avec un carbonate alcalin.

Acide bromique, Br^2O^5.

L'acide bromique forme, à l'état hydraté, une liqueur incolore, souvent faiblement rougeâtre, qui ne peut être ni évaporée ni distillée à une température élevée, sans être décomposée entièrement, ou en très grande partie en brome et en oxygène. L'acide bromique rougit le papier de tournesol et le blanchit ensuite, lorsqu'on les chauffe ensemble.

L'acide bromique se décompose, de la même manière que l'acide chlorique (p. 589 , par l'action de l'*acide chlorhydrique*, de la dissolution d'*hydrogène sulfuré*, de l'*acide sulfureux* et de l'*acide sulfurique :* le brome qu'il contient devient alors libre. — L'*acide bromhydrique* le décompose également en déterminant la séparation du brome.

L'acide bromique forme des combinaisons qui sont peu solubles ou insolubles, avec quelques bases qui donnent avec l'acide chlorique des sels solubles dans l'eau.

Le *chlorure de baryum* ne produit pas de précipité dans la dissolution du bromate de potasse; mais, au bout de peu de temps, il se dépose un précipité abondant, cristallin, de bromate de baryte.

Le *chlorure de calcium* ne produit pas de précipité.

Une dissolution de *nitrate d'argent* forme, même lorsque le bromate d'argent ne contient pas de bromure, un précipité blanc qui est presque entièrement insoluble dans l'acide nitrique étendu. Il est presque insoluble, mais pas completement insoluble dans l'eau. Il est soluble dans l'ammoniaque : si on sursature par l'acide nitrique étendu la dissolution ammoniacale, il se forme d'abord seulement un trouble opalin ; même pour des quantités considérables de bromate d'argent en dissolution, mais au bout de quelque temps il se produit un précipité : en même temps, la liqueur devient brun-rougeâtre par suite de la présence du brome libre qu'elle contient. Ce precipité se distingue de celui du chlorure d'argent en ce qu'il noircit plus lentement par l'action de la lumière : si l'on verse de l'acide chlorhydrique sur le précipité, il se transforme en chlorure d'argent; en même temps le brome devient libre et se dégage par l'action de la chaleur à l'état de vapeurs rougeâtres : ce précipité se distingue en outre du chlorure d'argent en ce que, mélangé avec le charbon, il détone comme les bromates par l'action de la chaleur.

Une dissolution de *nitrate de protoxyde de mercure* produit un précipité blanc qui n'est pas soluble à froid dans l'acide nitrique : cependant, par un contact prolongé, il s'y dissout. Le précipité est soluble dans l'acide chlorhydrique : la dissolution contient du bichlorure de mercure et donne avec l'hydrate de potasse un précipité jaune.

Une dissolution de *nitrate de plomb* donne un précipité blanc dans les dissolutions concentrées des bromates; mais elle n'en produit pas dans les dissolutions étendues. Cependant, au bout de quelque temps, il se forme dans une dissolution de ce genre des cristaux de bromate de plomb.

Si l'on ajoute de l'*acide sulfurique* concentré à la dissolution d'un bromate, elle se colore immédiatement en rouge-brun, même à froid, et il se dégage des vapeurs de brome qui remplissent l'espace vide du vase où se fait l'expérience. Une dissolution, même étendue de bromate, se colore légèrement par l'action de l'acide sulfurique étendu, et il faut que les liqueurs soient excessivement étendues pour que la coloration ne soit pas sensible, pour que la dissolution reste incolore et pour qu'elle ne soit pas colorée faiblement en jaune par l'action de la chaleur. Cependant une dissolution incolore de cette nature peut encore décolorer une dissolution d'indigo, même à la température ordinaire. Si l'on ajoute un peu de chlorure de sodium à la dissolution incolore, elle peut rester encore incolore à la température ordinaire, mais elle se colore immédiatement en jaune par l'action de la chaleur. — Si l'on verse de l'acide sulfurique concentré sur les bromates à l'état solide, il s'en dégage immédiatement du brome à l'état de vapeur et du gaz oxygène. Le brome, même en petite quantité, peut être reconnu à sa couleur. Il ne se forme pas ici de perbromate. Dans quelques bromates, comme le bromate de baryte, par exemple, l'acide bromique n'est pas décomposé de la manière indiquée lorsque ces bromates sont en dissolution; ce n'est que lorsqu'ils sont à l'état solide.

L'*acide nitrique* décompose la dissolution d'un bromate de la même manière que l'acide sulfurique, mais seulement avec moins d'énergie.

La dissolution d'un bromate devient immédiatement jaune-verdâtre par l'action de l'*acide chlorhydrique;* il se produit une effervescence, et il se dégage une odeur d'acide chloreux. — Si l'on ajoute à une dissolution de bromate de potasse du chlorure de sodium et de l'acide sulfurique étendu, la liqueur devient faiblement jaunâtre à la température ordinaire, mais elle devient d'un jaune plus foncé à l'aide de la chaleur : cependant il ne s'en dégage que du chlore, et l'empois d'amidon n'est pas coloré en rouge-orangé.

Le *gaz hydrogène sulfuré* décompose, même à froid, la dissolution du bromate de potasse. Il se forme de l'acide bromhydrique et de l'acide sulfurique, et il se dépose du soufre.

Si l'on ajoute à la dissolution d'un bromate alcalin de l'acide sulfurique assez étendu pour que la dissolution reste encore incolore, et si on la mélange ensuite avec une dissolution incolore d'un bromure alcalin à laquelle on a ajouté de l'acide sulfurique très étendu, le mélange prend immédiatement, même à la température ordinaire, une couleur jaune très prononcée. — Les bromates alcalins se combinent avec les bromures alcalins en proportions simples bien définies pour produire des combinaisons cristallines. Une dissolution très étendue d'une combinaison de cette espèce devient ordinairement jaune, même à la température ordinaire, lorsqu'on lui ajoute de l'acide sulfurique très étendu.

Les bromates à l'état solide se décomposent par la calcination de la même manière que les chlorates : il se dégage du gaz oxygène, et les bromates sont transformés en bromures. Il n'y a pas ici de période intermédiaire de décomposition dans laquelle il se formerait un perbromate. Dans quelques bromates, la base est séparée par la calcination à l'état d'oxyde ; ils donnent en même temps naissance au dégagement d'un mélange de gaz oxygène et de vapeur de brome.

Les bromates détonent presque avec la même force que les chlorates lorsqu'on les chauffe en présence des corps combustibles. Mélangé avec le soufre et le charbon et broyé fortement dans un mortier de fer, le bromate de potasse produit, comme le chlorate de potasse, une très forte explosion.

Les bromates ont, par conséquent, beaucoup d'analogie avec les chlorates. Ils s'en distinguent en ce que la dissolution de nitrate d'argent produit un précipité dans leurs dissolutions, et en ce que, traités à l'état solide par l'acide sulfurique concentré, ils ne donnent pas un gaz jaune-verdâtre, mais ils donnent un gaz brun-rouge. Ils se distinguent des autres sels en ce que, mélangés avec les matières combustibles, ils détonent violemment lorsqu'on les chauffe ou lorsqu'on les broie avec force dans un mortier de fer.

LV. — IODE, I.

L'iode est, à la température ordinaire, un corps solide, cristallin, de couleur noire. Il est plus lourd que l'eau ; sa pesanteur spécifique est de 4,947. Son odeur a de l'analogie avec celle du chlore, mais elle est bien plus faible. Il est très mou, friable, et peut être pulvérisé. Il fond à une température un peu plus élevée que celle de l'eau bouillante, à environ 107°, en une liqueur d'un brun-noirâtre qui bout à environ 180° et se volatilise : la vapeur d'iode a une belle couleur d'un rouge-violet qui est caractéristique. Même à la température ordinaire, l'iode se volatilise légèrement : il s'en volatilise encore plus à 50°. Lorsqu'on conserve un peu d'iode dans un grand vase de verre blanc, l'espace vide du vase, surtout pendant les mois d'été, est coloré très faiblement en violet.

L'iode est excessivement peu soluble dans l'eau; la dissolution a une couleur faiblement brunâtre. L'iode se dissout, au contraire, plus facilement dans l'eau lorsqu'elle contient des combinaisons salines, et notamment des iodures : la couleur de la dissolution devient alors brun-foncé par suite de l'iode qu'elle tient en dissolution. Dans les dissolutions de l'iode qui ont une couleur brune, l'iode est retenu par une affinité si faible qu'on peut le considérer comme de l'iode libre : en effet, l'iode contenu dans les dissolutions brunes se comporte, au moins avec les réactifs, comme de l'iode libre. L'iode détruit les matières colorantes végétales, mais pas à beaucoup près aussi fortement que le chlore et le brome : il se combine avec plusieurs substances organiques, notamment avec l'amidon, le chloroforme, etc. L'iode colore la peau du corps humain en jaune comme l'acide nitrique : cependant cette coloration disparaît spontanément au bout de quelque temps. La couleur d'une dissolution d'indigo n'est détruite qu'au bout d'un temps très long, à la température ordinaire, par l'iode en suspension dans l'eau : à chaud, la décoloration est rapide. Le papier de tournesol n'est pas blanchi par l'eau iodée : il n'est pas blanchi non plus par la dissolution alcoolique d'iode. La couleur de la teinture de tournesol n'est pas détruite non plus à froid par l'iode en suspension dans l'eau.

L'iode se comporte comme le chlore et le brome à l'égard des métaux, et aussi à l'égard des dissolutions des hydrates des oxydes alcalins. Avec l'ammoniaque, il forme de l'iodure d'ammonium et de l'iodure de nitrogène (iodure d'azote) qui se sépare sous la forme d'une poudre noire, insoluble, qui détone très facilement et avec force lorsqu'on la comprime.

La couleur rouge de la dissolution d'hypermanganate de potasse n'est pas détruite d'abord par l'iode; mais, au bout de quelque temps, la liqueur devient brune, et dépose de l'hydrate d'oxyde de manganèse. La décomposition est accélérée par l'ébullition.

Les plus petites quantités d'iode libre peuvent être reconnues au moyen de l'*amidon* à la production de la combinaison bleue d'iode et d'amidon, qui est très caractéristique. La dissolution de l'amidon dans l'eau chaude (que l'on appelle *empois d'amidon*) est le meilleur réactif pour reconnaître l'iode libre. La combinaison bleue se produit non-seulement par l'action de l'iode libre solide, mais aussi par l'action des dissolutions dans lesquelles l'iode est retenu par une très faible affinité, comme par exemple les dissolutions de l'iode dans l'alcool, dans l'acide iodhydrique, dans l'iodure de potassium et dans les autres dissolutions salines. Si l'on ajoute à l'empois d'amidon, qui peut être étendu d'une grande quantité d'eau, une petite quantité d'une dissolution d'iode dans l'alcool ou dans les autres dissolvants, le tout devient immédiatement bleu foncé. Ce n'est que pour des quantités excessivement faibles d'iode libre que la couleur peut paraître rougeâtre ou violette; pour de grandes quantités, au contraire, la couleur bleue est si intense qu'elle paraît noire. S'il y a une quantité trop faible d'amidon par rapport à la grande quantité d'iode libre sur laquelle on opère, la couleur de la combinaison n'est pas bleue, mais vert foncé. Si on traite par une dissolution alcoolique d'iode l'amidon en suspension dans l'eau froide, les grains d'amidon se colorent seulement en bleu noir : par suite il vaut toujours mieux, pour ces réactions, employer l'empois d'amidon.

La combinaison bleue n'est pas soluble dans l'eau qui retient en dissolution des sels ou des acides; mais elle est soluble dans l'eau pure, en partie seulement, et communique à la dissolution une couleur bleue; si on étend d'une très grande quantité d'eau, l'iodure d'amidon se dépose au fond du vase. Si l'on place dans un ballon la combinaison bleue à l'état très étendu, et si l'on chauffe, sans cependant aller jusqu'à l'ébullition, elle perd sa couleur bleue et devient incolore; mais, après le refroidissement, la couleur bleue reparaît. On peut répéter plusieurs fois cette expérience avec le même succès; mais si l'on chauffe le tout trop fortement, jusqu'à l'ébullition par exemple, ou si l'on fait bouillir pendant quelque temps, la couleur bleue ne peut plus reparaître après le refroidissement (Lassaigne .

Si on ajoute une dissolution d'hydrate de potasse à la combinaison bleue qui a été obtenue au moyen de l'empois d'amidon et d'une dissolution alcoolique d'iode, la couleur bleue est détruite immédiatement, et la liqueur devient incolore; mais un acide quelconque, même faible, comme l'acide acétique par exemple, reproduit immédiatement la coloration bleue; l'eau de chlore ou l'eau de brome ne le font pas. Par l'action de l'hydrate de potasse sur l'iode libre, il se forme de l'iodure de potassium et de l'iodate de potasse, dont il se sépare, par l'action de l'acide libre, de l'iode qui reproduit, en s'unissant à l'amidon, la combinaison bleue. — L'eau chlorée et l'eau bromée détruisent également la couleur bleue de l'iodure d'amidon. Lorsqu'on a décoloré l'iodure d'amidon en ajoutant peu à peu de l'eau chlorée, la liqueur devient d'abord d'un rouge-vineux, avant d'être complètement décolorée; mais si on décolore l'iodure bleu d'amidon en ajoutant peu à peu de l'eau bromée, la liqueur devient brun-rouge avant d'être decolorée. Si l'on ajoute avec précaution une dissolution d'hydrogène sulfuré, de l'acide sulfureux, du protochlorure d'étain, de l'acide phosphoreux, de l'acide arsénieux ou d'autres corps réducteurs, on peut reproduire la couleur bleue; mais un excès de ces substances la réduit de nouveau. Lorsqu'on détruit de nouveau, en ajoutant de l'eau de chlore, la combinaison bleue reproduite par la dissolution d'hydrogène sulfuré, la liqueur incolore devient laiteuse par suite de la présence du soufre qui se sépare. — Une dissolution de bichlorure de mercure détruit également la couleur bleue de l'iodure d'amidon. — Dans toutes ces expériences et dans celles qui suivent, on doit employer un empois d'amidon excessivement liquide, qui ne tienne pas de grumeau en suspension.

On peut découvrir l'iode en très petite quantité en employant d'autres substances, mais en suivant une méthode analogue à celle qu'on emploie pour le découvrir au moyen de l'amidon. On peut spécialement employer le *chloroforme :* mais ce réactif est un peu moins sensible que l'empois d'amidon. L'iode libre se dissout dans le chloroforme avec une très belle couleur pourpre ; si on mélange la dissolution avec de l'eau et si l'on agite, le chloroforme contenant de l'iode se sépare au fond de la liqueur avec sa couleur pourpre, tandis que l'eau qui surnage est incolore. Si on mélange avec un peu de chloroforme une dissolution alcoolique d'iode de couleur brune, ou une dissolution d'iode dans une dissolution d'iodure de potassium, la dissolution reste d'abord brune ; mais si l'on ajoute une plus grande quantité de chloroforme, la dissolution devient de couleur pourpre, et si l'on agite le tout avec de l'eau, le chloroforme qui contient l'iode se sépare avec sa couleur pourpre, tandis que l'eau paraît incolore lorsqu'on a ajouté une quantité convenable de chloroforme. Si l'on ajoute une dissolution d'hydrate de potasse et si l'on agite, le chloroforme devient incolore ; mais si l'on sursature par l'acide sulfurique étendu ou par l'acide chlorhydrique, le chloroforme reprend sa couleur pourpre, mais il n'est pas aussi coloré qu'auparavant, surtout lorsque la dissolution de potasse a été employée très étendue.

Le *sulfure de carbone* se colore en pourpre par l'action de l'iode, de la même manière que le chloroforme. Si l'on agite avec une grande quantité d'eau la dissolution de couleur foncée de l'iode dans le sulfure de carbone et si on laisse reposer, le sulfure de carbone qui contient l'iode et qui est de couleur pourpre se dépose au fond du vase : la liqueur aqueuse incolore surnage le sulfure de carbone coloré. Si l'on mélange avec une dissolution d'hydrate de potasse le sulfure de carbone contenant de l'iode, il se décolore entièrement par l'agitation. Si l'on sursature par l'acide sulfurique étendu ou par l'acide chlorhydrique, le sulfure de carbone incolore se colore de nouveau en pourpre ; mais sa couleur est bien plus faible qu'elle n'était avant le traitement par l'hydrate de potasse.

La réaction du sulfure de carbone sur l'iode est encore plus sensible que celle du chloroforme pour reconnaître des quantités excessivement petites d'iode ; elle est même plus sensible dans quelques cas que celle de l'amidon.

Acide iodhydrique, HI.

L'acide iodhydrique est gazeux à l'état pur et ressemble au gaz acide chlorhydrique et au gaz acide bromhydrique : cependant il se décompose plus facilement par l'action des substances qui ont une tendance à se combiner avec l'hydrogène. Il peut même être décomposé, plus facilement que les deux autres gaz, par quelques métaux, comme le mercure par exemple, qui se combinent avec l'iode en déterminant un dégagement de gaz hydrogène.

Le gaz acide iodhydrique se dissout excessivement facilement dans l'eau; la dissolution est incolore et ressemble à l'acide chlorhydrique et à l'acide bromhydrique liquides. Par l'ébullition, il se dégage du gaz iodhydrique et la dissolution devient plus faible. L'acide iodhydrique liquide se colore d'abord en jaune au contact de l'air, puis il devient peu à peu brun foncé : en même temps l'hydrogène s'oxyde par l'action de l'oxygène de l'air et l'iode devenu libre se dissout dans l'acide non décomposé.

L'acide iodhydrique se comporte à l'égard des métaux dans plusieurs cas de la même manière que l'acide chlorhydrique (p. 574).

L'acide iodhydrique aqueux est modifié par le *chlore*, l'*acide nitrique* et l'*acide sulfurique* de la même manière que les dissolutions des iodures dont il sera question plus loin. Les peroxydes métalliques, comme le *peroxyde de manganèse*, l'*oxyde rouge* et l'*oxyde puce de plomb*, enlèvent à l'acide iodhydrique son hydrogène de la même manière que cela arrive pour l'acide chlorhydrique (p. 575) et l'acide bromhydrique (p. 596), et en séparent l'iode.

L'acide iodhydrique forme avec les oxydes métalliques des *iodures*; les iodures ressemblent sous certains rapports aux chlorures et aux bromures : cependant beaucoup d'iodures se distinguent des bromures et des chlorures correspondants par leur insolubilité dans l'eau. Il n'y a que les combinaisons de l'iode avec les métaux alcalins, avec les métaux terreux et avec quelques autres métaux qui se dissolvent dans l'eau. Ces dissolutions sont incolores; mais elles peuvent dissoudre beaucoup d'iode et elles prennent alors une couleur brune. Les iodures insolubles dans l'eau ont souvent une couleur caractéristique ; c'est pour cela qu'on emploie la dissolution d'iodure de potassium comme réactif pour caractériser les dissolutions de certains oxydes métalliques. La manière dont la dissolution d'iodure de potassium se comporte avec ces oxydes métalliques, a déjà été indiquée précédemment : du reste, l'iodure de potassium ne peut pas être employé comme réactif dans tous les cas, parce que les precipites qu'il produit sont plus ou moins solubles dans un excès du précipitant.

Les combinaisons de l'iode avec les métaux dont les oxydes sont des acides énergiques, sont volatiles, mais bien moins que les combinaisons correspondantes du brome et du chlore.

Une dissolution de *nitrate d'argent* produit dans les dissolutions des iodures un précipité jaunâtre d'iodure d'argent dont la teinte jaune est plus prononcée que celle du précipité de bromure d'argent. La production de ce précipité peut permettre de reconnaître les dissolutions des iodures et l'acide iodhydrique libre. En effet, comme le chlorure d'argent, le bromure d'argent, le bromate et l'iodate d'argent, le précipité d'iodure d'argent est insoluble dans l'acide nitrique étendu; il se distingue des quatre autres précipités en ce qu'il ne se dissout presque point dans l'ammoniaque libre, mais en ce qu'il prend seulement dans ce cas une couleur blanche (p. 166). — Lorsque la dissolution d'un iodure contient en même temps un chlorure, on peut reconnaître très facilement la présence de l'iodure à l'insolubilité dans l'ammoniaque du précipité obtenu au moyen de la dissolution de nitrate d'argent; du reste on peut aussi la reconnaître par d'autres moyens; mais on peut ne pas s'apercevoir de la présence du chlorure d'argent. Le mieux est, dans ce cas, d'ajouter de l'ammoniaque en excès à la liqueur dans laquelle le précipité s'est produit par l'action d'un excès de dissolution de nitrate d'argent, et de sursaturer ensuite par l'acide nitrique la liqueur que l'on a séparée de l'iodure d'argent par filtration. S'il se produit de cette manière un abondant précipité, c'est que la dissolution d'iodure contenait aussi un chlorure : si la liqueur devient seulement opaline, c'est qu'il n'y avait pas de chlorure, ou c'est qu'il y en avait seulement une très petite quantité. — Lorsqu'un iodure et un bromure se trouvent ensemble, on peut reconnaître la présence du dernier de la même manière.

L'iodure d'argent est soluble en petite quantité dans une dissolution d'iodure de potassium : si l'on ajoute de l'eau à la dissolution, l'iodure d'argent s'en sépare. Une dissolution très concentrée de chlorure de sodium et même de sulfate de soude trouble la dissolution de l'iodure d'argent dans l'iodure de potassium. — L'iodure d'argent est également un peu soluble dans une dissolution concentrée de nitrate d'argent; mais si l'on ajoute de l'eau, l'iodure d'argent se sépare.

Si l'on fait passer à une température élevée un courant de chlore gazeux sur l'iodure d'argent, il est complétement transformé en chlorure, et l'iode devient libre. Il se produit une décomposition analogue lorsqu'on verse sur l'iodure d'argent de l'eau de chlore concentrée : il se produit du chlorure d'argent. L'iode devient alors libre et colore le chlorure d'argent en brun; à chaud, le ballon ou le matras dans lesquels on opère, se remplissent de vapeurs d'iode. Si l'on traite l'iodure d'argent par l'acide chlorhydrique, il se dissout, par l'action de la chaleur, un peu d'iodure d'argent qui se sépare de nouveau lorsqu'on étend d'eau; mais il ne se produit pas de décomposition, pas plus lorsqu'on emploie l'iodure d'argent desséché que lorsqu'on l'emploie à l'état humide et récemment précipité. Si on verse au contraire une dissolution d'iodure de potassium sur le chlorure d'argent, il se colore immédiatement en jaune et se transforme en iodure d'argent. Si l'on traite le chlorure d'argent par une petite quantité d'iodure de potassium, la liqueur filtrée au bout de très peu de temps ne contient que du chlorure de potassium et ne contient plus d'iodure de potassium.

L'iodure d'argent est décomposé à une température élevée par la vapeur de brome : il se forme du bromure d'argent et l'iode devient libre. De même lorsqu'on verse de l'eau bromée sur l'iodure d'argent, l'iode devient libre et se volatilise par l'action de la chaleur. Mais lorsqu'on traite le bromure d'argent par une dissolution d'iodure de potassium, il se forme de l'iodure d'argent et du bromure de potassium (Field). Si on traite le bromure d'argent par une petite quantité d'une dissolution d'iodure de potassium et si on filtre au bout de quelques instants, la liqueur filtrée ne contient plus d'iodure de potassium; mais elle contient seulement du bromure de potassium.

Si une dissolution contient simultanément un iodure, un bromure et un chlorure, et si on y ajoute peu à peu une dissolution de nitrate d'argent, il se précipite seulement d'abord de l'iodure d'argent. Ce n'est que lorsque l'iodure d'argent est complétement précipité que le bromure d'argent commence a se séparer; et ce n'est qu'après la précipitation complète de ce dernier que commence la production du chlorure d'argent.

Nous avons déja indiqué pages 139, 185 et autres comment les dissolutions des iodures peuvent servir à reconnaître les dissolutions de l'oxyde de plomb, de l'oxyde de mercure, ou des autres oxydes.

Une dissolution de *nitrate de protoxyde de palladium* produit, dans des dissolutions qui ne contiennent même que de très petites quantités d'iodure, un précipité noir foncé d'iodure de palladium. Le précipité d'iodure de palladium se dépose complétement au bout de quelque temps. — Le *protochlorure de palladium* agit de même : seulement, dans ce cas, le précipite ne se dépose pas bien; mais il reste longtemps en suspension. Le précipité d'iodure de palladium n'est pas soluble à froid dans l'acide nitrique; mais il se dissout bien dans un grand excès d'iodure. La dissolution a une couleur brune très foncée (p. 202). — L'iodure de palladium n'est pas soluble au contraire dans la dissolution d'un chlorure alcalin.

Pour reconnaître avec certitude de très petites quantités de bromure mélangées avec de grandes quantités d'iodure, on doit ajouter à la dissolution un excès de protochlorure de palladium ou de nitrate de protoxyde de palladium. Dans le dernier cas, il est utile d'ajouter à la dissolution un peu de chlorure de sodium, s'il n'y avait pas déjà un chlorure dans la dissolution. On chauffe le tout et on sépare l'iodure de palladium par filtration. Dans la liqueur filtrée, on sépare le palladium en excès au moyen d'une dissolution d'hydrogène sulfuré : on filtre alors la liqueur pour en séparer le sulfure de palladium et on traite ensuite par l'eau de chlore la liqueur filtrée, sans en avoir préalablement chassé l'hydrogène sulfuré en excès : on peut alors y retrouver avec certitude les plus petites quantites de brome au moyen de l'ether (p. 598).

Une dissolution de *bichlorure de platine* produit immédiatement dans les dissolutions des iodures un précipité noir foncé qui ne se sépare que par l'action de la chaleur et dont une partie recouvre ordinairement les parois du vase sous la forme d'un dépôt noir, ayant l'éclat métallique. — Lorsqu'on verse une dissolution d'iodure de potassium dans une dissolution de bichlorure de platine, il ne se forme pas de précipité jaune de chlorure double de platine et de potassium, même si on ajoute de l'acide chlorhydrique ou de l'acide sulfurique, et si on chauffe le tout.

Si l'on ajoute du *sulfate de cuivre* à une dissolution d'un iodure alcalin, il se forme un précipité blanc d'iodure de cuivre (p. 155). — Si l'on ajoute une ou deux gouttes de la liqueur sur une lame d'argent, il se produit sur cette lame une tache noire comme pour les chlorures (p. 579) et les bromures (p. 598) dans les mêmes circonstances.

Si l'on ajoute de l'*amidon* ou mieux de l'*empois d'amidon*) à la dissolution d'un iodure ou de l'acide iodhydrique incolore, il ne se produit pas de modification; mais si l'on ajoute ensuite un peu d'eau chlorée ou un peu d'eau bromée, on obtient l'iodure d'amidon avec sa couleur bleue : mais cet iodure est détruit immédiatement lorsqu'on ajoute un excès d'eau de chlore ou d'eau de brome. On peut, par cette méthode, au moyen de l'empois d'amidon et de l'eau de chlore, retrouver dans une dissolution les plus petites quantités d'iodure; mais on doit avoir soin de verser avec beaucoup de précaution lorsqu'on ajoute l'eau de chlore, parce que les plus petites quantités d'eau de chlore en excès pourraient détruire la couleur bleue dont on aurait pu souvent ne pas observer la production antérieure. C'est pour cela qu'il vaut mieux, dans ce cas, se servir d'eau de chlore étendue d'une grande quantité d'eau et l'ajouter avec beaucoup de précaution. La couleur bleue, détruite par le chlore ou par le brome, peut être reproduite par les réactifs réducteurs comme l'acide sulfureux et la dissolution d'hydrogène sulfuré, et peut être détruite de nouveau lorsqu'on ajoute un excès de ces mêmes réactifs comme cela a été indiqué (p. 603). La dissolution d'hydrogène sulfuré doit dans ce cas être préférée à l'acide sulfureux.

Lorsque l'acide iodhydrique n'est pas complétement incolore, mais lorsqu'il s'est oxydé au contact de l'air et lorsqu'il a pris une teinte légèrement jaunâtre ou légèrement brune, il donne avec l'amidon une couleur bleue sans avoir besoin d'être traité par l'eau de chlore.

Nous venons de voir que l'eau de chlore et l'eau de brome produisent une coloration bleue lorsqu'on les ajoute à la dissolution des iodures ou de l'acide iodhydrique qui contient de l'amidon; il en est de même de l'acide nitrique, lorsqu'il n'est pas trop étendu, et on peut ajouter un excès plus considérable de ce dernier sans que la couleur soit détruite, pourvu qu'on opère à froid et que l'acide ne soit pas trop concentré. On peut même ajouter un excès de l'acide même assez concentré sans que la couleur bleue soit détruite : ce n'est que par un contact prolongé qu'elle disparaît peu à peu. Mais lorsque l'acide nitrique contient de l'acide chlorhydrique, il détruit facilement l'iodure bleu d'amidon. Si, par suite, une dissolution d'iodure contient de grandes quantités de chlorure, l'acide nitrique peut souvent n'y pas produire de coloration bleue, bien qu'on ait ajouté de l'amidon, tandis que dans ce cas l'eau de chlore la produit. — Cette réaction de l'acide nitrique est importante à considérer lorsqu'on veut rechercher les iodures, et un chimiste peu exercé peut reconnaître plus facilement la présence des iodures au moyen de l'amidon et de l'acide nitrique lorsqu'il n'est pas trop étendu, qu'au moyen de l'amidon et de l'eau de chlore. Cependant lorsqu'il n'y a que des quantités excessivement faibles d'iodure en dissolution et surtout lorsqu'il y a en même temps une quantité considérable de chlorure, on doit préférer l'emploi de l'eau de chlore étendue; mais on doit alors opérer avec beaucoup de précaution. Comme les iodures qui se trouvent dans la nature ne s'y rencontrent presque qu'accompagnés d'une très grande quantité de chlorure, il faut ordinairement employer l'eau de chlore pour s'assurer de leur présence.

Si l'on ajoute à la dissolution d'un iodure, de l'amidon (empois), et de l'acide chlorhydrique étendu, la coloration bleue ne se produit pas, mais si l'acide contient seulement en dissolution des traces très faibles de chlore libre, il se produit une coloration bleue, ou seulement une faible coloration violette ou rougeâtre. On ne peut d'aucune autre manière découvrir une trace très faible de chlore libre dans l'acide chlorhydrique. — La coloration bleue se produit également par l'action de l'acide chlorhydrique et de l'amidon lorsque l'iodure contient seulement une trace d'iodate.

L'acide sulfurique très étendu ne produit pas de coloration bleue dans la dissolution d'un iodure à laquelle on a ajouté de l'amidon; mais si l'acide est un peu concentré ou si la dissolution de l'iodure n'est pas très étendue, il se forme de l'iodure bleu d'amidon.

Si l'on a ajouté à la dissolution d'un iodure une quantité d'une dissolution de bichlorure de mercure assez grande pour que l'iodure rouge de mercure qui se forme puisse se dissoudre dans l'excès de bichlorure de mercure, et si l'on ajoute ensuite de l'amidon, l'acide nitrique ne peut, pas plus que l'eau de chlore, produire de l'iodure bleu d'amidon.

Si une dissolution contient une quantité excessivement petite d'un iodure, il est difficile, après avoir ajouté un peu d'amidon, de produire la coloration bleue par l'action d'une petite quantité d'eau de chlore : en effet un très petit excès d'eau de chlore peut détruire la coloration bleue qui s'est produite antérieurement. Il est très difficile, dans ce cas, de reproduire la coloration bleue au moyen de l'acide sulfureux ou de la dissolution d'hydrogène sulfuré : on peut alors opérer avec beaucoup plus de certitude de la manière suivante : on ajoute de l'acide sulfurique étendu à la dissolution et on y met ensuite un petit morceau de zinc, de manière à déterminer un très faible dégagement de gaz hydrogène. La coloration bleue se produit alors avec une bien plus grande certitude que par tous les autres réactifs reducteurs O. Henry).

Lorsqu'une dissolution contient un bromure et un iodure, il est possible de découvrir leur présence à tous deux au moyen de l'amidon, surtout lorsque le bromure prédomine et lorsqu'il n'y a qu'une très petite quantité d'iodure. On ajoute à la dissolution un peu d'empois d'amidon, et on verse ensuite peu à peu avec précaution de l'eau de chlore faible, jusqu'à ce que la réaction bleue de l'iode apparaisse. On continue ensuite à ajouter avec précaution de l'eau de chlore. S'il n'y a que de l'iode, la couleur bleue passe au rouge-vineux et finit par disparaître. Si la couleur bleue ne passe pas au rouge-vineux par l'addition de l'eau de chlore, mais passe au rouge-orangé et enfin au jaune, c'est qu'il y avait du brome en même temps que l'iode. La couleur du bromure d'amidon qui se produit dans ce cas, est d'un brun plus foncé lorsqu'il y a de l'iode que lorsqu'il n'y en a pas (Marsson). Cette méthode donne des indications presque aussi sûres que celle que nous avons indiquée antérieurement et qui consiste à traiter le mélange par le protochlorure de palladium : elle donne du reste un résultat plus rapide.

Si, en traitant par les méthodes indiquées un mélange salin qui peut contenir des traces d'iodure, on n'a pas trouvé d'indication nette de la présence de l'iode, il faut faire digérer ce mélange avec l'alcool : on évapore ensuite la dissolution alcoolique que l'on a séparée par décantation de la portion qui ne s'est pas dissoute et on en chasse l'alcool ; on dissout ensuite dans un peu d'eau le résidu desséché, et on traite la dissolution de la manière qui a été indiquée précédemment.

Si l'on ajoute du *chloroforme* à la dissolution d'un iodure, il ne se produit une coloration pourpre que lorsqu'on a ajouté un peu d'eau de chlore. Si l'on ajoute une plus grande quantité d'eau chlorée, la coloration pourpre est détruite : il faut cependant une assez grande quantité d'eau de chlore pour opérer la décoloration totale. On peut reproduire la couleur pourpre au moyen de l'acide sulfureux et de la dissolution d'hydrogène sulfuré ; mais elle paraît alors plus faible qu'auparavant : avec l'hydrogène sulfuré, le tout devient laiteux par suite du soufre qui se sépare.

Le *sulfure de carbone* se comporte presque comme le chloroforme à l'égard de la dissolution d'un iodure. Si l'on ajoute une très petite quantité d'eau de chlore, on obtient avec le sulfure de carbone presque la même couleur pourpre qu'avec le chloroforme. La liqueur qui surnage le précipité, est brunâtre ; et elle ne devient incolore que lorsqu'on ajoute une quantité un peu plus grande d'eau de chlore. Il faut cependant employer une grande quantité d'eau de chlore pour décolorer le sulfure de carbone de couleur pourpre qui contient de l'iode. Si l'on ajoute de petites quantités d'acide sulfureux ou d'hydrogène sulfuré dissous, on peut, lorsqu'on opère avec soin, reproduire la couleur pourpre ; mais elle est alors plus faible et disparaît lorsqu'on ajoute un très petit excès de réactif. Lorsqu'on emploie la dissolution d'hydrogène sulfuré, le tout devient laiteux.

Si l'on ajoute de l'*acide nitrique* de moyenne concentration aux dissolutions des iodures et de l'acide iodhydrique, elles deviennent seulement jaunâtres à froid ; mais elles se colorent en brun-rouge par l'action de l'acide nitrique à chaud ; il se dégage des vapeurs violettes d'iode et il se dépose de l'iode sous la forme d'écailles noires. — Si l'on emploie de l'acide nitrique pur très étendu, cet acide, en réagissant sur les dissolutions des iodures, n'en sépare pas d'iode libre à la température ordinaire : l'empois d'amidon, pas plus que le sulfure de carbone, ne peut indiquer la présence de l'iode libre. Mais si l'acide nitrique étendu que l'on a employé contient seulement des traces très faibles d'acide nitreux, l'iode devient libre et peut être reconnu à l'aide des réactifs indiqués. — Si l'on ajoute à une dissolution d'un iodure une dissolution d'un nitrate alcalin, et si l'on traite ensuite par l'acide sulfurique étendu le mélange des deux dissolutions, il ne se sépare pas d'iode. Mais si le nitrate alcalin contient une trace de nitrite : si, par exemple, le nitrate a été fondu seulement à une faible chaleur, il se produit une séparation d'iode dans les circonstances indiquées : l'empois d'amidon et le sulfure de carbone peuvent alors en indiquer la présence.

Si l'on ajoute de l'*acide chlorhydrique* à la dissolution d'un iodure, la liqueur reste incolore.

Lorsqu'on ajoute à une dissolution de *chlorate de potasse* une dissolution d'iodure de potassium et de l'acide sulfurique étendu, la liqueur devient jaunâtre à la température ordinaire; elle devient brune par l'action de la chaleur et colore l'empois d'amidon en bleu. — Si, au contraire, on mélange une dissolution de *perchlorate de potasse* avec une dissolution d'iodure de potassium et avec de l'acide sulfurique étendu, il n'y a pas de modification à la température ordinaire ; à chaud, il se produit une faible coloration jaunâtre et l'empois d'amidon se colore alors faiblement en bleu.

Si on ajoute de l'*eau de chlore* aux dissolutions des iodures ou à celle de l'acide iodhydrique, elles se colorent immédiatement en brun-rouge : si l'on ajoute une plus grande quantité d'eau de chlore, la dissolution redevient claire. La même réaction se produit lorsqu'on ajoute du chlorure de chaux et un peu d'acide chlorhydrique étendu à la dissolution d'un iodure. — Le chlore est un réactif encore plus sensible pour retrouver les plus petites quantités d'iodure ou d'acide iodhydrique dans une dissolution ou dans un mélange salin que pour découvrir de très petites quantités de brome. On reconnaît la présence de très faibles traces d'iode au moyen de l'eau de chlore et de l'ether de la même manière que cela a été indiqué (p. 598) pour retrouver de très petites quantités de brome. Il faut seulement observer ici que de petites quantités d'iode donnent avec l'éther une couleur bien plus foncée que cela ne se présente pour les mêmes quantités de brome. La couleur brune de la dissolution éthérée ne se modifie pas à la longue et reste encore brune, même au bout d'un temps très long. Ce caractère distingue essentiellement la dissolution éthérée d'iode de la dissolution éthérée de brome produite de la même manière (p. 599).

La modification de l'oxygène que l'on appelle *ozone*, se comporte comme le chlore à l'égard des iodures. Pour voir si des gaz, et notamment l'air atmosphérique, contiennent de l'ozone, on met en contact avec ces gaz une bande de papier qui a été trempée dans une dissolution d'iodure de potassium à laquelle on a ajouté un peu d'empois d'amidon. La bande de papier se colore en violet plus ou moins foncé, lorsque les gaz contiennent une petite quantité d'ozone.

Si l'on ajoute de l'*acide sulfurique* qui ne soit pas très étendu aux dissolutions concentrees des iodures et de l'acide iodhydrique, la dissolution est colorée en jaune par l'iode qui se sépare et, par l'action de la chaleur, elle devient brun-rouge. Dans les dissolutions plus étendues, on ne peut pas observer aussi bien cette reaction ; et dans les dissolutions très étendues, il ne se sépare pas d'iode ; et l'amidon que l'on ajoute ne produit pas de coloration bleue comme cela a été indiqué précédemment (p. 610 . Une dissolution d'iodure de potassium qui est mélangée avec une quantité d'acide sulfurique assez faible pour qu'elle paraisse très faiblement colorée en jaune à la température ordinaire, ne décolore pas la dissolution d'indigo, même à chaud. — Lorsqu'on met les iodures à l'état solide dans un tube de verre blanc bouché à une extrémité, lorsqu'on verse ensuite de l'acide sulfurique concentré et lorsqu'on chauffe, il se dégage des vapeurs d'iode qui remplissent la partie froide du tube et qui peuvent être reconnues à leur couleur violette caractéristique : il se produit aussi en même temps de l'acide sulfureux et même du gaz hydrogène sulfuré, mais il ne se produit pas d'acide iodhydrique. On peut décomposer de cette manière même les iodures dont les chlorures et les bromures correspondants ne peuvent pas être décomposés par l'acide sulfurique concentré : l'iodure de mercure par exemple, est de ce nombre. Si l'on mélange un iodure avec le peroxyde de manganèse ou avec l'oxyde rouge ou l'oxyde puce de plomb, et si on chauffe le tout avec l'acide sulfurique concentré, il ne se dégage que des vapeurs d'iode et il ne se dégage pas d'acide sulfureux. — Au lieu d'acide sulfurique, on peut se servir de bisulfate de potasse et l'employer de la même manière qu'on l'emploie pour reconnaître la présence du brome dans les bromures (p. 600). En les faisant fondre ensemble, on obtient des vapeurs d'iode que l'on peut facilement reconnaître à leur couleur violette.

Si l'on ajoute de l'acide sulfurique très étendu à la dissolution d'un iodure et si l'on ajoute ensuite un petit morceau de zinc métallique, il se produit seulement un dégagement de gaz hydrogène très lent ; mais il ne se sépare pas d'iode et l'empois d'amidon ne devient pas bleu ; le chloroforme n'est pas non plus coloré en pourpre, pas plus que le sulfure de carbone. On ne peut obtenir les colorations à l'aide de ces réactifs que lorsqu'on a ajouté de l'eau de chlore ou d'autres substances oxydantes avant d'y mettre du zinc.

Si l'on mélange avec du carbonate alcalin l'iodure d'argent, l'iodure de plomb et les autres iodures non volatils, et si l'on fait fondre ensuite, ils sont décomposés comme les chlorures correspondants (p. 579) et il se forme un iodure alcalin.

Si l'on traite les iodures par le *chromate neutre* ou par le *bichromate de potasse* et l'acide sulfurique, il ne s'en dégage que de l'iode. Lorsqu'on traite de la même manière un mélange d'un iodure avec un chlorure, on n'obtient pas de chromate de chlorure de chrome (p. 580) ; mais il se dégage d'abord du gaz chlore, puis il se montre ensuite des vapeurs d'iode ; et il ne se forme pas de chlorure d'iode. Ce n'est que lorsque la quantité du chlorure prédomine beaucoup qu'il se produit du chromate de chlorure de chrome.

Les combinaisons de l'iode avec les métaux alcalins ne sont pas décomposées lorsqu'on les calcine au contact de l'air : il ne s'en volatilise une petite quantité qu'à une température très élevée, et la volatilisation s'opère comme pour les chlorures correspondants : elles se volatilisent plus facilement au contact de l'air qu'à l'abri du contact de l'air. La plus grande partie des autres iodures sont décomposés partiellement par la calcination au contact de l'air : l'iode se dégage ordinairement sous forme de vapeurs violettes et l'oxyde reste pour résidu.

Les iodures, mélangés avec le *chlorure d'ammonium*, sont décomposés en grande partie, mais incomplétement, par la calcination. Après beaucoup de calcinations de l'iodure de potassium avec le chlorure d'ammonium, la plus grande partie, mais non la totalité de l'iodure, s'est transformée en chlorure de potassium.

Au *chalumeau*, les iodures, ajoutés à une perle de sel de phosphore qui tient en dissolution de l'oxyde de cuivre, communiquent à la flamme une belle couleur vert-émeraude (Berzelius).

Lorsque l'iode est combiné avec un métal et que la combinaison qui se forme est soluble dans l'eau, le mieux est de rechercher l'iode au moyen de la dissolution de l'amidon ou du sulfure de carbone et de l'eau de chlore. On peut de cette manière retrouver l'iode dans toute espèce de dissolutions, même lorsqu'elles contiennent d'autres substances; mais on doit prendre garde à celles qui pourraient empêcher l'apparition de la couleur bleue. Si, au contraire, la combinaison dans laquelle on doit rechercher l'iode est insoluble dans l'eau et dans l'acide nitrique étendu, le mieux est de la traiter par l'acide sulfurique concentré ou de la faire fondre avec du bisulfate de potasse, pour obtenir des vapeurs violettes d'iode. Dans le premier cas, il est bon d'ajouter à la substance un peu de peroxyde de manganèse pour empêcher la production de l'acide sulfureux. Si la quantité de l'iode est trop faible pour qu'il se dégage des vapeurs violettes bien nettes, on peut s'assurer de la présence de l'iode en mélangeant la combinaison avec du peroxyde de manganèse, introduisant le tout dans un flacon et versant de l'acide sulfurique. On place alors dans l'espace vide du flacon un morceau de papier qui est imprégné d'empois d'amidon; le mieux est de le serrer entre le col du flacon et le bouchon. Au bout de quelque temps, le papier devient bleu, même lorsque la combinaison contient de très petites quantités d'iode.

Dans les dissolutions, on peut aussi reconnaître la présence d'un iodure au moyen de la dissolution de protoxyde de palladium.

Acide iodique, I^2O^5.

L'acide iodique cristallisé se dissout facilement dans l'eau : il est peu soluble dans l'alcool et n'est pas sensiblement décomposé par ce réactif. En contact avec l'air sec, il ne subit aucune modification. A une température élevée, il fond, bout et se décompose en iode et en gaz oxygène, sans laisser de résidu.

La dissolution aqueuse d'acide iodique rougit d'une manière durable le papier de tournesol. Elle rougit aussi d'autres matières colorantes végétales; mais la couleur n'est pas durable et ces matières blanchissent ensuite.

L'*acide chlorhydrique* décompose la dissolution d'acide iodique : il se produit, au bout d'un certain temps, mais non immédiatement, une forte odeur de chlore et la liqueur devient jaunâtre.

L'*acide iodhydrique* produit immédiatement dans la dissolution d'acide iodique un abondant précipité d'iode qui se dissout dans l'excès d'acide iodhydrique et donne une liqueur brune.

Le gaz *hydrogène sulfuré* décompose également l'acide iodique : si l'on ajoute à une dissolution d'acide iodique une petite quantité de dissolution d'hydrogène sulfuré, il se forme un précipité brun d'iode; il se produit ensuite une dissolution brune d'iode dans l'acide iodhydrique qui devient incolore par l'action d'un excès d'hydrogène sulfuré en déterminant la séparation d'une certaine quantité de soufre.

L'*acide sulfureux*, ajouté en petite quantité à une dissolution d'acide iodique, détermine la production d'un précipité d'iode, qui se redissout lorsqu'on ajoute une plus grande quantité d'acide sulfureux.

L'*acide sulfurique*, même à l'état concentré, ne modifie pas la dissolution d'acide iodique.

L'*acide nitrique*, même à l'état concentré, n'agit pas non plus sur la dissolution d'acide iodique; mais si l'acide nitrique contient de l'acide nitreux, il se produit une séparation presque complète de l'iode sous la forme d'un précipité noir, cristallin: la liqueur qui surnage le précipité, est seulement d'une faible couleur jaunâtre.

Si l'on ajoute de l'*amidon* (*empois*) à la dissolution d'acide iodique, il ne se produit aucune modification. Mais si l'on ajoute ensuite une petite quantité d'hydrogène sulfuré dissous, d'acide sulfureux, de protochlorure d'étain ou d'autres substances réductrices, il se forme immédiatement de l'iodure bleu d'amidon. Si l'on ajoute une dissolution d'acide arsénieux, la couleur bleue ne paraît qu'au bout de quelque temps.

La dissolution de l'*hypermanganate rouge de potasse* n'est pas décolorée immédiatement par la dissolution d'acide iodique, mais elle est décolorée au bout de quelque temps; il se dépose un précipité jaune.

L'acide iodique forme avec les bases des sels neutres : avec quelques bases, comme la potasse par exemple, il forme aussi des sels acides. La plupart des combinaisons de l'acide iodique avec les bases sont peu solubles ou insolubles; mais les combinaisons de l'acide iodique avec les oxydes alcalins font exception à cette règle : à l'état neutre, elles sont un peu moins difficilement solubles.

Le *chlorure de baryum* produit immédiatement dans la dissolution des iodates alcalins un précipité d'iodate de baryte (p. 23).

Une dissolution de *chlorure de calcium* ne se trouble pas immédiatement; mais, dans les dissolutions concentrées, elle produit au bout de quelques instants un précipité d'iodate de chaux (p. 33).

Une dissolution de *nitrate de protoxyde de palladium* produit immédiatement dans les dissolutions des iodates alcalins un précipité volumineux, abondant, de couleur blanche, qui a une très faible pointe de jaunâtre. Ce précipité est soluble dans l'acide chlorhydrique et même dans l'acide nitrique. Il est transformé immédiatement en iodure noir de palladium par l'action de l'acide sulfureux : l'acide sulfureux produit aussi immédiatement de l'iodure noir de palladium dans la dissolution chlorhydrique et dans la dissolution nitrique du precipité. — Dans une dissolution de *protochlorure de palladium,* il ne se forme pas de précipité par l'action de l'iodate de potasse ; mais lorsqu'on ajoute de l'acide sulfureux, il se produit immédiatement de l'iodure de palladium.

Une dissolution de *bichlorure de platine* produit dans la dissolution d'iodate de potasse le précipité jaune de chlorure double de platine et de potassium.

Une dissolution de *nitrate d'argent* produit un précipité blanc d'iodate d'argent qui est presque insoluble, mais qui n'est pas complétement insoluble dans l'eau. Soumis à l'influence de la lumière, ce précipité ne noircit pas. Il est insoluble ou presque insoluble dans l'acide nitrique, mais il est soluble dans l'ammoniaque. Si l'on sursature par l'acide nitrique la dissolution ammoniacale de l'iodate d'argent, on n'obtient qu'une liqueur opaline ou un très faible précipité. — Si l'on verse une dissolution d'acide sulfureux sur le précipité d'iodate d'argent, l'iodate d'argent se transforme en iodure d'argent qui a une pointe de jaunâtre et qui n'est pas soluble dans l'ammoniaque, mais qui devient seulement blanc par l'action de ce réactif (p. 166).

Une dissolution de *nitrate de protoxyde de mercure* produit immédiatement un précipité blanc d'iodate de protoxyde de mercure, qui est presque entièrement insoluble dans l'acide nitrique. Ce précipité devient noir par l'action d'une dissolution d'hydrate de potasse. Il est soluble dans l'acide chlorhydrique : la dissolution qui se forme par l'action de ce réactif contient alors du bichlorure de mercure et donne avec la dissolution d'hydrate de potasse un précipité jaune.

Une dissolution de *nitrate de plomb* produit un précipité blanc d'iodate de plomb, qui n'est presque pas soluble.

Dans une dissolution de *sulfate de protoxyde de fer,* il se forme un précipité volumineux, abondant, d'iodate de protoxyde de fer. Ce précipité est soluble à la température ordinaire dans l'acide sulfurique étendu. Cette dissolution contient encore le fer à l'état de protoxyde ; mais si on chauffe, le protoxyde de fer s'oxyde et se transforme en sesquioxyde.

Si l'on ajoute à la dissolution d'un iodate alcalin de l'*acide sulfurique* concentré, il ne se produit pas de modification ; même lorsqu'on verse de l'acide sulfurique concentré sur un iodate alcalin desséché, il ne se produit pas de décomposition de l'acide iodique. On peut même chauffer l'acide sulfurique avec le sel desséché sans décomposer l'acide iodique : le sel se dissout dans l'acide sulfurique concentré sans se décomposer. Si l'on chauffe une dissolution d'iodate de potasse avec l'acide sulfurique étendu et si l'on ajoute de l'empois d'amidon, il n'est pas coloré en bleu. — L'*acide nitrique* ne décompose pas non plus l'acide iodique des iodates alcalins. Même lorsqu'on fait bouillir avec l'acide nitrique la dissolution d'iodate de potasse et lorsqu'on ajoute ensuite de l'empois d'amidon, ce dernier n'est pas coloré en bleu. Mais si l'acide nitrique contient de l'acide nitreux, l'iode devient libre et colore la dissolution en brun : l'iode peut même être précipité en partie. Cependant, dans une dissolution de ce genre, on ne peut obtenir une coloration bleue au moyen de l'amidon que lorsqu'on a ajouté à la dissolution un réactif réducteur, comme l'acide sulfureux, par exemple. Si l'on ajoute de l'acide chlorhydrique et de l'acide nitrique à une dissolution d'iodate de potasse, elle devient jaunâtre par l'action de la chaleur; mais si on y ajoute de l'empois d'amidon, elle ne peut pas le colorer en bleu. — L'*acide chlorhydrique* ne colore pas immédiatement la dissolution d'un iodate alcalin, mais il la colore, au bout de quelque temps, en jaune, et il se dégage du chlore : si l'on ajoute de l'empois d'amidon, il n'est pas coloré en bleu. Une dissolution d'iodate de potasse, à laquelle on a ajouté du *chlorure de sodium* et de l'acide sulfurique étendu, n'est pas décomposée à la température ordinaire; à chaud, elle devient jaunâtre et laisse dégager une odeur de chlore. — Une dissolution d'iodate de potasse, mélangée avec du *bromure de potassium* et de l'acide sulfurique étendu, devient brun-jaune, même à la température ordinaire : par l'action de la chaleur, il se dégage des vapeurs de brome; l'empois d'amidon est alors coloré en rouge-orangé, et n'est pas coloré en bleu. — Par l'action de l'*acide sulfureux* sur les dissolutions des iodates alcalins et sur les dissolutions d'acide iodique, l'iode devient libre immédiatement et se précipite : l'empois que l'on ajoute devient alors immédiatement bleu. — Le gaz *hydrogène sulfuré* donne, même à froid, de l'acide sulfurique en réagissant sur la dissolution d'iodate de potasse ou d'iodate de soude. Cette dissolution devient brun-rouge par suite de la présence de l'iode libre qui se sépare; elle colore alors l'amidon en bleu, mais elle se décolore par l'action ultérieure de l'hydrogène sulfuré. Le dépôt de soufre qui se produit ainsi provient de la transformation de l'iode devenu libre en acide iodhydrique et de la décomposition de l'hydrogène sulfuré qui en résulte. Après la décomposition, la dissolution rougit fortement le papier de tournesol : elle contient de l'acide sulfurique et de l'acide iodhydrique, mais ne contient plus d'acide iodique.

Si l'on ajoute une dissolution d'iodure alcalin à la dissolution d'un iodate alcalin, il ne se produit pas de modification; mais si l'on ajoute un acide quelconque, l'iode devient immédiatement libre; la liqueur se colore ou en jaune ou en brun, ou laisse déposer un précipité considérable d'iode, suivant la proportion de l'iodure par rapport à l'iodate. Les plus petites quantités d'iodate alcalin contenues dans une grande quantité d'iodure peuvent être reconnues de cette manière avec certitude. Si, par exemple, on a préparé l'iodure de potassium en traitant par l'iode une dissolution d'hydrate de potasse et calcinant la masse évaporée à siccité, une trace d'iodate de potasse peut quelquefois avoir échappé à l'action de la chaleur rouge. On retrouve cette trace d'iodate en ajoutant de l'acide sulfurique étendu ou de l'acide chlorhydrique à la dissolution de la masse calcinée; la dissolution devient alors plus ou moins jaunâtre, et si l'on ajoute de l'empois d'amidon, il devient bleu. — Les iodates alcalins se combinent en proportions simples et définies avec les iodures alcalins, et forment des combinaisons cristallisées. La dissolution de ces combinaisons donne immédiatement un précipité d'iode lorsqu'on ajoute de l'acide sulfurique étendu ou de l'acide chlorhydrique.

Si l'on ajoute de l'acide sulfurique étendu, et ensuite un petit morceau de *zinc* à la dissolution d'un iodate, cette dissolution se colore immédiatement en brun, et l'iode de l'acide iodique est entièrement séparé. Même si l'on n'a employé que de petites quantités d'iodate, l'empois d'amidon se colore en bleu, et le sulfure de carbone, aussi bien que le chloroforme, prennent une couleur pourpre lorsqu'on ajoute de l'acide sulfurique étendu et du zinc à l'iodate. Pour de très petites quantités d'iodate, le sulfure de carbone est encore coloré en rouge de cette manière, tandis que l'empois d'amidon ne donne qu'une très faible réaction bleue, et le chloroforme ne peut plus être coloré.

Cette méthode est la meilleure pour reconnaître avec certitude si les mélanges salins ou les eaux salées qui contiennent des traces excessivement faibles d'iode, contiennent l'iode à l'état d'iodate ou à l'état d'iodure. On ajoute de l'acide sulfurique étendu et un très petit morceau de zinc; puis, lorsque le dégagement du gaz, qui du reste doit être lent, a duré quelque temps, on ajoute du sulfure de carbone. Lorsqu'il y a un iodate, le sulfure de carbone prend une couleur rougeâtre lorsque l'amidon et le chloroforme ne donnent plus de réaction ou donnent seulement une réaction qui n'est pas nette.

Si, au contraire, la dissolution contient de l'iodure, il ne se produit pas de réaction de cette manière. On doit alors ajouter à la dissolution d'abord un peu d'eau de chlore et ensuite de l'acide sulfurique étendu afin de faire passer l'iodure à l'état d'iodate: on peut ensuite ajouter du zinc pour obtenir les réactions de l'iode.

Si une dissolution saline ou un mélange salin contiennent en même temps un iodate et un iodure, il s'y produit, par l'action de l'acide sulfurique très étendu, de l'iode libre que l'on peut reconnaître à l'aide des réactifs que nous avons indiqués. Mais lorsque la proportion d'iodure est excessivement faible par rapport à l'iodate, on peut souvent à peine reconnaître à l'aide des réactifs la petite quantité d'iode devenue libre par l'action de l'acide sulfurique étendu. Si l'on ajoute alors une petite quantité d'iodure de potassium, une plus grande quantité d'iode devient libre.

Si l'on essaye par la méthode indiquée le nitrate de soude qui vient du Chili, on trouve que l'iode qu'il contient est en grande partie à l'état d'iodate de soude, qui est ordinairement accompagné d'une très petite quantité d'iodure de sodium. Par suite l'acide sulfurique très étendu détermine la séparation d'une quantité d'iode excessivement petite, qui ordinairement ne peut être reconnue presque qu'au moyen du sulfure de carbone, et ne peut pour ainsi dire pas être reconnue au moyen de l'empois d'amidon. Mais si l'on ajoute du zinc, et si l'on laisse dégager le gaz hydrogène pendant quelque temps, on observe la séparation d'une quantité d'iode beaucoup plus considérable.

Il faut observer ici que lorsqu'on essaye de cette manière des combinaisons salines, le sulfure de carbone, aussi bien que le chloroforme, surnagent ordinairement à la surface de la dissolution, après que l'on a agité; leur coloration peut être alors mieux observée que lorsqu'ils tombent au fond du vase avec le zinc. Si la dissolution a une assez faible densité pour que les réactifs que nous venons d'indiquer se séparent au fond du vase après l'agitation, on doit enlever le morceau de zinc au bout de quelque temps afin de pouvoir mieux juger de la coloration.

On peut aussi, dans ces expériences, au lieu d'acide sulfurique, employer de l'acide nitrique; en effet, le bioxyde de nitrogène qui se dégage par l'action du zinc, opère la réduction de l'acide iodique. On peut, même dans ce cas, au lieu de zinc, se servir d'un petit morceau d'étain. Cependant, pour distinguer avec certitude un iodate d'un iodure, on doit préférer l'emploi de l'acide sulfurique et du zinc.

Si l'on veut essayer, pour y rechercher l'iode, l'acide nitrique qui, lorsqu'il en contient, le contient toujours à l'état d'acide iodique, on étend d'eau, on ajoute un peu de zinc ou d'étain, et on laisse le tout reposer pendant quelque temps. L'empois d'amidon, mais mieux encore le sulfure de carbone, indiquent alors la présence de l'iode.

Quelques iodates seulement sont décomposés par l'action de la chaleur de la même manière que les chlorates et les bromates correspondants. Il se dégage de l'oxygène et il reste un iodure comme résidu. Les iodates alcalins fixes et l'iodate d'argent se comportent de cette manière : cependant l'iodate de soude perd, par la calcination, outre l'oxygène, une quantité d'iode qui du reste est très faible. Si l'iodate est acide, il se dégage, en même temps que l'oxygène, des vapeurs violettes d'iode, et il reste un iodure. — Les autres iodates neutres dégagent par la calcination du gaz oxygène et de l'iode, et il reste pour résidu ou de l'oxyde pur, comme cela arrive pour la plupart des combinaisons de l'acide iodique avec les oxydes métalliques proprement dits, ou un mélange d'oxyde et d'iodure, comme cela arrive pour l'iodate de plomb et l'iodate de bismuth. Lorsqu'on calcine la combinaison de l'acide iodique avec la baryte, la strontiane et la chaux, il se dégage du gaz oxygène et de l'iode, et il reste pour résidu un hyperiodate basique.

Les iodates, mélangés avec les corps combustibles, détonent par l'action de la chaleur, mais avec bien moins de force que les chlorates et les bromates correspondants. Si l'on jette du soufre sur un iodate alcalin en fusion, il se dégage beaucoup de vapeurs d'iode. Si on broie fortement les iodates alcalins avec du soufre et du charbon dans un mortier de fer, ils produisent des explosions excessivement faibles, à peine sensibles.

Les iodates en dissolution peuvent par conséquent être reconnus facilement à ce que les substances réductrices comme la dissolution d'hydrogène sulfuré, l'acide sulfureux, et spécialement l'acide sulfurique étendu et le zinc métallique, en séparent à l'état libre l'iode dont on peut reconnaître de très petites quantités au moyen du sulfure de carbone et de l'amidon. La séparation de l'iode par l'action de l'acide sulfurique très étendu après addition d'un iodure est également caractéristique pour les iodates. A l'état solide, on reconnaît les iodates, dans certains cas, au dégagement de gaz oxygène qui se produit lorsqu'on les calcine, en même temps qu'il reste un iodure, ou dans d'autres cas au dégagement de gaz oxygène et d'iode qu'ils produisent lorsqu'on les calcine. Les iodates alcalins se distinguent facilement des bromates à l'état sec par la manière différente dont ils se comportent à l'égard de l'acide sulfurique concentré.

Acide hyperiodique, I^2O^7.

L'acide hyperiodique peut être obtenu, par l'évaporation de sa dissolution aqueuse, sous forme de cristaux incolores qui contiennent de l'eau et qui ne se modifient pas au contact de l'air. Chauffé jusqu'à 130 degrés, il perd son eau de cristallisation et se decompose d'abord en gaz oxygène et en acide iodique : si l'action de la chaleur est plus prolongée, ce dernier se décompose en gaz oxygène et en iode Magnus et Ammermuller).

L'acide hyperiodique forme avec les bases des sels neutres, basiques et acides. Même la dissolution de l'hyperiodate de potasse à un atome de base rougit le papier de tournesol. Les combinaisons de l'acide hyperiodique avec les oxydes alcalins, et notamment avec la potasse, sont très peu solubles dans l'eau. Les dissolutions d'hyperiodate de potasse se comportent avec les réactifs comme il suit :

Une dissolution de *chlorure de baryum* trouble seulement la dissolution d'hyperiodate de potasse.

Une dissolution de *chlorure de calcium* ne produit pas de précipité.

Les dissolutions des hyperiodates alcalins ne sont précipitées ni par le *protochlorure de palladium*, ni par le *nitrate de protoxyde de palladium*. Si l'on ajoute de l'acide sulfureux, il ne s'y produit pas d'iodure noir de palladium. Lorsque cependant on ajoute à la dissolution d'un hyperiodate alcalin un peu d'acide sulfurique étendu et une dissolution d'hydrogène sulfuré, lorsqu'on detruit ensuite l'excès d'hydrogène sulfuré au moyen de l'acide sulfureux, et lorsqu'on fait ensuite chauffer le tout, il se précipite dans la liqueur filtrée de l'iodure de palladium lorsqu'on y ajoute du nitrate de protoxyde de palladium ou du protochlorure de palladium. On peut aussi, dans les hyperiodates alcalins, précipiter l'iode à l'état d'iodure de palladium en ajoutant à la dissolution de l'acide sulfurique étendu, et ensuite du zinc métallique. Lorsque la transformation de l'acide hyperiodique en iodure est opérée, l'iode est précipité à l'état d'iodure de palladium au moyen d'une dissolution de protoxyde de palladium.

Une dissolution de *nitrate d'argent*, ajoutée à une dissolution acide d'hyperiodate alcalin, donne un précipité brun qui se rassemble au bout de quelque temps, et paraît alors dense et de couleur noire. Cette transformation s'opère immédiatement par l'action de la chaleur. Le précipité est soluble dans l'acide nitrique. Si, après avoir traité un hyperiodate alcalin par le nitrate d'argent et avoir ajouté de l'acide nitrique, il reste un précipité blanc insoluble, c'est que l'hyperiodate alcalin contient de l'iodate, et le précipité blanc qui n'est pas soluble dans l'acide nitrique est de l'iodate d'argent. — L'hyperiodate d'argent récemment précipité est soluble dans l'ammoniaque ; si l'on sature avec précaution cette dissolution par l'acide nitrique, le précipité reparaît avec sa couleur brune. Lorsqu'au contraire l'hyperiodate d'argent s'est aggloméré par le temps ou par l'action de la chaleur sous la forme d'un précipité noir et lorsqu'il a pris par suite de la densité, il se dissout très difficilement dans l'ammoniaque.

Une dissolution de *nitrate de protoxyde de mercure* donne un précipité jaune. Ce précipité est soluble dans l'acide nitrique ; la dissolution contient encore du protoxyde et donne avec l'hydrate de potasse un précipité noir. Si l'on ajoute à l'hyperiodate de protoxyde de mercure un peu d'acide chlorhydrique, il devient blanc et se transforme en protochlorure de mercure : une plus grande quantité d'acide chlorhydrique le dissout.

Une dissolution de *nitrate de plomb* produit un précipité blanc, abondant, qui est soluble dans l'acide nitrique.

Une dissolution de *sulfate de protoxyde de fer* ne produit pas de précipité. Si l'on ajoute de l'acide sulfurique étendu, le protoxyde ne passe pas à un degré supérieur d'oxydation à la température ordinaire, mais l'oxydation s'opère par l'action de la chaleur.

Si l'on ajoute de l'acide sulfurique à la dissolution d'un hyperiodate alcalin, il ne se produit pas de modification, même lorsqu'on fait chauffer les liqueurs jusqu'à l'ébullition. Aussi lorsqu'on verse de l'acide sulfurique concentré sur un hyperiodate alcalin desséché, l'acide hyperiodique n'est pas décomposé. L'hyperiodate se dissout à chaud dans l'acide sulfurique concentré. — Lorsqu'on emploie même de l'acide nitrique rouge fumant qui contient beaucoup d'acide nitreux, il ne se sépare pas d'iode, même par l'action de la chaleur, et si l'on ajoute de l'amidon, il ne devient pas bleu. — L'acide chlorhydrique n'opère pas à froid la décomposition de l'acide hyperiodique ; mais, par l'ébullition, la dissolution devient jaunâtre. — La dissolution d'acide sulfureux ne décompose pas l'acide hyperiodique même par l'ébullition ; et si l'on ajoute de l'amidon, il ne devient pas bleu. — La dissolution d'hydrogène sulfuré, au contraire, détermine dans la dissolution d'hyperiodate de potasse une séparation d'iode, et si l'on ajoute de l'amidon, il devient bleu.

Si on ajoute à la dissolution d'un hyperiodate alcalin la dissolution d'un chlorure, il ne se produit pas de modification, même lorsqu'on ajoute de l'acide sulfurique étendu, et lorsqu'on chauffe. Si l'on ajoute à la dissolution un bromure alcalin, il ne se produit pas non plus de modification; mais si l'on ajoute de l'acide sulfurique étendu, le tout se colore en jaune par suite de la présence du brome devenu libre, et, par l'action de la chaleur, il se dégage des vapeurs de brome. Si l'on ajoute alors de l'empois d'amidon, il se colore en jaune tirant sur le rouge-orangé. Si on ajoute à la dissolution de l'hyperiodate alcalin une petite quantité d'une dissolution d'iodure de potassium, la dissolution devient jaune, même à la température ordinaire, et l'empois d'amidon est alors coloré faiblement en bleu. Cette réaction a lieu non-seulement pour la dissolution de l'hyperiodate de potasse, qui ne contient que 1 atome de base, et dont la dissolution a une faible réaction acide sur le papier de tournesol, mais aussi pour l'hyperiodate de soude, qui contient 2 atomes de base. Dans ce dernier cas, la coloration jaune ne se produit pas immédiatement, mais seulement au bout de quelque temps. Si l'on ajoute de l'acide sulfurique étendu, on obtient un abondant précipité d'iode : les plus petites quantités d'un hyperiodate alcalin contenues dans un iodure, et aussi réciproquement les plus petites quantités d'iodure contenues dans les hyperiodates, peuvent être découvertes immédiatement par la séparation de l'iode qui se produit lorsqu'on ajoute de l'acide sulfurique étendu : mais il faut remarquer que les dissolutions des iodates présentent des réactions analogues.

Si l'on ajoute de l'acide sulfurique étendu et ensuite un petit morceau de zinc à la dissolution d'un hyperiodate, l'iode devient immédiatement libre. Si cependant la dissolution de l'hyperiodate est très étendue, on ne peut reconnaître au moyen des réactifs la présence de l'iode libre qu'au bout d'un certain temps, et plus facilement au moyen du sulfure de carbone qu'au moyen de l'empois d'amidon. Toutefois la séparation de l'iode s'opère incomparablement plus vite par la méthode que nous venons d'indiquer lorsqu'on opère sur les iodates que lorsqu'on opère sur les hyperiodates, et l'iode peut par conséquent être plus facilement reconnu par cette méthode dans les dissolutions très étendues des iodates.

Beaucoup d'hyperiodates se décomposent par l'action de la chaleur, comme les iodates correspondants, en iodures et en gaz oxygène. L'hyperiodate de soude perd au rouge faible les trois quarts de son oxygène et se transforme en iodure de sodium et en une combinaison de soude et d'un oxacide de l'iode qui contient vraisemblablement moins d'oxygène que l'acide iodique : le dernier quart de l'oxygène contenu dans l'hyperiodate ne se dégage que lorsqu'on expose le tout à une calcination prolongée à une température rouge intense. Les hyperiodates basiques laissent pour résidu de l'oxyde en même temps que l'iodure. Les combinaisons à plusieurs équivalents de base que l'acide hyperiodique forme avec la baryte, la strontiane et la chaux, ne dégagent pas d'oxygène, même lorsqu'on les calcine au rouge, au moins dans une atmosphère d'oxygène : car les iodates des mêmes bases donnent par la calcination des hyperiodates à plusieurs équivalents de base (p. 620).

Les hyperiodates, mélangés avec les corps combustibles, détonent par l'action de la chaleur. Si l'on projette du soufre sur l'hyperiodate de potasse chauffé, il s'en dégage beaucoup d'iode en vapeur. Si l'on broie avec force les hyperiodates alcalins avec du soufre et du charbon, il se produit des explosions qui sont bien plus faibles que lorsqu'on traite de la même manière les chlorates et les perchlorates alcalins, mais qui sont beaucoup plus fortes que lorsqu'on emploie les iodates alcalins.

Les hyperiodates ressemblent par conséquent beaucoup aux iodates, spécialement dans la manière de se comporter à une température élevée; mais l'acide hyperiodique est d'une bien plus grande stabilité que l'acide iodique et ressemble sous ce rapport à l'acide perchlorique qui se décompose bien plus difficilement que l'acide chlorique. La difficulté plus grande que l'on éprouve à décomposer l'acide hyperiodique rend un peu plus difficile la recherche de l'iode dans les hyperiodates, surtout lorsqu'ils sont en dissolution : on n'arrive à y reconnaître la présence de l'iode qu'en ajoutant à ces dissolutions de l'acide sulfurique et du zinc ou en les traitant par l'hydrogène sulfuré.

Dans les dissolutions, on peut du reste distinguer facilement l'acide hyperiodique de l'acide iodique au moyen du nitrate d'argent qui produit avec l'acide hyperiodique un précipité brun, soluble dans l'acide nitrique, et avec l'acide iodique un précipité blanc qui n'est pas soluble dans l'acide nitrique.

LVI. — SILICIUM, Si.

Le silicium, à l'état amorphe, se présente sous la forme d'une poudre brun foncé, d'un pouvoir colorant très prononcé, qui ne peut pas prendre l'éclat métallique lorsqu'on la frotte avec un brunissoir. Le silicium est mauvais conducteur de l'électricité; il ne peut pas être fondu par l'action des plus fortes chaleurs; mais ses propriétés se modifient beaucoup par l'action d'une température élevée. Chauffé à l'air, il brûle en partie avec force et se transforme en acide silicique : l'acide silicique qui se produit, préserve alors de l'action de l'oxygène de l'air le silicium qui n'a pas été brûlé. Sa couleur n'est que peu modifiée : elle est devenue seulement un peu plus claire. Dans l'oxygène, le silicium brûle encore plus vivement; mais il n'y brûle également qu'en partie. La portion du silicium qui n'a pas été brûlée et que l'on peut séparer de l'acide silicique qui s'est formé en traitant le tout par l'acide fluorhydrique, est tellement modifiée par l'action de la chaleur qu'on ne peut plus l'oxyder ni par l'action de l'air ni par l'action de l'oxygène même à une température très élevée.

Le silicium non calciné n'est dissous et oxydé ni par l'acide sulfurique, ni par l'acide chlorhydrique, ni par l'acide nitrique, ni même par l'eau régale. L'acide fluorhydrique, au contraire, le dissout même à froid avec degagement d'hydrogène; il en est de même d'une dissolution concentrée d'hydrate de potasse.

Le silicium calciné est également insoluble dans les acides indiqués; mais il ne se dissout pas non plus dans l'acide fluorhydrique ni dans une dissolution d'hydrate de potasse. Un mélange d'acide fluorhydrique et d'acide nitrique le dissout au contraire avec dégagement de bioxyde de nitrogène.

Melangé avec les carbonates alcalins fixes et soumis ensuite à l'action de la chaleur, le silicium est oxydé très facilement à une température qui n'a pas besoin de monter jusqu'au rouge; il se forme un silicate alcalin, il se dégage du gaz oxyde de carbone et il se dépose du charbon. Si l'on n'a employé qu'une petite quantité de carbonate de potasse, il se produit un phenomène d'incandescence; mais plus la quantité du carbonate alcalin employé est grande, plus l'incandescence est faible et plus il est nécessaire d'employer une chaleur intense pour opérer l'oxydation. Les nitrates alcalins n'agissent pas comme les carbonates : si l'on mélange le silicium avec les nitrates alcalins, il est nécessaire de porter la température jusqu'au rouge blanc pour opérer l'oxydation du silicium Berzelius).

Le silicium peut être obtenu à l'état cristallisé, lorsqu'on fait fondre l'hydrofluosilicate de potasse avec de l'aluminium : il se forme une combinaison de fluorure d'aluminium et de fluorure de potassium et une combinaison d'aluminium et de silicium qui fond en un globule. Lorsqu'on traite ce globule par l'acide chlorhydrique, l'aluminium se dissout et le silicium reste comme résidu à l'état cristallisé. On obtient également le silicium à l'état cristallisé lorsqu'on fait fondre l'aluminium dans un courant de gaz fluosilicique : il se forme du fluorure d'aluminium et du silicium. Le silicium cristallisé a de la ressemblance avec le graphite cristallisé; il a l'éclat métallique, cristallise en octaèdres réguliers ou en tables, son poids spécifique est de 2,49; il fond à une température excessivement élevée, conduit l'electricité et ne peut être brûlé ni au contact de l'air, ni dans le gaz oxygène (Wœhler et Deville).

Le silicium se combine avec le *chlore* en deux proportions. L'une, le chlorure de silicium qui correspond à l'acide silicique, se présente sous la forme d'un liquide volatil, incolore et se décompose par l'action de l'eau en acide chlorhydrique et en acide silicique gélatineux. On peut obtenir ce chlorure de silicium en chauffant le silicium dans un courant de gaz chlore ou en faisant passer au rouge intense un courant de gaz chlore sur de l'acide silicique mélangé intimement avec du charbon. — Lorsqu'on fait passer à une tres basse temperature de l'acide chlorhydrique sur du silicium, on obtient une combinaison du chlore avec le silicium qui correspond à l'oxyde de silicium et qui est elle-même combinée avec l'acide chlorhydrique. Cette combinaison se présente sous la forme d'un liquide incolore, fumant; elle est décomposée par l'eau en oxyde de silicium et en acide chlorhydrique. La vapeur de cette combinaison, mélangee avec l'oxygène, produit, lorsqu'on l'enflamme, une vive détonation : il se forme de l'acide silicique, du chlorure de silicium et du gaz acide chlorhydrique.

Le silicium se combine avec le *fluor* pour former un gaz incolore qui devient liquide lorsqu'on le soumet à une pression très forte et à un froid très intense. On l'obtient très facilement en traitant un mélange d'acide silicique (ou de verre pilé) et d'un fluorure (spath-fluor) par l'acide sulfurique concentré. Le gaz a une odeur acide, suffocante, et fume au contact de l'air. Il n'est pas modifié par l'action d'une température élevée ; il n'attaque pas le verre; mais lorsque le verre est humide, il le recouvre d'un dépôt de silice qui y adhère fortement. Il n'est pas absorbé par les oxydes desséchés, mais il est absorbé par les fluorures desséchés. Le gaz fluosilicique se dissout en grande quantité dans l'eau; mais il subit alors une décomposition particulière. Un tiers du gaz est transformé en acide silicique gélatineux qui se sépare et en acide fluorhydrique qui se combine avec les deux autres tiers du gaz fluosilicique non décomposé pour former un acide particulier dont il sera question plus loin avec détail.

Le silicium se combine avec le *soufre* et forme ou une masse blanche, terreuse, ou des aiguilles cristallines qui ne se modifient pas par leur contact avec l'air sec : l'eau décompose au contraire rapidement le sulfure de silicium : il se produit un vif dégagement d'hydrogène sulfuré et il se forme de l'acide silicique qui reste en dissolution pendant un temps remarquablement long et qui finit par se déposer à l'état d'acide silicique gélatineux.

Le silicium se combine avec l'*hydrogène* et forme un gaz particulier. Le gaz hydrogène silicé se produit lorsqu'on fait passer un fort courant électrique dans une dissolution de chlorure de sodium, en employant comme pôle positif de l'aluminium contenant du silicium. Aux deux pôles, il se dégage alors du gaz hydrogène; mais, au pôle positif, il se produit en même temps du chlorure d'aluminium et de l'alumine : le gaz hydrogène qui se dégage au pôle positif, est mélangé avec du gaz hydrogène silicé. On obtient le gaz hydrogène silicé, mais toujours mélangé avec de l'hydrogène libre, lorsqu'on traite par l'acide chlorhydrique le siliciure de magnésium qui est obtenu par la calcination d'un mélange d'hydrofluosilicate de soude, de chlorure de magnésium et de sodium et qui est contenu dans les scories. Le gaz hydrogène silicé a la propriété toute particulière de s'enflammer spontanement au contact de l'air comme le gaz hydrogène phosphoré spontanément inflammable : il brûle avec une flamme blanche en produisant un dépôt d'acide silicique : une soucoupe de porcelaine blanche que l'on place dans la flamme de l'hydrogène silicé, se recouvre de silicium brun. Si on fait passer l'hydrogène silicé dans un tube de verre que l'on maintient au rouge faible, il se décompose en gaz hydrogène et en silicium amorphe qui recouvre la paroi intérieure du tube de verre. Il précipite plusieurs dissolutions métalliques, notamment celles du sulfate de cuivre, du nitrate d'argent et du protochlorure de palladium : les précipités sont sans doute des siliciures métalliques (Wœhler).

Oxyde de silicium, Si^2O^3 (peut-être SiO).

L'oxyde de silicium se forme par la décomposition au moyen de l'eau de la combinaison du sous-chlorure de silicium avec l'acide chlorhydrique. Il se sépare alors à l'état d'hydrate : cet hydrate est amorphe, volumineux, d'un blanc de neige : il est un peu soluble dans l'eau ; chauffé jusqu'à une température supérieure à 300°, il s'enflamme et brûle avec force en se transformant en acide silicique ; il brûle dans l'oxygène avec un éclat très vif ; chauffé à l'abri du contact de l'air, il produit du gaz hydrogène silicé qui se décompose pour la plus grande partie en silicium et en gaz hydrogène. Il est dissous par les hydrates des oxydes alcalins, par les carbonates alcalins et par l'ammoniaque ; il se produit un boursouflement provenant d'un dégagement de gaz hydrogène et l'oxyde de silicium est transformé en silicate alcalin (Wœhler).

Acide silicique (Silice), SiO^3 (mais plus probablement SiO^2).

L'acide silicique, aussi bien celui que l'on trouve dans la nature que celui qui a été préparé artificiellement, se présente sous deux états différents bien déterminés : à l'état *cristallisé* et à l'état *amorphe*.

L'acide silicique à l'état cristallisé a une densité de 2,6. Il se trouve en si grande quantité dans la nature qu'une grande partie de la surface extérieure de la terre en est formée. Il constitue le cristal de roche, le quartz, l'améthyste, le grès et aussi le sable qui est ordinairement formé par la désagrégation mecanique du quartz ou quelquefois aussi par la séparation à l'état nettement cristallisé. On trouve l'acide silicique à l'état cristallin compacte dans la calcédoine, la cornaline, la chrysoprase, l'hornstein, la pierre à feu, dans quelques bois pétrifiés et dans beaucoup d'autres masses siliceuses semblables qui se distinguent légèrement les unes des autres, soit par le mode de leur formation, soit par des mélanges de matières étrangères qui ne leur sont pas essentielles. Les deux espèces d'acide silicique cristallisé, l'acide silicique cristallisé et l'acide silicique cristallin compacte, ont la même dureté et le même poids spécifique : celui de l'acide silicique cristallin compacte est un tant soit peu plus faible, sans cependant descendre au-dessous de 2,6. Cet acide contient souvent une très petite proportion d'eau et d'autres matières constituantes volatiles qui proviennent en partie des substances organiques dont l'acide silicique qui a pénétré dans la substance organique, a pris la place. Du reste, ces matières étrangères ne montent qu'à environ 1 pour 100, ordinairement même moins. L'acide silicique cristallin compacte polarise la lumière comme celui qui est nettement cristallisé.

L'acide silicique cristallisé n'est pas modifié même par des températures très élevées : il n'est pas fusible. On a cependant réussi en employant les chaleurs les plus intenses à fondre le cristal de roche en grosses gouttes (Deville et Gaudin). On peut même alors l'étirer en fils. L'acide silicique fondu est complétement transparent comme le verre ; mais il est devenu complétement amorphe, il ne polarise plus la lumière et il a pris par la fusion une densité plus faible. Sa densité spécifique est de 2,2.

On obtient aussi cette deuxième modification de l'acide silicique, l'acide silicique amorphe, par plusieurs autres méthodes. L'acide silicique amorphe se produit lorsqu'on fait fondre l'acide silicique, tant amorphe que cristallisé, avec les bases fortes et spécialement les oxydes alcalins, et lorsqu'on traite ensuite les combinaisons qui se sont ainsi formées par d'autres acides pour en séparer l'acide silicique. Il se sépare en outre lorsqu'on décompose le gaz fluosilicique au moyen de l'eau. On l'obtient dans ce dernier cas après la dessiccation à un tel état de division que la poudre bien desséchée peut, après avoir été agitée, paraître couler dans un verre comme un liquide.

On trouve aussi l'acide silicique amorphe, dans la nature organique, dans l'enveloppe siliceuse des infusoires. On le trouve en outre dans la nature sous forme d'opale qui contient ordinairement de l'eau dont la proportion n'est ni simple, ni déterminée. L'acide silicique amorphe se trouve souvent aussi sous forme de masses siliceuses pétrifiées, comme l'acide silicique cristallin compacte d'une densité de 2,6.

L'acide silicique amorphe, quelle que soit la manière dont il a été préparé, a bien une densité spécifique de 2,2, mais fréquemment ce n'est qu'après avoir été calciné fortement et pendant un certain temps. Souvent l'acide silicique que l'on sépare de ses combinaisons, aussi bien que quelques opales, possède après une faible calcination une densité plus faible qui est souvent même si faible, qu'à l'état de poudre, il surnage au-dessus de l'acide sulfurique concentré; mais, par une plus forte calcination, on peut élever la densité jusqu'à 2,2 (Schaffgotsch). Quelquefois même cette densité peut monter à 2,3.

Les deux modifications de l'acide silicique ont la même dureté. Le cristal de roche fondu, aussi bien que quelques opales naturelles, présente au moins la même dureté que le cristal de roche cristallisé. Mais ils ont tous des propriétés chimiques différentes.

A l'état pur, les deux modifications de l'acide silicique sont insolubles dans les *oxacides*, même à une température élevée. Ce n'est que lorsque l'acide silicique a été séparé par l'action des acides sur ses combinaisons avec les bases fortes qu'on peut l'obtenir dans certaines circonstances en dissolution ; mais une fois qu'il s'est déposé, il est insoluble dans les oxacides ; même lorsque l'acide silicique est en poudre très fine et lorsqu'on le fait fondre avec l'acide borique et l'acide phosphorique, on ne peut pas le dissoudre.

L'acide silicique ne se dissout pas non plus dans les hydracides, à l'exception de l'*acide fluorhydrique*. Ce dernier dissout complétement l'acide silicique, et la solubilité de l'acide silicique dans l'acide fluorhydrique est une des réactions les plus importantes pour reconnaître l'acide silicique et les combinaisons qui en contiennent, de même que d'autre part on peut facilement reconnaître et distinguer avec certitude l'acide fluorhydrique de tous les autres acides qui lui ressemblent à l'aide de la réaction exceptionnelle qu'il exerce sur l'acide silicique et les silicates. Plus l'acide est concentré, plus la dissolution s'opère facilement; et par suite l'acide fumant est un bien meilleur dissolvant que l'acide qui est très étendu et qui n'est pas fumant. Du reste, les deux modifications de l'acide silicique ne se dissolvent pas avec la même facilité dans l'acide fluorhydrique. L'acide silicique qui se dissout le plus facilement dans l'acide fluorhydrique, est l'acide silicique amorphe; et, parmi les variétés de l'acide silicique amorphe, spécialement celle qui se produit par la décomposition du gaz fluosilicique au moyen de l'eau. Même lorsque cet acide amorphe a été calciné, la dissolution s'opère facilement. Si l'on emploie un acide concentré et fumant, il se produit une élévation de température excessivement forte et une forte effervescence lorsqu'on y projette un acide silicique d'une densité de 2,2, même lorsque préalablement cet acide a été fortement calciné. L'acide silicique cristallisé en poudre fine de la densité de 2,6 ne se dissout que lentement et tranquillement dans l'acide fluorhydrique. Il y a cependant une différence entre l'acide silicique cristallisé (cristal de roche) et l'acide cristallin compacte (pierre à feu), tous les deux en poudre fine, sous le rapport de la manière dont ils se dissolvent dans l'acide fluorhydrique. Le dernier, en se dissolvant, produit une élévation de température légère, mais cependant sensible, qu'on ne peut pas observer aussi bien lorsqu'on dissout le premier.

La dissolution de l'acide silicique dans l'acide fluorhydrique qui est étendu et n'est pas fumant, s'opère plus lentement : l'acide fluorhydrique étendu n'attaque même souvent que faiblement et difficilement l'acide silicique cristallisé.

De même qu'il dissout l'acide silicique pur, l'acide fluorhydrique dissout également les combinaisons de l'acide silicique et spécialement le verre. Cette dernière substance est même attaquée par l'acide fluorhydrique plus facilement que l'acide silicique cristallisé. Si on laisse les vapeurs d'acide fluorhydrique reagir sur une lame de verre qui est recouverte d'une couche de cire dans laquelle on a imprimé des caractères d'écriture, le verre est fortement attaqué, tandis qu'une plaque de cristal de roche ou de quartz, préparée de la même manière, n'est pas attaquée ou ne l'est qu'excessivement faiblement. Une lame de calcédoine est, au contraire, fortement attaquee de la même manière dans le même temps. Si l'on choisit une lame qui soit formee de couches alternatives de calcédoine et de quartz nettement cristallisé, le dernier n'est pas attaqué, tandis qu'on peut reconnaître avec la plus grande netteté les traits d'écriture sur la calcédoine. Cette différence dans la manière dont se comportent à l'égard de l'acide fluorhydrique, la calcédoine et le quartz qui appartiennent tous les deux à la même modification de l'acide silicique et qui se rapprochent par leurs autres propriétés chimiques, est vraiment digne de remarque.

La dissolution de l'acide silicique dans l'acide fluorhydrique hydraté s'opère le mieux dans des vases de platine. La dissolution se volatilise complétement par l'action de la chaleur en produisant une fumée épaisse, lorsque l'acide silicique était pur. S'il reste un résidu fixe plus ou moins considérable, c'est que l'acide silicique employé n'était pas pur et les plus petites quantités de matières étrangères contenues dans l'acide silicique ne peuvent être reconnues d'aucune autre manière mieux qu'en dissolvant l'acide silicique dans l'acide fluorhydrique pur et évaporant ensuite la dissolution.

Si l'on mélange l'acide silicique avec une quantité considérable de *fluorhydrate de fluorure de potassium*, si l'on humecte légèrement le mélange avec de l'eau, si l'on chauffe et si l'on fait fondre légèrement, l'acide silicique ne peut pas être volatilisé complétement de cette manière à l'état de gaz fluosilicique, même lorsqu'on a employé l'acide silicique amorphe. La masse fondue ne forme pas dans l'eau une dissolution claire. L'acide fluorhydrique, contenu dans la combinaison, se volatilise dès la première action de la chaleur, trop rapidement pour pouvoir agir sur l'acide silicique.

Mais on peut dissoudre l'acide silicique, et surtout l'acide silicique amorphe, dans une dissolution de fluorhydrate de fluorure de potassium, surtout lorsqu'on opère à chaud. Il se forme de cette manière de l'hydrofluosilicate de potasse, qui, par la calcination à l'air sec, se transforme en fluorure de potassium.

Si l'on melange l'acide silicique avec le *fluorure d'ammonium* et si l'on chauffe le mélange jusqu'au rouge, l'acide silicique est complétement volatilisé. L'acide silicique amorphe peut être volatilisé par un seul traitement au moyen du fluorure d'ammonium, et lorsque l'acide silicique et le fluorure d'ammonium sont purs, il ne reste pas de résidu. L'acide silicique cristallisé, au contraire, se volatilise bien plus difficilement par l'action du fluorure d'ammonium, même lorsqu'il est en poudre très fine. Il faut répéter plusieurs fois le traitement au moyen du fluorure d'ammonium, et il est difficile même alors d'en operer la volatilisation totale.

L'acide silicique est soluble dans les dissolutions alcalines; mais les deux modifications de cet acide ne se comportent pas de même à l'égard des dissolvants alcalins. L'acide silicique qui provient de l'action de l'eau sur le gaz fluosilicique, se dissout à froid dans une dissolution d'*hydrate de potasse*, mais seulement en très petite quantite : si l'on fait bouillir, il se dissout facilement en grande quantité, même lorsqu'il a été préalablement calciné. Une partie de cet acide silicique se dissout facilement dans une dissolution qui contient deux parties d'hydrate de potasse solide. L'acide silicique provenant de la décomposition des silicates, et aussi celui qui est contenu dans l'enveloppe solide des infusoires et que l'on a purifié au moyen de l'acide chlorhydrique, se dissolvent avec la même facilité dans les dissolutions d'hydrate de potasse lorsqu'on fait bouillir le tout : il en est de même du cristal de roche fondu en poudre fine. L'acide silicique cristallisé, réduit en poudre fine, ne se dissout au contraire qu'en très petite quantité dans la dissolution d'hydrate de potasse, même par l'ébullition. Il n'y est cependant pas insoluble; mais la solubilité de l'acide silicique amorphe dans une dissolution bouillante de potasse est, toutes circonstances égales d'ailleurs, presque cent fois plus grande que celle de l'acide silicique cristallisé. Du reste, la solubilité de l'acide silicique cristallin compacte et celle de l'acide silicique cristallisé (pierre à feu et cristal de roche) dans la dissolution de potasse sont à peu près les mêmes. La dissolution de l'acide silicique dans la potasse réussit d'autant mieux que l'acide silicique est d'une plus grande pureté. L'acide silicique en poudre fine peut souvent résister à l'action dissolvante de la dissolution de potasse lorsqu'il est combiné avec de très faibles quantités de bases, spécialement avec de petites quantités d'alumine et de chaux.

Les dissolutions de l'acide silicique dans une dissolution d'hydrate de potasse ne se prennent pas en gelée par le refroidissement, même lorsqu'elles sont très concentrées et lorsqu'elles contiennent une grande quantité d'acide silicique; à l'état concentré, ces dissolutions forment un liquide sirupeux et ne peuvent pas être transformées en une masse sèche par l'évaporation.

Si on les fait fondre avec l'hydrate de potasse, toutes les modifications de l'acide silicique s'y dissolvent: cependant l'acide silicique qui s'y dissout le plus facilement, est celui qui a été préparé en décomposant le gaz fluosilicique par l'eau: celui qui provient de la décomposition des silicates, se dissout un peu plus lentement: enfin, le quartz pulvérisé s'y dissout bien plus lentement et bien plus difficilement. La masse fondue qui a les mêmes propriétés, soit que l'on ait employe l'acide silicique amorphe ou l'acide silicique cristallisé, tombe facilement en deliquium au contact de l'air, et ressemble alors, sous tous les rapports, à la dissolution très concentrée que l'on obtient en faisant bouillir une dissolution de potasse avec l'acide silicique amorphe.

L'*hydrate de soude* se comporte entièrement de la même manière à l'égard des différentes modifications de l'acide silicique, tant lorsqu'on l'emploie en dissolution et lorsqu'on soumet ensuite le tout à l'ébullition que lorsqu'on l'emploie à l'état solide, et lorsqu'on le fait alors fondre avec l'acide silicique. Cependant on peut réussir à obtenir une combinaison cristallisée de l'acide silicique avec la soude ($3Na^2O + 2SiO^3$, ou probablement $Na^2O + SiO^2$, tandis qu'on n'a pas pu encore obtenir le silicate de potasse à l'état cristallisé d'une manière bien nette.

Une dissolution de *carbonate de potasse* ne dissout presque pas à froid, mais assez facilement à l'aide de l'ébullition, même lorsqu'elle a été calcinée, la modification de l'acide silicique que l'on obtient en décomposant au moyen de l'eau le gaz fluosilicique. On ne peut pas observer ici de dégagement d'acide carbonique; l'acide silicique par voie humide est un acide si faible que l'acide carbonique peut même le chasser de ses combinaisons.

La dissolution de carbonate de potasse dissout plus lentement et plus difficilement l'acide silicique qui provient de la décomposition des silicates, surtout lorsqu'il a été calciné. Si l'acide silicique n'est pas tout à fait pur, il ne se dissout pas complétement dans un très grand excès de carbonate alcalin, même à l'aide d'une ébullition prolongée. Le résidu insoluble est souvent formé d'acide silicique qui est combiné seulement avec de très petites quantités d'alumine, de chaux ou d'autres bases, dont la présence fait perdre à l'acide silicique la propriété de se dissoudre à l'aide de l'ébullition dans un excès de carbonate alcalin. — Le quartz pulvérisé n'est pas insoluble dans une dissolution de carbonate de potasse, avec laquelle on le fait bouillir, mais sa solubilité est au moins quinze fois plus faible que celle de l'acide silicique amorphe, toutes circonstances égales d'ailleurs. L'acide silicique cristallin compacte est du reste aussi difficile à dissoudre que le quartz et le cristal de roche.

Si, pour opérer la dissolution, on a employé un excès très considérable de carbonate alcalin, la dissolution reste liquide après son complet refroidissement et ne se prend pas en gelée : mais la plus grande partie de l'acide silicique dissous se sépare sous forme de flocons opaques. L'acide silicique séparé de cette manière est légèrement soluble dans l'eau lorsqu'il a été complétement lavé : il se dissout dans l'eau en plus grande quantité lorsqu'elle contient de l'acide carbonique ou des traces d'acide chlorhydrique. La dissolution de l'acide silicique dans un excès très considérable de carbonate de soude ne peut par conséquent être filtrée facilement que lorsqu'on l'emploie bouillante ou très chaude. Mais si la dissolution contient beaucoup d'acide silicique, elle s'épaissit après le refroidissement et se prend en une gelée qui se distingue essentiellement des gelées que forme l'acide silicique qui se sépare des dissolutions acides, en ce qu'elle n'est pas transparente, mais opaline. Si on l'étend d'eau froide, il ne se dissout que du carbonate alcalin et des traces d'acide silicique.

Si l'on fait fondre l'acide silicique avec du carbonate de potasse, l'acide silicique, quelle que soit sa modification, se combine avec la potasse, et en même temps il se produit une effervescence provenant du dégagement de l'acide carbonique : c'est par suite de la stabilité de l'acide silicique à une température élevée que l'acide carbonique est chassé : la masse fondue qui a les mêmes propriétés, soit que l'on ait employé l'acide silicique amorphe ou l'acide silicique cristallisé, attire l'humidité de l'air et tombe en déliquium. Mais la dissolution contient toujours en même temps du carbonate alcalin et ne se prend pas en gelée, même lorsqu'elle est très concentrée.

Le *carbonate de soude* se comporte de la même manière que le carbonate de potasse à l'égard des deux modifications de l'acide silicique, soit qu'on l'emploie à l'état de dissolution, soit qu'on l'emploie en fusion.

Une dissolution très concentrée de *borate de soude* (*borax*) dissout à l'aide d'une ébullition prolongée une très petite quantité d'acide silicique amorphe très divisé préparé au moyen du fluorure de silicium). Si on laisse refroidir et si on étend d'eau, la petite quantité d'acide silicique qui s'était dissoute se sépare presque entièrement.

Toutes les combinaisons simples que l'acide silicique forme avec la potasse et la soude, sont solubles dans l'eau, même lorsqu'elles contiennent la quantité la plus grande qu'il soit possible d'acide silicique, comme cela se presente pour la substance que l'on appelle verre soluble, et que l'on peut obtenir en faisant fondre à une température très élevée l'acide silicique avec la plus petite quantité possible de carbonate alcalin ou d'hydrate d'oxyde alcalin. Ce verre ne paraît souvent pas soluble lorsqu'il est en gros morceaux : il ne devient pas non plus humide au contact de l'air, mais il se dissout lorsqu'on le réduit en poudre et lorsqu'on le fait bouillir ensuite avec l'eau.—Toutes les dissolutions des silicates alcalins bleuissent fortement le papier de tournesol : il en est de même de la dissolution du silicate de soude cristallisé, et aussi de toutes les dissolutions de l'acide silicique dans la potasse et la soude, soit qu'elles aient été préparées par voie humide ou par fusion, sans en excepter la dissolution du verre soluble.

Si l'on décompose les dissolutions des silicates alcalins par un acide, il se produit une série de phénomènes particuliers. Si la dissolution du silicate alcalin n'est pas trop etendue et si on la sursature par un acide, il s'en sépare de l'acide silicique sous la forme de flocons gélatineux, compactes, qui ne se dissolvent pas ou ne se dissolvent qu'en très faible quantité dans l'eau : cependant tout l'acide silicique n'est pas précipité, mais une partie reste en dissolution. Par un contact prolongé, la dissolution s'épaissit en une gelée tremblotante, complétement transparente, qui est d'une consistance plus ou moins solide, suivant que la dissolution qui l'a produite était plus ou moins etendue, et qui a, dans son aspect extérieur, beaucoup d'analogie avec les gelees animales. — Si au contraire la dissolution du silicate alcalin est etendue, il ne se sépare pas d'acide silicique lorsqu'on sursature par un acide ; mais ordinairement, par un contact prolongé, le tout s'épaissit aussi en une gelée transparente, tremblotante. Si on étend d'eau la gelée, presque tout l'acide silicique reste à l'état insoluble sous forme de flocons. Il faut que la dissolution du silicate de potasse soit très étendue pour que ce phenomene ne se produise pas lorsqu'on sursature la dissolution par un acide : mais, même dans ce cas, on observe par un contact prolonge, souvent apres plusieurs semaines et plusieurs mois, des indications d'une séparation d'acide silicique gélatineux. — Si l'on concentre par évaporation une dissolution claire rendue acide, elle s'épaissit par le refroidissement en une gelee transparente. Si l'on continue cependant l'evaporation jusqu'à siccité, l'acide silicique qui se sépare n'a plus l'aspect gelatineux, et ne le reprend pas lorsqu'on le traite par l'eau ou par les acides. Il est devenu pulverulent : si l'on ajoute alors de l'eau, elle dissout le sel alcalin et abandonne completement l'acide silicique à l'état insoluble. L'acide silicique pulverulent ainsi obtenu appartient à la modification amorphe.

Les acides faibles, et aussi les acides végétaux, separent également l'acide silicique de ses dissolutions alcalines. Pour une certaine concentration, ils forment au bout de quelque temps une gelée transparente.

L'acide carbonique même sépare presque complétement l'acide silicique de ses dissolutions, et peut aussi déterminer une production d'acide silicique en gelée. Il s'en produit même lorsque la dissolution du silicate alcalin a été exposée pendant très longtemps à l'air : en effet, dans ce cas, l'acide carbonique de l'air détermine la séparation de l'acide silicique. Le silicate de soude solide cristallisé est même décomposé peu à peu par l'acide carbonique de l'air : il se produit du carbonate alcalin, et l'acide silicique se sépare.

Tout l'acide silicique qui se sépare sous forme de gelée est soluble à un très faible degré dans l'eau.

Les combinaisons de l'acide silicique avec les oxydes terreux et métalliques sont insolubles dans l'eau et forment aussi avec les silicates alcalins des combinaisons doubles insolubles ; mais lorsqu'elles sont récemment précipitées, elles se dissolvent complétement dans l'acide chlorhydrique et dans les autres acides : la dissolution acide est claire, mais l'acide silicique devient libre et se sépare par l'action de l'acide ; par suite la dissolution se prend ordinairement, par un contact prolongé, en une gelée transparente, lorsqu'elle n'est pas trop étendue, ou lorsqu'on la fait bouillir : cette réaction ne se produit pas lorsque la dissolution est trop étendue. Cependant, même dans ce cas, la séparation de l'acide silicique a lieu, mais seulement au bout d'un temps très long. Si l'on évapore jusqu'à siccité la dissolution acide, l'acide silicique qui se sépare perd la propriété d'être gélatineux et devient pulvérulent. On peut alors enlever, au moyen de l'eau, le sel formé par la combinaison de la base qui était combinée avec l'acide silicique et de l'acide employé pour opérer la décomposition, lorsque ce sel est soluble dans l'eau, et lorsqu'il n'a pas été décomposé partiellement par l'évaporation et n'est pas devenu par suite insoluble : l'acide silicique reste comme résidu : mais il est dans ce cas complétement insoluble dans les acides.

Si, après avoir lavé les silicates récemment précipités, on les dessèche dans le vide au-dessus de l'acide sulfurique, même sans employer la chaleur, ils ne se dissolvent ordinairement pas complétement dans l'acide chlorhydrique, mais il se sépare de l'acide silicique, et la quantité d'acide silicique qui se sépare est d'autant plus grande que l'acide chlorhydrique employé est plus concentré. Cette reaction s'opère à un degré bien plus prononcé lorsque le silicate a été desséché à une température élevée, ou lorsqu'il a été calciné.

Les dissolutions de *chlorure de potassium* ou de *chlorure de sodium* ne produisent pas de précipité dans la dissolution des silicates alcalins ; mais le *chlorure d'ammonium* forme un abondant précipité, en même temps l'ammoniaque devient libre : le précipité ne contient pas d'ammoniaque. Le précipité est soluble dans l'acide chlorhydrique, mais la dissolution est légèrement trouble.

Une dissolution de *chlorure de calcium* y produit un précipité abondant qui n'est pas complétement insoluble dans l'eau. Il n'est pas soluble dans la dissolution d'hydrate de potasse, mais il est complétement soluble dans une grande quantité d'acide chlorhydrique ; par un contact prolongé, la dissolution claire que l'on obtient ainsi, se prend en une gelée transparente. — Si on la chauffe, elle devient liquide ; mais si l'on chauffe fortement le tout et si l'on fait bouillir, la dissolution ne se prend plus aussi facilement en gelée par le refroidissement, ni par un contact prolongé. — Le silicate de chaux est même soluble dans une grande quantité d'une dissolution de chlorure d'ammonium ; mais, au bout de quelque temps, la dissolution claire ainsi obtenue se trouble spontanément. Si par suite on sursature par l'ammoniaque une dissolution de silicate de chaux dans l'acide chlorhydrique, on n'obtient qu'un faible précipité.

Une dissolution de *chlorure de baryum* produit également un abondant précipité qui est complétement soluble dans l'acide chlorhydrique. La dissolution se prend ordinairement en une gelée transparente par un contact prolongé ; mais si on fait bouillir, elle redevient liquide et ne se prend plus aussi facilement en gelée par le refroidissement.

Une dissolution de *sulfate de magnésie* donne également un abondant précipité. Ce précipité est complétement soluble dans l'acide chlorhydrique ; la dissolution a les mêmes propriétés que celles des silicates de chaux et de baryte récemment précipités : ainsi elle se prend par un contact prolongé en une gelée transparente, mais ne se prend plus en gelée lorsqu'elle a été soumise à l'ébullition. — La dissolution chlorhydrique, sursaturée par l'ammoniaque, donne un précipité qui est soluble dans le chlorure d'ammonium ; le phosphate de soude produit dans cette dissolution un précipité de phosphate ammoniaco-magnésien.

Une dissolution d'*alun* produit un précipité abondant, qui se dissout dans une grande quantité de dissolution d'alun. Ce précipité n'est pas soluble dans le chlorure d'ammonium.

Une dissolution concentrée de *nitrate d'argent* produit un précipité jaune dans une dissolution de silicate de soude cristallisé. Ce précipité est complétement soluble dans l'eau ; il faut cependant une quantité d'eau excessivement grande pour opérer la dissolution complète : une température élevée accélère la dissolution. Le silicate d'argent se dissout facilement dans l'ammoniaque et dans l'acide nitrique. La dissolution nitrique se prend en gelée à la longue. — Si cependant on ajoute du nitrate d'argent à une dissolution de silicate de soude étendue d'une très grande quantité d'eau, il se produit un précipité de couleur plus brune qui reste très longtemps en suspension et ne peut pas être filtré. Il est soluble dans l'ammoniaque et dans l'acide nitrique.

Une dissolution de *nitrate de protoxyde de mercure* produit un précipité brun-noir foncé qui est soluble dans l'acide nitrique : la dissolution s'épaissit à la longue en une gelée transparente.

Une dissolution de *bichlorure de mercure* produit un précipité jaune de bioxyde de mercure comme cela arrive par l'action des hydrates des oxydes terreux et alcalino-terreux sur une dissolution de bichlorure de mercure. Si l'on n'ajoute qu'une petite quantité de silicate alcalin à un excès de dissolution de bichlorure de mercure, on obtient un précipité rouge-brun d'oxychloride de mercure. Les silicates alcalins, et notamment le silicate de soude cristallisé, se comportent par conséquent à l'égard d'une dissolution de bichlorure de mercure comme une dissolution d'hydrate de potasse (p. 177), et non comme une dissolution de carbonate ou de borate alcalins qui, en réagissant sur une dissolution de bichlorure de mercure, ne précipitent que de l'oxychlorure rouge-brun de mercure, même lorsqu'on les ajoute en quantité considérable. Cette réaction montre que l'acide silicique, par voie humide, a des propriétés acides plus faibles que l'acide carbonique et l'acide borique. — Le précipité jaune est soluble dans l'acide chlorhydrique; la dissolution se prend à la longue en une gelée transparente par suite de la présence de l'acide silicique devenu libre. — Si l'on ajoute du chlorure d'ammonium à la dissolution de bichlorure de mercure, on obtient par l'action du silicate de potasse un précipité blanc, abondant. Ce précipité est insoluble dans l'ammoniaque, mais il est soluble dans l'acide chlorhydrique. Sous ce rapport, le silicate alcalin se comporte par conséquent à l'égard d'une dissolution de bichlorure de mercure, comme les hydrates d'oxydes alcalins et comme les carbonates et les borates alcalins.

Une dissolution de *sulfate de cuivre* donne un précipité bleu, volumineux, qui est complétement soluble dans l'ammoniaque : la dissolution est bleu foncé comme celle des autres sels de cuivre, et laisse déposer à la longue un précipité bleuâtre de silicate de cuivre. Ce précipité est complétement soluble dans l'acide chlorhydrique, mais si on le fait dessécher au contact de l'air, même sans employer la chaleur, la dissolution ne s'opère pas entièrement, et une portion de l'acide silicique se sépare : si on calcine la combinaison, l'acide ne dissout que l'oxyde de cuivre et laisse l'acide silicique comme résidu.

Une dissolution de *sulfate de zinc* produit un précipité blanc, abondant, qui est soluble dans l'ammoniaque. Par l'ébullition, il se produit dans la dissolution un abondant précipité qui se dissout lorsqu'on ajoute une plus grande quantité d'ammoniaque.—Le silicate de zinc est soluble dans l'acide chlorhydrique : la dissolution se prend en gelée à la longue.

Une dissolution de *sulfate de cobalt* donne un précipité bleu qui se dissout presque complétement dans l'ammoniaque, mais seulement en présence du chlorure d'ammonium. Le précipité est soluble dans l'acide chlorhydrique : la dissolution est rouge et se prend en gelée à la longue.

Une dissolution de *sulfate de nickel* produit un précipité vert-pomme. Ce précipité est presque entièrement soluble dans l'ammoniaque; la dissolution est bleue. La dissolution chlorhydrique du précipité est verte et se prend en gelée à la longue.

Une dissolution de *sulfate de protoxyde de manganèse* produit un précipité blanc qui devient brun au contact de l'air. Ce précipité est soluble dans l'acide chlorhydrique ; la dissolution a une couleur brunâtre lorsqu'il s'est formé de l'oxyde de manganèse par l'action de l'air. Si on la fait bouillir, elle se décolore immédiatement. Les dissolutions acides, qu'elles aient été soumises à l'action de la chaleur ou qu'elles ne l'aient pas été, s'épaississent à la longue en une gelée tout à fait incolore. — Si l'on a ajouté une très grande quantité de silicate alcalin à une trop petite quantité de sulfate de protoxyde de manganèse, il se forme immédiatement un précipité noir qui reste très longtemps en suspension.

Une dissolution de *nitrate de plomb* donne un précipité blanc, abondant, qui se dissout complétement dans l'acide nitrique : la dissolution se prend en gelée à la longue.

Une dissolution de *nitrate de bismuth* produit aussi un précipité blanc, abondant, qui est soluble dans l'acide nitrique et dont la dissolution se prend en gelée à la longue.

Les divers silicates qui se rencontrent dans la nature, sont, pour la plus grande partie, composés de combinaisons doubles de l'acide silicique avec la chaux, la magnésie, le protoxyde de fer et l'alumine avec les oxydes alcalins et quelques autres bases; ils sont insolubles dans l'eau : ils se comportent avec les réactifs, et notamment avec les acides, d'une manière variable. Ou bien ils sont décomposés par les acides, et notamment par l'acide chlorhydrique, ou bien ils résistent à l'action des acides souvent même les plus énergiques.

Mais même les silicates décomposables par les acides se comportent à l'égard de ces acides d'une manière très différente.

Quelques-unes des combinaisons de l'acide silicique, mais seulement un très petit nombre, se dissolvent complétement dans les acides lorsqu'elles sont en poudre, et produisent ainsi une liqueur claire, absolument comme cela arrive pour les silicates préparés artificiellement et encore humides. Mais on doit employer l'acide étendu : en effet, lorsqu'on traite ces silicates par l'acide chlorhydrique concentré, ils se prennent en gelée, ce qui n'arrive pas lorsque l'acide a été étendu d'eau. Tous les acides exercent sur ces minéraux la même action dissolvante : et ce ne sont pas seulement les acides minéraux, mais aussi l'acide oxalique, l'acide tartrique et l'acide acétique. Ce n'est que lorsque l'acide employé forme une combinaison insoluble ou peu soluble avec une des bases contenues dans le minéral qu'il ne se produit pas une dissolution complète : cela arrive par exemple lorsqu'on emploie l'acide sulfurique étendu pour opérer la décomposition, et lorsque la combinaison contient de la chaux. — Les dissolutions peuvent être filtrees pour être séparees complétement des impuretés qui n'en font pas essentiellement partie, et qui ne se sont pas dissoutes, et elles ne se prennent en gelée que par un contact très prolongé et lorsqu'on les a concentrées par évaporation.

Parmi ces minéraux, viennent se ranger la sodalite, la cancrinite, la noséane, l'haüyne et la lazulite. Le mésotype peut aussi, lorsqu'il est en poudre, être complétement dissous dans un acide chlorhydrique d'une certaine force : par l'action d'un acide concentré, il se prend en gelée. C'est ce qui arrive aussi vraisemblablement à quelques minéraux dont il sera question plus loin.

La plupart des silicates décomposables par les acides s'épaississent au bout de peu de temps en une masse gélatineuse compacte, en même temps qu'ils produisent un dégagement de chaleur lorsqu'on les traite par les acides, et notamment par l'acide chlorhydrique, après les avoir réduits en poudre fine. Si l'on emploie un acide très étendu, la plus grande partie, ou presque la totalité de l'acide silicique se sépare au bout de quelque temps sous la forme de masses floconneuses insolubles : en même temps la base du silicate est complétement retenue en dissolution par l'acide.

Parmi ces silicates, viennent se ranger surtout ceux que l'on appelle en général *zéolithes*, dont quelques-uns cependant, en petit nombre, se comportent avec les acides d'une autre manière. En général, les silicates qui contiennent de l'eau de cristallisation, se prennent en gelée par les acides, mais cela n'arrive pas à tous : quelques silicates tout à fait anhydres forment également avec les acides une masse gélatineuse, comme cela arrive pour la néphéline, l'élæolithe, la gadolinite et quelques autres.

Les plus importants de ces minéraux sont l'apophyllite, la scolézite, le mésotype, la mésolithe, l'analcime, la laumonite, l'harmoton à base de potasse, l'élæolithe, la brewstérite, la cronstedtite, la liévrite, la gehlénite, la wernérite, la wollastonite, la néphéline, la mellinite, la chabasie, la pectolithe, l'okénite, la davyne, la gadolinite, l'allophane, l'helvine, la datholite, la botryolithe, l'eudialithe, l'orthite. le zinc terreux silicaté kieselzinkerz), le bismuth terreux silicaté (kieselwismutherz , la sidéroschisolithe, l'hisingérite, la dioptase, l'écume de mer.

Lorsqu'on fait fondre avec du carbonate alcalin l'acide silicique, amorphe ou cristallisé, ou un silicate quelconque, soit qu'il se décompose facilement ou difficilement par les acides, on obtient un silicate anhydre de cette espèce : seulement il contient de l'oxyde alcalin à l'état de mélange.

Plusieurs des silicates indiqués perdent l'eau qu'ils contiennent, soit entièrement, soit partiellement, lorsqu'on les expose à une température qui est entre 40 degrés et le rouge sombre, mais ils reprennent de nouveau de l'eau lorsqu'on les expose au contact de l'air ordinaire contenant de l'humidité (Damour . Du reste la plupart des silicates hydratés, lorsqu'ils ont été fortement calcinés, perdent la propriété d'être décomposés par les acides, et de se prendre ensuite en gelée. Même en poudre fine, ils ne sont plus alors décomposés ou ne sont décomposés qu'incomplétement par les acides ; ou bien lorsqu'ils ont été soumis à l'action prolongée des acides énergiques, ils laissent alors déposer la silice sous la forme d'une poudre fine.

Quelques silicates en poudre fine sont décomposés par les acides sans qu'il se forme de gelée, mais l'acide silicique s'en sépare sous forme d'une poudre fine, comme cela arrive lorsqu'on décompose par les acides quelques zéolithes après qu'elles ont été calcinées. En général ces minéraux sont décomposés difficilement, et souvent incomplétement, et exigent une longue digestion avec les acides concentrés. Au nombre de ces silicates viennent se ranger le cuivre hydrosiliceux, la leucite, la stilbite, l'épistilbite, la desmine, l'anorthite, l'olivine, la titanite (sphène), la pyrosmalithe, l'alanite, la cérine et la cérite.

Quelques minéraux qui souvent ont une composition tout à fait semblable, se distinguent essentiellement entre eux par la manière dont ils se comportent à l'égard de l'acide chlorhydrique. Ainsi l'analcime en poudre donne un précipité gélatineux par l'action de l'acide chlorhydrique, tandis que dans la leucite, qui ne contient pas d'eau, mais qui du reste a une composition tout à fait analogue à l'analcime et qui ne s'en distingue qu'en ce qu'elle contient de la soude au lieu de potasse, l'acide silicique est séparé à l'état pulvérulent.

Pour décomposer les silicates qui résistent à l'action des acides, il faut les réduire en poudre fine et les calciner avec trois fois leur poids de carbonate de potasse ou de carbonate de soude, ou mieux avec un mélange de ces deux carbonates à proportions atomiques égales : pendant la calcination, il se dégage de l'acide carbonique. On mélange le minéral en poudre avec le carbonate alcalin, et on les calcine ensemble. Si l'on emploie de petites quantités de matière, le mieux est d'opérer la fusion dans un petit creuset de platine au-dessus d'une lampe ; mais, dans ce cas, il est utile d'employer le mélange des deux carbonates à poids atomiques égaux, parce qu'il entre plus facilement en fusion que chacun des deux carbonates alcalins pris isolément. Lorsqu'on opère sur de plus grandes quantités du minéral à décomposer, on emploie un creuset de platine plus grand et un feu de charbon. Si la combinaison contient beaucoup d'acide silicique, le tout finit par être entièrement fondu par l'action du rouge intense, mais si elle en contient une moins grande quantité, et si la proportion des bases est considérable, la masse est seulement agrégée après la calcination. Cependant si on traite par l'acide chlorhydrique étendu, les bases qui étaient combinées avec l'acide silicique se dissolvent dans l'acide, tandis que la plus grande partie de l'acide silicique se sépare à l'état d'acide silicique gélatineux. Si l'on emploie de l'acide chlorhydrique qui ne soit pas trop étendu, la masse calcinée et traitée par l'acide chlorhydrique après avoir été réduite en poudre, se prend en gelée comme la dissolution chlorhydrique d'un silicate précipité par les silicates alcalins. Si l'on traite d'abord la masse calcinée par une très grande quantité d'eau et si on y ajoute ensuite l'acide chlorhydrique, on peut souvent obtenir une dissolution claire. Si l'on concentre la dissolution acide par évaporation, on obtient après le refroidissement une masse gélatineuse. Mais la totalité de l'acide silicique ne se sépare que lorsqu'on évapore le tout à siccité. Si l'on traite alors par l'eau la masse desséchée, la totalité de l'acide silicique reste à l'état insoluble, tandis que les bases qui y étaient combinées passent à l'état de chlorures qui se dissolvent dans l'eau. Si leurs dissolutions se décomposent lorsqu'on les évapore, comme cela arrive pour les dissolutions chlorhydriques de la magnésie, de l'alumine et du sesquioxyde de fer, il faut d'abord humecter avec l'acide chlorhydrique la masse évaporée et ne la traiter par l'eau qu'au bout de quelque temps.

Parmi les silicates qui ne sont pas décomposables par les acides, viennent se ranger le feldspath, l'albite, la pétalite, la spodumène, l'oligoclase, le labrador, l'harmoton à base de baryte, la prehnite, le manganèse silicaté (mangankiesel), le mica potassé (kali-glimmer), le mica magnésien (magnesiaglimmer), la lépidolithe, le talc, la chlorite, la pinite, l'achmite, l'amphibole, l'anthophyllite, le pyroxène, la diallage, le schillerstein, l'épidote, l'idocrase, le grenat, la dichroïte, le béryl, l'euclase, la phénakite, la tourmaline, l'axinite, la topaze, la chondrodite, la picrosmine, la karpholite, la stéatite (speckstein), la serpentine, la pierre ponce (bimstein), l'obsidienne, le pechstein, le perlstein, le zircon, la cyanite, la staurotide, l'andalousite et la sillimanite.

Cependant l'action des acides sur les silicates qui se trouvent dans la nature est essentiellement variable et n'est pas resserrée dans des limites étroites. Beaucoup des minéraux que nous avons cités en finissant, peuvent, lorsqu'ils sont en poudre fine, être décomposés partiellement lorsqu'on les fait digérer avec les acides concentrés : si on les fait digérer pendant très longtemps, ils peuvent même souvent être décomposés presque entièrement. Si, pour opérer la décomposition, on emploie l'acide sulfurique concentré et si on soumet le tout à l'action d'une température élevée, il n'y a que bien peu de silicates, surtout lorsqu'ils sont en poudre fine, qui ne soient pas décomposés ou partiellement ou entièrement; mais, dans les combinaisons de l'acide silicique qui sont difficilement décomposables par les acides, l'acide silicique se sépare toujours à l'état de poudre fine et non à l'état de gelée.

On peut par suite diviser mieux tous les silicates naturels en deux grands groupes sous le rapport de leur manière de se comporter à l'égard des acides. Dans l'un de ces groupes, viennent se ranger les silicates dans lesquels les acides séparent l'acide silicique à l'état gélatineux : dans l'autre groupe, viennent se ranger les silicates dans lesquels les acides séparent l'acide silicique à l'état pulvérulent.

Quelques-uns des minéraux que nous venons de citer en dernier lieu, spécialement la cyanite, la staurolithe, l'andalousite et la sillimanite, qui, outre la silice, contiennent beaucoup d'alumine, ne peuvent être décomposés complétement qu'avec difficulté même par l'action des carbonates alcalins, au moins lorsqu'on ne les a calcinés qu'une seule fois avec ces carbonates : on doit alors employer, pour opérer la calcination, une chaleur excessivement intense. L'acide silicique obtenu doit être calciné encore une fois avec le carbonate alcalin pour être obtenu pur.

Quelques-unes des combinaisons de l'acide silicique qui, bien qu'en poudre fine, ne peuvent pas être décomposées ou au moins ne peuvent pas être décomposées complétement par l'acide chlorhydrique et ne donnent par suite point de gelée par ce traitement, acquièrent la proprieté d'être décomposées completement par les acides et de produire alors une gelee, lorsqu'on les calcine fortement; elles acquièrent cette propriété bien mieux et avec bien plus de certitude lorsqu'on les calcine assez fortement pour qu'elles entrent en fusion et lorsqu'on les réduit ensuite en poudre fine. Cela s'applique particulièrement au grenat, à l'idocrase, à l'epidote et à l'axinite. Par la fusion, la densité de ces minéraux diminue.

Les silicates qui ne peuvent être presque point décomposes ou même ne peuvent pas être decomposes par l'acide chlorhydrique, peuvent être decomposés, non-seulement par la fusion avec les carbonates alcalins, mais aussi par la fusion avec l'hydrate de potasse. Seulement on ne doit opérer la fusion avec l'hydrate de potasse que dans un creuset d'argent et et non dans un creuset de platine. Cependant ce procédé ne remplit pas aussi bien le but qu'on se propose que la désagrégation par la fusion avec les carbonates alcalins qui exigent cependant, pour operer la decomposition, une temperature plus elevée que les hydrates. Mais on peut opérer avec les carbonates dans un creuset de platine que l'on peut exposer à une temperature plus elevée.

Les silicates peuvent être égalment décomposés lorsqu'on les calcine avec précaution après les avoir mélangés avec du nitrate de baryte ou lorsqu'on les calcine fortement avec du carbonate de baryte ou du carbonate de chaux. On arrive très bien à decomposer les silicates, même ceux qui sont difficiles à décomposer complétement par la fusion avec le carbonate de potasse, lorsqu'on les calcine au-dessus d'une lampe avec un melange de carbonate de chaux et d'un cinquième de chlorure d'ammonium.

L'acide silicique qui provient de la décomposition des silicates par l'action des acides, est toujours à l'état amorphe; mais l'acide silicique qui se sépare des silicates sous forme pulvérulente, est rarement tout à fait pur et contient encore dans la plupart des cas des matières etrangères, bien que ce ne soit qu'en tres petite quantité, tandis que l'acide silicique qui s'est séparé sous forme de gelée n'en contient pas ou n'en contient que rarement. Par suite si l'on fait bouillir l'acide silicique pulvérulent avec une dissolution de carbonate de potasse ou de soude qui ne soit pas trop étendue, il ne s'y dissout pas complétement, même lorsqu'on soumet le tout a une ebullition prolongée et même lorsqu'on a employé un grand excès de carbonate alcalin. Le résidu insoluble est formé ordinairement d'acide silicique qui n'est combiné ordinairement qu'avec de petites quantités d'alumine, de chaux et d'autres bases dont la présence fait perdre à l'acide silicique sa proprieté de se dissoudre lorsqu'on le fait bouillir avec un excès de carbonate alcalin. L'acide silicique forme avec la petite quantité de base une sorte de silicate très acide.

Les silicates qui se trouvent dans la nature, bien qu'ils soient réduits en poudre fine, se comportent d'une manière variable à l'égard de l'*acide fluorhydrique*. En général, l'acide fluorhydrique décompose les silicates avec plus d'énergie que l'acide chlorhydrique. Si l'on emploie un acide fluorhydrique concentré et par conséquent fumant, la réaction est souvent très vive : il se produit une elévation de température considerable; une grande partie de l'acide silicique se volatilise à l'état de gaz fluosilicique et les bases restent comme residu a l'etat de fluorures et de fluosilicates. Si l'on ajoute ensuite de l'acide sulfurique concentré et si l'on chauffe jusqu'à ce que l'acide sulfurique en excès se soit presque entièrement volatilisé, on n'obtient que des sulfates et tout l'acide silicique s'est volatilisé à l'état de gaz fluosilicique. — Les silicates qui sont décomposes facilement par l'acide chlorhydrique, sont aussi ceux qui sont décomposes facilement et complétement par l'acide fluorhydrique. Mais plusieurs des silicates qui sont decomposés difficilement ou ne sont decomposes que partiellement par une longue digestion avec l'acide chlorhydrique en laissant déposer l'acide silicique à l'etat pulvérulent, sont décomposes complétement par l'acide fluorhydrique avec dégagement de chaleur.

Au contraire d'autres silicates, même après avoir été réduits en poudre très fine, ne sont decomposes que difficilement par l'acide fluorhydrique, comme cela arrive pour le feldspath et les minéraux qui lui ressemblent. Lorsqu'on traite ces minéraux par l'acide fluorhydrique, le degagement de chaleur qui prend naissance est faible ou ne peut pas même être observé. Si on traite le tout par l'acide sulfurique en suivant la méthode qui a été indiquée précedemment et si on dissout dans l'eau le sulfate qui s'est ainsi formé, il reste un résidu insoluble qui peut quelquefois être formé d'une portion du minéral qui n'a pas été décomposée parce qu'elle était en poudre moins fine que la portion qui a été décomposée ; mais fréquemment aussi le résidu insoluble est formé des mêmes parties constituantes que la combinaison, mais en d'autres proportions qu'auparavant : il contient ordinairement plus d'acide silicique que le minéral sur lequel on a opéré d'abord. Cependant en renouvelant le traitement par l'acide fluorhydrique très concentré, on peut à la fin décomposer entièrement ce résidu.

Les silicates qui ne sont decomposés qu'incomplétement même par la calcination avec un carbonate alcalin, ne sont décomposés que tres difficilement et souvent très incomplétement par l acide fluorhydrique.

Si l'on melange avec du *fluorure d'ammonium* un silicate qui n'est décomposé que difficilement et incompletement, soit par l'acide fluorhydrique, soit par la fusion avec les carbonates alcalins et si on porte peu à peu le melange jusqu'au rouge, le silicate est decomposé completement, surtout lorsqu'on réitère une seconde fois le traitement par le fluorure d'ammonium. On ne doit pas dans ce cas calciner trop fortement parce que, lorsqu'il y a de l'alumine, elle serait transformée en fluorure d'aluminium qui, lorsqu'il a été fortement calciné, ne peut être decomposé que difficilement par l'acide sulfurique. Après une calcination qui n'a pas besoin d'être très forte, l'acide silicique est complétement volatilisé : on décompose alors, par l'acide sulfurique concentré, les fluorures que l'on a obtenus. Les sulfates que l'on obtient ainsi, doivent se dissoudre completement dans l'eau lorsqu'il n'y a pas trop de chaux ou d'autres bases qui puissent former avec l'acide sulfurique des combinaisons insolubles ou peu solubles.

Les silicates qui existent dans la nature ne contiennent pas un très grand nombre de bases différentes ; mais ces bases sont combinées entre elles et avec l'acide silicique en un très grand nombre de proportions. La marche qu'il faut suivre dans l'analyse qualitative de ces combinaisons ne diffère pas essentiellement de celles que l'on suit pour leurs analyses quantitatives. On s'en occupera avec détail dans la seconde partie de cet ouvrage.

Au chalumeau, l'acide silicique se comporte de telle manière qu'on peut facilement le reconnaître dans ses combinaisons. Même lorsqu'il est exposé à l'action de la portion la plus chaude de la flamme, il ne fond pas et n'est pas modifié. L'acide silicique en poudre est dissous très lentement par le borax et donne une perle claire qui ne devient pas opaque par une insufflation intermittente. L'acide silicique n'est pas dissous par le sel de phosphore ; la perle qui en résulte, reste claire même après le refroidissement : l'acide silicique qui ne s'est pas dissous prend une demi-transparence. Avec la soude, l'acide silicique donne sur le charbon une perle transparente, complétement claire, et en même temps il se produit une forte effervescence ; mais il est nécessaire, pour opérer cette réaction, de ne pas employer une quantité de soude qui soit trop grande par rapport à celle de l'acide silicique. Il n'y a qu'un petit nombre de substances qui puissent fondre avec la soude au chalumeau en formant une perle ; mais l'acide silicique seul produit, après la fusion, une perle claire, incolore, transparente, ce qui le caractérise particulièrement et permet de le reconnaître.

L'acide silicique, à l'état de silicate, peut être reconnu au chalumeau surtout au moyen du traitement par le sel de phosphore. Par la fusion, les bases contenues dans le silicate sont dissoutes par le sel de phosphore, tandis que l'acide silicique reste à l'état insoluble. La combinaison d'acide silicique que l'on veut faire fondre avec le sel de phosphore peut être employée, soit en poudre, soit en petits morceaux. Si le silicate est très difficilement décomposable par les acides, il faut l'employer en poudre : dans le cas contraire, on en peut employer un petit morceau. Par l'action d'une fusion prolongée avec le sel de phosphore, l'acide silicique demi-transparent qui ne s'est pas dissous nage dans la perle. On l'observe bien mieux lorsque la perle est chaude que lorsqu'elle s'est refroidie, surtout lorsque les bases qui entrent dans la composition du silicate à analyser donnent en se dissolvant dans le sel de phosphore une perle qui devient opaline après le refroidissement, ou une perle qui peut devenir opaque par une insufflation intermittente. Si la substance à analyser ne contient qu'une trace d'acide silicique, l'acide silicique se dissout souvent entièrement dans le sel de phosphore, comme cela arrive pour les fontes siliceuses par exemple.

Les silicates se comportent à l'égard de la soude d'une manière différente. En général, on peut admettre que, plus un silicate contient d'acide silicique, plus il a de tendance à donner avec la soude une perle claire qui peut rester claire même après le refroidissement. C'est ce qui arrive, par exemple, pour le feldspath et les minéraux qui lui ressemblent. La perle qui est produite par la soude et l'acide silicique a la propriété spéciale de dissoudre une certaine quantité des bases qui étaient combinées avec l'acide silicique. Mais si la proportion des bases est plus considérable, le silicate est bien décomposé par la soude avec effervescence; mais le tout, en fondant, ne peut pas produire une perle claire, parce que la quantité de silicate de soude qui s'est formée n'est pas suffisante pour dissoudre les bases qui se sont séparées.— Les silicates qui sont fusibles par eux-mêmes, mais dont les bases ne sont pas fusibles par elles-mêmes, donnent avec une petite quantité de soude une perle claire qui devient opaque lorsqu'on ajoute une plus grande quantité de soude, et qui devient infusible lorsqu'on en ajoute encore une plus grande quantité, parce que la totalité des bases infusibles par elles-mêmes se sépare (Berzelius). Les silicates qui contiennent de la chaux et de la magnésie produisent une perle avec la soude moins facilement que ceux qui ne contiennent pas ces bases.

L'acide silicique se distingue par conséquent des autres substances en ce qu'il est insoluble dans tous les acides à l'exception de l'acide fluorhydrique. On le reconnaît le plus sûrement au chalumeau par la manière de se comporter avec la soude lorsqu'il est à l'état isolé, et par sa manière de se comporter avec le sel de phosphore lorsqu'il est à l'état de combinaison.

Acide hydrofluosilicique, $3H^2F^2 + 2Si\,F^6$ (plus probablement $H^2F^2 + Si\,F^4$).

Le fluorure de silicium à l'état pur est un gaz incolore qui a une odeur acide, suffocante et qui fume lorsqu'il est au contact de l'air. Soumis à une forte pression et à un froid intense, il peut être condensé en un liquide incolore, fluide. Il n'est pas modifié par l'action d'une température élevée. Il n'attaque pas le verre; mais lorsque le verre est humide, il se recouvre d'une couche d'acide silicique qui y adhère fortement. Le fluorure de silicium n'est pas absorbé par les oxydes à l'état sec, mais il est absorbé par les fluorures à l'état sec.

Le fluorure de silicium se dissout en grande quantité dans l'eau; mais il subit alors une décomposition partielle : il se dépose de l'acide silicique à l'état gélatineux, et il se produit en même temps une combinaison de fluorure de silicium et d'acide fluorhydrique (acide hydrofluosilicique) qui reste dissoute dans l'eau. Si l'on n'a employé qu'une petite quantité d'eau, le tout se prend en une gelée demi-transparente par suite de la présence de l'acide silicique qui se sépare. L'acide silicique qui se sépare, dans ce cas, est légèrement soluble dans l'eau.

On obtient facilement le gaz fluosilicique en chauffant à une faible chaleur avec de l'acide sulfurique concentré un mélange de spath-fluor et de verre pilé. Si l'on fait fondre avec du bisulfate de potasse un mélange de verre et de spath-fluor, on n'obtient que du gaz acide fluorhydrique et on n'obtient pas de gaz fluosilicique lorsqu'on fait fondre le mélange dans une cornue de platine. Mais si on emploie un mélange de spath-fluor et d'acide silicique amorphe et si l'on fait fondre ce melange avec du bisulfate de potasse, on obtient du gaz fluosilicique.

L'acide hydrofluosilicique a une saveur purement acide. Pour le volatiliser, il faut le soumettre à une température plus élevée que celle qui est nécessaire pour volatiliser l'eau. Si on l'évapore, l'acide hydrofluosilicique se decompose : il se dégage d'abord du fluorure de silicium et il reste comme residu de l'acide fluorhydrique qui ne se volatilise que plus tard. L'acide hydrofluosilicique n'attaque pas le verre d'une manière très sensible ; cependant lorsqu'on l'évapore dans des vases de verre, ces vases sont attaqués par l'acide fluorhydrique qui devient libre à la fin de l'évaporation. Lorsqu'on évapore sur du verre une goutte d'acide hydrofluosilicique, il se forme sur le verre une tache que l'on ne peut pas enlever par des lavages avec l'eau.

Quoique l'acide hydrofluosilicique étendu n'attaque pas très sensiblement le verre des vases dans lesquels on le conserve, il dissout cependant une quantité assez considerable des bases contenues dans le verre lorsqu'on l'y conserve pendant longtemps et il se produit un dépôt blanc d'hydrofluosilicate de potasse ou d'hydrofluosilicate de soude. Il contient alors spécialement un peu d'oxyde alcalin, de chaux et même d'oxyde de fer s'il y en avait dans le verre dans lequel on le conservait. Cependant cet acide hydrofluosilicique peut dans la plupart des cas être employé comme réactif.

L'acide hydrofluosilicique se combine avec les bases pour former des fluorures doubles hydrofluosilicates . Ils sont formés de la combinaison du fluorure de silicium non décomposé avec le fluorure qui est produit par l'action de l'acide fluorhydrique sur la base. Pour les obtenir, il faut ajouter à la base un excès d'acide hydrofluosilicique, parce que sans cela le fluorure de silicium pourrait être decomposé par la base.

Une dissolution d'un *sel de potasse* produit dans la dissolution d'acide hydrofluosilicique un precipite gelatineux, particulier, qui est si transparent qu'on ne peut presque pas l'observer d'abord : on ne peut le reconnaître qu'au bout de quelque temps, après qu'il s'est séparé plus nettement, aux effets de lumière qu'il produit et qui permettent surtout de le distinguer de la liqueur qui le surnage p. 3 . Le precipité d'hydrofluosilicate de potasse est très peu soluble, mais n'est pas tout à fait insoluble dans l'eau. Il est au contraire tout à fait insoluble dans l'alcool hydraté. Si, par suite, on ajoute à l'acide hydrofluosilicique un egal volume d'alcool concentré, la potasse est complétement séparée du sel de potasse. Les dissolutions de sulfate de potasse, de nitrate de potasse et aussi de chlorure de potassium produisent avec l'acide hydrofluosilicique un précipité d'hydrofluosilicate de potasse, quelle que soit la quantité de ces combinaisons salines que l'on ajoute. Les dissolutions d'hydrate de potasse et de carbonate de potasse, au contraire, ne produisent ce précipité que lorsqu'on les ajoute en assez petite quantité pour que la liqueur ait encore une reaction acide. Si on ajoute à l'acide hydrofluosilicique un excès des deux dissolutions de potasse citées en dernier lieu, on obtient un précipité trouble qui devient plus considérable par l'ébullition. Ce précipité est formé d'acide silicique provenant de la décomposition du fluorure de silicium qui, par l'action de la chaleur en présence de la potasse et du carbonate de potasse, s'est décomposé en acide fluorhydrique et en acide silicique; l'acide silicique précipité se dissout par l'action prolongée de la chaleur dans un grand excès d'hydrate de potasse et de carbonate de potasse p. 630 et 631 : dans le dernier cas, la plus grande partie de l'acide silicique se sépare par le refroidissement. — Les acides étendus ne dissolvent pas le précipité d'hydrofluosilicate de potasse. Si l'on ajoute de l'alcool étendu, le précipité perd sa transparence, et les effets de lumière qu'il produit ordinairement disparaissent aussi. Par un contact prolongé, le précipité devient compacte et opaque.

Les dissolutions des *sels de soude* se comportent à l'égard de l'acide hydrofluosilicique de la même manière que les sels de potasse. Mais le précipité n'est pas aussi transparent; il est plutôt d'un blanc laiteux et un peu plus lourd : par suite, il se rassemble rapidement et ne présente pas les mêmes effets de coloration que l'hydrofluosilicate de potasse. L'hydrofluosilicate de soude n'est pas insoluble dans l'eau, mais il est insoluble dans l'alcool hydraté, comme l'hydrofluosilicate de potasse. Les dissolutions de sulfate et de nitrate de soude, aussi bien que celles de chlorure de sodium, donnent des précipités dans tous les cas, même lorsqu'on en ajoute un excès; les dissolutions d'hydrate de soude et de carbonate de soude au contraire ne donnent un précipité que lorsqu'il y a un excès d'acide hydrofluosilicique. Mais si l'on ajoute un excès d'hydrate de soude ou de carbonate de soude, ils agissent comme l'hydrate de potasse et le carbonate de potasse.

L'*ammoniaque* ne produit pas de précipité dans l'acide hydrofluosilicique, lorsque ce dernier prédomine beaucoup. Si au contraire l'ammoniaque prédomine, on obtient un précipité abondant d'acide silicique qui se dépose (p. 17 . Pour un très grand excès d'ammoniaque, on peut obtenir par l'action de la chaleur une dissolution trouble. Le *carbonate d'ammoniaque* ne donne pas non plus de précipité lorsque l'acide hydrofluosilicique prédomine. Les dissolutions de *chlorure d'ammonium* et des autres *sels ammoniacaux* ne produisent dans aucune circonstance des précipités en réagissant sur l'acide hydrofluosilicique.

Les dissolutions de *sels de baryte*, quelle que soit la proportion qu'on en mélange avec l'acide hydrofluosilicique, produisent un précipité cristallin d'hydrofluosilicate de baryte qui est insoluble dans l'acide nitrique étendu et dans l'acide chlorhydrique p. 21 . Dans les dissolutions étendues, le précipité ne paraît pas immédiatement, mais seulement au bout de quelque temps : il paraît plus rapidement lorsqu'on chauffe la liqueur. Ce précipité n'est pas complétement insoluble dans l'eau, mais il est insoluble dans l'alcool hydraté.

Les *sels de chaux, de strontiane* et *de plomb* ne produisent pas de précipité avec l'acide hydrofluosilicique. Les dissolutions des combinaisons salines de la plupart des autres bases ne produisent pas non plus de précipité avec l'acide hydrofluosilicique.

Les hydrofluosilicates sont en général décomposés par un excès de base que l'on ajoute à l'acide hydrofluosilicique ; et c'est spécialement le fluorure de silicium qu'ils contiennent qui est décomposé. D'après *Berzelius*, les oxydes alcalins déterminent dans les dissolutions des hydrofluosilicates alcalins la production d'un dépôt d'acide silicique pur, et produisent en même temps des fluorures alcalins purs. Mais cette décomposition n'a lieu qu'à l'aide de l'ébullition. Si cependant on ajoute un excès considérable des oxydes alcalins, et notamment de leurs hydrates, l'acide silicique précipité peut être redissous de nouveau lorsqu'on chauffe : les carbonates alcalins produisent dans ce cas un dégagement d'acide carbonique, et la plus grande partie de l'acide silicique dissous se sépare de nouveau par le refroidissement. — Par leur action sur les hydrofluosilicates qui contiennent des métaux alcalino-terreux, les oxydes alcalins séparent l'acide silicique à l'état de mélange avec le fluorure alcalino-terreux qui n'a pas été décomposé par les oxydes alcalins, tandis que le fluorure alcalin formé reste en dissolution. — En réagissant sur les hydrofluosilicates dont les métaux produisent par leur combinaison avec l'oxygène des oxydes terreux ou des oxydes métalliques proprement dits, les oxydes alcalins déterminent la séparation de l'acide silicique à l'état de combinaison avec l'oxyde terreux ou l'oxyde métallique : en même temps la totalité du fluor de l'hydrofluosilicate forme avec le métal de l'oxyde alcalin un fluorure alcalin. Si l'oxyde que contenait l'hydrofluosilicate est soluble dans l'ammoniaque, l'acide silicique n'est pas, malgré cela, précipité seul par l'action de l'ammoniaque : il est précipité à l'état de combinaison avec une certaine quantité de l'oxyde.

Si l'on verse de l'*acide sulfurique* concentré sur les hydrofluosilicates, il s'en dégage, outre le gaz fluosilicique, du gaz fluorhydrique, et on peut par suite déterminer la décomposition du verre au moyen des hydrofluosilicates en suivant le même procédé que pour les fluorures. La plus grande partie des hydrofluosilicates sont décomposés rapidement par l'acide sulfurique concentré ; il se dégage du fluorure de silicium à l'état gazeux, et ce n'est ordinairement que lorsqu'on chauffe que la plus grande partie du gaz fluorhydrique se dégage. Quelques hydrofluosilicates sont décomposés par l'acide sulfurique concentré plus rapidement, ou à une plus basse température, que les fluorures qu'ils contiennent, ne le sont à l'état pur. C'est ce qui se presente pour l'hydrofluosilicate de chaux, qui est décomposé, même à la température ordinaire, par l'acide sulfurique concentré, tandis que le fluorure de calcium, même en poudre, ne dégage qu'à une température un peu élevée du gaz fluorhydrique par l'action de l'acide sulfurique concentré. Si par suite un spath-fluor pulvérisé fait effervescence à la température ordinaire lorsqu'on le traite par l'acide sulfurique concentré, et dégage un gaz acide, c'est qu'il n'est pas pur, et qu'il contient de l'hydrofluosilicate de chaux, ou plutôt une certaine quantité d'acide silicique qui est mélangé avec lui.

Si l'on opère dans des vases de verre la décomposition des hydrofluosilicates au moyen de l'acide sulfurique concentré, ces vases sont fortement attaqués. Lorsqu'on veut essayer une liqueur pour y reconnaître la présence d'un hydrofluosilicate, on a besoin seulement, après y avoir ajouté un peu d'acide sulfurique, ou même d'acide nitrique ou d'acide chlorhydrique, d'en évaporer quelques gouttes sur du verre, de laver ensuite avec l'eau la portion du verre sur laquelle l'expérience a eu lieu, et d'examiner ensuite s'il ne reste pas une tache qu'il ne soit pas possible d'enlever par le lavage.

Si, pour décomposer un hydrofluosilicate au moyen de l'acide sulfurique, on emploie un vase de platine, une lame de verre placée au-dessus du vase est attaquée, précisément comme cela se produit lorsqu'on décompose les fluorures alcalins simples : et la réaction a lieu même à la température ordinaire lorsqu'on opère sur les hydrofluosilicates alcalins. Si l'hydrofluosilicate à analyser est mélangé avec une très grande quantité d'acide silicique ou avec des silicates, on ne peut pas alors obtenir la preuve certaine qu'il contient du fluor en essayant son action sur le verre, parce qu'alors l'acide sulfurique n'en dégage que du gaz fluosilicique et n'en dégage pas en même temps de l'acide fluorhydrique. On obtient ordinairement une action sur le verre excessivement faible, qui provient de ce que le fluorure de silicium s'est légèrement décomposé par l'action de l'humidité, et qu'il se dégage alors par l'action d'une faible élévation de température, d'abord du fluorure de silicium, et ensuite de l'acide fluorhydrique. Mais l'action sur le verre peut passer inaperçue si elle est observée par un chimiste inexpérimenté; on ne la rend visible qu'en soufflant sur le verre.

Quelques fluorures qui sont décomposés très difficilement par l'acide sulfurique concentré et qui contiennent en même temps de l'acide silicique, ne dégagent ni gaz fluorhydrique, ni gaz fluosilicique à une température à laquelle on peut observer ordinairement l'action sur le verre. A cette catégorie appartient la topaze, dans laquelle on ne peut pas découvrir la présence du fluor par la méthode ordinaire. Si on réduit la topaze en poudre fine, et si on la fait chauffer dans une cornue de platine avec l'acide sulfurique concentré, il ne se dégage presque que du gaz fluorhydrique et il ne se dégage presque pas de gaz fluosilicique : il en est de même lorsqu'on mélange la topaze en poudre fine avec du bisulfate de potasse, et lorsqu'on fait ensuite fondre le tout. La topaze est du reste complétement décomposée dans le dernier cas. Si on traite par l'eau la masse fondue, il se dissout du sulfate d'alumine et il se sépare de l'acide silicique. Il ne se produit qu'une petite quantité de fluorure de silicium et il ne se dépose dans le col de la cornue qu'une petite quantité d'acide silicique gélatineux.

L'*acide nitrique* et l'*acide chlorhydrique*, en réagissant sur les hydrofluosilicates, n'en dégagent que partiellement l'acide hydrofluosilicique : et, reciproquement, l'acide hydrofluosilicique, en réagissant sur les nitrates et les chlorures, n'en chasse qu'incomplétement l'acide nitrique et l'acide chlorhydrique. Mais lorsque l'acide hydrofluosilicique forme avec les métaux de ces combinaisons salines des combinaisons insolubles ou peu solubles, la séparation s'opère completement ou presque completement par voie humide. Ainsi l'acide hydrofluosilicique précipite par exemple dans les dissolutions des sels de baryte la baryte, et dans les dissolutions de potasse la potasse à l'état d'hydrofluosilicate.

Les dissolutions des hydrofluosilicates rougissent presque toutes le papier bleu de tournesol. L'hydrofluosilicate de potasse même, quoique presque insoluble, placé sur le papier bleu de tournesol humecté, le rougit fortement.

Tous les hydrofluosilicates sont décomposés par la calcination ; ils sont transformés en fluorures en même temps qu'il se degage du fluorure de silicium gazeux. La decomposition s'opère complétement dans des appareils distillatoires à l'abri du contact de l'air : mais il faut souvent une chaleur longtemps soutenue pour chasser la totalité du fluorure de silicium. Dans des vases ouverts, la decomposition commence plutôt, mais le résidu de la calcination contient ordinairement de l'acide silicique parce que le fluorure de silicium a eté decomposé, pendant sa volatilisation, par l'humidité de l'air et souvent aussi par l'eau de cristallisation lorsque l'hydrofluosilicate en contenait, et par suite il s'est déposé de l'acide silicique. La décomposition du fluorure de silicium peut encore être opérée par l'eau qui s'est formee par suite de la combustion à l'air humide, lorsque la calcination a eu lieu dans un creuset de platine ouvert. Si on calcine l'hydrofluosilicate dans un creuset de platine muni de son couvercle, le couvercle se recouvre exterieurement et même interieurement d'un dépôt d'acide silicique. — L'acide silicique qui se dépose avant que le fluorure de silicium se soit séparé du fluorure metallique par volatilisation, se dissout dans ce fluorure par fusion. Si on dissout le fluorure dans l'eau, l'acide silicique reste comme residu à l'etat insoluble. Mais si l'on veut avoir le fluorure entièrement pur de toute trace d'acide silicique, il faut évaporer dans une capsule de platine la dissolution du fluorure prealablement filtrée, faire fondre encore une fois dans un creuset de platine couvert le résultat de l'evaporation, et redissoudre de nouveau la masse fondue ; on obtient ainsi de nouveau comme résidu une petite quantité d'acide silicique. — Lorsqu'on chauffe les hydrofluosilicates qui contiennent de l'eau de cristallisation, dans des vases de verre jusqu'à une température assez élevée pour que le fluorure de silicium commence à se volatiliser, on obtient un sublime blanc d'acide hydrofluosilicique. Si on considère au microscope cet acide hydrofluosilicique sublime, on reconnaît qu'il est forme de gouttes claires qui peuvent être chassées d'une place à une autre par l'action de la chaleur, mais qui laissent deposer de l'acide silicique lorsque l'air atmosphérique peut avoir accès.

Au chalumeau, les hydrofluosilicates se comportent comme les fluorures.

La facile volatilisation du fluorure de silicium est la cause que les hydrofluosilicates ne donnent pas avec le sel de phosphore, et même avec la soude, les réactions de l'acide silicique. Si on les chauffe sur le charbon, le charbon se recouvre à proximité de l'essai d'un dépôt d'acide silicique.

L'action des hydrofluosilicates sur le verre, lorsqu'on les traite par l'acide sulfurique, peut par conséquent permettre d'y reconnaître la présence d'un fluorure. On y reconnaît la présence du fluorure de silicium, soit en les faisant chauffer, soit en les traitant par les oxydes alcalins qui, dans la plupart des cas, en séparent de l'acide silicique.

LVII. — BORE, B.

Le bore à l'état amorphe est une poudre brun foncé qui a une pointe de verdâtre et qui est très salissante. Le bore est un peu soluble dans l'eau : la dissolution est jaune avec une pointe de vert. Si l'on évapore cette dissolution à siccite, elle laisse déposer le bore sous la forme d'une couche vert-jaunâtre, translucide, qui devient opaque par une dessiccation complète, se fendille et se transforme en une poudre grossière, tout à fait semblable au bore qui n'a pas été dissous. Si l'on ajoute du chlorure d'ammonium à la dissolution du bore, elle se trouble et le bore est précipité.

Si on chauffe le bore jusqu'au rouge blanc à l'abri du contact de l'air, il s'agglomère, mais ne fond pas et ne se volatilise pas ; ou si peut-être il se volatilise, ce n'est qu'à un très faible degré et à une température très élevée. Le bore ainsi aggloméré devient si dense, qu'il tombe au fond de l'acide sulfurique concentré, ce qui ne lui arrive pas lorsqu'il n'a pas été calciné. La couleur du bore devient plus foncée par la calcination.

Chauffé au contact de l'air, le bore brûle et produit en brûlant une lueur rougeâtre : il se forme alors, outre l'acide borique, du nitrure de bore. Le bore brûle dans l'oxygène en produisant une chaleur intense ; mais il ne s'oxyde complétement ni par la combustion dans l'air, ni par la combustion dans le gaz oxygène, parce que l'acide borique qui s'est formé par la combustion entre en fusion et préserve de l'action de l'oxygène la portion du bore qui n'a pas été oxydée.

L'acide nitrique et l'eau régale oxydent très facilement le bore à chaud et le transforment en acide borique. Si on le fait fondre avec l'hydrate de potasse, il s'oxyde aux dépens de l'eau contenue dans l'hydrate et se transforme en acide borique avec dégagement d'hydrogène. Fondu avec les carbonates alcalins fixes, le bore s'oxyde aux dépens de l'acide carbonique et il se sépare du charbon. Lorsqu'on le mélange avec du nitrate de potasse, il détone avec force par l'action de la chaleur (Berzelius).

Outre le bore à l'état amorphe, on peut obtenir aussi le bore à l'état cristallisé et de deux formes différentes. Dans le premier cas, il forme des cristaux octaédriques qui ressemblent au diamant par leur dureté et leur éclat : ils sont de couleur jaune-clair ou brunâtre ; ils sont transparents ; ils ont un poids spécifique de 2,68. Sous la seconde forme cristalline, le bore forme des lames cristallines qui ont de la ressemblance avec le graphite, qui sont opaques et de couleur noire, mais qui possèdent une légère teinte rougeâtre.

Le bore cristallisé, qui du reste n'a pas encore pu être produit à l'état de très grande pureté, mais qui contient toujours encore de très petites quantités de charbon, ou même d'aluminium, se distingue du bore amorphe en ce qu'il résiste plus que ce dernier à l'action de l'oxygène à une température élevée : cependant, à la température à laquelle le diamant brûle, il s'oxyde à la surface, mais la couche d'acide borique qui se forme préserve les cristaux de toute oxydation ultérieure. Il n'est attaqué ni par les acides, ni par leurs mélanges, quelle que soit la température à laquelle on opère. Il n'est oxydé que par la fusion avec le bisulfate de potasse à la température rouge ; en même temps il se dégage de l'acide sulfureux. Il n'est pas sensiblement attaqué lorsqu'on le fait fondre au rouge avec le nitrate de potasse. Une dissolution bouillante d'hydrate de soude ne l'attaque pas, mais si on le fait fondre avec l'hydrate de soude et le carbonate de soude, il se dissout lentement au rouge (Wœhler et Deville).

Si l'on chauffe à une température élevée le bore amorphe dans un courant de vapeur de soufre, il se combine avec le soufre pour former du *sulfure de bore :* si on le chauffe jusqu'au rouge faible dans un courant de gaz hydrogène sulfuré, il se produit également, sans incandescence, du sulfure de bore (ou une combinaison de sulfure de bore et d'hydrogène sulfuré qui, par l'action de l'eau, se décompose vivement en hydrogène sulfuré et en acide borique.

Si l'on chauffe le bore amorphe dans un courant de gaz *chlore,* il se forme du *chlorure de bore* qui est gazeux à la température ordinaire, mais qui, soumis à l'action d'un mélange réfrigérant, se condense en un liquide. Le chlorure de bore se forme également lorsqu'on fait passer à une température élevée du chlore gazeux sur un mélange de charbon et d'acide borique ou lorsqu'on fait passer au rouge faible du gaz chlorhydrique sur le bore amorphe.

Le bore se combine avec le nitrogène pour former du *nitrure de bore* qui se présente sous la forme d'une poudre infusible de couleur grise ou gris-blanchâtre. L'affinité du bore pour le nitrogène est si grande, qu'il peut se combiner comme le titane p. 278) avec le nitrogène contenu dans l'air atmosphérique. Si on le chauffe même dans un courant de bioxyde de nitrogène à une chaleur peu élevée qui n'a pas besoin de s'élever jusqu'à la température rouge, le bore amorphe (mais non le bore cristallin) s'enflamme en produisant une vive incandescence et se transforme en un mélange d'acide borique et de nitrure de bore (Wœhler). Le meilleur moyen d'obtenir le nitrure de bore est d'ajouter du chlorure d'ammonium à une dissolution aqueuse d'acide borique, d'évaporer à siccité, de calciner fortement la masse desséchée, et de traiter par l'eau après le refroidissement la masse calcinée. Le nitrure de bore, fondu avec l'hydrate de potasse, dégage une très grande quantité d'ammoniaque.

Acide borique, BO^3 (?).

L'acide borique forme à l'état pur une masse vitreuse incolore, transparente et cassante. Il fond au rouge, il est presque fixe et il serait complétement fixe à cette température si on pouvait opérer la fusion dans un air atmosphérique anhydre, entièrement desséché. Mais, à une température plus élevée, l'acide borique peut se volatiliser, et si on le maintient pendant quelque temps à une température rouge-blanc intense, il se volatilise complétement. Si on humecte l'acide borique fondu au moyen d'une quantité excessivement faible d'eau et si on le fait fondre de nouveau, la volatilisation de l'acide borique est extraordinairement accélérée. Mais si on place à la surface de l'acide borique fondu un petit morceau de carbonate d'ammoniaque, l'acide borique soumis ensuite à la fusion dans un creuset fermé ne se volatilise point ou presque point. Après la fusion, l'acide borique ne présente pas trace de cristallisation et il est complétement amorphe. Pendant la fusion, l'acide borique n'est pas liquide, mais il est un peu mou et pâteux, au moins lorsque la température n'est pas très élevée. Lorsqu'il a été fondu dans des vases de platine, l'acide borique se dissout un peu difficilement dans l'eau, mais avec production de chaleur ; si on le dissout dans l'eau chaude, il se sépare par le refroidissement des cristaux d'hydrate d'acide borique qui affectent la forme d'écailles, qui ont l'éclat de la nacre de perles, qui sont gras au toucher et qui sont peu solubles dans l'eau, surtout lorsqu'elle est froide. La dissolution colore faiblement en rouge le papier bleu de tournesol, mais elle colore faiblement en rouge-brunâtre le papier jaune de curcuma. Cette coloration brune ne peut pas être observée immédiatement après qu'on a plongé le papier de curcuma dans la dissolution de l'acide borique, mais elle ne se montre qu'après la dessiccation. Elle n'a aucune ressemblance avec la coloration brune que les dissolutions alcalines opèrent sur le papier de curcuma. Car la coloration du papier de curcuma par l'action des dissolutions alcalines se produit immédiatement après que l'on a trempé le papier dans la dissolution : elle est alors très prononcée et nettement brun-rouge, même pour les dissolutions d'une alcalinité faible, mais elle change de teinte par la dessiccation et prend alors en quelque sorte une pointe de violet ; si la dissolution alcaline était très faible, la coloration disparaît entièrement quelque temps après la dessiccation, et le papier redevient jaune, comme cela arrive pour l'eau de chaux par exemple (p. 2, 17 et 31). — La coloration rouge-brun faible qui est déterminée sur le papier de curcuma par une dissolution d'acide borique pur, est augmentée d'une manière extraordinaire lorsqu'on ajoute un autre acide à la dissolution d'acide borique, et lorsqu'on dessèche ensuite le tout sur le papier de curcuma. Presque tous les acides jouissent de cette propriété : cependant les acides energiques comme l'acide chlorhydrique, l'acide nitrique, et meme l'acide tartrique, mais surtout l'acide sulfurique très étendu, determinent cette réaction bien mieux que les acides faibles comme l'acide acétique. Du reste, tous ces acides, lorsqu'ils sont seuls, n'ont point d'action par eux-mêmes sur le papier de curcuma. Si l'on ajoute à la dissolution d'acide borique une petite quantité de ces acides à l'etat très étendu, le papier de curcuma paraît d'un rouge pur très intense lorsqu'il est entièrement desséché. — Les dissolutions alcooliques d'acide borique se comportent à l'égard du papier de tournesol et du papier de curcuma comme les dissolutions aqueuses.

Les dissolutions des borates ne se comportent pas à l'égard du papier de curcuma comme la dissolution d'acide borique pur. Comme l'acide borique est un des acides les plus faibles, la dissolution des borates alcalins colore le papier de curcuma en brun-rouge comme le font les dissolutions faiblement alcalines : mais la dissolution brun-rouge, produite par l'oxyde alcalin, prend alors une legère teinte d'un violet sale : elle disparaît souvent presque entièrement par la dessiccation et, lorsque la quantité d'acide borique contenue dans le sel n'est pas trop faible, on peut observer une faible reaction determinée par l'acide borique. C'est ce qui arrive par exemple lorsqu'on opère sur la dissolution du borax ordinaire : la réaction est plus prononcée et plus nette lorsqu'on opère sur une dissolution de quadriborate de soude.

La réaction de l'acide borique sur le papier de curcuma se produit à un degré très prononcé par l'action des dissolutions des borates lorsqu'on leur ajoute un acide très étendu, spécialement lorsque cet acide appartient à la série des acides forts. On obtient alors une teinte différente de celle produite par l'acide borique pur ; mais la coloration ainsi produite peut être utilisee avec un grand avantage pour reconnaître dans une dissolution des quantités, meme petites, de borates.

Il faut observer ici que l'acide borique n'est pas le seul acide qui se comporte à l'égard du papier de curcuma d'une manière particuliere. La zircone p. 54, l'acide titanique p. 284, l'acide tantalique p. 303 et les acides du niobium p. 317 et 329) se comportent de même lorsqu'on opère sur leurs dissolutions dans les acides forts : seulement la plupart des modifications produites par ces acides sur le papier de curcuma different un peu de celles produites par l'acide borique.

Si l'on evapore la dissolution aqueuse d'acide borique, la vapeur d'eau, en se volatilisant, entraîne beaucoup d'acide borique, même lorsque l'évaporation a eu lieu a une très faible chaleur. On ne peut même pas bien empêcher la volatilisation de l'acide borique contenu dans la dissolution lorsqu'on ajoute de temps en temps un excès d'ammoniaque pendant l'évaporation. Mais un exces d'une base énergique fixe empêche la volatilisation de l'acide borique par suite de l'évaporation. Il faut cependant que la base ajoutée soit soluble, car si l'on ajoute une quantité, même forte, d'oxyde de plomb, on ne peut empêcher la volatilisation partielle de l'acide borique pendant l'évaporation.

L'acide borique est également soluble dans l'alcool. Si l'on évapore la dissolution alcoolique d'acide borique, il se volatilise avec les vapeurs d'alcool plus d'acide borique qu'il ne s'en volatilise avec la vapeur d'eau pendant l'évaporation de la dissolution aqueuse. Si l'on humecte l'acide borique fondu avec une quantité excessivement faible d'alcool, et si l'on fait fondre de nouveau, il se volatilise ultérieurement par la fusion plus d'acide borique que lorsqu'on l'a humecté avec de l'eau.

L'acide borique communique une coloration verte aux flammes des gaz combustibles avec lesquels il se volatilise. Cette coloration se montre lorsqu'on mélange du soufre avec l'hydrate de l'acide borique (mais pas avec l'acide anhydre, parce que celui-ci est moins volatil et lorsqu'on chauffe le mélange. La coloration se montre aussi lorsqu'on met en contact avec des gaz en combustion un mélange de bisulfate de potasse et d'un borate ; mais c'est principalement la dissolution alcoolique d'acide borique qui, lorsqu'elle est allumée, brûle avec une belle flamme verte. Cette propriété de l'acide borique est surtout caractéristique, et on l'utilise pour reconnaître avec certitude l'acide borique : en effet cet acide donne avec les réactifs un très petit nombre de réactions distinctes qui puissent permettre de le reconnaître facilement. La coloration verte de la flamme de la dissolution alcoolique d'acide borique peut surtout être observée avec netteté lorsqu'on agite ou bien lorsqu'on eteint la flamme en la soufflant et lorsqu'on l'allume ensuite de nouveau. Lorsqu'il n'y a que de petites quantités d'acide borique en dissolution dans de grandes quantités d'alcool, la dissolution brûle d'abord avec la couleur particulière à l'alcool, et ce n'est que vers la fin que les extrémités de la flamme se colorent en vert. On reconnaît avec encore plus de certitude la couleur verte de la flamme, lorsqu'on place dans la dissolution un peu de coton, et lorsqu'on l'agite avec une baguette de verre. On réussit de cette manière à reconnaître la présence de très petites quantités d'acide borique. La coloration verte produite par l'alcool qui contient de l'acide borique lorsqu'il brûle provient de la production d'un éther borique volatil. Par suite, la dissolution alcoolique d'acide borique ne brûle avec une flamme verte que lorsque l'alcool est suffisamment concentré et lorsqu'il n'est pas étendu d'une grande quantité d'eau. Dans ce dernier cas, la couleur de la flamme est bleuâtre comme celle que produit l'alcool seul lorsqu'il est un peu étendu.

Si l'acide borique est combine avec une base forte, il ne communique pas à l'alcool la propriété de brûler avec une flamme verte, parce qu'il ne peut pas alors se former de l'éther borique. Dans ce cas, on doit ajouter au borate de l'acide sulfurique et verser ensuite de l'alcool sur le tout : si l'on enflamme alors l'alcool, il brûle avec une flamme verte. Mais la couleur de la flamme n'est pas ordinairement dans ce cas d'un aussi beau vert que celle produite sur l'alcool par l'acide borique pur, parce que le sulfate qui se forme exerce souvent aussi une influence sur la couleur de la flamme.

— Bien qu'on puisse admettre que, dans le borax ordinaire, la soude est sursaturée par l'acide borique, et que ce sel est réellement un sel acide, si l'on verse de l'alcool sur le borax, il ne communique à l'alcool la propriété de brûler avec une flamme verte que lorsqu'on a ajouté de l'acide sulfurique concentré. Il faut faire fondre le borax avec quatre poids équivalents d'acide borique pour qu'en versant de l'alcool sur le sel, l'alcool acquière la propriété de brûler avec une flamme verte; mais, même dans ce cas, la coloration n'est pas d'un vert prononcé, et ne le devient que lorsque l'on a ajouté de l'acide sulfurique concentré. La couleur verte de la flamme ne paraît surtout que lorsque l'excès d'acide sulfurique commence à réagir comme acide concentré. Parmi les bases fortes, l'ammoniaque fait exception en ce qu'elle n'empêche pas la coloration verte de la flamme de l'alcool de se produire. Si on sursature par l'ammoniaque une dissolution aqueuse concentrée d'acide borique et si on ajoute ensuite de l'alcool, il ne brûle pas d'abord avec une couleur verte, mais la flamme verte paraît ultérieurement lorsque la plus grande partie de l'ammoniaque s'est volatilisée avec les vapeurs d'alcool.

Si, au lieu d'acide sulfurique, on ajoute de l'acide chlorhydrique aux borates qui contiennent des bases énergiques, c'est seulement lorsqu'on ajoute un excès considerable de cet acide et lorsqu'on concentre la dissolution, que l'alcool prend une flamme verte, et même alors la coloration n'est pas très prononcée. La dissolution brûle avec une flamme d'un vert plus net lorsqu'on ajoute de l'acide nitrique; mais ce n'est que dans les premiers instants, avant que l'acide nitrique ait commencé à opérer la décomposition de l'alcool.

Non-seulement les hydrates des oxydes alcalins, mais les carbonates alcalins empêchent la production verte de la flamme de l'alcool qui contient de l'acide borique, ce qui est exceptionnel, puisque l'acide borique ne peut pas chasser l'acide carbonique de ses combinaisons. De même les oxydes alcalino-terreux et leurs carbonates empêchent aussi la coloration verte de se produire. Les chlorures l'empêchent aussi; elle ne se produit dans ce cas que lorsqu'on ajoute de l'acide sulfurique.

Comme la coloration verte de la flamme de la dissolution alcoolique d'acide borique est un des caractères les plus importants pour reconnaître cet acide, on doit observer ici que lorsqu'on verse de l'alcool sur les sels de bioxyde de cuivre, ou lorsqu'on ajoute de l'alcool à leur dissolution aqueuse concentrée, ils communiquent à la flamme de l'alcool une couleur verte. C'est ce qui arrive spécialement pour les sels de bioxyde de cuivre qui sont solubles dans l'alcool, comme le bichlorure de cuivre par exemple. — Lorsqu'on verse un excès d'acide sulfurique sur un chlorure alcalin, lorsqu'on ajoute ensuite de l'alcool et lorsqu'on l'enflamme, il se produit de l'éther chlorhydrique qui brûle avec une flamme verte, qui cependant est d'un vert bleuâtre bien net, et possède, avec la flamme de la dissolution alcoolique d'acide borique, moins de ressemblance que la flamme qui est produite par les sels de cuivre.

Il est tout à fait remarquable que quelques acides organiques, et spécialement l'acide tartrique, se comportent à l'égard de l'acide borique comme des bases énergiques; par l'action de ces acides, l'acide borique en dissolution alcoolique perd la propriété de brûler avec une flamme verte. Il faut cependant une quantité assez considérable d'acide organique pour arriver à ce résultat; pour un atome d'acide borique, il ne faut pas employer moins de 10 atomes d'acide tartrique cristallisé. Si on dissout ce mélange dans l'alcool et si on l'enflamme, on ne peut pas observer de coloration verte de la flamme, ou bien on ne peut en observer que lorsque la dissolution commence à s'évaporer de telle sorte que l'acide tartrique commence à se carboniser fortement. Mais si l'on ajoute de l'acide sulfurique à la dissolution alcoolique, la coloration verte se produit de la même manière que lorsqu'on ajoute de l'acide sulfurique aux combinaisons de l'acide borique avec les bases fortes.

Quoique l'acide tartrique, en réagissant sur une dissolution concentrée de borax, puisse en séparer l'acide borique, un mélange de borax pulvérisé et d'acide tartrique, quelle que soit la proportion dans laquelle les deux substances sont mélangées entre elles, ne donne point ou ne donne qu'à un degré excessivement faible la propriété de brûler avec une flamme verte; mais la dissolution alcoolique de ce mélange peut acquérir cette propriété lorsqu'on ajoute de l'acide sulfurique.

De très petites quantités de tartrates alcalins empêchent une grande quantité d'acide borique de donner à l'alcool la propriété de brûler avec une flamme verte. La flamme de l'alcool ne devient verte que lorsqu'on ajoute de l'acide sulfurique.

L'acide paratartrique se comporte sous ce rapport à l'égard de l'acide borique tout à fait de la même manière que l'acide tartrique. — Les autres acides organiques non volatils comme l'acide citrique se comportent aussi de même; mais il en faut une bien plus grande quantité pour opérer la réaction.

Parmi les acides inorganiques, il n'y a que l'acide phosphorique qui se comporte un peu de la même manière à l'égard de l'acide borique; mais il faut employer une bien plus grande quantité de cet acide que d'acide tartrique pour empêcher la coloration verte de la flamme de l'alcool. Si l'on ajoute de l'acide sulfurique, la coloration verte se produit.

Si l'on mélange du borax avec une forte proportion d'un phosphate, on peut encore observer la coloration verte de la flamme de l'alcool, lorsqu'on mélange une partie de borax avec 20 parties de phosphate de soude anhydre desséché et lorsqu'on ajoute de l'alcool et de l'acide sulfurique au mélange; mais elle ne peut être reconnue que difficilement et en observant avec beaucoup de soin à cause de la coloration jaune intense qui se produit en même temps et qui provient des sels de soude. Si on rend la dissolution acide au moyen de l'acide sulfurique, on peut y reconnaître la présence de l'acide borique au moyen du papier de curcuma.

L'acide borique, même fondu, se dissout facilement dans *l'acide fluor-*

hydrique avec dégagement de chaleur. Si l'on évapore la dissolution dans un vase de platine, elle se volatilise entièrement, lorsque l'acide est pur, en produisant une fumée abondante. Si l'acide borique est combiné avec des bases fixes, ces bases restent comme résidu à l'état de fluorures. Cette méthode est la meilleure pour essayer si l'acide borique est entièrement pur ou s'il est mélangé avec des substances fixes. — Si l'on dissout une grande quantite d'acide borique dans l'acide fluorhydrique, on obtient une dissolution qui n'attaque pas le verre. Par l'action de l'acide sulfurique sur un mélange de spath-fluor et d'une grande quantité d'acide borique, on ne peut observer aucune action produite sur le verre par le gaz qui se dégage.

Si l'on mélange l'acide borique avec le *fluorure d'ammonium* et si l'on chauffe le mélange, le tout se volatilise facilement sans laisser de résidu lorsque les materiaux employés sont purs. — Mais si on mélange l'acide borique avec du fluorhydrate de fluorure de potassium et si l'on fait fondre le tout, il ne se volatilise qu'un peu d'acide borique, parce que l'acide fluorhydrique combiné avec le fluorure de potassium se dégage à une température trop basse pour pouvoir former avec l'acide borique du fluorure de bore.

L'acide borique est un acide si faible que, même à l'état de dissolution très concentrée, il ne peut pas chasser à la température ordinaire l'acide carbonique contenu dans les carbonates ; par l'action de la chaleur et par l'évaporation, il ne réagit sur les carbonates qu'à un très faible degré. C'est seulement lorsqu'on évapore à siccité les dissolutions de l'acide borique et des carbonates alcalins et lorsqu'on commence alors à chauffer et à calciner la masse desséchée, que le dégagement d'acide carbonique a lieu, sans cependant qu'il se produise un boursouflement très fort. — Mais, par la fusion, l'acide borique peut, à cause de son peu de tendance à se volatiliser, chasser de leurs combinaisons des acides plus énergiques lorsqu'ils sont volatils.

Parmi les borates, ceux qui ont pour base un oxyde alcalin, sont solubles dans l'eau. Les combinaisons de l'acide borique avec les oxydes métalliques, bien qu'elles ne soient pas insolubles dans l'eau, y sont pour la plupart très peu solubles. Il n'y a peut-être qu'un très petit nombre de borates qui soient complétement insolubles.

Les dissolutions des borates alcalins solubles bleuissent le papier de tournesol, même lorsqu'elles ne sont pas neutres et contiennent un excès d'acide comme on peut l'admettre pour le borax ordinaire : la dissolution de quadriborate de soude bleuit même encore le papier de tournesol. Une très petite quantité d'ammoniaque peut annuler l'acidité d'une très grande quantité d'acide borique de telle manière que la dissolution bleuisse le papier de tournesol et que l'ammoniaque puisse être reconnue à son odeur. Non-seulement la dissolution du borax neutre, mais aussi celle du borax ordinaire et même celle du quadriborate de soude peuvent chasser l'ammoniaque contenue dans les dissolutions des sels ammoniacaux. Les borates alcalins neutres que l'on obtient lorsqu'on calcine ou lorsqu'on fait fondre les biborates de soude et de potasse avec un atome de carbonate alcalin, attirent l'acide carbonique de l'air lorsqu'ils sont en dissolution et même lorsqu'ils sont à l'état cristallisé et lorsqu'ils sont secs, et forment de nouveau à la longue des biborates alcalins, mélangés avec du carbonate alcalin.

Comme l'acide borique est un acide très faible, l'acide borique contenu dans la dissolution d'un borate peut être chassé par l'eau qui se met à sa place. Ce n'est par suite que dans un très petit nombre de cas, qu'il se produit par la précipitation au moyen d'une dissolution de borax ou de borate neutre un borate insoluble ou peu soluble dont la composition corresponde au degré de saturation de ces borates. Cela n'a lieu que pour les oxydes alcalino-terreux et seulement lorsque les précipités n'ont pas été lavés. Plus la quantité d'eau par laquelle on traite les borates précipités est grande et plus cette eau est chaude, plus est grande la quantité d'acide borique que l'eau enlève au borate précipité.

Même lorsque l'acide borique est combiné avec une base très énergique comme dans le borax, une grande quantité d'eau peut séparer une partie de l'acide borique de la soude avec laquelle il était combiné. Si l'on ajoute à un certain volume d'une dissolution concentrée de borax une quantité de teinture de tournesol rougie par l'acide acétique qui soit suffisante pour que la coloration rouge ait disparu en grande partie, mais non entièrement, de telle sorte qu'on puisse la considerer encore comme d'une couleur rouge bien nette, on remarque que la couleur passe au bleu lorsqu'on étend d'eau la liqueur. Si on l'étend encore d'une plus grande quantité d'eau, la coloration devient plus claire et perd la faible teinte rouge qu'elle avait antérieurement. Par suite de l'action que l'eau qui a servi à étendre la dissolution de borax, exerce sur cette dissolution, une certaine quantité de soude paraît être devenue libre et s'être séparée de l'acide borique.

Si l'on décompose par l'acide sulfurique concentré ou par l'acide chlorhydrique les dissolutions aqueuses des borates alcalins lorsqu'elles sont concentrées et chaudes, l'acide borique peu soluble se sépare par le refroidissement sous la forme d'écailles.

Le biborate de soude que l'on appelle ordinairement borax, lorsqu'il est en dissolution, se comporte souvent d'une autre manière que le borate neutre de soude.

Une dissolution de *chlorure de baryum* donne avec la dissolution de borax un précipité blanc, volumineux, qui se rassemble difficilement, mais qui se redissout complètement lorsqu'on ajoute une grande quantité d'eau. Ce précipité se dissout encore plus facilement dans un excès de chlorure de baryum ou dans le chlorure d'ammonium. Le précipité contient un peu moins d'acide borique que n'en contenait la dissolution de borax dans laquelle s'est produit le précipité. — La dissolution de borate neutre de soude donne naissance à une réaction presque identique et détermine la production du même précipité, qui est composé de borate neutre de baryte et qui contient autant d'acide borique que le précipitant. A la surface de l'eau de lavage, il se forme par suite du contact de l'air une pellicule de carbonate de baryte. Même en se desséchant, le précipité attire l'acide carbonique de l'air.

Une dissolution de *chlorure de calcium* se comporte d'une manière tout à fait semblable à celle de la dissolution de chlorure de baryum, tant avec une dissolution de borax qu'avec une dissolution de borate neutre de soude. — Une dissolution d'acide borique n'est pas troublée par une dissolution de chlorure de calcium; si l'on ajoute assez d'ammoniaque pour que la dissolution sente faiblement l'ammoniaque libre, il ne se forme d'abord point de précipité; mais il s'en produit un au bout de quelque temps; il n'est du reste pas considérable.

Une dissolution de *sulfate de magnésie* ne produit pas de précipité dans la dissolution de borax; mais si on fait bouillir la dissolution, on obtient un précipité qui est essentiellement formé d'hydrate de magnésie, mélangé avec du borate de soude. Par le refroidissement, l'hydrate de magnésie se dissout de nouveau dans l'acide borique, devenu libre, et le précipité disparaît. Le sulfate de magnésie forme dans une dissolution de borate neutre de soude un leger précipité qui contient du borate de magnésie très basique, de l'hydrate de magnésie et du borate de soude. Ce précipité se dissout dans un excès de sulfate de magnésie. Si l'on fait bouillir cette dissolution, il s'y produit un précipité qui disparaît presque entièrement par le refroidissement.

Une dissolution de *sulfate de protoxyde de manganèse* produit dans une dissolution de borax un abondant précipité qui n'est que peu soluble ou n'est presque point soluble dans une dissolution de sulfate de protoxyde de manganèse. Il est, au contraire, soluble dans une dissolution de chlorure d'ammonium. Le sulfate de protoxyde de manganèse se comporte de la même manière à l'égard d'une dissolution de borate neutre de soude.

La dissolution de borax produit dans une dissolution de *sulfate de zinc* un précipité qui se dissout facilement dans un excès de sulfate de zinc. Ce précipité est formé de borate neutre de zinc dont on peut séparer une partie de l'acide borique par des lavages au moyen de l'eau. Le borate de zinc fond à la température rouge et forme, après le refroidissement, des lames cristallines qui résistent fortement à l'action dissolvante de l'acide chlorhydrique et ne s'y dissolvent même que partiellement au bout de plusieurs jours lorsqu'on emploie la chaleur. Le sulfate de zinc produit également un précipité dans la dissolution du borate neutre de soude : mais ce précipité est très peu soluble ou presque insoluble dans un excès de sulfate de zinc.

Les dissolutions de *sulfate de cobalt* et de *sulfate de nickel* donnent dans la dissolution de borax des précipités rougeâtre et verdâtre qui sont solubles dans un excès de ces dissolutions métalliques. Le précipité rougeâtre formé par le sel de cobalt devient rouge-noir par le lavage au moyen de l'eau. Les deux précipités sont formés de borates de cobalt ou de nickel et d'hydrate d'oxyde de cobalt ou de nickel lorsque, par le lavage, on a enlevé de l'acide borique aux précipités qui s'étaient formés d'abord. Cependant l'eau de lavage enlève à ces précipités une quantité moins grande d'acide borique qu'elle n'en enlève aux précipités formés par les autres oxydes métalliques. Les dissolutions de sulfate de cobalt et de sulfate de nickel se comportent de même à l'égard des dissolutions de borate neutre de soude; mais les précipités qui se forment, se dissolvent moins facilement dans un excès des dissolutions métalliques qui les ont produites.

Une dissolution d'*alun* produit dans les dissolutions de borax et de borate neutre de soude des précipités qui sont solubles dans un excès de dissolution d'alun ; le précipité produit par le borate neutre de soude se dissout cependant dans la dissolution d'alun, bien plus difficilement que celui qui est produit par le borax. Si l'on ajoute de l'ammoniaque ou du carbonate d'ammoniaque, il se produit un abondant précipité, surtout dans le dernier cas. — Le précipité produit par le borax est formé de borate d'alumine et de borax; si on le lave, le borax se dissout; mais en même temps le borate d'alumine perd de l'acide borique : le précipité est alors formé de borate d'alumine et d'hydrate d'alumine. Le précipité produit par le borate neutre de soude est formé de borate d'alumine et de borate de soude neutre; mais si on le lave, il ne reste plus que du borate d'alumine et de l'hydrate d'alumine.

Une dissolution d'un *sel neutre de sesquioxyde de fer* produit dans les dissolutions de borax et de borate neutre de soude un précipité jaunâtre. Si on le fait bouillir, ce précipité devient brun et de la couleur du sesquioxyde de fer pur. Le précipité formé par le borax se dissout facilement dans un excès de dissolution de sesquioxyde de fer; celui qui est produit par le borate neutre de soude se dissout au contraire bien plus difficilement dans un excès de dissolution de sesquioxyde de fer. — Si l'on ajoute à une dissolution de borax un excès très considérable de dissolution de sesquioxyde de fer, et de l'ammoniaque, le sesquioxyde de fer qui se précipite contient la plus grande partie de l'acide borique. — Le précipité produit par le borax est formé de borate de sesquioxyde de fer et de borax : après avoir été lavé, il se compose de borate de sesquioxyde de fer et d'hydrate de sesquioxyde de fer. Au moyen du borate neutre de soude, on obtient un précipité de borate de sesquioxyde de fer et de borate neutre de soude : après avoir été lavé, il est formé de borate de sesquioxyde de fer et d'hydrate de sesquioxyde de fer.

Si l'on ajoute une dissolution concentrée de *nitrate d'argent* à une dissolution concentrée de borax, il se forme un précipité blanc de borate neutre d'argent. Si l'on ajoute une grande quantité d'eau, ce précipité s'y dissout complétement. — Si, au contraire, on étend une dissolution concentrée de borax d'une très grande quantité d'eau, autant à peu près qu'il en faudrait pour dissoudre complétement le borate d'argent qui aurait été précipité par la dissolution de borax, 30 à 40 fois par conséquent le volume primitif de la dissolution, et si on ajoute la dissolution de nitrate d'argent, il se produit un précipité brun qui reste longtemps en suspension et qui ne se dissout pas lorsqu'on ajoute une quantité d'eau encore plus grande. Ce precipité ne contient pas d'acide borique et n'est formé que d'oxyde d'argent pur. Si cependant la dissolution d'argent est très étendue, elle ne produit pas de précipité dans la dissolution étendue de borax ; c'est seulement lorsqu'on évapore que l'oxyde d'argent de couleur brun-noir se sépare. Les deux precipités qui se produisent par l'action du nitrate d'argent sur les dissolutions de borax, aussi bien celui qui se produit dans les dissolutions concentrees que celui qui se produit dans les dissolutions étendues, sont solubles dans l'ammoniaque et dans l'acide nitrique étendu. — Lorsqu'elle est étendue de beaucoup d'eau, une dissolution de borax réagit, par conséquent, comme une dissolution étendue d'hydrate de soude, et, dans cette dissolution, l'acide borique ne paraît plus être combiné avec la soude; il est séparé de sa combinaison avec l'oxyde alcalin par la grande quantité d'eau qui se comporte dans ce cas comme un acide. — Il est indifferent, dans ces expériences, d'ajouter la dissolution de borax à la dissolution d'argent, ou réciproquement d'ajouter la dissolution d'argent à la dissolution de borax.— Les dissolutions concentrées et étendues du borate de potasse dont la composition correspond au borax, se comportent comme le borax à l'égard de la dissolution d'argent. Le borate d'ammoniaque, au contraire, ne produit que lorsqu'on l'emploie à l'état de dissolution concentree, avec la dissolution de nitrate d'argent un précipité blanc de borate d'argent qui est soluble dans une grande quantité d'eau; une dissolution très étendue de borate d'ammoniaque, au contraire, ne produit pas de précipité dans la dissolution d'argent. — La dissolution de *sulfate d'argent* se comporte à l'égard de la dissolution de borax comme la dissolution de nitrate d'argent. — Lorsque, après avoir jeté sur un filtre le borate neutre d'argent, on le soumet à des lavages, et lorsque, pour opérer ces lavages, on emploie de l'eau bouillante, on obtient de l'oxyde d'argent pur qui attire l'acide carbonique de l'air.

Si l'on ajoute une dissolution concentrée de nitrate d'argent à une dissolution concentrée de borate neutre de soude, on obtient un précipité brun qui se rassemble et se dépose facilement. Il est formé de borate d'argent et d'oxyde d'argent et se dissout dans une grande quantité d'eau en laissant comme résidu de l'oxyde d'argent. Si on le lave sur un filtre avec l'eau bouillante, cette eau lui enlève tout l'acide borique et il reste comme résidu de l'oxyde d'argent qui a attiré l'acide carbonique de l'air. La dissolution de nitrate d'argent se comporte donc à l'égard d'une dissolution très étendue de borate neutre de soude comme elle se comporte à l'égard d'une dissolution très étendue de borax.

Si on calcine le borate d'argent avant qu'il ait perdu par le lavage une trop grande quantité d'acide borique, il fond en une masse qui paraît rouge pâle, qui ne se modifie plus par une calcination ultérieure et qui ne change plus de poids. Elle se dissout dans l'acide nitrique sans donner lieu à un dégagement de gaz et n'est mélangée avec de l'argent métallique que lorsque l'eau a enlevé au sel une trop grande quantité d'acide borique.

Une dissolution de *nitrate de protoxyde de mercure* se comporte à l'égard des dissolutions de borax de la même manière qu'une dissolution de nitrate d'argent. Si l'on ajoute la dissolution de nitrate de protoxyde de mercure à une dissolution concentrée de borax, on obtient un précipité jaune-brun de borate de protoxyde de mercure qui est entièrement soluble dans une grande quantité d'eau. Si, au contraire, on ajoute la dissolution de nitrate de protoxyde de mercure à une dissolution très étendue de borax, il se forme un précipité gris-noir qui reste longtemps en suspension. Si l'on ajoute une dissolution de nitrate de protoxyde de mercure à une dissolution concentrée de borate neutre de soude, il se forme un précipité brun-jaune qui se dissout dans une grande quantité d'eau en laissant comme résidu un très faible résidu noir. La dissolution de nitrate de protoxyde de mercure réagit sur une dissolution très étendue de borate neutre de soude comme sur une dissolution très étendue de borax.

Une dissolution de *bichlorure de mercure* produit, tant dans la dissolution de borax que dans celle du borate neutre de soude un précipité rouge-brun qui n'est pas soluble dans un excès du précipitant, et qui, par l'action d'un excès du précipitant, ne change pas non plus de couleur. Ce précipité est formé d'une combinaison de bichlorure de mercure et de bioxyde de mercure. Si la dissolution de bichlorure de mercure contient du chlorure d'ammonium, il s'y forme un précipité blanc par l'action des dissolutions de borax et de borate neutre de soude. Ces dissolutions se comportent donc à l'égard du bichlorure de mercure de la même manière que les carbonates alcalins (p. 178). La dissolution de quadriborate de soude produit également dans la dissolution de bichlorure de mercure un précipité brun-rouge d'oxychlorure de mercure : si les dissolutions sont étendues d'une grande quantité d'eau, le précipité ne paraît pas immédiatement, mais seulement au bout de quelque temps.

Une dissolution de *nitrate de plomb* produit dans la dissolution de borax un précipité blanc volumineux. Ce précipité se rassemble difficilement : lorsqu'il a été précipité à la température ordinaire, il est presque uniquement formé de borate neutre de plomb : mais si la précipitation a eu lieu à la température de l'ébullition, il contient en outre beaucoup d'hydrate d'oxyde de plomb. Le précipité blanc est entièrement insoluble dans un excès de dissolution de borax, mais il est complétement soluble dans un excès de nitrate de plomb, surtout par l'action de la chaleur.—Dans une dissolution de borate neutre de soude, on obtient, par l'action du nitrate de plomb, un précipité qui n'est pas, à beaucoup près, aussi soluble dans un excès du précipitant, et qui exige, pour être dissous, que l'on emploie une très grande quantité du précipitant, et que l'on opère à chaud. Ce précipité est moins volumineux et se rassemble rapidement. Il est formé de borate neutre de plomb et d'hydrate d'oxyde de plomb ; il contient une plus grande quantité d'hydrate d'oxyde de plomb lorsqu'on opère la précipitation au moyen de dissolutions chaudes. — Les combinaisons de l'acide borique avec l'oxyde de plomb, lorsqu'elles contiennent de l'hydrate de plomb, attirent par la dessiccation l'acide carbonique de l'air. A une température élevée, elles fondent en un liquide transparent qui, par le refroidissement, s'épaissit en une masse vitreuse.

Une dissolution de *sulfate de bioxyde de cuivre* produit dans la dissolution de borax un précipité bleu volumineux qui se rassemble difficilement. Ce précipité est formé de borate de bioxyde de cuivre et d'hydrate de bioxyde de cuivre : si on le lave, le précipité perd toujours une plus grande quantité d'acide borique, et le précipité devient brun. Si l'on emploie des dissolutions bouillantes, le précipité qui se forme est vert, mais il devient brun, et finalement noir lorsqu'on le lave avec l'eau bouillante, et on peut arriver enfin à séparer au moyen de l'eau bouillante tout l'acide borique de l'oxyde de cuivre avec lequel il était combiné, en sorte qu'il ne reste plus que du bioxyde de cuivre noir pour résidu. — Si l'on précipite le sulfate de cuivre par une dissolution de borax neutre, les mêmes phénomènes se produisent, mais il est plus difficile de séparer l'acide borique du bioxyde de cuivre en traitant le précipité par l'eau bouillante.

Si l'on chauffe les borates qui contiennent de l'eau de cristallisation, ils se boursouflent excessivement, en même temps qu'ils perdent de l'eau ; ce boursouflement est plus fort pour les borates que pour tout autre sel. Le borate neutre de soude se boursoufle bien plus que le borax ordinaire. Lorsqu'ils ont perdu leur eau et lorsqu'on continue ensuite à chauffer, ils fondent, deviennent liquides et s'épaississent ensuite par le refroidissement en une masse vitreuse. Le borate neutre de soude fond très difficilement, et, du reste, toutes les combinaisons salines neutres de l'acide borique sont très peu fusibles ; plus les borates contiennent d'acide borique, plus ils sont fusibles. Même lorsque les borates qui contiennent de l'eau sont peu solubles ou sont insolubles, ils perdent l'eau qu'ils contiennent par l'action de la chaleur en se boursouflant.

Au chalumeau, on retrouve l'acide borique dans les borates en les mélangeant à l'état pulvérisé avec 3 ou 4 parties d'un fondant qui est composé d'une partie de spath-fluor en poudre et de 4 parties et demie de bisulfate de potasse. On agite le mélange avec un peu d'eau de manière à en faire une masse pâteuse que l'on place dans le petit anneau d'un fil de platine. On le fait fondre ensuite en dedans de la flamme bleue. Pendant la fusion de la masse, la flamme extérieure se colore tout autour en vert-jaunâtre par l'action du fluorure de bore qui se volatilise. La coloration verte disparaît aussitôt que le fluorure de bore s'est entièrement volatilisé et ne reparaît pas : il faut par suite observer attentivement au moment de la fusion. Lorsque la substance à analyser ne contient qu'une petite quantité d'acide borique, il faut bien faire attention, parce que la coloration verte de la flamme ne dure que peu d'instants Turner). Cette méthode doit surtout être employée lorsque les silicates contiennent de petites quantités d'acide borique. Dans les borates, on reconnaît l'acide borique d'une manière plus simple. Pour ceux qui contiennent des bases fortes, on les humecte avec l'acide sulfurique concentré et on les expose à l'action de l'extrémité de la flamme intérieure : la flamme extérieure se colore alors en vert. Les borates, même seuls, déterminent la coloration verte de la flamme extérieure du chalumeau, lorsque l'acide borique y est combiné avec des bases faibles. Il faut observer que les phosphates humectés avec l'acide sulfurique (p. 534) et les combinaisons de cuivre (p. 162) peuvent également colorer en vert la flamme du chalumeau.

Le plus sûr moyen de reconnaître l'acide borique est par conséquent la coloration verte que l'acide borique et les borates décomposés par l'acide sulfurique font prendre à la flamme de l'alcool : et aussi la coloration brune que prend le papier de curcuma lorsqu'on le plonge dans une dissolution d'acide borique ou dans la dissolution d'un borate auxquelles on a ajouté un acide énergique étendu. De petites quantités d'acide borique peuvent aussi être reconnues à l'aide de leur transformation en fluorure de bore par une méthode qui sera décrite plus loin.

Acide hydrofluoborique, $H^2F^2 + BF^6$.

Le fluorure de bore, BFl^6, est à l'état pur un gaz incolore qui, au contact de l'air, produit une fumée abondante, une odeur acide, suffocante ; à l'aide d'une forte pression et d'un froid intense, il peut se condenser en un liquide fluide, incolore. Il n'attaque pas le verre. Si l'on mélange du spath-fluor avec une grande quantité d'acide borique anhydre, si l'on place ce mélange dans un creuset de platine, et si l'on y verse de l'acide sulfurique concentré, on ne peut obtenir aucune action sur une lame de verre que l'on place au-dessus du creuset.

Le fluorure de bore se dissout dans l'eau en très grande quantité. Lorsque la dissolution est aussi concentrée que possible, le fluorure de bore se décompose seulement en fluorhydrate d'acide borique (*acide fluoborique*) ($BO^3 + 3H^2F^2$). Cette dissolution se présente sous la forme d'un liquide un peu épais qui n'est pas sans analogie avec l'acide sulfurique concentré, et qui noircit les substances organiques comme le fait cet acide. Par l'action de la chaleur, il s'en dégage d'abord du fluorure de bore gazeux, et l'acide se volatilise ensuite sans se modifier.

Si l'on étend cet acide d'une plus grande quantité d'eau, ou si on traite le fluorure de bore par une quantité d'eau bien plus grande qu'il n'est nécessaire pour la saturation complète, il se sépare de l'acide borique, et en même temps il reste en dissolution une combinaison de fluorure de bore et d'acide fluorhydrique (*acide hydrofluoborique*).

L'acide hydrofluoborique a une saveur acide. Si on l'évapore, il se dégage d'abord de l'acide fluorhydrique, et il reste comme résidu de l'acide fluoborique qui se comporte, à une température plus élevée, comme nous l'avons indiqué précédemment. A la température ordinaire, l'acide hydrofluoborique étendu n'attaque pas le verre, mais si on le concentre dans des vases de verre, l'acide fluorhydrique qui se sépare au commencement de la concentration, réagit sur le verre, au lieu de se dégager. Mais si on le mélange avec un excès d'acide borique, on peut l'évaporer dans des vases de verre : par cette évaporation, on obtient de l'acide fluoborique.

L'acide hydrofluoborique se combine avec les bases pour former des fluorures doubles *hydrofluoborates*). Les hydrofluoborates sont formés par la combinaison du fluorure de bore non décomposé avec le fluorure métallique qui se produit par l'action de l'acide fluorhydrique sur la base.

Les dissolutions des *sels de potasse* produisent dans la dissolution d'acide hydrofluoborique un précipité gélatineux volumineux, qui a des propriétés et un aspect exterieur tout à fait semblables à celui de l'hydrofluosilicate de potasse p. 645). Seulement il est moins transparent que l'hydrofluosilicate de potasse ; par suite il est plus facile à reconnaître : il ne présente non plus aucun chatoiement par l'action de la lumière. Non-seulement les dissolutions de chlorure de potassium, de sulfate et de nitrate de potasse donnent avec l'acide hydrofluoborique un précipité d'hydrofluoborate de potasse, en quelque quantité qu'on les ajoute ; mais les dissolutions d'hydrate de potasse et de carbonate de potasse le produisent aussi. Même lorsqu'on ajoute un excès de ces dissolutions, le sel précipité n'est pas décomposé, ce qui le distingue essentiellement de l'hydrofluosilicate de potasse. On peut même les faire bouillir avec le sel précipité sans en opérer la décomposition. — L'hydrofluoborate de potasse se dissout dans une grande quantité d'eau chaude, mais il se sépare en grande partie par le refroidissement parce qu'il n'est que très peu soluble dans l'eau. Si l'on ajoute de l'alcool dans lequel l'hydrofluoborate de potasse est insoluble, il devient encore moins transparent qu'avant l'addition d'alcool. Le précipité est insoluble dans une dissolution d'acétate de potasse.

Les dissolutions des *sels de soude* ne produisent pas de précipité dans la dissolution d'acide hydrofluoborique, propriété qui distingue essentiellement l'acide hydrofluoborique de l'acide hydrofluosilicique. Les dissolutions d'hydrate de soude et de carbonate de soude ne produisent pas non plus de précipité dans la dissolution d'acide hydrofluoborique, lorsqu'on emploie un excès de ce dernier. Mais s'il y a un excès de la dissolution de soude, il se produit au bout de quelque temps un précipité qui se dissout lorsqu'on ajoute de l'eau surtout avec l'aide de la chaleur.

Les dissolutions des *sels ammoniacaux* ne produisent pas non plus de précipité en réagissant sur la dissolution d'acide hydrofluoborique. L'ammoniaque libre n'en produit pas non plus lorsque l'acide est en excès. Mais lorsque l'ammoniaque predomine, il se produit un précipité ; mais ce précipite se dissout lorsqu'on ajoute de l'eau. Si l'on ajoute de l'acide borique à une dissolution de fluorure d'ammonium, une certaine quantité d'ammoniaque devient libre, ce qui doit paraître certainement exceptionnel : en même temps, il se produit de l'hydrofluoborate d'ammoniaque (Berzelius).

Une dissolution de *chlorure de calcium* produit, dans les dissolutions qui ne sont pas trop étendues, un léger précipité qui est cristallin : ce précipité est soluble dans une très grande quantité d'eau.

Une dissolution de *chlorure de baryum* produit un précipité qui ne se dissout pas lorsqu'on ajoute de l'eau.

Une dissolution d'*acétate de plomb* produit un précipité : le *nitrate de plomb* au contraire n'en produit pas.

Une dissolution de *nitrate de protoxyde de mercure* produit un trouble de couleur blanche ; le *nitrate d'argent* au contraire n'en produit pas.

Les hydrofluoborates alcalins ne rougissent pas le papier de tournesol, comme cela arrive au contraire pour les hydrofluosilicates alcalins (p. 649). Lorsqu'on ajoute peu à peu de l'acide borique qui rougit le papier de tournesol à une dissolution d'une combinaison de fluorure de potassium ou de fluorure de sodium avec l'acide fluorhydrique (fluorhydrate de fluorure de potassium ou de sodium), qui rougit également le papier de tournesol, il se forme d'abord une liqueur qui ne modifie pas le papier de tournesol, ensuite une liqueur qui le bleuit d'une manière sensible ; enfin, lorsqu'on ajoute un excès d'acide borique, la liqueur rougit le papier de tournesol. Il se forme dans ce cas un hydrofluoborate qui ne modifie pas le papier de tournesol et un fluorure qui le bleuit (p. 561).

Les hydrofluoborates ne colorent pas le papier de curcuma en brun. Si l'on place sur du papier de curcuma de l'hydrofluoborate de potasse, et si on l'humecte avec de l'eau, le papier ne se colore pas en brun. Mais si l'on ajoute de l'acide chlorhydrique un peu étendu et si l'on dessèche, la coloration brune du papier de curcuma se produit.

En général, les hydrofluoborates ne sont pas décomposés par les hydrates des oxydes alcalins, ni par les carbonates alcalins, pas plus que par l'ammoniaque, même à l'aide de la chaleur; ce qui les distingue essentiellement des hydrofluosilicates (p. 645). Quelques hydrofluoborates seulement paraissent être décomposés par un excès de base en fluorures et en borates, de même que d'autres peuvent être décomposés aussi lorsqu'on les traite par une grande quantité d'eau, et même par l'alcool.

Les hydrofluoborates sont décomposés par l'*acide sulfurique* concentré, de la même manière que les hydrofluosilicates, mais plus difficilement et plus lentement, et seulement par l'action de la chaleur. Il se dégage d'abord dans ce cas du gaz fluoborique ; il se produit ordinairement ensuite de l'acide fluoborique et de l'acide fluorhydrique, et il reste enfin comme résidu un sulfate. Si l'on opère cette décomposition dans des vases de verre, ils sont fortement attaqués. Si l'on opère la décomposition dans des vases de platine, une lame de verre placée au-dessus est attaquée, comme cela arrive lorsqu'on décompose les fluorures simples par l'acide sulfurique (p. 565).

Si l'on verse de l'alcool sur les hydrofluoborates, cet alcool ne brûle pas avec une flamme verte lorsqu'on l'enflamme. Mais si l'on ajoute de l'acide sulfurique, la flamme prend une belle couleur verte, surtout lorsque l'excès d'acide sulfurique commence à se volatiliser. La couleur de la flamme est souvent même d'un vert plus pur que celle d'une dissolution alcoolique d'acide borique pur.

Une dissolution de fluorure de bore dans l'alcool brûle avec une belle flamme verte. Lorsqu'on mêle avec de l'alcool une dissolution d'acide hydrofluoborique, elle brûle avec une flamme verte. Si l'on fait fondre dans une cornue de platine de l'acide borique et du spath-fluor, et si l'on fait passer les vapeurs dans l'alcool, ce dernier acquiert la propriété de brûler avec une belle flamme verte. Lorsqu'on verse de l'acide sulfurique concentré sur un mélange d'acide borique et de spath-fluor, ou sur un mélange de borax anhydre et de spath-fluor que l'on a placés dans une cornue de platine, lorsqu'on chauffe ensuite faiblement, et lorsqu'on fait passer les vapeurs dans l'alcool, les plus petites quantités d'acide borique contenues dans ce mélange peuvent faire acquérir à l'alcool la propriété de brûler avec une flamme verte.

Lorsqu'on fait ces expériences dans des vases de verre, ils sont fortement attaqués et il peut se former de préférence une grande quantité de fluorure de silicium, en sorte que de très petites quantités d'acide borique ne peuvent pas être découvertes lorsqu'on fait passer les vapeurs dans l'alcool.

Du reste il est possible, au moyen de la production du fluorure de bore, de découvrir des quantités excessivement petites d'acide borique dans des mélanges salins dans lesquels on n'aurait pu retrouver autrement la présence de l'acide borique avec certitude. Si l'on mélange une partie de borax avec 10 ou 20 parties de phosphate de soude, et si l'on verse sur le mélange de l'acide sulfurique et de l'alcool, on ne peut pas reconnaître ou bien on ne peut reconnaître qu'avec incertitude et avec peu de netteté la coloration verte de l'acide borique à cause de la coloration intense produite par la soude. Mais si l'on met le mélange dans une cornue de platine, si l'on y verse de l'acide sulfurique concentré, si l'on chauffe un peu et si l'on fait passer dans l'alcool les vapeurs qui se produisent, l'alcool brûle avec une belle flamme verte. Si l'on ajoute de l'acide sulfurique étendu à la dissolution du mélange, cette dissolution brunit le papier de curcuma : cette réaction peut aussi permettre de reconnaître de petites quantités d'acide borique.)

Les hydrofluoborates sont décomposés par la calcination de la même manière que les hydrofluosilicates, mais plus difficilement que ces derniers. Il se dégage du gaz fluoborique qui, lorsque l'hydrofluoborate n'est pas anhydre, et lorsque la calcination a été opérée dans une petite cornue de verre, se transforme en acide fluoborique, qui se dépose sous forme de gouttelettes présentant l'aspect d'une sublimation, et il reste un fluorure comme résidu. Si l'on calcine les hydrofluoborates dans un creuset de platine, il se dépose sur les bords du couvercle de l'acide borique fondu qui provient de la décomposition du fluorure de bore par l'eau contenue dans l'air ou dans la flamme. Si la chaleur n'est pas très intense et si l'on ne maintient pas son action pendant assez de temps, les hydrofluoborates ne sont décomposés qu'incomplétement.

Au chalumeau, les hydrofluoborates alcalins fondent et se transforment en fluorures. Si on les place sur le charbon, si on les humecte avec l'acide sulfurique concentré et si on dirige dessus l'extrémité de la flamme intérieure du chalumeau, cette flamme prend une belle coloration verte; mais cette coloration ne dure pas longtemps. La même réaction se produit lorsqu'on mélange l'hydrofluoborate avec du bisulfate de potasse, et lorsqu'on expose le mélange à l'action de la flamme du chalumeau.

Les hydrofluoborates se distinguent par conséquent à ce que, traités par l'acide sulfurique concentré, ils attaquent le verre, et à ce que, additionnés d'alcool, ils communiquent à la flamme de ce dernier une belle couleur verte.

LVIII. — CARBONE, C.

Le carbone se présente sous deux modifications qui diffèrent essentiellement l'une de l'autre : la différence qui existe entre ces deux modifications du carbone est plus grande que celle qui existe entre les deux modifications de toute autre substance simple : deux modifications isomériques d'un corps composé ne peuvent pas différer l'une de l'autre plus que les deux modifications du carbone. L'une de ces modifications est incolore et excessivement dure, l'autre est noire et bien moins dure.

La modification incolore du carbone existe dans la nature : c'est le diamant, qui n'a pas encore pu être préparé artificiellement. Le diamant ne se rencontre qu'à l'état cristallisé : il est ordinairement incolore; rarement il est coloré, et cette coloration provient de matières qui lui sont mélangées et qui ne lui sont pas essentielles. Quelquefois il est même de couleur noire, mais cette coloration provient évidemment de ce qu'il est mélangé avec une certaine quantité de carbone appartenant à la modification noire. Il est plus dur qu'aucun autre corps connu ; il n'est pas conducteur de l'électricité et il est mauvais conducteur de la chaleur. Sa densité est de 3,5. Pour ce qui regarde la manière dont il se comporte à une température élevée, à l'abri de l'air et au contact de l'air, et aussi pour ce qui regarde la manière dont il se comporte à l'égard des réactifs, il s'accorde avec la deuxième modification du carbone, et spécialement avec ses espèces les plus denses.

Le caractère essentiel de la deuxième modification du carbone est sa couleur noire et sa moindre dureté. On en connaît différentes espèces qui possèdent une densité ou plutôt une porosité différente, et qui par suite possèdent souvent des propriétés très différentes. Mais cela provient seulement d'une structure mécanique différente, et on ne peut trouver, au point de vue chimique, aucune autre différence qu'une action plus ou moins facile des réactifs, suivant qu'on opère sur une sous-modification plus ou moins dense de la modification noire.

La modification noire du carbone est presque toujours amorphe : la sous-modification la plus dense, le graphite, se trouve seule quelquefois à l'état cristallisé. Si le carbone a été obtenu par la calcination de substances organiques infusibles à l'abri du contact de l'air, il conserve la structure de ces substances organiques. Le carbone noir est bon conducteur de l'électricité et de la chaleur. Mais plus les sous-modifications du carbone noir sont denses et moins elles sont poreuses, plus elles sont conductrices de l'électricité et de la chaleur. Le graphite et le coke sont par suite tous les deux bons conducteurs, tandis qu'un charbon de bois très poreux peut être moins bon conducteur et même être mauvais conducteur de l'électricité et surtout de la chaleur.

La pesanteur spécifique de la modification noire du carbone est variable suivant les différentes modifications sur lesquelles on opère. Mais la densité de sa sous-modification, même la plus dense, du graphite, est considérablement plus faible que celle de la modification incolore : elle est de 2,3 ; elle a souvent même été trouvée encore plus faible. On a trouvé que la densité des sous-modifications poreuses était même considérablement plus faible. Il faut observer ici qu'il est très difficile de déterminer la pesanteur spécifique exacte d'un charbon de bois poreux.

Beaucoup de sous-modifications du carbone noir ne sont pas pures : plusieurs d'entre elles, et spécialement le charbon poreux provenant de la calcination des substances organiques, contiennent souvent encore de l'hydrogène et de l'oxygène : quelques-unes contiennent aussi du nitrogène lorsqu'elles ont été obtenues au moyen de substances organiques nitrogénées. La plupart des sous-modifications du carbone noir contiennent en outre de petites quantités de substances inorganiques fixes et les abandonnent comme résidu sous forme de *cendres* lorsqu'on les calcine au contact de l'air.

Les deux modifications du carbone ne changent pas lorsqu'on les soumet à l'action des plus hautes températures à l'abri du contact de l'air : elles ne passent ni à l'état gazeux, ni même à l'état liquide. Au contact de l'air, elles ne subissent pas de changement à la température ordinaire : ce n'est que lorsque le carbone noir est excessivement divisé qu'il peut s'enflammer quelquefois spontanément. A une haute température, au contraire, toutes les modifications du carbone s'oxydent et se transforment ou bien en gaz oxyde de carbone, ou en gaz acide carbonique, ou en un mélange de ces deux gaz, suivant que l'oxygène a eu plus ou moins accès. Quelle que soit la modification sur laquelle on opère, le carbone complétement pur ne produit pas de flamme lorsqu'on le soumet à une oxydation complète : il n'y a que les sous-modifications du carbone noir qui sont impures et qui contiennent de l'hydrogène qui puissent brûler avec une flamme bleuâtre. Plus le carbone est dense, plus la température nécessaire pour que l'oxydation puisse s'opérer est élevée. Le diamant et le graphite sont par suite les modifications qui exigent le degré de température le plus élevé : comme le diamant est mauvais conducteur de la chaleur, il cesse de s'oxyder dans l'air atmosphérique lorsqu'on cesse de le chauffer, et il ne brûle d'une manière continue que dans le gaz oxygène.

La plupart des sous-modifications du carbone s'oxydent lorsqu'on les fait bouillir avec l'acide nitrique : le résultat final de la réaction est l'acide carbonique. Le diamant, et même le graphite, ne sont attaqués ni par l'acide nitrique, ni même par l'eau régale. Le carbone pulvérisé n'est réellement pas attaqué lorsqu'on le fait bouillir avec une dissolution de bichromate de potasse ; mais si l'on ajoute de l'acide sulfurique à la dissolution et si l'on fait bouillir, le carbone s'oxyde et se transforme en acide carbonique : le dégagement d'acide carbonique n'a cependant lieu que lorsque la dissolution a atteint un certain degré de concentration. Le carbone pulvérisé n'est pas attaqué par l'acide sulfurique étendu, même avec l'aide de la chaleur. Mais si l'on fait bouillir l'acide sulfurique concentré avec le carbone en poudre, il s'oxyde et il se dégage un mélange de gaz acide carbonique et de gaz acide sulfureux (p. 498). Le carbone, quelle que soit sa modification, pas plus le diamant que les autres modifications, même lorsqu'on le chauffe fortement dans un courant de gaz chlore, n'est pas attaqué par ce dernier ; cette circonstance est caractéristique pour le carbone qui peut d'autre part se combiner indirectement avec le chlore en plusieurs proportions, et c'est ce qui le distingue essentiellement de presque tous les corps simples qui se présentent à l'état solide. Lorsqu'on calcine le carbone à l'état de mélange avec les carbonates alcalins et les carbonates alcalino-terreux, le carbone se transforme en acide carbonique. Si on mélange le carbone avec les nitrates alcalins et si on chauffe, le carbone s'oxyde et détone avec force.

Par l'ébullition avec une dissolution très concentrée d'hydrate de potasse, le charbon de bois très divisé et même le graphite en poudre très fine se dissolvent, mais ce n'est que par une ébullition très prolongée et, même dans ce cas, il ne s'en dissout qu'une petite quantité. Le graphite surtout se dissout très difficilement ; cependant il n'est pas tout à fait insoluble, comme on l'avait dit. Si l'on fait fondre l'hydrate de potasse avec du charbon de bois et du graphite en poudre très fine, ils se dissolvent tous deux en proportion un peu plus grande, mais cependant toujours en faible proportion ; le charbon de bois se dissout en plus grande quantité que le graphite. Toutes circonstances étant égales, une même quantité d'hydrate de potasse dissout par fusion pendant le même temps une fois plus de charbon de bois que de graphite.

Le carbone se combine en plusieurs proportions avec l'oxygène. Mais, parmi les combinaisons oxygénées du carbone, il n'y en a que deux, l'oxyde de carbone et l'acide carbonique, qui puissent être obtenues directement en traitant les différentes sous-modifications du carbone par l'oxygène à une température élevée. Les autres combinaisons oxygénées du carbone ne peuvent être obtenues qu'indirectement. Quoiqu'elles soient toutes acides et quoiqu'elles jouissent de propriétés acides plus prononcées que l'acide carbonique qui est le degré d'oxydation le plus élevé du carbone, quelques-unes de ces combinaisons contiennent moins d'oxygène que l'oxyde de carbone lui-même qui ne possède pas des propriétés acides. On les considère par suite avec raison, non comme des degrés directs d'oxydation du carbone, mais comme des oxydes de radicaux composés.

Oxyde de carbone, CO.

L'oxyde de carbone est un gaz incolore : il n'a ni une odeur, ni une saveur particulière. Il est un peu plus léger que l'air atmosphérique : il n'entretient pas la flamme des corps combustibles; mais, lorsqu'on l'enflamme, il brûle au contact de l'air avec une flamme bleue et se transforme, par suite de cette combustion, en acide carbonique. Si on mélange un volume de gaz oxyde de carbone avec un demi-volume de gaz oxygène, il se produit après la combustion un volume de gaz acide carbonique. La combinaison des deux gaz peut être opérée au moyen de l'éponge de platine; mais il ne se forme alors qu'une petite quantité d'acide carbonique. Cependant si l'on fait l'expérience au-dessus d'une dissolution d'hydrate de potasse ou d'eau de chaux qui peut absorber l'acide carbonique à mesure qu'il se forme, la combinaison peut s'opérer facilement et être complète.

Le gaz oxyde de carbone n'est pas absorbé par l'eau; ou s'il est absorbé, ce n'est qu'en quantité excessivement faible. Le gaz oxyde de carbone n'est pas absorbé non plus par les autres réactifs liquides, pas plus par les acides que par les dissolutions des oxydes alcalins ou par l'eau de chaux. La dissolution du protochlorure de cuivre dans l'acide chlorhydrique (aussi bien du reste que les dissolutions de protoxyde de cuivre) est la seule dissolution métallique qui puisse absorber l'oxyde de carbone (p. 151). Du reste, l'aspect extérieur de la dissolution n'est pas modifié par l'absorption de l'oxyde de carbone; cependant le protochlorure de cuivre peut former avec l'oxyde de carbone une combinaison cristalline contenant de l'eau de cristallisation (Berthelot).

Lorsqu'on fait passer de l'oxyde de carbone sur du potassium que l'on maintient à l'état liquide, les deux corps se combinent entre eux sans incandescence; le potassium devient d'abord vert à la surface, puis il s'étale, perd complétement son éclat métallique et se transforme en une masse noire. Si l'on porte cette masse encore chaude au contact de l'air, elle s'enflamme avec explosion : elle se dissout dans l'eau, en laissant comme résidu une petite quantité de flocons noirs : en même temps, il se dégage du gaz hydrogène qui s'enflamme quelquefois à la surface du liquide et brûle avec une flamme brillante (Liebig). La dissolution de la combinaison est jaune-rouge; mais lorsqu'on l'évapore, elle devient jaune. Elle a une saveur fortement alcaline. Tant qu'elle est rouge, elle contient du rhodizonate de potasse : lorsqu'elle est devenue jaune, elle est une dissolution de croconate et d'oxalate de potasse. — A la température ordinaire, le potassium n'est pas modifié par le gaz oxyde de carbone.

Si on fait passer le gaz oxyde de carbone sur des oxydes métalliques dans lesquels l'affinité que l'oxygène possède pour le métal avec lequel il est combiné, n'est pas très grande, et si on soumet ces oxydes à l'action de la chaleur pendant que le courant de gaz oxyde de carbone passe dessus, l'oxyde métallique est réduit et il se produit du gaz acide carbonique. Parmi les oxydes qui sont réduits par cette méthode, on peut citer les oxydes du cuivre, du plomb, de l'étain; ces oxydes se transforment alors en métal qui est pur et ne contient pas de carbone. Le sesquioxyde de fer au contraire est réduit aussi à l'état métallique; mais le fer réduit absorbe une quantité considérable de carbone, en même temps qu'il se produit un dégagement d'acide carbonique : le carbure de fer qui se forme, est une poudre volumineuse, d'un noir velouté Stammer). L'oxyde de zinc n'est pas réduit à l'état métallique. Le sesquioxyde de manganèse et l'oxyde de manganèse résultant de la combinaison du protoxyde et du sesquioxyde sont transformés en protoxyde. En général, les oxydes qui peuvent être réduits par l'oxyde de carbone paraissent être ceux qui sont réduits par le gaz hydrogène dans les mêmes circonstances. Cependant plusieurs chlorures, comme le chlorure d'argent, le chlorure de cuivre et le chlorure de plomb, qui peuvent être réduits par le gaz hydrogène, ne peuvent pas être transformés en métal par l'action du gaz oxyde de carbone, même lorsqu'on les chauffe jusqu'à la fusion.

Le sulfate de potasse, le sulfate de baryte et le sulfate de chaux sont transformés en sulfures par l'action du gaz oxyde de carbone à une température élevée : il n'en est pas de même du sulfate de soude, qui ne peut être réduit qu'à une température encore plus élevée. Le sulfate de magnésie n'est pas modifié non plus par le gaz oxyde de carbone. Le gaz oxyde de carbone, en réagissant sur le bisulfate de potasse, en chasse l'excès d'acide sulfurique à l'état d'acide sulfureux; en même temps, il se produit de l'acide carbonique. Le sulfate d'argent et le sulfate de cuivre sont réduits à l'état métallique; le sulfate de plomb donne du sulfure de plomb et du plomb métallique; le sulfate de protoxyde de fer est transformé en fer métallique et en sulfure de fer; le sulfate de zinc est transformé en oxyde, et le sulfate de protoxyde de manganèse est transformé en oxysulfure de manganèse. Le séléniate de baryte donne du carbonate de baryte et du selenium. Le nitrate de potasse est transformé en carbonate de potasse qui contient de la potasse libre; de même, le nitrate de baryte est transformé en carbonate de baryte et en baryte. L'arséniate de soude donne de l'arsenic métallique et la soude se combine avec le verre de l'appareil; l'antimoniate de soude se comporte de même. L'oxalate de potasse est transformé en carbonate de potasse; en même temps il se dépose une grande quantité de charbon et il se dégage de l'acide carbonique. Le chromate de potasse donne du carbonate de potasse et une combinaison de sesquioxyde de chrome et de potasse; le chromate de plomb au contraire donne du sesquioxyde de chrome et du plomb métallique. Le phosphate de sesquioxyde de fer, le phosphate de bioxyde de cuivre, le phosphate de plomb, ne sont pas modifiés, pas plus que le carbonate de potasse.

Le gaz oxyde de carbone se combine avec le gaz chlore sous l'influence de la lumière solaire et donne un gaz incolore *gaz phosgène, acichloride de carbone, acide chlorocarbonique*) qui est décomposé par l'eau en acide carbonique et en acide chlorhydrique. — Le gaz oxyde de carbone n'est pas oxydé par l'acide nitrique hydraté.

Acide rhodizonique, C^7O^7 (? .

L'acide rhodizonique, obtenu au moyen de la masse noire qui se volatilise avec le potassium lorsqu'on prépare ce dernier au moyen d'un mélange de carbonate de potasse et de charbon, est noir à l'état sec, et probablement de même nature que celui que l'on obtient par l'action du potassium sur l'oxyde de carbone (p. 671). L'acide rhodizonique est soluble dans l'eau et dans l'alcool. La dissolution aqueuse rougit le papier de tournesol; elle est de couleur brune; la dissolution alcoolique est de couleur rouge. L'acide rhodizonique brûle au contact de l'air en laissant un résidu de charbon qui peut être complétement oxydé par l'action d'une température élevée sans laisser de résidu. Chauffé à l'abri du contact de l'air, l'acide rhodizonique se carbonise : une portion de l'acide paraît se volatiliser, mais elle est carbonisée également par l'action ultérieure de la chaleur.

La dissolution aqueuse d'acide rhodizonique se comporte avec les réactifs comme il suit :

Une dissolution d'*hydrate de potasse* la colore d'abord en brun-noir foncé; mais si l'on fait bouillir, la dissolution devient d'une couleur jaune faible et contient seulement du croconate de potasse.

Une dissolution de *chlorure de calcium* ne produit pas de modification : mais si l'on sature par l'ammoniaque, il se produit immédiatement un précipité de couleur rouge-pourpre qui n'est pas soluble dans une grande quantité d'eau, mais qui reste longtemps en suspension et qui ne se dépose qu'au bout de quelque temps. La liqueur qui surnage alors le précipité, est incolore. Le précipité est soluble dans l'acide chlorhydrique ; la dissolution est incolore.

La dissolution d'un *sel de strontiane* ne produit pas non plus de précipité. Mais si l'on sursature par l'ammoniaque, il se produit immédiatement un précipité, de couleur pourpre tendant vers le noir, qui reste en suspension et qui ne se dépose qu'au bout de quelque temps.

La dissolution de *chlorure de baryum* donne un beau précipité rouge-cinabre, sans qu'il soit nécessaire de saturer par l'ammoniaque. La liqueur incolore qui surnage le précipité, n'est pas modifiée lorsqu'on la sature par l'ammoniaque. Le précipité rouge est soluble dans une grande quantité d'acide chlorhydrique; la dissolution est incolore.

Une dissolution de *sulfate de magnésie* ne produit pas de modification. Lorsqu'on ajoute avec précaution de l'ammoniaque, la liqueur devient immédiatement rouge de sang; mais si l'on ajoute un excès d'ammoniaque, elle se décolore au bout de quelque temps, ou plutôt elle devient jaunâtre par suite de la formation du croconate d'ammoniaque.

Une dissolution d'*alun* est colorée en vert par la dissolution d'acide rhodizonique, sans qu'il se dépose de précipité. Si l'on sature par l'ammoniaque, il se forme un précipité volumineux d'un beau rouge.

Dans la dissolution neutre d'un *sel de sesquioxyde de fer*, il se produit une coloration bleu foncé qui a une pointe de verdâtre, mais il ne se forme pas de précipité. Au bout de quelque temps, la liqueur se décolore. Si l'on sature par l'ammoniaque, il se produit un précipité brun-noir sale qui, au bout de quelque temps, devient brun-rouge, et qui ressemble complétement à l'hydrate de sesquioxyde de fer ordinaire précipité par l'ammoniaque.

La dissolution de *nitrate d'argent* produit dans la dissolution de l'acide rhodizonique un précipité noir ou bleu-noir, qui n'est pas soluble dans l'ammoniaque.

Le *nitrate de protoxyde de mercure* y produit un précipité gris-noir, qui devient gris avec le temps.

L'*acétate de plomb* donne un précipité de couleur pourpre tendant vers le noir, qui n'est pas soluble dans l'acide acétique.

L'acide rhodizonique se distingue par conséquent par la couleur rouge, ou la couleur pourpre tendant vers le noir, que prennent ses dissolutions salines, et aussi par sa transformation en acide croconique lorsqu'il est en dissolution et lorsqu'on fait réagir sur cette dissolution un excès d'oxyde alcalin.

Acide croconique, C^5O^4.

L'acide croconique s'obtient sous la forme d'une poudre jaune ou de cristaux transparents de couleur rouge-orangé. Il a une saveur astringente très acide et rougit fortement le papier de tournesol. Si on le chauffe, il se carbonise : le charbon ainsi obtenu brûle complétement au contact de l'air. L'acide croconique est soluble dans l'eau, et même dans l'alcool (L. Gmelin).

Le sel de potasse de l'acide croconique est, de tous les croconates, celui que l'on obtient le plus facilement. Lorsqu'on traite par l'eau la masse noire qui s'est produite dans la préparation du potassium et qui avait servi aussi à la préparation du rhodizonate de potasse, et lorsqu'on chauffe ensuite cette masse pendant quelque temps, il se forme du croconate de potasse.

Les croconates, et spécialement le sel de potasse, se décomposent par l'action de la chaleur à l'abri du contact de l'air en un mélange de charbon et d'un carbonate sans qu'il se forme de produits volatils, lorsque les croconates ne contiennent pas de l'eau en même temps. Mais, pendant cette décomposition, il se produit un phénomène d'incandescence. Les croconates qui contiennent des bases très fortes, sont transformés par la calcination en mélanges de carbonates et de charbon. Chauffés avec l'acide nitrique, ils se décolorent et en même temps il se produit une effervescence provenant d'un dégagement d'acide carbonique.

Le croconate de potasse est jaune lorsqu'il est anhydre. Lorsqu'on verse de l'eau froide sur ce sel, il devient rouge-orangé ; mais, par l'action de la chaleur, il redevient jaune comme avant de se dissoudre. Par le refroidissement, la dissolution jaune, concentrée et chaude, laisse déposer des cristaux de couleur rouge-orangé.

La dissolution de croconate de potasse se comporte avec les réactifs comme il suit :

Une dissolution de *chlorure de calcium* ou d'un *sel de strontiane* ne produit pas de précipité immédiatement ; mais, au bout de quelque temps, il se forme dans les deux dissolutions des précipités cristallins de couleur jaune qui sont solubles dans l'acide chlorhydrique.

Une dissolution de *chlorure de baryum* donne immédiatement un précipité jaune. Ce précipité est très peu soluble dans l'acide chlorhydrique et n'est presque soluble qu'à chaud. Par le refroidissement de la dissolution acide, le sel jaune se sépare de nouveau.

Les dissolutions de *sulfate de magnésie* et d'*alun* ne produisent pas de précipité.

La dissolution d'un *sel neutre de sesquioxyde de fer* produit une coloration noir foncé, mais ne produit pas de précipité.

Une dissolution de *nitrate d'argent* produit un précipité rouge-orangé qui est soluble dans l'ammoniaque : la dissolution a une couleur jaune.

La dissolution de *nitrate de protoxyde de mercure* produit un précipité jaune-orangé.

Le *bichlorure de mercure* ne donne pas de précipité ; mais, par l'action de l'ammoniaque, il se produit un précipité jaune.

Une dissolution d'*acétate de plomb* produit un précipité jaune.

Les croconates se distinguent par conséquent par la couleur jaune ou rouge-orangé de leurs sels solubles et insolubles, et aussi par la manière dont ils se comportent à une température élevée et en présence de l'acide nitrique.

Acide mellitique, C^4O^3.

L'acide mellitique, retiré de la mellite (pierre de miel), peut être obtenu, par l'évaporation de sa dissolution aqueuse, à l'état cristallisé sous la forme d'aiguilles fines qui ont l'éclat de la soie et qui ne se modifient pas au contact de l'air. L'acide mellitique a une saveur fortement acide : il fond par l'action de la chaleur et brûle au contact de l'air avec une flamme brillante, fuligineuse ; il dégage alors une odeur aromatique et laisse comme résidu une grande quantité de charbon qui ne peut être brûlé que difficilement, mais qui peut être brûlé complétement et sans résidu. L'acide mellitique peut supporter une température élevée sans se décomposer : on peut même le chauffer jusqu'à 300 degrés sans qu'il se modifie ; aprèsavoir été soumis à l'action de cette température, il contient alors encore un atome d'eau. Si on le chauffe dans des vases distillatoires, une partie de l'acide se volatilise sans se décomposer; mais la plus grande partie de l'acide est détruite.

L'acide mellitique est soluble dans l'eau. Il se dissout aussi dans l'alcool froid. Même avec l'aide de la chaleur, l'acide mellitique n'est décomposé ni par l'acide sulfurique concentré, ni par l'acide nitrique, ni par les autres acides minéraux concentrés : cette propriété caractérise surtout l'acide mellitique (Wœhler).

L'acide mellitique donne des sels solubles avec les oxydes alcalins : les sels qu'il forme avec la plupart des oxydes terreux et métalliques sont au contraire insolubles. Les mellitates sont incolores lorsqu'ils ne sont pas colorés par la base qu'ils contiennent.

Les dissolutions de *chlorure de calcium* et de *chlorure de baryum* produisent dans les dissolutions des mellitates alcalins des précipités abondants, volumineux, qui sont solubles dans le chlorure d'ammonium. La dissolution du mellitate de baryte dans le chlorure d'ammonium laisse déposer des cristaux. Le mellitate de baryte se dissout difficilement dans l'acide chlorhydrique, et il n'y est guère soluble qu'avec l'aide de la chaleur. Par le refroidissement, cette dissolution laisse déposer des cristaux.

Une dissolution de *sulfate de magnésie* ne produit pas de précipité. Si cependant on ajoute de l'ammoniaque, il se produit un abondant précipité qui est soluble dans le chlorure d'ammonium : cette dissolution laisse déposer des cristaux.

Une dissolution d'*alun* produit un précipité abondant, volumineux, qui est complétement soluble dans un excès de dissolution d'alun ; cette dissolution laisse déposer des cristaux très peu solubles.

Une dissolution de *sulfate de protoxyde de manganèse* produit un abondant précipité blanc qui est complétement soluble dans un excès de dissolution de manganèse. Cette dissolution laisse également déposer des cristaux au bout de quelque temps.

La dissolution d'un *sel neutre de sesquioxyde de fer* donne un précipité jaunâtre.

Une dissolution de *sulfate de cobalt* produit un précipité rouge, volumineux, qui devient cristallin au bout de quelque temps.

Une dissolution de *nitrate d'argent* produit un précipité blanc, abondant, qui est soluble dans l'ammoniaque et dans l'acide nitrique.

Une dissolution neutre de *nitrate de protoxyde de mercure* produit un précipité blanc, qui est soluble dans l'acide nitrique.

Le *bichlorure de mercure* donne un précipité blanc qui est soluble dans l'acide chlorhydrique.

Une dissolution d'*acétate de plomb* produit un précipité blanc, abondant, qui ne se dissout pas dans l'acide acétique, mais qui se dissout dans l'acide nitrique.

Si l'on chauffe les mellitates anhydres à l'abri du contact de l'air assez fortement pour qu'ils se décomposent, ils se carbonisent fortement, mais ne donnent pas de trace d'eau, ni de gaz hydrogène carboné. Le mellitate d'ammoniaque se comporte d'une manière tout à fait caractéristique lorsqu'on le chauffe. Si on le soumet à l'action d'une température de 150 degrés, il se transforme en une poudre jaune pâle : si on traite par l'eau cette poudre, il se dépose un corps blanc insoluble, la *paramide*, et il reste en dissolution un sel ammoniacal d'un acide particulier, l'*acide euchronique*. La paramide est insoluble non-seulement dans l'eau, mais aussi dans l'alcool, dans l'acide nitrique, et même dans l'eau régale. Elle se dissout dans l'acide sulfurique avec l'aide de la chaleur ; mais si l'on étend d'eau, la paramide se precipite de nouveau. Par une ébullition prolongée avec l'eau, la paramide se transforme en bimellitate d'ammoniaque : si on la fait bouillir avec les oxydes alcalins, elle se transforme en mellitates alcalins avec dégagement d'ammoniaque. — L'acide euchronique, obtenu par l'action de l'acide chlorhydrique ou de l'acide nitrique sur la dissolution concentrée et chaude de l'euchronate d'ammoniaque, se distingue surtout en ce que sa dissolution dans l'eau froide, mise en contact avec le zinc métallique, laisse précipiter sur le metal une substance de couleur bleu foncé. La substance bleue est souvent d'un bleu si intense, qu'elle paraît noire. Par l'action de la chaleur, même faible, la substance bleue devient blanche et se transforme de nouveau en acide euchronique. Le composé bleu se dissout dans une dissolution d'hydrate de potasse en donnant une belle coloration pourpre d'une grande intensité, mais qui disparaît après quelque temps (Wœhler).

L'acide mellitique à l'état libre se distingue donc surtout à ce qu'il résiste à l'action des réactifs les plus énergiques, et à ce que, combiné avec l'ammoniaque, et chauffé ensuite avec précaution, il donne naissance à de l'euchronate d'ammoniaque avec lequel on peut préparer l'acide euchronique dont la dissolution se comporte avec le zinc d'une manière tout à fait caractéristique. Lorsqu'on doit opérer sur des mellitates, il faut isoler l'acide, le combiner avec l'ammoniaque et, à l'aide du sel ammoniacal, préparer l'acide euchronique pour pouvoir s'assurer avec certitude de la présence de l'acide mellitique.

Acide oxalique, C^2O^3.

L'acide oxalique forme des cristaux qui perdent les deux tiers de leur eau de cristallisation et s'effleurissent lorsqu'on les maintient pendant quelque temps dans l'air chaud. On ne l'a pas encore obtenu à l'état anhydre. Il est inodore : sa saveur est fortement acide : il est soluble dans l'eau, cependant il n'y est pas soluble en très grande quantité lorsqu'elle est froide ; il se dissout bien mieux dans l'eau bouillante. Lorsqu'on verse de l'eau sur les cristaux d'acide oxalique, il se produit ordinairement un léger bruit pendant que la dissolution s'opère. La dissolution aqueuse de l'acide oxalique est fortement acide. L'acide oxalique est également soluble dans l'alcool.

Lorsqu'on chauffe l'acide oxalique, une portion de cet acide se volatilise sans se décomposer : l'autre portion se décompose et se transforme en un mélange de gaz acide carbonique et de gaz oxyde de carbone : il se forme aussi en même temps une petite quantité d'acide formique. Si l'on soumet à l'action de la chaleur l'acide effleuri, la plus grande partie de l'acide se sublime sans se décomposer, surtout lorsque la température ne dépasse pas 150°.

L'acide oxalique forme avec la plupart des bases, notamment avec les bases fortes, des sels neutres et acides, insolubles ou très peu solubles. Les combinaisons de l'acide oxalique avec les oxydes alcalins, et notamment avec la soude, sont peu solubles; elles sont d'autant moins solubles qu'elles sont plus acides. Les combinaisons de l'acide oxalique avec les bases faibles comme l'alumine, le sesquioxyde de fer, le sesquioxyde de chrome et le bioxyde d'étain, sont seules très solubles.—La manière dont les combinaisons salines de la plupart des bases se comportent avec la dissolution de l'acide oxalique et avec la dissolution du bioxalate de potasse, qui est l'oxalate que l'on se procure le plus facilement, et qui peut dans la plupart des cas remplacer l'acide oxalique comme réactif, est si importante, qu'on peut ranger l'acide oxalique parmi les réactifs les plus indispensables. En effet, beaucoup de bases peuvent être facilement reconnues par leurs réactions en présence de l'acide oxalique. On a par suite indiqué avec détail dans ce qui précède les réactions de l'acide oxalique à l'égard des différentes bases en parlant de ces bases, et c'est pour cela que nous omettons d'en parler ici.

De tous les oxalates, l'oxalate de chaux est le plus insoluble dans l'eau. On peut, par suite, découvrir dans une dissolution neutre les plus petites traces d'acide oxalique en y ajoutant une petite quantité d'une dissolution de *chlorure de calcium* ou d'un autre sel de chaux. Il se forme alors un précipité blanc d'oxalate de chaux qui, souvent, ne se sépare complétement qu'au bout de quelque temps lorsque la quantité d'acide oxalique que contient la dissolution est extrêmement petite, et qui se sépare plus facilement par l'action de la chaleur. Ce précipité est soluble dans l'acide chlorhydrique et dans l'acide nitrique; mais il faut une quantité assez considérable d'acide libre pour opérer la dissolution. L'oxalate de chaux est bien moins soluble et même presque insoluble dans l'acide oxalique libre, dans l'acide acétique et dans les autres acides organiques. Par suite, le précipité d'oxalate de chaux se produit même lorsqu'on fait réagir les dissolutions d'acide oxalique libre et de bioxalate de potasse sur les sels neutres de chaux, et la chaux est précipitée presque en totalité p. 33). Il se produit aussi immédiatement un précipité lorsqu'on traite une dissolution d'acide oxalique par l'eau de chaux, même lorsqu'on n'emploie pas un excès d'eau de chaux et lorsque la dissolution a encore une réaction très fortement acide.—Ce qui caractérise le mieux la réaction que l'acide oxalique exerce sur la chaux, c'est qu'il se produit un précipité d'oxalate de chaux dans la dissolution du *sulfate de chaux* peu soluble, non-seulement par l'action des dissolutions des oxalates neutres, mais aussi par l'action des dissolutions du bioxalate de potasse et même de l'acide oxalique libre. Ce précipité n'apparaît ordinairement qu'après quelques instants. Cette réaction peut distinguer facilement l'acide oxalique de tous les autres acides à l'exception de l'acide paratartrique (voyez plus loin). — L'oxalate de chaux n'est pas soluble à la température ordinaire dans les dissolutions du chlorure d'ammonium et des autres sels ammoniacaux; par l'action de la chaleur, il se produit une très faible décomposition. Si l'on traite la liqueur filtrée par l'ammoniaque, elle ne se trouble pas; mais si on ajoute alors de l'acide oxalique, il se produit un faible précipité.

L'*oxalate de baryte* dont les propriétés ont été examinées, page 22) est assez soluble à chaud dans une dissolution de chlorure d'ammonium; et, si l'on opère sur une petite quantité de sel, elle peut être entièrement dissoute. Si l'on traite la dissolution par l'acide sulfurique, il se produit un précipité considérable; une dissolution de chlorure de calcium réagit de même. L'ammoniaque ne trouble pas la dissolution de l'oxalate de baryte dans le chlorure d'ammonium; mais cette dissolution se trouble si l'on ajoute de l'acide oxalique ou du bioxalate de potasse. — L'*oxalate de strontiane* (p. 28 se comporte de la même manière que l'oxalate de baryte à l'égard d'une dissolution de chlorure d'ammonium; seulement il n'y est soluble qu'à un degré bien moindre. La dissolution filtrée donne un précipité très faible par l'action d'une dissolution de chlorure de calcium; on obtient le même résultat avec une dissolution de bioxalate de potasse, lorsqu'on a préalablement ajouté de l'ammoniaque; mais la dissolution d'oxalate de strontiane dans le chlorure d'ammonium n'est pas troublée par l'acide sulfurique étendu.

La manière spéciale dont l'acide oxalique se comporte à l'égard d'une dissolution de *sesquichlorure d'or* a déjà été examinée, p. 234. Cette réaction caractérise particulièrement l'acide oxalique : en effet, les autres acides organiques libres ne séparent pas ou ne séparent que très incomplétement l'or d'une dissolution de sesquichlorure d'or, même avec l'aide de la chaleur. — Si, après avoir ajouté de l'acide oxalique à la dissolution d'or, on y ajoute un excès d'hydrate de potasse, l'or est réduit seulement à l'état de protoxyde d'or qui se précipite lentement à froid, plus rapidement à chaud, sous la forme d'un précipité noir.

Si l'on ajoute de l'acide oxalique à une dissolution de *sesquioxyde de fer* et si l'on ajoute ensuite un excès d'ammoniaque, tout le sesquioxyde de fer se sépare complétement, comme cela arrive toujours lorsqu'on précipite le sesquioxyde de fer en traitant par l'ammoniaque les dissolutions du sesquioxyde de fer dans les acides qui, à l'état pur, sont volatiles. Si cependant, au lieu d'ammoniaque pure, on ajoute un excès d'une dissolution de carbonate de potasse, la liqueur reste claire et de couleur rouge : et ce n'est qu'au bout d'un temps très long qu'il se forme un précipité par l'action du carbonate de potasse : la plus grande partie du sesquioxyde de fer reste cependant en dissolution. Par l'ébullition, il se précipite une assez grande quantité de sesquioxyde de fer; mais le sesquioxyde de fer n'est pas précipité complétement. — Un excès de carbonate de soude ne précipite pas non plus d'abord le sesquioxyde de fer contenu dans une dissolution dans laquelle il y a de l'acide oxalique; mais la dissolution se trouble plus tôt qu'elle ne se trouble par l'action du carbonate d'ammoniaque ou du carbonate de potasse dans les mêmes circonstances. Cependant le précipité n'est pas du sesquioxyde de fer pur: il est plus lourd et d'une couleur plus jaune. Par l'ébullition, une assez grande quantité de sesquioxyde de fer est précipitée, mais le sesquioxyde de fer n'est pas précipité complétement.

Si l'on verse sur du *peroxyde de manganèse* en poudre une dissolution concentrée d'acide oxalique, il s'en dégage avec effervescence du gaz acide carbonique au bout de peu de temps, même à froid. Si l'on verse sur du peroxyde de manganèse les dissolutions concentrées des oxalates acides, il s'en dégage également du gaz acide carbonique avec effervescence : pour les oxalates neutres, cela n'a lieu que lorsqu'on ajoute un peu d'acide chlorhydrique libre ou d'acide sulfurique. — L'*oxyde rouge* et l'*oxyde puce de plomb* se comportent comme le peroxyde de manganèse.

Lorsqu'on chauffe modérément l'acide oxalique cristallisé ou les oxalates avec de l'*acide sulfurique* concentré, et surtout lorsqu'on chauffe ces derniers avec plus d'acide sulfurique qu'il n'en faut pour saturer la base, il se produit une forte effervescence et un dégagement rapide de gaz acide carbonique et de gaz oxyde de carbone. Si on expérimente dans un tube bouché à une extrémité, le gaz qui se dégage brûle, lorsqu'on l'enflamme à l'orifice du tube, avec la flamme bleue de l'oxyde de carbone. Si l'on recueille sur l'eau, dans une petite éprouvette, le gaz qui se dégage, et si on l'agite avec une dissolution d'hydrate de potasse, la moitié du gaz est absorbée; le gaz qui n'est pas absorbé, est du gaz oxyde de carbone qui, lorsqu'on l'enflamme, brûle avec une flamme bleue plus vive que lorsqu'on n'en a pas séparé le gaz acide carbonique. Lorsqu'on agite le gaz qui se dégage avec de l'eau de chaux au lieu d'employer une dissolution de potasse, l'eau de chaux est fortement troublée. La liqueur qui reste comme résidu après qu'on a chauffé l'acide oxalique ou l'oxalate avec l'acide sulfurique concentré, n'est pas colorée; si elle a pris cependant une couleur noire ou brune, c'est que l'acide oxalique ou l'oxalate n'étaient pas purs, mais contenaient une substance organique, de l'acide tartrique, par exemple. Lorsque ce dernier acide est en quantité un peu plus grande, on observe dans la plupart des cas une odeur d'acide sulfureux lorsqu'on chauffe pendant longtemps le mélange avec de l'acide sulfurique. Cette méthode est la meilleure pour s'assurer de la pureté de l'acide oxalique ou des oxalates. — Si, au lieu d'acide sulfurique ordinaire, on emploie pour cet essai l'acide sulfurique fumant, le dégagement de gaz acide carbonique et de gaz oxyde de carbone a lieu même à la température ordinaire, lorsque l'oxalate est sec ou lorsque l'acide oxalique s'est effleuri et a perdu par suite une partie de son eau de cristallisation.

Tous les oxalates sont décomposés par la calcination, mais d'une manière différente. Les combinaisons neutres de l'acide oxalique avec les oxydes alcalins fixes, avec la baryte, la strontiane et la chaux, se transforment en carbonates neutres par la calcination : en même temps il se dégage du gaz oxyde de carbone. Si l'on opère la calcination dans une petite cornue, le gaz qui se dégage brûle avec une flamme bleue lorsqu'on l'enflamme. Le carbonate qui reste comme résidu lorsqu'on calcine l'oxalate de chaux, n'est ordinairement pas d'un blanc pur ; même lorsque l'oxalate était de la plus grande pureté, le carbonate qui reste comme résidu a une couleur grisâtre, souvent presque noirâtre. Mais lorsque l'oxalate de chaux a été préalablement desséché pendant longtemps, de manière à perdre toute son eau, le carbonate qui reste comme résidu lorsqu'on le calcine, est tout à fait blanc. Quelquefois cependant la couleur noire que prend l'oxalate à une température élevée, provient de ce qu'il n'était pas de la plus grande pureté, mais de ce qu'il contenait d'autres substances organiques. Si on dissout alors dans un acide le carbonate qui reste comme résidu, il reste à l'etat insoluble une très petite quantité de charbon noir. Mais la dissolution du carbonate de chaux, obtenu par la calcination d'un oxalate très bien desséché, est tout à fait claire et ne laisse pas déposer de charbon. — Si, pour opérer la calcination de l'oxalate de chaux, on emploie une temperature plus élevée, le carbonate de chaux qui reste comme résidu perd une portion de son acide carbonique.

Quoique par conséquent les oxalates incolores ne restent pas complétement blancs lorsqu'on les calcine à l'abri du contact de l'air, ils se distinguent cependant des autres sels organiques incolores par leur manière de se comporter à une température élevée. Car la quantité bien plus grande de charbon qui se sépare dans la calcination des autres sels organiques incolores et la couleur noire foncée que ces combinaisons salines prennent par la calcination, diffèrent essentiellement de la quantité très petite de charbon qui se sépare dans la calcination des oxalates à l'abri du contact de l'air, et de la couleur à peine noirâtre, plutôt grise, que prennent alors ces oxalates.

Les combinaisons acides de l'acide oxalique avec les oxydes alcalins fixes et les oxydes alcalino-terreux se transforment par la calcination en carbonates neutres : en même temps, il se dégage un mélange d'une grande quantité de gaz oxyde de carbone avec une plus petite quantité de gaz acide carbonique : il se forme aussi en même temps un peu d'acide formique.

L'oxalate neutre d'ammoniaque donne, par l'action de la chaleur, de l'eau, de l'ammoniaque, du carbonate d'ammoniaque, du gaz oxyde de carbone, du gaz cyanogène et en outre un corps particulier, l'*oxamide*, qui est volatil et qui n'est que peu soluble dans l'eau. — Si l'on calcine le bioxalate d'ammoniaque à une température de 225 degrés, la plus grande partie de ce sel se transforme en *acide oxamique* (*oxalate d'oxamide*).

Les combinaisons de l'acide oxalique avec les bases, qui ne peuvent pas se combiner avec l'acide carbonique ou dont les carbonates perdent très facilement leur acide carbonique par la calcination, sont décomposées par la calcination de la manière suivante : les bases restent seules comme résidu, et il se dégage des volumes égaux de gaz oxyde de carbone et de gaz acide carbonique. Mais les deux gaz ne se dégagent pas en même temps : la plus grande quantité de l'oxyde de carbone se dégage ordinairement lorsque la base est encore combinée avec l'acide carbonique, spécialement dans le cas où la base est douée de propriétés basiques un peu énergiques. A cette catégorie appartiennent les combinaisons de l'acide oxalique avec la magnésie, l'alumine, le protoxyde de manganèse, le sesquioxyde de chrome, l'acide titanique, etc.

Les combinaisons de l'acide oxalique avec les oxydes métalliques qui sont réduits par l'oxyde de carbone, sont décomposées par la calcination : le métal reste comme résidu et il se dégage seulement du gaz acide carbonique. C'est ce qui arrive pour les combinaisons de l'acide oxalique avec le protoxyde de fer, le sesquioxyde de fer, l'oxyde de nickel, l'oxyde de cobalt et le bioxyde de cuivre, etc. Cependant, dans la plupart des cas, il se forme en outre dans cette décomposition des produits accessoires, spécialement lorsqu'on opère sur les combinaisons de l'acide oxalique avec les oxydes de fer. L'oxalate de plomb donne par l'action d'une faible chaleur (à 200 degrés) du sous-oxyde de plomb Pb^2O) et un mélange d'une grande quantité de gaz acide carbonique avec une petite quantité de gaz oxyde de carbone.

L'acide oxalique et les oxalates se distinguent par conséquent, à l'état solide, par leur manière de se comporter à l'égard de l'acide sulfurique, et à l'état de dissolution par leur manière de se comporter à l'égard d'une dissolution de sulfate de chaux, de telle sorte qu'ils ne peuvent pas être confondus avec d'autres substances.

Acide carbonique, CO^2.

L'acide carbonique à l'état pur forme à la température ordinaire un gaz incolore, inodore, qui n'est pas combustible et qui n'entretient pas la combustion des autres corps, ni la respiration. Non-seulement une allumette présentant quelque point en ignition, mais même une allumette en pleine combustion, s'éteignent immédiatement lorsqu'on les plonge dans le gaz acide carbonique. Le gaz acide carbonique est considérablement plus lourd que l'air atmosphérique (la densité du gaz acide carbonique est, par rapport à celle de l'air, comme 1,52 : 1) ; on peut par suite le verser d'un vase dans un autre comme un liquide : cependant il se mélange avec l'air atmosphérique au bout de quelque temps (pas très longtemps), comme le font tous les gaz.

Soumis à une très forte pression, le gaz acide carbonique peut se condenser en un liquide incolore, très mobile, qui ne se mélange pas avec l'eau. Ce liquide, en s'évaporant, peut produire un froid assez intense pour que la portion qui ne s'est pas volatilisée devienne solide et forme une masse qui ressemble à la neige. L'acide carbonique solide est une masse volumineuse qui peut être comprimée et qui peut être mise en pelote comme la neige. L'acide carbonique solide, surtout lorsqu'il a été comprimé, est moins volatil que l'acide liquide. Il produit en se volatilisant un froid considérable.—L'acide carbonique n'est pas modifié par l'action d'une température élevée. Mais si on le fait passer sur du charbon porté à une température rouge, une certaine quantité de carbone se combine avec une portion de l'oxygène de l'acide carbonique, et l'acide carbonique se transforme alors en oxyde de carbone. Si l'on fait passer du gaz acide carbonique sec sur du potassium en fusion que l'on a porté jusqu'au rouge, il se produit un phénomène d'incandescence très intense; l'acide carbonique est réduit immédiatement, et on obtient un mélange de charbon et de carbonate de potasse qui est de couleur noire. Si, au lieu de potassium, on emploie du sodium, l'acide carbonique est réduit lentement et sans incandescence; et il se forme un mélange de charbon et de carbonate de soude qui est également de couleur noire. C'est principalement par cette méthode qu'on peut obtenir du charbon par suite de la décomposition de l'acide carbonique.

Le papier bleu de tournesol, lorsqu'il est humecté, est rougi par le gaz acide carbonique; mais la coloration disparaît par la dessiccation au contact de l'air. Le gaz acide carbonique est inodore : ce n'est que lorsqu'il est en grande quantité qu'il présente une faible odeur acidule, agréable, comme celle de la bière en fermentation qui doit son odeur au gaz acide carbonique qui se dégage dans ce cas.

L'acide carbonique est soluble dans l'eau, quoique seulement en faible proportion. L'eau en dissout seulement un peu plus d'un volume à la pression ordinaire. Mais si l'on augmente la pression, l'eau peut prendre plusieurs volumes de ce gaz. La dissolution a une saveur faiblement acidule, elle rougit le papier de tournesol comme le fait l'acide gazeux : la coloration disparaît de la même manière lorsqu'on fait dessécher le papier. Si l'on agite au contact de l'air la dissolution aqueuse concentrée, une portion de l'acide gazeux se dégage avec effervescence. Si l'on dissout dans cette dissolution des matières indifférentes comme le sucre, par exemple, une plus grande portion du gaz dissous se dégage. Lorsque la dissolution a été exposée pendant quelque temps au contact de l'air atmosphérique, l'acide carbonique s'en dégage presque entièrement. Le dégagement de l'acide carbonique s'opère plus rapidement à l'aide de l'ébullition ou à l'aide de la machine pneumatique.

L'acide carbonique gazeux est absorbé par les bases fortes bien plus rapidement que par l'eau. Cependant l'hydrate de potasse, aussi bien que l'hydrate de soude, n'absorbent à la température ordinaire le gaz acide carbonique sec que lorsqu'on les a légèrement humectés. Si l'hydrate de potasse a été récemment fondu, il ne peut même pas absorber une petite quantité d'acide carbonique sec, bien qu'on le maintienne en contact pendant plusieurs semaines. Mais si on l'humecte avec de l'eau, il absorbe l'acide carbonique avec rapidité ; et c'est avec raison qu'on utilise surtout de préférence l'hydrate de potasse humide pour absorber l'acide carbonique lorsqu'on veut analyser un mélange gazeux. L'hydrate de soude récemment fondu ne paraît pas non plus absorber le gaz acide carbonique : cependant il l'absorbe peu à peu, mais avec une excessive lenteur. A l'état humide, il absorbe l'acide carbonique bien plus rapidement qu'à l'état sec, mais bien plus lentement que l'hydrate de potasse humide. Cependant, à une température élevée, l'hydrate de potasse aussi bien que l'hydrate de soude perdent leur eau d'hydratation et se transforment en carbonates : mais il est difficile de décomposer la totalité de l'hydrate, parce que l'hydrate qui est recouvert par le carbonate qui s'est formé, est préservé de cette manière de l'action ultérieure de l'acide carbonique.

Les oxydes alcalino-terreux, la chaux et la baryte, à l'état sec, n'absorbent pas l'acide carbonique sec, tant qu'on les maintient en contact à la température ordinaire. Mais dès qu'on ajoute un peu d'eau, l'acide carbonique est complétement absorbé.

Si on laisse pendant très longtemps la chaux à l'état sec en contact avec l'air ordinaire, elle en attire en même temps l'eau et l'acide carbonique, mais, même après plusieurs années, la chaux n'est pas complétement saturée d'acide carbonique ; et il faudrait des siècles pour que la saturation fût complète. Par suite, le mortier ordinaire contient encore, au bout de longues années, outre le carbonate de chaux, de l'hydrate de chaux, et ce n'est que dans les constructions des anciens Romains que la chaux du mortier paraît être complétement saturée d'acide carbonique.

A une température élevée, cependant, les oxydes alcalino-terreux secs se combinent avec le gaz acide carbonique sec : cette combinaison s'opère bien au-dessous du rouge, mais s'effectue un peu lentement.

Les dissolutions aqueuses des hydrates des oxydes alcalins absorbent l'acide carbonique, et l'absorption est d'autant plus rapide que les dissolutions sont plus concentrées.

Les carbonates alcalins neutres absorbent aussi l'acide carbonique et se transforment en bicarbonates. Cependant les carbonates secs ne peuvent pas absorber l'acide carbonique (en effet, un atome d'eau est nécessaire pour que les bicarbonates puissent se produire). Lorsque les carbonates sont mélangés avec une substance poreuse indifférente comme le charbon, et lorsque ensuite on les expose à l'action du gaz acide carbonique après les avoir humectés seulement d'une petite quantité d'eau, ils absorbent le gaz acide carbonique bien plus facilement que dans tout autre cas. L'absorption a lieu alors avec assez d'énergie pour qu'il se produise un dégagement de chaleur. Les dissolutions des carbonates neutres absorbent l'acide carbonique d'autant plus qu'elles sont plus concentrées.

Si des bases fortes sont combinées avec des acides qui, comme l'acide borique et l'acide silicique, ont seulement des propriétés acides faibles et qui sont des acides plus faibles que l'acide carbonique, ce dernier est absorbé, mais seulement à la température ordinaire. A une température élevée, l'acide carbonique est chassé; en effet, ces acides, par suite de leur grande stabilité, peuvent alors séparer de leurs combinaisons, même les acides énergiques. A cette catégorie appartient le borate neutre de soude qui, à l'état cristallisé et hydraté, absorbe l'acide carbonique, mais qui, à l'état de dissolution concentrée, l'attire plus rapidement encore et produit alors du borax ordinaire et du carbonate de soude. A l'etat anhydre, au contraire, il n'absorbe pas l'acide carbonique, lorsqu'on emploie l'acide carbonique également à l'état anhydre. A une température élevée, l'acide carbonique n'est pas absorbé non plus par le borate neutre de soude anhydre, même lorsqu'on élève la température jusqu'au rouge, ce qui, du reste, est facile à expliquer, puisqu'on sait que le borax sépare à la température rouge l'acide carbonique contenu dans le carbonate de soude.

Le phosphate de soude à 3 atomes de soude se comporte de la même manière à l'égard de l'acide carbonique. Lorsque ce sel est hydraté, il attire l'acide carbonique avec encore plus de force que le borate neutre de soude, en sorte que ce n'est qu'avec difficulté qu'on peut le déshydrater sans qu'il attire un peu d'acide carbonique. Mais, à l'état sec, il n'absorbe pas le gaz carbonique sec, même à une température elevée : il l'absorbe seulement lorsqu'il est humide. A la température rouge, le gaz acide carbonique et l'eau qui avaient été absorbés, sont chassés de nouveau.

Le silicate de soude hydraté, cristallisé, attire également l'acide carbonique : il en est de même des dissolutions de l'acide silicique dans les hydrates des oxydes alcalins liqueur des cailloux qui peuvent être décomposées même par l'action continue de l'air atmospherique contenant de l'acide carbonique, lorsqu'elles ne contiennent pas une certaine quantité d'hydrate d'oxyde alcalin libre qui attire d'abord l'acide carbonique et préserve ainsi le silicate alcalin de l'action décomposante de l'acide carbonique.

Parmi les carbonates, ceux qui ont pour base un oxyde alcalin sont solubles dans l'eau. Non-seulement les carbonates neutres alcalins sont solubles dans l'eau, mais les sesquicarbonates (lorsqu'ils existent) et les bicarbonates alcalins sont également solubles dans l'eau. Cependant ces derniers sont moins solubles que les carbonates alcalins neutres. Le carbonate neutre de potasse peut attirer l'eau contenue dans l'air, devenir humide, tomber en deliquium et absorber une plus grande quantité d'acide carbonique. Les dissolutions de tous les carbonates alcalins bleuissent le papier de tournesol rougi : mais les dissolutions des carbonates neutres le bleuissent bien plus fortement que celles des bicarbonates. Les carbonates neutres, pas plus que les bicarbonates alcalins, ne sont solubles dans l'alcool concentré. Le carbonate neutre de potasse peut enlever l'eau à l'alcool hydraté et former une dissolution aqueuse saturée que surnage l'alcool deshydraté. — C'est un fait tout à fait digne de remarque que le carbonate neutre de potasse, malgré sa grande affinité pour l'eau qu'il enlève même à l'air atmosphérique, soit insoluble dans l'alcool.

Les dissolutions des carbonates alcalins neutres ne sont modifiées ni par l'ébullition, ni par l'évaporation à siccité. Par une ébullition prolongée, elles perdent une quantité excessivement faible d'acide carbonique et contiennent alors une trace d'hydrate d'oxyde alcalin qui correspond à la quantité d'acide carbonique qu'elles ont perdue. La proportion d'acide carbonique perdue est un peu plus grande lorsqu'on soumet le carbonate de soude à une ébullition prolongée que lorsqu'on fait subir le même traitement aux dissolutions de carbonate de potasse et de carbonate de lithine.

Les dissolutions des bicarbonates alcalins, exposées pendant longtemps à l'influence de l'air atmosphérique, perdent de l'acide carbonique même à la température ordinaire. Tout autre gaz indifférent que l'on fait passer dans la dissolution des bicarbonates, en chasse de l'acide carbonique de la même manière. Mais il serait très difficile de transformer de cette manière en carbonate le bicarbonate contenu dans la dissolution; cela exigerait un temps très long.

Cependant, à une température élevée, le second atome d'acide carbonique du bicarbonate en dissolution est séparé avec tant de force qu'en faisant bouillir la dissolution, l'acide carbonique s'en dégage avec effervescence. C'est, dans ce cas, l'eau en vapeur qui chasse l'acide carbonique. On peut, par une ébullition prolongée, transformer en carbonate le bicarbonate alcalin contenu dans une dissolution, pourvu qu'on ait soin d'ajouter une nouvelle quantité d'eau à mesure qu'elle s'évapore. Il ne se forme pas ici de sesquicarbonate alcalin : la production du sesquicarbonate de soude à l'état solide dépend de certaines circonstances qui n'ont pas encore été exactement déterminées.

Les combinaisons de l'acide carbonique avec les oxydes alcalino-terreux ne sont pas solubles dans l'eau lorsqu'elles sont neutres. Il se produit par suite un précipité de carbonate de chaux, lorsqu'on fait passer du gaz acide carbonique dans l'*eau de chaux*. Le précipité est volumineux; mais, par un contact prolongé ou par l'action de la chaleur, il prend un volume bien plus petit et s'agrége. Si cependant on continue à faire passer le courant de gaz, le précipité volumineux qui s'était formé se redissout : mais la dissolution du précipité ne s'opère plus lorsqu'il s'est agrégé par un contact prolongé. La dissolution qui contient du bicarbonate de chaux, bleuit encore fortement le papier de tournesol rougi : elle donne, avec l'ammoniaque et avec les dissolutions des carbonates alcalins neutres, un précipité volumineux de carbonate de chaux : mais elle reste claire lorsqu'on y ajoute la dissolution d'un bicarbonate alcalin. Lorsqu'on fait bouillir la dissolution de bicarbonate de chaux, il s'en dégage de l'acide carbonique, et il se produit un précipité lourd de carbonate de chaux.— Si l'on fait passer une quantité encore plus grande d'acide carbonique dans la dissolution de carbonate de chaux, elle ne bleuit plus enfin le papier de tournesol et n'est plus troublée que légèrement par l'ammoniaque et par les carbonates alcalins neutres. Si l'on fait passer le gaz acide carbonique pendant très longtemps, on peut arriver enfin à ce que la liqueur ne donne presque plus de précipité par l'action de l'ammoniaque.

La dissolution de carbonate de chaux dans l'acide carbonique est troublée par les dissolutions concentrées de carbonate de potasse et surtout de carbonate de soude. Le trouble disparaît par l'action d'un excès de carbonate alcalin.

Si l'on ajoute une très petite quantité d'eau de chaux à une dissolution de bicarbonate alcalin, on obtient un précipité qui disparaît lorsqu'on agite.

Il se produit également un précipité de carbonate de chaux par l'action des carbonates alcalins sur les dissolutions des sels de chaux. Le précipité que l'on obtient de cette manière, soit qu'il ait été produit à la température ordinaire ou à une temperature élevée, est toujours du carbonate neutre de chaux. Celui que l'on obtient par l'action de la chaleur sur la dissolution du carbonate de chaux dans l'acide carbonique, est également du carbonate neutre de chaux. Lorsqu'on observe au microscope le carbonate de chaux qui a été précipité à la température ordinaire, il présente toujours la structure rhomboédrique du spath calcaire qui se trouve dans la nature : lorsqu'il a été obtenu dans des dissolutions chaudes, il présente toujours la forme prismatique de l'aragonite. Le précipité prismatique est décomposé un peu moins facilement par l'action des réactifs. — On a déjà indiqué (p. 32) que le carbonate de chaux n'est pas complétement insoluble, même à la température ordinaire, dans une dissolution de chlorure d'ammonium : il est même décomposé à la longue par le chlorure d'ammonium; celui qui présente la forme cristalline du spath calcaire, est décomposé plus facilement que celui qui a la forme de l'aragonite. Avec l'aide de la chaleur, le carbonate de chaux est décomposé et est dissous très facilement et très rapidement par une dissolution de chlorure d'ammonium.

Si l'on fait passer gaz acide carbonique dans l'*eau de strontiane* concentrée, on obtient un volumineux précipité de carbonate de strontiane. Ce précipité devient également lourd avec le temps et prend alors un petit volume. Si l'on fait passer pendant un temps encore plus long le courant de gaz acide carbonique, on ne peut pas arriver à obtenir une dissolution claire : on peut cependant obtenir ce résultat lorsque, au lieu d'eau de strontiane concentrée, on emploie de l'eau de strontiane étendue. On peut arriver alors à obtenir une dissolution qui ne bleuit plus le papier de tournesol, et qui ne produit pas de précipité avec l'ammoniaque, au moins immédiatement.

Les carbonates alcalins, en réagissant sur les dissolutions des sels de strontiane, y produisent un précipité de carbonate de strontiane. Ce précipité se dissout à la température ordinaire dans une grande quantité de chlorure d'ammonium : par l'action de la chaleur, le chlorure d'ammonium décompose rapidement ce précipité.

Si l'on fait passer du gaz acide carbonique dans de *l'eau de baryte* concentrée, on obtient un précipité de carbonate de baryte qui ne se dissout pas lorsqu'on continue à faire passer du gaz acide carbonique. Mais si, au lieu d'employer une eau de baryte concentrée, on emploie une eau de baryte étendue, on obtient une dissolution claire qui ne bleuit plus le papier de tournesol. Si l'on fait passer pendant très longtemps le courant de gaz, on peut arriver enfin à ce que la dissolution ne donne plus de précipité avec l'ammoniaque, au moins immédiatement; il n'en produit un qu'au bout de quelque temps.

Le précipité de carbonate de baryte, produit dans les dissolutions des sels de baryte par l'action des carbonates alcalins, est soluble à la température ordinaire dans une très grande quantité de chlorure d'ammonium : si l'on opère à chaud, la dissolution et la décomposition sont rapides.

Les combinaisons de l'acide carbonique avec les oxydes terreux et les oxydes métalliques ne sont pas solubles dans l'eau. Par suite, les carbonates alcalins produisent des précipités dans toutes les dissolutions salines des oxydes terreux et métalliques; et les carbonates alcalins peuvent être rangés parmi les réactifs les plus essentiels. On a par conséquent indiqué avec détail, dans ce qui précède, les réactions des carbonates neutres et des bicarbonates alcalins à l'égard des dissolutions de toutes les bases. Comme l'acide carbonique est un acide très faible, les précipités qui se forment par l'action des dissolutions des carbonates alcalins neutres, ne sont que dans quelques cas des carbonates neutres dont la composition correspond à celle du carbonate alcalin précipitant. L'eau agit dans ce cas comme un acide, et sépare du précipité une portion de l'acide carbonique, en sorte que le sel précipité est un mélange d'un carbonate et d'un hydrate. Il n'y a qu'un petit nombre de sels neutres formés par les oxydes terreux et métalliques qui soient précipités à l'état de carbonates neutres, insolubles, par l'action des carbonates alcalins neutres. Ce sont seulement les sels qui contiennent des bases très énergiques, comme les sels de baryte, de strontiane, de chaux, de protoxyde d'argent et même de protoxyde de mercure: ce dernier se décompose spontanément bientôt après s'être formé (p. 173). Ces carbonates neutres précipités ne sont pas modifiés dans leur composition lorsqu'on les traite ensuite par l'eau, lorsqu'on les lave avec l'eau froide et même avec l'eau chaude. Mais, pour tous les oxydes qui ont des propriétés basiques plus faibles que ceux que nous avons indiqués, le précipité contient moins d'acide carbonique qu'il n'en faut pour former une combinaison neutre. Les combinaisons neutres naturelles de ces oxydes sont par suite difficiles à préparer artificiellement. On ne réussit à les obtenir que par l'action simultanée de la pression et de la chaleur en présence d'un excès d'acide carbonique (Sénarmont). Dans la plupart des cas, les précipités ont perdu d'autant plus d'acide carbonique que l'on a employé plus d'eau, c'est-à-dire que les dissolutions employées sont plus étendues : en outre, plus la température à laquelle on opère est élevée, plus la quantité d'acide carbonique chassé est grande. Le rapport entre le carbonate et l'hydrate que le précipité contient, est très souvent simple et déterminé : mais il varie suivant les différents oxydes. Dans une combinaison de ce genre, le carbonate et l'hydrate sont unis entre eux par une affinité qui n'est pas tout à fait faible, et la combinaison résiste jusqu'à un certain degré à l'action décomposante de l'eau et d'une température élevée ; mais il n'arrive presque jamais que ces combinaisons restent sans se décomposer lorsqu'on les fait bouillir pendant très longtemps avec une grande quantité d'eau.

Lorsqu'on opère sur un sel de *magnésie*, la combinaison qui se forme de préférence est composée de 4 atomes de carbonate neutre de magnésie unis à un atome d'hydrate de magnésie $4\ MgO + CO^2 + (MgO + H^2O)$: cette combinaison contient en outre de l'eau de cristallisation.

Le *protoxyde de manganèse* a une plus grande affinité que la magnésie pour l'acide carbonique, et il a une moins grande affinité pour l'eau : la combinaison qui paraît se former surtout de préférence, a pour composition : $5\ MnO + CO^2) + MnO + H^2O$.

Avec l'*oxyde de plomb*, la combinaison qui se forme de préférence, est : $6\ (PbO + CO^2) + (PbO + H^2O)$. Cette combinaison se produit dans les dissolutions concentrees à la température ordinaire et à une température élevée ; elle se produit aussi dans les dissolutions étendues à la température ordinaire. Dans les dissolutions étendues et chaudes, la combinaison qui se produit, a pour formule : $3\ (PbO + CO^2) + (PbO + H^2O)$. En présence d'un excès de carbonate alcalin, la combinaison qui se forme ordinairement, est : $2\ PbO + CO^2 + (PbO + H^2O$.

Le rapport dans lequel l'*oxyde de cuivre*, à l'état de carbonate, se combine de preference avec l'hydrate d'oxyde de cuivre, est simple $CuO + CO^2 + CuO + H^2O)$: cette combinaison se rencontre dans la nature et s'appelle alors *malachite*. Elle se produit à la température ordinaire dans les dissolutions concentrées et dans les dissolutions étendues. Dans les dissolutions étendues et chaudes, il y a encore une plus grande quantité d'acide carbonique qui est chassée : en même temps, lorsqu'on a opéré sur une dissolution de sulfate de cuivre, le carbonate de cuivre est décomposé par le sulfate alcalin qui se forme en même temps, et il se produit un sulfate de cuivre basique insoluble qui est mélangé avec la combinaison de carbonate et d'hydrate de cuivre qui s'est précipitée en même temps.

L'*oxyde de cobalt*, à l'état de carbonate, forme de préférence avec l'hydrate de cobalt la combinaison qui a pour formule : $2\ CoO + CO^2) + 3\ CoO + H^2O)$. C'est seulement dans les dissolutions étendues et chaudes qu'une plus grande quantité d'acide carbonique est chassée ; et si l'on a employé une dissolution de sulfate de cobalt, il se produit un sulfate basique insoluble.

L'*oxyde de nickel* produit avec l'acide carbonique et avec l'eau une combinaison semblable à celle que produit l'oxyde de cobalt : la combinaison qui se forme, a pour formule $2\ (NiO + CO^2) + 3\ (NiO + H^2O)$. Si l'on a employé le sulfate de nickel et si l'on a opéré sur des dissolutions étendues et bouillantes, une plus grande quantité d'acide carbonique se dégage, et il se forme un sulfate basique de nickel qui est insoluble.

Le carbonate d'*oxyde de zinc* se combine en différentes proportions avec l'hydrate d'oxyde de zinc. Lorsqu'on précipite par un carbonate alcalin la dissolution d'un sel de zinc, du sulfate de zinc par exemple, on peut observer, bien mieux que dans la précipitation de tout autre oxyde métallique, l'influence que l'eau exerce, suivant la quantité plus ou moins grande que l'on en emploie, et suivant qu'on opère à la température ordinaire ou à une température élevée. Lorsqu'on précipite les sels de zinc par un carbonate alcalin, l'hydrate et le carbonate qui se produisent forment des combinaisons dans lesquelles la quantité d'hydrate et de carbonate sont dans des rapports très simples et parfaitement déterminés ; mais, surtout dans les expériences en petit, ces combinaisons sont décomposées par l'influence ultérieure de l'eau lorsqu'on les dessèche ou lorsqu'on les soumet à une température de 100 degrés ; et la décomposition s'opère plus facilement que pour les combinaisons analogues de tous les autres oxydes métalliques.

L'*oxyde de cadmium* diffère d'une manière remarquable des autres oxydes métalliques avec lesquels il a du reste de l'analogie, par la manière dont ses combinaisons salines se comportent lorsqu'on les précipite par un oxyde alcalin. Son affinité pour l'acide carbonique est plus grande que celle qu'il a pour l'eau. Dans les dissolutions concentrées, il se précipite à la température ordinaire presque seulement du carbonate neutre de cadmium ; ou plutôt le carbonate qui se précipite, a pour formule : $10\,(CdO + CO^2) + (CdO + H^2O$; ce n'est que dans les dissolutions étendues, et surtout lorsqu'elles sont bouillantes, que l'on obtient un précipité qui contient un peu moins de carbonate et un peu plus d'hydrate d'oxyde de cadmium.

Plus la base contenue dans la dissolution saline que l'on a traitée par le carbonate neutre alcalin, est faible, plus l'acide carbonique a de tendance à se dégager et moins le précipité qui se forme en contient.

Enfin les bases tout à fait faibles ne se combinent pour ainsi dire point avec l'acide carbonique ; et lorsqu'on traite leurs dissolutions salines par un carbonate alcalin, il se produit une effervescence ; et ce n'est presque que l'hydrate pur qui se forme. A cette catégorie, appartiennent spécialement : le sesquioxyde de fer, le sesquioxyde d'urane, l'oxyde d'antimoine et même l'alumine, tandis que l'oxyde de bismuth et la glucine peuvent encore se combiner avec l'acide carbonique. Les oxydes qui ne peuvent pas se combiner avec l'acide carbonique, sont spécialement ceux qui contiennent encore un plus grand nombre d'atomes d'oxygène et qui doivent être plutôt considérés comme des acides. Lorsque ces oxydes, en se précipitant, ont retenu de très petites quantités d'acide carbonique, ils les perdent lorsqu'on les fait bouillir avec l'eau.

Plusieurs de ces oxydes, et spécialement le sesquioxyde d'urane et l'alumine, peuvent cependant, à l'état de carbonate, se combiner avec les carbonates alcalins.

Les carbonates précipités sont quelquefois solubles dans un excès d'acide carbonique ; par suite, les bicarbonates alcalins ne produisent pas de précipité dans les dissolutions salines de plusieurs oxydes métalliques, bien que les carbonates alcalins neutres puissent séparer la totalité de la base à l'état de carbonate et d'hydrate : c'est ce qui arrive pour les dissolutions des sels de magnésie (p. 38 . D'autres carbonates ne peuvent être dissous que par une très grande quantité d'acide carbonique libre, ou même ne peuvent pas être dissous.

Lorsqu'on précipite une base de sa dissolution saline par l'action des carbonates alcalins sous la forme d'une combinaison de carbonate et d'hydrate, on observe nettement une légère effervescence provenant d'un dégagement d'acide carbonique, surtout lorsqu'on n'a pas employé des quantités trop faibles de substances, mais surtout aussi lorsque la base appartient aux bases faibles qui ne peuvent se combiner qu'avec de petites quantités d'acide carbonique, ou qui même ne peuvent pas s'y combiner du tout. On peut souvent ne pas observer cette effervescence lorsqu'on a ajouté un excès de carbonate alcalin, parce que l'excès de carbonate alcalin se combine avec l'acide carbonique qui devient libre, et forme ainsi un bicarbonate alcalin. Mais si, au lieu d'employer les carbonates alcalins neutres, on emploie les bicarbonates, l'effervescence devient très nette, même pour un excès de bicarbonate; elle peut même souvent devenir très vive, comme cela se présente dans la précipitation de l'alumine (p. 44).

Tous les carbonates, tant ceux qui sont solubles que ceux qui ne le sont pas, sont décomposés par presque tous les acides qui sont solubles dans l'eau : dans cette réaction, l'acide carbonique gazeux se dégage avec effervescence. Cette propriété, tout à fait caractéristique des carbonates, est le moyen le plus facile de reconnaître l'acide carbonique dans ses combinaisons solides. Lorsqu'un gaz qui s'est dégagé avec effervescence par l'action des acides, est inodore, ce ne peut être que du gaz acide carbonique; en effet, les autres gaz qui peuvent être dégagés par l'action des acides sur les combinaisons solides, ou bien ont une odeur fortement acide comme le gaz acide chlorhydrique, ou bien ont une odeur caractéristique désagréable comme le gaz hydrogène sulfuré. Si l'on dégage l'acide carbonique de ses combinaisons par l'action d'un acide sulfurique qui ne soit pas trop étendu, et si l'on porte dans l'atmosphère de gaz acide carbonique une baguette de verre qui a été humectée d'ammoniaque, il ne se produit pas de fumée blanche. Cette propriété distingue aussi essentiellement l'acide carbonique des autres acides gazeux qui se dégagent également avec effervescence par l'action de l'acide sulfurique, mais qui produisent des fumées blanches dans une atmosphère d'ammoniaque, comme cela arrive pour l'acide chlorhydrique (p. 16), l'acide sulfureux p. 490), l'acide nitrique et l'acide acétique.

Il faut observer ici que quelques carbonates neutres naturels ne dégagent pas d'acide carbonique dans certaines circonstances par l'action des acides, et spécialement par l'action de l'acide chlorhydrique et de l'acide nitrique. C'est ce qui arrive lorsque les acides que l'on emploie sont concentrés et lorsqu'on emploie les carbonates en petits morceaux et non en poudre. Le carbonate de baryte naturel (witherite) n'est pas modifié lorsqu'on le projette en morceaux dans des acides qui ne sont pas trop étendus; mais aussitôt qu'on ajoute de l'eau, l'effervescence commence immédiatement. Le carbonate de baryte préparé artificiellement, aussi bien que la witherite en poudre, font effervescence avec les acides. Mais l'effervescence cesse au bout de quelque temps, et la dissolution complète n'a lieu que lorsqu'on ajoute de l'eau. Le carbonate de strontiane naturel (strontianite) ne fait effervescence ni avec l'acide chlorhydrique, ni avec l'acide nitrique concentré, mais il fait effervescence avec l'acide nitrique ordinaire : il fait effervescence avec le premier lorsqu'on ajoute de l'eau. Le carbonate de chaux naturel (spath calcaire, marbre), au contraire, fait effervescence avec les acides que nous venons d'indiquer, et s'y dissout complétement et facilement. La magnésite, le spatheisenstein (fer carbonaté) et le zinkspath (zinc carbonaté) en morceaux ne sont attaqués que faiblement ou ne sont même pas attaqués par les acides concentrés; mais ils sont attaqués lorsqu'ils sont en poudre ou lorsqu'on ajoute de l'eau : la dolomie même, lorsqu'elle est en morceaux, n'est attaquée que très faiblement et excessivement lentement par les acides concentrés. Les combinaisons neutres et anhydres de la magnésie, du protoxyde de fer et de l'oxyde de zinc que l'on a préparées artificiellement, ne sont attaquées que très difficilement par les acides, comme nous venons de voir que cela arrive pour les carbonates naturels. — Le motif pour lequel ces carbonates ne sont pas décomposés par les acides concentrés, est d'une part que quelques chlorures et quelques nitrates sont très peu solubles dans l'acide chlorhydrique concentré et dans l'acide nitrique, et que, par suite, lorsqu'il s'est formé une petite quantité de chlorure et de nitrate, le sel formé recouvre les morceaux qui n'ont pas été attaqués et les préserve de l'action ultérieure des acides : cela peut venir aussi d'autre part de ce que les combinaisons naturelles ont souvent une plus grande densité. — Le premier motif de la non-décomposition des carbonates par les acides concentrés s'applique spécialement au carbonate de baryte (p. 23) et au carbonate de strontiane (p. 29).

Comme les carbonates, en se dissolvant dans les acides, laissent dégager de la liqueur l'acide carbonique avec effervescence, les dissolutions des carbonates dans les acides se comportent naturellement d'une manière tout autre que les dissolutions dans les acides des autres sels insolubles dans l'eau. L'ammoniaque, en réagissant sur ces dernières, sature ordinairement l'acide libre et détermine la précipitation du sel sans le modifier : il n'en est naturellement pas de même lorsqu'on opère sur les dissolutions des carbonates.

Des acides très faibles, même solubles dans l'eau, qui possèdent des propriétés acides plus faibles que celles de l'acide carbonique, ne produisent pas d'effervescence, même à une température élevée, lorsqu'ils réagissent sur les carbonates, ou n'en produisent que dans certaines circonstances, comme cela arrive pour l'acide borique (p. 658) et l'acide cyanhydrique. Certains acides faibles, insolubles, comme l'acide silicique, par exemple, ne produisent pas non plus d'effervescence : quelques acides énergiques insolubles, surtout lorsqu'ils ont été calcinés, ne produisent pas non plus d'effervescence notable : l'acide tungstique (p. 334 est de ce nombre. Ces acides se dissolvent souvent, à la vérité, dans les dissolutions des carbonates alcalins ; mais la dissolution s'opère si lentement, que l'acide carbonique qui devient libre, ne se dégage pas avec effervescence.

Cependant les acides faibles insolubles, lorsqu'ils ont une certaine stabilité, peuvent souvent, à cause de leur stabilité, chasser de leurs combinaisons à une température élevée des acides très énergiques. Ils peuvent par suite produire une effervescence lorsqu'on les met en présence des carbonates, et surtout des carbonates alcalins, à une température élevée. Si, par suite, on fait fondre l'acide silicique, par exemple, avec des carbonates alcalins, l'acide carbonique est chassé avec effervescence.

D'autres acides faibles insolubles, comme l'acide titanique, l'acide tantalique, les acides de l'antimoine et du niobium, le bioxyde d'étain, et même certaines bases faibles qui peuvent, dans certaines circonstances, jouer le rôle d'acides, comme l'alumine, le sesquioxyde de fer, le sesquioxyde de manganèse et la glucine, se comportent de la même manière que l'acide silicique. Si l'on fait même bouillir ces oxydes avec les dissolutions des carbonates alcalins, il ne s'en dégage pas d'acide carbonique. Mais si on les mélange à l'état sec avec les carbonates alcalins et si on chauffe le mélange jusqu'à ce que le carbonate alcalin entre en fusion, l'acide carbonique est chassé. On ne doit point, par suite, faire fondre, ni même chauffer fortement les carbonates alcalins dans des creusets de Hesse ou dans des vases de porcelaine et de verre, parce que l'acide carbonique devenant libre, les oxydes alcalins se combineraient avec l'alumine et l'acide silicique des vases employés. Il paraît y avoir entre les oxydes métalliques une différence essentielle sous le rapport de leur réaction en présence des carbonates alcalins à une température élevée. Tous les oxydes qui ont pour composition R^2O^3, paraissent pouvoir chasser à une température élevée l'acide carbonique des carbonates alcalins, tandis que les oxydes qui ont pour composition RO et R^2O, ne paraissent pas pouvoir opérer cette décomposition, même lorsque l'oxyde ne jouit pas de propriétés fortement basiques.

Les carbonates, à l'exception de ceux qui contiennent une base très énergique, perdent complètement leur acide carbonique par la calcination. Les combinaisons neutres de l'acide carbonique avec les oxydes alcalins fixes et avec les oxydes alcalino-terreux ne perdent pas leur acide carbonique même par la calcination à une température assez élevée. Si cependant on soumet le carbonate de potasse, et surtout le carbonate de soude, à l'action d'une température rouge intense et longtemps soutenue, ils perdent de légères traces d'acide carbonique. Cette décomposition s'opère surtout par l'action de l'humidité de l'air qui détermine la production de l'hydrate de potasse. Le creuset de platine dans lequel on opère la fusion peut, par suite, devenir légèrement jaune-brunâtre lorsqu'on emploie du carbonate de soude : en effet, l'hydrate de soude produit peut oxyder une très légère trace de platine. Le platine est attaqué bien plus fortement lorsqu'il a été maintenu pendant longtemps en contact avec le carbonate de lithine fondu. Le carbonate de lithine perd du poids par une forte calcination, et cette perte est de l'acide carbonique : elle peut s'élever jusqu'à 4 pour 100 du poids du sel lorsqu'on a continué pendant longtemps la calcination. Si l'on continue ensuite la calcination au contact de l'air, l'acide carbonique de l'air est attiré ; il se produit une légère augmentation de poids et on atteint presque entièrement, mais non complétement, le poids que l'on avait employé d'abord, lorsque, pendant la calcination, on ajoute au sel fondu une petite quantité de carbonate d'ammoniaque.—Parmi les carbonates terreux, le carbonate de chaux perd son acide carbonique au rouge intense, mais le carbonate de strontiane, et surtout le carbonate de baryte, ne sont pas encore modifiés au rouge intense, et ce n'est qu'au rouge blanc qu'ils perdent leur acide carbonique.

Les bicarbonates alcalins perdent, même à une température au-dessous du rouge sombre, la moitié de leur acide carbonique et la totalité de l'eau qu'ils contiennent. Si l'on expose le bicarbonate de potasse pendant quelque temps à une température de 160 degrés, il perd également la moitié de son acide carbonique : le bicarbonate de soude peut même être transformé en carbonate neutre de soude à une température de 100 degrés seulement. Mais si l'on chauffe pendant longtemps les bicarbonates alcalins à une température un peu plus basse, l'eau et l'acide carbonique se dégagent inégalement, et il se dégage tantôt une plus grande quantité d'acide carbonique, tantôt une plus grande quantité d'eau ; mais les proportions dans lesquelles les deux substances se dégagent, ne sont ni simples, ni fixes.

Si l'on chauffe le carbonate neutre de potasse desséché à une température à laquelle il ne peut pas encore fondre, il ne perd pas d'acide carbonique, même lorsqu'on fait passer sur le sel de l'air atmosphérique sec pendant la calcination. Mais si l'on fait passer sur le sel, pendant la calcination, de la vapeur d'eau, ou même seulement de l'air humide, le carbonate de potasse perd une petite quantité d'acide carbonique et se transforme partiellement en hydrate de potasse. Il se dégage même une trace, bien que très faible, d'acide carbonique, lorsqu'on fait bouillir une dissolution de carbonate neutre de potasse.

Si l'on chauffe le carbonate neutre de soude à une température à laquelle il ne peut pas encore fondre, mais à laquelle il peut seulement s'agréger, ce sel perd une très légère trace d'acide carbonique, lorsque, pendant la calcination, on le soumet à l'action d'un courant d'air sec ; mais il en perd une plus grande quantité lorsque, pendant la calcination, on fait passer sur le sel de la vapeur d'eau ou de l'air humide. Il se dégage aussi de l'acide carbonique, en quantité moindre cependant que dans le dernier cas, lorsqu'on fait bouillir une dissolution aqueuse de carbonate neutre de soude. Lorsqu'on fait bouillir le carbonate de lithine avec de l'eau, il perd également de l'acide carbonique, mais en quantité bien plus faible qu'une dissolution de carbonate de soude. Si pendant qu'on calcine le carbonate de lithine, on fait passer sur ce sel de la vapeur d'eau ou de l'air atmosphérique humide, il s'en dégage une très grande quantité d'acide carbonique; il s'en dégage aussi, mais en quantité plus faible, lorsqu'on fait passer sur le sel de l'air atmosphérique sec.

Le carbonate de baryte (soit qu'il ait été préparé artificiellement, soit qu'on emploie la witherite en morceaux entiers) ne laisse pas dégager d'acide carbonique lorsqu'on le chauffe jusqu'à la température rouge; il n'en laisse pas dégager non plus lorsque, pendant la calcination, on fait passer sur le sel de l'air atmosphérique sec, du gaz hydrogène sec, ou même d'autres gaz indifférents à l'état sec. Mais si l'on fait passer, pendant la calcination, de l'air humide ou de la vapeur d'eau sur le carbonate de baryte soumis à l'action d'une température rouge, il se dégage immédiatement du gaz acide carbonique; si, après le refroidissement, on traite la masse par l'eau, cette dernière dissout de l'hydrate de baryte.

Le carbonate de strontiane laisse déjà dégager de l'acide carbonique sec lorsqu'on le porte au rouge dans un courant d'air sec; il se dégage cependant une quantité plus grande d'acide carbonique lorsque, pendant la calcination, on fait passer sur le sel de l'air humide ou de la vapeur d'eau.

Si l'on porte le carbonate de chaux au rouge sombre, de manière qu'il ne perde pas encore d'acide carbonique, il se produit immédiatement un dégagement d'acide carbonique, lorsqu'on fait passer sur le sel de l'air humide ou de la vapeur d'eau. La vapeur d'eau favorise la décomposition du carbonate de chaux par l'action de la chaleur, et cette décomposition a lieu, en présence de la vapeur d'eau, à une température plus basse qu'elle n'aurait lieu sans cela.

Mais si l'on fait bouillir pendant longtemps avec de l'eau le carbonate de baryte, le carbonate de strontiane, et même le carbonate de chaux, réduits en poudre fine, ils ne perdent pas d'acide carbonique ou n'en perdent que des traces tout à fait insignifiantes. L'insolubilité de ces carbonates dans l'eau est le motif pour lequel elle ne peut pas réagir sur ces carbonates comme sur le carbonate de soude.

Au contraire, les combinaisons neutres de la magnésie celle qui a été préparée artificiellement et qui contient de l'eau aussi bien que la magnésite en poudre , les combinaisons du protoxyde de fer spatheisenstein en poudre et d'autres bases perdent une quantité considérable de leur acide carbonique lorsqu'on les fait bouillir avec l'eau.

Les combinaisons de l'acide carbonique avec les bases qui ne sont pas trop énergiques, perdent de l'acide carbonique par l'action de la chaleur à une température qui n'a ordinairement pas besoin d'atteindre au rouge sombre; la température à laquelle ces combinaisons perdent de l'acide carbonique, varie suivant qu'elles contiennent de l'eau ou qu'elles n'en contiennent pas. Le carbonate de magnésie neutre cristallin qui a été préparé artificiellement et qui contient de l'eau de cristallisation, perd l'eau et l'acide carbonique lorsqu'on l'expose pendant longtemps à une température de 300 degrés, quoique le carbonate de magnésie neutre anhydre qui se trouve dans la nature magnésite) ne soit pas encore modifié à cette température tandis qu'il perd son acide carbonique lorsqu'on le fait bouillir dans l'eau après l'avoir réduit en poudre). L'hydrocarbonate de cuivre préparé artificiellement perd entièrement son acide carbonique à 200 degrés ; mais il ne perd, à cette température, que la plus grande partie de l'eau qu'il contenait ; la malachite qui se trouve dans la nature, et qui a tout à fait la même composition, ne subit une décomposition du même genre qu'à 300 degrés (mais elle perd une quantité abondante d'acide carbonique lorsqu'après l'avoir réduite en poudre, on la fait bouillir avec l'eau. L'hydrocarbonate de zinc perd à 200 degrés tout son acide carbonique et toute son eau ; le carbonate neutre de zinc qui contient de l'eau, au contraire, aussi bien que le carbonate neutre de zinc anhydre qui se trouve dans la nature, ne commencent à perdre leur acide carbonique qu'à 300 degrés (tandis que tous les deux perdent une quantité abondante d'acide carbonique lorsqu'on les fait bouillir avec l'eau). Le carbonate de cadmium, bien que l'oxyde de cadmium ne jouisse pas de propriétés basiques énergiques, se distingue par sa grande affinité pour l'acide carbonique, qui est tout à fait exceptionnelle. Il peut être calciné légèrement sans subir une perte de poids sensible, et, même après une calcination plus forte, il peut souvent conserver une petite quantité d'acide carbonique. L'oxyde de cadmium calciné attire facilement l'acide carbonique de l'air. Quelque considérable que soit, au contraire, l'affinité de l'oxyde d'argent pour l'acide carbonique, il perd, à une température élevée, son acide carbonique avant de perdre son oxygène ; à 200 degrés, il se transforme en oxyde d'argent, et ce n'est qu'à 250 degrés qu'il commence à passer à l'état d'argent métallique.

Plusieurs carbonates, en perdant leur acide carbonique à une température élevée, absorbent en même temps de l'oxygène et se transforment en partie en peroxydes. C'est ce qui arrive spécialement pour le carbonate de protoxyde de manganèse. Si l'on chauffe jusqu'à 150 degrés l'hydrocarbonate de protoxyde de manganèse obtenu par précipitation, il ne perd pas encore d'acide carbonique ; seulement l'hydrate de protoxyde de manganèse se transforme en hydrate de sesquioxyde ; à 200 degrés, il se forme de l'hydrate de peroxyde de manganèse p. 71). Les hydrocarbonates de cobalt et de nickel se transforment, entre 200 et 300 degrés, en combinaisons d'oxydes et de peroxydes (p. 112 et p. 119).

Lorsque le carbonate de potasse et le carbonate de soude contiennent de très petites quantités d'hydrate alcalin, la meilleure méthode pour le découvrir consiste à employer une dissolution de nitrate d'argent. Les dissolutions des carbonates alcalins neutres donnent avec la dissolution d'argent un précipité d'un blanc pur qui prend au bout de quelque temps une pointe de jaunâtre, mais qui ne se modifie pas autrement (p. 164). Si cependant les carbonates alcalins contiennent de l'hydrate alcalin, le précipité blanc est mélangé avec un précipité brun d'oxyde d'argent. Si l'hydrate alcalin n'est qu'en petite quantité et si l'on ajoute un excès de dissolution d'argent, le précipité est presque aussi blanc qu'il le serait s'il avait été produit par du carbonate alcalin pur. Si cependant, dans ce cas, on ajoute à la dissolution de carbonate alcalin quelques gouttes de dissolution d'argent, il se produit un précipité brunâtre lorsque le carbonate contient de très petites quantités d'hydrate alcalin. On peut découvrir de cette manière, dans une dissolution de carbonate de soude, une trace d'hydrate de soude, quelque petite qu'elle soit : il faut cependant que la proportion d'hydrate de potasse contenue dans le carbonate de potasse ne soit pas trop peu considérable, et elle ne doit pas être plus faible que 4 pour 100, pour qu'on puisse la retrouver de cette manière.

Lorsqu'on mélange avec du charbon en poudre et lorsqu'on calcine ensuite les carbonates qui ne perdent pas leur acide carbonique à une température élevée, ou qui ne le perdent que très difficilement et seulement en partie, leur acide carbonique est transformé en oxyde de carbone qui se degage à l'état gazeux.

Si l'on fait passer de la vapeur de phosphore sur les carbonates alcalins calcinés, l'acide carbonique est réduit à l'état de charbon noir et il se forme des phosphates alcalins.

Les carbonates peuvent, par conséquent, être très bien distingués des autres sels, à ce que, traités par les acides solubles dans l'eau, ils dégagent avec effervescence du gaz acide carbonique inodore, et à ce que cette réaction se produit aussi bien avec les carbonates solubles qu'avec les carbonates insolubles dans l'eau.

LIX. — NITROGÈNE (AZOTE), N.

Le nitrogène à l'état pur se présente sous la forme d'un gaz qui n'a pu jusqu'ici être amené ni à l'état liquide, ni à l'état solide. Le gaz nitrogène est incolore et inodore ; il est un peu plus léger que l'air atmosphérique. Il ne peut pas entretenir la combustion des corps combustibles. Lorsqu'on plonge dans du gaz nitrogène des corps en combustion, ils s'éteignent. Cependant, lorsqu'on mélange avec le gaz nitrogène des gaz combustibles, ils peuvent brûler au contact de l'air avec une flamme qui a quelquefois une couleur un peu verdâtre sur les bords.

Le nitrogène est, à l'état pur, un corps très indifférent. Il ne se combine pas, même à une température élevée, avec les autres substances, ni même avec l'oxygène avec lequel il est mélangé dans l'air atmosphérique : il faut cependant en excepter le titane (p. 278), le bore et le silicium. Toutes les combinaisons du nitrogène ne se produisent presque qu'indirectement. Le gaz nitrogène est, par suite, très difficile à reconnaître, et plus difficile qu'aucun autre gaz : ce n'est presque que par ses propriétés négatives à l'égard des réactifs qu'on peut reconnaître sa présence. Il ne peut brûler avec flamme ni dans l'air atmosphérique, ni dans le gaz oxygène, ce qui le distingue du gaz hydrogène et du gaz oxyde de carbone. Il ne modifie pas l'eau de chaux, lorsqu'on l'agite avec ce réactif. Il n'est pas absorbé non plus par les dissolutions des autres bases fortes. Il n'est pas dissous par l'eau ou n'y est dissous qu'en excessivement petite quantité, comme les autres gaz permanents. Il ne se dissout pas non plus dans l'alcool ni dans l'éther. Une dissolution de nitrate d'argent n'est pas modifiée par le gaz nitrogène.

Le gaz nitrogène ne décompose pas le bioxyde de cuivre même à une température élevée, et ne forme pas d'ammoniaque lorsqu'on le fait passer sur de la chaux sodée à la température rouge sombre.

La seule méthode positive pour reconnaître la présence du gaz nitrogène est de le mélanger avec le gaz oxygène et avec le gaz hydrogène, et d'enflammer le mélange au moyen de l'étincelle électrique, ou bien au moyen d'une substance en combustion. Il se forme alors de légères traces d'acide nitrique dont la présence peut être facilement reconnue au moyen de l'acide sulfurique concentré et d'une dissolution de protoxyde de fer, comme on l'indiquera plus loin. Pour faire cette expérience, on mélange le gaz nitrogène avec le gaz hydrogène et on ajoute peu à peu au mélange de petites quantités de gaz oxygène, et, toutes les fois que l'on ajoute de l'oxygène, on enflamme le mélange au moyen de l'étincelle électrique ; on peut aussi mélanger peu à peu, avec de petites quantités de gaz hydrogène, un mélange de gaz nitrogène et de gaz oxygène et traiter ce mélange de la même manière. On opère la combustion dans un tube de verre épais qui est bouché à une extrémité et qui est ouvert à l'autre extrémité. Près de l'extrémité fermée, deux fils de platine passent au travers du verre, de manière cependant que l'air ne puisse pas pénétrer à l'intérieur du tube : les deux fils de platine viennent aboutir à l'intérieur du tube à une distance de quelques millimètres. On remplit le tube de mercure, on introduit le mélange gazeux que l'on enflamme au moyen d'une étincelle électrique qui passe par le fil, et on répète plusieurs fois ce traitement, après avoir toujours introduit préalablement de petites quantités de gaz oxygène ou de gaz hydrogène. Après l'expérience, on lave avec une quantité d'eau aussi faible que possible, ou mieux avec de l'acide sulfurique concentré, la vapeur d'eau qui s'est déposée sur les parois du tube, et on reconnaît dans la dissolution la présence de l'acide nitrique au moyen d'une dissolution de protoxyde de fer, en suivant la méthode qui sera indiquée plus loin.

Dans l'air atmosphérique, on peut observer la présence du nitrogène en tenant au-dessus d'une flamme de gaz hydrogène en combustion un cylindre de verre fermé à une de ses extrémités. La vapeur d'eau qui se forme et qui se dépose sous forme de rosée sur les parois du cylindre, contient de très petites quantités d'acide nitrique.

Le nitrogène est une partie constituante essentielle d'un grand nombre de substances, et spécialement d'un grand nombre de matières organiques. On indiquera plus loin (à l'article CYANOGÈNE) comment on peut reconnaître si ces substances ne contiennent pas de nitrogène ou en contiennent même de très petites quantités.

Le nitrogène, combiné avec l'hydrogène, forme l'*ammoniaque*. L'ammoniaque est un gaz incolore qui peut être condensé par la pression en un liquide incolore. Le gaz ammoniac est bien plus léger que l'air atmosphérique son poids specifique est de 0,588) : il bleuit fortement le papier de tournesol rougi, même lorsque ce dernier a été bien desséché. Le gaz ammoniac, même en très petites quantités possède une odeur forte, piquante, particulière, bien connue, que possède également sa dissolution aqueuse. Il forme des fumées blanches, épaisses, avec le gaz acide chlorhydrique et avec les autres acides gazeux et volatils, à l'exception de l'acide carbonique. La flamme d'un corps en combustion s'éteint dans le gaz ammoniac ; mais elle prend pendant un instant avant de s'éteindre une couleur jaunâtre. Le gaz ammoniac est décomposé partiellement par l'étincelle électrique et par une chaleur intense en gaz nitrogène et en gaz hydrogène.

Le gaz ammoniac sec est absorbé, souvent avec une grande force, par beaucoup de sels et beaucoup de chlorures anhydres et forme avec ces substances des combinaisons dont on peut chasser l'ammoniaque dans la plupart des cas au moyen d'une faible chaleur, souvent même par le simple contact de l'air. On ne peut pas par suite dessécher le gaz ammoniac comme les autres gaz au moyen du chlorure de calcium fondu avec lequel il se combine : il faut employer l'hydrate de potasse ou la chaux pure.

Le gaz ammoniac se dissout en très grande quantité dans l'eau et aussi dans l'alcool. La dissolution aqueuse qui se comporte comme la dissolution d'un oxyde alcalin énergique, a la même odeur que l'ammoniaque. Sa manière de se comporter avec les réactifs a non-seulement été décrite, page 16, mais comme l'ammoniaque est un des réactifs les plus essentiels, la manière dont toutes les bases et la plupart des acides se comportent avec l'ammoniaque, a été décrite avec détail dans ce qui précède lorsqu'il a été question de chaque métal en particulier.

Un, deux et même les trois équivalents d'hydrogène qui, dans l'ammoniaque, sont combinés avec un équivalent de nitrogène, peuvent être remplacés par des équivalents de plusieurs hydrogènes carbonés et former ainsi une grande quantité de bases volatiles dont les propriétés basiques ne sont pas moins energiques que celles de l'ammoniaque et peuvent même souvent dépasser en force celles de l'ammoniaque. Mais comme on n'a pas encore étudié leur emploi en chimie analytique, on peut ne pas en faire mention ici.

Protoxyde de nitrogène (Protoxyde d'azote), N^2O.

Le protoxyde de nitrogène est le degré d'oxydation le moins élevé du nitrogène : cette substance est un gaz incolore, inodore, qui peut par une forte pression, être condensé en un liquide très mobile qui, en s'évaporant, donne une masse cristalline, incolore. Le protoxyde de nitrogène se dissout en petite quantité dans l'eau et lui donne une saveur légèrement douceâtre. Il est absorbé en quantité un peu plus grande par l'alcool.

Au contact du gaz oxygène et de l'air atmosphérique, il ne se modifie pas et ne donne pas de vapeur jaune-rougeâtre par l'action de ces gaz. Il ne modifie pas le papier de tournesol et les autres papiers réactifs. Il n'est pas absorbé par les dissolutions de nitrate d'argent, ni par les sels de protoxyde de fer.

Le gaz protoxyde de nitrogène n'est pas combustible : mais une lumière qu'on y plonge, y brûle plus vivement que dans l'air atmosphérique. Une allumette allumée brûle dans le gaz protoxyde de nitrogène plus vivement que dans l'air et aussi vivement que dans le gaz oxygène : une allumette présentant un point en ignition s'y enflamme. Un charbon allumé continue à y brûler vivement. Du soufre qui brûle avec une flamme faible au contact de l'air, s'éteint dans le gaz protoxyde de nitrogène ; mais si le soufre brûle avec une flamme vive, il continue à brûler, et la flamme est jaune-rougeâtre. Le phosphore que l'on plonge allumé dans le gaz protoxyde de nitrogène, continue à brûler avec une flamme très vive comme dans le gaz oxygène ; mais il ne peut pas être allumé dans une atmosphère de gaz protoxyde de nitrogène lorsqu'on l'y met en contact avec des corps chauds.

Si l'on mélange le gaz protoxyde de nitrogène avec du gaz hydrogène, le mélange brûle, lorsqu'on l'enflamme, avec une forte détonation. Si on fait passer le gaz protoxyde de nitrogène sur du cuivre métallique porté au rouge intense, le cuivre s'oxyde et il se dégage du nitrogène gazeux pur. Si l'on fait passer le gaz protoxyde de nitrogène sur de la chaux sodée portée au rouge sombre, il ne se produit pas d'ammoniaque (Berthelot).

Bioxyde de nitrogène (Bioxyde d'azote), N^2O^2.

Le bioxyde de nitrogène qui se produit lorsqu'on dissout la plupart des métaux dans l'acide nitrique de concentration moyenne, est un gaz incolore qui n'a pas pu être condensé jusqu'ici. Lorsqu'il est complétement à l'abri du contact de l'air, il ne modifie ni la teinture de tournesol, ni les papiers réactifs. L'eau qui ne contient pas d'air, dissout une quantité excessivement petite de ce gaz : l'eau qui contient de l'air, en dissout une plus grande quantité.

Mis en contact avec l'air atmosphérique ou avec le gaz oxygène, le gaz bioxyde de nitrogène forme immédiatement des vapeurs brun-rouge et se transforme en acide nitreux. C'est la propriété la plus caractéristique de ce gaz et c'est celle qui permet de le distinguer facilement de tous les autres gaz, et notamment de tous les autres gaz incolores.

Si l'on fait passer du gaz bioxyde de nitrogène sur du cuivre métallique porté au rouge très intense, le cuivre s'oxyde et il se dégage du gaz nitrogène pur.

Si l'on fait passer du gaz bioxyde de nitrogène dans une dissolution d'*hydrogène sulfuré*, il se produit dès les premières bulles de gaz un trouble laiteux et il se sépare du soufre. — Si l'on fait passer du gaz bioxyde de nitrogène dans une dissolution d'*iodure de potassium*, il se sépare de l'iode même lorsque le courant de gaz n'a passé que pendant peu de temps dans la dissolution. — Le bioxyde de nitrogène décompose bien plus lentement encore une dissolution d'*hypermanganate de potasse* et blanchit encore bien plus lentement une dissolution d'*indigo*.

Le gaz bioxyde de nitrogene est absorbé par l'acide nitrique concentré et fait prendre à cet acide des colorations variables, d'abord vertes, puis enfin brun-rouge suivant les différentes quantités de bioxyde de nitrogène qu'il contient : l'acide nitrique très étendu n'absorbe cependant pas le gaz bioxyde de nitrogène. — Le gaz bioxyde de nitrogène se combine avec l'acide sulfurique anhydre : il est aussi absorbé en très grande quantité par l'acide sulfurique anglais concentré : par l'action de ce dernier acide, il se produit d'abord sur les parois du vase un dépôt cristallin qui disparaît lorsqu'on agite : ensuite l'acide devient légèrement bleu, puis bleu foncé, sans qu'on puisse observer une élévation sensible de température. Si l'on continue à faire passer le courant de gaz dans la liqueur, il se forme enfin une masse solide, blanche, cristalline, qui fond à une basse température sans se décomposer, mais qui s'épaissit de nouveau par le refroidissement. Cette masse se dissout dans l'acide sulfurique concentré sans se décomposer. Si l'on soumet la dissolution à la distillation, l'acide sulfurique en excès distille d'abord et enfin il passe à la distillation une dissolution concentrée, dans l'acide sulfurique, d'une combinaison d'acide nitreux et d'acide sulfurique : cette combinaison peut être distillée plusieurs fois sans se décomposer.

La dissolution de *nitrate d'argent* n'est pas modifiée par le gaz bioxyde de nitrogène : elle n'est pas modifiée non plus par les autres sels métalliques. Les dissolutions des *sels de protoxyde de fer* seules font exception, et ce fait est digne de remarque. Les sels de protoxyde de fer absorbent le bioxyde de nitrogène et se colorent par suite en noir foncé. La coloration est d'abord brune : mais lorsque la dissolution a absorbé une plus grande quantité de gaz bioxyde de nitrogène, elle prend une couleur si foncée, qu'elle paraît tout à fait opaque sans cependant qu'il se dépose un précipité. Si l'on étend d'une grande quantité d'eau la dissolution brune, elle paraît noir-brunâtre avec une pointe de vert : mais elle ne paraît jamais de couleur brun-rouge ni de couleur pourpre. La dissolution ne prend cette coloration que lorsqu'on l'a melangee avec une grande quantité d'acide sulfurique concentré.

Une dissolution d'hydrate de potasse et une dissolution d'ammoniaque produisent dans la dissolution de couleur foncée du bioxyde de nitrogène dans les dissolutions de protoxyde de fer un précipité volumineux, abondant, de couleur tout à fait noire, qui contient du protoxyde de fer et du bioxyde de nitrogène. Ce précipité s'oxyde cependant très rapidement, se transforme en hydrate de sesquioxyde de fer et devient brun-rouge. Une dissolution de ferrocyanure de potassium, ajoutée en petite quantité à cette dissolution, y produit un précipité vert : si l'on ajoute une grande quantité de ferrocyanure de potassium, il se produit un précipité bleu foncé de bleu de Prusse. Si l'on ajoute la dissolution de couleur noir foncé à une dissolution de nitrate d'argent, l'argent est réduit comme cela se produit par l'action d'un sel pur de protoxyde de fer (p. 88) ; mais le bioxalate de potasse, ajouté à la dissolution de couleur noir foncé, n'y produit pas de précipité jaune d'oxalate de protoxyde de fer.

Si l'on fait bouillir la dissolution de couleur noir foncé, le protoxyde de fer s'oxyde et se transforme en sesquioxyde qui se précipite par l'action d'une ébullition prolongée, surtout lorsqu'on a étendu d'eau la dissolution.

Les dissolutions de tous les sels de protoxyde de fer absorbent le gaz bioxyde de nitrogène de la même manière et se colorent toutes de la même manière en noir foncé. Il en est de même des sels haloïdes du fer, comme le protochlorure de fer par exemple, dont la composition correspond au protoxyde de fer. La dissolution de ferrocyanure de potassium fait seule exception : elle ne se colore pas, quelle que soit la longueur du temps pendant lequel on y fait passer le gaz bioxyde de nitrogène.

Le gaz bioxyde de nitrogène n'est pas combustible : mais lorsqu'on le mélange avec des gaz combustibles et lorsqu'on enflamme le mélange, il brûle avec une flamme plus vive que lorsque les gaz ne contiennent pas de bioxyde de nitrogène mélangé avec eux. Le phosphore que l'on a préalablement allumé, brûle dans le bioxyde de nitrogène avec une flamme aussi vive que dans l'oxygène : mais le soufre que l'on a préalablement allumé, s'y éteint.

Le gaz bioxyde de nitrogène peut par conséquent être reconnu très facilement par sa propriété caractéristique de produire des vapeurs brun-rouge au contact de l'air atmosphérique et du gaz oxygène. Cette propriété le caractérise mieux que la coloration noir foncé qu'il produit dans les dissolutions des sels de protoxyde de fer : en effet, les degrés plus élevés d'oxydation du nitrogène peuvent présenter une réaction analogue.

Acide nitreux (Acide azoteux), N^2O^3.

L'acide nitreux à l'état pur est difficile à préparer : l'acide nitreux se présente à la température ordinaire sous la forme d'un gaz rouge-jaune foncé et ne peut être condensé que par un froid intense en une liqueur vert foncé ou bleu-indigo. Il se dissout à une basse température (au-dessous de 0°) dans une petite quantité d'eau sans se décomposer ; mais, à une température au-dessus du point de congélation, il se décompose en grande partie. Il se produit une effervescence et il se dégage du gaz bioxyde de nitrogène qui, en arrivant au contact de l'air, produit des vapeurs brun-rouge; il reste comme résidu de l'acide nitrique qui contient encore de petites quantités d'acide nitreux qui ne peuvent être décomposées que lorsqu'elles sont restées pendant longtemps dans la liqueur.

Lorsqu'on fait passer des vapeurs d'acide nitreux sur du cuivre métallique porté au rouge très intense, le cuivre s'oxyde et il se dégage du gaz nitrogène pur.

L'acide nitreux ne peut pas se combiner avec les bases, surtout lorsqu'elles sont dissoutes dans une grande quantité d'eau, pour former des nitrites, pas plus qu'il ne peut se combiner avec l'eau. Les dissolutions très concentrées des hydrates alcalins paraissent seules, au moins pour la plus grande partie, pouvoir se combiner avec l'acide nitreux sans qu'il se produise de décomposition; mais néanmoins la combinaison, outre l'acide nitreux, contient également de l'acide nitrique. Quelques nitrites peuvent être préparés par la fusion des nitrates correspondants à une température peu élevée. Mais, dans ce cas, ils ne sont pas purs et contiennent ordinairement une certaine quantité de nitrate non décomposé et une certaine quantité de base libre. Ce n'est qu'indirectement que les nitrites, et spécialement le nitrite d'argent, peuvent être obtenus à l'état d'entière pureté.

Parmi les nitrites, non-seulement les nitrites alcalins, mais même la plupart des nitrites métalliques, sont solubles dans l'eau. Le nitrite de potasse et le nitrite de soude tombent en deliquium au contact de l'air, le dernier cependant plus lentement que le premier. Les sels de strontiane, de chaux et de magnésie attirent aussi l'humidité de l'air; mais le sel de baryte ne l'attire pas.

Quelques nitrites, comme le nitrite de soude, sont solubles dans l'alcool; d'autres, bien qu'ils attirent souvent l'eau avec force, sont insolubles dans l'alcool, au moins lorsqu'il est anhydre : de ce nombre sont les sels de potasse, de chaux et de magnésie. Les nitrites alcalins et alcalino-terreux desséchés sont incolores, mais leurs dissolutions aqueuses sont jaunâtres.

Lorsqu'on traite les nitrites par les acides hydratés, spécialement par l'acide nitrique, ils dégagent, surtout par l'action de la chaleur, du bioxyde de nitrogène qui, en arrivant au contact de l'air, se transforme en acide nitreux : il se produit dans ce cas de l'acide nitrique. Si on les traite par l'acide sulfurique concentré, ils donnent des vapeurs brun-rouge foncé d'acide nitreux. Même lorsqu'on ajoute de l'acide sulfurique concentré aux dissolutions des nitrites, il se dégage des vapeurs d'acide nitreux. Traités par l'acide chlorhydrique, les nitrites ne produisent pas de dégagement de chlore; mais, au contact de l'air, ils donnent de l'acide nitreux. Lorsque, par suite, il n'y a pas en même temps de l'acide nitrique, le mélange n'opère pas la dissolution d'une feuille d'or pur; ou au moins l'or ne s'y dissout pas facilement et ne s'y dissout qu'en petite quantité. Si on traite les nitrites par l'acide acétique, il ne s'en dégage pas de vapeurs de couleur jaune-rougeâtre à froid; la décomposition n'a lieu qu'à chaud et même alors en petite quantité seulement.

Si l'on traite les nitrites ou leurs dissolutions concentrées par l'acide sulfurique étendu à l'abri du contact de l'air, le gaz complétement incolore qui s'en dégage par l'action de l'acide est du bioxyde de nitrogène; mais la dissolution contient de l'acide nitrique.

Les dissolutions des nitrites, de même que les dissolutions acides qui contiennent de l'acide nitreux, décomposent la dissolution d'*hydrogène sulfuré* et le gaz hydrogène sulfuré. Il s'en sépare immédiatement du soufre et il se forme de l'ammoniaque. On peut retrouver au moyen de la dissolution d'hydrogène sulfuré de petites quantités d'acide nitreux dans l'acide nitrique, au trouble laiteux qui se produit. Lorsque les nitrates contiennent de petites quantités de nitrites, leurs dissolutions, additionnées d'un peu d'acide sulfurique étendu, donnent avec la dissolution d'hydrogène sulfuré un trouble laiteux ou un dépôt de soufre. L'acide nitrique étendu pur et les dissolutions des nitrates alcalins cristallisés purs, ne sont pas modifiés par l'action de la dissolution d'hydrogène sulfuré, lorsqu'on ajoute au nitrate de l'acide sulfurique étendu. Mais si l'on a maintenu en fusion les nitrates alcalins même pendant un temps très court à une température peu élevée et si, après avoir laissé refroidir, on dissout dans l'eau la masse fondue, l'acide sulfurique étendu et la dissolution d'hydrogène sulfuré, versés dans la dissolution, y font reconnaître la présence d'une petite quantite d'acide nitreux. Cette expérience doit être faite à la température ordinaire : en effet, l'acide nitrique étendu pur peut, par l'action de la chaleur, séparer du soufre de la dissolution d'hydrogène sulfuré.

Les dissolutions des nitrites, et spécialement celles du nitrite de potasse et du nitrite de soude, se comportent avec les réactifs de la manière suivante :

La dissolution d'*hypermanganate de potasse* n'est pas modifiée ou n'est modifiée qu'au bout de quelque temps; mais si l'on ajoute de l'acide nitrique ou de l'acide sulfurique étendu, la décoloration se produit immédiatement. Tout acide nitrique qui contient des traces même excessivement faibles d'acide nitreux, détermine immédiatement la décoloration de l'hypermanganate de potasse (p. 82).

Une dissolution d'*iodure de potassium* n'est pas décomposée par les dissolutions des nitrites alcalins. Mais dès qu'on ajoute un acide étendu comme l'acide sulfurique étendu, l'acide nitrique, ou même l'acide acétique, il se produit immédiatement, même dans les dissolutions les plus étendues, une séparation d'iode. Les plus petites quantités de nitrites peuvent être découvertes de cette manière, même lorsque les nitrites sont mélangés avec des nitrates, en ajoutant à une dissolution très étendue d'un nitrite une petite quantité d'iodure de potassium, de l'acide sulfurique très étendu et de l'empois d'amidon ou du sulfure de carbone.

Si l'on ajoute à une dissolution d'un nitrite une dissolution d'*indigo* dans l'acide sulfurique et ensuite de l'acide sulfurique étendu, la liqueur est décolorée même à la température ordinaire, pourvu que la quantité du nitrite ne soit pas trop faible. La décoloration se produit plutôt qu'elle ne se produit par l'action de l'acide nitrique dans les mêmes circonstances voyez plus loin .

La couleur jaune d'une dissolution de *chromate neutre de potasse* n'est pas modifiée par les dissolutions des nitrites alcalins. Mais si l'on ajoute de l'acide nitrique à la liqueur, elle devient d'abord rouge-orangé comme cela se produit par l'action d'un autre acide quelconque; mais ensuite, lorsqu'on n'a pas employé une quantité trop faible de nitrite, la dissolution devient brun foncé, puis vert-bleuâtre et enfin bleue p. 370 .

Dans la dissolution d'un *sel de protoxyde de fer*, il se produit immédiatement une coloration noir foncé, comme cela se produit par l'action du bioxyde de nitrogène sur les mêmes sels (p. 702). Peu à peu la liqueur se décolore et laisse déposer un précipité rouge-brun formé d'un sel basique de sesquioxyde de fer. — Les dissolutions de tous les nitrites neutres noircissent les dissolutions des sels de protoxyde de fer, ce qui les distingue essentiellement des nitrates.

Dans une dissolution de *nitrate de protoxyde de mercure*, le mercure est immédiatement réduit; la liqueur devient d'abord grise, peu à peu le métal se rassemble et prend un petit volume.

Les dissolutions de *nitrate de bioxyde de mercure* et de *bichlorure de mercure* ne subissent aucune modification.

Dans une dissolution de *sesquichlorure d'or*, l'or est réduit par les dissolutions des nitrites alcalins et se dépose à l'état métallique sous forme d'une poudre brune.

Dans une dissolution de *nitrate d'argent*, il se produit un précipité blanc, abondant, de nitrite d'argent. Si le nitrite alcalin contient plus ou moins d'oxyde alcalin libre, le nitrite d'argent est coloré en brun plus ou moins foncé par l'oxyde d'argent qui se précipite en même temps. — Le nitrite d'argent est soluble dans une très grande quantité d'eau, surtout avec l'aide de la chaleur; il est également soluble dans un excès d'une dissolution concentrée de nitrite alcalin et forme avec ce dernier un sel double qui est décomposé par l'eau en nitrite de potasse très soluble et en nitrite d'argent peu soluble.

Une dissolution de *sulfate de cuivre* ne donne pas de précipité, mais se colore en vert foncé. Même lorsque la dissolution est étendue de beaucoup d'eau, elle reste verte. Le *nitrate de cuivre* et le *bichlorure de cuivre* se comportent de même.

Dans une dissolution d'*acétate de plomb*, il ne se produit pas de précipité, mais la liqueur se colore en jaune. Le *nitrate de plomb* au contraire donne un précipité blanc et une liqueur jaune.

Dans une dissolution d'un *sel de cobalt*, le nitrite de potasse, pas plus que le nitrite de soude, ne produisent d'abord aucun précipité; mais peu à peu il se forme un précipité jaune et la plus grande partie de l'oxyde de cobalt est précipitée à l'état de sel double formé d'une combinaison de nitrite de cobalt et de nitrite alcalin, en sorte que la liqueur qui surnage le précipité reste colorée seulement en rouge excessivement faible. Le précipité se dissout par l'action de la chaleur dans l'acide nitrique et dans l'acide sulfurique étendu en produisant un dégagement de vapeurs brun-rouge; il ne se dissout pas au contraire dans l'acide chlorhydrique; mais, par l'action prolongée de la chaleur, il se produit une dissolution verte qui devient rouge lorsqu'on l'étend d'eau comme cela arrive pour toutes les dissolutions de cobalt qui contiennent de l'acide chlorhydrique libre (p. 108).

Dans une dissolution d'un *sel de nickel*, il ne se produit pas de précipité même par un contact prolongé avec une dissolution de nitrite alcalin. S'il se forme cependant au bout de quelque temps un léger précipité jaune, cela vient de ce que le sel de nickel employé contient une petite quantité de sel de cobalt.

Les dissolutions des autres sels métalliques, comme celles du protoxyde de manganèse, de l'oxyde de zinc et de la magnésie, ne sont ni précipitées, ni modifiées par les nitrites alcalins.

Les nitrites sont décomposés par la calcination. Si on les mélange avec les substances facilement oxydables, comme la poudre de charbon par exemple, ils ne détonent pas dans la plupart des cas, lorsque les nitrites ne contiennent pas en même temps de l'acide nitrique; ou au moins ils ne détonent pas avec la même force que cela arrive lorsqu'on calcine avec les nitrates des mélanges de substances oxydables.

Les nitrites peuvent par conséquent être reconnus surtout facilement à ce que, traités à la température ordinaire par l'acide sulfurique concentré, ils laissent dégager immédiatement des vapeurs brun-rouge. Ils peuvent aussi être reconnus par leur manière de se comporter avec les sels de protoxyde de fer. Dans les dissolutions acides, on peut reconnaître la présence de l'acide nitreux au moyen de la dissolution d'hydrogène sulfuré et au moyen de l'iodure de potassium.

L'acide nitreux décompose, même à la température ordinaire ou à une température un peu plus élevée plusieurs *substances organiques*, sur lesquelles l'acide nitrique n'agit que peu ou n'agit point du tout. A cette catégorie, appartient spécialement l'*urée* qui est décomposée complétement par l'acide nitreux en gaz nitrogène et en gaz acide carbonique (Millon). L'acide nitrique au contraire se combine avec l'urée sans la décomposer. On peut par suite purifier complétement au moyen de petites quantités d'urée l'acide nitrique qui contient des traces d'acide nitreux, en le chauffant très légèrement avec l'urée. Dans les recherches analytiques, il est souvent important de séparer de l'acide nitrique une petite quantité d'acide nitreux, lorsqu'on y dissout des métaux dont on veut reconnaître la présence au moyen d'une dissolution d'hydrogène sulfuré. Comme la dissolution d'hydrogène sulfuré est décomposée par de légères traces d'acide nitreux et laisse déposer du soufre, cela peut être la cause d'erreurs qui peuvent être facilement évitées par la méthode indiquée.

Acide hyponitrique Acide hypoazotique, Nitrate d'acide nitreux, Nitrate de bioxyde de nitrogène, N^2O^4, $N^2O^3+N^2O^5$ ou $N^2O^2+2N^2O^5$.

L'acide hyponitrique, à l'état pur et entièrement anhydre, forme des cristaux incolores qui ne peuvent être conservés qu'à une température très basse à $-20°$). Au-dessus de cette température, l'acide hyponitrique se présente sous la forme d'un liquide qui paraît jaune au-dessous du point de congélation; au-dessus de cette température et à la température ordinaire, il est rouge et il dégage de fortes vapeurs rouges. Si on le mélange avec une petite quantité d'eau, il ne se décompose pas; mais si on le mélange avec de grandes quantités d'eau, il commence à se décomposer. La liqueur laisse dégager du bioxyde de nitrogène et commence à changer de couleur. Elle devient d'abord rouge-jaune, puis jaune, verte et bleu-verdatre : enfin, si l'on ajoute encore de plus grandes quantités d'eau, elle devient incolore. A chaque nouvelle addition d'eau, il se dégage de nouveau du bioxyde de nitrogène. L'acide incolore qui reste, est formé d'acide nitrique qui contient seulement de petites quantités d'acide nitreux et qui par suite décolore la dissolution d'hypermanganate de potasse (p. 705). Si l'on fait bouillir, l'acide nitreux qui reste, est en partie décomposé, en partie chassé. Les modifications de couleur qui se produisent par l'action de l'eau, proviennent visiblement d'une séparation d'acide nitreux qui se décompose en acide nitrique et en bioxyde de nitrogène lorsqu'on ajoute une quantité plus abondante d'eau (p. 702).

Les dissolutions aqueuses des bases, et notamment des oxydes alcalins, se comportent à l'égard de l'acide hyponitrique de la même manière que l'eau. Si elles sont concentrées, il se forme par l'action de l'acide hyponitrique des nitrates et des nitrites; si elles sont plus étendues, il se forme presque uniquement des nitrates et il se dégage du gaz bioxyde de nitrogène.

L'acide nitrique rouge fumant contient de l'acide hyponitrique et est une dissolution d'acide hyponitrique dans l'acide nitrique. L'acide nitrique rouge fumant se comporte à l'égard de l'eau et à l'egard des bases comme l'acide hyponitrique pur.

Acide nitrique (Acide azotique), N^2O^5.

A l'état anhydre, l'acide nitrique, lorsqu'il a été obtenu en chauffant avec précaution le nitrate d'argent dans un courant de gaz chlore à une température de 50 degrés, se présente sous la forme de cristaux blancs prismatiques qui fondent à 29 degrés, entrent en ébullition à 50 degrés et se volatilisent ensuite; à une température plus élevée de quelques degrés, ces cristaux se décomposent en oxygène et en acide hyponitrique. Si l'on conserve ces cristaux à la température ordinaire ou même à une température plus basse dans un tube de verre fermé, ils se décomposent spontanément au bout de quelque temps et brisent le verre (Deville).—Combiné avec la plus petite quantité d'eau possible, l'acide nitrique forme une liqueur claire comme de l'eau; cependant, à l'état de concentration aussi grande que possible, il a une faible pointe de jaunâtre qui provient de ce qu'il est mélangé avec une très petite quantité d'acide nitreux. Si on le chauffe légèrement, la coloration jaunâtre disparaît; mais l'acide prend alors une pesanteur spécifique un peu plus faible. Il dégage d'abondantes vapeurs blanches au contact de l'air et entre en ébullition à 86 degrés. Si on le soumet à la distillation, il subit une décomposition partielle et est coloré en jaune par l'acide nitreux qui se forme. Même lorsqu'on expose à l'action de la lumière solaire l'acide nitrique incolore le plus concentré, il se décompose légèrement; il se forme de l'acide nitreux qui colore l'acide nitrique en jaune : il se dégage toujours dans ce cas du gaz oxygène. Si l'on fait passer des vapeurs d'acide nitrique dans un tube de porcelaine chauffé, une portion considérable de ces vapeurs se transforme en acide nitreux et en oxygène, et si l'on élève la température jusqu'au rouge blanc, l'acide nitrique se transforme entièrement en gaz nitrogène et en gaz oxygène. Si l'on fait passer les vapeurs d'acide nitrique sur du cuivre métallique maintenu à une température rouge vif, le cuivre est oxydé et il se dégage du nitrogène. Soumis à l'action d'un froid très intense, l'acide nitrique le plus concentré s'épaissit.

L'acide nitrique à l'état concentré a de la tendance à attirer l'eau et à l'enlever aux autres corps. Lorsqu'on l'étend d'eau, il se produit de la chaleur, et si l'acide était jaunâtre, il se décolore. Le point d'ébullition de l'acide qui contient plus d'eau, est considérablement plus élevé que celui de l'acide le plus concentré : il monte jusqu'à 120 et même 123 degrés. L'acide plus hydraté est bien plus fixe; convenablement étendu, il ne fume plus au contact de l'air et n'est décomposé ni par la distillation, ni par l'action de la lumière solaire. L'acide nitrique d'une densité de 1,2 est celui qui est employé dans la plupart des cas dans les analyses.

L'acide nitrique rougit le papier de tournesol même à chaud, sans le blanchir ensuite, ce qui le distingue de quelques autres acides oxydants et notamment de l'acide chlorique.

L'acide nitrique étendu n'est pas décomposé par l'*acide sulfurique* concentré. L'acide sulfurique lui enlève seulement de l'eau et lorsqu'on soumet le mélange à une faible chaleur pour le distiller, on obtient de l'acide nitrique concentré. Mais si les deux acides sont concentrés et si on soumet leur mélange à la distillation, l'acide nitrique est décomposé et passe à la distillation coloré en rouge ou en jaune par l'acide nitreux.

L'*acide chlorhydrique* et l'acide nitrique se décomposent l'un l'autre. Ce n'est qu'à l'état étendu, et même dans ce cas-là seulement à la température ordinaire, qu'ils peuvent exister tous deux à côté l'un de l'autre sans se décomposer, et ce n'est que dans des acides ainsi étendus que l'on peut séparer, au moyen d'une dissolution de nitrate d'argent, la totalité de l'acide chlorhydrique à l'état de chlorure d'argent. A une température élevée, il se produit, dans le mélange des deux acides, du chlore ou des acides qui ont la même composition que l'acide hyponitreux et l'acide nitreux, mais dans lesquels un ou deux atomes d'oxygène sont remplacés par un ou deux équivalents de chlore Gay-Lussac). La liqueur est dans ce cas d'une couleur jaunâtre. Le mélange, tel qu'il est contenu dans l'*eau régale,* dissout des métaux qui, comme l'or et le platine, résistent à l'action de l'acide chlorhydrique ou de l'acide nitrique isolés. — L'acide nitrique et l'acide chlorhydrique très concentrés se décomposent mutuellement même à la température ordinaire et, à l'aide d'une faible chaleur, la totalité de l'acide chlorhydrique peut être séparée du mélange sous forme de chlore; l'acide nitrique concentré peut être entièrement purifié de cette manière de l'acide chlorhydrique avec lequel il était mélangé. Mais l'acide nitrique étendu ne peut pas être séparé complétement de l'acide chlorhydrique par cette méthode. — Un acide nitrique très concentré, obtenu par l'action de l'acide sulfurique concentré sur un nitrate alcalin qui contient beaucoup de chlore, ne contient que des traces très légères d'acide chlorhydrique et, lorsqu'il a été étendu d'eau, il ne donne ordinairement avec une dissolution de nitrate d'argent qu'un trouble opalin excessivement faible.

Lorsque l'acide nitrique est complétement exempt d'acide nitreux, il ne trouble ordinairement pas, à la température ordinaire, la dissolution d'*hydrogène sulfuré,* et il n'en sépare pas de soufre; mais si l'on fait bouillir, il se sépare du soufre.

L'acide nitrique oxyde la plupart des substances qui peuvent, en général, être oxydées, qu'elles soient inorganiques ou même organiques. Un acide nitrique qui contient un peu d'acide nitreux, possède, en général, une puissance d'oxydation plus grande que l'acide nitrique pur. Dans la plupart des cas, l'acide nitrique est réduit à l'état de bioxyde de nitrogène qui se dégage sous forme gazeuse et qui donne au contact de l'air des vapeurs rougeâtres; cependant, dans un petit nombre de cas, l'acide nitrique est transformé en gaz protoxyde de nitrogène, et dans d'autres cas, en acide nitreux et en acide hyponitrique.

L'acide nitrique oxyde la plupart des métaux : les oxydes formés se combinent avec l'acide qui n'a pas encore été décomposé, et, par suite, comme tous les nitrates sont solubles, la plupart des métaux se dissolvent dans l'acide nitrique, surtout avec l'aide de la chaleur. Dans la plupart des cas, en même temps que les métaux se dissolvent dans l'acide nitrique, il se dégage du bioxyde de nitrogène; cependant, lorsqu'on traite le fer, le zinc, l'étain et quelques autres métaux par l'acide nitrique très étendu, il se degage du protoxyde de nitrogène. Lorsqu'on emploie un acide un peu concentré et lorsqu'on opère à chaud, il se dégage souvent du gaz nitrogène, outre le gaz protoxyde de nitrogène et le gaz bioxyde de nitrogène. Par suite de la dissolution de quelques métaux, il peut se former aussi de l'acide nitreux, et souvent alors il ne se produit pas de dégagement de gaz : c'est ce qui arrive lorsqu'on traite, à la température ordinaire, l'argent et le palladium par l'acide nitrique. L'oxydation des métaux par l'acide nitrique est fréquemment accompagnée d'une production d'ammoniaque dont on ne peut cependant reconnaître la présence dans la dissolution nitrique que lorsqu'on la sursature par une base forte.

Un petit nombre seulement de métaux forment des oxydes qui ne se dissolvent pas dans l'excès d'acide nitrique qui n'a pas été décomposé : de ce nombre sont le bioxyde d'étain (p. 247), l'acide antimonieux et l'acide antimonique (p. 258 et p. 268), l'acide arsénieux (p. 380), et l'acide tellureux p. 429 . Les métaux contenus dans ces oxydes s'oxydent bien, et souvent avec une grande force, lorsqu'on les traite par l'acide nitrique ; mais l'acide nitrique non décomposé, ou ne dissout pas les oxydes formés, ou bien ne les dissout qu'en très petite quantité.

Quelques métaux ne sont ni oxydés, ni dissous, par l'acide nitrique même avec l'aide de la chaleur; on peut citer spécialement le platine p. 190), le rhodium (p. 203 , l'iridium (p. 208), l'or (p. 231), le tantale (p. 288), le niobium (p. 307), le chrome, seulement cependant lorsque sa densité est la plus élevée (p. 359 . Parmi ces métaux, le rhodium, l'iridium, le tantale, le niobium et le chrome à l'état dense, ne sont pas attaqués même par l'eau régale, tandis que l'or et le platine se dissolvent dans ce réactif.

Un grand nombre de métaux, et spécialement le cuivre, l'étain et le fer, ne sont pas attaqués par l'acide nitrique très concentré ; mais pour que ces métaux ne soient pas attaqués, il faut que l'acide nitrique soit pur et ne contienne pas d'acide nitreux. Si l'on ajoute de l'eau, la décomposition a lieu avec force. Le zinc et quelques autres métaux sont attaqués par l'acide nitrique très concentré.

Le chlore et le brome ne sont pas attaqués par l'acide nitrique très concentré, mais l'iode est transformé en acide iodique par l'acide nitrique très concentré qui est exempt d'acide nitreux.

D'autres corps simples, comme le soufre, le phosphore et le carbone, sont attaqués par l'acide nitrique concentré plus fortement que par celui qui contient un peu plus d'eau.

Le charbon de bois est oxydé par l'acide nitrique. Si l'on projette sur l'acide nitrique très concentré du charbon de bois porté au rouge, il continue à brûler avec force et avec plus d'éclat qu'il ne brûlait auparavant. L'acide nitrique étendu, au contraire, n'oxyde le charbon de bois qu'à une température élevée, comme cela arrive pour le soufre et le selenium. Le diamant, et même le graphite, ne sont attaqués par aucune des modifications de l'acide nitrique. Les substances organiques sont presque toutes décomposées par l'acide nitrique concentré et par l'acide nitrique étendu. La plupart de ces substances, soit qu'elles contiennent du nitrogène ou qu'elles n'en contiennent pas, donnent, comme résultat final de l'oxydation par l'acide nitrique, de l'acide carbonique, et en outre, de l'acide oxalique. Souvent, dans l'oxydation des substances organiques par l'acide nitrique, cet acide est réduit à l'état d'acide hyponitrique qui se dégage à l'état gazeux en même temps que l'acide carbonique. Beaucoup de substances organiques, lorsqu'elles sont traitées par une quantité d'acide nitrique moindre que celle qui est nécessaire à leur oxydation complète, prennent une couleur jaune caractéristique comme cela arrive par exemple à la peau du corps humain. Les bouchons de liége qui servent à boucher les flacons dans lesquels on conserve l'acide nitrique, se colorent en jaune et finissent par se détruire entièrement.

La plupart des oxydes métalliques sont dissous par l'acide nitrique sans se décomposer lorsqu'ils ne peuvent pas passer à un degré supérieur d'oxydation. Lorsque cependant, dans les analyses, on veut dissoudre les oxydes métalliques, on emploie en général l'acide chlorhydrique plutôt que l'acide nitrique parce que, dans la plupart des cas, l'acide chlorhydrique peut être séparé plus facilement que l'acide nitrique. On n'opère la dissolution au moyen de l'acide nitrique que dans le cas où l'on doit dissoudre des oxydes qui forment avec l'acide chlorhydrique des combinaisons insolubles ou peu solubles, comme l'oxyde de plomb, le protoxyde de mercure et l'oxyde d'argent.

L'acide nitrique forme avec toutes les bases des sels solubles et ne peut par suite être précipité de ses dissolutions par aucune autre dissolution saline. Un petit nombre seulement d'oxydes qui ont été indiqués p. 711, ne se dissolvent pas dans l'acide nitrique. La présence de l'acide nitrique lorsqu'il est étendu d'une très grande quantité d'eau ou lorsqu'il est à l'état de nitrate et en dissolution, est par suite plus difficile à reconnaître que celle de tout autre acide. Quelques nitrates basiques sont insolubles dans l'eau, mais ils se dissolvent lorsqu'on ajoute de l'acide libre.

La méthode la plus certaine et la plus positive pour reconnaître même de petites quantités d'acide nitrique est basée sur la réaction de cet acide en présence des *sels de protoxyde de fer*. Si l'on mélange l'acide nitrique avec la dissolution d'un sel de protoxyde de fer, la liqueur se colore en noir foncé surtout par l'action d'une faible élévation de température. La réaction n'a pas lieu ou n'a lieu qu'au bout d'un temps très long à la température ordinaire. Si l'on ajoute un excès d'une dissolution très concentrée de protochlorure de fer à une petite quantité d'acide nitrique, la coloration noire de la dissolution ne se produit à la température ordinaire qu'au bout de quelque temps plusieurs heures); mais elle se produit plus rapidement avec l'aide d'une faible chaleur. Une dissolution très concentrée de sulfate de protoxyde de fer ne peut pas se colorer en noir à la température ordinaire, même au bout de quelque temps, par l'action d'une petite quantité d'acide nitrique; elle ne se colore pas non plus avec l'aide de la chaleur. On obtient une dissolution noire seulement lorsqu'on verse de l'acide nitrique étendu sur des cristaux de sulfate de protoxyde de fer et lorsqu'on chauffe ensuite légèrement le tout. Par l'action du protoxyde de fer, l'acide nitrique est réduit à l'état de bioxyde de nitrogène qui se dissout dans la dissolution du sel de protoxyde de fer en excès et lui fait prendre une couleur noire (p. 702. Si, par suite, le sel de protoxyde de fer n'est pas en excès, il ne se produit pas de coloration noire et tout le protoxyde de fer est transformé en sesquioxyde dont la dissolution ne peut pas dissoudre le bioxyde de nitrogène qui par suite se dégage à l'état de gaz et produit des vapeurs rouges en arrivant au contact de l'air. — Mais si l'acide nitrique est très étendu ou s'il est en trop petite quantité, il ne se produit pas de coloration noire même par l'action de la chaleur (comme cela arrive dans le cas où on emploie une dissolution de sulfate de protoxyde de fer), ou s'il s'en produit une, elle est peu nette et tout à fait insignifiante.

Si l'acide nitrique contient seulement de très petites quantités d'acide nitreux, il se produit immédiatement une coloration noire par l'action des dissolutions de protoxyde de fer.

Les dissolutions des nitrates neutres, mélangées avec les dissolutions de sulfate de protoxyde de fer ou des autres sels de protoxyde de fer, ne produisent jamais de coloration noire : ce qui les distingue essentiellement des dissolutions des nitrites neutres dont la plus petite quantité produit immédiatement une coloration noire très foncée avec les dissolutions des sels de protoxyde de fer (p. 706). C'est seulement lorsqu'on ajoute de l'acide chlorhydrique ou de l'acide sulfurique étendu aux dissolutions des nitrates, qu'il se produit, surtout avec l'aide de la chaleur, une coloration noire dans les dissolutions de protoxyde de fer.

La dissolution de protoxyde de fer prend une coloration noire, non-seulement par l'action de l'acide nitrique, mais aussi par l'action de tous les autres degrés d'oxydation du nitrogène, à l'exception du protoxyde de nitrogène : et la coloration se produit plus facilement et plus sûrement au moyen des autres combinaisons oxygénées du nitrogène qu'au moyen de l'acide nitrique.

Quoique la coloration noire d'une dissolution de protoxyde de fer soit le moyen le plus infaillible pour reconnaître l'acide nitrique ou les autres degrés d'oxydation du nitrogène, il est cependant possible de ne pas reconnaître de très petites quantités d'acide nitrique soit à l'état étendu, soit dans les dissolutions étendues des nitrates en y ajoutant un acide libre et en les traitant ensuite par une dissolution de protoxyde de fer. En effet la dissolution de protoxyde de fer a souvent une couleur si faible qu'elle est souvent difficile à reconnaître.

Pour reconnaître des traces très faibles d'acide nitrique, il faut opérer de la manière suivante : on ajoute à la liqueur que l'on suppose contenir de l'acide nitrique ou un nitrate, de l'acide sulfurique concentré dont le volume ne doit pas être moindre que la moitié de celui de la liqueur à analyser : il vaut mieux du reste ajouter à la liqueur un volume d'acide sulfurique égal au sien et même une quantité encore plus grande si l'on n'a qu'une très petite quantité de la liqueur à analyser. Après le refroidissement, on ajoute une petite quantité d'une dissolution concentrée de sulfate de protoxyde de fer ou d'un autre sel de protoxyde de fer. Pour une quantité seulement tant soit peu considérable d'acide nitrique, la liqueur se colore en noir par l'agitation. Lorsqu'on ajoute une quantité trop faible de la dissolution de protoxyde de fer, la coloration noire disparaît et en même temps il se dégage du gaz bioxyde de nitrogène qui, en arrivant au contact de l'air, donne des vapeurs rouges. Un chimiste qui n'a pas l'habitude, peut par suite dans cet essai laisser plus facilement échapper de l'acide nitrique lorsqu'il est en grande quantité que lorsqu'il y en a peu. C'est pour cela qu'il vaut mieux, après avoir ajouté avec précaution la dissolution de protoxyde de fer, ne pas mélanger le tout en l'agitant, mais laisser reposer le tout tranquillement. S'il y a de petites quantités d'acide nitrique, le tout ne se colore pas en noir en présence d'une grande quantité d'acide sulfurique concentré, mais il se colore en rouge-brun : pour de très petites quantités d'acide nitrique, la coloration est rouge-pourpre; mais alors on peut être convaincu qu'il n'y a que des traces excessivement faibles d'acide nitrique. On ne doit pas non plus, dans ce cas, juger immédiatement du résultat; mais on doit, après avoir ajouté avec précaution la dissolution de protoxyde de fer, laisser reposer tranquillement le tout sans agiter. Au bout de quelque temps, il commence à se produire au point de contact de la liqueur sulfurique et de la dissolution de protoxyde de fer une zone de couleur rouge-pourpre qui augmente peu à peu, et la totalité de la liqueur sulfurique finit par se colorer en rouge-pourpre. Cette coloration rouge-pourpre ne se produit que par l'addition d'une grande quantité d'acide sulfurique concentré; sans cela, la couleur noire de la dissolution prend seulement une couleur brun-noir avec une pointe de verdâtre lorsqu'on l'étend d'eau.

Cette méthode pour reconnaître l'acide nitrique, qui a été indiquée d'abord par *Richemont*, est d'une sensibilité excessivement grande. Elle est basée sur ce que, aussitôt qu'une petite quantité d'acide nitrique a été réduite à l'état de bioxyde de nitrogène par l'action de la dissolution de protoxyde de fer, ce bioxyde de nitrogène est retenu par l'acide sulfurique concentré et ne peut pas se dégager immédiatement, mais se dissout dans l'excès de la dissolution de protoxyde de fer.

Il est cependant nécessaire, surtout lorsqu'il n'y a que de petites quantités d'acide nitrique, d'operer cet essai précisément comme nous l'avons indiqué et surtout de ne pas changer l'ordre dans lequel on doit employer les substances qui doivent réagir les unes sur les autres. On ne doit pas mélanger d'abord l'acide sulfurique concentré avec le sulfate de protoxyde de fer parce que le sulfate de protoxyde de fer est insoluble dans l'acide sulfurique concentré et peut par suite se précipiter dans une dissolution très concentrée sous la forme d'une poudre blanche) et ajouter ensuite la liqueur dans laquelle on veut rechercher l'acide nitrique. On pourrait fréquemment, en opérant de cette manière, ne pas obtenir la coloration noire ni la coloration rouge-pourpre de la liqueur.

Quoique ce procédé indique la présence de l'acide nitrique avec plus de certitude qu'aucun autre, on doit cependant observer ici que les combinaisons qui contiennent les degrés inférieurs d'oxydation du nitrogène (à l'exception du protoxyde de nitrogène) présentent la même réaction et que cette réaction se produit plus rapidement qu'avec l'acide nitrique même. Mais, en dehors des combinaisons oxygénées du nitrogène, la coloration noire, brun-rouge ou rouge-pourpre, ne peut être opérée par aucune autre substance à l'exception de petites quantités d'acide sélénieux (page 440).

Comme cela se comprend parfaitement, on doit employer dans ces expériences un acide sulfurique qui soit entièrement pur de tout mélange avec un degré quelconque d'oxydation du nitrogène et aussi de tout mélange avec l'acide sélénieux.

Cette méthode est la meilleure de toutes pour retrouver la présence de l'acide nitrique et peut être employée dans tous les cas. Mais lorsqu'on suppose, dans un oxyde insoluble, comme le bioxyde de mercure par exemple, des traces d'acide nitrique que l'on veut y rechercher, il n'est pas bon de dissoudre cet oxyde dans l'acide chlorhydrique, de mélanger la dissolution avec de l'acide sulfurique et de verser goutte à goutte la dissolution de protoxyde de fer pour obtenir la coloration noire. Pour une grande quantité d'acide chlorhydrique employé, on n'obtient quelquefois qu'une coloration douteuse. On ne doit pas conseiller non plus de dissoudre dans l'acide chlorhydrique les nitrates basiques insolubles pour y rechercher ensuite l'acide nitrique au moyen de la dissolution de protoxyde de fer. Il vaut mieux alors faire digérer l'oxyde insoluble avec une quantité d'une dissolution d'hydrate de potasse qui ne soit pas très grande : l'hydrate de potasse s'empare de l'acide nitrique, même lorsqu'il n'y en avait qu'une quantité excessivement faible. On filtre et on mélange avec précaution la dissolution alcaline avec un grand excès d'acide sulfurique concentré. Après le refroidissement, on ajoute la dissolution de protoxyde de fer et, suivant la quantité d'acide nitrique contenu dans la dissolution alcaline, on obtient une coloration noire ou une coloration pourpre.

Les autres méthodes au moyen desquelles on peut retrouver l'acide nitrique dans ses combinaisons, sont les suivantes :

On mélange avec un peu de charbon en poudre et ensuite avec de l'hydrate de potasse la combinaison que l'on suppose contenir de l'acide nitrique; ou plutôt comme l'hydrate de potasse attire facilement l'humidité et comme par suite son emploi est entouré de quelques difficultés, on emploie de préférence, au lieu d'hydrate de potasse, la substance pulvérulente que l'on appelle chaux sodée, et que l'on prépare en éteignant deux parties de chaux pure (provenant de la combustion du marbre de Carrare) avec une dissolution contenant une partie d'hydrate de soude, calcinant le tout dans un creuset jusqu'au rouge faible, broyant en une poudre assez fine la masse encore chaude et la conservant dans un vase de verre bien fermé.

Si, après avoir mélangé préalablement avec de la poudre de charbon et de la chaux sodée la substance dans laquelle on veut rechercher l'acide nitrique, on la chauffe ensuite jusqu'au rouge dans un tube bouché bien sec au moyen d'une lampe, il se dégage du mélange de l'ammoniaque qui, lorsqu'elle est en grande quantité, peut être reconnue à son odeur, et qui, lorsqu'elle est en petite quantité, peut être reconnue aux fumées blanches produites par une baguette de verre, humectée d'acide chlorhydrique, que l'on place à la partie supérieure du tube de verre.

Si l'on veut reconnaître plus sûrement encore l'ammoniaque que l'on a obtenue par ce procédé, on chauffe le mélange dans une petite cornue jusqu'au rouge naissant. L'eau qui se dégage avec l'ammoniaque et qui la tient en dissolution, est recueillie dans un récipient adapté au col de la cornue. Si l'on verse alors dans le récipient un peu d'acide chlorhydrique, il s'y forme des fumées abondantes et il se produit du chlorure d'ammonium dans lequel on peut reconnaître la présence de l'ammoniaque : d'où l'on peut déduire par suite qu'il y avait de l'acide nitrique dans la substance à analyser.

Avant de rechercher l'acide nitrique par ce procédé, on doit s'assurer que la combinaison dans laquelle on veut rechercher l'acide nitrique ne contient aucune combinaison ammoniacale ni aucune combinaison du cyanogène, ni aucune autre substance nitrogénée qui, toutes, dégagent de l'ammoniaque par la calcination avec le charbon et la chaux sodée. S'il y avait des combinaisons ammoniacales, on peut séparer d'abord l'ammoniaque de la substance en l'évaporant à siccité avec un excès d'une dissolution d'hydrate de potasse ou d'hydrate de soude : l'ammoniaque est alors chassée.

Ce procédé pour rechercher l'acide nitrique n'est pas préférable à celui que nous avons indiqué précédemment et qui consiste dans l'emploi de l'acide sulfurique et d'une dissolution de protoxyde de fer.

On peut encore rechercher l'acide nitrique dans les combinaisons solides par la méthode suivante : on dissout une petite quantité de *zinc* dans du mercure, en ayant soin d'ajouter seulement assez peu de zinc pour que la fluidité du mercure ne soit que légèrement diminuée ; on place une petite quantité de cet amalgame dans une petite capsule de porcelaine et on y ajoute une quantité d'une *dissolution neutre de protochlorure de fer* suffisante pour le recouvrir : on laisse ensuite tomber sur l'amalgame de zinc une petite quantité de la combinaison nitrique solide à analyser, qui, avant d'atteindre l'amalgame, est obligée de traverser la dissolution de protochlorure de fer. Il se forme, au bout de quelque temps, une tache noire à la place où la combinaison nitrique solide a touché l'amalgame. Cette méthode permet de découvrir de très petites quantités d'un nitrate solide (Runge). — Les liqueurs qui contiennent de l'acide nitrique ou des nitrates, déterminent en plusieurs places de l'amalgame une coloration noire : mais la coloration n'est pas aussi nette que lorsqu'on opère avec les combinaisons solides. Si, au lieu de protochlorure de fer, on emploie une dissolution de sulfate de protoxyde de fer, l'expérience ne réussit pas et on n'obtient pas de tache noire sur le mercure. Les nitrites solides colorent immédiatement la dissolution de protochlorure de fer en noir foncé (page 706) et se comportent par conséquent tout autrement que les nitrates.

Lorsqu'on mélange les nitrates avec de la *poudre de charbon* et lorsqu'on chauffe le mélange dans un petit creuset de porcelaine, les nitrates détonent en projetant des étincelles. Cette méthode était celle que l'on employait le plus ordinairement autrefois pour reconnaître la présence de l'acide nitrique dans les nitrates. — Le meilleur mode d'opérer, lorsque le nitrate est facilement fusible comme le sont les nitrates de potasse et de soude, c'est de faire fondre le nitrate dans un tube de verre bien sec et de projeter sur la masse en fusion de petites quantités d'une substance organique qui contiennent du carbone, comme le papier ou le bois par exemple : cette matière s'oxyde avec force en déterminant une vive incandescence. — Si l'on fait fondre dans un petit creuset de porcelaine les nitrates fusibles et si l'on projette un peu de *soufre en poudre* sur la masse en fusion, le soufre brûle avec une flamme blanc-jaunâtre (et non avec une flamme bleue) dont l'éclat est excessivement intense : cet éclat est même si intense que l'œil peut à peine le supporter. — Si l'on projette un peu de *cyanure de potassium* sur un nitrate en fusion, le nitrate s'oxyde ordinairement avec détonation.

Si l'on met les nitrates dans un verre à expérience, et si l'on verse dessus à la température ordinaire de l'acide sulfurique concentré, il se dégage des vapeurs incolores d'acide nitrique qui produisent des fumées blanches lorsqu'on maintient à la surface du verre à expérience une baguette de verre humectée avec de l'ammoniaque. Ces fumées sont très nettes et très faciles à reconnaître : mais elles ne sont pas aussi épaisses que celles qui sont produites dans les mêmes circonstances par l'acide chlorhydrique en présence de l'ammoniaque (p. 574). — Si le nitrate, traité à la température ordinaire par l'acide sulfurique concentré, dégage des vapeurs de couleur brun-rouge, c'est qu'il contient, outre le nitrate, du nitrite, ou qu'il est uniquement formé de nitrite.

Si l'on met dans un verre à expérience un nitrate, si on le mélange ensuite avec de la *limaille de cuivre* et si on verse ensuite sur le mélange de l'*acide sulfurique* concentré que l'on a préalablement étendu d'un volume à peu près égal d'eau, il se dégage à la température ordinaire des vapeurs de bioxyde de nitrogène qui prennent immédiatement une couleur brun-rouge en arrivant au contact de l'air. Ce caractère est un des plus sûrs pour reconnaître l'acide nitrique : seulement, pour pouvoir obtenir les vapeurs rouges, il faut une quantité d'acide nitrique bien plus grande que celle qui est nécessaire pour reconnaître l'acide nitrique au moyen de l'acide sulfurique et de la dissolution de protoxyde de fer.

Si l'on fait fondre dans un tube bouché un nitrate avec du bisulfate de potasse, l'espace vide du tube se remplit de vapeurs brun-rouge de nitrate d'acide nitreux.

Lorsqu'on veut retrouver l'acide nitrique dans des dissolutions très étendues, on peut, outre la méthode dans laquelle on emploie l'acide sulfurique et la dissolution de protoxyde de fer, employer aussi les méthodes suivantes :

Si l'on ajoute, à la dissolution d'un nitrate, de l'acide chlorhydrique et une petite quantité de *feuille d'or*, cet or est ou entièrement ou partiellement dissous même à la température ordinaire, ou pour de très petites quantites d'acide nitrique avec l'aide de la chaleur ; la liqueur prend alors une couleur jaunâtre.

Si la feuille d'or reste complétement insoluble, c'est qu'il n'y a pas d'acide nitrique. Pour reconnaître avec certitude si une portion de l'or s'est dissoute, on sépare l'or qui ne s'est pas dissous et on essaye la liqueur au moyen du protochlorure d'étain (p. 235). — La dissolution de l'or peut cependant être opérée en présence de l'acide chlorhydrique, non-seulement par l'acide nitrique, mais aussi par l'acide chlorique et par l'acide bromique.

On peut aussi ajouter à la liqueur que l'on suppose contenir de l'acide nitrique ou un nitrate, une quantité d'une dissolution d'*indigo* dans l'acide sulfurique qui soit suffisante pour que la liqueur soit nettement, mais faiblement colorée en bleu : on ajoute ensuite encore une petite quantité d'acide sulfurique et on chauffe le tout jusqu'à l'ébullition. La liqueur est alors décolorée, ou bien, pour de petites quantités, elle perd sa couleur bleue et devient jaune. Si, avant de chauffer, on ajoute à la liqueur un peu de chlorure de sodium, une quantité encore plus faible d'acide nitrique peut être reconnue à la décoloration de la liqueur bleue (Liebig). — Cet essai indique nettement des quantités même très petites d'acide nitrique : mais on doit observer que la décoloration de la dissolution d'indigo est produite, non-seulement par l'acide nitrique, mais aussi par l'acide chlorique et par quelques autres acides qui ont des propriétés oxydantes et qui réagissent de même. — Ces deux modes d'essais, celui au moyen des feuilles d'or et celui au moyen de l'indigo, quelque petites quantités d'acide nitrique qu'ils puissent indiquer, viennent cependant après la méthode dans laquelle on recherche l'acide nitrique au moyen d'un sel de protoxyde de fer et de l'acide sulfurique. On peut cependant les employer avec avantage lorsqu'on veut rechercher de très petites quantités d'acide nitrique dans une grande quantité de liqueur.

L'acide nitrique concentré colore en jaune les substances organiques dites protéiques : il colore par suite en jaune la peau humaine et les tiges des plumes que l'on emploie pour écrire. L'acide nitrique étendu produit aussi ce résultat lorsqu'on opère à une température de 100 degrés. Si, par exemple, on met sur une assiette de porcelaine chauffée au bain-marie une goutte d'un acide nitrique excessivement étendu et si l'on y projette quelques tiges de plume, elles se colorent très nettement en jaune aussitôt que l'évaporation commence à s'opérer. S'il n'y a que très peu d'acide nitrique, la coloration jaune se produit seulement sur les bords des tiges : pour une plus grande quantité d'acide, les tiges deviennent jaunes sur toute la surface. — Les dissolutions des nitrates neutres, même celles qui rougissent le papier de tournesol, ne jouissent pas de cette propriété : ce qui permet de découvrir de cette manière l'acide nitrique libre lorsqu'il existe en même temps que l'acide nitrique en combinaison. L'acide chlorhydrique ne possède pas non plus cette propriété : ce qui permet de retrouver dans l'acide chlorhydrique de petites quantités d'acide nitrique Runge).

Les nitrates sont tous décomposés par la calcination. Plusieurs d'entre eux, comme les nitrates alcalins par exemple, peuvent être fondus à l'aide d'une température peu élevée sans qu'il s'opère de décomposition; mais si on élève la température du sel en fusion, l'acide nitrique qu'il contient est décomposé peu à peu. Les sels que l'acide nitrique forme par sa combinaison avec les oxydes alcalins fixes lorsqu'on les fait fondre, produisent d'abord un dégagement d'oxygène et sont transformés en nitrites : si la température est plus élevée, il se produit un dégagement de gaz oxygène, de gaz bioxyde de nitrogène et de gaz nitrogène : l'oxyde alcalin se combine alors ordinairement avec la substance du vase dans lequel on opère : mais une petite partie de cet oxyde se transforme aussi en peroxyde. D'autres nitrates qui contiennent des bases énergiques comme les nitrates alcalino-terreux, dégagent du gaz oxygène, un peu d'acide hyponitrique et de gaz bioxyde de nitrogène et se transforment en bases anhydres. Si la base, bien qu'elle puisse encore être considérée comme une base énergique, est cependant plus faible que les précédentes comme cela se présente pour le nitrate de plomb, il se dégage à une température élevée du gaz oxygène et de l'acide hyponitrique et il reste comme résidu de l'oxyde pur. Lorsqu'on calcine des nitrates qui contiennent des bases faibles, une portion de l'acide nitrique se dégage sans être décomposée : plus la base est faible, plus la quantité d'acide nitrique qui se dégage sans se décomposer est grande. Au rouge intense, tous les nitrates laissent comme résidu la base à l'état pur, lorsque cette base ne peut pas s'unir avec la substance du vase dans lequel l'expérience a lieu. Quelques nitrates laissent comme résidu de leur calcination la base à l'état de peroxyde. — Si l'on opère la calcination des nitrates dans un tube de verre blanc, la partie vide du tube se remplit de vapeurs de couleur brun-jaune, ce qui est caractéristique pour les nitrates et ce qui constitue un des moyens de les reconnaître. Lorsqu'on fait fondre et lorsqu'on calcine les nitrates alcalins fixes, on n'obtient qu'une petite quantité de vapeurs colorées et si la quantité de nitrate employée dans l'expérience est peu considérable, on peut à peine les observer. Ces vapeurs sont plus abondantes lorsque les nitrates que l'on calcine sont des nitrates alcalino-terreux. Elles sont encore plus abondantes lorsqu'on opère sur des nitrates métalliques.

Les nitrates sont décomposés facilement et complétement lorsqu'on les calcine avec le *chlorure d'ammonium*. Le nitrate de potasse spécialement est transformé complétement en chlorure de potassium lorsqu'on le traite à deux ou trois reprises par le chlorure d'ammonium, et il ne contient plus alors aucune trace d'acide nitrique.

Parmi les méthodes que nous avons indiquées pour reconnaître l'acide nitrique, la méthode qui donne les résultats les plus sûrs est sans contredit celle qui est basée sur l'emploi de l'acide sulfurique et des dissolutions de protoxyde de fer. La production de vapeurs rouges par l'action simultanée de la limaille de cuivre et de l'acide sulfurique sur les nitrates, par la fusion de ces nitrates en présence du bisulfate de potasse ou même par la fusion seule, est également un moyen infaillible pour reconnaître la présence de l'acide nitrique; mais ces vapeurs ne permettent pas de reconnaître avec certitude des quantités aussi faibles d'acide nitrique que le procédé précédent le permet. Du reste cette méthode permet de reconnaître avec une grande certitude la présence de l'acide nitrique, et aucun autre acide ayant des réactions analogues à celles de l'acide nitrique ne peut produire des phénomènes du même genre, à l'exception des autres degrés d'oxydation du nitrogène, et spécialement de l'acide nitreux; cependant la vapeur de brome ressemble aussi aux vapeurs d'acide nitreux. Mais les nitrites neutres se distinguent des nitrates par le dégagement de vapeurs rouges qu'ils produisent lorsqu'on les traite à la température ordinaire par l'acide sulfurique étendu, et aussi par la manière dont ils se comportent à l'égard de la dissolution d'hydrogène sulfuré et des dissolutions de protoxyde de fer. Cette réaction peut aussi permettre de découvrir la présence des nitrites dans les nitrates. Le meilleur moyen pour reconnaître l'acide nitreux à l'état libre dans l'acide nitrique, même lorsqu'il n'y est qu'en petite quantité comme dans les dissolutions étendues, est la décoloration de la dissolution d'hypermanganate de potasse. On peut cependant aussi employer la dissolution d'hydrogène sulfuré. — Il est au contraire difficile de reconnaître la présence de l'acide nitrique dans les nitrites.

On a déjà remarqué comment l'acide nitrique se comporte en général à l'égard des *substances organiques*. L'acide nitrique se comporte à l'égard de certaines substances organiques d'une manière si particulière, que les réactions qui se produisent ainsi peuvent servir à le faire reconnaître et à le distinguer des autres acides. Si l'on verse une goutte d'acide nitrique de concentration moyenne sur de très petites quantités de *morphine* ou de *brucine*, ces bases organiques se colorent en rouge. Cette coloration s'opère plus rapidement pour la brucine que pour la morphine et elle est aussi plus intense.

Carbone et Nitrogène (Cyanogène), N^2C^2 Cy^2).

Le carbone et le nitrogène se combinent entre eux surtout en une proportion, et forment ainsi le cyanogène, qui se produit à l'état de combinaison avec les oxydes alcalins lorsqu'on calcine à l'abri du contact de l'air les substances nitrogénées en présence d'un carbonate ou d'un hydrate alcalin jusqu'à ce qu'il ne se dégage plus rien de volatil. Lorsqu'on calcine un charbon exempt de nitrogène avec un carbonate ou un hydrate alcalin en présence d'un gaz qui contienne du nitrogène, comme l'air atmosphérique, on peut également, par l'action d'une chaleur très élevée, obtenir du cyanogène.

Toutes les substances organiques nitrogénées, fondues avec un peu de potassium ou de sodium, produisent du cyanogène qui se combine avec le métal alcalin. Cette réaction constitue une très bonne méthode pour retrouver même une petite quantité de nitrogène dans les substances carbonisées et notamment dans les substances organiques. Pour arriver à ce résultat, on opère de la manière suivante : On introduit dans un petit tube de verre fermé une petite quantité du métal alcalin, de potassium ou mieux de sodium, qui n'a pas besoin d'être d'un volume plus gros que celui d'une grosse tête d'aiguille ou d'un grain de millet, et on ajoute une quantité de la substance dans laquelle on veut rechercher le nitrogène, qui soit aussi considérable et qui ne soit pas plus considérable que la quantité de métal alcalin que l'on a ajoutée. On chauffe ensuite le tout à la flamme d'une lampe jusqu'au rouge faible. Si l'on a employé une trop grande quantité de métal alcalin, il faut volatiliser celui qui est en excès. Après le refroidissement complet, on ajoute avec précaution un peu d'eau sur la masse fondue qui se trouve dans le tube de verre, on laisse le tout en contact pendant quelque temps et on verse sur un petit filtre. La liqueur filtrée est incolore : ce n'est que lorsqu'on a employé une trop grande quantité de substance organique et une trop petite quantité de métal alcalin qu'elle a une couleur brune ou brunâtre : du reste, on doit opérer avec précaution, afin de l'éviter. La liqueur filtrée contient du cyanure de potassium ou de sodium dans lequel on peut reconnaître avec beaucoup de certitude la présence du cyanogène par une méthode qui sera indiquée plus loin et dans laquelle on sépare le cyanogène à l'état de bleu de Prusse. Si la substance organique ne contient pas de nitrogène, on ne peut pas obtenir de coloration bleue de la liqueur par l'action d'une dissolution de sesquioxyde et de protoxyde de fer et par la sursaturation au moyen de l'acide chlorhydrique étendu. — Cette méthode pour rechercher le nitrogène dans les substances organiques a été indiquée par *Lassaigne* : elle est la plus sûre et a le grand avantage qu'on peut n'employer qu'une quantité excessivement petite de substance. La température que nécessite cet essai, ne doit pas être assez élevée pour qu'il puisse se former du cyanogène par l'action du nitrogène de l'air atmosphérique et du carbone de la substance organique. Il ne peut jamais non plus se produire par cette méthode la plus petite trace de bleu de Prusse au moyen d'une substance carbonée qui ne contienne pas de nitrogène. — Cette méthode ne peut jamais manquer de réussir ou ne le peut que lorsqu'on a employé une trop grande quantité de métal alcalin et que lorsqu'on n'en a pas volatilisé l'excès par l'action de la chaleur.

Le cyanogène se présente, à la pression atmosphérique ordinaire, sous la forme d'un gaz incolore qui peut être condensé par la pression ou par le refroidissement en un liquide incolore, fluide, qui, par l'action d'un froid encore plus intense, s'épaissit en une masse cristalline.

Le gaz cyanogène a une odeur forte, pénétrante. Enflammé au contact de l'air, il brûle avec une flamme d'une belle couleur rouge-pourpre qui cependant est verte sur les bords : le noyau intérieur, qui est de couleur rouge-pourpre, est parfaitement séparé de la portion extérieure qui est verdâtre, et qui doit sa coloration à la présence du gaz nitrogène. Mélangé avec le gaz oxygène, le cyanogène donne un mélange gazeux très explosif : ce mélange detone vivement par l'action des étincelles électriques. Lorsqu'on fait passer du gaz cyanogène sur le bioxyde de cuivre porté au rouge, il se transforme en un mélange de 2 volumes de gaz acide carbonique et de 1 volume de gaz nitrogène.

Le gaz cyanogène est soluble dans l'eau distillée : cependant la quantité de gaz cyanogène qui se dissout n'est pas très considérable. Un volume d'eau distillée absorbe environ 4 volumes et demi de gaz cyanogène. L'eau de puits au contraire, bien qu'elle ne contienne que de petites quantités de sels inorganiques, n'absorbe qu'une petite quantité de gaz cyanogène. Le gaz cyanogène est plus soluble dans l'alcool que dans l'eau : l'alcool peut en absorber plus de 20 volumes. La dissolution aqueuse du cyanogène a l'odeur pénétrante de ce gaz. Elle est incolore lorsqu'elle a été récemment préparée : elle ne bleuit pas sensiblement ou ne bleuit que très faiblement le papier de tournesol rougi : elle perd, par l'action de la chaleur, le gaz cyanogène qu'elle tient en dissolution. L'odeur caractéristique de la dissolution disparaît lorsqu'on y ajoute une dissolution d'hydrate de potasse : il se forme alors du cyanate de potasse et du cyanure de potassium. Si l'on ajoute ensuite une dissolution qui contienne du sesquioxyde et du protoxyde de fer et si l'on sursature par l'acide chlorhydrique étendu, on obtient un précipité bleu de bleu de Prusse. La dissolution se trouble très légèrement par l'action de la dissolution de nitrate d'argent et donne une très petite quantité de précipité de cyanure d'argent qui ne disparaît pas par l'action de l'acide nitrique. Elle ne donne pas de précipité par l'action du chlorure de calcium.

Si on laisse reposer pendant quelque temps la dissolution de cyanogène et si surtout on la laisse exposée à l'action de la lumière, elle brunit même dans des vases entièrement fermés et laisse déposer enfin un précipité brun (hydrate de paracyanogène . Lorsque la décomposition est complète, l'odeur du cyanogène a entièrement disparu : il faut cependant quelque temps pour arriver à ce résultat. La liqueur contient alors de l'urée, de l'ammoniaque, de l'acide cyanhydrique, de l'acide carbonique, de l'acide oxalique et d'autres substances. Elle bleuit, plus fortement qu'auparavant, le papier de tournesol rougi, quoique cependant la coloration soit encore très peu considérable. Par l'action d'une dissolution d'hydrate de potasse, il se produit dans la liqueur une légère odeur d'ammoniaque : l'acide chlorhydrique en dégage un peu d'acide carbonique. Une dissolution de chlorure de calcium y forme un léger précipité d'oxalate de chaux qui n'est pas soluble dans l'acide acétique étendu. Une dissolution de nitrate d'argent y produit un précipité blanc, abondant, de cyanure d'argent qui n'est pas soluble dans l'acide nitrique. Si l'on ajoute un peu d'hydrate de potasse et ensuite une dissolution qui contienne du protoxyde et du sesquioxyde de fer et si on sursature ensuite par l'acide chlorhydrique étendu, on obtient un précipité de bleu de Prusse, comme cela arrive lorsqu'on opère sur la dissolution non décomposée.

Lorsqu'on décompose le cyanure de mercure par l'action de la chaleur, il se produit, outre le gaz cyanogène qui se dégage, une substance isomérique avec le cyanogène, le *paracyanogène*, qui diffère complétement du cyanogène par ses propriétés. Le paracyanogène est une poudre brun-noir, amorphe, infusible, insipide et inodore, qui ne se volatilise pas lorsqu'on la soumet à l'action d'une température rouge à l'abri du contact de l'air. Au rouge-blanc, le paracyanogène se décompose en gaz hydrogène et en charbon. Chauffé au rouge au contact de l'air, le paracyanogène s'oxyde et disparaît peu à peu complétement. Calciné dans une atmosphère de gaz nitrogène ou de gaz acide carbonique, le paracyanogène se transforme en gaz cyanogène. Mais si on calcine le paracyanogène dans une atmosphère de gaz hydrogène, il donne de l'acide cyanhydrique, de l'ammoniaque et du charbon. Il se dissout par l'action de la chaleur dans l'acide sulfurique concentré et aussi dans l'acide phosphorique sirupeux : mais il ne se dissout qu'en petite quantité dans ce dernier : ces dissolutions ont une couleur brun-foncé : lorsqu'on étend d'eau ces dissolutions, le paracyanogène s'en sépare à la longue sous la forme d'un précipité brun-noir. L'acide chlorhydrique concentré ne dissout qu'une petite quantité de paracyanogène : l'acide nitrique concentré ne lui fait subir également qu'une légère modification. Le paracyanogène ne se dissout pas dans une dissolution d'hydrate de potasse même par l'ébullition; mais si l'on fait fondre le paracyanogène avec l'hydrate de potasse, il se dissout en une masse brune. La dissolution aqueuse de cette masse brune ne contient pas de cyanure de potassium ou n'en contient que des traces : mais elle donne une liqueur fluorescente d'une couleur bleu foncé, ce qui paraît être une des propriétés les plus importantes du paracyanogène.

Acide cyanhydrique (Acide prussique), NCH (CyH).

L'acide cyanhydrique se présente à l'état pur sous la forme d'un liquide incolore, très volatil, qui entre en ébullition à 26 degrés. A —15 degrés, il est solide et cristallin. La vapeur d'acide cyanhydrique, aussi bien que l'acide cyanhydrique même, constitue un des poisons les plus violents, en sorte qu'on ne doit les préparer qu'avec beaucoup de précaution. L'odeur de l'acide cyanhydrique, même en petite quantité, est toute spéciale : elle ressemble à l'odeur des amandes amères ou plutôt à l'odeur de l'huile essentielle et à celle de l'eau distillée qui se produisent lorsqu'on distille les amandes amères avec l'eau et qui contiennent toutes les deux de l'acide cyanhydrique, cependant elle n'est pas la même : en effet, elle est plus désagréable et n'est pas aussi suave que celle de l'huile essentielle et de l'eau distillée que nous venons de citer. L'acide cyanhydrique anhydre rougit faiblement le papier de tournesol. Si on l'enflamme au contact de l'air, il brûle avec une flamme bleuâtre. Il se décompose spontanément, même dans des vases fermés, et laisse déposer une matière brun-noir qui contient du paracyanogène. L'acide cyanhydrique anhydre est facilement décomposé par les acides énergiques, notamment par l'acide chlorhydrique et l'acide sulfurique : il se forme de l'acide formique et de l'ammoniaque. L'ammoniaque qui se produit, se combine avec l'acide énergique que l'on a employé pour opérer la décomposition, tandis que l'acide formique à l'état libre peut être séparé du sel ammoniacal par la distillation. Si, pour opérer la decomposition de l'acide cyanhydrique, on emploie l'acide sulfurique concentré, ce dernier acide peut, en réagissant sur l'acide formique produit, le décomposer en gaz oxyde de carbone et en eau.

L'acide cyanhydrique est soluble en toutes proportions dans l'alcool et dans l'eau. L'acide, lorsqu'il est étendu d'eau ou d'alcool, est d'une bien plus grande stabilité que l'acide anhydre, au moins lorsqu'on le conserve à l'abri de la lumière. En dissolution concentrée, il ne brunit souvent qu'au bout de plusieurs mois : en dissolution étendue, il ne brunit souvent même pas au bout d'un temps très long lorsqu'il n'est pas exposé à la lumière solaire. Il ne rougit pas le papier de tournesol. Mais, même lorsqu'il est très étendu, l'acide cyanhydrique ne cesse pas d'agir comme un violent poison. La dissolution a la même odeur que l'acide anhydre : seulement, plus l'acide cyanhydrique est étendu d'eau ou d'alcool, plus l'odeur est faible.

L'acide cyanhydrique perd son odeur particulière lorsqu'on le sursature par l'hydrate de potasse ou l'hydrate de soude. Si l'acide était dissous dans l'alcool, l'odeur qui apparaît après la sursaturation est celle de l'alcool qui, auparavant, était un peu difficile à observer parce qu'elle était masquée par celle de l'acide. L'odeur de l'acide cyanhydrique ne disparaît pas par l'addition des carbonates alcalins : en effet, l'acide cyanhydrique est un acide si faible, qu'il ne peut pas chasser l'acide carbonique des carbonates. Si l'on évapore au bain-marie jusqu'à siccité une dissolution d'acide cyanhydrique en présence d'un excès de carbonate alcalin, l'acide cyanhydrique se dégage presque entièrement pendant l'évaporation, et on ne retrouve que des traces de cyanure de potassium ou de cyanure de sodium dans le résidu de la dessiccation. Si, au lieu d'employer les carbonates alcalins, on emploie du borax, le résidu de la dessiccation ne contient point de trace de cyanure.

L'acide cyanhydrique à l'état libre peut être reconnu par son odeur tout à fait caractéristique et aussi surtout par les réactions suivantes :

Une dissolution de *nitrate d'argent* produit immédiatement un précipité blanc qui, surtout lorsque sa quantité est considérable, se sépare facilement par l'agitation en flocons caillebottés qui ressemblent beaucoup par leur aspect extérieur aux flocons caillebottés du chlorure d'argent récemment précipité; mais ils sont plus volumineux. L'odeur de l'acide cyanhydrique libre disparaît immédiatement lorsqu'on ajoute une quantité suffisante de dissolution d'argent. Le précipité est insoluble dans l'eau; il est également insoluble dans l'acide nitrique étendu : l'acide chlorhydrique le decompose et le transforme en chlorure d'argent. L'ammoniaque au contraire le dissout; et si l'on sursature la dissolution ammoniacale par l'acide nitrique, le cyanure d'argent est de nouveau précipité. Le cyanure d'argent n'est pas insoluble dans un excès de la dissolution d'argent lorsqu'elle est concentrée; mais si la dissolution est étendue d'une quantité convenable d'eau, il ne paraît rien se dissoudre. Le cyanure d'argent n'est pas réduit par le zinc, même lorsqu'on l'humecte avec de l'eau; mais si l'on ajoute un peu d'acide sulfurique étendu, la réduction s'opère, mais difficilement et seulement en partie. Le cyanure d'argent se dissout complétement dans une dissolution de cyanure de potassium (p. 165); mais si on traite cette dissolution par l'acide nitrique étendu, le cyanure d'argent est de nouveau précipité et en même temps le cyanure de potassium est décomposé par l'acide. Comme le cyanure d'argent ressemble beaucoup au chlorure d'argent par son aspect extérieur et par ses propriétés, on peut non-seulement les confondre ensemble, mais on peut aussi facilement ne pas s'apercevoir d'une très petite quantité d'acide chlorhydrique contenue dans l'acide cyanhydrique, et cet acide chlorhydrique ne peut pas être reconnu au moyen du nitrate d'argent. Le cyanure d'argent se distingue du chlorure d'argent humide, en ce qu'il ne noircit presque point par l'action de la lumière ou en ce qu'il ne noircit légèrement qu'au bout d'un temps très long. Lorsque l'acide cyanhydrique libre contient de l'acide chlorhydrique, on retrouve ce dernier de la manière suivante : On ajoute à la dissolution d'acide cyanhydrique une dissolution concentrée de borax qui doit être entièrement exempte de chlorure de sodium et on évapore le tout jusqu'à siccité au bain-marie. L'acide cyanhydrique se dégage entièrement pendant l'évaporation; mais l'acide chlorhydrique chasse l'acide borique du borax et forme du chlorure de sodium. On dissout dans l'eau la masse desséchée, on traite la dissolution par le nitrate d'argent et on ajoute ensuite de l'acide nitrique étendu. Si la dissolution ne se trouble pas, cela indique qu'il n'y avait pas d'acide chlorhydrique dans l'acide cyanhydrique; s'il se produit un précipité de chlorure d'argent, c'est que l'acide cyanhydrique contenait de l'acide chlorhydrique.

Si l'on fait chauffer le cyanure d'argent dans une cornue, il est décomposé et produit un dégagement de cyanogène : lorsqu'il se produit un phénomène d'incandescence, cela indique que la moitié du cyanogène contenu dans le cyanure d'argent s'est dégagée; le résidu est alors du paracyanure d'argent qui se présente sous la forme d'une masse dure, cassante, d'un gris d'argent. L'acide nitrique étendu, en réagissant sur cette masse, en dissout la plus grande partie de l'argent et laisse comme résidu du paracyanogène dont on ne peut pas séparer les dernières traces d'argent au moyen de l'acide nitrique, mais seulement au moyen de l'amalgamation avec le mercure ou en dissolvant le paracyanogène dans l'acide sulfurique concentré et en traitant par l'eau le paracyanogène dissous. — Si l'on calcine le paracyanure d'argent à une température très élevée qui s'élève jusqu'à la fusion de l'argent, le paracyanure d'argent se décompose et laisse comme résidu de l'argent qui laisse encore un résidu carboné lorsqu'on le dissout dans l'acide nitrique. Au rouge, il se dégage du gaz cyanogène et du gaz nitrogène.

Dans une dissolution de *nitrate de protoxyde de mercure*, l'acide cyanhydrique libre produit immédiatement une réduction du protoxyde de mercure : il se sépare du mercure métallique et il reste en dissolution du cyanide de mercure.

Les dissolutions de *bichlorure de mercure* et de *nitrate de bioxyde de mercure* ne produisent pas de précipité ; l'odeur de l'acide cyanhydrique libre disparaît cependant par l'addition de ces réactifs.

Si l'on ajoute de l'acide cyanhydrique libre à une dissolution d'*acétate de bioxyde de cuivre*, il se forme un précipité de cyanide de cuivre qui est de couleur vert-jaunâtre sale, mais qui devient blanc au bout de quelque temps en laissant dégager du cyanogène et qui est alors formé de cyanure de cuivre. L'action de la chaleur accélère cette transformation. L'acide sulfurique étendu ou l'acide nitrique transforment aussi immédiatement le précipité en cyanure blanc de cuivre : l'acide chlorhydrique au contraire le dissout. — Le précipité est soluble dans un excès de sel de bioxyde de cuivre. — Le sulfate de cuivre produit avec l'acide cyanhydrique les mêmes phénomènes.

L'acide cyanhydrique produit encore dans les dissolutions des combinaisons salines de plusieurs oxydes métalliques des précipités de cyanures simples, surtout lorsque la base, contenue dans la combinaison saline, y est combinée avec un acide faible. C'est ainsi que les combinaisons du cyanogène avec le cobalt, le nickel et même en partie avec le zinc, peuvent être produites par précipitation au moyen des combinaisons salines de ces métaux.

Les dissolutions de *protoxyde* et de *sesquioxyde de fer* ne modifient pas l'acide cyanhydrique libre. Si cependant on traite ensuite le tout par un oxyde alcalin à l'état de carbonate, ou mieux à l'état d'hydrate, il se forme dans tous les cas un précipité. Si l'on a employé une dissolution de sesquioxyde de fer qui soit exempte de toute trace de protoxyde, il se forme par l'addition de l'oxyde alcalin un précipité brun-rouge qui n'est formé que de sesquioxyde de fer et qui est complétement soluble dans l'acide chlorhydrique étendu. Si l'on emploie une dissolution de protoxyde de fer qui contienne en même temps un peu de sesquioxyde, il se produit un précipité verdâtre ou noir de protoxyde et de sesquioxyde de fer. Si l'on ajoute ensuite un excès d'acide chlorhydrique étendu, cet acide dissout le protoxyde et le sesquioxyde de fer et il se forme un précipité bleu de bleu de Prusse qui reste longtemps en suspension et qui ne se dépose complétement qu'au bout de quelque temps. Si l'on a employé une trop grande quantité des dissolutions de fer et une trop petite quantité d'acide cyanhydrique, le precipité de bleu de Prusse, ainsi obtenu, tire un peu sur le verdâtre et est souvent entièrement vert. Si l'on emploie au contraire une petite quantité des dissolutions de fer et une grande quantité d'acide cyanhydrique, le précipité est d'un bleu foncé pur. — Cette méthode est la meilleure de toutes et la plus sûre pour découvrir l'acide cyanhydrique. En effet le précipité de bleu de Prusse, ainsi obtenu, ne peut être confondu avec aucun autre, à cause de sa couleur caractéristique et à cause de son insolubilité dans les acides libres étendus. Le bleu de Prusse est décomposé par les dissolutions alcalines. La dissolution d'hydrate de potasse le décompose même à la température ordinaire : il se sépare du sesquioxyde de fer et il se produit une dissolution de ferrocyanure de potassium. Les dissolutions des carbonates neutres et des bicarbonates de potasse et de soude et aussi l'ammoniaque, produisent des décompositions du même ordre ; mais, seulement, il faut opérer à une température un peu élevée. — Pour obtenir le bleu de Prusse, on emploie ordinairement comme dissolution de fer celle du sulfate de protoxyde de fer qui a été exposée pendant quelque temps à l'air et dans laquelle il s'est produit par suite un peu de sesquioxyde de fer. Mais il vaut mieux ajouter à la dissolution de sulfate de protoxyde de fer une petite quantité d'une dissolution de sesquioxyde ou de sesquichloride de fer.

L'acide cyanhydrique, en se combinant avec les oxydes métalliques, forme des cyanures dont quelques-uns ressemblent aux chlorures correspondants, tandis que d'autres diffèrent essentiellement des chlorures correspondants par leurs propriétés. Mais en général la présence du cyanogène masque alors dans les dissolutions la présence d'un très grand nombre de métaux si complétement, qu'on ne peut plus alors reconnaître ces métaux au moyen des réactifs qui servent à les reconnaître avec une grande certitude dans leurs autres dissolutions, même lorsqu'ils sont en très petite quantité. On ne peut souvent reconnaître le métal au moyen des réactifs que lorsqu'on a préalablement détruit complétement le cyanogène contenu dans la combinaison. On peut y arriver en soumettant la combinaison à l'action d'une température élevée ; mais cela présente encore souvent de la difficulté et on n'arrive à un bon résultat qu'en opérant la calcination au contact de l'air. — Les cyanures des différents métaux diffèrent souvent excessivement les uns des autres.

Les combinaisons du cyanogène avec les métaux alcalins fixes se produisent lorsqu'on calcine à l'abri du contact de l'air les carbonates ou les hydrates alcalins avec des substances organiques nitrogénées. Pour produire en petit le cyanure de potassium au moyen des substances organiques nitrogénées, il faut faire fondre le carbonate alcalin, projeter la substance organique nitrogénée dans le carbonate en fusion et porter le tout à une température rouge intense. Si, après avoir laissé refroidir la masse, on la dissout dans l'eau, on peut reconnaître, par la méthode indiquée précédemment, la présence du cyanogène dans la dissolution en y ajoutant une dissolution de protoxyde et de sesquioxyde de fer et de l'acide chlorhydrique étendu. La quantité de cyanure de potassium formé n'est pas beaucoup plus considérable, lorsqu'on mélange avec du charbon en poudre la substance organique nitrogénée, avant de la traiter à une température rouge intense par le carbonate de potasse en fusion. Si l'on fait fondre dans un creuset d'argent avec de l'hydrate de potasse la même substance organique nitrogénée, on ne peut pas trouver de cyanure de potassium dans la dissolution aqueuse de la masse refroidie. Mais si on mélange la substance organique nitrogenée avec de la poudre de charbon, et si l'on fait fondre ensuite le mélange avec de l'hydrate de potasse dans un creuset d'argent, on retrouve du cyanure de potassium, mais seulement en quantité peu considérable, dans la dissolution filtrée de la masse refroidie. La température nécessaire pour opérer la fusion du mélange n'est pas suffisamment élevée pour déterminer la production du cyanure de potassium. — Si l'on traite par le carbonate de soude en fusion à une température rouge intense une substance organique nitrogénée, il ne se produit pas de cyanure de sodium ; mais il s'en produit lorsqu'on a préalablement mélangé avec du charbon la substance organique nitrogénée. Il ne se produit pas non plus de cyanure de sodium lorsqu'on fait fondre avec de l'hydrate de soude dans un creuset d'argent une substance organique nitrogénée. Mais si on a préalablement mélangé cette matière avec un peu de charbon, il ne se produit que des traces de cyanure de sodium.

Les cyanures alcalins sont solubles dans l'eau : ils tombent même en deliquium par l'action de l'humidité de l'air ; mais leurs dissolutions se décomposent facilement. Les acides même faibles, en réagissant sur ces dissolutions, y produisent un vif dégagement d'acide cyanhydrique ; c'est pour cela qu'elles agissent comme des poisons violents. Au contact de l'air, l'acide carbonique même en dégage le cyanogène à l'état d'acide cyanhydrique et transforme peu à peu en carbonate le cyanure qu'elles contiennent. Dans une dissolution aqueuse de cyanure de potassium, il se sépare à la longue, même à la température ordinaire, du paracyanogène brun-noir. Si l'on fait bouillir à l'abri du contact de l'air les dissolutions des cyanures alcalins, il s'en dégage de l'ammoniaque et les cyanures alcalins qu'elles contiennent sont transformés en formiates alcalins.

Les dissolutions des cyanures alcalins, spécialement celle du cyanure de potassium, sont décomposées par l'action des combinaisons salines des oxydes métalliques proprement dits, et sont transformées en cyanures qui, dans la plupart des cas, sont insolubles, mais qui se dissolvent ordinairement dans un excès de cyanure de potassium et forment ainsi des cyanures doubles. Ces cyanures doubles sont presque tous cristallisables et solubles dans l'eau. Ils forment une classe excessivement considérable de combinaisons salines. Leurs dissolutions présentent fréquemment une réaction neutre ou faiblement alcaline, bien que les cyanures alcalins qu'elles contiennent présentent une réaction fortement alcaline, comme cela a déjà été indiqué.

Le cyanure de potassium est par suite, tant dans les analyses qualitatives que dans les analyses quantitatives, un réactif essentiel : c'est pour cela qu'on a indiqué avec détail dans ce qui précède la manière dont la dissolution de cyanure de potassium se comporte à l'égard des dissolutions des combinaisons salines de tous les métaux, en parlant de tous les métaux en particulier ; on peut donc négliger de s'en occuper ici.

Les dissolutions des cyanures métalliques dans le cyanure de potassium se distinguent par leur manière spéciale de se comporter à l'égard des réactifs, et surtout à l'égard du gaz hydrogène sulfuré et du sulfure d'ammonium. Dans beaucoup de ces dissolutions, on ne peut pas reconnaître la présence des métaux qu'elles contiennent, au moyen du gaz hydrogène sulfuré, ni au moyen du sulfure d'ammonium, bien que ces mêmes métaux puissent être séparés complétement à l'état de sulfures dans les dissolutions de leurs autres combinaisons salines. On a généralement signalé ce fait dans ce qui précède. Ce sont spécialement les combinaisons doubles du cyanure de potassium avec les cyanures de manganèse, de zinc, de cobalt, de nickel, de fer et de cuivre dans lesquelles ces métaux ne peuvent quelquefois pas être transformés en sulfures ou ne peuvent être transformés en sulfures que très incomplétement et au bout d'un temps très long par l'action de l'hydrogène sulfuré ou du sulfure d'ammonium, tandis que, dans les combinaisons du cyanure de potassium avec les cyanures d'argent, de mercure, de palladium, de cadmium et d'autres métaux, les métaux peuvent être précipités à l'état de sulfures à l'aide des réactifs indiqués. Mais même lorsqu'on opère sur les cyanures doubles que nous venons d'indiquer en dernier lieu, le métal n'est pas séparé à l'état de sulfure par le sulfure d'ammonium, lorsqu'on ajoute à ces cyanures une quantité de cyanure de potassium plus grande que celle qui est contenue dans la combinaison. C'est ce qui arrive spécialement pour les combinaisons du cyanure d'argent et du cyanure de palladium. Pour les dissolutions des autres cyanures doubles, comme pour la dissolution de la combinaison du cyanure de potassium avec le cyanure de cadmium, la présence d'une quantité considérable de cyanure de potassium rend plus difficile la précipitation du sulfure de cadmium au moyen du sulfure d'ammonium et la retarde.

Les combinaisons doubles des cyanures alcalins avec les cyanures métalliques proprement dits se décomposent par l'action des acides étendus moins facilement que les cyanures alcalins qu'elles contiennent. On peut diviser ces cyanures doubles en deux sections, par suite de leur manière de se comporter avec les acides.

En réagissant à la température ordinaire sur les dissolutions des cyanures doubles de la première section, les acides étendus décomposent le cyanure alcalin et en dégagent l'acide cyanhydrique, tandis que le cyanure métallique proprement dit est précipité dans la plupart des cas ; en effet, il n'est soluble dans la plupart des cas, ni dans l'eau, ni dans les acides étendus. C'est seulement dans un petit nombre de cas, lorsque le cyanure métallique qui était combiné avec le cyanure de potassium est soluble dans l'eau, comme cela arrive par exemple pour le cyanide de mercure, qu'il ne se produit pas de précipité. — Ces cyanures doubles peuvent avoir une action toxique : en effet, le cyanure alcalin qu'ils contiennent, produit facilement de l'acide cyanhydrique.

Les acides étendus, en réagissant à la température ordinaire sur les dissolutions des cyanures doubles de la deuxième section, en séparent l'acide cyanhydrique contenu dans le cyanure alcalin ; mais l'acide cyanhydrique se combine avec le cyanure métallique pour former un cyanure soluble dont il ne peut être séparé qu'à une température élevée, et encore cette séparation ne peut pas être complète même dans ce cas. Il ne se produit par suite point de précipité de cyanure métallique à la température ordinaire lorsqu'on ajoute un acide : mais la combinaison de l'acide cyanhydrique avec le cyanure métallique peut souvent être séparée au moyen de l'éther. Ces cyanures doubles, même en grande quantité, n'ont point d'action toxique. — A cette section, appartiennent spécialement les combinaisons doubles si importantes du cyanure de potassium avec le cyanure de fer et le cyanide de fer.

De toutes les combinaisons du cyanogène avec les métaux, ce sont celles que forme le cyanure de potassium en se combinant au cyanure de fer et au cyanide de fer qui sont les plus importantes. Ces deux cyanures doubles sont indispensables comme réactifs, et il a été fait mention avec détail, dans ce qui précède, de leur manière de se comporter à l'égard des dissolutions de toutes les bases ; c'est ce qui permet de passer légèrement ici sur ce sujet. Ces deux réactifs donnent, avec les dissolutions de la plupart des combinaisons salines des oxydes métalliques, des précipités insolubles qui sont, dans la plupart des cas, insolubles ou très peu solubles dans les acides étendus, et qui sont essentiellement formés de cyanure ou de cyanide de fer combinés avec le cyanure métallique formé ; en effet, quel que soit celui des deux réactifs que l'on emploie, le cyanure de potassium seul est décomposé et réagit sur le sel métallique, tandis que le cyanure de fer passe dans la nouvelle combinaison sans subir aucune modification.

On ne peut pas reconnaître au moyen des réactifs ordinaires la présence du fer dans les dissolutions du ferrocyanure de potassium et du ferricyanure de potassium. Ces deux sels se comportent à l'égard des réactifs d'une tout autre manière que les autres sels haloïdes du fer, soit que leur composition corresponde au protoxyde, soit qu'elle corresponde au sesquioxyde : leurs reactions sont, par exemple, tout autres que celles du protochlorure et du sesquichlorure de fer. En effet, dans la dissolution de ferrocyanure de potassium, il ne se produit pas de précipité d'hydrate de protoxyde de fer par l'action de l'hydrate de potasse ou de l'ammoniaque ; les carbonates alcalins n'y determinent pas un précipité d'hydrocarbonate de protoxyde de fer : les phosphates et les oxalates alcalins n'y produisent pas de précipité de phosphate et d'oxalate de protoxyde de fer. L'infusion de noix de galles ne modifie pas non plus la dissolution de ferrocyanure de potassium ; ni le bioxyde de nitrogène, ni aucun des degrés plus élevés d'oxydation du nitrogène p. 702 et suiv.), ne produisent de coloration noire dans la dissolution du ferrocyanure de potassium. On a déjà dit que le sulfure d'ammonium n'y pouvait pas produire de précipité de sulfure de fer. — Les hydrates des oxydes alcalins et les carbonates alcalins ne produisent pas de précipité de sesquioxyde de fer dans la dissolution de ferricyanure de potassium. Les phosphates alcalins ne produisent pas non plus de précipité dans la dissolution de ferricyanure de potassium : l'infusion de noix de galles et même le rhodanure de potassium (sulfocyanure de potassium) n'y produisent pas de modification, pas plus que le sulfure d'ammonium.

Pour reconnaître avec exactitude la présence du fer dans le ferrocyanure et dans le ferricyanure de potassium, ou pour reconnaître la présence du métal dans un cyanure double de la même section, on doit calciner pendant longtemps le cyanure double au contact de l'air : de cette manière, le fer du cyanure de fer ou le métal du cyanure qui était combiné avec le cyanure de potassium, sont transformés en oxydes qui peuvent se dissoudre dans l'acide chlorhydrique et dont la présence peut être reconnue dans cette dissolution au moyen des réactifs ordinaires. On peut encore décomposer la combinaison en la calcinant avec du chlorure d'ammonium, comme cela sera indiqué plus loin.

Les dissolutions de ferrocyanure de potassium et de ferricyanure de potassium et les dissolutions des cyanures doubles analogues ne sont pas sensiblement décomposées par les acides étendus. Cependant il se forme dans la dissolution une combinaison du cyanure de fer et du cyanide de fer avec l'acide cyanhydrique qui se sépare par suite de la décomposition du cyanure de potassium par les acides étendus. Si l'on chauffe ces combinaisons à l'abri du contact de l'air, la plus grande partie de cet acide cyanhydrique devient libre et peut être séparée par distillation. On obtient de cette manière l'acide cyanhydrique des trois quarts environ du cyanure de potassium contenu dans le ferrocyanure de potassium : le reste se sépare avec le cyanure de fer. Au contact de l'air, le cyanure de fer de ce résidu est transformé peu à peu en bleu de Prusse et peut alors donner de nouveau de l'acide cyanhydrique par l'action de la chaleur, en sorte qu'on peut séparer enfin peu à peu presque complétement de cette manière à l'état d'acide cyanhydrique le cyanogène du cyanure de potassium que contient le cyanure double.

Si, après avoir ajouté un acide étendu à la dissolution de ferrocyanure de potassium, on laisse le tout exposé au contact de l'air, il se forme au bout de quelque temps un faible précipité bleu de bleu de Prusse, et en même temps le cyanure de fer s'oxyde en partie. La réaction est plus rapide par l'action de la chaleur, par le motif que nous avons indiqué précédemment. Dans la dissolution de ferricyanure de potassium, il se produit de cette manière un précipité verdâtre. Par suite de ce que les dissolutions de ferrocyanure de potassium et de ferricyanure de potassium peuvent produire au contact de l'air des précipités bleus et verdâtres par l'action des acides étendus, même à la température ordinaire, plus rapidement cependant avec l'aide de la chaleur, on ne doit employer ces deux réactifs qu'avec précaution dans les analyses quantitatives. En effet, une quantité même faible de bleu de Prusse qui se serait formée, pourrait souvent, par suite de l'intensité de sa puissance colorante, colorer en bleuâtre ou même en bleu un précipité originairement blanc. Un chimiste peu exercé pourrait souvent supposer, par suite, qu'il y a du fer dans des dissolutions qui en sont complétement exemptes. Il a du reste été souvent fait mention de cette réaction dans ce qui précède.

Parmi les cyanures simples formés par les métaux proprement dits, il n'y a presque, outre le cyanide d'or, que le *cyanide de mercure* qui soit soluble dans l'eau et cristallisable. Mais, même dans la dissolution de ce sel, le cyanogène masque les propriétés du métal, de telle sorte qu'il ne peut plus être reconnu par la plupart des réactifs qui pourraient indiquer avec certitude la présence du mercure dans ses autres combinaisons salines.

L'*hydrate de potasse* ne produit pas de précipité de bioxyde de mercure dans la dissolution du cyanide de mercure; il ne s'en produit pas non plus par un contact prolongé, ni avec l'aide de l'ébullition. — L'*ammoniaque* ne produit pas non plus de modification dans cette dissolution. — Le *carbonate de baryte*, en réagissant sur le cyanide de mercure, ne sépare du bioxyde de mercure, ni à la température ordinaire, ni avec l'aide de l'ébullition, ni même en évaporant à siccité. — Une dissolution de *nitrate d'argent* ne produit pas de précipité de cyanure d'argent, mais elle produit un précipité cristallin qui est soluble dans une grande quantité d'eau et qui est formé d'une combinaison double de cyanide de mercure et de nitrate d'argent; l'acide chlorhydrique, en réagissant sur la dissolution de cette combinaison, en sépare du chlorure d'argent; la dissolution d'hydrate de potasse y produit un précipité blanc; l'ammoniaque y produit également un précipité blanc qui est soluble dans une grande quantité d'ammoniaque. — Le *nitrate de bioxyde de mercure* ne produit pas de précipité dans la dissolution de cyanide de mercure; le *nitrate de protoxyde de mercure*, au contraire, produit immédiatement une séparation de mercure métallique : la liqueur devient d'abord noire et laisse ensuite déposer le mercure métallique; il se forme en même temps une combinaison double de cyanide de mercure et de nitrate de bioxyde de mercure qui est soluble. — Les dissolutions de *chlorure de sodium* et de *bromure de sodium* ne produisent pas de précipité dans la dissolution de cyanide de mercure, bien qu'elles forment avec ce cyanide des combinaisons doubles. — L'*iodure de potassium*, au contraire, produit au bout de quelque temps un précipité blanc, cristallin, d'une combinaison double qui est cependant soluble dans une grande quantité d'eau; l'acide sulfurique étendu, l'acide nitrique, l'acide chlorhydrique et l'acide acétique produisent dans cette dissolution un précipité d'iodure rouge de mercure; l'eau de chlore, au contraire, n'en produit pas, mais si on chauffe le tout, il se produit un précipité blanchâtre qui devient rougeâtre et se transforme en bi-iodure de mercure. — Une dissolution de *ferrocyanure de potassium* produit dans la dissolution de cyanide de mercure un précipite cristallin de couleur jaune-blanchâtre qui est une combinaison des deux sels et qui est soluble dans une grande quantité d'eau; la dissolution d'hydrate de potasse ne produit pas de précipité dans cette dissolution, mais le sesquichlorure de fer y produit un précipité bleu de bleu de Prusse; le sulfate de cuivre y produit un précipité rouge de sang de ferrocyanure de cuivre et la dissolution d'hydrogène sulfuré y donne un précipité noir de sulfure de mercure. — Le *ferrocyanide de potassium* ne produit aucune modification dans la dissolution de cyanide de mercure; le *sulfate de protoxyde de fer* n'y produit pas de réduction, mais il y produit ordinairement une coloration bleuâtre; le *zinc* métallique n'y produit pas de séparation de mercure métallique (cependant, au bout d'un temps très long, il apparaît quelques petits globules de mercure). — La dissolution d'*hydrogène sulfuré* et celle de *sulfure d'ammonium* produisent dans la dissolution de cyanide de mercure un précipité noir de sulfure de mercure, comme dans une dissolution de bichlorure de mercure et dans celles des oxysels de mercure (p. 179), mais il y a cette différence remarquable que même les premières gouttes de la dissolution d'hydrogène sulfuré produisent dans la dissolution de cyanide de mercure un précipité noir, et qu'il ne se produit pas de combinaison double, de couleur blanche, du sulfure de mercure avec le sel de mercure qui n'est pas encore décomposé, comme cela arrive par l'action de l'hydrogène sulfuré et du sulfure d'ammonium sur tous les sels de mercure qui ont une composition analogue à celle du cyanide de mercure. — La dissolution du cyanide de mercure dissout le bioxyde de mercure, surtout avec l'aide de la chaleur; il se sépare par le refroidissement une combinaison de cyanide de mercure et de bioxyde de mercure. Dans la dissolution de cette combinaison, l'hydrate de potasse ne précipite pas l'excès de bioxyde de mercure, le sulfate de protoxyde de fer ne donne pas de coloration bleuâtre, et le nitrate de protoxyde de mercure produit un précipité blanc. — Dans les nombreux sels doubles que le cyanide de mercure forme avec les autres sels, ces sels perdent beaucoup des propriétés les plus importantes qui peuvent permettre de les reconnaître au moyen des réactifs. Si on ajoute, par exemple, à la dissolution de cyanide de mercure une dissolution de bichlorure de mercure ou de nitrate de bioxyde de mercure, l'hydrate de potasse en excès produit, dans ces dissolutions, un précipité jaune de bioxyde de mercure, seulement lorsqu'on ajoute un grand excès de bichlorure de mercure ou de nitrate de bioxyde de mercure. Si cependant on a ajouté seulement autant de nitrate ou de bichlorure qu'il est nécessaire pour former la combinaison double, il ne se produit pas de précipité. — Si l'on ajoute de l'acide sulfurique étendu à la dissolution de cyanide de mercure, l'acide cyanhydrique devient libre, surtout par l'action de la chaleur et peut être obtenu par la distillation; l'acide cyanhydrique se dégage dans ce cas plus rapidement et plus facilement lorsqu'on ajoute un peu de fer métallique (et non du zinc); mais il est alors mélangé avec du gaz hydrogène. L'acide cyanhydrique peut également être degagé de la dissolution de cyanide de mercure par l'action de l'acide nitrique et de l'acide fluorhydrique, mais surtout par l'action de l'acide chlorhydrique.

C'est par suite de ce que la plupart des combinaisons du cyanogène avec les métaux proprement dits sont insolubles, tant dans l'eau que dans les acides étendus, que ces métaux sont séparés entièrement ou partiellement, dans un très grand nombre de cas, à l'état de cyanures, lorsqu'on ajoute de l'acide cyanhydrique étendu aux dissolutions salines des oxydes de ces métaux.

Les différents cyanures, tant simples que doubles, mélangés avec le *chlorure d'ammonium,* se décomposent complétement par la calcination et se transforment en chlorures; ils peuvent même, en général, être décomposés plus facilement que les autres sels lorsqu'on les traite par le chlorure d'ammonium à une température élevée. Un seul traitement par le chlorure d'ammonium suffit pour transformer complétement en chlorures le cyanure de potassium, le ferrocyanure de potassium et le ferrocyanide de potassium déshydratés ; dans les deux derniers cas, il se forme au contact de l'air, outre le chlorure de potassium, du sesquichlorure de fer plus ou moins basique. Le traitement des combinaisons du cyanogène par le chlorure d'ammonium doit être, par suite, conseillé, surtout lorsque, dans les analyses qualitatives, on veut reconnaître la nature des métaux qui sont combinés avec le cyanogène dont la présence masque souvent complétement celle du métal. — D'autres sels ammoniacaux, comme le *sulfate d'ammoniaque,* se comportent à l'égard des cyanures comme le chlorure d'ammonium.

Pour reconnaître facilement la présence du cyanogène dans les cyanures, que ce soient des cyanures simples solubles ou insolubles, comme le cyanure de mercure ou le cyanure d'argent, ou bien que ce soient des cyanures doubles formes par la combinaison du cyanure de potassium avec les autres cyanures metalliques, on doit les faire fondre avec de l'*hydrate de potasse.* On opère dans un petit creuset d'argent, ou bien dans un petit creuset de porcelaine, lorsque le creuset d'argent pourrait être détérioré par suite de la séparation du métal. On traite par l'eau la masse fondue et on filtre; le cyanure de potassium et l'excès d'hydrate de potasse se trouvent alors dans la dissolution filtrée. Lorsqu'on ajoute ensuite à cette dissolution une dissolution de protoxyde et de sesquioxyde de fer et lorsqu'on sursature ensuite par l'acide chlorhydrique étendu, on peut être convaincu infailliblement de la présence du cyanogène dans le sel à analyser par la production du précipité bleu de bleu de Prusse. On peut spécialement retrouver très facilement de cette manière la présence du cyanogène dans le cyanide de mercure.

Les differents cyanures, qu'ils soient simples ou doubles, se comportent différemment à une température élevée. Les cyanures alcalins, dont les dissolutions aqueuses se décomposent si facilement, peuvent, lorsqu'ils sont à l'état anhydre et lorsqu'ils sont mélangés avec un excès de base, supporter, à l'abri du contact de l'air, la chaleur la plus intense sans subir de modification. Chauffés au contact de l'air, ils sont oxydés et transformés partiellement en cyanates alcalins.

Les cyanures des métaux proprement dits se comportent d'une manière différente à l'abri du contact de l'air à une température très élevée. Les produits de la combustion sont également tout autres lorsque le cyanure contient de l'eau que lorsqu'il en est totalement exempt.

Le cyanide de mercure se transforme en gaz cyanogène, en mercure métallique et en paracyanogène, comme cela a déjà été indiqué.

Comme nous l'avons déjà indiqué, le cyanure d'argent devient ordinairement incandescent par l'action d'une température élevée et perd la moitié de son cyanogène qui se dégage à l'état gazeux, et en même temps la totalité du métal forme avec l'autre moitié du cyanogène du paracyanure d'argent : la même réaction se produit avec le cyanure de zinc et le cyanure de cuivre. Si on traite ces cyanures par les acides, et notamment par l'acide nitrique, le métal se dissout, et il reste comme résidu du paracyanogène qui se présente sous la forme d'une poudre brune et qui contient encore une petite quantité de métal. Ce paracyanogène se dissout dans les acides très concentrés, et notamment dans l'acide sulfurique concentré, comme nous l'avons vu, page 723, mais l'eau le précipite de cette dissolution.

Le cyanure de nickel, le cyanure de cobalt et le cyanure de fer (de l'acide ferrocyanhydrique sont transformés par la calcination en mélanges de paracyanures et de carbures.

Les ferrocyanures de potassium, de calcium et de zinc, et probablement aussi ceux de sodium, de baryum, de strontium et de magnésium sont décomposés par la calcination à une température élevée à l'abri du contact de l'air; les cyanures alcalins, les cyanures alcalino-terreux et le cyanure de zinc qu'ils contiennent ne sont pas décomposés, tandis que le cyanure de fer est transformé en une combinaison carbonée carbure) et en même temps il se produit un dégagement de gaz nitrogène.

Le ferrocyanure de cuivre, le ferrocyanure de plomb et le bleu de Prusse donnent des paracyanures doubles ou des mélanges de paracyanures et de carbures Rammelsberg .

Mais si l'on soumet ces cyanures à une calcination longue et soutenue au contact de l'air, les paracyanures qui s'étaient formés d'abord s'oxydent, et les métaux restent enfin comme résidu à l'état d'oxyde.

Si on mélange les cyanures avec de l'hydrate de potasse et si on les fait chauffer dans un petit tube de verre bouché à une de ses extrémités, il s'en dégage une quantité considérable d'ammoniaque facile à reconnaître à son odeur.

Les cyanures alcalins, et spécialement le cyanure de potassium, agissent à une température élevée comme des agents de réduction très puissants. Le cyanure de potassium réduit presque tous les oxydes et en sépare le métal; en même temps, il se transforme en cyanate de potasse. Les sulfures sont également réduits à l'état métallique, mais très souvent en partie seulement, en produisant en même temps du rhodanure de potassium; plusieurs sulfides sont également réduits. On emploie par suite très fréquemment le cyanure de potassium pour réduire les métaux de leurs combinaisons oxygénées et de leurs combinaisons sulfurées. Dans ce qui précède, le cyanure de potassium a été indiqué par suite comme un excellent réactif pour les analyses par voie sèche; on a examiné aussi avec détail sa manière de se comporter dans les analyses par voie humide.

L'acide cyanhydrique libre peut être reconnu déjà à son odeur particulière. Le moyen le plus infaillible de s'assurer ensuite de sa présence et de celle des cyanures alcalins solubles dans l'eau est de transformer le cyanogène qu'ils contiennent en bleu de Prusse par la méthode qui a été indiquée précédemment p. 726 , ou en rhodanure de fer sulfocyanure de fer par une méthode qui sera indiquée plus loin. Dans tous les autres cyanures, tant simples que doubles, on peut reconnaître indubitablement le cyanogène en le faisant fondre avec l'hydrate de potasse.

L'acide cyanhydrique se rencontre quelquefois à l'état de combinaison avec des *substances organiques*, et, dans ces combinaisons, il se comporte à l'égard de quelques réactifs d'une manière tout autre que dans sa dissolution aqueuse ou dans sa dissolution alcoolique. Les eaux distillées et les huiles essentielles de laurier-cerise, d'amandes amères et de certains autres végétaux contiennent une quantité considérable d'acide cyanhydrique et sont par suite de violents poisons. Elles présentent une saveur douceâtre qui n'a qu'une ressemblance éloignée avec celle de la dissolution d'acide cyanhydrique pur. Elles contiennent une substance organique qui n'est pas nitrogénée, une huile essentielle qui, à l'état pur, lorsqu'elle est séparée de l'acide cyanhydrique avec lequel elle est combinée, présente une odeur qui diffère un peu, mais qui ne diffère pas beaucoup de l'odeur originaire de l'eau distillée et de l'huile essentielle qui contiennent de l'acide cyanhydrique. Lorsque, par suite, on ajoute une dissolution d'hydrate de potasse à l'eau distillée des végétaux indiqués, l'odeur ne disparaît pas comme pour la dissolution d'acide cyanhydrique pur; en effet, la substance qui est combinée avec l'acide cyanhydrique n'est pas par elle-même de nature acide, ne se combine pas avec l'oxyde alcalin et ne se transforme en acide benzoïque qu'en absorbant l'oxygène de l'air. L'eau distillée d'amandes amères et celle de laurier-cerise, lorsqu'on y ajoute un oxyde alcalin, donnent un précipité bleu de bleu de Prusse avec une dissolution de fer qui contient du protoxyde et du sesquioxyde et que l'on a ensuite sursaturé par l'acide chlorhydrique étendu, comme cela arrive dans la dissolution d'acide cyanhydrique pur p. 726). Cette expérience permet de s'assurer avec certitude de la présence de l'acide cyanhydrique dans les eaux distillées que nous venons d'indiquer. Avec d'autres réactifs, spécialement avec une dissolution de nitrate d'argent, ces eaux distillées ne donnent au contraire qu'un précipité tout à fait insignifiant, ou plutôt qu'un léger trouble provenant de la précipitation d'une quantité très faible de cyanure d'argent qui ne correspond pas à la quantité considérable d'acide cyanhydrique qui est contenue dans l'eau distillée d'amandes amères et dans l'eau distillée de laurier-cerise. Pour transformer en cyanure d'argent la totalité de l'acide cyanhydrique contenu dans ces eaux distillées, il faut, après avoir ajouté la dissolution de nitrate d'argent à l'eau distillée à analyser, y verser un peu d'ammoniaque : le trouble peu considérable qui provenait de la petite quantité de cyanure d'argent qui s'était séparé, disparaît; mais si l'on sursature ensuite le tout par l'acide nitrique étendu, la totalité de l'acide cyanhydrique se sépare à l'état de cyanure d'argent, et on obtient ordinairement un précipité qui est assez considérable. Si l'on ajoute à une dissolution de nitrate d'argent de l'ammoniaque, ensuite de l'acide nitrique, et seulement ensuite de l'eau distillée d'amandes amères ou de laurier-cerise, on n'obtient qu'un léger trouble. On doit, par suite, expérimenter exactement comme il a été indiqué.

Les eaux distillées d'amandes amères et de laurier-cerise se comportent de la même manière et ne peuvent pas non plus, en réagissant sur les dissolutions des combinaisons salines des oxydes métalliques, y opérer la précipitation de quelques cyanures, ou n'en peuvent précipiter qu'une très petite quantité, bien que la dissolution de l'acide cyanhydrique pur dans l'eau ou dans l'alcool opère la précipitation de ces mêmes cyanures. Si cependant on ajoute de l'ammoniaque et si on sursature ensuite par un acide, on opère la précipitation des cyanures. Cela a lieu au moins pour les dissolutions des combinaisons salines de l'oxyde de cobalt, de l'oxyde de nickel et du bioxyde de cuivre : dans ce dernier cas, on obtient du protocyanure de cuivre.

A l'égard d'une dissolution de nitrate de protoxyde de mercure, au contraire, l'acide cyanhydrique contenu dans les eaux distillées de laurier-cerise et d'amandes amères se comporte comme la dissolution de l'acide cyanhydrique pur dans l'eau ou dans l'alcool étendu (p. 725). Il se produit immédiatement une séparation de mercure métallique.

Lorsque les eaux distillées d'amandes amères et de feuilles de laurier-cerise sont séparées de l'acide cyanhydrique qu'elles contenaient, ce qui ne leur fait pas perdre leur odeur comme on l'a déjà remarqué, elles ne donnent plus de bleu de Prusse avec la dissolution de protoxyde et de sesquioxyde de fer ; elles ne produisent pas non plus de précipité de cyanure d'argent avec la dissolution de nitrate d'argent même en expérimentant comme il a été indiqué, et elles ne déterminent pas la réduction du mercure métallique dans la dissolution de nitrate de protoxyde de mercure.

Si l'acide cyanhydrique à l'état libre est mélangé avec une très grande quantité de substances organiques, comme cela arrive lorsqu'on a empoisonné des substances organiques au moyen de cet acide, on reconnaît l'acide cyanhydrique à l'odeur lorsqu'il n'est pas en trop petite quantité. Mais cela peut induire en erreur, et il est nécessaire d'isoler l'acide. Dans ce but, on ajoute de l'alcool et on distille ensuite avec précaution au bain-marie : l'acide cyanhydrique qui passe alors à la distillation avec les vapeurs d'alcool, est condensé dans le récipient au moyen d'un mélange réfrigérant. Comme la substance à analyser pourrait être alcaline, on sursature le tout avec l'acide phosphorique ou l'acide tartrique avant de distiller. On doit éviter d'employer l'acide sulfurique étendu ou l'acide chlorhydrique parce qu'ils pourraient opérer la décomposition d'une partie de l'acide cyanhydrique. Dans la portion qui a passé à la distillation, on reconnaît la présence de l'acide cyanhydrique au moyen des réactifs qui ont été précédemment indiqués : on reconnaît surtout très bien et avec certitude l'acide cyanhydrique en traitant par une dissolution de protoxyde et de sesquioxyde de fer la portion qui a passé à la distillation et en séparant ainsi l'acide cyanhydrique à l'état de bleu de Prusse.

Acide cyanique, C^2N^2O (Cy^2O).

L'acide cyanique ne peut exister, à proprement parler, qu'en combinaison avec les bases sous la forme de sel. A l'état d'hydrate, il forme un liquide incolore, fluide, d'une odeur pénétrante, qui ne peut exister que peu de temps à l'état isolé. Quelques instants après sa production, il se transforme avec production de chaleur, en une masse blanche, solide (cyamelide qui a la même composition que l'acide cyanique hydraté et qui est isomérique avec lui. Cette substance est indifférente, insipide et inodore, insoluble dans l'eau et dans la plupart des acides; l'acide sulfurique concentré la transforme en ammoniaque qui se combine avec l'acide sulfurique et en acide carbonique qui se dégage. La cyamélide se dissout dans une dissolution d'hydrate de potasse. Soumise à la distillation sèche, la cyamélide se transforme de nouveau en acide cyanique hydraté qui, quelques instants après s'être formé, reproduit de nouveau la cyamélide au moyen de laquelle on l'avait obtenu. Lorsque, immédiatement après sa production, on projette dans l'eau l'acide cyanique hydraté, il se décompose avec effervescence en acide carbonique et en carbonate d'ammoniaque. Plus l'acide est étendu et plus le mélange est froid, plus la décomposition s'opère lentement : il ne se forme pas d'acide cyanhydrique.

Les cyanates se produisent par l'oxydation des cyanures ou par l'action des bases fortes sur le cyanogène; dans ce dernier cas, il se produit en même temps des cyanures et des cyanates. La dissolution aqueuse du cyanogène, traitée par une dissolution d'hydrate d'oxyde alcalin, donne du cyanate et du cyanure alcalins; il se produit également un mélange de cyanates et de cyanures alcalins lorsqu'on calcine les carbonates alcalins dans un courant de gaz cyanogène.

Les cyanates alcalins sont solubles; les cyanates alcalino-terreux et un grand nombre de cyanates métalliques se dissolvent également dans l'eau; les cyanates qui sont insolubles, sont spécialement ceux de bioxyde de plomb, de bioxyde de cuivre, d'oxyde d'argent et de protoxyde de mercure. Si cependant on traite par une dissolution de cyanate alcalin les dissolutions des combinaisons salines de la plupart de ces oxydes métalliques, on n'obtient souvent qu'un carbonate au lieu d'un cyanate insoluble.

Les dissolutions des cyanates alcalins, et spécialement celle de cyanate de potasse que l'on prépare le plus fréquemment et qui est employée surtout dans les analyses, se décomposent bientôt après leur préparation; elles commencent bientôt à sentir l'ammoniaque et il se forme du bicarbonate de potasse. Mais, même dans les dissolutions qui ne sont pas décomposées, on ne peut pas arriver à y prouver l'existence du cyanogène en le transformant en bleu de Prusse. Il n'est pas possible, en traitant la dissolution de ce cyanate de potasse par les substances réductrices d'y transformer le cyanate de potasse en cyanure de potassium dont la présence pourrait être reconnue au moyen des dissolutions de protoxyde et de sesquioxyde de fer. On peut arriver cependant à prouver l'existence du cyanogène dans le cyanate de potasse, en mélangeant ce sel à l'état sec avec de la poudre de charbon et en calcinant ensuite le mélange jusqu'au rouge naissant dans un creuset d'argent. Si on traite alors par l'eau la masse calcinée, si on filtre la dissolution ainsi obtenue, si on ajoute à la dissolution filtrée une dissolution de protoxyde et de sesquioxyde de fer et si on sursature par l'acide chlorhydrique étendu, on obtient un abondant précipité bleu de bleu de Prusse.

On peut reconnaître la présence du cyanogène dans les autres cyanates d'une manière analogue. On les mélange avec de la poudre de charbon et de l'hydrate de potasse et on fait fondre le mélange au rouge faible dans un creuset d'argent, ou dans un creuset de porcelaine lorsque le creuset d'argent pourrait être détérioré par suite de la réduction d'un oxyde métallique. Si on traite alors par l'eau la masse calcinée, si on ajoute ensuite à la dissolution filtrée une dissolution de protoxyde et de sesquioxyde de fer et si on sursature le tout par l'acide chlorhydrique étendu, on peut obtenir du bleu de Prusse et s'assurer ainsi d'une manière indubitable de la présence du cyanogène dans les cyanates. On ne peut pas facilement confondre les cyanates avec les substances organiques nitrogénées; en effet, ces substances, traitées au rouge naissant (mais non à une température plus élevée par l'hydrate de potasse en fusion, ne donnent pas de cyanure de potassium ou n'en donnent que des traces.

Les acides concentrés, en réagissant sur la dissolution concentrée de cyanate de potasse, en dégagent de l'acide carbonique; en même temps il reste, comme résidu, de l'ammoniaque combinée avec l'acide employé pour opérer la décomposition; souvent aussi on sent dans ce cas l'odeur piquante d'une petite quantité d'acide cyanique hydraté qui se dégage sans être décomposé; mais il ne se produit jamais d'acide cyanhydrique. L'acide chlorhydrique concentré, en réagissant sur la dissolution concentrée de cyanate de potasse, en dégage en partie l'acide cyanique à l'état hydraté; mais cet acide se transforme au bout de peu de temps en cyamélide.

Les cyanates alcalins peuvent être calcinés et fondus à l'abri de l'humidité sans être décomposés. En présence de l'humidité, ils se décomposent par l'action d'une faible chaleur et donnent du carbonate d'ammoniaque et du carbonate alcalin fixe, et souvent aussi une substance de l'espèce du paracyanogène.

Le cyanate d'ammoniaque en dissolution se comporte comme les autres cyanates alcalins. Mais si on le chauffe, si on fait bouillir sa dissolution ou si on l'évapore, le sel se modifie sans changer de composition; il se produit alors de l'*urée,* que l'on peut obtenir artificiellement avec facilité au moyen du cyanate de potasse et du sulfate d'ammoniaque, mais que l'on trouve aussi toute formée dans l'urine de l'homme et des animaux.

L'urée se dissout dans l'eau en produisant un froid considérable; elle se dissout également dans l'alcool. L'urée se comporte comme une base; mais ses propriétés basiques sont peu énergiques; sa dissolution ne bleuit même pas le papier de tournesol et ne précipite pas les oxydes métalliques de leurs dissolutions neutres, même lorsqu'ils sont combinés avec l'acide nitrique; mais l'urée peut se combiner avec les oxydes métalliques et avec leurs combinaisons salines. La dissolution aqueuse de l'urée pure ne se décompose pas spontanément à la température ordinaire; mais l'urée, dissoute dans l'urine, se transforme en carbonate d'ammoniaque sous l'influence de certaines substances contenues dans l'urine. La dissolution aqueuse d'urée pure, mélangée à la température ordinaire avec une dissolution d'hydrate de potasse, ne dégage pas d'ammoniaque libre ou n'en dégage au moins qu'une quantité tout à fait insignifiante; par l'ébullition, le dégagement d'ammoniaque a lieu et la potasse se combine avec l'acide carbonique qui se produit.

L'urée n'est pas décomposée à la température ordinaire par les acides étendus. — Si on mélange à la température ordinaire la dissolution d'urée pure avec un excès d'*acide nitrique* pur et si la dissolution n'est pas trop étendue, il se produit immédiatement ou au bout de quelque temps un sel qui se présente sous la forme d'écailles cristallines qui sont peu solubles dans l'acide nitrique, mais qui se dissolvent facilement dans l'eau et même dans l'alcool. Si l'on fait bouillir ce sel avec l'excès d'acide nitrique, il se dissout, se décompose avec production d'un dégagement d'acide carbonique et ne se sépare plus ensuite par le refroidissement ou ne se sépare qu'en petite quantité si l'ébullition a duré trop peu de temps. Mais si l'acide nitrique contient de l'acide nitreux, l'urée contenue dans la dissolution est entièrement détruite (p. 707 et il ne se sépare pas de combinaison peu soluble dans l'acide nitrique. — Une dissolution d'*acide oxalique* produit également un précipité dans la dissolution d'urée, lorsqu'on a ajouté un excès d'acide oxalique. Mais si l'on fait bouillir le tout, le précipité se dissout et ne se sépare plus par le refroidissement ou ne se sépare qu'en petite quantité lorsque l'ébullition a duré trop peu de temps. — Lorsqu'on fait bouillir la dissolution d'urée avec un excès des autres acides forts et spécialement avec un excès d'acide sulfurique concentré, il se dégage du gaz acide carbonique et il se produit de l'ammoniaque qui s'unit avec une portion de l'acide employé pour opérer la décomposition.

Pour s'assurer de la présence du cyanogène ou plutôt de celle de l'acide cyanique dans l'urée, on la mélange avec de la poudre de charbon et on fait fondre le mélange avec de l'hydrate de potasse à une température rouge faible dans un creuset d'argent ou même dans un vase de verre. On traite la masse fondue par l'eau, on ajoute à la dissolution filtrée une dissolution de protoxyde et de sesquioxyde de fer et on sursature le tout par l'acide chlorhydrique étendu; on obtient ainsi du bleu de Prusse.

Si on expose l'urée à une température élevée et si on élève la température jusqu'au-dessus de son point de fusion, elle entre en ébullition en donnant naissance à un dégagement d'ammoniaque; il se dépose une substance blanche et la masse se transforme enfin en une substance gris-blanchâtre, l'*acide cyanurique*, qui a la même composition que l'acide cyanique hydraté. L'acide cyanurique est incolore, inodore : il a une saveur faiblement acide, il est peu soluble dans l'eau, mais il rougit le papier de tournesol. Si on le soumet à l'action d'une température élevée, il se transforme en acide cyanique hydraté qui ne peut exister que peu de temps sans se décomposer et qui se transforme en cyamélide (p. 738). — On obtient également l'acide cyanurique en distillant l'acide urique : parmi les autres produits qui résultent de cette distillation, on obtient une matière qui se sublime et qui contient de l'urée et de l'acide cyanurique.

On peut également reconnaître très bien dans l'acide cyanurique la présence du cyanogène ou de l'acide cyanique en mélangeant l'acide cyanurique avec de l'hydrate de potasse et de la poudre de charbon, en faisant fondre le tout, en traitant par l'eau la masse fondue, en ajoutant à la dissolution filtrée une dissolution de protoxyde et de sesquioxyde de fer et en sursaturant par l'acide chlorhydrique étendu; on obtient ainsi du bleu de Prusse.

Dans les cyanates et dans les sels des acides qui sont isomériques avec l'acide cyanique, on peut par conséquent retrouver la présence du cyanogène, en les mélangeant avec la poudre de charbon et l'hydrate de potasse et en faisant fondre le mélange à une température rouge. La dissolution filtrée de la masse fondue et traitée par l'eau contient alors du cyanure de potassium et on peut y reconnaître facilement la présence du cyanogène.

L'argent et le mercure, en réagissant sur l'acide nitrique et l'alcool, produisent des sels cristallins peu solubles qui se distinguent par leur propriété de détoner en produisant une explosion excessivement dangereuse. Ces combinaisons salines contiennent un acide qui a été appelé *acide fulminique* et qui n'a pas pu être obtenu à l'état isolé.

Si l'on fait bouillir avec les chlorures alcalins le sel que produit cet acide en se combinant avec le protoxyde de mercure, il se forme du cyanate alcalin et du *fulminurate alcalin*. L'acide fulminurique, aussi bien que l'acide fulminique, ont la même composition en centièmes que l'acide cyanique et sont par suite isomériques avec lui.

Acide rhodanhydrique (Acide sulfocyanhydrique), $C^2N^2S^2 + H^2$.

L'acide rhodanhydrique peut être considéré comme une combinaison hydrogénée d'un radical composé qui est formé de trois éléments, soufre, carbone et nitrogène, et qui n'a pas encore pu être isolé. L'acide rhodanhydrique se présente sous la forme d'un liquide incolore fortement acide; il a une odeur piquante qui ne ressemble pas à celle de l'acide cyanhydrique, mais qui ressemble plutôt à celle de l'acide acétique concentré. L'acide rhodanhydrique anhydre se décompose spontanément avec beaucoup de facilité, devient jaune et laisse déposer une poudre jaune. La dissolution aqueuse concentrée d'acide rhodanhydrique se décompose au bout de quelque temps d'une manière analogue et laisse déposer de même une poudre jaune; si l'on ajoute un acide énergique, la décomposition s'opère plus rapidement. L'acide étendu au contraire peut être conservé pendant longtemps sans se décomposer.

L'acide rhodanhydrique forme avec les oxydes métalliques des *rhodanures* (sulfocyanures) dont la plupart sont solubles dans l'eau. Les rhodanures ne produisent pas une série de sels doubles aussi variée que les cyanures. Le plus important de tous les rhodanures est le *rhodanure de potassium* sulfocyanure de potassium qui peut être facilement préparé au moyen du ferrocyanure de potassium. — Si l'on chauffe légèrement une dissolution aqueuse d'acide cyanhydrique avec du sulfure d'ammonium de couleur jaune, la dissolution devient incolore et il se produit du rhodanure d'ammonium.

La réaction qui caractérise le mieux l'acide rhodanhydrique et les dissolutions des rhodanures, est celle qu'ils exercent sur les sels de sesquioxyde de fer avec lesquels ils forment une liqueur de couleur rouge de sang intense. On a déjà traité de cette réaction avec détail (p. 94) et on a observé en même temps que la dissolution du rhodanure de potassium est presque le meilleur réactif pour retrouver les traces les plus faibles de sesquioxyde de fer. De même aussi la dissolution de sesquioxyde de fer peut servir pour découvrir l'acide rhodanhydrique : on doit seulement observer qu'un acide organique, l'acide méconique, que l'on retire de l'opium, se comporte avec les sels de sesquioxyde de fer d'une manière tout à fait semblable ; ces deux acides peuvent cependant être distingués à l'aide d'une réaction de l'acide rhodanhydrique que nous indiquerons plus loin. Les dissolutions des acétates et des formiates rougissent d'une manière analogue la dissolution de sesquioxyde de fer (voyez plus loin) ; mais la coloration n'est pas aussi intense que celle produite par l'acide rhodanhydrique et l'acide méconique.

Si l'on doit rechercher une quantité d'acide cyanhydrique assez petite pour que l'on ne puisse pas reconnaître sa présence avec certitude par la méthode qui a été indiquée page 726, au moyen de la production du bleu de Prusse, et si l'on chauffe cet acide cyanhydrique avec une petite quantité de sulfure d'ammonium de couleur jaune, le sulfure d'ammonium est décoloré et se transforme en rhodanure d'ammonium, qui donne alors avec la dissolution de sesquioxyde de fer une coloration rouge de sang. On peut découvrir parfaitement, à l'aide de cette méthode, de très petites quantités d'acide cyanhydrique (Liebig). Dans cette expérience, il est nécessaire de ne pas employer une quantité trop grande de sulfure d'ammonium, parce que l'excès de sulfure d'ammonium, en réagissant sur la dissolution de sesquioxyde de fer, en précipiterait du sulfure de fer. C'est ce qui arrive spécialement lorsqu'on n'a pas décoloré complétement le tout à l'aide d'une légère élévation de température. Il est également nécessaire que le sulfure d'ammonium que l'on emploie, ne soit pas du monosulfure, mais qu'il contienne une plus grande quantité de soufre, comme celui que l'on emploie, du reste, presque toujours dans les laboratoires; en effet, lorsque ce réactif est d'une couleur jaunâtre, il est d'un meilleur usage pour opérer la réaction que nous mentionnons ici.

La dissolution de rhodanure de potassium produit dans la dissolution du *sulfate de cuivre*, pourvu que les deux dissolutions ne soient pas trop étendues, un précipité noir de rhodanide de cuivre qui n'est pas très soluble dans l'acide chlorhydrique. Lorsque les deux dissolutions sont étendues, il se forme seulement une coloration verte de la liqueur dans laquelle il se produit, au bout de quelque temps, un précipité blanc de rhodanure de cuivre. Le précipité noir de rhodanide de cuivre se transforme également, à la longue, en un précipité blanc de rhodanure de cuivre. Si l'on ajoute un peu de protochlorure d'étain à la dissolution verte et au précipité noir, le précipité blanc de rhodanure de cuivre se forme immédiatement. Comme le précipité blanc se produit même dans les liqueurs très étendues, les dissolutions de bioxyde de cuivre et de protochlorure de cuivre (le protochlorure de cuivre produit le précipité blanc sans qu'on y ajoute du protochlorure d'étain) sont de bons réactifs pour reconnaître les rhodanures; les rhodanures peuvent réciproquement être employés pour reconnaître le bioxyde de cuivre.

La dissolution du rhodanure de potassium donne avec la dissolution de *nitrate d'argent* un precipité blanc, caillebotté de rhodanure d'argent qui n'est pas soluble à froid dans l'acide nitrique étendu. Ce précipité ne se dissout dans l'ammoniaque qu'avec une excessive difficulté et ne s'y dissout surtout qu'avec l'aide de la chaleur. Dans la dissolution ammoniacale chaude, il se dépose par le refroidissement à l'état cristallin. Si on sursature la dissolution ammoniacale par l'acide nitrique, le rhodanure d'argent est précipité. Le rhodanure d'argent est également soluble dans un excès de rhodanure de potassium; la dissolution d'hydrogène sulfuré et le sulfure d'ammonium, en réagissant sur cette dissolution, produisent un précipité noir de sulfure d'argent. Le rhodanure d'argent, humecté avec de l'eau, est réduit par le zinc. La réduction est plus rapide lorsqu'on ajoute un peu d'acide sulfurique étendu. Dans une dissolution de rhodanure d'argent dans l'ammoniaque, tout l'argent est aussi réduit par le zinc.

La dissolution de rhodanure de potassium, en réagissant sur une dissolution d'*acétate de plomb*, produit un précipité blanc, volumineux, qui se transforme au bout de quelque temps en un dépôt cristallin d'un petit volume. Au moment même où il vient de se produire, le précipité se dissout facilement par l'action de la chaleur dans la liqueur qui le surnage; il ne s'y dissout plus que très difficilement et incomplétement lorsqu'il est devenu cristallin.

La dissolution de rhodanure de potassium produit dans la dissolution de *nitrate de protoxyde de mercure* un précipité gris, même lorsque les deux dissolutions sont très étendues. Il se produit vraisemblablement du rhodanide de mercure et il se separe du mercure métallique.

Si l'on ajoute du *bichromate de potasse* et de l'acide sulfurique étendu à la dissolution du rhodanure de potassium, la dissolution se colore au bout de quelque temps en bleu-violet par suite de la réduction de l'acide chromique à l'état de sesquioxyde de chrome qui peut être précipité par l'ammoniaque. L'acide méconique retiré de l'opium ne présente pas cette réaction et ne peut, même au bout de quelque temps, déterminer aucune réduction de l'acide chromique à l'état de sesquioxyde de chrome, ou bien s'il en détermine une, elle est tout à fait insignifiante.)

Si l'on fait passer du *chlore gazeux* dans une dissolution concentrée de rhodanure de potassium, on obtient un précipité jaune-rougeâtre qui paraît jaune après la dessiccation. Ce précipité ne se produit pas par l'action du gaz chlore sur une dissolution étendue. Le précipité se produit également par l'action de l'acide nitrique concentré, pourvu que l'on n'en ajoute pas un excès à la dissolution de rhodanure de potassium. Lorsqu'on a ajouté un excès d'acide nitrique, il se produit spontanément, au bout de quelques instants, sans qu'on ait besoin de chauffer, une réaction excessivement vive, et il ne se dépose pas de substance jaune.

Si l'on fait fondre le rhodanure de potassium dans un petit creuset de porcelaine, la masse prend, pendant la fusion, une couleur bleu-verdâtre, et enfin une belle couleur bleu d'indigo ou une couleur qui ressemble à celle de l'outremer. Si l'on ne prolonge pas plus loin la fusion, le sel fondu ne paraît pas avoir subi de modification essentielle ; en effet, il redevient blanc après le refroidissement, ou bien, s'il se colore quelquefois, sa coloration est faible. Il se dissout dans l'eau et donne une dissolution incolore qui présente les mêmes réactions que le rhodanure de potassium non décomposé, et qui exerce spécialement la même réaction à l'égard d'une dissolution de sesquioxyde de fer. Ce n'est que lorsqu'on soumet le sel à l'action d'une température plus élevée qu'il se décompose. Il peut s'en volatiliser une petite quantité, et lorsqu'on brûle au contact de l'air les vapeurs du rhodanure de potassium, il se produit une scintillation très vive (Noellner).

Si on mélange le rhodanure de potassium avec du *chlorure d'ammonium* et si on calcine le mélange, une seule calcination suffit pour transformer complètement le rhodanure de potassium en chlorure de potassium. (A une plus basse température, il se produit une substance insoluble dans l'eau, le *mélam*, qui est composé de carbone, de nitrogène et d'hydrogène.)

L'acide rhodanhydrique et la dissolution de rhodanure de potassium peuvent, par conséquent, être reconnus facilement au moyen de leurs réactions sur les sels de sesquioxyde de fer et sur les sels de bioxyde de cuivre.

Acide nitroprussianhydrique, $(C^{10}N^{10}Fe^2 + N^2O^2) + 2H^2$.

L'acide nitroprussianhydrique que l'on peut obtenir en traitant par l'acide chlorhydrique le nitroprussianure d'argent, ou en traitant par l'acide sulfurique étendu le nitroprussianure de baryum, forme une liqueur de couleur rouge foncé qui laisse déposer des cristaux de couleur rouge foncé qui tombent en deliquium au contact de l'air (Playfair).

Le plus important des nitroprussianures est le nitroprussianure de sodium. Pour l'obtenir, on fait d'abord digérer le ferrocyanure de potassium avec l'acide nitrique. Le ferrocyanure de potassium, en se dissolvant dans l'acide nitrique, donne une dissolution de couleur brun de café : en même temps, il se dégage du gaz bioxyde de nitrogène, du gaz cyanogène, de l'acide cyanhydrique, du gaz nitrogène et du gaz acide carbonique, et il se dépose des cristaux de nitrate de potasse et d'oxamide. La dissolution contient du nitroprussianure de potassium, du ferricyanure de potassium et du nitrate de potasse. On continue la digestion au bain-marie, jusqu'à ce que la dissolution du protoxyde de fer ne donne plus dans la dissolution un précipité bleu, mais donne un précipité de la couleur de l'ardoise. On neutralise alors par le carbonate de soude, on chauffe, on filtre pour séparer le précipité vert qui s'est formé, et on fait cristalliser la liqueur rouge.

Le nitroprussianure de sodium présente extérieurement de la ressemblance avec le ferricyanure de potassium : mais sa dissolution aqueuse est rouge comme le nitroprussianure de sodium solide et n'est pas jaunâtre comme celle du ferricyanure de potassium. La dissolution du nitroprussianure de sodium donne avec quelques sels métalliques des précipités d'une espèce particulière qui sont surtout caractérisés par la propriété qu'ils possèdent de ne pas se dissoudre ou de ne se dissoudre que très difficilement dans les acides libres : sous ce rapport, ces précipités se rapprochent de ceux qui sont produits par les dissolutions de ferrocyanure et de ferricyanure de potassium.

La dissolution de nitroprussianure de sodium n'est pas modifiée par les acides libres, ni par l'acide nitrique, ni par l'acide chlorhydrique, par exemple. — Si on ajoute de l'hydrate de potasse à la dissolution de nitroprussianure de sodium, elle devient jaune à la température ordinaire : sa couleur ressemble alors à celle de quelques dissolutions de sesquioxyde de fer ; mais si l'on fait bouillir la dissolution, il s'en sépare du sesquioxyde de fer, et la liqueur filtrée contient du ferrocyanure et du ferricyanure de potassium. — Si l'on traite la dissolution de nitroprussianure de sodium par le carbonate de soude, elle prend une couleur plus brune.

De même que cela a été indiqué pour les dissolutions de ferrocyanure de potassium et de ferricyanure de potassium, on ne peut pas non plus reconnaître dans la dissolution de nitroprussianure de sodium la présence du fer au moyen des réactifs ordinaires qui indiquent généralement la présence de ce métal dans les dissolutions. C'est seulement en détruisant le nitroprussianure de sodium d'une manière qui sera indiquée plus loin, qu'on peut y reconnaître la présence du fer.

Les dissolutions des combinaisons salines des *oxydes alcalino-terreux*, celle du *sulfate de magnésie* et celle de l'*alun d'alumine* (*sulfate d'alumine et de potasse*) ne donnent pas de précipité avec la dissolution de nitroprussianure de sodium.

Une dissolution de *sulfate de protoxyde de manganèse* y produit un précipité rouge-chair pâle qui, chauffé avec une très grande quantité d'acide nitrique, donne une dissolution trouble.

Par l'action d'une dissolution de *sulfate de protoxyde de fer*, il se produit dans la dissolution de nitroprussianure de sodium un précipité de couleur chocolat qui, chauffé avec une grande quantité d'acide nitrique, donne une dissolution trouble.

Une dissolution de *sesquichlorure de fer* donne un léger précipité vert.

Une dissolution de *sulfate de nickel* produit un précipité volumineux de couleur vert sale qui est soluble dans une très grande quantité d'acide nitrique.

Une dissolution de *sulfate de cobalt* produit un précipité rouge-chair qui est presque insoluble dans l'acide nitrique. Le précipité se dissout d'abord dans l'ammoniaque ; mais il se forme ensuite un précipité brun qui se dissout dans l'acide nitrique.

Une dissolution de *sulfate de zinc* produit un précipité de couleur rouge-chair clair qui n'est presque pas soluble dans l'acide nitrique, mais qui est soluble dans l'ammoniaque.

Une dissolution de *sulfate de cuivre*, en réagissant sur la dissolution de nitroprussianure de sodium, y produit un précipité blanc-bleuâtre qui n'est pas soluble dans l'acide nitrique. Le précipité se dissout facilement dans l'ammoniaque : la dissolution, ainsi produite, a la couleur bleu d'azur des combinaisons salines ammoniaco-cupriques.

Une dissolution de *nitrate d'argent* produit un précipité d'une couleur rouge-chair pâle qui n'est pas soluble dans l'acide nitrique. Ce précipité se dissout facilement dans l'ammoniaque ; mais si on sursature la dissolution par l'acide nitrique, le précipité se dépose de nouveau. L'acide chlorhydrique le transforme en chlorure d'argent : en même temps l'acide nitroprussianhydrique devient libre.

Une dissolution de *nitrate de protoxyde de mercure* produit un précipité volumineux, de couleur rouge-chair pâle qui n'est pas soluble dans l'acide nitrique. Même dans les dissolutions excessivement étendues de nitroprussianure de sodium, la dissolution de protoxyde de mercure indique la presence de ce sel.

Une dissolution de *nitrate de bioxyde de mercure* produit un précipité rouge-chair foncé qui n'est pas soluble dans l'acide nitrique. — Une dissolution de *bichlorure de mercure* au contraire n'y produit pas de précipité.

Une dissolution de *nitrate de plomb* ne produit pas de précipité dans les dissolutions qui ne sont pas très concentrees.

La dissolution d'*hypermanganate de potasse* devient d'abord verte ; il se produit ensuite un precipité brun.

La dissolution d'*hydrogène sulfuré* ne produit pas de précipité dans la dissolution de nitroprussianure de sodium, mais elle la décompose : il se depose du soufre et il se forme du bleu de Prusse et du ferrocyanure de potassium.

Si l'on ajoute au contraire un *sulfure soluble* à la dissolution de nitroprussianure de sodium, il se produit immédiatement une liqueur d'une très belle couleur rouge-pourpre. Dans les dissolutions excessivement étendues, la coloration ne paraît qu'au bout de quelques instants et souvent elle n'est d'abord que d'un bleu pur. Cette réaction est une des plus caractéristiques des nitroprussianures et les plus petites quantités d'un sulfure soluble (sulfure de potassium, sulfure d'ammonium, etc.) peuvent être reconnues à la liqueur rouge-pourpre qui s'y produit au moyen du nitroprussianure de sodium. (Cependant cette réaction n'est pas aussi sensible pour retrouver les sulfures que la réaction des dissolutions des sels de plomb.) — La belle couleur rouge-pourpre de la liqueur est, du reste, seulement passagère. Au bout de quelque temps, il se sépare du soufre et la coloration devient d'un bleu sale. Si l'on ajoute de l'alcool, la coloration rouge-pourpre se conserve un peu plus longtemps. Lorsqu'on opère sur les dissolutions concentrées du nitroprussianure de sodium et d'un sulfure soluble, la combinaison rouge-pourpre se précipite par l'action de l'alcool concentré sous forme de gouttes oléagineuses qui se déposent au fond de la liqueur et qui peuvent être lavées avec l'alcool.

Si on mélange à la température ordinaire une dissolution de nitroprussianure de sodium avec de l'hydrate de potasse et si l'on sursature ensuite immédiatement par un acide, l'acide chlorhydrique ou l'acide nitrique par exemple, la liqueur ne prend aucune autre coloration que celle d'une dissolution de nitroprussianure de sodium qui est plus ou moins étendue. Si on sursature alors de nouveau par l'hydrate de potasse et si on ajoute ensuite du sulfure d'ammonium ou la dissolution d'un autre sulfure soluble, on obtient la belle coloration pourpre qui a été indiquée précédemment.

Mais si l'on ajoute à la température ordinaire une dissolution d'hydrate de potasse à une dissolution de nitroprussianure de sodium, si on laisse reposer le tout pendant quelque temps (plusieurs jours), et si l'on sursature ensuite par l'acide chlorhydrique ou par l'acide nitrique, on obtient une liqueur de couleur violet foncé qui, étendue d'eau, paraît d'une belle couleur pourpre qui ressemble à celle des dissolutions de nitroprussianure de sodium auxquelles on a ajouté la dissolution d'un sulfure, sans cependant être la même. La couleur pourpre de cette dissolution n'est pas passagère, mais elle est stable. Si l'on ajoute un excès d'hydrate de potasse à cette liqueur acide de couleur pourpre, elle devient jaune; et si l'on ajoute du sulfure d'ammonium, il ne se produit pas de coloration pourpre.

Si l'on ajoute du sulfure d'ammonium à une dissolution de nitroprussianure de sodium à laquelle on a ajouté de l'hydrate de potasse et que l'on a laissée reposer pendant très longtemps à la température ordinaire, la coloration pourpre ne se produit pas immédiatement, mais se produit seulement au bout de quelque temps : cette coloration apparaît d'autant plus lentement qu'on a laissé reposer le tout pendant plus longtemps.

Si l'on ajoute du carbonate de soude à une dissolution de nitroprussianure de sodium, et si on laisse reposer le tout pendant longtemps à la température ordinaire, il ne se produit pas de dissolution pourpre lorsqu'on sursature par un acide. Si l'on ajoute du sulfure d'ammonium, la coloration pourpre du sulfure apparaît immédiatement.

Si l'on ajoute de l'acide chlorhydrique ou de l'acide nitrique à la dissolution de nitroprussianure de sodium, si on laisse reposer pendant très longtemps et si on sursature ensuite par l'hydrate de potasse, on n'obtient pas de couleur pourpre.

Le nitroprussianure de sodium est décomposé par la fusion avec l'*hydrate de potasse*. Si on traite par l'eau la masse fondue, l'eau dissout du ferrocyanure de potassium et de l'hydrate de potasse libre, et il reste comme résidu du sesquioxyde de fer insoluble.

Si l'on mélange le nitroprussianure de sodium avec du *chlorure d'ammonium* et si on calcine le mélange, le sel est décomposé même par une seule calcination et la décomposition s'opère tout à fait de la même manière que celles du ferrocyanure et du ferrocyanide de potassium (p. 733). Il se forme du chlorure de sodium et un chlorure basique de sesquioxyde de fer. Cette méthode est la meilleure et la plus courte pour s'assurer de la présence du fer dans le nitroprussianure de sodium.

Les nitroprussianures, en dissolution, peuvent par conséquent être très facilement reconnus à la production de la liqueur rouge-pourpre qui s'y forme par l'action des dissolutions des sulfures.

LX. — HYDROGÈNE, H.

L'hydrogène est un gaz incolore, inodore, qui possède néanmoins ordinairement une odeur plus ou moins désagréable qui provient de petites quantités de matières qui y sont mélangées : le gaz hydrogène n'a pu être obtenu jusqu'ici à aucun autre état qu'à l'état gazeux. Il peut être enflammé et brûle alors, lorsqu'il est pur, avec une flamme qui est à peine visible à la lumière du jour. Si l'on place un corps froid, un cylindre de verre creux par exemple, au-dessus de la flamme de l'hydrogène, il se dépose de la vapeur d'eau sur les parois du vase. Si la flamme du gaz hydrogène est brillante et de couleur blanchâtre, bleuâtre ou verdâtre, cela vient de ce que le gaz hydrogène n'est pas pur, mais de ce qu'il est mélangé avec des combinaisons hydrogénées gazeuses. Quelquefois il se dégage alors de la flamme du gaz une fumée blanche; c'est ce qui arrive spécialement lorsque le gaz est mélangé avec du gaz hydrogène antimonié (p. 257) ou du gaz hydrogène arsénié (p. 375). — Le gaz hydrogène est le plus léger de tous les gaz connus.

Lorsque le gaz hydrogène est mélangé avec du gaz oxygène, il brûle en produisant une très forte explosion, qui est d'autant plus forte que la proportion des éléments du mélange gazeux se rapproche plus de 2/3 de gaz hydrogène et de 1/3 de gaz oxygène pour 1 volume de mélange.

La combinaison oxygénée de l'hydrogène, qui se produit par la combustion du gaz hydrogène dans l'air atmosphérique ou dans le gaz oxygène, est l'*eau*. En outre, l'hydrogène et l'oxygène se combinent encore entre eux en une autre proportion pour former le *peroxyde* (*bioxyde*) *d'hydrogène.*

L'hydrogène et le carbone se combinent entre eux en un grand nombre de proportions et forment des combinaisons qui sont solides, liquides et gazeuses. Une certaine quantité de substances organiques (un très grand nombre d'huiles essentielles) sont formées de carbone et d'hydrogène, et, malgré la grande différence de leurs propriétés, elles possèdent la même composition. Les combinaisons solides et liquides de l'hydrogène avec le carbone viennent se ranger parmi les substances organiques, et la plupart d'entre elles se trouvent toutes formées dans les corps organiques. Parmi les combinaisons gazeuses de l'hydrogène avec le carbone, il y en a surtout deux qui se produisent dans un grand nombre de réactions chimiques : ces deux combinaisons sont l'hydrogène protocarboné et l'hydrogène bicarboné.

L'**hydrogène protocarboné (gaz des marais, gaz des mines)** CH^4, pur, brûle, lorsqu'on l'enflamme, avec une flamme jaune qui est bleue sur les bords et qui n'est pas très éclairante. Le gaz hydrogène protocarboné est bien plus léger que l'air atmosphérique. Mélangé avec le gaz oxygène ou avec l'air atmosphérique, il détone lorsqu'on l'enflamme. Pour qu'il puisse se transformer complétement en eau et en gaz acide carbonique, un volume de gaz hydrogène protocarboné exige deux volumes de gaz oxygène. Si on le fait passer dans un tube porté à une température rouge intense, il est transformé en gaz hydrogène et son volume est doublé : en même temps il se dépose du charbon. Si le gaz hydrogène protocarboné est pur, il n'a pas d'odeur sensible. Il n'entretient pas la respiration, mais il n'est pas autrement nuisible à la santé. Il ne présente ni des propriétés acides, ni des propriétés basiques; il ne se combine pas avec les bases et ne modifie pas les dissolutions des sels métalliques. Il ne se dissout pas dans l'eau ou ne s'y dissout qu'en quantité excessivement faible.

Si on mélange le gaz hydrogène protocarboné avec le chlore, les deux gaz ne se combinent pas; mais si on ajoute de l'eau et si on expose le tout à la lumière solaire, les deux gaz réagissent l'un sur l'autre, et il se produit du gaz chlorhydrique et du gaz carbonique. Dans l'obscurité, la transformation n'a lieu qu'au bout d'un temps très long. Si, immédiatement après avoir opéré le mélange, on l'enflamme au moyen d'un corps en combustion, il brûle avec une flamme rouge fuligineuse; en même temps, il se produit un dépôt de charbon. On peut aussi enflammer le mélange gazeux en y introduisant une feuille d'or faux (laiton). Si le mélange gazeux est contenu dans un long cylindre de verre, la flamme se propage lentement jusqu'au fond, et en même temps les parois se recouvrent de charbon. Quelquefois, mais seulement rarement, le mélange gazeux fait explosion lorsqu'il est humide, mais l'explosion n'est pas vive et il ne se dépose pas de charbon.

L'**hydrogène bicarboné (gaz oléfiant, gaz élaïle)** CH^2, brûle, lorsqu'on l'enflamme, avec une flamme jaune, fuligineuse, très éclairante. Il est seulement un peu plus léger que l'air atmosphérique. Soumis à une très forte pression et à un froid très intense, il peut être condensé en un liquide incolore. Mélangé avec le gaz oxygène ou l'air atmosphérique, il détone avec une très grande force lorsqu'on l'enflamme; pour qu'il puisse être transformé complétement en eau et en gaz acide carbonique, le gaz hydrogène bicarboné doit être mélangé avec trois fois son volume de gaz oxygène. Si on le fait passer dans un tube porté au rouge intense, il se transforme d'abord en hydrogène protocarboné et il se dépose du charbon; par l'action d'une température encore plus élevée, il se transforme enfin en gaz hydrogène. Si le gaz est pur, il a une odeur désagréable; mais il sent fréquemment l'éther, ce qui vient de ce qu'il contient des vapeurs d'éther. Il ne jouit de propriétés ni acides ni basiques, et ne produit, par suite, aucune modification dans les dissolutions des oxydes métalliques. Il se dissout en petite quantité dans l'eau; il est absorbé en plus grande quantité par l'alcool, l'éther, les huiles essentielles et les huiles grasses. Il est absorbé par l'acide sulfurique anhydre et forme avec cet acide une combinaison cristallisée, lorsqu'on soumet le tout à l'action d'un mélange réfrigérant. L'acide sulfurique hydraté absorbe également le gaz hydrogène bicarboné, mais seulement en petite quantité lorsqu'il est pur.

Le gaz hydrogène bicarboné se combine avec le gaz chlore pour former une substance oléagineuse, incolore, d'une odeur éthérée particulière et d'une saveur douce, aromatique (liqueur des Hollandais). Cette combinaison se produit aussi bien à la lumière solaire que dans l'obscurité. Un mélange préparé rapidement et formé de 1 volume de gaz hydrogène bicarboné et de 2 volumes de gaz chlore, enflammé au moyen d'un corps en combustion ou au moyen d'une feuille d'or faux, brûle avec une flamme rouge foncé en produisant un dépôt de charbon, comme cela arrive pour l'hydrogène protocarboné dans les mêmes circonstances. Ce mélange ne fait pas explosion, mais le dépôt de charbon est plus considérable. Le perchlorure d'antimoine ($SbCl^5$) absorbe le gaz hydrogène bicarboné en produisant de la liqueur des Hollandais (chlorure d'élaïle) et du protochlorure d'antimoine ($SbCl^3$). — La production de cette substance oléagineuse distingue essentiellement le gaz hydrogène bicarboné du gaz hydrogène protocarboné.

Si l'on fait passer à chaud du gaz hydrogène bicarboné sur des oxydes métalliques facilement réductibles, ces oxydes sont réduits; en même temps, il se produit de l'eau et de l'acide carbonique, mais il ne se dépose pas de charbon, si la température à laquelle on opère n'est pas trop élevée. Les chlorures qui correspondent à des combinaisons oxygénées douées de propriétés basiques énergiques, ne sont pas modifiés par le gaz hydrogène bicarboné, même lorsqu'on chauffe pendant que l'on fait passer le gaz : mais les chlorures volatils qui correspondent à des combinaisons oxygénées jouissant de propriétés faiblement basiques ou de propriétés faiblement acides, deviennent noirs lorsqu'on les chauffe légèrement et lorsqu'on les soumet en même temps à l'action d'un courant de gaz hydrogène bicarboné : il se dégage du gaz chlorhydrique, il se dépose du charbon et le chlorure métallique est transformé en un degré inférieur de chloruration ; s'il n'existe pas de degré inférieur de chloruration, le chlorure non décomposé se volatilise et il reste du charbon comme résidu.

L'hydrogène et l'oxygène, en combinaison avec le carbone seul ou bien en combinaison avec le carbone et le nitrogène, forment la nombreuse série des *substances organiques* qui, au point de vue chimique, se distinguent surtout des substances inorganiques en ce que, lorsqu'elles ne sont pas volatiles, les substances organiques se décomposent à une température élevée à l'abri du contact de l'air et laissent distiller des produits volatils en même temps qu'elles donnent un résidu de couleur noire qui, lorsque la substance organique n'était pas combinée avec une substance inorganique fixe, est formé essentiellement de carbone appartenant à la modification noire.

Parmi toutes les substances organiques, certains acides organiques exempts de nitrogène ont des propriétés qui ressemblent beaucoup à celles des substances inorganiques, et spécialement des acides inorganiques. Quelques-uns de ces acides organiques se présentent surtout fréquemment dans les analyses chimiques. Ils sont, par suite, d'une grande importance tant au point de vue scientifique qu'au point de vue technique ; ils prennent naissance dans un grand nombre de réactions chimiques et sont souvent un objet de commerce.

Dans ce qui va suivre, nous examinerons seulement en peu de mots la manière dont ces acides se comportent avec les réactifs et nous indiquerons comment on peut les distinguer les uns des autres à l'aide de ces réactifs. On peut les diviser en deux sections : ceux qui ne peuvent pas être volatilisés par l'action de la chaleur sans être décomposés et ceux qui peuvent être volatilisés complétement ou presque complétement par l'action de la chaleur sans être décomposés.

Acides organiques non volatils.

A l'état libre, lorsqu'ils ne sont combinés qu'avec l'eau, les acides organiques non volatils noircissent fortement lorsqu'on les chauffe et laissent, lorsqu'on les calcine dans un petit vase de verre, un résidu considérable de charbon. Les combinaisons salines que ces acides forment avec les bases inorganiques, noircissent également beaucoup par l'action de la chaleur. Les combinaisons de ces acides avec les oxydes alcalins fixes, avec la baryte, la strontiane et la chaux, sont transformées par l'action de la chaleur en mélanges de carbonates et de charbon ; par suite, en présence du charbon, une portion du carbonate produit peut perdre son acide carbonique, lorsque la température employée pour opérer la décomposition a été très élevée ; il se produit alors du gaz oxyde de carbone.

Si l'on ajoute une dissolution d'un *sel de sesquioxyde de fer* à la dissolution aqueuse de ces acides organiques non volatils, on ne peut y précipiter le sesquioxyde de fer ni au moyen de l'ammoniaque, ni au moyen des autres bases, pures ou carbonatées, solubles : la dissolution reste complétement claire. Il ne s'y forme un précipité de sesquioxyde de fer que lorsqu'on n'a pas ajouté l'acide organique non volatil en quantité convenable. La présence des acides organiques non volatils empêche également la précipitation de l'*alumine* et d'un très grand nombre d'oxydes métalliques au moyen des oxydes alcalins ; seulement, pour empêcher la précipitation des autres oxydes, il faut employer une quantité d'acide organique non volatil plus grande qu'il n'est nécessaire pour empêcher la précipitation du sesquioxyde de fer. La présence des oxydes métalliques dans des dissolutions qui contiennent des acides organiques non volatils, ne peut être reconnue qu'au moyen de l'hydrogène sulfuré, ou bien au moyen du sulfure d'ammonium après la saturation de la dissolution par l'ammoniaque. Pour retrouver dans ces circonstances la présence de l'alumine ou des autres bases qui ne peuvent pas être précipitées de leurs dissolutions à l'état de sulfures insolubles par l'action du sulfure d'ammonium, on doit évaporer la dissolution ; puis, afin de détruire l'acide organique, on calcine la masse évaporée : on traite ensuite le résidu par l'acide chlorhydrique et on peut, dans la dissolution ainsi obtenue, retrouver, au moyen des réactifs ordinaires, l'alumine (p. 46) et les autres bases analogues.

Les autres substances organiques non volatiles, solubles dans l'eau, qui ne peuvent pas être comptées au nombre des acides et dont la dissolution aqueuse ne rougit pas le papier de tournesol, se comportent aussi de la même manière à l'égard des dissolutions des sels de sesquioxyde de fer et des autres sels métalliques. Ces substances empêchent également la précipitation du sesquioxyde de fer et des autres bases au moyen des oxydes alcalins ; seulement il faut, pour obtenir le même résultat, employer une quantité de ces substances organiques qui soit plus grande que celle des acides organiques non volatils. Parmi ces substances organiques, viennent se ranger le sucre de canne, le sucre de raisin, le sucre de lait, la gomme, l'amidon, etc., etc. Les substances organiques volatiles ne se comportent pas en général de la même manière à l'égard des dissolutions métalliques, et la dissolution de sesquioxyde de fer est par suite en général un bon réactif pour distinguer dans les dissolutions les substances organiques non volatiles des substances organiques volatiles.

Acide tartrique, $C^4H^4O^5$.

A l'état hydraté, l'acide tartrique cristallise en gros cristaux qui ne se modifient pas au contact de l'air et ne perdent pas l'eau qu'ils contiennent. L'acide tartrique est très soluble dans l'eau; il est également soluble dans l'alcool.

La dissolution d'*hypermanganate de potasse* est décolorée par l'acide tartrique au bout de peu de temps (p. 84). — Par l'action de l'acide tartrique sur la dissolution de *bichromate de potasse*, l'acide chromique est réduit très rapidement même à froid à l'état de sesquioxyde de chrome, qui cependant ne peut pas être précipité par un excès d'ammoniaque (p. 373).

L'acide tartrique forme avec les oxydes alcalins des combinaisons salines qui sont bien plus solubles à l'état neutre qu'à l'état acide. Les tartrates alcalins acides ne deviennent pas plus solubles lorsqu'on ajoute une plus grande quantité d'acide tartrique; l'acide acétique et les autres acides organiques n'augmentent pas la solubilité de ces combinaisons salines; mais les acides inorganiques énergiques comme l'acide sulfurique, l'acide chlorhydrique, l'acide nitrique et même l'acide oxalique les dissolvent. Les combinaisons de l'acide tartrique avec les oxydes alcalino-terreux sont insolubles ou peu solubles dans l'eau; mais elles se dissolvent dans un excès d'acide tartrique. Il en est de même des combinaisons de l'acide tartrique avec la plupart des oxydes métalliques; ce n'est qu'avec les oxydes métalliques qui sont des bases très faibles que l'acide tartrique forme des sels très solubles et déliquescents.

La manière dont l'acide tartrique se comporte à l'égard des *dissolutions de potasse*, a déjà été examinée page 4. Du reste les dissolutions d'hydrate de potasse et de carbonate de potasse ne sont pas bonnes pour découvrir de petites quantités d'acide tartrique, parce qu'en présence d'un petit excès de ces réactifs, il ne se produit pas de précipité de bitartrate de potasse. Les dissolutions de chlorure de potassium, de nitrate de potasse et de sulfate neutre de potasse, saturées à la température ordinaire, sont parfaitement convenables pour découvrir de petites quantités d'acide tartrique; si en effet on en ajoute même un excès à la dissolution d'acide tartrique, on obtient malgré cela un dépôt de bitartrate de potasse, pourvu que la quantité de la liqueur ne soit pas trop augmentée et ne devienne pas par suite assez grande pour que le tartrate acide de potasse reste en dissolution.

On a déjà dit page 4 que le tartrate acide de potasse est soluble dans les dissolutions des oxydes alcalins purs et carbonatés et aussi dans les acides forts. — Une dissolution de bisulfate de potasse, soit qu'on en ajoute une petite ou une grande quantité, ne produit pas de dépôt de bitartrate de potasse dans les dissolutions d'acide tartrique, ou ne produit qu'un dépôt excessivement peu considérable lorsqu'on mélange une grande quantité d'acide tartrique avec une petite quantité de bisulfate de potasse. Dans les dissolutions des tartrates neutres, au contraire, une dissolution de bisulfate de potasse produit un précipité de tartrate acide de potasse; cependant il ne faut pas ajouter un excès de bisulfate de potasse parce qu'alors le précipité se dissoudrait. — On a déjà observé, pages 9 et 10, que les dissolutions concentrées d'hydrate de soude et de carbonate de soude peuvent produire des précipités de bitartrate de soude, lorsqu'on y ajoute de l'acide tartrique en excès.

Si l'on dissout seulement une très petite quantite d'*acide borique* dans une dissolution d'acide tartrique, il ne s'y produit plus de précipité de bitartrate de potasse lorsqu'on y ajoute une dissolution de chlorure de potassium ou de sulfate de potasse. La substance que l'on appelle tartre soluble et que l'on prépare au moyen du borax et du bitartrate de potasse, ne donne pas de précipité de bitartrate de potasse lorsqu'on y ajoute de petites quantités d'acide; il ne s'y produit de précipité de bitartrate de potasse que lorsqu'on ajoute de l'acide tartrique; si l'on ajoute de petites quantites d'un acide, et même d'acide tartrique, à l'espèce de tartre soluble que l'on prepare au moyen du bitartrate de potasse et de l'acide borique, il ne s'en sépare pas de tartrate acide de potasse peu soluble.

Une dissolution de *chlorure de calcium*, ou d'un autre *sel de chaux* soluble, ne produit pas de précipité dans la dissolution d'acide tartrique même après un contact prolongé. Si cependant on sature l'acide par une base, par l'ammoniaque par exemple, il se forme un abondant précipité blanc de tartrate de chaux. — Une dissolution de *sulfate de chaux* ne trouble pas la dissolution d'acide tartrique même après un contact très prolongé. — Lorsqu'on ajoute à une petite quantité d'acide tartrique de l'eau de chaux en quantité telle qu'il y en ait un excès et que le papier de tournesol soit bleui, cette eau de chaux produit immédiatement un précipité de tartrate de chaux qui se dissout completement dans une petite quantité d'une dissolution de chlorure d'ammonium, mais qui ne se dissout pas dans l'ammoniaque pure. Ces réactions se produisent également lorsqu'on étend l'eau de chaux d'un volume égal d'eau. Cependant lorsque l'eau de chaux ne prédomine pas et lorsque le papier de tournesol est encore rougi même faiblement, il ne se produit pas de séparation de tartrate de chaux.

Si l'on ajoute à une dissolution de chlorure de calcium une dissolution d'acide tartrique et ensuite une dissolution d'hydrate de potasse, il se précipite à la température ordinaire du tartrate de chaux lorsqu'on ajoute une petite quantité de la dissolution de potasse; mais si l'on en ajoute un excès, le tartrate de chaux est dissous complétement et la liqueur reste claire. Si cependant on chauffe, la liqueur se trouble fortement; il se sépare du tartrate de chaux et, lorsqu'on expérimente sur des quantités considérables, la liqueur peut se prendre en gelée par l'ébullition. Si on laisse refroidir, le précipité disparaît complétement et la liqueur devient aussi claire qu'elle était avant qu'on la chauffât. On peut répéter cette réaction avec la même liqueur aussi souvent qu'on le veut. Mais il est nécessaire, pour cette expérience, que la dissolution d'hydrate de potasse ne contienne pas une trop grande quantité de carbonate de potasse.

Une dissolution d'*acétate de plomb* produit immédiatement dans une dissolution d'acide tartrique un précipité abondant de tartrate de plomb qui ne se dissout pas lorsqu'on y ajoute une très grande quantité d'eau. Il se dissout facilement et complétement lorsqu'on ajoute de l'ammoniaque.

Une dissolution d'acide tartrique n'est troublée par une dissolution de *nitrate d'argent* que lorsqu'on ajoute assez d'ammoniaque pour que l'acide soit saturé. Il se produit alors un précipité blanc de tartrate d'argent. Ce précipité se dissout facilement dans un excès d'ammoniaque. Une dissolution de tartrate neutre de potasse produit immédiatement un abondant précipité blanc de tartrate d'argent qui est réduit complétement à l'état d'argent métallique lorsqu'on fait bouillir; la réduction n'est pas aussi complète lorsqu'on opère sur le précipité produit par le tartrate d'ammoniaque.

Dans une dissolution de *nitrate de protoxyde de mercure*, la dissolution d'acide tartrique produit immédiatement un précipité blanc de tartrate de protoxyde de mercure.

L'acide tartrique libre ne réduit pas une dissolution de *sesquichlorure d'or*, même lorsqu'on fait bouillir. Par un contact très prolongé, il ne se sépare qu'une quantité peu considérable d'or de couleur jaune. Si cependant on ajoute un excès d'une dissolution d'hydrate de potasse, l'or se sépare à l'état de protoxyde d'or, très divisé et de couleur noire. La réaction est lente à la température ordinaire, mais elle est plus rapide par l'action de la chaleur. Par une ébullition prolongée, le protoxyde d'or précipité est transformé pour la plus grande partie en or métallique.

Si l'on verse de l'*acide sulfurique* concentré sur les cristaux d'acide tartrique ou d'un tartrate, il ne se produit pas de coloration à la température ordinaire même au bout de quelque temps. L'acide sulfurique dissout enfin l'acide tartrique, mais il reste incolore. Cependant, par l'action de la chaleur, l'acide sulfurique brunit immédiatement et prend enfin une couleur noire très foncée en produisant un dégagement d'acide sulfureux. — L'*acide sulfurique fumant* dissout à la température ordinaire les cristaux d'acide tartrique lorsqu'on les laisse pendant longtemps en contact et lorsqu'on a soin d'agiter : au bout de quelque temps, l'acide prend une teinte brune très faible. Mais si on chauffe l'acide, il se colore en brun, plus lentement cependant que l'acide sulfurique qui n'est pas fumant ne se colore dans les mêmes circonstances; il se dégage une odeur d'acide sulfureux et l'acide devient enfin noir. Si on chauffe, au contraire, les tartrates avec l'acide sulfurique fumant, l'acide ne brunit pas, mais il reste incolore.

Si on ajoute de l'acide tartrique à une dissolution, chaude, concentrée, de *borax* ordinaire, il se sépare au bout de quelque temps de l'acide borique ; mais la quantité d'acide borique qui se sépare, est excessivement faible lorsqu'on ajoute une quantité trop grande ou une quantité trop petite d'acide tartrique. Pour obtenir la séparation de l'acide borique par ce procédé, le mieux est d'ajouter 1 poids équivalent de borax pour 3 poids équivalents d'acide tartrique ; si on emploie 7 poids équivalents d'acide tartrique pour 1 poids équivalent de borax, la séparation de l'acide borique est complétement empêchée. Si l'on ajoute de l'alcool à la dissolution du borax dans l'acide tartrique, l'alcool n'acquiert pas la propriété de brûler avec une flamme verte. La coloration verte de la flamme ne paraît que lorsqu'on ajoute de l'acide sulfurique concentré. Les différents tartres solubles combinaisons du bitartrate de potasse avec le borax ou l'acide borique) ne donnent pas à l'alcool la propriété de brûler avec une flamme verte : ce n'est que lorsqu'on ajoute de l'acide sulfurique que l'alcool acquiert cette propriété. De même de très petites quantites de tartrate neutre de potasse ou de sel de Seignette empêchent une grande quantité d'acide borique de communiquer à l'alcool la propriéte de brûler avec une flamme verte : dans le premier cas, la couleur de la flamme devient d'un violet pur. On a déjà fait remarquer, page 657, que l'acide tartrique pur, ajouté à l'acide borique, empêche cet acide de communiquer à l'alcool la propriété de brûler avec une flamme verte ; on a remarqué aussi que la coloration verte ne paraît que lorsqu'on ajoute de l'acide sulfurique concentré.

Si on chauffe l'acide tartrique, la première action de la chaleur en détermine la fusion ; il donne alors une liqueur incolore qui brunit par l'action d'une temperature elevée et se carbonise enfin en dégageant des vapeurs très piquantes. L'odeur des vapeurs piquantes ressemble beaucoup à celle qui se produit lorsqu'on chauffe le sucre. La quantité de charbon qui reste comme residu, est considérable. Plusieurs tartrates qui ont pour base un oxyde métallique, dégagent également, par l'action de la chaleur, une odeur de sucre brûlé, mais cette odeur est bien plus faible que celle qui se produit par l'action de la chaleur sur l'acide libre. Lorsqu'on soumet les tartrates alcalins à l'action de la chaleur, on ne peut pas observer l'odeur de sucre brûlé.

La manière dont l'acide tartrique se comporte à l'égard des dissolutions de potasse, et même la manière dont le tartrate de chaux se comporte à l'égard de la dissolution d'hydrate de potasse, permettent de distinguer l'acide tartrique de manière à ne pas pouvoir le confondre avec les acides dont il a été question jusqu'ici. L'odeur particulière qui se produit lorsqu'on décompose l'acide tartrique par l'action de la chaleur, est également caractéristique.

Acide paratartrique (Acide racémique), $C^4H^4O^5$.

A l'état hydraté, l'acide paratartrique forme des cristaux qui s'effleurissent par l'action d'une température modérée et donnent une poudre blanche ; ils perdent en même temps la moitié de l'eau qu'ils contiennent. Les cristaux d'acide paratartrique peuvent même commencer à s'effleurir lorsqu'on les met en contact avec l'air sec à la température ordinaire. L'acide paratartrique est moins soluble dans l'eau et dans l'alcool que l'acide tartrique.

La dissolution d'*hypermanganate de potasse* est décolorée, au bout de peu de temps, par l'acide paratartrique. — Par l'action de l'acide paratartrique sur la dissolution de *bichromate de potasse*, l'acide chromique est réduit à l'état de sesquioxyde de chrome, qui ne peut pas être précipité par l'ammoniaque p. 373).

Comme l'acide tartrique, l'acide paratartrique forme également avec les oxydes alcalins des combinaisons salines qui sont bien plus solubles à l'état neutre qu'à l'état acide. Les combinaisons de l'acide paratartrique avec les oxydes alcalino-terreux sont insolubles ou peu solubles, mais elles se dissolvent dans un excès d'acide paratartrique.

Les *dissolutions de potasse* se comportent à l'égard de l'acide paratartrique tout à fait de la même manière qu'à l'égard de l'acide tartrique (p. 4 et 753). Le précipité de biparatartrate de potasse se produit dans les mêmes circonstances que le précipité de bitartrate de potasse, seulement il se produit un peu plus rapidement : le biparatartrate de potasse est, en effet, moins soluble que le bitartrate. Pour découvrir de petites quantités d'acide paratartrique, il est bon d'employer des dissolutions de chlorure de potassium, de nitrate de potasse ou de sulfate neutre de potasse saturées à la température ordinaire et dont on peut ajouter même un excès à la dissolution d'acide paratartrique. Le biparatartrate de potasse est, comme le bitartrate de potasse, soluble dans les dissolutions des oxydes alcalins purs et carbonatés, et aussi dans l'acide nitrique, l'acide chlorhydrique et l'acide sulfurique ; il ne se sépare, par suite, point de paratartrate acide de potasse dans les dissolutions d'acide paratartrique. par l'action d'une dissolution de bisulfate de potasse; mais il se produit un précipité de biparatartrate de potasse par l'action d'une dissolution de bisulfate de potasse sur les paratartrates neutres solubles, pourvu qu'on n'ajoute pas un trop grand excès de bisulfate de potasse. — Une petite quantité d'*acide borique*, ajoutée à l'acide paratartrique, empêche la production du biparatartrate de potasse par l'action des dissolutions concentrées de chlorure de potassium et de sulfate neutre de potasse, de la même manière qu'une faible addition d'acide borique, ajoutée à l'acide tartrique, empêche la production du bitartrate de potasse dans les mêmes circonstances p. 754 .

Par l'action des dissolutions concentrées d'*hydrate de soude* sur un excès d'acide paratartrique, il ne se produit pas de précipité de biparatartrate de soude. Si les dissolutions sont très concentrées, il se produit un peu de biparatartrate de soude en cristaux réguliers, bien nets.

Une dissolution d'acide paratartrique produit presque immédiatement. dans une dissolution concentrée de *chlorure de calcium*, un abondant précipité de paratartrate de chaux, ce qui distingue essentiellement l'acide paratartrique de l'acide tartrique; dans une dissolution étendue, le précipité de paratartrate de chaux ne se produit qu'au bout de quelque temps. — Dans une dissolution de *sulfate de chaux*, l'acide paratartrique ne produit pas de précipité immédiatement; mais, au bout d'un quart d'heure, et même au bout d'un temps encore plus court, la dissolution commence à se troubler, et, au bout de quelque temps, il se dépose un précipité de paratartrate de chaux. Cette réaction est toute spéciale et caractérise l'acide paratartrique; en effet, outre l'acide oxalique, il n'y a pas d'autre acide libre, tant inorganique qu'organique, qui se comporte de même. — Si l'on ajoute de l'*eau de chaux* à une dissolution d'acide paratartrique, il se produit immédiatement, à la température ordinaire, un précipité de paratartrate de chaux, même lorsque l'eau de chaux ne prédomine pas, et lorsqu'une bande de papier de tournesol, plongée dans la liqueur, est encore rougie : ce qui distingue également l'acide paratartrique de l'acide tartrique. Le paratartrate de chaux est presque insoluble dans une dissolution de chlorure d'ammonium : au moins faut-il une quantité très considérable de la dissolution de chlorure d'ammonium pour dissoudre une très petite quantité du précipité.

Si l'on ajoute à une dissolution de chlorure de calcium une dissolution d'acide paratartrique, et immédiatement ensuite une dissolution d'hydrate de potasse, il se précipite du paratartrate de chaux, dont un très grand excès de dissolution de potasse dissout presque la totalité. Si l'on fait bouillir cette dissolution, il s'y produit un précipité qui disparaît de nouveau par le refroidissement, mais comme il ne peut se dissoudre dans la dissolution qu'une petite quantité de paratartrate de chaux, la quantité du précipité qui se produit par l'ebullition n'est que peu considérable et ne peut pas être comparée avec le précipité abondant qui est produit par le tartrate de chaux dans les mêmes circonstances.

Une dissolution d'acide paratartrique produit immédiatement dans une dissolution d'*acétate de plomb* un précipité blanc, abondant de tartrate de plomb, qui est soluble dans l'ammoniaque libre.

Dans une dissolution de *nitrate d'argent*, une dissolution d'acide paratartrique ne produit immédiatement point de précipité; cependant, au bout de quelque temps, il se sépare un peu de paratartrate d'argent, qui se depose sous la forme d'un precipité blanc, abondant, lorsqu'on sature l'acide libre par l'ammoniaque. Le paratartrate d'argent est soluble dans un excès d'ammoniaque. Si on sature par l'hydrate de potasse l'acide paratartrique et si on traite par le nitrate d'argent la dissolution neutre, le précipité blanc qui se produit est transformé par l'ebullition en argent metallique. Si on sature l'acide paratartrique par l'ammoniaque, la réduction du sel d'argent à l'aide de l'ebullition est incomplète.

Dans une dissolution de *nitrate de protoxyde de mercure*, l'acide paratartrique produit immédiatement un précipité blanc de paratartrate de protoxyde de mercure.

A l'égard d'une dissolution de *sesquichlorure d'or*, l'acide paratartrique se comporte comme l'acide tartrique (p. 755).

Si l'on verse de l'*acide sulfurique* concentré sur les cristaux de l'acide paratartrique ou d'un paratartrate, il se dissout un peu d'acide paratartrique ; cependant, il ne se produit pas de coloration à la température ordinaire, même au bout de quelque temps. Si l'on chauffe, l'acide sulfurique se comporte à l'égard de l'acide paratartrique comme à l'égard de l'acide tartrique (p. 755). — L'*acide sulfurique fumant* ne colore pas l'acide paratartrique à la température ordinaire, même au bout de quelque temps, ou ne le colore qu'en brun excessivement faible. Si l'on chauffe, il se dégage une odeur d'acide sulfureux, mais l'acide reste entièrement incolore : ce qui est un moyen de distinguer l'acide paratartrique de l'acide tartrique. Les paratartrates se comportent de même.

Si l'on ajoute de l'*acide borique* à une dissolution très concentrée d'acide paratartrique, l'acide borique perd la propriété de colorer en vert la flamme de l'alcool, aussi complétement qu'avec l'acide tartrique dans les mêmes circonstances. Si l'on ajoute alors de l'acide sulfurique concentré, la coloration verte de la flamme de l'alcool apparaît.

Soumis à l'action de la chaleur, l'acide paratartrique et ses combinaisons salines se comportent tout à fait de la même manière que l'acide tartrique et ses combinaisons salines. L'acide paratartrique et plusieurs paratartrates donnent naissance à la même odeur de sucre brûlé qui se produit par l'action de la chaleur sur l'acide tartrique.

L'acide paratartrique, qui peut être confondu très facilement avec l'acide tartrique, surtout lorsqu'on considère la manière dont les deux acides se comportent à l'égard des dissolutions de potasse, s'en distingue, par conséquent, surtout par la manière dont le précipité produit par l'eau de chaux se comporte à l'égard du chlorure d'ammonium, et aussi par la manière dont l'acide se comporte à l'égard d'une dissolution de sulfate de chaux. Par sa manière de se comporter lorsqu'on le soumet à l'action de la chaleur et à l'action de l'acide sulfurique, il se distingue de l'acide oxalique, dont il se rapproche par sa manière de se comporter à l'égard de la dissolution de sulfate de chaux. Ces deux caractères distinguent aussi essentiellement les paratartrates des oxalates.

Acide citrique, $C^4H^4O^4$.

L'acide citrique à l'état libre peut contenir des quantités variables d'eau et peut être obtenu, soit sous la forme de gros cristaux, soit sous la forme d'une masse non cristalline. A l'état pur, l'acide citrique peut rester exposé au contact de l'air sans se modifier ; il ne s'effleur pas ou ne tombe pas en deliquium. Il est soluble dans l'eau et dans l'alcool.

La dissolution d'*hypermanganate de potasse* est décolorée par l'acide citrique, mais plus lentement que par l'acide tartrique et l'acide paratartrique. — Par l'action de l'acide citrique sur la dissolution de *bichromate de potasse*, l'acide chromique est réduit à l'état de sesquioxyde de chrome ; mais la réduction s'opère moins rapidement qu'au moyen de l'acide tartrique et de l'acide paratartrique (p. 374).

L'acide citrique forme avec les oxydes alcalins des sels solubles qui sont solubles dans un excès d'acide. Avec les oxydes alcalino-terreux et la plupart des oxydes métalliques, il forme des sels peu solubles ou insolubles ; mais il donne des combinaisons solubles avec les oxydes métalliques qui sont des bases faibles.

Les *dissolutions de potasse* ne donnent, dans aucun cas, des précipités peu solubles par leur action sur les dissolutions de l'acide citrique et des citrates solubles.

Dans une dissolution de *chlorure de calcium*, une dissolution d'acide citrique ne produit pas de précipité. Si l'on sature l'acide par l'ammoniaque, il se forme un précipité de citrate de chaux, lorsque les dissolutions ne sont pas très étendues. Dans les dissolutions un peu étendues, il ne se produit pas de précipité immédiatement lorsqu'on opère à la température ordinaire ; mais, au bout de quelques heures, il se dépose un précipité de citrate de chaux qui est d'abord peu considérable, mais qui augmente au bout de quelque temps. Lorsque cependant, immédiatement après avoir mélangé les dissolutions à la température ordinaire sans avoir obtenu de précipité, on fait bouillir le tout, la totalité du citrate de chaux est précipitée aussitôt : le précipité ainsi obtenu n'est pas soluble dans le chlorure d'ammonium. Les dissolutions des citrates neutres, comme celle du citrate de soude par exemple, traitées par le chlorure de calcium, se comportent de même. — Une dissolution de *sulfate de chaux* ne produit pas de précipité par un contact prolongé par l'action d'une dissolution d'acide citrique, même lorsqu'on fait bouillir le tout. — L'*eau de chaux*, ajoutée à une dissolution d'acide citrique en assez grande quantité pour que le papier de tournesol soit bleui, ne produit, à la température ordinaire, un précipité très faible que lorsque les dissolutions sont très concentrées et lorsqu'on a ajouté un très grand excès d'eau de chaux. Si cependant on fait bouillir l'eau de chaux avec l'acide citrique, le tout se trouble fortement et il se dépose un précipité considérable de citrate de chaux, dont la plus grande partie se redissout par le refroidissement de la liqueur. Cependant, pour produire ce phénomène, il est nécessaire que l'excès d'eau de chaux soit considérable. S'il n'en est pas ainsi, et si l'on a employé seulement une quantité d'eau de chaux suffisante pour ne sursaturer que légèrement l'acide, mais suffisante cependant pour que le papier de tournesol soit assez fortement bleui, on n'obtient, ni à la température ordinaire, ni à la température de l'ébullition, un précipité de citrate de chaux. Si l'excès d'eau de chaux est un peu plus considérable, la liqueur ne se trouble pas à la température ordinaire ; mais, par l'ébullition, il se produit un précipité de citrate de chaux qui disparaît complétement par le refroidissement. Si l'on fait bouillir de nouveau, le précipité se reproduit et disparaît de nouveau par le refroidissement. Ce phénomène peut être répété plusieurs fois, jusqu'à ce qu'une grande portion de la chaux contenue dans l'eau de chaux ait été transformée en carbonate de chaux par l'action de l'air atmosphérique.

Si l'on ajoute à une dissolution de chlorure de calcium une dissolution d'acide citrique et ensuite une dissolution d'hydrate de potasse, il se produit, lorsque les dissolutions ne sont pas trop étendues, un précipité de citrate de chaux qui n'est pas modifié par l'ébullition.

Dans une dissolution d'*acétate de plomb*, l'acide citrique produit immédiatement un abondant précipité de citrate de plomb qui se dissout difficilement dans l'ammoniaque. Il s'y dissout très facilement, lorsqu'on a employé un excès considérable d'acide citrique.

Une dissolution de *nitrate d'argent* n'est pas troublée par l'acide citrique. Si on sature l'acide par l'ammoniaque, il se produit un précipité blanc de citrate d'argent qui est soluble dans un excès d'ammoniaque. Le précipité, obtenu par l'action du nitrate d'argent sur les dissolutions de citrate de potasse et de citrate de soude, n'est réduit que partiellement par une ébullition prolongée et n'est pas réduit aussi complétement que le précipité de tartrate d'argent.

Dans une dissolution de *nitrate de protoxyde de mercure*, l'acide citrique forme immédiatement un précipité blanc de citrate de protoxyde de mercure.

A l'égard d'une dissolution de *sesquichlorure d'or*, l'acide citrique se comporte comme l'acide tartrique (p. 755).

L'acide *sulfurique* concentré dissout à la température ordinaire l'acide citrique et les citrates sans se colorer même au bout de quelque temps. Si l'on agite, l'acide se remplit de bulles et se boursoufle, par suite du dégagement de gaz qui se produit. Ce boursouflement augmente beaucoup par l'action de la chaleur; le gaz qui se dégage, lorsqu'on l'enflamme, brûle avec une flamme bleue comme le gaz oxyde de carbone ; mais l'acide sulfurique ne se colore pas et il ne se produit pas d'odeur d'acide sulfureux. Ce n'est que par une ébullition prolongée que l'acide devient brun et enfin noir : il se dégage alors de l'acide sulfureux.

L'*acide sulfurique fumant* dissout à la température ordinaire l'acide citrique sans production de gaz et reste incolore. Par l'action de la chaleur, il se dégage aussi dans ce cas du gaz oxyde de carbone qui brûle avec une flamme bleue. Par une ébullition prolongée, l'acide sulfurique se colore en noir; en même temps, il se dégage de l'acide sulfureux.

Par l'action de la chaleur, l'acide citrique fond en un liquide incolore ; il se colore ensuite en brun, puis en noir, avec dégagement de vapeurs acides, très piquantes, mais dont l'odeur ne ressemble pas à celle des vapeurs que produit le sucre en brûlant. Le charbon qui reste comme résidu après l'action de la chaleur, n'est pas en quantité aussi considérable que lorsqu'on opère sur l'acide tartrique.

L'acide citrique à l'état libre peut par conséquent être facilement reconnu à sa manière de se comporter à l'égard de l'eau de chaux; à l'état de combinaison saline, on le reconnait à sa manière de se comporter à l'égard du chlorure de calcium. Il peut aussi être distingué de l'acide tartrique et de l'acide paratartrique au moyen des dissolutions de potasse.

Acide malique, $C^4H^4O^4$.

A l'état cristallisé, l'acide malique attire facilement l'humidité lorsqu'on l'expose au contact de l'air; il tombe alors en deliquium et forme une masse sirupeuse. L'acide malique est très soluble dans l'eau et dans l'alcool.

La dissolution d'acide malique décolore au bout de quelque temps la dissolution d'*hypermanganate de potasse*. — Par suite de l'action de l'acide malique sur la dissolution de *bichromate de potasse*, l'acide chromique est réduit à l'état de sesquioxyde de chrome.

L'acide malique forme avec les oxydes alcalins des combinaisons salines solubles qui ne deviennent pas moins solubles lorsqu'on ajoute un excès d'acide. Il forme également des combinaisons solubles avec la plupart des autres bases.

Les *dissolutions de potasse* ne produisent jamais des précipités peu solubles dans les dissolutions de l'acide malique et des malates solubles.

Une dissolution de *chlorure de calcium* n'est pas troublée par une dissolution d'acide malique, même lorsqu'on sature l'acide par l'ammoniaque. Si cependant on ajoute de l'alcool à la liqueur, il se sépare un précipité blanc de malate de chaux. — Une dissolution de *sulfate de chaux* et même l'*eau de chaux*, cette dernière en excès, ajoutées à une dissolution d'acide malique, ne produisent pas de précipité, même par l'ébullition.

Dans une dissolution d'*acétate de plomb*, la dissolution d'acide malique produit immédiatement un abondant précipité de malate de plomb qui s'agglutine lorsqu'on fait bouillir la liqueur et qui devient visqueux comme une résine que l'on traite par l'eau bouillante. Le précipité se redissout lorsqu'on ajoute une plus grande quantité d'acide malique libre : mais il se sépare de cette dissolution lorsqu'on sature l'acide libre par l'ammoniaque. Cependant si l'on ajoute une quantité encore plus grande d'ammoniaque, le précipité se dissout complétement.

Une dissolution de *nitrate d'argent* n'est pas troublée par une dissolution d'acide malique. Si l'on sature l'acide libre par l'ammoniaque, il se produit un précipité blanc de malate d'argent qui devient noirâtre ou gris au bout de quelque temps même à la température ordinaire. Si l'on ajoute une plus grande quantité d'ammoniaque, le précipité de malate d'argent s'y dissout.

Dans une dissolution de *nitrate de protoxyde de mercure*, une dissolution d'acide malique produit immédiatement un précipité blanc de malate de protoxyde de mercure.

La dissolution de *sesquichlorure d'or* se comporte à l'égard d'une dissolution d'acide malique comme à l'égard d'une dissolution d'acide tartrique (p. 755).

L'*acide sulfurique* concentré ne se colore pas en brun à la température ordinaire par l'action de l'acide malique. Mais si on soumet le tout à l'action prolongée de la chaleur, l'acide sulfurique devient brun, puis noir, et il se dégage une odeur d'acide sulfureux. — L'*acide sulfurique fumant* dissout à la température ordinaire l'acide malique et les malates sans se colorer. Par l'action de la chaleur, il ne se produit pas de coloration; il ne se dégage pas d'odeur d'acide sulfureux, même à l'aide d'une ébullition prolongée, et l'acide reste incolore. Ce caractère distingue l'acide malique de l'acide citrique (p. 761).

Par l'action de la chaleur, l'acide malique entre en fusion. L'acide malique, soumis à l'action de la chaleur, donne des vapeurs acides, piquantes. Il se transforme d'abord en acide fumarique qui, par l'action de la chaleur, se transforme complétement en un sublimé cristallin d'acide maléique; il reste ordinairement comme résidu seulement une très petite quantité de charbon.

L'acide malique se distingue surtout, par conséquent, des acides dont il a été question précédemment, par sa manière de se comporter à l'égard de l'eau de chaux et du chlorure de calcium.

Acides organiques volatils.

A l'état libre, lorsqu'ils ne sont combinés qu'avec l'eau, les acides organiques volatils qui sont liquides à la température ordinaire, se volatilisent complétement sans laisser de résidu de charbon. Les acides organiques volatils qui peuvent être obtenus à l'état solide, laissent souvent, comme résidu, une très petite quantité de charbon lorsqu'on les chauffe à l'abri du contact de l'air, surtout lorsqu'ils ne sont pas tout à fait purs. La quantité de charbon qu'ils laissent comme résidu, est dans tous les cas très peu considérable et bien plus faible que celle qui se produit par l'action de la chaleur sur les acides organiques non volatils. — Les combinaisons salines que ces acides forment par leur combinaison avec les oxydes alcalins fixes, avec la baryte, la strontiane et la chaux, sont transformées par la calcination en mélanges de carbonates et de charbon; si on les chauffe avec précaution, la quantité de charbon qui reste comme résidu peut être très faible et même il peut ne pas y avoir de résidu. — Si l'on ajoute une *dissolution de sesquioxyde de fer* à la dissolution de ces acides ou à la dissolution de leurs sels solubles, la totalité du sesquioxyde de fer peut être précipitée, lorsqu'on ajoute un excès d'ammoniaque ou d'une autre base soluble. Il se produit une réaction analogue lorsque, au lieu de la dissolution de sesquioxyde de fer, on emploie une dissolution d'alumine ou d'un autre oxyde métallique.

Acide succinique, $C^4H^4O^3$.

L'acide succinique peut, à l'état pur, être obtenu en gros cristaux inodores. Il se dissout difficilement dans l'eau froide; il se dissout, au contraire bien plus facilement dans l'eau chaude; la dissolution concentrée chaude laisse déposer par le refroidissement à l'état cristallin la plus grande partie de l'acide qu'elle tenait en dissolution. L'acide succinique est soluble dans l'alcool, mais il est presque insoluble dans l'essence de térébenthine. Si on le chauffe, il brûle avec une flamme bleue qui n'est pas fuligineuse.

La dissolution d'*hypermanganate de potasse* n'est pas décolorée à froid par l'acide succinique. — Par l'action de l'acide succinique sur la dissolution de *bichromate de potasse*, il ne se produit non plus aucune modification et l'acide chromique n'est pas réduit à l'état de sesquioxyde de chrome.

L'acide succinique forme avec la plupart des bases des sels solubles. Avec les oxydes métalliques qui jouissent de propriétés basiques faibles, l'acide succinique forme des sels peu solubles ou insolubles; il se comporte par conséquent sous ce rapport d'une manière entièrement opposée à celle des acides organiques non volatils.

Dans une dissolution de *chlorure de calcium*, il ne se produit pas de précipité par l'action d'une dissolution d'acide succinique, même lorsqu'on sature l'acide libre par l'ammoniaque. Il ne se produit pas non plus de trouble par l'action d'un autre sel de chaux, ni par l'action de l'eau de chaux sur les dissolutions d'acide succinique.

Une dissolution d'*acétate de plomb* produit dans une dissolution d'acide succinique un précipité de succinate de plomb qui se dissout lorsqu'on ajoute une plus grande quantité d'acide succinique libre et qui se dissout aussi lorsqu'on ajoute un excès d'acétate de plomb.

Une dissolution d'acide succinique ne produit pas de précipité dans une dissolution de *nitrate d'argent*. Au bout de quelque temps, il se sépare un peu de succinate d'argent. Si on sature l'acide libre par l'ammoniaque, il se produit immédiatement un précipité blanc de succinate d'argent qui se dissout lorsqu'on ajoute une plus grande quantité d'ammoniaque.

Une dissolution de *nitrate de protoxyde de mercure* produit immédiatement, dans une dissolution d'acide succinique, un précipité blanc de succinate de protoxyde de mercure.

Une dissolution de *sesquichlorure d'or* n'est pas réduite par une dissolution d'acide succinique, même avec l'aide de la chaleur. Si l'on ajoute un excès d'une dissolution d'hydrate de potasse, il ne se produit, non plus dans ce cas, aucune réduction, même par l'action de la chaleur; ce n'est qu'au bout de quelque temps qu'il se dépose un précipité noir de protoxyde d'or.

Une dissolution d'un *sel neutre de sesquioxyde de fer* produit, au moins au bout de quelque temps, dans une dissolution d'acide succinique un précipité de succinate de fer qui est de couleur brun-cannelle et qui est volumineux; cependant le sesquioxyde de fer ne peut pas être précipité complétement par l'acide succinique libre. Mais si l'on sature exactement l'acide libre par l'ammoniaque, le précipité est plus considérable et la totalité du sesquioxyde de fer est précipitée sous la forme de succinate de fer, lorsqu'il y a une quantité suffisante d'acide succinique. Le précipité est insoluble dans l'eau froide. Si on le traite par l'eau chaude ou bien si on le fait bouillir avec l'eau, il se décompose; il se dépose alors un sel basique et il se dissout un peu de sesquioxyde de fer. — Si l'on mélange ensemble les dissolutions neutres d'un sel de sesquioxyde de fer et d'un succinate, le précipité de succinate de fer se produit immédiatement. Le précipité se dissout dans les acides libres sans laisser déposer d'acide succinique; par l'action d'un excès d'ammoniaque, le succinate de fer devient plus foncé, moins volumineux, et est transformé enfin en hydrate de sesquioxyde de fer pur.

L'*acide sulfurique* concentré dissout à la température ordinaire l'acide succinique pur et reste incolore. Si l'on chauffe, il ne se produit une coloration brune et noire qu'après une ébullition prolongée; il se dégage en même temps du gaz acide sulfureux. — L'*acide sulfurique fumant* dissout à la température ordinaire l'acide succinique pur et forme ainsi une dissolution incolore. Par une ébullition prolongée, la dissolution devient brune, puis noire, et il se dégage de l'acide sulfureux.

L'acide succinique, même très pur, abandonne, lorsqu'on le chauffe, un peu de charbon dont la quantité est bien plus petite que celle qui reste comme résidu de l'action de la chaleur sur les acides organiques non volatils; mais elle est un peu plus considérable que la quantité de charbon qui se produit dans la volatilisation de tous les autres acides organiques volatils.

L'acide succinique peut, par conséquent, être distingué facilement des acides organiques dont il a été question précédemment, par sa volatilité et par sa manière de se comporter à l'égard d'une dissolution de sesquioxyde de fer. S'il est impur et s'il contient des matières étrangères, notamment de l'huile de succin (cas dans lequel il n'est pas inodore), les moyens que nous indiquons pour le reconnaître peuvent souvent le caractériser moins bien : en effet, lorsqu'on soumet alors l'acide à l'action de la chaleur, il reste comme résidu une assez grande quantité de charbon, et les matières étrangères peuvent empêcher la précipitation du sesquioxyde de fer par un excès d'ammoniaque. Dans ce cas, l'acide succinique se distingue de l'acide tartrique, de l'acide paratartrique et de l'acide citrique, par sa manière de se comporter à l'égard du chlorure de calcium et de l'eau de chaux; il se distingue de l'acide malique par sa manière de se comporter à l'égard de l'acétate de plomb; les propriétés du malate de plomb peuvent aussi distinguer les deux acides l'un de l'autre.

Acide benzoïque, $C^{14}H^{10}O^3$.

L'acide benzoique se présente sous la forme de lames cristallines; après avoir été sublimé, il affecte la forme d'aiguilles d'un éclat très vif. Tout à fait pur, l'acide benzoïque est inodore; par l'action de la chaleur, il entre en fusion, dégage des vapeurs qui excitent vivement la toux, et, lorsqu'on l'enflamme, il brûle avec une flamme fuligineuse très brillante. Il se dissout très difficilement dans l'eau à la température ordinaire; il se dissout en bien plus grande quantité dans l'eau chaude; la dissolution chaude, en se refroidissant, laisse déposer à l'état cristallin la plus grande partie de l'acide qu'elle retenait en dissolution. L'acide benzoïque est bien plus soluble dans l'alcool que dans l'eau : l'eau produit, par suite, un trouble laiteux lorsqu'on l'ajoute à une dissolution alcoolique saturée d'acide benzoïque. L'acide benzoïque se dissout en très grande quantité dans l'essence de terebenthine, surtout avec l'aide de la chaleur; si on laisse refroidir la dissolution, une grande partie de l'acide se sépare de la dissolution, comme cela arrive pour la dissolution aqueuse lorsqu'on la laisse refroidir.

La dissolution d'*hypermanganate de potasse* n'est décolorée que très lentement par l'acide benzoïque à la température ordinaire, et ce n'est qu'au bout de quelque temps qu'il se dépose du sesquioxyde de manganèse. — L'acide benzoïque, en reagissant sur la dissolution de bichromate de potasse, n'y produit pas de modification, et l'acide chromique n'est pas réduit à l'état de sesquioxyde de chrome.

L'acide benzoique forme, avec la plupart des bases fortes, des sels solubles qui sont presque tous plus solubles dans l'eau que l'acide lui-même. Si, par suite, on ajoute à la dissolution d'un benzoate un acide fort qui puisse se combiner avec la base du benzoate pour former une combinaison soluble, la plus grande partie de l'acide benzoïque est séparée sous la forme d'une poudre blanche qui donne à la liqueur un aspect laiteux. Cette réaction est tout à fait caractéristique pour les benzoates. — L'acide benzoïque forme, avec les bases très faibles, des combinaisons qui sont peu solubles ou insolubles dans l'eau.

Dans une dissolution d'*acétate de plomb*, il ne se produit pas de précipité par l'action d'une dissolution d'acide benzoïque saturee à la température ordinaire, mais, lorsqu'on sature l'acide par l'ammoniaque, il se produit un précipité de benzoate de plomb qui n'est pas très considérable. Le précipité n'est pas soluble dans un excès d'ammoniaque.

Une dissolution de *nitrate d'argent* ne produit pas de précipité dans une dissolution d'acide benzoïque. Si cependant on sature l'acide libre par l'ammoniaque, il se forme immédiatement un précipité cristallin de benzoate d'argent, qui est soluble dans un excès d'ammoniaque.

Une dissolution de *nitrate de protoxyde de mercure* produit dans la dissolution d'acide benzoïque un précipité blanc, abondant. — Les dissolutions de *nitrate de bioxyde de mercure* et de *bichlorure de mercure* ne produisent pas de précipité.

Une dissolution de *sesquichlorure d'or* se comporte, à l'égard d'une dissolution d'acide benzoïque, comme à l'égard d'une dissolution d'acide succinique p. 764).

Une dissolution d'un *sel neutre de sesquioxyde de fer* produit, dans une dissolution d'acide benzoïque, un précipité volumineux de benzoate de fer, qui est de couleur jaune-isabelle. Si l'on sature exactement l'acide libre par l'ammoniaque, la totalité du sesquioxyde de fer se sépare sous la forme de benzoate de fer, lorsqu'il y avait assez d'acide benzoïque. Le précipité est encore plus volumineux que celui de succinate de fer. Si l'on mélange ensemble une dissolution neutre de benzoate alcalin et une dissolution neutre d'un sel de sesquioxyde de fer, le précipité de benzoate de fer se produit immédiatement. Le précipité est décomposé par les acides libres; l'acide libre dissout le sesquioxyde de fer et l'acide benzoïque se sépare en même temps sous la forme d'un précipité blanc. Cette séparation d'acide benzoïque n'a pas lieu lorsque la quantité du précipité est trop faible et lorsque la quantité de la liqueur sur laquelle on opère est très considérable; car alors l'acide benzoïque reste en dissolution. Ce caractère distingue essentiellement le précipité de benzoate de fer du précipité de succinate de fer. Par l'action de l'ammoniaque en excès, le benzoate de fer est transformé en hydrate de sesquioxyde de fer pur : il devient plus foncé et moins volumineux.

L'*acide sulfurique* concentré ne colore pas en brun, à la température ordinaire, l'acide benzoïque lorsqu'il est pur; même par l'action de la chaleur, il ne se produit pas de coloration et il ne se dégage pas d'acide sulfureux. — L'*acide sulfurique fumant* se comporte de même à l'égard de l'acide benzoïque pur. Si l'acide benzoïque n'est pas pur, il se colore en brun, même à la température ordinaire, par l'action de l'acide sulfurique concentré.

L'acide benzoïque pur peut être sublimé complétement et ne laisse comme résidu qu'une très faible trace de charbon. S'il est impur, la quantité de charbon qui reste comme résidu, est plus considérable.

L'acide benzoïque peut donc être surtout reconnu facilement par sa volatilité, par sa solubilité dans les oxydes alcalins et surtout par la précipitation de l'acide benzoïque au moyen des acides dans les dissolutions alcalines qui ne sont pas trop étendues, et aussi par sa manière de se comporter à l'égard des dissolutions de sesquioxyde de fer.

Acide acétique, $C^4H^6O^3$.

L'acide acétique se présente sous la forme d'une liqueur incolore qui, à l'état concentré, possède une odeur très piquante. Combiné avec la quantité d'eau qui est indispensable pour former le premier hydrate, l'acide acétique cristallise à une basse température. L'acide acétique est soluble dans l'alcool; il est complétement volatil. Les vapeurs d'acide acétique concentré ont une odeur piquante, et lorsqu'on les enflamme, elles brûlent avec une flamme bleue.

La dissolution d'*hypermanganate de potasse* n'est pas décolorée par l'acide acétique (lorsqu'il est pur (p. 81); mais s'il contient de l'acide chlorhydrique ou si la dissolution contient du chlorure de potassium, ou bien il se produit une entière decoloration, ou bien l'acide hypermanganique est réduit à l'état de sesquioxyde de manganèse. — La dissolution de *bichromate de potasse* n'est pas modifiée par l'acide acétique, et l'acide chromique n'est pas réduit à l'etat de sesquioxyde de chrome, même lorsqu'on fait bouillir le tout (p. 374).

L'acide acétique forme avec la plupart des bases des combinaisons salines qui sont solubles dans l'eau et même dans l'alcool. L'acétate de plomb est même soluble dans l'alcool. Un très petit nombre d'acétates neutres seulement sont peu solubles.

Une dissolution de *nitrate d'argent* n'est pas troublée par l'acide acétique libre, lorsqu'il est un peu étendu. Par l'action de l'acide acétique plus concentré, il se produit un précipité qui est cependant plus considérable, lorsque l'acide libre est saturé même seulement en partie par l'ammoniaque. Si on sature complétement l'acide par l'ammoniaque ou si on emploie la dissolution d'un acétate neutre, le précipité est encore bien plus considérable. Le précipité d'acétate d'argent est cristallin : il se dissout par l'action de la chaleur dans une grande quantité d'eau, mais si on laisse refroidir la liqueur, l'acétate d'argent se sépare de nouveau à l'état cristallin. Si l'on ajoute une plus grande quantité d'ammoniaque, le précipité d'acétate d'argent se dissout.

Une dissolution de *nitrate de protoxyde de mercure*, en réagissant sur l'acide acétique, produit immédiatement un précipité cristallin d'acétate de protoxyde de mercure qui se dissout lorsqu'on chauffe la liqueur, mais qui se depose de nouveau à l'état cristallin par le refroidissement. Par l'action de la chaleur, il se sépare une très petite quantité de mercure métallique qui colore faiblement la liqueur en gris. L'acide acétique, même lorsqu'il est un peu étendu, donne encore un précipité cristallin avec le nitrate de protoxyde de mercure. Si l'on mélange ensemble la dissolution d'un acétate neutre avec une dissolution de nitrate de protoxyde de mercure, la précipitation de l'acétate de protoxyde de mercure s'opère encore plus completement. — Les dissolutions de *nitrate de bioxyde de mercure* et de *bichlorure de mercure*, en réagissant sur l'acide acétique, ne produisent pas de précipité; même dans les dissolutions des acétates neutres, ces réactifs ne produisent pas de précipité.

Par l'action de l'acide acétique et par l'action des dissolutions des acétates neutres sur une dissolution de *sesquichlorure d'or*, l'or n'est pas réduit, même lorsqu'on chauffe le tout. Mais si on ajoute un excès d'une dissolution d'hydrate de potasse, il se produit au bout de quelque temps un précipité noir de protoxyde d'or.

Une dissolution d'un *sel neutre de sesquioxyde de fer* n'est pas sensiblement modifiée par l'action de l'acide acétique. Si cependant on sature l'acide par l'ammoniaque, ou si on sature seulement approximativement l'acide, la liqueur se colore en rouge de sang assez intense. Il en est de même lorsqu'on mélange les dissolutions des acétates neutres avec une dissolution neutre de sesquioxyde de fer. Les acides libres, à l'exception de l'acide acétique, détruisent cette coloration rouge de sang et reproduisent la coloration jaunâtre de la dissolution de sesquioxyde de fer. Un excès d'ammoniaque, en réagissant sur la dissolution, en précipite complétement la totalité du sesquioxyde de fer. — La manière dont l'acide acétique se comporte à l'égard des dissolutions de sesquioxyde de fer, caractérise surtout l'acide acétique. On doit cependant observer ici que quelques dissolutions basiques de sesquioxyde de fer, spécialement le sesquichlorure basique de fer, possèdent une couleur rouge qui ressemble à celle de l'acétate de sesquioxyde de fer. On a déjà parlé page 742 de la ressemblance de la couleur de la dissolution d'acétate de fer avec celle du sesquirhodanure de fer.

L'*acide sulfurique* concentré, en réagissant sur les acétates, en dégage, surtout par l'action de la chaleur, de l'acide acétique qui peut être reconnu à son odeur. Le mélange des deux acides ne se colore pas par l'action de la chaleur. — L'*acide sulfurique fumant*, en réagissant sur les acétates, en dégage de l'acide acétique, même à la température ordinaire, en produisant une vive effervescence : il ne se produit pas de coloration non plus dans ce cas par l'action de la chaleur.

Les acétates sont décomposés par l'action de la chaleur : les acétates qui ont pour base un oxyde alcalin ou un oxyde alcalino-terreux, se transforment, par l'action d'une élévation rapide de température, en un mélange de carbonates et de charbon. Les acétates qui ont pour base des oxydes métalliques, laissent très fréquemment comme résidu du métal réduit mélangé avec du charbon ; ou bien, lorsque l'oxyde n'est pas facilement réductible, l'oxyde reste comme résidu mélangé avec du charbon. Dans l'action de la chaleur sur les acétates, il se trouve presque toujours, parmi les produits de la distillation, de l'acide acétique et de l'acétone en différentes proportions. Les sels qui contiennent des bases fortes, ne donnent qu'une excessivement petite quantité d'acide acétique et donnent une grande quantité d'acétone ; les acétates qui contiennent des bases faibles, donnent des résultats entièrement opposés.

L'acide acétique à l'état libre se distingue par conséquent à son odeur et à sa volatilité ; dans les dissolutions de ces combinaisons salines, on le reconnaît à la manière dont il se comporte à l'égard des dissolutions de sesquioxyde de fer ; dans ses combinaisons salines à l'état solide, on le reconnaît à la manière dont il se comporte à l'égard de l'acide sulfurique concentré. Ces propriétés distinguent notamment les acétates des lactates qui ont été considérés pendant longtemps comme identiques avec les acétates, mais qui ont cependant très peu d'analogie avec les acétates.

Acide formique, $C^2H^2O^3$.

L'acide formique est un liquide incolore, d'une odeur piquante, qui est différente de celle de l'acide acétique. Il est complètement volatil. Lorsqu'il n'est combiné qu'avec la plus petite quantité d'eau, la vapeur brûle avec une flamme bleue.

La dissolution d'*hypermanganate de potasse* est décolorée au bout de peu de temps par l'acide formique, et il se sépare du sesquioxyde de manganèse (p. 84). Ce caractère distingue essentiellement l'acide formique de l'acide acétique. — Cependant l'acide formique ne modifie pas la dissolution du *bichromate de potasse* et ne détermine pas dans cette dissolution la réduction de l'acide chromique à l'état de sesquioxyde de chrome, même à l'aide de l'ébullition.

L'acide formique produit avec la plupart des bases des combinaisons salines qui sont solubles dans l'eau; cependant les formiates sont en général moins solubles que les acétates correspondants. Quelques formiates sont solubles dans l'alcool; mais la plupart des formiates y sont insolubles, comme cela se présente pour le formiate de plomb par exemple, tandis que les acetates correspondants sont solubles dans l'alcool.

Une dissolution d'*acétate de plomb* ne produit pas de précipité dans la dissolution d'un formiate, lorsqu'elle n'est pas très concentrée; mais si l'on ajoute de l'ammoniaque, on obtient un léger précipité.

Une dissolution de *nitrate d'argent* produit immédiatement, dans la dissolution d'un formiate, un précipité blanc, cristallin, de formiate d'argent, qui prend très rapidement une couleur plus foncée par suite de la réduction de l'argent qui se separe à l'état métallique. Même à la temperature ordinaire, la reduction est complète au bout de quelque temps, et l'argent recouvre en partie les parois du vase d'une couche métallique. La réduction s'opère plus rapidement par l'action de la chaleur. Dans les dissolutions étendues, il ne se produit pas de précipité de formiate d'argent, mais la réduction de l'argent a lieu. — L'acide formique libre peut également produire dans la dissolution de nitrate d'argent un précipité blanc de formiate d'argent qui se decompose aussi avec facilité de la manière qui a été indiquée; lorsque l'acide est étendu, il ne se produit pas de précipité, mais la réduction de l'argent a lieu. — Si cependant on sursature l'acide formique par l'ammoniaque et si on ajoute du nitrate d'argent, la réduction de l'argent n'a plus lieu, même avec l'aide de la chaleur. Même lorsqu'on ajoute de l'ammoniaque et ensuite du nitrate d'argent à la dissolution d'un formiate neutre, la réduction de l'oxyde d'argent n'a pas lieu.

Une dissolution de *nitrate de protoxyde de mercure* produit immediatement, dans les dissolutions des formiates, un précipité blanc de formiate de protoxyde de mercure qui devient cependant gris au bout de quelque temps, même à la température ordinaire, par suite de la présence d'une certaine quantité de mercure réduit. Au bout de quelque temps, tout le mercure s'est séparé à l'état métallique, même à la temperature ordinaire. La chaleur accélère beaucoup cette décomposition.

Une dissolution de *bichlorure de mercure* produit, dans la dissolution d'un formiate, un précipite blanc de protochlorure de mercure. A la température ordinaire, la réaction est lente, et, même au bout de plusieurs jours, le bichlorure n'est pas complétement transformé en protochlorure. La réaction s'opère rapidement par l'action de la chaleur, la décomposition est alors complète; elle est même si complète que tout le mercure de la dissolution est séparé à l'état de protochlorure, et qu'on ne peut plus retrouver de mercure dans la liqueur filtrée. Si l'on ajoute un grand excès de formiate et si on soumet le tout à une ébullition prolongee, le protochlorure de mercure est enfin réduit, mais lentement et difficilement, à l'état de mercure métallique. — Si on ajoute de l'acide chlorhydrique à la dissolution de bichlorure de mercure, la transformation du bichlorure en protochlorure au moyen d'un formiate est complétement empêchee; même par un contact prolongé et par l'action de la chaleur, il ne se produit pas de trace de protochlorure, lorsqu'on n'emploie pas une quantité d'acide libre trop peu considérable. Si l'on ajoute de l'acide acétique à la dissolution du bichlorure, la réduction du bichlorure à l'etat de protochlorure n'est pas entièrement empêchee; par un contact prolongé, il se produit du protochlorure; par l'action de la chaleur, le protochlorure se produit plus rapidement; mais, dans les deux cas, la liqueur filtrée contient encore beaucoup de bichlorure. Les dissolutions de chlorure de potassium, de chlorure de sodium et de chlorure d'ammonium, ajoutées en quantité convenable, empêchent complétement la formation du protochlorure de mercure par l'action des formiates alcalins, et il ne se produit alors point de précipité par l'action prolongée de la chaleur. Si l'on ajoute seulement une petite quantité de ces combinaisons salines, il peut s'opérer une transformation partielle du bichlorure de mercure en protochlorure, mais il ne s'opère jamais une transformation complète. Les dissolutions des sels doubles cristallises que le chlorure de sodium et le chlorure d'ammonium forment par leur combinaison avec le bichlorure de mercure, ne sont réduites que partiellement de la même manière par l'action des formiates alcalins, même après un contact prolongé; la réduction est plus rapide par l'action de la chaleur. — Dans une dissolution de bichlorure de mercure à laquelle on a ajouté de l'acide chlorhydrique, le bichlorure de mercure ne peut pas, par suite, être transformé en protochlorure par l'action des formiates alcalins, lorsqu'on sature l'acide chlorhydrique par l'hydrate de potasse.

Si l'on mélange un formiate avec une dissolution de *sesquichlorure d'or*, il se sépare de l'or métallique au bout de quelque temps, même à la température ordinaire, et les parois du vase se recouvrent d'un dépôt jaune, brillant, d'or métallique. Si, avant que la réduction de l'or ait commencé à s'opérer, on ajoute un excès de dissolution d'hydrate de potasse, il commence, au bout de quelque temps, à se former un précipité noir de protoxyde d'or.

La dissolution d'un *sel neutre de sesquioxyde de fer* est colorée en rouge de sang par la dissolution d'un formiate comme par la dissolution d'un acétate (p. 769). Pour une concentration égale, l'intensité de la couleur est égale pour le formiate et pour l'acétate de fer, et elle est considérablement plus faible que celle du rhodanure de fer (p. 94 et p. 742). — Les acides libres détruisent la coloration du formiate de fer. Par l'action de l'ammoniaque, la totalité du sesquioxyde de fer est précipitée de la dissolution.

L'*acide sulfurique* concentré, en réagissant sur les formiates, détermine seulement par l'action de la chaleur un dégagement de gaz oxyde de carbone qui a lieu avec effervescence; si on enflamme le gaz oxyde de carbone qui se dégage, il brûle avec une flamme bleue. L'acide reste incolore. — L'*acide sulfurique fumant*, en réagissant sur les formiates, y produit, même à la température ordinaire, un vif dégagement d'oxyde de carbone. L'acide ne se colore pas en brun, même par l'action de la chaleur.

Les formiates qui ont pour base un oxyde alcalin fixe ou un oxyde alcalino-terreux, produisent un dégagement d'oxyde de carbone lorsqu'on les calcine à l'abri du contact de l'air, et sont transformés en mélanges de carbonates et de charbon. Ceux qui contiennent un oxyde métallique facilement réductible, comme l'oxyde de cuivre, l'oxyde de plomb, etc., sont transformés en métal réduit, et en même temps il se dégage du gaz acide carbonique et du gaz oxyde de carbone.

L'acide formique, à l'état de combinaison saline, a par conséquent beaucoup de ressemblance avec l'acide acétique; on peut cependant l'en distinguer facilement, et il est du nombre des acides organiques qui peuvent être reconnus avec facilité. Il se rapproche de l'acide acétique par sa volatilité et par sa manière de se comporter avec les sels de sesquioxyde de fer; il s'en distingue par sa manière de se comporter avec l'hypermanganate de potasse, par la manière dont les formiates se comportent à l'égard de l'acide sulfurique concentré, et aussi par la tendance à être réduits à l'état métallique que possèdent les formiates de protoxyde de mercure et d'oxyde d'argent.

LXI. — OXYGÈNE, O.

L'oxygène, à l'état libre, se présente sous la forme d'un gaz incolore, inodore, qui n'a pu être obtenu jusqu'ici à aucun autre état qu'à l'état gazeux. Le gaz oxygène est un peu plus lourd que l'air atmosphérique.

Sa propriété la plus importante est d'entretenir la combustion des corps combustibles bien plus vivement que l'air atmosphérique, qui ne doit qu'à l'oxygène qu'il contient sa propriété d'entretenir la combustion. Si on plonge une allumette présentant encore quelque point en ignition dans un flacon qui est plein de gaz oxygène ou qui contient le gaz oxygène en proportion plus considérable que l'air atmosphérique, l'allumette s'enflamme immédiatement et brûle avec un éclat plus vif que dans l'air atmosphérique. Si on enlève l'allumette et si on la souffle de manière qu'elle présente encore quelque point en ignition, elle s'enflamme de nouveau lorsqu'on la plonge de nouveau dans le flacon. Cette méthode est la plus ordinaire pour distinguer le gaz oxygène des autres gaz, ou pour reconnaître la présence du gaz oxygène dans un mélange gazeux dans lequel ce gaz prédomine; on doit cependant observer ici que le gaz protoxyde de nitrogène présente des réactions analogues : le gaz bioxyde de nitrogène possède aussi la même propriété, mais à un degré moins prononcé.

Le gaz oxygène, à l'état ordinaire, n'exerce cependant, dans la plupart des cas, une action oxydante ou comburante prononcée que sur les corps qui ont été chauffés jusqu'à un certain degré, et ce sont ceux-là seulement dont il entretient la combustion. Un très petit nombre de substances, à l'état de poudre fine, possèdent la propriété de s'enflammer, même à la température ordinaire de l'atmosphère. L'oxygène ordinaire n'est absorbé rapidement à la température ordinaire que par un très petit nombre de corps, et sans apparence sensible de combustion; il n'oxyde pas la plupart des corps combustibles, ou ne les oxyde qu'excessivement lentement; souvent l'oxydation n'a lieu qu'en présence de l'humidité. L'oxygène ordinaire ne modifie pas un papier qui a été plongé dans une dissolution d'empois d'amidon à laquelle on avait ajouté une dissolution d'iodure de potassium.

L'oxygène, même ordinaire, détermine la production de vapeurs jaune-rouge lorsqu'on le met en contact avec du gaz bioxyde de nitrogène incolore. Le gaz oxygène, même lorsqu'il fait partie d'un mélange gazeux, est absorbé par le phosphore à la température ordinaire, mais toujours un peu lentement; il est absorbé également par les dissolutions des sulfures alcalins, par la dissolution d'acide sulfureux, par les dissolutions des sulfites, par la dissolution de sulfate de protoxyde de fer (surtout lorsqu'on l'a saturée de bioxyde de nitrogène), par les hydrates de protoxyde de fer et de protoxyde de manganèse lorsqu'ils sont humides, par la dissolution ammoniacale de protochlorure de cuivre et par les dissolutions ammoniacales de sulfite de protoxyde et de bioxyde de cuivre. Mais, entre toutes, la dissolution qui absorbe le plus rapidement l'oxygène, est la dissolution d'*acide pyrogallique* dans l'hydrate de potasse; cette dissolution se colore alors en rouge-noir qui peut, dans quelques cas, être si foncé qu'il paraisse presque noir; l'oxygène est alors absorbé aussi rapidement que le gaz acide carbonique est absorbé par l'hydrate de potasse humide, et presque en quantité égale. — Au lieu d'acide pyrogallique, on peut se servir d'*acide gallique*, dont l'emploi réussit également; mais l'emploi de la dissolution de l'acide gallique dans l'hydrate de potasse a le désavantage que l'absorption de l'oxygène exige un temps bien plus long, et qu'il faut alors presque autant d'heures qu'il faut de minutes lorsqu'on emploie l'acide pyrogallique. Lorsqu'on se sert d'acide gallique, on doit employer un excès d'hydrate de potasse : en effet, le gallate neutre de potasse, en dissolution, se conserve au contact de l'air sans se modifier. La dissolution avec excès de potasse devient rouge foncé, presque rouge de sang, par l'action de l'oxygène de l'air, et, au bout de quelque temps, elle devient brune. — Une dissolution d'*acide tannique* dans un excès d'hydrate de potasse peut aussi être employée pour opérer l'absorption de l'oxygène, mais l'absorption s'opère plus lentement que lorsqu'on emploie l'acide gallique Liebig.

On peut modifier l'oxygène ordinaire de telle manière qu'il opère avec énergie la combustion des corps même les moins combustibles. On appelle *ozone* la modification de l'oxygène dont il est question ici. L'ozone n'a pas encore ete preparé à l'etat pur; mais le gaz oxygène qui en contient une petite quantité, a été appelé *oxygène actif* ou *ozonisé*.

On peut préparer de differentes manières cet oxygène ozonisé. Il se produit lorsqu'on fait passer pendant quelque temps des étincelles électriques dans l'oxygène ordinaire: il y a aussi de l'ozone dans le gaz oxygène que l'on recueille au pôle positif de la pile électrique lorsqu'on décompose l'eau par la pile; il se forme aussi de l'ozone par le contact de l'air atmosphérique avec le phosphore humide. L'éponge de platine et les autres métaux à l'état très divisé, certaines substances organiques nitrogénées et plusieurs autres corps peuvent également faire passer à l'état d'oxygène actif l'oxygène contenu dans l'air atmosphérique (Schœnbein.

Outre son odeur particulière, cet oxygène ozonisé se distingue surtout en ce que, même en très petite quantité, il colore en bleu ou en violet une bande de papier enduite d'empois d'amidon contenant de l'iodure de potassium, lorsque ce papier a été humecte. L'oxygène ozonisé oxyde les métaux; il oxyde l'ammoniaque et la transforme en nitrite d'ammoniaque; il oxyde l'acide chlorhydrique en déterminant la séparation d'une certaine quantite de chlore; il oxyde l'iodure de potassium en produisant une séparation d'iode.

L'oxygène ozonisé est plus dense que l'oxygène ordinaire; le poids spécifique de l'ozone gazeux qui est contenu dans l'oxygène ozonisé, comparé avec celui de l'air atmosphérique, paraît être au moins 4 fois plus éleve (Andrews. Par l'action d'une température élevée qui n'a cependant pas besoin de s'elever jusqu'au point d'ébullition de l'eau, l'oxygène ozonisé passe à l'etat d'oxygène ordinaire.

Lorsque certains liquides organiques, comme l'huile essentielle de térébenthine, l'huile essentielle d'amandes amères, l'éther, etc., exposés à l'air, en absorbent l'oxygène, surtout sous l'influence de la lumière solaire, ils transforment l'oxygène en oxygène actif sans être même oxydes d'abord. Ces liquides produisent alors les mêmes phénomènes d'oxydation que l'oxygène actif gazeux (Schœnbein).

Dans certains peroxydes, une portion de l'oxygène n'est retenue dans la combinaison que par une faible affinité; cette portion de l'oxygène agit alors comme l'oxygène actif.

On doit cependant distinguer dans ces peroxydes deux sortes d'oxygène actif. Ces deux sortes d'oxygène actif, en se réunissant, perdent leurs propriétés actives et se transforment mutuellement en oxygène ordinaire. Il paraîtrait qu'un atome de l'une des modifications de l'oxygène serait nécessaire pour former, avec un atome de l'autre, deux atomes d'oxygène ordinaire (Schœnbein).

Au premier groupe de ces peroxydes, appartient spécialement le *peroxyde d'hydrogène*. Le peroxyde d'hydrogène se produit au moyen du peroxyde de baryum, lorsqu'on le traite par l'acide chlorhydrique, l'acide fluorhydrique ou l'acide hydrofluosilicique. Lorsqu'on emploie ces deux derniers acides et lorsqu'on n'en ajoute pas une trop grande quantité, on obtient le peroxyde d'hydrogène à l'état pur et seulement étendu d'eau; les acides indiqués forment en effet avec la baryte des sels insolubles. Lorsqu'on emploie l'acide chlorhydrique, la dissolution contient en même temps du peroxyde d'hydrogène et du chlorure de baryum; si l'on ajoute alors une quantité convenable d'acide sulfurique étendu, il se sépare du sulfate de baryte : il reste alors dans la dissolution du peroxyde d'hydrogène et de l'acide chlorhydrique libre. Si l'on évapore avec précaution dans le vide, on obtient le peroxyde d'hydrogène en dissolution aqueuse sous la forme d'une liqueur sirupeuse, dense, incolore, qui est plus lourde que l'eau et qui possède une saveur particulière légèrement désagréable. Le peroxyde d'hydrogène blanchit et détruit les matières colorantes végétales et possède des propriétés oxydantes très énergiques.

Au même groupe de peroxydes, appartiennent les peroxydes alcalins et les peroxydes alcalino-terreux, spécialement le peroxyde de baryum qui est, de tous, celui que l'on connaît le mieux; en effet, il est le plus facile à préparer.

Au second groupe de peroxydes, appartiennent les peroxydes du manganèse (sesquioxyde de manganèse, peroxyde de manganèse, acide manganique et acide hypermanganique), les peroxydes du plomb, du nickel, du cobalt, de l'argent, l'acide bismuthique, l'acide chromique, l'acide vanadique, etc.

Les peroxydes de ce second groupe bleuissent immédiatement la teinture de gaïac récemment préparée, tandis que les peroxydes du premier groupe ne produisent pas cette coloration et détruisent au contraire la coloration bleue produite par l'action des peroxydes du second groupe sur la teinture de gaïac.

Les peroxydes du premier groupe ne peuvent pas dégager le chlore de l'acide chlorhydrique; mais, par l'action de l'acide chlorhydrique, ils produisent du peroxyde d'hydrogène. Une propriété tout à fait caractéristique des peroxydes du second groupe est au contraire de dégager le chlore de l'acide chlorhydrique.

Les peroxydes du premier groupe n'exercent pas d'action sur le peroxyde d'hydrogène, ceux du second groupe au contraire se distinguent surtout en ce qu'ils décomposent le peroxyde d'hydrogène en eau et en oxygène qui se dégage tumultueusement en même temps qu'une portion de l'oxygène du peroxyde. Par l'action d'un atome de peroxyde de manganèse qui perd alors la moitié de son oxygène et se transforme en protoxyde de manganèse, la dissolution de peroxyde d'hydrogène qui contient un atome de peroxyde d'hydrogène est aussi décomposée; deux atomes d'oxygène deviennent alors libres et se dégagent à l'état gazeux (Wœhler).

Le gaz oxygène qui se dégage, est du gaz oxygène ordinaire, tel qu'il se trouve ordinairement dans l'air atmosphérique. La réunion des deux espèces d'oxygène actif produit par conséquent de l'oxygène ordinaire.

DEUXIÈME PARTIE

DE LA MARCHE A SUIVRE DANS LES ANALYSES QUALITATIVES. — DES RÉACTIFS QUE L'ON EMPLOIE DANS CES ANALYSES.

Lorsque, dans une analyse chimique qualitative, on veut déterminer toutes les parties constituantes d'une substance, on peut fréquemment découvrir avec rapidité une ou plusieurs de ces parties constituantes à l'aide de quelques essais faits sans ordre déterminé ; mais il vaut presque toujours mieux suivre une marche systématique. Lorsqu'on néglige de faire ainsi l'analyse complète en suivant une marche déterminée, on peut commettre de graves erreurs et ne pas reconnaître plusieurs des substances constituantes qui font cependant partie de la substance à analyser.

Avant de décrire la marche qu'il faut suivre pour rechercher avec méthode les parties constituantes d'une substance composée, il est nécessaire de parler des réactifs dont l'emploi est indispensable et de la manière de les employer. On indiquera aussi en même temps les réactifs dont on a besoin dans les analyses quantitatives.

Pour ce qui concerne les appareils dont on se sert dans ces analyses, lorsqu'ils ne sont pas généralement connus, il vaut mieux les décrire en même temps que les réactions à propos desquelles il en est question pour la première fois.

DES RÉACTIFS.

Les réactifs que l'on emploie pour opérer l'analyse qualitative (par voie humide) des combinaisons dans la composition desquelles entrent les parties constituantes qui se rencontrent le plus fréquemment, ne sont pas nombreux et sont principalement les suivants :

Acide chlorhydrique. — De tous les acides que l'on emploie dans les analyses chimiques, l'acide chlorhydrique est le plus essentiel. Non-seulement il sert à découvrir l'oxyde d'argent (p. 166), le protoxyde de mercure (p. 174) et l'oxyde de plomb (p. 132), mais il sert aussi surtout à dissoudre la plupart des substances oxydées qui sont solubles dans l'eau.

On se sert aussi de préférence de l'acide chlorhydrique pour rendre acide une dissolution neutre ou alcaline, et ce n'est que dans quelques cas qu'il vaut mieux employer un autre acide. On emploie en outre l'acide chlorhydrique, de préférence à tous les autres acides, pour reconnaître l'acide carbonique; l'acide chlorhydrique doit aussi être préféré aux autres acides volatils lorsqu'on veut reconnaître des traces d'ammoniaque libre dans les dissolutions p. 16 . On se sert encore de l'acide chlorhydrique pour rechercher un certain groupe de peroxydes et quelques acides dans lesquels une portion de l'oxygène n'a pas une grande affinité pour le radical; lorsqu'on les traite par l'acide chlorhydrique, il se dégage du chlore p. 775 .

L'acide chlorhydrique ne dissout que les métaux qui, traités par un acide, décomposent facilement l'eau avec dégagement d'hydrogène, comme le zinc, le fer, etc. L'acide chlorhydrique étendu dissout également les sulfures de ces métaux avec dégagement de gaz hydrogène sulfuré p. 456 ; les phosphures sont insolubles dans l'acide chlorhydrique p. 711). Presque tous les oxydes sont dissous par l'acide chlorhydrique et transformés en chlorures, au moins lorsqu'ils n'ont pas été préalablement calcinés. Les oxydes qui ont des proprietés basiques énergiques, sont en général plus solubles dans l'acide chlorhydrique que ceux qui se comportent comme des bases faibles ou comme des acides. Parmi les oxydes qui jouent le rôle de base, il n'y a que l'oxyde d'argent, le protoxyde de mercure et l'oxyde de plomb qui soient insolubles ou peu solubles, et cela vient de ce que les chlorures correspondants sont insolubles ou peu solubles. On se sert surtout de l'acide chlorhydrique pour dissoudre les oxydes insolubles dans l'eau; ce n'est que dans des cas particuliers qu'au lieu d'acide chlorhydrique, on emploie un autre acide. Après avoir été calcinés, la plupart des oxydes, surtout ceux qui sont des bases faibles ou des acides, sont peu solubles dans l'acide chlorhydrique; quelques-uns, comme le bioxyde d'étain, l'acide titanique, le sesquioxyde de chrome, etc., y sont insolubles p. 242, p. 281 et p. 360 . Les sels insolubles dans l'eau que les oxydes forment par leur combinaison avec les acides, sont presque tous solubles dans l'acide chlorhydrique; il faut en excepter les combinaisons salines de ces trois oxydes et les combinaisons de l'acide sulfurique et de l'acide sélénique avec la baryte, la strontiane, la chaux et l'oxyde de plomb, et un petit nombre d'autres combinaisons salines qui sont insolubles ou peu solubles dans l'acide chlorhydrique. Souvent lorsque, dans une combinaison saline, l'acide n'est pas soluble dans l'acide chlorhydrique, la combinaison saline est décomposée par l'acide chlorhydrique de telle sorte que la base est dissoute et l'acide reste comme résidu à l'état insoluble; c'est ce qui arrive pour quelques silicates p. 639). Nous avons vu que l'acide chlorhydrique est le meilleur dissolvant des oxydes; mais il est aussi le meilleur dissolvant de leurs sels insolubles; aucun autre acide ne peut lui être préféré en général sous ce rapport, et ce n'est que dans des cas particuliers qu'on se sert quelquefois d'un autre acide.

Les substances qui ne sont pas solubles dans l'acide chlorhydrique, sont:

les métaux qui ne peuvent pas décomposer l'eau avec l'aide d'un acide ; un grand nombre de sulfures dont quelques-uns cependant, lorsqu'ils résistent à l'action de l'acide chlorhydrique étendu, sont décomposés par l'acide chlorhydrique concentré, surtout avec l'aide de la chaleur; la plupart des corps simples solides, non métalliques, comme le soufre, le selenium, le phosphore et le carbone ; les oxydes que nous avons indiqués précédemment et dont les chlorures sont insolubles, leurs combinaisons salines et aussi quelques autres combinaisons que nous avons également indiquées ; enfin quelques silicates naturels.

On emploie ordinairement l'acide chlorhydrique de concentration moyenne d'un poids spécifique de 1,110 à 1,120 ; dans la plupart des cas, on peut même étendre encore cet acide d'eau. Ce n'est que dans quelques cas que l'on a besoin d'un acide fumant plus concentré dont la présence dans un laboratoire est surtout désagréable : en effet, lorsqu'on ouvre fréquemment le vase de verre dans lequel il est contenu, l'atmosphère du laboratoire se remplit de fumées epaisses, surtout lorsque, d'un autre côté, on ouvre en même temps à proximité un flacon qui contient de l'ammoniaque. — L'acide chlorhydrique que l'on emploie dans les recherches analytiques, doit être pur. La substance qui est le plus ordinairement mélangée avec l'acide chlorhydrique, est l'acide sulfurique. On reconnaît dans l'acide chlorhydrique la présence de l'acide sulfurique, en étendant d'eau l'acide chlorhydrique et en ajoutant ensuite une dissolution de chlorure de baryum; il se produit alors un précipité de sulfate de baryte qui, pour de très petites traces d'acide sulfurique, n'apparaît qu'au bout de quelque temps. Si l'acide chlorhydrique est jaune ou jaunâtre, cela vient, dans la plupart des cas, de ce qu'il contient des substances organiques, quelquefois de ce qu'il contient du sesquichlorure de fer. Pour reconnaître la présence du sesquichlorure de fer, on sursature l'acide par l'ammoniaque ; il se dépose alors, sinon immédiatement, au moins au bout de quelque temps, des flocons de sesquioxyde de fer. On peut cependant reconnaître encore plus sûrement la présence du fer, en sursaturant par l'ammoniaque et en ajoutant du sulfure d'ammonium ; il se produit alors du sulfure noir de fer dont on peut observer de petites quantités plus facilement qu'on ne peut observer de petites quantités de sesquioxyde de fer. Lorsqu'il n'y a pas de sesquichlorure de fer, la présence des substances organiques dans l'acide chlorhydrique peut être reconnue à la coloration de l'acide chlorhydrique et aussi à ce que quelques gouttes de l'acide, évaporées sur un verre de montre, laissent un résidu de charbon. Un acide chlorhydrique ordinaire de cette espèce sert très bien à la préparation du chlore et à d'autres usages analogues pour lesquels ce serait une dépense inutile d'employer l'acide chlorhydrique pur. — Dans quelques cas, il est important d'essayer l'acide chlorhydrique pour s'assurer s'il contient du chlore libre. Si en effet on évapore dans des vases de platine une liqueur qui contienne de l'acide chlorhydrique mélangé avec du chlore libre, il peut se dissoudre un peu de platine. On reconnaît la présence du chlore libre dans l'acide chlorhydrique, soit à son odeur, soit à ce que quelques gouttes de l'acide, évaporées sur une lame de platine, laissent un résidu; si la quantité de chlore libre est considérable, l'acide chlorhydrique peut dissoudre l'or en feuilles. On peut reconnaître les plus petites traces de chlore libre dans l'acide chlorhydrique en étendant d'eau la liqueur acide et ajoutant ensuite une petite quantité d'une dissolution d'iodure de potassium et une petite quantité d'empois d'amidon; la coloration violette ou rougeâtre qui se produit, indique la présence du chlore libre (p. 612). Si l'acide chlorhydrique contient de l'acide sulfureux, on le reconnaît soit à son odeur, soit en le recherchant au moyen du zinc p. 490 ou du protochlorure d'étain p. 492. Quelquefois l'acide chlorhydrique contient de l'acide bromhydrique dont on reconnaît la présence au moyen de l'eau de chlore et de l'éther (p. 599. L'acide chlorhydrique peut contenir aussi quelquefois de l'acide arsénieux, lorsqu'on l'a préparé au moyen d'un acide sulfurique arsenical; la dissolution d'hydrogène sulfuré y produit alors un précipité jaune au moyen duquel on peut obtenir de l'arsenic métallique, en suivant la méthode qui a été indiquée (p. 385). Le mieux est d'essayer immédiatement l'acide par la méthode de *Marsh* p. 410. On reconnaît dans l'acide chlorhydrique, au moyen de la dissolution d'hydrogène sulfuré, des traces d'oxyde métallique, d'oxyde de plomb par exemple, en dissolution. Lorsque l'acide chlorhydrique est mélangé avec des substances fixes, comme le chlorure de sodium par exemple, on le reconnaît en évaporant de petites quantités de l'acide sur un verre de montre ou sur une lame de platine : l'acide chlorhydrique peut en effet contenir des substances fixes, et un acide chlorhydrique d'abord pur, lorsqu'il a été conservé pendant longtemps dans un vase de verre, peut contenir de petites quantités d'oxyde alcalin et de chaux. Quelquefois, bien qu'excessivement rarement, l'acide chlorhydrique peut contenir de l'acide sélénieux; on retrouve, au moyen d'un sulfite, la présence de l'acide sélénieux dans l'acide chlorhydrique p. 439. En outre, un acide chlorhydrique qui contient de l'acide sélénieux, devient rougeâtre par un contact prolongé et laisse déposer avec le temps des flocons de selenium rouge.

Acide nitrique. — On se sert, dans quelques cas, de l'acide nitrique pour dissoudre les substances oxydées qui sont insolubles dans l'eau, lorsque, pour des raisons spéciales, on doit éviter l'emploi de l'acide chlorhydrique. Quoique l'acide nitrique forme avec presque toutes les bases des combinaisons solubles, il ne doit cependant être préféré en aucune manière à l'acide chlorhydrique comme dissolvant des substances oxydées. En effet, non-seulement l'acide chlorhydrique dissout en totalité les substances oxydées beaucoup mieux que l'acide nitrique, non-seulement l'excès de l'acide nitrique est plus difficile à chasser que l'excès de l'acide chlorhydrique par l'action de la chaleur sur les substances fixes qui ont été traitées par ces acides, mais en outre il se présente surtout, dans l'action de l'acide nitrique, une circonstance désagréable, c'est que, dans le cas où la substance sur laquelle on opère contient en même temps des substances organiques, il peut facilement se produire des explosions lorsqu'on veut chasser le nitrate d'ammoniaque qui se produit en grande quantité lorsqu'on dissout un oxyde dans l'acide nitrique et lorsqu'on sursature ensuite la dissolution par l'ammoniaque. Quelquefois aussi on emploie l'acide nitrique au lieu d'acide chlorhydrique pour rendre acides des dissolutions neutres ou alcalines ; cependant cela n'est nécessaire que dans des cas rares. On emploie surtout l'acide nitrique pour dissoudre les métaux et les alliages métalliques : en effet la plupart des métaux ne peuvent être dissous que par cet acide. On emploie en outre l'acide nitrique pour oxyder les sulfures (p. 455) et pour transformer dans les dissolutions un degré inférieur d'oxydation en un degré d'oxydation plus élevé : on s'en sert, par exemple, pour transformer le protoxyde de fer en sesquioxyde de fer.

L'acide nitrique que l'on emploie ordinairement, est un acide pur d'une densité de 1, 2 ; ce n'est que dans quelques cas, et spécialement pour opérer l'oxydation des sulfures, que l'on a besoin d'un acide nitrique rouge fumant contenant de l'acide nitreux. — Au lieu d'acide nitrique, on se sert fréquemment d'un mélange d'acide nitrique et d'acide chlorhydrique (*eau régale*). Dans ce cas, il n'est naturellement pas nécessaire d'employer un acide nitrique qui soit exempt d'acide chlorhydrique, mais il ne doit pas contenir d'acide sulfurique. L'eau régale est ordinairement un mélange d'une partie d'acide nitrique et de deux parties d'acide chlorhydrique ; mais, dans quelques cas, la quantité de l'acide chlorhydrique doit être plus grande.

L'acide nitrique, spécialement avec l'aide de la chaleur, dissout presque tous les métaux en produisant un dégagement de bioxyde de nitrogène ; quelquefois aussi, il se produit du protoxyde de nitrogène et de l'acide nitreux : l'or, le platine et quelques autres métaux qui ont été indiqués précédemment, sont les seuls qui ne s'y dissolvent pas. L'acide nitrique dissout en outre presque tous les oxydes, à l'exception du bioxyde d'étain, de l'acide antimonieux, de l'acide tellureux et de quelques autres, surtout lorsqu'on les a préalablement calcinés ; il dissout également les combinaisons salines, non solubles dans l'eau, formées par les oxydes. L'acide nitrique oxyde les substances simples non métalliques, comme le soufre, le selenium, etc. ; mais l'acide nitrique fumant les oxyde plus facilement que l'acide nitrique étendu. Les combinaisons de ces substances avec les métaux sont également dissoutes par l'acide nitrique ; cependant le métal est presque toujours dissous plutôt que la substance avec laquelle il était combiné (p. 424).

Quelques métaux et quelques oxydes dont il a déjà été fait mention, sont insolubles ou au moins très peu solubles dans l'acide nitrique : le chlorure d'argent, le bromure d'argent, l'iodure d'argent et le cyanure d'argent, l'iodate et le bromate d'argent, les combinaisons de l'acide sulfurique et de l'acide sélénique avec la baryte, la strontiane, la chaux et l'oxyde de plomb sont également presque insolubles dans l'acide nitrique étendu. Les silicates se comportent à l'égard de l'acide nitrique comme à l'égard de l'acide chlorhydrique; cependant l'acide chlorhydrique les décompose plus facilement que l'acide nitrique.

L'acide nitrique est fréquemment rendu impur par la présence de l'acide chlorhydrique. On reconnaît dans l'acide nitrique la présence de l'acide chlorhydrique en étendant l'acide nitrique d'une petite quantité d'eau et ajoutant une dissolution de nitrate d'argent: il se produit alors du chlorure d'argent qui trouble la liqueur. On reconnaît la présence de l'acide sulfurique dans l'acide nitrique au précipité de sulfate de baryte qui se forme lorsqu'on étend l'acide d'une grande quantité d'eau et lorsqu'on y ajoute une dissolution de nitrate de baryte ou de chlorure de baryum. On reconnaît dans l'acide nitrique la présence de parties constituantes fixes en évaporant une petite quantité de cet acide sur un verre de montre. On reconnaît au moyen de la dissolution d'hydrogène sulfuré les substances métalliques qui sont melangées avec l'acide nitrique. On a reconnu dans ces derniers temps que l'acide nitrique contenait frequemment de l'iode lorsqu'on l'avait préparé au moyen de la substance dite salpêtre du Chili. Un acide nitrique de cette espèce peut, lorsqu'il est très étendu, contenir de l'acide iodhydrique; plus fréquemment cependant, il contient de l'acide iodique dont la présence peut être retrouvée par la méthode qui a été indiquee page 620. Si l'acide nitrique contient de l'acide iodhydrique, il devient un peu brunâtre à la longue.

L'eau regale dissout toutes les substances qui sont solubles dans l'acide nitrique et opère ordinairement cette dissolution en bien moins de temps que l'acide nitrique seul. Parmi les métaux qui sont insolubles dans l'acide nitrique, plusieurs, comme l'or, le platine et plusieurs autres métaux nobles, sont dissous par l'eau régale; en outre, surtout lorsque l'acide chlorhydrique prédomine, l'eau régale dissout les oxydes de l'antimoine, de l'étain, etc., et aussi leurs combinaisons salines. Les autres combinaisons oxydées qui sont insolubles dans l'acide chlorhydrique et dans l'acide nitrique, sont également insolubles dans l'eau régale.

Il est inexact de croire que l'eau régale doit être employée de préférence à l'acide chlorhydrique et à l'acide nitrique seuls, pour dissoudre ou pour décomposer les substances oxydées. L'acide chlorhydrique convient en général le mieux pour opérer la dissolution des substances oxydées.

Acide sulfurique. — On emploie l'acide sulfurique concentré pour rechercher si une substance contient des acides volatils. La plupart des acides volatils sont séparés, au moins partiellement, à la température ordinaire, par l'acide sulfurique concentré; on peut alors reconnaître leur présence au moyen d'une baguette de verre humectée d'ammoniaque qui ne produit pas de fumée blanche à la température ordinaire en présence de l'acide sulfurique seul, lorsqu'il n'y a en même temps point d'acide volatil. L'acide sulfurique sert pour rechercher l'acide borique (p. 655), l'acide oxalique (p. 681 , l'acide formique (p. 772) et plusieurs acides organiques ; il sert aussi pour reconnaître l'acide chlorique (p. 590) et l'acide bromique (p. 603) dans leurs combinaisons salines ; on l'emploie aussi pour découvrir le chlore (p. 579), le brome (p. 601), l'iode (p. 614) et le fluor (p. 565), dans leurs combinaisons avec les métaux. — L'acide sulfurique étendu d'environ 6 à 8 parties d'eau est employé dans quelques cas, à la place de l'acide chlorhydrique, pour dissoudre les substances oxydées ; on l'emploie encore pour reconnaître et précipiter la baryte (p. 20), la strontiane (p. 29), l'oxyde de plomb (p. 131), et souvent aussi pour découvrir la chaux (p. 31). Au lieu d'acide sulfurique étendu, on se sert, dans quelques cas, avec avantage d'une dissolution de sulfate de potasse et de sulfate de chaux, comme cela a été indiqué page 32.

Avec l'aide de la chaleur, l'acide sulfurique concentré dissout ou décompose presque toutes les substances qui résistent à l'action des autres acides. On se sert cependant rarement de l'acide sulfurique pour opérer la dissolution des substances insolubles dans l'eau, lorsque ces substances sont solubles dans l'acide chlorhydrique : en effet, l'excès d'acide sulfurique ne peut être volatilisé qu'à une température un peu élevée ; en outre, lorsque la dissolution contient des sels ammoniacaux, ce qui se présente fréquemment, la volatilisation du sulfate d'ammoniaque présente aussi des difficultés. Les bases faibles et aussi plusieurs acides métalliques, qui, après avoir été calcinés, résistent fortement à l'action dissolvante de l'acide chlorhydrique, se dissolvent lorsqu'on les fait chauffer pendant quelque temps avec l'acide sulfurique concentré. A cette catégorie appartiennent l'alumine, la glucine, la zircone, le bioxyde d'étain, l'acide titanique et quelques autres, lorsqu'ils ont été fortement calcinés.

L'or, le platine et quelques autres métaux sont insolubles dans l'acide sulfurique. La plupart des métaux peuvent être oxydés à une température un peu élevée par l'acide sulfurique, en opérant la décomposition d'une portion de cet acide et en produisant un dégagement d'acide sulfureux : le sulfate ainsi obtenu est soluble dans l'eau. Quelques métaux qui décomposent facilement l'eau par l'action d'un acide, se dissolvent par l'action de l'acide sulfurique étendu avec dégagement d'hydrogène.

Dans la plupart des cas, on se sert dans les analyses chimiques d'un acide sulfurique distillé. Si l'on évapore quelques gouttes de cet acide dans un petit creuset de platine, il ne doit pas laisser de résidu lorsqu'il est pur. — L'acide sulfurique qui se trouve dans le commerce, contient de petites quantités de sulfate de plomb : si, par suite, après l'avoir saturé par l'ammoniaque ou en avoir opéré seulement la saturation approximative, on mélange cet acide avec une dissolution d'hydrogène sulfuré, il devient brun (p. 130). Quelquefois l'acide sulfurique contient du sulfate de potasse qui reste comme résidu lorsqu'on évapore l'acide sulfurique dans un creuset de platine ; dans quelques cas, l'acide sulfurique contient aussi de l'acide sélénique, ce qui lui donne la propriété de dissoudre l'or, et d'attaquer même le platine lorsqu'on le mélange avec l'acide chlorhydrique. On retrouve l'acide sélénique dans l'acide sulfurique en l'étendant d'une petite quantité d'eau, faisant bouillir avec l'acide chlorhydrique et faisant digérer alors avec la dissolution d'un sulfite (p. 442); on peut aussi reconnaître dans l'acide sulfurique la présence de l'acide sélénique en le transformant en acide sélénieux et en l'essayant ensuite au moyen d'une dissolution de sulfate de protoxyde de fer (p. 440). Souvent, en étendant simplement d'une certaine quantité d'eau l'acide sulfurique concentré contenant du selenium, il devient rougeâtre et laisse alors déposer du selenium de couleur rougeâtre. Si l'acide sulfurique contient de l'acide arsénieux, on le reconnaît en étendant d'eau et en traitant ensuite la liqueur par le gaz hydrogène sulfuré ou par la méthode de *Marsh* (p. 384 et 411). Si l'acide sulfurique contient de l'acide nitrique ou un degré inférieur d'oxydation du nitrogène, on le reconnaît en ajoutant à l'acide sulfurique, sans l'étendre d'eau, une petite quantité d'une dissolution de sulfate de protoxyde de fer (p. 712). — L'acide sulfurique concentré qui se trouve dans le commerce et qui n'a pas été purifié par la distillation, peut contenir encore d'autres impuretés : un grand nombre de ces substances étrangères restent comme résidu à l'état insoluble lorsqu'on étend l'acide d'une certaine quantité d'eau. Si l'acide sulfurique concentré a une couleur brunâtre, cela vient de ce qu'il contient des substances organiques. Lorsque la quantité de ces substances organiques n'est pas considérable, on peut employer dans presque tous les cas l'acide sans inconvénient; il se décolore du reste dans ce cas lorsqu'on le fait chauffer dans une capsule de porcelaine ou mieux dans une capsule de platine.

Ammoniaque. — On se sert surtout de l'ammoniaque pour saturer les liqueurs acides, et, dans ce but, on doit la préférer aux dissolutions des oxydes alcalins fixes. On s'en sert aussi pour distinguer des dissolutions des combinaisons salines de la magnésie, de l'alumine et des autres oxydes terreux, les dissolutions aqueuses des combinaisons salines des oxydes alcalins, de la baryte, de la strontiane et de la chaux : en effet, ces dernières ne sont pas précipitées par l'ammoniaque, tandis que les premières sont précipitées. On se sert en outre d'ammoniaque pour reconnaître l'oxyde de cuivre (p. 153), l'oxyde de nickel (p. 117), et aussi pour dissoudre le chlorure d'argent (p. 166) ; on s'en sert également pour distinguer le chlorure d'argent du protochlorure de mercure et du chlorure de plomb; on l'emploie enfin pour précipiter un grand nombre d'oxydes. L'ammoniaque appartient, comme l'acide chlorhydrique, aux réactifs les plus essentiels. L'ammoniaque que l'on emploie ordinairement, a une pesanteur spécifique de 0,96; mais il vaut mieux, dans la plupart des cas, étendre encore d'une certaine quantité d'eau la dissolution d'ammoniaque qui a ce degré de concentration.

La dissolution d'ammoniaque doit être claire comme l'eau et ne doit pas avoir une couleur brunâtre; car, dans ce cas, elle contiendrait des substances organiques; lorsqu'on la conserve dans des flacons qui sont fermés avec des bouchons de liége, elle devient brunâtre. Lorsqu'elle est pure, non-seulement l'ammoniaque ne doit pas donner de résidu lorsqu'on l'évapore dans une cuiller de platine ou dans un petit creuset de platine ; mais en outre, après qu'on l'a saturée par l'acide chlorhydrique pur et après qu'on a évaporé la liqueur saturée, elle doit donner un sel qui se volatilise complétement et qui, après la volatilisation, ne laisse pas de résidu de charbon. Cependant une dissolution d'ammoniaque qui, à part cette circonstance, est pure, donne fréquemment un très faible résidu de charbon lorsqu'on la traite de cette manière ; mais si ce résidu est un peu considérable, l'ammoniaque ne peut plus être employée, dans la plupart des cas, pour opérer des recherches analytiques. — L'ammoniaque contient quelquefois du chlorure d'ammonium : si on sursature par l'acide nitrique pur l'ammoniaque ainsi mélangée, il se produit dans la dissolution un précipité de chlorure d'argent lorsqu'on ajoute une dissolution de nitrate d'argent. Si, après avoir sursaturé l'ammoniaque par l'acide nitrique ou par l'acide chlorhydrique, il s'y produit un précipité blanc lorsqu'on ajoute une dissolution de chlorure de baryum et lorsqu'on étend d'une quantité suffisante d'eau, cela tient à ce que l'ammoniaque contenait de l'acide sulfurique. Si l'ammoniaque contient de très petites quantités d'acide carbonique, ce qui arrive fréquemment lorsqu'on ne l'a pas préservée complétement du contact de l'air, il s'y produit, par l'action de l'eau de chaux pure ou d'une dissolution de chlorure de calcium, un peu de carbonate de chaux qui trouble la liqueur ; par l'action du chlorure de baryum, il se produit un peu de carbonate de baryte. On doit laisser reposer pendant quelque temps le tout dans un flacon bouché, pour pouvoir juger s'il se dépose une petite quantité de carbonate terreux. Surtout dans quelques analyses quantitatives, il est très important d'employer une dissolution d'ammoniaque qui soit exempte de toute trace d'acide carbonique. Il est important alors de préparer une liqueur ammoniacale qui, au moment de sa préparation, soit complétement exempte de toute trace d'acide carbonique. On l'obtient en faisant passer d'abord par un flacon intermédiaire qui contient du lait de chaux le gaz ammoniac que l'on dégage par les procédés ordinaires ; ce n'est qu'après l'avoir lavé de cette manière qu'on le fait passer dans l'eau qui doit l'absorber. L'ammoniaque peut contenir quelquefois du chlorure de calcium : dans ce cas, elle laisse un résidu lorsqu'on l'évapore, et elle est en outre troublée par une dissolution d'acide oxalique. Si l'ammoniaque tient en dissolution des traces de bioxyde d'étain, elle est ordinairement un peu trouble ; lorsqu'on évapore une grande quantité d'ammoniaque, ces traces de bioxyde d'étain restent comme résidu ; on doit, pour se convaincre avec certitude de la présence de l'étain dans le résidu, mélanger ce résidu avec la soude, le réduire sur le charbon par l'action de la flamme intérieure du chalumeau p. 241 et p. 254). L'ammoniaque peut aussi contenir quelquefois du bioxyde de cuivre : à moins que la quantité de bioxyde de cuivre ne soit trop peu considérable, l'ammoniaque possède alors une couleur bleuâtre. On peut se convaincre avec plus de certitude de la présence du bioxyde de cuivre en ajoutant à l'ammoniaque un peu de sulfure d'ammonium; il se produit alors du sulfure de cuivre dans lequel on peut reconnaître, à l'aide du chalumeau, la présence du cuivre, même en très petite quantité.

Hydrate de potasse pur. — On emploie la dissolution de potasse pure pour reconnaître l'ammoniaque dans ses combinaisons p. 19 . On s'en sert aussi pour distinguer les dissolutions des autres bases qui sont précipitées par la potasse et qui ne sont pas redissoutes par un excès de potasse, des dissolutions d'alumine (p. 43 , d'oxyde de zinc p. 102), d'oxyde de plomb p. 129 et de quelques autres oxydes terreux et métalliques, et aussi pour séparer ces bases les unes des autres. La potasse dissout en outre une quantité considérable d'oxydes, surtout ceux qui se comportent à l'égard des bases comme des acides. Par suite de sa basicité énergique, l'hydrate de potasse peut décomposer la plupart des combinaisons salines, même celles qui ne se décomposent que difficilement par d'autres procedes. On emploie en outre l'hydrate de potasse solide pour absorber quelques gaz, comme le gaz acide carbonique, le gaz chlore, le gaz hydrogène sulfuré, etc. On employait autrefois frequemment l'hydrate de potasse pour transformer en combinaisons solubles dans les acides, en les faisant fondre avec l'hydrate de potasse, les oxydes, spécialement ceux qui ont des reactions acides et qui sont devenus, par la calcination, insolubles dans l'acide chlorhydrique; mais, dans la plupart des cas, on se sert, pour obtenir ce resultat, au lieu d'hydrate de potasse, du carbonate de potasse ou du carbonate de soude.

La dissolution d'hydrate de potasse, telle qu'on doit l'employer spécialement dans les analyses quantitatives, est difficile à obtenir à l'état de très grande pureté. Elle doit être incolore ; si elle a une couleur jaunâtre, cela provient de ce qu'elle contient des matières organiques en dissolution, ce qui, du reste, n'a pas d'inconvénient dans la plupart des analyses. Elle peut contenir du chlorure de potassium, du sulfate de potasse et quelquefois aussi du nitrate de potasse. Si l'on sursature la dissolution par l'acide nitrique pur, une dissolution de nitrate d'argent y produit, dans le premier cas, du chlorure d'argent qui trouble la liqueur ; dans le deuxième cas, si on etend d'une quantité convenable d'eau la dissolution sursaturée par l'acide nitrique, et si on la traite ensuite par une dissolution de chlorure de baryum, il se produit une certaine quantite de sulfate de baryte qui trouble la liqueur. On rencontre rarement de la potasse qui soit exempte de toute trace de chlorure de potassium; mais, dans la plupart des cas, la presence d'une petite quantité de chlorure de potassium dans la potasse n'a aucun inconvénient, même dans les analyses quantitatives. On reconnaît la presence du nitrate de potasse par les méthodes qui ont été indiquées page 712. — Les matières étrangères dont la présence dans l'hydrate de potasse est surtout très importante à considérer, sont l'acide silicique et l'alumine. Pour reconnaître la présence de ces matières dans la potasse, on sursature par l'acide chlorhydrique la dissolution de potasse, on évapore la liqueur à siccité, et, après avoir humecté avec l'acide chlorhydrique la masse desséchée, on la laisse reposer pendant quelque temps et on y verse de l'eau. S'il y avait de l'acide silicique, il ne se dissout pas et reste comme résidu insoluble; si la masse desséchée et humectée ensuite avec l'acide chlorhydrique se dissout complétement dans l'eau, c'est que la potasse était pure de toute trace d'acide silicique. Si l'on ajoute ensuite à la liqueur acide un excès d'une dissolution de carbonate d'ammoniaque, l'alumine est précipitée lorsque la potasse en contenait. L'hydrate de potasse qui contient de l'acide silicique, ne doit surtout pas être employé dans les analyses quantitatives et peut avoir les conséquences les plus fâcheuses; mais il peut être employé dans les analyses qualitatives. Lorsqu'une dissolution d'hydrate de potasse est conservée pendant longtemps dans un vase de verre, elle enlève un peu d'acide silicique à la matière du vase. Mais les différentes sortes de verre se comportent d'une manière différente à l'égard de la dissolution de potasse. — La dissolution de potasse contient ordinairement un peu de carbonate de potasse dont la présence dans la potasse n'a pas d'inconvénient dans la plupart des cas, pourvu qu'il n'y en ait pas une trop grande quantité, ce dont on pourrait s'apercevoir à l'effervescence trop forte qui se produirait en sursaturant la dissolution par un acide. En outre, si l'hydrate de potasse solide contient du carbonate de potasse, il ne se dissout pas complétement dans l'alcool. Si la potasse contient des traces de chaux, il se produit un léger précipité d'oxalate de chaux lorsqu'on ajoute à la dissolution de potasse d'abord un peu d'eau et ensuite une dissolution d'acide oxalique, et lorsqu'on chauffe ensuite légèrement. — On reconnaît dans la potasse la présence de l'acide phosphorique au moyen du molybdate d'ammoniaque.

Il n'est pas nécessaire de se servir d'une dissolution d'hydrate de potasse ou d'un hydrate de potasse très purs, lorsqu'on veut les employer dans la plupart des analyses qualitatives, ou lorsqu'on veut s'en servir pour l'absorption des gaz. Mais si on veut les employer dans les analyses quantitatives, il faut qu'ils soient aussi purs que possible : on fera bien alors de les préparer soi-même. On y arrive très bien lorsqu'on traite dans une bassine d'argent pur, par 10 ou 12 parties d'eau distillée, le carbonate de potasse pur, tel qu'on l'obtient par l'action de la chaleur sur le bicarbonate de potasse pur du commerce, lorsqu'on fait ensuite chauffer la dissolution jusqu'à l'ébullition et lorsqu'on ajoute ensuite peu à peu de l'hydrate de chaux sec, en ayant soin d'agiter de temps en temps avec une spatule d'argent. On doit avoir préparé soi-même la chaux calcinée au moyen du marbre de Carrare, que l'on se procure facilement dans les grandes villes où il y a des ateliers de sculpteur. On choisit les morceaux du blanc le plus pur et on les introduit dans un grand creuset de Hesse, que l'on place dans un fourneau à vent d'un très bon tirage et que l'on soumet à une température rouge très intense, en ayant soin de l'y maintenir pendant plusieurs heures. Lorsqu'on ne peut pas opérer la calcination de la chaux dans son propre laboratoire, on envoie le creuset dans un four à poteries, en ayant soin de voir si on ne le place pas dans un endroit trop chaud, où la chaux pourrait fondre avec la masse du creuset et former ainsi un silicate. Il faut employer une partie et demie de cette chaux ainsi calcinée pour deux parties de carbonate de potasse. — On fait bouillir le tout, en ayant soin de renouveler l'eau à mesure qu'elle s'évapore, jusqu'à ce que la dissolution de carbonate de potasse ait complétement perdu son acide carbonique. On laisse alors reposer le tout pendant quelque temps dans la bassine d'argent, et on verse la liqueur dans un flacon de verre vert, pendant qu'elle est encore laiteuse. On laisse alors le tout se déposer et s'éclaircir; chaque fois que l'on en a besoin, on enlève avec un siphon une portion de la dissolution complétement claire qui surnage le carbonate de chaux. — Cette dissolution d'hydrate de potasse est complétement pure : elle ne contient pas de chaux; la chaux est, en effet, insoluble dans une dissolution de potasse de la concentration de celle que l'on obtient ainsi. Quoique exempte d'acide carbonique, cette dissolution se trouble, par suite, par l'action de l'eau de chaux et ne s'éclaircit que lorsqu'on ajoute une très grande quantité d'eau p. 32 .—Si, pour préparer l'hydrate de potasse, on n'emploie pas l'hydrate de chaux sec, mais si on emploie de la chaux en bouillie, le carbonate de chaux qui se produit est plus volumineux et se dépose plus lentement.

On prépare également soi-même l'hydrate de potasse solide en évaporant dans la bassine d'argent la dissolution claire, en faisant fondre la masse desséchée et en versant la masse en fusion dans une capsule d'argent ou de platine.

Dans quelques cas, on peut, au lieu d'hydrate de potasse, employer l'*hydrate de soude*, soit à l'état de dissolution, soit à l'état solide : ce dernier s'emploie spécialement dans les analyses quantitatives.

Carbonate de potasse, carbonate de soude. — On emploie quelquefois dans les analyses le carbonate de potasse en dissolution; mais, dans la plupart des cas, on peut employer à sa place une dissolution de carbonate de soude. Les dissolutions de ces carbonates alcalins précipitent tous les oxydes terreux et un grand nombre d'oxydes métalliques des dissolutions de leurs combinaisons salines, et les distinguent, par suite, des dissolutions des oxydes alcalins auxquelles ces carbonates ne font subir aucune modification. A l'état sec, le carbonate de potasse et le carbonate de soude sont employés pour opérer la décomposition des combinaisons de l'acide silicique (p. 640), et surtout pour opérer la décomposition des substances qui résistent à l'action des acides. Ces deux carbonates alcalins fixes sont également employés pour séparer les acides des oxydes terreux et métalliques, surtout lorsque les acides forment avec ces oxydes des combinaisons insolubles dans l'eau; pour opérer cette séparation, on fait fondre la combinaison avec un excès de carbonate alcalin, et on traite la masse fondue par l'eau qui dissout l'excès de carbonate alcalin, et qui dissout également, à l'état de sel de potasse, l'acide que contenait la combinaison, et qui a formé avec l'oxyde alcalin un sel soluble; les oxydes terreux et métalliques restent comme résidu insoluble, lorsqu'ils ne sont pas solubles dans la dissolution de carbonate alcalin.

Le carbonate de potasse et le carbonate de soude contiennent très souvent du sulfate de potasse ou de soude, et du chlorure de potassium ou de sodium; ils contiennent aussi du nitrate de potasse ou de soude. On découvre la présence de ces matières étrangères de la manière qui a été indiquée pour la dissolution d'hydrate de potasse pur. Le carbonate de potasse contient souvent de l'acide silicique, et quelquefois aussi des traces d'alumine; on reconnaît dans le carbonate de potasse la présence de ces matières étrangères de la même manière que dans l'hydrate de potasse. Il est difficile de préparer un carbonate de potasse qui soit complétement exempt de toute trace d'acide silicique. Si l'on conserve pendant longtemps dans un vase de verre une dissolution de carbonate de potasse, ce carbonate enlève à la matière du vase une certaine quantité d'acide silicique; du reste, la dissolution de carbonate de soude en enlève moins que celle de carbonate de potasse. Comme la dissolution de carbonate de soude ne contient ordinairement pas d'acide silicique, on l'emploie plus fréquemment dans les analyses chimiques. Si le carbonate de potasse a été préparé au moyen du tartre et du salpêtre, il contient, dans quelques cas, du cyanure de potassium, dont on peut reconnaître la présence par la méthode indiquée page 726. Si le carbonate de potasse contenait de l'acide phosphorique, on pourrait le reconnaître très bien au moyen du molybdate d'ammoniaque (p. 549), après avoir sursaturé par l'acide nitrique. Le carbonate de potasse et le carbonate de soude contiennent quelquefois une très petite quantité de protoxyde de fer. On le reconnaît en traitant par le sulfure d'ammonium la dissolution qui ne doit pas être trop étendue, et en laissant reposer le tout pendant quelque temps, en ayant soin de le tenir à l'abri du contact de l'air. Il se produit alors une coloration verdâtre, et il se dépose, au bout de quelque temps, un léger précipité de sulfure noir de fer. Le carbonate de soude contient quelquefois de l'hydrate de soude. On reconnaît la présence de l'hydrate de soude dans le carbonate de soude au moyen d'une dissolution de nitrate d'argent p. 697); cependant, pour être sûr du résultat de cette expérience, il faut que le carbonate de soude ne contienne pas en même temps du sulfure de sodium. — Les deux carbonates alcalins, surtout le carbonate de soude, peuvent tenir en dissolution de très petites quantités de carbonate de chaux, dont on découvre la présence dans leurs dissolutions au moyen de l'acide oxalique, comme cela a été indiqué pour la dissolution d'hydrate de potasse. On obtient facilement les deux carbonates alcalins à l'état pur en les préparant par l'action de la chaleur sur les bicarbonates alcalins purs du commerce.

Carbonate d'ammoniaque. — On emploie, dans les analyses chimiques, le carbonate d'ammoniaque à l'état de dissolution et à l'état solide. La dissolution de carbonate d'ammoniaque peut être employée dans la plupart des cas où on emploie les dissolutions des carbonates alcalins fixes. Dans quelques cas cependant, pour séparer par exemple les oxydes terreux des oxydes alcalins, pour dissoudre la glucine et les autres bases, on doit préférer le carbonate d'ammoniaque; on ne peut même, dans certains cas, employer que le carbonate d'ammoniaque. Dans les analyses qualitatives et dans les analyses quantitatives, on préfère surtout le carbonate d'ammoniaque à cause de sa propriété de se volatiliser complétement, lors même qu'on ne pourrait l'employer que dans les mêmes cas que les carbonates alcalins fixes.

Le carbonate d'ammoniaque, comme l'ammoniaque pure, contient souvent du chlorure d'ammonium, du sulfate d'ammoniaque et des substances organiques; on retrouve ces matières étrangères de la même manière que dans l'ammoniaque pure. Pour être pur, le carbonate d'ammoniaque doit se volatiliser complétement lorsqu'on le chauffe dans une cuiller de platine. S'il contient du carbonate de plomb, il reste un résidu d'oxyde de plomb. Lorsque le carbonate d'ammoniaque contient un sel de chaux, ce sel reste comme résidu après la volatilisation. Si on dissout dans l'eau le carbonate d'ammoniaque qui contient du plomb, il reste comme résidu insoluble du carbonate de plomb.

Hydrogène sulfuré. — Dans les analyses qualitatives, on emploie ordinairement l'hydrogène sulfuré à l'état de dissolution aqueuse; quelquefois cependant on fait passer directement le gaz dans la liqueur à analyser. L'hydrogène sulfuré est un réactif extrêmement important pour l'analyse qualitative des oxydes métalliques; il est même indispensable. Comme certains oxydes métalliques sont précipités par l'hydrogène sulfuré dans leurs dissolutions acides, tandis que d'autres ne sont précipités que dans leurs dissolutions alcalines et tandis qu'enfin les oxydes alcalins et les oxydes terreux ne sont pas précipites par l'hydrogène sulfuré, il est tout à fait utile de baser sur la manière dont les différentes substances se comportent à l'égard de l'hydrogène sulfuré et du sulfure d'ammonium, la marche systématique à suivre à cet égard dans les analyses qualitatives. C'est pour cela qu'il a été question avec beaucoup de détail, dans la première partie de l'analyse qualitative, de la manière dont l'hydrogène sulfuré et le sulfure d'ammonium se comportent à l'égard des dissolutions des différents oxydes; c'est pour cela qu'on en a donné ensuite un résumé succinct et systématique en parlant de l'hydrogène sulfuré (p. 470).

La dissolution d'hydrogène sulfuré que l'on emploie dans les analyses qualitatives, doit être aussi saturée que possible; elle doit en outre être conservée dans des flacons qui soient bien bouchés et qui ne soient pas trop grands : en effet, dans un flacon que l'on ouvre fréquemment, l'hydrogène sulfuré se décompose avec facilité et ne peut plus par suite être employé. On a indiqué (p. 450) comment cette décomposition s'opère.

On prépare toujours soi-même la dissolution d'hydrogène sulfuré en faisant passer du gaz hydrogène sulfuré dans de l'eau jusqu'à ce que cette eau en soit saturée. Le gaz passe d'abord dans un flacon intermédiaire qui contient de l'eau qui sert à le laver, et passe ensuite dans un autre flacon qui contient l'eau qui doit l'absorber. On en remplit aux trois quarts ou un peu plus plusieurs flacons qui ne doivent pas jauger plus d'un demi-litre. Pour voir si l'eau est complétement saturée de gaz, on ferme le flacon avec le pouce et on agite. Si on sent que le pouce adhère avec un peu de force à l'orifice du flacon, cela vient de ce que l'eau n'est pas saturée ; on doit alors continuer à faire passer le courant de gaz. Si l'on agite une dissolution d'hydrogène sulfuré complétement saturée, le pouce n'est pas attiré, mais il est au contraire légèrement repoussé.

Le dégagement du gaz hydrogène sulfuré présente des inconvénients : on ne peut nier en outre qu'il peut être nuisible à la santé de respirer un air qui n'en contient même que de petites quantités. Lorsque, dans les analyses qualitatives ou dans les analyses quantitatives ou dans la préparation de la dissolution aqueuse de gaz hydrogène sulfuré, on dégage le gaz hydrogène sulfuré au moyen de l'appareil que l'on emploie ordinairement pour le dégager, on ne peut pas régler le courant de gaz et on perd beaucoup de gaz hydrogène sulfuré pour chasser l'air atmosphérique qui se trouve dans l'appareil. En outre le gaz qui se perd, infecte l'air du laboratoire et l'emploi d'un réactif aussi indispensable est, par suite, d'un usage désagréable auquel il faut malheureusement se résigner.

Fig. 7.

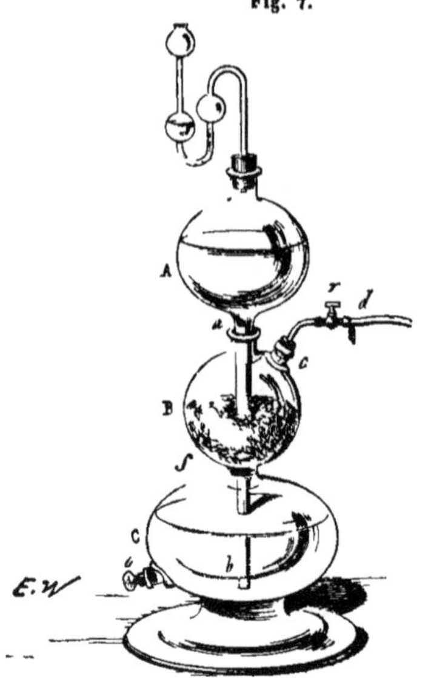

Cependant lorsqu'on se sert de l'appareil que nous allons décrire, le courant de gaz peut être très bien réglé, on peut arrêter le dégagement à tout instant et n'employer par conséquent que précisément autant de gaz qu'il est indispensable.

L'appareil fig. 7) est formé de trois parties, A, B, C. Les deux parties B et C sont soudées l'une à l'autre ; à la partie C, on a adapté un pied de manière qu'on puisse placer l'appareil partout. A la partie B vient s'adapter le vase A qui se termine inferieurement par un col cylindrique qui descend jusqu'en *b* à une petite distance de la partie inférieure du vase C. Le col du vase A est si bien rodé à l'émeri dans l'ouverture du vase B, que l'air ne peut pas passer entre les deux. La partie B est munie d'une ouverture latérale *c* à laquelle est adapté un bouchon percé dans lequel passe un tube à dégagement fermé au moyen d'un robinet *r*. Lorsqu'on veut faire passer du gaz hydrogène sulfuré dans une liqueur, on adapte au tube *d*, au moyen d'un tube de caoutchouc, un tube de verre recourbé à angle droit. On ôte le bouchon *c* de l'ouverture latérale du vase B et on introduit par cette ouverture latérale dans le vase B des morceaux de sulfure de fer compacte de la grosseur d'une noisette qui ne contiennent pas de sulfure de fer en poudre. Afin que les particules trop fines de sulfure de fer qui se produisent par la réaction, ne puissent pas passer en *f* pour tomber en C, on place en *f* un morceau de cuir qui est percé d'un trou dans lequel passe le col allongé du flacon A, on remet ensuite à sa place le bouchon de l'ouverture latérale de la partie B.

Après avoir ouvert le robinet *r* du tube *d*, on verse de l'acide sulfurique étendu dans le vase B en assez grande quantité, non-seulement pour que la partie C en soit remplie, mais aussi pour que le sulfure de fer qui se trouve en B en soit completement recouvert. Le dégagement du gaz commence alors et le gaz se dégage par le robinet *r*. Lorsqu'on ferme le robinet *r*, le gaz comprime la liqueur qui remonte dans le vase A par son long col de manière que l'appareil soit disposé comme dans la figure ci-jointe; le sulfure de fer cesse alors d'être en contact avec l'acide sulfurique; ce qui empêche le dégagement ultérieur du gaz. Lorsqu'on ouvre alors le robinet, on peut dégager autant de gaz qu'il est nécessaire; on peut en outre obtenir un courant de gaz lent ou rapide suivant qu'on ouvre le robinet partiellement ou complétement, et la première bulle est tout à fait pure de tout mélange avec l'air atmosphérique.

L'acide sulfurique que l'on emploie, doit être préparé au moyen d'une partie d'acide sulfurique concentré ordinaire et de 3 parties d'eau. Lorsque l'acide sulfurique est saturé de protoxyde de fer, on le fait écouler par l'ouverture *o*. On ne doit pas laisser l'acide sulfurique séjourner trop longtemps en C, parce que, sans cela, le sulfate de protoxyde de fer qui se produit, pourrait cristalliser sur les parois de la partie C, ce que l'on doit éviter.

Lorsque l'ouverture du vase A n'est pas fermée, il peut se répandre par cette ouverture une odeur désagréable d'hydrogène sulfuré, puisque la liqueur contenue dans le vase A en est saturée. C'est pour cela qu'on ferme cette ouverture par un bouchon qui est percé d'un trou dans lequel passe un tube de sûreté, et on a soin de remplir en partie ce tube de sûreté d'une dissolution concentrée d'hydrate de potasse.

On évite de cette manière toute odeur désagréable, et on peut même employer cet appareil dans le laboratoire sans avoir besoin de lui assigner une place spéciale.

Comme on prépare toujours soi-même la dissolution d'hydrogène sulfuré dont on a besoin comme réactif, elle ne contient généralement pas de matières étrangères. Si cependant on ne prend pas de précautions, l'hydrogène sulfuré que l'on prépare dans l'appareil ordinaire par la décomposition du sulfure de fer au moyen de l'acide sulfurique étendu, peut, lorsqu'il n'a pas été lavé, contenir un peu de sulfate de protoxyde de fer qui a été entraîné généralement avec le gaz par suite des soubresauts ; cela n'arrive pas lorsqu'on se sert de l'appareil que nous avons indiqué. La présence du sulfate de protoxyde de fer dans la dissolution d'hydrogène sulfuré doit du reste être évitée avec beaucoup de soin ; sa présence pourrait en effet quelquefois mettre le chimiste, et spécialement celui qui commence, dans un grand embarras s'il s'en servait pour des recherches analytiques. En effet la dissolution d'hydrogène sulfuré qui en contient, se colore en noir lorsqu'on la sursature par l'ammoniaque et laisse déposer un précipité noir de sulfure de fer ; on pourrait par suite supposer qu'il y aurait des oxydes métalliques dans des dissolutions bien qu'elles n'en continssent pas. Dans tous les cas, on peut découvrir dans l'hydrogène sulfuré la présence du sulfate de protoxyde de fer au trouble noir qui se produit lorsqu'on ajoute de l'ammoniaque.

Dans certaines analyses, on a besoin d'un gaz hydrogène sulfuré qui soit exempt de tout mélange de gaz hydrogène. Or, le gaz hydrogène sulfuré contient toujours du gaz hydrogène lorsque le sulfure de fer qui a servi à la préparation du gaz hydrogène sulfuré contient du fer libre. On reconnaît la présence du gaz hydrogène dans le gaz hydrogène sulfuré en soumettant à l'action absorbante d'une dissolution d'hydrate de potasse un petit volume de gaz qui doit être exempt d'air atmosphérique. Si le gaz que l'on a mis en présence de la dissolution d'hydrate de potasse, n'est pas complétement absorbé, mais s'il y en a une portion qui reste sans être absorbée et qui, enflammée, brûle avec une flamme bleuâtre, c'est que le gaz contient du gaz hydrogène libre. On peut du reste parfaitement bien employer un gaz hydrogène sulfuré de cette espèce pour préparer la dissolution d'hydrogène sulfuré, pour préparer le sulfure d'ammonium et pour précipiter la plupart des sulfures métalliques.

Sulfure d'ammonium (hydrosulfate d'ammoniaque, sulfhydrate d'ammoniaque, sulfhydrate de sulfure d'ammonium). — Le sulfure d'ammonium que l'on emploie ordinairement comme réactif, est un véritable sulfosel résultant de la combinaison de l'acide sulfhydrique avec le sulfure d'ammonium. C'est seulement à cause de la brièveté de la dénomination que ce réactif est nommé sulfure d'ammonium dans tout l'ouvrage. On s'en sert, au lieu d'hydrogène sulfuré, pour précipiter les oxydes métalliques de leurs dissolutions neutres ou alcalines. On se sert aussi, en analyse quantitative, du sulfure d'ammonium pour la séparation de l'alumine.

Dans ce réactif, l'ammoniaque doit être saturée d'hydrogène sulfuré. Pour préparer le sulfure d'ammonium, on ne fait pas passer le gaz hydrogène sulfuré dans une dissolution ammoniacale concentrée, mais on le fait passer dans une dissolution ammoniacale étendue de deux ou trois fois son volume d'eau, afin d'accélérer la préparation du réactif. Si, pendant la préparation, on a eu soin de préserver complétement le réactif du contact de l'air, on peut l'obtenir incolore ou presque incolore. Mais dès qu'on ouvre seulement un petit nombre de fois le vase de verre dans lequel on conserve le réactif, il devient jaunâtre ou même jaune; c'est de cette couleur qu'est le réactif dont on se sert ordinairement dans les laboratoires. Si on conserve le sulfure d'ammonium dans des flacons mal fermés ou si on ouvre très fréquemment les flacons dans lesquels on le conserve, il devient encore plus jaune ; si enfin il a eté exposé pendant trop longtemps au contact de l'air atmosphérique, il se transforme en hyposulfite d'ammoniaque et il ne peut plus être employé comme réactif. Lorsque le sulfure d'ammonium, sursaturé par l'acide chlorhydrique, ne donne qu'un trouble laiteux ou un précipité blanc de soufre qui n'est pas très abondant, on peut toujours l'employer comme réactif, lorsque, par suite de la sursaturation, il se dégage en même temps beaucoup de gaz hydrogène sulfuré. Si, pendant la preparation, le courant de gaz hydrogène sulfuré, produit au moyen du sulfure de fer et de l'acide sulfurique étendu, a été trop rapide et si on l'a fait passer directement dans de l'ammoniaque étendue d'eau sans avoir eu soin de le laver, il se produit au bout de quelque temps dans la dissolution de sulfure d'ammonium des flocons noirs de sulfure de fer. Si l'on conserve le réactif dans des flacons dont le verre contienne du plomb, les parois du vase deviennent d'abord noires et il s'y produit avec le temps un precipité noir de sulfure de plomb. — Si le réactif a été mal préparé et si, pour le préparer, on n'a pas fait passer pendant assez longtemps le gaz hydrogène sulfuré, si par conséquent il contient encore de l'ammoniaque et si, par suite, outre le sulfure d'ammonium, il ne contient pas d'hydrogène sulfuré, on peut y reconnaître la présence de l'ammoniaque libre au moyen d'une dissolution de sulfate de magnésie ; il se produit alors un précipité d'hydrate de magnésie qui ne se sépare souvent pas immediatement, mais au bout de quelque temps p. 39 . Mais, dans ce cas, la quantité d'ammoniaque libre est très considérable et le réactif ne peut pas être employé. Il est d'un bon emploi lorsque, melangé avec une dissolution concentree neutre de sulfate de protoxyde de fer ou de sulfate de protoxyde de manganèse, il donne encore un dégagement bien net de gaz hydrogène sulfure p. 467). C'est ce qui n'arrive pas lorsqu'il s'est oxydé en grande partie et lorsque, par suite de cette oxydation, il s'est transforme pour la plus grande partie en un degré supérieur de sulfuration de l'ammonium. — Du reste, ce réactif ne doit pas donner de résidu lorsqu'on l'évapore.

Dans quelques cas, pour opérer la précipitation des oxydes métalliques, on emploie, au lieu de sulfure d'ammonium, une dissolution de *sulfure de potassium* ou de *sulfure de sodium* que l'on prépare soi-même en faisant bouillir avec du soufre pulvérisé une dissolution d'hydrate de potasse ou d'hydrate de soude, ou bien en faisant fondre, dans un creuset de porcelaine qui n'est pas attaqué de cette manière, un melange de soufre et de carbonate de potasse ou de carbonate de soude, et en dissolvant dans l'eau la masse fondue. Suivant la quantité de soufre que l'on a ajoutee, les dissolutions contiennent des degrés de sulfuration plus ou moins élevés des métaux alcalins : la dissolution, obtenue par l'action du soufre sur les hydrates alcalins à la température de l'ébullition, contient en outre de l'hyposulfite alcalin, tandis que la dissolution, obtenue par l'autre procédé, contient du sulfate alcalin. Si, comme cela est nécessaire dans certains cas, les dissolutions doivent contenir les degrés de sulfuration les moins élevés des métaux alcalins, on doit préparer ces dissolutions en faisant passer un courant de gaz hydrogène sulfuré dans des dissolutions d'hydrate de potasse ou d'hydrate de soude qui ne soient pas trop concentrées. Au lieu de traiter certaines substances par les dissolutions de sulfure de potassium et de sulfure de sodium, on les fait fondre avec ces sulfures à l'état solide. Mais, dans ce cas, il n'est pas nécessaire de préparer d'avance les sulfures alcalins : on peut mélanger la substance à analyser avec du carbonate de potasse ou du carbonate de soude et du soufre, et calciner le mélange dans un petit creuset de porcelaine.

Chlorure de baryum. — On emploie en analyse le chlorure de baryum à l'état de dissolution. La dissolution du chlorure de baryum sert, non-seulement pour reconnaître l'acide sulfurique et les dissolutions des sulfates (p. 499), mais aussi pour opérer la précipitation d'un très grand nombre d'acides qui forment avec la baryte des combinaisons insolubles dans l'eau. — Dans un petit nombre de cas, on emploie, au lieu de la dissolution de chlorure de baryum, les dissolutions de *nitrate* et aussi d'*acétate de baryte :* ce dernier réactif sert spécialement pour séparer les oxydes alcalins de la magnésie.

Le chlorure de baryum et le nitrate de baryte sont rarement impurs. Si le chlorure de baryum est jaunâtre, cela vient de ce qu'il contient une très petite quantité de sesquichlorure de fer : souvent alors il contient aussi du chlorure d'aluminium; s'il devient humide lorsqu'on l'expose au contact de l'air, cela vient ordinairement de ce qu'il contient du chlorure de calcium. Lorsque la quantité de chlorure de calcium contenue dans le chlorure de baryum est très peu considérable, le sel ne devient pas sensiblement humide par l'exposition à l'air. La présence du chlorure de calcium qui n'est pas rare, peut être une cause d'erreurs, surtout dans les analyses qualitatives. On reconnaît dans le chlorure de baryum la présence du chlorure de calcium, en dissolvant dans une très grande quantité d'eau une petite quantité de chlorure de baryum et en précipitant ensuite à chaud la dissolution par l'acide sulfurique étendu. On filtre ensuite pour séparer le sulfate de baryte qui s'est précipité, on sursature par l'ammoniaque la liqueur filtrée et on ajoute ensuite de l'acide oxalique ou du bioxalate de potasse. Lorsqu'il y avait du chlorure de calcium (ou du chlorure de strontium) dans le chlorure de baryum, il se produit un précipité d'oxalate de chaux (ou de strontiane). — On reconnaît dans le chlorure de baryum une petite quantité de chlorure de strontium en faisant digérer avec de l'alcool concentré le mélange des deux sels et en enflammant ensuite la dissolution alcoolique filtrée. Lorsque le chlorure de baryum contenait du chlorure de strontium, l'alcool brûle avec une flamme rougeâtre, surtout vers la fin de la combustion. — Du reste, le chlorure de baryum et le nitrate de baryte, pour être bons à employer en analyse, doivent donner avec l'eau une dissolution complétement claire : cette dissolution doit rester complétement claire lorsqu'on y ajoute de l'ammoniaque exempte d'acide carbonique ; lorsqu'on ajoute à la dissolution de l'acide sulfurique et lorsqu'on jette sur un filtre le précipité ainsi obtenu, la liqueur qui passe au travers du filtre ne doit donner par évaporation aucun résidu fixe. S'il y a un résidu fixe, il peut venir de ce que le sel de baryte contenait des sels alcalins. — L'acétate de baryte, en se dissolvant dans l'eau, donne quelquefois une dissolution qui n'est pas complétement claire : il contient quelquefois de l'acide chlorhydrique et ne peut pas alors être employé comme réactif, surtout lorsqu'on veut séparer les oxydes alcalins de la magnésie. On y reconnaît la présence de l'acide chlorhydrique au précipité de chlorure d'argent qui se produit lorsqu'on dissout l'acétate de baryte dans une grande quantité d'eau et lorsqu'on ajoute à la dissolution un peu d'acide nitrique et ensuite une dissolution de nitrate d'argent. On rencontre quelquefois dans le commerce de l'acétate de baryte qui contient du cuivre. La dissolution prend alors une couleur brune par l'action d'une dissolution d'hydrogène sulfuré.

Carbonate de baryte. — Le carbonate de baryte sert, en analyse, à la précipitation des oxydes faiblement basiques et à leur séparation de leurs mélanges avec les oxydes doués de propriétés basiques énergiques. Le carbonate de baryte ne doit pas contenir de sel alcalin. Pour reconnaître la pureté de ce réactif, on en fait bouillir une certaine quantité avec de l'eau, on jette le tout sur un filtre et on évapore à siccité la liqueur filtrée : il ne doit pas rester de résidu. On peut essayer le carbonate de baryte d'une manière plus exacte en le dissolvant dans l'acide chlorhydrique étendu et en précipitant ensuite la dissolution au moyen de l'acide sulfurique étendu. Si l'on jette alors le tout sur un filtre, le sulfate de baryte obtenu reste sur le filtre, et la liqueur qui passe au travers du filtre ne doit plus contenir de matière fixe. Du reste, le mieux est de préparer soi-même le carbonate de baryte, surtout celui que l'on emploie dans les analyses quantitatives : pour le préparer, on précipite une dissolution de chlorure de baryum par une dissolution de carbonate d'ammoniaque à laquelle on a ajouté une petite quantité d'ammoniaque. On lave avec soin le carbonate de baryte ainsi obtenu et on le mélange ensuite avec de l'eau, de manière à en former une liqueur laiteuse épaisse que l'on conserve dans un flacon pour s'en servir lorsqu'on en a besoin.

Si l'on manque de carbonate de baryte, on peut employer du *carbonate de chaux* pur. Comme, néanmoins, la séparation de la chaux est plus difficile à opérer que celle de la baryte et ne s'opère pas aussi rapidement, on préfère généralement le carbonate de baryte au carbonate de chaux.

Hydrate de baryte. — On emploie en analyse l'hydrate de baryte, soit à l'état solide, soit à l'état d'*eau de baryte;* l'eau de baryte est employée surtout dans les analyses quantitatives pour précipiter quelques bases, et spécialement la magnésie. Le meilleur moyen de préparer ces deux réactifs est de faire bouillir avec de l'eau un mélange de sulfure de baryum et d'oxyde de cuivre, et de filtrer la dissolution encore chaude. Par le refroidissement de la dissolution, il s'en sépare de l'hydrate de baryte à l'état cristallisé. Si on calcine les cristaux ainsi obtenus dans une capsule d'argent ou dans une capsule de platine, jusqu'à ce que l'eau de cristallisation se soit volatilisée, il ne reste plus que de l'hydrate de baryte combiné avec un seul atome d'eau, que l'on conserve dans un vase de verre bien bouché, et que l'on peut très bien employer dans les analyses quantitatives.

Nitrate d'argent. — On emploie, dans les analyses, le nitrate d'argent à l'état de dissolution. Il sert surtout pour reconnaître l'acide chlorhydrique et les chlorures (p. 578); on l'emploie aussi pour reconnaître un grand nombre d'acides qui forment avec l'oxyde d'argent des combinaisons, insolubles ou peu solubles dans l'eau, qui possèdent souvent une couleur caractéristique; parmi ces acides, on peut citer l'acide bromique (p. 602), l'acide iodique (p. 618), l'acide phosphorique (p. 165 et 551), l'acide borique (p. 661), l'acide arsénique (p. 396), l'acide arsénieux (p. 382). La dissolution de nitrate d'argent sert encore à reconnaître l'acide bromhydrique et les dissolutions des bromures (p. 596), l'acide iodhydrique et les dissolutions des iodures (p. 608), l'acide cyanhydrique et les dissolutions des cyanures (p. 724), et quelques autres acides. On l'emploie en outre pour reconnaître la présence du protoxyde d'étain, du protoxyde de fer, du protoxyde de manganèse, de l'oxyde de cobalt (p. 169). Par suite de la tendance de l'oxyde d'argent à passer à l'état métallique, on utilise le nitrate d'argent pour reconnaître les acides qui ont une grande tendance à s'oxyder, comme l'acide sulfureux, l'acide phosphoreux, l'acide arsénieux, l'acide antimonieux, l'acide formique, etc. Mais on emploie surtout, dans les analyses qualitatives, le nitrate d'argent pour reconnaître l'acide antimonieux (p. 264). — Le nitrate d'argent est un des réactifs les plus importants : il a une importance au moins égale à celle du chlorure de baryum, sinon plus grande. — Dans quelques cas, qui se présentent cependant très rarement, on emploie, au lieu de nitrate d'argent, du *sulfate* et de l'*acétate d'argent*.

La dissolution de nitrate d'argent ne doit pas rougir le papier de tournesol, ce qui arrive fréquemment lorsque, pour préparer cette dissolution, on s'est servi d'un sel que l'on n'a pas fait cristalliser plusieurs fois ou que l'on n'a pas fait fondre préalablement à l'aide d'une faible chaleur. La dissolution de nitrate d'argent ne doit pas non plus prendre de coloration bleuâtre lorsqu'on y ajoute un excès d'ammoniaque, car elle contiendrait du cuivre; elle ne doit pas non plus donner, par l'action de l'ammoniaque, un précipité blanc, ni une liqueur trouble de couleur blanche, parce qu'elle pourrait alors contenir de l'oxyde de plomb ou de l'oxyde de bismuth. Si, dans la dissolution de nitrate d'argent, on précipite l'argent à l'état de chlorure d'argent au moyen de l'acide chlorhydrique, la liqueur, séparée du précipité par filtration, ne doit pas laisser de résidu fixe lorsqu'on l'évapore dans une capsule de porcelaine : s'il s'en produit un, c'est que le nitrate d'argent qui a servi à préparer la dissolution avait été falsifié au moyen d'un nitrate alcalin. Ce mélange est souvent fâcheux, surtout lorsqu'on doit employer ce réactif pour des analyses quantitatives.

Chlorure d'ammonium. — Le chlorure d'ammonium est employé dans les analyses à l'état solide et à l'état de dissolution. On emploie la dissolution de sel ammoniac pour empêcher la précipitation, par l'ammoniaque ou par les dissolutions des carbonates alcalins fixes, des dissolutions de quelques bases, comme la magnésie, le protoxyde de manganèse, l'oxyde de zinc, l'oxyde de nickel, l'oxyde de cobalt, etc., et les séparer ainsi des autres bases ; on se sert en outre quelquefois, dans les analyses qualitatives, de la dissolution de sel ammoniac pour précipiter l'alumine de sa dissolution dans la potasse (p. 43) et aussi pour précipiter le platine, l'iridium, etc. Le chlorure d'ammonium à l'état solide est en outre employé très avantageusement tant dans les analyses qualitatives que dans les analyses quantitatives pour volatiliser quelques acides métalliques dont les métaux forment avec le chlore des combinaisons volatiles, comme cela arrive pour les combinaisons oxygénées de l'étain, de l'antimoine et de l'arsenic par exemple. On emploie aussi le chlorure d'ammonium à l'état solide pour transformer en chlorures les sulfates et les nitrates alcalins.

Lorsqu'on n'a pas de dissolution de sel ammoniac, on peut parfaitement rendre acide au moyen de l'acide chlorhydrique la substance à analyser et y ajouter ensuite de l'ammoniaque. Dans les analyses qualitatives et dans les analyses quantitatives, on doit préférer le chlorure d'ammonium aux autres sels ammoniacaux parce qu'il se volatilise plus facilement et sans avoir même besoin de fondre avant de se volatiliser.

Lorsqu'on veut employer le chlorure d'ammonium à l'état solide, spécialement dans les analyses quantitatives, pour opérer la volatilisation des acides métalliques, on doit d'abord s'assurer de son entière pureté. Pour opérer ainsi la volatilisation des acides métalliques, il faut employer des quantités considerables de sel ammoniac; il est, par suite, important de s'assurer que ce chlorure d'ammonium ne contient pas de substances fixes. Pour essayer le chlorure d'ammonium, il faut en volatiliser plusieurs grammes dans un creuset de platine. Il reste alors fréquemment comme résidu une petite quantité de charbon; cela vient de ce que le chlorure d'ammonium contenait une petite quantité de matière empyreumatique. Lorsque ce charbon brûle au contact de l'air sans laisser de résidu, le chlorure d'ammonium peut encore être employé, mais il reste quelquefois comme résidu une petite quantité de chlorure de sodium, d'oxyde de manganèse (résultant de la combinaison du protoxyde et du sesquioxyde), de sulfate de magnésie, etc., etc.; on ne peut pas alors employer le chlorure d'ammonium, du moins pour obtenir le résultat que nous avons indiqué. — Le chlorure d'ammonium contient quelquefois du sulfate d'ammoniaque dont on peut reconnaître la présence en traitant par le chlorure de baryum la dissolution du chlorure d'ammonium qui en contient : du reste, dans la plupart des cas, on ne doit pas s'inquiéter, dans les analyses qualitatives, de la présence du sulfate d'ammoniaque dans le chlorure d'ammonium. On retrouve, au moyen de l'eau de chlore et de l'éther p. 599 , la présence du bromure d'ammonium dans le chlorure d'ammonium. On peut y retrouver la présence des combinaisons métalliques, comme le chlorure de plomb, le protochlorure de fer, etc., au moyen de l'hydrogène sulfuré et au moyen du sulfure d'ammonium. On ne peut pas reconnaître avec certitude au moyen du sulfure d'ammonium la présence de petites quantités de protochlorure de manganèse; mais on ne peut y arriver que par la volatilisation du sel. Si le sel ammoniac contient du protochlorure de fer, il se dépose au bout de quelque temps dans la dissolution un peu de sesquioxyde de fer.

Le chlorure d'ammonium seul peut très bien être volatilisé sans inconvénient dans des vases de platine; mais un mélange de chlorure d'ammonium et de nitrate d'ammoniaque, en se volatilisant, attaque fortement le platine et laisse souvent un résidu brun-rouge d'oxyde de platine.

Acide oxalique. — Dans la plupart des cas, on peut, spécialement dans les analyses qualitatives, au lieu d'acide oxalique, se servir d'une dissolution de *bioxalate de potasse* (*sel d'oseille* , qui se trouve dans le commerce : ce n'est que dans un petit nombre de cas qu'on emploie l'acide pur. Il est inutile de s'approvisionner d'oxalate d'ammoniaque pour les analyses chimiques; on peut en effet le préparer soi-même en ajoutant un petit excès d'ammoniaque à la dissolution d'acide oxalique. Les dissolutions des oxalates servent surtout à reconnaître la présence de la chaux p. 33 dans ses combinaisons salines solubles dans l'eau, mais elles servent aussi à la précipitation de plusieurs oxydes métalliques.

Le bioxalate de potasse qui se trouve dans le commerce, peut contenir du tartre ou d'autres substances organiques. Pour l'essayer, on en fait bouillir une petite quantité avec un excès d'acide sulfurique concentré qui le décompose et le dissout en produisant un dégagement de gaz (p. 681 . Si la dissolution reste claire, c'est que le bioxalate de potasse était pur; si la dissolution est brune ou noire et si elle produit, après une ébullition prolongee, une odeur bien nette d'acide sulfureux, cela indique qu'elle contient de l'acide tartrique ou d'autres substances organiques (p. 755 . Si le bioxalate de potasse a été falsifié avec du bisulfate de potasse, on le reconnaît en ajoutant à sa dissolution une dissolution de chlorure de baryum et un peu d'acide chlorhydrique libre : il se produit de cette manière un précipité de sulfate de baryte. Lorsqu'on décompose le bioxalate de potasse par l'action de la chaleur, il ne doit pas donner de résidu d'un blanc pur, mais il doit donner un résidu de carbonate de potasse qui soit de couleur grisâtre, mais qui ne soit pas de couleur noire.

On peut essayer l'acide oxalique comme le bioxalate de potasse au moyen de l'acide sulfurique pour reconnaître s'il contient des substances organiques. On reconnaît dans l'acide oxalique la présence de l'acide sulfurique, en ajoutant à la dissolution étendue d'acide oxalique une dissolution de chlorure de baryum: il se sépare ainsi un précipité de sulfate de baryte qui ne se produit qu'au bout de quelque temps lorsqu'il n'y a que de très légères traces d'acide sulfurique. Lorsqu'il est pur, l'acide oxalique, placé dans une cuiller de platine ou dans un petit creuset de platine, doit se volatiliser complétement par l'action de la chaleur; une portion seulement de l'acide se volatilise sans se décomposer, tandis que l'autre se décompose: mais, avant que la volatilisation totale soit opérée, l'acide ne doit pas devenir noir et il ne doit pas laisser de résidu fixe. Il est surtout d'une grande importance, dans les analyses quantitatives, d'employer un acide oxalique qui soit exempt de toute trace de base fixe et spécialement d'oxyde alcalin. Pour certaines analyses très exactes, il est souvent bon de purifier l'acide oxalique par sublimation, ce qui entraîne beaucoup de perte. On doit, du reste, lorsqu'on veut l'employer, purifier, par plusieurs cristallisations successives, l'acide oxalique du commerce aussi bien que celui que l'on obtient soi-même, par l'oxydation du sucre au moyen de l'acide nitrique. — Un acide oxalique qui devient humide au contact de l'air, n'est pas pur.

Phosphate de soude. — Le phosphate de soude en dissolution sert surtout pour reconnaître la magnésie (p. 38) et pour la distinguer des oxydes alcalins dans les dissolutions acides. Il sert aussi pour précipiter les oxydes terreux et beaucoup d'oxydes métalliques.

Le phosphate de soude contient très fréquemment du sulfate de soude. On y retrouve la présence du sulfate de soude en ajoutant de l'acide chlorhydrique ou de l'acide nitrique à la dissolution étendue du phosphate de soude et en la traitant ensuite par une dissolution d'un sel de baryte; il se produit alors un précipité de sulfate de baryte. On y reconnaît la présence du chlorure de sodium en ajoutant, à la dissolution du phosphate, de l'acide nitrique et une dissolution de nitrate d'argent : il se forme alors un précipité de chlorure d'argent. Si le phosphate de soude contient du carbonate de soude, il se produit une effervescence et il se dégage de l'acide carbonique lorsqu'on humecte le phosphate d'une petite quantité d'eau et lorsqu'on y ajoute ensuite un acide. La présence de ces matières étrangères n'a cependant pas d'inconvénient, spécialement lorsqu'on veut employer le réactif pour reconnaître et précipiter la magnésie.

Si la dissolution de phosphate de soude est troublée par une dissolution de carbonate de soude, surtout par l'action de la chaleur, cela indique que le phosphate de soude contient des sels qui ont pour base un oxyde terreux. Le phosphate de soude peut contenir quelquefois de l'acide arsénique ou de l'acide arsénieux; si, dans ce cas, on ajoute de l'acide chlorhydrique à la dissolution du phosphate de soude, et si on traite le tout par la dissolution d'hydrogène sulfuré, il se produit du sulfure d'arsenic, surtout lorsqu'on traite préalablement la dissolution par l'acide sulfureux : on peut ensuite rechercher l'arsenic dans le sulfure d'arsenic obtenu. Le phosphate de soude pur en dissolution bleuit le papier de tournesol et fond, lorsqu'on le calcine, en une perle claire qui devient comme l'émail par le refroidissement.

Lorsqu'on chauffe le phosphate de soude jusqu'au rouge, il se transforme en pyrophosphate de soude dont la dissolution se comporte, à l'égard des réactifs, tout autrement que le phosphate de soude ordinaire. On fait bien, par suite, avant de s'en servir, d'essayer le phosphate de soude au moyen d'une dissolution d'argent pour s'assurer, par la production du précipité jaune de phosphate d'argent, que le sel n'avait pas été calciné; car alors il produirait avec la dissolution d'argent un précipité blanc (p. 739).

Bichlorure de platine. — Le bichlorure de platine en dissolution aqueuse concentrée sert seulement pour reconnaître la potasse (p. 3) et l'ammoniaque (p. 17) et pour déterminer, dans une analyse quantitative, la quantité de ces substances qui entre dans un mélange salin.

On prépare ordinairement soi-même ce réactif; mais on doit mettre à sa préparation beaucoup de précaution. Pour le préparer, on dissout dans l'eau régale le platine en éponge, le platine en lame ou bien les petits creusets et autres vases de platine qui ont été endommagés par les usages auxquels on les a employés dans le laboratoire; on évapore ensuite la dissolution à feu nu dans une capsule de porcelaine; et lorsque la dissolution commence à être un peu concentrée, on évapore au bain-marie. On ajoute alors un peu d'acide chlorhydrique à la dissolution concentrée, et on continue à évaporer jusqu'à ce qu'on ne puisse plus observer d'odeur d'acide chlorhydrique ou de chlore. Si on laisse alors refroidir le tout, le bichlorure de platine s'épaissit en une masse cristalline qui a une couleur brune, presque noire, mais qui, lorsqu'on y ajoute une petite quantité d'eau, forme une dissolution d'une couleur rouge-jaunâtre clair qui doit être complétement soluble dans l'eau et dans l'alcool. S'il reste comme résidu un sel jaunâtre insoluble, cela vient de ce que la dissolution de bichlorure de platine contient un peu de chlorure de potassium ou de chlorure d'ammonium. Le chlorure de potassium provient souvent de ce qu'on a opéré la dissolution du platine au moyen de l'eau régale dans des vases de verre qui contiennent de la potasse et qui ont été attaqués par les acides de l'eau régale. Il vaut mieux par suite, pour opérer la dissolution du platine dans l'eau régale, se servir de grandes capsules de porcelaine auxquelles l'eau régale n'enlève pas de potasse, au moins lorsque la capsule de porcelaine a été bien fabriquée, comme le sont par exemple les capsules de porcelaine de Berlin.

Il faut évaporer au bain-marie la dissolution de bichlorure de platine afin d'éviter une température trop intense qui déterminerait la production d'une certaine quantité de protochlorure de platine qui forme avec le chlorure de potassium et le chlorure d'ammonium des sels doubles solubles. Si une dissolution de bichlorure de platine contient du protochlorure de platine, elle a une couleur foncée, même lorsqu'elle est étendue. — Le bichlorure de platine se dissout dans une petite quantité d'eau. Quoique, dans un grand nombre de cas, il soit avantageux d'employer une dissolution alcoolique de bichlorure de platine, il est cependant nécessaire de conserver une dissolution aqueuse concentrée de bichlorure de platine; en effet, la dissolution alcoolique se décompose avec le temps et laisse déposer du platine réduit. Du reste on peut, dans les analyses, au lieu de dissoudre dans l'eau la substance à analyser, la dissoudre dans l'alcool; on peut aussi, au lieu de l'eau, employer l'alcool pour étendre la dissolution de la substance à analyser, surtout lorsqu'elle est soluble dans l'alcool.

Acide hydrofluosilicique. — L'acide hydrofluosilicique sert pour distinguer la baryte de la strontiane et de la chaux (p. 21, p. 27 et p. 32); il est indispensable pour cet usage et ne peut que difficilement être remplacé par un autre réactif. On peut quelquefois l'employer pour reconnaître la potasse p. 3).

Pour obtenir ce réactif que l'on prépare ordinairement soi-même, on fait passer dans l'eau du gaz fluorure de silicium. Mais afin que l'ouverture du tube de dégagement ne soit pas bouchée par l'acide silicique qui se sépare, on le fait rendre dans du mercure de manière que le tube pénètre de quelques lignes dans le mercure; on verse ensuite l'eau avec précaution. On jette alors le tout sur une toile de lin et on comprime la toile en la tordant; l'acide silicique reste sur la toile, et la liqueur filtrée peut être employée comme réactif.

L'acide hydrofluosilicique peut être conservé dans des vases de verre qu'il n'attaque pas sensiblement. Si cependant on l'y laisse séjourner très longtemps, il en dissout la chaux, l'oxyde alcalin et même un peu de fer. Dans la plupart des cas, l'oxyde alcalin se sépare à l'état d'hydrofluosilicate peu soluble. Un acide hydrofluosilicique de cette espèce peut encore être employé pour les analyses qualitatives et spécialement pour distinguer la baryte de la strontiane et de la chaux; mais il ne peut plus être employé pour les analyses quantitatives.

Cyanure de potassium. — On emploie ordinairement comme réactif un cyanure de potassium qui contient du cyanate de potasse et que l'on prépare par la fusion du ferrocyanure de potassium desséché avec du carbonate de potasse. Lorsqu'on veut employer la dissolution de ce réactif dans les analyses qualitatives, on en dissout seulement au moment même une petite quantité dans l'eau froide. La dissolution se décompose avec le temps, surtout par l'action de la chaleur (p. 728). — Le cyanure de potassium solide est spécialement employé pour opérer des réductions ; il peut en effet réduire un grand nombre d'oxydes métalliques et de sulfures métalliques.

Le cyanure de potassium peut contenir du sulfocyanure de potassium lorsque le ferrocyanure de potassium qui a servi à sa préparation contient du sulfate de potasse. Il ne peut pas alors être employé comme réactif.

Ferrocyanure de potassium (cyanure jaune de fer et de potassium, prussiate jaune de potasse).—On emploie dans les analyses le ferrocyanure de potassium à l'état de dissolution. Cette dissolution peut servir à reconnaître plusieurs oxydes métalliques, et spécialement le sesquioxyde de fer (p. 94), le bioxyde de cuivre p. 154); mais il faut opérer avec beaucoup de précaution lorsqu'on emploie ce réactif ; en effet, lorsque la dissolution sur laquelle on opère contient un acide libre et lorsqu'on soumet le tout à l'action de la chaleur, il se sépare du bleu de Prusse; on pourrait supposer par suite la présence du fer dans des dissolutions qui n'en contiendraient pas (p. 731).

Le ferrocyanure de potassium qui se trouve dans le commerce, contient quelquefois du sulfate de potasse dont la présence peut être reconnue au précipité de sulfate de baryte qui se produit lorsqu'on traite par la dissolution d'un sel de baryte la dissolution très étendue du ferrocyanure de potassium impur. Si la dissolution de ferrocyanure est concentrée, il se forme un précipité même lorsque le sel est pur p. 23). Pour être purs, les cristaux de ferrocyanure de potassium doivent être d'une couleur jaune-citron et ne doivent pas se dissoudre dans l'alcool.

Ferricyanure de potassium (ferrocyanide de potassium, cyanure rouge de fer et de potassium, prussiate rouge de potasse). — Le ferricyanure de potassium s'emploie dans les analyses à l'etat de dissolution.

La dissolution de ferricyanure de potassium sert surtout pour reconnaître la présence du protoxyde de fer lorsqu'il y a en même temps du sesquioxyde de fer dans une dissolution p. 88 ; on doit cependant, lorsqu'on l'emploie, opérer avec précaution comme nous l'avons indiqué pour le ferrocyanure de potassium.

Lorsqu'on s'est procuré dans le commerce le ferricyanure de potassium à l'état pulvérulent, il contient quelquefois du chlorure de potassium. On reconnait dans la dissolution de ferricyanure de potassium la présence du chlorure de potassium, en ajoutant à la dissolution quelques gouttes d'une dissolution de nitrate d'argent. Il se forme alors un précipité blanc de chlorure d'argent ; mais si l'on ajoute une trop grande quantité de nitrate d'argent, il se produit un précipité rouge-brun (p. 165) qui, lorsque le sel est exempt de chlorure de potassium, se produit même par l'addition d'une seule goutte de dissolution de nitrate d'argent. On peut aussi, pour découvrir la présence du chlorure de potassium, faire digérer le sel avec de l'alcool qui soit concentré, mais qui ne soit pas anhydre; l'alcool concentré dissout le chlorure de potassium, mais il ne dissout pas le ferricyanure de potassium. On peut donc, en traitant la dissolution alcoolique par le nitrate d'argent, y retrouver la présence du chlorure de potassium.

Molybdate d'ammoniaque. — Dans les analyses qualitatives, le molybdate d'ammoniaque est un excellent réactif pour reconnaître les plus petites traces d'acide phosphorique (p. 549). Pour préparer ce sel, on fait bien de griller d'abord à une température qui ne soit pas trop élevée, sur une lame de fer placée au-dessus d'un feu de charbon, le sulfure de molybdène qui se trouve dans la nature. On verse ensuite sur la masse refroidie de l'ammoniaque qui, outre l'acide molybdique formé, dissout aussi de l'oxyde de molybdène. La dissolution a par suite une couleur bleue. On l'évapore pour la concentrer; en se concentrant, elle perd ordinairement sa couleur bleue et se décolore, lorsqu'elle ne contenait pas en même temps du bioxyde de cuivre en dissolution. Pendant l'évaporation, il faut ajouter de temps en temps de l'ammoniaque. On laisse cristalliser le bi-molybdate d'ammoniaque et on le conserve à l'état de sel incolore. Lorsqu'on veut préparer la dissolution pour s'en servir, il faut dissoudre ce sel dans l'ammoniaque.

La masse, grillée et épuisée par l'ammoniaque, peut être grillée de nouveau plusieurs fois et traitée ensuite par l'ammoniaque. Si, pour griller le sulfure, on opère à une température trop élevée, il se volatilise de l'acide molybdique.

On peut préparer également ce réactif au moyen du molybdate de plomb que l'on peut se procurer dans le commerce plus facilement que le sulfure de molybdène. Pour préparer le molybdate d'ammoniaque, on réduit en poudre le molybdate de plomb, et on le fait fondre avec un mélange de parties égales de carbonate de soude et de soufre. On traite par l'eau la masse fondue, on filtre la dissolution pour en séparer le sulfure de plomb et on sursature par un acide la dissolution filtrée; il se sépare du sulfure de molybdène que l'on soumet au grillage pour le transformer en acide molybdique; on dissout ensuite cet acide molybdique dans l'ammoniaque. On peut aussi faire digérer avec une dissolution de sulfure de sodium ou de sulfure de potassium, ou même de sulfure d'ammonium, le molybdate de plomb réduit en poudre; cela suffit pour le décomposer complétement.

Avant de se servir de la dissolution, on doit l'essayer pour s'assurer qu'elle ne contient pas d'acide phosphorique. Chauffée avec l'acide nitrique en excès ou l'acide chlorhydrique, elle ne doit ni devenir jaune, ni donner de précipité jaune.

Chlorure de calcium. — On emploie dans les analyses le chlorure de calcium à l'état de dissolution. La dissolution de chlorure de calcium n'est employée que dans quelques cas très rares, pour opérer par exemple la précipitation de l'acide phosphorique, de l'acide arsénieux, de l'acide arsénique et de plusieurs acides organiques; dans la plupart des cas, on peut très bien la remplacer par une dissolution de chlorure de baryum.

Pour pouvoir être employée comme réactif, la dissolution de chlorure de calcium doit être neutre et ne doit pas avoir de réaction alcaline; traitée par l'ammoniaque parfaitement exempte d'acide carbonique, elle ne doit pas donner de précipité; si elle donne un précipité, c'est que le chlorure de calcium contient des traces de phosphate de chaux ou d'autres matières étrangères analogues. L'hydrate de potasse, en réagissant sur la dissolution de chlorure de calcium, ne doit pas en dégager d'ammoniaque. Si la dissolution de chlorure de calcium, traitée par le sulfure d'ammonium, donne un trouble noirâtre, cela indique qu'elle contient un peu de sesquichlorure de fer ou d'autres substances métalliques.

Acétate de plomb. — On emploie, dans les analyses, l'acétate de plomb en dissolution pour reconnaître l'acide phosphorique et d'autres acides avec lesquels l'acétate de plomb donne souvent des précipités d'une couleur caractéristique; on l'emploie aussi pour retrouver de petites quantités d'hydrogène sulfuré. Dans quelques cas, on emploie, au lieu d'acétate de plomb, le *nitrate de plomb*.

L'acétate de plomb qui se trouve dans le commerce, peut quelquefois contenir de l'acétate de chaux. Si, dans ce cas, on ajoute à la dissolution du sel une dissolution d'hydrogène sulfuré suffisante pour que tout l'oxyde de plomb soit précipité à l'état de sulfure de plomb et si on filtre pour séparer le sulfure de plomb, on peut reconnaître dans la liqueur filtrée la présence de la chaux, en sursaturant par l'ammoniaque et en ajoutant ensuite une dissolution d'acide oxalique ou de bioxalate de potasse; il se produit alors un précipité d'oxalate de chaux. Si la liqueur, séparée du sulfure de plomb par filtration et saturée par l'ammoniaque, donne par l'action du sulfure d'ammonium un trouble verdâtre ou noir de sulfure de fer, cela indique que le sel contenait du fer. Si la dissolution d'acétate de plomb, sursaturée par l'ammoniaque, devient bleuâtre, cela indique qu'elle contient du bioxyde de cuivre.

Quelquefois, au lieu d'acétate neutre de plomb, on emploie de l'*acétate basique de plomb*. La dissolution de ce sel bleuit le papier de tournesol et donne avec une dissolution de gomme arabique un précipité abondant.

Sulfate de protoxyde de fer. — Le sulfate de protoxyde de fer récemment dissous sert pour reconnaître l'or (p. 234); il sert aussi pour reconnaître l'acide nitrique (p. 712) et l'acide nitreux (p. 706). En effet le protoxyde de fer est du nombre des oxydes qui absorbent avec beaucoup de force l'oxygène; aussi le sulfate de protoxyde de fer est-il un agent de réduction très puissant. — Si la dissolution de sulfate de protoxyde de fer contient un peu de sesquioxyde de fer, ce qui arrive toujours lorsqu'on n'a pas eu le soin de la conserver complétement à l'abri du contact de l'air, on peut s'en servir pour rechercher l'acide cyanhydrique (p. 726 . Mais il vaut mieux, dans ce cas, ajouter à la dissolution du sulfate de protoxyde de fer une petite quantité d'une dissolution de sesquichlorure de fer ou d'un sel de sesquioxyde de fer.

Le sulfate de protoxyde de fer qui se trouve dans le commerce, contient fréquemment du sulfate de cuivre, du sulfate de zinc, du sulfate de magnésie et d'autres sulfates dont la présence peut cependant n'avoir pas d'inconvénient essentiel dans la plupart des cas où on l'emploie en analyse qualitative. Ces matières ne se rencontrent pas dans le sulfate de protoxyde de fer que l'on prépare soi-même en dissolvant le fer dans l'acide sulfurique étendu, ni dans celui que l'on obtient comme produit accessoire de la préparation de l'hydrogène sulfuré au moyen du sulfure de fer et de l'acide sulfurique.

Sesquichlorure de fer. — Le sesquichlorure de fer n'est employé que rarement dans les analyses qualitatives. Il sert pour reconnaître certains acides organiques, spécialement l'acide succinique (p. 765), l'acide benzoïque (p. 767), l'acide acétique (p. 769), l'acide formique (p. 772) et l'acide rhodanhydrique (p. 742); on l'emploie en outre, à l'état de mélange avec une dissolution de protoxyde de fer pour reconnaître la présence de l'acide cyanhydrique (p. 726). — On emploie, en analyse quantitative, une dissolution de *sulfate de sesquioxyde de fer* lorsqu'on veut décomposer dans une liqueur l'hydrogène sulfuré qu'elle contient pour y déterminer ensuite le le chlore.

On retrouve dans le sesquichlorure de fer la présence du protochlorure de fer au moyen d'une dissolution de ferricyanure de potassium; on y reconnaît la présence de l'acide nitrique en y ajoutant de l'acide sulfurique concentré et ensuite une dissolution de sulfate de protoxyde de fer. La présence de ces deux substances ne paraît pas du reste avoir d'inconvénient grave dans la plupart des cas.

Protochlorure d'étain. — La dissolution du protochlorure d'étain du commerce que l'on a récemment préparée et à laquelle on a ajouté une quantité d'acide chlorhydrique assez grande pour qu'elle devienne claire, est employée pour reconnaître l'oxyde d'or et le sesquichlorure d'or (p. 235); elle sert aussi pour opérer la réduction de quelques oxydes métalliques facilement réductibles, et spécialement celle de l'oxyde de mercure. Le protochlorure d'étain est, comme le sulfate de protoxyde de fer, un agent de réduction très puissant.

Le protochlorure d'étain que l'on trouve dans le commerce, contient ordinairement du bioxyde d'étain; le sel, traité par l'eau, ne forme pas alors une dissolution claire; ce n'est que lorsqu'on ajoute de l'acide chlorhydrique étendu qu'il se produit une dissolution complétement claire. Plus le protochlorure d'étain est resté longtemps exposé à l'air, plus sa dissolution aqueuse est laiteuse et plus il faut d'acide chlorhydrique pour obtenir une dissolution claire. Souvent même l'acide chlorhydrique ne dissout plus le sel à la température ordinaire, mais le dissout seulement à une température élevée; si enfin il y a très longtemps que le sel a été préparé, il ne contient plus de protochlorure d'étain et ne contient que du bioxyde d'étain et du bichlorure d'étain. Il n'y a pas d'inconvénient à se servir, dans les analyses qualitatives, de protochlorure d'étain qui contienne une petite quantité de bioxyde d'étain. — Si on traite le protochlorure d'étain par une petite quantité d'eau et par un excès de sulfure d'ammonium de couleur jaune, il doit s'y dissoudre complétement (p. 239). S'il reste un sulfure noir insoluble, cela peut être du sulfure de fer, du sulfure de plomb, etc., etc., provenant d'impuretés contenues dans le protochlorure d'étain.

Alcool. — L'alcool est employé en analyse comme agent de dissolution; on l'emploie aussi pour séparer certaines substances. Il sert pour opérer la précipitation du sulfate de chaux (p. 34), pour reconnaître l'acide borique (p. 655) et pour quelques autres emplois. — Avant de l'employer, on doit avoir soin d'essayer si l'alcool ne contient pas de matières étrangères; l'alcool pur ne doit pas laisser de résidu lorsqu'on l'évapore.

Eau distillée. — L'eau distillée est le plus important de tous les dissolvants. Comme on en a besoin presque dans chaque analyse, on doit s'assurer qu'elle est de la plus grande pureté. Une quantité d'eau, s'élevant à plusieurs grammes, évaporée dans un petit creuset de platine bien propre, ne doit pas laisser de résidu. L'eau distillée pure ne doit pas rougir le papier de tournesol; elle ne doit pas être troublée par une dissolution de nitrate d'argent. Quelquefois elle contient des traces de sulfate de chaux; dans ce cas, elle se trouble au bout de quelque temps par l'action d'une dissolution de chlorure de baryum et par l'action d'une dissolution d'acide oxalique à laquelle on a ajouté de l'ammoniaque.

Papiers réactifs, papier de tournesol, papier de curcuma, papier de Fernambouc. — L'emploi de ces papiers est bien connu. Le papier de curcuma et le papier de Fernambouc servent pour reconnaître les oxydes alcalins; le papier de curcuma sert en outre pour reconnaître l'acide borique, et le papier de Fernambouc pour distinguer l'acide fluorhydrique. — On emploie souvent, pour reconnaître de petites traces d'hydrogène sulfuré, un papier qui a été trempé dans une dissolution d'acétate de plomb.

Les réactifs que nous venons d'indiquer, sont suffisants pour la plupart des analyses qualitatives et quantitatives. On en emploie cependant aussi d'autres qui servent surtout à déterminer avec plus d'exactitude les parties constituantes qu'une première analyse a séparées les unes des autres, ou qui servent à l'analyse de substances plus rares. Les plus importants de ces réactifs sont les suivants :

Chlore. — On emploie le chlore, à l'état d'eau de chlore, pour reconnaître le brome dans les dissolutions des bromures et de l'acide bromhydrique (p. 599); l'eau de chlore sert aussi pour reconnaître l'iode (p. 611) et pour oxyder quelques substances. On prépare l'eau de chlore en agitant avec de l'eau distillée du gaz chlore lavé et en le conservant dans de petits flacons que l'on doit avoir le soin de tenir à l'abri de la lumière solaire. On fait bien de recouvrir ces flacons de papier noir, parce que, de cette manière, l'eau de chlore est préservée pendant plus longtemps de la décomposition. L'eau de chlore doit blanchir le papier de tournesol et décolorer la dissolution d'indigo. Si, pour décolorer la dissolution d'indigo, on est obligé d'employer des quantités considérables d'eau de chlore, cela indique que l'eau de chlore ne contient pas une quantité suffisante de chlore, ou bien qu'elle s'est décomposée peu à peu.

Dans quelques cas, on peut, au lieu d'eau de chlore, employer du *chlorure de chaux*. — Lorsque, dans une analyse qualitative, on veut décomposer au moyen du chlore une grande quantité de substances organiques, on traite la matière à analyser par l'acide chlorhydrique et on y ajoute ensuite du chlorate de potasse (p. 276 et p. 409). Lorsqu'on veut oxyder les métaux, et spécialement les sulfures métalliques, l'acide chlorhydrique, avec addition de chlorate de potasse, réussit souvent mieux que l'eau régale.

Acide fluorhydrique. — L'acide fluorhydrique est un réactif essentiel; il a cependant moins d'importance dans les analyses qualitatives que dans les analyses quantitatives. On peut actuellement trouver dans le commerce de l'acide fluorhydrique si concentré qu'il répand des fumées abondantes. Mais cet acide n'est ordinairement pas complétement pur et contient notamment du fluorure de silicium et du plomb; il contient également de très faibles quantités de fer et de chaux. On peut, au moyen de cet acide, préparer du fluorure d'ammonium presque pur que l'on emploie spécialement dans les analyses quantitatives. On ne peut du reste purifier l'acide qu'en opérant sa rectification dans une cornue de platine au-dessus d'un fluorure comme la kryolithe, par exemple; cependant l'acide fluorhydrique rectifié de cette manière n'est pas encore complétement pur et il est d'une concentration moindre qu'auparavant. — Lorsqu'on a préparé l'acide fluorhydrique en traitant le spath-fluor par l'acide sulfurique concentré et en soumettant ensuite à la distillation, l'acide fluorhydrique contient toujours du fluorure de silicium; en effet on ne peut que très rarement se procurer du spath-fluor qui soit complétement exempt de tout mélange de quartz. On peut obtenir de l'acide fluorhydrique exempt de fluorure de silicium en décomposant par l'acide sulfurique concentré la kryolithe pulvérisée, que l'on peut se procurer actuellement à bon marché. Lorsqu'on opère la décomposition du spath-fluor et surtout celle de la kryolithe dans un vase de plomb, auquel est adapté un dôme de platine ou dans lequel l'acide passe du vase de plomb dans un tube de platine, l'action qu'exerce à la longue sur le plomb l'acide sulfurique et surtout l'action qu'exerce sur le plomb le sulfate acide de soude qui s'est formé dans la décomposition de la kryolithe, produisent de l'acide sulfureux qui peut se mélanger avec l'acide fluorhydrique et le rendre impur. Si l'action a duré encore plus longtemps, la décomposition de l'acide sulfurique est encore plus complète; il se sublime du soufre dans le dôme de platine et il peut même passer des vapeurs de soufre jusque dans le récipient de platine; la présence du soufre dans l'acide fluorhydrique le rend alors laiteux. Ce phénomène ne provient pas de ce que le spath-fluor contenait du sulfure de fer ou d'autres sulfures qui le rendaient impur, et il n'a pas lieu lorsqu'on prépare l'acide fluorhydrique dans un appareil distillatoire de platine. Le meilleur moyen d'obtenir par suite l'acide fluorhydrique complétement pur est d'attaquer par l'acide sulfurique concentré la kryolithe en poudre, de soumettre le tout à la distillation dans un appareil distillatoire de platine et de ne pas opérer à une température trop élevée afin qu'il ne se volatilise pas d'acide sulfurique.

Lorsque l'acide fluorhydrique ne contient que du fluorure de silicium et ne contient pas d'autres matières étrangères, on peut l'employer dans la plupart des cas en analyse qualitative : ce n'est que lorsqu'on veut retrouver l'acide silicique dans une combinaison qu'on ne peut pas s'en servir. On peut reconnaître, dans l'acide fluorhydrique, la présence du fluorure de silicium, en sursaturant l'acide par l'ammoniaque; il se sépare alors de l'acide silicique (p. 646). Si l'on ajoute un peu de sulfure d'ammonium, on peut reconnaître si l'acide fluorhydrique contient du plomb. On reconnaît dans l'acide fluorhydrique la présence de l'acide sulfurique, en étendant l'acide et en y ajoutant ensuite un peu de chlorure de baryum; s'il se produit alors un précipité qui ne se dissout pas lorsqu'on ajoute une très grande quantité d'acide chlorhydrique, c'est que ce précipité est du sulfate de baryte.

Lorsqu'on ne peut se servir que d'un spath-fluor quartzeux pour préparer l'acide fluorhydrique, on peut obtenir un acide fluorhydrique assez pur, qui ne contienne qu'une petite quantité de fluorure de silicium et qui souvent même n'en contienne point du tout, en opérant de la manière suivante : On traite, dans un appareil de plomb ou dans un appareil de platine, une partie de spath-fluor en poudre fine par deux ou trois parties d'acide sulfurique concentré, on agite le tout avec une spatule de platine et on laisse le mélange exposé à l'air pendant un ou plusieurs jours, en ayant soin d'agiter fréquemment. De cette manière, l'acide silicique que contenait le spath-fluor, se dégage à l'état de fluorure de silicium gazeux, et le spath-fluor qui reste, forme avec l'acide sulfurique une dissolution visqueuse. On ajoute seulement alors le dôme de platine, on bouche les joints avec du plâtre et on adapte au col du dôme un récipient de platine dont le col soit bien adapté au col du dôme, en ayant soin cependant que le récipient ait une très-petite ouverture par laquelle l'air atmosphérique puisse s'échapper. On met de l'eau dans le récipient, on l'entoure de glace ou de neige, ou au moins d'eau froide, et on commence à opérer lentement la distillation, en chauffant la cornue au moyen de la flamme d'une petite lampe. La température ne doit pas être trop élevée, parce que les vapeurs d'acide fluorhydrique pourraient alors se dégager par l'ouverture du récipient. On doit continuer à chauffer, pendant une journée et même pendant plusieurs jours lorsqu'on opère sur de grandes quantités de substances, et on ne doit pas cesser si, en enlevant le récipient, il se dégage par le col du dôme des vapeurs lorsqu'on continue alors à chauffer légèrement. Si la dissolution aqueuse d'acide fluorhydrique est très concentrée, elle est fumante et elle peut alors être employée dans la plupart des cas où l'on en a besoin. On la conserve dans le récipient de platine en le fermant avec un bouchon de cire. Immédiatement après la distillation, on enlève la bouillie de sulfate de chaux qui reste comme résidu dans la cornue, ce que l'on peut faire très bien par suite de la présence de l'excès d'acide sulfurique employé. — On conserve actuellement l'acide fluorhydrique du commerce dans des flacons de gutta-percha, qui ne sont que très faiblement attaqués, même lorsque l'acide fluorhydrique y a séjourné pendant un temps très long.

Lorsqu'on veut employer l'acide fluorhydrique pour s'assurer de la pureté de l'acide silicique ou pour rechercher si l'acide silicique n'est pas combiné avec des bases, on doit s'assurer surtout d'abord que l'acide fluorhydrique ne contient pas de substances fixes : il doit alors se volatiliser complétement sans laisser de résidu, lorsqu'on le chauffe dans un creuset de platine.

On ne doit pas négliger d'observer ici qu'il faut opérer avec beaucoup de précaution lorsqu'on fait des analyses au moyen de l'acide fluorhydrique, et surtout au moyen de l'acide fluorhydrique fumant. Cet acide est positivement un poison, et on doit avoir soin de ne pas en respirer les vapeurs : on ne doit pas non plus en humecter ses doigts (p. 560). Si, en n'opérant pas avec assez de précaution, on s'est blessé avec cet acide, il est utile de laver immédiatement avec une dissolution de potasse ou avec de l'ammoniaque la portion de la peau que l'acide a attaquée.

Fluorure d'ammonium. — Le fluorure d'ammonium est employé rarement avec avantage dans les analyses qualitatives, mais on l'utilise très bien, dans les analyses quantitatives, pour opérer la décomposition des silicates. On le prépare en sursaturant par l'ammoniaque l'acide fluorhydrique du commerce et en ajoutant ensuite un peu de sulfure d'ammonium. Il se précipite ainsi de l'acide silicique, du sulfure de plomb et souvent aussi un peu de sulfure de fer; enfin, il se précipite aussi de la chaux, surtout lorsqu'on a ajouté à l'ammoniaque un peu de carbonate d'ammoniaque. On laisse reposer le tout dans un vase de verre et on filtre. On évapore ensuite la liqueur filtrée au bain-marie dans une capsule d'argent, ou mieux dans une capsule de platine. Elle devient bientôt acide, et on doit y ajouter de temps en temps un peu de carbonate d'ammoniaque solide. Lorsque la dissolution commence à devenir solide, on doit agiter avec une spatule de platine et écraser avec soin, au moyen d'une spatule ou d'une cuiller d'argent ou de platine, toutes les agglomérations de fluorure d'ammonium qui se produisent, de manière à dessécher complétement le sel. Bien que, pendant l'évaporation, on ait ajouté une grande quantité d'ammoniaque, on obtient toujours un sel acide qui est du fluorhydrate de fluorure d'ammonium. On ne doit conserver ce sel que dans des vases de platine ou d'argent et dans des boîtes de gutta-percha, mais non dans des boîtes de carton ordinaire, et on ne doit pas, même pour peu de temps, le conserver dans des vases de verre ou de porcelaine. Préparé avec les précautions que nous venons d'indiquer, le fluorure d'ammonium n'attire pas l'humidité de l'air, à la température ordinaire, et ne tombe pas en déliquium (comme cela a été indiqué dans quelques traités de chimie). Mais s'il contient des agglomérations de sel qui n'ont pas été écrasées pendant la dessiccation, il attire facilement l'humidité de l'air. — Lorsqu'il est pur. il doit se volatiliser complétement lorsqu'on le calcine dans un creuset de platine.

Acide acétique. — On emploie quelquefois l'acide acétique pour dissoudre certaines substances oxydées, lorsqu'on ne peut employer ni l'acide chlorhydrique, ni l'acide nitrique.

On se sert alors d'un acide acétique de moyenne concentration, qui ait une densité spécifique de 1,04. Cet acide acétique doit être exempt d'acide chlorhydrique et d'acide sulfurique : il ne doit pas contenir de substances métalliques, et, lorsqu'on l'évapore dans une capsule de platine, il ne doit pas laisser de résidu fixe.

Acide tartrique. — La dissolution concentrée d'acide tartrique sert pour reconnaître la potasse (p. 2 et pour la distinguer de la soude (p. 9), de la lithine (p. 13) et même de l'ammoniaque (p. 17). On emploie surtout l'acide tartrique pour empêcher, dans des dissolutions, la précipitation de quelques oxydes métalliques par l'action des oxydes alcalins ; en traitant ensuite une dissolution de ce genre par le sulfure d'ammonium, on peut transformer quelques-uns des oxydes en sulfures, et les séparer ainsi de ceux sur lesquels le sulfure d'ammonium n'a pas d'action. — On ne doit pas conseiller de préparer d'avance une très grande quantité de dissolution d'acide tartrique, parce qu'elle moisit au bout de quelque temps. — Au lieu d'acide tartrique, on peut également employer l'*acide citrique ;* il est même souvent préférable d'employer ce dernier.

Pour être pur, l'acide tartrique doit se dissoudre complétement dans l'alcool. Si l'acide tartrique contient un sel de chaux, il n'est ordinairement pas complétement soluble dans l'alcool ; si on en calcine alors une petite quantité sur une lame de platine et si on brûle le charbon à l'aide du chalumeau, il laisse un résidu. Lorsque l'acide tartrique contient de l'acide sulfurique, sa dissolution, traitée par un sel de baryte, donne un précipité de sulfate de baryte. On y reconnaît la présence des substances métalliques, et notamment de l'oxyde de plomb, au moyen de l'hydrogène sulfuré et au moyen du sulfure d'ammonium, après avoir saturé par l'ammoniaque.

Succinate d'ammoniaque. — On emploie quelquefois la dissolution neutre de succinate d'ammoniaque pour distinguer la baryte de la strontiane et de la chaux, lorsqu'on manque d'acide hydrofluosilicique (p. 23, p. 28 et p. 33) ; mais ce moyen de distinguer les bases indiquées ne présente pas une grande certitude. On emploie surtout le succinate d'ammoniaque dans les analyses quantitatives, pour séparer du sesquioxyde de fer de petites quantités de protoxyde de manganèse et d'autres oxydes : on peut également l'employer dans ce but dans les analyses qualitatives. Au lieu de succinate d'ammoniaque, on peut employer le succinate de soude cristallisé, lorsque la liqueur séparée du succinate de fer par filtration contient déjà des sels alcalins fixes.

On ne peut conserver le sel qu'à l'état de dissolution ; en effet, le sel qui cristallise par l'évaporation d'une dissolution neutre, est un sel acide. On ne doit cependant pas conserver une trop grande quantité de dissolution neutre : en effet, elle commence à moisir au bout de quelque temps, même lorsqu'on a employé un acide succinique très pur. Le *succinate de soude* cristallisé est, au contraire, un sel neutre.

On peut facilement préparer du succinate d'ammoniaque très pur en se servant d'un acide succinique qui contient une assez grande quantité d'huile de succin. Pour y arriver, on dissout l'acide succinique dans l'eau chaude, on filtre la dissolution pour en séparer l'huile de succin, on sature par l'ammoniaque et on concentre la dissolution par l'évaporation à une très faible chaleur. Le succinate acide d'ammoniaque cristallisé ainsi obtenu est ordinairement encore un peu jaunâtre, mais il devient complétement pur lorsqu'on le fait cristalliser de nouveau.

Comme on prépare soi-même le succinate d'ammoniaque et le succinate de soude, ils peuvent être complétement exempts de matières étrangères, lorsqu'on a employé à leur préparation de l'acide succinique pur. Lorsqu'il est pur, l'acide succinique se dissout complétement dans l'alcool ; soumis à l'action de la chaleur sur une lame de platine, il doit se volatiliser presque complétement lorsqu'il est pur, tandis que, lorsqu'il est falsifié avec de l'acide tartrique, il laisse un abondant résidu de charbon. On peut voir aussi de la même manière si l'acide succinique contient des substances fixes, comme du bisulfate de potasse ou du bioxalate de potasse. Lorsqu'on traite l'acide succinique par la potasse, il ne doit pas se dégager d'ammoniaque : en effet, s'il se dégageait de l'ammoniaque, cela indiquerait que l'acide succinique contient un sel ammoniacal, du chlorure d'ammonium par exemple. Sa dissolution, ajoutée à la dissolution d'un sel de sesquioxyde de fer, ne doit pas empêcher la précipitation du sesquioxyde de fer, lorsqu'on ajoute un excès d'ammoniaque. Si la précipitation du sesquioxyde de fer n'a pas lieu, cela indique que l'acide succinique contient de l'acide tartrique, d'autres substances organiques non volatiles, ou bien une grande quantité d'huile empyreumatique de succin.

On peut préparer soi-même la dissolution de succinate neutre d'ammoniaque en dissolvant le succinate acide d'ammoniaque parfaitement pur dans un excès d'une dissolution étendue d'ammoniaque. La dissolution est ensuite exposée à une température de 30° ou 40°, jusqu'à ce que l'excès d'ammoniaque se soit volatilisé et jusqu'à ce que la liqueur ne sente plus l'ammoniaque.

Pour la séparation du sesquioxyde de fer, on se sert quelquefois aussi des *benzoates alcalins*, qui ne donnent cependant pas des résultats aussi exacts que les succinates.

Sulfate de magnésie. — La dissolution de sulfate de magnésie à laquelle on a ajouté une quantité de dissolution de chlorure d'ammonium assez grande pour que l'ammoniaque n'y produise pas de précipité d'hydrate de magnésie, et que l'on a ensuite additionnée d'ammoniaque, sert pour reconnaître l'acide phosphorique et l'acide arsénique. Le sulfate de magnésie du commerce est ordinairement assez pur pour qu'on puisse l'employer en analyse.

Chromate de potasse. — On emploie le chromate de potasse en dissolution pour opérer la précipitation de quelques oxydes métalliques. Le chromate neutre de potasse que l'on trouve dans le commerce, contient presque toujours du carbonate de potasse et du sulfate de potasse. Lorsqu'il contient du carbonate de potasse, on le reconnaît à l'effervescence légère qui se produit lorsqu'on traite le sel par un acide; on y reconnaît la présence du sulfate de potasse en ajoutant à la dissolution une quantité d'acide chlorhydrique ou d'acide nitrique étendus qui ne doit pas être trop faible et en traitant ensuite la dissolution par le chlorure de baryum. On peut aussi ajouter de l'acide oxalique et de l'acide chlorhydrique à la dissolution, et chauffer ensuite le tout. L'acide chromique du chromate est alors transformé en sesquioxyde de chrome, qui reste en dissolution dans les acides (p. 373). Si la dissolution contient un sulfate, il s'y produit, par l'action d'une dissolution de chlorure de baryum, un précipité de sulfate de baryte. — Si le chromate de potasse contient du nitrate de potasse, il fuse lorsqu'on le projette sur des charbons incandescents.

On peut employer, dans les analyses, le chromate neutre de potasse de couleur jaune; comme cependant les fabriques ne le livrent pas au commerce à un état d'aussi grande pureté que le *bichromate de potasse*, on se sert plus fréquemment de ce dernier. Le bichromate de potasse ne contient ordinairement que de petites quantités de sulfate de potasse et peut être purifié par plusieurs cristallisations successives. En saturant par le carbonate de potasse pur une dissolution de bichromate de potasse pur, on obtient un chromate neutre de potasse très pur.

Iodure de potassium. — La dissolution d'iodure de potassium est employée comme réactif pour caractériser des oxydes métalliques dont les dissolutions donnent, par l'action de l'iodure de potassium, des précipités d'une couleur caractéristique. On a déjà indiqué p. 608 que l'iodure de potassium ne donne pas, dans tous les cas, des résultats très certains comme agent de précipitation.

L'iodure de potassium peut contenir du chlorure de potassium ou du chlorure de sodium. On retrouve dans l'iodure de potassium la présence des chlorures de la manière qui a été indiquée page 608. Si l'iodure de potassium contient de l'iodate de potasse, on en découvre la présence par la méthode qui a été indiquée page 619. Si l'iodure de potassium contient du carbonate alcalin, il s'en dégage de l'acide carbonique par l'action des acides; il n'est pas, en outre, dans ce cas, complétement soluble dans l'alcool, et il devient humide lorsqu'on le laisse exposé à l'air.

Bicarbonate de potasse, bicarbonate de soude. — Les dissolutions de ces deux sels servent pour distinguer la magnésie de l'alumine (p. 38 et 44, et aussi de la baryte, de la strontiane, de la chaux, du protoxyde de manganèse, etc.

Si le bicarbonate de potasse contient du carbonate neutre de potasse, il devient humide lorsqu on l'expose au contact de l'air. Si le sel est pur, sa dissolution ne produit pas de précipité à la température ordinaire dans une dissolution de sulfate de magnésie.

Sulfate de potasse. — Au lieu d'employer l'acide sulfurique étendu, on emploie la dissolution de sulfate de potasse pour distinguer la chaux de la baryte p. 31 ; mais, dans ce but, il vaut mieux encore cependant employer la dissolution de sulfate de chaux. La dissolution de sulfate de potasse sert, en outre, pour précipiter et pour reconnaître la thorine p. 52), la zircone p. 54, l'yttria (p. 56 et le protoxyde de cérium p. 60. On l'emploie aussi dans les analyses quantitatives.

Le sulfate de potasse que l'on trouve dans le commerce, contient quelquefois des matières étrangères. On reconnaît dans sa dissolution les substances métalliques au moyen du sulfure d'ammonium; on y reconnaît la magnésie en y ajoutant du phosphate de soude et de l'ammoniaque. Le sulfate de potasse contient fréquemment du sulfate de soude. Ce dernier sel, à l'état anhydre, peut cristalliser avec le sulfate de potasse sans changer sa forme cristalline. On reconnaît ce mélange en exposant le sel à l'extrémité d'un fil de platine à la flamme du chalumeau qui se colore alors en jaune p. 10). Mais comme le sel décrépite très fortement, on doit le broyer en poudre très fine dans un petit mortier de calcédoine et l'humecter avec un peu d'eau distillée (et non avec de la salive) avant de le placer à l'extrémité du fil de platine : on le fait fondre ensuite au moyen de la flamme du chalumeau.

Lorsqu'on ne peut pas se procurer dans le commerce du sulfate de potasse pur, on peut en obtenir qui soit très pur, en purifiant la potasse de Russie qui en contient souvent une très grande quantité.

Le sulfate de potasse sert surtout pour préparer le *sulfate acide de potasse*, que l'on emploie comme fondant, moins souvent cependant dans les analyses qualitatives que dans les analyses quantitatives. Fondu avec certaines combinaisons qui résistent même à chaud à l'action de l'acide sulfurique concentré, il les décompose : en effet, le second atome d'acide sulfurique du sulfate acide de potasse peut exercer son action sur les substances à analyser à une température bien plus élevée que l'acide sulfurique libre, à cause de la volatilisation plus facile de ce dernier.

On peut préparer soi-même le sulfate acide de potasse en ajoutant 3 parties d'acide sulfurique distillé concentré et 5 parties de sulfate de potasse très pur, et en chauffant le tout dans un grand creuset de platine ou dans une capsule de platine, jusqu'à ce qu'il ne se dégage plus d'eau et jusqu'à ce que le sel soit en fusion tranquille. On laisse refroidir et on conserve les morceaux du sel fondu qui sont transparents.

Au lieu de sulfate acide de potasse, on emploie quelquefois, surtout dans les analyses qualitatives, du *sulfate acide d'ammoniaque*. Ce sel ne réagit pas par la fusion aussi puissamment que le sulfate acide de potasse, mais il est un agent de décomposition plus fort que l'acide sulfurique concentré, parce qu'il exerce sur les substances son action décomposante à une température plus élevée que l'acide sulfurique.

On peut préparer le sulfate acide d'ammoniaque comme son analogue le sulfate acide de potasse, en traitant dans un creuset de platine ou dans une capsule de platine 4 parties de sulfate neutre d'ammoniaque par 3 parties d'acide sulfurique distillé concentré (on peut même ajouter un peu plus encore d'acide sulfurique) et en faisant ensuite fondre le tout. Mais il vaut mieux mélanger d'abord la substance à décomposer avec le sulfate neutre d'ammoniaque, verser ensuite la quantité d'acide sulfurique convenable et chauffer le tout.

Comme la fusion avec le sulfate acide de potasse nécessite une température rouge, on ne peut l'opérer que dans un creuset de platine. La fusion avec le sulfate acide d'ammoniaque, au contraire, peut être opérée avantageusement dans un ballon de verre vert qui n'est pas attaqué, parce que la température n'atteint pas le rouge sombre. L'emploi d'un vase de verre a l'avantage, non-seulement qu'on peut mieux observer si la substance à analyser est décomposée ou dissoute, mais aussi qu'il se volatilise une bien moins grande quantité de l'acide sulfurique du sel employé, surtout lorsque le ballon a un col un peu long. Pendant les premiers moments que le sel entre en fusion, il se boursoufle, parce que l'eau qu'il contient se dégage, mais ensuite la fusion devient tranquille.

Sulfate de chaux. — La dissolution de sulfate de chaux sert pour reconnaître l'acide oxalique (p. 679) et l'acide paratartrique (p. 758), elle sert aussi pour distinguer la chaux de la baryte et de la strontiane (p. 31).

On prépare la dissolution de sulfate de chaux en mettant dans un flacon du sulfate de chaux pur en poudre et de l'eau distillée, en agitant ensuite le tout et en laissant reposer l'excès de sel. Lorsqu'on veut l'employer, on décante la dissolution claire et on remplace par de l'eau pure la portion de dissolution décantée, afin d'avoir toujours une dissolution saturée.

Chaux. — Pour obtenir de grandes quantités de chaux pure, on calcine, comme on l'a déjà indiqué (p. 787) des morceaux de marbre de Carrare pur. Cependant on a besoin quelquefois dans les analyses quantitatives de chaux très pure, spécialement pour opérer la décomposition des silicates. On la prépare en précipitant par le carbonate d'ammoniaque une dissolution de chlorure de calcium très pur et en lavant ensuite avec soin le précipité jusqu'à ce qu'on ne puisse plus trouver de chlore dans l'eau de lavage. On dessèche le carbonate de chaux ainsi obtenu et on le conserve; lorsqu'on veut s'en servir, on en calcine chaque fois la quantité nécessaire jusqu'au rouge-blanc.

La dissolution aqueuse de chaux (*eau de chaux*) sert pour précipiter l'acide arsénieux (p. 381) et l'acide carbonique (p. 687); elle sert souvent aussi pour opérer la précipitation des dissolutions des phosphates et pour distinguer les acides organiques non volatils. L'eau de chaux doit bleuir fortement le papier de tournesol et ne doit pas avoir perdu, par suite de sa mauvaise conservation, la chaux qu'elle contenait. L'eau de chaux brunit le papier de curcuma; cependant, après une durée de temps qui peut varier de douze à vingt-quatre heures, la coloration brune disparaît et la couleur jaune du papier reparaît.

Sesquichlorure d'or. — La dissolution neutre de sesquichlorure d'or sert pour reconnaître le protoxyde de fer (p. 88), le protoxyde d'étain et le protochlorure d'étain (p. 235 et p. 240), l'acide antimonieux (p. 263), l'acide arsénieux (p. 383), l'acide hyposulfureux (p. 479), l'acide sulfureux (p. 492, l'acide hypophosphoreux (p. 522), l'acide phosphoreux (p. 525) et d'autres acides, susceptibles de passer à un degré supérieur d'oxydation, qui en séparent de l'or métallique.

Nitrate de protoxyde de mercure. — On emploie en analyse le nitrate de protoxyde de mercure à l'état de dissolution. Pour obtenir la dissolution neutre, on verse, sur les cristaux du sel neutre ou du sel basique, de l'eau qui peut contenir une petite quantité d'acide nitrique pur; on ajoute ensuite du mercure métallique en assez grande quantité pour qu'il y en ait un excès qui ne puisse pas être dissous par l'acide; de cette manière, la dissolution reste pure de toute trace de bioxyde de mercure; ce qui du reste n'a pas d'inconvénient pour la plupart des cas où on a besoin de l'employer.

Cyanide de mercure. — On n'emploie spécialement le cyanide de mercure que pour reconnaître la présence du palladium.

Bichlorure de mercure. — La dissolution de bichlorure de mercure sert surtout pour reconnaître l'acide phosphoreux, l'acide hypophosphoreux et leurs combinaisons salines (p. 522 et p. 526 lorsqu'ils sont mélangés avec l'acide phosphorique et les phosphates; on peut en outre l'employer pour rechercher les matières qui peuvent, comme le protochlorure d'étain par exemple, réduire le bichlorure de mercure à l'état de protochlorure de mercure ou à l'état de mercure métallique. La dissolution de bichlorure de mercure se comporte d'une manière tout à fait caractéristique à l'égard du gaz hydrogène phosphoré et du gaz hydrogène arsénié.

Le bichlorure de mercure doit se volatiliser complétement par l'action de la chaleur, sans laisser de résidu; il doit être entièrement soluble dans l'eau, l'alcool et l'éther.

Antimoniate de potasse. — La dissolution d'antimoniate de potasse qui sert dans les analyses qualitatives pour découvrir la soude dans les dissolutions des sels neutres de soude, s'obtient le mieux de la manière suivante : On mélange intimement une partie d'antimoine métallique en poudre fine avec deux parties de nitrate de potasse pur en poudre et on projette peu à peu le mélange dans un creuset de Hesse maintenu à une température rouge-intense, en ayant soin de continuer à ajouter du mélange jusqu'à ce que le creuset en soit presque entièrement rempli; on ferme le creuset avec son couvercle et on soumet le tout à l'action d'une température rouge intense. On enlève du creuset la masse pâteuse encore chaude et on la projette avec précaution dans l'eau pour qu'elle s'y désagrége. On décante l'eau au fond de laquelle il s'est produit un dépôt et on lave le dépôt jusqu'à ce qu'on ne puisse plus reconnaître dans l'eau de lavage la présence de l'acide nitrique ou de l'acide nitreux en mélangeant cette eau avec de l'acide sulfurique concentré et en y ajoutant du sulfate de protoxyde de fer; on dessèche alors le dépôt au contact de l'air, en le soumettant à l'action d'une température qui ne doit pas être trop élevée. La poudre que l'on obtient ainsi, est de l'antimoniate de potasse qui n'est pas neutre, mais qui est un peu acide, c'est-à-dire qu'il contient un excès d'acide antimonique. Il se dissout dans l'eau à l'aide de l'ébullition et donne une liqueur qui est ordinairement un peu opaline et qui ne peut pas être employée comme réactif; en effet, cette liqueur donne un léger précipité floconneux avec les dissolutions des sels neutres de potasse; lorsqu'on l'expose au contact de l'air, elle se décompose bientôt entièrement par l'action de l'acide carbonique que l'air contient, en laissant précipiter un antimoniate de potasse encore plus acide. Pour obtenir le réactif à l'état convenable pour l'employer, on fait bouillir la poudre avec une dissolution d'hydrate de potasse et, après avoir filtré, on conserve la dissolution comme réactif.

Sulfate de cuivre. — La dissolution de sulfate de cuivre peut quelquefois être employée pour reconnaître la présence de l'acide arsénieux (p. 384). On emploie pour cela le sulfate de cuivre qui se trouve dans le commerce et qui est souvent mélangé de petites quantités de sulfate de protoxyde de fer et de sulfate de zinc.

Acide sulfureux. — La dissolution de l'acide sulfureux dans l'eau, ou même dans l'alcool qui en absorbe une plus grande quantité que l'eau, sert surtout pour precipiter l'acide sélénieux et l'acide tellureux dans leurs dissolutions et dans les dissolutions de leurs combinaisons salines (p. 439 et p. 431). On l'emploie aussi pour réduire plusieurs oxydes métalliques et pour transformer les degrés supérieurs d'oxydation de certaines substances en degrés moins élevés d'oxydation des mêmes substances; la dissolution d'acide sulfureux sert par exemple pour transformer l'acide arsénique en acide arsenieux p. 399). Mais il vaut souvent mieux, au lieu d'acide sulfureux, employer la dissolution d'un *sulfite alcalin*, du sulfite d'ammoniaque ou du sulfite de soude.

Lorsqu'on n'a pas eu soin de préserver complétement du contact de l'air les dissolutions de l'acide sulfureux et des sulfites alcalins, il s'y forme une quantité plus ou moins grande d'acide sulfurique ; c'est pour cela que ces dissolutions produisent avec la dissolution de chlorure de baryum un précipite blanc qui, en presence de l'acide sulfureux, est insoluble dans l'acide chlorhydrique et qui, en presence des sulfites alcalins, n'y est que partiellement soluble. Dans la plupart des cas, la présence de l'acide sulfurique dans l'acide sulfureux n'a pas d'inconvénient. — On fait bien de préparer l'acide sulfureux en chauffant le charbon de bois en poudre grossière avec de l'acide sulfurique concentré. On fait passer le gaz dans l'eau, l'alcool, l'ammoniaque, ou dans une dissolution de carbonate alcalin, suivant l'usage auquel on veut l'employer.

Acide phosphoreux. — L'acide phosphoreux est employé dans un grand nombre de cas comme un excellent agent de réduction; il en est de même de la combinaison d'acide phosphoreux et d'acide phosphorique que l'on obtient par l'action de l'air humide sur le phosphore. Lorsque, dans les réductions que l'on veut opérer, la présence de l'acide chlorhydrique n'a pas d'inconvenient, on peut se servir d'une dissolution de chlorure liquide de phosphore qui contient de l'acide phosphoreux et de l'acide chlorhydrique.

Silicate de potasse (liqueur des cailloux). — La dissolution de silicate de potasse est employee en analyse qualitative, pour reconnaître et, en analyse quantitative, pour separer l'acide phosphorique du phosphate d'alumine (p. 552); du reste, dans les analyses qualitatives, on se sert actuellement de préférence d'une dissolution de molybdate d'ammoniaque.

Rhodanure de potassium. — Le rhodanure de potassium en dissolution sert pour decouvrir de très petites traces de sesquioxyde de fer (p. 94).

Nitrate de potasse. — Le nitrate de potasse à l'état solide sert pour reconnaître de petites quantités de charbon et de substances qui contiennent du carbone; le nitrate de potasse sert aussi pour oxyder un grand nombre de métaux et d'autres substances. Lorsqu'on veut oxyder, au moyen du nitrate de potasse, des substances sulfurées, il faut avoir soin de s'assurer que le nitrate de potasse est entièrement exempt de sulfate de potasse.

Zinc. — Le zinc à l'état métallique est employé pour précipiter plusieurs métaux de leurs dissolutions. On l'emploie, soit en petites barres coulées, soit en lames. Le zinc du commerce est impur; il contient de petites quantités de fer, de cadmium, de plomb et d'autres métaux dont la présence n'a cependant pas d'inconvénient grave dans la plupart des analyses qualitatives. Il vaut cependant mieux, lorsqu'on le peut, employer le zinc distillé que l'on peut aussi trouver actuellement dans le commerce.

Fer. — On emploie le fer à l'état métallique pour précipiter de très petites quantités de cuivre dans des dissolutions (p. 155). On peut se servir pour cela d'une lame de fer poli, ou d'une petite lame de couteau ou d'un morceau de fer pur.

Cuivre. — On emploie le cuivre à l'état métallique sous forme de lame pour reconnaître le protoxyde de mercure (p. 175) et le bioxyde de mercure (p. 183 ; on l'emploie sous forme de limailles pour reconnaître l'acide nitrique (p. 717).

Or. — L'or en feuilles sert pour reconnaître l'acide nitrique et l'acide nitreux; il sert aussi pour reconnaître le chlore et l'acide chlorhydrique; du reste, dans ces deux cas, on peut le remplacer.

L'or et l'*étain* réunis servent quelquefois pour retrouver de petites quantités de mercure.

Peroxyde de manganèse. — On emploie le peroxyde de manganèse, ou, dans un grand nombre de cas, au lieu de peroxyde de manganèse, l'*oxyde rouge* ou l'*oxyde puce de plomb*, pour reconnaître l'acide chlorhydrique et la plupart des chlorures (p. 575 et p. 580).

Indigo. — La dissolution d'indigo dans l'acide sulfurique concentré fumant, étendue d'une grande quantité d'eau, sert pour reconnaître l'acide nitrique (p. 718).

Amidon. — On emploie l'amidon pour découvrir l'iode (p. 605 et les iodures (p. 611). — Au lieu de l'amidon, on peut aussi se servir du *sulfure de carbone* et du *chloroforme* (p. 607 et p. 613).

Éther. — L'éther, avec l'eau de chlore, est employé pour reconnaître la présence du brome. L'éther est encore employé spécialement comme agent de dissolution ou de précipitation.

Infusion de noix de galles. — L'infusion de noix de galles peut servir, dans quelques cas, à reconnaître, dans les dissolutions, de petites quantités de sesquioxyde de fer (p. 94). On se sert également de l'infusion de noix de galles pour reconnaître quelques autres oxydes métalliques, et spécialement l'acide titanique (p. 283), l'acide tantalique (p. 301), l'acide hyponiobique (p. 317, l'acide niobique (p. 328), l'acide tungstique (p. 336, l'acide molybdique (p. 344, l'acide vanadeux (p. 351), l'acide vanadique p. 354), et d'autres oxydes. On obtient ce réactif en faisant digérer, à la température ordinaire, la noix de galles grossièrement concassée avec de l'alcool étendu d'un volume égal d'eau. Ce n'est que dans des cas très rares qu'on emploie une dissolution d'*acide tannique* pur que l'on ne dissout qu'au moment même où l'on en a besoin.

Dans les analyses quantitatives, il est souvent nécessaire de chauffer certaines combinaisons dans une atmosphère de *gaz hydrogène* ou de *gaz acide carbonique;* il est aussi quelquefois nécessaire de faire passer du gaz acide carbonique dans des dissolutions. Afin d'avoir toujours un dégagement de ces deux gaz à sa disposition, il est bon d'employer des appareils analogues à celui que nous avons indiqué pour le gaz hydrogène sulfuré (p. 791). Dans l'un, que l'on destine au dégagement du gaz hydrogène, on met du zinc granulé ; dans l'autre, que l'on destine à la préparation du gaz acide carbonique, on introduit des morceaux de marbre de Carrare ou de marbre d'un blanc pur d'une autre provenance; on doit éviter l'emploi de la craie, parce que les bulles de gaz qui s'en dégagent, sont un peu adhérentes, se dégagent plus lentement et forment par suite un boursouflement qui s'élève peu à peu et qui peut passer jusque dans le tube à dégagement. On opère le dégagement de l'hydrogène au moyen de l'acide sulfurique étendu, et celui de l'acide carbonique au moyen de l'acide chlorhydrique ou de l'acide nitrique ordinaires du commerce.

Dans un laboratoire où l'on travaille d'une manière un peu suivie, on peut se convaincre bientôt combien il est important de tenir toujours préparés les trois appareils destinés au dégagement du gaz hydrogène sulfuré, du gaz hydrogène et du gaz acide carbonique. Lorsque, pour chaque essai, il faut monter des appareils pour préparer ces gaz, cela nécessite beaucoup de perte de temps, en sorte qu'on néglige quelquefois de faire des expériences qui auraient conduit à des résultats certains ou bien à des résultats inattendus.

Au nombre des réactifs les plus indispensables, on doit ranger encore ceux que l'on emploie dans les analyses faites au moyen du chalumeau; en effet, même dans les analyses qualitatives par voie humide, le chalumeau ne peut souvent pas être remplacé. Les réactifs que l'on emploie dans les analyses au chalumeau, sont traités avec détail dans l'ouvrage de *Berzelius*, sur l'emploi du chalumeau, et dans l'ouvrage de *Plattner*, sur l'analyse au chalumeau. On peut donc négliger d'en parler ici.

Nous ferons seulement observer que, dans la plupart des analyses au chalumeau, on se sert principalement de trois réactifs à l'état desséché. Ces trois réactifs sont :

Carbonate de soude. — Dans les analyses au chalumeau, on emploie le carbonate de soude à l'état anhydre. Il est nécessaire que ce carbonate de soude soit très pur; il ne doit surtout pas contenir de sulfate de soude. On l'essaye comme cela a été indiqué (p. 788) ; on peut aussi l'essayer directement au moyen du chalumeau par la méthode indiquée (p. 501). On peut du reste préparer très bien soi-même le carbonate neutre de soude en calcinant à une faible chaleur le bicarbonate de soude ; on peut même employer immédiatement le bicarbonate de soude. Ordinairement, ce sel ne contient pas de sulfate de soude ; mais il n'en est cependant pas toujours exempt. La présence d'une petite quantité de chlorure de sodium n'a pas d'inconvénient dans la plupart des cas. — On emploie la soude pour opérer la réduction des oxydes métalliques, soit qu'on les soumette eux-mêmes à l'action du chalumeau, soit qu'on veuille réduire les métaux par l'action du chalumeau sur leurs combinaisons salines, sur leurs chlorures, leurs bromures, leurs iodures et même sur leurs sulfures. Un second emploi de la soude est de la calciner avec certains oxydes pour voir s'ils fondent ou s'ils ne fondent pas ensemble ; ce qui sert à distinguer les oxydes les uns des autres.

Au lieu de carbonate de soude, on peut, pour opérer la réduction de quelques oxydes difficilement réductibles et spécialement pour opérer la réduction des sulfures, employer le *cyanure de potassium* ou bien un mélange de cyanure de potassium et de carbonate de soude. Le cyanure de potassium exerce, dans un grand nombre de cas, une action réductrice plus énergique que le carbonate de soude. Mais on ne peut pas conserver le cyanure de potassium avec les autres réactifs dans des boîtes à réactifs en bois, parce qu'il attire facilement l'humidité de l'air et peut tomber en deliquium ; il doit être conservé dans un vase de verre qui ferme bien. Lorsqu'on emploie le cyanure de potassium, on doit toujours observer certaines précautions. En effet lorsqu'on s'est beaucoup occupé d'analyses au chalumeau, on a l'habitude de prendre les réactifs en les mouillant avec la salive et de les mélanger ensuite avec la substance à analyser. Lorsque, par suite, on ne fait pas attention, on peut introduire dans la bouche de petits morceaux de cyanure de potassium qui peuvent exercer des conséquences très fâcheuses.

Phosphate ammoniaco-sodique (phosphate de soude et d'ammoniaque, sel de phosphore). — Le phosphate ammoniaco-sodique, soit qu'il ait été préparé au moyen du phosphate de soude et du sel ammoniac, soit qu'il ait été retiré de l'urine, contient ordinairement une petite quantité de chlorure de sodium. Dans la plupart des cas où on emploie le phosphate ammoniaco-sodique dans les analyses au chalumeau, la présence de cette petite quantité de chlorure de sodium n'a pas d'inconvénient; lorsque, cependant, on doit employer le sel de phosphore avec l'oxyde de cuivre pour retrouver les chlorures (p. 582), les bromures (p. 601) et les iodures (p. 616), il est absolument indispensable qu'il ne contienne pas de chlorure de sodium. On y découvre la présence du chlorure de sodium, en dissolvant le sel de phosphore et en ajoutant à cette dissolution de l'acide nitrique et une dissolution de nitrate d'argent ; il se produit du chlorure d'argent. — En outre, le sel de phosphore ne doit pas contenir de phosphate de soude en excès. S'il en contient, on le reconnaît, en faisant fondre le sel de phosphore sur le charbon à l'aide de la flamme du chalumeau; il se produit alors une perle qui n'est pas claire lorsqu'elle est refroidie, tandis que la perle est completement incolore et complétement transparente lorsque le sel de phosphore est pur.

Le sel de phosphore réagit, à une température elevée, comme un acide; fondu avec presque toutes les substances, il les dissout ; un petit nombre seulement qui possèdent des propriétés acides, ne se dissolvent pas dans le sel de phosphore en fusion. Le sel de phosphore perd, par l'action de la chaleur, l'ammoniaque et l'eau qu'il contient et il agit ensuite par son acide phosphorique libre.

Borax. — Le borax du commerce est ordinairement pur et peut être employé dans les analyses au chalumeau. Lorsqu'il a été préparé au moyen du tinkal, il contient une petite quantité d'une substance organique et donne alors, lorsqu'on le fait fondre, une perle de couleur grisâtre ou noirâtre qui devient cependant incolore lorsqu'on fait fondre de nouveau la perle. Pour que le borax puisse être employé, il faut que sa dissolution étendue, additionnée d'acide nitrique, ne soit troublée ni par la dissolution de nitrate d'argent, ni par la dissolution de chlorure de baryum. — Le borax en fusion dissout toutes les substances, au moins celles qui sont oxydees, aussi bien celles qui ont une réaction acide que celles qui ont une réaction basique. Cela vient de ce que le borax forme avec les combinaisons oxygénées basiques des sels doubles basiques et avec les combinaisons oxygénées acides des sels doubles acides.

Outre ces réactifs principaux, on se sert encore dans quelques cas particuliers, et seulement pour retrouver certaines substances, de quelques autres réactifs. Ce sont :

Une dissolution de *nitrate de cobalt.* — On conserve la dissolution de nitrate de cobalt dans un flacon bouché à l'émeri dont le bouchon s'allonge à l'intérieur en un long tube effilé avec lequel on peut prendre dans le flacon une goutte de la dissolution pour l'employer dans les analyses au chalumeau. On emploie ce réactif seulement pour reconnaître la présence de la magnésie (p. 41) et de l'alumine (p. 45) et aussi, sans cependant que le résultat presente autant de certitude, pour reconnaître la présence de l'oxyde de zinc (p. 106), du bioxyde d'étain (p. 254), de l'acide titanique (p. 287) et de quelques autres oxydes.

La dissolution de nitrate de cobalt doit être préparée en dissolvant de l'oxyde de cobalt pur dans l'acide nitrique pur. Il n'y a aucun inconvénient à ce que la dissolution contienne de l'acide nitrique libre, de l'acide arsénique ou de l'acide arsénieux. La dissolution de nitrate de cobalt ne doit surtout pas contenir d'oxyde alcalin fixe; lorsqu'on emploie, pour la préparer, un oxyde de cobalt qui a été obtenu en précipitant par l'hydrate de potasse la dissolution d'un sel de cobalt, on doit avoir soin de laver cet oxyde avec soin avant de l'employer. La dissolution ne doit en outre contenir ni oxyde de fer, ni oxyde de nickel, ni aucun autre oxyde étranger.

Au lieu d'une dissolution de nitrate de cobalt, on peut également employer de l'*oxalate de cobalt* en poudre bien desséchée. On mélange la substance à analyser avec un peu d'eau et d'oxalate de cobalt. Mais il faut alors prolonger l'action du chalumeau sur la substance plus longtemps que lorsqu'on emploie une dissolution de nitrate de cobalt.

Bioxyde de cuivre. — Le bioxyde de cuivre que l'on prépare le mieux en calcinant le nitrate de cuivre, n'est employé dans les analyses au chalumeau que pour reconnaître la présence du chlore (p. 582), du brome (p. 601), de l'iode (p. 616). L'oxyde que l'on emploie, doit donc être entièrement exempt de chlore ; pour préparer le nitrate de cuivre, on doit par conséquent dissoudre le cuivre dans l'acide nitrique pur.

Spath-fluor. — Le spath-fluor en poudre sert pour reconnaître le sulfate de chaux (p. 35). Réciproquement, le sulfate de chaux sert pour reconnaître le spath-fluor.

Étain. — L'étain est employé pour désoxyder quelques degrés supérieurs d'oxydation et les transformer en degrés inférieurs d'oxydation ou les faire passer à l'état de métal réduit. On se sert spécialement de petits morceaux d'étain que l'on obtient en coupant une barre d'étain au moyen d'un couteau ; on peut se servir aussi de feuilles d'étain.

Fer. — On se sert de fils de clavecin n° 9 et n° 10 pour reconnaître l'acide phosphorique (p. 356).

Bisulfate de potasse. — On se sert de bisulfate de potasse pour reconnaître l'acide borique dans les borates (p. 664) et pour rechercher le brome (p. 601) et l'iode (p. 615).

Acide silicique. — L'acide silicique en poudre fine, tel qu'on l'obtient dans l'analyse des minéraux silicatés, sert pour reconnaître l'acide sulfurique (p. 501) et les substances qui contiennent du soufre.

DE L'ANALYSE QUALITATIVE PROPREMENT DITE.

DES RÈGLES GÉNÉRALES QU'IL FAUT SUIVRE DANS LES ANALYSES QUALITATIVES. — DE LA MANIÈRE DONT ON DISTINGUE LES SUBSTANCES INORGANIQUES DES SUBSTANCES ORGANIQUES ET DONT ON LES SÉPARE LES UNES DES AUTRES.

Il ne doit être question ici d'abord que de l'analyse qualitative des substances solides. La marche qu'il faut suivre dans l'analyse des substances gazeuses viendra plus loin.

Il est souvent difficile, pour celui qui commence, de déterminer sur quelle quantité de substance on doit opérer dans une analyse qualitative. Même lorsqu'on a une quantité surabondante de la substance à analyser, on ne doit pas conseiller d'employer de trop grandes quantités de matière pour faire l'analyse ; cependant on peut faciliter beaucoup son travail, en employant des portions différentes de la substance à analyser pour déterminer les différentes parties constituantes de cette substance, ce que l'on ne peut pas faire lorsqu'on n'a qu'une petite quantité de la substance à analyser Dans tous les cas, on ne doit pas employer en une seule fois la totalité de la substance à analyser et on doit en conserver une portion pour vérifier le résultat. Cette précaution, lorsque cela est possible, ne doit pas être négligée, même lorsque la quantité de la substance que l'on doit employer pour opérer l'analyse est très faible. — Un chimiste qui commence, doit, pour opérer une analyse, employer une quantité d'environ 3 à 4 grammes; cette quantité est même plus que suffisante pour toutes les analyses. Pour une analyse isolée, on prend ordinairement d'un demi-gramme à 1 gramme de substance. Si la composition de la substance à analyser n'est pas très compliquée, cette quantité suffit toujours pour opérer l'analyse complète.

Cependant, quelle que soit la quantité de la substance à analyser que l'on possède, on doit toujours en employer une très petite portion pour essayer si elle contient seulement des substances inorganiques ou si elle contient aussi des substances organiques. On peut s'en assurer de différentes manières. Un chimiste qui commence, fait bien de prendre plusieurs pincées (plusieurs fois autant qu'il en peut tenir sur la pointe d'un couteau) de la substance à analyser lorsqu'elle est en poudre et d'en prendre plusieurs petits morceaux de la grosseur d'un grain de blé lorsque la substance est en morceaux. On met ensuite cette petite quantité de substance dans un tube de verre blanc qui est fermé à une de ses extrémités et qui a un diamètre de quelques millimètres et une longueur de 10 à 12 centimètres. On peut souffler un peu l'extrémité du tube qui est fermée ; il ne faut cependant la souffler qu'un peu afin que le verre ne devienne pas trop mince. On chauffe alors l'extrémité fermée du tube au moyen de la flamme d'une petite lampe, en ayant soin de ne tenir le tube ni verticalement, ni horizontalement, mais de le tenir légèrement penché. Comme le contact de l'air n'est pas complet, les substances organiques sont pour la plupart fortement noircies par l'action de la chaleur; la chaleur détermine en même temps, sinon toujours, du moins dans la plupart des cas, la formation des produits ordinaires de la distillation des substances organiques, de l'huile empyreumatique et de l'eau empyreumatique. Ce n'est que dans des cas rares que ces phénomènes n'ont pas lieu lorsqu'il y a des substances organiques dans la substance à analyser. Si notamment les substances organiques sont volatiles, elles peuvent quelquefois se volatiliser complétement par l'action de la chaleur sans qu'il se produise de coloration noire. Même lorsque les substances organiques volatiles sont mélangées ou combinées avec des substances inorganiques fixes, cela peut avoir lieu. Plus fréquemment cependant, en présence des substances inorganiques fixes, les substances organiques volatiles sont décomposées par l'action de la chaleur de la même manière que les substances organiques non volatiles. C'est ce qui arrive par exemple lorsqu'on soumet à l'action de la chaleur les combinaisons que forment avec les bases fixes inorganiques certains acides qui, à l'état hydraté et libre, se volatilisent complétement sans se décomposer.

Lorsque cependant des substances organiques, volatiles ou non volatiles, sont soumises à l'action de la chaleur en présence d'un très grand excès d'une base forte, il peut quelquefois, lorsqu'on opère en présence de l'eau, ne pas se produire de coloration noire parce que tout le charbon est transformé en acide carbonique qui se combine avec la base; il se produit en même temps un dégagement d'hydrogène. Cela n'arrive cependant que lorsque la substance organique est mélangée avec un grand excès d'hydrate d'oxyde alcalin ou d'hydrate d'oxyde alcalino-terreux. Si la substance organique est nitrogénée, tout le nitrogène est dans ce cas transformé en ammoniaque.

Si une substance à analyser qui contient des matières organiques contient en même temps du nitrogène avec le carbone, on peut souvent s'en assurer en calcinant simplement la substance à analyser dans un tube de verre. Dans ce but, on introduit dans l'orifice du tube, pendant la calcination, un papier de tournesol rougi que l'on a préalablement humecté; il faut cependant avoir soin de placer le papier de tournesol à une distance de la portion du tube que l'on chauffe, assez grande pour que le papier ne soit pas décomposé par l'action de la chaleur. Même lorsque la proportion de nitrogène contenue dans la substance organique n'est pas considérable, le papier de tournesol est bleui par l'action de l'ammoniaque qui se forme par suite de la décomposition de la substance organique. Si la proportion de nitrogène contenue dans la substance organique est considérable, il se produit des fumées blanches à l'orifice du tube lorsqu'on y place une baguette de verre imprégnée d'acide chlorhydrique (p. 16). — Cependant il vaut mieux reconnaître si la substance contient du nitrogène, par la méthode indiquée précédemment, en chauffant la substance avec un excès d'hydrate de potasse ou avec un excès d'hydrate d'une autre base très forte. Mais on peut reconnaître avec beaucoup de certitude la présence d'une quantité même très petite de nitrogène dans une combinaison qui contient en même temps du carbone comme cela arrive pour toutes les substances organiques nitrogénées), en se servant d'une méthode qui a été décrite page 721, et qui consiste à transformer le nitrogène en cyanogène, que l'on sépare ensuite à l'état de bleu de Prusse. Aucune autre méthode ne permet de reconnaître une très petite quantité de nitrogène aussi facilement que celle que nous venons d'indiquer.

Lorsqu'il n'y a pas de substance organique dans la matière à analyser, on chauffe cette matière dans le tube de verre pour voir si elle contient de l'*eau* ou d'autres substances volatiles. Lorsque, en effet, la matière à analyser contient de l'eau, cette eau se dégage par l'action de la chaleur et se condense dans la partie froide du tube : une petite bande de papier de tournesol que l'on place dans le tube de manière qu'elle soit humectée par l'eau qui se condense, peut permettre de reconnaître si l'eau a une reaction acide ou alcaline. Si l'eau a une réaction alcaline, on peut en conclure, dans quelques cas, qu'il y a de l'ammoniaque dans la substance à analyser, à moins qu'une petite quantité de la substance même à analyser qui pourrait exercer sur le papier de tournesol une réaction alcaline, n'ait pu être entraînée mécaniquement dans la partie supérieure du tube.

L'action de la chaleur seule ne détermine pas uniquement la volatilisation de l'eau : elle détermine aussi la volatilisation des *sels ammoniacaux*, qui se volatilisent tous par l'action de la chaleur, mais quelques-uns, en se volatilisant, se decomposent; dans la plupart des cas, cependant, il se produit un sublimé blanc qui se dépose dans la partie froide du tube ; en général, il faut, pour opérer la volatilisation des sels ammoniacaux, une chaleur plus intense que celle qui est nécessaire pour volatiliser l'eau. Il est très facile de s'assurer, dans le sublimé blanc, de la présence de l'ammoniaque (p. 18 . Parmi les sels ammoniacaux, les uns, comme le sulfate d'ammoniaque, fondent avant de se volatiliser et de se sublimer; d'autres, comme le chlorure d'ammonium, passent immédiatement de l'état solide à l'état gazeux; d'autres enfin se décomposent entièrement et ne donnent pas de sublimé blanc, comme le nitrate d'ammoniaque, ou donnent de l'ammoniaque gazeuse et laissent comme résidu une quantité plus ou moins grande d'un acide fixe, comme cela arrive au phosphate d'ammoniaque, par exemple.

Nous venons de voir que la chaleur détermine la volatilisation des sels ammoniacaux ; en outre, elle détermine aussi la volatilisation des sels qui contiennent du *mercure;* mais il n'y a presque que le protochlorure et le bichlorure de mercure, le protobromure et le bibromure de mercure et le bi-iodure de mercure qui se volatilisent sans se décomposer. Dans un très grand nombre de cas, le mercure est réduit et se condense sur la partie froide du tube.

Outre les matières que nous venons d'indiquer, différentes autres matières peuvent se volatiliser par l'action de la chaleur; les unes sont gazeuses, les autres sont solides ou liquides : parmi ces substances, on peut citer spécialement les acides volatils, le soufre et quelques sulfures, le selenium et quelques séléniures, et, outre le mercure, quelques autres métaux volatils.

Celui qui a l'habitude des analyses au chalumeau, peut, avec l'aide du chalumeau, faire cet essai préalable en opérant sur des quantités bien plus petites de substance. On se sert pour cela de petits tubes de verre qui ont quelques millimètres de diamètre et qui sont fermés à une de leurs extrémités : on y chauffe la substance au moyen de la flamme d'une lampe dans laquelle on souffle avec le chalumeau. On peut obtenir de cette manière une température plus élevée que lorsqu'on emploie de grandes quantités de matières que l'on chauffe dans de grands tubes au moyen d'une grande lampe. On reconnaît, dans ce cas, la présence des matières organiques aux mêmes phénomènes qui ont été indiqués précédemment; en même temps, on reconnaît bien mieux la présence des substances volatiles, de celles surtout qui ne se volatilisent qu'à une température assez élevée. Dans le chapitre suivant, où on parlera de la marche de l'analyse au chalumeau, on traitera avec détail des substances volatiles dont on peut reconnaître la présence dans les analyses au chalumeau en les volatilisant : c'est pour cela qu'on peut négliger d'en parler ici.

Dans des analyses moins exactes, on chauffe fréquemment une substance sur le charbon au moyen du chalumeau, ou même sur une lame de platine ou sur une cuiller de platine, pour voir si elle est de nature organique ou si elle contient des substances organiques. Dans un grand nombre de cas, on atteint ainsi parfaitement le but qu'on se propose; cependant, un chimiste qui n'a pas encore l'habitude de ces sortes d'expériences, peut reconnaître moins facilement de cette manière la présence d'une petite quantité de substance organique.

Veut-on, du reste, essayer si, dans une substance organique, il entre des principes constituants fixes de nature inorganique, la méthode la plus facile et la plus certaine est de chauffer une portion de la substance sur une lame de platine au moyen de la flamme du chalumeau, jusqu'à ce que la substance se carbonise : on brûle alors complétement la masse carbonisée à l'aide d'une chaleur plus intense, en dirigeant, au moyen du chalumeau, la flamme de la lampe sur le côté de la lame de platine opposé à celui où est placée la matière carbonisée : en opérant ainsi, on évite que le courant d'air ne projette au loin la substance fixe qui reste comme résidu, lorsqu'elle est très légère. On peut même, de cette manière, reconnaître facilement, dans de grandes quantités de substances organiques, une très petite quantité de substance inorganique qui reste comme résidu à l'état de cendres. Quelquefois cependant on doit opérer avec précaution l'incinération du charbon, parce qu'il pourrait se volatiliser, par l'action d'une chaleur intense, au contact de l'air, des quantités assez considérables de certaines substances inorganiques que l'on a coutume de ranger parmi les substances fixes : de ce nombre sont, par exemple, le chlorure de potassium, le chlorure de sodium, le chlorure de plomb et quelques autres chlorures. — Si la substance organique contient des oxydes métalliques d'une réduction facile, la lame de platine qui a servi à l'expérience est souvent fortement endommagée par le métal réduit. On fait bien alors de se servir de très petites capsules de porcelaine à fond plat. — Quelques substances organiques et spécialement quelques substances organiques nitrogénées qui fondent dès la première action de la chaleur, donnent un charbon qu'il est difficile d'incinérer : avec l'aide du chalumeau, on peut cependant opérer son incinération sur une lame de platine.

Les substances inorganiques subissent très souvent, par l'action de la chaleur, des modifications essentielles; elles peuvent être colorées en noir ou en noirâtre, soit parce qu'elles sont mélangées avec des substances organiques qui ne leur sont pas essentielles et qui les rendent impures, soit par d'autres motifs; mais, lorsque, pour avoir une contre-épreuve, on chauffe une petite quantité de substance organique, les phénomènes qui se produisent dans la plupart des cas sont d'une nature si différente et si exceptionnelle, qu'il ne peut rester que rarement quelque doute sur la présence ou l'absence des substances organiques, même pour celui qui n'a pas l'habitude des recherches analytiques. Si cependant il reste quelque doute, on fait fondre dans un petit creuset de porcelaine une petite quantité de nitrate de potasse, et on projette dans le sel en fusion une petite quantité de la matière à analyser. Lorsque la matière à analyser contient des substances organiques, il se produit une détonation, dans tous les cas, presque sans exception : on doit cependant observer qu'il se produit également, dans un très grand nombre de cas, une détonation, lorsque la matière à analyser contient des matières inorganiques combustibles, comme le soufre et les sulfures, et lorsqu'elle contient certains métaux en poudre fine et certains métalloïdes que l'on a aussi préalablement réduits en poudre fine. Du reste, c'est seulement lorsqu'on opère sur des substances organiques qu'il se produit une coloration noire par l'action de la chaleur et que la détonation a lieu en même temps par l'action du nitrate de potasse en fusion sur la même substance.

Il est en dehors du plan de cet ouvrage d'indiquer comment on doit déterminer la substance organique lorsqu'on s'est assuré que la substance à analyser en contient : en outre, les recherches sur l'analyse qualitative des substances organiques ne présentent pas encore un ensemble assez complet pour pouvoir traiter de la détermination exacte de toutes ces substances d'une manière aussi complète qu'on peut traiter des moyens de reconnaître les substances inorganiques. Mais, lorsque la substance à analyser contient des substances organiques et des substances inorganiques, on peut, malgré la présence des substances organiques, determiner les substances inorganiques, surtout lorsque ces dernières sont des substances fixes.

En présence des matières organiques, et surtout en présence des matières organiques qui, à l'état pur, ne se volatilisent pas par l'action de la chaleur sans se décomposer, la manière dont diverses substances inorganiques se comportent à l'égard des réactifs est diversement modifiée. Dans la première partie de l'analyse qualitative, en parlant des réactions de la plupart des substances inorganiques, on a indiqué quelles sont les modifications que la manière dont ces substances inorganiques se comportent à l'égard des réactifs, éprouve en présence des substances organiques. On doit seulement observer ici qu'un très grand nombre d'oxydes ne peuvent plus, en présence des substances organiques, être précipitées de leurs dissolutions par les oxydes alcalins, bien qu'ils soient précipités complétement de leurs dissolutions par les oxydes alcalins, lorsque ces dissolutions ne contiennent pas de substance organique. Mais, bien qu'un très grand nombre d'oxydes puissent être reconnus ou précipités par les réactifs lorsqu'il y a des substances organiques, de la même manière que lorsqu'il n'y en a pas, il y a encore une autre circonstance qui rend leur présence fâcheuse au plus haut degré dans les analyses qualitatives. En effet, un très grand nombre de substances organiques, comme la gomme, le sucre, etc., empêchent à un degré très prononcé la filtration et la séparation des principes inorganiques précipités par les réactifs. En présence des substances organiques que nous venons d'indiquer, on ne peut très souvent pas filtrer, par exemple, les sulfures que l'on a obtenus en précipitant les dissolutions des oxydes métalliques par le gaz hydrogène sulfuré ou par le sulfure d'ammonium. Ces sulfures restent souvent en suspension pendant très longtemps sans se séparer; c'est aussi ce qui arrive lorsqu'on doit, dans des dissolutions de ce genre, précipiter le sulfate de baryte, le sulfate de plomb et d'autres substances analogues. Plusieurs acides organiques non volatils, comme l'acide tartrique par exemple, peuvent rendre difficile la filtration des sulfures récemment précipités, quoique cela ne soit pas au même degré que la gomme, le sucre et les autres substances organiques de la même espèce.

Dans la plupart des cas où l'on veut rechercher les parties constituantes d'une substance inorganique qui est mélangée ou combinée avec des substances organiques, on fait bien, par conséquent, de détruire ces dernières. Le procédé le plus facile pour détruire ces matières organiques est d'en opérer la combustion; on doit surtout s'en servir lorsque la quantité de la substance organique est excessivement grande par rapport à celle de la substance inorganique. Le meilleur mode d'opérer est de chauffer de petites quantités de la substance dans un petit creuset de platine. Il faut avoir soin de poser le creuset obliquement et de placer le couvercle sur le creuset de manière que le couvercle ne recouvre qu'environ les trois quarts de la surface du creuset; pendant la calcination, on favorise le contact de l'air en plaçant, au bord du creuset qui est ouvert, une lame mince de fer non étamé et en agitant de temps en temps avec un fil de platine la substance calcinée. Au lieu d'un creuset de platine, il vaut mieux employer une capsule de platine très large pour opérer la combustion; si même la quantité de la substance n'est pas très considérable, il vaut mieux se servir d'un couvercle de platine concave comme celui dont on se sert pour couvrir un grand creuset de platine.

La quantité de substance inorganique qui est contenue dans les substances végétales et dans les substances animales, est souvent si faible, qu'il faut en incinérer une quantité considérable pour obtenir la quantité de cendres nécessaire pour une analyse. Lorsque, dans ce cas, on doit employer une grande quantité de substance organique, l'incinération s'opère facilement, pourvu que la substance organique soumise à l'action de la chaleur ne fonde pas avant de se décomposer. Mais si la substance organique entre en fusion avant de se décomposer et si, en même temps, elle est nitrogénée, son incinération est très difficile. Le mieux est alors de carboniser d'abord à une faible chaleur la substance dans un creuset de Hesse, de pulvériser la masse ainsi carbonisée et d'en opérer la combustion dans un courant de gaz oxygène. La meilleure méthode pour exécuter cette expérience est de soumettre à l'action d'une température rouge la masse carbonisée placée dans un petit creuset de grès D, chauffé au moyen d'une lampe E (le creuset ne doit pas être de porcelaine, ni encore moins de platine, parce qu'en présence du charbon il serait fortement attaqué par les métaphosphates de la cendre), et de faire passer dans le creuset un courant de gaz oxygène qui provient d'un gazomètre A. Le courant d'oxygène doit, avant de passer dans le creuset, être desséché au moyen de l'acide

Fig. 8.

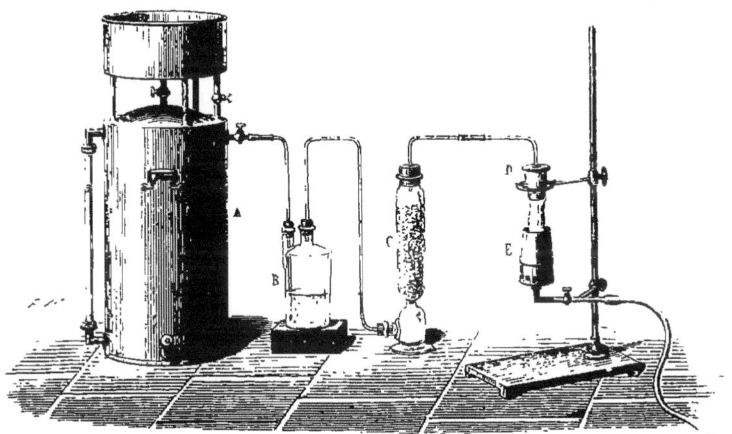

sulfurique placé dans le flacon B et du chlorure de calcium placé dans l'éprouvette à pied C. L'appareil doit être disposé comme dans la figure 8. Le creuset de grès est recouvert d'un couvercle de porcelaine qui ne ferme pas hermétiquement le creuset et dans lequel passe un tube de porcelaine qui y est solidement adapté (on se procure de petits tubes de porcelaine de cette espèce avec le couvercle de porcelaine adapté convenablement dans les fabriques de porcelaine et spécialement dans la fabrique royale de Berlin). On ne peut pas, au lieu d'un tube mince de porcelaine, employer un tube de verre, parce que l'extrémité adaptée au couvercle du creuset pourrait fondre. La combustion s'opère alors avec force. Le courant de gaz oxygène que l'on fait passer sur la substance en combustion doit être très faible, parce que, sans cela, la combustion serait trop vive et qu'une petite quantité de cendres pourrait être entraînée par les gaz qui résultent de la combustion.

Si la substance à analyser contient des oxydes métalliques qui puissent être réduits facilement à l'état métallique par le charbon, il ne faut pas opérer dans un creuset de platine la combustion de la matière organique qui entre dans sa composition, parce que le creuset de platine serait entièrement endommagé. On doit alors opérer la combustion sur une petite quantité dans un creuset de porcelaine; mais cela présente souvent des difficultés : en effet, en opérant dans un creuset de porcelaine et en chauffant le creuset au-dessus d'une lampe, il est souvent difficile d'atteindre le degré de chaleur qui est nécessaire pour opérer la combustion de la substance organique. Lorsqu'on opère sur de grandes quantités, on peut souvent se servir d'un creuset de Hesse et opérer la combustion au moyen d'un feu de charbon.

Lorsque la substance à analyser contient des oxydes métalliques facilement réductibles, on oxyde souvent la matière organique en la faisant digérer avec de l'acide nitrique, de l'eau régale ou de l'acide chlorhydrique avec addition de chlorate de potasse : cependant il se produit quelquefois, par ce procédé, d'autres substances dont la présence n'a pas moins d'inconvénient. Cela n'a pas lieu lorsqu'on oxyde la substance en la faisant fondre avec du nitrate de potasse : ce qui vaut très souvent mieux que l'oxydation par voie humide; mais il faut opérer avec précaution et ne pas mélanger en une seule fois avec le nitrate de potasse de trop grandes quantités de la substance à analyser. Le mieux est de mélanger la substance à oxyder avec du nitrate de potasse pulvérisé, de faire fondre de petites quantités du mélange dans un petit creuset de porcelaine et de ne pas ajouter dans le creuset de nouvelles quantités du mélange avant que tout ce qu'on avait ajouté antérieurement ait été oxydé complétement. On comprend que, lorsqu'on fait ensuite l'analyse de la substance que l'on a traitée par le nitrate de potasse, il faut considérer qu'on a introduit dans la substance à analyser une certaine quantité de potasse et d'acide carbonique et une quantité plus ou moins grande d'acide nitrique et d'acide nitreux.

Lorsque la substance inorganique à analyser est dissoute dans des substances organiques liquides ou pâteuses, ou bien lorsqu'elle est mélangée avec des substances de cette espèce, on peut évaporer le tout et oxyder la substance ainsi desséchée au moyen du nitrate de potasse de la manière que nous venons d'indiquer; mais on peut aussi ajouter directement le nitrate de potasse à la masse liquide. Cependant il vaut souvent mieux traiter par l'acide chlorhydrique la matière organique contenue dans la dissolution ou dans la masse pâteuse et y ajouter ensuite du chlorate de potasse.

Dans beaucoup de cas, on peut séparer très simplement la substance inorganique de la substance organique en traitant le mélange par un dissolvant qui dissout seulement la substance organique. Si, par exemple, la substance inorganique est mélangée avec des substances grasses ou des substances résineuses, on se sert avec beaucoup d'avantage d'éther dans le premier cas et d'alcool dans le second pour séparer la substance organique de la substance inorganique, lorsque la substance inorganique n'est pas soluble dans le dissolvant. Ce n'est que dans des cas rares qu'on peut employer des dissolvants qui ne dissolvent que la substance inorganique et qui ne dissolvent pas la substance organique : c'est ce qui arrive cependant, par exemple, lorsque le bichlorure de mercure est mélangé avec des substances organiques qui sont peu solubles ou insolubles dans l'alcool et dans l'éther : on peut, par suite, se servir, dans ce cas, de ces dissolvants pour séparer le bichlorure de mercure de ces substances organiques (p. 189).

Avant d'examiner la marche que l'on doit suivre dans les analyses par voie humide, on doit parler d'abord de la marche que l'on doit suivre dans les analyses au chalumeau.

DE LA MARCHE A SUIVRE DANS LES ANALYSES AU CHALUMEAU.

Dans les analyses qualitatives en général, et spécialement dans les analyses qualitatives des substances qui sont formées d'un grand nombre de parties constituantes, on ne peut pas se passer de l'emploi du chalumeau parce que ce procédé permet de reconnaître la présence de certaines substances, et spécialement de certains oxydes métalliques, avec une plus grande facilité et une plus grande certitude qu'on ne pourrait y arriver par voie humide, surtout lorsqu'on n'a qu'une petite quantité de substance. On ne doit pas cependant conseiller, spécialement à un commençant, d'opérer seulement au moyen du chalumeau l'analyse qualitative d'une substance, surtout s'il entre un grand nombre de parties constituantes dans sa composition. Pour les substances dont la composition est plus simple, cette analyse présente moins de chances d'erreurs ; mais il est toujours possible, en analysant la substance seulement au moyen du chalumeau, de ne pas s'apercevoir de la présence de quelques parties constituantes, même importantes ; en effet un grand nombre de substances ne présentent pas de réactions remarquables lorsqu'on les soumet par voie sèche à l'action du chalumeau, tandis que certaines substances présentent des réactions si prononcées, qu'on ne peut souvent observer celles des autres principes constituants de la substance.

Cependant celui qui a une habitude suffisante des analyses au chalumeau soumet d'abord la plupart des substances, sinon toutes les substances, à une analyse au moyen du chalumeau, et afin de ne laisser passer aucune des parties constituantes de la substance, il fait suivre l'analyse au chalumeau d'une analyse par voie humide. Fréquemment aussi on se borne à faire seulement l'analyse au moyen du chalumeau, surtout lorsqu'on veut, dans cette analyse, reconnaître seulement la présence de substances qui peuvent être facilement distinguées au moyen du chalumeau. C'est ce qui arrive très fréquemment dans les analyses qui ont seulement un but industriel. C'est par ces motifs que nous indiquerons dans ce qui va suivre le moyen de reconnaître dans une substance à l'aide du chalumeau la présence des parties constituantes qui peuvent être trouvées avec certitude de cette manière.

La description de la forme du chalumeau et des parties qui le composent, la description des autres instruments dont on se sert dans les analyses au chalumeau et les précautions que la pratique indique, soit pour souffler à l'aide du chalumeau, soit pour opérer les analyses, doivent être considérées comme connues; on peut en effet trouver, dans les ouvrages de *Berzelius* et de *Plattner* que nous avons souvent cités, toutes ces questions exposées si complétement, qu'il n'y a aucun inconvénient d'omettre d'en parler ici, comme cela a du reste été déjà remarqué précédemment.

Pour les expériences préliminaires qu'il faut faire avant d'aborder l'analyse spéciale de la substance au moyen du chalumeau, on emploie seulement de petites quantités de la substance à analyser; ce n'est qu'après ces expériences préalables qu'on dissout les substances dans les fondants. Lorsqu'on veut retrouver les parties constituantes d'une substance inconnue, au moyen d'expériences faites à l'aide du chalumeau seulement, la marche qui réussit le mieux, est la suivante :

§ I.

On chauffe la substance dans un petit ballon de verre ou dans un tube de verre fermé à une de ses extrémités au moyen de la flamme d'une petite lampe à alcool afin de rechercher seulement d'abord, en suivant la méthode indiquée p. 824, si la substance à analyser contient des *substances volatiles* et des *substances organiques*. On augmente ensuite la chaleur en soufflant dans la flamme de l'alcool avec le chalumeau. Il faut avoir soin d'observer si la substance à analyser entre en fusion ou si elle conserve son état d'agrégation originaire. Dans le second cas, on doit observer si la substance à analyser décrépite et si elle change ou si elle ne change pas de couleur. Si elle change de couleur, on doit avoir soin d'observer si le changement de couleur est stable ou bien s'il ne l'est pas et si la substance reprend en se refroidissant sa couleur originaire, comme cela arrive pour un très grand nombre de substances, comme l'oxyde de zinc, l'acide titanique, l'acide hyponiobique et les autres oxydes. On doit examiner en outre si, pendant que la substance est soumise à l'action de la chaleur, il ne se produit pas d'incandescence, si la masse ne se boursoufle pas et si elle ne devient pas phosphorescente. Outre les substances organiques, la substance à analyser peut contenir encore d'autres substances qui se volatilisent par l'action de la chaleur, soit en se décomposant, soit sans se décomposer; ces substances sont les suivantes :

Des *substances gazeuses*, spécialement du *gaz oxygène* qui se dégage lorsqu'on soumet un grand nombre de peroxydes et quelques combinaisons salines à l'action de la chaleur. On peut facilement reconnaître la présence de l'oxygène, en introduisant dans la partie supérieure du tube, pendant que l'action de la chaleur est intense, une allumette présentant encore quelque point en ignition; s'il se dégage de l'oxygène, l'allumette s'allume immédiatement et brule vivement.

De l'eau. — L'eau peut être contenue dans la substance à analyser, soit à l'état de partie constituante, soit à l'état d'eau de décrépitation. Dans quelques expériences, il est facile, d'après la quantité d'eau qui s'est deposee sur la partie froide du tube, de juger si l'eau obtenue fait essentiellement partie de la substance ou si elle est seulement hygroscopique. On doit examiner également si l'eau obtenue se comporte comme de l'eau pure à l'égard du papier de tournesol ou si elle contient un acide ou une base; si l'eau presente une réaction alcaline, cela ne peut provenir que de ce qu'elle contient de l'ammoniaque dont on peut reconnaître la présence aux fumees blanches qui se produisent lorsqu'on approche, de l'eau qui en contient, une baguette de verre imprégnée d'acide chlorhydrique.

Des acides volatils gazeux ou liquides. —Les combinaisons salines acides, formées par les acides qui, à l'etat pur ou à l'état hydraté, sont volatils, perdent leur excès d'acide lorsqu'on les chauffe dans un petit ballon (au moyen de la flamme d'une lampe à alcool avec l'aide du chalumeau; si, par suite, on place dans le col du ballon un papier de tournesol préalablement humecté, ce papier est fortement rougi par les vapeurs acides qui se degagent. Parmi les sels neutres de ces acides volatils, il n'y en a que quelques-uns qui sont décomposés lorsqu'on les chauffe dans un petit ballon. C'est ce qui arrive spécialement pour beaucoup de *nitrates* neutres qui, lorsqu'on les chauffe, remplissent le petit ballon de vapeurs jaune-rouge d'acide nitreux. Il est cependant plus sûr de traiter les nitrates par le bisulfate de potasse de la manière qui sera indiquée plus loin; de cette manière, tous les nitrates donnent des vapeurs jaune-rouge. Lorsqu'on chauffe les *hyposulfates* dans un petit ballon de verre, leur acide est également décomposé et peut être reconnu au dégagement d'acide sulfureux qui se produit p. 497). Il se produit également un dégagement d'acide sulfureux lorsqu'on chauffe fortement quelques sulfates dans un petit ballon. — Dans un petit nombre de cas, on peut également dégager *l'acide fluorhydrique* des fluorures par l'action de la chaleur seule, spécialement lorsque la combinaison contient un peu d'eau (p. 570) ou lorsque le fluorure est combiné avec l'acide fluorhydrique. On reconnaît surtout l'acide fluorhydrique au moyen du papier de Fernambouc (p. 560).

Soufre et sulfures. — La substance à analyser peut laisser sublimer du soufre, lorsqu'elle contient du soufre à l'état de mélange ou lorsqu'elle contient des sulfures qui perdent une portion de leur soufre lorsqu'on les calcine à l'abri du contact de l'air. Le soufre se sublime alors sous forme de gouttelettes qui, tant qu'elles sont chaudes, ont une couleur brune, mais qui, après leur refroidissement, reprennent la couleur jaune, si connue, du soufre. Les sulfures qui perdent de cette manière une portion de leur soufre et se transforment ainsi en degrés inférieurs de sulfuration, ont été indiqués, page 474. Plusieurs autres sulfures peuvent aussi perdre de cette manière une portion de leur soufre, parce qu'en les chauffant dans un tube de verre, on ne peut pas les préserver complétement du contact de l'air; l'oxygène de l'air chasse une petite portion du soufre contenu dans le sulfure. Ce soufre se dépose alors sur la partie froide du tube. Un très petit nombre de sulfures seulement se volatilisent sans se décomposer; ce sont : le *sulfure de mercure* qui, lorsqu'on le frotte après l'avoir sublimé, prend une couleur rouge, et les combinaisons du *soufre* avec l'*arsenic* qui peuvent quelquefois être prises par un chimiste inexpérimenté pour du soufre pur. On y reconnaît cependant la présence de l'arsenic par la méthode qui a été indiquée, pages 385 et 399.

Selenium et séléniures. — Le selenium peut être sublimé dans les mêmes circonstances que le soufre, soit qu'il existe dans la substance sous forme de selenium et qu'il y soit alors mélangé sous cette forme, soit qu'il s'y trouve des séléniures qui contiennent une grande quantité de selenium. Le selenium se dépose alors, quand il est en petite quantité, sous forme d'un sublimé rougeâtre, et, lorsqu'il est en grande quantité, sous forme d'un sublimé noir qui, broyé, donne une poudre rouge foncé; on peut en outre reconnaître le selenium aux caractères qui ont été indiqués p. 436. Parmi les séléniures, quelques-uns, comme le *séléniure de mercure* et le *séléniure d'arsenic*, peuvent être volatilisés sans se décomposer; cependant ce dernier est légèrement décomposé.

Métaux volatils. — Les métaux volatils qui se présentent dans les analyses au chalumeau sont spécialement l'*arsenic*, le *mercure*, le *cadmium* et le *tellure*, qui possèdent tous l'éclat métallique et ont une couleur grise ou noire. — Il se produit un sublimé d'*arsenic*, non-seulement lorsque la substance à analyser est essentiellement formée d'arsenic, mais aussi lorsqu'il se trouve, dans la substance, des arséniures qui contiennent une grande quantité d'arsenic et qui se transforment par la chaleur en un degré inférieur d'arséniuration ou bien des arséniures dans lesquels l'arsenic n'est retenu en combinaison que par une très faible affinité. A la première catégorie d'arséniures, appartiennent les degrés supérieurs d'arséniuration du nickel (arsenik-nickel), du cobalt (speisskobalt), du fer, etc.: dans la seconde catégorie des arséniures, dans lesquels l'arsenic n'est retenu que par une faible affinité, viennent se ranger seulement les combinaisons de l'arsenic avec l'antimoine et le bismuth. Dans ces arséniures, la totalité de l'arsenic est chassée par l'action de la chaleur. Plusieurs arsénites donnent également de l'arsenic métallique lorsqu'on les calcine à l'abri du contact de l'air. L'arsenic métallique sublimé peut être reconnu facilement et sûrement même lorsqu'il n'est qu'en très petite quantité (p. 376). – Le *mercure* métallique peut être séparé de la plupart de ses combinaisons par sublimation ; il peut alors être reconnu plus facilement que tout autre métal. Si la quantité de mercure qui s'est sublimée, est faible, il ne se produit souvent qu'un sublimé gris ; mais si on frotte ce sublimé avec une baguette de bois ou de verre, ou avec un fil de fer, il se produit des globules de mercure bien visibles. — Le *cadmium* peut également être séparé, à l'état de cadmium métallique sublimé, par l'action de la chaleur sur quelques-uns de ses alliages ; on peut alors le reconnaître à la plupart de ses propriétés, et surtout à ce que, calciné au contact de l'air, il se transforme en oxyde brun-jaune (p. 123).—Le *tellure* se volatilise bien plus difficilement : il ne se sublime dans un petit ballon qu'à une température rouge et il se dépose comme le mercure, sous forme de gouttelettes métalliques qui se déposent sur la partie froide du tube et s'épaississent en une masse solide.

Oxydes et acides solides, volatils. — Parmi les oxydes et les acides qui, quoique solides, sont volatils, viennent se ranger : l'*acide antimonieux* qui fond d'abord en une liqueur jaune, avant de se sublimer sous forme d'aiguilles cristallines, brillantes [cependant l'acide antimonieux ne se volatilise souvent qu'en petite quantité et ne se volatilise souvent même pas, lorsqu'il a pu s'oxyder pendant qu'il était soumis à l'action de la chaleur (p. 258)] ; l'*acide tellureux* qui se comporte un peu de la même manière que l'acide antimonieux, mais qui cependant se volatilise un peu plus difficilement que l'acide antimonieux et ne produit pas de sublimé cristallin (p. 432) ; l'*acide arsénieux* qui se sublime très facilement et qui se dégage même par la calcination de l'acide arsénique qui, à une température élevee, se transforme en acide arsénieux et en gaz oxygène (p. 394) ; il se produit également de l'acide arsénieux par la calcination de quelques arsénites et de quelques arséniates ; l'*acide osmique* qui se sublime par l'action de la chaleur sous forme de gouttelettes blanches et dégage une odeur forte, piquante, excessivement désagréable p. 220).

Combinaisons salines volatiles et combinaisons volatiles analogues aux sels. — Parmi les combinaisons salines volatiles, viennent se ranger spécialement la plupart des *sels ammoniacaux* qui, ou bien se volatilisent complétement, ou bien perdent seulement de l'ammoniaque, lorsque l'ammoniaque y est combinée avec un acide fixe (p. 18). Dans les analyses au chalumeau, on peut assez facilement reconnaître les sels ammoniacaux et les distinguer des autres sels, en les mélangeant avec de la soude et de l'eau et en faisant une bouillie que l'on chauffe faiblement : il se produit de cette manière une forte odeur d'ammoniaque.

Parmi les combinaisons qui ressemblent aux combinaisons salines et qui sont volatiles, on peut citer spécialement : le *bichlorure de mercure* qui, par l'action d'une très faible chaleur, entre d'abord en fusion et se sublime ensuite; le *protochlorure de mercure* qui se sublime sans entrer préalablement en fusion et qui prend alors une couleur jaunâtre qu'il conserve tant qu'il est chaud; il ne reprend sa couleur blanche que lorsqu'il est entièrement refroidi. Les deux chlorures de mercure, comme du reste toutes les combinaisons du mercure, mélangés avec la soude et chauffés dans un petit ballon, laissent sublimer du mercure sous forme de globules qui se réunissent dans le col du ballon. Les combinaisons du *mercure* avec le *brome* et l'*iode* se comportent comme les chlorures, avec cette différence seulement que le bi-iodure de mercure qui possède une couleur rouge, produit un sublimé jaune qui cependant, lorsqu'on le frotte, forme une poudre rouge.

Même lorsqu'on ne peut pas découvrir de parties constituantes volatiles dans la substance à analyser, il est cependant nécessaire de la chauffer dans un petit ballon au moyen de la flamme de la lampe à alcool, lorsqu'elle décrépite fortement : en effet, la décrépitation pourrait présenter des inconvénients. Ce sont surtout les sels anhydres qui décrépitent fortement; de ce nombre sont beaucoup de minéraux naturels, et spécialement les sulfures et leurs combinaisons.

Dans quelques cas, on traite ensuite la substance à analyser par quelques réactifs dans un petit ballon de verre. C'est ce qu'il faut faire, comme on l'a déjà dit, lorsqu'on suppose une combinaison du mercure dans la substance à analyser. On mélange alors la substance avec un excès de soude bien desséchée, on la chauffe d'abord seulement à la flamme d'une lampe à alcool et on augmente ensuite la chaleur en soufflant dans la flamme avec le chalumeau. Si la substance contient une combinaison mercurielle, il se produit alors un dépôt gris de mercure sublimé. Quelquefois le dépôt qui se produit, ne peut pas être reconnu immédiatement pour du mercure métallique : on doit alors le rassembler avec une petite baguette de verre ou de bois ou avec un fil de fer : on obtient de cette manière des globules de mercure bien visibles. Si la combinaison contient de l'eau ou bien si on a employé de la soude qui n'était pas très bien desséchée, il se volatilise, en même temps que le mercure, de l'eau qui se condense dans la partie froide du col du ballon et qui peut retomber alors dans la partie sphérique du ballon qui est chaude : ce qui pourrait en déterminer la rupture. Il est bon, par suite, de chauffer légèrement la soude avant l'expérience, afin d'en chasser l'eau : il faut aussi tenir le ballon de verre dans une position aussi horizontale que possible. Si la substance à analyser est formée d'une combinaison du mercure qui soit très volatile, comme, par exemple, les combinaisons du mercure avec le chlore et le brome, on peut, en ne chauffant pas avec précaution, volatiliser la plus grande partie ou même presque la totalité de la combinaison avant que la soude n'ait décomposé cette combinaison, en sorte qu'il peut ne se sublimer qu'une petite quantité de mercure, ou qu'il peut même ne s'en sublimer presque point. Dans ce cas, il vaut mieux employer une soude qui ne soit pas entièrement exempte d'eau : en outre, il ne faut pas chauffer lentement le mélange contenu dans le petit ballon; mais il faut le chauffer autant que possible tout d'un coup et fortement; malgré cela, il y a toujours, dans ce cas, une portion de la combinaison qui se volatilise sans se décomposer. On ne peut l'éviter qu'en plaçant la soude au-dessus de la combinaison à analyser et en chauffant d'abord la soude ou en humectant avec de l'eau le mélange contenu dans le petit ballon et en laissant reposer un peu avant de chauffer; mais, dans ce cas, on doit prendre beaucoup de précautions, en chauffant, pour ne pas déterminer la rupture du ballon.

Outre la soude, on se sert encore, dans ces essais préliminaires, de bisulfate de potasse comme réactif : le bisulfate de potasse est employé pour reconnaître dans les combinaisons salines les acides qui y sont contenus, lorsque ces acides peuvent être séparés de leurs combinaisons par la fusion de ces combinaisons avec le bisulfate de potasse. On l'emploie surtout pour reconnaître la présence de l'acide nitrique dans tous les *nitrates*. Lorsqu'on mélange les nitrates avec le bisulfate de potasse et lorsqu'on chauffe le mélange dans un petit ballon au moyen de la flamme d'une lampe à alcool, il se produit des vapeurs jaune-rouge abondantes d'acide nitreux (p. 717), sans qu'il y ait même besoin d'augmenter la chaleur en soufflant dans la flamme avec l'aide du chalumeau. De même les *fluorures*, chauffés avec le bisulfate de potasse, laissent dégager de l'acide fluorhydrique que l'on peut reconnaître à ce qu'il attaque le verre du col du ballon, qui devient alors moins transparent (p. 569). Si l'on chauffe de la même manière avec le bisulfate de potasse les *combinaisons de l'iode*, il se produit des vapeurs violettes d'iode et il se dépose dans la partie froide du col du ballon de l'iode noir sublimé : en même temps, il se dégage de l'acide sulfureux (p. 615). Les *combinaisons du brome* que l'on traite d'une manière semblable par le bisulfate de potasse donnent des vapeurs de brome (p. 601).

Pour reconnaître, au moyen du chalumeau, la présence de l'*acide sulfurique* dans les sulfates qui ont pour base un oxyde métallique, on chauffe au moyen du chalumeau dans un petit ballon de verre un mélange du sel préalablement déshydraté avec du charbon en poudre : il se produit alors une odeur très prononcée d'acide sulfureux (p. 503).

§ II.

Après avoir ainsi soumis dans un petit ballon de verre la substance à analyser aux différents essais que nous venons d'indiquer, on la chauffe dans un tube ouvert aux deux extrémités, d'abord au moyen seulement de la flamme d'une lampe à alcool; on augmente ensuite la chaleur de la flamme à l'aide du chalumeau. On cherche à voir si, en chauffant ainsi la substance au contact de l'air atmosphérique, il se produit des substances volatiles. On peut, dans cette expérience, faire passer à volonté dans le tube un courant d'air atmosphérique plus ou moins fort. Si, pendant qu'on chauffe la substance, on tient le tube horizontal, le courant d'air est tout à fait insignifiant : mais, si on fait quitter au tube la position horizontale, le courant d'air commence à s'établir, et il est d'autant plus fort que la position du tube s'approche plus de la position verticale.

On emploie ordinairement la substance à analyser en petits morceaux et on en place un dans le tube assez près de l'extrémité. Ce n'est que lorsque la substance décrépite qu'on doit l'employer en poudre.

Les substances qui se produisent par la calcination de la substance à analyser au contact de l'air, peuvent être gazeuses et peuvent alors être reconnues à leur odeur, ou bien elles se déposent dans la partie froide du tube sous la forme d'une matière sublimée à une distance plus ou moins grande de la substance suivant leur degré plus ou moins grand de volatilité.

1° Substances gazeuses, reconnaissables à leur odeur, qui se dégagent par le grillage.

Parmi ces substances, vient se ranger : l'*acide sulfureux* qui se produit par le grillage des substances qui contiennent des *sulfures* (p. 472). Les plus petites quantités d'acide sulfureux qui se produisent, peuvent être reconnues à l'odeur de cet acide lorsqu'on calcine la substance à analyser dans un tube ouvert aux deux extrémités que l'on tient horizontalement pendant la calcination, mais dont on porte ensuite, immédiatement après la calcination, l'ouverture supérieure près du nez, en ayant soin de tenir le tube aussi verticalement que possible, mais pas assez pour que la substance à analyser, placée dans le tube, puisse tomber. Si, en outre, on introduit dans la partie supérieure du tube un papier de tournesol humecté, ce papier est rougi par l'acide sulfureux qui se dégage. Presque tous les sulfures, traités de cette manière, dégagent de l'acide sulfureux ; outre l'acide sulfureux, quelques-uns laissent sublimer du soufre; ce sont spécialement ceux qui perdent une partie de leur soufre lorsqu'on les chauffe dans un petit ballon : cependant la position plus ou moins inclinée du tube pendant la calcination a également de l'influence sur la sublimation ou la non-sublimation d'une certaine quantité de soufre : quelques sulfures laissent encore sublimer d'autres substances dont il sera question plus loin. Le sulfure de zinc et surtout le sulfure de molybdène qui se trouve dans la nature, sont ceux qui laissent dégager le plus difficilement de l'acide sulfureux par le grillage.— Lorsqu'on a déjà chauffé dans un petit ballon les combinaisons des sulfures métalliques et des arséniures métalliques, et lorsque ces combinaisons ont déjà perdu ainsi de l'arsenic qui s'est sublimé, ces combinaisons peuvent en outre laisser dégager une odeur d'acide sulfureux, lorsqu'on les chauffe dans un tube ouvert aux deux extrémités, comme cela arrive pour le mispickel, par exemple. On peut également reconnaître la présence du *selenium* dans les séléniures à l'odeur qui se produit lorsqu'on les grille dans un tube ouvert aux deux extrémités. Mais, dans ce cas, surtout lorsque le tube n'est pas trop incliné, il se sublime du selenium et de l'acide sélénieux à l'état cristallisé p. 437).

Quelques arséniures, grillés dans un tube ouvert aux deux extrémités, produisent une odeur d'*arsenic;* mais ce sont seulement ceux qui, outre l'acide arsénieux, donnent un sublimé d'arsenic, lorsque l'inclinaison du tube n'est pas trop forte. Lorsqu'un arséniure, grillé dans un tube, ne donne que de l'acide arsénieux, on ne peut pas observer d'odeur d'arsenic.

2° Substances qui se subliment dans le tube par le grillage.

Si le sublimé est blanc, il est ordinairement formé d'oxydes qui existaient à l'état d'oxydes dans la substance à analyser ou bien qui se sont formés par l'oxydation des métaux que contenait la substance.

Parmi les oxydes qui se subliment ainsi dans le tube par le grillage, on peut citer les suivantes :

Acide arsénieux. — L'acide arsénieux se produit par le grillage des arséniures et se dépose dans la partie froide du tube sous forme d'un sublimé blanc qui paraît cristallin à la loupe. On peut essayer ensuite le sublimé ainsi obtenu pour y reconnaître la présence de l'arsenic. Quelques arséniures donnent facilement de l'acide arsénieux par le grillage, d'autres comme le cobalt gris, ne donnent de l'acide arsénieux que plus difficilement, et il faut souvent, pour qu'il s'en produise, une calcination prolongée au moyen de la flamme du chalumeau. Un petit nombre d'arséniures, lorsqu'on les grille dans un tube ouvert aux deux extrémités, donnent, outre l'acide arsénieux, de l'arsenic métallique, comme nous l'avons déjà indiqué précédemment. Lorsqu'on grille, dans un tube ouvert aux deux extrémités, du sulfure d'arsenic ou des substances qui contiennent du sulfure d'arsenic, il se sublime ordinairement, outre l'acide arsénieux, du sulfure rouge ou du sulfure jaune d'arsenic; ce dernier peut même, comme nous l'avons déjà remarqué, être quelquefois pris pour du soufre par un chimiste peu exercé. Même lorsqu'on maintient le tube très incliné pendant la calcination, il se sublime du sulfure d'arsenic. La quantité de sulfure d'arsenic qui se sublime, est d'autant plus petite qu'on a employé une quantité plus petite de la substance, qu'on a opéré la calcination à une chaleur moins élevée et que le courant d'air a été plus fort. — On peut obtenir en outre de l'acide arsénieux en calcinant, dans un tube ouvert aux deux extrémités, les substances qui contiennent un grand excès d'acide arsénieux ou d'acide arsénique ou dont ces deux acides sont des parties constituantes essentielles.

Acide antimonieux.—Il se sublime de l'acide antimonieux lorsqu'on soumet au grillage, dans un tube ouvert aux deux extrémités, l'antimoine, les antimoniures, le sulfure d'antimoine et les combinaisons qui en contiennent, l'acide antimonieux et les substances dont cet acide est une partie constituante. L'acide antimonieux qui se sublime de cette manière et qui se dépose dans le tube, est blanc et peut être chassé d'une place à une autre par l'action d'une température peu élevée (p. 264). Dans un grand nombre de cas cependant, le grillage des substances antimoniées dans un tube ouvert aux deux extrémités ne donne pas de l'acide antimonieux seul, mais donne en même temps de l'acide antimonique qui n'est pas volatil, mais qui se produit par l'action de l'air sur l'acide antimonieux qui se volatilise par la calcination; l'acide antimonique ainsi produit se dépose également dans le tube sous forme de sublimé à quelque distance de la matière à analyser. Un dépôt de cette espèce, formé d'acide antimonieux et d'acide antimonique, ne peut pas être volatilisé par l'action de la chaleur ou ne peut être volatilisé qu'en partie. Il se produit surtout par le grillage du sulfure d'antimoine et des substances qui contiennent du sulfure d'antimoine et par le grillage de quelques antimoniures, lorsque les métaux avec lesquels l'antimoine est combiné sont facilement oxydables. Si la substance que l'on soumet au grillage dans un tube ouvert aux deux extrémités, contient du sulfure d'antimoine et en même temps du plomb, comme cela arrive dans la bournonite, il se produit par le grillage un sublimé blanc qui est en partie volatil et en partie non volatil et qui est formé d'antimoniate de plomb.

Acide tellureux. — L'acide tellureux se produit lorsqu'on grille dans un tube ouvert le tellure et les tellurures ou lorsqu'on chauffe l'acide tellureux et quelques-unes de ses combinaisons. L'acide tellureux produit, en se volatilisant, un sublimé blanc; mais il est bien moins volatil que l'acide antimonieux et peut par suite être distingué de l'acide antimonieux à ce qu'il ne peut pas être chassé par l'action de la chaleur; il fond seulement en petites gouttes incolores (p. 432 . Si le tellurure à analyser contient du plomb, il se produit, à une grande distance de la substance à analyser, un sublimé d'acide tellureux ; mais, à une faible distance de l'acide tellureux, il se dépose alors du tellurite de plomb qui ne fond pas en gouttelettes et que l'on pourrait prendre par suite pour de l'acide antimonieux.

Le *chlorure de plomb* se volatilise au contact de l'air de la même manière que l'acide tellureux et fond en petites gouttes lorsqu'on le chauffe. Lorsqu'on le calcine dans un tube ouvert, il est encore plus volatil que l'acide tellureux.

Oxyde de bismuth. — L'oxyde de bismuth se produit lorsqu'on calcine, dans un tube ouvert aux deux extrémités, le sulfure de bismuth et les bismuthures alliages de bismuth ; mais on n'obtient presque pas d'oxyde de bismuth sublimé lorsqu'il n'y a que du bismuth seul. Le sublimé d'oxyde de bismuth fond en gouttelettes lorsqu'on le chauffe; les gouttelettes ainsi produites ne sont pas incolores, mais elles sont brunes ou jaunâtres ; ce qui les distingue de l'acide tellureux sublimé. Lorsqu'en outre on calcine dans un tube ouvert aux deux extrémités une substance qui contient du bismuth, il se dépose tout autour de la substance de l'oxyde de bismuth fondu de couleur jaune foncé qui devient plus clair par le refroidissement.

On peut ainsi distinguer facilement le bismuth de plusieurs autres métaux; on doit cependant, dans ce cas, faire bien attention à ne pas confondre le bismuth avec le *plomb* dont les combinaisons, calcinées de la même manière dans un tube ouvert aux deux extrémités, produisent de même un dépôt d'oxyde jaune fondu qui se dépose tout autour de l'essai; cependant la couleur du dépôt d'oxyde de plomb est, après le refroidissement, plus pâle que celle de l'oxyde de bismuth fondu. Du reste, les combinaisons des deux métaux peuvent être facilement distinguées par une méthode que nous indiquerons plus loin.

Outre l'arsenic, le tellure, l'antimoine et le bismuth, il existe encore d'autres métaux dont quelques combinaisons, chauffées dans un tube ouvert aux deux extrémités, donnent des sublimés blancs. Parmi les combinaisons qui possèdent cette propriété, on peut citer : le *sulfure de plomb* et le *séléniure de plomb* qui donnent des sublimés blancs de sulfate et de séléniate de plomb qui deviennent gris et fondent par l'action de la chaleur en général le plomb, en combinaison avec les métaux ou avec d'autres substances, donne, comme nous l'avons déjà fait remarquer en plusieurs circonstances, des sublimés par la calcination dans un tube ouvert, lorsque les métaux ou les substances avec lesquels il est combiné, peuvent, en s'oxydant, donner naissance à des oxydes ou à des acides volatils ; le *sulfure d'étain* qui donne un depôt blanc de bioxyde d'étain qui ne peut pas être volatilisé par l'action de la chaleur; l'*acide molybdique* qui, calciné dans un tube ouvert aux deux extrémités, se volatilise, en partie sous forme d'un sublimé pulvérulent, en partie sous forme de cristaux brillants, d'une couleur légèrement jaunâtre; le sulfure de molybdène au contraire, calciné de la même manière, ne donne pas de sublimé ou ne donne qu'une trace d'acide molybdique et d'acide sulfureux.

Il ne se produit pas de sublimés qui ne soient pas de couleur blanche par l'oxydation dans un tube ouvert aux deux extrémités; mais les substances colorées qui se subliment lorsqu'on les chauffe dans un petit ballon à l'abri du contact de l'air, se volatilisent encore plus facilement dans un tube ouvert aux deux extrémités. La plupart des *combinaisons de mercure*, chauffées dans un tube ouvert aux deux extrémités, laissent sublimer du mercure métallique; si l'on calcine le sulfure de mercure dans un tube ouvert aux deux extremités, une portion du sulfure de mercure se volatilise sans se décomposer, l'autre portion donne du mercure métallique qui, étant plus volatil que le sulfure, se dépose plus loin de la portion du tube qui a été chauffée. Les combinaisons du mercure avec le chlore et le brome et aussi le biiodure de mercure, calcinés dans un tube ouvert aux deux extrémités, se subliment sans se décomposer.

On a dejà indiqué (p. 569) comment les *fluorures* peuvent être reconnus par la calcination dans un tube ouvert avec ou sans sel de phosphore.

§ III.

Après avoir ainsi essayé la substance dans un petit ballon ou dans un tube ouvert, on en chauffe une autre portion directement au moyen de la flamme du chalumeau. En opérant ainsi, on se propose de rechercher le degré de fusibilité de la substance à analyser, d'observer les changements de coloration que quelques substances présentent par l'action de la chaleur et ceux qu'ils font prendre à la flamme du chalumeau lorsqu'on les chauffe à l'aide de cette flamme, et enfin de voir les modifications que la partie oxydante et la partie réductrice de la flamme du chalumeau exercent sur les substances à analyser. Suivant le but que l'on veut atteindre dans cet essai, on chauffe la substance à l'aide de la flamme du chalumeau, soit sur le charbon, soit entre les extrémités d'une petite pince à bouts de platine, soit à l'extrémité d'un fil de platine.

1° Recherche du degré de fusibilité des substances.

Pour rechercher au moyen de la flamme du chalumeau le degré de *fusibilité* d'une substance qui est composée de métaux, d'oxydes métalliques facilement réductibles ou de substances qui attaquent le platine à chaud, on place la substance sur le charbon et on dirige sur cette substance la partie la plus chaude de la flamme du chalumeau. Si la substance à analyser est composée de substances qui n'attaquent pas le platine à chaud et si la substance forme une masse solide, on en prend un petit éclat entre les extrémités d'une pince à bouts de platine et on l'expose à l'action de la portion la plus chaude de la flamme du chalumeau. C'est ainsi que l'on doit surtout opérer lorsqu'on veut essayer les silicates qui sont presque tous formés des mêmes parties constituantes, combinées en proportions très différentes ; c'est, dans un grand nombre de cas, leur degré de fusibilité différent, lorsqu'on les chauffe à l'aide de la flamme du chalumeau, qui permet de les distinguer les uns des autres. Si la substance à analyser est en petits grains, on en place un petit grain sur le charbon et on dirige alors sur ce petit grain la flamme du chalumeau. Si la substance est en poudre, on l'humecte avec la salive, de manière à en former une bouillie ; cependant comme la soude, contenue dans la salive, pourrait colorer en jaune la flamme du chalumeau, il vaut mieux humecter la substance avec de l'eau ; on chauffe ensuite légèrement à l'aide du chalumeau sur le charbon une petite quantité de la substance à analyser ainsi humectée ; il faut opérer avec précaution, afin d'éviter que la substance, surtout lorsqu'elle est infusible ou peu fusible, soit projetée au loin lorsqu'on souffle dessus à l'aide du chalumeau.

La plupart des *métaux* fondent lorsqu'on les soumet à l'action de la flamme du chalumeau ; ils sont tous oxydés par l'action de la flamme extérieure à l'exception des métaux nobles. Parmi les métaux nobles, il en est qui fondent par l'action de la flamme du chalumeau, sans être modifiés : ce sont l'*or* et l'*argent*. Le *platine*, l'*iridium*, le *palladium*, le *rhodium* et même l'*osmium* sont infusibles à la flamme du chalumeau; cependant l'osmium s'oxyde par l'action de la flamme extérieure du chalumeau et se transforme en acide osmique qui peut se volatiliser. Parmi les autres métaux dont les oxydes peuvent être réduits par la flamme intérieure, surtout avec l'aide de la soude, quelques-uns sont infusibles à la flamme du chalumeau, ce sont les suivants : le *molybdène*, le *tungstène*, le *nickel*, le *cobalt* et le *fer*. Parmi les métaux que nous n'avons pas cités, il y en a encore d'autres qui sont infusibles; mais ils ne peuvent pas se présenter à l'état métallique dans les recherches au chalumeau.

Les *sulfures* fondent pour la plupart lorsqu'on les soumet à l'action de la flamme du chalumeau sur le charbon; ils sont souvent fusibles même lorsque les oxydes des métaux qui les constituent ne sont pas fusibles. Plusieurs de ces sulfures s'oxydent très rapidement et dégagent une odeur d'acide sulfureux, comme cela arrive lorsqu'on les chauffe dans un tube ouvert; le métal est alors transformé en oxyde.

La plupart des *oxydes métalliques* purs sont infusibles. Cependant plusieurs d'entre eux passent à un degré supérieur d'oxydation par l'action de la flamme extérieure du chalumeau et sont transformés en un degré inférieur d'oxydation par l'action de la flamme intérieure; souvent même, ils sont réduits à l'état métallique par l'action de la flamme intérieure. Les oxydes infusibles sont : la *baryte* dont l'hydrate et le carbonate sont fusibles; mais si on chauffe ces deux sels sur le charbon, il se produit une vive ébullition; les deux sels sont alors transformés en baryte pure et forment à cet état une masse infusible; la *strontiane* dont l'hydrate et le carbonate fondent d'abord (ce dernier cependant ne fond que sur les bords et se boursoufle) et deviennent ensuite infusibles; ils brillent en même temps d'un éclat très vif en donnant à la flamme une teinte un peu rougeâtre; la *chaux* qui brille également d'un éclat très vif (si la chaux contient une petite quantité d'oxyde alcalin, elle ne brille plus d'un éclat très vif lorsqu'on la chauffe); la *magnésie*, l'*alumine*, la *glucine*, l'*yttria*, la *zircone* qui brille surtout d'un vif éclat lorsqu'on la chauffe (mais si elle contient un peu d'oxyde alcalin, elle ne brille plus ; l'*acide silicique*, l'*acide tungstique*, le *sesquioxyde de chrome*, l'*antimoniate d'oxyde d'antimoine* qui cependant est réduit par l'action de la flamme intérieure à l'état d'acide antimonieux volatil; l'*acide tantalique*, l'*acide niobique*, l'*acide hyponiobique*, l'*acide titanique*, l'*uranate de protoxyde d'urane*, le *sesquioxyde d'urane* qui est réduit par la flamme du chalumeau à l'état d'uranate de protoxyde d'urane; le *protoxyde de cerium* qui se transforme par l'action de la chaleur en cérate de protoxyde de cerium, le *sesquioxyde de cerium*, le *sesquioxyde de manganèse* qui perd par l'action de la chaleur une portion de son oxygène; l'*oxyde de zinc* qui est réduit par la flamme intérieure et devient par conséquent volatil; l'*oxyde de cadmium* qui est également réduit par la flamme intérieure, plus facilement même que l'oxyde de zinc, et devient volatil; le *sesquioxyde de fer* qui perd une portion de son oxygène par l'action de la flamme intérieure;

l'*oxyde de nickel*, l'*oxyde de cobalt*, et le *bioxyde d'étain* qui peut être réduit par l'action de la flamme intérieure. — Il n'y a qu'un petit nombre d'oxydes qui, à l'état pur, puissent fondre par l'action de la flamme du chalumeau, ce sont les suivants : l'*acide antimonieux* qui fond d'abord et ensuite se volatilise ; l'*oxyde de bismuth* et le *bioxyde de plomb* qui peuvent tous les deux être réduits facilement à l'état métallique, et enfin le *bioxyde de cuivre*.

Il est très important de rechercher la fusibilité des *silicates* que l'on rencontre dans la nature et celle des autres minéraux ; en effet, ce n'est précisément que par leur degré de fusibilité qu'on peut distinguer les uns des autres ceux qui sont composés seulement d'oxydes terreux et qui ne contiennent pas une grande quantité d'oxydes métalliques proprement dits. Pour rechercher la fusibilité des minéraux, la meilleure manière est d'en prendre un éclat entre les extrémités d'une pince à bouts de platine et de chauffer ensuite cet éclat à la flamme du chalumeau. Parmi les minéraux qui se présentent le plus fréquemment, les suivants sont infusibles : le *quartz*, le *corindon*, l'*argile apyre*, les *hydrates d'alumine et de magnésie*, le *sulfate d'alumine*, les *carbonates de chaux et de magnésie*, le *carbonate de zinc*, la *spinelle*, le *pléonaste*, la *gahnite*, l'*olivine*, la *cérite*, le *zircon*, la *cyanite*, l'*andalousite*, la *staurolithe* , la *phénakite*, la *leucite*, le *talc*, la *pyrophyllite*, l'*apatite*, la *gehlénite*, l'*anthophyllite*, la *tourmaline* contenant de la lithine ; l'*allophane*, la *cymophane*, la *gadolinite* qui devient incandescente par l'action de la chaleur ; le *zinnstein* (*étain oxydé*), le *rutile*, la *pérowskite*, le *fer titané*, le *fer chromé*, les *oxydes de fer* qui se trouvent dans la nature (ces derniers, le fer titané, le fer chromé et les oxydes de fer, ne sont infusibles qu'à la flamme d'oxydation ; par l'action de la flamme de réduction, ils fondent sur les bords) ; l'*uranpecherz*, la *tantalite*, la *columbite*, l'*yttrotantalite*, la *turquoise*, la *dioptase*, la *chondrodite*, la *topaze*. — Les suivants ne sont que très peu fusibles et ne fondent que sur les arêtes : le *feldspath*, l'*albite*, la *pétalite*, l'*oligoclase*, le *labrador*, l'*anorthite*, la *néphéline*, le *tafelspath*, le *pyroxène* contenant une grande quantité de magnésie ; l'*écume de mer*, la *stéatite*, les *micas* (quelques espèces, surtout celles qui se rencontrent dans le granit) ; la *serpentine*, l'*épidot* qui se boursoufle dès les premiers moments par l'action de la chaleur ; la *dichroïte*, l'*émeraude*, l'*euclase* qui, par l'action de la chaleur, commence d'abord par se boursoufler ; la *titanite*, la *sodalithe*, le *wolfram blanc* (*schwerstein*), la *samarskite*, la *baryte sulfatée* (*schwerspath*), la *célestine*, le *gypse*, le *spath-fluor*. — Les suivants sont fusibles : les *zéolithes* dont la plupart se boursouflent d'abord par l'action de la chaleur ; le *spodumène* qui se boursoufle également ; la *méionite* qui produit une espèce d'écume avant de fondre ; l'*élæolithe*, l'*amphibole* dont plusieurs espèces bouillonnent pendant la fusion, les *pyroxènes* qui ne contiennent pas d'excès de magnésie, l'*idocrase* qui se boursoufle en fondant ; le *grenat*, la *cérine*, l'*orthite* qui bouillonne pendant qu'elle est en fusion ; le *wolfram*, la *boracite*, l'*hydroboracite*, la *datolithe*, la *botryolithe*, la *kryolithe*, les *micas* (plusieurs espèces, surtout celles qui contiennent de la lithine) ; les *tourmalines* qui ne contiennent pas de lithine ; l'*axinite* qui fond en se boursouflant; l'*amblygonite*, la *lazulite*, l'*haüyne*, la *noséane*, l'*eudialithe*, la *pyrosmalithe*.

La plupart des *sels* solubles dans l'eau et des *combinaisons analogues aux sels* qui sont elles-mêmes solubles dans l'eau fondent lorsqu'on les expose sur le charbon à la flamme du chalumeau; mais souvent alors elles sont décomposées par le charbon et laissent comme résidu à la surface du charbon la base à l'état pur lorsqu'elle est infusible. Les sels alcalins, après la fusion, pénètrent dans le charbon ou forment des perles.

Parmi les sels insolubles, plusieurs fondent par l'action de la chaleur et donnent des perles qui cristallisent par le refroidissement. C'est ce qui se présente d'une manière toute spéciale pour le phosphate de plomb, et cela permet de le reconnaître facilement (p. 557).

2° Des changements de coloration que les substances subissent par l'action de la chaleur.

Les changements de coloration que les substances subissent par l'action de la chaleur viennent, dans la plupart des cas, de ce que ces substances sont décomposées et forment alors un corps d'une autre couleur. Quelques substances prennent cependant, par l'action de la chaleur, une autre couleur que celle qu'elles ont à la température ordinaire, sans cependant changer de composition, et reprennent, lorsqu'elles sont complétement refroidies, la couleur qu'elles avaient avant d'être soumises à l'action de la chaleur. Cette propriété donne un caractère certain pour reconnaître certaines substances. Parmi ces substances, viennent se ranger spécialement les suivantes : l'*oxyde de zinc*, l'*acide titanique*, l'*acide hyponiobique* et l'*acide niobique* qui ont, à la temperature ordinaire, une couleur blanche, et qui ont, à une température élevée, une couleur jaune-citron : ce qui, du reste, arrive à un très grand nombre de substances de couleur blanche, sans que ce soit cependant au même degré que pour les substances que nous venons de citer : le *minium*, l'*oxyde de mercure*, le *chromate de plomb* et quelques autres chromates qui sont rouges ou jaunes à la température ordinaire, prennent une couleur noire ou brun-noir à une temperature élevée qui cependant ne doit pas être assez élevée pour que la substance puisse être décomposée. Pour un grand nombre de substances, comme l'*oxyde de plomb* et l'*oxyde de bismuth*, la couleur qu'elles ont à la température ordinaire devient plus foncée par l'action de la chaleur.

3° Des changements de coloration que la flamme du chalumeau prend en présence de certaines substances.

Les changements de coloration que la flamme du chalumeau prend en présence de certaines substances peuvent servir à reconnaître la présence de ces substances. *Berzelius*, dans son *Traité sur l'emploi du chalumeau*, a donne moins de détail que *Plattner* sur ces changements de coloration. Un grand nombre de substances, traitées par la flamme du chalumeau, colorent la flamme extérieure lorsqu'on dirige sur ces corps l'extrémité de la flamme intérieure. Ce ne sont pas seulement les corps fusibles qui colorent de cette manière la flamme extérieure du chalumeau, mais ce sont aussi les corps infusibles, bien que les corps fusibles donnent toujours une coloration plus nette et plus intense. Pour un grand nombre de substances, spécialement pour les substances infusibles et peu fusibles, et pour celles qui n'attaquent pas le platine à une température élevée, on peut en même temps essayer leur fusibilité plus ou moins grande et reconnaître les changements de coloration qu'elles font prendre à la flamme du chalumeau. Pour cela, on saisit un petit éclat de la substance entre les extrémités d'une petite pince à bouts de platine. Pour les substances fusibles, pour les substances pulvérisées et pour celles qui décrépitent fortement par l'action de la chaleur, on emploie un fil de platine. On place la substance dans un mortier d'agathe et on la broie en une poudre aussi fine que possible. Pour mettre cette poudre dans le petit anneau du fil de platine, on fait chauffer ce petit anneau jusqu'au rouge dans la flamme du chalumeau et on le met rapidement en contact avec la poudre : de cette manière, une petite quantité de la poudre s'attache au platine. Mais lorsque la poudre ne s'attache pas ainsi au fil de platine incandescent, on humecte le petit anneau avec de l'eau distillée et on le met ensuite en contact avec la poudre : dans ce cas, on ne doit pas se servir de la salive pour humecter la substance, parce que la soude que contient la salive pourrait à elle seule donner une coloration jaune. Il en serait de même de la sueur, si l'on prenait le fil de platine avec les doigts en sueur : il faudrait alors, avant de s'en servir, nettoyer le fil de platine avec de l'eau distillée. Les substances métalliques, les sulfures et les autres substances qui attaquent fortement le platine à la température rouge, doivent être placés sur le charbon pour être exposés à la flamme du chalumeau.

Du reste, lorsqu'on veut essayer une substance pour reconnaître les changements de coloration qu'elle fait prendre à la flamme du chalumeau, on ne doit pas opérer à la lumière directe du jour; mais on doit se placer dans un endroit de la chambre où la lumière ne puisse pas, en passant par la fenêtre, venir tomber directement sur la flamme du chalumeau.

Quelques substances ne colorent pas par elles-mêmes la flamme du chalumeau; mais elles la colorent lorsqu'on les a humectées, soit en morceaux, soit en poudre, par l'acide sulfurique concentré et lorsqu'on les expose ensuite à l'action de la flamme du chalumeau en les plaçant, soit entre les extrémités d'une pince à bouts de platine, soit à l'extrémité d'un fil de platine.

Les colorations que les différentes substances font prendre à la flamme extérieure du chalumeau, sont :

Le jaune. — Ce sont spécialement les *combinaisons de la soude* qui possèdent, avec une très grande netteté, la propriété de colorer en jaune intense la flamme extérieure du chalumeau, lorsqu'on les soumet à l'action de l'extrémité de la portion bleue de la flamme (p. 9). Même lorsqu'on mélange avec les sels de soude une quantité considérable d'autres sels, spécialement de sels de potasse (p. 10), de sels de lithine (p. 14) et autres qui colorent également par eux-mêmes la flamme du chalumeau, mais qui lui font prendre une couleur tout autre que la couleur jaune, cette couleur jaune n'est pas annulée.

Le rouge. — Ce sont les *combinaisons de la lithine* qui colorent en rouge et même en beau rouge-carmin très intense la flamme extérieure du chalumeau (p. 14). Comme le chlorure de lithium fond facilement et est en même temps volatil, la couleur rouge qu'il produit est très intense. Les sels de potasse ne font pas subir de modification à cette coloration, ou si elles en font subir une, elle n'est au moins pas très considérable; les sels de soude, au contraire, modifient cette coloration. On a déjà indiqué (p. 14) que les silicates de lithine, spécialement le mica qui contient de la lithine, donnent naissance à la coloration rouge et qu'elle est encore bien plus prononcée lorsqu'on les a mélangés avec le bisulfate de potasse avant de les soumettre à l'action du chalumeau. — Les *combinaisons de la strontiane* produisent une coloration rouge analogue; seulement elle est d'un rouge moins intense que la coloration produite par les sels de lithine (p. 29). — Les *combinaisons de la chaux* colorent également en rouge la flamme du chalumeau; mais la coloration possède alors très souvent une pointe de jaunâtre (p. 35).

Le bleu. — Quelques *combinaisons arsenicales*, spécialement l'arsenic métallique, l'acide arsénieux, les arséniates (dont les bases ne font prendre aucune coloration à la flamme du chalumeau) et les arséniures, colorent en bleu, et souvent en bleu intense, la flamme extérieure du chalumeau, lorsqu'on les soumet à l'action de la flamme intérieure. — Les *combinaisons antimoniées* colorent de la même manière en bleu-verdâtre la flamme extérieure du chalumeau, mais la coloration est moins intense que celle des combinaisons arsenicales : cela s'applique spécialement à l'acide antimonieux (p. 264), mais cela ne s'applique pas à l'antimoniate d'oxyde d'antimoine (p. 275). — Les *combinaisons du plomb*, spécialement le dépôt que les combinaisons du plomb abandonnent sur le charbon, font prendre à la flamme extérieure une coloration bleu d'azur (p. 134). — En opérant de la même manière, les *combinaisons du tellure* donnent une coloration bleu-verdâtre (p. 432), les *combinaisons du selenium* donnent une coloration bleu d'azur (p. 441). — Le *chlorure de cuivre* et le *bromure de cuivre* colorent la flamme extérieure, l'un en bleu d'azur, l'autre en bleu verdâtre.

Le violet. — Ce sont spécialement les *sels de potasse* qui font prendre à la flamme du chalumeau une coloration violette (p. 5); mais la présence d'une petite quantité de sel de soude et de sel de lithine annule cette coloration (p. 10 et 14).

Le vert. — Les *combinaisons de la baryte* font prendre à la flamme extérieure du chalumeau une coloration verte : la coloration est cependant plutôt vert-jaunâtre (p. 24). — Les *combinaisons du bioxyde de cuivre*, spécialement les combinaisons du bioxyde de cuivre avec les oxacides

p. 157), ainsi que l'iodure de cuivre, font prendre à la flamme extérieure du chalumeau une coloration verte. Ce n'est que lorsque le cuivre est combiné avec des substances qui, comme le chlore et le brome, ont une influence sur la coloration de la flamme, que la couleur de la flamme n'est pas verte.— Les *combinaisons de l'acide borique* déterminent également la coloration verte de la flamme extérieure ; mais lorsque l'acide borique est combiné avec une base très énergique comme dans le borax, la coloration n'apparaît que lorsqu'on humecte la substance avec de l'acide sulfurique ou lorsqu'on la mélange avec du bisulfate de potasse. — Les *combinaisons de l'acide phosphorique*, soit par elles-mêmes, soit lorsqu'on les humecte avec de l'acide sulfurique, déterminent aussi la coloration verte de la flamme extérieure (p. 557). — Enfin les *combinaisons du molybdène* font prendre également à la flamme extérieure du chalumeau une coloration verdâtre ou plutôt vert-jaunâtre.

4° Des décompositions que quelques substances subissent tant par l'action de la flamme extérieure que par l'action de la flamme intérieure du chalumeau.

Les décompositions que quelques substances subissent, tant par l'action de la flamme extérieure que par l'action de la flamme intérieure du chalumeau, consistent surtout en ce que les substances sont oxydées par l'action de la flamme extérieure et en ce que les substances oxydées sont réduites de nouveau dans la flamme intérieure. Les modifications qui sont produites par la flamme extérieure ressemblent, dans la plupart des cas, aux modifications que les corps subissent lorsqu'on les chauffe dans un tube ouvert aux deux extrémités. On oxyde souvent certaines substances sur le charbon par l'action de la flamme extérieure, afin de pouvoir, après leur décomposition, les traiter plus facilement par les réactifs. C'est ainsi qu'on grille, par exemple, les *sulfures* et les *arséniures* sur le charbon dans la flamme extérieure pour séparer, des oxydes qui se sont produits en même temps, le soufre et l'arsenic à l'état d'acide sulfureux et d'acide arsénieux : cependant la réaction est plus complète pour les sulfures que pour les arséniures. — La réduction que certaines substances subissent par l'action de la flamme intérieure, s'opère mieux et plus facilement, dans presque tous les cas, lorsqu'on a préalablement mélangé la substance avec du carbonate de soude ou avec du cyanure de potassium et lorsqu'on chauffe ensuite le mélange sur le charbon au moyen de la flamme du chalumeau. La manière dont les différentes substances se comportent, dans ce cas, sera indiquée plus loin.

Beaucoup de substances oxydées qui sont réduites par la flamme intérieure, chauffées sur le charbon par l'action de la flamme intérieure, donnent un *dépôt* que l'on reconnaît mieux pour un résultat de sublimation lorsqu'on opère sur le charbon que lorsqu'on opère dans un tube ouvert aux deux extrémités. Les oxydes qui donnent un dépôt de ce genre sont spécialement ceux qui, lorsqu'ils sont réduits par la flamme intérieure, donnent des métaux volatils dont les vapeurs s'oxydent et se déposent partiellement sur le charbon. Comme la réduction de l'oxyde est favorisée par une addition de soude, et comme quelquefois la réduction ne réussit pas si l'on n'en ajoute pas, le dépôt se produit encore mieux orsqu'on traite la substance par la soude dans la flamme intérieure sur le charbon. Il se produit cependant aussi quelquefois un depôt sur le charbon lorsque les combinaisons sur lesquelles on opère ne sont qu'un peu volatiles, et ce depôt se produit alors dans la flamme intérieure aussi bien que dans la flamme extérieure. C'est ce qui arrive spécialement pour les *combinaisons des métaux alcalins* avec le *chlore*, le *brome* et l'*iode*. D'autres chlorures, comme le *chlorure de plomb* et le *chlorure de bismuth* par exemple, donnent par les mêmes motifs un dépôt blanc sur le charbon. Plusieurs sulfures qui sont un peu volatils, chauffés sur le charbon dans la flamme interieure, donnent un dépôt blanc qui est un sulfate. C'est ce qui arrive pour le *sulfure de plomb*, le *sulfure de bismuth* et le *sulfure d'étain* (si cependant on traite ces combinaisons par la soude, le dépôt sera d'une autre espèce comme cela sera indiqué plus loin . Les *sulfures alcalins*, traites de la même maniere, donnent également un précipité blanc qui est composé de sulfates alcalins. Les *sulfates alcalins* donnent également un dépôt de sulfates alcalins lorsqu'on les traite sur le charbon par la flamme interieure du chalumeau; ils sont réduits d'abord à l'état de sulfures alcalins qui reproduisent ensuite un dépôt blanc de sulfates alcalins.

§ IV.

Après avoir soumis la substance à l'action de la chaleur dans un petit ballon de verre et dans un tube ouvert aux deux extrémités, et après l'avoir soumise ensuite à l'action directe de la chaleur, on la traite par les trois réactifs que l'on emploie de preférence dans les analyses au moyen du chalumeau, la *soude*, le *sel de phosphore* et le *borax*. On fait cette expérience sur le charbon et sur le fil de platine; dans un très petit nombre de cas, on se sert aussi d'une lame de platine.

1° Essai des substances au moyen de la soude.

Quelques substances, fondues avec la soude sur le charbon, donnent une perle; la production de cette perle est un caractère particulier de ces substances. D'autres substances ne peuvent être fondues avec la soude dans la flamme exterieure que sur le fil de platine, et c'est ce qui arrive surtout à celles qui exercent sur la soude les réactions des acides. Un grand nombre d'oxydes, lorsqu'ils ont été préalablement mélangés avec la soude, sont reduits sur le charbon par l'action de la flamme intérieure plus facilement que lorsqu'ils sont exposés seuls à l'action de la flamme intérieure du chalumeau; lorsque ces oxydes ont été réduits de cette manière à l'état métallique, on peut facilement les reconnaître. D'autres substances au contraire ne sont pas réduites par la soude sur le charbon et ne fondent pas non plus avec la soude sur le fil de platine; ce sont surtout les oxydes terreux et un petit nombre d'oxydes métalliques proprement dits.

a. Substances qui, mélangées avec la soude et traitées sur le charbon, forment, en fondant, une perle.

Il n'y a qu'un très petit nombre de substances qui, traitées par la soude sur le charbon, donnent, en fondant, une perle. Il n'y a que l'*acide silicique* qui forme avec la soude une perle claire, incolore, comme du reste cela a déjà été remarqué p. 644 . Non-seulement l'acide silicique pur, mais aussi les silicates qui contiennent beaucoup de silice, donnent en fondant une perle (p. 645), lorsqu'on les traite par la soude sur le charbon; en effet le silicate de soude dissout une certaine quantité des bases que la soude a séparées du silicate. La perle qui se produit ainsi, n'est pas toujours incolore, claire et transparente; mais elle est colorée par plusieurs oxydes métalliques. La production d'une perle par la fusion avec la soude est un des caractères distinctifs les plus importants des silicates naturels. Parmi les combinaisons de l'acide silicique qui se présentent le plus fréquemment, les suivantes, mélangées avec la soude, donnent, en fondant, une perle claire; le *quartz*, le *feldspath*, l'*oligoclase*, l'*albite*, la *pétalite*, le *spodumène*, la *leucite*, le *labrador*, la *méionite*, l'*anorthite*, l'*émeraude*, les *zéolithes* en général et les *argiles apyres*. D'autres silicates, mélangés avec la soude, donnent également une perle par la fusion, mais cette perle n'est pas incolore; elle est au contraire dans la plupart des cas, colorée par des oxydes métalliques. A cette catégorie, appartiennent : la *dioptase*, l'*achmite*, la *liévrite*, l'*helvine*, l'*axinite*, plusieurs espèces de *grenats* et d'*idocrases*.

Outre l'acide silicique, il n'y a que l'*acide titanique* qui puisse fondre avec la soude sur le charbon; mais la perle est opaque et d'un blanc-grisâtre (p. 287). — Les autres substances ou bien ne sont pas attaquées par la soude et restent alors sur le charbon, tandis que la soude pénètre dans le charbon, ou bien elles pénètrent en même temps que la soude dans le charbon et sont réduites.

b. Substances qui, mélangées avec la soude et placées à l'extrémité d'un fil de platine, peuvent être fondues par l'action de la flamme extérieure du chalumeau.

Les substances qui, mélangées avec la soude et placées à l'extrémité d'un fil de platine, peuvent être fondues par l'action de la flamme extérieure du chalumeau, sont les suivantes : l'*acide silicique*, l'*acide molybdique*, l'*acide tungstique*, l'*acide antimonieux*, le *sesquioxyde de chrome*, l'*acide tellureux*, l'*acide titanique* et les *oxydes du manganèse*. Les oxydes du manganèse ne se dissolvent qu'en petite quantité dans la soude; mais les plus petites quantités d'un des oxydes du manganèse suffisent pour donner une coloration verte qui permette de reconnaître facilement le manganèse (p. 73); la coloration est cependant plus facile à apercevoir sur une lame de platine que sur le fil de platine. Aux substances que nous venons d'indiquer, il faut ajouter: l'*oxyde de cobalt* qui ne se dissout cependant aussi qu'en petite quantité, l'*oxyde de plomb*, l'*oxyde de cuivre*, et enfin la *baryte* (p. 25), la *strontiane* (p. 30) et leurs combinaisons avec les acides (à moins que ce ne soient certains acides métalliques). La solubilité de la baryte et de la strontiane dans la soude distingue essentiellement leurs combinaisons des combinaisons de la chaux (p. 35). Il faut cependant observer que le spath-fluor, mélangé avec une petite quantité de soude, donne en fondant une masse claire. On peut, au lieu d'employer un fil de platine, opérer ces derniers essais sur une lame de platine, parce que, de cette manière, on peut mieux observer la solubilité des substances dans la soude.

c. Substances qui sont réduites par la soude sur le charbon dans la flamme intérieure du chalumeau.

Quelques oxydes, mélangés avec la soude et soumis ensuite sur le charbon à l'action de la flamme intérieure du chalumeau, sont réduits de cette manière à l'état métallique; si l'on continue à chauffer au moyen de la flamme intérieure le métal ainsi produit, ce métal peut se volatiliser en partie ou en totalité; mais, en se volatilisant, il s'oxyde de nouveau; l'oxyde qui se forme ainsi, se dépose sur le charbon à une distance plus ou moins grande de la place où on avait chauffé le mélange de la substance avec la soude. D'autres oxydes réductibles dont les métaux ne sont pas volatils, sont réduits sans qu'il se forme de dépôt de ce genre; si l'on soumet à la pulvérisation et à la lévigation la portion du charbon où la réduction a eu lieu, on obtient le métal réduit et on peut alors le reconnaître facilement. Quelques oxydes peuvent, comme nous l'avons déjà remarqué, être réduits a l'état métallique lorsqu'on les chauffe sur le charbon au moyen de la flamme intérieure du chalumeau, sans avoir été préalablement melangés avec la soude; mais, même dans ce cas, la réduction s'opère d'une manière plus facile et plus sûre, lorsqu'on les mélange avec la soude avant de les soumettre à l'action de la flamme intérieure du chalumeau; du reste, la plupart des oxydes réductibles ne sont réduits qu'avec l'aide de la soude. Presque toutes les combinaisons des oxydes réductibles peuvent également être réduites par la flamme du chalumeau lorsqu'on les a préalablement mélangées avec la soude, tandis qu'elles ne peuvent être réduites que rarement par la flamme intérieure du chalumeau seule, bien que l'oxyde contenu dans la combinaison puisse facilement être réduit par la flamme intérieure du chalumeau, lorsqu'il est pur. Les combinaisons que les métaux des oxydes réductibles forment avec le soufre, le selenium, le chlore, le brome et l'iode, sont réduites à l'état métallique sur le charbon avec l'aide de la soude; la flamme du chalumeau seule ne peut pas opérer la réduction si les combinaisons n'ont pas été préalablement mélangées avec la soude; cependant il est bon dans un grand nombre de cas, de griller les sulfures et les séléniures sur le charbon dans la flamme extérieure, avant de les réduire au moyen de la soude. Les arséniures métalliques doivent être grillés avec beaucoup de soin lorsqu'on veut en séparer l'arsenic du métal qui y est combiné; de cette manière, le métal est oxydé et peut ensuite être réduit au moyen de la soude. — L'emploi de la soude est surtout nécessaire lorsqu'on doit opérer sur les combinaisons que les oxydes métalliques facilement réductibles forment avec les acides inorganiques et lorsqu'on veut en réduire l'oxyde à l'état métallique. Ainsi, il n'est pas possible, dans un grand nombre de cas, de réduire à l'état métallique sans addition de soude les oxydes contenus dans les sulfates, les phosphates, les arséniates et autres sels de la même espèce; en effet si on soumet ces combinaisons salines à l'action de la flamme intérieure seule, on obtient, au lieu de métaux purs, des sulfures, des phosphures et des arséniures. On ne peut, par conséquent, pas assez recommander à ceux qui n'ont pas l'habitude des analyses au chalumeau, d'employer la soude pour opérer la réduction des oxydes métalliques lorsque ces oxydes sont combinés avec d'autres substances.

On peut, avec beaucoup d'avantage, employer le *cyanure de potassium* qui est plus énergique que la soude, lorsqu'on veut opérer la réduction d'oxydes et de sulfures métalliques difficiles à réduire.

Des oxydes ou de leurs combinaisons salines qui peuvent être réduits au moyen de la soude sur le charbon par l'action de la flamme intérieure, mais dont les métaux sont volatils et qui donnent par conséquent un dépôt sur le charbon. — A cette catégorie, appartiennent les oxydes suivants : les *oxydes de l'antimoine;* le métal réduit est cassant, il répand des fumées abondantes par l'action prolongée de la chaleur et donne un dépôt blanc; — l'*acide tellureux* qui donne un dépôt blanc et colore en bleu la flamme du chalumeau; — l'*oxyde de zinc* qui, sans cependant qu'il paraisse se produire de zinc métallique, donne un dépôt blanc qui a une couleur jaunâtre tant qu'il est chaud, mais qui paraît blanc par le refroidissement; lorsqu'on dirige sur une partie de ce dépôt l'extrémité de la flamme extérieure du chalumeau, cette partie ne subit aucune modification, mais si on la soumet à l'action de la flamme intérieure, l'oxyde disparaît; — l'*oxyde de cadmium* qui, sans qu'il paraisse se produire de métal, donne un dépôt brun-rouge dont la couleur ne peut être reconnue exactement qu'après le refroidissement; — l'*oxyde de bismuth* qui peut être facilement réduit en grains métalliques qui se brisent sous le choc du marteau et sont cassants; si l'on continue à chauffer, il se forme sur le charbon un dépôt jaune-foncé; — l'*oxyde de plomb* qui peut aussi être réduit facilement à l'état de grains métalliques; si l'on prolonge l'action du chalumeau, il se produit sur le charbon un dépôt jaune qui a de l'analogie avec celui formé par le bismuth, mais qui est d'une couleur plus claire; on peut cependant distinguer le plomb réduit du bismuth réduit à ce que les grains de plomb réduits peuvent être aplatis sous le marteau et ne sont pas cassants.

La plupart de ces oxydes, même sans avoir été préalablement mélangés avec la soude, donnent sur le charbon le dépôt que nous avons indiqué, lorsqu'on les chauffe au moyen de la flamme intérieure. Mais, avec la soude, la réduction s'opère plus facilement, et le dépôt se produit souvent d'une manière plus nette et plus rapide. On a déjà observé que le dépôt, produit sur le charbon par un grand nombre de substances, est d'une tout autre espèce suivant qu'il s'est produit en présence ou hors de la présence de la soude.

Des oxydes et de leurs combinaisons qui sont réduits au moyen de la soude sur le charbon par l'action de la flamme intérieure du chalumeau, mais dont les métaux ne sont pas volatils et ne produisent par conséquent aucun dépôt sur le charbon. — A cette catégorie appartiennent : l'*acide molybdique*, l'*acide tungstique*, les *oxydes du fer*, l'*oxyde de cobalt*, l'*oxyde de nickel*, le *bioxyde d'étain*, l'*oxyde de cuivre*, l'*oxyde d'argent* et les *oxydes des métaux nobles* qui cependant sont réduits même par l'action de la chaleur seule.

Lorsque la substance à analyser contient plusieurs oxydes réductibles, on obtient souvent des alliages ; dans quelques cas cependant, on obtient aussi les métaux réduits à l'état isolé. C'est ce qui arrive spécialement lorsqu'une substance contient simultanément de l'oxyde de cuivre et de l'oxyde de fer.

On peut reconnaître encore d'une manière tout à fait infaillible les plus petites traces d'*arsenic*, à l'état d'*arsénites* ou d'*arséniates*, en mélangeant ces combinaisons salines avec la soude et en les traitant ensuite sur le charbon par la flamme intérieure du chalumeau ; en effet, l'arsenic est réduit à l'état métallique et on peut en reconnaître les plus petites quantités à son odeur (p. 402 . On peut en outre reconnaître de cette manière le *soufre* d'un *sulfure* et d'un *sulfate métallique* et aussi le *selenium* d'un *séléniure*, d'un *sélénite* et d'un *séléniate*, non-seulement en les mélangeant avec la soude seule, mais aussi en les mélangeant avec un verre forme de soude et d'acide silicique (p. 472, p. 501, p. 437, p. 441 et p. 444).

d. Substances qui, mélangées avec la soude, ne sont attaquées, ni sur le fil de platine, ni sur le charbon.

Les substances qui, mélangées avec la soude, ne sont attaquées ni sur le fil de platine, ni sur le charbon, sont surtout les suivantes : les *oxydes de l'urane*, les *oxydes du cerium*, l'*acide tantalique*, l'*acide hyponiobique*, l'*acide niobique*, la *zircone*, la *thorine*, l'*yttria*, la *glucine*, l'*alumine*, la *magnésie*, la *chaux* et aussi les *oxydes alcalins*, la *baryte* et la *strontiane*; par l'action de la chaleur, les oxydes cités en dernier lieu pénètrent dans le charbon. Les combinaisons salines des oxydes alcalins peuvent être distinguées au moyen de la soude de celles des oxydes terreux (à l'exception cependant de la baryte et de la strontiane) par la fusion avec la soude sur le charbon ; en effet les oxydes terreux restent comme résidus sur le charbon, tandis que les oxydes alcalins pénètrent dans le charbon.

2° Essai des substances au moyen du sel de phosphore.

Le sel de phosphore, fondu au moyen de la flamme du chalumeau, est transformé en métaphosphate de soude qui dissout presque toutes les substances que l'on peut avoir à analyser. Il n'y a presque que l'*acide silicique* qui soit insoluble ou qui ne se dissolve qu'en très petite quantité, ce qui permet de reconnaître très bien l'acide silicique dans ses combinaisons. Le *bioxyde d'étain* ne s'y dissout aussi qu'en petite quantité : c'est même en partie pour cela que l'on emploie l'étain métallique pour opérer des reductions.

C'est ordinairement sur le charbon que l'on fait l'essai des substances mélangées avec le sel de phosphore : cependant il vaut mieux employer le fil de platine, parce qu'on peut mieux juger de la couleur de la perle obtenue ; en outre, la substance doit être soumise à l'action de la flamme extérieure et à l'action de la flamme intérieure. Dans un grand nombre de cas, les deux sortes de flammes produisent des phénomènes différents, surtout lorsque les oxydes, soumis à l'action de la flamme du chalumeau, peuvent passer à des degrés d'oxydation plus élevés ou moins élevés. La flamme extérieure du chalumeau oxyde les substances et transforme les degrés inférieurs d'oxydation en degrés d'oxydation plus élevés : la flamme intérieure, au contraire, transforme les degrés supérieurs d'oxydation en degrés moins élevés ou même réduit l'oxyde à l'état métallique. Lorsqu'on a essayé les substances au moyen du sel de phosphore dans la flamme intérieure et lorsqu'on a cessé de souffler, il faut refroidir la perle très rapidement. On y arrive très bien en dirigeant au moyen du chalumeau un courant d'air froid sur la perle. Si l'on refroidit la perle peu à peu, il se produit souvent une légère oxydation. — Au lieu d'opérer la réduction par l'action prolongée de la flamme intérieure, on arrive très souvent avec plus de facilité au même résultat en ajoutant à la perle fondue encore chaude un très petit morceau d'étain métallique et en continuant à chauffer pendant un instant : les réactions sont même plus nettes dans ce dernier cas; mais il vaut mieux opérer alors sur le charbon que sur le fil de platine. — Les oxydes qui ne sont réduits que difficilement et ne peuvent pas être transformés en un autre degré d'oxydation, donnent ordinairement naissance aux mêmes phénomènes, soit qu'on les traite par l'une ou l'autre des deux sortes de flammes.

Beaucoup d'oxydes, en se dissolvant dans le sel de phosphore, donnent des perles incolores; lorsqu'on a employé une grande quantité de sel de phosphore, la perle est très souvent d'un blanc d'émail après le refroidissement. Mais un grand nombre d'oxydes métalliques, en fondant avec le sel de phosphore, donnent des perles colorées : et c'est surtout sous ce rapport que le sel de phosphore est un excellent réactif. La couleur de ces perles est très fréquemment différente, suivant que l'on a opéré dans la flamme extérieure ou dans la flamme intérieure. Lorsque la quantité de l'oxyde métallique dissous dans le sel de phosphore est considérable, la couleur de la perle est souvent si foncée, que l'on ne peut pas bien la reconnaître : on doit alors, pendant qu'elle est encore chaude et liquide et avant qu'elle se soit durcie, l'aplatir en la comprimant avec le manche d'une petite pince.

Il est souvent très difficile de reconnaître tout de suite avec exactitude la couleur d'une perle colorée par un oxyde métallique. La coloration de la perle dépend souvent de la plus ou moins grande quantité de la substance qui y est dissoute : elle dépend très souvent aussi de ce que la perle est encore chaude ou de ce qu'elle est entièrement refroidie. Quelques couleurs paraissent à la lumière des chandelles tout autres qu'à la lumière du jour : c'est ce qui arrive, par exemple, à la couleur que l'oxyde de cobalt fait prendre aux fondants.

a. Couleurs des perles de sel de phosphore qui ont été traitées par la flamme extérieure du chalumeau.

Perles incolores. — Les substances qui donnent des perles incolores sont les suivantes : la *baryte*, la *strontiane*, la *chaux*, la *magnésie*, la *glucine*, l'*yttria*, la *thorine*, la *zircone* : si cependant on ajoute une trop grande quantité de ces bases, elles donnent toutes, après le refroidissement, une perle d'une couleur blanc-laiteux. — On peut ajouter, en outre, l'*alumine*, l'*acide molybdique* qui cependant donne une perle qui tire sur le vert et qui ne peut être obtenue à l'état incolore que sur le fil de platine et lorsqu'elle est refroidie ; — l'*acide tungstique* et l'*acide antimonieux* qui donnent cependant tous deux une perle qui tire plutôt sur le jaunâtre ; — on peut aussi ajouter l'*acide tellureux*, l'*acide tantalique*, l'*acide hyponiobique*, l'*acide niobique*, l'*acide titanique*, l'*oxyde de zinc*, l'*oxyde de lanthane*, l'*oxyde de cadmium*, l'*oxyde de plomb* : les quatre derniers, lorsqu'on les ajoute en grande quantité, donnent des perles qui sont d'un blanc laiteux après leur refroidissement; enfin le *bioxyde d'étain* qui ne s'y dissout cependant qu'en petite quantité.

Perles vertes. — Les substances qui donnent des perles vertes sont : le *sesquioxyde de chrome*, le *sesquioxyde d'urane* et le *bioxyde de cuivre* : la perle, produite par le bioxyde de cuivre, paraît plutôt bleue après le refroidissement.

Perles jaunes. — Les substances qui donnent des perles jaunes, sont : l'*oxyde d'argent* et l'*oxyde de bismuth* (ce dernier donne une perle qui est à peu près incolore après son refroidissement) : l'*acide vanadeux* donne également une perle jaune.

Perles rouges. — Les substances qui donnent une perle rouge sont : l'*oxyde de cerium*, le *sesquioxyde de fer* et l'*oxyde de nickel*, dont la coloration diminue beaucoup par le refroidissement. La perle, produite avec l'oxyde de nickel, est plutôt jaunâtre après le refroidissement.

Perles bleues. — L'*oxyde de cobalt* est la seule substance qui donne une perle bleue avec le sel de phosphore dans la flamme extérieure.

Perles violettes. — Les substances qui donnent des perles violettes sont : l'*oxyde de manganèse* et l'*oxyde de didyme*.

b. Couleurs des perles de sel de phosphore qui ont été soumises à l'action de la flamme intérieure du chalumeau.

Perles incolores. — Les substances qui donnent des perles incolores sont : la *baryte*, la *strontiane*, la *chaux*, la *magnésie*, la *glucine*, l'*yttria*, la *thorine*, la *zircone*, l'*alumine*, l'*acide tantalique*, l'*oxyde de zinc*, l'*oxyde de cadmium*, le *bioxyde d'étain*, qui, toutes, donnent également des perles incolores comme dans la flamme extérieure : il faut y ajouter l'*oxyde de cerium* et l'*oxyde de manganèse*.

Perles vertes. — Les substances qui donnent des perles vertes sont : l'*acide molybdique*, l'*oxyde de chrome*, l'*acide vanadeux*, le *sesquioxyde d'urane* et le *sesquioxyde de fer* : cependant il ne se produit de perle verte que pour une certaine proportion d'oxyde de fer, et il ne faut pas que le refroidissement soit complet (p. 90 et p. 96).

Perles rouges. — Les substances qui donnent des perles rouges sont : l'*acide tungstique qui contient du fer*, l'*acide antimonieux qui contient du fer*, l'*acide titanique qui contient du fer*, l'*acide hyponiobique qui contient du fer*, l'*acide niobique qui contient du fer*, l'*oxyde de nickel* : ce dernier donne une perle dont la couleur paraît plus faible après le refroidissement ; — il faut ajouter le *sesquioxyde de fer* qui ne donne cependant une perle rouge que lorsqu'on n'a pas ajouté une trop petite quantité d'oxyde.

Perles brunes ou *brun-rouge.* — Les substances qui donnent des perles brunes ou brun-rouge, sont : le *bioxyde de cuivre* et l'*acide niobique* (souvent aussi l'*acide hyponiobique* ; mais la couleur de la perle produite par l'acide niobique a une pointe de violet (p. 330 : ce n'est qu'en opérant sur le charbon qu'on peut facilement obtenir la couleur brune.

Perles bleues. — Les substances qui donnent des perles bleues sont : l'*oxyde de cobalt*, l'*acide tungstique* et l'*acide hyponiobique*.

Perle violette. — La seule substance qui donne avec le sel de phosphore une perle violette dans la flamme intérieure est : l'*acide titanique*.

Perles grises. — Les substances qui donnent des perles grises sont : l'*acide tellureux*, l'*oxyde de bismuth*, l'*oxyde de plomb* et l'*oxyde d'argent* : pour tous ces oxydes, c'est le métal réduit qui produit cette coloration grise.

3° Essai des substances au moyen du borax.

Presque toutes les substances que l'on peut avoir à analyser, se dissolvent dans le borax en fusion : cependant il y en a quelques-unes qui s'y dissolvent plus facilement que d'autres. Pour essayer les substances au moyen du borax, on opère presque toujours sur le fil de platine, surtout lorsqu'on veut bien juger de la coloration des perles; sur le charbon, on ne peut pas produire une perle nette, du moins en aussi peu de temps qu'avec le sel de phosphore : en effet, sur le charbon, le borax s'étale d'abord et ce n'est que par une fusion prolongée qu'il forme une perle avec la substance a analyser. Lorsqu'on emploie l'étain, il vaut mieux employer le charbon comme support de la perle. Dans la plupart des cas, les oxydes métalliques, en se dissolvant dans le borax, donnent les mêmes colorations qu'avec le sel de phosphore : il y a cependant quelques exceptions qui donnent précisément le moyen de reconnaître certaines substances. Lorsqu'on essaye les substances au moyen du borax, on obtient, comme avec le sel de phosphore, des différences suivant que l'on opère dans la flamme extérieure ou dans la flamme intérieure du chalumeau. Les dissolutions de certaines substances dans le borax ont la propriété de donner, même après le refroidissement, des perles claires, bien qu'elles tiennent en dissolution de grandes quantités de substances; mais si on soumet ces perles à une insufflation intermittente au moyen de la flamme exterieure du chalumeau, elles deviennent opaques et présentent alors l'aspect de l'émail. Par l'action prolongée de la flamme du chalumeau, les perles qui présentent l'aspect de l'émail peuvent redevenir claires. Cette propriété est caractéristique pour certaines substances. Ce phénomène se produit bien plus rarement avec le sel de phosphore. La plupart des oxydes forment, avec le borax comme avec le sel de phosphore, des perles incolores.

a. Couleurs des perles de borax qui ont été soumises à l'action de la flamme extérieure du chalumeau.

Perles incolores. — Les substances qui donnent des perles incolores sont : la *baryte*, la *strontiane*, la *chaux*, la *magnésie*, la *glucine*, l'*yttria*, l'*oxyde de lanthane*, la *zircone*, l'*acide tantalique*, l'*acide hyponiobique*, l'*acide niobique*, l'*acide titanique*, l'*oxyde de zinc*, l'*oxyde de cadmium*, l'*oxyde d'argent*, dont les dissolutions dans le borax, lorsqu'il y a une grande quantité d'oxyde, donnent une perle qui devient opaque par une insufflation intermittente. A ces oxydes, il faut ajouter encore l'*alumine*, la *thorine*, l'*acide silicique*, l'*acide tellureux*, l'*oxyde de bismuth*, l'*acide antimonieux*, l'*acide tungstique*, l'*acide molybdique* et le *bioxyde d'étain* qui n'est soluble qu'en petite quantité dans le borax.

Perles vertes. — Les substances qui donnent des perles vertes sont : l'*oxyde de chrome* (à chaud, la perle est jaune ou rouge-foncé, p. 365) et le *bioxyde de cuivre* (après le refroidissement, la perle a une pointe de bleu).

Perles jaunes. — Les substances qui donnent des perles jaunes sont : l'*acide vanadeux*, l'*oxyde d'urane* et l'*oxyde de plomb* dont la perle paraît presque incolore après le refroidissement.

Perles rouges. — Les substances qui donnent des perles rouges sont : l'*oxyde de cérium* dont la perle peut devenir opaque par une insufflation intermittente, le *sesquioxyde de fer* et l'*oxyde de nickel* dont les perles deviennent toutes plus claires et presque incolores après leur refroidissement complet.

Perle bleue. — Il n'y a que l'*oxyde de cobalt* qui donne une perle bleue.

Perles violettes. — L'*oxyde de manganèse* et l'*oxyde de didyme* donnent des perles violettes.

b. Couleurs des perles de borax qui ont été soumises à la flamme intérieure du chalumeau.

Perles incolores. — Les substances qui donnent des perles incolores sont : la *baryte*, la *strontiane*, la *chaux*, la *magnésie*, la *glucine*, l'*yttria*, l'*oxyde de lanthane*, la *zircone*, l'*acide tantalique*, l'*acide niobique*, l'*oxyde de zinc*, l'*oxyde de cadmium*, et aussi l'*alumine*, la *thorine*, l'*acide silicique*, le *bioxyde d'étain* qui donnent une perle incolore comme cela arrive dans la flamme extérieure; on doit encore y ajouter l'*oxyde de cerium* et l'*oxyde de manganèse*.

Perles vertes. — Les substances qui donnent des perles vertes, sont : l'*oxyde de chrome*, l'*acide vanadeux*, le *sesquioxyde d'urane* et le *sesquioxyde de fer*.

Perle jaune. — Il n'y a que l'*acide tungstique* qui donne une perle jaune.

Perles brunes ou brun-rouge. — Les substances qui donnent des perles brunes ou brun-rouge sont : l'*acide molybdique* et le *bioxyde de cuivre*.

Perle bleue. — Il n'y a que l'*oxyde de cobalt* qui donne une perle bleue.

Perles violettes. — Les substances qui donnent des perles violettes sont : l'*acide titanique* dont la perle peut devenir opaque par une insufflation intermittente et l'*acide hyponiobique* dont la perle paraît, à proprement parler, d'un gris bleuâtre.

Perles grises. — Les substances qui donnent des perles grises sont : l'*acide antimonieux*, l'*acide tellureux*, l'*oxyde de nickel*, l'*oxyde de bismuth* et l'*oxyde d'argent ;* c'est par suite de la réduction du métal que ces oxydes donnent des perles grises.

De ce que nous venons de dire, il résulte que les oxydes qui donnent avec le sel de phosphore et avec le borax des perles colorées ne peuvent pas être confondues entre eux; en effet il n'y en a pas deux qui donnent les mêmes couleurs avec les réactifs ou qui donnent les mêmes couleurs dans la flamme extérieure et dans la flamme intérieure. Lorsque deux ou même plusieurs de ces oxydes se trouvent ensemble dans une substance à analyser, on peut, dans la plupart des cas, en reconnaître la présence, en soumettant la substance aux quatre essais que nous avons indiqués, à l'état de mélange avec le sel de phosphore et le borax.

4° Essai des substances au moyen de quelques autres réactifs.

Ce n'est que dans un petit nombre de cas qu'on emploie, outre les réactifs que nous venons d'indiquer, quelques autres réactifs; et on ne les emploie que pour retrouver certaines substances. Ces réactifs sont :

Une *dissolution de nitrate de cobalt* à l'état étendu et non à l'état concentré. On se sert de cette dissolution pour retrouver *l'alumine* (p. 45) et la *magnésie* (p. 41). Pour obtenir avec la magnésie et avec ses combinaisons une couleur rouge-pâle bien nette, il faut employer une chaleur élevée, et ce n'est qu'après le refroidissement complet qu'on peut juger exactement de la couleur. Certains oxydes métalliques, mais ceux-là seulement qui sont de couleur blanche, peuvent souvent être reconnus au moyen de la dissolution de cobalt; on peut citer spécialement *l'oxyde de zinc* (p. 106), le *bioxyde d'étain* (p. 254), *l'acide antimonique* (p. 275), *l'acide titanique* (p. 287), qui prennent ainsi une couleur verte, bleu-verdâtre ou vert-jaunâtre. — Lorsque, par suite, on veut rechercher la composition d'une poudre blanche qui ne se modifie pas par l'action de la chaleur, on doit conseiller, surtout lorsqu'on possède une assez grande quantité de substance, d'en soumettre une petite quantité à l'action de la dissolution de cobalt, avant de la traiter par les trois réactifs principaux.

Étain à l'état métallique. — Si l'on met de l'étain en feuilles en contact avec les perles de borax et de sel de phosphore pendant qu'elles sont encore liquides ou si l'on introduit dans ces perles encore liquides un très petit morceau de raclure d'étain, on opère ainsi la réduction de certains oxydes, soit à l'état métallique, soit à l'état de degré inférieur d'oxydation; ce qui permet de reconnaître facilement certains oxydes. On juge du résultat de l'essai, ou bien immédiatement après avoir mis la perle chaude en contact avec l'étain, ou bien après avoir soumis, mais seulement pendant un instant, à l'action de la flamme intérieure, la perle qui contient l'étain. Si l'on veut traiter par l'étain une perle de borax, on doit employer le charbon comme support; même lorsqu'on traite par l'étain une perle de sel de phosphore, il vaut mieux employer le charbon comme support; cependant on peut traiter aussi la perle de sel de phosphore par l'étain en prenant le fil de platine comme support, mais on doit alors séparer du fil de platine la perle pendant qu'elle est entièrement chaude et la faire tomber dans une capsule de porcelaine préparée d'avance. Comme la perle de sel de phosphore est très fusible, l'expérience réussit mieux avec cette perle qu'avec la perle de borax.

Comme l'etain ne réduit que certains oxydes, tandis qu'il ne réduit pas les autres, on peut reconnaître, après la réduction, ceux qui n'ont pas été réduits. C'est ainsi qu'on peut reconnaître, au moyen de la perle de borax, une très petite quantité d'*oxyde de cobalt* dans *l'oxyde de nickel*, lorsque ce dernier a été réduit par l'étain; la couleur bleue de l'oxyde de cobalt apparait alors d'une manière bien nette (p. 121). — Le *sesquioxyde de fer*, lorsqu'il est dissous en quantité considerable dans le borax et le sel de phosphore, donne, seulement par la réduction au moyen de l'étain, une perle qui est d'abord verte et qui devient ensuite incolore (p. 90 et p. 96). Si, par suite, on traite par l'étain l'*acide tungstique contenant du fer* et l'*acide titanique contenant du fer* dissous dans le sel de phosphore, la couleur rouge des deux perles obtenues disparaît et on obtient, dans le premier cas, une perle bleue et, dans le second cas, une perle violette. Comme le *sesquioxyde d'urane*, dissous dans le sel de phosphore, donne dans la flamme intérieure, avec ou sans addition d'étain, une perle vert-foncé, il se distingue ainsi suffisamment du sesquioxyde de fer. Lorsqu'une *combinaison du manganèse* est dissoute en quantité considérable dans le borax, il est difficile de l'obtenir incolore dans la flamme intérieure sans ajouter d'étain. — On ne peut retrouver dans une perle de sel de phosphore de très petites quantités d'*oxyde de bismuth* et d'*acide antimonieux* d'aucune autre manière mieux qu'en opérant la réduction des oxydes au moyen de l'étain; la perle présente alors, après le refroidissement, une couleur grise ou noirâtre.

Comme l'emploi de l'étain métallique peut, dans un grand nombre de cas, donner des éclaircissements sur la présence de certains principes dans la substance à analyser (après qu'on l'a dissoute dans le borax et le sel de phosphore), on doit, dans l'analyse de chaque substance, après avoir opéré la dissolution dans les deux réactifs indiqués, et après avoir observé les phénomènes qui se sont produits, essayer encore la même substance au moyen de l'étain en le mettant en contact avec les perles que l'on a obtenues au moyen du borax et du sel de phosphore.

Spath fluor pulvérisé. — Quelques sulfates insolubles ou peu solubles, le *sulfate de chaux*, le *sulfate de strontiane* et le *sulfate de baryte* donnent seuls, avec le spath-fluor, des combinaisons doubles fusibles. On reconnaît par suite ces sulfates, en les mélangeant avec du spath-fluor et en exposant le mélange sur le charbon à la flamme du chalumeau. On doit employer une quantité de sulfate qui soit un peu plus grande que la quantité de spath-fluor : on obtient alors une perle incolore qui est complétement claire, mais qui devient d'un blanc d'émail après le refroidissement. Si l'on soumet la perle pendant un temps trop long à l'action de la chaleur, spécialement dans la flamme intérieure, la perle peut se boursoufler et devenir infusible : cela vient probablement de ce que l'acide sulfurique du sulfate est décomposé. C'est seulement lorsqu'il est mélangé avec les sulfates que nous venons d'indiquer, et non avec d'autres substances, que le spath-fluor fond et donne une perle : il peut par suite être facilement reconnu lui-même à ce qu'il donne par la fusion une perle lorsqu'on l'a préalablement mélangé avec un des trois sulfates indiqués. On doit, par conséquent, se munir de *gypse* (sulfate de chaux) qui, mélangé avec le fluorure de calcium, le fluorure de strontium et le fluorure de baryum, de la manière indiquée, donne une perle en fondant sur le charbon.

Il n'est, du reste, pas nécessaire d'employer à l'état de poudre les substances indiquées : elles donnent de même une perle par la fusion lorsqu'on en chauffe de petits morceaux sur le charbon à côté les uns des autres.

Lorsqu'on doit analyser une substance qui peut être, ou un sulfate des trois oxydes terreux indiqués, ou du spath-fluor, on doit conseiller d'essayer de la faire fondre avec du spath-fluor ou du gypse, avant de la traiter par la soude, le sel de phosphore ou le borax.

Bioxyde de cuivre. — Lorsqu'on suppose qu'une combinaison contient du chlore, du brome ou de l'iode, on la traite par le bioxyde de cuivre et le sel de phosphore, comme cela a été indiqué précédemment p. 582, p. 601 et p. 616 .

Barreau aimanté. — Lorsqu'on a réduit au moyen de la soude sur le charbon des oxydes peu fusibles, et lorsqu'on a ensuite séparé la poudre métallique par la lévigation du charbon, on peut, au moyen d'un *petit barreau aimanté*, essayer si la poudre métallique est attirée : si cela arrive, cela indique que la poudre métallique obtenue est du fer, du cobalt ou du nickel. Pour faire cet essai, il n'est même pas nécessaire d'employer un petit barreau aimanté; il suffit d'aimanter la lame du petit couteau que l'on emploie dans toutes les analyses au chalumeau et d'essayer au moyen de cette lame la poudre métallique. — Si les oxydes à analyser ne sont pas entièrement exempts d'arsenic, on obtient quelquefois le métal sous forme de globules qui, du reste, sont de même attirés par l'aimant.

En outre, plusieurs silicates ont la propriété de devenir magnétiques et d'être attires par le barreau aimanté ou par le couteau aimanté, lorsqu'on les fait fondre au chalumeau. Cette propriété est caractéristique pour ces silicates : on doit, par conséquent, conseiller dans les analyses au chalumeau, après avoir essayé au moyen du chalumeau la fusibilité des silicates qui contiennent du fer, de rechercher s'ils ne jouissent pas de propriétes magnetiques.

Parmi les silicates naturels, les suivants jouissent surtout de cette propriété :

Le *mica magnésien* par exemple le mica vert de Miask qui, après la fusion, est très fortement magnétique).

Le *grenat*, mais seulement les grenats à base de chaux et de sesquioxyde de fer, que l'on peut distinguer ainsi des grenats à base de sesquioxyde de fer et d'alumine qui ne donnent pas de globules magnétiques après la fusion.

La *liévrite* qui fond très facilement et tranquillement en un globule fortement magnétique.

L'*amphibole* et le *pyroxène :* les modifications noires, mais non toutes les modifications de ces deux silicates, donnent, en fondant, un globule magnétique.

Les scories de plusieurs espèces de silicates qui contiennent du fer, deviennent magnetiques après qu'on les a fait fondre au chalumeau.

ANALYSE QUALITATIVE DES COMBINAISONS QUI SONT SOLUBLES DANS L'EAU, ET QUI RÉSULTENT DE LA COMBINAISON D'UN ACIDE AVEC UNE BASE OU D'UN MÉTAL AVEC UNE SUBSTANCE NON MÉTALLIQUE, ET DONT LES PRINCIPES CONSTITUANTS SONT PARMI LES SUIVANTS :

Bases.

1. Potasse.
2. Soude.
3. Ammoniaque.
4. Baryte.
5. Strontiane.
6. Chaux.
7. Magnésie.
8. Alumine.
9. Protoxyde de manganèse.
10. Oxyde de zinc.
11. Oxyde de cobalt.
12. Oxyde de nickel.
13. Protoxyde de fer.
14. Sesquioxyde de fer.
15. Oxyde de cadmium.
16. Oxyde de plomb.
17. Oxyde de bismuth.
18. Bioxyde de cuivre.
19. Oxyde d'argent.
20. Protoxyde de mercure.
21. Bioxyde de mercure.
22. Sesquioxyde d'or.
23. Protoxyde d'étain.
24. Bioxyde d'étain.
25. Oxyde d'antimoine (acide antimonieux).

Acides et substances non métalliques.

1. Acide sulfurique.
2. Acide nitrique.
3. Acide phosphorique.
4. Acide arsénique.
5. Acide borique.
6. Acide carbonique.

ou bien

7. Chlore } qui, dans la substance à analyser, sont combinés avec un des métaux
8. Soufre } des bases indiquées.

Dans les analyses par voie humide, on se sert de petits verres à réactifs dans lesquels on opère la dissolution de la substance à analyser, afin d'essayer ensuite cette dissolution au moyen des différents réactifs. On emploie quelquefois pour cela des verres de la forme d'un verre à vin peu évasé et dont le fond se termine en pointe. Ces verres se tiennent très solidement sur leur pied et sont très bons à employer lorsqu'on veut traiter à la température ordinaire par les reactifs les dissolutions des substances à analyser ; mais il n'est pas possible d'y soumettre une liqueur à l'action de la chaleur, ce qui peut être cependant nécessaire dans presque toutes les analyses qualitatives. Il vaut mieux par suite employer pour ces analyses de petits tubes cylindriques qui soient fermés à une extrémité et dont le fond soit légèrement soufflé de manière à être semi-globulaire. Le bord de l'extrémité ouverte du tube est légèrement recourbé, afin qu'on puisse plus facilement verser la liqueur contenue dans un tube de cette espèce. On trouve dans le commerce ces tubes de différentes grandeurs : on les emploie également pour conserver les produits. Dans la plupart des analyses qualitatives, la longueur la plus convenable pour ces tubes est d'environ 12 à 14 centimètres et la largeur de 16 à 18 millimètres.

On peut, dans ces tubes, soumettre les dissolutions et les précipités à l'action de la chaleur et même les faire bouillir; mais, afin qu'il ne se produise pas de soubresaut violent lorsqu'on fait bouillir avec les liqueurs des substances insolubles ou des précipités insolubles, il est nécessaire que le fond du tube ait été soufflé bien également et ne soit pas d'un verre trop épais. Si le verre est trop épais et si l'on fait bouillir dans le tube des liqueurs dans lesquelles il s'est produit des précipités insolubles, il se produit un soubresaut si violent, qu'une grande partie de la liqueur en ébullition et du précipité est projetée, ce qui pourrait souvent blesser grièvement l'opérateur. Les tubes dont le fond est épais ne peuvent servir, par suite, que pour les analyses dans lesquelles on ne doit pas chauffer les liqueurs. Du reste, lorsqu'on fait bouillir une liqueur dans un tube, on doit toujours donner à l'ouverture du tube une direction dans laquelle la liqueur projetée ne puisse pas causer d'accident.

Dans les analyses qualitatives, on a besoin d'une vingtaine de tubes fermés que l'on dispose en deux rangées sur un support, en ayant soin de placer dans la rangée inférieure des tubes un peu plus longs et un peu plus larges que dans la rangée supérieure.

Comme les phénomènes qui se produisent par l'action des réactifs sur les dissolutions des substances à analyser ne prennent souvent pas naissance immédiatement, mais seulement au bout de quelque temps, on doit, après avoir mélangé la dissolution avec le réactif, laisser reposer le tout dans le tube.

Afin d'éviter toute confusion, on fait bien de mettre sur le tube une étiquette indiquant le réactif au moyen duquel on a essayé la substance. Si l'on a plusieurs analyses qualitatives à faire, on emploie plusieurs supports munis de leurs tubes, de manière à employer un support différent pour chaque analyse faite simultanément.

Au lieu de tubes fermés, on peut souvent, surtout s'il est nécessaire de soumettre les liqueurs à l'ébullition, se servir de petits matras que l'on se procure dans les verreries. Lorsqu'on fait bouillir les substances dans ces matras, les soubresauts violents (ressemblant à des explosions se produisent plus rarement.

Il est bon d'avoir un support spécial muni de ses tubes bouchés pour opérer les précipitations au moyen de l'hydrogène sulfuré et du sulfure d'ammonium; en effet, il est nécessaire de placer ce support dans un endroit où il existe un bon courant d'air qui puisse emporter le gaz en excès qui se dégage et qui pourrait se répandre dans le laboratoire. Cette précaution ne doit jamais être négligée : en effet l'hydrogène sulfuré n'est pas seulement d'une odeur très desagréable, mais il peut avoir sur la santé une action nuisible. Les essais au moyen des autres réactifs peuvent être faits dans une chambre d'habitation.

Lorsqu'on veut procéder à l'analyse par voie humide d'une substance donnée, on doit d'abord essayer si la substance à analyser est entièrement soluble dans l'eau, si elle y est partiellement soluble ou si elle n'y est pas soluble. En étudiant avec attention les indications que l'on donnera dans la suite sur l'analyse des substances qui ne sont pas solubles dans l'eau, on se convaincra que l'analyse qualitative des substances qui sont solubles dans l'eau est, sous beaucoup de rapports, bien plus simple et bien plus facile que celle des substances insolubles dans l'eau.

On se convaincra très facilement de la solubilité ou de l'insolubilité de la substance à analyser dans l'eau en agitant d'abord avec de l'eau une petite quantité, un gramme environ de cette substance; si, de cette manière, il ne s'est pas opéré de dissolution, il faut chauffer le tout au moyen de la flamme d'une petite lampe. Lorsque, par ce moyen, il ne s'opère pas une dissolution complète ou au moins une dissolution très notable de la substance à analyser, on jette sur un filtre une petite quantité de l'eau que l'on a agitée avec la substance et que l'on a ensuite fait chauffer; on recueille l'eau qui passe au travers du filtre et on en évapore quelques gouttes avec précaution sur une lame de platine que l'on chauffe au moyen de la flamme d'une petite lampe. Si l'on obtient ainsi un abondant résidu, cela prouve que la substance est partiellement soluble dans l'eau; si l'on n'obtient pas de résidu, cela vient de ce que la substance est insoluble dans l'eau.

Quelquefois, il reste sur la lame de platine un résidu faible. Dans ce cas, ou bien la substance à analyser contient un principe constituant qui est très peu soluble dans l'eau, mais qui cependant n'y est pas complétement insoluble, ou bien la substance à analyser est insoluble dans l'eau, mais n'est pas complétement pure.

Si la substance est peu soluble, comme le sulfate de chaux par exemple, on ne commettrait aucune faute en considérant ce qui est dissous comme une combinaison soluble dans l'eau, ou bien en analysant la substance comme une combinaison peu soluble dans l'eau et dans les acides.

Pour les chimistes qui ne sont pas encore exercés à la pratique des analyses chimiques, le défaut de pureté de la substance à analyser est fréquemment une cause d'erreurs; en effet, ce n'est qu'à la longue que l'on apprend à distinguer quelles sont les parties constituantes essentielles d'une substance donnée et quelles sont les matières qui ne sont pas essentielles et qui n'y sont mélangées qu'en petite quantité.

Celui qui veut s'habituer à la pratique des analyses chimiques, doit d'abord prendre pour but de ses recherches des substances qu'il sait être d'une composition simple, et ce n'est qu'après s'y être suffisamment exercé, qu'il doit passer à l'analyse de celles dont la composition est plus compliquée. Du reste, il ne lui sera pas difficile de se procurer des substances dont la composition soit simple, mais inconnue.

Nous indiquerons par suite, dans ce chapitre et dans les deux suivants, comment on doit retrouver les parties constituantes des substances qui résultent seulement de la combinaison d'une base et d'un acide ou d'un métal et d'une substance non metallique; et, parmi ces combinaisons, nous nous occuperons seulement de celles dont les parties constituantes se rencontrent le plus fréquemment et non de celles dont les parties constituantes ne se présentent que rarement. Mais comme la composition des combinaisons qui sont solubles dans l'eau est plus facile à déterminer, nous commencerons d'abord par l'analyse des substances solubles dans l'eau.

Lorsqu'on a dejà quelques connaissances en chimie et lorsqu'on examine avec un peu d'attention les propriétés des bases et des acides indiqués dans la liste que nous avons donnée, p. 863, on voit facilement que ces bases, en se combinant avec tous les acides indiqués, ne donnent pas toutes des combinaisons solubles.

L'*acide sulfurique* forme des combinaisons insolubles ou au moins très peu solubles dans l'eau avec les bases suivantes : la baryte, la strontiane, la chaux, l'oxyde de plomb et le protoxyde de mercure. En outre, les combinaisons de l'acide sulfurique avec l'oxyde de bismuth, le bioxyde de mercure et l'oxyde d'antimoine sont décomposées par l'eau et donnent ainsi naissance à un sel basique qui se précipite. Le sesquioxyde d'or est insoluble ou presque insoluble dans l'acide sulfurique. Les autres bases forment avec l'acide sulfurique des combinaisons solubles (au moins à l'état neutre, tandis que quelques combinaisons basiques peuvent être insolubles); quelques-unes des combinaisons de l'acide sulfurique, comme le sulfate d'argent par exemple, ne sont pas très solubles dans l'eau; cependant leur solubilité est encore suffisante pour qu'on ne puisse pas les ranger au nombre des sels très peu solubles.

L'*acide nitrique* donne avec presque toutes les bases indiquées des combinaisons solubles, au moins à l'état neutre un petit nombre de nitrates basiques sont insolubles ou peu solubles). Le bioxyde d'étain *b*, l'oxyde d'antimoine et l'oxyde d'or ne sont pas solubles dans l'acide nitrique. L'eau decompose les combinaisons que l'acide nitrique forme avec l'oxyde de bismuth et avec le bioxyde de mercure ; elle décompose également les combinaisons basiques que l'acide nitrique forme avec le protoxyde de mercure.

L'*acide phosphorique* et l'*acide arsénique* ne forment, à proprement parler, qu'avec les oxydes alcalins des sels solubles dans l'eau; les combinaisons que ces acides forment avec les oxydes terreux et les oxydes métalliques, sont insolubles, du moins à l'état neutre et à l'état basique; elles ne se dissolvent que dans les acides libres; il n'y a qu'une sous-modification de l'acide metaphosphorique qui puisse former avec les oxydes alcalins des sels qui sont insolubles dans l'eau et même dans les acides, ainsi que cela a été indiqué p. 536.

Les combinaisons de l'*acide borique* avec les oxydes alcalins sont solubles; ses combinaisons avec les oxydes terreux et les oxydes métalliques ne sont souvent que peu solubles : elles ne sont cependant tout à fait insolubles que lorsque la plus grande partie de l'acide a été séparée de la base par l'action de l'eau.

L'*acide carbonique* forme aussi seulement avec les oxydes alcalins des combinaisons solubles dans l'eau; les combinaisons que l'acide carbonique forme avec les oxydes terreux et avec les oxydes métalliques, sont insolubles dans l'eau.

Le *chlore* forme des combinaisons solubles avec la plupart des métaux contenus dans les bases indiquées p. 863 ; la combinaison du chlore avec l'argent est insoluble dans l'eau; il en est de même de la combinaison du chlore avec le mercure qui correspond au protoxyde de mercure ; la combinaison du chlore avec le plomb est peu soluble. Les oxydes de ces métaux ne peuvent pas par suite exister en dissolution dans l'eau en présence de l'acide chlorhydrique. Les combinaisons du chlore avec le bismuth et avec l'antimoine sont décomposées par l'eau et ne peuvent y devenir de nouveau solubles que lorsqu'on ajoute de l'acide chlorhydrique ou un autre acide libre. La combinaison du chlore avec l'étain qui correspond au protoxyde d'étain telle qu'on la trouve dans le commerce, donne très fréquemment avec l'eau une dissolution laiteuse qui cependant devient ordinairement claire lorsqu'on ajoute de l'acide chlorhydrique, ainsi que cela a été indiqué p. 237.

Le *soufre* forme seulement avec les métaux des oxydes alcalins des combinaisons solubles dans l'eau; les combinaisons du soufre avec les métaux des oxydes alcalino-terreux, spécialement avec le baryum et le strontium, sont peu solubles dans l'eau ; elles sont décomposées par l'eau p. 453). Les combinaisons du soufre avec les métaux proprement dits sont insolubles dans l'eau.

Dans l'analyse qualitative de toute substance d'une composition analogue à celles dont nous nous occupons actuellement, on peut distinguer deux parties. On cherche d'abord à déterminer la base et ensuite l'acide, ou réciproquement. La détermination de la base s'appuie principalement sur les réactions différentes que l'hydrogène sulfuré exerce sur les différentes bases.

1° Marche que l'on doit suivre dans une analyse lorsqu'on veut déterminer la base ou le métal.

A.—On ajoute quelques gouttes d'un acide à une portion de la dissolution aqueuse concentrée de la substance à analyser, après avoir préalablement essayé la manière dont cette dissolution se comporte à l'égard du papier de tournesol. Pour aciduler la liqueur, on choisit ordinairement de préférence l'acide chlorhydrique qui peut cependant produire un précipité blanc lorsque la dissolution contient de l'oxyde d'argent, du protoxyde de mercure, de l'oxyde de plomb et de l'oxyde de bismuth. Il est bon, par suite, d'essayer quelques gouttes de la dissolution en y ajoutant une goutte d'acide chlorhydrique. Si la liqueur ne subit ainsi aucune modification, on réunit la petite portion de la dissolution sur laquelle on a fait cet essai avec la portion de la dissolution qui n'a pas encore été employée et on ajoute une plus grande quantité d'acide chlorhydrique. Mais s'il s'est formé par l'action de l'acide chlorhydrique un précipité blanc qui ne se redissolve pas par l'addition d'une plus grande quantité d'acide chlorhydrique étendu, il faut, pour aciduler la dissolution, employer l'acide nitrique au lieu de l'acide chlorhydrique. On ajoute ensuite à la dissolution chlorhydrique de la combinaison une dissolution d'hydrogène sulfuré aussi concentrée que possible en quantité assez grande pour que la liqueur sente nettement l'hydrogène sulfuré. S'il ne se forme pas de précipité, cela indique que la base est une des bases du n° 1 au n° 13 (p. 863); s'il se produit au contraire un précipité, cela indique que la base est au nombre de celles qui sont comprises entre le n° 14 et le n° 25; cette base est donc ou le *sesquioxyde de fer*, l'*oxyde de cadmium*, l'*oxyde de plomb*, l'*oxyde de bismuth*, le *bioxyde de cuivre*, l'*oxyde d'argent*, le *protoxyde de mercure*, le *bioxyde de mercure*, le *sesquioxyde d'or*, le *protoxyde d'étain*, le *bioxyde d'étain* ou l'*oxyde d'antimoine*.

Si le précipité produit par l'hydrogène sulfuré est noir, c'est que la base est une de celles comprises entre le n° 16 et le n° 22, et c'est qu'elle est par conséquent ou l'*oxyde de plomb*, l'*oxyde de bismuth*, le *bioxyde de cuivre*, l'*oxyde d'argent*, le *protoxyde de mercure*, le *bioxyde de mercure* ou le *sesquioxyde d'or*. Pour distinguer ces bases les unes des autres, on fait les essais suivants:

On ajoute de l'ammoniaque à une petite portion de la dissolution de la combinaison. Si la dissolution prend alors une couleur bleu intense sans qu'il se produise un précipité lorsqu'on ajoute un excès d'ammoniaque, cela prouve que la base est le *bioxyde de cuivre*.

On étend d'eau une portion d'une dissolution très concentrée de la combinaison, après y avoir préalablement ajouté une goutte d'acide chlorhydrique. S'il se forme, par suite, un trouble laiteux et un précipité blanc qui ne se dissout pas lorsqu'on ajoute de l'eau en excès, cela indique que la base est l'*oxyde de bismuth*.

On ajoute à une portion de la dissolution quelques gouttes d'acide chlorhydrique. S'il se produit alors un précipité blanc qui ne disparaît pas lorsqu'on ajoute une grande quantité d'eau, cela indique que la base est l'*oxyde d'argent* ou le *protoxyde de mercure*. On distingue alors ces deux bases à l'aide des expériences suivantes :

On ajoute à une portion de la dissolution de la combinaison une ou plusieurs gouttes d'ammoniaque. S'il se forme un précipité noir intense qui ne se redissolve pas dans un excès d'ammoniaque, ou qui, lorsque la dissolution est acide, forme par l'action de l'ammoniaque un précipité gris insoluble dans un excès du précipitant, cela indique que la base est le *protoxyde de mercure*.

Si, au contraire, en ajoutant une ou plusieurs gouttes d'ammoniaque à la dissolution, on obtient un précipité brun qui disparaît facilement lorsqu'on ajoute une quantité d'ammoniaque un peu plus grande, ou si on n'obtient pas de précipité par l'action de l'ammoniaque, surtout lorsque la dissolution est acide, cela prouve que la base est l'*oxyde d'argent*.

On ajoute à une portion de la dissolution non acidulée une dissolution d'hydrate de potasse en excès. S'il se forme ainsi un précipité jaune, cela indique que la base est le *bioxyde de mercure*.

On ajoute à une portion de la dissolution une dissolution de sulfate de protoxyde de fer. S'il se forme alors un précipité brun qui, lorsqu'il s'est déposé, peut être reconnu pour de l'or métallique, cela prouve que la base est le *sesquioxyde d'or*.

On ajoute à la dissolution de la combinaison une petite quantité d'acide sulfurique étendu ou une dissolution de sulfate. S'il se forme ainsi un précipité blanc, cela indique que la base est l'*oxyde de plomb*.

Si le précipité produit par l'hydrogène sulfuré est d'un blanc laiteux et s'il est formé seulement de soufre précipité, cela prouve que la base est le *sesquioxyde de fer* (p. 95).

Si le précipité formé par l'hydrogène sulfuré est jaune, la base est ou le *bioxyde d'étain*, ou l'*oxyde de cadmium*. On distingue ces deux bases au moyen des expériences suivantes :

On ajoute du sulfure d'ammonium à une portion de la dissolution (si la dissolution est acide, on doit préalablement la neutraliser par l'ammoniaque). S'il se produit de cette manière un précipité jaune, insoluble dans un excès de sulfure d'ammonium, cela indique que la base est l'*oxyde de cadmium*.

Si, lorsqu'on ajoute du sulfure d'ammonium à une portion de la dissolution (que l'on a préalablement neutralisée par l'ammoniaque si elle était acide), il se produit un précipité jaune qui se redissout, surtout avec l'aide de la chaleur, lorsqu'on ajoute un excès de sulfure d'ammonium, cela prouve que la base est le *bioxyde d'étain*.

Si le précipité produit par l'action de la dissolution d'hydrogène sulfuré est brun foncé, cela prouve que la base est le *protoxyde d'étain*.

Si le précipité produit par la dissolution d'hydrogène sulfuré est rouge-orangé, cela montre que la base est l'*oxyde d'antimoine*. (Comme la couleur rouge du précipité ne peut pas quelquefois être reconnue nettement lorsqu'on n'opère que sur de petites quantités, il vaut mieux s'assurer immédiatement, au moyen du chalumeau, comme cela a été indiqué p. 264, de la présence de l'antimoine dans une très petite quantité de la substance à analyser ou dans le sulfure obtenu.)

B.—Si la dissolution de la substance à analyser, rendue acide, ne donne pas de précipité avec la dissolution d'hydrogène sulfuré et si la base n'est pas par conséquent une de celles qui sont comprises entre le n° 14 et le n° 25, on ajoute du sulfure d'ammonium à la dissolution neutre de la combinaison (si la dissolution est acide, on doit préalablement la neutraliser au moyen de l'ammoniaque. S'il se forme ainsi un précipité, la base est une de celles comprises entre le n° 8 et le n° 13 ; elle est par conséquent ou l'*alumine*, le *protoxyde de manganèse*, l'*oxyde de zinc*, l'*oxyde de cobalt*, l'*oxyde de nickel* ou le *protoxyde de fer*.

Si le précipité produit par le sulfure d'ammonium est noir, la base est une de celles comprises du n° 11 au n° 13. Pour distinguer les unes des autres ces trois bases, l'*oxyde de cobalt*, l'*oxyde de nickel* et le *protoxyde de fer*, on fait les expériences suivantes :

On ajoute à une portion de la dissolution une dissolution de carbonate de potasse ou de carbonate de soude. S'il se produit ainsi un précipité qui soit d'abord blanc-grisâtre ou blanc-verdâtre, puis verdâtre, et enfin brun-rouge à la surface à l'endroit où il a été en contact avec l'air atmosphérique, cela indique que la base est le *protoxyde de fer*.

Si le précipité est rose-rouge, la base est l'*oxyde de cobalt*.

Si le précipité est vert-pomme, la base est l'*oxyde de nickel*.

Si le precipité produit par le sulfure d'ammonium dans la dissolution de la combinaison est rouge-chair, cela démontre que la base est le *protoxyde de manganèse*.

Si au contraire le précipité est blanc, la base est l'*oxyde de zinc* ou l'*alumine*. Pour distinguer ces deux bases l'une de l'autre, on ajoute de l'ammoniaque à une portion de la dissolution. S'il se forme alors un précipité blanc qui disparaît à la température ordinaire par l'action d'un excès d'ammoniaque, sans qu'il soit nécessaire de chauffer, cela indique que la base du sel est l'*oxyde de zinc*.

S'il se produit ainsi un précipité qui n'est pas soluble dans un excès d'ammoniaque, cela indique que la base est l'*alumine* (1).

C. — Si la dissolution de la substance à analyser rendue acide ne donne pas de précipité avec l'hydrogène sulfuré, et si, après avoir été neutralisée, elle n'en donne pas non plus avec le sulfure d'ammonium, elle est une de celles comprises entre le n° 1 et le n° 7, et c'est par conséquent la *potasse*, la *soude*, l'*ammoniaque*, la *baryte*, la *strontiane*, la *chaux* ou la *magnésie*. On ajoute à une portion de la dissolution neutre de la combinaison une dissolution de carbonate de potasse ou de carbonate de soude. S'il se forme par suite un précipité blanc, la base est une de celles comprises entre le n° 4 et le n° 7, et n'est pas de celles comprises entre le n° 1 et le n° 3.

Pour distinguer les unes des autres les quatre bases comprises entre le n° 4 et le n° 7, la *baryte*, la *strontiane*, la *chaux* et la *magnésie*, on ajoute de l'ammoniaque en excès à la dissolution neutre de la combinaison. S'il

(1) Les précipités qui se produisent en analyse par l'action du sulfure d'ammonium sur les dissolutions de l'alumine et de l'oxyde de zinc, ne sont souvent pas d'un blanc pur ; de même, ceux qui sont produits par l'action du sulfure d'ammonium sur les dissolutions de protoxyde de manganèse ne sont souvent pas d'un rouge-chair pur. Si les dissolutions contiennent des traces très faibles de protoxyde de fer, les précipités ont une pointe de gris.

se forme ainsi un précipité blanc, floconneux, la base est la *magnésie*. Il faut cependant observer ici que, lorsque la dissolution n'est pas neutre, mais lorsqu'elle est acide, ou bien lorsqu'elle contient des sels ammoniacaux, l'ammoniaque ne donne pas de précipité, bien qu'il y ait de la magnésie (p. 37).

On peut aussi, pour séparer ces quatre bases les unes des autres, traiter une portion de la dissolution neutre par le carbonate d'ammoniaque (on ne doit pas employer la dissolution du carbonate neutre, mais seulement la dissolution du sesquicarbonate ou du bicarbonate d'ammoniaque; en outre, la dissolution ne doit pas être neutralisée par l'ammoniaque libre). S'il ne se forme pas de précipité, la base est la *magnésie* : s'il se forme un précipité blanc, la base est une de celles du n° 4 au n° 6; c'est, par conséquent, la *baryte*, la *strontiane* ou la *chaux*.

Pour distinguer les unes des autres les trois bases, la *baryte*, la *strontiane* ou la *chaux*, qui ne sont pas précipitées de leurs dissolutions neutres par l'ammoniaque, mais qui sont précipitées par le carbonate d'ammoniaque, on ajoute à la dissolution concentrée une dissolution concentrée de sulfate de chaux. S'il se forme immédiatement un précipité, cela indique que la base est la *baryte*; s'il ne se forme un précipité qu'au bout de quelque temps, la base est la *strontiane*. S'il ne se forme pas de précipité, la base est la *chaux*.

Pour distinguer avec plus de certitude la *baryte* et la *strontiane* l'une de l'autre, on ajoute de l'acide hydrofluosilicique à la dissolution du sel à analyser. S'il se forme au bout de quelque temps un précipité, la base est la *baryte* : s'il ne s'en forme pas, la base est la *strontiane*. On peut encore ajouter à la dissolution neutre une dissolution de chromate de strontiane qui précipite la baryte seule à l'état de chromate de baryte, mais qui ne précipite pas la strontiane.

D.—Si la dissolution de la combinaison à analyser rendue acide ne donne pas de précipité avec la dissolution d'hydrogène sulfuré et si, après avoir été neutralisée, elle ne donne de précipité ni avec le sulfure d'ammonium, ni avec le carbonate de potasse, ni avec le carbonate de soude, elle n'est pas une des bases comprises entre le n° 4 et le n° 25, mais elle est une de celles comprises entre le n° 1 et le n° 3; c'est, par conséquent, la *potasse*, la *soude* et l'*ammoniaque*.

Pour distinguer ces trois bases les unes des autres, on ajoute à la dissolution concentrée de la combinaison une dissolution concentrée d'hydrate de potasse. S'il se produit ainsi une odeur d'ammoniaque et s'il se forme des fumées blanches lorsqu'on approche de la surface de la liqueur une baguette imprégnée d'acide chlorhydrique, cela indique que la base est l'*ammoniaque*.

S'il n'en est pas ainsi, on ajoute à une portion de la dissolution concentrée une dissolution de bichlorure de platine. S'il se forme ainsi un précipité jaune, la base est la *potasse* : s'il ne se forme pas de précipité, la base est la *soude* au lieu de bichlorure de platine, on peut employer l'acide tartrique pour distinguer la potasse de la soude, en observant les précautions qui ont été indiquées p. 4 et p. 10).

La marche de l'analyse peut, à partir de C, être modifiée de la manière suivante :

C'. — Lorsque la dissolution de la substance à analyser n'a donné de précipité, ni avec la dissolution d'hydrogène sulfuré, ni avec le sulfure d'ammonium, et que la base doit par suite être une de celles comprises entre le n° 1 et le n° 7, on ajoute, sans chauffer, une dissolution de carbonate d'ammoniaque (la dissolution ne doit contenir que du sesquicarbonate ou du bicarbonate d'ammoniaque, mais ne doit pas contenir d'ammoniaque libre). S'il se forme ainsi un précipité blanc, c'est que la base est une de celles comprises entre le n° 4 et le n° 6; c'est, par conséquent, la *baryte*, la *strontiane* ou la *chaux*, et ce n'est pas une de celles comprises entre le n° 1 et le n° 3, et ce n'est pas non plus le n° 7; ce n'est par conséquent pas un oxyde alcalin et ce n'est pas non plus la magnésie.

Pour distinguer les unes des autres les trois bases, la *baryte*, la *strontiane* et la *chaux*, on ajoute du ferrocyanure de potassium à une nouvelle quantité de la dissolution neutre du sel qui ne doit pas être trop étendue. S'il ne se forme par l'action de ce réactif aucun précipité, ni immédiatement, ni au bout de quelque temps, cela indique que la base est la *strontiane* (p. 28).

Pour reconnaître la *baryte* et la *chaux*, on ajoute une dissolution de sulfate de chaux à une nouvelle quantité de dissolution de la substance. Il ne se forme alors un précipité que si la base est la *baryte :* s'il ne s'en forme pas, la base est la *chaux*.

D'. — Si la dissolution de la substance à analyser rendue acide ne donne pas de précipité avec l'hydrogène sulfuré, et si, après avoir été neutralisée, elle ne donne de précipité, ni avec le sulfure d'ammonium, ni avec le carbonate d'ammoniaque, elle est une des bases comprises entre le n° 1 et le n° 3, ou bien elle est le n° 7 : c'est par conséquent la *potasse*, la *soude*, l'*ammoniaque* ou la *magnésie*.

On ajoute à la dissolution neutre, ou bien une dissolution de carbonate de potasse ou de soude, ou bien une dissolution de phosphate de soude et ensuite un peu d'ammoniaque. Un précipité blanc, produit par l'un ou l'autre moyen, indique la présence de la *magnésie*.

Lorsqu'on s'est assuré par les réactifs indiqués de l'absence de la magnésie, on distingue les trois oxydes alcalins l'un de l'autre par la méthode qui a été indiquée précédemment en D (p. 871).

2° Marche que l'on doit suivre dans l'analyse lorsqu'on veut retrouver les acides et les corps non métalliques.

A. — On ajoute de l'acide chlorhydrique à une portion de la dissolution concentrée de la combinaison. S'il se produit alors une effervescence, l'acide contenu dans la dissolution est l'*acide carbonique*, ou bien la dissolution contient du *soufre* en combinaison avec un des métaux des bases indiquées précédemment.

Si le gaz qui se dégage de la liqueur avec effervescence possède l'odeur bien connue du gaz hydrogène sulfuré, cela indique que la dissolution contient un sulfure ; si au contraire le gaz qui se dégage de la liqueur avec effervescence est inodore, cela indique que l'acide de la combinaison est l'*acide carbonique* (1).

B. — S'il ne se produit pas d'effervescence par l'action de l'acide chlorhydrique, on ajoute à la dissolution concentrée neutre une dissolution de chlorure de baryum. S'il se forme ainsi un précipité blanc, l'acide est ou de l'*acide sulfurique*, de l'*acide phosphorique*, de l'*acide arsénique* ou de l'*acide borique*. Pour les distinguer les uns des autres, on fait les expériences suivantes :

On ajoute de l'acide libre, et spécialement de l'acide chlorhydrique, au précipité formé par le chlorure de baryum dans la dissolution neutre. Si le précipité ne subit aucune modification, cela indique que l'acide de la combinaison est l'*acide sulfurique ;* si, au contraire, lorsqu'on ajoute de l'acide libre et ensuite de l'eau, le précipité se dissout, cela prouve que l'acide de la combinaison est l'*acide phosphorique*, l'*acide arsénique* ou l'*acide borique*. Pour distinguer ces acides les uns des autres, on fait les expériences suivantes :

On met une portion de la combinaison préalablement réduite en poudre dans un creuset de platine, dans un creuset de porcelaine ou dans une petite capsule de porcelaine ; on y verse quelques gouttes d'acide sulfurique ; on ajoute ensuite de l'alcool, et on enflamme le tout. Si la flamme de l'alcool prend une couleur verdâtre, l'acide est l'*acide borique*. — On peut aussi ajouter de l'acide chlorhydrique à une petite quantité de la dissolution de la combinaison, et y plonger une bande de papier de curcuma. Si cette bande de papier de curcuma paraît brun-rouge après avoir été complétement desséchée, on reconnaît également avec certitude la présence de l'acide borique.

S'il n'y a pas d'acide borique, on prend une quantité de la dissolution de la combinaison qui ne soit pas trop faible, et on l'acidule légèrement au moyen d'un acide, spécialement au moyen de l'acide chlorhydrique ; on y ajoute ensuite une dissolution aqueuse d'acide sulfureux, et l'on chauffe jusqu'à ce que l'odeur de l'acide sulfureux ait complétement disparu. Si l'on ajoute ensuite une dissolution d'hydrogène sulfuré et s'il se forme ainsi un précipité jaune, l'acide est l'*acide arsénique* (dont la présence avait pu, du reste, être trouvée à l'aide des essais préliminaires au moyen du chalumeau).

S'il n'en est pas ainsi et si l'on s'est convaincu, en outre, qu'il n'y a pas

(1) Ces expériences ont déjà été faites lorsqu'on a commencé à examiner la dissolution de la combinaison pour y retrouver la base.

d'acide borique, l'acide de la combinaison est l'*acide phosphorique*. La dissolution donne alors avec le nitrate d'argent un précipité jaune, soluble dans l'ammoniaque et dans l'acide nitrique.

C. — Si l'on s'est assuré que la substance ne contient ni acide carbonique, ni acide sulfurique, ni acide borique, ni acide arsénique, ni acide phosphorique, et qu'elle ne contient pas non plus de soufre, on ajoute à une portion de la dissolution une dissolution de nitrate d'argent. S'il se forme alors un précipité blanc qui est insoluble dans l'acide nitrique étendu, c'est que la combinaison contient du *chlore* combiné avec un des métaux des vingt-cinq bases que nous avons indiquées, p. 863.

D. — Si l'on a trouvé que la combinaison ne contient ni acide carbonique, ni acide sulfurique, ni acide borique, ni acide arsénique, ni acide phosphorique, et qu'elle ne contient pas non plus de soufre ni de chlore, on mélange une petite portion de la dissolution avec environ un volume égal d'acide sulfurique concentré, et, après avoir laissé refroidir le tout, on ajoute un excès d'une dissolution concentrée de sulfate de protoxyde de fer. Si la liqueur prend, par l'action de ce réactif, une coloration noir foncé (p. 712), cela indique que l'acide contenu dans la combinaison est l'*acide nitrique*.

Lorsqu'on croit avoir trouvé, de la manière que nous venons d'indiquer, la base et l'acide de la combinaison, il est cependant nécessaire de s'assurer, par des expériences ultérieures, de l'exactitude du résultat obtenu. Pour y arriver, on essaye dans la dissolution la base et l'acide par plusieurs des réactifs dont on a examiné, dans la première partie de ce volume, la manière de se comporter à l'égard de ces bases et de ces acides, en choisissant spécialement ceux qui permettent de distinguer nettement les substances que l'on a trouvees de celles qui leur ressemblent. Ces réactifs sont ceux dont on a fait spécialement ressortir les caractères spéciaux à la fin du chapitre où l'on traite de la manière dont chaque corps se comporte à l'égard des réactifs. C'est seulement lorsque ces expériences ont confirmé le résultat trouvé qu'on peut être convaincu de son exactitude. Cela s'applique à l'analyse qualitative de toute espèce de substance. Pour un chimiste qui commence, il se présente souvent ici quelques difficultés, lorsque les substances ne sont pas pures, mais lorsqu'elles sont mélangées avec de petites quantités de substances étrangères. En effet, la présence de ces substances étrangères modifie légèrement la manière dont les réactifs se comportent.

ANALYSE QUALITATIVE DES COMBINAISONS QUI SONT ENTIÈREMENT INSOLUBLES OU AU MOINS TRÈS PEU SOLUBLES DANS L'EAU, MAIS QUI SONT AU CONTRAIRE SOLUBLES DANS LES ACIDES, ET QUI SONT FORMÉES SEULEMENT D'UNE BASE COMBINÉE AVEC UN ACIDE OU D'UN MÉTAL COMBINÉ AVEC UNE SUBSTANCE NON MÉTALLIQUE ET DONT LES PARTIES CONSTITUANTES SONT DU NOMBRE DE CELLES INDIQUÉES PAGE 863.

Parmi ces combinaisons, viennent se ranger un grand nombre de sels, et spécialement presque tous ceux que l'acide phosphorique, l'acide arsénique, l'acide carbonique et même l'acide borique forment avec les oxydes terreux et les oxydes métalliques proprement dits, et par conséquent avec les bases comprises entre le n° 4 et le n° 25 : ces combinaisons ne se dissolvent en effet que dans un excès d'acide. Lorsque, par suite, on a reconnu la présence d'un oxyde terreux ou d'un oxyde métallique et par conséquent la présence d'une base comprise entre le n° 4 et le n° 25 dans une combinaison saline soluble qui ne contient qu'une base, elle ne peut pas exister dans la dissolution à l'état de combinaison avec les acides que nous venons d'indiquer et ne peut exister qu'à l'état de combinaison avec l'acide sulfurique ou l'acide nitrique, ou bien encore le métal qu'elle contient ne peut exister dans la dissolution qu'à l'état de combinaison avec le chlore. On doit se rappeler ici, ce qui, du reste, a déjà été observé, p. 867, que l'acide borique ne forme pas avec les oxydes terreux et les oxydes métalliques des combinaisons entièrement insolubles, mais forme avec ces oxydes des combinaisons peu solubles dans l'eau.

Il doit en outre être question ici des oxydes terreux et des oxydes métalliques purs, et spécialement des oxydes compris entre le n° 6 et le n° 25, lorsqu'ils ne sont pas combinés avec des acides. On peut même y ajouter le n° 4 et le n° 5, la baryte et la strontiane, qui sont peu solubles dans l'eau, du moins à la température ordinaire.

Si l'on a trouvé que la substance à analyser est entièrement insoluble ou au moins très peu soluble dans l'eau, même lorsqu'on l'a fait bouillir avec l'eau, on décante l'eau et on cherche à dissoudre la substance dans un acide. Dans la plupart des cas, c'est l'acide chlorhydrique qui est l'acide le plus convenable pour opérer cette dissolution. La plupart des sels insolubles dans l'eau se dissolvent dans l'acide chlorhydrique, surtout lorsqu'on chauffe légèrement.

Il est bon d'étendre l'acide chlorhydrique d'une quantité égale d'eau et de ne pas employer un excès d'acide inutile. Pour quelques sels, spécialement pour ceux dont la base est l'oxyde d'argent, le protoxyde de mercure ou l'oxyde de plomb, on doit, au lieu d'acide chlorhydrique, employer l'acide nitrique pour opérer la dissolution.

Parmi les combinaisons insolubles dans l'eau, il faut ranger en outre celles du soufre avec les métaux des bases comprises entre le n° 9 et le n° 25. Quoiqu'un très grand nombre de sulfures se dissolvent dans l'acide chlorhydrique concentré, surtout avec l'aide de la chaleur, ainsi que nous l'avons déjà remarqué, p. 456, et donnent ainsi naissance à un dégagement de gaz hydrogène sulfuré, on emploie cependant de préférence, pour opérer la dissolution, au lieu d'acide chlorhydrique, l'acide nitrique ou l'eau régale, ou même l'acide chlorhydrique avec addition de chlorate de potasse : ces acides ne doivent pas être employés trop étendus. Il est évident que les sulfures ne peuvent pas se dissoudre dans ces acides sans se décomposer : le soufre s'oxyde en partie et se transforme ainsi partiellement en acide sulfurique que l'on retrouve alors dans la liqueur acide : une autre portion du soufre se sépare à l'état de soufre pur qui ne possède pas la couleur jaune qui lui est propre (p. 454). La meilleure manière d'opérer est de faire digérer pendant quelque temps les sulfures réduits en poudre avec les acides indiqués, à une température qui ne soit pas suffisante pour que le soufre qui se sépare puisse s'agréger : lorsque le soufre qui s'est séparé possède une couleur suffisamment jaune, on fait bouillir jusqu'à ce qu'on soit sûr que la partie insoluble est formée de soufre plus ou moins pur. Le sulfure de plomb, traité par l'acide nitrique, donne du sulfate de plomb qui reste souvent d'abord en suspension dans la dissolution nitrique qui présente alors un aspect laiteux : ce sulfate de plomb reste alors, comme résidu insoluble, mélangé avec le soufre qui se sépare. Il se dissout cependant, dans ce cas, à l'état de nitrate de plomb, une quantité de plomb suffisante pour pouvoir obtenir une preuve certaine de la présence du plomb en traitant la dissolution par l'acide sulfurique. Si, pour opérer l'oxydation du sulfure de plomb, on a employé l'eau régale ou l'acide chlorhydrique avec addition de chlorate de potasse, il se sépare souvent, outre le sulfate de plomb, une quantité de chlorure de plomb assez grande pour que la liqueur filtrée ne puisse pas donner un précipité net avec l'acide sulfurique. Le sulfure de mercure n'est pas décomposé par l'acide nitrique : il faut, par conséquent, au lieu d'acide nitrique, employer l'eau régale ou l'acide chlorhydrique additionné de chlorate de potasse, lorsqu'on voit que la substance à analyser n'est pas décomposée ou n'est décomposée que très difficilement par l'acide nitrique, ou lorsqu'on voit que, par l'action de l'acide nitrique, il se sépare, outre le soufre, d'autres substances plus ou moins insolubles, comme cela se présente lorsqu'on veut opérer la décomposition du sulfure d'étain ou du sulfure d'antimoine.

Parmi les combinaisons que l'acide sulfurique et l'acide nitrique forment avec les bases que nous avons indiquées, la plupart sont solubles dans l'eau en tenant cependant compte des exceptions qui ont été indiquées page 866). Il existe cependant plusieurs oxydes métalliques qui forment avec ces acides des sels neutres solubles, mais qui forment avec ces mêmes acides des sels basiques insolubles dans l'eau qui, cependant, sont solubles dans les acides.

1° Marche de l'analyse pour retrouver la base ou le métal.

A.—On traite d'abord par la dissolution d'hydrogène sulfuré la dissolution acide du sel insoluble dans l'eau qui a été préalablement étendue d'eau. S'il se forme ainsi un précipité, cela indique que la base est une de celles comprises entre le n° 14 et le n° 25 : elle est par conséquent ou le *sesquioxyde de fer*, l'*oxyde de cadmium*, l'*oxyde de plomb*, l'*oxyde de bismuth*, l'*oxyde de cuivre*, l'*oxyde d'argent*, le *protoxyde de mercure*, le *bioxyde de mercure*, le *sesquioxyde d'or*, le *protoxyde d'étain*, le *bioxyde d'étain* ou l'*oxyde d'antimoine*. Pour les distinguer les uns des autres, on suit les indications qui ont été données p. 868 et suivantes. Il faut observer ici que, lorsque le sel insoluble contient de l'acide arsénique, cet acide est également précipité de la dissolution acide à l'état de sulfure d'arsenic par le gaz hydrogène sulfuré, en se souvenant cependant que la précipitation de l'acide arsénique ne s'opère facilement que lorsque la dissolution a été traitée d'abord par l'acide sulfureux. Il est par suite facile dans la plupart des cas de précipiter par l'hydrogène sulfuré l'oxyde précipitable que contient la dissolution avant d'en précipiter l'acide arsénique. L'acide arsénique n'est précipité qu'au bout de quelque temps par le gaz hydrogène sulfuré : c'est seulement lorsqu'on chauffe que la précipitation est plus rapide (p. 398 : les oxydes basiques sont au contraire précipités plus tôt et avec la couleur qui est propre aux sulfures qui leur correspondent, en sorte qu'on peut filtrer rapidement les sulfures ainsi précipités et laisser reposer ensuite la liqueur filtrée qui doit sentir encore fortement le gaz hydrogène sulfuré : on peut alors soumettre cette liqueur à l'action de la chaleur pour voir s'il s'y produit au bout de quelque temps un précipité de sulfure d'arsenic. Pour obtenir la confirmation du résultat, on ne doit pas négliger d'essayer au moyen du chalumeau si le sel insoluble contient de l'acide arsénique.

B.—Si, dans la dissolution acide du sel, il ne se produit pas de précipité par l'action de la dissolution d'hydrogène sulfuré, si, par suite, la base est une de celles comprises entre le n° 14 et le n° 25, on sursature alors la dissolution par l'ammoniaque et on ajoute du sulfure d'ammonium. S'il se produit ainsi un précipité noir ou si, en sursaturant la dissolution par l'ammoniaque, on obtient un précipité qui devient noir lorsqu'on ajoute du sulfure d'ammonium, la base est une de celles comprises entre le n° 11 et le n° 13 : c'est, par conséquent, ou le *protoxyde de fer*, l'*oxyde de nickel* ou l'*oxyde de cobalt*. Pour voir quelle est celle de ces bases qui est contenue dans la combinaison à analyser, on essaye au moyen du chalumeau de petites quantités du sel à l'état solide; ce qui permet surtout de reconnaître facilement l'oxyde de cobalt (p. 143) : le protoxyde de fer et l'oxyde de nickel sont un peu plus difficiles à reconnaître, surtout par un chimiste qui n'est pas exercé. Si l'analyse au chalumeau n'a pas donné de résultat certain qui permette d'assurer lequel de ces deux oxydes est contenu dans la substance à analyser, on essaye une petite quantité de la dissolution acide du sel au moyen d'une dissolution de ferricyanure de potassium (p. 94 et p. 118).

Si le précipité produit par le sulfure d'ammonium a une couleur rouge-chair qui est la couleur particulière au sulfure de manganèse, ou si la dissolution, sursaturée par l'ammoniaque, a produit un précipité qui prend une couleur rouge-chair lorsqu'on ajoute du sulfure d'ammonium, la base du sel est le *protoxyde de manganèse*. Il a déjà été observé, p. 71, que la couleur rouge-chair du sulfure de manganèse ne peut pas paraître nette lorsque le précipité contient en même temps de très petites quantités d'autres sulfures, spécialement de ceux qui ont une couleur noire, comme le sulfure de fer, par exemple.

Si, au contraire, la dissolution acide du sel sursaturée par l'ammoniaque produit un précipité blanc dont la couleur n'est pas modifiée par une addition de sulfure d'ammonium, la base est ou l'*oxyde de zinc* ou l'*alumine* : il faut observer cependant que la *magnésie*, la *chaux*, la *strontiane* et la *baryte* peuvent aussi être précipitées par l'ammoniaque, lorsqu'elles sont contenues dans la dissolution à l'état de phosphates ou de borates insolubles. Pour distinguer ces bases les unes des autres, on fait les expériences suivantes :

On reconnaît la présence de l'*oxyde de zinc* en mélangeant avec la soude une petite quantité du sel solide insoluble et en traitant le mélange par la flamme intérieure du chalumeau, ou bien en humectant avec une dissolution de cobalt (p. 105) et en chauffant ensuite. Du reste, lorsque la quantité d'ammoniaque que l'on a employée pour opérer la saturation de la dissolution acide du sel est assez grande, le précipité, formé d'abord, se redissout ensuite : le sulfure d'ammonium donne alors dans la dissolution ainsi obtenue un précipité blanc de sulfure de zinc qui est insoluble dans l'hydrate de potasse et dans l'ammoniaque.

On reconnaît la présence de l'*alumine* en humectant avec une dissolution de cobalt une petite quantité du sel à l'état solide et en chauffant ensuite le tout au moyen du chalumeau (p. 146) : on reconnaît en outre la présence de l'alumine en sursaturant par l'ammoniaque la liqueur acide : le precipité ainsi produit est soluble dans un excès d'une dissolution d'hydrate de potasse (p. 43). Même lorsqu'on ajoute du sulfure d'ammonium à ce précipité, un excès d'hydrate de potasse le dissout.

On reconnaît la présence de la *baryte* et de la *strontiane* en étendant d'une grande quantité d'eau la dissolution acide et en y ajoutant ensuite de l'acide sulfurique étendu qui produit un précipité blanc, ou mieux en ajoutant à la dissolution acide concentrée une dissolution de sulfate de chaux qui précipite la baryte et la strontiane à l'état de sulfates, la première au bout de peu de temps, la seconde seulement au bout de quelque temps. Pour distinguer avec certitude la baryte de la strontiane, on ajoute de l'acide hydrofluosilicique à la liqueur acide étendue d'eau : il se produit alors au bout de quelque temps un précipité lorsqu'il y a de la *baryte*, tandis qu'il ne se produit pas de précipité lorsque la base est la *strontiane*.

On reconnaît la présence de la *chaux* en ajoutant d'abord à la dissolution acide concentrée du sel à analyser de l'acide sulfurique étendu qui ne produit ordinairement pas de précipité immédiatement (mais seulement au bout de quelque temps) et en y versant ensuite de l'alcool. S'il se forme alors immédiatement un précipité, on peut en conclure que le sel à analyser contient de la chaux, lorsqu'on s'est préalablement assuré qu'il ne contenait ni baryte ni strontiane (1).

On peut aussi reconnaître au moyen du chalumeau la présence de la *magnésie* dans les sels insolubles dans l'eau lorsqu'ils sont à l'état solide en les humectant avec une dissolution de cobalt et en les faisant ensuite chauffer à l'aide du chalumeau (p. 41). On a du reste pu être conduit à supposer que la base du sel est la magnésie lorsqu'on s'est assuré que le sel ne contient aucun des autres oxydes terreux.

C. — S'il ne se forme pas de précipité par l'action du gaz hydrogène sulfuré sur la dissolution acide du sel, et si, en outre, il ne se produit pas de précipité par l'action du sulfure d'ammonium sur la dissolution acide du sel qui a été sursaturée par l'ammoniaque, on ajoute une dissolution de carbonate de potasse ou de carbonate de soude à une portion de la dissolution acide du sel que l'on a préalablement étendue d'eau. Si, après que la dissolution a été sursaturée par l'oxyde alcalin, il se produit un précipité, soit immédiatement, soit par une ébullition prolongée, cela indique que la base est une de celles comprises entre le n° 7 et le n° 4 et que c'est ou la *magnésie*, la *chaux*, la *strontiane* ou la *baryte*.

Pour les distinguer les unes des autres, on ajoute à la dissolution acide ou étendue du sel de l'acide sulfurique un peu étendu ou mieux une dissolution de sulfate de chaux. S'il se produit ainsi un précipité, cela indique que la base est ou la *strontiane* ou la *baryte*. — On reconnaît qu'il y a de la *baryte* lorsque, en traitant par l'acide hydrofluosilicique une autre portion de la dissolution acide étendue du sel, il se produit au bout de quelque temps un précipité.

Pour reconnaître s'il y a de la chaux, on s'assure d'abord qu'il n'y a ni baryte ni strontiane, on ajoute ensuite une dissolution de chlorure d'ammonium et l'on sature le tout par l'ammoniaque ; s'il y a de la *chaux*, il se produit alors un précipité blanc au moyen des dissolutions d'acide oxalique et de bioxalate de potasse (p. 33).

(1) Lorsque la dissolution acide du sel est très concentrée, il peut aussi se précipiter du sulfate de magnésie lorsqu'on ajoute de l'acide sulfurique et de l'alcool ; mais il ne s'en précipite pas lorsque la dissolution est seulement un peu étendue et lorsqu'on n'ajoute pas une trop grande quantité d'alcool qui, du reste, ne doit pas être trop concentré. Pour distinguer l'une de l'autre, avec une plus grande certitude, la chaux et la magnésie dans les dissolutions acides de leurs sels insolubles dans l'eau, il faut ajouter à la dissolution acide de la substance à analyser une quantité d'ammoniaque telle qu'il ne se forme pas encore de précipité et on verse ensuite une dissolution d'acide oxalique ou de bioxalate de potasse. S'il se forme ainsi un précipité blanc, cela indique que la base contenue dans la combinaison est *la chaux* ; s'il ne se produit pas de précipité, la base contenue dans la dissolution est la *magnésie*.

S'il n'en est pas ainsi, on ajoute du phosphate de soude à la liqueur même dans laquelle on a reconnu, au moyen de la dissolution d'un oxalate, qu'il n'y avait pas de chaux; s'il se produit alors un précipité blanc, bien qu'il y ait de l'ammoniaque libre dans la liqueur, on peut en conclure que la liqueur contient de la *magnésie* (p. 38).

D.—On n'a presque jamais besoin de rechercher si la combinaison insoluble dans l'eau contient des *oxydes alcalins :* en effet, les oxydes alcalins forment seulement des sels solubles dans l'eau, avec les acides dont il est question ici.

2° Marche de l'analyse pour retrouver les acides ou les substances non métalliques.

On humecte avec de l'eau une petite portion du sel desséché et on y verse de l'acide chlorhydrique étendu. Si le sel contient de l'*acide carbonique,* on le reconnaît au dégagement de gaz incolore et à l'effervescence qui se produisent. Si le carbonate insoluble dans l'eau sur lequel on opère n'est pas en poudre, mais s'il est en morceaux, le gaz acide carbonique ne se dégage quelquefois que lorsqu'on chauffe le tout : en outre, l'acide employé ne doit pas être trop concentré. Si, par l'action de l'acide chlorhydrique étendu, il se produit une effervescence et s'il se dégage un gaz qui a l'odeur bien connue du gaz hydrogène sulfuré, cela indique que la combinaison à analyser contient du *soufre* en combinaison avec un métal.

On essaye ensuite la combinaison insoluble pour y rechercher l'*acide nitrique* qui ne peut être contenu dans le sel que lorsqu'il est basique. Pour arriver à le reconnaître, on peut dissoudre la combinaison dans l'acide sulfurique étendu : on mélange ensuite une petite quantité de la dissolution avec de l'acide sulfurique concentré et on ajoute avec précaution une dissolution de protoxyde de fer qui, en présence de l'acide nitrique, prend une coloration noir foncé. (Si l'on opère sur le nitrate basique de plomb, il faut le dissoudre dans l'acide acétique : si l'on ajoute à la dissolution de l'acide sulfurique concentré, il se produit un abondant précipité de sulfate de plomb; mais si l'on ajoute ensuite une dissolution de protoxyde de fer, le tout prend une couleur brune ou violet-noirâtre.)

On essaye alors au moyen du chalumeau sur le charbon une petite quantité de la combinaison, afin d'y rechercher l'*acide arsénique* dont on a pu du reste déjà reconnaître la présence lorsqu'on a fait les expériences nécessaires pour reconnaître la base du sel.

On recherche ensuite si la combinaison, traitée dans un creuset de platine ou de porcelaine par l'acide sulfurique et l'alcool, donne à la flamme de l'alcool une coloration verte, ce qui indique la présence de l'*acide borique.* — On peut aussi plonger dans la dissolution chlorhydrique de la combinaison une bande de papier de curcuma qui, après avoir été desséchée, paraît d'une couleur brun-rouge lorsque la dissolution contenait de l'acide borique.

On dissout dans l'acide nitrique une portion de la combinaison, autant que possible à la température ordinaire, et on ajoute à la dissolution acide étendue d'eau une petite quantité d'une dissolution de nitrate d'argent. S'il se produit alors un précipité blanc, la substance à analyser est une combinaison du *chlore*. Mais lorsque la substance à analyser ne se dissout pas dans l'acide nitrique étendu, et lorsqu'elle se dissout seulement dans l'eau régale (comme cela se présente pour le protochlorure de mercure, on ne peut pas retrouver de cette manière la présence d'une combinaison du chlore. Il faut alors chauffer la combinaison avec une dissolution d'hydrate de potasse (qui ne doit pas contenir de chlorure de potassium); on jette ensuite sur un filtre le précipité noir de protoxyde de mercure qui s'est formé. Lorsqu'on ne peut pas se procurer d'hydrate de potasse qui soit entièrement exempt de chlorure de potassium, on peut également chauffer la combinaison avec du carbonate de soude pur. Si l'on sursature ensuite la liqueur filtrée par l'acide nitrique, on peut y retrouver la présence d'une combinaison du chlore au moyen d'une dissolution de nitrate d'argent.

On ajoute de l'acide nitrique à une portion de la combinaison et on chauffe le tout. S'il se produit ainsi un dégagement de vapeurs jaune-rougeâtre, si en outre il se sépare du soufre que l'on ne peut pas reconnaître d'abord, parce qu'il ne possède pas sa couleur jaune caractéristique, et qu'il faut par suite faire digérer pendant longtemps avec l'acide nitrique, et si enfin la liqueur étendue d'eau produit un précipité blanc, insoluble, lorsqu'on y ajoute une dissolution de nitrate de baryte, cela indique que la combinaison est un *sulfure*. Cependant lorsque la combinaison est du sulfure de mercure, on doit employer l'eau régale au lieu d'acide nitrique : en effet, le sulfure de mercure n'est pas attaqué par l'acide nitrique seul; il faut observer que, lorsqu'on emploie l'eau régale, ce n'est pas de l'acide nitreux, mais c'est du chlore qui se dégage. Si la combinaison est du sulfure d'étain et même le sulfure d'étain précipité par l'action de l'hydrogène sulfuré gazeux sur les dissolutions de bioxyde d'étain et de bichlorure d'étain), du sulfure d'antimoine ou du sulfure de plomb, et si on fait digérer cette combinaison avec l'acide nitrique, il se sépare du soufre, mais il se sépare en outre du bioxyde d'étain, de l'oxyde d'antimoine (il se sépare aussi de l'antimoniate d'oxyde d'antimoine et même de l'acide antimonique) ou du sulfate de plomb. Dans les deux premiers cas, on doit employer l'eau régale, au lieu de l'acide nitrique, pour opérer la décomposition du sulfure. On peut encore faire bouillir avec l'acide chlorhydrique concentré les deux sulfures, le sulfure d'étain (mais seulement celui que l'on obtient par précipitation au moyen du gaz hydrogène sulfuré et non le sulfure d'étain au maximum que l'on prépare par voie sèche (p. 247 et le sulfure d'antimoine : ces deux sulfures se dissolvent difficilement et lentement dans l'acide chlorhydrique en produisant un dégagement d'hydrogène sulfuré que l'on peut reconnaître nettement à son odeur, malgré la présence des vapeurs d'acide chlorhydrique qui se dégagent en même temps. Le sulfure d'antimoine, traité par l'acide chlorhydrique, laisse comme résidu une petite quantité de soufre, lorsqu'il était au maximum de sulfuration ou lorsqu'il contenait du soufre à l'état de mélange; les deux espèces de sulfure d'étain et le degré le moins élevé de sulfuration de l'antimoine, reduits en poudre fine, se dissolvent sans résidu dans l'acide chlorhydrique concentre à l'aide de l'ébullition.) — Lorsqu'on traite le sulfure de plomb par l'acide nitrique, il se produit du sulfate de plomb et en outre beaucoup de nitrate de plomb; cependant on peut encore, au moyen d'une dissolution de nitrate de baryte, retrouver dans la liqueur acide une trace excessivement faible d'acide sulfurique : en effet, le sulfate de plomb est soluble en très petite quantité dans l'acide nitrique (p. 132). Pour s'assurer dans ce cas avec plus de certitude de la présence du soufre, on fait fondre le sulfure dans un creuset de porcelaine avec un mélange de nitrate et de carbonate alcalins et on traite la masse fondue par l'eau qui dissout du sulfate, du carbonate et du nitrate alcalins, tandis que l'oxyde de plomb reste comme residu insoluble. La liqueur, filtrée et sursaturée ensuite par l'acide chlorhydrique, donne un précipité de sulfate de baryte lorsqu'on la traite par le chlorure de baryum.

Enfin, apres avoir étendu d'eau la dissolution chlorhydrique de la combinaison saline à analyser, on y ajoute une dissolution de chlorure de baryum; on peut aussi traiter la dissolution nitrique du sel par une dissolution de nitrate de baryte. S'il se forme ainsi un précipité blanc insoluble, cela indique que l'acide de la combinaison à analyser est l'*acide sulfurique* qui ne peut surtout être contenu dans le sel que lorsqu'il est basique. On a dejà fait observer que l'on retrouve de l'acide sulfurique dans la dissolution acide du sel lorsque ce dernier est formé d'une combinaison du soufre que l'on a traitée par l'acide nitrique ou l'eau régale.

Lorsque les expériences que nous venons d'indiquer, n'ont pas fait connaître l'acide contenu dans la combinaison, il devient probable que la combinaison contient de l'*acide phosphorique*. Dans tous les cas, on reconnaît très facilement la presence de l'acide phosphorique en ajoutant du molybdate d ammoniaque à la dissolution acide de la combinaison et en chauffant ensuite le tout; il se produit alors un précipité jaune. Lorsqu'on veut se servir du molybdate d'ammoniaque, il faut, comme cela a déjà été indique plusieurs fois et en particulier, p. 549, s'assurer préalablement que la combinaison ne contient pas d'acide arsénique. — Lorsqu'on n'a pas de molybdate d'ammoniaque, la présence de l'acide phosphorique dans les combinaisons insolubles est un peu plus difficile à decouvrir que celle de tout autre acide. Si la combinaison à analyser contient un oxyde métallique qui puisse être precipité par le gaz hydrogène sulfuré dans une dissolution acide ou par le sulfure d'ammonium dans une liqueur saturée ou sursaturée par l'ammoniaque, si par conséquent la base combinée avec l'acide phosphorique est une de celles comprises entre le n° 15 et le n° 25 ou bien une de celles comprises entre le n° 9 et le n° 14, on précipite l'oxyde par la dissolution d'hydrogène sulfuré ou par le sulfure d'ammonium, et on recherche dans la liqueur filtrée la présence de l'acide phosphorique en suivant la methode qui a été indiquée p. 553 et p. 554). — Si l'acide phosphorique est combiné avec un oxyde terreux, sa présence est difficile à découvrir. Si l'oxyde terreux est la baryte, la strontiane, la chaux ou même la magnésie, on peut très bien, après s'être assuré que la combinaison ne contient ni acide arsénique, ni acide borique, conclure que la combinaison contient de l'acide phosphorique, lorsque la dissolution chlorhydrique de la combinaison produit un précipité blanc par l'action de l'ammoniaque; il faut cependant examiner d'abord si la combinaison ne contient pas d'oxyde métallique précipitable par l'hydrogène sulfuré ou par le sulfure d'ammonium. On a étudié avec détail dans ce qui précède (p. 552 et suivantes) la manière de reconnaître au moyen du nitrate d'argent la présence de l'acide phosphorique dans les combinaisons insolubles dans l'eau. On a déjà expliqué aussi précédemment (p. 552) comment on peut trouver au moyen de ce réactif la présence de l'acide phosphorique dans le phosphate d'alumine dans lequel il serait difficile de le retrouver autrement. Pour un chimiste peu exercé, la recherche de l'acide phosphorique au moyen du nitrate d'argent est toujours la plus sûre. On doit seulement observer ici que, lorsque la substance, insoluble dans l'eau, que l'on veut analyser, contient l'acide phosphorique à l'état d'acide pyrophosphorique ou à l'état d'acide métaphosphorique, il faut faire bouillir pendant longtemps la dissolution de la combinaison dans l'acide nitrique, afin de transformer ces acides en acide phosphorique ordinaire. — Si la combinaison phosphorique insoluble dans l'eau est de couleur blanche et si elle contient de l'acide phosphorique ordinaire, on peut, dans la plupart des cas, la reconnaître à ce qu'elle devient jaune immédiatement ou au bout de quelque temps, lorsqu'on y ajoute une dissolution de nitrate d'argent; en effet il se produit alors du phosphate jaune d'argent (voy. les additions à la page 551).

ANALYSE QUALITATIVE DES COMBINAISONS QUI SONT OU ENTIÈREMENT INSOLUBLES OU AU MOINS TRÈS PEU SOLUBLES DANS L'EAU ET DANS LES ACIDES ET QUI SONT FORMÉES SEULEMENT D'UNE BASE COMBINÉE AVEC UN ACIDE OU D'UN MÉTAL COMBINÉ AVEC UNE SUBSTANCE NON MÉTALLIQUE, ET DONT LES PARTIES CONSTITUANTES SE TROUVENT PARMI CELLES QUI ONT ÉTÉ INDIQUÉES PAGE 863.

Parmi les combinaisons qui sont insolubles ou peu solubles dans l'acide chlorhydrique, dans l'acide nitrique et même dans l'eau régale, on peut ranger seulement les suivantes : le *sulfate de baryte*, le *sulfate de strontiane*, le *sulfate de chaux*, le *sulfate de plomb*, le *chlorure d'argent*, plusieurs *métaphosphates* et quelques *arséniates acides*, lorsqu'ils ont été fortement calcinés, et en outre plusieurs *oxydes* doués de propriétés basiques faibles, comme l'oxyde d'étain et autres, mais seulement lorsqu'ils ont été fortement calcinés; nous devons ajouter en outre le *soufre*, etc.

Les cinq combinaisons que nous avons indiquées d'abord, ont toutes une couleur blanche; il n'y a que le chlorure d'argent qui peut avoir une couleur gris-noir ou une couleur jaunâtre lorsqu'il a été fondu. On distingue le chlorure d'argent et le sulfate de plomb du sulfate de chaux, du sulfate de strontiane et du sulfate de baryte à ce que les deux premiers, surtout lorsqu'on les a réduits en petits morceaux, deviennent immédiatement noirs par l'action d'une petite quantité de sulfure d'ammonium et se transforment ainsi en sulfures, tandis que les trois derniers ne subissent aucune modification par l'action du sulfure d'ammonium, à moins qu'ils ne soient souillés de matières métalliques qui ne leur sont pas essentielles et que l'on doit considérer comme des impuretés. Les combinaisons, après avoir été isolées, peuvent ensuite être distinguées les unes des autres de la manière suivante :

On chauffe pendant un peu de temps au-dessus d'une petite lampe une petite quantité de la substance à analyser dans un petit tube de verre qui est fermé à une extrémité. Si la substance fond facilement, c'est du *chlorure d'argent ;* si elle ne subit aucune modification, c'est du *sulfate de plomb.* Pour vérifier les résultats que l'on a trouvés, on essaye ensuite la substance au moyen du chalumeau avec la soude sur le charbon (p. 170 et p. 134) dans le but d'y retrouver l'argent et le plomb.

Si la combinaison, traitee par le sulfure d'ammonium, n'est pas modifiée, cela indique qu'elle a pour base la *chaux*, la *strontiane* ou la *baryte* combinées avec l'*acide sulfurique*. On peut distinguer ces trois combinaisons de différentes manières.

On fait bouillir la combinaison, préalablement réduite en poudre, avec une dissolution de carbonate de potasse à laquelle on a ajouté environ la moitié de sulfate de potasse ou une quantité un peu plus grande. On filtre ensuite et on lave jusqu'à ce qu'on ne puisse plus découvrir d'acide sulfurique dans l'eau de lavage (jusqu'à ce qu'une dissolution de chlorure de baryum ne trouble plus l'eau de lavage à laquelle on a préalablement ajouté un peu d'acide chlorhydrique). On traite ensuite le résidu insoluble par une petite quantité d'acide chlorhydrique étendu. S'il ne se produit pas d'effervescence et s'il ne se dissout aucune portion du résidu, cela indique que la substance à analyser est le *sulfate de baryte ;* si le résidu se dissout avec effervescence dans l'acide chlorhydrique étendu, la base de la combinaison est la *strontiane* ou la *chaux* qui, dans la combinaison à analyser, étaient combinées avec l'acide sulfurique.

Pour distinguer dans la dissolution chlorhydrique la strontiane de la chaux, on ajoute à cette dissolution une dissolution de sulfate de chaux. S'il se forme au bout de quelque temps un précipité, cela indique que la base est la *strontiane ;* s'il ne se produit pas de précipité, cela prouve que la base est la *chaux*. Cependant comme, dans des liqueurs étendues et en présence d'une trop grande quantité d'acide chlorhydrique, le précipité de sulfate de strontiane pourrait être trop peu considérable et pourrait ne se produire qu'au bout d'un temps assez long, on évapore la dissolution chlorhydrique au bain-marie jusqu'à complète siccité dans le but seulement de séparer l'acide libre. On dissout ensuite le résidu desséché dans une quantité d'eau aussi petite que possible, et on ajoute à la dissolution une dissolution concentrée de ferrocyanure de potassium qui précipite la chaux, sinon immédiatement, du moins au bout de quelque temps, mais qui ne précipite pas la strontiane.— On peut aussi ajouter à la dissolution chlorhydrique neutre une dissolution aqueuse d'acide arsénieux et ensuite un peu d'ammoniaque. S'il se produit ainsi un précipité, cela indique qu'il y a de la *chaux;* si la dissolution n'est pas troublée, cela prouve qu'il y a de la *strontiane* p. 33 et p. 28).

Pour distinguer les unes des autres les trois bases, la baryte, la strontiane et la chaux, lorsqu'elles sont à l'état de sulfates, on peut encore opérer d'une deuxième manière qui est la suivante :

On traite à la température ordinaire la substance à analyser par une dissolution de carbonate de potasse ou de carbonate d'ammoniaque et on laisse reposer le tout pendant douze heures, ou même, si cela est possible, pendant vingt-quatre heures, en ayant soin d'agiter fréquemment. (Dans les journées très chaudes de l'été, on peut placer le mélange dans un bain d'eau froide que l'on renouvelle de temps en temps.) On filtre ensuite et on lave à la température ordinaire avec de l'eau à laquelle on a ajouté une très petite quantité de carbonate de potasse ou de carbonate d'ammoniaque, en ayant soin de continuer à laver jusqu'à ce que l'eau de lavage ne se trouble plus par l'action du chlorure de baryum lorsqu'on y a préalablement ajouté une petite quantité d'acide chlorhydrique. On traite ensuite par l'acide chlorhydrique étendu le résidu ainsi lavé et on distingue le sulfate de baryte non décomposé des deux autres, de la même manière que cela a été indiqué dans la première méthode.

Cette deuxième méthode présente un inconvénient, c'est qu'on ne peut arriver au résultat qu'au bout de quelque temps ; mais lorsqu'on n'est pas pressé de savoir le résultat de l'analyse, on doit à certains égards préférer cette méthode à la première.

On peut cependant, pour distinguer les trois bases à l'état de sulfates, se servir encore d'une troisième méthode, qui est la suivante :

On fait bouillir la combinaison à analyser avec une dissolution de carbonate de potasse. Après avoir maintenu la liqueur en ébullition pendant huit à dix minutes, on laisse reposer le tout, on décante la liqueur claire ou presque claire pour la séparer du résidu; on fait bouillir de nouveau le résidu avec de l'eau, on décante au bout de quelque temps et on fait bouillir encore une fois le résidu avec une dissolution de carbonate de potasse, en traitant ensuite une deuxième fois le résidu par l'eau bouillante. On peut encore faire bouillir une troisième fois le résidu avec une dissolution de carbonate de potasse; cependant cela n'est pas nécessaire dans la plupart des cas; mais on doit toujours laver le résidu insoluble avec de l'eau chaude jusqu'à ce que l'eau de lavage ne contienne plus d'acide sulfurique. Si l'on traite ensuite par l'acide chlorhydrique étendu le résidu bien lavé, il se dissout dans tous les cas dans l'acide chlorhydrique étendu et ne laisse un résidu insoluble, peu considérable du reste, que lorsqu'on a fait bouillir la combinaison avec du carbonate de potasse pendant trop peu de temps ou lorsqu'on n'a pas bien lavé. Dans la dissolution chlorhydrique, on distingue la baryte, la strontiane et la chaux par les deux méthodes qui ont été indiquées (p. 871 et p. 872). Mais il est bon et il est même nécessaire d'évaporer à siccité au bain-marie la dissolution chlorhydrique, afin de chasser l'acide libre.

Pour ce qui concerne les *métaphosphates insolubles*, ils peuvent, comme les *arséniates acides*, être décomposés par l'ébullition avec l'acide sulfurique concentré ; ils deviennent alors solubles dans l'eau, pourvu que la base qu'ils contiennent ne soit pas la baryte, la strontiane, la chaux ou l'oxyde de plomb.

Les *oxydes métalliques* insolubles dans les acides sont surtout très faciles à reconnaître au moyen du chalumeau.

ANALYSE QUALITATIVE DES COMBINAISONS COMPOSÉES QUI SONT SOLUBLES DANS L'EAU ET DONT LES PARTIES CONSTITUANTES SE TROUVENT PARMI CELLES QUI ONT ÉTÉ INDIQUÉES PAGE 863.

Les indications que nous avons données dans ce qui précède, ont été exposées seulement afin qu'elles puissent servir d'exercices aux commençants ; en effet, dans les analyses chimiques, on ne sait pas si la combinaison à analyser est d'une composition simple ou si elle contient plusieurs parties constituantes. L'analyse des substances qui contiennent plusieurs parties constituantes, est bien plus difficile que celle des substances qui ont une composition simple. Dans ces analyses, il est absolument nécessaire de suivre une marche systématique parce que, sans cela, on pourrait très facilement ne pas s'apercevoir de la présence d'une ou de plusieurs des parties constituantes de la combinaison à analyser. Il n'est pas facile de donner une méthode pour operer l'analyse qualitative d'une combinaison lorsqu'on admet qu'elle contient toutes les substances que l'on a découvertes jusqu'ici : il est plus convenable par suite de commencer par s'occuper seulement de l'analyse des combinaisons qui contiennent les parties constituantes qui se présentent le plus fréquemment ; et c'est seulement ensuite que l'on indiquera comment en suivant une marche analogue, on peut déterminer les substances qui ne se présentent que rarement.

Tels sont les motifs pour lesquels, dans les trois chapitres suivants qui traitent de la marche à suivre dans l'analyse des combinaisons composées, nous ne nous occuperons que des parties constituantes qui ont été indiquées p. 863.

En outre, lorsqu'on doit faire l'analyse d'une combinaison composée, on doit remarquer que l'analyse est bien plus facile lorsque la substance est complétement soluble dans l'eau, et c'est sur l'analyse des substances composées solubles dans l'eau que nous donnerons d'abord des indications dans ce chapitre ; l'analyse est au contraire plus difficile lorsque la combinaison n'est que partiellement soluble ou bien lorsqu'elle est insoluble dans l'eau.

Lorsqu'on doit faire l'analyse des substances qui contiennent un grand nombre de parties constituantes, il est très avantageux de se servir du chalumeau, surtout pour découvrir les parties constituantes dont la présence peut être facilement reconnue de cette manière.

On a déjà remarqué (p. 866) que toutes les substances indiquées p. 863, ne peuvent pas se trouver réunies ensemble dans une combinaison soluble dans l'eau. Lorsqu'en effet la substance contient des oxydes terreux ou des oxydes métalliques proprement dits, lorsque par conséquent elle contient les bases comprises entre le n° 4 et le n° 25, elle ne peut contenir ni acide phosphorique, ni acide arsénique, ni acide carbonique, ni même d'acide borique; de même, si la combinaison soluble dans l'eau contient un de ces acides, elle ne peut contenir ni oxyde terreux ni oxyde métallique, parce que les combinaisons que les bases et les acides indiqués forment entre eux ne sont pas solubles dans l'eau et ne peuvent être dissoutes que lorsqu'on ajoute un acide libre. Le soufre forme en outre des combinaisons insolubles avec la plupart des métaux contenus dans les bases indiquées. L'acide sulfurique produit avec quelques bases des combinaisons insolubles, et le chlore, en se combinant avec quelques-uns des métaux contenus dans les bases indiquées, donne aussi des combinaisons insolubles.

Lorsqu'on suppose qu'une combinaison à analyser contient un très grand nombre de substances constituantes, on doit, pour en opérer l'analyse, employer une quantité de matière plus grande que lorsqu'on doit opérer sur les substances qui ont une composition simple. Si on traite, par la méthode que nous allons indiquer, une portion de la dissolution par une dissolution d'hydrogène sulfuré, la quantité de la liqueur devient quelquefois si considérable qu'on ne peut plus opérer dans un des tubes indiqués p. 863. On emploie alors un verre à pied et on fait passer dans la dissolution à analyser un courant de gaz hydrogène sulfuré au moyen de l'appareil indiqué p. 791.

1° Marche de l'analyse pour retrouver les bases.

A. — On rend légèrement acide une portion de la dissolution aqueuse concentrée du sel : pour aciduler ainsi la dissolution, le mieux est d'employer un peu d'acide chlorhydrique ; il faut employer l'acide nitrique seulement lorsque la combinaison contient de l'oxyde d'argent, du protoxyde de mercure ou une grande quantité d'oxyde de plomb ce que l'on peut reconnaître à ce que quelques gouttes d'acide chlorhydrique, ajoutées à une petite quantité de la dissolution, y produisent un precipité blanc . On ajoute ensuite à la dissolution ainsi acidulée une quantité de dissolution d'hydrogène sulfuré assez grande pour que la liqueur sente nettement l'hydrogène sulfuré : on peut aussi étendre d'eau la dissolution et y faire passer du gaz hydrogène sulfuré. S'il se forme ainsi un précipité, surtout lorsqu'on a fait chauffer le tout, les bases contenues dans la dissolution, et par suite dans la combinaison à analyser, sont du nombre de celles qui sont comprises entre le n° 15 et le n° 25 : c'est-à-dire que la combinaison peut contenir *l'oxyde de cadmium*, *l'oxyde de plomb*, *l'oxyde de bismuth*, le *bioxyde de cuivre*, *l'oxyde d'argent*, le *protoxyde de mercure*, le *bioxyde de mercure*, le *sesquioxyde d'or*, le *protoxyde d'étain*, le *bioxyde d'étain* et *l'oxyde d'antimoine*. Il peut aussi y avoir du *sesquioxyde de fer* ; en effet, si on traite par l'hydrogène sulfuré une dissolution acide qui contient du sesquioxyde de fer, il se précipite du soufre. Si une dissolution acide, traitée par l'hydrogène sulfuré, donne un précipité blanc-laiteux de soufre, cela indique que la dissolution contient du sesquioxyde de fer : en effet, parmi les bases qui peuvent être reconnues au moyen de l'hydrogène sulfuré, il n'y a que le sesquioxyde de fer seul qui jouit de cette propriété. Lorsque la combinaison contient de l'acide arsénique, il se produit un précipité jaune par l'action de l'hydrogène sulfuré, sinon immédiatement, du moins au bout de quelque temps. Mais on a déjà fait remarquer, p. 866, qu'une combinaison soluble dans l'eau qui contient de l'acide arsénique ne peut pas contenir d'oxyde métallique proprement dit et ne peut contenir que des oxydes alcalins. Si, par suite, il se produit, par l'action du nitrate d'argent sur la dissolution de la combinaison, un précipité rouge-brun d'arséniate d'argent, ou bien si la dissolution de la combinaison rendue acide donne au bout de quelque temps avec l'aide de la chaleur par l'action de la dissolution d'hydrogène sulfuré un précipité jaune qui, calciné avec du cyanure de potassium, produit un anneau d'arsenic métallique (p. 390) et qui se dissout dans le sulfure d'ammonium, on peut en conclure avec certitude que la combinaison contient de l'acide arsénique, et, si la combinaison est neutre, on peut en conclure aussi qu'il n'y a, dans cette combinaison, ni oxyde métallique proprement dit, ni oxyde terreux.

On laisse reposer le précipité formé par l'hydrogène sulfuré, on décante la liqueur afin de la séparer du précipité aussi bien que possible, on agite ensuite la liqueur avec de l'eau à laquelle on a ajouté une petite quantité de dissolution d'hydrogène sulfuré, on laisse de nouveau le précipité se déposer, on décante la liqueur claire que l'on réunit à celle que l'on avait obtenue précédemment, et on ajoute au précipité un peu d'ammoniaque et ensuite un excès de sulfure d'ammonium ; puis on chauffe le tout sans cependant faire bouillir. — Si le précipité se dissout complétement, cela indique que la combinaison peut contenir du *sesquioxyde d'or*, du *protoxyde d'étain*, du *bioxyde d'étain* et de *l'oxyde d'antimoine*. Lorsque la combinaison à analyser contient du protoxyde d'étain, il faut, pour opérer la dissolution, employer une assez grande quantité de sulfure d'ammonium, lorsque ce réactif n'est pas de couleur jaune (p. 239). — Il ne peut pas, dans le précipité produit par l'hydrogène sulfuré, exister du sulfure d'arsenic provenant de l'acide arsénique qui pourrait être contenu dans la combinaison à analyser : en effet, l'acide arsénique ne peut former, avec les oxydes correspondants aux sulfures précipitables par l'hydrogène sulfuré, aucune combinaison soluble, comme, du reste, cela a déjà été remarqué.

On étend d'eau la dissolution dans le sulfure d'ammonium et on la décompose par l'acide chlorhydrique étendu de manière que la liqueur soit un peu acide. Les sulfures qui existent dans la dissolution, sont alors précipités avec leur couleur particulière : ils sont cependant mélangés avec du soufre qui provient de la décomposition du sulfure d'ammonium et qui rend la couleur du précipité beaucoup plus claire ; s'il y a dans la même liqueur plusieurs oxydes dont les sulfures soient solubles dans le sulfure d'ammonium, on les distingue de la manière suivante :

Le *sesquioxyde d'or* qui, sous forme de sesquichlorure d'or, ne peut être dissous complétement par le sulfure d'ammonium que lorsque ce réactif ne contient pas beaucoup de soufre en excès (p. 235), peut être reconnu facilement à ce qu'il se produit un précipité de couleur rouge-pourpre lorsqu'on étend d'une très grande quantité d'eau une portion de la dissolution pure de la substance à analyser et lorsqu'on y ajoute ensuite quelques gouttes d'une dissolution de protochlorure d'étain que l'on a rendue claire en y ajoutant de l'acide chlorhydrique libre (p. 237). — On reconnaît encore le sesquioxyde d'or au précipité brun d'or métallique qui se produit lorsqu'on ajoute une dissolution de sulfate de protoxyde de fer à la dissolution pure étendue (p. 237). — Le sesquioxyde d'or ne peut pas être contenu dans la combinaison à analyser à l'état de sesquioxyde d'or : il n'y peut être contenu qu'à l'état de sesquichlorure d'or.

On reconnaît la présence du *protoxyde d'étain* à ce que la combinaison dans beaucoup de cas n'est pas claire et forme une dissolution laiteuse ; mais on le reconnaît surtout à la coloration rouge-pourpre qui se produit lorsqu'on étend d'une très grande quantité d'eau la dissolution pure de la combinaison et lorsqu'on y ajoute ensuite une dissolution d'or convenablement étendue.

Le *bioxyde d'étain* et l'*oxyde d'antimoine* sont un peu plus difficiles à reconnaître et à distinguer l'un de l'autre. Après avoir traité par l'acide chlorhydrique leur dissolution dans le sulfure d'ammonium et les avoir ainsi précipités à l'état de sulfures, on prend une petite quantité du précipité ainsi obtenu que l'on soumet à un essai préliminaire sur le charbon en le chauffant au moyen de la flamme extérieure du chalumeau : de cette manière, la plus grande partie de l'antimoine s'oxyde, se volatilise et recouvre alors le charbon d'un dépôt blanc abondant. On mélange ensuite avec un peu de cyanure de potassium le bioxyde d'étain qui ne s'est pas volatilisé et on le réduit par l'action de la flamme intérieure. L'étain que l'on peut ensuite obtenir en plusieurs petits globules par la lévigation du charbon, mais qui est aussi quelquefois réuni en un seul globule, peut être reconnu surtout à ce que, ajouté à une perle de borax ou de sel de phosphore dans laquelle on a dissous au moyen de la flamme extérieure un peu de bioxyde de cuivre, il opère la réduction du bioxyde de cuivre à l'état de protoxyde de cuivre, lorsqu'on maintient le tout dans la flamme extérieure pendant très peu de temps. — Un chimiste exercé peut se contenter de cet essai; mais un chimiste peu exercé peut être induit en erreur.

Afin d'être plus sûr du résultat, on opère de la manière suivante. Après avoir précipité les sulfures de leur dissolution dans le sulfure d'ammonium, on les traite par l'acide chlorhydrique avec addition d'un peu de chlorate de potasse. On chauffe ensuite le tout d'abord très faiblement et ensuite plus fortement jusqu'à ce que les métaux se soient dissous et jusqu'à ce qu'il n'y ait plus qu'un peu de soufre qui ne se soit pas dissous. La liqueur claire filtrée est ensuite sursaturée par une dissolution d'hydrate de soude qui ne doit pas être trop étendue : on ajoute ensuite une très petite quantité d'alcool qui précipite tout l'antimoine à l'état d'antimoniate de soude. A la liqueur filtrée, on ajoute un peu d'alcool pour voir s'il se produit encore un trouble opalin provenant de la séparation d'une certaine quantité d'antimoniate de soude qui ne s'était pas séparée d'abord; on jette tout l'antimoniate de soude sur un filtre pour le séparer de la liqueur. On ajoute à la liqueur filtrée de l'acide chlorhydrique afin de la rendre acide et on y verse une dissolution d'hydrogène sulfuré : on obtient ainsi du sulfure jaune d'étain que l'on essaye au moyen du chalumeau. On soumet également à l'action du chalumeau, sur le charbon, l'antimoniate de soude, après l'avoir préalablement mélangé avec de la soude. L'antimoniate de soude est réduit par la flamme intérieure à l'état d'antimoine métallique qui s'oxyde et qui se dépose ensuite sur le charbon qu'il recouvre d'un dépôt blanc d'oxyde d'antimoine.

Si, au contraire, il n'y a qu'un de ces deux oxydes dans la substance à analyser et s'il n'y en a pas d'autre dont le sulfure soit soluble dans le sulfure d'ammonium, on les reconnaît surtout à la couleur particulière de leurs sulfures, lorsqu'on précipite par un acide étendu la dissolution de ces sulfures dans le sulfure d'ammonium. Lorsque la quantité considérable de soufre qui s'est précipitée en même temps rend la couleur du sulfure moins nette, on filtre et on essaye au moyen du chalumeau le sulfure précipité. Le sulfure d'étain, soumis à cet essai, donne un dépôt blanc sur le charbon lorsqu'on le traite par la flamme extérieure du chalumeau (p. 241). Mais ce dépôt est placé sur le charbon à proximité de l'endroit où on a fait l'expérience et se distingue essentiellement de cette manière du dépôt blanc d'oxyde d'antimoine que produit le sulfure d'antimoine lorsqu'on le grille sur le charbon. La plus grande partie du bioxyde d'étain ne se volatilise pas et reste sur le charbon à l'endroit où l'on a opéré le grillage : pour bien le reconnaître, on fait bien de le mélanger avec du cyanure de potassium et de le réduire à l'état de globules d'étain.

Si le dépôt, produit par la dissolution d'hydrogène sulfuré dans une liqueur acide, ne s'est pas complétement dissous dans le sulfure d'ammonium, ou si même le sulfure d'ammonium n'a pas dissous la plus petite portion du précipité (ce que l'on reconnaît à ce que l'on obtient seulement un trouble laiteux provenant d'une séparation de soufre et à ce qu'il ne se précipite pas de sulfure lorsqu'on traite par un excès d'acide chlorhydrique la liqueur filtrée que l'on a obtenue en faisant digérer le précipité avec le sulfure d'ammonium, en étendant le tout d'une certaine quantité d'eau et en filtrant ensuite pour séparer la liqueur du résidu insoluble ou bien plus facilement encore à ce qu'il ne reste pas de résidu sur le platine lorsqu'on évapore sur une lame de platine ou dans un creuset de platine une portion de la liqueur filtrée provenant de la digestion du précipité avec le sulfure d'ammonium et lorsqu'on soumet ensuite à la calcination le résultat de l'évaporation), la combinaison peut encore contenir de l'*oxyde de cadmium*, de l'*oxyde de plomb*, de l'*oxyde de bismuth*, de l'*oxyde de cuivre*, de l'*oxyde d'argent*, du *protoxyde de mercure* et du *bioxyde de mercure*.

On jette sur un petit filtre le précipité qui contient les sulfures et on le lave avec de l'eau à laquelle on a ajouté une petite quantité de dissolution d'hydrogène sulfuré : on y ajoute ensuite de l'acide nitrique pur et on chauffe. Dans les analyses qualitatives, il n'est souvent pas nécessaire de séparer préalablement le précipité du filtre sur lequel il est placé : on peut très bien faire digérer le filtre et le précipité avec l'acide nitrique, pourvu que le filtre ne soit pas d'un papier trop épais; si cependant la quantité du précipité est considérable, il vaut mieux l'enlever de dessus le filtre au moyen d'une lame de platine ou d'un couteau de platine et le traiter par l'acide nitrique sans faire digérer en même temps le filtre dans l'acide. Avec l'aide de la chaleur, les sulfures sont décomposés par l'acide nitrique : si on chauffe d'abord faiblement et ensuite plus fortement, le métal s'oxyde, se dissout et il se sépare du soufre dont la couleur devient jaune par une digestion prolongée. On filtre alors la liqueur pour la séparer du soufre qui ne s'est pas dissous.

Le sulfure de mercure fait exception en ce qu'il ne se dissout presque point dans l'acide nitrique lorsque cet acide n'est pas très concentré et lorsqu'il n'y a pas en même temps de l'acide chlorhydrique. Le sulfure de mercure reste dans ce cas comme résidu avec la couleur noire qui lui est propre. On l'essaye au chalumeau et on reconnaît par ce moyen très facilement la présence du *mercure* (p. 185) qui pouvait exister dans la combinaison à l'état de protoxyde ou à l'état de bioxyde. Dans les substances composées, il est souvent difficile de distinguer si le mercure y est contenu à l'état de protoxyde ou à l'état de bioxyde ou de bichlorure. Le bichlorure de mercure se dissout dans l'alcool, tandis que les oxysels du bioxyde de mercure sont décomposés par l'eau. Lorsqu'il n'y a pas d'autres matières qui exercent une action décomposante, on peut distinguer les combinaisons du protoxyde de mercure de celles du bioxyde au moyen d'une dissolution d'hydrate de potasse qui donne avec les combinaisons du protoxyde un précipité noir et avec les combinaisons du bioxyde un précipité jaune.

Il peut encore rester comme résidu du sulfate de plomb lorsque la combinaison contenait de l'oxyde de plomb et lorsque, par suite, les sulfures contenaient du sulfure de plomb : cependant il faut observer que la plus grande partie de l'oxyde de plomb s'est toujours dissoute.

A la dissolution nitrique que l'on a filtrée pour la séparer du soufre, on ajoute d'abord de l'acide sulfurique étendu qui, lorsqu'il y a de l'*oxyde de plomb*, donne un précipité de sulfate de plomb qui permet de reconnaître la présence de l'oxyde de plomb.

Après avoir filtré la liqueur pour en séparer le sulfate de plomb précipité, on y ajoute un peu d'acide chlorhydrique. Si l'on n'a pas obtenu de précipité au moyen de l'acide sulfurique étendu, on ajoute immédiatement de l'acide chlorhydrique. Si l'on obtient ainsi un précipité blanc, cela indique que la dissolution contient de l'*oxyde d'argent* qui se sépare et se précipite à l'état de chlorure d'argent. On vérifie si le précipité possède bien les propriétés du chlorure d'argent (p. 166).

On filtre la liqueur pour en séparer le chlorure d'argent, on y ajoute un excès d'ammoniaque et on chauffe légèrement le tout. On expérimente de la même manière lorsqu'on n'a pas obtenu de précipité ni au moyen de l'acide sulfurique ni au moyen de l'acide chlorhydrique. Si la liqueur est fortement colorée en bleu, cela indique que la substance à analyser contenait du *bioxyde de cuivre;* et s'il se forme un précipité blanc, cela provient de ce qu'elle contenait de l'*oxyde de bismuth* qui est précipité sous forme de chlorure basique de bismuth. Il est nécessaire de dissoudre ce précipité dans la plus petite quantité d'acide chlorhydrique possible et d'ajouter de l'eau à la dissolution pour s'assurer par la formation du trouble laiteux qui se produit ainsi que l'on a obtenu réellement du chlorure basique de bismuth.

Lorsqu'on a obtenu ainsi un précipité de chlorure basique de bismuth, on filtre pour le séparer de la liqueur et l'on ajoute une dissolution d'hydrate de potasse à la liqueur filtrée et bien refroidie. Il se précipite de cette manière de l'*oxyde de cadmium* (p. 123), que l'on essaye ensuite au moyen du chalumeau (p. 126), afin de vérifier le résultat que l'on a obtenu et d'en être plus sûr.

B. — Lorsqu'on a séparé de la liqueur le précipité de sulfures que l'on a obtenu en précipitant par la dissolution d'hydrogène sulfuré la dissolution de la combinaison que l'on a préalablement rendue acide, on traite cette liqueur de la même manière que s'il ne s'était pas produit de précipité par l'action de l'hydrogène sulfuré sur la dissolution acide. S'il se produit un précipité, on doit rechercher si la liqueur contient encore des bases fixes. Pour cela, on en évapore une petite quantité sur une lame de platine ou dans un petit creuset de platine, et l'on calcine le résidu de l'évaporation. S'il ne reste pas de résidu fixe, cela indique que la liqueur ne contenait plus de base fixe; s'il reste un résidu, on continue l'analyse et on sursature la dissolution par l'ammoniaque. On ajoute ensuite du sulfure d'ammonium à la liqueur ammoniacale, sans se préoccuper en aucune manière du précipité qui a pu se former par l'action de l'ammoniaque. Le précipité que produit le sulfure d'ammonium indique que la combinaison peut contenir du *sesquioxyde de fer*, du *protoxyde de fer*, de l'*oxyde de nickel*, de l'*oxyde de cobalt*, de l'*oxyde de zinc*, du *protoxyde de manganèse* et de l'*alumine*.

Le précipité obtenu est ordinairement noir; on le filtre et on le lave avec de l'eau à laquelle on a ajouté quelques gouttes de sulfure d'ammonium. On l'enlève ensuite de dessus le filtre et on le fait digérer avec de l'acide chlorhydrique étendu. S'il ne s'y dissout pas, ou s'il ne s'y dissout qu'en partie en donnant naissance à un dégagement d'hydrogène sulfuré et s'il reste un résidu noir, cela indique qu'il y avait dans la substance à analyser de l'*oxyde de cobalt* ou de l'*oxyde de nickel*, ou bien que la substance à analyser les contenait tous les deux. Si au contraire le précipité de sulfure se dissout complétement dans l'acide chlorhydrique étendu avec dégagement d'hydrogène sulfuré et s'il ne laisse pas de résidu noir, on peut être convaincu que la substance à analyser ne contient ni oxyde de nickel, ni oxyde de cobalt. Il faut observer ici que le sulfure de zinc n'est que peu soluble dans l'acide chlorhydrique étendu, mais qu'il est plus soluble dans l'acide chlorhydrique concentré.

Lorsqu'on a obtenu un résidu de sulfures, de couleur noire, insoluble dans l'acide chlorhydrique étendu, on le filtre et on le lave en ayant soin de ne pas le laisser pendant longtemps exposé au contact de l'air. On en essaye ensuite une très petite quantité au moyen du chalumeau afin d'y rechercher l'oxyde de cobalt dont la présence est facile à retrouver p. 113). On fait bouillir ensuite le reste avec l'acide nitrique ou l'eau régale, qui opèrent facilement la décomposition des sulfures. On sépare le soufre, on filtre et on sature la liqueur par l'ammoniaque. Si la liqueur prend une couleur bleue, c'est que la combinaison à analyser contenait de l'oxyde de nickel : mais si elle prend une couleur rose-rouge plus ou moins prononcée ou si elle devient brun-rougeâtre, cela indique que la combinaison à analyser ne contenait que de l'oxyde de cobalt et ne contenait pas d'oxyde de nickel ou n'en contenait au moins que de très petites quantités.

Pour reconnaître avec encore plus de certitude l'oxyde de nickel en présence de l'oxyde de cobalt, on ajoute du chlorure d'ammonium à la dissolution des sulfures dans l'acide nitrique ou dans l'eau régale, on sursature par l'ammoniaque et on ajoute ensuite une dissolution d'hydrate de potasse qui ne soit pas trop faible. S'il se produit ainsi un précipité vert-pomme clair, ce précipité provient de ce qu'il y avait de l'oxyde de nickel; mais s'il ne se produit pas de précipité et si la couleur de la liqueur reste rouge-brunâtre, cela indique que l'oxyde de cobalt ne contenait même pas les plus petites quantités d'oxyde de nickel. (Dans ces essais, on ne doit pas négliger d'observer les précautions qui ont été indiquées page 117.)

On peut aussi reconnaître au moyen du chalumeau de petites quantités d'oxyde de nickel dans l'oxyde de cobalt : cependant cela présente des difficultés, et un chimiste qui commence ne réussit pas toujours à obtenir un bon résultat. Cette méthode a été décrite page 121.

Lorsqu'on précipite l'oxyde de nickel au moyen du sulfure d'ammonium, on doit observer que le sulfure de nickel précipité n'est pas complétement insoluble dans un excès du précipitant, et que la liqueur qui surnage le précipité reste légèrement colorée en brun noirâtre (p. 119). Cela n'a cependant lieu que lorsque le sulfure de nickel a été précipité seul, mais cela n'arrive pas lorsqu'il a été précipité en même temps que d'autres sulfures et même en même temps que l'oxyde de cobalt : dans ce cas, il est ordinairement séparé en totalité par le sulfure d'ammonium.

La dissolution des sulfures dans l'acide chlorhydrique étendu, soit qu'elle ait été complète (une légère opalisation de la dissolution provient seulement d'une petite quantité de soufre en suspension qui ne s'est pas dissoute), soit qu'elle ait laissé un résidu noir que l'on a séparé par filtration, est ensuite additionnée d'acide nitrique ou d'un peu de chlorate de potasse ; dans l'un et l'autre cas, on soumet ensuite le tout à l'action de la chaleur. En opérant ainsi, on se propose de transformer en sesquioxyde de fer le protoxyde de fer contenu dans la liqueur. On ajoute ensuite un excès d'ammoniaque, on jette sur un filtre le précipité ainsi obtenu et on le lave : ce précipité peut contenir du *sesquioxyde de fer* et de l'*alumine* les petites quantités de protoxyde de manganèse qui peuvent y être contenues et qui, par suite de l'exposition à l'air pendant la filtration, colorent en brun foncé le précipité rouge-brun de sesquioxyde de fer, sont peu importantes à considérer dans les analyses qualitatives). Si le précipité paraît blanc, il est formé seulement d'alumine : s'il paraît brun, il peut contenir les deux bases. Pour le reconnaître d'une manière bien nette, on dissout le précipité avec le filtre dans un peu d'acide chlorhydrique, on filtre la dissolution, on ajoute un excès de dissolution d'hydrate de potasse et on fait bouillir : le sesquioxyde de fer est alors précipité et l'alumine reste en dissolution. On ajoute à la dissolution filtrée une dissolution de chlorure d'ammonium qui produit un précipité blanc lorsque la combinaison contenait de l'alumine. — Le sesquioxyde de fer trouvé pouvait être contenu dans la combinaison soit à l'état de sesquioxyde, soit à l'état de protoxyde. Pour le reconnaître avec certitude, on met dans un tube fermé de l'acide sulfurique concentré auquel on ajoute une goutte d'acide nitrique, puis on verse dans le même tube une petite quantité de la dissolution pure de la substance à analyser, de manière que les liqueurs ne se mélangent pas. Si la liqueur prend alors une couleur noire ou brun-noirâtre, cela indique que la combinaison contenait le fer à l'état de protoxyde (p. 88 et p. 712). La présence du protoxyde de fer dans la dissolution originaire de la substance à analyser peut être également reconnue au moyen d'une dissolution de sesquichlorure d'or dont l'or est précipité à l'état métallique par l'action d'une dissolution d'un sel de protoxyde de fer. On peut aussi, au moyen d'une dissolution de ferricyanure de potassium, s'assurer de la présence du protoxyde de fer par la production du précipité bleu de bleu de Prusse qui se sépare lorsqu'il y a du protoxyde de fer.

Si la liqueur que l'on a séparée par filtration du précipité produit par l'ammoniaque, devient brune au contact de l'air et laisse déposer avec le temps un précipité brun (p. 68), cela indique qu'elle contient du *protoxyde de manganèse* dont on peut reconnaître très facilement la présence au moyen du chalumeau, même en n'opérant que sur une petite quantité de la substance à analyser (p. 73). — On accélère la séparation du manganèse à l'état d'hydrate de sesquioxyde de manganèse en y ajoutant un excès d'une dissolution d'hydrate de potasse et en agitant fréquemment la liqueur pour y maintenir toujours en suspension une petite quantité du précipité obtenu ; il ne faut ni chauffer, ni faire bouillir. On filtre ensuite et on ajoute du sulfure d'ammonium à la dissolution filtrée. S'il se produit alors un précipité blanc, cela indique la présence de l'*oxyde de zinc* qui est précipité à l'état de sulfure de zinc que l'on peut essayer au moyen du chalumeau (p. 105). Si le précipité n'est pas d'un blanc pur, on peut néanmoins y reconnaître la présence du zinc au moyen du chalumeau.

Si le précipité, produit dans la liqueur (B) par l'ammoniaque et par le sulfure d'ammonium, n'est pas noir ni gris, cela indique qu'il ne contient ni les oxydes du fer, ni l'oxyde de nickel, ni l'oxyde de cobalt, et on ne doit y rechercher que l'alumine, l'oxyde de zinc et le protoxyde de manganèse. Il faut observer que, lorsqu'on précipite par le sulfure d'ammonium les bases indiquées en dernier lieu, de très petites quantités des premières peuvent souvent rendre le précipité gris et même noir.

La marche de l'analyse peut être modifiée, à partir de B, de différentes manières : lorsqu'on a séparé la liqueur du précipité de sulfures que l'on a obtenu en traitant par l'hydrogène sulfuré la dissolution de la combinaison à analyser que l'on a préalablement rendue acide, lorsqu'on a ensuite sursaturé par l'ammoniaque la liqueur ainsi obtenue, et lorsqu'on y a ajouté du sulfure d'ammonium, on traite d'abord le précipité obtenu, s'il est noir, de la manière qui a été indiquée p. 893, et on le fait digérer avec de l'acide chlorhydrique étendu ; on sépare aussi, de la manière qui a été indiquée précédemment, le sulfure de cobalt et le sulfure de nickel qui ne se sont pas dissous. Dans la première modification du mode d'expérimenter, la liqueur que l'on en sépare, est ensuite traitée de la manière suivante : on la fait bouillir dans un ballon (auquel on a eu soin d'adapter un bouchon) pour en chasser l'hydrogène sulfuré ; on le ferme alors avec soin et on le laisse refroidir (ce que l'on obtient bien plus rapidement en le plaçant dans l'eau froide). On ajoute à la dissolution refroidie du carbonate de baryte que l'on a préalablement broyé dans un mortier avec de l'eau afin d'en former un liquide laiteux dont il faut ajouter une quantité assez grande pour que, après la saturation, il y en ait encore un excès; on referme ensuite immédiatement le ballon. Parmi les bases qui existaient dans la dissolution, il n'y a que l'alumine qui soit précipitée. Après avoir agité plusieurs fois le ballon et avoir laissé ensuite reposer le tout, on filtre au bout de quelque temps pour séparer la liqueur de la partie insoluble, en ayant soin de préserver, pendant la filtration, la liqueur et le précipité du contact de l'air, en recouvrant l'entonnoir d'une plaque de verre et adaptant un bouchon au ballon. Après avoir lavé le précipité avec de l'eau à la température ordinaire, on dissout dans l'acide chlorhydrique le résidu qui se trouve sur le filtre, on précipite au moyen de l'acide sulfurique étendu la baryte dissoute et on recherche si la liqueur, filtrée et séparée ainsi du sulfate de baryte, contient ou ne contient pas d'alumine, en sursaturant cette liqueur par le carbonate d'ammoniaque.

Dans la liqueur séparée du résidu insoluble, on peut reconnaître la présence du fer à ce que, au contact de l'air, cette liqueur se recouvre d'une pellicule rouge-brun de sesquioxyde de fer. On ajoute à la liqueur un peu d'acide nitrique ou un peu d'acide chlorhydrique et de chlorate de potasse, on chauffe et, après avoir laissé refroidir complétement, on sursature de nouveau le tout au moyen d'une liqueur laiteuse contenant du carbonate de baryte, on agite plusieurs fois et on laisse la partie insoluble se déposer. On filtre ensuite et, pendant cette filtration, il est moins nécessaire d'éviter avec autant de soin le contact de l'air. Si la combinaison à analyser contenait du fer, le résidu insoluble devient jaunâtre ou brun-rougeâtre. On lave ce résidu avec de l'eau à la température ordinaire, on le dissout ensuite dans l'acide chlorhydrique, on sépare la baryte de la dissolution au moyen de l'acide sulfurique étendu et, dans la liqueur séparée du sulfate de baryte par filtration, on précipite le sesquioxyde de fer par l'ammoniaque. On peut encore traiter directement par l'ammoniaque la dissolution chlorhydrique du résidu et en séparer ainsi le sesquioxyde de fer.

La dissolution, séparée du sesquioxyde de fer, peut encore contenir de l'oxyde de zinc et du protoxyde de manganèse. Pour les reconnaître, on précipite de la dissolution la baryte au moyen de l'acide sulfurique étendu et on sursature à la température ordinaire par l'hydrate de potasse ou de soude la dissolution filtrée. S'il se produit ainsi un précipité blanc qui devient brun lorsqu'on le laisse exposé à l'air sur le filtre, cela indique que la combinaison contenait du protoxyde de manganèse. Si on fait bouillir la dissolution que l'on en a séparée, l'oxyde de zinc se dépose, surtout lorsqu'on a étendu la dissolution d'une quantité suffisante d'eau. L'oxyde de zinc peut aussi en être précipité par une addition de sulfure d'ammonium.

Une seconde modification du mode d'expérimenter la liqueur que l'on a filtrée pour en séparer le sulfure de cobalt et le sulfure de nickel insolubles dans l'acide chlorhydrique, est la suivante : On sursature cette liqueur à la température ordinaire par un excès d'hydrate de potasse ou de soude.

Il ne se dissout que de l'alumine et de l'oxyde de zinc, tandis qu'il reste à l'état insoluble du protoxyde de fer et du protoxyde de manganèse qui se transforment tous les deux au contact de l'air en un degré supérieur d'oxydation et qui se déposent dans la liqueur alcaline sous forme de résidu insoluble. On les dissout tous les deux dans l'acide chlorhydrique, on traite la dissolution par l'acide nitrique ou par un peu de chlorate de potasse pour oxyder le protoxyde de fer, on fait bouillir pour obtenir tout le manganèse à l'état de protochlorure et on sépare le *sesquioxyde de fer* du *protoxyde de manganèse* au moyen de l'ammoniaque; dans la liqueur filtrée et séparée ainsi du sesquioxyde de fer, on retrouve le protoxyde de manganèse au moyen du sulfure d'ammonium. Pour reconnaître ensuite l'alumine et l'oxyde de zinc dans la liqueur alcaline, on peut employer trois moyens différents. On peut traiter à la température ordinaire la liqueur par une dissolution de chlorure d'ammonium et laisser reposer le tout pendant quelque temps, environ une demi-heure ; de cette manière, l'*alumine* est précipitée et on reconnaît dans la liqueur filtrée l'*oxyde de zinc* au moyen du sulfure d'ammonium. On peut aussi sursaturer par l'acide chlorhydrique la liqueur alcaline et ajouter alors à la température ordinaire un excès de carbonate d'ammoniaque qui précipite également l'alumine et laisse l'oxyde de zinc en dissolution. Enfin on peut encore étendre d'eau la liqueur alcaline et la faire bouillir pendant quelque temps, en ayant soin de renouveler l'eau qui s'évapore par suite de l'ébullition ; il ne se précipite ainsi que l'oxyde de zinc, tandis que l'alumine reste en dissolution ; dans la liqueur filtrée et séparée ainsi de l'oxyde de zinc, on peut alors précipiter l'alumine au moyen d'une dissolution de chlorure d'ammonium. De ces méthodes d'opérer la séparation de l'oxyde de zinc et de l'alumine, la première et la troisième doivent être recommandées de préférence.

C. — Il reste encore à examiner la liqueur que l'on a séparée par filtration du précipité qui s'est produit par l'action du sulfure d'ammonium sur la dissolution de la combinaison rendue acide et sursaturée ensuite par l'ammoniaque. On recherche d'abord si elle contient encore des bases fixes; ce qui se fait en évaporant une petite quantité de la liqueur sur une lame de platine et en calcinant ensuite la masse ainsi évaporée. S'il n'y a pas de résidu, il n'y a pas besoin de continuer l'analyse pour y rechercher des bases fixes puisque la liqueur n'en contient plus ; mais s'il y a un résidu, la liqueur peut encore contenir de la *magnésie*, de la *chaux*, de la *strontiane*, de la *baryte*, de la *soude* et de la *potasse*.

Sans détruire l'excès de sulfure d'ammonium par un acide, on ajoute à la liqueur un excès de carbonate d'ammoniaque et on laisse reposer le tout pendant quelque temps, mais non pendant trop longtemps, jusqu'à ce que le précipité se soit déposé. (Il faut avoir soin qu'il n'y ait pas d'ammoniaque libre en excès, mais qu'il n'y ait que du sesquicarbonate ou du bicarbonate d'ammoniaque en excès). Le précipité ainsi obtenu peut contenir de la *chaux*, de la *strontiane* et de la *baryte*. Il faut observer ici que, lorsque la dissolution contient une grande quantité de sels ammoniacaux et une tres petite quantité de chaux, il peut arriver qu'il ne se produise pas de précipité (p. 32). Cependant cela ne se présente que rarement; en effet le carbonate de chaux n'est dissous que par des quantités très considérables de sels ammoniacaux.

Après avoir filtré, on dissout le précipité dans l'acide chlorhydrique et on ajoute à une portion de la dissolution une dissolution de sulfate de chaux. Si la liqueur ne se trouble pas, même au bout de quelque temps, cela indique que le précipité ne contient que de la chaux dont on peut reconnaître directement la présence en essayant par d'autres réactifs d'autres portions de la dissolution. S'il se produit un précipité par l'action du sulfate de chaux, cela indique que les trois bases peuvent être contenues dans la dissolution chlorhydrique. Si le précipité se produit immédiatement, cela rend probable la présence de la baryte : s'il ne se produit qu'au bout de quelque temps, on peut en conclure qu'il y a de la strontiane. Au moyen de l'acide hydrofluosilicique que l'on ajoute à une autre portion de la dissolution chlorhydrique (ou au moyen d'une dissolution de chromate de strontiane que l'on ajoute à une autre portion de la dissolution, après l'avoir saturée exactement par l'ammoniaque), on s'assure s'il y a ou s'il n'y a pas de baryte. S'il y a de la baryte, on sépare la liqueur du précipité d'hydrofluosilicate de baryte qui s'est formé (après avoir soumis le tout à l'action de la chaleur et avoir laissé le tout en contact pendant un temps convenablement long pour que le précipité puisse se déposer), et on évapore la liqueur à siccité, ou, s'il n'y avait pas de baryte, on évapore directement la liqueur, après y avoir ajouté préalablement de l'acide sulfurique : il faut également, par l'évaporation, se debarrasser aussi complétement que possible de l'excès d'acide sulfurique. Lorsqu'elle touche à sa fin, l'évaporation peut être opérée dans un creuset de platine. On traite par l'eau la masse desséchée, en ayant soin d'agiter souvent, et on filtre. Si, dans la liqueur filtrée, il se produit un précipité par l'action des oxalates alcalins et si, dans une autre portion, il se produit un précipité au moyen du chlorure de baryum (en supposant que l'excès d'acide sulfurique ait été entièrement chassé de la masse desséchée), cela indique que, outre la strontiane, il y avait de la chaux : en effet, lorsqu'il n'y en a pas, il ne se produit pas de précipité dans la liqueur filtrée, ni au moyen du chlorure de baryum, ni au moyen d'un oxalate alcalin.

Pour distinguer avec encore plus de certitude les trois oxydes terreux, la baryte, la strontiane et la chaux, surtout lorsque des essais préalables ont indiqué qu'il y avait de la baryte dans le mélange, on expérimente de la manière suivante : on ajoute à la dissolution chlorhydrique un peu d'acide sulfurique étendu et une petite quantité d'alcool pour précipiter complétement les trois bases à l'état de sulfates. On laisse le précipité se déposer, on le traite par de l'eau à laquelle on a ajouté une petite quantité d'alcool et on le lave de cette manière par décantation. On le traite ensuite à la température ordinaire par une dissolution de carbonate de potasse ou d'ammoniaque et on laisse le tout en contact pendant une journée environ, ou bien lorsque l'analyse doit être terminée en un temps plus court, on fait bouillir le précipité avec une dissolution de carbonate de potasse à laquelle on a ajouté moitié de sulfate de potasse. Dans le premier cas, on lave le résidu insoluble avec de l'eau à la température ordinaire : dans le second cas, on peut employer de l'eau chaude ; on continue le lavage jusqu'à ce que l'eau de lavage ne contienne plus d'acide sulfurique. On traite ensuite le résidu insoluble par l'acide chlorhydrique étendu. S'il ne se produit aucune effervescence et si rien ne se dissout, cela indique que la base est uniquement de la baryte : s'il se produit une effervescence et s'il s'opère seulement une dissolution partielle, cela indique qu'il y a de la baryte et qu'il y a aussi de la strontiane et de la chaux ou seulement l'une de ces deux dernières : s'il se produit une effervescence et s'il s'opère une dissolution complète dans l'acide chlorhydrique, cela indique qu'il n'y a pas de baryte et qu'il n'y a que de la strontiane ou de la chaux : il peut aussi n'y avoir dans ce cas qu'une seule des deux dernières bases.

Pour s'assurer si la dissolution contient les deux oxydes terreux, la strontiane et la chaux, ou si elle ne contient qu'un de ces deux oxydes, il est nécessaire d'évaporer à siccité la dissolution au bain-marie pour en chasser l'acide chlorhydrique libre. Lorsqu'on n'opère pas avec beaucoup de soin, il peut arriver quelquefois qu'un peu de sulfate de strontiane ne soit pas décomposé ; il serait alors dissous par l'acide chlorhydrique : tel est le motif pour lequel les chlorures neutres ne forment pas avec une petite quantité d'eau une dissolution claire. On doit alors filtrer la dissolution. On partage en deux parties inégales la dissolution aqueuse concentrée des chlorures. A la portion la plus grande de la dissolution qui doit atteindre les trois quarts de son volume total, on ajoute une dissolution de sulfate de chaux pour y reconnaître la présence de la strontiane : la liqueur ne se trouble qu'au bout de quelque temps. A l'autre portion (la plus petite) de la liqueur, on ajoute une dissolution aqueuse d'acide arsénieux (en ayant soin cependant de ne pas en ajouter trop) et ensuite de l'ammoniaque : il se produit alors immédiatement, ou bien au bout de quelque temps, un abondant précipité lorsqu'il y a de la chaux.

Dans la dissolution neutre des chlorures formés par les métaux des deux oxydes terreux, on peut reconnaître d'une autre manière la présence des deux oxydes, la strontiane et la chaux, ou de l'un des deux : on partage en deux portions la dissolution neutre. A l'une des portions de la dissolution, on ajoute une dissolution de sulfate de chaux ; à l'autre portion, on ajoute une dissolution de ferrocyanure de potassium. Si ces deux réactifs produisent au bout de quelque temps des précipités, c'est que la dissolution contenait les deux bases ; si le sulfate de chaux seul trouble la liqueur, c'est que la dissolution ne contenait que de la strontiane : si le ferrocyanure de potassium seul produit un précipité, c'est que la dissolution ne contenait que de la chaux.

Lorsque la chaux, la strontiane ou la baryte ont été précipitées par le carbonate d'ammoniaque, la liqueur filtrée peut encore contenir de la magnésie, de la soude et de la potasse, ce qui peut arriver également lorsque la dissolution de carbonate d'ammoniaque n'a pas produit de précipité dans la dissolution chlorhydrique. Dans le premier cas, on ne doit pas négliger d'évaporer sur une lame de platine une petite quantité de la liqueur qui a été séparée des carbonates terreux par filtration et de calciner le résidu évaporé pour voir s'il reste ou s'il ne reste pas de résidu fixe : en effet, dans le dernier cas, on n'a pas besoin de continuer l'analyse pour y rechercher les bases fixes. Mais on doit observer ici que, lorsqu'il y a seulement dans la liqueur filtrée des oxydes alcalins sous forme de chlorures et lorsqu'on n'opère pas avec précaution, on peut facilement, en évaporant quelques gouttes de la liqueur, volatiliser la petite quantité de chlorures alcalins qui y est contenue (p. 581) : ce que l'on évite facilement lorsqu'on évapore avec soin dans un creuset de platine de grandes quantités de la liqueur et lorsqu'on calcine ensuite le résidu de l'évaporation en recouvrant à moitié le creuset de son couvercle.

Pour s'assurer de la présence des deux oxydes alcalins fixes et pour reconnaître aussi celle de la magnésie, on ajoute à une portion de la liqueur une dissolution de phosphate de soude : comme cette dissolution contient du carbonate d'ammoniaque, on y ajoute préalablement un peu d'ammoniaque libre : s'il se produit ainsi au bout de quelque temps un précipité blanc, on peut être sûr que la dissolution contient de la magnésie ; mais, en outre, il peut y avoir encore de la potasse et de la soude.

Si cependant il n'y a pas de magnésie et si par suite il ne s'est pas produit de précipité, on évapore à siccité l'autre portion de la liqueur à laquelle on n'a pas ajouté de phosphate de soude et on calcine le résidu ainsi obtenu dans un petit creuset de porcelaine ou mieux dans un petit creuset de platine jusqu'à ce qu'il ne se volatilise plus de sel ammoniacal : on dissout ensuite dans une très petite quantité d'eau la plus grande partie (mais non la totalité) du résidu calciné, on ajoute à la dissolution une dissolution de bichlorure de platine et on y verse ensuite de l'alcool. S'il se produit ainsi un précipité jaune-clair, cela indique que la combinaison contenait de la *potasse*. Mais s'il ne se forme pas de précipité, cela indique qu'il doit y avoir de la *soude*, lorsqu'on s'est préalablement assuré qu'il n'y a pas de magnésie et lorsqu'on a vérifié si la liqueur, séparée des carbonates terreux par filtration, contient encore des parties constituantes fixes. Lorsque la quantité de sels alcalins n'est pas trop petite, les deux oxydes alcalins peuvent aussi être distingués au moyen de l'acide tartrique.

Si cependant on a reconnu au moyen du bichlorure de platine la présence de la potasse dans la combinaison, il peut encore y avoir en outre de la soude. Même lorsqu'il y a une quantité très forte de potasse, on peut très facilement découvrir la soude en exposant à l'action de la flamme du chalumeau sur le fil de platine la petite quantité du résidu calciné qui reste et qui n'a pas encore été analysée. Si la flamme extérieure du chalumeau se colore en violet, cela indique qu'il y avait seulement de la *potasse* ; mais si la flamme se colore fortement en jaune, c'est qu'il y a seulement de la *soude*, ou en même temps de la *soude* et de la *potasse;* ce que l'on a pu reconnaître déjà au moyen du bichlorure de platine. On a cependant indiqué (p. 12) que le fil de platine seul peut, dans certaines circonstances, communiquer à la flamme du chalumeau une légère coloration jaunâtre.

Si cependant il y a réellement de la magnésie dans la liqueur filtrée et séparée ainsi des carbonates alcalino-terreux, ce que l'on peut vérifier facilement au moyen de la dissolution de phosphate de soude, la suite de l'analyse devient un peu plus difficile. On se sert alors, pour l'analyser, de l'autre portion de la liqueur chlorhydrique à laquelle on n'a pas ajouté de phosphate de soude. Lorsqu'on est sûr que les bases, contenues dans la substance à analyser, y sont à l'état de chlorures ou à l'état de nitrates (ce que l'on vérifie dans l'autre portion de l'analyse qui est consacree à la recherche des acides), et lorsque, dans l'analyse même, on n'a employé que de l'acide chlorhydrique ou de l'acide nitrique, mais non de l'acide sulfurique, on a besoin seulement d'évaporer à siccité dans une capsule de porcelaine la liqueur à analyser et de calciner fortement et d'une manière continue le résidu au contact de l'air, s'il y a des chlorures, dans un petit creuset de platine, ou bien, s'il y a des nitrates, dans un petit creuset de porcelaine. Dans le dernier cas, on peut accélérer la destruction de l'acide nitrique en ajoutant peu à peu avec précaution au sel fondu une petite quantité d'acide oxalique, ou bien une petite quantité d'une autre substance organique qui ne doit pas contenir de parties constituantes fixes. Après la calcination, on traite par l'eau la masse à analyser. Si, avant la calcination, il n'y avait que des chlorures, le chlorure de magnésium est décomposé partiellement par la calcination au contact de l'air et il se produit de la magnésie qui est mélangée avec la quantité plus ou moins grande du chlorure de magnésium qui n'a pas été décomposée. La quantité de chlorure de magnésium qui n'a pas été décomposée est très peu considérable, lorsqu'on porte plusieurs fois jusqu'au rouge dans un creuset de platine la masse desséchée, en ayant soin de l'humecter chaque fois avec un peu d'eau et d'y ajouter un petit morceau de carbonate d'ammoniaque ou d'acide oxalique avant d'opérer la calcination. Si l'on traite par l'eau, la magnésie reste à l'état insoluble, tandis que les oxydes alcalins se dissolvent à l'état de chlorures et sont contenus dans la liqueur que l'on obtient en jetant le tout sur un filtre. Cette liqueur peut contenir ou du chlorure de potassium ou du chlorure de sodium, ou bien encore elle peut contenir ces deux chlorures en même temps : on s'en assure de la manière qui a été indiquée page 900.

Si, avant la calcination, la masse était composée de nitrates, le nitrate de magnésie est transformé par la calcination, surtout en présence d'une petite quantité d'acide oxalique, en magnésie pure qui n'est pas dissoute par l'eau, tandis que les oxydes alcalins, à l'état de carbonates, s'y dissolvent et peuvent être reconnus dans la liqueur séparée de la magnésie par filtration.

Lorsque, au contraire, les bases, contenues dans la substance à analyser, y sont à l'état de sulfates, la marche de l'analyse doit être tout autre : en effet, le sulfate de magnésie est presque aussi peu décomposé que les sulfates alcalins par la calcination au rouge. D'autres combinaisons ne peuvent pas être contenues dans des substances solubles à l'état de sulfates, de nitrates ou de chlorures, lorsqu'il y a en même temps de la magnésie. Lors donc qu'il y a de l'acide sulfurique et lorsqu'il y a en même temps de la magnésie, on évapore la liqueur et on calcine le résidu pour chasser tous les sels ammoniacaux provenant des essais antérieurs. Si la substance à analyser, outre les sulfates, contient encore des nitrates ou des chlorures, on ajoute à la masse calcinée un peu d'acide sulfurique et on évapore l'excès d'acide sulfurique à l'aide d'une légère calcination. On dissout ensuite le résidu dans l'eau et on ajoute à la dissolution un excès de dissolution d'acétate de baryte; de cette manière, l'acide sulfurique est précipité à l'état de sulfate de baryte. La liqueur filtrée contient alors l'excès d'acétate de baryte, l'acétate de magnésie et les oxydes alcalins, lorsqu'il y en a à l'état d'acétates. On évapore la dissolution à siccité et on calcine le résidu de la dessiccation dans une petite capsule de porcelaine, ou mieux dans un creuset de platine dans lequel on a même pu opérer préalablement l'évaporation. Après la calcination, on verse de l'eau sur le résidu : il reste alors comme résidu insoluble du carbonate de baryte et du carbonate de magnésie ; ou bien lorsqu'on a opéré la calcination au rouge intense, il reste de la magnésie pure, tandis que les oxydes alcalins, lorsqu'il y en a, sont dissous à l'état de carbonates alcalins. Il est alors facile de s'assurer de la présence et de la nature des oxydes alcalins contenus dans la dissolution, surtout si on les transforme en chlorures au moyen de l'acide chlorhydrique ou bien au moyen du chlorure d'ammonium.

Au lieu d'acétate de baryte, on peut également se servir d'eau de baryte pour précipiter l'acide sulfurique de la dissolution des sulfates. Outre l'acide sulfurique (à l'état de sulfate de baryte), l'eau de baryte précipite également la magnésie. On ajoute du carbonate d'ammoniaque à la liqueur filtrée et on fait bouillir le tout : de cette manière, l'excès de baryte est séparé à l'état de carbonate de baryte. Dans la liqueur filtrée, les oxydes alcalins sont contenus à l'état de carbonates. S'il peut aussi s'y trouver du carbonate d'ammoniaque, on peut le séparer entièrement par évaporation. — Le précipité, obtenu au moyen de l'eau de baryte, peut ensuite être traité par l'acide chlorhydrique qui dissout la magnésie : on peut alors la reconnaître dans cette dissolution au moyen des réactifs lorsqu'on ne s'est pas déjà assuré préalablement de sa présence.

Ces procédés pour reconnaître la présence des oxydes alcalins dans des sulfates lorsqu'il y a en même temps de la magnésie, ont cependant des inconvénients. Par l'action de l'acétate de baryte, il se produit un précipite de sulfate de baryte qui forme souvent avec la liqueur un liquide laiteux qui, soumis à la filtration, ne donne pas une liqueur claire, même lorsqu'on chauffe le tout et lorsqu'on fait bouillir. Toutefois on arrive plus facilement au but en suivant dans cette analyse une autre marche.

Lorsque, dans le laboratoire où l'on travaille, on dispose d'un petit chalumeau à gaz qui permette de porter au rouge-blanc un petit creuset de platine, on met dans un petit creuset de platine le résidu salin qui peut être formé de sulfate de magnésie avec ou sans sulfates alcalins et on soumet le tout à une température rouge-blanc à laquelle on peut maintenir le creuset pendant dix minutes. Par l'action de cette température, le sulfate de magnésie perd complétement son acide sulfurique, tandis que les sulfates alcalins ne sont pas modifiés. Dans un petit creuset de porcelaine, on opère moins bien la décomposition complète du sulfate de magnésie : une portion de ce sulfate reste ordinairement sans être décomposée même par l'action prolongée de la chaleur. Le mieux est d'employer un petit creuset de platine qui est déjà un peu endommagé : en effet, par l'action d'une température élevée, un bon creuset de platine peut être détérioré. Après le refroidissement, on traite la masse calcinée par l'eau chaude qui dissout les sulfates alcalins et qui laisse la magnésie comme résidu insoluble.

Mais lorsqu'on n'a pas à sa disposition un chalumeau à gaz de cette espèce, on peut aussi employer une température rouge pour opérer la décomposition du mélange salin, en le mélangeant préalablement avec du charbon de bois en poudre. Le sulfate de magnésie perd facilement de cette manière son acide sulfurique qui se dégage à l'état d'acide sulfureux, tandis que les sulfates alcalins sont transformés en sulfures alcalins. On emploie également pour cette opération un vieux creuset de platine déjà détérioré. Après le refroidissement, on traite par l'eau la masse qui est colorée en noir par l'excès de charbon. Si la liqueur filtrée est incolore, on peut presque être sûr de l'absence de sulfates alcalins dans le mélange salin; pour en être plus sûr encore, on évapore la liqueur à siccité : elle ne laisse plus alors de résidu ou ne laisse qu'un résidu tout à fait insignifiant lorsque la combinaison ne contenait pas d'oxyde alcalin. La magnésie est contenue dans le résidu noir insoluble : on traite ce résidu par l'acide chlorhydrique qui dissout la magnésie et on obtient ainsi une dissolution que l'on peut essayer au moyen des réactifs. — Si la liqueur filtrée a une couleur jaunâtre, on doit la décomposer par l'acide chlorhydrique. Il se dégage alors du gaz hydrogène sulfuré et il se sépare un peu de soufre qui donne un aspect laiteux à la liqueur; on filtre. La dissolution filtrée ainsi obtenue donne, après l'évaporation, des chlorures alcalins mélangés avec une quantité plus ou moins grande de sulfate alcalin non décomposé. On détermine alors s'il n'y a que l'un des oxydes alcalins ou s'ils y sont tous les deux.

On peut encore séparer la magnésie des oxydes alcalins par une autre méthode; mais cette méthode n'est employée en analyse que dans des cas très rares que nous indiquerons plus loin; il est alors du reste très avantageux de l'employer. On ajoute à la dissolution saline aussi concentrée que possible une dissolution très concentrée de carbonate d'ammoniaque (on emploie pour cela le sesquicarbonate ordinaire du commerce) à laquelle on ajoute une liqueur ammoniacale très concentrée. On agite le tout avec soin et on laisse reposer pendant quelque temps (vingt-quatre heures si cela est possible . La totalité de la magnésie est précipitée à l'état de sel double de carbonate d'ammoniaque et de carbonate de magnésie, tandis que les oxydes alcalins restent partiellement en dissolution. Mais si la dissolution ammoniacale n'est pas aussi concentrée que possible et si l'on n'en a pas employé un grand excès, la magnésie peut rester en dissolution. Si l'on calcine le sel double, on obtient de la magnésie pure, tandis que si on évapore la dissolution et si on calcine le résidu de l'évaporation, on obtient le sel alcalin.

D. — Dans le cours de cette analyse, il est impossible de s'assurer de la présence de l'*ammoniaque*. On la reconnaît en ajoutant une dissolution d'hydrate de potasse à une portion de la substance à analyser et en chauffant ensuite légèrement le tout. Il se produit alors une odeur d'ammoniaque, et si l'on place à la surface du tube une baguette de verre humectée avec de l'acide chlorhydrique, il se produit des fumées blanches.

2° Marche de l'analyse pour retrouver les acides.

On ajoute d'abord de l'acide chlorhydrique étendu à une portion de la dissolution concentrée de la combinaison pour s'assurer de la présence de l'*acide carbonique* ou du *soufre* par l'effervescence qui se produit. Si le gaz qui se dégage est inodore, cela indique qu'il ne contient que de l'*acide carbonique*, mais s'il a l'odeur bien connue du gaz hydrogène sulfuré, cela prouve que la combinaison contient du *soufre* à l'état de sulfure. Dans ce cas, il peut du reste y avoir aussi de l'acide carbonique dont on reconnaît ultérieurement la présence en continuant l'analyse.

On ajoute ensuite une dissolution de chlorure de baryum à une autre portion de la dissolution de la combinaison qui doit être neutre ou qui doit au moins ne pas être très acide. Au lieu d'une dissolution de chlorure de baryum, on emploie une dissolution de nitrate de baryte lorsque la combinaison contient de l'oxyde de plomb, de l'oxyde d'argent ou du protoxyde de mercure. (Du reste, c'est à peine si l'on doit faire mention de ces bases puisque, en présence de l'acide sulfurique, de l'acide phosphorique, etc., elles ne peuvent pas donner de combinaisons solubles.) S'il se forme ainsi un précipité, cela indique que la combinaison peut contenir de l'*acide sulfurique*, de l'*acide phosphorique*, de l'*acide arsénique*, ou même de l'*acide borique*. Lorsqu'il y a de l'*acide carbonique*, il se forme également un précipité lorsqu'on ajoute une dissolution d'un sel de baryte.

On ajoute ensuite au précipité de l'acide chlorhydrique étendu ou, au lieu d'acide chlorhydrique, de l'acide nitrique étendu lorsqu'on avait employé du nitrate de baryte. Si le précipité qui s'était formé d'abord par l'action du sel de baryte, se dissout complétement lorsqu'on ajoute une quantité convenable d'eau, cela indique que la dissolution ne contient pas d'*acide sulfurique*. S'il se dissout avec effervescence et s'il ne reparaît pas lorsqu'on fait bouillir la dissolution acide qui doit être aussi peu acide que possible et lorsqu'on la sature par l'ammoniaque, cela indique que le précipité produit par le sel de baryte provenait seulement de la présence de l'*acide carbonique* dont on avait pu déjà reconnaître antérieurement la présence; cependant, si c'était l'*acide borique* qui avait été précipité par la dissolution du sel de baryte, le borate de baryte produit ne pourrait pas, dans la plupart des cas, être précipité par l'ammoniaque dans une dissolution acide; en effet le borate de baryte est soluble dans des quantités assez petites de dissolutions de sels ammoniacaux, de chlorure de baryum et d'autres combinaisons salines.

Si le précipité se dissout avec effervescence dans les acides et s'il reparaît lorsqu'on sature par l'ammoniaque, cela indique qu'il y avait de l'acide carbonique et un ou plusieurs des acides indiqués. Si le précipité se dissout sans effervescence et s'il reparaît lorsqu'on sature par l'ammoniaque, cela indique que ce précipité pouvait contenir de l'*acide phosphorique*, de l'*acide arsénique* et même aussi, bien que cela soit peu probable, de l'*acide borique*.

On reconnaît la présence de l'*acide arsénique* au moyen d'une dissolution d'hydrogène sulfuré, après avoir préalablement traité la dissolution par l'acide sulfureux et l'acide chlorhydrique. Il ne peut exister dans la dissolution aucun oxyde métallique qui altère la netteté de la coloration du précipité formé; en effet il n'y a que les oxydes alcalins qui puissent exister avec cet acide, puisque l'acide arsénique forme avec les oxydes terreux et les oxydes métalliques des sels qui sont insolubles dans l'eau lorsqu'ils ne sont pas acides. On peut s'assurer encore plus facilement de la présence de l'acide arsénique au moyen du chalumeau ; on peut aussi s'en assurer facilement au moyen d'une dissolution de nitrate d'argent (p. 396) et au moyen du sulfate de magnésie avec addition d'ammoniaque (p. 395). (Mais ces deux réactifs donnent également des précipités lorsqu'il y a de l'acide phosphorique.)

On reconnaît la présence de l'*acide borique* en ajoutant de l'acide sulfurique et de l'alcool à la combinaison et en enflammant ce dernier; la flamme prend alors une coloration verdâtre. On peut aussi reconnaître la présence de l'acide borique à la coloration rouge-brun que prend, après la dessiccation, le papier de curcuma lorsqu'on le plonge dans la dissolution de la combinaison à laquelle on a ajouté un peu d'acide chlorhydrique.

La présence de l'*acide phosphorique* est plus difficile à reconnaître. Lorsqu'on s'est assuré qu'il n'y a ni acide arsénique, ni acide borique, on reconnaît la présence de l'acide phosphorique à ce que la dissolution concentrée de la combinaison, traitée par une dissolution de chlorure de baryum ou de chlorure de calcium, produit un précipité qui disparaît lorsqu'on ajoute de l'acide chlorhydrique ou de l'acide nitrique et qui reparaît lorsqu'on sature par l'ammoniaque; on peut aussi reconnaître la présence de l'acide phosphorique à ce qu'une petite quantité de la dissolution de la combinaison produit par l'action de la chaleur un précipité jaune lorsqu'on y ajoute de l'acide chlorhydrique ou de l'acide nitrique et du molybdate d'ammoniaque (p. 549). Mais si la combinaison contient de l'acide arsénique ou de l'acide borique ou si elle contient seulement un de ces deux acides, on doit s'assurer d'une autre manière s'il y a ou s'il n'y a pas d'acide phosphorique.

S'il y a uniquement de l'acide arsénique, on le sépare au moyen de la dissolution d'hydrogène sulfuré, après avoir préalablement traité la dissolution par l'acide sulfureux et l'acide chlorhydrique. Dans la liqueur que l'on a filtrée pour en séparer le précipité et que l'on a ensuite débarrassée de l'excès d'hydrogène sulfuré, on peut s'assurer de la présence de l'acide phosphorique au moyen de plusieurs réactifs, spécialement au moyen du sulfate de magnésie auquel on a ajouté de l'ammoniaque, au moyen du molybdate d'ammoniaque ou bien au moyen du nitrate d'argent. Dans le dernier cas, on doit débarrasser avec soin la liqueur de l'excès d'hydrogène sulfure qu'elle pourrait contenir.—S'il y a en même temps de l'acide borique, on le reconnaît à la couleur rouge-brun que prend le papier de curcuma lorsqu'on le plonge dans la liqueur et lorsqu'on le dessèche ensuite.

Si la dissolution de chlorure de baryum produit dans la dissolution concentrée de la combinaison un précipité qui ne disparaît pas de nouveau lorsqu'on ajoute de l'acide chlorhydrique ou de l'acide nitrique étendus, ou bien si elle produit un précipité dont une partie seulement se dissout, cela prouve qu'il y a de l'*acide sulfurique* dans la combinaison. Pour découvrir s'il y a en même temps de l'acide arsénique, de l'acide phosphorique (ou de l'acide borique, on jette le tout sur un filtre pour en séparer le sulfate de baryte et on analyse la liqueur ainsi obtenue par la méthode qui a été indiquée.

On s'assure de la présence d'un *chlorure* en traitant par une dissolution de nitrate d'argent la dissolution de la substance à analyser; il se produit ainsi un précipité blanc qui ne disparaît pas par l'action de l'acide nitrique étendu.

Enfin on peut facilement reconnaître la présence de l'*acide nitrique* à la coloration brun-noir qui se produit lorsqu'on mélange une petite quantité de la dissolution de la combinaison avec un volume égal d'acide sulfurique concentré et lorsqu'on ajoute ensuite quelques gouttes d'une dissolution d'un sel de protoxyde de fer.

ANALYSE QUALITATIVE DES COMBINAISONS COMPOSÉES QUI NE SE DISSOLVENT QUE PARTIELLEMENT DANS L'EAU OU QUI MÊME NE S'Y DISSOLVENT PAS DU TOUT, MAIS QUI SE DISSOLVENT AU CONTRAIRE DANS LES ACIDES ET DONT LES PARTIES CONSTITUANTES SE TROUVENT PARMI CELLES QUI ONT ÉTÉ INDIQUÉES PAGE 863.

Parmi ces combinaisons, viennent se ranger celles qui ont été indiquées page 875.

On traite d'abord par l'eau la combinaison à analyser. S'il s'en dissout une partie, on traite cette dissolution de la manière qui a été indiquée dans le chapitre précédent. — Si la combinaison ne se dissout pas dans l'eau, on la dissout dans l'acide chlorhydrique; si elle contient de l'oxyde de plomb, de l'oxyde d'argent ou du protoxyde de mercure, on la dissout dans l'acide nitrique. Pour favoriser la dissolution, on chauffe, spécialement lorsque la dissolution contient des sulfures. Dans ce cas, on peut fréquemment se servir avec beaucoup d'avantage de l'eau régale qui, comme cela a été indiqué page 782, attaque des combinaisons sur lesquelles l'acide chlorhydrique et l'acide nitrique isolés sont sans action.

La portion de la combinaison qui reste comme résidu lorsque la combinaison est partiellement soluble dans l'eau, est ensuite traitée de la manière dont on traite les substances entièrement insolubles dans l'eau.

1° Marche de l'analyse pour retrouver les bases.

La marche qu'il faut suivre dans l'analyse de la dissolution acide lorsqu'on veut retrouver les bases, est, dans plusieurs de ses parties, semblable à celle qui a été indiquée (p. 886) dans le chapitre qui traite de l'analyse des combinaisons solubles dans l'eau; cependant il faut y faire quelques modifications. Il n'était pas nécessaire de s'occuper des oxydes terreux et des oxydes métalliques lorsque la combinaison contenait de l'acide phosphorique, de l'acide arsénique, de l'acide carbonique et même, dans quelques cas, de l'acide borique; au contraire lorsque ces acides existaient dans la combinaison, l'absence des oxydes terreux et des oxydes métalliques était ainsi suffisamment démontrée; en effet les combinaisons qu'ils forment entre eux, sont insolubles dans l'eau, du moins lorsqu'elles ne contiennent pas un grand excès d'acide. Par le même motif, il n'était pas nécessaire de rechercher le soufre lorsque la combinaison contenait des oxydes métalliques proprement dits.

A. — On ajoute à la dissolution acide une dissolution d'hydrogène sulfuré et on traite ensuite le précipité obtenu par le sulfure d'ammonium, précisément de la même manière qu'il a été indiqué page 887. Il est également bon, dans ce cas, de ne traiter d'abord qu'une petite portion du précipité par le sulfure d'ammonium pour voir s'il contient des sulfures qui puissent se dissoudre dans le sulfure d'ammonium, comme cela a déjà été indiqué page 888, et c'est seulement dans le cas où le sulfure d'ammonium en dissout réellement une certaine quantité, que l'on traite le tout par le sulfure d'ammonium. Les oxydes qui sont ainsi dissous, sont : le *sesquioxyde d'or* (cependant cet oxyde n'est dissous complétement que lorsque le sulfure d'ammonium ne contient pas trop de soufre libre), le *protoxyde d'étain*, le *bioxyde d'étain*, l'*oxyde d'antimoine* et aussi l'*acide arsénique* (qui ne peut pas être contenu dans des combinaisons solubles dans l'eau lorsque ces combinaisons contiennent en même temps des oxydes métalliques proprement dits). On reconnaît le sesquichlorure d'or en traitant par la méthode indiquée page 889, une portion de la dissolution de la combinaison dans l'acide chlorhydrique.

On étend d'eau la dissolution des sulfures dans le sulfure d'ammonium et on la sursature par l'acide chlorhydrique étendu. A la coloration du précipité de sulfures qui se produit ainsi, on ne peut souvent pas reconnaître avec certitude l'acide arsénique : en effet, les mélanges de ces sulfures ont souvent une couleur tout autre. Ainsi le sulfure d'étain de couleur jaune qui se précipite dans une dissolution de bichlorure d'étain qui contient une certaine quantité de chlorure d'antimoine, prend une couleur verte ; de même, lorsqu'une dissolution de bichlorure d'étain contient de l'acide arsénieux, le précipité, obtenu par l'action du gaz hydrogène sulfuré, paraît d'abord jaune, mais il devient brun au bout de quelque temps (p. 385). Si la dissolution de la substance à analyser contient une grande quantité d'acide arsénique et si elle contient en outre de l'oxyde de cuivre, il se dissout du sulfure d'arsenic, par l'action du sulfure d'ammonium, et souvent aussi une quantité de sulfure de cuivre qui n'est pas tout à fait insignifiante : si on sursature alors la dissolution par l'acide chlorhydrique, on obtient un précipité brunâtre. Après avoir sursaturé par l'acide chlorhydrique la dissolution des sulfures dans le sulfure d'ammonium, on laisse reposer pendant quelque temps, afin que le sulfure d'arsenic puisse bien se déposer. Le précipité peut se distinguer de celui qui se forme, dans les mêmes circonstances, dans l'analyse des combinaisons solubles dans l'eau (p. 889); en effet, le premier peut contenir du sulfure d'arsenic que l'on ne peut pas retrouver dans le dernier.

On peut d'abord chauffer dans un petit matras une petite quantité du précipité après l'avoir séchée. Si la substance que l'on a mise dans le matras se sublime complétement, cela prouve qu'elle n'est formée que de sulfure d'arsenic.

S'il n'en est pas ainsi et s'il ne se sublime pas ou s'il ne se sublime qu'en partie, le précipité peut être formé de *sulfure d'arsenic*, de *sulfure d'antimoine* et de *sulfure d'étain;* on l'analyse alors de la manière suivante : on place sur le charbon une petite quantité du précipité de sulfures que l'on grille au moyen de la flamme extérieure du chalumeau ; les sulfures s'oxydent ainsi ; en même temps, le charbon se recouvre d'un abondant dépôt blanc lorsqu'il y a de l'antimoine ; il reste comme résidu du bioxyde d'étain qui est réduit à l'état métallique par l'action de la flamme intérieure, surtout lorsqu'on ajoute un peu de cyanure de potassium ; par l'action des globules métalliques ainsi obtenus, le bioxyde de cuivre contenu dans une perle de sel de phosphore ou de borax peut être réduit à l'état de protoxyde brun de cuivre. S'il n'y a pas de sulfure d'étain, le sulfure d'arsenic et le sulfure d'antimoine peuvent être entièrement volatilisés ; le sulfure d'antimoine seul donne sur le charbon un dépôt blanc, abondant, tandis que le sulfure d'arsenic donne un dépôt bien peu considérable. On a déjà indiqué que le sulfure d'étain peut donner sur le charbon un dépôt blanc lorsqu'on le traite par la flamme extérieure du chalumeau ; mais ce precipité se distingue essentiellement de celui d'oxyde d'antimoine en ce qu'il ne se dépose qu'à proximité de l'essai.

Bien qu'on réussisse par cette méthode à reconnaître au moyen du chalumeau les trois métaux dans le précipité de sulfures que l'on a obtenu, on peut encore reconnaître la présence de l'arsenic, soit dans une très petite quantité de la combinaison même, soit dans une petite quantité des sulfures obtenus, en les faisant fondre avec du cyanure de potassium sur le charbon ou dans un petit matras (p. 390). Dans le premier cas, l'odeur arsenicale qui se produit, permet de se convaincre de la présence de l'arsenic; dans le second cas, on obtient un anneau d'arsenic métallique. Cependant on a déjà observé précédemment que, si de très petites quantités d'arsenic sont mélangées à de grandes quantités d'oxydes métalliques, on ne peut plus découvrir l'arsenic au moyen du cyanure de potassium; enfin on ne peut pas non plus reconnaître au moyen du cyanure de potassium la présence de l'arsenic dans le sulfure d'arsenic lorsqu'il y a une grande quantité de soufre libre (qui s'est précipité en même temps que les sulfures et qui provient de la décomposition du sulfure d'ammonium par l'acide chlorhydrique) ou lorsqu'il y a une grande quantité de sulfures (p. 390 et p. 399).

Pour pouvoir, par une analyse qualitative par voie humide, distinguer avec certitude les uns des autres les trois sulfures indiqués, on opère de la manière suivante : les sulfures, précipités par l'acide chlorhydrique, sont traités par l'acide chlorhydrique concentré en suivant la méthode qui a été indiquée, p. 891; on ajoute du chlorate de potasse; on chauffe le tout d'abord faiblement et ensuite plus fortement, jusqu'à ce que les métaux se soient dissous et jusqu'à ce qu'il reste seulement comme résidu insoluble une petite quantité de soufre. La dissolution filtrée est sursaturée par une dissolution d'hydrate de soude qui ne doit pas être trop étendue et elle est ensuite additionnée d'une très petite quantité d'alcool. Si la dissolution reste claire, cela indique qu'il n'y a pas d'antimoine; s'il y a de l'antimoine, il se sépare de l'antimoniate de soude que l'on jette sur un filtre et que l'on essaye au moyen du chalumeau. La liqueur filtrée à laquelle on ajoute une très petite quantité d'alcool pour voir si elle devient opaline par suite de la séparation d'une certaine quantité d'antimoniate de soude qui ne s'était pas complétement séparé, est ensuite chauffée pour chasser l'alcool; on ajoute un peu d'acide tartrique, on sursature par l'ammoniaque et on additionne alors le tout d'une dissolution de sulfate de magnésie à laquelle on a préalablement mélangé assez de chlorure d'ammonium et d'ammoniaque pour que cette dernière ne puisse pas précipiter la magnésie. Il se précipite alors de l'arséniate ammoniaco-magnésien qui se dépose lentement lorsqu'on laisse reposer tranquillement et surtout lorsqu'on a ajouté une trop grande quantité d'acide tartrique, mais qui se sépare avec rapidité lorsqu'on agite fortement. Au bout de quelque temps, on filtre le précipité, on y recherche l'arsenic au moyen du chalumeau, ou bien, après l'avoir desséché, on le mélange avec du cyanure de potassium et on l'introduit dans un petit matras pour y rechercher l'arsenic. On peut aussi traiter par une dissolution de nitrate d'argent une petite quantité du précipité, à l'état humide ou à l'état sec; il se produit alors immédiatement de l'arséniate d'argent rouge-brun. On sursature ensuite par l'acide chlorhydrique étendu la liqueur que l'on a filtrée pour en separer l'arseniate ammoniaco-magnesien : si l'on ajoute alors une dissolution d'hydrogène sulfuré, il se produit, lorsqu'il y a de l'étain, un précipité jaune de sulfure d'etain que l'on essaye au moyen du chalumeau, de la manière qui a été indiquée page 890.

Lorsque la combinaison ne contient pas d'antimoine, mais lorsqu'elle contient seulement de l'arsenic et de l'étain, on peut séparer, en analyse qualitative, les sulfures de ces métaux et en rechercher ensuite la nature, en les chauffant jusqu'au rouge dans un petit ballon. Outre le soufre en excès, il se sublime du sulfure d'arsenic qui se dépose dans le col du matras, tandis que le sulfure d'étain reste comme résidu à l'état de sulfure. Après le refroidissement, on coupe le col du matras de manière à séparer la portion du col qui contient le sulfure d'arsenic sublimé ; pour y reconnaître ensuite avec certitude la présence de l'arsenic lorsqu'il y a en même temps une grande quantité de soufre, on traite le sublimé par le chlorate de potasse et l'acide chlorhydrique; on filtre la dissolution, on sursature par l'ammoniaque et on précipite par une dissolution de sulfate de magnésie l'acide arsenique ainsi produit; on essaye ensuite l'arséniate ammoniaco-magnesien précipité. Le sulfure d'etain qui reste comme residu dans la panse du matras, est entièrement exempt d'arsenic et peut être essaye au moyen du chalumeau pour y rechercher l'étain.

On ne reussit pas à sublimer par la méthode indiquée le sulfure d'arsenic à l'etat pur, lorsque les sulfures contiennent du sulfure d'antimoine; le sublimé contient toujours du sulfure d'antimoine et le résidu contient encore du sulfure d'arsenic. Lorsque, pendant la calcination, on introduit dans le matras de petits morceaux de carbonate d'ammoniaque, on réussit à sublimer tout le sulfure d'arsenic contenu dans le mélange de sulfures ; mais le sublimé contient toujours du sulfure d'antimoine.

Si les sulfures, précipités de la dissolution acide de la combinaison par une dissolution d'hydrogène sulfuré, ne se dissolvent pas entièrement ou ne se dissolvent même pas du tout dans le sulfure d'ammonium, il peut y avoir encore dans la combinaison de l'*oxyde de cadmium*, de l'*oxyde de plomb*, de l'*oxyde de bismuth*, de l'*oxyde de cuivre*, de l'*oxyde d'argent*, du *protoxyde de mercure* et du *bioxyde de mercure*. On reconnaît ces métaux par la méthode qui a eté indiquée page 890.

B. — La liqueur que l'on a séparée du précipité qui s'est formé par l'action de la dissolution d'hydrogène sulfuré, est ensuite traitée de la manière indiquée dans le chapitre précédent pour voir si elle contient encore des bases fixes. Si elle en contient en effet, l'analyse ultérieure est plus facile lorsqu'il n'y a pas d'acide phosphorique que lorsqu'il y en a : en effet, comme l'acide arsénique a déjà été séparé à l'état de sulfure d'arsenic, il n'y a que la presence de l'acide phosphorique qui puisse rendre l'analyse difficile. On sursature par l'ammoniaque une portion de la dissolution acide dans laquelle on a chassé complétement l'hydrogène sulfuré en excès ; si l'on obtient ainsi un précipité, on le lave avec soin et on en traite une très petite portion par une dissolution de nitrate d'argent : le précipité devient alors jaune par suite de la production du phosphate d'argent (voyez plus loin) : on peut aussi essayer au moyen du molybdate d'ammoniaque quelques gouttes de la dissolution acide pour y rechercher l'acide phosphorique. La dissolution acide peut encore contenir du *protoxyde de fer*, de l'*oxyde de nickel*, de l'*oxyde de cobalt*, de l'*oxyde de zinc*, du *protoxyde de manganèse* et de l'*alumine*, et en outre de la *magnésie*, de la *chaux*, de la *strontiane* et de la *baryte*.

On ajoute à la liqueur acide de l'acide sulfurique étendu. Par l'action de l'acide sulfurique, la *baryte* est immédiatement précipitée en totalité, ainsi que la plus grande partie de la *strontiane* et une grande partie de la *chaux*, surtout lorsqu'il y en a une quantité considérable et lorsque la dissolution n'est pas trop étendue. Après avoir agité convenablement, on laisse pendant un peu de temps le précipité se déposer et on ajoute ensuite un peu d'alcool. Si la liqueur se trouble ainsi de nouveau, cela est une preuve qu'il y a de la chaux. On filtre le précipité et on le lave avec une petite quantité d'eau à laquelle on a ajouté une petite quantité d'alcool. Ce précipité contient les trois oxydes alcalino-terreux ou bien deux d'entre eux ou seulement un seul à l'état de combinaison avec l'acide sulfurique. On le traite alors comme il a été indiqué page 898.

Après avoir filtré la liqueur pour en séparer les sulfates alcalino-terreux, on la chauffe d'abord pour en chasser la petite quantité d'alcool qui y est contenue : après l'avoir laissée refroidir, on y ajoute ensuite un excès de dissolution d'hydrate de potasse ou d'hydrate de soude et on agite avec soin sans chauffer. La dissolution alcaline contient la plus grande partie de l'acide phosphorique et aussi l'oxyde de zinc et l'alumine. On l'étend d'eau et on précipite, par une ébullition prolongée, l'*oxyde de zinc* qui, dans cette dissolution, se précipite exempt de tout mélange d'acide phosphorique. Dans la liqueur que l'on en sépare, on précipite au moyen d'une dissolution de chlorure d'ammonium l'*alumine* qui se dépose à l'état de phosphate d'alumine. Dans le précipité lavé, on ne peut pas s'assurer de la présence de l'acide phosphorique en le traitant à l'état humide par une dissolution de nitrate d'argent ; le précipité ne se modifie pas et ne devient pas jaune. Il faut le dissoudre dans l'acide nitrique, y ajouter ensuite une dissolution de nitrate d'argent et saturer par l'ammoniaque pour obtenir le précipité jaune de phosphate d'argent (p. 552).

Les oxydes qui n'ont pas été dissous par la dissolution d'hydrate alcalin, peuvent être traités encore une fois par la dissolution d'hydrate alcalin à laquelle on a ajouté une dissolution de carbonate alcalin. On fait bouillir pour séparer autant que possible l'acide phosphorique, on dissout ensuite dans l'acide chlorhydrique les oxydes que l'on a préalablement séparés par filtration, on sature la dissolution par l'ammoniaque et on ajoute du sulfure d'ammonium. On laisse les sulfures se déposer, on filtre et on précipite dans la liqueur filtrée au moyen du phosphate de soude la magnésie à l'état de phosphate ammoniaco-magnésien.

On ajoute ensuite de l'eau aux sulfures et on les traite par l'acide chlorhydrique étendu. Le sulfure de *cobalt* et le sulfure de *nickel* restent comme résidu à l'état insoluble. On les dissout dans l'acide nitrique ou dans l'eau régale et on essaye, par la méthode qui a été indiquée p. 893 et p. 896, si la dissolution contient les oxydes de ces deux métaux ou si elle n'en contient qu'un. — La dissolution chlorhydrique peut encore contenir du protoxyde de fer et du protoxyde de manganèse. On oxyde le premier en faisant chauffer la dissolution avec un peu d'acide nitrique ou avec un peu de chlorate de potasse et on précipite le *sesquioxyde de fer* par l'ammoniaque : après avoir filtré ensuite la dissolution, on en précipite le *protoxyde de manganèse* au moyen de l'hydrate de potasse (ou au moyen du sulfure d'ammonium). S'il y a peu de protoxyde de manganèse et beaucoup de sesquioxyde de fer, il vaut mieux précipiter le sesquioxyde de fer par le carbonate de baryte : après avoir séparé préalablement au moyen de l'acide sulfurique étendu la baryte dissoute, on retrouve ensuite le protoxyde de manganèse dans la liqueur filtrée : on peut alors obtenir par évaporation le protoxyde de manganèse à l'état de sulfate.

L'analyse est plus facile lorsqu'il n'y a pas d'acide phosphorique, comme cela a déjà été remarqué plus haut. La marche de l'analyse doit être alors à partir de B la même que pour les combinaisons composées solubles dans l'eau, et on peut opérer alors dans presque tous les cas comme cela a été indiqué page 892 et page 895, à partir de B.

C. — Si, dans une liqueur qui contient de l'acide phosphorique et dont on a séparé les sulfures qui ont été obtenus par l'action de l'hydrogène sulfuré sur la dissolution acide de la substance, on a précipité les oxydes alcalino-terreux au moyen de l'acide sulfurique, et les oxydes métalliques, l'alumine et la magnésie qui peuvent y être contenus, au moyen de la dissolution d'hydrate alcalin, la dissolution filtrée ne contient plus rien qui puisse provenir de la combinaison à analyser. Comme la dernière précipitation a été opérée au moyen de la dissolution d'hydrate alcalin, on ne peut pas reconnaître dans la dissolution la présence des *oxydes alcalins* qui du reste ne peuvent pas y être contenus, puisque les acides dont il est question ici forment avec les oxydes alcalins des sels solubles dans l'eau. Ce n'est que dans un petit nombre de cas qu'il peut y avoir de l'acide phosphorique ordinaire en même temps que les oxydes alcalins : en effet, l'acide phosphorique ordinaire peut former avec les oxydes alcalins et les oxydes terreux des sels doubles insolubles (p. 546) : l'acide pyrophosphorique peut aussi former avec les oxydes alcalins et les autres bases des sels doubles insolubles (p. 539). Nous indiquerons plus loin, en parlant de l'analyse des substances qui contiennent toutes les parties constituantes connues, comment on retrouve les oxydes alcalins dans ces circonstances qui se présentent du reste rarement.

Lorsqu'il n'y a pas d'acide phosphorique au contraire, on sursature par l'ammoniaque la liqueur dont on a séparé les sulfures qui ont été précipités par l'action de l'hydrogène sulfuré sur la dissolution acide de la combinaison à analyser, et on y ajoute ensuite du sulfure d'ammonium. La dissolution, filtrée et séparée ainsi du précipité, peut encore contenir de la *baryte*, de la *strontiane*, de la *chaux* et aussi de la *magnésie*. On la sursature par l'acide chlorhydrique pour détruire le sulfure d'ammonium qui y est contenu, on chauffe jusqu'à ce que tout l'hydrogène sulfuré se soit dégagé et on filtre pour séparer le soufre très divisé qui s'est déposé : on sursature ensuite par une dissolution étendue de carbonate d'ammoniaque (qui ne doit pas contenir d'ammoniaque libre). On précipite ainsi les oxydes alcalino-terreux, la *baryte*, la *strontiane* et la *chaux*, que l'on distingue entre eux par les méthodes indiquées (p. 897 et 898). On peut encore, dans la liqueur dont on a séparé le précipité produit par l'ammoniaque et le sulfure d'ammonium, précipiter directement les oxydes alcalino-terreux par le carbonate d'ammoniaque sans rendre la liqueur acide. Mais lorsque la liqueur contient une grande quantité d'ammoniaque libre, on pourrait, avec les oxydes alcalino-terreux, précipiter une quantité plus ou moins grande de magnésie. Cependant lorsqu'on sature presque entièrement la dissolution par l'acide chlorhydrique, on peut se dispenser d'opérer la sursaturation par cet acide. — Dans la liqueur dont on a séparé les oxydes alcalino-terreux, on peut précipiter la magnésie au moyen du phosphate de soude.

2° Marche de l'analyse pour retrouver les acides.

La recherche de quelques acides est plus difficile dans l'analyse de ces combinaisons que dans l'analyse de celles qui sont solubles dans l'eau.

Dans toutes les substances à analyser dont il est question ici, on reconnaît la présence de l'*acide carbonique* et, dans quelques-unes de ces substances, on reconnaît la présence du *soufre* à l'effervescence qui se produit lorsqu'on traite une portion de la combinaison par l'acide chlorhydrique étendu. Si le gaz qui se dégage avec effervescence est inodore, cela indique que la combinaison ne contient que de l'acide carbonique ; mais s'il a l'odeur de l'hydrogène sulfuré, cela prouve, comme on l'a déjà observé (p. 904), que la combinaison contient, ou du soufre seul, ou du soufre et de l'acide carbonique. On recherche alors si le gaz qui se dégage contient de l'acide carbonique. Pour cela, on traite la substance à analyser par l'acide chlorhydrique étendu dans un tube qui est fermé par un bouchon auquel est adapté un petit tube à dégagement recourbé deux fois à angle droit et on fait passer le gaz dans de l'eau de chaux. Si le courant de gaz produit un précipité blanc qui, après s'être déposé, se dissolve dans l'acide chlorhydrique avec effervescence, cela prouve que la combinaison contenait de l'acide carbonique. Il est nécessaire, dans ce cas, de préserver la liqueur du contact de l'air. Au lieu de faire passer le gaz dans de l'eau de chaux, on peut également faire passer le gaz dans une dissolution de chlorure de calcium à laquelle on a ajouté de l'ammoniaque. Lorsque le gaz qui se dégage contient de l'acide carbonique, il se produit un précipité de carbonate de chaux qui ne se sépare cependant qu'au bout de quelque temps, mais qui se sépare plus rapidement lorsqu'on fait chauffer la liqueur après y avoir fait passer le gaz. Lorsqu'on chauffe la dissolution ammoniacale de chlorure de calcium avant d'y faire passer le gaz, le précipité de carbonate de chaux se produit immédiatement.

On dissout une portion de la combinaison dans l'acide chlorhydrique, ou bien, si elle contient de l'oxyde d'argent, du protoxyde de mercure ou de l'oxyde de plomb, on la dissout dans l'acide nitrique. On étend d'eau la dissolution et on y ajoute une dissolution de chlorure de baryum, ou bien, lorsqu'on a employé l'acide nitrique au lieu d'acide chlorhydrique, on y ajoute une dissolution de nitrate de baryte. S'il se forme ainsi un précipité blanc, cela indique que la combinaison contient de l'*acide sulfurique*. Si l'on chauffe une portion de la combinaison avec l'acide nitrique, s'il se produit ainsi un degagement de vapeurs brun-rouge et un dépôt de soufre et si la liqueur étendue d'eau et filtrée donne un précipité lorsqu'on ajoute une dissolution de nitrate de baryte, cela indique que la combinaison est un *sulfure*. Lorsque le soufre est combiné avec le mercure, on doit, au lieu d'acide nitrique, employer l'eau régale. Dans ce cas, il ne se dégage pas d'acide nitreux, mais il se dégage du chlore (on doit tenir compte ici de ce qui a été dit dans un des chapitres précédents [p. 875]).

On dissout une portion de la combinaison dans l'acide nitrique à la température ordinaire si cela est possible et on ajoute à la dissolution étendue d'eau une petite quantité d'une dissolution de nitrate d'argent. S'il se produit ainsi un précipité blanc caillebotté, cela indique qu'il y a un *chlorure* dans la combinaison. Comme le protochlorure de mercure ne se dissout pas dans l'acide nitrique, ou au moins comme il ne se dissout pas à la température ordinaire dans l'acide nitrique étendu, mais comme il se dissout seulement dans l'acide nitrique plus concentré avec l'aide de la chaleur et dans l'eau régale, on doit, lorsque la combinaison contient ce protochlorure, traiter une portion de cette combinaison par une dissolution d'hydrate de potasse ou mieux par une dissolution de carbonate de soude, en suivant la méthode qui a été indiquée page 881.

Il faut observer ici que l'acide sulfurique aussi bien que le chlore ne peuvent être contenus qu'à l'état de combinaisons basiques dans des substances à analyser qui sont solubles dans l'acide nitrique à la température ordinaire.

On cherche ensuite si, en ajoutant de l'acide nitrique et de l'alcool à la combinaison et en enflammant l'alcool, la flamme de cet alcool prend une coloration verte; ce qui indiquerait la présence de l'*acide borique*. On vérifie ensuite facilement la présence de l'acide borique en plongeant un papier de curcuma dans la dissolution de la combinaison dans l'acide chlorhydrique.

On s'assure de la présence de l'*acide nitrique* en mélangeant avec un égal volume d'acide sulfurique concentré une petite portion de la dissolution de la combinaison dans l'acide sulfurique étendu et en ajoutant une dissolution de protoxyde de fer; il se produit alors une coloration noire. Si l'acide nitrique existe dans la substance à analyser sous la forme d'une combinaison qui ne se dissolve pas bien dans l'acide sulfurique étendu, comme cela se présente par exemple lorsqu'il est combiné avec le bioxyde de mercure, l'oxyde de bismuth et les autres oxydes avec lesquels il forme des sels basiques, il vaut souvent mieux alors traiter ces combinaisons par une dissolution d'hydrate de potasse, mélanger une portion de la dissolution alcaline filtrée avec un volume égal d'acide sulfurique concentré et ajouter ensuite la dissolution de protoxyde de fer.

On a reconnu précédemment s'il y avait ou s'il n'y avait pas d'*acide arsénique* en effectuant la recherche des bases. Si la substance à analyser est de couleur blanche, on peut, dans la plupart des cas, y reconnaître la présence de l'acide arsénique en ajoutant à la combinaison sèche une dissolution concentrée de nitrate d'argent. Il se produit alors de l'arséniate d'argent de couleur brune. Cela arrive même avec l'arséniate d'alumine et l'arséniate de plomb.

Le moyen le plus rapide et le plus sûr pour découvrir l'*acide phosphorique* dans la dissolution est l'emploi du molybdate d'ammoniaque p. 549 . Mais on doit alors commencer par s'assurer qu'il n'y a pas d'acide arsénique; en effet l'acide arsénique peut se comporter comme l'acide phosphorique à l'égard du molybdate d'ammoniaque. S'il y a de l'acide arsénique, on ne peut reconnaître la présence de l'acide phosphorique qu'en séparant préalablement de la liqueur l'acide arsénique à l'état de sulfure d'arsenic.

Lorsqu'on n'a pas de molybdate d'ammoniaque, la présence de l'acide phosphorique est souvent difficile à reconnaître. Cependant, dans le cours des essais que l'on a faits pour retrouver les bases, on a pu déjà s'assurer s'il y avait ou s'il n'y avait pas d'acide phosphorique (p. 913). Si l'on veut s'assurer avec certitude par voie humide de la présence de l'acide phosphorique qui a passé si souvent inaperçu dans des recherches analytiques faites même par des chimistes d'un grand mérite, on doit opérer de la manière suivante : Si les bases de la combinaison à analyser sont seulement des oxydes métalliques qui peuvent être précipités par la dissolution d'hydrogène sulfuré dans une dissolution acide, on recherche l'acide phosphorique, par la méthode qui a été indiquée page 554, dans la liqueur filtrée que l'on a séparée du précipité produit par l'hydrogène sulfuré ; mais il faut préalablement débarrasser par l'action de la chaleur la dissolution de l'excès d'hydrogène sulfuré. On comprend en outre que, si on veut reconnaître l'acide phosphorique dans la liqueur au moyen d'une dissolution de nitrate d'argent, il faut dissoudre la combinaison dans l'acide nitrique et non dans l'acide chlorhydrique. Si, après avoir préalablement rendu la liqueur ammoniacale, on précipite l'acide phosphorique par une dissolution de chlorure de calcium ou de chlorure de baryum, on doit toujours s'assurer que le précipité formé est réellement du phosphate de chaux ou du phosphate de baryte ; ce que l'on reconnaît très facilement, ou bien en humectant une portion de la combinaison après l'avoir bien lavée et en la traitant ensuite par une dissolution de nitrate d'argent, ou bien en suivant la méthode qui a été indiquée page 551. Lorsqu'on veut reconnaître les phosphates au moyen d'une dissolution de nitrate d'argent, on doit observer que la plus grande partie seulement des phosphates deviennent jaunes par suite de la production du phosphate d'argent, mais que cela ne s'applique pas à tous les phosphates. Le phosphate d'alumine, le phosphate de sesquioxyde de fer et le phosphate de plomb restent blancs; le phosphate de protoxyde et de sesquioxyde de fer de couleur bleue n'est pas modifié non plus par l'action du nitrate d'argent (tandis que le phosphate de bioxyde de cuivre de couleur bleue produit immédiatement du phosphate d'argent de couleur jaune). Il faut observer en outre que les arsénites, traités de la même manière par une dissolution de nitrate d'argent, produisent de l'arsénite d'argent de couleur jaune et que le carbonate d'argent a, sous le rapport de la couleur, de la ressemblance avec le phosphate d'argent p. 104 et 105). On peut aussi s'assurer au moyen du chalumeau de la présence de l'acide phosphorique (p. 556) après avoir préalablement essayé le précipité pour reconnaître s'il contient de l'acide borique.

Si, au contraire, les bases qui entrent dans la composition de la substance sont des oxydes métalliques qui sont précipités par le sulfure d'ammonium dans la dissolution acide rendue ammoniacale, si par conséquent ces bases sont le protoxyde de fer, l'oxyde de nickel, l'oxyde de cobalt ou le protoxyde de manganèse, on ajoute d'abord de l'acide chlorhydrique à la liqueur que l'on a séparée, par filtration, du précipité produit par le sulfure d'ammonium et on fait digérer jusqu'à ce qu'on ne sente plus l'odeur d'hydrogène sulfuré ; on filtre ensuite pour séparer de la liqueur le soufre qui s'est déposé et on analyse la liqueur de la même manière. Il est à peine nécessaire d'observer ici encore une fois qu'on doit toujours employer l'acide nitrique et non l'acide chlorhydrique, lorsqu'on doit se servir d'une dissolution de nitrate d'argent.

Si les bases, contenues dans la combinaison, sont l'alumine, la magnésie, la chaux, la strontiane et la baryte, la recherche de l'acide phosphorique est plus difficile, surtout lorsqu'il y a en même temps des oxydes métalliques qui ne peuvent être précipités que par le sulfure d'ammonium. Si au contraire ces oxydes terreux existent seuls dans la combinaison ou s'il y a en même temps des oxydes métalliques qui peuvent être précipités par la dissolution d'hydrogène sulfuré dans la dissolution acide de la combinaison à analyser, on peut y retrouver l'acide phosphorique de la manière suivante : Après avoir précipité les oxydes métalliques à l'aide de l'hydrogène sulfuré et les avoir ainsi séparés, on sursature la dissolution acide par l'ammoniaque. De cette manière, les oxydes terreux qui pouvaient être combinés avec l'ammoniaque, sont précipités. S'il y avait seulement de la chaux, de la strontiane et de la baryte, leur précipitation par l'ammoniaque est une preuve de la présence de l'acide phosphorique; on doit seulement s'assurer que le précipité ne contient pas d'acide borique et on doit ensuite vérifier, au moyen du chalumeau ou par une autre méthode, si le précipité contient réellement de l'acide phosphorique. S'il y a en même temps de la magnésie, elle est précipitée par l'ammoniaque dans une dissolution qui contient de l'acide phosphorique, même lorsque la liqueur contient assez de chlorure d'ammonium pour que la magnésie ne puisse pas être précipitée par l'ammoniaque s'il n'y avait pas d'acide phosphorique. L'alumine est également précipitée, mais sa précipitation par l'ammoniaque n'est pas une preuve de la présence de l'acide phosphorique; on doit rechercher si le précipité, outre l'alumine, contient de l'acide phosphorique, en suivant la méthode qui a été indiquée page 552. Lorsqu'il n'y a pas de magnésie, le mieux est de dissoudre dans l'acide chlorhydrique le précipité qui contient l'alumine, d'ajouter de l'acide tartrique à la dissolution et de sursaturer par l'ammoniaque ; toute l'alumine reste alors en dissolution, et on peut, au moyen d'un mélange de sulfate de magnésie et de chlorure d'ammonium, précipiter l'acide phosphorique à l'état de phosphate ammoniaco-magnésien. En traitant simplement par une dissolution de nitrate d'argent le phosphate d'alumine sec ou humide, il reste blanc sans subir aucune modification et ne devient pas jaune, comme du reste cela a été observé déjà précédemment.

Si la substance à analyser contient les oxydes terreux que nous venons d'indiquer, si elle contient en même temps du sesquioxyde de fer, du protoxyde de fer, de l'oxyde de nickel, de l'oxyde de cobalt, de l'oxyde de zinc ou du protoxyde de manganèse, et si elle contient en outre des oxydes métalliques qui peuvent être précipités par l'hydrogène sulfuré dans une dissolution acide, on doit opérer l'analyse d'une tout autre manière. On dissout dans l'acide nitrique la substance à analyser, ou bien, si on ne veut pas employer la dissolution de nitrate d'argent pour rechercher l'acide phosphorique, on dissout la substance à analyser dans l'acide chlorhydrique; on précipite ensuite par la dissolution d'hydrogène sulfuré les oxydes métalliques qui peuvent être précipités par ce moyen; on filtre et on chauffe jusqu'à ce que la liqueur ne sente plus l'hydrogène sulfuré; on ajoute ensuite de l'acide sulfurique étendu, qui précipite la baryte et la strontiane. On peut aussi précipiter de cette manière la chaux, en ajoutant à la liqueur une quantité suffisante d'alcool. On filtre la liqueur pour la séparer du précipité que l'on a obtenu, et, dans le cas où l'on a également précipité la chaux, on chauffe jusqu'à ce que l'alcool se soit volatilisé. Lorsque la liqueur ne contient ni magnésie ni alumine, mais lorsqu'elle contient seulement des oxydes métalliques qui peuvent être précipités par le sulfure d'ammonium, on rend la liqueur ammoniacale, on précipite les oxydes par le sulfure d'ammonium, et on recherche dans la liqueur filtrée l'acide phosphorique à l'aide de la méthode indiquée. Mais s'il y a aussi de l'alumine et de la magnésie, on ajoute à la liqueur un excès d'une dissolution d'hydrate de potasse, sans y ajouter d'abord du sulfure d'ammonium, et on fait bouillir le tout. Le protoxyde de fer, l'oxyde de nickel, l'oxyde de cobalt, le protoxyde de manganèse, la magnésie et même l'oxyde de zinc sont ainsi précipités; l'oxyde de zinc est même précipité complétement lorsqu'on a fait bouillir pendant un temps trop court et lorsque la dissolution est suffisamment étendue. Les oxydes ainsi précipités retiennent encore, dans la plupart des cas, de petites quantités d'acide phosphorique; mais la plus grande partie de l'acide phosphorique reste en dissolution dans la liqueur filtrée, et peut y être recherchée en sursaturant légèrement la dissolution par l'acide chlorhydrique et en y ajoutant ensuite une dissolution de chlorure de baryum. Lorsqu'on a préalablement ajouté de l'acide sulfurique pour opérer la précipitation de la baryte, de la strontiane ou même de la chaux, il se produit, par l'action de la dissolution de chlorure de baryum, un précipité de sulfate de baryte; on filtre et on ajoute à la liqueur filtrée de l'ammoniaque, qui produit un précipité de phosphate de baryte. — Lorsqu'il y a en même temps de l'alumine et de l'acide phosphorique, l'acide phosphorique se dissout avec l'alumine dans la dissolution d'hydrate de potasse. On retrouve alors la présence de l'acide phosphorique par la methode qui a été indiquée page 552.

On voit par suite que la recherche de l'acide phosphorique dans les substances composées qui, sans cela, pourrait présenter de grandes difficultés, devient très facile lorsqu'on se sert de molybdate d'ammoniaque. C'est seulement lorsqu'il y a de l'acide arsénique qu'on peut ne pas s'apercevoir de la présence de l'acide phosphorique; on ne doit, par conséquent, pas se servir du molybdate d'ammoniaque pour rechercher l'acide phosphorique avant d'avoir séparé de la liqueur l'acide arsénique à l'état de sulfure d'arsenic. Du reste, l'emploi du molybdate d'ammoniaque exige toujours une certaine précaution : car on pourrait considérer comme faisant partie constituante essentielle de la substance, des traces d'acide phosphorique qui ne sont qu'accidentelles.

Analyse des combinaisons insolubles dans l'eau par la fusion avec le carbonate de soude.

L'analyse des combinaisons insolubles dans l'eau peut devenir plus facile dans quelques cas, lorsqu'on mélange la substance à analyser avec trois ou quatre fois son poids de carbonate de potasse ou de soude, et lorsqu'on fait ensuite fondre le mélange. Si l'on a employé des poids équivalents égaux des deux carbonates alcalins, on peut, dans la plupart des cas, opérer la fusion dans un petit creuset de platine au-dessus d'une lampe. Quelquefois le melange ne fond pas, mais il s'agrége seulement avec force; il s'est néanmoins opéré une décomposition complète. S'il y a de l'acide arsénique dont on a pu reconnaître préalablement, au moyen du chalumeau, la présence dans la substance à analyser, on ne doit pas employer un creuset de platine, parce que ce creuset pourrait être fortement endommagé; il vaut mieux alors opérer l'analyse par voie humide, comme cela a été indiqué précédemment. Le creuset de platine peut également être attaqué lorsque la substance à analyser contient des oxydes métalliques facilement réductibles, comme l'oxyde de plomb, l'oxyde de bismuth et l'oxyde d'antimoine. Lorsque les oxydes métalliques qui se séparent perdent entièrement leur oxygène par l'action de la chaleur, comme cela arrive pour l'oxyde d'argent et l'oxyde d'or), on ne doit pas non plus se servir d'un creuset de platine. Dans les cas que nous venons d'indiquer, on doit conseiller d'employer un petit creuset de porcelaine, lorsqu'on peut s'en procurer qui soient bien fabriqués. En effet, la couverte de beaucoup de creusets de porcelaine pourrait être attaquée par la fusion avec le carbonate alcalin, et la substance à analyser pourrait alors devenir impure par suite de son mélange avec une certaine quantité d'acide silicique et d'alumine. Il vaut mieux, dans ce cas, opérer l'analyse par voie humide, en suivant une des méthodes qui ont été décrites précédemment, ou en suivant une des méthodes qui seront indiquées plus loin.

Si la substance à analyser contient des sulfures, on ajoute au carbonate alcalin du nitrate alcalin; mais le creuset de platine peut quelquefois aussi être attaqué, ce qui n'arrive cependant en général que lorsque la substance à analyser contient des métaux qui forment des oxydes facilement réductibles.

Après la fusion, on soumet la masse calcinée à l'action prolongée de l'eau, et lorsque le tout s'est convenablement désagrégé, on sépare la partie qui s'est dissoute de celle qui est restée insoluble. L'emploi de cette méthode a l'avantage d'obtenir en dissolution les acides qui sont ainsi séparés des bases. La partie insoluble contient les bases : ces bases sont, ou à l'état de carbonates, comme cela arrive pour les oxydes alcalino-terreux, ou bien simplement à l'état d'oxydes; quelquefois aussi la base peut être transformée en métal, comme cela arrive pour l'oxyde d'argent (et pour l'oxyde d'or).

Outre l'excès de carbonate alcalin, la dissolution aqueuse contient les acides qui étaient combinés avec les bases dans la combinaison à analyser, spécialement l'acide borique, l'acide phosphorique et l'acide arsénique : elle peut aussi contenir du chlore qui était contenu dans la combinaison à analyser sous forme de chlorure. (Les combinaisons de l'acide arsénique peuvent cependant être plus facilement analysées par voie humide.) La dissolution aqueuse contient en outre de l'acide sulfurique, même lorsque la substance à analyser contenait des combinaisons de l'acide sulfurique qui sont insolubles ou peu solubles même dans les acides, comme les combinaisons de l'acide sulfurique avec les oxydes alcalino-terreux et l'oxyde de plomb. Il faut cependant observer que le sulfate de baryte n'est pas décomposé complétement par la fusion, lorsqu'on n'emploie pas une quantité considérable de carbonate alcalin. Mais le sulfate de baryte se présente peu fréquemment dans les analyses dont nous nous occupons en ce moment, parce qu'il est du nombre des combinaisons insolubles dans les acides; il prend cependant naissance lorsque la combinaison contient en même temps des sulfures et des sels alcalino-terreux insolubles dans l'eau, et lorsqu'on fait fondre cette combinaison avec du carbonate alcalin auquel on a ajouté un peu de nitrate alcalin.

Avant que l'on connût l'emploi du molybdate d'ammoniaque pour rechercher l'acide phosphorique, cette méthode d'analyse devait être employée plutôt que maintenant pour opérer cette recherche. En effet, quelques-uns des phosphates les plus importants, spécialement les phosphates alcalino-terreux et le phosphate de magnésie, ne sont décomposés qu'incomplétement par la fusion avec un carbonate alcalin, et l'alumine n'est pas séparée ainsi de l'acide phosphorique (p. 555).

Cette méthode ne doit donc spécialement être employée que lorsque la substance à analyser contient les oxydes métalliques proprement dits, et par conséquent les oxydes compris entre le n° 9 et le n° 25, spécialement le protoxyde de manganèse, l'oxyde de zinc, l'oxyde de cobalt, l'oxyde de nickel, le protoxyde de fer (qui est transformé en sesquioxyde de fer par la fusion avec les carbonates alcalins), le sesquioxyde de fer, l'oxyde de cadmium, l'oxyde de plomb, l'oxyde de bismuth, le bioxyde de cuivre, l'oxyde d'argent (qui est réduit à l'état métallique), le sesquioxyde d'or (qui ne se présente cependant pas dans ces sortes de recherches, et qui serait également réduit à l'état métallique), le protoxyde d'étain, le bioxyde d'étain et l'oxyde d'antimoine. (Le protoxyde de mercure et le bioxyde de mercure seraient décomposés et se volatiliseraient à l'état métallique.) Dans l'analyse de plusieurs des combinaisons dont il est question ici, il se présente quelquefois des difficultés lorsqu'il faut choisir le creuset dans lequel on doit opérer la fusion.

On dissout la partie insoluble en la faisant digérer dans l'acide chlorhydrique. Il ne faut pas faire digérer ici dans l'acide chlorhydrique la partie insoluble avec le filtre sur lequel on l'a jetée : il vaut mieux dessécher légèrement le précipité, afin de pouvoir le séparer du filtre autant que possible et de le dissoudre dans l'acide sans dissoudre en même temps le filtre. Cela est surtout nécessaire lorsque, au lieu d'acide chlorhydrique, on a employé l'acide nitrique pour opérer la dissolution, spécialement lorsque la dissolution contient des oxydes qui ne sont solubles que dans l'acide nitrique.

Lorsqu'on veut retrouver les bases, on traite la dissolution des bases dans l'acide chlorhydrique ou dans l'acide nitrique, précisément de la même manière que cela a été indiqué dans un des chapitres précédents (p. 886). En effet, comme les bases sont séparées des acides avec lesquels elles formaient des combinaisons insolubles dans l'eau, leur détermination ne présente pas une grande difficulté, et elle peut être opérée d'après les indications que nous avons données précédemment. Ce n'est que lorsqu'il y a du protoxyde d'étain et du bioxyde d'étain qu'il ne se produit pas une dissolution complète dans l'acide chlorhydrique (p. 251). Il se dissout bien, dans ce cas, un peu de bioxyde d'étain dans la liqueur alcaline; mais ce bioxyde d'étain se dépose cependant de nouveau au bout de quelque temps.

La dissolution aqueuse qui, outre le carbonate alcalin en excès, contient les acides de la combinaison à analyser combinés avec l'oxyde alcalin du carbonate employé pour opérer la décomposition, est ensuite traitée comme cela a été indiqué page 904. Dans le cours de cette analyse, on ne peut reconnaître ni la présence de l'acide nitrique, ni celle de l'acide carbonique : la présence de l'acide nitrique ne peut pas être reconnue, parce qu'il est décomposé pour la plus grande partie pendant la calcination avec le carbonate alcalin ; la présence de l'acide carbonique ne peut pas être reconnue parce qu'on a employé, pour opérer l'analyse, un excès de carbonate alcalin. On peut les reconnaître en opérant sur d'autres portions de la substance à analyser.

Analyse des substances insolubles dans l'eau par la fusion avec un carbonate alcalin et avec du soufre.

Pour opérer l'analyse de plusieurs combinaisons insolubles dans l'eau, on peut encore employer un autre procédé qui rend l'analyse plus facile, ou au moins l'abrége.

On réduit en poudre fine la combinaison à analyser, et on la mélange avec trois fois son poids d'un mélange de parties égales de soufre et de carbonate de soude sec ; on fait fondre ensuite le mélange au rouge dans un petit creuset de porcelaine. La couverte du creuset de porcelaine n'est pas attaquée par le sulfure de sodium qui se forme : c'est un grand avantage, qui doit faire essentiellement préférer cette méthode à la fusion avec le carbonate alcalin seul. On laisse ensuite refroidir la masse fondue ; on la traite par l'eau et on filtre pour séparer la partie soluble de la partie insoluble, qui, dans la plupart des cas, est de couleur noire. On recueille l'eau de lavage dans un verre différent de celui où l'on a recueilli la dissolution. En effet, l'eau de lavage passe souvent à l'état trouble au travers du filtre ; on ne doit pas, par suite, continuer le lavage pendant longtemps ; on ne doit pas non plus employer l'eau de lavage, mais on doit seulement employer la dissolution pour en faire l'analyse.

La dissolution contient les acides de la substance à analyser, spécialement l'*acide phosphorique*, l'*acide borique*, l'*acide sulfurique*, lorsque ces acides peuvent être contenus dans la combinaison ; elle peut contenir aussi du *chlore*. La dissolution contient en outre l'*acide arsénique* à l'état de sulfure d'arsenic combiné avec le sulfure de sodium ; elle contient aussi, à l'état de sulfures, tous les oxydes qui sont solubles dans une dissolution de sulfure de sodium, comme les oxydes de l'*antimoine*, de l'*étain* et de l'*or*. (Le sulfure de sodium peut aussi dissoudre des quantités excessivement petites de cuivre.) Les sulfures d'*argent*, de *mercure*, de *cuivre*, de *bismuth*, de *plomb*, de *cadmium*, de *fer*, de *nickel*, de *cobalt*, de *zinc* et de *manganèse* restent comme résidu à l'état insoluble. — S'il y avait de l'*alumine*, une petite portion de l'alumine est contenue dans la dissolution ; mais la plus grande partie se trouve dans le résidu insoluble à un tel état de densité qu'elle se dissout difficilement dans l'acide chlorhydrique, et qu'elle ne se dissout que par l'action de la chaleur dans l'acide sulfurique concentré. S'il y a en même temps de la *magnésie* et des *oxydes alcalino-*

terreux, ils sont contenus dans le résidu insoluble la baryte, lorsqu'elle est à l'état de carbonate, est transformée en sulfate de baryte). Mais lorsque, dans la substance à analyser, ces bases étaient combinées avec l'acide phosphorique, elles ne sont pas décomposées ou ne sont que peu décomposées par la fusion avec un mélange de carbonate de soude et de soufre. Si ces oxydes terreux sont combinés avec l'acide arsénique, il se produit une décomposition complète. L'acide arsénique existe entièrement alors dans la dissolution à l'état de sulfure d'arsenic, et les oxydes terreux se trouvent à l'état de carbonates dans le résidu insoluble la baryte s'y trouve à l'état de sulfate de baryte). Par l'action de la chaleur qui a été nécessaire pour opérer la fusion, la magnésie peut avoir perdu son acide carbonique.

On voit par suite que cette méthode d'analyse est surtout avantageuse lorsque les bases contenues dans la combinaison, sont seulement les oxydes métalliques proprement dits, lorsque ces bases sont par conséquent celles comprises entre le n° 9 et le n° 25 (p. 863), et lorsque ce ne sont pas des oxydes terreux.

L'analyse, opérée par cette méthode, se divise en analyse de la dissolution et en analyse du résidu insoluble.

1° Analyse de la dissolution.

On sursature la dissolution par l'acide chlorhydrique étendu, en opérant avec beaucoup de précaution à cause du dégagement d'hydrogène sulfuré qui se produit. On ne doit pas conseiller d'ajouter en une fois un excès d'acide chlorhydrique à la dissolution; mais il faut en ajouter seulement assez pour que la liqueur reste encore légèrement alcaline : on doit laisser reposer le tout dans un endroit chaud, et c'est seulement ensuite qu'on doit ajouter un petit excès d'acide chlorhydrique. (Cette précaution est nécessaire pour que le précipité contienne une quantité de persulfure d'hydrogène huileux aussi petite que possible.) Par l'action de l'acide chlorhydrique, il se précipite une grande quantité de soufre; mais il se précipite en même temps des combinaisons du soufre avec l'arsenic, l'antimoine, l'étain et l'or : il se précipite aussi une petite quantité de sulfure de cuivre.

A. — Après avoir chassé de la dissolution tout l'hydrogène sulfuré, on y reconnaît facilement l'*acide phosphorique* au moyen du molybdate d'ammoniaque; ou bien, si l'on n'a pas, à sa disposition, du molybdate d'ammoniaque, on reconnaît cet acide au moyen d'autres réactifs, notamment en sursaturant la liqueur par l'ammoniaque et en la traitant ensuite par la dissolution d'un mélange de sulfate de magnésie, de chlorure d'ammonium et d'ammoniaque. Si l'on veut rechercher l'acide phosphorique au moyen du nitrate d'argent, on ne doit pas décomposer par l'acide chlorhydrique la dissolution de la combinaison fondue, mais on doit la décomposer par l'acide sulfurique : en outre la liqueur doit être séparée avec soin de toute trace d'hydrogène sulfuré.

On reconnaît la présence de l'*acide borique* au moyen du papier de curcuma : on peut aussi reconnaître cet acide en mélangeant avec de l'alcool une portion de la dissolution et en enflammant l'alcool : s'il y a de l'acide borique, la flamme de l'alcool se colore alors en vert.

Lorsqu'il y a du *chlore* dans la substance à analyser, on ne peut pas, dans le cours de cette analyse, reconnaître sa présence, lorsqu'on ajoute de l'acide chlorhydrique à la dissolution de la masse fondue. Si l'on suppose que la combinaison contient du chlore et si l'on veut en reconnaître la présence, on ne doit pas sursaturer par l'acide chlorhydrique étendu la dissolution de la masse fondue; mais on doit employer l'acide sulfurique étendu. On peut alors, dans la liqueur sursaturée par l'acide, découvrir directement la présence du chlore au moyen d'une dissolution de nitrate d'argent. Lorsqu'on n'a pas eu soin de chasser tout l'hydrogène sulfuré libre, la liqueur peut encore en contenir des traces : le chlorure d'argent précipité peut alors ne pas avoir la couleur qui lui est propre, mais il peut prendre une couleur grise ou bien une couleur plus ou moins noire provenant du mélange d'une certaine quantité de sulfure d'argent. On doit conseiller par suite, avant d'ajouter le nitrate d'argent, d'additionner d'abord la dissolution d'une petite quantité d'une dissolution de sulfate de sesquioxyde de fer pour séparer la petite quantité d'hydrogène sulfuré qui pourrait y être contenue p. 806). C'est seulement après avoir filtré qu'on doit ajouter le nitrate d'argent pour s'assurer de la présence du chlore au moyen du précipité de chlorure d'argent qui se produit.

Lorsque la combinaison à analyser peut contenir de l'*acide sulfurique*, on ne peut pas le reconnaître dans le cours de cette analyse; en effet, par l'action du soufre sur le carbonate de soude, il se produit de l'acide sulfurique. — On ne peut pas non plus reconnaître la présence du *soufre*, lorsque la combinaison à analyser le contient à l'état de sulfure.

On ne peut pas non plus, dans le cours de cette analyse, retrouver l'*acide carbonique*, ni l'*acide nitrique* : en effet le premier est chassé avec l'acide carbonique du carbonate alcalin et le dernier est entièrement décomposé par l'action du soufre.

B. — Les sulfures qui ont été précipités de la dissolution par l'action de l'acide chlorhydrique étendu, sont ensuite traités comme les sulfures qui ont été précipités par un acide étendu de leur dissolution dans le sulfure d'ammonium en suivant les indications qui ont été données page 889. Ils peuvent contenir une quantité excessivement petite de sulfure de cuivre dont une petite quantité peut être dissoute par de grandes quantités de sulfure de sodium, mais il ne peut pas y avoir de sulfure de mercure.

2° Analyse du résidu insoluble dans une dissolution de sulfure de sodium.

La couleur du résidu est ordinairement noire ; si cependant ce résidu présente une autre couleur, cela est un indice certain de la présence de certains oxydes dans la combinaison à analyser : en effet il n'y a parmi les sulfures que les combinaisons sulfurées du manganèse, du zinc et du cadmium qui puissent être contenues dans le résidu insoluble et qui ne présentent pas une couleur noire. En outre, le résidu peut aussi contenir les oxydes terreux, soit à l'état pur, soit à l'état de combinaison avec l'acide carbonique, l'acide phosphorique et l'acide sulfurique.)

On traite le résidu par l'acide nitrique et on le chauffe. Il est alors décomposé : il n'y a que le sulfure de mercure qui ne soit pas décomposé, surtout lorsqu'on a employé un acide nitrique qui soit exempt d'acide chlorhydrique et qui ne soit pas trop concentré. Les autres métaux se dissolvent en laissant comme résidu du soufre ; c'est ce qui arrive même pour le sulfure de plomb. (Les oxydes terreux, à l'exception du sulfate de baryte, peuvent être dissous de cette manière. L'alumine n'est dissoute que lorsqu'on la chauffe avec l'acide sulfurique concentré, comme cela a du reste été déjà remarqué.)

La dissolution filtrée est traitée par un excès d'hydrogène sulfuré ou par un courant de gaz hydrogène sulfuré. On précipite de cette manière les combinaisons sulfurées de l'argent, du cuivre, du bismuth, du plomb et du cadmium que l'on reconnaît par la méthode indiquée page 891.

La liqueur, séparée des sulfures, est sursaturée par l'ammoniaque et on y ajoute ensuite du sulfure d'ammonium sans se préoccuper du précipité qui se produit. On précipite ainsi les combinaisons sulfurées du fer, du nickel, du cobalt, du zinc et du manganèse. Le précipité est alors traité par la méthode indiquée page 893. (En outre le précipité peut encore contenir les oxydes terreux et leurs combinaisons avec l'acide phosphorique. On expérimente alors comme il a été indiqué page 911.)

Lorsqu'on traite par l'acide nitrique le résidu insoluble, il peut, outre le soufre et le sulfure de mercure, rester encore du sulfate de baryte comme résidu insoluble. Après avoir lavé et desséché ce résidu insoluble, on en sépare le soufre en le calcinant dans un petit creuset de porcelaine et on en sépare également le sulfure de mercure. On traite ensuite le résidu par une dissolution de carbonate alcalin, en suivant la méthode qui sera indiquée dans le chapitre suivant.

Ce procédé d'analyse doit surtout être employé parce que le creuset de porcelaine n'est pas attaqué lorsqu'on fait fondre la combinaison avec du carbonate de soude et du soufre : on peut par suite séparer les parties constituantes de la substance, sans qu'elles soient mélangées avec l'acide silicique et l'alumine, comme cela arrive au contraire lorsqu'on calcine la substance à analyser avec un carbonate alcalin seul.

Analyse des alliages métalliques.

Si les métaux contenus dans les oxydes indiqués page 863 sont combinés entre eux sous forme d'*alliages*, on peut, pour les analyser, après avoir dissous l'alliage dans l'acide nitrique, ou bien dans l'eau régale lorsqu'il n'est pas complétement soluble dans l'acide nitrique, suivre la marche que nous avons indiquée p. 906 pour opérer l'analyse des substances insolubles dans l'eau, mais solubles dans les acides; on peut cependant arriver plus facilement et plus rapidement à ce but en opérant de la manière suivante qui en diffère légèrement :

On essaye d'abord une petite quantité de l'alliage dans un petit matras de verre au moyen de la flamme du chalumeau. De cette manière, les métaux volatils se volatilisent et se subliment : ce qui permet de les distinguer comme cela a été indiqué page 835.

On chauffe ensuite au moyen de la flamme du chalumeau une petite quantité de l'alliage dans un tube ouvert aux deux extrémités en suivant la méthode qui a été indiquée page 838.

On expose ensuite une petite quantité de l'alliage sur le charbon à la partie la plus chaude de la flamme du chalumeau, en suivant la méthode qui a été indiquée page 843, afin de rechercher la fusibilité de l'alliage et afin de voir si l'alliage contient des métaux qui donnent un dépôt sur le charbon. On peut ensuite, lorsque l'alliage a été oxydé, y ajouter une petite quantité de soude et chauffer fortement dans la flamme intérieure. Les dépôts qui se produisent sur le charbon, peuvent ensuite être distingués de la manière qui a été indiquée page 853. On doit en outre observer si, lorsqu'on traite l'alliage par la soude sur le charbon, il se produit une odeur d'arsenic, en se rappelant qu'on ne peut pas reconnaître ou qu'on ne peut reconnaître que difficilement à l'odeur de très petites quantités d'arsenic lorsque l'arsenic est combiné avec des quantités considérables de fer, de cobalt, de nickel, etc., bien qu'on traite alternativement l'alliage par la flamme extérieure ou par la flamme intérieure et bien qu'on mélange préalablement l'alliage avec de la soude ou du cyanure de potassium p. 376) avant de le soumettre à l'action de la flamme intérieure.

Enfin, si l'alliage est cassant, on l'emploie à l'état de poudre; s'il est malléable, on l'emploie à l'état de feuilles ou de lames, de tournures ou de limailles, pour le soumettre au traitement par les acides.

On traite une portion de l'alliage par l'acide chlorhydrique ou par l'acide sulfurique étendu. S'il se produit ainsi, soit à la température ordinaire, soit par l'action de la chaleur, un dégagement de gaz hydrogène et s'il s'opère de cette manière une dissolution partielle ou une dissolution complète, cela indique que l'alliage est formé de métaux qui, avec l'aide d'un acide, décomposent l'eau, qu'il est par conséquent composé de manganèse, de zinc, de fer, de cobalt, de nickel et même de cadmium (si l'on a employé l'acide chlorhydrique pour opérer la dissolution, il peut également être composé d'aluminium), ou bien qu'il contient tous ces métaux. Il faut observer ici que plusieurs de ces métaux, lorsqu'ils sont combinés dans l'alliage avec de grandes quantités d'autres métaux qui ne sont pas attaqués, même lorsqu'on les chauffe pendant longtemps avec de l'acide chlorhydrique ou avec de l'acide sulfurique étendu, perdent entièrement la propriété de se dissoudre dans les acides indiqués. Ainsi, en traitant par les acides indiqués le tombac et le laiton, on ne peut pas y séparer le cuivre du zinc. Si au contraire les métaux solubles dans l'acide chlorhydrique et dans l'acide sulfurique étendu avec degagement d'hydrogene sont combinés avec des quantités relativement beaucoup plus petites d'autres métaux qui ne se dissolvent pas dans les acides indiqués, on peut en operer la separation au moyen des acides. Ainsi, par exemple, dans un alliage de zinc et de cuivre qui contient plus de zinc que le laiton n'en contient, le zinc se dissout dans l'acide chlorhydrique en laissant le cuivre comme résidu.

Il est bon par suite, même lorsqu'on a trouvé que l'alliage est partiellement soluble dans l'acide chlorhydrique avec dégagement d'hydrogène, de le traiter ensuite par l'acide nitrique.

A. — On traite ensuite dans un ballon, par l'acide nitrique de moyenne concentration qui doit être exempt d'acide chlorhydrique , une portion de l'alliage amené préalablement à un grand état de division et on chauffe jusqu'à ce que, en ajoutant une nouvelle quantité d'acide, il ne se produise plus d'action, ou jusqu'à ce qu'il se soit opéré une dissolution complète.

S'il ne s'est pas opéré une dissolution complète, le résidu peut être formé d'un metal qui, comme l'or, n'est pas attaqué par l'acide nitrique [il faut observer cependant ici que, lorsque l'or est allié avec une quantité d'argent qui n'est pas trop grande, ce dernier perd sa propriété de se dissoudre dans l'acide nitrique (p. 163), tandis que, d'autre part, l'or peut devenir également insoluble dans l'eau régale lorsqu'il est allié avec une très grande quantité d'argent p. 231)]; le résidu peut aussi être formé d'oxydes qui ne sont pas solubles dans l'acide nitrique (*oxyde d'étain*, *oxyde d'antimoine* et même *acide arsénieux* : ce dernier ne se dissout qu'en petite quantite dans l'acide nitrique et se dépose par le refroidissement : le résidu peut aussi être composé d'un mélange du métal insoluble et des oxydes insolubles.

Si le résidu est formé seulement des oxydes de couleur blanche, on le filtre et on le lave. On le traite par l'acide chlorhydrique qui doit le dissoudre lorsqu'on fait bouillir et lorsqu'on étend ensuite d'une certaine quantité d'eau. On traite ensuite la dissolution précisément comme on a indique précedemment (p. 908) qu'on devait traiter la dissolution des sulfures qui ont été précipites de leur dissolution dans le sulfure d'ammonium. On peut encore essayer plus facilement le residu d'oxydes blancs au moyen du chalumeau sur le charbon, comme cela a déjà été indiqué page 889.

Si le residu est formé seulement de métal (or), sans mélange d'un oxyde blanc, on ajoute de l'acide chlorhydrique à l'acide nitrique : on obtient de cette maniere une dissolution complète qui a une couleur jaunâtre. Dans cette dissolution, on peut facilement s'assurer au moyen des réactifs de la présence de l'or. Si l'or contient une petite quantite d'argent, cet argent se sépare à l'etat de chlorure d'argent, mais la dissolution n'est complète que lorsqu'on étend d'eau la dissolution d'or.

Si le residu est formé des oxydes blancs indiqués et de l'or métallique, on le lave d'abord, en employant de préférence, pour opérer ce lavage, de l'eau qui tient en dissolution une petite quantité de carbonate alcalin pour séparer tout l'acide nitrique qui pourrait être mélangé avec les oxydes blancs. On fait bouillir ensuite le residu avec l'acide chlorhydrique qui dissout les oxydes lorsqu'on ajoute ensuite de l'eau, tandis que l'or reste à l'état insoluble : on dissout alors ce dernier dans l'eau régale et on le reconnaît dans la dissolution à l'aide des réactifs.

B. — Si la dissolution de l'alliage dans l'acide nitrique s'opère complétement ou s'opère seulement en partie, on peut ajouter de l'acide sulfurique étendu à la dissolution nitrique étendue : s'il y a de l'*oxyde de plomb,* il se produit un précipité de sulfate de plomb. (Comme l'alliage a été chauffé pendant longtemps avec l'acide nitrique et comme on a employé un excès de cet acide, il peut, s'il y a du mercure dans l'alliage, ne pas se former facilement un précipité de sulfate de protoxyde de mercure par l'action de l'acide sulfurique étendu).

C. — Soit qu'il se produise un précipité, soit qu'il ne s'en produise pas par l'action de l'acide sulfurique étendu, on ajoute un peu d'acide chlorhydrique à la dissolution filtrée ou non filtrée. S'il y a dans la dissolution une petite quantité d'oxyde d'argent, cet oxyde d'argent est précipité à l'état de chlorure d'argent. On laisse le précipité se déposer : on décante ensuite la liqueur, on lave le précipité et on le traite par l'ammoniaque dans laquelle il doit se dissoudre complétement s'il est formé de chlorure d'argent pur. Si le résidu contient un peu de protochlorure de mercure, il reste un résidu légèrement noirâtre insoluble dans l'ammoniaque.

D. — On traite ensuite par un excès de dissolution d'hydrogène sulfuré, ou bien on fait passer du gaz hydrogène sulfuré dans la liqueur que l'on a séparée du chlorure d'argent ou dans la liqueur qui n'a pas été troublée par l'acide chlorhydrique. De cette manière, les combinaisons sulfurées du cadmium, du bismuth, du cuivre et du mercure sont précipitées il se précipite aussi de petites quantités d'antimoine et des quantités un peu plus grandes d'arsenic). On traite ces sulfures par l'acide nitrique, et on les distingue par la méthode indiquée page 894.

E. — On sursature par l'ammoniaque la liqueur que l'on a séparée des sulfures qui se sont déposés dans la dissolution acide, et on ajoute ensuite immédiatement du sulfure d'ammonium. On précipite de cette manière les combinaisons sulfurées du fer, du nickel, du cobalt, du zinc et du manganèse. On peut aussi précipiter de cette manière l'alumine, lorsque l'alliage contenait de l'aluminium, et lorsqu'on a préalablement traité cet alliage par l'acide chlorhydrique ou l'eau régale.

ANALYSE QUALITATIVE DES COMBINAISONS COMPOSÉES QUI SONT EN GRANDE PARTIE OU EN TOTALITÉ INSOLUBLES DANS L'EAU ET DANS LES ACIDES, ET DONT LES PARTIES CONSTITUANTES ONT ÉTÉ INDIQUÉES PAGE 863.

Si on a traité la substance à analyser d'abord par l'eau et ensuite par les acides et s'il est resté après cela un résidu insoluble, ce résidu ne peut être formé que des substances qui ont été indiquées page 883. Il peut par conséquent être formé surtout de *sulfate de baryte*, de *sulfate de strontiane*, de *sulfate de chaux* et de *sulfate de plomb*, et aussi de *chlorure d'argent* et de *chlorure de plomb*. Il peut encore y avoir dans ce résidu plusieurs oxydes qui deviennent, par la calcination, insolubles dans les acides, comme cela se présente pour le bioxyde d'étain; le résidu peut en outre contenir des métaphosphates et aussi quelques arséniates acides. Le sulfure de mercure, le protochlorure de mercure et le sulfate de protoxyde de mercure ne peuvent pas être au nombre de ces combinaisons; en effet, les deux dernières combinaisons se dissolvent entièrement lorsqu'on les chauffe avec l'acide nitrique, et la première est décomposée par l'eau régale et s'y dissout entièrement, ou bien laisse comme résidu une petite quantite de soufre.

La plupart des substances indiquées ne sont pas entièrement insolubles dans l'eau ni dans les acides : le sulfate de chaux, par exemple, peut se dissoudre complétement dans une grande quantité d'eau, même sans ajouter un acide. Lorsqu'on veut reconnaître les parties constituantes de ces substances, on traite leurs dissolutions aqueuses et leurs dissolutions chlorhydriques, qui du reste n'en contiennent qu'une petite quantité, par la méthode, que l'on a indiquée page 886 et page 906, pour traiter les dissolutions aqueuses et les dissolutions chlorhydriques d'autres substances. — Les métaphosphates et les arséniates acides sont dissous dans l'acide sulfurique concentré.

Après avoir réduit en poudre la substance à analyser, on en traite d'abord une très petite quantité par le sulfure d'ammonium dans un petit creuset de porcelaine. Si la couleur de la poudre ne subit pas de modification, il devient probable que la substance à analyser est formée des combinaisons des oxydes alcalino-terreux avec l'acide sulfurique; mais si la poudre devient immédiatement noire, cela indique qu'elle est formée de chlorure d'argent, de sulfate de plomb, de chlorure de plomb, ou qu'elle contient une de ces substances.

Dans le premier cas, lorsque la couleur de la poudre n'est pas modifiée par l'action du sulfure d'ammonium et lorsque, par suite, la combinaison est formée seulement des combinaisons de l'acide sulfurique avec les oxydes alcalino-terreux, on peut analyser la combinaison de différentes manières, comme cela a été indiqué précédemment (p. 898).

On peut traiter la combinaison par une dissolution de carbonate de potasse ou de carbonate d'ammoniaque, et on la laisse reposer à la température ordinaire pendant environ vingt-quatre heures, en ayant soin de l'agiter fréquemment, ou bien on la fait bouillir avec une dissolution de carbonate de potasse à laquelle on a ajouté du sulfate de potasse. On sépare ensuite la baryte de la strontiane et de la chaux, et on suit les indications qui ont été données page 898.

Mais si une portion de la poudre est devenue noire par une addition de sulfure d'ammonium, cela indique qu'elle peut contenir du chlorure d'argent, du chlorure de plomb ou du sulfate de plomb, et en même temps aussi des sulfates alcalino-terreux. Même dans ce cas, il est bon de traiter le tout à la température ordinaire par une dissolution de carbonate de potasse. Il n'y a que le sulfate de baryte et le chlorure d'argent qui ne soient pas modifiés de cette manière, tandis que le sulfate de strontiane, le sulfate de chaux, le sulfate de plomb (et aussi le sulfate de protoxyde de mercure), sont décomposés complétement, et tandis que le chlorure de plomb est décomposé partiellement. Lorsqu'il y a du sulfate de plomb et du chlorure de plomb, la dissolution alcaline dissout, même à la température ordinaire, une quantité assez considérable d'oxyde de plomb, ce qui ne se présente pas lorsqu'on emploie du bicarbonate de potasse, qui exerce sur les sels insolubles une action décomposante presque identique avec celle qu'exerce le carbonate neutre de potasse, mais qui laisse comme résidu une certaine quantité de chlorure de plomb qui n'est pas décomposée et qui est plus grande que lorsqu'on opère avec le carbonate de potasse neutre. Après environ douze heures, on filtre et on lave avec de l'eau à la température ordinaire. On sature par l'acide nitrique la liqueur filtrée, et on peut ensuite s'assurer si elle contient de l'acide sulfurique et de l'acide chlorhydrique, ou si elle n'en contient pas. — On lave le résidu, et on le traite par l'acide nitrique étendu : de cette manière, la strontiane, la chaux et l'oxyde de plomb se dissolvent. Il se dissout aussi du bioxyde de mercure, lorsque la combinaison contenait du sulfate de protoxyde de mercure; surtout lorsque l'acide nitrique a été employé à chaud, il n'existe presque que du bioxyde de mercure dans la dissolution acide. Il ne reste à l'état insoluble que du sulfate de baryte et du chlorure d'argent.

Pour séparer ces deux derniers, on lave le résidu et on le fait bouillir avec une dissolution de carbonate de potasse; on laisse le tout se déposer; on décante la liqueur et on fait bouillir le résidu avec une nouvelle dissolution de carbonate de potasse, opération que l'on peut répéter encore une fois. On lave le résidu; la liqueur filtrée contient l'acide sulfurique du sulfate de baryte décomposé qu'on peut retrouver dans cette liqueur, au moyen du chlorure de baryum, après l'avoir sursaturée par l'acide chlorhydrique. Après avoir lavé le résidu insoluble, on le traite ensuite par l'acide nitrique étendu, qui dissout le carbonate de baryte et qui laisse le chlorure d'argent comme résidu insoluble. On reconnaît dans le chlorure d'argent la présence de l'argent, en traitant avec la soude sur le charbon une petite quantité de ce chlorure à l'aide du chalumeau (p. 166).

Si l'on veut separer du chlorure la totalité de l'argent, on peut y arriver au moyen du zinc ou du fer; mais on peut y arriver aussi plus rapidement en faisant fondre le chlorure d'argent avec un carbonate alcalin (p. 166). — On peut encore separer le sulfate de baryte du chlorure d'argent au moyen de l'ammoniaque, qui dissout le chlorure d'argent; en traitant ensuite cette dissolution ammoniacale par l'acide nitrique, on peut en precipiter le chlorure d'argent. Cependant, lorsque le chlorure d'argent a eté desseche, et surtout lorsqu'il a été fondu, il se dissout difficilement dans l ammoniaque. On ne peut, par suite, pas obtenir, ou on ne peut obtenir que tres difficilement, au moyen de l'ammoniaque, une séparation approximative du chlorure d'argent et du sulfate de baryte; toutefois il se dissout dans l'ammoniaque une certaine quantité de chlorure d'argent, en sorte qu'on peut s'assurer, dans la dissolution ammoniacale, de la presence du chlorure d'argent.

On traite par une dissolution d'hydrogène sulfuré la dissolution dans l'acide nitrique etendu; il se precipite de cette manière du sulfure de plomb, ou bien il se precipite en même temps du sulfure de mercure. On opère alors sur le precipite de la manière qui a été indiquée p. 891. La liqueur, filtree et separee ainsi des sulfures métalliques, ne peut plus contenir que de la strontiane et de la chaux; on l'évapore au bain-marie et dans la dissolution saline neutre que l'on a concentree par évaporation, on peut reconnaître la presence des deux oxydes terreux, ou d'un seul d'entre eux, suivant que la combinaison les contenait tous les deux ou n'en contenait qu'un seul p. 898).

On ne doit conseiller ce procedé d'analyse que lorsqu'on n'a pas besoin d'operer rapidement; mais si l'analyse doit être terminee en peu de temps, il faut operer de la manière suivante : on fait bouillir la combinaison à analyser avec une dissolution de carbonate de potasse à laquelle on a ajoute du sulfate de potasse, et on expérimente ensuite précisément comme cela a dejà eté indiqué. Cette modification du mode d'operer a cependant l'inconvenient qu'on ne peut pas s'assurer de la présence de l'acide sulfurique dans la liqueur alcaline. Si on veut le faire, on doit faire bouillir la substance à analyser avec une dissolution de carbonate de potasse pur, laisser ensuite deposer, decanter la liqueur, faire bouillir le residu avec une nouvelle dissolution de carbonate de potasse : on doit répéter cette operation encore une fois et soumettre enfin le tout au lavage. Toutes les parties constituantes de la substance à analyser sont alors decomposées, à l'exception du chlorure d'argent. Si on traite le residu par l'acide nitrique étendu, il se dissout; si cependant il contient du chlorure d'argent, tout le reste se dissout et le chlorure d'argent ne se dissout pas. On doit, dans la dissolution nitrique, tenir compte de la présence de la baryte (p. 898 , en outre des oxydes indiques précedemment.

ANALYSE QUALITATIVE DES SUBSTANCES QUI PEUVENT CONTENIR TOUTES LES PARTIES CONSTITUANTES INORGANIQUES CONNUES.

Il n'est pas possible de donner une méthode pour opérer l'analyse des substances inconnues qui peuvent contenir les parties constituantes inorganiques les plus variées, avec la même netteté et avec autant de détail qu'il a été possible de le faire pour l'analyse des substances dans lesquelles le nombre des parties constituantes est limité. On doit laisser à la circonspection et au bon sens de l'opérateur la marche qu'il doit suivre pour opérer l'analyse. Par suite, ce que l'on veut indiquer seulement dans ce qui va suivre, c'est le moyen de groupèr dans une analyse de ce genre les différentes parties constituantes; après avoir ainsi réuni en groupes les parties constituantes de la substance, l'analyse des groupes ainsi isolés les uns des autres devient plus facile, on doit alors moins craindre de ne pas s'apercevoir de l'une ou de l'autre des parties constituantes, surtout lorsqu'elle n'est pas en trop petite quantité.

Dans l'analyse qualitative d'une substance inconnue quelconque, il est bon d'opérer presque entièrement de la même manière que cela a été indiqué dans les chapitres précédents. On doit donc chercher d'abord si la combinaison donnée est soluble dans l'eau ou si elle y est insoluble et on en consacre une portion particulière à la recherche des bases et une autre à la recherche des acides. D'après ce qui a été dit dans les chapitres précédents, on peut voir que, dans le cours des recherches que l'on fait pour retrouver les bases, on peut souvent en même temps retrouver plusieurs acides.

En outre, on a déjà indiqué précédemment que lorsque la substance à analyser contient certaines substances, il y en a d'autres qu'elle ne peut pas contenir. Il n'est par suite pas nécessaire d'observer de nouveau ici quelles sont les parties constituantes qui ne peuvent pas se rencontrer ensemble dans une même substance. Lorsqu'on examine la manière dont les bases isolées se comportent à l'égard des réactifs, il faut surtout observer quels sont les acides avec lesquels certaines bases forment des combinaisons solubles et quels sont les acides avec lesquels les mêmes bases forment des combinaisons insolubles; de même lorsque les acides sont isolés, il faut voir quelles sont les bases avec lesquelles ils produisent des combinaisons solubles et quelles sont celles avec lesquelles ils produisent des combinaisons insolubles. On doit seulement faire encore remarquer ici que, parmi les acides et parmi les bases dont on n'a pas pris en considération la présence dans les indications qui ont été données précédemment sur les recherches d'analyse qualitative, il s'en trouve plusieurs qui exercent une action réductrice sur les oxydes métalliques dont les métaux n'ont pas une grande affinité pour l'oxygène. C'est ainsi, par exemple, que l'acide sulfureux, l'acide hyposulfureux, l'acide phosphoreux, l'acide hypophosphoreux, l'acide oxalique, ainsi que le protoxyde d'etain, le protochlorure d'étain et le protoxyde de fer, ne peuvent pas exister dans une liqueur en même temps que les oxydes ou les chlorures des métaux nobles.

1. ANALYSE QUALITATIVE DES SUBSTANCES SOLUBLES DANS L'EAU.

1° Recherche des bases.

Pour rechercher les bases, on peut suivre la marche qui a été indiquée page 867 et page 887.

A. — On rend d'abord la dissolution acide au moyen de l'acide chlorhydrique ; ou bien, dans quelques cas qui ont été indiqués p. 867 et p. 887, on rend la dissolution acide au moyen de l'acide nitrique étendu.

Les dissolutions des *carbonates* dégagent alors avec effervescence du gaz acide carbonique et les *combinaisons sulfurées* des métaux des oxydes alcalins et des oxydes alcalino-terreux se décomposent avec dégagement de gaz hydrogène sulfuré.

Si on a ajouté de l'acide chlorhydrique à une dissolution concentrée de la combinaison et si l'on observe, soit à la température ordinaire, soit par l'action de la chaleur, une odeur bien nette de chlore, cela est une preuve que la dissolution aqueuse contient de l'*acide manganique*, du *sesquioxyde de manganèse*, de l'*acide hypermanganique*, de l'*acide ferrique*, de l'*oxyde de cerium*, de l'*acide vanadique*, de l'*acide chromique*, de l'*acide tellurique* ou de l'*acide sélénique ;* lorsque l'on continue à chauffer jusqu'à ce qu'il ne se dégage plus de chlore, ces parties constituantes sont, au moins en grande partie, transformées en protoxyde de manganèse, en sesquioxyde de fer, en protoxyde de cerium, en acide vanadeux, en sesquioxyde de chrome, en acide tellureux ou en acide sélénieux. Il faut cependant observer ici que l'acide tellurique et l'acide sélénique, aussi bien que l'acide vanadique et l'acide chromique, ne dégagent du chlore par l'action de l'acide chlorhydrique que lorsqu'on opère sur des dissolutions très concentrées et lorsqu'on soumet le tout à l'action prolongée de la chaleur ; il faut souvent attendre très longtemps avant que leur transformation en un degré inférieur d'oxydation par l'action de l'acide chlorhydrique soit complétement opéré. On retrouve alors dans la dissolution les degrés inférieurs d'oxydation. — Les *chlorates* et les *hypochlorites* peuvent également dégager du chlore lorsqu'on les traite par l'acide chlorhydrique ; il en est de même des *bromates*, des *iodates* et des *nitrates*.

Cette réaction est très importante et très décisive et elle peut faciliter beaucoup la recherche et la détermination de quelques parties constituantes.

Par suite de l'action qu'exercent sur la dissolution l'acide chlorhydrique ou les autres acides et spécialement l'acide sulfurique, il peut se dégager plusieurs acides volatils qui peuvent être reconnus ainsi. Ce n'est que plus tard qu'il sera question de cette circonstance lorsqu'on s'occupera de la recherche des acides.

Par l'addition d'un acide à la dissolution de la substance à analyser, il peut se produire dans quelques cas un précipité, lorsque l'acide ajouté sépare l'acide contenu dans la dissolution et lorsque cet acide est insoluble ou peu soluble. On ne doit pas confondre ce précipité avec celui que quelques acides produisent dans les dissolutions, lorsqu'ils forment des combinaisons insolubles ou peu solubles avec les bases contenues dans ces dissolutions, comme cela se présente par exemple pour le précipité que l'acide sulfurique produit dans les dissolutions salines des oxydes alcalino-terreux, de l'oxyde de plomb et du protoxyde de mercure, ou pour le précipité que l'acide chlorhydrique forme dans les dissolutions salines de l'oxyde d'argent, du protoxyde de mercure, de l'oxyde de plomb, etc. Le précipité qui se forme par l'addition d'un acide énergique qui sépare des acides faibles qui sont insolubles ou peu solubles par eux-mêmes, ne se produit presque toujours que dans les dissolutions des sels alcalins lorsque, dans ces dissolutions, les oxydes alcalins sont combinés avec quelques acides métalliques qui sont insolubles ou peu solubles par eux-mêmes dans l'eau et dans les acides. Ce précipité se produit par suite même lorsqu'on ajoute une petite quantité d'un acide énergique; dans quelques cas, il se dissout lorsqu'on ajoute un excès d'un acide énergique; il ne se dissout alors du reste que dans les acides énergiques, mais ne se dissout pas dans les autres. A cette catégorie, appartiennent les combinaisons des oxydes alcalins avec l'*alumine* (p. 45), la *glucine*, l'*acide molybdique* (p. 313) et même l'*acide tantalique* (p. 294), et l'*acide niobique* (325) (dans les deux derniers cas, un excès d'un acide énergique ne produit qu'une dissolution opaline). Les dissolutions de l'*acide hyponiobique* (p. 311) et de l'*acide tungstique* (p. 335) appartiennent à l'autre catégorie. L'*acide silicique* est aussi précipité dans quelques cas d'une dissolution alcaline par l'addition d'un acide et n'est pas redissous par un excès de cet acide; mais, dans d'autres cas, il n'en est pas de même (p. 634).

Plusieurs cyanures simples sont également décomposés et dégagent de l'acide cyanhydrique par l'addition de l'acide chlorhydrique et même d'un autre acide; en même temps, ils se dissolvent. Il en est de même des dissolutions des combinaisons doubles des cyanures alcalins avec les cyanures des métaux proprement dits qui sont décomposés avec dégagement d'acide cyanhydrique; par suite de cette décomposition, les cyanures des métaux proprement dits qui sont contenus dans la combinaison double, sont précipités; en effet, la plupart de ces cyanures sont insolubles dans l'eau et dans les acides étendus (p. 729). Cette décomposition a lieu, comme cela a été indiqué page 729, même à la température ordinaire, pour plusieurs cyanures doubles; pour d'autres cyanures, cette décomposition n'a lieu qu'à l'aide de l'ébullition.

Par l'action de l'acide chlorhydrique sur les *sulfosels* (alcalins) solubles dans l'eau, la sulfobase est décomposée dans la plupart des cas avec dégagement de gaz hydrogène sulfuré et l'oxyde alcalin reste dissous; en même temps il se sépare un sulfure insoluble dans l'eau qui peut être analysé comme les sulfures qui ont été précipités par le gaz hydrogène sulfuré dans une dissolution rendue acide.

Si, dans la dissolution aqueuse de la substance à analyser, il ne se produit aucune de ces modifications par l'addition de l'acide chlorhydrique ou de l'acide nitrique, on ajoute une dissolution d'hydrogène sulfuré à la dissolution rendue acide, ou on y fait passer un courant de gaz hydrogène sulfuré. Outre les oxydes indiqués page 867, l'*oxyde de cadmium*, l'*oxyde de plomb*, l'*oxyde de bismuth*, le *bioxyde de cuivre*, l'*oxyde d'argent*, le *protoxyde de mercure*, le *bioxyde de mercure*, le *sesquioxyde d'or*, le *protoxyde d'étain*, le *bioxyde d'étain* et l'*oxyde d'antimoine*, on précipite encore l'*oxyde de rhodium*, l'*oxyde d'iridium*, l'*oxyde d'osmium*, l'*acide osmique*, le *protoxyde de palladium*, l'*oxyde de ruthenium*, le *bioxyde de platine*, l'*acide antimonique*, les *oxydes du molybdène* et aussi l'*acide molybdique*, l'*acide vanadique*, l'*acide tellureux*, l'*acide tellurique*, l'*acide arsénieux*, l'*acide arsénique* et l'*acide sélénieux*. Il est à peine nécessaire d'observer ici que lorsque, au lieu des combinaisons des oxydes de ces métaux, ce sont leurs chlorures, leurs bromures, leurs iodures et leurs fluorures qui sont contenus dans les dissolutions, ces combinaisons sont également précipitées par l'hydrogène sulfuré. Quelques-uns des sulfures formés, spécialement les sulfures de quelques-uns des métaux qui sont contenus dans la mine de platine, se séparent, comme cela résulte de ce qui a été dit dans la première partie de ce volume, seulement au bout de quelque temps, et lorsqu'on a soumis le tout à l'action de la chaleur; même alors la séparation n'est pas complète, ce que l'on doit surtout observer et ce qui permet même de reconnaître quelques-uns d'entre eux.

Quelques oxydes ne sont pas précipités à l'état de sulfures par l'hydrogène sulfuré dans les dissolutions acides, mais ils décomposent l'hydrogène sulfure; il se sépare alors, par l'action de la chaleur, du soufre sous la forme d'un précipité laiteux, difficile à filtrer. A cette catégorie, appartiennent : le *sesquioxyde de manganèse*, les *acides du manganèse* et aussi l'*acide nitreux* et l'*acide chromique*, lorsqu'ils n'ont pas été préalablement décomposés par l'acide chlorhydrique; on peut en outre y ajouter le *sesquioxyde de fer* et aussi l'*acide hyposulfurique*, l'*acide sulfureux*, l'*acide chlorique*, l'*acide bromique*, l'*acide iodique*, l'*acide ferrique* et le *sesquioxyde de cobalt* qui, du reste, n'est contenu qu'excessivement rarement dans les dissolutions) lorsque les combinaisons salines de ces acides ont été préalablement décomposées par un acide. Lorsque la substance à analyser ne contient pas d'oxydes qui soient précipités par l'hydrogène sulfuré à l'état de sulfures, la séparation du soufre est alors une preuve que la substance à analyser contient une ou plusieurs des parties constituantes que nous avons indiquées. Il est très facile de distinguer le dépôt de soufre qui se produit ainsi de celui que produirait un sulfure; pour y arriver, on a besoin seulement de laver le dépôt et d'en chauffer une partie dans un petit creuset de porcelaine; lorsqu'il est uniquement composé de soufre, il se volatilise entièrement, propriété qu'il partage du reste avec quelques sulfures volatils comme le sulfure d'arsenic par exemple. Il est cependant impossible d'observer la séparation du soufre lorsqu'il se sépare en même temps un sulfure.

On traite par le sulfure d'ammonium une portion du précipité de sulfures obtenu par l'action de l'hydrogène sulfuré, et on essaye ensuite la dissolution ainsi obtenue comme cela a été indiqué page 888. Parmi les sulfures contenus dans le précipité, le sulfure d'ammonium dissout ceux dont les oxydes ont été indiqués page 471 : ce sont par conséquent les combinaisons sulfurées du *platine*, de l'*iridium*, de l'*or*, de l'*étain*, de l'*antimoine*, du *molybdène*, du *tellure*, du *selenium* et de l'*arsenic*. — L'*acide tungstique*, l'*acide vanadeux* et l'*acide vanadique* qui ne peuvent pas être précipités à l'état de sulfures dans des dissolutions acides, se dissolvent sous forme d'oxydes dans le sulfure d'ammonium et peuvent être précipités de cette dissolution par un acide à l'état de sulfures métalliques.

On s'assure facilement de la présence du *platine* dans la dissolution de la combinaison à analyser, à ce qu'une dissolution concentrée de chlorure de potassium ou de chlorure d'ammonium produit un précipité jaune dans cette dissolution, lorsqu'elle est concentrée p. 193). Si la dissolution de la combinaison à analyser est très étendue, on doit l'évaporer pour la concentrer avant d'y ajouter la dissolution de chlorure de potassium ou de chlorure d'ammonium. Cette réaction se produit même lorsque la dissolution contient, outre le platine, une grande quantité d'autres metaux dont aucun à l'exception de l'iridium) n'est précipité par le chlorure de potassium ou le chlorure d'ammonium dans des dissolutions encore acides. — On reconnaît dans une portion de la dissolution de la substance à analyser la présence de l'*iridium* de la même manière que celle du platine en operant d'une manière analogue ; dans les dissolutions très concentrées, l'iridium est précipité par le chlorure de potassium ou le chlorure d'ammonium, surtout lorsque la combinaison est en dissolution dans l'alcool; cependant le précipité ne se produit souvent qu'au bout de quelque temps Ce précipité est noir lorsqu'il s'est déposé lentement; après avoir eté broyé, il est rougeâtre ; lorsque la combinaison contient en même temps une quantité considérable de platine, le précipité qui se produit est également rougeâtre. — On reconnaît dans la combinaison à analyser la présence du *molybdène* en essayant au moyen du chalumeau (p. 347) une petite portion de la combinaison à l'état sec; mais il faut que la substance à analyser ne contienne pas en même temps des matières qui puissent empêcher la production des réactions que présentent les combinaisons du molybdène lorsqu'on les essaye à l'aide du chalumeau ; il vaut mieux par suite essayer à l'aide du chalumeau le précipité que l'on a obtenu en traitant par l'acide chlorhydrique la dissolution des sulfures dans le sulfure d'ammonium. — On s'assure quelquefois de la présence du *tellure* dans la combinaison, lorsqu'il y est contenu à l'état d'acide tellureux, à ce que la dissolution devient laiteuse lorsqu'on l'étend d'eau, pourvu qu'on n'ait pas ajouté trop d'acide ;

on s'en assure en outre par la réaction que les oxydes alcalins exercent sur l'acide tellureux et par la manière dont la combinaison se comporte au chalumeau. On doit cependant rechercher de préférence la présence de l'acide tellureux dans la liqueur que l'on obtient en traitant par l'acide nitrique ou par l'eau régale les sulfures qui ont été dissous par le sulfure d'ammonium, et on ne doit pas rechercher immédiatement la présence de l'acide tellureux dans la dissolution de la combinaison à analyser; en effet, lorsque la combinaison contient plusieurs oxydes métalliques basiques, il est facile de ne pas s'y apercevoir de la présence de l'acide tellureux. — On retrouve dans beaucoup de cas la présence du *selenium* dans la combinaison à analyser en essayant la combinaison à l'aide du chalumeau; mais on reconnaît aussi dans la dissolution la présence du selenium, soit qu'elle le contienne à l'état d'acide sélénique, ou à l'état d'acide sélénieux, en traitant la dissolution par les réactifs qui ont été indiqués page 438 et page 442); on le reconnaît surtout facilement par l'action de l'acide sulfureux après que l'acide sélénique qu'il peut y avoir, a été transformé en acide sélenieux. On peut retrouver de très petites quantités d'acide sélénieux par l'action du sulfate de protoxyde de fer et de l'acide sulfurique concentré, en suivant la méthode qui a été indiquée page 440. — On reconnaît ordinairement avec facilité, au moyen du chalumeau, la présence de l'*arsenic* qui peut être contenu à l'état d'acide arsénieux ou à l'état d'acide arsénique dans une substance à analyser soluble dans l'eau; pour voir ensuite si l'arsenic est à l'état d'acide arsénique ou à l'état d'acide arsénieux, on doit faire les essais qui ont été indiqués précédemment (p. 403 . Il est souvent très utile, lorsqu'on peut précipiter à l'état de sulfures les acides de l'arsenic dans la dissolution de la combinaison à laquelle on a ajouté de l'acide chlorhydrique, de les distinguer entre eux à l'état de sulfures en suivant les indications qui ont été données page 399. Lorsqu'on veut les reconnaître en les faisant fondre dans un petit matras avec un carbonate alcalin, on ne peut y arriver que lorsqu'il ne se précipite pas en même temps d'autres sulfures; mais on doit surtout éviter avec beaucoup de soin que les sulfures d'arsenic soient mélangés d'une certaine quantité de soufre qui est précipité en même temps. — On a déjà indiqué (p. 888 et p. 907) comment on peut retrouver les autres métaux, l'or, l'étain et l'antimoine, soit qu'il y ait ou qu'il n'y ait pas en même temps de l'arsenic.

Les sulfures qui ne sont pas dissous par l'action du sulfure d'ammonium et dont les oxydes correspondants ont été indiqués page 471, sont les sulfures du *cadmium*, du *plomb*, du *bismuth*, du *cuivre*, de l'*argent*, du *mercure*, du *palladium*, du *rhodium*, de l'*osmium* et du *ruthenium*. On a déjà indiqué page 891 comment on pouvait reconnaître la présence des six premiers métaux. — On s'assure au moyen de la dissolution de cyanide de mercure et au moyen de l'iodure de potassium (p. 201) de la présence du *palladium* dans la dissolution dans laquelle il ne peut être contenu qu'à l'état de protoxyde de palladium. — On reconnaît la présence du *rhodium* dans la combinaison en la faisant fondre à l'état sec avec du bisulfate de potasse (p. 207). — On peut reconnaître très facilement l'*osmium* à l'odeur caractéristique que la dissolution dégage lorsqu'on la chauffe avec l'acide nitrique (p. 221). — Le *ruthenium* se reconnaît à la production d'acide ruthénique qui a lieu lorsqu'on fait fondre ses combinaisons avec du nitrate de potasse (p. 230); on a déjà pu du reste reconnaître sa présence dans la dissolution en la traitant par le gaz hydrogène sulfuré.

B. — Après avoir traité par l'hydrogène sulfuré la dissolution de la combinaison que l'on a préalablement rendue acide, on filtre pour séparer la liqueur des sulfures précipités, on sature par l'ammoniaque et, sans tenir compte du précipité qui a pu se former, on ajoute du sulfure d'ammonium. On opère ensuite entièrement comme cela a été indiqué pour la liqueur B (p. 892). On doit aussi observer toutes les précautions qui ont été indiquées en cet endroit. On ne précipite ainsi que les combinaisons du soufre avec les métaux dont les oxydes ont été indiqués page 470; ce sont par conséquent les sulfures du *manganèse*, du *fer*, du *zinc*, du *cobalt*, du *nickel* et de l'*urane*. On a déjà indiqué (p. 891) comment on reconnaît la présence des cinq premiers. — On retrouve la présence de l'*urane* dans la dissolution de ces sulfures dans l'acide nitrique ou dans l'eau régale au moyen du carbonate d'ammoniaque qui dissout l'oxyde d'urane et donne ainsi une couleur jaune, ou bien en traitant la dissolution par l'ammoniaque pure dans laquelle l'oxyde d'urane est insoluble (p. 146); on peut ainsi le distinguer également des combinaisons du nickel, du cobalt, du manganèse et du zinc : en effet ces derniers sont solubles tant dans le carbonate d'ammoniaque que dans l'ammoniaque pure, lorsque la liqueur contient des sels ammoniacaux; cependant on indiquera plus loin le meilleur moyen de reconnaître la présence de l'oxyde d'urane dans ce précipité.

Les oxydes qui suivent, peuvent être également précipités de la dissolution en même temps que les sulfures des métaux indiqués, non-seulement par la sursaturation de la dissolution au moyen de l'ammoniaque, mais aussi par l'action du sulfure d'ammonium, lorsque la dissolution de la combinaison donnée est neutre. Ce sont : l'*alumine*, la *glucine*, la *thorine*, l'*yttria* avec la *terbine* et l'*erbine*, le *protoxyde de cerium* et le *sesquioxyde de cerium* avec l'*oxyde de lanthane* et l'*oxyde de didyme*, la *zircone*, l'*acide titanique*, l'*oxyde de chrome*, l'*acide niobique* et l'*acide hyponiobique*, comme cela a été déjà remarqué p. 470. Les derniers acides, surtout l'acide hyponiobique, peuvent cependant avoir été précipités déjà en partie ou en totalité par l'acide chlorhydrique, comme cela a déjà été observé page 933.

Cependant lorsqu'on suppose que le précipité contient les substances rares comme l'acide tantalique, les acides du niobium, l'oxyde de cerium avec les oxydes qui l'accompagnent toujours, il est utile, après avoir lavé et après avoir desséché le précipité obtenu, de le calciner et de le griller au contact de l'air dans un creuset de porcelaine, de le laisser refroidir et de le faire fondre ensuite dans un creuset de platine avec du bisulfate de potasse. Mais il vaut mieux encore faire fondre la combinaison à analyser avec du bisulfate de potasse avant de la soumettre à un autre traitement. On traite la masse fondue par l'eau à la température ordinaire et on laisse le tout en contact pendant quelque temps, en ayant soin d'agiter fréquemment. Tous les oxydes se dissolvent, à l'exception des acides du tantale et du niobium qui peuvent très bien être séparés ainsi. Ces acides restent comme résidu insoluble mélanges avec un peu d'oxyde de fer. — Le *sesquioxyde de cerium* reste aussi à l'état insoluble; mais il se dissout dans l'eau sous forme de sulfate double et n'est insoluble que dans une dissolution de sulfate de potasse.— S'il y avait beaucoup d'*oxyde de chrome*, il reste aussi en grande partie à l'état insoluble sous forme de sel double et ne se dissout pas même dans les acides (p. 364); on peut du reste le reconnaître immédiatement à sa couleur verte. — Dans la dissolution, on peut, à l'aide d'une ébullition prolongée, précipiter l'*acide titanique* (que l'on peut du reste rechercher aussi au moyen du chalumeau) et aussi en même temps la *zircone*, lorsqu'on a etendu le tout d'une quantité suffisante d'eau; cependant, lorsqu'il se trouve en présence de la zircone, une partie de l'acide titanique seulement est précipitée par l'ebullition; quelquefois même l'acide titanique n'est pas précipité. On a indiqué page 286 comment il faut alors operer l'analyse qualitative de ces substances. Le sesquioxyde de fer peut aussi être precipité avec l'acide titanique par l'ebullition et le colorer en brun; mais il se precipite d'autant moins d'oxyde de fer que la dissolution est plus acide; si en outre on ajoute de l'acide sulfureux à la dissolution, il ne se précipite plus d'oxyde de fer p. 286 .

Après avoir séparé ces combinaisons qui se présentent rarement dans les analyses qualitatives, et dont on fait ordinairement en même temps l'analyse qualitative et l'analyse quantitative, on traite la dissolution après l'avoir concentrée par évaporation, lorsqu'elle a été trop étendue, la separation de l'acide titanique ayant nécessité l'addition d'une certaine quantite d'eau) à la temperature ordinaire par un excès d'hydrate de potasse ou de soude. Lorsqu'on ne suppose pas que le précipite contienne les oxydes et les acides rares que nous avons indiqués, on traite immediatement par l'acide chlorhydrique étendu le précipité obtenu à l'aide du sulfure d'ammonium : le sulfure noir de nickel et le sulfure noir de cobalt restent alors seuls comme résidu insoluble; on traite ensuite la dissolution acide par un excès d'hydrate de potasse ou de soude. L'*alumine*, la *glucine*, l'*oxyde de zinc* et l'*oxyde de chrome* se dissolvent. Mais lorsqu'il y a en même temps de l'oxyde de zinc et de l'oxyde de chrome, ces deux oxydes ne peuvent pas être dissous par une dissolution d'hydrate de potasse; en effet, ils forment entre eux une combinaison qui est insoluble dans l'hydrate de potasse (p. 362).

On étend d'eau la dissolution alcaline et on la fait bouillir pendant quelque temps. L'alumine seule reste ainsi en dissolution, tandis que la glucine, l'oxyde de zinc (et l'oxyde de chrome) sont précipités, lorsqu'ils sont tous deux isolés et lorsqu'ils ne sont pas ensemble. — Dans la dissolution alcaline, on précipite l'alumine au moyen d'une dissolution de chlorure d'ammonium, et on essaye le précipité, spécialement pour voir s'il ne contient pas de glucine, en le traitant par une dissolution concentrée de carbonate d'ammoniaque, qui dissout la glucine, que l'on précipite ensuite de nouveau de la dissolution par l'action de la chaleur (p. 48). — Les oxydes, précipités de la dissolution alcaline à l'aide de l'ébullition, la glucine, l'oxyde de zinc (et l'oxyde de chrome), sont dissous dans l'acide chlorhydrique; on sursature ensuite de nouveau à la température ordinaire la dissolution par l'hydrate de potasse ou l'hydrate de soude, qui dissolvent les oxydes. On ajoute à la dissolution du chlorure d'ammonium, qui précipite la glucine et l'oxyde de chrome, tandis que l'oxyde de zinc reste en dissolution et peut être précipité de cette dissolution par le sulfure d'ammonium. Après les avoir lavés et les avoir desséchés, on fait fondre la glucine et l'oxyde de chrome avec un mélange de carbonate et de nitrate alcalins; on traite par l'eau la masse fondue et on sursature par l'acide nitrique. On précipite ensuite la glucine par l'ammoniaque. Dans la dissolution ammoniacale, on peut facilement reconnaître l'acide chromique à l'aide des réactifs, spécialement à sa manière de se comporter à l'égard d'une dissolution de nitrate de protoxyde de mercure (p. 175) et à l'égard d'une dissolution de nitrate d'argent (p. 166).

En présence de l'oxyde de chrome et de l'oxyde de zinc, l'hydrate de potasse et l'hydrate de soude ne donnent pas de bons résultats : il faut alors employer l'ammoniaque pour opérer l'analyse qualitative de ces deux oxydes; ce réactif permet de les séparer l'un de l'autre, si bien qu'on peut facilement les isoler et reconnaître nettement leur présence. On peut facilement reconnaître au moyen du chalumeau le sesquioxyde de chrome dans le précipité produit par le sulfure d'ammonium; on doit, par suite, toujours conseiller, lorsqu'il y a de l'oxyde de chrome, de traiter d'abord le précipité par un excès d'ammoniaque, après l'avoir préalablement dissous dans l'acide chlorhydrique; l'ammoniaque dissout seulement l'oxyde de zinc (avec une quantité plus ou moins grande de protoxyde de manganèse), tandis que l'alumine, la glucine et l'oxyde de chrome restent à l'état insoluble. On ajoute un peu d'acide nitrique à la dissolution du précipité dans l'acide chlorhydrique, et on chauffe, afin que tout le sesquioxyde de fer puisse être précipité par l'ammoniaque, et qu'il ne reste plus de protoxyde de fer dans la dissolution. Après la séparation de l'oxyde de zinc par l'ammoniaque, on peut traiter le résidu par l'hydrate de potasse ou l'hydrate de soude à la température ordinaire et séparer les oxydes dissous, afin de pouvoir en reconnaître la présence.

Les oxydes qui n'ont pas été dissous par l'hydrate de potasse, sont les oxydes du manganèse, du fer, de l'urane, et en outre l'yttria et la thorine, qui se présentent rarement. Pour les séparer du fer, le mieux est de transformer le fer en sesquioxyde et de précipiter ensuite le sesquioxyde de fer au moyen du succinate d'ammoniaque ou du carbonate de baryte : à l'aide de ces réactifs, le protoxyde de manganèse reste également en dissolution. Néanmoins, comme nous l'avons déjà souvent observé, il est inutile, dans des notions sur la marche à suivre dans les analyses qualitatives, de s'occuper ultérieurement des parties constituantes rares, après avoir indiqué en général, dans le cours de l'analyse, quels sont les oxydes parmi lesquels il faut les chercher. Nous observerons seulement ici que, lorsqu'il y a de l'yttria et du protoxyde de cerium, la glucine et même l'alumine résistent partiellement à l'action dissolvante de la dissolution alcaline, en sorte que presque toute l'yttria que l'on préparait autre fois contenait des quantités considérables de glucine et même d'alumine. Il est un peu difficile, dans une analyse qualitative, de s'assurer de la présence de la glucine et même de petites quantités d'alumine. La méthode la plus sûre pour obtenir ce résultat est de mélanger avec du sucre l'oxyde terreux que l'on doit essayer, en ayant soin qu'il soit bien sec, et de carboniser le mélange à une température rouge. La masse noire est ensuite placée dans un tube d'un verre peu fusible : on la porte alors jusqu'au rouge au moyen d'un feu de charbon ou au moyen d'une large lampe à gaz, et on la soumet en même temps à l'action d'un courant de gaz chlore bien desséché. De cette manière, la glucine se volatilise à l'état de chlorure de glucinium, tandis que le chlorure d'yttrium reste comme résidu mélangé avec le charbon. Le chlorure de glucinium sublimé est dissous dans l'eau et peut être essayé à l'aide des réactifs. En traitant ensuite par l'eau le résidu charbonné, on dissout le chlorure d'yttrium. — L'yttria se présente quelquefois dans la nature à l'état de combinaison avec l'oxyde d'urane ; on peut l'en séparer en traitant la dissolution dans l'acide chlorhydrique par le carbonate de baryte qui précipite l'oxyde d'urane, mais qui ne précipite pas l'yttria.

Dans le précipité obtenu au moyen de l'ammoniaque et au moyen du sulfure d'ammonium, il ne peut pas, outre les oxydes terreux indiqués, y avoir encore d'autres oxydes : en effet, les oxydes alcalino-terreux ne sont précipités dans une dissolution à l'aide des réactifs indiqués que lorsqu'ils sont combinés avec un acide avec lequel ils forment une combinaison insoluble dans l'eau. Lorsqu'ils sont en présence d'un grand excès d'un acide de cette nature, ils peuvent former des sels acides solubles dans l'eau : on traite alors une dissolution de cette espèce comme on traite la dissolution dans les acides des substances insolubles dans l'eau.

C. — La liqueur que l'on a filtrée pour la séparer du précipité produit par l'action du sulfure d'ammonium, peut encore contenir les bases suivantes : la *magnésie*, la *chaux*, la *strontiane*, la *baryte*, la *lithine*, la *soude* et la *potasse*. Lorsque la combinaison contient de l'*ammoniaque*, cette ammoniaque se trouve dans cette liqueur ; on a déjà indiqué page 904 que l'on doit, pour retrouver l'ammoniaque, employer une portion spéciale de la combinaison dissoute.

Pour séparer ces bases, on traite la liqueur par la méthode qui a été indiquée page 897. Après l'avoir rendue acide au moyen de l'acide chlorhydrique, et après en avoir chassé l'hydrogène sulfuré, on en précipite d'abord les trois oxydes alcalino-terreux, la baryte, la strontiane et la chaux, à l'aide d'une dissolution étendue de carbonate d'ammoniaque. On ne doit pas employer une dissolution trop concentrée de carbonate d'ammoniaque, parce qu'alors il pourrait se précipiter aussi un peu de carbonate de lithine. On doit aussi éviter d'ajouter au carbonate d'ammoniaque un peu d'ammoniaque, parce que, dans ce cas, il pourrait se précipiter un peu de magnésie en même temps que les oxydes alcalino-terreux. Il est utile de chauffer très légèrement, afin que la baryte soit complétement précipitée et qu'il ne reste en dissolution aucune trace de baryte ni des deux autres oxydes alcalino-terreux à l'état de bicarbonates. En présence d'une quantité suffisante de sels ammoniacaux, la magnésie n'est pas précipitée. Les carbonates alcalino-terreux ainsi précipités sont lavés et sont ensuite traités comme cela a été indiqué page 897. — La liqueur que l'on a filtrée pour la séparer des carbonates alcalino-terreux, est ensuite concentrée par évaporation autant qu'il est possible : on y ajoute alors une dissolution concentrée de carbonate d'ammoniaque à laquelle on ajoute une dissolution ammoniacale concentrée, de manière qu'il se produise du carbonate neutre d'ammoniaque. On laisse le tout en contact pendant douze heures et même pendant vingt-quatre heures, lorsque la dissolution contient une grande quantité de sels ammoniacaux, en ayant soin d'agiter fréquemment; de cette manière, la magnésie se sépare complétement, tandis que les oxydes alcalins restent en dissolution. Le sel de magnésie qui se sépare, est ensuite calciné et transformé ainsi par la calcination en magnésie, que l'on doit essayer à l'aide des réactifs. — La liqueur séparée du sel de magnésie contient les oxydes alcalins. On évapore le tout à siccité, d'abord à l'aide d'une température très peu élevée (pour éviter les soubresauts violents qui se produisent par suite de la séparation du carbonate d'ammoniaque), et on calcine ensuite la masse desséchée pour en chasser tous les sels ammoniacaux. Les oxydes alcalins restent ordinairement alors comme résidu à l'état de chlorures, à moins qu'il n'y ait de l'acide sulfurique dans la substance à analyser, ou à moins qu'on n'ait introduit une certaine quantité de cet acide dans le cours de l'analyse. Cependant, la quantité de chlorure d'ammonium qui se produit est si grande que, même dans ce cas, la totalité ou la plus grande partie des sulfates alcalins est transformée en chlorure (p. 6 et p. 10), et que c'est seulement pour le sulfate de lithine que la transformation est incomplète (p. 15). On essaye d'abord, à l'aide du chalumeau, une très petite quantité du résidu de sel alcalin ainsi obtenu. C'est seulement lorsque la quantité de la soude est très prédominante que l'on obtient la réaction de la soude : à l'exception de ce cas, on peut, soit qu'il n'y ait pas de soude ou soit qu'il y en ait une petite quantité, reconnaître très facilement la présence de la lithine, bien qu'il y ait une quantité considérable de potasse (p. 14). On dissout ensuite le mélange salin dans une quantité d'eau aussi petite que possible, et on ajoute à une portion de la dissolution une dissolution de chlorure de platine pour reconnaître s'il y a ou s'il n'y a pas de potasse. Pour cette expérience, on emploie la dissolution aqueuse et non la dissolution alcoolique du sel, parce que, si l'on n'agissait pas ainsi, la lithine pourrait être en partie précipitée par la dissolution de platine. Lorsque la combinaison contient beaucoup de lithine, le chlorure double de platine et de potassium ne se précipite pas avec la couleur jaune qui lui est particulière, mais il a une pointe de rouge; cependant la quantité de chlorure de lithium qui est précipitée est très faible. Il est utile, dans ce cas, de ne pas se servir, au lieu du chlorure de platine, d'acide tartrique pour decouvrir la potasse, spécialement lorsqu'on ne peut pas disposer d'une grande quantité de mélange salin. — Si l'on a obtenu au moyen du chalumeau la reaction de la soude d'une manière bien nette, et si l'on n'a pas obtenu la réaction de la lithine, on doit traiter par une dissolution de phosphate de soude la seconde portion de la dissolution aqueuse concentrée du mélange salin. S'il y a de la lithine, il se produit un precipité cristallin, et la liqueur se trouble lorsqu'on ajoute une petite quantite d'une dissolution d'hydrate de potasse à la liqueur filtrée qui rougit légèrement le papier de tournesol, et lorsqu'on chauffe ensuite le tout p. 13). Mais si la quantité de lithine contenue dans le mélange salin est assez prédominante et la quantité de soude assez faible pour qu'on n'obtienne, à l'aide du chalumeau, que la réaction bien nette de la lithine et qu'on n'obtienne pas la réaction de la soude ou qu'elle soit très peu nette, on doit traiter une portion du melange salin mais seulement lorsqu'il est formé de chlorures et lorsqu'il ne contient pas de sulfates) par un melange de parties égales d'alcool anhydre et d'éther, en ayant soin d'opérer dans un flacon qui puisse être bien fermé; on laisse ensuite reposer pendant quelque temps en agitant fréquemment. De cette manière, le chlorure de lithium seul se dissout, et le résidu salin insoluble peut alors être essayé à l'aide du chalumeau; lorsqu'il contient de la soude, il en presente alors la reaction.

Cette methode d'analyse exige un certain temps, mais elle donne des resultats infaillibles. Si l'on ne veut pas séparer la magnésie de la manière indiquée, parce qu'elle exige beaucoup de temps, on peut la précipiter par l'hydrate de potasse à la température de l'ébullition. La dissolution filtree contient alors les oxydes alcalins que contenait la substance à analyser et contient aussi la potasse qui a servi à précipiter la magnésie. On peut reconnaître dans la dissolution la présence de la lithine au moyen du phosphate de soude, en chauffant le tout. Toutefois il est alors plus difficile de s'assurer de la presence de la potasse et de la soude.

Lorsqu il y a de petites quantités de lithine, on réunit ordinairement l'analyse qualitative avec l'analyse quantitative; on retrouve alors la lithine par d'autres methodes, qui seront indiquées dans la seconde partie de cet ouvrage.

Emploi du carbonate de baryte.

Outre cette méthode pour retrouver les bases dans une combinaison soluble qui s'appuie surtout sur la manière dont ces bases se comportent à l'égard de l'hydrogène sulfuré et du sulfure d'ammonium, on peut également en proposer plusieurs autres, dont on peut se servir avec avantage. Bien qu'aucune méthode ne soit plus avantageuse et plus utile que celle qui s'appuie surtout sur la manière dont les différentes bases se comportent à l'égard de l'hydrogène sulfuré, cependant les autres méthodes, dans lesquelles on emploie moins fréquemment l'hydrogène sulfuré et le sulfure d'ammonium, sans cependant cesser complétement de les employer, doivent être recommandées à ceux pour lesquels l'emploi de ces réactifs est désagréable et nuisible à la santé.

Il convient très bien, lorsqu'on doit opérer l'analyse d'une dissolution dans laquelle les acides se trouvent en présence de bases de differentes espèces, de traiter cette dissolution par le carbonate de baryte, et de séparer ainsi les oxydes qui ont des propriétés basiques peu énergiques de ceux qui ont des propriétés basiques énergiques. En même temps que les oxydes de propriétés basiques peu énergiques, on précipite plusieurs acides; cependant, dans beaucoup de cas, la précipitation de ces acides n'a lieu que lorsqu'on ajoute à la dissolution un peu d'acide chlorhydrique ou d'acide nitrique.

Lorsqu'on traite à la température ordinaire la dissolution par un excès de carbonate de baryte, en ayant soin d'agiter plusieurs fois le tout, les bases suivantes restent en dissolution et ne sont pas précipitées : la *potasse*, la *soude*, la *lithine*, l'*ammoniaque*, la *baryte*, la *strontiane*, la *chaux*, la *magnésie*, la *glucine*, l'*yttria*, avec les oxydes terreux qui l'accompagnent; le *protoxyde de cerium* et les oxydes qui l'accompagnent; le *protoxyde de manganèse*, l'*oxyde de zinc*, l'*oxyde de cobalt*, l'*oxyde de nickel*, le *protoxyde de fer*, l'*oxyde de plomb* et l'*oxyde d'argent*.

Les oxydes suivants, au contraire, sont précipités : l'*alumine*, le *sesquioxyde de manganèse*, le *sesquioxyde de fer*, l'*oxyde de cadmium*, l'*oxyde de bismuth*, l'*oxyde d'urane*, le *bioxyde de cuivre*, le *protoxyde de mercure* (qui est précipite à l'état de bioxyde et à l'état de métal), le *bioxyde de mercure* l'*oxyde de platine*), le *protoxyde de palladium*, l'*oxyde de rhodium* (l'*oxyde d'iridium*, l'*oxyde d'or*), le *protoxyde d'étain*, le *bioxyde d'étain*, l'*acide titanique*, le *sesquioxyde de chrome*, l'*acide arsénique*, l'*acide antimonique*, l'*acide phosphorique*, l'*acide sélénique* et l'*acide sulfurique*. Les cinq derniers acides sont précipites seulement lorsque, avant de traiter la dissolution par le carbonate de baryte, on y a ajoute un peu d'acide chlorhydrique ou d'acide nitrique. (L'oxyde de platine et l'oxyde d'or, qui ne se présentent qu'excessivement rarement dans les dissolutions à l'état de combinaison avec les oxacides, ne sont précipités que partiellement par le carbonate de baryte; l'oxyde de platine n'est même précipité qu'avec l'aide de la chaleur.)

Il ne faut pas que le carbonate de baryte reste trop longtemps en contact avec la dissolution. Si le contact est prolongé, il peut se précipiter, même à la température ordinaire, de petites quantités de quelques oxydes qui seraient restés dissous si le contact avait duré pendant moins longtemps. C'est ce qui arrive spécialement pour l'oxyde de zinc et l'oxyde de cobalt, surtout lorsque ces deux oxydes sont à l'état de sulfates ou de nitrates, mais non lorsqu'ils sont à l'état de chlorures. On doit surtout faire attention que le carbonate de baryte, en réagissant sur les dissolutions de certains chlorures dont la composition correspond aux oxydes d'une basicité peu énergique que nous venons d'indiquer, ne peut pas en séparer les oxydes, tandis que le carbonate de baryte, en réagissant sur les combinaisons des oxacides avec les mêmes oxydes, précipite complétement les oxydes. Les chlorures dont nous parlons en ce moment, sont : le *bichlorure de mercure*, le *bichlorure de platine*, le *protochlorure de palladium*, le *bichlorure de rhodium*, le *bichlorure d'iridium* et le *sesquichlorure d'or*. Cette réaction est très importante, comme nous l'avons déjà remarqué en plusieurs occasions dans la première partie de ce volume : en effet, en dehors de cela, les dissolutions des chlorures ressemblent tellement à celles des oxysels correspondants, que, dans tout l'ouvrage, on a pu considérer les chlorures comme des oxysels.

a. Recherche des bases qui n'ont pas été précipitées par le carbonate de baryte.

1° On ajoute un peu d'acide chlorhydrique à la liqueur que l'on a filtrée pour la séparer des oxydes qui se sont précipités et du carbonate de baryte qu'il y avait en excès, en ayant soin de préserver, autant que possible, la liqueur du contact de l'air, qui pourrait exercer une action oxydante sur quelques-uns des oxydes qu'elle contient. Par l'action de l'acide chlorhydrique sur la liqueur, l'*oxyde d'argent* est précipité à l'état de chlorure d'argent; l'*oxyde de plomb* est également précipité à l'état de chlorure de plomb, pourvu qu'il n'y en ait pas une trop petite quantité. On a du reste déjà pu reconnaître la présence de ces deux bases, lorsque, avant d'ajouter du carbonate de baryte à la dissolution de la combinaison à analyser, on l'a additionnée d'une certaine quantité d'acide chlorhydrique. Ce n'est que lorsqu'on a employé primitivement de l'acide nitrique qu'on peut précipiter ensuite les chlorures par l'action de l'acide chlorhydrique.

2° On fait passer pendant assez longtemps et d'une manière continue du gaz chlore dans la dissolution à laquelle on a ajouté de l'acide chlorhydrique; il vaut mieux cependant ajouter du chlorate de potasse, chauffer avec précaution, en ayant soin de ne pas élever trop la température, et laisser ensuite refroidir complétement le tout. On ne doit cependant employer le chlorate de potasse que lorsqu'on n'a pas l'intention de rechercher ultérieurement les oxydes alcalins. Si on veut rechercher plus tard la présence des oxydes alcalins, on doit se servir seulement de gaz chlore. On ajoute ensuite de nouveau du carbonate de baryte en excès, et on laisse reposer le tout pendant quelque temps à la température ordinaire, en ayant soin d'agiter fréquemment. On précipite de cette manière le *protoxyde de fer*, l'*oxyde de cobalt*, le *protoxyde de manganèse* et le *protoxyde de cerium*, qui, par l'action du chlore gazeux, ont été transformés en sesquioxyde de fer, en peroxyde de cobalt, en sesquioxyde de manganèse et en sesquioxyde de cerium, et qui ont été séparés ensuite à cet état par le carbonate de baryte.

Après avoir jeté le précipité sur un filtre, on le lave avec de l'eau à la température ordinaire, et on le dissout à chaud dans l'acide chlorhydrique; il se produit ainsi une forte odeur de chlore. Dans la dissolution, on précipite par l'ammoniaque le sesquioxyde de fer et le protoxyde de cerium (que l'on doit séparer de nouveau au moyen du sulfate de potasse), tandis que la totalité, ou au moins la plus grande partie du protoxyde de manganèse et de l'oxyde de cobalt reste en dissolution. On peut, dans la dissolution, séparer les deux oxydes au moyen du sulfure d'ammonium qui les précipite tous les deux à l'état de sulfures; le sulfure de manganèse contenu dans ce précipité, se dissout facilement dans l'acide chlorhydrique très étendu, tandis que le sulfure de cobalt de couleur noire reste comme résidu à l'état insoluble. Si l'on veut éviter d'employer le sulfure d'ammonium, on peut encore reconnaître la présence des deux oxydes au moyen du chalumeau. Dans ce but, on les précipite de la dissolution au moyen d'un carbonate alcalin qui les sépare, à l'état de mélange avec une certaine quantité de carbonate de baryte. On essaye alors le précipité au chalumeau, sur une lame de platine, au moyen de la soude, à laquelle on a ajouté un peu de nitre, dans le but d'y rechercher le manganèse (p. 73); on dissout en outre dans le sel de phosphore une petite quantité du même précipité, et on traite la perle par la flamme intérieure du chalumeau, afin d'obtenir la réaction du cobalt (p. 113).

3° On ajoute de l'acide sulfurique étendu à la liqueur que l'on a filtrée pour la séparer du précipité produit par le carbonate de baryte à l'article 2°. On précipite ainsi de la baryte qui provient du carbonate de baryte employé et qui s'est dissoute, et en même temps aussi la *baryte* qui pouvait exister dans la combinaison à analyser. On précipite en outre la *strontiane* et une quantité plus ou moins grande de *chaux*, et aussi la portion de l'*oxyde de plomb* qui était dissoute sous forme de chlorure de plomb. Il est évident que, dans le cours de cette analyse, on ne peut pas retrouver dans la substance à analyser la présence de la baryte ni même celle de la strontiane, lorsqu'on ne recherche pas la strontiane dans les sulfates précipités et lorsqu'on ne les décompose pas à la température ordinaire par une dissolution de carbonate alcalin. — Il y a, parmi les bases qui n'ont pas été précipitées par l'acide sulfurique, une quantité de chaux d'autant plus grande que le précipité, obtenu par l'action de l'acide sulfurique, a été lavé plus longtemps.

4° La liqueur que l'on a séparée des sulfates terreux, est ensuite sursaturée par un excès d'ammoniaque. Lorsqu'il s'est produit ainsi une quantité suffisante de sel ammoniacal, il ne se précipite plus, par l'action de l'ammoniaque, que la *glucine* et *l'yttria* : on sépare ces deux bases en dissolvant le precipité dans l'acide chlorhydrique et en traitant ensuite à la température ordinaire cette dissolution par une dissolution d'hydrate de potasse; il ne s'opère cependant de cette manière qu'une séparation incomplète, comme cela a déjà été indiqué page 939.

5° Si la liqueur ammoniacale, obtenue à l'article 4°, n'était pas incolore, mais si elle était colorée en bleu, on ajoute. à la température ordinaire, un excès d'hydrate de potasse à une portion de la liqueur que l'on a filtrée pour en séparer le précipité obtenu à l'article 4°. Il se précipite ainsi de *l'oxyde de nickel.*

6° On traite une autre portion de la liqueur ammoniacale, obtenue à l'article 4°, par une dissolution d'acide oxalique, afin de précipiter la *chaux* qui est en dissolution (et peut-être la petite quantité de strontiane qui pourrait y rester . On filtre la liqueur pour en séparer l'oxalate de chaux, et on y ajoute une dissolution de phosphate de soude. La *magnésie* est ainsi précipitée à l'état de phosphate ammoniaco-magnésien.

7° On peut ensuite reconnaître très bien, au moyen du sulfure d'ammonium, la presence de *l'oxyde de zinc* dans la liqueur ammoniacale; mais lorsqu'on veut éviter d'employer le sulfure d'ammonium, on doit faire bouillir pendant quelque temps une portion de la liqueur ammoniacale obtenue à l'article 4°, et précipiter ainsi l'oxyde de zinc, ou bien, ce qui est plus sûr, on doit décomposer la dissolution par un carbonate alcalin et l'évaporer en présence d'un excès de carbonate alcalin jusqu'à ce que la plus grande partie des sels ammoniacaux que contient la liqueur soit détruite. On ajoute ensuite de l'eau à la masse évaporée, et on obtient ainsi un résidu insoluble que l'on essaye au moyen du chalumeau, pour reconnaître s'il est formé d'oxyde de zinc.

8° Lorsque la liqueur ammoniacale, obtenue à l'article 4°, a été traitée par le sulfure d'ammonium qui en a séparé les oxydes métalliques, on peut y retrouver avec certitude la présence des *oxydes alcalins.* Outre les oxydes alcalins, la liqueur filtrée ne peut plus contenir que de la magnésie et de la chaux, que l'on sépare des oxydes alcalins par la méthode indiquée page 897.

Du reste, il est encore nécessaire de rechercher, parmi les oxydes qui n'ont pas été précipités par la baryte, les chlorures indiqués page 943.

La méthode d'analyse que nous venons de décrire, ne doit pas être suivie exactement dans tous ses détails par un chimiste exercé, surtout s'il est bien habitué à employer le chalumeau; en effet, on peut reconnaître, à l'aide du chalumeau, la plupart des oxydes métalliques proprement dits, même lorsqu'ils sont melangés entre eux.

b. Analyse des bases (et des acides) qui sont précipitées par le carbonate de baryte.

En recherchant les bases qui sont précipitées par le carbonate de baryte, on s'assure en même temps de la présence des acides les plus importants parmi ceux qui ont été indiqués précédemment page 943.

Il est plus difficile d'éviter l'emploi de l'hydrogène sulfuré et du sulfure d'ammonium dans les analyses des oxydes qui ont des propriétés basiques peu énergiques que dans les analyses des oxydes qui ont des propriétés basiques énergiques.

1° On traite à la température ordinaire, par l'acide chlorhydrique étendu ou par l'acide nitrique, le précipité produit par le carbonate de baryte. L'*acide sulfurique* et l'*acide sélénique* restent alors en combinaison avec la baryte, à l'etat de résidu insoluble. On peut facilement s'assurer de la présence de l'acide sélénique en essayant le résidu insoluble à l'aide du chalumeau sur le charbon, spécialement en présence du sel de phosphore (p. 441). Il est du reste très facile, dans les analyses qualitatives, de séparer le séléniate de baryte du sulfate de baryte. On traite à la température ordinaire les deux sulfates par une dissolution de carbonate de potasse; de cette manière, le sulfate de baryte n'est pas decomposé, tandis que le séléniate de baryte est décomposé. Si l'on filtre ensuite le tout, on retrouve dans la dissolution filtrée le séléniate de potasse, tandis que le sulfate de baryte non décomposé et le carbonate de baryte qui s'est produit restent comme résidu.

2° Dans une petite portion de la dissolution acide, on s'assure au moyen du molybdate d'ammoniaque s'il y a de l'*acide phosphorique* et de l'*acide arsénique* ou s'il n'y en a pas. Si l'on obtient au moyen de ce réactif un précipité jaune, on essaye au moyen du chalumeau la substance à analyser pour voir si elle contient de l'acide arsénique.

3° On ajoute de l'acide sulfurique à la dissolution et on sépare ainsi, en opérant à la température ordinaire, à l'état de sulfate de baryte, la baryte qui était dissoute; on fait ensuite bouillir pendant longtemps et d'une manière continue la liqueur filtrée; par une ébullition prolongée, l'*acide titanique* et le *bioxyde d'étain* sont précipites; mais ils peuvent être souillés d'une quantité plus ou moins grande d'oxyde de fer; cependant cette quantité est d'autant moindre que la dissolution est plus acide. Les acides métalliques précipités peuvent ensuite être séparés les uns des autres à l'aide du sulfure d'ammonium.

4° On précipite au moyen du gaz hydrogène sulfuré les oxydes de l'*antimoine*, de l'*or*, de l'*iridium*, du *rhodium*, du *palladium*, du *mercure*, du *cuivre*, du *bismuth* et du *cadmium*. On sépare les trois premiers des derniers au moyen du sulfure d'ammonium comme cela a été indiqué précédemment (p. 934).

5° Après avoir chassé l'hydrogène sulfuré dissous contenu dans la liqueur filtrée, on sature cette liqueur par un carbonate alcalin et on y ajoute à la température ordinaire un excès d'hydrate de potasse. L'*alumine* et l'*oxyde de chrome* se dissolvent, tandis que le *sesquioxyde de fer* et le *protoxyde de manganèse* restent à l'état insoluble. On sépare les deux premiers en faisant bouillir leur dissolution dans l'hydrate de potasse que l'on a préalablement étendu d'eau; l'alumine reste en dissolution, tandis que l'oxyde de chrome est précipité. Il pouvait être contenu dans la combinaison à analyser, soit à l'état de sesquioxyde de chrome, soit à l'état d'acide chromique; en effet, par l'action réunie de l'acide chlorhydrique et de l'hydrogène sulfuré, l'acide chromique, si la combinaison en contenait, a été transformé en oxyde de chrome. — Le sesquioxyde de fer et le protoxyde de manganèse qui s'est produit par l'action de l'acide chlorhydrique sur le sesquioxyde de manganèse, sont séparés l'un de l'autre par les procédés connus.

2° Recherche des acides.

Dans le cours des recherches nécessaires pour reconnaître les acides, il n'est pas possible de suivre une marche systématique, comme cela a lieu pour la détermination des bases. On ne peut pas, au moyen de différents réactifs, séparer les acides en plusieurs groupes comme on peut le faire pour les bases.

En même temps que l'on traite de la recherche des acides, il est convenable de s'occuper aussi de la recherche de certains corps simples, comme l'iode, le brome, le fluor, le cyanogène, etc., qui forment avec les métaux des substances analogues aux sels, comme nous l'avons déjà fait dans ce qui precède pour les substances analogues.

On peut reconnaître la presence de plusieurs acides, et spécialement celle des acides qui sont précisément les plus importants, dans le cours des recherches qui servent à retrouver les bases, notamment lorsqu'on se sert de la méthode que nous venons d'indiquer en dernier lieu et dans laquelle on emploie du carbonate de baryte.

Lorsqu'on traite, avec l'aide de la chaleur, par l'acide chlorhydrique les dissolutions salines de certains acides, ces acides sont transformés en des degrés inférieurs d'oxydation du métal qui entre dans leur composition, l'odeur de chlore qui se dégage dans ce cas, peut alors, comme cela a déjà été observé p. 932, faire supposer la présence de ces acides dans la combinaison à analyser. Parmi ces acides, on peut citer : l'*acide sélénique* qui se transforme dans ce cas en acide sélénieux (p. 442), l'*acide chromique* qui se transforme en sesquioxyde de chrome [la transformation s'opère surtout facilement lorsqu'on ajoute un peu d'alcool à la dissolution additionnée d'acide chlorhydrique (p. 374)]; les *acides du manganèse* qui sont réduits de cette manière à l'état de protoxyde de manganèse (p. 80 et p. 83); et l'*acide ferrique* qui, traité par un acide quelconque, se transforme en sesquioxyde de fer (p. 98). L'*acide vanadique*, aussi bien du reste que l'acide iodique, l'acide bromique, l'acide chlorique et les autres acides du chlore, est décomposé par l'acide chlorhydrique avec dégagement de chlore; il en est de même de l'acide nitrique, mais seulement lorsqu'il est concentré et lorsqu'on opère à chaud.

On a déjà observé précédemment que quelques acides insolubles dans l'eau sont précipités de leurs dissolutions par l'action de l'acide chlorhydrique et ne se redissolvent pas dans un excès d'acide. Comme ces acides ont déjà été indiqués page 932, il n'est pas nécessaire de s'en occuper avec plus de détail.

On n'a pas besoin non plus de s'occuper des acides qui sont transformés en sulfures par l'hydrogène sulfuré et sont séparés de la dissolution acide sous cette forme; il a en effet été question de ces acides lorsqu'on a parlé des recherches nécessaires pour retrouver les bases.

a. — La première expérience à faire lorsqu'on veut rechercher les acides contenus dans une substance inconnue, est d'essayer si elle contient des *acides volatils*. Pour y arriver, on traite dans un vase de verre bien sec par l'acide sulfurique concentré la substance bien sèche et réduite en poudre fine et, lorsqu'il ne se produit immédiatement pas d'action, on chauffe très modérément le tout. Les acides volatils sont chassés de cette manière et peuvent souvent être reconnus à leur odeur : on les reconnaît avec netteté, dans la plupart des cas, aux fumées blanches qui se produisent lorsqu'on introduit dans le vase qui sert à l'expérience une baguette de verre imprégnée d'ammoniaque, en ayant soin que cette baguette de verre ne touche pas la masse. Les acides qui se volatilisent par l'action de l'acide sulfurique, mais dont une partie se volatilise sans se décomposer, tandis que l'autre partie se décompose, sont : l'*acide sulfureux*, dont la présence peut être reconnue immédiatement, lorsqu'il est à l'état libre, à son odeur piquante bien connue (p. 494); l'*acide hyposulfurique* et l'*acide hyposulfureux*, qui produisent tous les deux un dégagement d'acide sulfureux lorsqu'on les décompose au moyen des acides (p. 496 et p. 475); il en est de même de l'*acide tétrathionique* (p. 486) et de l'*acide trithionique* (p. 488), qui produisent également, en se décomposant, un dégagement d'acide sulfureux; l'*acide nitrique*, dont les combinaisons salines, traitées à la température ordinaire par l'acide sulfurique, donnent des vapeurs incolores (p. 717) : ces combinaisons se distinguent du reste d'une manière très nette des combinaisons salines des autres acides volatils; l'*acide nitreux*, dont les combinaisons salines, traitées de la même manière, donnent des vapeurs jaune-rougeâtre (p. 704); l'*acide chlorique*, dont les combinaisons salines, traitées par l'acide sulfurique, produisent un dégagement d'acide hypochlorique : il faut cependant, dans ce cas, opérer avec précaution et avoir soin de n'employer que de petites quantités de matière (p. 590); l'*acide bromique*, qui, lorsqu'on traite ses combinaisons salines par l'acide sulfurique, est décomposé en gaz oxygène et en vapeurs de brome, dont la couleur est caractéristique (p. 603); l'*acide carbonique*, dont les combinaisons salines, non-seulement à l'état solide, mais aussi à l'état de dissolution étendue, produisent, lorsqu'on les traite, non-seulement par l'acide sulfurique, mais aussi par tous les autres acides solubles dans l'eau, un dégagement de gaz acide carbonique qui a lieu avec effervescence, mais qui ne produit pas de fumée lorsqu'on en approche une baguette de verre humectée d'ammoniaque (p. 692); enfin l'*acide oxalique* qui, à l'état hydraté et à l'état de combinaison saline, se décompose avec effervescence en gaz acide carbonique et en gaz oxyde de carbone (p. 681).

L'acide sulfurique concentré, en réagissant sur la plupart des *chlorures métalliques* (mais non sur tous), en dégage de l'acide chlorhydrique (p. 578); en réagissant sur la plupart des *bromures métalliques*, il en dégage des vapeurs de brome que l'on peut facilement reconnaître à leur couleur, et en outre de l'acide sulfureux et de l'acide bromhydrique (p. 601); en réagissant sur presque tous les *iodures métalliques*, l'acide sulfurique concentré dégage des vapeurs d'iode de couleur violette et de l'acide sulfureux (p. 614); en réagissant sur les *cyanures métalliques*, l'acide sulfurique ne produit presque jamais de l'acide cyanhydrique, parce que l'acide cyanhydrique est décomposé par l'acide sulfurique concentré, mais il se produit de l'acide formique; ou plutôt, lorsqu'on chauffe, il se dégage du gaz oxyde de carbone (p. 724); en réagissant sur les *fluorures*, l'acide sulfurique donne de l'acide fluorhydrique qui se distingue de tous les autres acides volatils par sa propriété d'attaquer le verre (p. 565); en réagissant sur les *hydrofluosilicates*, l'acide sulfurique produit du gaz fluorure de silicium et de l'acide fluorhydrique (p. 648); en réagissant sur les *hydrofluoborates*, l'acide sulfurique produit du gaz fluorure de bore et de l'acide fluorhydrique (p. 667); il faut toujours se rappeler que ces réactions n'ont pas lieu lorsque les combinaisons sont mélangées avec des quantités assez considérables de silicates et de borates. Les *sulfures*, traités par l'acide sulfurique concentré, dégagent en partie du gaz hydrogène sulfuré, en partie de l'acide sulfureux.

Il n'est pas difficile, en général, de reconnaître un acide volatil que l'on a séparé d'une de ces combinaisons salines par l'action de l'acide sulfurique, soit que, en se séparant, il ait été décomposé, ou soit qu'il ne l'ait pas été. Dans la plupart des cas, on le reconnaît, soit à son odeur, soit à la couleur du gaz qui se dégage et qui peut être contenu dans la combinaison sous forme d'acide. Pour être ensuite certain qu'on a réellement trouvé l'acide contenu dans la combinaison, on a besoin d'essayer seulement la combinaison à l'aide des réactifs à l'égard desquels l'acide que l'on suppose contenu dans la combinaison, se comporte d'une manière caractéristique, et qui ont été indiqués avec détail dans la première partie de ce volume. Lorsque la combinaison contient en même temps plusieurs acides volatils, on peut facilement ne pas s'apercevoir de la présence de l'un ou de l'autre : en effet, il peut souvent arriver que plusieurs acides qui se dégagent en même temps par l'action de l'acide sulfurique sur une combinaison à analyser, se décomposent mutuellement.

Les *sulfites*, lorsqu'on les décompose par l'action des acides, ne produisent l'odeur caractéristique d'acide sulfureux que lorsqu'ils ne sont pas mélangés (ce qui n'arrive que rarement), avec des combinaisons salines qui, comme les nitrates, les chlorates, etc., produisent, lorsqu'on les décompose au moyen de l'acide sulfurique, un acide oxydant ou une autre substance oxydante. Il faut beaucoup d'habitude pour reconnaître nettement l'odeur de l'acide sulfureux à l'état gazeux, lorsqu'il est mélangé avec le gaz chlore, qui ne le décompose pas lorsque les deux gaz sont secs et lorsque, par conséquent, le mélange des deux gaz ne contient pas d'eau. Lorsqu'on mélange un sulfite avec un sulfure qui laisse dégager du gaz hydrogène sulfuré, lorsqu'on le décompose au moyen d'un acide, le gaz hydrogène sulfuré ainsi produit détruit l'acide sulfureux devenu libre (p. 491); par suite, on ne peut pas plus, dans ce cas, reconnaître le sulfure à l'odeur d'hydrogène sulfuré qui se fait sentir, qu'on ne peut reconnaître le sulfite à l'odeur d'acide sulfureux, à moins que l'un ou l'autre ne soit en excès. Les sulfites, lorsqu'on les décompose par l'acide sulfurique, ne peuvent être reconnus à l'odeur d'acide sulfureux que lorsqu'ils sont mélangés avec des carbonates ou avec des oxalates, ou bien avec des combinaisons salines qui contiennent des acides fixes. On les reconnaît déjà plus difficilement à l'odeur d'acide sulfureux lorsqu'il y a en même temps des chlorures et des fluorures, parce qu'alors l'odeur de l'acide chlorhydrique peut masquer celle de l'acide sulfureux, lorsque l'acide chlorhydrique est en trop grande quantité.

Les mêmes observations s'appliquent aux combinaisons salines de l'*acide hyposulfurique* et de l'*acide hyposulfureux*, et aux combinaisons salines des autres acides du soufre qui contiennent moins d'oxygène que l'acide sulfurique et que l'acide sulfureux. Lorqu'un hyposulfite se rencontre dans une substance à analyser en même temps qu'un sulfure soluble dans l'eau, comme cela arrive lorsqu'on fait fondre à une chaleur peu élevée le soufre avec un oxyde alcalin hydraté, ou lorsqu'on fait bouillir le soufre avec la dissolution d'un oxyde alcalin, on peut reconnaître la présence de ce sel en traitant la combinaison fondue, ou la dissolution concentrée, par l'alcool, d'après la méthode qui a été indiquée page 483. La dissolution concentrée de l'hyposulfite alcalin se sépare alors sous la forme d'une huile pesante au fond de la dissolution alcoolique du sulfure, ce qui le distingue du sulfate alcalin qui se sépare sous forme solide. Lorsqu'on opère sur des dissolutions étendues, il faut les mélanger avec un excès de sel neutre d'oxyde de zinc : par l'action du sulfure soluble, il se précipite alors du sulfure de zinc, tandis que l'excès de sel d'oxyde de zinc et aussi l'hyposulfite restent en dissolution. On ajoute à la liqueur filtrée de l'acide chlorhydrique ou mieux de l'acide sulfurique étendu, et on reconnaît la présence de l'hyposulfite à l'odeur d'acide sulfureux qui se dégage et au précipité de soufre qui se sépare de la liqueur. — En effet, lorsqu'on traite par un acide étendu non oxydant un hyposulfite qui se trouve dans une combinaison en même temps qu'un sulfure soluble, l'acide sulfureux du premier des deux sels ne se dégage que plus tard que l'hydrogène sulfuré du second : lorsque l'odeur de l'hydrogène sulfuré a complétement disparu, on peut reconnaître encore nettement l'acide sulfureux à l'odeur, et on peut conclure par là que la combinaison à analyser contient un hyposulfite.

Le moyen le plus certain de reconnaître les *nitrates* et aussi les *nitrites*, est la réaction que les dissolutions de protoxyde de fer exercent sur ces combinaisons salines, soit qu'on ajoute ou soit qu'on n'ajoute pas en même temps de l'acide sulfurique (p. 706 et p. 712). Mais lorsque de petites quantités de nitrates sont mélangées avec de grandes quantités de chlorures, il faut opérer avec précaution (p. 715). On peut reconnaître dans des mélanges salins la présence des nitrates à la propriété qu'ils possèdent de détoner à une température élevée lorsqu'ils sont mélangés avec des corps combustibles; ils peuvent cependant, sous ce rapport, être confondus avec les chlorates, les bromates et les iodates.

On peut reconnaître facilement la présence des *chlorates* et des *bromates*, même lorsqu'ils sont mélangés avec plusieurs autres combinaisons salines; en effet, la plupart d'entre eux, soumis à l'état sec, dans une petite cornue, à l'action d'une température qui n'a pas besoin d'être très élevée et qui est bien moins élevée que celle qui est nécessaire pour les nitrates, donnent un dégagement de gaz oxygène. Outre les chlorates et les bromates, un petit nombre d'*iodates* présentent aussi la même réaction. — Mais si ces combinaisons salines sont mélangées avec d'autres combinaisons salines dont les acides peuvent passer à un degré supérieur d'oxydation, et spécialement avec les combinaisons salines des acides organiques, il peut se produire, par l'action de la chaleur, des détonations considérables, plus considérables même que celles produites par les nitrates dans les mêmes circonstances. — Mais même lorsqu'ils sont mélangés avec les combinaisons salines des autres acides, ces acides se distinguent par leur manière de se comporter à l'égard de l'acide chlorhydrique et de l'acide sulfurique concentré. On doit employer avec précaution le dernier acide, et on ne doit opérer que sur de petites quantités de chlorates.

On distingue très facilement les *carbonates* de presque toutes les combinaisons salines, même lorsqu'ils sont mélangés avec un grand nombre d'autres combinaisons salines, au gaz inodore qui se dégage avec effervescence lorsqu'on ajoute un acide aux dissolutions des carbonates, même lorsqu'elles sont assez étendues. On a déjà indiqué page 913 comment on peut retrouver la présence de l'acide carbonique lorsque le sel contient en même temps un sulfure qui dégage de l'hydrogène sulfuré avec effervescence lorsqu'on le décompose par un acide. — L'acide carbonique qui se dégage, ne produit pas de fumée lorsqu'on le met en contact avec un tube de verre qui est humecté d'acide chlorhydrique.

On reconnaît la présence des *oxalates* dans la dissolution à la réaction caractéristique que présentent ces combinaisons salines en présence d'une dissolution de sulfate de chaux (p. 679), même lorsque la dissolution contient d'autres combinaisons salines; en effet, de tous les acides inorganiques qui sont séparés à l'état gazeux par l'action de l'acide sulfurique sur leurs combinaisons, il n'en est aucun qui présente une réaction analogue.

Les *manganates* et les *hypermanganates*, et aussi les *ferrates*, peuvent être reconnus, à l'aide d'un grand nombre de leurs propriétés et spécialement à la puissance tinctoriale très prononcée de leurs dissolutions et à la tendance de leurs combinaisons salines à se décomposer, si facilement qu'on peut prouver d'une manière incontestable leur présence, même lorsqu'ils sont mélangés avec un grand nombre d'autres sels.

Les *chlorures* peuvent être reconnus dans les dissolutions à la manière dont ils se comportent à l'égard d'une dissolution d'oxyde d'argent, même lorsque la dissolution contient en même temps un très grand nombre de combinaisons salines des autres acides. L'insolubilité, dans l'acide nitrique, du précipité formé ainsi est, dans les analyses, un meilleur moyen de reconnaître le chlorure d'argent que sa solubilité dans l'ammoniaque; le chlorure d'argent est, en effet, dissous par l'ammoniaque; mais l'ammoniaque, en réagissant sur la dissolution, en précipite souvent en même temps des substances de couleur blanche, en sorte que, pour un chimiste peu exercé, le chlorure d'argent précipité peut facilement paraître insoluble dans l'ammoniaque. C'est ce qui arrive, par exemple, lorsque la dissolution contient du bichlorure de mercure. Outre le chlorure d'argent, le bromure et l'iodure d'argent, aussi bien que le bromate et l'iodate d'argent, sont, comme cela a déjà été indiqué, insolubles dans l'acide nitrique étendu; la solubilité dans l'ammoniaque est, au contraire, une propriété de presque tous les sels d'argent: il n'y a presque que l'iodure d'argent qui fasse exception.

Les *bromures*, les *iodures* et les *bromates* peuvent être facilement reconnus dans les dissolutions; cependant, lorsqu'il y a en même temps un chlorure, on peut facilement ne pas s'apercevoir de leur présence. On indiquera plus loin avec détail comment on peut reconnaître un chlorure soluble, lorsque la combinaison contient en même temps des bromures ou des iodures solubles.

Si, dans la combinaison à analyser, les chlorures ou les bromures sont mélangés avec les combinaisons salines de certains acides métalliques, et si on traite le mélange par l'acide sulfurique concentré, il peut se dégager de ce mélange des combinaisons volatiles qui contiennent du chlore, et qui ont, dans quelques cas, une couleur caractéristique : c'est ce qui arrive, par exemple, lorsque les combinaisons indiquées sont mélangées avec des chromates (p. 372).

Les *cyanures* peuvent être reconnus avec moins de facilité aux produits volatils qui se dégagent par l'action de l'acide sulfurique concentré, et qui ne sont que rarement formés d'acide cyanhydrique. On peut reconnaître infailliblement la présence du cyanogène dans une combinaison solide par la fusion avec l'hydrate de potasse, en suivant la méthode qui a été indiquée page 727. Si on traite la masse fondue par l'eau, on peut, dans la dissolution filtrée qui contient du cyanure de potassium, obtenir du bleu de Prusse. Le résidu insoluble contient, à l'état d'oxydes, les métaux qui étaient combinés avec le cyanogène. On ne peut souvent reconnaître la nature de ces oxydes avec exactitude que de cette manière, après avoir séparé le cyanogène; en effet, dans beaucoup de cas, il est impossible, en présence du cyanogène, de les découvrir par les réactifs ordinaires.

On peut très facilement reconnaître à la manière ordinaire la présence des *fluorures*, même lorsque la combinaison à analyser contient tous les autres sels; cependant on ne le peut pas lorsque la combinaison à analyser contient des quantités considérables de silicates et de borates (p. 565). — Dans les *hydrofluosilicates*, on reconnaît la présence du fluorure métallique de la même manière, et on reconnaît la présence du fluorure de silicium au précipité d'acide silicique qui se produit, par l'action des oxydes alcalins, sur la dissolution des hydrofluosilicates (p. 648). — On doit également observer ici que lorsque la combinaison contient en même temps un grand excès d'acide silicique et une grande quantité de silicates et lorsqu'on décompose alors par l'acide sulfurique concentré les hydrofluosilicates qu'elle contient, le verre n'est pas attaqué ou n'est attaqué que très faiblement. Du reste, cela ne peut se présenter que rarement dans les combinaisons solubles dans l'eau.

On reconnaît également, dans toutes les combinaisons, les *hydrofluoborates* à ce que, lorsqu'on les décompose par l'acide sulfurique, le verre est attaqué (en présence d'une grande quantité de silicates ou de borates, cela n'arrive pas). On les reconnaît également à ce que, mélangés avec l'acide sulfurique et l'alcool, ils font prendre à la flamme de ce dernier une couleur verte (p. 667). Leurs dissolutions aqueuses ne brunissent pas le papier de curcuma, mais elles le brunissent lorsqu'on ajoute de l'acide chlorhydrique.

On a déjà indiqué précédemment avec détail (à l'article Soufre) comment on peut reconnaître dans les substances composées la présence des différents *sulfures*, et on a déjà remarqué que, lorsqu'on les traite par l'acide sulfurique concentré, ils dégagent ou de l'hydrogène sulfuré ou de l'acide sulfureux.

Lorsque, par l'action de l'acide sulfurique sur la combinaison à analyser, il ne s'est dégagé que de l'acide sulfureux, et lorsque, en outre, il ne s'est dégagé aucun autre acide volatil, ni décomposable ni indécomposable, la combinaison peut contenir de l'*acide iodique*, de l'*acide phosphorique*, de l'*acide phosphoreux*, de l'*acide hypophosphoreux*, de l'*acide borique*, de l'*acide silicique* et plusieurs autres acides, notamment des acides métalliques, dont il a déjà été question lorsqu'on s'est occupé des recherches à faire pour reconnaître les bases. Même lorsqu'il y a en même temps de l'*acide sélénique*, cela peut également être indiqué dans le cours de ces recherches, parce que, dans ce cas, la combinaison, traitée par l'acide chlorhydrique à chaud, degage du chlore, tandis que l'acide sélénique est transformé en acide sélénieux qui peut être précipité par l'hydrogène sulfuré à l'état de sulfure de selenium, comme cela a déjà été indiqué précédemment lorsqu'on s'est occupé des recherches nécessaires pour retrouver les bases.

On reconnaît les *iodates* à ce qu'ils sont réduits à l'état d'iodures ou à l'état d'iode par les agents de réduction, et peuvent alors être reconnus facilement (p. 617). Du reste, l'acide iodique est, parmi les acides qui n'ont pas été volatilisés par l'action de l'acide sulfurique concentré (à l'exception de l'acide sélénique), le seul qui dégage du chlore par l'action de l'acide chlorhydrique. — On a déjà indiqué avec détail (p. 619) comment on peut reconnaître les iodates lorsqu'il y a en même temps des iodures.

Les *hypophosphites*, aussi bien que les *phosphites*, peuvent être facilement reconnus à ce qu'ils produisent un précipité de protochlorure de mercure dans une dissolution de bichlorure de mercure à laquelle on a ajouté de l'acide chlorhydrique; il faut cependant qu'il y ait un excès de bichlorure de mercure, parce que, sans cela, il se précipiterait du mercure métallique dans la dissolution (p. 522 et p. 526). Ces combinaisons salines se comportent par conséquent, lorsqu'on les calcine, d'une manière si caractéristique qu'elles ne peuvent pas être confondues avec d'autres. Si l'on chauffe les hypophosphites avec de l'acide sulfurique concentré, ils se décomposent, laissent dégager de l'acide sulfureux et sont transformés en phosphates.

On sépare complétement l'acide *silicique* de ses dissolutions alcalines lorsqu'on évapore à siccité la dissolution sursaturée par l'acide chlorhydrique, et lorsqu'on traite le résidu par l'eau (p. 634).

On a déjà indiqué (p. 905) comment on peut reconnaître la présence de l'*acide phosphorique* et celle de l'*acide borique* dans les combinaisons composées. Si l'acide phosphorique est à l'état d'acide métaphosphorique ou d'acide pyrophosphorique, il faut, au moyen de l'acide sulfurique, transformer ces acides en acide phosphorique ordinaire; il peut alors, sous cette forme, être reconnu immédiatement, dans toute circonstance, au moyen du molybdate d'ammoniaque.

b. — Dans les combinaisons solubles dans l'eau, surtout lorsqu'elles sont neutres, on peut separer un très grand nombre d'acides par l'action des dissolutions salines neutres de plusieurs bases sous la forme de précipités insolubles qui, pour plusieurs acides, présentent des réactions particulières, ou bien qui sont caractérisés par la manière différente dont ces acides se comportent à l'égard des dissolvants.

Il est utile de faire ressortir surtout, sous ce rapport, les dissolutions des combinaisons salines de deux bases, l'*oxyde d'argent* et la *baryte;* il est utile, en outre, de s'occuper encore des dissolutions des sels de *chaux* et de *protoxyde de mercure*. Dans ces recherches, on emploie presque toujours l'oxyde d'argent à l'état de nitrate d'argent, bien que cependant, dans quelques cas, on puisse l'employer aussi à l'état d'acétate ou même de sulfate d'argent; le sel de baryte, au contraire, qui est le plus convenable à employer, est le chlorure de baryum; ce n'est que dans quelques cas que l'on doit préférer le nitrate et l'acétate de baryte. C'est ce qui arrive spécialement lorsqu'on a trouvé que, parmi les bases, il y avait de l'oxyde d'argent, du protoxyde de mercure, de l'oxyde de plomb (ou même de l'oxyde de bismuth). On emploie ordinairement la chaux à l'état de chlorure de calcium, et le protoxyde de mercure est employé sous forme de nitrate.

Emploi du nitrate d'argent.

L'oxyde d'argent donne, avec la plupart des acides, des combinaisons insolubles; sa dissolution produit, par suite, dans la dissolution de la plupart des sels neutres, des précipités qui sont, ou bien insolubles, ou bien très peu solubles dans une grande quantité d'eau. Si une dissolution contient une grande quantité d'acide libre, on doit saturer avec beaucoup de précaution cet acide par un peu d'ammoniaque, ou bien, encore mieux, au moyen d'un peu d'hydrate de potasse pure. Il n'y a que les dissolutions des combinaisons salines de l'*acide nitrique*, de l'*acide chlorique*, de l'*acide perchlorique*, de l'*acide fluorhydrique*, de l'*acide sulfurique*, de l'*acide sélénique* et de l'*acide hypermanganique*, qui ne donnent pas de précipité avec le nitrate d'argent; cependant les combinaisons de l'oxyde d'argent avec les trois acides indiqués en dernier lieu sont déjà un peu difficilement solubles.

Les sels neutres de tous les autres acides donnent au contraire des précipités avec la dissolution de nitrate d'argent. La plupart des sels d'argent précipités ont une couleur caractéristique et ce n'est que lorsqu'ils sont en petite quantité qu'ils sont entièrement incolores. La coloration particulière de la combinaison de l'oxyde d'argent peut souvent permettre déjà de reconnaître l'acide contenu dans le précipité, lorsqu'il existe seul dans le précipité ou lorsqu'il n'est mélangé qu'avec une petite quantité d'une autre combinaison d'argent.

Les acides qui forment avec l'oxyde d'argent des combinaisons incolores, sont : l'*acide cyanhydrique*, l'*acide chlorhydrique* le chlorure d'argent devient violet à la surface par l'action de la lumière du jour; il se colore plus rapidement par l'action de la lumière solaire , l'*acide bromhydrique* (le bromure d'argent a cependant une petite pointe de jaunâtre; il se modifie par l'action de la lumière plus lentement que le chlorure d'argent , l'*acide oxalique*, l'*acide pyrophosphorique* et l'*acide métaphosphorique*, l'*acide borique*, l'*acide carbonique* lorsque le carbonate d'argent s'est complétement déposé, il a une pointe de jaunâtre bien nette), l'*acide cyanique*, l'*acide tantalique* et aussi l'*acide niobique* et l'*acide hyponiobique* (les combinaisons de ces trois acides avec l'oxyde d'argent deviennent brunes après la dessiccation), l'*acide antimonique*, l'*acide tungstique*, l'*acide molybdique*, l'*acide bromique* et l'*acide iodique*.

Les acides qui produisent avec l'oxyde d'argent des combinaisons jaunes, sont : l'*acide phosphorique*, l'*acide arsénieux*, l'*acide silicique*, l'*acide vanadique* et l'*acide iodhydrique* (l'iodure d'argent n'est cependant que faiblement jaunâtre).

Les acides qui donnent avec l'oxyde d'argent des combinaisons brunes ou de couleur brun-rouge, sont : l'*acide arsénique*, l'*acide chromique* et l'*acide hyperiodique* (l'hyperiodate d'argent n'est cependant brun qu'immédiatement après la précipitation; lorsqu'on le laisse reposer, il devient plus dense et prend une couleur noire, p. 623).

Tous les sels d'argent insolubles ou très peu solubles dans l'eau sont solubles dans l'ammoniaque, à l'exception seulement de l'iodure d'argent. Quelques-uns cependant y sont peu solubles comme l'hyperiodate d'argent qui est devenu noir (p. 623) et le rhodanure d'argent (p. 743). L'insolubilité de l'iodure d'argent dans l'ammoniaque caractérise surtout ce sel et, dans toutes les analyses qualitatives, on peut facilement séparer l'acide iodhydrique de tous les acides qui donnent avec l'argent une combinaison insoluble, en agitant avec l'ammoniaque le précipité formé par les sels d'argent après l'avoir bien lavé et lorsqu'il n'y a pas encore longtemps qu'il a été séparé. Il ne reste alors que de l'iodure d'argent insoluble; la solubilité excessivement faible de l'iodure d'argent dans l'ammoniaque ne peut avoir aucune influence notable sur les recherches ultérieures dans les analyses qualitatives.

Les combinaisons insolubles de l'oxyde d'argent, récemment précipitées, se comportent d'une manière variable à l'égard de l'acide nitrique qui a été étendu d'une petite quantité d'eau. Quelques-unes de ces combinaisons y sont insolubles ou presque insolubles; d'autres s'y dissolvent facilement et complétement; d'autres sont décomposées par l'acide nitrique étendu, mais elles ne sont pas complétement dissoutes; en effet l'acide nitrique ne dissout que l'oxyde d'argent, et l'acide qui était combiné avec l'oxyde d'argent reste comme résidu à l'état insoluble.

Les combinaisons qui sont insolubles ou très peu solubles dans l'acide nitrique, sont : le *cyanure d'argent*, le *chlorure d'argent*, le *bromure d'argent*, l'*iodure d'argent*, le *bromate d'argent*, l'*iodate d'argent*. Si l'on sursature par l'acide nitrique la dissolution du cyanure d'argent, du chlorure d'argent et du bromure d'argent dans l'ammoniaque, ces combinaisons sont précipitées de nouveau; le bromate et l'iodate d'argent ne sont précipités de nouveau que très incomplétement (p. 602 et p. 618).

Les combinaisons qui sont complétement solubles dans l'acide nitrique étendu, sont : l'*arséniate d'argent*, l'*arsénite d'argent*, le *phosphate*, le *pyrophosphate* et le *métaphosphate d'argent*, le *molybdate d'argent*, le *chromate d'argent*, le *vanadate d'argent*, le *silicate d'argent* (la dissolution se prend en gelée par un contact prolongé), le *borate d'argent*, le *carbonate d'argent*, l'*oxalate d'argent* (qui ne se dissout qu'un peu difficilement), l'*hyperiodate d'argent*.

Si l'on sursature avec précaution au moyen de l'ammoniaque la dissolution nitrique de ces combinaisons salines de l'oxyde d'argent, le sel est précipité avec sa couleur particulière ; si l'on ajoute une trop grande quantité d'ammoniaque, il se produit alors une dissolution complète.

Les combinaisons qui sont incomplétement solubles dans l'acide nitrique étendu, en laissant comme résidu l'acide qui était combiné avec l'oxyde d'argent, sont : l'*antimoniate d'argent*, le *tungstate d'argent*, le *tantalate d'argent*, le *niobate d'argent* et l'*hyponiobate d'argent*.

Il est par suite facile de séparer au moyen de l'acide nitrique étendu les sels qui sont insolubles dans cet acide de ceux qui y sont solubles. Après les avoir fait digérer pendant quelque temps à la température ordinaire ou bien à une température seulement un peu plus élevée, on jette sur un filtre la partie insoluble et on la lave, ce qu'il est facile de faire.

Pendant que la partie insoluble est encore humide, on l'agite avec de l'ammoniaque. Si elle se dissout en totalité, cela indique qu'il n'y avait pas d'iodure d'argent ; s'il reste un résidu, on le lave et on y reconnaît la présence de l'*iode* (p. 608). Le meilleur moyen est de séparer au moyen de l'eau de chlore l'iode à l'état libre que l'on peut reconnaître ensuite au moyen de l'empois d'amidon ou du sulfure de carbone, lorsqu'on n'a pas ajouté une trop grande quantité d'eau de chlore.

Dans la dissolution ammoniacale des sels d'argent, on reconnaît la presence du *cyanogène* en sursaturant une portion de la dissolution par l'acide chlorhydrique étendu et en laissant reposer le tout pendant quelque temps. On filtre pour séparer la partie insoluble (chlorure d'argent et bromure d'argent ou un mélange des deux sels, on sursature la liqueur par l'hydrate de potasse et on ajoute une dissolution de protoxyde et de sesquioxyde de fer, en ayant soin de sursaturer par l'acide chlorhydrique étendu. S'il se produit un précipité de bleu de Prusse, cela indique la présence du cyanogène dans la liqueur à analyser. — Après avoir lavé le résidu insoluble, on l'introduit à l'état encore humide dans un flacon qui puisse être bien fermé à l'émeri avec un bouchon de verre ; on y ajoute de l'eau, puis un peu d'eau de chlore et, après avoir agité le tout, on y verse assez d'éther pour que, après avoir agité, il en surnage une portion à la surface de la liqueur. Si l'éther reste incolore, cela fait voir que la substance ne contient pas de brome dont la présence serait indiquee par la coloration jaune ou brune que prendrait l'éther (p. 599). — Lorsqu'il y a du cyanogène ou lorsqu'il y a du brome, il est difficile de s'assurer de la présence du chlore, tandis que, lorsqu'il n'y a ni cyanogène, ni brome, on peut facilement reconnaître la présence du chlore à ce que l'ammoniaque, en réagissant sur les sels d'argent, en dissout toujours une certaine quantité qui peut être de nouveau précipitée lorsqu'on sursature par l'acide nitrique.

Lorsqu'il y a du cyanogène dans les sels d'argent insolubles dans l'acide nitrique, on y retrouve la présence du chlorure d'argent de la manière suivante : Après avoir lavé les sels d'argent insolubles pour en séparer complétement tout acide libre. ce qui est absolument nécessaire, on y ajoute, pendant qu'ils sont encore humides, une petite quantité d'eau pure ;

on soumet ensuite le tout à l'action d'une lame de zinc et on laisse le tout en contact pendant vingt-quatre heures et même plus longtemps. Lorsque les combinaisons salines de l'argent de couleur blanche se sont transformées peu à peu en argent métallique de couleur grise, on filtre la liqueur qui contient du chlorure de zinc (et qui, à la longue dissout un peu de cyanure d'argent) et on y recherche la présence du chlore par la méthode connue au moyen du nitrate d'argent. Si, après avoir lavé l'argent métallique pour le séparer du chlorure de zinc, on le dissout dans l'acide nitrique étendu, il reste du cyanure d'argent insoluble. — On peut cependant s'assurer en peu de temps de la présence du chlore dans un mélange de chlorure d'argent et de cyanure d'argent en desséchant le précipité après l'avoir bien lavé et en le faisant fondre dans un petit creuset de porcelaine. Le cyanure d'argent est transformé de cette manière en paracyanure d'argent qui est insoluble dans l'ammoniaque; la composition du chlorure d'argent au contraire ne se modifie pas. Après avoir été fondu, le chlorure d'argent est très peu soluble dans l'ammoniaque; lorsque, cependant, on traite la masse fondue par l'ammoniaque et lorsqu'on chauffe, il se dissout assez de chlorure d'argent pour que, après la sursaturation de la dissolution ammoniacale par l'acide nitrique, on obtienne un précipité abondant de chlorure d'argent. Si les sels d'argent insolubles dans l'acide nitrique contiennent en outre du bromure ou de l'iodure d'argent (lorsqu'on n'en a pas séparé préalablement l'iodure d'argent au moyen de l'ammoniaque , ces deux combinaisons salines sont réduites en même temps que le chlorure d'argent; dans la liqueur filtrée, on retrouve, outre le chlorure de zinc, du bromure de zinc ou de l'iodure de zinc. On y retrouve alors la présence du brome et de l'iode par les procédés connus.

Si la combinaison à analyser contient en même temps un bromure et un chlorure, surtout lorsqu'il y a une quantité considérable de bromure et une petite quantité de chlorure, la présence du chlore est très difficile à reconnaître. Il n'y a pas alors d'autre méthode pour reconnaître la présence du chlore que celle dans laquelle on mélange la substance à analyser avec du chromate de potasse, après l'avoir bien desséchée; on traite ensuite le tout dans une cornue tubulee par l'acide sulfurique fumant, on chauffe extrêmement peu et on sursature ensuite par l'ammoniaque la substance rouge qui a distillé et qui se trouve dans le récipient. Si l'on obtient ainsi une liqueur qui est colorée en jaune par le chromate d'ammoniaque, cela est une preuve de la présence du chlore dans la combinaison à analyser; si la liqueur ammoniacale est au contraire incolore, cela est une preuve qu'il n'y a pas de chlore et qu'il n'y a que du brome (p. 601). Dans cette expérience, on doit avoir soin d'employer une cornue spacieuse, et on doit éviter surtout que, par suite des soubresauts qui pourraient se produire, il ne passe dans le récipient aucune portion du contenu de la cornue, car alors, après avoir sursaturé par l'ammoniaque ce qui a passé à la distillation, on obtiendrait toujours une liqueur jaune.

On doit encore remarquer que, lorsque les sels d'argent insolubles dans l'acide nitrique contiennent du bromate ou de l'iodate d'argent, ce que l'on peut reconnaître par la méthode indiquée page 591, il paraît bon, après les avoir lavés avec de l'eau pour en séparer l'acide nitrique qui y est adhérent, de les transformer en bromure et en iodure d'argent, en les traitant par une petite quantité d'acide sulfureux dissous dans l'eau.

Pour ce qui concerne l'analyse des sels d'argent qui sont solubles dans l'acide nitrique, on peut, lorsqu'on les a précipités en même temps que ceux qui ne se dissolvent pas dans cet acide, les séparer par ce moyen. Après avoir lavé le précipité obtenu au moyen de la dissolution de nitrate d'argent, on le traite par l'acide nitrique étendu, et, si tout n'a pas été dissous, on filtre pour séparer la partie dissoute de la partie insoluble, comme cela a déjà été indiqué précédemment. On lave la partie insoluble avec de l'eau; mais on ne mélange pas l'eau de lavage avec la dissolution nitrique, afin que cette dernière ne devienne pas trop étendue.

On sature avec précaution la dissolution nitrique par l'ammoniaque; si on n'a pas ajouté d'excès d'ammoniaque, les sels d'argent dissous sont précipités de nouveau, et peuvent souvent être reconnus à leur coloration particulière, tandis que, dans le précipité obtenu d'abord, la coloration pouvait être masquée par celle d'un sel d'argent de couleur blanche insoluble dans l'acide nitrique, surtout si ce précipité en contenait une très grande quantité. C'est ainsi spécialement que l'on reconnaît la présence de l'arséniate, de l'arsénite et du phosphate d'argent, bien que ces combinaisons salines aient été précipitées d'abord à l'état de mélange avec une très grande quantité de chlorure d'argent. — Le carbonate d'argent fait exception : en effet, lorsqu'on le dissout, il fait effervescence et perd son acide; on peut alors le reconnaître à cette effervescence.

Lorsque, en sursaturant la dissolution nitrique par l'ammoniaque, on n'obtient pas de combinaisons simples de l'argent, mais lorsqu'on obtient ainsi des mélanges, on fait bien de faire digérer avec de l'acide chlorhydrique étendu le précipité obtenu par l'action de l'ammoniaque. Il se forme ainsi du chlorure d'argent, et les acides qui étaient combinés avec l'oxyde d'argent se dissolvent dans l'excès d'acide chlorhydrique, lorsqu'ils y sont solubles.

Dans cette dissolution, on peut reconnaître en partie les différents acides par des méthodes qui ont déjà été expliquées plusieurs fois avec détail dans ce qui précède. Il est utile de traiter la dissolution chlorhydrique par le gaz hydrogène sulfuré que l'on emploie à l'état de dissolution, ou, pour de grandes quantités, à l'etat de gaz lorsqu'on peut se servir de l'appareil indiqué p. 791 . On précipite de cette manière l'acide arsénique, l'acide arsénieux, l'acide molybdique, etc., etc., à l'état de sulfures, tandis que les autres acides restent en dissolution. (L'acide chromique, qui a déjà été réduit en partie à l'état de sesquioxyde de chrome par l'action de l'acide chlorhydrique, est réduit complétement lorsqu'on traite la dissolution par l'hydrogène sulfuré; en même temps, il se dépose un peu de soufre.) On peut notamment séparer de cette manière les acides de l'arsenic de ceux du phosphore, ce qui est important à considérer, puisque ces acides se rencontrent fréquemment ensemble. Après avoir séparé les acides de l'arsenic à l'état de sulfure d'arsenic au moyen de l'hydrogène sulfuré, on filtre et on sépare ensuite, dans la liqueur filtrée, l'acide phosphorique à l'état de phosphate ammoniaco-magnésien par la méthode indiquée précédemment. Lorsque les deux acides de l'arsenic se rencontrent en même temps dans une même substance, on peut les reconnaître en traitant leur dissolution nitrique par le nitrate d'argent (p. 397). Lorsque les acides, dissous dans l'acide nitrique, ne sont pas décomposables par l'hydrogène sulfuré, on peut les reconnaître facilement presque tous, en essayant s'ils jouissent des propriétés dont on a donné la description détaillée dans la première partie. On ne doit surtout pas négliger d'en faire l'analyse à l'aide du chalumeau.

Si les sels d'argent sont solubles dans l'acide nitrique, en laissant seulement pour résidu les acides qu'ils contiennent, cela indique que ces acides sont spécialement l'acide antimonique et l'acide tungstique. Ces combinaisons salines, lorsqu'on les traite par l'acide nitrique, peuvent déjà être distinguées facilement à ce que le tungstate d'argent de couleur blanche, traité par l'acide nitrique, laisse séparer de l'acide tungstique de couleur blanche qui devient jaune lorsqu'on le chauffe en présence de l'acide nitrique, tandis que l'acide antimonique, séparé de l'antimoniate d'argent par l'action de l'acide nitrique, ne change pas de couleur lorsqu'on le chauffe. Les acides du tantale et du niobium se séparent également avec une couleur blanche lorsqu'on traite leurs combinaisons par l'acide nitrique; mais ils ne sont pas modifiés par l'hydrogène sulfuré, tandis que l'acide antimonique est alors transformé en sulfure.

Emploi du chlorure de baryum.

La baryte ne donne qu'avec un petit nombre d'acides des combinaisons solubles dans l'eau; avec la plupart des acides, au contraire, elle donne des combinaisons insolubles. Parmi ces combinaisons insolubles dans l'eau, quelques-unes sont insolubles et d'autres très peu solubles dans l'acide chlorhydrique étendu, tandis que la plupart, au contraire, se dissolvent dans cet acide. — Au lieu de chlorure de baryum, on emploie, dans les cas que nous avons indiqués précédemment, une dissolution de *nitrate de baryte*. Si la dissolution contient un acide libre, on doit la saturer avec précaution par l'ammoniaque.

Les dissolutions des combinaisons salines de l'*acide nitrique*, de l'*acide chlorhydrique*, de l'*acide bromhydrique*, de l'*acide iodhydrique*, de l'*acide perchlorique*, de l'*acide chlorique*, de l'*acide bromique* (le bromate de baryte n'est cependant qu'un peu soluble), ne donnent pas de précipité avec le chlorure de baryum.

La baryte donne avec les autres acides des combinaisons insolubles ou très peu solubles, qui se précipitent, par suite, lorsqu'on traite les dissolutions de ces combinaisons salines par le chlorure de baryum. La plupart de ces précipités sont incolores, et ne se distinguent pas par leur couleur caracteristique, comme les sels d'argent insolubles. Les combinaisons insolubles que la baryte donne avec l'*acide chromique* et avec l'*acide vanadique*, sont les seules qui soient colorées. La combinaison insoluble que la baryte donne avec l'acide chromique, est jaune pâle: la baryte donne avec l'acide vanadique deux combinaisons insolubles; la combinaison neutre est jaune-blanchâtre et devient spontanément blanche; la combinaison acide est jaune-blanchâtre et ne subit pas de modification par un contact prolongé (p. 355) : les autres combinaisons insolubles de la baryte sont incolores.

La plupart des sels de baryte insolubles sont solubles dans l'acide chlorhydrique étendu et dans l'acide nitrique étendu. Les combinaisons de la baryte avec l'*acide sulfurique* et avec l'*acide sélénique* y sont seules insolubles; par suite, la dissolution d'un sel de baryte est, pour ces deux acides, le caractère le plus important, puisque, de toutes les combinaisons de la baryte qui sont insolubles dans l'eau, le sulfate et le séléniate de baryte sont les seuls qui résistent à l'action dissolvante de l'acide chlorhydrique et de l'acide nitrique étendus. On peut, dans une combinaison de la baryte insoluble dans les acides, reconnaître l'acide sélénique au moyen du chalumeau (p. 441). Si l'on soumet le séléniate de baryte à une ébullition prolongée avec l'acide chlorhydrique et si l'on traite ensuite par l'eau, le séléniate de baryte finit par se dissoudre en donnant naissance à un dégagement de chlore, tandis que le sulfate de baryte reste à l'état insoluble et peut être reconnu ainsi lorsque, dans un précipité, il se rencontre en présence du séléniate de baryte.

L'*acide hydrofluosilicique* donne également avec le chlorure de baryum un précipité très peu soluble, presque insoluble, qui ne se dissout pas non plus dans les acides très etendus, mais qui est décomposé par les acides concentrés. Le précipité que l'*acide fluorhydrique* forme par l'action du chlorure de baryum, est un peu soluble dans les acides étendus; il ne s'y dissout cependant qu'avec difficulté.

Un petit nombre des combinaisons insolubles de la baryte sont décomposees par les acides étendus; cependant elles ne sont pas complétement solubles dans ces acides, et cela vient de ce que l'acide qui se sépare n'est pas soluble dans l'acide nitrique, ni dans l'acide chlorhydrique. Parmi les combinaisons qui jouissent de cette propriété, on peut ranger spécialement les combinaisons de la baryte avec l'*acide tungstique*, l'*acide tantalique*, les *acides du niobium* (surtout l'*acide hyponiobique*) et avec l'*acide antimonique*. Quelques-unes de ces combinaisons se dissolvent, mais difficilement, dans une grande quantité d'acide.

Lorsque, dans la dissolution de la substance à analyser, on a précipité les acides par le chlorure de baryum, et lorsqu'on a redissous entièrement ou partiellement le précipité en le traitant par l'acide chlorhydrique étendu, le précipité ou la portion du précipité qui avaient été dissous reparaissent dans la plupart des cas, lorsqu'on sursature par l'ammoniaque la liqueur que l'on a filtrée pour en séparer le résidu insoluble. Dans quelques cas, le précipité ne reparaît pas, parce que le sel de baryte insoluble est maintenu en dissolution par le sel ammoniacal qui s'est produit. C'est ce qui se présente, par exemple, pour le fluorure de baryum et pour l'arséniate de baryte; cependant, dans le dernier cas, il se sépare au bout de quelque temps un sel cristallin (p. 305). Si l'on a dissous le carbonate de baryte dans un acide étendu, ce sel ne reparaît pas lorsqu'on sursature par l'ammoniaque. — Si l'on dissout dans l'acide nitrique étendu le chromate de baryte de couleur jaune claire, la dissolution prend la couleur des bichromates.

Emploi du chlorure de calcium. — Au lieu de chlorure de baryum, on peut souvent, avec beaucoup d'avantage, employer le chlorure de calcium. En effet, beaucoup d'acides, comme l'*acide arsénieux*, l'*acide arsénique* et surtout l'*acide oxalique*, par exemple, sont plus complétement précipités lorsqu'ils sont en combinaison avec la chaux que lorsqu'ils sont en combinaison avec la baryte; par suite, le chlorure de calcium pourrait être employé de préférence au chlorure de baryum, si la chaux formait avec l'acide sulfurique (et avec l'acide sélenique) des combinaisons aussi insolubles dans l'eau et dans les acides étendus que celles formées par la baryte. Mais comme il n'en est pas ainsi, puisque le sulfate et aussi le séléniate de chaux ne sont que difficilement solubles dans l'eau, mais sont un peu plus solubles dans les acides étendus que dans l'eau, on choisit le chlorure de baryum de préférence au chlorure de calcium pour opérer la précipitation des acides. — Si cependant, par un essai spécial, on s'est convaincu de l'absence de l'acide sulfurique, l'emploi du chlorure de calcium doit souvent être conseillé. L'emploi du chlorure de calcium est surtout avantageux lorsque la dissolution contient de l'*acide phosphorique* et de l'*acide oxalique*. Dans leurs dissolutions neutres, ces deux acides sont complétement précipités par la dissolution de chlorure de calcium. Si, après avoir lavé ensuite le précipité, on le traite par l'acide acétique pendant qu'il est encore humide, il reste comme résidu de l'oxalate de chaux presque complétement insoluble (p. 33), tandis que le phosphate de chaux se dissout et peut être facilement reconnu dans la dissolution acétique, soit en sursaturant cette dissolution par l'ammoniaque, soit en ajoutant du nitrate d'argent (p. 551). — L'*acide fluorhydrique* est complétement précipité de ses dissolutions par le chlorure de calcium. Le précipité ne se dissout que difficilement dans les acides libres; si l'on sursature par l'ammoniaque, il ne reparaît pas ou ne reparaît qu'en partie.

Emploi du nitrate de protoxyde de mercure.

Dans certains cas, surtout lorsqu'il y a des acides métalliques dans la dissolution de la combinaison à analyser, on se sert avec beaucoup d'avantage de la dissolution de nitrate de protoxyde de mercure. La dissolution de nitrate de protoxyde de mercure précipite presque tous les acides, et il n'y a qu'un très petit nombre d'acides qui forment avec le protoxyde de mercure des sels solubles. En effet, outre l'*acide nitrique*, il n'y a presque que l'*acide cyanhydrique* qui forme avec le protoxyde de mercure une combinaison soluble, en observant cependant que, dans ce dernier cas, il se sépare du mercure métallique, et il se produit du cyanide soluble de mercure. Quelques combinaisons du protoxyde de mercure, qui ne sont pas solubles, sont dissoutes par un excès de dissolution de protoxyde de mercure : c'est ce qui se présente, par exemple, pour une dissolution de protofluorure de mercure p. 564).

Bien que les précipités produits par la dissolution de protoxyde de mercure soient caractérisés souvent par leur coloration particulière, comme cela se présente pour les précipités d'argent qui leur sont analogues, cependant plusieurs acides forment avec le protoxyde de mercure des combinaisons incolores, bien qu'ils forment avec l'oxyde d'argent des combinaisons colorées. Les combinaisons du protoxyde de mercure qui sont incolores, sont celles que cet oxyde forme avec l'*acide sulfurique*, l'*acide sélénique*, l'*acide phosphorique*, l'*acide carbonique* cette dernière combinaison se décompose facilement lorsqu'elle reste en contact avec un excès du carbonate alcalin qui a servi à la précipitation, elle devient alors noire), l'*acide oxalique*, l'*acide tungstique* (cette combinaison a cependant une pointe de jaunâtre), l'*acide arsénique* (cette combinaison a également une pointe de jaunâtre : à la longue et par l'action de la chaleur, la combinaison devient rouge-brique), l'*acide arsénieux* (la combinaison se décompose à la longue et prend une couleur grise qui provient d'une séparation de mercure , l'*acide chlorhydrique*, l'*acide bromhydrique* (la combinaison a une pointe de jaunâtre), l'*acide bromique* et l'*acide iodique*.

Le protoxyde de mercure donne des combinaisons de couleur jaune, jaune-verdâtre ou brun-jaunâtre, avec l'*acide tantalique* et les *acides du niobium* par la dessiccation, ces combinaisons deviennent brunes), avec l'*acide molybdique*, l'*acide vanadique*, l'*acide antimonique*, l'*acide iodhydrique*, l'*acide hyperiodique* et l'*acide silicique*.

La combinaison que le protoxyde de mercure forme avec l'*acide chromique*, est jaune-rougeâtre.

Parmi les combinaisons du protoxyde de mercure qui sont insolubles ou très peu solubles dans l'eau, il y en a plusieurs qui sont insolubles ou très peu solubles dans l'acide nitrique très étendu; de ce nombre, sont les suivantes : le *protochlorure de mercure*, le *protobromure de mercure*, les combinaisons du *protoxyde de mercure* avec l'*acide sulfurique*, l'*acide bromique* et l'*acide iodique;* les autres combinaisons insolubles du protoxyde de mercure sont solubles dans l'acide nitrique, mais quelques-unes d'entre elles sont décomposées par l'acide nitrique qui sépare l'acide qui était combiné avec le protoxyde de mercure : ces combinaisons sont celles qui contiennent les acides, dont les combinaisons avec l'oxyde d'argent se comportent, à l'égard de l'acide nitrique, de la même manière (p. 958) ; ces acides sont l'*acide antimonique*, l'*acide tantalique*, les *acides du niobium* et l'*acide tungstique*.

Toutes les combinaisons du protoxyde de mercure, traitées par l'ammoniaque, deviennent noires. Si la dissolution que l'on doit traiter par la dissolution de nitrate de protoxyde de mercure est acide, on doit la saturer exactement par l'hydrate de potasse ou l'hydrate de soude, mais non par l'ammoniaque.

Pour ce qui est de l'importance que peut présenter, dans les analyses qualitatives, l'emploi de la dissolution de nitrate de protoxyde de mercure, on doit faire remarquer que, lorsqu'on calcine avec des acides les combinaisons du protoxyde de mercure qui ont été précipitées, il ne reste comme résidu que les acides qui ne sont pas volatils, tandis que le protoxyde de mercure et les acides volatils sont complétement volatilisés. On a ainsi l'avantage de séparer les acides qui ne sont pas volatils de ceux qui le sont et on peut alors reconnaître facilement les premiers à l'aide du chalumeau.

On retrouve quelquefois, dans le résidu, les acides non volatils à l'état de degrés inférieurs d'oxydation; cela vient de ce que, par une forte calcination, ils ont perdu une portion de leur oxygène.

Les combinaisons du protoxyde de mercure qui, par la calcination, laissent comme résidu des acides non volatils, sont celles qui contiennent les acides suivants : l'*acide tantalique*, les deux acides du *niobium*, l'*acide silicique*, l'*acide tungstique*, l'*acide molybdique* (dont il peut se volatiliser une petite quantité par une forte calcination), l'*acide phosphorique* (lorsqu'on calcine le phosphate de protoxyde de mercure, il reste de l'acide phosphorique vitreux qui contient toujours du mercure, même lorsqu'on expose le sel à une température rouge-blanc dans un creuset de platine. Si l'on prolonge la durée de la calcination, l'acide phosphorique se volatilise enfin en même temps que le mercure; mais, même lorsqu'il ne reste plus qu'une petite quantité d'acide, cet acide contient encore du mercure). Lorsqu'on calcine l'*antimoniate* de protoxyde de mercure, il reste comme résidu de la calcination de l'antimoniate d'oxyde d'antimoine; lorsqu'on calcine le *chromate* de bioxyde de mercure, il reste comme résidu du sesquioxyde vert de chrome.

Les combinaisons du protoxyde de mercure avec l'*acide chlorhydrique*, l'*acide bromhydrique* et l'*acide iodhydrique*, avec l'*acide carbonique*, l'*acide oxalique*, l'*acide bromique*, l'*acide iodique*, l'*acide sulfurique*, l'*acide arsénique* et l'*acide arsénieux* sont entièrement volatiles. Quelques-unes de ces combinaisons du protoxyde de mercure, lorsqu'on les décompose par l'action de la chaleur, donnent naissance à une légère explosion : c'est ce qui se présente pour les combinaisons du protoxyde de mercure avec l'acide oxalique et avec l'acide bromique.

On peut opérer la calcination de ces combinaisons dans un creuset de platine qui n'est pas attaqué dans la plupart des cas. Ce n'est que lorsque la combinaison à calciner contient de l'acide arsénique et de l'acide arsénieux que l'on doit employer un petit creuset de porcelaine. On peut calciner même le phosphate de protoxyde de mercure dans un creuset de platine, à moins qu'il ne soit accidentellement mélangé avec des substances organiques.

Si, avant de calciner le sel de mercure insoluble qui s'est précipité, on le dessèche et on le mélange avec du carbonate de soude, ou mieux avec un mélange de carbonate de soude et de carbonate de potasse, et si on fait ensuite fondre le mélange, on obtient alors, après la volatilisation du protoxyde de mercure, les acides qui y étaient combinés, en combinaison avec l'oxyde alcalin; on obtient même, à part un petit nombre d'exceptions, les acides qui, à l'état de combinaison avec le protoxyde de mercure, se seraient volatilisés complétement par l'action de la chaleur. Les combinaisons du protoxyde de mercure avec l'acide carbonique et l'acide oxalique forment seules exception dans ce cas.

2° ANALYSE QUALITATIVE DES SUBSTANCES INSOLUBLES DANS L'EAU.

Si la substance est insoluble dans l'eau, on la dissout dans l'acide chlorhydrique, ou bien, dans quelques cas, dans l'acide nitrique ou même dans l'eau régale. Plusieurs peroxydes insolubles, traités à chaud par l'acide chlorhydrique, donnent naissance à un dégagement de chlore. C'est ce qui se présente pour les *chromates*, les *vanadates*, les *tellurates*, les *séléniates*, les *ferrates*, les *hypermanganates* et les *manganates*, de même que pour les sels insolubles des autres acides indiqués page 948, et en outre pour l'*oxyde de cerium*, l'*oxyde de manganèse* et le *peroxyde de manganèse*, pour le *peroxyde de cobalt*, pour le *peroxyde de nickel*, pour l'*oxyde rouge* et l'*oxyde puce de plomb*, et aussi pour quelques autres peroxydes qui se présentent rarement.

On traite ensuite par l'hydrogène sulfuré la dissolution de la combinaison dans un acide et on continue l'analyse comme cela a été indiqué pour les combinaisons solubles dans l'eau. On doit, du reste, prendre attentivement en considération tout ce qui a été dit page 906 de l'analyse des combinaisons composées insolubles.

Parmi les combinaisons solubles dans les acides, viennent se ranger la plupart des *alliages métalliques* qui peuvent être oxydés et dissous par l'acide nitrique et par l'eau régale. On a examiné avec détail (p. 924) l'analyse des alliages métalliques; on doit encore observer ici qu'il peut y avoir, non-seulement des métaux et des alliages métalliques qui ne peuvent pas être oxydés par l'acide nitrique seul, comme cela se présente par exemple pour les alliages qui contiennent une grande quantité d'or et une petite quantité d'argent, mais aussi des métaux et des alliages qui résistent à l'action de l'eau régale, même bouillante; c'est ce qui se présente par exemple pour le rhodium (p. 203), pour l'iridium (p. 208) et pour les alliages d'iridium et d'osmium (p. 214). Les alliages qui contiennent une grande quantité d'argent et une petite quantité d'or, ne paraissent pas non plus être sensiblement solubles dans l'eau régale (p. 231). — La plupart de ces combinaisons qui ne peuvent pas être oxydées par l'eau régale et qui ne s'y dissolvent pas, se rencontrent seulement dans la nature et se présentent très rarement dans les recherches analytiques. On s'en est occupé avec détail aux endroits que nous avons indiqués.

En outre, plusieurs *arséniures* et surtout plusieurs *phosphures*, bien qu'ils contiennent des métaux qui sont solubles dans les acides non oxydants comme l'acide chlorhydrique et l'acide sulfurique étendus, sont complétement insolubles dans ces acides (p. 377 et p. 511); mais ils sont oxydés par l'acide nitrique et par l'eau régale et s'y dissolvent.

Plusieurs substances simples non métalliques, comme le soufre et le carbone (ce dernier, surtout lorsqu'il est à l'état de graphite), ne se dissolvent pas dans les acides non oxydants et ne sont oxydés et dissous qu'avec difficulté par l'acide nitrique et par l'eau régale p. 671 (le graphite n'est ni oxydé, ni dissous par ces deux acides).

Parmi les combinaisons qui ne sont dissoutes que partiellement par les acides, viennent se ranger un grand nombre des combinaisons de l'*acide silicique* avec les bases; les bases de ces combinaisons se dissolvent dans l'acide, tandis que l'acide silicique reste comme résidu à l'état insoluble (p. 639).

Parmi les substances insolubles ou peu solubles dans l'eau et dans les acides, on doit placer, outre celles qui ont été indiquées p. 883, plusieurs combinaisons de l'*acide sélénique* avec les bases qui forment avec l'acide sulfurique des combinaisons insolubles ou peu solubles dans les acides (p. 443).

Plusieurs oxydes et plusieurs acides (ainsi que leurs combinaisons avec les bases), à l'état où ils se présentent dans la nature, ou bien à l'état qu'ils affectent après une forte calcination, résistent souvent à l'action des acides les plus énergiques et ne sont pas dissous par ces acides. Parmi ces substances, viennent se ranger : l'*alumine* (à l'état de corindon, de rubis et de saphir) et aussi les combinaisons naturelles de l'alumine avec la magnésie (spinelle) et avec l'oxyde de zinc (gahnite) : la *glucine*, et spécialement sa combinaison avec l'alumine que l'on rencontre dans la nature (chrysobéryl); la *zircone*, après qu'elle a été calcinée ; l'*acide titanique*, aussi bien celui qui a été précipité de ses dissolutions à l'aide de l'ébullition que celui qui a été fortement calciné et que celui qui se trouve dans la nature (rutile, brookite, anatase); le *bioxyde d'étain*, celui qui a été calciné aussi bien que le bioxyde d'étain (zinnstein qui se trouve dans la nature; l'*antimoniate d'acide antimonieux* p. 277 , ainsi que les antimoniates qui ont été calcinés; l'*acide tantalique*, les acides du *niobium*, l'*acide tungstique*, l'*acide molybdique* lorsqu'il a été fondu (il n'est cependant pas entièrement insoluble dans les acides et il est soluble dans les dissolutions alcalines) ; l'*oxyde de chrome* lorsqu'il a été calciné ainsi que la combinaison de l'oxyde de chrome et du protoxyde de fer (fer chromé) que l'on trouve dans la nature; les modifications de l'*acide silicique* et un très grand nombre des combinaisons que l'acide silicique forme avec les bases.

Ces substances ne sont souvent que faiblement attaquées et ne sont souvent pas attaquées, même lorsque, après les avoir réduites en poudre, on les fait chauffer avec de l'acide sulfurique concentré. Mais plusieurs d'entre elles peuvent devenir complétement solubles, lorsque, après les avoir réduites en poudre fine, on les fait fondre dans un creuset de platine avec du bisulfate de potasse.

Parmi les substances précédentes, celles qui, après avoir été fondues avec du bisulfate de potasse, se dissolvent complétement lorsqu'on ajoute de l'eau, sont les suivantes : toutes les modifications de l'alumine que l'on rencontre dans la nature ainsi que ses combinaisons avec la magnésie (spinelle) et l'oxyde de zinc (gahnite) ; la glucine ainsi que sa combinaison avec l'alumine (chrysobéryl) ; l'acide titanique (il ne faut cependant employer pour le dissoudre que de l'eau à la température ordinaire ; en effet, par l'action de la chaleur sur la dissolution, l'acide titanique est précipité); l'acide tungstique (seulement lorsque, en le lavant avec de l'eau, on a séparé le bisulfate de potasse en excès (p. 334) et l'acide molybdique. — Le sesquioxyde de chrome (il en est de même du fer chromé), fondu avec du bisulfate de potasse, est transformé en un sulfate double de potasse et de sesquioxyde de chrome qui est insoluble et qui est de couleur verte (p. 364). Le bioxyde d'étain, l'acide tantalique, les acides du niobium et l'acide silicique se distinguent de presque toutes les autres combinaisons à ce que, fondus avec le bisulfate de potasse, ils ne deviennent pas solubles. Si on traite les masses fondues par l'eau, les acides restent comme résidu à l'état complétement insoluble. Par la digestion avec le sulfure d'ammonium, on peut séparer le bioxyde d'étain des autres acides, comme l'acide tantalique, les acides du niobium et l'acide silicique, qui sont insolubles dans le sulfure d'ammonium. On ne peut séparer l'acide silicique des autres acides qu'au moyen de l'acide fluorhydrique et du fluorure d'ammonium qui en determinent la volatilisation (p. 629 et 682).

On a déjà dit, page 886, que beaucoup de métaphosphates et plusieurs arséniates acides sont insolubles dans les acides et ne peuvent être dissous par l'acide sulfurique concentré qu'avec l'aide de la chaleur.

Il faut encore observer qu'il peut y avoir aussi des combinaisons insolubles dans l'eau qui contiennent des oxydes alcalins. Outre les sels doubles qui ont été indiqués déjà précédemment (p. 546) et qui résultent des combinaisons des phosphates alcalins avec les autres phosphates, il existe encore d'autres combinaisons qui leur sont analogues. Ainsi le fluorure d'aluminium forme des combinaisons doubles insolubles avec le fluorure de potassium et le fluorure de sodium (kryolithe). En outre, toutes les combinaisons de l'acide titanique avec les oxydes alcalins sont insolubles dans l'eau. Mais ce sont surtout les silicates alcalins qui donnent avec les autres silicates des combinaisons doubles insolubles dans l'eau.

Nous indiquerons seulement ici en peu de mots quelle est la marche que l'on doit suivre dans l'analyse qualitative de ces substances.

On dissout dans l'acide nitrique les phosphates insolubles qui contiennent des oxydes alcalins; on ajoute ensuite à la dissolution une dissolution de nitrate d'argent et on sature exactement par l'ammoniaque. Lorsqu'on opère avec précaution, on peut précipiter de cette manière l'acide phosphorique à l'état de phosphate d'argent, tandis que les oxydes alcalins et les autres bases restent dissous à l'état de nitrates. On filtre pour séparer le phosphate d'argent et on sépare ensuite l'excès d'oxyde d'argent au moyen de l'acide chlorhydrique : les bases sont alors déterminées par les méthodes indiquées précédemment.

Pour ce qui concerne les combinaisons doubles insolubles que forment les fluorures entre eux et qui contiennent des fluorures alcalins, comme cela se présente pour la kryolithe, on les traite dans des vases de platine par l'acide sulfurique concentré qui les décompose; il se dégage de l'acide fluorhydrique et la combinaison double est transformée en sulfate.

Les titanates alcalins sont solubles dans l'acide chlorhydrique. Dans la dissolution étendue d'eau, on précipite l'acide titanique par l'ammoniaque: si, après avoir filtré la liqueur pour en séparer l'acide titanique, on évapore cette liqueur et si, après avoir desséché le résidu de l'évaporation, on le calcine, on obtient comme résidu de la calcination les oxydes alcalins sous forme de chlorures. Lorsque la combinaison qui contient l'acide titanique n'est pas complétement soluble dans l'acide chlorhydrique, mais lorsqu'elle n'y est que partiellement soluble, comme cela arrive lorsqu'elle a été chauffée trop fortement ou lorsqu'elle a été calcinée, on peut la traiter par l'acide sulfurique concentré dans lequel elle se dissout lorsqu'on la fait digérer pendant longtemps avec cet acide et lorsqu'on la chauffe jusqu'à ce qu'une portion de l'acide sulfurique en excès se volatilise. Lorsqu'on étend ensuite le tout à la température ordinaire d'une certaine quantité d'eau, on obtient une dissolution dont on peut précipiter l'acide titanique par l'ébullition ou par l'ammoniaque : on peut ensuite, dans la liqueur filtrée, déterminer les oxydes alcalins. Les titanates alcalins desséchés peuvent aussi être décomposés par le chlorure d'ammonium en suivant la méthode qui a été indiquée page 284.

On s'occupera, dans le chapitre suivant, de l'analyse des silicates qui contiennent les oxydes alcalins.

DE L'ANALYSE QUALITATIVE DE QUELQUES COMBINAISONS QUI SE PRÉSENTENT FRÉQUEMMENT, QUI CONTIENNENT SEULEMENT CERTAINES PARTIES CONSTITUANTES ET DONT L'ANALYSE PEUT DEVENIR PLUS FACILE LORSQU'ON SUIT UNE MARCHE PARTICULIÈRE.

Parmi ces combinaisons, viennent se ranger surtout : les *combinaisons de l'acide silicique*, tant celles que l'on trouve dans la nature, que celles que l'on prépare artificiellement, les *terres arables* et les *eaux minérales*.

DE L'ANALYSE DES COMBINAISONS DE L'ACIDE SILICIQUE.

Les combinaisons de l'acide silicique qui constituent la plus grande partie des minéraux et qui se forment dans beaucoup d'opérations métallurgiques (cas dans lequel elles prennent le nom de scories), peuvent facilement être reconnues et distinguées à l'aide du chalumeau, des autres minéraux qui ne contiennent pas d'acide silicique. En effet, si on les fait fondre sur le charbon avec le sel de phosphore, l'acide silicique reste insoluble, et, pendant l'action du chalumeau, il nage dans la perle liquide sous la forme d'une masse transparente, boursouflée (p. 644).

Parmi les combinaisons de l'acide silicique que l'on rencontre dans la nature, la plupart ne contiennent qu'un petit nombre de parties constituantes, mais unies en des proportions relatives très différentes. L'acide silicique est un acide dont les propriétés acides sont si peu énergiques, qu'il peut s'unir avec les bases dans des proportions très différentes, spécialement lorsque la combinaison a eu lieu par voie humide : la plupart des silicates qui se rencontrent dans la nature ont été produits par voie humide. La variabilité des proportions dans lesquelles l'acide silicique s'unit avec les bases, rapproche les combinaisons de cet acide des substances organiques qui ne sont formées que d'un petit nombre de parties constituantes et qui présentent cependant une grande différence de propriétés qui provient de la différence des proportions relatives de leurs atomes. Les substances parmi lesquelles on doit toujours rechercher les parties constituantes ordinaires d'une combinaison inconnue de l'acide silicique que l'on rencontre dans la nature, sont, outre l'*acide silicique*, les suivantes : l'*alumine*, la *chaux*, la *magnésie*, le *protoxyde de fer*, de petites et rarement de grandes quantités de *protoxyde de manganèse*, les *oxydes alcalins* et aussi l'*eau*. Outre ces parties constituantes, quelques combinaisons de l'acide silicique contiennent encore quelques autres oxydes, quelques autres acides ou bien quelques substances non métalliques qui ne se présentent que rarement. Lorsque la combinaison de l'acide silicique ne contient pas ces substances exceptionnelles, la marche que l'on doit proposer pour l'analyse qualitative de cette combinaison de l'acide silicique, est simple ; en outre, dans le cas où l'on doit déterminer la quantité des parties constituantes de la combinaison, il n'est pas nécessaire d'opérer préalablement l'analyse qualitative de cette substance, mais on peut commencer l'analyse en suivant les procédés qui seront indiqués à l'article SILICIUM dans le second volume de cet ouvrage. On ne doit par suite faire ici qu'un petit nombre d'observations sur l'analyse qualitative des silicates.

La plupart des parties constituantes des silicates que l'on rencontre dans la nature, sont d'une nature telle qu'on ne peut reconnaître immédiatement la présence de ces parties constituantes, même lorsqu'il y en a une quantité considérable, au moyen de l'analyse au chalumeau seule. Parmi les parties constituantes indiquées, il n'y a surtout que l'acide silicique, ainsi que les oxydes du manganèse et du fer, dont on puisse reconnaître avec certitude dans les silicates la présence au moyen du chalumeau.

On s'assure facilement de la présence de l'acide silicique dans les silicates en examinant la manière dont ces silicates se comportent à l'égard du sel de phosphore (p. 644). La manière dont les silicates se comportent à l'égard de la soude, doit aussi être prise en considération; en effet, on peut déjà déterminer de cette manière si la quantité d'acide silicique contenue dans le silicate est plus ou moins considérable. Pour des quantités très considérables d'acide silicique contenues dans les silicates, on obtient avec la soude une perle claire (p. 644 et 851).

On reconnaît la présence du protoxyde de fer dans les silicates en les traitant, soit par le sel de phosphore, soit par le borax (p. 90); on reconnaît la présence du protoxyde de manganèse en traitant par la soude sur une lame de platine le silicate préalablement réduit en poudre (p. 72).

Les autres parties constituantes, surtout lorsque plusieurs d'entre elles se trouvent en même temps dans la même substance, ne peuvent pas être reconnues, ou du moins ne peuvent pas être reconnues avec une entière certitude au moyen du chalumeau. Si le silicate contient une grande quantité d'alumine, on en reconnaît la présence dans ce silicate en le traitant par une dissolution de nitrate de cobalt (p. 46); en effet, la présence de l'acide silicique n'empêche pas la production de la réaction de l'alumine. Même après la fusion, le silicate qui contient de l'alumine conserve sa belle couleur bleue; mais on doit observer que les silicates qui contiennent de la chaux ou bien un oxyde alcalin, donnent, par la fusion, une perle bleue, bien qu'ils ne contiennent pas d'alumine; c'est pour cela qu'on ne doit jamais élever la chaleur de manière que la fusion puisse s'opérer. — Si le silicate contient une grande quantité de magnésie, on peut le reconnaître également au moyen de la dissolution de nitrate de cobalt (p. 41); en effet, la présence de l'acide silicique ne modifie pas la couleur rose-rouge sale qui caractérise la magnésie. On peut, dans ce cas, faire chauffer l'essai plus fortement et on peut même tâcher de l'amener jusqu'à la fusion, parce que, lorsqu'il y a de la magnésie, non-seulement la couleur rouge persiste, mais elle est ordinairement encore plus nette.

Toutefois, on ne peut pas, à l'aide de la réaction de la dissolution de nitrate de cobalt, conclure avec certitude qu'un silicate contient de l'alumine, et on ne peut pas conclure avec plus de certitude que le silicate contient de la magnésie; mais on ne peut pas conclure non plus que le silicate ne contient pas ces oxydes terreux, lorsqu'on n'obtient pas, à l'aide de ce réactif, la coloration bleue ou la coloration rouge-chair sale; en effet plusieurs parties constituantes, et notamment le sesquioxyde de fer et les autres oxydes métalliques, peuvent empêcher la production des colorations indiquées.

On a déjà indiqué (p. 638) que les différentes combinaisons de l'acide silicique qui se trouvent dans la nature, se comportent d'une manière très différente à l'égard des réactifs, et notamment à l'égard des acides. Ou bien elles sont décomposées par les acides, ou bien elles résistent plus ou moins à l'action des acides même les plus énergiques.

Les scories que l'on obtient dans les opérations métallurgiques, se comportent comme les silicates qui se présentent dans la nature. Elles contiennent ordinairement surtout, outre l'acide silicique, les mêmes bases que les silicates naturels; cependant il s'y trouve fréquemment de petites quantités de parties constituantes étrangères et spécialement de petites quantités des parties constituantes rares.

Les scories se comportent à l'égard des acides comme les silicates naturels.

Lorsqu'on veut opérer l'analyse qualitative d'un silicate, on doit d'abord essayer comment il se comporte au chalumeau afin de s'assurer s'il contient les substances que l'on peut reconnaître avec certitude à l'aide de cet instrument. On le réduit ensuite en poudre fine, et on le décompose, soit par l'acide chlorhydrique, soit par la fusion avec un carbonate alcalin; dans ce dernier cas, on doit renoncer à rechercher dans le silicate la présence des oxydes alcalins.

Dans les deux cas, on ne doit pas, pour opérer l'analyse qualitative, employer des quantités de matières plus grandes qu'un ou deux décigrammes.

Lorsqu'on veut décomposer les silicates par l'acide chlorhydrique, on les réduit en poudre fine et on les traite dans un tube fermé par de l'acide chlorhydrique qui soit concentré, mais qui ne soit pas fumant, en ayant soin d'aider la réaction au moyen de la chaleur. On doit toujours recommander d'observer avec attention s'il se produit dans ce cas une odeur d'hydrogène sulfuré et si un papier, humecté avec une dissolution d'acétate de plomb et placé à l'orifice du tube, devient plus ou moins brun, ce qui démontrerait la présence des sulfures dans le silicate; — ou bien s'il se produit, par l'action de l'acide, une effervescence et un dégagement d'acide carbonique incolore; ce qui indiquerait la présence d'un carbonate dans le silicate. — Lorsque la décomposition est opérée, on étend le tout d'une certaine quantité d'eau, on laisse déposer l'acide silicique qui s'est séparé, on le jette sur un filtre et on l'essaye au moyen du chalumeau.

Lorsqu'on veut décomposer le silicate à analyser au moyen d'un carbonate alcalin, on le réduit en poudre très fine et on le fait fondre au moyen d'une forte lampe dans un petit creuset de platine avec trois fois son poids d'un mélange à poids équivalents égaux de carbonate de potasse et de carbonate de soude.

Plattner opère aussi cette fusion au moyen du chalumeau. Il mélange avec la soude et le borax le silicate préalablement réduit en poudre fine ; on calcule la quantité de fondant à ajouter d'après la difficulté qu'éprouve la substance à entrer en fusion. Dans la plupart des cas, on se sert de parties égales (en poids) de soude et de borax ; si cependant le silicate contient beaucoup de magnésie ou d'alumine, il faut employer deux parties de borax. On enveloppe le mélange dans un cylindre de papier à filtre fin que l'on a imprégné d'une dissolution de soude et on le place dans un trou cylindrique que l'on a taillé dans le charbon ; on le traite ensuite par la flamme du chalumeau. Dans quelques cas, la fusion a lieu plus facilement au moyen de la flamme d'oxydation ; dans d'autres cas, on atteint mieux le but que l'on se propose en employant la flamme de réduction. Si la substance ne contient aucun oxyde métallique réductible et si elle ne contient pas non plus d'acide sulfurique, on peut opérer la fusion avec la flamme d'oxydation ; si, au contraire, elle en contient, comme cela arrive spécialement dans les scories et les pierres météoriques qui contiennent du nickel, on doit employer la flamme de réduction, afin que les oxydes métalliques réductibles soient réduits et se séparent à l'état métallique, et afin que l'acide sulfurique soit réduit à l'état de soufre qui se combine avec le sodium de la soude ou avec les métaux réduits.

Si le silicate à analyser contient seulement une petite quantité d'oxydes métalliques réductibles et si la quantité de ces oxydes est assez petite pour que le métal réduit ne puisse que difficilement être réuni en un seul globule, on ajoute environ 6 à 8 centigrammes d'argent pur ou d'or réunis en un globule et on traite le tout par la flamme de réduction. Dans ce cas, les parties constituantes terreuses et les oxydes métalliques d'une réduction difficile se dissolvent dans le verre de soude et de borax et forment une perle qui entre facilement en fusion. L'acide sulfurique que le silicate peut contenir et les oxydes métalliques d'une réduction facile, sont réduits ; les métaux qui proviennent de cette réduction, s'allient avec l'argent ou l'or que l'on a ajoutés et le soufre se combine avec le sodium. Le globule métallique se réunit d'un côté de la perle vitreuse. Les oxydes métalliques qui restent en dissolution dans la perle, s'y trouvent au degré d'oxydation le moins élevé.

Quelle que soit la flamme qu'il soit nécessaire d'employer pour opérer la fusion, que ce soit la flamme d'oxydation ou la flamme de réduction, il faut une flamme vive et convenablement soutenue parce que, sans cela, la dissolution ne serait pas complète et parce qu'on ne pourrait pas arriver non plus à une réduction complète des différentes parties constituantes, de sorte que quelques-unes de ces parties constituantes, ou bien ne pourraient pas être reconnues, surtout lorsqu'il n'y en a qu'une petite quantité, ou bien ne pourraient être reconnues que d'une manière douteuse. La perle fondue doit être fluide, aussi claire que possible, et ne doit pas contenir de bulles, ni de particules métalliques. Si, après que l'on a soumis le tout à l'action prolongée du chalumeau, la perle vitreuse se boursoufle encore, ou si elle présente seulement quelques bulles, cela est une preuve que la dissolution des parties non réductibles ou que la réduction des oxydes métalliques réductibles n'est pas encore complète; on doit alors prolonger pendant plus longtemps encore la fusion à l'aide d'une flamme vive.

Si l'on retourne rapidement le charbon, après avoir opéré la fusion d'un silicate à la flamme d'oxydation, on peut, à l'aide d'un léger choc, détacher immédiatement la perle produite que l'on reçoit sur une enclume; on peut ensuite pulvériser immédiatement cette perle dans un mortier d'acier, ou bien, si l'on n'a pas de mortier d'acier, on peut la pulvériser sur l'enclume après l'avoir enveloppée dans du papier; on peut encore opérer la pulvérisation dans un mortier d'agate. Il est nécessaire d'opérer la pulvérisation immédiatement après la fusion, parce que la perle fondue attire facilement l'humidité de l'air et devient visqueuse et par suite difficile à pulvériser.

Lorsqu'on a fait fondre un essai à l'aide de la flamme de réduction et lorsqu'on l'a ensuite réduit en un globule métallique, ou bien lorsqu'on a réduit en un seul globule les métaux réduits et l'or ou l'argent que l'on a ajoutés, on doit le maintenir à l'état liquide au moyen d'une bonne flamme de réduction et le faire couler sur le charbon d'une place à une autre jusqu'à ce qu'on se soit complétement assuré que la perle est entièrement exempte de petits globules métalliques, qu'elle ne contient pas de bulles et, en outre, que le métal se trouve réuni en un seul globule. Si l'opération a parfaitement réussi, on arrête l'action du chalumeau et on laisse la perle se refroidir sur le charbon jusqu'à ce qu'elle s'épaississe. On l'enlève ensuite de dessus le charbon, on sépare le grain métallique de la perle en la frappant avec un marteau sur une enclume, on sépare avec un couteau les particules de charbon qui adhèrent encore à la perle et on la pulvérise. Si la flamme de réduction qui a servi à opérer la fusion n'a pas été pure et n'a pas été assez forte, il pourrait rester comme résidu une partie des oxydes métalliques réductibles, ce qui donnerait des résultats inexacts lorsqu'on opérerait ensuite la décomposition de la perle fondue.

Les oxydes métalliques qui peuvent être réduits par la fusion avec la soude et le borax et peuvent être séparés par suite des oxydes terreux et des oxydes métalliques qui ne sont pas facilement réductibles, sont : les oxydes du nickel, du cuivre, du bismuth, du zinc, de l'étain, du cadmium, du plomb, du tellure, de l'antimoine, de l'arsenic et les oxydes des métaux nobles. Parmi ces oxydes, il n'y en a qu'un petit nombre que l'on rencontre dans les silicates naturels et même dans les scories. Les métaux qui sont volatils, soumis ainsi à la fusion, disparaissent, ou en totalité, ou en partie, à l'état de vapeurs. Ils forment un dépôt sur le charbon, tandis que les métaux qui restent comme résidu s'allient avec l'or et l'argent que l'on a ajoutés. Si on mélange alors l'alliage ainsi produit avec les fondants et si on expose ce mélange à la flamme oxydante du chalumeau, les métaux réduits s'oxydent et se dissolvent dans les fondants.

Les oxydes métalliques qui ne peuvent pas être réduits par la fusion avec la soude et le charbon à la flamme de réduction, sont : les oxydes du fer, du manganèse, du chrome, de l'urane, du cerium, du cobalt (lorsque la substance est exempte d'acide arsénique et lorsqu'il n'y a pas une trop grande quantité d'oxyde de cobalt) : il faut ajouter en outre l'acide molybdique, l'acide tungstique, l'acide titanique, les acides du niobium et l'acide tantalique dont un petit nombre seulement se rencontre dans les silicates.

Après avoir pulvérisé la perle que l'on obtient par la fusion, on la met dans une petite capsule de porcelaine et on la traite par une petite quantité d'acide chlorhydrique étendu. On doit encore observer ici avec attention, comme cela a déjà été indiqué page 972, si, par l'action de l'acide, il se produit une odeur d'hydrogène sulfuré, ce qui indiquerait la présence de l'acide sulfurique ou celle des sulfures dans le silicate à analyser. Si on traite par un acide, tout se dissout ordinairement; on évapore au bain-marie jusqu'à siccité, on humecte avec un peu d'acide chlorhydrique la masse desséchée et on ajoute au bout de quelque temps de l'eau. On filtre pour séparer l'acide silicique qui s'est déposé et on essaye cet acide au moyen du chalumeau. On traite ensuite la liqueur filtrée de la même manière que cela a été indiqué pour la dissolution dont on a séparé l'acide silicique et que l'on a obtenue en décomposant directement les silicates par l'acide chlorhydrique (p. 972).

Lorsque la dissolution chlorhydrique filtrée contient beaucoup de protoxyde de fer, on y ajoute, mais dans ce cas seulement, un peu d'eau de chlore et l'on chauffe pour transformer le protoxyde de fer en sesquioxyde de fer. Cela n'est pas nécessaire lorsqu'on a traité le silicate par la soude et le borax, parce que, lorsqu'on évapore jusqu'à siccité la masse décomposée par l'acide chlorhydrique, le protoxyde de fer est transformé spontanément en sesquioxyde de fer. Parmi les silicates qui sont décomposés par l'acide chlorhydrique et qui contiennent beaucoup de protoxyde de fer, on doit citer surtout quelques scories.

On sursature ensuite la liqueur par l'ammoniaque et on précipite ainsi l'*alumine* et le *sesquioxyde de fer*, et en outre de petites quantités de *magnésie* et de *protoxyde de manganèse*. Le précipité que l'on doit laver et que l'on doit filtrer rapidement en le préservant autant que possible du contact de l'air, est blanc lorsqu'il ne contient que de l'alumine ou du moins lorsqu'il en contient une très grande quantité : le précipité est coloré en brun lorsqu'il contient du sesquioxyde de fer seul ou lorsqu'il contient du sesquioxyde de fer mélangé avec l'alumine. Lorsqu'il est resté quelque temps sur le filtre, il devient brun-noirâtre, surtout à la surface, bien que l'ammoniaque ait précipité une quantité de protoxyde de manganèse qui n'est pas très considérable.

On enlève du filtre le précipité pendant qu'il est encore humide et on le fait bouillir avec une dissolution d'hydrate de potasse; on filtre et on lave la partie insoluble. La liqueur filtrée ne contient que de l'alumine. On y ajoute une dissolution de chlorure d'ammonium : de cette manière, l'alumine se sépare sous la forme d'un précipité blanc. S'il ne se produit pas de précipité, cela indique que le silicate ne contenait pas d'alumine ou qu'il n'en contenait que des traces très faibles.— Si le précipité produit par l'ammoniaque a une couleur blanche et s'il se dissout entièrement dans la dissolution d'hydrate de potasse, cela indique qu'il est formé d'alumine pure.

On dissout dans l'acide chlorhydrique le résidu brun qui ne s'est pas dissous dans la dissolution de potasse. On précipite le sesquioxyde de fer par le carbonate de baryte, ou bien on sature la dissolution par l'ammoniaque et on précipite ensuite le sesquioxyde de fer par un succinate alcalin. Cette dernière méthode est plus simple. On filtre la liqueur et on s'assure ensuite si elle contient ou si elle ne contient pas de magnésie, en y ajoutant du phosphate de soude et en outre un peu d'ammoniaque libre. S'il y a de la magnésie, il se produit alors un précipité de phosphate ammoniaco-magnésien. Si l'on a précipité le sesquioxyde de fer par le carbonate de baryte, on doit d'abord séparer au moyen de l'acide sulfurique la baryte dissoute avant de précipiter à l'état de phosphate ammoniaco-magnésien la magnésie que le silicate à analyser pouvait contenir. — Le sel de magnésie ainsi précipité peut contenir du phosphate d'ammoniaque et de protoxyde de manganèse. On a pu déjà reconnaître la présence du protoxyde de manganèse à ce que le précipité qui se trouvait sur le filtre, exposé au contact de l'air, a pris une couleur brune. Si, par suite, on a reconnu à l'aide du chalumeau la présence du manganèse dans le silicate, on doit d'abord précipiter le manganèse à l'état de sulfure de manganèse à l'aide d'une petite quantité de sulfure d'ammonium; on peut ensuite, sans qu'il soit nécessaire de détruire l'excès de sulfure d'ammonium, précipiter la magnésie à l'aide du phosphate de soude et d'une petite quantité d'ammoniaque. De très petites quantités de manganèse se reconnaissent d'une manière plus certaine à l'aide du chalumeau qu'à l'aide du sulfure d'ammonium par le procédé que nous venons d'indiquer : en effet, le sulfure de manganèse, obtenu par précipitation au moyen du sulfure d'ammonium, n'est pas complétement insoluble, surtout dans une liqueur qui contient des sels ammoniacaux (p. 70).

La liqueur que l'on a filtrée pour la séparer du précipité produit par l'ammoniaque, est ensuite additionnée d'acide oxalique, de manière cependant qu'il reste un excès d'ammoniaque. Par ce procédé, la *chaux* est précipitée à l'etat d'oxalate. Il est rare que les silicates en soient complétement exempts. Lorsque le silicate contenait une grande quantité de protoxyde de manganèse, l'oxalate de chaux ainsi obtenu peut contenir de petites quantités de protoxyde de manganèse. Si on calcine l'oxalate de chaux, il se transforme en carbonate de chaux dont on peut encore essayer la dissolution dans les acides au moyen des réactifs qui servent à reconnaître la chaux.

Si le silicate a été décomposé par la fusion avec la soude et le borax, on ne peut rechercher que la magnésie et le protoxyde de manganèse dans la liqueur que l'on a séparée du précipité d'oxalate de chaux, et on ne peut plus y rechercher les oxydes alcalins. Si, par suite, on a reconnu, au moyen du chalumeau, que le silicate contient du manganèse, on ajoute à la liqueur du sulfure d'ammonium; on peut alors, après avoir séparé le sulfure de manganèse, ajouter du phosphate de soude et de l'ammoniaque pour précipiter la magnésie à l'état de phosphate ammoniaco-magnésien, sans qu'il soit nécessaire de détruire l'excès de sulfure d'ammonium.

Lorsqu'on a décomposé le silicate par l'acide chlorhydrique, on évapore à siccité la liqueur après en avoir séparé l'oxalate de chaux, et on calcine la masse desséchée dans un petit creuset de platine pour en chasser tous les sels ammoniacaux. On humecte la masse calcinée avec une goutte d'eau, on chauffe légèrement, on ajoute ensuite un petit morceau de carbonate d'ammoniaque et on calcine de nouveau, en plaçant sur le creuset son couvercle. Si le résidu calciné se dissout dans l'eau, cela indique qu'il était formé seulement de chlorures *alcalins;* si, après que l'on a traité par l'eau, il reste un résidu insoluble, cela indique la présence de la magnésie (et du protoxyde de manganèse; mais, dans ce cas, la couleur du résidu est brune et n'est pas blanche).

On essaye ensuite au moyen du chalumeau la magnésie insoluble, afin de corroborer le résultat que l'on a trouvé : on essaye également la dissolution des chlorures alcalins pour voir si elle est formée seulement de chlorure de potassium ou de chlorure de sodium, ou bien si elle est formée d'un mélange de ces deux chlorures. On ajoute du bichlorure de platine et de l'alcool à une portion de la dissolution concentrée : le précipité qui se produit lorsque la dissolution contient du chlorure de potassium permet de s'assurer de la présence de ce sel. On évapore à siccité une autre portion de la dissolution qui n'a pas besoin d'être considérable, et on essaye au moyen du chalumeau la masse desséchée pour s'assurer si elle contient ou si elle ne contient pas de chlorure de sodium.

Si l'on a décomposé le silicate par la fusion avec un carbonate alcalin (avec ou sans addition de borax), on ne peut pas, comme cela a déjà été remarqué, s'assurer si le silicate contient ou ne contient pas d'oxyde alcalin. Si cependant on veut y rechercher les oxydes alcalins, il faut décomposer par l'acide fluorhydrique une autre portion du silicate à analyser que l'on a préalablement réduit en poudre fine.

Au lieu d'acide fluorhydrique, on peut, avec bien plus d'avantage, se servir de fluorure d'ammonium. On mélange le silicate préalablement réduit en poudre fine avec cinq fois son poids de fluorure d'ammonium (fluorhydrate de fluorure d'ammonium), et on ajoute ensuite une quantité d'eau assez grande pour qu'on puisse former ainsi une bouillie claire que l'on évapore à siccité à l'aide d'une faible chaleur. Si l'on porte jusqu'au rouge faible la masse desséchée, elle est complétement décomposée et l'acide silicique se volatilise complétement à l'état de fluorure de silicium. Le fluorure d'ammonium opère même la décomposition des silicates qui ne sont decom osés que difficilement par la fusion avec un carbonate alcalin. Les bases qui étaient combinees avec l'acide silicique ont été transformées en fluorures. On ne doit pas chauffer trop fortement, parce que le fluorure d'aluminium, calciné très fortement, est ensuite décomposé plus difficilement par l'acide sulfurique. On transforme ensuite les fluorures en sulfates au moyen de l acide sulfurique dans la capsule de platine dans laquelle on a opere la decomposition du silicate. Lorsque la quantité de chaux contenue dans le silicate est un peu considerable, il faut une grande quantité d'eau pour operer la dissolution. On doit cependant chercher à obtenir une dissolution complète pour voir si la décomposition au moyen du fluorure d'ammonium a été complète.

Souvent, pour operer la determination qualitative des oxydes alcalins contenus dans les silicates, on les réduit en poudre et on les décompose ensuite en les chauffant avec de l'acide sulfurique concentré dans un creuset ou dans une capsule de platine; l'acide sulfurique concentré décompose souvent ainsi les silicates qui résistent à l'action decomposante de l'acide chlorhydrique. On chauffe jusqu'à ce que l'acide sulfurique commence à se volatiliser.

Outre les parties constituantes que nous venons d indiquer et qui se présentent le plus fréquemment dans les silicates, il en existe d'autres qui s'y trouvent plus rarement et dont on peut cependant reconnaître la présence au moyen d'un essai d'analyse qualitative. Ces parties constituantes ne sont contenues, dans la plupart des cas, qu'en très petite quantité dans les silicates et peuvent par suite passer entièrement inaperçues, tant dans les analyses qualitatives que dans les analyses quantitatives. Il est cependant interessant, surtout au point de vue scientifique, de reconnaître la presence des parties constituantes qui se presentent rarement, et en particulier de reconnaitre la presence de celles que l'on peut rencontrer dans les silicates naturels; en effet, cela peut souvent nous donner des indications sur le mode de production de ces silicates. Il est en outre souvent important, au point de vue technique, de reconnaître dans les silicates contenus dans les scories certaines parties constituantes qui s'y trouvent en petite quantité. On doit par suite faire ici mention de ces parties constituantes et de la manière de les retrouver.

Lithine. — La lithine se rencontre dans le spodumène, dans la pétalite, dans plusieurs espèces de tourmalines et de micas, spécialement dans la lepidolithe et dans les micas de Zinnwald et d'Altenberg. Ordinairement, on peut deja reconnaître dans ces silicates la presence de la lithine en les soumettant à l'action du chalumeau. Pour une petite quantité de lithine, on emploie un fondant compose de spath-fluor et de bisulfate de potasse (p. 14).

Baryte. — La baryte ne se trouve que dans l'harmoton à base de baryte et dans la brewstérite; mais on ne peut pas l'y reconnaître en examinant la manière dont ces silicates se comportent lorsqu'on les soumet à l'action de la flamme extérieure du chalumeau (p. 24). On doit, après avoir décomposé ces silicates au moyen de l'acide chlorhydrique, filtrer la liqueur pour en séparer l'acide silicique et ajouter à la liqueur filtrée une petite quantité d'acide sulfurique très étendu, ou mieux une dissolution de sulfate de chaux : on obtient ainsi un précipité de sulfate de baryte que l'on doit essayer sur le charbon à l'aide de la flamme du chalumeau, après l'avoir desséché et l'avoir chauffé assez fortement pour qu'il forme une masse adhérente que l'on puisse saisir avec les extrémités d'une petite pince à bouts de platine.

Strontiane. — On trouve la strontiane avec la baryte dans la brewstérite. Le précipité que l'on obtient par l'action du sulfate de chaux sur la liqueur dont on a séparé l'acide silicique provenant de la décomposition de la brewstérite par l'acide chlorhydrique, lorsqu'on l'a laissée reposer pendant longtemps, doit contenir, outre le sulfate de baryte, du sulfate de strontiane. Si on l'expose à la flamme du chalumeau, cette flamme prend une coloration qui est vert-jaunâtre plutôt que rouge, ce qui ferait supposer que la proportion de strontiane contenue dans la brewstérite est plus faible que celle qui a été indiquée. Dans cette analyse, il serait bon, par suite, de mélanger avec un peu de charbon le précipité de sulfate de baryte et de sulfate de strontiane que l'on a obtenu, de réduire le mélange sur le charbon dans la flamme intérieure, de décomposer dans un petit creuset de porcelaine à l'aide de l'acide chlorhydrique les sulfures formés, d'évaporer à siccité la dissolution sans en séparer la portion insoluble, de verser de l'alcool sur le sel desséché et d'enflammer cet alcool. Si, en agitant le mélange, la flamme prend une couleur rougeâtre, cela indique qu'il y a de la strontiane dans la combinaison.

Glucine. — La glucine se présente avec l'alumine dans l'émeraude, l'euclase et la phénakite. Sa présence dans ces silicates ne peut pas être reconnue à l'aide du chalumeau. Si l'on a décomposé ces silicates par la fusion avec un carbonate alcalin de la manière qui a été indiquée p. 972, et si, en continuant ensuite le traitement, on a précipité l'alumine par l'ammoniaque, la totalité de la glucine a été précipitee en même temps. On les sépare alors toutes les deux au moyen du carbonate d'ammoniaque. En outre, on trouve la glucine, sans qu'elle soit accompagnée par l'alumine dans quelques gadolinites, dans la leucophane et dans l'helvine dans lesquelles on ne peut retrouver la présence de la glucine que par une analyse complète et non par un essai superficiel : on ne peut pas, par exemple, y retrouver au moyen du chalumeau la présence de la glucine.— Si, en faisant l'analyse d'un silicate, on a précipité l'alumine par l'ammoniaque, l'alumine ainsi précipitée peut contenir de la glucine; on peut même prendre la glucine pour de l'alumine; en effet les deux bases, récemment précipitées, ont entre elles beaucoup de ressemblance. On peut bien les distinguer l'une de l'autre à l'aide du chalumeau au moyen d'une dissolution de cobalt (p. 50); lorsque cependant le précipité est formé d'une très grande quantité d'alumine et d'une très petite quantité de glucine, on ne peut pas arriver par cette méthode à reconnaître la présence de la glucine. La manière dont les deux oxydes terreux se comportent à l'égard du borax et du sel de phosphore, est à la vérité un peu différente; mais il est plus sûr de distinguer et de séparer les deux oxydes terreux l'un de l'autre par voie humide au moyen du carbonate d'ammoniaque. — Dans l'analyse d'un silicate qui contient du sesquioxyde de fer et de l'alumine et qui contient en outre de la glucine, on peut facilement ne pas s'apercevoir de la présence de la glucine lorsque, après avoir séparé l'acide silicique, on précipite la dissolution chlorhydrique par l'ammoniaque (p. 976) et lorsqu'on fait bouillir ensuite avec une dissolution d'hydrate de potasse le précipité ainsi obtenu. La glucine peut se dissoudre ainsi; mais, par l'ébullition, elle est précipitée de nouveau partiellement ou même complétement (p. 47). On doit par suite traiter, à la température ordinaire, le précipité encore humide, par une dissolution d'hydrate de potasse pour séparer en même temps d'une manière approximative l'alumine et la glucine du sesquioxyde de fer. On peut ensuite étendre d'une certaine quantité d'eau la dissolution alcaline et faire bouillir pour précipiter la glucine de la dissolution (p. 48).

Thorine. — Les seuls silicates dans lesquels on ait retrouvé la thorine, sont la thorite et l'orangite (qui n'est peut-être que de la thorite un peu plus pure). On peut déjà y reconnaître la présence de la thorine à l'aide de l'acide chlorhydrique. D'après l'analyse de Berzelius, l'acide silicique qui s'est séparé, lorsqu'on le traite par le carbonate de soude, laisse un résidu qui n'est pas peu considérable et dont l'analyse n'a pas été poussée plus loin.

Yttria. — L'yttria se rencontre dans les gadolinites, l'orthite, la pyrorthite, l'yttrotitanite et probablement aussi dans l'eudialithe. Ces silicates sont décomposés par l'acide chlorhydrique lorsqu'ils n'ont pas été préalablement calcinés. L'acide silicique gélatineux, traité ensuite par une dissolution de carbonate de soude, laisse un résidu qui n'est pas peu considérable, mais qui contient les parties constituantes du silicate en une autre proportion. On ne peut y reconnaître la présence de l'yttria qu'en consacrant à la recherche de cette base une expérience particulière. Outre les deux bases qui l'accompagnent toujours, la terbine et l'erbine, l'yttria est encore mélangée avec du protoxyde de cerium, et, dans la plupart des cas, avec de la glucine et quelquefois aussi avec un peu d'alumine; ces deux dernières bases, surtout la première, ne s'en séparent que difficilement au moyen d'une dissolution de potasse.

On ne s'est souvent pas aperçu de la présence de la glucine dans les gadolinites, parce que l'on faisait bouillir l'yttria avec une dissolution d'hydrate de potasse pour en séparer la petite quantité d'alumine qu'elle pouvait contenir. Par suite, l'yttria que l'on retirait autrefois des gadolinites contenait de la glucine. Il est difficile de séparer la glucinede l'yttria en traitant à la température ordinaire par une dissolution d'hydrate de potasse l'yttria qui contient de la glucine. Pour reconnaître avec certitude si l'yttria obtenue contient de la glucine, il est utile, comme cela a déjà été indiqué page 57, de la mélanger avec du charbon et de calciner le mélange dans un courant de gaz chlore. S'il se produit ainsi un chlorure volatil, ce chlorure est assurément du chlorure de glucinium (il n'est pas probable que ce soit du chlorure d'aluminium); en effet, le chlorure d'yttrium n'est pas volatil.

Protoxyde de cerium. — Le protoxyde de cerium se trouve, à ce qu'il paraît, avec les oxydes qui l'accompagnent toujours, l'oxyde de lanthane et l'oxyde de didyme, dans la cérite, dans l'allanite (cérine), dans les gadolinites, dans l'orthite, dans la pyrorthite, dans la tschewkinite. La plupart de ces silicates, lorsqu'ils n'ont pas été calcinés, sont décomposés par l'acide chlorhydrique, et l'acide silicique en est ainsi séparé à l'état gélatineux; ce n'est que pour quelques espèces d'alanites qu'il n'en est pas ainsi. L'acide silicique ainsi séparé, traité par une dissolution de carbonate de soude, laisse un résidu qui n'est pas peu considérable. Dans la liqueur que l'on a séparé de l'acide silicique, on précipite le protoxyde de cerium par le sulfate de potasse (le sel précipité peut encore contenir un peu de sulfate de chaux), ou, si la dissolution n'est pas trop acide, par l'acide oxalique (qui peut également précipiter de petites quantités de chaux). — On peut reconnaître, au moyen du chalumeau, la présence du cerium dans la cérite et dans les autres silicates; mais le résultat obtenu n'a rien de précis.

Zircone. — La zircone est une partie constituante essentielle du zircon et du malacon; elle existe aussi dans l'eudialithe, dans la katapléiite et dans la wœhlérite (en même temps que l'acide hyponiobique); cependant, d'après les analyses de *Svanberg*, il ne paraît pas bien certain si la zircone, extraite des différentes espèces de zircons et de l'eudialithe, est toujours la même. Les zircons sont difficiles à décomposer, soit qu'on les attaque par l'acide fluorhydrique, soit qu'on les fasse fondre avec un carbonate alcalin; mais ils sont décomposés complétement lorsqu'on les traite par le fluorure d'ammonium. Lorsqu'on les soumet à l'action du chalumeau après les avoir réduits en poudre fine et après les avoir mélangés avec du sel de phosphore, ils ne sont pas décomposés; il faut, pour cela, une chaleur longtemps soutenue. L'eudialithe, au contraire, est décomposée par l'acide chlorhydrique. — La présence de la zircone dans les silicates ne peut être reconnue que par voie humide.

Oxyde de zinc. — On rencontre l'oxyde de zinc dans le zinc silicaté (zinkkieselerz), dans la willémite, dans la troostite; cependant sa présence est difficile à reconnaître dans ces silicates au moyen du chalumeau; en effet, si on les traite par la soude sur le charbon à la flamme du chalumeau, ils donnent avec un peu de difficulté un dépôt d'oxyde de zinc (p. 105.) Lorsque la substance est en poudre fine, le dépôt se forme plus facilement, et si, au lieu de soude, on emploie un mélange de deux parties de soude et d'une partie de borax, l'oxyde de zinc est facilement réduit et se dépose sur le charbon sous forme d'oxyde, tandis que l'acide silicique reste dissous dans le fondant.

Oxyde de nickel. — L'oxyde de nickel est une des parties constituantes de la pimélithe et se rencontre aussi en très petites quantités dans la chrysoprase et dans quelques espèces d'olivines. Dans la pimelithe, on peut reconnaître la présence du nickel, au moyen du chalumeau, à ce que, si l'on traite le minéral par le borax et le sel de phosphore, on obtient des perles qui présentent les réactions de l'oxyde de nickel (p. 120); si on traite le minéral par la soude sur le charbon, on obtient, après la lévigation du charbon, une grande quantité de nickel réduit qui possède la propriété d'être attiré par l'aimant. On ne peut reconnaître que par voie humide, et même avec difficulté, la présence de quantités extrêmement petites de nickel dans les olivines. On précipite le nickel à l'état de sulfure de nickel au moyen du sulfure d'ammonium dans la liqueur acide que l'on a séparée de l'acide silicique, après avoir neutralisé préalablement cette liqueur par l'ammoniaque.

Oxyde de cobalt. — On le trouve dans quelques scories. Lorsqu'il y a en même temps beaucoup de fer et de manganèse, on peut retrouver la présence du cobalt au moyen du chalumeau en employant le sel de phosphore, comme cela a été indiqué page 113, lorsqu'on ne veut pas le séparer par voie humide.

Oxyde de plomb. — La plupart des silicates contiennent probablement des quantites extrêmement petites d'oxyde de plomb. Lorsqu'on ajoute une dissolution d'hydrogène sulfuré à la liqueur dont on a séparé l'acide silicique, on obtient ordinairement ainsi une liqueur trouble, parce que le sesquioxyde de fer que contiennent presque toujours les silicates est transformé en protoxyde de fer, en même temps qu'il se dépose du soufre. Mais le soufre qui se separe ainsi, est presque toujours d'une couleur un peu brunâtre; ce qui provient de ce qu'il contient de petites quantités de sulfure de plomb, de sulfure de cuivre et même de sulfure d'étain qui étaient contenus à l'état d'oxydes dans le silicate à analyser. On fait bien alors de calciner au contact de l'air avec le filtre dans un petit creuset de porcelaine le léger précipité ainsi obtenu, de le mélanger avec de la soude (à laquelle on a ajouté une petite quantité de borax) et de le traiter ensuite sur le charbon par la flamme intérieure du chalumeau. On reconnaît la présence du plomb au dépôt jaunâtre d'oxyde de plomb qui se produit (p. 134). Si l'on soumet le charbon à la lévigation, on obtient du cuivre réduit (p. 157) dont on peut aussi retrouver la présence, en dissolvant dans le sel de phosphore une petite quantité des sulfures que l'on a préalablement soumis au grillage. — L'oxyde de plomb se rencontre souvent en plus grande quantité dans les scories. On peut s'assurer de la présence de l'oxyde de plomb dans les scories, en les faisant fondre en une perle sur le charbon à l'aide de la flamme intérieure du chalumeau; elles donnent alors sur le charbon un dépôt plombifère.

Bioxyde de cuivre. — La plupart des silicates contiennent de très petites quantités de bioxyde de cuivre, comme cela a déjà été indiqué ; on peut y retrouver la presence du bioxyde de cuivre par les méthodes données précédemment. En outre, le bioxyde de cuivre est une des principales parties constituantes de la dioptase et du cuivre silicaté. On peut s'assurer de la présence de l'oxyde de cuivre dans ces minéraux, en les essayant, comme à l'ordinaire, au moyen du chalumeau avec le borax et le sel de phosphore. Si on traite ces minéraux par la soude sur le charbon, le bioxyde de cuivre qu'ils contiennent est facilement réduit par la flamme intérieure du chalumeau ; il se forme une scorie qui contient à l'état de mélange une grande quantité de petits globules de cuivre et qui pénètre en partie dans le charbon. — Mais même dans plusieurs autres silicates que l'on rencontre dans la nature et qui ne contiennent souvent que de petites quantités d'oxyde de cuivre qui ne leur sont pas essentielles, comme cela arrive par exemple pour l'allophane et pour l'idocrase de Norwége qui contient du cuivre (cyprine), on peut reconnaître facilement la présence du bioxyde de cuivre au moyen du chalumeau, surtout lorsqu'on traite ces silicates par le borax ou le sel de phosphore dans la flamme intérieure. en ayant soin d'ajouter un peu d'étain. — Dans les scories siliceuses, on retrouve la présence du bioxyde de cuivre de la même manière ; lorsqu'il n'y a qu'une petite quantité de bioxyde de cuivre, on doit opérer la réduction au moyen de la soude sur le charbon (p. 157).

Bioxyde d'étain. — Le bioxyde d'étain, comme l'oxyde de plomb et le bioxyde de cuivre, est contenu en très petite quantité dans la plupart des silicates dans lesquels on peut souvent le reconnaître à l'aide du chalumeau, en le réduisant sur le charbon avec la soude à laquelle on a ajouté du borax. Si, après la lévigation du charbon, on obtient de l'étain même allié avec un peu de cuivre), on peut, lorsque la quantité d'étain obtenu n'est pas trop peu considérable, l'ajouter à une perle de sel de phosphore qui tient en dissolution une petite quantité de bioxyde de cuivre ; le bioxyde de cuivre est réduit ainsi à l'état de protoxyde (p. 241). — On obtient aussi de la même manière l'etain contenu dans les scories.

Oxyde de chrome. — L'oxyde de chrome se rencontre comme partie constituante essentielle dans le grenat à base de chaux et d'oxyde de chrome, dans lequel on peut reconnaître la présence de l'oxyde de chrome à l'aide du chalumeau, en traitant le minéral par le borax et le sel de phosphore. L'oxyde de chrome se rencontre, en outre, dans plusieurs silicates dont il ne constitue pas une partie essentielle ; mais, malgré sa petite quantité, il communique à ces silicates une coloration tout à fait caractéristique, qui appartient à deux catégories bien différentes. Quelques silicates ont une belle couleur verte qui provient de la présence de petites quantités d'oxyde de chrome ; d'autres, comme le pyrope, doivent à de petites quantités d'oxyde de chrome leur couleur violette ou rouge de sang. Ces silicates qui sont colorés en rouge de sang par le sesquioxyde de chrome, ont la propriété particulière de prendre une couleur plus foncée par l'action de la chaleur seule et de devenir enfin noirs et opaques; mais lorsqu'on observe leur coloration en les tenant vers le jour, ils paraissent d'un beau vert foncé par le refroidissement; ils deviennent ensuite jaunâtres et incolores, et lorsque le refroidissement est complet, ils sont enfin d'une couleur rouge de sang comme avant l'expérience. Dans les silicates, qu'ils soient colorés en vert ou en rouge de sang, on peut souvent reconnaître la présence de l'oxyde de chrome au moyen du chalumeau. Ils donnent avec le borax et le sel de phosphore une perle qui paraît verte à la flamme de réduction, surtout après le refroidissement; cependant l'émeraude ne présente qu'à un degré très faible la réaction du chrome. Il n'y a que l'émeraude du Pérou dans laquelle on puisse découvrir au moyen du chalumeau la présence du chrome, tandis qu'on ne le peut pas dans l'émeraude de Sibérie. L'émeraude de la Nouvelle-Grenade, outre qu'elle contient une petite quantité d'eau, contient une très petite quantité d'une substance organique (probablement un hydrogène carboné) : et c'est la présence de cette matière organique, et non la présence du chrome, qui est, suivant *Lewy*, la cause de sa coloration verte. — On trouve en outre de petites quantités d'oxyde de chrome dans quelques espèces de serpentines, spécialement dans celle de Zœblitz et dans le schillerspath. Lorsqu'il y a en même temps beaucoup de sesquioxyde de fer dans le silicate, on ne peut pas toujours reconnaître avec netteté au moyen du chalumeau des quantités d'oxyde de chrome aussi petites.

Acide titanique. — L'acide titanique existe comme partie constituante essentielle dans la titanite, dans l'yttrotitanite, dans la tschewkinite et dans la schorlamite. Avec la titanite, on ne peut observer la réaction du titane que dans la perle de sel de phosphore, mais non dans la perle de borax, en employant une bonne flamme réductrice du chalumeau; la réduction s'opère plus facilement en présence de l'étain. Dans la tschewkinite, qui contient, outre l'acide titanique et le sesquioxyde de fer, une grande quantité de protoxyde de cerium et les oxydes qui l'accompagnent ordinairement, on ne peut pas s'assurer par un essai au chalumeau seulement de la présence de l'acide titanique. On ne peut y arriver que par voie humide. — Un grand nombre de silicates contiennent de petites quantités d'acide titanique qui ne sont pas des parties constituantes essentielles de ces silicates et qui peuvent frequemment passer inaperçues même dans les analyses quantitatives.

On doit surtout rechercher l'acide titanique dans l'alumine et le sesquioxyde de fer que l'on a extraits du silicate : pour cela, on les calcine et on les dissout dans l'acide chlorhydrique : les petites quantités d'acide titanique que contient le silicate restent ainsi à l'état insoluble; mais l'acide titanique ainsi obtenu n'est pas pur. On peut cependant le reconnaître en l'essayant à l'aide du chalumeau. On constate dans l'acide silicique la présence de l'acide titanique en faisant fondre avec du bisulfate de potasse l'acide silicique qui en contient et en traitant la masse fondue par l'eau à la température ordinaire : de cette manière, l'acide titanique se dissout et l'acide silicique reste à l'état insoluble. Dans la dissolution, on précipite l'acide titanique, soit par une ébullition prolongée, soit par l'ammoniaque, et on l'essaye ensuite au moyen du chalumeau.

Acide tantalique. — L'acide tantalique a été trouvé en petite quantité par *Berzelius* dans quelques espèces d'émeraudes.

Acide hyponiobique. — L'acide hyponiobique est, d'après *Scheerer*, une partie constituante essentielle de la wœhlérite.

La séparation de l'acide tantalique et des acides du niobium contenu dans les silicates, est difficile, même lorsqu'on ne veut opérer qu'une analyse qualitative. On peut opérer avec l'aide de la chaleur, dans une capsule de platine, la dissolution de la combinaison dans l'acide fluorhydrique concentré, ajouter ensuite de l'acide sulfurique, évaporer jusqu'à ce que l'acide silicique se soit dégagé à l'état de fluorure de silicium et jusqu'à ce que l'acide sulfurique se soit volatilisé; les acides du tantale et du niobium restent comme résidu. On peut aussi mélanger la combinaison avec du fluorure d'ammonium dans un creuset de platine, humecter le mélange avec un peu d'eau, évaporer à siccité et calciner ensuite le résidu de l'évaporation. De cette manière, l'acide silicique se volatilise facilement, tandis que la plus grande partie des acides du tantale et du niobium reste comme résidu ; il faut même souvent plusieurs traitements par le fluorure d'ammonium pour pouvoir en opérer à la fin la volatilisation.

Acide arsénieux. — L'acide arsénieux existe en petite quantité, d'après Rumler, dans les olivines des masses météoriques.

Acide phosphorique. — L'acide phosphorique est contenu seulement en petite quantité dans quelques silicates, spécialement dans quelques espèces de lépidolithes et dans la sordawalithe. Mais il paraît certain qu'il existe dans les silicates en très petite quantité, bien plus fréquemment qu'on ne l'admet généralement : en effet, en traitant beaucoup de silicates par l'acide nitrique et en ajoutant ensuite du molybdate d'ammoniaque à la dissolution nitrique, on peut reconnaître la présence de l'acide phosphorique dans le silicate. C'est ce qui arrive pour beaucoup de roches qui sont composées de silicates, comme le granit, l'argile schisteuse, etc. On doit cependant, dans ce cas, ne pas prendre l'action de l'acide silicique sur le molybdate d'ammoniaque pour une réaction que l'acide phosphorique exercerait sur le molybdate d'ammoniaque et qui par suite indiquerait la présence de l'acide phosphorique. (Voyez plus loin aux Additions).

Soufre et acide sulfurique. — On trouve le soufre à l'état de sulfure dans quelques silicates : l'helvine notamment contient le soufre à l'état de sulfure de manganèse. On trouve des traces de sulfure dans l'haüyne et dans la lazulite : en effet, lorsqu'on traite ces silicates par l'acide chlorhydrique, il se dégage une odeur d'hydrogène sulfuré qui cependant est faible. Ce procédé est le meilleur pour reconnaître la présence d'un sulfure dans les silicates ; en effet, on n'a pas encore trouvé dans les silicates les sulfures qui ne sont pas décomposés par l'acide chlorhydrique. On retrouve au moyen du chalumeau la présence d'un sulfure dans les silicates par la méthode qui a eté indiquée page 472 : il vaut toujours mieux cependant employer la soude et une lame d'argent qu'une perle de soude et d'acide silicique ou de soude seule, lorsque l'acide silicique du silicate est suffisant pour donner une perle avec la soude. En effet, lorsqu'un silicate contient des quantités considérables d'un métal proprement dit, on ne réussit pas toujours à obtenir une réaction bien nette indiquant la présence du soufre. C'est ce qui arrive pour l'helvine : en effet la grande quantité de manganèse qu'elle contient, est un obstacle à la production de cette réaction. — Comme les sulfates se comportent au chalumeau de la même manière que les sulfures à l'égard d'une perle de soude et d'acide silicique, ou bien à l'égard de la soude et d'une lame d'argent, on peut s'assurer infailliblement de la présence d'un sulfure en traitant par l'hydrate de potasse, suivant la méthode qui a eté indiquée page 502.

L'acide sulfurique se rencontre dans quelques silicates qui peuvent être décomposés facilement par les acides, comme la noseane, l'haüyne, l'ittnerite et la lazulite. La noséane et l'haüyne se dissolvent completement dans les acides étendus; la lazulite s'y dissout aussi en partie. Ces silicates contiennent l'acide sulfurique à l'état de sulfates, la noséane à l'état de sulfate de soude, l'haüyne et la lazulite à l'état de sulfate de chaux. L'eau seule, surtout lorsqu'elle est bouillante, peut séparer les sulfates que contiennent ces silicates : on n'a pas examiné si la séparation est complète. On reconnaît la présence de l'acide sulfurique au moyen du chalumeau par la méthode qui a été indiquée page 501; si l'on veut cependant reconnaître avec plus de certitude la présenee de l'acide sulfurique (la réaction, produite par l'action du chalumeau, peut en effet provenir de ce que le silicate contient des sulfures , on décompose le silicate par l'acide chlorhydrique et on ajoute du chlorure de baryum à la dissolution, lorsque le silicate s'est complétement dissous dans l'acide chlorhydrique étendu, ou bien à la liqueur que l'on a séparée de l'acide silicique lorsque, par l'action de l'acide chlorhydrique, l'acide silicique s'est séparé à l'etat gélatineux.

Si les silicates contiennent en même temps un sulfure et un sulfate, comme cela se présente dans l'haüyne, la lazulite et surtout l'outremer préparé artificiellement, on s'assure de la présence du sulfure au dégagement d'hydrogène sulfuré qui se produit par l'action de l'acide chlorhydrique; on peut aussi s'en assurer à l'aide de l'hydrate de potasse par la méthode qui a eté indiquée page 502; après avoir operé la décomposition par l'acide chlorhydrique, on s'assure ensuite, au moyen du chlorure de baryum, de la présence de l'acide sulfurique. La lazulite et surtout l'hauyne ne contiennent que des traces de sulfure; la quantité de sulfure contenue dans l'outremer artificiel est un peu plus considérable.

On n'a pas retrouvé jusqu'ici de sulfures, ni de sulfates, dans les combinaisons de l'acide silicique qui ne sont pas décomposées par les acides et qui se rencontrent dans la nature. Mais on en a trouvé dans quelques scories, et notamment dans les scories du plomb.

Fluor. — Le fluor existe en quantités considérables dans la topaze, dans la chondrodite et dans quelques espèces de micas, notamment dans la lépidolithe : on en retrouve de petites quantités dans un très grand nombre de silicates, et notamment dans beaucoup d'espèces de micas et d'hornblendes, dans l'apophyllite, dans la karpholithe et aussi dans quelques espèces de chabasies et de scapolithes. Dans quelques-uns de ces silicates qui contiennent en même temps des quantités d'eau plus ou moins grandes, on peut reconnaître la présence du fluor à l'aide du chalumeau, par la méthode indiquée page 572 ; cela est plus difficile lorsque les silicates sont complétement anhydres. Bien que ces silicates anhydres puissent être décomposés par l'acide sulfurique concentré, on ne peut pas s'assurer avec certitude de la présence du fluor à l'action produite sur une lame de verre : en effet, par l'action de l'acide sulfurique, il ne se dégage de ces silicates que du fluorure de silicium, et il ne se dégage pas d'acide fluorhydrique (p. 649). Cependant on obtient ordinairement dans ce cas une action excessivement faible sur le verre, comme cela a déjà été observé. On peut alors s'assurer très facilement de la présence du fluor, en opérant, d'après la méthode indiquée page 567, dans un petit matras ou dans un petit tube, la décomposition par l'acide sulfurique d'un silicate décomposable par l'acide sulfurique concentré et en faisant passer ensuite les vapeurs dans l'eau : il se sépare alors de l'acide silicique gélatineux. Si le silicate n'est pas décomposé par l'acide sulfurique concentré, comme cela arrive pour la topaze, on doit le réduire en poudre fine et le faire fondre avec du sulfate acide de potasse. Si on opère la fusion dans une cornue de platine et si on fait passer les vapeurs dans l'eau, on n'obtient une séparation d'acide silicique qu'après la sursaturation par l'ammoniaque, parce que, outre le gaz fluorure de silicium, il se dégage beaucoup de gaz fluorhydrique (p. 569). Mais si l'on opère la fusion dans un petit ballon de verre et si l'on fait passer les vapeurs dans l'eau, on obtient un dépôt d'acide silicique sans avoir besoin de sursaturer par l'ammoniaque.

Chlore. — On a trouvé le chlore dans plusieurs silicates, dans la sodalithe, dans la pyrosmalithe, dans l'eudialithe ; on l'a trouvé aussi en quantités extrêmement petites dans la noséane, dans l'haüyne, dans la lazulite, dans l'ittnérite, dans la cancrinite et même dans une espèce de mica. Dans la sodalithe, le chlore est à l'état de chlorure de sodium ; il peut en être séparé, même au moyen de l'eau seule, surtout lorsqu'elle est bouillante ; on n'a cependant pas examiné si l'eau enlève ainsi complétement le chlore que le silicate contenait. Dans la pyrosmalithe, le chlore paraît être contenu à l'état de sesquichlorure de fer ; si du moins on soumet la pyrosmalithe à l'action de la chaleur, il se sublime du sesquichlorure de fer. On n'a pas examiné si l'on peut aussi le séparer au moyen de l'eau. — On retrouve le chlore au moyen du chalumeau, par la méthode qui a été indiquée p. 582 ; mais il faut, pour cela, que la quantité de chlore contenue dans le silicate ne soit pas trop peu considérable. En opérant ainsi sur la pyrosmalithe, on peut obtenir une réaction qui caractérise nettement le chlore et qui persiste pendant un temps assez long; la réaction est bien moins nette avec la sodalithe et ne persiste pas longtemps. Comme tous les silicates qui contiennent du chlore peuvent être décomposés par les acides, on doit, lorsqu'on veut y reconnaître avec certitude la présence du chlore, les décomposer par l'acide nitrique à la température ordinaire. La plupart des silicates qui contiennent du chlore, surtout la sodalithe, la noséane, la cancrinite, l'haüyne et la lazulite, se dissolvent complétement dans les acides étendus; la présence du chlore peut alors être reconnue directement dans la dissolution au moyen du nitrate d'argent. La pyrosmalithe est décomposée plus difficilement par l'acide nitrique, et l'acide silicique s'en sépare à l'état pulvérulent, mais non à l'état gélatineux. Mais, lorsqu'on a filtré la liqueur pour en séparer l'acide silicique, on y retrouve facilement la présence du chlore au moyen du nitrate d'argent.

Acide borique. — Plusieurs silicates contiennent de l'acide borique, soit en forte proportion, soit en petite proportion. Cet acide est une des parties constituantes essentielles de la datolithe et de la botryolithe; on l'a trouvé en petite quantité dans la tourmaline et dans l'axinite. *Turner*, en employant la méthode indiquée page 664, a trouvé en outre, au moyen du chalumeau, la présence de l'acide borique dans la topaze du Brésil et aussi dans le grenat de Norwége (colophonite). *C. G. Gmelin* l'a reconnu de la même manière dans quelques espèces de micas, de lépidolithes et de pinites. On ne peut cependant pas reconnaître d'une manière tout à fait certaine au moyen du chalumeau la présence de l'acide borique. En effet, d'autres minéraux qui ne contiennent pas d'acide borique présentent au chalumeau une réaction analogue, comme cela arrive par exemple pour quelques espèces de spath-fluor. — Si les silicates qui contiennent de l'acide borique sont désagrégables par l'acide chlorhydrique, la liqueur filtrée et séparée ainsi de l'acide silicique colore alors fortement en rouge-brun le papier de curcuma (p. 653).

Carbone et acide carbonique. — La seule combinaison de l'acide silicique qui se trouve dans la nature et qui contienne une quantité considérable de carbone, est la pyrorthite. On peut y reconnaître la présence du carbone au moyen du chalumeau: lorsqu'en effet on la chauffe légèrement à l'aide du chalumeau en dirigeant le jet du chalumeau sur une partie du minéral, et lorsque cette partie du minéral est devenue incandescente, l'incandescence s'étend de proche en proche, sans qu'il se produise de flamme ni de fumée, et le minéral devient blanc ou gris-blanchâtre. En outre, lorsqu'on mélange la pyrorthite avec du nitrate de potasse et lorsqu'on chauffe, il se produit une détonation comme cela arrive lorsqu'on opère sur des substances carbonées. Il existe en outre du carbone dans l'argile schisteuse, et aussi dans la marne schisteuse bitumineuse: cette dernière en contient même souvent des quantités considérables. Mais ce carbone n'est pas aussi pur que dans la pyrorthite; ces minéraux contiennent plutôt du bitume.

Un très grand nombre de combinaisons de l'acide silicique contiennent de très petites quantités de carbone ou plutôt de substances organiques qui renferment du carbone; c'est là le motif pour lequel elles se colorent en noir lorsqu'on les calcine dans un creuset couvert; lorsqu'on calcine ces combinaisons au contact de l'air, le carbone brûle et la couleur noire disparaît. Lorsqu'on les chauffe dans un ballon au-dessus d'une petite lampe, elles exhalent une odeur empyreumatique et sentent souvent l'huile de pétrole. C'est ce qui arrive aux combinaisons de l'acide silicique qui contiennent une grande quantité de magnésie et qui contiennent en même temps de l'eau, comme la stéatite, l'écume de mer, la picrosmine, la pyrallolithe, la serpentine, l'agalmatolithe, la pimélite, la chondrodite et la kupholithe.

On ne connaît jusqu'ici qu'une combinaison chimique d'un carbonate et d'un silicate : c'est la cancrinite (la davyne est probablement identique avec la cancrinite). La cancrinite se dissout dans tous les acides étendus en donnant naissance à une abondante effervescence et en produisant une liqueur claire. Elle se dissout dans l'acide chlorhydrique assez concentré et donne une liqueur qui est d'abord claire, mais qui se prend immédiatement en gelée lorsqu'on fait bouillir seulement un instant la dissolution. — Plusieurs autres combinaisons de l'acide silicique contiennent également de l'acide carbonique; mais la présence de ce dernier est, dans la plupart des cas, la conséquence d'un mélange mécanique de carbonate de chaux ou d'une autre combinaison de l'acide carbonique; ces combinaisons font par suite effervescence, lorsqu'on les pulvérise et lorsqu'on les traite ensuite par l'acide chlorhydrique. Suivant *Bischoff*, la présence du carbonate de chaux est, dans la plupart des cas, la conséquence d'une décomposition lente à laquelle sont soumis tous les silicates qui contiennent de la chaux.

Eau. — Une grande quantité de silicates, et spécialement de ceux que l'on appelle zéolithes, contiennent de l'eau. Si on les expose à une température de 100°, ou ils perdent complétement leur eau, ou bien ils ne la perdent que partiellement. Si on les calcine fortement, ils perdent complétement l'eau qu'ils contiennent et prennent en même temps d'autres propriétés (p. 639).

Dans ces derniers temps, on a observé ce fait tout à fait exceptionnel que quelques silicates contiennent de petites quantités d'eau qui sont retenues dans la combinaison par une affinité telle qu'ils conservent cette eau, même lorsqu'on les soumet à la température de fusion de l'argent et qu'il faut soumettre le silicate à une température rouge-blanc pour que cette eau se dégage. D'après les recherches de Scheerer, de Magnus et de Damour, cela se présente pour quelques espèces de talcs, pour quelques espèces d'idocrases, pour l'euclase, pour l'émeraude et pour quelques autres.

ANALYSE DES TERRES ARABLES.

Il est souvent d'une grande importance pour l'agriculteur de faire l'analyse qualitative des terres arables et de reconnaître les substances dont le melange constitue cette terre arable et qui peuvent être séparées mécaniquement les unes des autres. Mais il y a aussi des cas dans lesquels il est important d'opérer, par l'analyse chimique qualitative et même quantitative, la détermination de certaines parties constituantes et même de toutes les parties constituantes des terres arables.

Les terres arables sont formées de parties constituantes organiques, de sels ammoniacaux et en outre d'un mélange plus ou moins grossier, ou plus ou moins fin, de sable, de carbonates terreux parmi lesquels le carbonate de chaux est celui qui prédomine surtout, de silicates en poudre plus ou moins fine parmi lesquels les silicates alumineux et feldspathiques (à un etat de désagrégation plus ou moins avancée) sont les plus importants, d'hydrate de sesquioxyde de fer (contenant quelquefois de la pyrite et de quelques autres sels, comme les sulfates, les phosphates, etc., qui ne sont souvent introduits dans le sol que par les engrais. Parmi les sulfates, le sulfate de chaux est celui dont la quantité est surtout la plus considérable.

Si l'on veut faire l'analyse qualitative d'une terre arable, on peut traiter d'abord l'oxyde terreux par l'eau, comme on le ferait pour toute autre substance à analyser : on traite ensuite la terre par l'acide chlorhydrique, et enfin, après avoir epuisé le résidu par ce dissolvant, on en fait l'analyse à part. Mais comme l'eau pure ne peut ordinairement dissoudre qu'une très petite quantité des principes contenus dans la terre arable, et comme l'eau pure ne peut separer souvent même qu'une très petite quantité des sels alcalins contenus dans la terre, attendu qu'ils s'y trouvent pour la plus grande partie à l'état de combinaisons doubles insolubles de l'acide phosphorique avec les oxydes alcalins, les oxydes alcalino-terreux et la magnésie, on fait ordinairement mieux de ne pas soumettre les terres arables au traitement préalable par l'eau et de les traiter tout de suite par l'acide chlorhydrique.

Il faut employer, pour cette analyse, une quantité de terre arable qui ne doit pas être trop grande, environ 100 grammes, et on ajoute une quantite d'eau assez grande pour qu'il se produise ainsi une bouillie : on ajoute ensuite de l'acide chlorhydrique en ayant soin de ne le verser que peu à peu et en petite quantité, afin que la masse ne se boursoufle pas dans le cas où la terre contiendrait beaucoup de carbonates. On chauffe le tout pendant quelque temps et on fait bouillir, en ayant soin de renouveler l'eau qui s'évapore : on jette ensuite le tout sur un filtre et on lave jusqu'à ce que l'eau de lavage ne soit plus acide.

La présence de l'*acide carbonique* a été reconnue à l'effervescence qui s'est produite, lorsqu'on a traité la terre par l'acide chlorhydrique.

Dans une portion de la dissolution chlorhydrique, on retrouve la présence de l'*acide sulfurique* au moyen du chlorure de baryum.

Dans une autre portion de la dissolution chlorhydrique, on cherche, au moyen du molybdate d'ammoniaque, à s'assurer de la présence de l'*acide phosphorique*.

On évapore à siccité la plus grande partie de la dissolution chlorhydrique. On doit élever la température jusqu'au rouge naissant et opérer au contact de l'air pour détruire la substance organique en grande partie, sinon complétement. On humecte ensuite le tout avec l'acide chlorhydrique et on laisse les substances en contact pendant plus longtemps qu'il n'est nécessaire pour opérer la décomposition des silicates ; en effet, en opérant ainsi, il n'est pas besoin de chauffer aussi fortement la masse évaporée à siccité. Si l'on ajoute ensuite de l'eau, il reste à l'état insoluble une quantité d'acide silicique qui n'est pas considérable ; en effet, la plus grande partie de l'acide silicique qui avait été dissous d'abord par l'acide chlorhydrique étendu, s'est déjà séparée lorsqu'on a fait bouillir. On doit essayer ensuite au moyen du chalumeau l'acide silicique que l'on a ainsi obtenu ; il faut essayer surtout la manière dont il se comporte à l'égard de la soude et du sel de phosphore.

La liqueur, filtrée et séparée ainsi de l'acide silicique, est ensuite traitée de la même manière que la liqueur acide que l'on a obtenue dans l'analyse des silicates après avoir séparé l'acide silicique (p. 975). On sursature par l'ammoniaque qui précipite l'*alumine* et le *sesquioxyde de fer* (et en outre de très petites quantités de magnésie et la petite quantité de protoxyde de manganèse qu'il peut y avoir). On traite le précipité encore humide par une dissolution d'hydrate de potasse pour dissoudre l'alumine que l'on peut ensuite précipiter de la dissolution au moyen du chlorure d'ammonium. Le précipité peut encore contenir de l'acide phosphorique ; c'est pour cela qu'on le dissout dans l'acide nitrique pendant qu'il est encore humide et qu'on l'essaye ensuite au moyen du molybdate d'ammoniaque.

Dans la liqueur ammoniacale filtrée, on précipite la chaux par l'acide oxalique, en ayant soin cependant que la liqueur reste encore ammoniacale.

On sépare la liqueur de l'oxalate de chaux qui s'est déposé et on la concentre en l'évaporant à une température peu élevée ; on y ajoute ensuite une dissolution très concentrée de carbonate d'ammoniaque à laquelle on a ajouté de l'ammoniaque pure et on laisse reposer le tout pendant environ vingt-quatre heures, pour séparer la magnésie des oxydes alcalins. Après avoir lavé avec une dissolution de carbonate d'ammoniaque le carbonate de magnésie qui s'est ainsi précipité, on le calcine : le carbonate de magnésie contient la totalité du *manganèse* qui était dans la dissolution et qui s'est précipité en même temps que le carbonate de magnésie. Par suite, le résidu de la calcination qui est formé de sesquioxyde de manganèse et de magnésie, possède ordinairement une couleur brunâtre : pour de petites quantités, la couleur est rougeâtre. Si la quantité de manganèse contenue dans la magnésie est si faible qu'on ne puisse pas reconnaître sa présence à la couleur brunâtre ou rougeâtre que prend la magnésie, on peut encore reconnaître sa présence dans la magnésie à l'odeur bien nette de chlore qui se fait sentir lorsqu'on traite cette magnésie par l'acide chlorhydrique et à la couleur foncée que prend dans ce cas la dissolution : on peut aussi reconnaître la présence du manganèse à ce qu'il reste un résidu insoluble de sesquioxyde de manganèse lorsqu'on dissout la magnésie dans l'acide nitrique étendu. Il est difficile de reconnaître la présence du manganèse dans la magnésie au moyen du chalumeau en faisant fondre cette magnésie avec la soude sur une lame de platine p. 73) : en effet, la magnésie ne fond pas en présence de la soude. On obtient la coloration verte seulement lorsqu'on ajoute à la soude du salpêtre. — La liqueur que l'on a filtrée pour la séparer du carbonate de magnésie, est ensuite évaporée à siccité, en ayant soin de n'employer d'abord qu'une température très peu élevée pour éviter les soubresauts : on calcine ensuite la masse évaporée pour en chasser les sels ammoniacaux ; elle donne alors les oxydes alcalins à l'état de chlorures ou à l'état de sulfates, lorsque la terre arable les contenait sous cette forme.

On emploie une portion assez considérable de la dissolution chlorhydrique pour retrouver *l'ammoniaque*. Pour cela, on évapore la dissolution au bain-marie à une température peu élevée, en ayant soin de ne pas évaporer jusqu'à siccité : si on traite ensuite par l'hydrate de potasse cette dissolution très concentrée, on y retrouve la présence de l'ammoniaque.

On soumet ensuite une portion de la terre arable à l'action prolongée de l'eau et on ajoute ensuite de l'acide nitrique. On filtre et on essaye la dissolution aqueuse par le nitrate d'argent pour reconnaître si la terre à analyser contient des chlorures.

Après avoir concentré par évaporation une portion de la dissolution aqueuse de la terre arable, on l'essaye au moyen de l'acide sulfurique concentré et d'une dissolution de protoxyde de fer pour rechercher si elle contient de *l'acide nitrique ;* il faut cependant que la dissolution aqueuse ne soit pas trop fortement colorée par les matières organiques que peut contenir la terre arable. Si la dissolution aqueuse contient une très grande quantité de substances organiques, on l'évapore à siccité et on chauffe avec précaution la masse brune desséchée dans une petite capsule au-dessus d'une lampe jusqu'à ce que la substance organique soit détruite. Lorsque la terre contenait des nitrates, il se produit dans ce cas une faible détonation.

Il nous reste à examiner le résidu qui ne s'est pas dissous dans l'acide chlorhydrique. Il est formé de sable, d'argile non décomposée par l'acide chlorhydrique étendu et des autres silicates qui n'ont pas été décomposés par l'acide chlorhydrique. Pour faire l'analyse qualitative de ce résidu, la meilleure méthode est de faire fondre ce résidu avec du bisulfate de potasse. L'argile est ainsi décomposée ; on traite la masse fondue par l'eau, on fait digérer d'abord la portion insoluble avec de l'acide chlorhydrique et on la lave ensuite avec de l'eau. La dissolution contient surtout de l'alumine; on y trouve aussi du sesquioxyde de fer et il peut s'y rencontrer aussi de la chaux dont on reconnaît la présence de la même manière que dans la dissolution chlorhydrique.

La partie insoluble est formée d'acide silicique et de sable grossier; elle peut contenir encore une certaine quantité de silicates, lorsqu'ils n'ont pas été décomposés complétement par la fusion avec le sulfate acide de potasse. La meilleure méthode, dans ce cas, est de séparer l'acide silicique du sable grossier, non au moyen de l'ébullition avec une dissolution de carbonate alcalin, mais au moyen d'une dissolution d'hydrate alcalin qui dissout plus facilement l'acide silicique, tandis que le sable reste comme résidu insoluble. On sépare ensuite l'acide silicique de la dissolution alcaline, en la sursaturant par l'acide chlorhydrique, en évaporant jusqu'à siccité, et en traitant la masse desséchée par l'acide chlorhydrique, puis par l'eau.

ANALYSE QUALITATIVE DES EAUX MINÉRALES.

Les combinaisons salines que l'on trouve dans les eaux minérales, dans les eaux salées, dans l'eau de mer et dans les eaux de puits, contiennent surtout les bases et les acides suivants : la *potasse*, la *soude*, la *chaux*, la *magnésie* et le *protoxyde de fer* comme bases; l'*acide sulfurique*, l'*acide carbonique*, l'*acide silicique* comme acides, et en outre le *soufre* et le *chlore* combinés avec un des métaux contenus dans les bases indiquées.

Quelques eaux minérales contiennent encore les parties constituantes suivantes: la *lithine*, l'*ammoniaque*, la *strontiane*, la *baryte*, l'*alumine*, le *protoxyde de manganèse*, le *protoxyde de zinc* et le *bioxyde de cuivre* comme bases; et en outre, comme acides, l'*acide nitrique*, l'*acide sulfureux*, l'*acide hyposulfureux*, l'*acide phosphorique*, l'*acide borique* et aussi le *fluor*, le *brome* et l'*iode* en combinaisons avec les métaux. Plusieurs de ces parties constituantes rares ne sont contenues qu'en quantité extrêmement petite dans les eaux minérales. Il peut en outre se rencontrer des substances organiques dans quelques eaux minérales.

Dans l'endroit où les eaux minérales sortent de terre et se trouvent en contact avec l'air atmosphérique, elles forment souvent des dépôts qui se séparent, ou bien parce que certaines de leurs parties constituantes passent à un degré supérieur d'oxydation, ou parce que certaines de leurs parties constituantes qui étaient dissoutes dans l'acide carbonique en excès, deviennent insolubles par suite de la volatilisation de l'excès d'acide carbonique.

Parmi les dépôts formés par oxydation, viennent se ranger les ocres de fer qui sont surtout formées d'hydrate de sesquioxyde de fer ou de combinaisons du fer qui sont fortement basiques et dans lesquelles on a trouvé aussi de petites quantités d'*arsenic*, et même de l'*antimoine*, de l'*étain*, du *cuivre* et du *plomb*, qui doivent être tous retenus en dissolution dans l'eau minérale. Ce dépôt contient fréquemment en outre des substances organiques.

C'est par suite de la volatilisation de l'acide carbonique que se produisent notamment les dépôts de carbonate de chaux qui se séparent des eaux minérales riches en acide carbonique libre à mesure que cet acide carbonique se volatilise. C'est surtout lorsque le degré de température de l'eau est élevé que la quantité du dépôt est considérable, comme cela se présente par exemple pour l'eau de Carlsbad. Ces dépôts contiennent, outre le carbonate de chaux, du sesquioxyde de fer, de très petites quantités de *fluor*, d'*acide phosphorique*, d'*alumine*, de *strontiane*, de *sesquioxyde de fer* et de *protoxyde de manganèse*, et aussi des quantités d'*arsenic* qui ne sont pas tout à fait insignifiantes et dont on n'a pu reconnaître la présence dans l'eau de Carlsbad qu'en examinant les masses solides qui s'en sont déposées.

Dans l'analyse qualitative d'une eau minérale, il est bon en général de vérifier à l'aide des réactifs la présence des matières qui s'y trouvent en grande quantité et de ne déterminer qu'ensuite les parties constituantes qui sont en petite quantité et qui s'y trouvent plus rarement.

Si, après l'analyse qualitative de l'eau minérale, on se propose d'en opérer l'analyse quantitative, on peut, dans l'analyse quantitative, déterminer plusieurs des substances qui se trouvent en très petites quantités et dont la recherche pourrait présenter beaucoup de difficultés si l'on en opérait l'analyse qualitative, sans que cela présentât une utilité réelle.

La recherche des principales parties constituantes d'une eau minérale ne présente pas de difficulté et peut être faite en très peu de temps.

Pour découvrir chacune des parties constituantes, on prend presque toujours une nouvelle quantité d'eau, lorsque, ce qui du reste se présente le plus fréquemment, on peut disposer de grandes quantités de l'eau à analyser; on retrouve alors les parties constituantes de la manière suivante :

On ajoute à l'eau à analyser une petite quantité (quelques gouttes) de teinture bleue de tournesol récemment préparée. Si la couleur bleue passe au rougeâtre, cela indique ordinairement la présence de l'*acide carbonique libre* dans l'eau minérale. On s'en assure d'une manière encore plus nette en ajoutant la teinture bleue de tournesol à l'eau minérale en quantité égale après l'avoir fait bouillir pendant quelque temps. Si la coloration rouge qui s'est produite dans l'autre expérience provient d'une certaine quantité d'acide carbonique libre, elle n'a plus lieu lorsqu'on opère sur l'eau après qu'elle a été soumise à l'ebullition; souvent même le papier de tournesol, rougi faiblement, devient bleu par l'action de l'eau qui a été soumise à l'ébullition.

On peut encore trouver dans une eau minérale l'acide carbonique libre d'une autre manière en ajoutant à une portion de l'eau minérale une petite quantité d'eau de chaux. S'il se produit ainsi un précipité qui disparaît de nouveau lorsqu'on ajoute une plus grande quantité de l'eau minérale, cela est une preuve que l'eau minérale contenait ou de l'acide carbonique libre ou un bicarbonate alcalin. La plupart des eaux minérales contiennent l'acide carbonique en combinaison avec les oxydes alcalins et les oxydes terreux sous forme de bicarbonates, mais elles contiennent fréquemment en outre de l'acide carbonique libre. On découvre l'acide carbonique libre de la manière que nous avons indiquée au moyen de la teinture de tournesol. S'il y a des bicarbonates dans l'eau minérale et s'il n'y a pas en même temps de l'acide carbonique libre, la teinture de tournesol ne passe pas au rouge.

Si l'eau minérale ne contient pas de bicarbonate alcalin et si elle ne contient que des bicarbonates terreux (chaux et magnésie), mais si elle ne contient pas d'acide carbonique libre, le précipité formé par l'eau de chaux dans l'eau minérale ne disparaît pas lorsqu'on ajoute une quantité considérable de cette eau.

Une eau minérale qui contient beaucoup d'acide carbonique libre, fait effervescence lorsqu'on l'agite ou lorsqu'on la fait chauffer seulement très légèrement.

A une autre portion de l'eau minérale, on ajoute une dissolution de chlorure de baryum et un peu d'acide chlorhydrique libre pour rendre la liqueur acide. S'il y a un *sulfate* dans l'eau minérale, il se forme ainsi un précipité de sulfate de baryte.

On ajoute à une portion de l'eau minérale une dissolution de nitrate d'argent à laquelle on a ajouté un peu d'acide nitrique. S'il se produit ainsi un précipité blanc ou un trouble de couleur blanche, cela indique que l'eau minérale contient un *chlorure*.

Si l'eau minérale contient une *combinaison soluble du soufre* (un sulfure alcalin) ou *de l'hydrogène sulfuré*, il se produit par l'action d'une dissolution de nitrate d'argent un précipité ou une coloration brune ou même noire. Il se produit également dans ce cas un précipité noirâtre ou une coloration brune par l'action d'une dissolution d'acétate de plomb. Cependant, dans un très grand nombre de cas, la quantité de sulfure contenue dans l'eau minérale est si faible qu'on ne peut souvent pas s'assurer avec certitude de la présence du soufre à l'aide de ce réactif si sensible. Un essai plus certain pour l'hydrogène sulfuré est de remplir d'eau minérale jusqu'au col un grand flacon et de fermer ce flacon avec un bouchon auquel on a fixé un papier qui a été plongé dans une dissolution d'acétate de plomb. Ce papier prend une couleur plus ou moins brunâtre, mais ce n'est souvent qu'après plusieurs heures. Un caractère dont la sensibilité est presque plus grande que celle de ces réactifs, est l'odeur qui se fait sentir à la source même, ou bien qu'on perçoit aussi lorsqu'on sent, après l'avoir agité, un flacon dans lequel on a introduit de l'eau minérale, en ayant soin de ne pas le remplir entièrement; ce caractère permet de reconnaître des traces d'hydrogène sulfuré qu'on ne peut pas retrouver à l'aide des réactifs les plus sensibles.

Pour rechercher la présence des chlorures lorsqu'il y a en même temps des sulfures, on ajoute à une portion de l'eau minérale une dissolution de sulfate de sesquioxyde de fer, après y avoir ajouté de l'acide sulfurique en léger excès. Au bout de quelque temps, on filtre la liqueur laiteuse et on ajoute une dissolution de nitrate d'argent à la liqueur claire qui a passé au travers du filtre; lorsqu'il y a des chlorures dans l'eau minérale, il se produit alors un précipité de chlorure d'argent.

Lorsqu'il y a des matières organiques dans l'eau à analyser, il se produit souvent une coloration rougeâtre par l'action du nitrate d'argent. Ce réactif produit aussi dans l'eau de mer une coloration rouge-vineuse. — Il faut observer ici que, dans quelques eaux minérales qui ont été conservées pendant longtemps dans des cruchons ou dans des flacons fermés, il se produit une odeur d'hydrogène sulfuré, bien que, à l'état récent, ces eaux minérales en soient tout à fait exemptes. Cela provient de ce que les sulfates ont été transformés en sulfures par l'action des substances organiques contenues dans l'eau minérale (et même par l'action du bouchon); l'acide carbonique libre, en réagissant sur ces sulfures, peut ensuite en dégager un peu d'hydrogène sulfuré.

Pour reconnaître la présence des parties constituantes qui sont contenues en quantité extrêmement petite dans l'eau minérale à analyser, il faut évaporer presque jusqu'à siccité une quantité plus ou moins considérable de cette eau. Dans un grand nombre d'eaux minérales, il se sépare de cette manière un précipité insoluble qui est surtout formé de carbonates terreux et de sesquioxyde de fer (qui était contenu dans l'eau minérale sous forme de carbonate de protoxyde de fer) qui étaient tenus en dissolution par l'acide carbonique contenu dans l'eau minérale et qui se sont séparés à l'état insoluble lorsqu'on a évaporé l'eau. On recherche ensuite les parties constituantes rares tant dans le résidu insoluble que dans la dissolution concentrée.

Pour reconnaître dans l'eau minérale de petites quantités de *brome* et d'*iode*, on traite par l'alcool le résidu provenant d'une quantité considérable d'eau qui a été évaporée au bain-marie presque jusqu'à siccité; et on sépare la dissolution alcoolique de la partie qui ne s'est pas dissoute et que l'on traite encore une fois par l'alcool de la même manière. On évapore les dissolutions alcooliques à une faible chaleur pour en séparer l'alcool et on ajoute, pendant l'évaporation, un peu d'eau, en sorte que, après l'évaporation de l'alcool, les sels solubles sont dissous dans l'eau. On traite ensuite une portion de cette dissolution par l'éther et l'eau de chlore dans un flacon fermé, en suivant la méthode qui a été indiquée page 599. Si l'éther prend une couleur jaunâtre ou brune, cela indique que l'eau minérale peut contenir ou du brome ou de l'iode, ou ces deux substances en même temps. On essaye une autre portion de la dissolution aqueuse pour y rechercher l'iode au moyen d'une dissolution de palladium (p. 610) ou bien au moyen de l'eau de chlore et de l'amidon ou du sulfure de carbone. Pour voir si l'eau minérale contient en même temps du brome et de l'iode, on doit y rechercher le brome, après s'être assuré de la présence de l'iode au moyen d'une dissolution de palladium. Si l'eau ne contient pas une quantité suffisante de chlorure de sodium, on doit en ajouter avant d'employer la dissolution de palladium, surtout lorsqu'on veut se servir d'une dissolution de nitrate de protoxyde de palladium, parce que, sans cela, il pourrait, en même temps que l'iodure de palladium, se précipiter du bromure de palladium (p. 598). Après avoir séparé l'iodure de palladium, on peut reconnaître directement la présence du brome en y ajoutant de l'eau de chlore et de l'éther ; mais comme la coloration jaune de l'éther qui contient du brome, peut être mieux reconnue lorsqu'on a séparé de la dissolution le palladium qui lui communiquerait une couleur brune, après avoir séparé l'iodure de palladium, on précipite l'excès de palladium par l'hydrogène sulfuré à l'état de sulfure de palladium; et c'est seulement ensuite que l'on reconnaît, au moyen du chlore ou de l'éther, la présence ou l'absence du brome.

Il est très rare qu'une eau minérale contienne des quantités de combinaisons de brome et d'iode assez grandes pour qu'on puisse les y rechercher directement. Ce n'est que dans les eaux mères de la préparation du sel commun et dans quelques eaux salines d'une densité élevée que l'on peut rechercher directement le brome par la méthode qui a été indiquée page 599. Il paraît du reste probable qu'aucune eau minérale, riche en chlorure, ne peut être entièrement exempte de traces de brome et d'iode.

On doit admettre que, dans la plupart des cas, l'iode est contenu dans les eaux minérales à l'état d'iodure. Il peut cependant s'y trouver à l'état d'iodate dont on peut reconnaître la présence au moyen du zinc et de l'acide sulfurique très étendu par la méthode qui a été indiquée page 620. (On doit prendre également en considération les addenda à la page 620).

Lorsque les eaux minérales contiennent de l'*acide phosphorique*, il ne s'y trouve qu'en très petites quantités. Il se rencontre presque uniquement dans le dépôt insoluble que donnent les eaux minérales et les eaux de puits (du moins celles des puits de Berlin) lorsqu'on les évapore. On dissout ce dépôt dans l'acide nitrique et on essaye la dissolution au moyen du molybdate d'ammoniaque pour y rechercher l'acide phosphorique.

On doit rechercher aussi au moyen de l'acide sulfurique si ce dépôt contient du *fluor* (p. 565). Il est rare que ces dépôts n'en contiennent pas et il y en a aussi dans les dépôts que forment les eaux de puits lorsqu'on les fait bouillir; du moins, il est facile de retrouver du fluor dans le dépôt obtenu par l'évaporation des eaux des puits de Berlin.

Dans ces derniers temps, on a retrouvé l'*acide borique* dans plusieurs eaux minérales. On reconnaît sa présence dans une eau minérale en concentrant l'eau après y avoir ajouté un carbonate alcalin, en sursaturant par l'acide chlorhydrique une portion de l'eau très concentrée et en y plongeant ensuite un papier de curcuma qui, après la dessiccation, paraît coloré en brun-rougeâtre. Ce procédé est plus sensible que celui qui consiste à traiter l'eau par un carbonate alcalin et à y ajouter de l'acide sulfurique et de l'alcool pour s'assurer de la présence de l'acide borique au moyen de la coloration verte que prend la flamme de l'alcool.

Lorsqu'il y a de l'*acide nitrique*, il est en quantité si faible qu'on ne peut pas reconnaitre sa présence d'une manière nette au moyen de l'acide sulfurique et d'une dissolution de protoxyde de fer (p. 712). On doit concentrer l'eau minerale, filtrer pour en séparer la petite quantité de dépôt qui s'est formée et s'assurer ensuite de la présence de l'acide nitrique au moyen du procédé indiqué. On retrouve surtout l'acide nitrique dans les eaux des puits des grandes villes, et notamment dans les eaux des puits de Berlin.

On ne retrouve l'*acide sulfureux* que dans l'eau de quelques sources d'origine volcanique. L'acide sulfureux s'y transforme facilement en acide sulfurique. On l'y découvre d'une manière très facile et très nette au moyen du zinc (p. 490).

Quelques eaux minérales sulfurées peuvent aussi contenir des *hyposulfites* qui se sont produits par l'oxydation des sulfures. Le meilleur réactif pour en reconnaître la présence est le nitrate d'argent (p. 480).

Un très grand nombre d'eaux minérales, spécialement les eaux minérales dites alcalines, contiennent de l'*acide silicique*. Il se trouve dans le dépôt qui s'y produit par évaporation. Si l'on dissout ce dépôt dans un acide, si l'on évapore le tout au bain-marie et si l'on humecte avec un acide la masse évaporée, l'acide silicique reste comme résidu insoluble, lorsqu'on traite la masse par l'eau. — Une portion de l'acide silicique contenu dans l'eau minérale forme l'enveloppe siliceuse des animaux infusoires qui y peuvent être contenus.

Si l'on s'occupe ensuite de rechercher les bases contenues dans les eaux minérales, on voit qu'on y retrouve la *chaux* en ajoutant à l'eau minérale une dissolution d'oxalate de potasse ou d'oxalate d'ammoniaque : lorsqu'il y a de la chaux, il se produit alors un précipité d'oxalate de chaux. On doit conseiller d'ajouter préalablement à l'eau une petite quantité de chlorure d'ammonium pur, avant d'y rechercher la présence de la chaux au moyen d'un oxalate alcalin. Si l'eau ne contient que de très petites quantités de chaux, le precipité d'oxalate de chaux s'y forme seulement au bout de quelque temps.

Après avoir filtré la liqueur pour la séparer de l'oxalate de chaux qui s'est précipité, on y ajoute ensuite une dissolution de phosphate de soude et un peu d'ammoniaque libre. Lorsqu'il y a de la *magnésie*, il se produit alors un précipité de phosphate ammoniaco-magnésien.

Il est important de reconnaître si l'eau minérale contient de très petites traces de *fer* : en effet, c'est de leur présence que dépend souvent l'action médicinale de l'eau minérale. Lorsqu'il y a de grandes quantités de fer, on le reconnaît en traitant l'eau minérale par le sulfure d'ammonium; il se précipite ainsi du sulfure de fer de couleur noire. Le meilleur mode d'opérer est de traiter l'eau minérale par le sulfure d'ammonium dans un flacon qui puisse être bien fermé et dans lequel le sulfure de fer puisse bien se déposer. On décante ensuite la liqueur et on jette le sulfure de fer sur un filtre pour pouvoir, lorsque la quantité en est très faible, l'analyser au chalumeau ; en effet, dans quelques cas, il peut, avec le sulfure de fer, s'être précipité d'autres substances qui cependant ne se présentent que très rarement, comme le *sulfure de zinc*, le *sulfure de manganèse*, le *sulfure de cuivre* et l'*alumine*.

Si la quantité de fer est faible, on n'obtient souvent par l'action du sulfure d'ammonium qu'une coloration verte ; souvent aussi, dans ce cas, il ne se dépose pas de précipité noir même au bout de quelque temps et en opérant dans un flacon bien bouché. Lorsque le fer est en quantité aussi petite, on le reconnaît plus facilement au moyen du ferricyanure de potassium (toutefois, la recherche de très petites quantités de fer se fait plus nettement au moyen des réactifs qui ne contiennent pas de fer . On rend d'abord légèrement acide l'eau que l'on a récemment puisée à la source, et on y ajoute une petite quantité du réactif. Il se forme alors une coloration bleue de bleu de Prusse (p. 88). Dans une eau minérale récemment puisée à la source, le fer est presque toujours à l'état de protoxyde de fer et, dans la plupart des cas, à l'état de carbonate de protoxyde de fer ; il peut, par conséquent, être reconnu au moyen du ferricyanure de potassium. Si l'on fait bouillir l'eau ou bien si on l'évapore, le protoxyde de fer s'oxyde et se transforme en sesquioxyde de fer que l'on retrouve, dans la plupart des cas, dans le résidu insoluble. Par suite, l'eau que l'on a filtrée pour la séparer du résidu insoluble, ne donne du bleu de Prusse ni avec le ferrocyanure, ni avec le ferricyanure de potassium. Si l'on obtient au moyen du ferrocyanure de potassium une coloration bleue, cela indique que le protoxyde de fer était combiné avec un autre acide que l'acide carbonique; le protoxyde de fer s'est oxydé par l'évaporation, mais il ne s'est pas séparé complétement: cependant cela n'arrive que rarement ; en effet, dans les dissolutions neutres étendues, la plus grande partie du sesquioxyde de fer, même lorsqu'il est combiné avec un acide énergique, est précipitée par l'ébullition à l'état de sel basique.

On peut très bien reconnaître, dans une eau récemment puisée à la source, la présence d'une trace de sesquioxyde de fer au moyen de quelques gouttes d'infusion de noix de galles. Il se produit ainsi une coloration violette, mais dans le cas seulement où l'eau est une eau alcaline et contient des bicarbonates alcalins ou du bicarbonate de chaux. S'il n'en est pas ainsi, il faut, pour obtenir la même réaction lorsqu'il n'y a qu'une quantité extrêmement faible de protoxyde de fer, ajouter une petite quantité d'une dissolution de bicarbonate alcalin. Les dissolutions des carbonates alcalins neutres ou des hydrates alcalins produisent le même résultat; mais il ne faut pas oublier que les derniers seuls peuvent produire une coloration rougeâtre ou verdâtre par l'action de l'infusion de noix de galles sans qu'il y ait de protoxyde de fer. — Si, dans une eau minérale qui n'est pas du nombre des eaux alcalines, on obtient une coloration violet-noir même sans ajouter une dissolution de bicarbonate alcalin, cela indique que la quantité de protoxyde de fer ou de sesquioxyde de fer qui y est contenue est assez considérable.

Si l'on soumet à l'ébullition et si l'on évapore une eau minérale qui contient du fer, il se produit un dépôt ocreux dans lequel on trouve du sesquioxyde de fer. Il se forme spontanément un dépôt de la même espèce dans l'eau des sources minérales qui contiennent du fer lorsqu'elles arrivent au contact de l'air atmosphérique. On retrouve en outre dans ces dépôts de l'acide silicique et souvent aussi une certaine quantité de chaux, ainsi que les parties constituantes rares qui ont été indiquées page 989. Dans la seconde partie de cet ouvrage, en traitant de l'analyse quantitative des eaux minérales, nous indiquerons le meilleur moyen de rechercher ces parties constituantes rares.

Si l'eau minérale qui contient du fer, appartient à la catégorie des eaux minérales dites alcalines et si on l'évapore, il se dépose, par l'évaporation, outre le sesquioxyde de fer, souvent aussi de la chaux, de la magnésie et en outre de la strontiane et de l'alumine dont la plus grande partie est combinée avec l'acide carbonique ou bien avec de petites quantités d'acide phosphorique (et avec le fluor) : c'est par suite de la présence de l'acide carbonique dans l'eau minérale que ces substances y restaient dissoutes. Il est difficile de reconnaître dans ce dépôt la présence de très petites quantités de strontiane; on peut cependant les y retrouver en dissolvant le dépôt dans l'acide chlorhydrique et en ajoutant ensuite à la dissolution concentrée et filtrée ainsi obtenue une dissolution de sulfate de chaux. Au bout de quelque temps, il se produit alors un précipité de sulfate de strontiane que l'on doit essayer au moyen du chalumeau. Si l'eau minérale contient en même temps des carbonates et des sulfates alcalins, la chaux et la strontiane ne peuvent exister dans le dépôt qu'à l'état de carbonates et ne peuvent pas s'y trouver à l'état de sulfates. S'il y avait de la baryte, elle se trouve au contraire seulement à l'état de sulfate de baryte dans le dépôt, et spécialement dans le dépôt qui se produit naturellement à la source. Le carbonate de chaux et celui de strontiane existent dans l'eau à l'état de bicarbonates qui ne sont pas décomposés par les sulfates alcalins, tandis que tout le carbonate de baryte, qui peut se trouver avec ces carbonates terreux dans la dissolution sous forme de bicarbonate, est décomposé par l'action des sulfates alcalins qui se trouvent dans l'eau minérale et est transformé en sulfate de baryte qui se dépose. Les carbonates alcalins qui existent dans l'eau minérale, ne préservent pas le carbonate de baryte de la transformation en sulfate de baryte lorsque le sulfate alcalin prédomine. C'est ainsi que l'eau minérale de Carlsbad laisse déposer du sulfate de baryte cristallisé, bien que, dans l'eau elle-même dont ce sulfate de baryte s'est séparé, on ne puisse pas découvrir de baryte, et qu'il s'y trouve au contraire une grande quantité de carbonate de chaux et une petite quantité de sulfate de strontiane.

Si l'on ajoute de l'ammoniaque à une portion d'une eau minérale qui contient du protoxyde de fer, de la chaux et une certaine proportion des bases indiquées, presque toutes ces parties constituantes sont précipitées de la même manière que lorsqu'on fait bouillir cette eau. C'est ainsi notamment que, lorsqu'on traite par l'ammoniaque une eau de puits qui contient du carbonate de chaux dissous dans l'acide carbonique, ce carbonate de chaux est précipité. Cependant, dans ce cas, le précipité ne se produit qu'au bout de quelque temps.

On emploie une portion particulière de l'eau minérale pour y rechercher les oxydes alcalins fixes. Si l'eau minérale ne contient pas de magnésie, la recherche des oxydes alcalins fixes ne présente pas de difficulté. On se sert pour cela d'une certaine quantité d'eau que l'on a concentrée par évaporation et que l'on a filtrée pour la séparer de la petite quantité de précipité qui s'est formée. Au moyen d'une dissolution de carbonate ou d'oxalate d'ammoniaque, on précipite la chaux ; on chauffe avant de filtrer; on filtre pour séparer l'oxalate et le carbonate de chaux qui se sont précipités ; on évapore jusqu'à siccité et on calcine la masse desséchée. On obtient comme résidu les oxydes alcalins, soit à l'état de combinaisons avec l'acide sulfurique et l'acide carbonique, soit à l'état de chlorures, soit à l'état de mélange de ces combinaisons salines. L'oxyde alcalin, contenu ordinairement dans les eaux minérales, est la *soude;* cependant elles contiennent souvent de petites quantités de *potasse* et même de *lithine*. On retrouve dans la soude la présence de la potasse en suivant la méthode qui a été indiquée p. 900 : on y retrouve la présence de la lithine par la méthode qui a été indiquée page 940 et suiv.

S'il y a de la magnésie, on la précipite par l'eau de baryte : on sépare dans la liqueur filtrée l'excès de baryte au moyen du carbonate d'ammoniaque ou au moyen de l'acide sulfurique et on expérimente comme cela a été indiqué page 902.

Lorsqu'on n'a pas besoin d'opérer promptement l'analyse, on sépare les oxydes alcalins de la magnésie au moyen du carbonate d'ammoniaque en suivant la méthode qui a été indiquée page 903. Après avoir précipité la chaux par l'oxalate d'ammoniaque, on concentre par évaporation la liqueur que l'on a séparée du précipité d'oxalate de chaux et on la traite par une dissolution concentrée de carbonate d'ammoniaque à laquelle on a ajouté de l'ammoniaque pure : si on laisse ensuite pendant quelque temps le tout en contact, la magnésie se précipite, tandis que les oxydes alcalins restent dissous.

Pour retrouver l'*ammoniaque* qui existe quelquefois dans les eaux minérales, on emploie une nouvelle quantité d'eau. On l'évapore avec soin presque jusqu'à siccité, en ayant soin de n'employer qu'une température très peu élevée et on mélange avec de l'hydrate de potasse la masse évaporée, afin de pouvoir reconnaître la présence de l'ammoniaque aux fumées blanches qui se produisent au moyen d'une baguette de verre humectée d'acide chlorhydrique; on peut aussi s'apercevoir de la présence de l'ammoniaque à son odeur, s'il y en a une quantité suffisante.

Si cependant la quantité d'ammoniaque contenue dans l'eau minérale est très faible et si l'on considère comme nécessaire de s'assurer de sa présence par une analyse qualitative, il est plus sûr d'opérer de la manière suivante : on ajoute un excès de carbonate de potasse ou de soude à une portion assez considérable de l'eau minérale que l'on a préalablement concentrée par évaporation. Lorsque l'eau minérale contient des sels de protoxyde de fer, d'alumine, de magnésie, etc., il se produit une légère effervescence provenant d'un dégagement de gaz acide carbonique : lorsque cette effervescence a cessé, on verse le tout dans une cornue et on le soumet à la distillation en recevant ce qui distille dans un récipient qui contient un peu d'acide chlorhydrique. Lorsque la moitié de la liqueur, ou une quantité un peu plus grande, a distillé, on peut changer le récipient. On évapore au bain-marie à une température peu élevée la portion de la liqueur qui a passé à la distillation et, après avoir chassé l'excès d'acide chlorhydrique, on obtient du chlorure d'ammonium qui peut être sublimé sans laisser de residu, et qui peut être essayé par la méthode ordinaire.

Outre l'acide carbonique, l'hydrogène sulfuré (et l'acide sulfureux , les eaux minerales contiennent souvent encore d'autres *substances gazeuses* et en particulier du *gaz oxygène* et du *gaz nitrogène;* mais la plupart des eaux minérales en contiennent une quantité plus faible que les eaux de puits ordinaires. On peut, par une ébullition prolongee, séparer d'une eau minérale le gaz oxygène et le gaz nitrogène qu'elle contient : on les recueille alors et on les essaye.

Outre les parties constituantes que nous avons indiquées, les eaux minérales tiennent encore très fréquemment en dissolution des *substances organiques* qui sont la cause de la couleur jaunâtre que prend l'eau lorsqu'on l'évapore et de la coloration noirâtre ou noire que prend la masse évaporée lorsqu'on la chauffe. Dans beaucoup de cas, les substances organiques contenues dans les eaux minérales sont, d'après Berzelius, les acides crénique et apocrenique qui se trouvent en partie à l'état de sels alcalins dissous dans l'eau, en partie à l'état de combinaison avec le fer dans le dépôt.

ANALYSE QUALITATIVE DES MÉLANGES GAZEUX.

Pour opérer l'analyse qualitative d'un mélange gazeux, on traite ce mélange par différents réactifs qui se combinent avec certains gaz pour former des substances solides ou liquides et on sépare ainsi ces gaz des autres gaz qui ne réagissent pas sur ces réactifs. Mais comme on doit souvent employer, pour opérer l'analyse quantitative d'un melange gazeux, une méthode entièrement pareille à celle que l'on emploierait pour en opérer l'analyse qualitative et comme il sera question avec détail, dans la seconde partie de cet ouvrage, de la manière d'opérer l'analyse quantitative des mélanges gazeux, il n'est pas aussi nécessaire que pour les autres substances de décrire avec détail le mode d'opérer l'analyse qualitative des mélanges gazeux.

L'analyse des mélanges gazeux a été portée, dans ces derniers temps, à un grand degré de perfection par les recherches de *Bunsen* et de *Regnault*. Le premier a décrit sa méthode d'analyse dans son ouvrage intitulé *Méthodes gazométriques*. Ses procédés n'appartiennent presque qu'à l'analyse quantitative et ne peuvent par conséquent être examinés que dans la seconde partie de cet ouvrage : Les recherches du second font partie du mémoire intitulé : *Recherches chimiques sur la respiration des animaux des diverses classes* (*Ann. de chim. et de phys.*, 3e série, t. XXVI, p. 329) qu'il a publié en collaboration avec *J. Reizet*. Ces recherches ne traitent également que de l'analyse quantitative des gaz ; comme celles de Bunsen, elles ne pourront donc être examinées que dans la seconde partie.

On peut cependant soumettre les gaz et les mélanges gazeux à une analyse qualitative qui est nécessairement un peu grossière, mais qui est utile lorsqu'on veut en déterminer la nature en aussi peu de temps que possible. Le meilleur mode d'opérer, dans ce cas, est d'introduire le gaz ou le mélange gazeux dans des tubes de verre qui sont fermés à une extrémité et qui ont la même largeur que les tubes ordinaires dont on se sert dans les analyses qualitatives par voie humide, mais qui ont une longueur double. Le diamètre des tubes que l'on emploie pour faire l'analyse qualitative des mélanges gazeux, ne doit pas être trop grand, afin qu'on puisse facilement fermer avec la main leur extrémité ouverte pour agiter le mélange gazeux avec les réactifs liquides avec lesquels on l'a mis en contact.

On conserve le mélange gazeux à analyser dans une grande éprouvette, soit sur l'eau, soit sur le mercure, et, pour les différentes expériences, on en fait passer de petites quantités dans les tubes dont nous venons de parler. Afin qu'il ne puisse pas s'introduire d'air atmosphérique dans le mélange gazeux, on remplit, par la méthode connue, les tubes avec de l'eau ou du mercure et on place leur extrémité ouverte à côté de la grande éprouvette dans une cuve pneumatique pleine d'eau ou de mercure. La cuve doit être assez grande pour que la grande éprouvette puisse y tenir dans toute sa longueur et rester entièrement recouverte d'eau ou de mercure. Lorsqu'on veut faire passer dans les tubes à analyse le mélange gazeux contenu dans la grande éprouvette, on place cette dernière dans une position qui approche beaucoup de la position horizontale, pour en faire sortir le gaz, en ayant soin de tenir l'orifice du petit tube à proximité de l'orifice de la grande éprouvette, de manière que les bulles de gaz passent de l'une dans l'autre. On doit, en outre, tenir le petit tube dans une position telle que le gaz monte à la partie supérieure.

Le transport d'un mélange gazeux d'un vase dans un autre devient beaucoup plus facile lorsqu'on emploie des pipettes à gaz dont on a proposé plusieurs modèles. La pipette qui a été indiquée par *Ettling* et qui est représentée dans la figure ci-jointe fig. 9 remplit tout à fait bien le but que l'on se propose. Elle rend inutiles les grandes cuves pneumatiques; elle présente l'avantage de permettre de prendre dans des tubes ou dans des cloches de verre, etc., les quantités de gaz que l'on veut, sans les renverser, et elle permet de remplir de gaz un autre vase en nécessitant une très petite quantité de liquide intercepteur. Avant de s'en servir, on plonge les deux branches *c* au-dessous du niveau du liquide de la cuve, on aspire à l'ouverture *d* et on emplit le cylindre A de liquide intercepteur; on introduit ensuite l'ouverture *e* dans le tube dont on veut enlever du gaz et on aspire de nouveau en *d* : le liquide intercepteur passe ainsi de A en B et est remplacé par du gaz qui se trouve ensuite enfermé dans la pipette lorsqu'on plonge l'ouverture *e* dans le liquide intercepteur; on peut conserver ainsi le gaz dans la pipette aussi longtemps que l'on veut. Si l'on introduit de l'air en *d*, le gaz sort de nouveau et on peut à volonté, surtout lorsque l'ouverture *e* est un peu étroite, en introduire une certaine quantité dans une cloche. Si le liquide intercepteur est le mercure, cela rend la sortie du gaz un peu difficile, parce qu'il faut exercer une pression sur une colonne de mercure élevée; mais on peut la réduire à un demi-pouce lorsque, au moment où l'on introduit de l'air, on soulève presque jusqu'à la surface du mercure le tube plein de mercure et en même temps le coude de la pipette que l'on y a introduit.

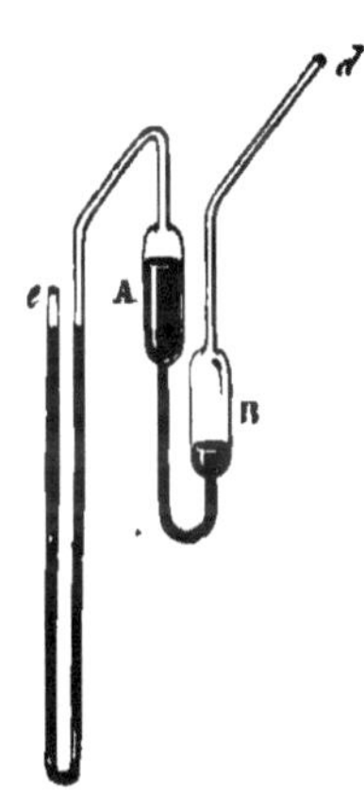

Fig. 9.

Un grand nombre de gaz sont très solubles dans l'eau. Par suite, lorsqu'un mélange gazeux à analyser contient des gaz solubles dans l'eau, il faut opérer sur le mercure l'analyse de ce mélange. Un très petit nombre de gaz seulement ne peuvent pas être conservés sur le mercure, et ce sont précisément ceux qui ne doivent pas être maintenus pendant longtemps en contact avec l'eau, même dans des analyses qualitatives approximatives.

Les gaz que l'on peut rencontrer dans des analyses qualitatives sont les suivants :

1. Oxygène.
2. Hydrogène.
3. Hydrogène bicarboné.
4. Hydrogène protocarboné.
5. Hydrogène phosphoré.
6. Hydrogène arsénié.
7. Hydrogène antimonié.
8. Oxyde de carbone.
9. Protoxyde de nitrogène.
10. Bioxyde de nitrogène.
11. Nitrogène.

---

12. Acide chlorhydrique.
13. Acide bromhydrique.
14. Acide iodhydrique.
15. Fluorure de silicium.
16. Fluorure de bore.
17. Acide cyanhydrique.
18. Ammoniaque.
19. Acide carbonique.
20. Acide sulfureux.
21. Chlore.
22. Cyanogène.
23. Hydrogène sulfuré.
24. Hydrogène sélénié.
25. Hydrogène telluré.

Quelques-uns de ces gaz se présentent si rarement dans les analyses et ont même été préparés si rarement, que nous ne nous en occuperons que légèrement. Ce sont surtout les gaz qui portent le n° 24 et le n° 25, le gaz hydrogène sélénié et le gaz hydrogène telluré, dont on a du reste décrit les propriétés page 438 et page 428.

Les gaz que nous avons indiqués, ne peuvent pas exister tous simultanément dans un mélange gazeux ; en effet un très grand nombre d'entre eux se décomposent réciproquement. Ainsi le gaz chlore, lorsqu'il est en quantité suffisante, décompose souvent avec beaucoup d'énergie surtout à la lumière solaire) tous les gaz qui contiennent de l'hydrogène. Il décompose en outre quelques gaz qui contiennent de l'oxygène, comme le gaz sulfureux ; cependant il ne le décompose qu'en présence de l'eau et non lorsqu'il est sec. Le gaz sulfureux décompose également, mais seulement en présence de l'eau, le gaz hydrogène sulfuré et les autres gaz d'une composition analogue à celle de ce dernier. Le gaz bioxyde de nitrogène se combine avec le gaz oxygène ; l'ammoniaque se combine avec tous les gaz acides.

Il n'y a que les gaz compris entre le n° 1 et le n° 11 qui puissent être recueillis et analysés sur l'eau, parce qu'ils n'y sont que peu solubles. Les autres gaz, compris entre le n° 12 et le n° 25, sont solubles dans l'eau, sans cependant y être tous solubles en égale proportion. Quelques-uns, notamment ceux qui sont compris entre le n° 12 et le n° 18, se dissolvent en forte proportion même dans une très petite quantité d'eau et ne peuvent pas être recueillis sur l'eau ; les gaz compris entre le n° 19 et le n° 25 ne se dissolvent que dans de grandes quantités d'eau ; on peut par suite, dans tous les cas, en faire sur l'eau une analyse qualitative approximative.

Les expériences sur les mélanges gazeux qui contiennent du gaz chlore libre, ne peuvent être faites ni sur l'eau, ni sur le mercure, parce que le chlore est absorbé par l'eau et par le mercure. On ne doit pas du moins laisser le mélange gazeux longtemps en contact avec l'eau, ni avec le mercure, mais on doit, immédiatement après avoir recueilli le gaz, le traiter par les réactifs.

Après avoir recueilli soit sur l'eau, soit sur le mercure, le mélange gazeux à analyser, on en introduit une portion dans un petit tube et on le traite par une dissolution d'hydrate de potasse, en ayant soin d'agiter ensuite le mélange gazeux avec l'hydrate de potasse. Si le mélange gazeux est complétement absorbé, cela indique que les gaz qu'il contient sont du nombre de ceux compris entre le n° 12 et le n° 25; si la dissolution d'hydrate de potasse n'a rien absorbé ou n'a absorbé qu'une petite quantité du mélange gazeux, cela indique que les gaz qu'il renferme sont du nombre de ceux compris entre le n° 1 et le n° 11. Si une partie seulement du mélange gazeux est absorbée tandis que l'autre ne l'est pas, cela indique qu'il entre dans le mélange des gaz appartenant aux deux catégories.

Analyse qualitative des gaz absorbables par une dissolution d'hydrate de potasse.

Les gaz qui sont absorbés par une dissolution d'hydrate de potasse, sont: l'*acide chlorhydrique*, l'*acide bromhydrique*, l'*acide iodhydrique*, le *fluorure de silicium*, le *fluorure de bore*, l'*acide cyanhydrique*, l'*ammoniaque*, l'*acide carbonique*, l'*acide sulfureux*, le *chlore*, le *cyanogène*, l'*hydrogène sulfuré*, l'*hydrogène sélenié* et l'*hydrogène telluré*. Après que ces gaz ont été absorbés par une dissolution d'hydrate de potasse, on peut en opérer l'analyse qualitative de la manière qui a été indiquée dans les chapitres page 904 et page 947; en effet, si l'on excepte le gaz ammoniac, les dissolutions de ces gaz forment avec la potasse des combinaisons dont les parties constituantes peuvent être retrouvées par des méthodes qui ont été indiquées dans les chapitres que nous venons d'indiquer. Il est cependant quelquefois plus facile de reconnaître certains gaz dans le mélange gazeux même, en traitant par différents réactifs différentes portions de ces gaz.

Tous les gaz absorbables par une dissolution d'hydrate de potasse doivent être recueillis sur le mercure. A l'exception du gaz ammoniac (et aussi du gaz chlore et du gaz cyanogène, ces gaz sont de nature acide. Les gaz qui ont des propriétés acides énergiques comme le gaz acide chlorhydrique, le gaz acide sulfureux, etc., lorsqu'ils sont secs, sont absorbés par le borax sur le mercure, mais l'absorption s'opère ordinairement très lentement; les gaz qui ont des propriétés acides plus faibles comme le gaz acide carbonique, le gaz hydrogène sulfuré, ne sont pas absorbés. Les deux sortes de gaz peuvent souvent par suite être très bien separées par le borax.

On peut traiter une portion du mélange gazeux par une très petite quantité d'eau dans un tube à essai, sans le soumettre à l'absorption préalable par une dissolution d'hydrate de potasse; les gaz qui se dissolvent ainsi dans l'eau, sont surtout, comme cela a déjà été remarqué, les gaz compris entre le n° 12 et le n° 18, tandis que les autres gaz qui sont compris entre le n° 19 et le n° 25, ne sont absorbés qu'en petite quantité par l'eau.

On ajoute de l'eau de chaux à une portion du mélange gazeux que l'on a conservée sur le mercure, sans traiter préalablement le mélange gazeux par une dissolution de potasse. Si, en agitant l'eau de chaux avec le gaz, elle devient laiteuse, cela est une preuve que le mélange gazeux contient du *gaz acide carbonique*, que l'on peut facilement reconnaître à l'aide de cette propriété, bien qu'il soit mélangé avec tous les autres gaz, même avec ceux qui sont compris entre le n° 1 et le n° 11, et par conséquent avec ceux qui ne sont pas absorbés par une dissolution de potasse. Lorsqu'on a ajouté au mélange gazeux une quantité trop faible d'eau de chaux et lorsque ce mélange contient une grande quantité d'acide carbonique, il peut arriver qu'il ne se produise pas de trouble laiteux (p. 687). Les gaz qui sont doués de propriétés acides énergiques, peuvent également empêcher que l'eau de chaux, à moins que l'on n'en ajoute pas un excès, ne soit troublée par la présence de l'acide carbonique. — Le gaz acide carbonique n'est pas absorbé par le peroxyde de plomb.

On agite une portion du mélange gazeux avec une dissolution de nitrate d'argent ou d'acétate de plomb. S'il se produit ainsi un précipité noir, cela indique que le mélange gazeux contient du *gaz hydrogène sulfuré* (et aussi du *gaz hydrogène sélénié* et du *gaz hydrogène telluré*). Même lorsque le mélange gazeux contient en même temps plusieurs gaz absorbables par la dissolution de potasse, on peut reconnaître encore avec certitude dans le mélange gazeux la présence des trois gaz que nous venons d'indiquer au précipité noir produit par la dissolution de nitrate d'argent. — Si le gaz est entièrement absorbé par la dissolution d'oxyde d'argent et par la dissolution d'oxyde de plomb, cela est une preuve qu'il est entièrement formé de gaz hydrogène sulfuré (ou des autres gaz que nous avons indiqués). On s'assure avec facilité et avec certitude qu'il y a du gaz hydrogène sulfuré, lorsque le gaz, en très petite quantité, présente l'odeur désagréable et bien connue du gaz hydrogène sulfuré, lorsqu'il est absorbé par le peroxyde de manganèse humide, lorsque le mélange gazeux, enflammé, brûle au contact de l'air avec une flamme bleue et donne ainsi naissance à de l'acide sulfureux. (Si l'on n'a pas préalablement essayé une portion du mélange gazeux au moyen d'une dissolution de potasse, le précipité noir produit par la dissolution d'oxyde d'argent peut aussi provenir de la présence du gaz hydrogène phosphoré, du gaz hydrogène arsénié et du gaz hydrogène antimonié.)

Lorsque le mélange gazeux détruit la couleur bleue du papier de tournesol et blanchit le papier de tournesol humide, et lorsqu'il est absorbé partiellement ou entièrement par le mercure métallique, cela indique que le mélange gazeux contient du *gaz chlore* ou bien qu'il est formé seulement de gaz chlore. En outre lorsque ce gaz se trouve mélangé avec d'autres gaz qu'il ne décompose pas ou bien avec lesquels il ne se combine pas, il présente les propriétés qui ont été indiquées antérieurement. Mais lorsque le mélange contient la plupart des gaz, et notamment ceux qui contiennent de l'hydrogène, il ne peut pas s'y trouver en même temps du chlore, du moins s'il y a de l'eau, sans qu'il s'opère une décomposition complète.

Si le mélange gazeux est absorbé, non-seulement par une dissolution de potasse, mais aussi par le peroxyde rouge ou le peroxyde puce de plomb et par le peroxyde de manganèse, même lorsqu'ils ne sont que très peu humectés, et en outre par une dissolution de bichromate de potasse à laquelle on a ajouté de l'acide sulfurique, ou bien encore par le borax, et s'il présente l'odeur du soufre en combustion, cela indique qu'il est formé de *gaz acide sulfureux* ou qu'il contient du gaz acide sulfureux. (Lorsqu'on veut mettre en contact avec le gaz les peroxydes que nous venons d'indiquer, on recouvre d'empois d'amidon jusqu'au tiers de sa longueur une baguette de verre qui est un peu plus longue que le tube qui contient le gaz, on plonge cette baguette de verre dans le peroxyde qui a été préalablement réduit en poudre fine et qui s'attache alors à l'amidon et on introduit dans le tube de verre l'extrémité de la baguette de verre qui est recouverte de peroxyde. En quelques minutes, le gaz est absorbé.)

Pour reconnaître dans un mélange gazeux la présence du *gaz cyanogène*, on doit, après avoir traité le mélange par une dissolution d'hydrate de potasse, essayer ce mélange par la méthode qui a été indiquée p. 722 ; on doit surtout chercher à obtenir du bleu de Prusse par la méthode qui a été indiquée précédemment. S'il y avait en même temps du *gaz acide cyanhydrique*, on absorbe le gaz par la dissolution de potasse, et on obtient les mêmes réactions. Pour les séparer l'un de l'autre, on peut, avant de traiter le mélange gazeux par la dissolution de potasse, introduire dans le mélange du bioxyde rouge de mercure qui absorbe le gaz acide cyanhydrique et qui n'absorbe pas le gaz cyanogène, ou qui du moins ne l'absorbe que très lentement et seulement lorsqu'il est humide.

Le meilleur moyen de reconnaître la présence du *gaz acide chlorhydrique*, du *gaz acide bromhydrique* et du *gaz acide iodhydrique* dans un mélange gazeux est de traiter ce mélange gazeux par l'eau ou par la dissolution de potasse et de rechercher dans les dissolutions la présence de ces acides. — Pour retrouver la présence du gaz *fluorure de silicium*, on traite le mélange gazeux par l'eau ; la présence du gaz fluorure de silicium peut alors être indiquée par les flocons d'acide silicique gélatineux qui se déposent. — Pour rechercher dans le mélange gazeux la présence du *gaz fluorure de bore*, on dissout le mélange dans l'eau ou dans une dissolution de potasse, on ajoute de l'acide chlorhydrique à la dissolution et on y plonge du papier de curcuma ; si le mélange gazeux contient du gaz fluorure de bore, le papier de curcuma devient rouge-brun après avoir été desséché ; on peut aussi ajouter de l'acide sulfurique et de l'alcool à la dissolution du mélange gazeux ; si l'on enflamme alors l'alcool, il brûle avec une flamme verte.

Le *gaz ammoniac* qui ne peut du reste pas exister dans un mélange gazeux en même temps que les gaz qui peuvent être absorbés par une dissolution de potasse, peut être reconnu à son odeur particulière, soit avant, soit après que l'on a soumis le mélange gazeux à l'action de l'eau ou de la dissolution de potasse.

Analyse qualitative des gaz non absorbables par une dissolution d'hydrate de potasse.

Les gaz qui ne sont pas absorbables par une dissolution d'hydrate de potasse, sont ceux qui sont compris entre le n° 1 et le n° 11 : ce sont par conséquent le *gaz oxygène*, le *gaz hydrogène*, le *gaz hydrogène protocarboné*, le *gaz hydrogène bicarboné*, le *gaz hydrogène phosphoré*, le *gaz hydrogène arsénié*, le *gaz hydrogène antimonié*, le *gaz oxyde de carbone*, le *gaz protoxyde de nitrogène*, le *gaz bioxyde de nitrogène* et le *gaz nitrogène*. On peut reconnaître avec facilité la présence de quelques-uns de ces gaz dans un mélange gazeux ; d'autres au contraire ne peuvent être retrouvés qu'avec difficulté; on ne peut même s'assurer de leur présence qu'en opérant l'analyse quantitative du mélange gazeux.

Si une portion du mélange gazeux ne s'enflamme pas par le contact d'un corps en combustion, mais s'il entretient la combustion d'un corps combustible, cela indique que le mélange gazeux est composé de gaz oxygène ou qu'il contient une certaine quantité de ce gaz. Si la combustion du corps s'opère bien plus vivement dans le mélange gazeux que dans l'air atmosphérique, si en outre une allumette présentant encore quelque point en ignition s'enflamme immédiatement lorsqu'on l'introduit dans le mélange gazeux, cela indique que le gaz contient surtout de l'oxygène ou qu'il en contient plus que l'air atmosphérique, ou bien même qu'il n'est formé que d'oxygène. — On peut encore reconnaître dans un mélange gazeux la présence du gaz oxygène en introduisant dans le mélange gazeux du bioxyde de nitrogène incolore; il se produit ainsi des vapeurs jaune-rougeâtre. En outre, l'oxygène, même lorsqu'il est mélange avec d'autres gaz, est absorbé par le phosphore, par un sulfure alcalin, par les sulfites et par les hyposulfites, par une dissolution de sulfate de protoxyde de fer qui a été saturée de bioxyde de nitrogène, par l'hydrate de protoxyde de fer en suspension dans une dissolution d'hydrate de potasse, par une dissolution ammoniacale de protochlorure de cuivre, par une dissolution ammoniacale de sulfite de protoxyde et de bioxyde de cuivre et surtout par une dissolution d'acide pyrogallique dans l'hydrate de potasse. Les matières sèches doivent être humectées lorsqu'on veut les employer pour operer l'absorption du gaz oxygène. Parmi ces reactifs absorbants, on employait autrefois le plus frequemment le phosphore, mais on emploie surtout maintenant l'acide pyrogallique. Le phosphore convient très bien pour opérer l'absorption de l'oxygène : pour s'en servir, on fixe un petit morceau de phosphore à l'extremite d'un fil de platine et on l'humecte fortement avec de l'eau avant de l'introduire dans le melange gazeux. A une basse température, le phosphore absorbe très lentement le gaz oxygène : on doit par suite laisser le phosphore en contact avec le mélange gazeux dans un endroit modérément chaud à une température d'environ 20° ; on peut aussi, vers la fin de l'expérience, exposer aux rayons solaires le tube qui contient le mélange gazeux. On prolonge l'expérience aussi longtemps que l'on peut encore apercevoir autour du phosphore des nuées blanches d'acide phosphoreux. Si le gaz oxygène est mélangé avec du gaz hydrogène carboné ou avec des vapeurs d'hydrogènes carbonés liquides, il n'est pas absorbé par le phosphore, même lorsqu'on chauffe ce dernier presque jusqu'à son point de fusion. On doit par suite, immédiatement après avoir introduit le phosphore dans le mélange gazeux, voir s'il se produit autour du phosphore une fumée blanche d'acide phosphoreux. Si cela arrive, il se produit en même temps une absorption de gaz oxygène. Cependant s'il ne se forme pas de fumée blanche autour du phosphore, on ne doit pas en conclure que le mélange gazeux ne contient pas d'oxygène ; si le mélange gazeux renferme du gaz hydrogène carboné, on doit employer par suite une dissolution alcaline d'acide pyrogallique qui permet de reconnaître facilement la présence de l'oxygène.

Si, par le contact d'un mélange gazeux avec un corps en combustion, il se produit une explosion plus ou moins vive, cela indique que le mélange gazeux contient, outre le gaz oxygène, du gaz hydrogène ou un gaz qui contient du gaz hydrogène. L'explosion est surtout vive et dangereuse, lorsque le mélange gazeux contient du gaz hydrogène bicarboné.

Si une dissolution de nitrate d'argent produit, dans le mélange gazeux, un précipité noir, cela indique que ce mélange gazeux contient du *gaz hydrogène phosphoré*, du *gaz hydrogène arsénié* ou du *gaz hydrogène antimonié*. Pour les distinguer l'un de l'autre, lorsqu'ils sont isolés, on introduit dans le mélange gazeux une dissolution de bichlorure de mercure. Le gaz hydrogène phosphoré donne avec ce réactif un précipité jaune ; le gaz hydrogène arsénié donne un précipité brun-jaune et le gaz hydrogène antimonié un précipité blanc. Même lorsque ces gaz sont mélangés avec une très grande quantité de gaz hydrogène libre, on les reconnaît à ce que, lorsqu'on les fait passer dans un tube étroit et lorsqu'on les chauffe jusqu'au rouge en une ou plusieurs places, il se dépose du phosphore, de l'arsenic ou de l'antimoine dans le tube aux endroits qui ont été soumis à l'action de la chaleur. Lorsqu'on a obtenu ainsi de l'arsenic ou de l'antimoine à l'état métallique, on peut les distinguer de la manière qui a été indiquée précédemment p. 410). Si on enflamme les gaz et si on place un corps froid dans la flamme, il se dépose sur ce corps froid du phosphore, de l'arsenic ou de l'antimoine. — Le gaz hydrogène phosphoré, surtout lorsqu'il est mélangé avec une petite quantité de gaz hydrogène, possède quelquefois la propriété de s'enflammer spontanément au contact de l'air. — La propriété de former avec la dissolution d'oxyde d'argent un précipité noir peut permettre de reconnaître facilement la présence de ces gaz, même lorsqu'ils sont mélangés avec d'autres gaz non absorbables par une dissolution d'hydrate de potasse.

Si le gaz brûle avec une flamme jaune qui soit bleue sur les bords et qui ne jouisse pas d'un pouvoir éclairant très prononcé, cela indique que ce gaz peut être de l'*hydrogène protocarboné*. Si on le mélange avec le chlore, il se transforme, en présence de l'eau, rapidement à la lumière solaire, mais au bout de quelque temps seulement à la lumière du jour, en acide chlorhydrique et en acide carbonique qui produit un trouble dans un excès de chaux.

Si le gaz brûle avec une flamme légèrement bleuâtre, s'il n'a pas d'odeur ou s'il n'a qu'une odeur très faible (qui provient du reste toujours uniquement d'un mélange de matières étrangères), si, après avoir été mélangé au-dessus de l'eau avec un volume égal de gaz chlore, il est absorbé à la lumière du jour et donne de l'acide chlorhydrique sans qu'une addition d'eau de chaux en excès produise un trouble laiteux, cela indique que le gaz est du *gaz hydrogène* ou qu'il est formé surtout de gaz hydrogène. — Il n'est pas absorbé par une dissolution de nitrate d'argent, ne produit pas de précipité noir dans cette dissolution et ne la trouble pas, ce qui permet de reconnaître sa présence dans le gaz hydrogène phosphoré, dans le gaz hydrogène arsénié et dans le gaz hydrogène antimonié qui, à l'état pur, sont entièrement absorbés par une dissolution de nitrate d'argent

Si le gaz brûle avec une flamme jaune, fuligineuse, d'un éclat très prononcé, cela prouve que ce gaz est de l'*hydrogène bicarboné*. Si on le mélange au-dessus de l'eau avec du gaz chlore (en ayant soin de n'ajouter qu'un peu moins d'un volume de chlore pour un volume d'hydrogène bicarboné), on s'assure facilement de la présence du gaz hydrogène bicarboné; il se produit alors de petites gouttes huileuses et l'eau prend une odeur éthérée.

Pour séparer le gaz hydrogène bicarboné du gaz hydrogène protocarboné et des autres gaz, on emploie un mélange de parties à peu près égales d'acide sulfurique anhydre solide et d'acide sulfurique fumant ordinaire qui se prennent en une masse cristalline à la température ordinaire. Dans les analyses qualitatives, on introduit dans le tube qui contient le mélange gazeux à analyser, un morceau de coke que l'on a imprégné de la dissolution de l'acide sulfurique anhydre dans l'acide sulfurique hydraté. On comprend bien que cette expérience ne peut être exécutée que sur le mercure.

Il est difficile, surtout lorsqu'on ne fait pas l'analyse quantitative d'un mélange gazeux, d'y reconnaître la présence du gaz hydrogène, lorsqu'il est mélangé avec une combinaison d'hydrogène et de carbone, et spécialement avec de l'hydrogène protocarboné. La meilleure méthode à suivre pour reconnaître le gaz hydrogène, lorsqu'il est mélangé avec un des deux gaz hydrogènes carbonés ou avec tous les deux, est la suivante : On se procure d'abord une lame de platine platinisée, c'est-à-dire une lame de platine sur laquelle on a précipité par voie électrique du platine très divisé. Pour l'obtenir, on place deux lames de platine dans une dissolution très étendue de bichlorure de platine qui ne doit pas avoir une densité plus élevée que 0,01. On soumet ces deux lames à l'action d'une batterie platino-zincique de Grove composée de deux éléments, en plaçant l'une des lames au pôle positif et l'autre au pôle négatif de la pile. Le courant électrique doit être assez fort pour que la séparation du platine de la dissolution soit accompagnée d'un dégagement d'hydrogène. Le platine qui se sépare, mis en mouvement par le gaz hydrogène, se dépose alors sur la lame de platine du pôle négatif sous forme d'une poudre noire, ténue, qui adhère assez fortement sur cette lame. Si le courant électrique est faible et si la dissolution de bichlorure de platine est concentrée, le platine se précipite en écailles et non en poudre fine ; il ne peut pas alors être employé pour le but que nous nous proposons.

On introduit la lame de platine platinisée dans le mélange gazeux contenu dans un tube dont l'ouverture repose dans une liqueur qui est formée de trois parties de bichromate de potasse et de 4 parties d'acide sulfurique concentré dissous dans 18 parties d'eau. Le tube est à moitié rempli de cette liqueur, mais la lame de platine platinisée doit être introduite dans la partie supérieure du tube de manière que la moitié environ de la lame soit dans la liqueur et l'autre moitié dans le mélange gazeux. Autour de cette moitié de la lame de platine, il se dégage du gaz oxygène qui est absorbé par le platine très divisé qui se trouve sur la lame de platine et qui réagit alors sur le gaz hydrogène contenu dans le mélange gazeux et l'absorbe. Les deux hydrogènes carbonés gazeux ne sont pas modifiés par la lame de platine platinisée.— Autour de la partie inférieure de la lame de platine platinisée, il ne se sépare pas de gaz hydrogène; mais ce gaz est absorbé par l'acide chromique qui est contenu dans le liquide intercepteur et qui est ainsi réduit à l'état de sesquioxyde de chrome. (Poggendorff.)

Si le gaz oxygène est mélangé avec les deux espèces de gaz hydrogène carboné, le mélange fait souvent explosion avec force, ainsi qu'on l'a déjà observé precedemment. C'est seulement lorsque la quantité d'hydrogène carbone est predominante, qu'il ne se produit pas d'explosion ou qu'il se produit une explosion a peine observable. On s'assure, dans ce cas, de la presence de tres petites quantites de gaz oxygène au moyen d'une dissolution alcaline d'acide pyrogallique : on ne peut pas employer ici le phospho.e.

Si le gaz brûle avec une flamme bleue lorsqu'on l'allume, il peut être forme de *gaz oxyde de carbone*. Il se comporte alors à l'egard du gaz chlore de la même manière que le gaz hydrogène protocarbone ; expose à la lumiere solaire en presence de l'eau, il se transforme en acide carbonique avec production d'acide chlorhydrique et il trouble par suite l'eau de chaux, pourvu qu il y en ait un exces.

Dans un melange gazeux, on peut s'assurer de la presence de l'oxyde de carbone en le faisant absorber par une dissolution concentree de protochlorure de cuivre dans l'acide chlorhydrique (p. 151), après avoir absorbé préalablement, au moyen d'une dissolution de potasse, le gaz acide carbonique et, au moyen d'une dissolution alcaline d'acide pyrogallique, l'oxygène qui pouvaient exister dans le mélange gazeux. Après l'absorption du gaz oxyde de carbone, il reste encore du gaz hydrogène et du gaz hydrogène carboné dont on peut reconnaître la présence par la méthode indiquee precedemment. — On doit observer ici que le gaz oxyde de carbone ne se dissout, surtout dans la dissolution de protochlorure de cuivre, que lorsqu'on agite et que le gaz hydrogene bicarboné peut aussi être absorbé à la longue par une dissolution de protochlorure de cuivre (p. 151), en sorte qu'on doit conseiller également de séparer préalablement le gaz hydrogène bicarboné que pourrait contenir ce mélange. La distillation de la houille et de la plupart des substances organiques donne un mélange gazeux de la nature de celui dont il est question ici.

Si on traite un melange gazeux de cette nature par la méthode qui vient d'être indiquée au moyen d'une lame de platine platinisée audessus d'une liqueur contenant de l'acide chromique avant d'en avoir separé le gaz oxyde de carbone au moyen d'une dissolution de protochlorure de cuivre, le gaz oxyde de carbone est bien transformé en acide carbonique, mais cette transformation s'opère très lentement, tandis que le gaz hydrogène du mélange gazeux est absorbé rapidement et produit une diminution de volume. Mais le gaz oxyde de carbone ne peut naturellement donner lieu à une diminution de volume que lorsqu'on n'a pas préalablement opéré l'absorption de l'acide carbonique produit. Bien que le gaz hydrogène et le gaz oxyde de carbone ne puissent pas être bien séparés l'un de l'autre au moyen d'une lame de platine platinisée, ils peuvent tous les deux être séparés ainsi des deux espèces d'hydrogène carboné gazeux: cependant, lorsqu'il y a du gaz oxyde de carbone, il faut plusieurs jours pour que la séparation puisse s'opérer; on doit par conséquent préférer effectuer l'absorption du gaz oxyde de carbone au moyen du protochlorure de cuivre.

Si le gaz n'est pas combustible et s'il ne peut pas entretenir la combustion des corps combustibles, si en outre il est inodore et s'il n'est modifié ni par une dissolution de nitrate d'argent, ni par une dissolution de gaz chlore, ni par d'autres réactifs, cela indique qu'il peut être du *gaz nitrogène.*

Il est difficile de reconnaître avec certitude, seulement par une analyse qualitative, la présence du gaz nitrogène, surtout lorsqu'on veut s'assurer en même temps de la présence des autres gaz dans un mélange gazeux. Il vaut mieux par suite faire une expérience spéciale pour rechercher le gaz nitrogène. — Il existe fréquemment du gaz nitrogène dans les mélanges gazeux que nous avons indiqués précédemment et qui se produisent par la distillation des houilles ou des substances organiques nitrogénées. On introduit une portion du mélange gazeux dans un flacon qui peut être fermé à l'émeri avec un bouchon de verre. On y introduit le mélange, en opérant sur la cuve à eau et en ayant soin de ne pas aller tout à fait jusqu'à la moitié du flacon; on y fait passer du gaz chlore de manière à remplir le flacon que l'on ferme immédiatement. On laisse le tout en contact pendant quelque temps d'abord à la lumière du jour et ensuite à la lumière solaire et on ouvre le flacon sous une dissolution d'hydrate de potasse. Tous les autres gaz, le gaz hydrogène, les deux gaz hydrogènes carbonés, le gaz oxyde de carbone (et aussi le gaz acide carbonique) sont, après le traitement par le gaz chlore, absorbés par la dissolution de potasse; le gaz nitrogène seul reste comme résidu. On n'expose pas immédiatement, mais seulement au bout de quelque temps, le mélange à la lumière solaire, parce que, s'il y avait une grande quantité de gaz hydrogène libre, il pourrait se produire une explosion, tandis que, à la lumière du jour, le gaz hydrogène s'unit peu à peu avec le gaz chlore.

La seule méthode positive pour s'assurer que le résidu est réellement du gaz nitrogène est celle qui a été décrite page 699.

Si le mélange gazeux est incolore, mais s'il s'y forme des vapeurs rouges lorsqu'on le met en contact avec de l'air atmosphérique ou avec du gaz oxygène, cela indique qu'il existe du *bioxyde de nitrogène* dans le mélange gazeux ou que ce mélange gazeux est formé seulement de bioxyde de nitrogène. La propriété que possède ce gaz de former des vapeurs d'acide nitreux en absorbant l'oxygène, est si caractéristique qu'elle permet de le distinguer avec facilité et avec certitude de toute autre espèce de gaz. Mais une seconde propriété de ce gaz qui est bien caractéristique, est d'être absorbé par les dissolutions des sels de protoxyde de fer et de leur faire prendre une couleur brun-noir foncé (p. 762); en effet aucun autre gaz incolore ne possède cette propriété. — En outre, le gaz bioxyde de nitrogène n'est pas combustible; cependant quelques corps combustibles comme le phosphore continuent à brûler avec une flamme très vive dans le gaz bioxyde de nitrogène, tandis que d'autres, comme le soufre, s'y éteignent.

Si le gaz n'est pas combustible, mais s'il rallume une allumette présentant quelque point en ignition, comme le fait l'oxygène, et s'il ne forme pas de vapeurs jaune-rougeâtre avec le bioxyde de nitrogène, cela indique qu'il peut être du *gaz protoxyde de nitrogène*. Il n'est pas facile de s'assurer avec certitude de la présence de ce gaz, lorsqu'il est mélangé avec d'autres gaz; du reste, il ne se rencontre que très rarement dans les analyses des mélanges gazeux.

ADDENDA.

Addendum à la page 4.

Tous les sels de potasse ne donnent pas avec le bichlorure de platine un précipité jaune de chlorure double de platine et de potassium : le précipité jaune ne se produit pas dans une dissolution d'iodure de potassium (p. 610) ; mais il prend naissance dans une dissolution de bromure de potassium (p. 598).

Add. à la page 6.

Si l'on regarde au travers d'un verre qui a été coloré fortement en bleu par l'oxyde de cobalt une flamme dans laquelle on a placé un sel de potasse et qui ne donne de cette manière qu'une coloration violette peu nette, la flamme paraît d'une belle couleur pourpre bien prononcée Bunsen). On peut observer cette coloration aussi bien lorsqu'on verse de l'alcool sur le sel de potasse que lorsqu'on place une petite quantité du sel sur le fil de platine dans une flamme d'alcool ou mieux dans une flamme de gaz; mais la coloration paraît la plus pure lorsqu'on place dans une flamme de gaz hydrogène pur le sel de potasse avec le fil de platine.

Add. à la page 7.

Le nitrate de potasse, mélangé avec le chlorure d'ammonium et soumis à l'action de la chaleur, est aussi complétement transformé en chlorure de potassium. Le fluorure de potassium, le bromure de potassium et l'iodure de potassium ne sont, au contraire, transformés de cette manière que partiellement en chlorure de potassium.

Add. à la page 10.

Si l'on observe au travers d'un verre fortement coloré en bleu par l'oxyde de cobalt une flamme qui est fortement colorée en jaune par un sel de soude, cette flamme n'est pas visible ou paraît seulement legèrement colorée en blanc-bleuâtre laiteux. Si cependant le sel de soude contient une très petite quantité d'un sel de potasse sans que cependant la présence de cette petite quantité de potasse ait affaibli la coloration jaune intense de la flamme, et si l'on observe cette flamme au travers d'un verre de cobalt, la réaction de la potasse est seule visible et la flamme paraît de couleur pourpre. Cette methode est excellente pour reconnaître la presence de la potasse, même lorsqu'elle est mélangée avec une grande quantité de soude (Bunsen).

Add. à la page 14.

Si l'on regarde au travers d'un verre de cobalt une flamme qui a pris une belle coloration rouge par l'action des combinaisons du lithium, cette flamme paraît à peine visible ou légèrement colorée en rouge-pourpre. Mais si le sel de lithium est mélangé avec une petite quantité d'un sel de potasse, la flamme paraît fortement colorée en rouge-pourpre, comme cela arrive lorsqu'elle est seulement colorée par un sel de potasse. Même lorsque l'on ajoute en outre une quantité considérable d'un sel de soude, de manière que la flamme devienne jaune et lorsqu'on la regarde au travers d'un verre de cobalt, elle paraît de couleur pourpre, comme s'il y avait seulement un sel de potasse.

Add. à la page 18.

Une flamme qui est colorée en violet par un sel ammoniacal, n'est pas visible lorsqu'on l'observe au travers d'un verre de cobalt.

Add. à la page 24.

La flamme qui a été colorée en jaune-verdâtre par l'action d'un sel de baryte, ne paraît pas visible au travers d'un verre de cobalt. Si le sel de baryte contient une petite quantité d'un sel de potasse, la flamme paraît alors de couleur pourpre.

Add. à la page 24.

Pour retrouver facilement au moyen du chalumeau la présence de la baryte dans le sulfate de baryte, on le chauffe fortement sur le charbon à l'aide de la flamme intérieure : lorsque, par une insufflation suffisamment prolongée, le sulfate de baryte a été transformé en sulfure de baryum, on l'enlève de dessus le charbon et on le met dans un petit creuset de platine ou de porcelaine ou dans une cuiller de platine : on le traite ensuite par l'acide chlorhydrique étendu qui le dissout, on évapore pour chasser l'acide libre, on ajoute de l'alcool et on l'enflamme. L'alcool brûle alors avec une flamme jaune-verdâtre bien nette.

Add. à la page 26.

Lorsqu'on traite une dissolution aqueuse de sulfate de strontiane par une dissolution saturée de sulfate de potasse, et lorsqu'on fait ensuite bouillir le tout, le sulfate de strontiane est séparé en totalité. Il se précipite alors une combinaison saline double du sulfate de potasse et du sulfate de strontiane qui est insoluble dans une dissolution saturée de sulfate de potasse, mais qui est décomposée par l'eau qui dissout d'abord le sulfate de potasse et qui dissout enfin aussi le sulfate de strontiane.

Si l'on fait bouillir le sulfate de strontiane avec une dissolution de sulfate de soude, le sulfate de strontiane est également précipité en totalité. Mais il faut filtrer le précipité pendant qu'il est chaud : en effet, il n'est pas complétement insoluble dans l'eau à la température ordinaire.

Add. à la page 29.

Une flamme qui a été colorée en rouge par les sels de strontiane, n'est pas visible ou ne possède qu'une légère coloration pourpre lorsqu'on l'observe au travers d'un verre de cobalt. Mais si le sel de strontiane contient une petite quantité d'un sel de potasse, la flamme paraît d'une couleur pourpre prononcée.

Add. à la page 30.

Pour retrouver au moyen du chalumeau la présence de la strontiane dans de petites quantités de sulfate de strontiane, on le chauffe sur le charbon à l'aide de la flamme intérieure du chalumeau. Il est ainsi transformé en sulfure de strontium que l'on met dans un petit creuset de platine ou de porcelaine ou dans une cuiller de platine et que l'on traite par l'acide chlorhydrique qui le dissout. On évapore pour chasser l'acide libre, on ajoute de l'alcool au résidu et on enflamme cet alcool qui brûle alors avec une flamme rouge-carmin.

Add. à la page 32.

Si l'on mélange une dissolution de sulfate de chaux avec une dissolution saturée de sulfate de potasse et si l'on évapore le tout, en ayant soin d'arrêter l'évaporation assez tôt pour qu'il ne puisse pas se déposer de sulfate de potasse à l'état cristallin, il se forme une combinaison saline double du sulfate de chaux et du sulfate de potasse ; cette combinaison est décomposée par l'eau pure qui dissout d'abord le sulfate de potasse et ensuite le sulfate de chaux.

Si l'on fait bouillir une dissolution de sulfate de chaux avec une dissolution de sulfate de soude, il se produit un sel double de la même espèce qui est soluble dans de l'eau qui contient un peu de sulfate de soude. Le sel double y est bien plus soluble à la température ordinaire qu'à une température élevée.

Add. à la page 35.

Si l'on observe au travers d'un verre de cobalt une flamme qui est colorée en rouge ou en rouge-jaunâtre par un sel de chaux, elle n'est pas visible ou n'est que peu visible et paraît alors de couleur pourpre. Mais si le sel de chaux contient une petite quantité d'un sel de potasse, la flamme paraît d'une couleur pourpre bien prononcée.

Add. à la page 35.

Pour reconnaître au moyen du chalumeau la présence de la chaux dans le sulfate de chaux, on le chauffe sur le charbon à l'aide de la flamme intérieure du chalumeau pour le transformer en sulfure de calcium que l'on met dans un petit creuset de platine ou de porcelaine ou dans une cuiller de platine. On le traite ensuite par l'acide chlorhydrique qui le dissout, et on évapore la dissolution pour en chasser l'acide libre ; on ajoute de l'alcool au résidu et on enflamme cet alcool. L'alcool brûle alors avec une flamme d'une couleur rouge qui a ordinairement beaucoup de ressemblance avec la couleur produite par les combinaisons de la strontiane.

Add. à la page 38.

Si l'on ajoute du carbonate d'ammoniaque à une dissolution concentrée d'un sel de magnésie, il ne se produit pas de précipité ; mais il s'en forme immédiatement un lorsqu'on ajoute de l'ammoniaque pure. Si la dissolution est très étendue, le précipité ne se forme qu'au bout de quelque temps. Il est formé d'une combinaison saline double de carbonate neutre de magnésie et de carbonate neutre d'ammoniaque. Même lorsqu'on ajoute à la dissolution concentrée du sel de magnesie une grande quantité de chlorure d'ammonium ou d'un autre sel ammoniacal, la magnésie est complètement précipitée par une dissolution concentrée de carbonate d'ammoniaque avec addition d'ammoniaque ; cependant la précipitation ne s'opère alors qu'au bout d'un temps plus long. Le précipité n'est pas soluble dans une dissolution concentrée de carbonate neutre d'ammoniaque ; il est egalement insoluble dans une dissolution qui contient d'autres sels ammoniacaux ; il est au contraire soluble dans l'eau, mais il ne s'y dissout que difficilement, lorsqu'on veut opérer la dissolution quelques instants après sa production.

Add. à la page 43.

Si on ajoute une dissolution concentrée d'alun à un excès d'une dissolution concentree d'hydrate de potasse de manière que toute l'alumine soit dissoute, il se produit un précipité cristallin qui est du sulfate de potasse.

Add. à la page 44.

Le phosphate d'alumine n'est pas soluble dans l'acide acétique libre. Si, par suite, on l'a dissous dans une quantité d'acide chlorhydrique aussi petite que possible et si on ajoute de l'acétate de soude, le phosphate d'alumine est précipité. Le phosphate d'alumine est soluble dans un excès de la dissolution d'un sel d'alumine et n'est pas precipité de cette dissolution par l'acétate de soude.

Add. à la page 51.

La thorine se distingue surtout des autres oxydes qui lui ressemblent par la manière dont se comporte sa combinaison avec l'acide sulfurique. Le sulfate de thorine se dissout lentement, mais complétement dans l'eau à la température ordinaire. Si l'on fait bouillir la dissolution, le sulfate de thorine est précipité, mais il se redissout peu à peu complétement par le refroidissement. Lorsqu'on a employé une trop grande quantité d'eau, le phénomène n'a pas lieu. Si l'on fait bouillir avec une petite quantité d'eau le sulfate de thorine anhydre, il se produit des écailles cristallines qui se dissolvent par le refroidissement. — Il faut observer cependant que cette réaction du sulfate de thorine n'a pas lieu, lorsque la thorine est en présence de bases qui puissent former avec la thorine des sels doubles qui ne sont précipités qu'en quantité peu considérable par l'ébullition.

Au *chalumeau*, la thorine n'est pas modifiée. — Elle se dissout dans le borax, mais très difficilement. La perle ne peut pas devenir opaque par une insufflation intermittente, mais on peut la saturer, de manière qu'elle devienne laiteuse après le refroidissement. — Le sel de phosphore la dissout difficilement. — La soude ne la dissout pas.

Add. à la page 53.

La zircone calcinée se dissout assez facilement par l'action de la chaleur dans l'acide sulfurique concentré. On peut ensuite chasser l'acide sulfurique en soumettant le tout à une température voisine du rouge sombre ; le sulfate neutre de zircone qui reste alors comme résidu, se dissout à la température ordinaire dans une petite quantité d'eau : la dissolution s'opère plus rapidement par l'action de la chaleur. Si l'on évapore la dissolution au bain-marie, on obtient une masse sirupeuse qui se dissout dans une assez grande quantité d'eau, sans se décomposer, en donnant une dissolution claire. Si l'on ajoute de l'acide sulfurique concentré au sulfate neutre de zircone, le sulfate se dissout dans l'acide à l'aide d'une faible chaleur ; mais, après le refroidissement, le sel neutre qui est soluble à une température élevée dans l'acide sulfurique concentré, mais qui n'y est pas soluble à la température ordinaire, se sépare et la liqueur prend alors un aspect laiteux ; cependant la masse sirupeuse chaude reste encore claire longtemps après le refroidissement, lorsqu'on ne la remue pas et surtout lorsqu'on ne l'agite pas. Une petite quantité d'eau dissout complétement le tout.

La dissolution de sulfate de zircone, aussi bien lorsqu'elle est neutre que lorsqu'elle contient un peu d'acide libre, n'est pas modifiée par l'ébullition lorsqu'elle ne contient pas une trop grande quantité d'eau ; mais si on l'étend d'une très grande quantité d'eau, elle devient opaline, même à la température ordinaire : la réaction s'opère plus rapidement lorsqu'on fait bouillir. Si on ajoute une très grande quantité d'eau, la zircone peut être complétement précipitée de sa dissolution dans l'acide sulfurique par l'ébullition, cependant la liqueur reste longtemps trouble, la zircone précipitée se dépose difficilement, et si on jette le tout sur un filtre, la liqueur passe légèrement trouble au travers du filtre. La zircone se sépare encore plus lentement de la liqueur opaline à la température ordinaire, lorsqu'on ajoute une grande quantité d'eau : cependant, même dans ce cas, la séparation s'opère encore complétement, mais seulement au bout d'un temps très long.

Si on concentre jusqu'à un petit volume la dissolution du sulfate de zircone qui est devenue trouble par le mélange avec une très grande quantité d'eau, par l'ebullition ou bien par un contact prolongé, elle redevient complètement claire.

Le chlorure de zirconium, qui ne fume pas lorsqu'on l'expose au contact de l'air, se dissout complètement dans l'eau en produisant un sifflement et en déterminant une elévation de température; il donne ainsi une dissolution très legèrement opaline. L'opalinite de la dissolution est encore bien moins prononcee lorsque, avant de traiter le chlorure par l'eau, on l'a exposé pendant longtemps à l'humidité de l'air, il se dissout alors dans l'eau sans produire d'elevation de température : la dissolution filtrée ne se trouble pas par l'addition d'une très grande quantite d'eau, ni par un contact prolongé, ni par une ébullition prolongée, ce qui la distingue essentiellement de la dissolution sulfurique. Si l'on ajoute de l'acide chlorhydrique, la dissolution ne se trouble pas, mais elle se trouble lorsqu'on ajoute un peu d'acide sulfurique, une grande quantité d'eau, et lorsqu'on chauffe; si l'on évapore cette liqueur trouble de manière à l'amener à un petit volume, elle redevient claire comme la dissolution sulfurique de zircone. — Si l'on évapore jusqu'à siccité au bain-marie la dissolution de chlorure de zirconium, elle perd de l'acide chlorhydrique et donne un résidu qui n'est plus soluble dans l'eau, mais qui est soluble dans l'acide chlorhydrique.

Une dissolution concentrée de *sulfate de potasse* produit, à la température ordinaire, dans les dissolutions de zircone, aussi bien dans celles du sulfate de zircone que dans celles du chlorure de zirconium, un trouble qui augmente par un contact prolongé, en sorte qu'il finit par se produire un abondant précipité. Le precipité se forme plus rapidement dans la dissolution du sulfate que dans celle du chlorure. La zircone est ainsi complétement précipitée, surtout lorsqu'on soumet le tout à l'action de la chaleur et lorsque l'acide libre a été exactement saturé par l'hydrate de potasse; s'il n'en est pas ainsi, la liqueur passe ordinairement un peu trouble au travers du filtre. On doit laver le précipité avec de l'eau qui tienne en dissolution une petite quantité de potasse ou d'ammoniaque. Le précipité est soluble, principalement avec l'aide de la chaleur, dans une grande quantité d'acide chlorhydrique et d'acide sulfurique étendu, surtout lorsqu'on ne l'a pas préalablement fait bouillir avec la liqueur. La dissolution peut être étendue d'une grande quantité d'eau et être portée à l'ébullition sans se troubler. — Si l'on fait fondre la zircone avec du *bisulfate de potasse*, elle donne ensuite une dissolution aqueuse complétement claire. Si l'on verse sur la masse refroidie de l'eau à la température ordinaire, il se sépare un sel blanc qui est soluble dans une grande quantité d'eau. Si l'on fait bouillir, la dissolution reste claire, mais elle se trouble par le refroidissement.

Une dissolution concentrée de *sulfate de soude* ne produit de précipité, ni par un contact prolongé, ni par l'action de la chaleur, dans les dissolutions de zircone. — Si l'on fait fondre la zircone avec du *bisulfate de soude*, elle se dissout. La masse refroidie se dissout complétement dans l'eau à la température ordinaire. Si l'on fait bouillir cette dissolution et si on la laisse ensuite refroidir, elle reste claire.

Si l'on verse dans les dissolutions des sels de zircone une dissolution concentrée de *sulfate d'ammoniaque*, il ne se produit pas de précipité, même lorsqu'on fait bouillir la dissolution. Cependant lorsqu'on laisse le tout en contact pendant quelque temps (cinq ou six jours), il peut se former un précipité qui n'est pas dissous même par une grande quantité d'eau. — Si l'on fait fondre la zircone avec du sulfate acide d'ammoniaque, la zircone se dissout : la masse fondue, après avoir été refroidie, se dissout dans l'eau : la dissolution ne donne pas de précipité par l'ébullition.

Si l'on ajoute peu à peu à la dissolution d'un sel de zircone une petite quantité d'une dissolution d'*acide oxalique*, il se produit un précipité qui disparaît de nouveau lorsqu'on agite. Lorsqu'on ajoute une plus grande quantité d'acide oxalique, le précipité reste fixe; mais si l'on ajoute un grand excès d'acide oxalique, le précipité se dissout complétement et facilement. Si l'on sature par l'ammoniaque la dissolution aqueuse, l'oxalate de zircone est précipité de nouveau : cependant la précipitation n'est pas complète, parce que le précipité se dissout aussi dans l'oxalate d'ammoniaque. Un excès d'ammoniaque, en réagissant sur la dissolution oxalique, précipite complétement la zircone à l'état d'hydrate.

Le *ferrocyanure de potassium* produit immédiatement un précipité jaune-blanchâtre dans les dissolutions neutres des sels de zircone. Dans les dissolutions acides, il ne se produit pas de précipité.

Le *ferricyanure de potassium* ne produit pas de précipité dans la dissolution du chlorure de zirconium ; si l'on ajoute un peu d'acide chlorhydrique, il se sépare au bout de quelque temps un précipité verdâtre. Dans la dissolution de sulfate neutre de zircone, le précipité se produit sans qu'il soit besoin d'ajouter d'acide.

La *teinture de noix de galles* ne produit pas de précipité dans la dissolution de chlorure de zirconium, même lorsqu'on ajoute une petite quantité d'acide chlorhydrique. Dans la dissolution neutre du sulfate de zircone (mais non dans celle à laquelle on a ajouté un peu d'acide sulfurique), il se produit un précipité brun-jaunâtre qui ne se sépare pas immédiatement, mais seulement au bout de quelque temps.

Une dissolution de *cyanure de potassium* produit dans les dissolutions de zircone un precipite abondant d'hydrate de zircone qui est soluble dans l'acide chlorhydrique. — L'*acide cyanhydrique* ne produit pas de precipite dans la dissolution de chlorure de zirconium, mais il en produit un dans la dissolution de sulfate de zircone. Ce precipité se dissout, mais difficilement, dans l'acide chlorhydrique.

Si l'on fait fondre la zircone avec le carbonate de potasse ou le carbonate de soude, elle en chasse l'acide carbonique. Mais si l'on traite la masse fondue par l'eau, l'hydrate d'oxyde alcalin seul se dissout et la zircone reste comme residu insoluble, sans être combinee avec l'oxyde alcalin.

Add. aux pages 59 et suivantes.

Le protoxyde de cerium à l'état anhydre que l'on obtient lorsqu'on calcine dans une atmosphère de gaz hydrogène l'oxyde Ce^3O^4 combinaison du protoxyde et du sesquioxyde de cerium, est une poudre gris-bleuâtre qui, exposée au contact de l'air à la température ordinaire, se transforme instantanément avec production de chaleur en oxyde Ce^3O^4 de couleur isabelle Rammelsberg. Si l'on précipite par l'hydrate de potasse la dissolution d'un sel de protoxyde de cerium, le précipité d'hydrate de protoxyde de cerium que l'on obtient ainsi se transforme au contact de l'air en un melange d'hydrate d'oxyde Ce^3O^4 de couleur jaune et de carbonate de protoxyde de cerium.

Les combinaisons salines du protoxyde de cerium se rapprochent de celles de la thorine et de la zircone en ce que, après avoir été calcinees, elles ne sont plus solubles dans l'acide sulfurique concentré que par l'action de la chaleur. La dissolution ne prend pas ainsi une couleur rouge, mais elle prend une couleur rouge-jaunâtre pâle qui paraît jaune foncé par l'action de la chaleur.

SESQUIOXYDE DE CERIUM Ce^2O^3.

Le sesquioxyde de cerium n'a pas encore été obtenu à l'état pur. Ce que l'on avait pris pour du sesquioxyde de cerium, est de l'oxyde Ce^3O^4. Ni par voie humide au moyen du chlore, ni par voie sèche en chauffant l'oxyde Ce^3O^4 au contact de l'air ou au contact du gaz oxygène pur, ni par la fusion avec le chlorate de potasse, avec le nitrate de potasse ou l'hydrate de potasse, l'oxyde Ce^3O^4 n'est oxydé Rammelsberg.)

COMBINAISON DE PROTOXYDE ET DE SESQUIOXYDE DE CERIUM Ce^3O^4 $CeO+Ce^2O^3$).

L'oxyde Ce^3O^4, à l'etat pur, est de couleur jaune-isabelle avec une pointe de rougeâtre. Par la calcination, il passe au jaune foncé. S'il contient du protoxyde de didyme, il prend une couleur plus ou moins foncée qui varie du brun-cannelle au brun foncé. Il est presque entièrement insoluble dans l'acide chlorhydrique, dans l'acide nitrique et dans l'acide sulfurique étendu; il ne se dissout que dans l'acide sulfurique qui est concentre ou qui est etendu d'une petite quantité d'eau et donne alors une liqueur jaune-rouge. Si cependant on opère sur de l'oxyde Ce^3O^4 impur qui contienne du lanthane et du didyme, il s'en dissout une portion dans l'acide chlorhydrique et dans l'acide nitrique en même temps que les oxydes de ces deux metaux. Lorqu'on a calciné l'oxyde Ce^3O^4 avec de la magnesie, il n'est également soluble qu'en partie. Si, au contraire, on dissout dans l'acide sulfurique ou dans l'acide nitrique, un oxyde Ce^3O^4 qui contienne du lanthane et du didyme, si on ajoute du sulfate de magnésie, si on précipite les bases par le carbonate de soude et si on calcine pendant quelque temps le précipité à une température très peu élevée, le tout se dissout par l'action de la chaleur dans l'acide nitrique concentré et donne une liqueur brun foncé qui contient seulement du nitrate d'oxyde Ce^3O^4 (et du peroxyde de didyme) en combinaison avec du nitrate de magnésie et de l'oxyde de lanthane. La présence de l'oxyde de lanthane, en même temps que celle de la magnésie, est par conséquent nécessaire pour opérer par la méthode indiquée la transformation du protoxyde de cerium en oxyde Ce^3O^4 soluble Bunsen). La cristallisation de la combinaison saline double du nitrate d'oxyde Ce^3O^4 et du nitrate de magnésie est le meilleur moyen de séparer le cerium du lanthane et du didyme ; il reste cependant encore une assez grande quantité de cerium dans les eaux mères.— On peut se procurer également ce sel double en traitant d'abord par le gaz hydrogène sulfuré la dissolution des sulfates de cerium, de lanthane et de didyme que l'on obtient par la décomposition de la cérite au moyen de l'acide sulfurique, en filtrant la liqueur pour la séparer du précipité, en la faisant bouillir avec de l'acide chlorhydrique et en précipitant ensuite par l'acide oxalique. Les oxalates de protoxyde de cerium, d'oxyde de lanthane et d'oxyde de didyme ainsi précipités sont lavés et sont mélangés avec la moitié en poids de carbonate de magnésie ; on expose ensuite le mélange à une température rouge faible que l'on maintient jusqu'à ce que l'acide oxalique soit complétement détruit. Les oxydes calcinés sont ensuite dissous avec l'aide de la chaleur dans l'acide nitrique ; on chauffe la dissolution jusqu'à ce que l'acide libre soit presque entièrement chassé et on dissout dans l'eau la masse cristalline qui s'est formée et qui est composée de la combinaison du nitrate d'oxyde Ce^3O^4 et du nitrate de magnésie. On verse la dissolution dans de l'eau chaude à laquelle on a préalablement mélangé un peu d'acide sulfurique. Il se sépare de cette manière du sulfate basique d'oxyde Ce^3O^4 à l'état pur qui peut être transformé par l'hydrate de potasse en hydrate d'oxyde Ce^3O^4.

Le nitrate d'oxyde Ce^3O^4 forme des sels doubles avec le nitrate de zinc, avec le nitrate de nickel comme avec le nitrate de magnésie. Il ne donne pas de sels doubles ou n'en donne que de très peu nets avec les combinaisons salines de l'acide nitrique avec la soude, la chaux, la baryte, le sesquioxyde de fer, l'oxyde de cobalt et le protoxyde de manganèse. Par la réaction d'une dissolution d'oxyde Ce^3O^4 sur une dissolution de protoxyde de manganèse, il se produit un précipité d'hydrate de peroxyde de manganèse, même lorsqu'il y a de l'acide libre et lorsque les dissolutions sont très étendues. En réagissant sur une dissolution de sesquioxyde de chrome, la dissolution d'oxyde Ce^3O^4 transforme le sesquioxyde de chrome en acide chromique (Holzmann.)

L'hydrate d'oxyde Ce^3O^4 à l'état humide est de couleur jaune clair : après avoir été desséché , il forme une masse vitreuse dont la poudre est jaune clair. Il se dissout facilement dans l'acide chlorhydrique surtout avec l'aide de la chaleur en produisant un abondant dégagement de chlore, en donnant une liqueur qui est d'abord jaune, mais qui devient ensuite incolore et qui ne contient que du protochlorure de cerium. L'hydrate d'oxyde Ce^3O^4 se dissout dans l'acide sulfurique et dans l'acide nitrique en donnant une liqueur de couleur jaune-rouge et forme avec ces acides des combinaisons salines doubles de couleur rouge qui contiennent du protoxyde et du sesquioxyde de cerium qui se déposent en partie sous forme de cristaux très bien définis.

Les combinaisons salines doubles du protoxyde et du sesquioxyde de cerium ou le sel obtenu en dissolvant dans l'acide sulfurique l'oxyde Ce^3O^4 calciné, peuvent être dissous dans une très petite quantité d'eau; si, au contraire, on ajoute une plus grande quantité d'eau, il se produit immédiatement un précipité blanc-jaunâtre ; si l'on fait bouillir, le précipité est encore plus considerable.—L'*acide chlorhydrique* réduit ces combinaisons salines doubles à l'état de sels de protoxyde de cerium; la réduction s'opère lentement à la température ordinaire et plus rapidement par l'action de la chaleur; en même temps, la liqueur est décolorée et il se produit un dégagement de chlore. — L'*acide sulfureux* les réduit également avec rapidité à l'état de combinaisons du protoxyde de cerium.

Les dissolutions d'*hydrate de potasse*, d'*ammoniaque*, d'*acide oxalique* et le *carbonate de baryte* se comportent comme il a été indiqué page 62 et page 63 en parlant des sels de sesquioxyde de cerium. — Le *sulfate de potasse* donne un précipité cristallin qui est insoluble dans une dissolution de sulfate de potasse, mais qui se décompose par l'action de l'eau en donnant naissance à un sel basique.

Add. à la page 67.

Les dissolutions qui contiennent du peroxyde de didyme, sont colorées en rouge-violet foncé et ressemblent à une dissolution d'hypermanganate de potasse. Si on y ajoute de l'alcool, de l'acide tartrique, ou simplement si on les filtre au travers d'un papier gris, mais surtout si on les traite par les agents de réduction, leur coloration disparaît instantanément.

Add. à la page 79.

La dissolution verte du manganate de potasse se transforme bien moins en hypermanganate de potasse et en hydrate de peroxyde de manganèse par l'action de l'acide carbonique de l'air que par l'action de l'eau qui agit egalement dans ce cas comme un acide. Par suite, une température elevee accelere beaucoup cette decomposition, et l'on peut même, à l'aide de l'ebullition, transformer facilement en hypermanganate de potasse et en hydrate de peroxyde de manganèse des dissolutions concentrees de manganate de potasse. Mais lorsqu'on évapore à siccité la dissolution, même seulement au bain-marie, il se reproduit de nouveau du manganate de potasse qui donne avec l'eau une dissolution verte.

Add. à la page 82.

Si l'on évapore, même seulement au bain-marie, jusqu'à siccité complète, une dissolution d'hypermanganate de potasse, ce sel est transformé en manganate vert de potasse.

Add. à la page 83.

La dissolution de l'hypermanganate de potasse dans une dissolution acide très étendue est décolorée instantanément par les dissolutions des *sels de protoxyde de fer*, de *nitrate de protoxyde de mercure*, de *protochlorure d'étain* et de *protochlorure de cuivre* dans l'acide chlorhydrique. — La dissolution d'un *sel de protoxyde de manganèse* ne décolore pas la dissolution très étendue d'hypermanganate de potasse que l'on a rendue acide, mais elle décolore la dissolution très concentrée qui n'a pas été rendue acide. — Une dissolution d'*acide oxalique* produit également la décoloration de l'hypermanganate de potasse, mais seulement au bout de quelque temps; la décoloration a lieu, surtout avec l'aide d'une légère élévation de température, lorsqu'on ajoute qune uantité d'acide sulfurique qui ne soit pas trop petite. — Une dissolution étendue de *ferrocyanure de potassium* à laquelle on a ajouté une petite quantité d'acide chlorhydrique étendu, décolore immédiatement la dissolution d'hypermanganate de potasse : il se forme alors du ferricyanure de potassium et la réaction bleue des sels de sesquioxyde de fer ne se produit pas.

Add. à la page 93.

Les dissolutions des sels de sesquioxyde de fer et celles du sesquichlorure de fer auxquelles on a ajouté un acide libre, sont très facilement transformées, même à la température ordinaire, en dissolutions de protoxyde de fer et en dissolution de protochlorure de fer par l'action du zinc métallique.

Add. à la page 93.

Le phosphate de sesquioxyde de fer de couleur blanche n'est pas soluble dans l'acide acétique libre. Si on le dissout dans une quantité d'acide chlorhydrique aussi petite que possible, il est par suite complétement précipité de cette dissolution par une dissolution d'acétate de soude. Cela n'a cependant lieu que lorsque la dissolution ne contient en même temps aucun autre sel de sesquioxyde de fer. Si l'on ajoute une très grande quantité de sesquichlorure de fer à une dissolution de phosphate de soude, il ne se précipite pas de phosphate de sesquioxyde de fer et, même si l'on ajoute de l'acétate de soude, il ne se produit pas de précipité : comme, par suite de l'addition de l'acétate de soude, il se produit de l'acétate de sesquioxyde de fer, la liqueur prend alors la couleur rouge-sang de ce dernier sel (p. 769); même si l'on fait bouillir, il ne se produit pas de précipité. Si l'on dissout un phosphate insoluble, comme le phosphate de chaux par exemple, dans une quantité d'acide chlorhydrique aussi petite que possible, si l'on ajoute un peu de sesquichlorure de fer et ensuite de l'acétate de soude, tout l'acide phosphorique est précipité à l'état de phosphate blanc de sesquioxyde de fer : si, au contraire, l'on ajoute une grande quantité de sesquichlorure de fer, on n'obtient pas de précipité, mais on obtient une dissolution de couleur rouge-sang.

Add. à la page 102.

Si l'on ajoute à une dissolution concentrée de sulfate de zinc un excès d'une dissolution concentrée d'hydrate de potasse, de manière que tout le zinc soit dissous, il se produit un précipité cristallin qui est formé de sulfate de potasse.

Add. à la page 130.

Si l'on ajoute du ferricyanure de potassium à une dissolution d'oxyde de plomb dans l'hydrate de potasse et si l'on fait bouillir, il se précipite de l'oxyde puce de plomb et il se produit du ferrocyanure de potassium.

Add. à la page 132.

Le sulfate de plomb récemment précipité est transformé en chromate de plomb par les dissolutions des chromates alcalins.

Add. à la page 135.

Le minium n'est décomposé qu'avec l'aide de la chaleur, par l'action de l'acide acétique un peu étendu, en oxyde puce de plomb et en oxyde de plomb qui se dissout dans les acides. L'acide acétique concentré (hydrate d'acide acétique) dissout avec l'aide de la chaleur le minium et donne une liqueur incolore qui peut laisser déposer des écailles blanches cristallines. Si l'on ajoute de l'eau, il se précipite de l'oxyde puce de plomb, mais la précipitation n'a ordinairement lieu qu'au bout de quelque temps. La liqueur incolore se conserve dans des vases fermés sans se décomposer.

L'oxyde puce de plomb se dissout aussi dans l'acide acétique concentré; cette dissolution est incolore; si l'on y ajoute de l'eau, l'oxyde puce de plomb s'en précipite.

Add. à la page 166.

L'iodure d'argent devient blanc par l'action de l'ammoniaque ; mais il reprend sa couleur jaune lorsqu'on enlève l'ammoniaque qui y adhère en le lavant avec de l'eau. Même en y ajoutant seulement une grande quantité d'eau, l'iodure d'argent blanc redevient jaune.

Add. à la page 166.

Dans une dissolution ammoniacale de chlorure d'argent, l'argent peut être réduit complétement par le zinc métallique et même par le fer métallique.

Add. à la page 182.

Si l'on ajoute à une dissolution de nitrate de bioxyde de mercure la dissolution d'un chlorure, comme le chlorure de sodium ou le chlorure d'ammonium par exemple, il se produit du bichlorure de mercure et un nitrate : la dissolution perd alors les propriétés à l'aide desquelles les dissolutions des sels de bioxyde de mercure se distinguent de celles du bichlorure de mercure. Elle ne donne, par exemple, pas de précipité par l'action d'une dissolution de phosphate de soude. Le précipité qui se produit dans une dissolution de nitrate de bioxyde de mercure par l'action du phosphate de soude, est par suite soluble dans les dissolutions de chlorure de sodium ou de chlorure d'ammonium.

Add. à la page 197.

Les combinaisons du platine (comme celles des autres métaux nobles, et spécialement des métaux que l'on extrait de la mine de platine) ne donnent au *chalumeau* aucune réaction avec les flux et ne s'oxydent pas.

Add. à la page 214.

D'après les recherches récentes de MM. *Deville* et *Debray*, on peut obtenir par fusion de l'osmium qui possède l'éclat métallique et qui soit très brillant, dur au point de rayer le verre et très compacte, avec une densité de 21,4; suivant les mêmes chimistes, le platine et l'iridium fondus, mais non écrouis, possèdent une densité égale à 21,15.

Add. à la page 220.

L'odeur d'une dissolution aqueuse d'acide osmique ne disparaît pas entièrement par l'action d'une dissolution d'hydrate de potasse ; cependant elle disparaît en grande partie et beaucoup mieux que lorsqu'on emploie le carbonate de potasse. Par l'action de l'hydrate de potasse, la dissolution d'acide osmique est fortement colorée en jaune, tandis qu'elle n'est que légèrement colorée en jaune par le carbonate de potasse.

Add. à la page 244.

Les dissolutions des sulfates alcalins produisent des précipités dans les dissolutions de bichlorure d'étain.

Add. à la page 247.

Le sulfure d'étain SnS^2 est oxydé par l'acide nitrique et est transformé comme l'étain métallique en bioxyde d'étain qui ne se dissout pas dans l'acide nitrique. L'or mussif au contraire n'est pas attaqué ou n'est presque pas attaqué par l'acide nitrique, même avec l'aide de la chaleur; l'eau régale concentrée, au contraire, l'oxyde et le dissout.

Add. à la page 263.

Si l'on précipite par l'hydrogène sulfuré un mélange de dissolution de chlorure d'antimoine $SbCl^3$ et de bichlorure d'étain, la couleur des sulfures précipités est verte pour une certaine proportion relative des deux mélanges. Ordinairement la couleur du mélange ne paraît complétement verte qu'au bout de quelque temps.

Add. à la page 281.

Si l'on fait bouillir pendant longtemps dans une capsule de platine une dissolution de l'acide titanique dans les acides, le platine du fond de la capsule prend un aspect madré. Ce résultat se produit non-seulement lorsque l'acide titanique a été précipité de la dissolution par l'ébullition, mais aussi lorsqu'il a été maintenu en dissolution dans la liqueur bouillante par l'addition d'une grande quantité d'acide sulfurique ou d'acide chlorhydrique. Ce résultat, qui provient de la désoxydation d'une certaine quantité de l'acide titanique par l'action du platine, caractérise très bien l'acide titanique et ne se produit pas lorsqu'on traite de la même manière les acides analogues comme les acides du niobium, l'acide tantalique, la zircone, etc.

Add. à la page 282.

Lorsqu'on fait fondre l'acide titanique avec du *bisulfate de soude* et du *bisulfate d'ammoniaque*, l'acide titanique est complétement dissous. La masse fondue se dissout complétement dans l'eau à la température ordinaire : si l'on fait bouillir ces dissolutions, l'acide titanique en est complétement précipité.

Add. à la page 286.

Lorsqu'une dissolution sulfurique contient en même temps de l'acide titanique et de la zircone, et lorsqu'on fait bouillir cette dissolution étendue d'eau, il ne se produit pas de précipité. Si l'on ajoute cependant une très grande quantité d'eau, et si l'on fait bouillir d'une manière continue pendant plusieurs jours en ayant soin d'ajouter de temps en temps de l'eau pour remplacer celle qui s'est évaporée, les deux substances, l'acide titanique aussi bien que la zircone, finissent par être entièrement précipitées. Le précipité peut être filtré et lavé facilement. — Si l'on fait fondre un mélange de zircone et d'acide titanique avec du bisulfate de soude et si on laisse refroidir la masse fondue, elle se dissout ensuite complétement dans l'eau à la température ordinaire : si l'on soumet pendant quelque temps la dissolution à une ébullition continue, elle reste claire, bien qu'elle ait été étendue d'une grande quantité d'eau.

Add. à la page 335.

Si l'on fait bouillir avec l'acide nitrique les tungstates que l'on obtient sous forme de précipités blancs, il se sépare du tungstate d'argent de couleur jaune. — La dissolution ammoniacale d'acide tungstique laisse déposer un précipité blanc. Si l'on fait bouillir le tungstate d'argent avec l'acide nitrique, ce qui donne de l'acide tungstique de couleur jaune, et si on traite le tout par l'ammoniaque, il s'opère une dissolution complète; mais, par le repos, il se produit également un précipité blanc.

Add. à la page 371.

Le protochlorure d'antimoine transforme, de la même manière que les sels de protoxyde de fer et le protochlorure d'étain, l'acide chromique des chromates alcalins en sesquioxyde de chrome et la dissolution prend alors une couleur verte.

Add. à la page 386.

Lorsqu'on verse sur un arsénite à l'état solide une dissolution concentrée de nitrate d'argent, il se produit de l'arsénite jaune d'argent.

Add. à la page 397.

Si une dissolution d'acide arsénique contient une petite quantité d'acide arsénieux, on peut retrouver ce dernier au moyen du nitrate d'argent de la manière suivante : après avoir ajouté un excès de dissolution de nitrate d'argent et avoir ainsi déjà produit un peu d'arséniate d'argent de couleur brun-rouge, on ajoute de l'ammoniaque, mais en quantité assez petite pour que la liqueur exerce encore une réaction acide sur le papier de tournesol; de cette manière le reste de l'arséniate d'argent se sépare, mais il est ordinairement mélangé avec de l'arsénite d'argent. Si on filtre la liqueur et si on la sature ensuite par l'ammoniaque, on obtient un précipité d'arsénite d'argent d'une couleur jaune pur.

Add. à la page 398.

Le précipité qui se produit par l'action du gaz hydrogène sulfuré sur une dissolution d'acide arsénique, n'est pas une combinaison chimique; ce n'est que du sulfure d'arsenic As^2S^3 mélangé avec 2S. Si l'on ne fait passer que pendant peu de temps du gaz hydrogène sulfuré dans une dissolution aqueuse d'acide arsénique, la liqueur prend un aspect laiteux provenant de la séparation d'une certaine quantité de soufre qui reste pendant très longtemps en suspension. Il faut laisser reposer la liqueur pendant plusieurs jours et, souvent même, il faut chauffer afin que la quantité du soufre qui se dépose augmente assez pour qu'on puisse le séparer par filtration. Le soufre ainsi séparé ne contient qu'une petite quantité de sulfure d'arsenic que l'on peut enlever au moyen de l'ammoniaque qui ne dissout pas le soufre. Dans la liqueur filtrée et séparée ainsi du soufre insoluble, on peut au moyen du nitrate d'argent retrouver la présence de l'acide arsénique et en outre y reconnaître aussi la présence de l'acide arsénieux. Si, après avoir séparé le soufre, on fait ensuite passer très rapidement pendant peu de temps un courant de gaz hydrogène sulfuré dans la liqueur filtrée, on obtient du sulfure d'arsenic. Si on le sépare rapidement de la liqueur, il présente toutes les propriétés du sulfure d'arsenic As^2S^3; par son mélange avec un carbonate alcalin et par la fusion du mélange, il se produit un fort anneau d'arsenic métallique. Après la séparation du sulfure d'arsenic, la liqueur commence à se troubler de nouveau par suite de la séparation d'une certaine quantité de soufre, et l'on peut, en faisant passer d'une manière convenable le courant de gaz hydrogène sulfuré, séparer alternativement de la dissolution d'acide arsénique, du soufre et du sulfure d'arsenic As^2S^3.

Add. à la page 400.

Les arséniates à l'état solide, surtout lorsqu'ils sont de couleur blanche, peuvent être reconnus à ce que, traités par une dissolution concentrée de nitrate d'argent, ils se colorent en rouge-brun. Il en est ainsi, par exemple, pour l'arséniate ammoniaco-magnésien, pour l'arséniate de magnésie, pour l'arséniate d'alumine qui ne se colore en rouge-brun qu'un peu lentement, pour l'arséniate de plomb, etc., etc.

Add. à la page 436.

Le selenium amorphe n'est pas conducteur de l'électricité; le selenium grenu-cristallin est, au contraire, bon conducteur de l'électricité.

Add. à la page 492.

L'acide sulfureux, en réagissant sur la dissolution de bichlorure de mercure, ne peut pas transformer complétement le bichlorure en protochlorure de mercure, même avec l'aide de la chaleur; l'acide sulfurique et l'acide chlorhydrique qui ont pris naissance empêchent la réduction complète de s'opérer. Si on ajoute de l'acide libre à une dissolution de bichlorure de mercure, l'acide sulfureux n'opère plus la réduction du bichlorure à l'état de protochlorure de mercure. Si l'on sursature par l'ammoniaque, l'acide sulfureux opère la réduction du bichlorure de mercure à l'état de mercure métallique, et si l'on chauffe, la réduction est complète.

Add. à la page 522.

Si l'on verse sur les hypophosphites à l'état solide une dissolution concentrée de nitrate d'argent, ils se colorent d'abord en brun et enfin en noir.

Add. à la page 525.

Les phosphites à l'état solide, traités par une dissolution concentrée de nitrate d'argent, deviennent d'abord bruns et ensuite noirs.

Add. à la page 549.

Le molybdate d'ammoniaque ne paraît pas être un réactif aussi infaillible qu'on le supposait pour découvrir de très petites quantités d'acide phosphorique, ce qui nécessite, par suite, de ne l'employer qu'avec précaution. Outre l'acide arsénique, de très petites quantités d'acide silicique peuvent aussi donner une réaction semblable à celle de l'acide phosphorique; cette réaction peut notamment être produite par des quantités d'acide silicique si petites, qu'elles ne peuvent pas être séparées des dissolutions par les acides libres. En présence d'un excès d'acide nitrique ou d'acide chlorhydrique, ces petites quantités d'acide silicique colorent la dissolution de molybdate d'ammoniaque en jaune avec l'aide de la chaleur, il peut même se produire un précipité jaune, comme cela arrive lorsqu'il y a de l'acide phosphorique, surtout lorsqu'il y a en même temps une grande quantité de chlorure d'ammonium. Lorsque l'acide silicique s'est déposé, le précipité est jaune clair et il a un autre aspect. (W. Knop.)

Add. à la page 551.

La plupart des combinaisons solides de l'acide phosphorique ordinaire peuvent être reconnues, même à l'état solide, à ce que, si on les réduit en poudre fine et si on verse goutte à goutte sur cette poudre une petite quantité d'une dissolution concentrée de nitrate d'argent, ces combinaisons deviennent jaunes par suite de leur transformation en phosphate d'argent. Cela a lieu aussi bien pour les sels solubles comme le phosphate de soude que pour les sels insolubles comme le sont les combinaisons de l'acide phosphorique ordinaire avec la chaux, la baryte, l'oxyde de zinc et le protoxyde de manganèse; cela se produit aussi avec le phosphate ammoniaco-magnésien; les phosphates colorés comme le phosphate de cuivre se colorent aussi en jaune de cette manière; cependant la réaction n'a lieu alors qu'au bout de quelque temps. Le phosphate d'alumine, le phosphate de sesquioxyde de fer et le phosphate de plomb, traités par une dissolution de nitrate d'argent, ne subissent pas de modification et restent blancs; le phosphate bleu de protoxyde et de sesquioxyde de fer ne subit pas davantage de modification.

Add. à la page 562.

L'alumine qui a été exposée à une calcination au rouge intense se dissout rapidement dans l'acide fluorhydrique avec dégagement de chaleur. Si l'acide fluorhydrique est très concentré, la dissolution ne s'opère que lorsqu'on ajoute un peu d'eau. Au contraire, l'alumine qui a été exposée à la chaleur d'un bon fourneau de fabrique de porcelaine, n'est attaquée que très faiblement par l'acide fluorhydrique, même avec l'aide de la chaleur. Le corindon, réduit en poudre très fine, n'est pas attaqué davantage par l'acide fluorhydrique, même lorsqu'on le chauffe jusqu'au rouge.

Add. à la page 588.

Il se produit en même temps de l'acide hypochlorique et de l'acide carbonique lorsqu'on chauffe à 70° un mélange de chlorate de potasse et d'acide oxalique cristallisé. On fait passer le gaz dans l'eau et on obtient une dissolution aqueuse d'acide hypochlorique que l'on peut employer comme agent énergique d'oxydation. Par l'action de l'acide sulfureux sur cette dissolution, il se produit de l'acide chlorhydrique et de l'acide sulfurique. (Calvert et Davier .

Add. à la page 598.

Si l'on ajoute du protochlorure de palladium à la dissolution d'un bromure, et si l'on y verse ensuite un peu d'eau de chlore et de l'éther, la coloration jaune de l'éther paraît comme à l'ordinaire.

Add. à la page 610.

Lorsqu'on veut retrouver dans une dissolution de très petites quantités d'iode ou d'iode et de brome, la méthode suivante doit être spécialement recommandée : On précipite de la dissolution à l'état de sels d'argent, au moyen d'une dissolution de nitrate d'argent, l'iode et le brome, et en outre le chlore qui se rencontre toujours en grande quantité en même temps que le brome et l'iode dans les dissolutions. Si la dissolution n'est pas acide, on ajoute après la précipitation un peu d'acide nitrique. On filtre ensuite le précipité, on le lave et on le dessèche, on le mélange ensuite avec un peu de cyanure d'argent bien sec (on peut très bien, au lieu de cyanure d'argent, employer le ferrocyanure d'argent que l'on obtient par l'action du nitrate d'argent sur le ferrocyanure de potassium) et on place le mélange dans la partie antérieure d'un tube de verre qui soit un peu long, mais qui ne soit pas très large. On fait alors passer sur le mélange du gaz chlore bien desséché et on chauffe très légèrement le mélange au moyen d'une petite lampe. Dans la partie froide du tube de verre, se déposent des cristaux d'iodure et de bromure de cyanogène qui ne sont pas décomposés par le gaz chlore ; en même temps, il se dégage du chlorure de cyanogène à l'état gazeux. (O. Henry fils et Humbert.)

On dissout dans l'eau les cristaux sublimés et on reconnaît dans la dissolution la présence de l'iode, en la traitant par une petite quantité d'acide sulfureux ou de dissolution d'hydrogène sulfuré et en y ajoutant ensuite de l'empois d'amidon ou du sulfure de carbone. Il vaut cependant encore mieux ajouter à la dissolution un peu d'acide sulfurique étendu et du zinc métallique ; après que le dégagement de gaz hydrogène a duré quelque temps, on enlève le zinc métallique et on ajoute ensuite de l'amidon ou du sulfure de carbone. S'il y a du brome et de l'iode, on ajoute à la dissolution un peu d'acide sulfureux et ensuite du protochlorure de palladium ; on filtre pour séparer l'iodure de palladium et on précipite l'excès de palladium à l'aide d'une dissolution d'hydrogène sulfuré ; on filtre de nouveau pour séparer le sulfure de palladium qui s'est formé, et on ajoute de l'eau de chlore et de l'éther à la dissolution filtrée.

Add. à la page 610.

Si l'on ajoute à une dissolution d'un iodure du protochlorure de palladium en excès, et ensuite un peu d'eau de chlore et d'éther, l'iodure de palladium qui s'est produit n'est pas décomposé et l'éther qui le surnage n'est pas coloré; cependant cet iodure de palladium surnage d'une manière particulière au-dessus de la liqueur, se mélange avec l'éther incolore, le colore en apparence en noir, et empêche de bien reconnaître qu'il n'est pas incolore. Si l'on ajôute une grande quantité d'eau de chlore, le chlorure de palladium de couleur noire se dissout en donnant une liqueur brun-rouge et l'éther qui surnage est alors incolore. Mais si la dissolution contient en même temps un peu de bromure, l'éther est alors coloré.

Toutefois il vaut mieux, lorsqu'il y a en même temps un bromure et un iodure, opérer comme il a été indiqué page 610 : c'est-à-dire, précipiter d'abord l'iode à l'état d'iodure de palladium, séparer dans la dissolution filtrée l'excès de palladium au moyen de l'hydrogène sulfuré et rechercher seulement ensuite le brome au moyen de l'eau de chlore et de l'éther.

Add. à la page 612.

Lorsqu'on veut rechercher de très petites quantités d'iodure en ajoutant à la dissolution de l'acide sulfurique très étendu, un peu d'eau de chlore et ensuite du zinc métallique, on doit, lorsqu'on a employé trop d'eau de chlore, ce que l'on ne peut éviter que rarement, conseiller, après que le dégagement d'hydrogène a duré quelque temps, d'enlever de la liqueur le morceau de zinc et d'ajouter immédiatement l'empois d'amidon ou le sulfure de carbone. Surtout lorsqu'on emploie le sulfure de carbone, le zinc agit souvent de telle manière qu'il est moins facile de découvrir dans la dissolution de petites traces d'iode.

Cette observation s'applique également à la découverte de très petites quantités d'acide iodique (p. 620).

Add. à la page 694.

La plupart des carbonates qui sont solubles dans l'eau et qui y deviennent insolubles lorsque, après les avoir réduits en poudre, on les traite par une dissolution un peu concentrée de nitrate d'argent, deviennent jaunes au bout de quelque temps ; la couleur qu'ils prennent ainsi est bien plus claire que celle du phosphate d'argent. Les carbonates alcalins, soit simples, soit doubles, deviennent d'abord blancs et ensuite jaunâtres. Les carbonates alcalino-terreux (ceux qui se rencontrent dans la nature, de même que ceux qui ont été préparés artificiellement) et le carbonate neutre de magnésie deviennent également jaunâtres au bout de quelque temps ; quelques-uns de ces carbonates, comme la magnésite en poudre , ne deviennent jaunâtres qu'au bout d'un temps assez long. Le carbonate de plomb et le carbonate de zinc à l'état complétement neutre ne deviennent pas jaunâtres.

Add. à la page 715.

Si, au lieu de traiter le cyanure d'argent par l'acide sulfurique étendu, on le traite par l'acide chlorhydrique, il est complétement réduit avec facilité par le zinc ; en effet, par l'action de l'acide chlorhydrique, il ne se forme que du chlorure d'argent. Si l'on dissout du cyanure d'argent dans l'ammoniaque et si l'on traite cette dissolution par le zinc métallique, l'argent est complétement réduit.

Add. à la page 816.

Protochlorure de palladium. — Le protochlorure de palladium sert pour découvrir de petites traces d'iode p. 610). Dans beaucoup de cas, surtout lorsqu'on veut separer le chlore de l'iode et déterminer la quantité de ces deux corps, on emploie une dissolution de *nitrate de protoxyde de palladium.* Ce sel doit contenir de l'acide nitrique libre, parce que, sans cela, il serait decomposé par l'eau qui déterminerait la précipitation d'un sel basique.

TABLE DES MATIÈRES

CONTENUES DANS L'ANALYSE QUALITATIVE

(PAR ORDRE ALPHABÉTIQUE DES CORPS SIMPLES).

FIN DE LA TABLE DES MATIÈRES

www.ingramcontent.com/pod-product-compliance
Ingram Content Group UK Ltd.
Pitfield, Milton Keynes, MK11 3LW, UK
UKHW012135240726
13966UKWH00001B/4